U0928542

第一届中国建筑学会建筑设备（给水排水）优秀设计工程实例

中国建筑学会建筑给水排水研究分会　组织编写
赵锂　钱梅　主编

中国建筑工业出版社

图书在版编目（CIP）数据

第一届中国建筑学会建筑设备（给水排水）优秀设计工程实例/赵锂，钱梅主编．—北京：中国建筑工业出版社，2009

ISBN 978-7-112-11555-6

Ⅰ．第…　Ⅱ．①赵…②钱…　Ⅲ．①建筑-给水工程-工程设计②建筑-排水工程-工程设计　Ⅳ．TU82

中国版本图书馆 CIP 数据核字（2009）第 204519 号

随着我国经济建设的高速发展和人民生活水平的不断提高，各类民用和公共建筑正在向着标准更高、功能更全、技术更新的方向发展，这给建筑给水排水与消防工程的设计、材料及管理等方面都提出了新的技术要求。

为进一步促进我国建筑工程设计事业的发展，推动建筑行业的技术进步，提高建筑给水排水的设计水平，充分发挥建筑给水排水设计人员的积极性和创造性，中国建筑学会建筑给水排水研究分会举办了“第一届中国建筑学会建筑设备（给水排水）优秀设计奖”评选活动，并组织出版了本书。

本书可供从事建筑给水排水设计的技术人员、大专院校给水排水相关专业师生参考。

*　*　*

责任编辑：于　莉　田启铭
责任设计：赵明霞
责任校对：陈　波　陈晶晶

第一届中国建筑学会建筑设备（给水排水）优秀设计工程实例
中国建筑学会建筑给水排水研究分会　组织编写
赵锂　钱梅　主编
*
中国建筑工业出版社出版、发行（北京西郊百万庄）
各地新华书店、建筑书店经销
霸州市顺浩图文科技发展有限公司制版
北京中科印刷有限公司印刷
*
开本：880×1230 毫米　1/16　印张：43　插页：7　字数：1378 千字
2010 年 1 月第一版　　2010 年 1 月第一次印刷
定价：**118.00** 元
ISBN 978-7-112-11555-6
(18800)

前言

为进一步促进我国建筑工程设计事业的发展，推动建筑行业的技术进步，提高建筑给水排水的设计水平，充分发挥建筑给水排水设计人员的积极性和创造性，2005年中国建筑学会决定在全国范围内设置“中国建筑学会建筑设备（给水排水）优秀设计奖”暨“中国建筑学会建筑给水排水优秀设计奖”。中国建筑学会建筑给水排水优秀设计奖是我国建筑给水排水设计的最高荣誉奖，每两年将进行一届评选，本项评选对促进我国建筑给水排水设计工作将起到积极的推动作用。

中国建筑学会建筑给水排水优秀设计奖突出体现在如下方面：设计技术创新；解决难度较大的技术问题；节约用水、节约能源、保护环境；提供健康、舒适、安全的居住、工作和活动场所；体现“以人为本”的绿色建筑宗旨。

受中国建筑学会的委托，2008年由中国建筑学会建筑给水排水研究分会组织开展了中国建筑学会建筑设备（给水排水）优秀设计奖的评选活动，即“第一届中国建筑学会建筑给水排水优秀设计奖”的评选活动。自2008年5月22日发出通知后，截止到本奖项申报工作的规定时间2008年7月31日，建筑给水排水研究分会秘书处共收到来自全国13个省市27家设计单位按规定条件报送的96个工程项目，其中，公共建筑69项、居住建筑17项、工业建筑10项。

评审工作于2008年9月4日至7日在青岛举行，由建筑给水排水研究分会理事长赵锂主持，评审委员会由13位建筑给水排水界著名专家组成。评审委员会推选中国建筑设计研究院副总工程师、教授级高级工程师赵世明担任评选组组长，上海现代建筑设计（集团）华东建筑设计研究院副总工程师、教授级高级工程师冯旭东、中国建筑西北建筑设计研究院顾问总工程师、教授级高级工程师陈怀德担任评选组副组长。评选组专家有中国建筑设计研究院机电设计研究院院长、教授级高级工程师赵锂；中国建筑设计研究院顾问总工程师、教授级高级工程师刘振印；中国中元国际工程公司副总工程师、教授级高级工程师黄晓家；上海现代建筑设计（集团）有限公司上海建筑设计研究院副总工程师、教授级高级工程师徐凤；广东省建筑设计研究院副总工程师、教授级高级工程师符培勇；福建省建筑设计研究院副总工程师、教授级高级工程师程宏伟；中国建筑东北建筑设计研究院顾问总工程师、教授级高级工程师崔长起；中南建筑设计研究院副总工程师、教授级高级工程师涂正纯；华南理工大学建筑设计研究院副总工程师、研究员级高级工程师王峰；中建国际（深圳）设计顾问有限公司总工程师、教授级高级工程师郑大华。

评审工作严格遵照公开、公正和公平的评选原则，分组对申报书、计算书和相关设计图纸进行了认真地审阅，在分组初评意见的基础上评审组又对申报的96个工程进行了逐一的集中讲评，最后通过无记名投票的方式，确定出入围工程名单和此次评选最终结果（公共建筑类一等奖5项、二等奖12项、三等奖20项、优秀奖9项；居住建筑类二等奖4项、三等奖3项、优秀奖4项；工业建筑类一等奖1项、二等奖1项、三等奖2项）。评选出的获奖项目于2008年9月13日至2008年10月13日在中国建筑学会的网站上向全国公示征求意见，并报中国建筑学会批准。

第一届中国建筑学会建筑给水排水优秀设计奖的评审工作得到了青岛三利集团的大力支持。颁奖仪式在2008年10月23日于北京举行的中国建筑学会建筑给水排水研究分会第一届年会暨建筑给水排水研究分会成立大会隆重举行。

为增进技术交流，推进技术进步，由中国建筑工业出版社出版获奖项目，向全国发行。

在获奖项目设计人员和建筑给水排水研究分会秘书处的共同努力下，完成了本书。由于本次评奖是我国建筑给水排水届的第一次评奖，积累了大量优秀的工程实例，申报工程水平很高、具有很高的学术参考价值。但由于获奖项目完成的时间跨度较大，而我国建筑给水排水技术在这一期间得到了蓬勃发展，相关规范的变化也很大，设计时应根据工程所在地的具体情况，工程性质、业主要求、造价控制等合理地选用系统，本书中的系统不是唯一的选择，在参考使用时应具体情况具体分析。本书行文中也可能有一些疏漏，请各位读者指正。

Preface

To further promote the development of China's architecture project design industry, develop the technology of architecture industry, enhance the design level of architecture for water supply and drainage systems and to encourage the designers of architecture for water supply and drainage systems to bring in highest motivation and creativity, in 2005 the "Architectural society of China" decided to set up a nationwide award, the "Architectural society of China award for water supply and drainage systems".

It is held every 2 years and plays an important role in "Architectural design & research of water supply and drainage systems association", as it is to promote and develop the design of water supply and drainage systems and therefore it is the highest honour for "China architecture design & research of water supply and drainage systems association".

The award highlights the following areas: design innovation, solution of technological problems, water saving, energy saving, environmental protection and the proposal for a healthy, comfortable and safe working and living. It essentially shows the people-oriented "green architecture" principals.

Commissioned by the "Architectural society of China" in 2008 a competition "Award of the architectural society of China construction equipment (water supply and drainage systems) for outstanding examples of design engineering". was held for the first time. During the registration period from the 22nd of March 2008 till the 31st July 2008 the "China architecture design &research of water supply and drainage systems association" received nationwide 96 qualified design projects from 13 provinces and their 27 design units.

69 of these 96 qualified design projects were of the category public buildings, 17 residential buildings and 10 industrial buildings. From the 4th to the 7th of September 2008 the participating objects were revolved and examined by the "Architectural design &research of water supply and drainage systems association" in Qingdao.

The judging committee was composed of 13 well-known experts in the field of architectural water supply and drainage systems. The members of the committee elected the deputy chief engineer of the "China architecture design &research group", Zhao Shiming, to be the RaE (Reveal and Examine)-president and Feng Xudong (Deputy chief engineer of the "East China architecture design &research Institute Co. Ltd") as well as Chen Huaide (Consulting chief engineer of the "China northwest building design research Institute") to be vize presidents.

The further members of the RaE-committee were Zhao Li (director of mechanical design &research Institute of the "China architecture design &research Group"), Liu Zhenyin (Consulting chief engineer of the "China architecture design &research Group"), Huang Xiaojia (Deputy chief engineer of "China IPPR engineering Corporation"), Xu Feng (Deputy chief engineer of "Shanghai Institute of architectural design &research"), Fu Peiyong (Deputy chief engineer of the "Architectur design &research Institute of Guangdong province"), Cheng Hongwei (Deputy chief engineer of the "Architecture design &research Insitute of Fujian province"), Cui Chongqi (Consulting chief engineer of "China northwest building design &research Institute"), Tu Zhengchun (Deputy chief engineer of "Central south architectural design Institute"), Wang Feng (Deputy chief engineer of the "Architecture design Institute of south China University of technology") and Zheng Dahua (Chief engineer of "China construction design international").

The RaE-committee follows the principals of publicity, justice and fairness. Devided in categories such as declaration, computer books and relevant design drawings, the 96 participating objects had been evaluated by the RaE-committee.

After the evaluation and a secret-ballot vote the final list of the best projects and the final winner was published. In the category public buildings there were five 1st places, twelve 2nd places and twenty 3rd places. For "outstanding projects" 9 objects were honored.

In the category residential buildings there were four 2nd places and three 3rd places. Four more objects were honored for "outstanding project". In the category industrial buildings there was one 1st place, one 2nd place and two 3rd places.

During the 13th September 2008 and the 13th October 2008 the award-winning projects were published in the internet to get some opinions and ideas of the public and furthermore to show the improvements of the "Architectural society of China". The first session of the RaE of water supply and drainage systems was strongly supported by the "Qingdao Sanli Group".

The award-winning-ceremony was held on the 23rd October 2008 in Beijing. To enhance technological exchange and promote technological progress, all the award-winning projects were published by the "China architecture &building Press".

Based on this competition a lot of good engineering work and a fluxionary reporting about projects with high academic reference values could be accomplished and under the joint effort of the award-winning designers and the "Architecture design &research of water supply and drainage systems association", it was possible to create this book.

The span of the award-winning projects is wide and the development of the technologies for water supply and drainage systems has been booming during this period and furthermore the relevant norm has changed a lot, so the choice of design should always be based on project specific circumstances of the location, nature of project, the owners requests and cost control.

The options given in this book are not always the only ones. There should always be paid attention to the circumstances.

目　录

公共建筑篇

居住建筑篇

工业建筑篇

公共建筑篇

广州新白云国际机场航站楼

设计单位： 广东省建筑设计研究院

设 计 人： 符培勇　梁景晖　梁文逵　刘志雄　徐晓川

获奖情况： 公共建筑一等奖

工程概况：

广州新白云国际机场坐落于广州市原白云机场北面花都区与人和镇交界处，距广州市中心28km，是我国首个按照中枢机场理念设计和建设的大型航空港，属公共建筑。

新机场占地1456hm^2，拟分三期建设。首期工程建设两条飞行跑道，其中东跑道长3800m，宽60m，西跑道长3600m，宽45m。远期规划建设三条跑道，能满足世界上各类大型飞机起降要求。

首期航站楼工程包括机场南半部客用大楼及相关的道路、室外停车场等工程；首期航站楼占地面积92万m^2，建筑面积35万m^2，建筑高度55.88m（首层地面±0.000起算）；建筑层数为地上三层、地下两层；近机位46个，停车3658辆（航站区）。

航站楼细分为主航站楼、东连接楼、东一、东二指廊、西连接楼、西一、西二指廊；主航站楼设置于建筑物中部，主要功能为旅客出港中心，进行办票登记、中转、行李托运、行李分检和机场配套服务；东、西连接楼首层为旅客到达、行李领取大厅，三层对旅客出港进行安检；东、西指廊为旅客候机大厅、进出港通道。

航站楼首期设计高峰小时飞机起降65架次，高峰小时客流量9300人；年飞机起降17万架次，年客流量2700万人，年货运量110万t。远期规划高峰小时飞机起降125架次，高峰小时客流量28630人；年飞机起降36万架次，年客流量9500万人。

广州新白云国际机场航站楼的设计由美国PARSONS公司设计中标并负责初步设计工作，我院与美国PARSONS公司合作，配合初步设计并负责完成航站楼的施工图设计工作。

新机场1998年1月开始设计，2000年8月破土动工建设，2004年8月投入使用。

一、给水排水系统

（一）给水系统

1. 冷水用水量（表1）

主要项目用水定额和用水量计算表　　**表1**

序号	用水项目名称	使用数量	用水定额	时变化系数 K	使用时间(h)	用水量 最大时(m^3/h)	用水量 最高日(m^3/d)	备注
1	旅客	120000人·次	8 L/(人·次)	1.5	16	90	960	综合用水
2	餐厅	600人	60 L/(人·餐)	1.5	16	10	108	按三餐算
3	工作人员	1600人/班	60 L/(人·班)	1.5	16	18	192	每天两班

续表

序号	用水项目名称	使用数量	用水定额	时变化系数 K	使用时间 (h)	用水量		备注
						最大时 (m^3/h)	最高日 (m^3/d)	
4	冷却循环补水		取循环水量的1%	1	16	180	2880	
5	绿化、冲洗道路	650000m²	2L/(次·m²)	1.5	10	390	2600	每天两次
6	不可预见	取上述值之和的10%					674	
7	合计					83.6	7414	

2. 水源：由市政自来水供水。

3. 系统竖向分区：竖向分为一个供水区。

4. 供水方式及给水加压设备：机场小区市政水压0.42MPa（航站楼首层地面±0.000起算），能保证用水最不利点的水压。本项目由市政引入管道直接供水，不另设给水加压设备。区域内生活供水管道沿航站楼成环状布置并设置分段检修阀，提高供水的安全性。指廊区域伸展过长，生活给水由飞行区市政生活给水管供给。

5. 管材：室外埋地管采用给水球墨铸铁管，橡胶圈密封承插接口；室内采用薄壁紫铜管，承插焊接。

（二）热水系统

贵宾室、头等舱候机室、妇婴候机室、钟点客房等考虑设计全日制热水供应。采用局部集中式热水供应系统。近期设有10组热水供水管网，分散设置于连接楼、指廊相应位置。按各组系统负担热水使用洁具当量数（小时出流量）确定热水用水量。

1. 选用商用电加热承压容积式热水炉，热水水源由冷水供水干管接出，电热水炉直接加热。热水系统采用干管循环方式保证用水点热水温度；热水系统为闭式承压系统，热水回水管上设置膨胀水箱。

2. 热水炉主要技术参数见表2。

热水炉主要技术参数表 **表2**

序号	型号	产热量	容积 (L)	数量 (台)	备注
1	E120-36-G	3×10^4kcal/h(35kW)	450	3	306奥氏不锈钢内胆、优质钢板筒身(具耐久性防腐内外涂层)、无氟聚氨脂保温层
2	E120-54-G	5×10^4kcal/h(56kW)	450	3 (组合)	
3	E85-15-G	1.2×10^4kcal/h(15kW)	300	6	

3. 热水系统管材采用薄壁紫铜管，承插焊接，采用橡塑材料保温。

（三）中水系统

机场小区设置污水处理站，污水经深度处理后用于室外绿化灌溉和静态水景补水。航站楼内不设中水利用系统。

（中水利用不属本次设计范围）

（四）污、废水排水系统

1. 污水量按生活用水量的90%估算，航站楼首期设计污水量约1300m³/d（扣除空调用水和绿化、道路冲洗用水）。

2. 排水系统的形式：排水系统采用分流制（雨、污分流）排水系统，室内排水采用污、废分流。

主航站楼与东、西连接楼设有地下连接通道，南、北向污水管道无法直接贯通，本项目设置两座污水提升泵站，污水通过水泵提升输送到机场小区污水处理厂集中处理。

3. 由于机场小区有完善的污水处理构筑物，航站楼室外不再设置化粪池，室内污、废水直接进入污水处理站进行处理。

4. 室内排水设伸顶透气管和环形透气管。

5. 管材：室内排水管采用卡箍接口离心铸铁排水管，室外污水埋地管采用HDPE双壁塑料排水管。

（五）雨水系统

1. 按广州市暴雨强度公式计算，采用的暴雨重现期：

屋面：20年；

室外：5年。

2. 雨水系统的形式：屋面雨水排水采用虹吸排水系统。

3. 虹吸雨水排水排出横管采用扩管消能方式（控制管内流速小于1.8m/s），排出管第一个检查井采用钢筋混凝土井（井盖开孔排气）。

4. 机场外自然水体水位较高，雨水采用机械（水泵）强排方式进入自然水体。

5. 管材：明露雨水虹吸排水管采用不锈钢管，室内隐蔽部分雨水管采用卡箍接口离心铸铁排水管。室外雨水管采用钢筋混凝土排水管。

二、消防系统

本工程包括与给水排水专业有关的消防系统有室外消火栓系统、室内消火栓系统、室内自动喷水灭火系统、水幕分隔系统、水幕保护系统、洁净气体灭火系统等。

1. 消防用水量

考虑航站楼属于重要的公共建筑。建筑体量大，防火分区面积大，火灾时扑救用水量也相应较大。设计时按较大用水量考虑。

消防设计用水量见表3。

消防设计用水量表 **表3**

消防用水名称	设计用水量（L/s）	设计灭火时间（h）	合计（m^3）
室外消防用水	45	3	486
室内火栓用水	40	3	432
自动喷水灭火系统	30	1	108
防火分隔水幕、防火保护水幕系统	96	3	1036.8
合计	211		2062.8

考虑市政环状供水可在设计灭火时间段补充一定水量，取整数值，室外设计两个各1000m^3的专用消防贮水池。

2. 消防给水管网系统

航站楼采用独立的消防系统供水方式，消防给水室外、室内共用管网。

由于航站楼建筑平面较为分散，且室外管网众多（已知的室外管网就有生活给水管、生活给水转输管、生活污水管、生活污水转输管、雨水管、燃气管、电力电缆、通信电缆、照明电缆等），为了减少室外管网的数量，便于日后的维护管理，提高消防供水的安全性，航站楼区域的消防管网设计为环状的共用消防供水管网。消防干管沿航站楼主楼、连接楼、指廊室外成环状布置且在供水管网上设置分段检修阀，组成多环消防供水管网。室内消防系统（包括室内消火栓系统、室内自动喷水灭火系统、防火分隔水幕系统、防火保护水幕系统）按建筑物区域分区，分别由室外共用管网引入供水。每条引入管处设置检修阀门和止回阀，水泵接合器设置在分区系统止回阀后的消防管道上。这样的设计能保证所有的消防管网（包括自动喷水灭火系统湿式报警阀前的管道）均为环状供水。

引入管处设置检修阀门和止回阀（设置于室外），方便分区消防管道的检修，同时也保证了火灾发生时当消防车向分区消防管网加压时不至于对分区外管网造成串压。火灾过程也方便专业消防人员对分区消防系统管网进行安全控制。

3. 室内消火栓系统

室内消防管道与室外消防干管组成室内环状消防供水系统。

室内消火栓的设计间距不大于 50m，水枪充实水柱按 10m 计算。

航站楼各室内消火栓箱配有通用型 *DN*65 口径室内消火栓、消防软管卷盘、ϕ19 消防水枪、消防水龙带等，并在箱内配置手提式灭火器。

消火栓箱按放置环境的不同，有四种不同的形式：①标准型明装消火栓箱，主要配置在对环境要求不高的场所如行李分检用房、设备机房等地方；②暗装加门消火栓箱，配置在对环境装修要求不高的场所如公务行政管理区等地方；③暗装不加门消火栓箱，配置在对环境装修要求较高的公共场所。根据不同环境装修要求，对暗装消火栓箱门另外加工，进行与环境相协调的专门修饰（消火栓箱门设明显的消火栓标记）；④独立型明装消火栓箱，配置在对环境装修要求较高的大空间公共场所。

由于配置在大空间的消火栓缺少依傍的墙、柱等建筑构件，装修环境要求也比较高，所以专门设计了可以独立放置的采用不锈钢材质制作的非标准型消火栓箱。

4. 自动喷水灭火系统

除 8m 以上的高大空间、变配电房、弱电机房、设备机房外，所有能用水消防的地方（包括公共卫生间），均设计了自动喷水灭火系统。

航站楼大空间采用钢结构设计，屋面采用箱型钢压板。高大空间的地方，均是人员流动频繁的地方，可燃物较少。有限可燃物火灾在高大空间不易曼延，也难以对建筑物屋顶钢结构构成威胁。通过专家消防论证，8m 以上的高大空间不设自动喷水灭火系统，对屋顶网架钢结构也不必采取高温保护措施（8m 以下的钢结构涂耐火层保护）。

高大空间场所设置红外火灾探测器，对可能引起的火灾进行报警。

主航站楼三楼大厅（大空间）为办票岛，根据消防主管部门的意见，除办票岛本身布置自动喷水灭火系统外，沿办票岛周边还布置一排边墙型喷头，以扩展办票岛的保护半径。

所有喷头均采用快速响应喷头。配合建筑装修设计，布置在顶棚吊顶下的喷头，选用了隐蔽型装饰喷头。

连接楼与指廊二、三层连接处为公共通道，设防火分隔水幕系统。水幕厚度不小于 5m，水幕强度不小于 2L/(m·s)。采用开式喷头，设独立的雨淋控制阀。

按初步设计使用条件要求，航站楼内首、二层部分商铺采用玻璃橱窗分隔，需设置水幕防火冷却系统。（施工图未实施）

5. 管材

室外埋地管采用给水球墨铸铁管，橡胶圈密封承插接口；室内采用热镀锌钢管，卡箍连接（*DN*≥100 管道）或螺纹连接（*DN*<100 管道）。

6. 消防水池与消防水泵房

消防水池和消防水泵房独立设于航站楼外，埋地设置。

消防水池储水总容积按 3h 室内外消防用水总量计算（包括 3h 的室内外消火栓用水量、防火卷帘保护水量、局部的防火分隔水幕用水量、1h 的自动喷水灭火系统用水量）。

消防水池总有效容积设计为 $2000m^3$，分两格，每格 $1000m^3$。

水泵房内设两台持压泵（一用一备），两台消防辅泵（一用一备），两台消防主泵（一用一备），两个 $\phi1200mm$、$V=2.49m^3$ 隔膜式气压罐。

水泵的主要技术参数如下：

消防持压泵：流量 $Q=5L/s$，扬程 $H=67m$，功率 $N=11kW$；

消防辅泵：流量 $Q=10L/s$，扬程 $H=67m$，功率 $N=22kW$；

消防主泵：流量 $Q=211L/s$，扬程 $H=67m$，功率 $N=225kW$。

消防主泵工作流量达到 211L/s，主要考虑到航站楼整个消防管网的设计用水（包括室内外消防用水、水幕保护、水幕分隔用水、自动喷水灭火系统用水）均由消防主泵供给。

为了保证在任何情况下都能启动消防主泵，两台消防主泵中，选择了 1 台柴油机驱动消防泵（柴油机消防主泵与电动机消防主泵互为备用）。

7. 消防系统的自动控制

消防系统设计采用全自动加压系统。该系统属于持高压消防系统。水消防系统（包括室外消火栓系统、室内消火栓系统、室内自动喷水灭火系统、防火分隔水幕系统、防火保护水幕系统）均取消了通常设置的破碎玻璃的消防水泵启动按钮和其他配套的水泵启动装置。只是简单地通过消防水泵房内设置在系统管网上的压力开关来控制水泵的开、停，随时保证系统管网的压力。

航站楼的消防控制中心设置了消防水泵紧急启动（手动）按钮，可以手动直接启动消防泵。

消防系统开、停泵由压力开关控制：

持压泵开泵压力：0.62MPa；

停泵压力：0.66MPa；

辅泵开泵压力：0.58MPa；

主泵开泵压力：0.54MPa。

如果发生局部的、较小面积的火灾，需要的消防用水量不会很大，但仅靠消防持压泵工作不能维持系统正常的压力时，系统管网的压力将会下降，管网压力下降到辅泵开泵设定值时，消防辅泵自动投入工作；火灾面积增大，消防用水量必然增加，当辅泵工作也不能满足消防用水量要求的时候，系统管网的压力将继续下降，当下降到主泵开泵压力设定值时，控制消防主泵启动的压力开关动作，消防主泵自动投入运行，向消防管网提供足够的消防水量和水压，从而保证消防系统始终处于正常的设计工作范围之内。

航站楼建筑空间要求无法设置高位消防水箱。

系统设置了隔膜式气压罐，避免消防持压泵在压力临界点上频繁开、关，气压罐的设置也可以消除系统工作时引起的水锤，提高消防管网工作的安全性。

8. 洁净气体灭火系统

中央控制机房、弱电机房、变配电房等设置七氟丙烷洁净气体灭火系统。

七氟丙烷灭火系统属于化学气体灭火系统，相对于窒息气体（如氮气、氩气、IG541 等）灭火系统来说，具有灭火气体用量少、管网压力低、气瓶间占地面积小、灭火迅速等优点。

洁净气体灭火系统采用组合分配式管网灭火系统，根据广东省编《七氟丙烷（HFC-227ea）

洁净气体灭火系统设计规范》DBJ 15-23—1999 进行设计、施工、验收。

三、主要工程特点

1. 本工程热水用水点较分散，设计中采用局部集中式热水供应系统，就近加热，可减少管道的热损失且热水供应灵活。

2. 航站楼大屋面采用虹吸雨水排水系统，为国内较早采用虹吸雨水排水系统的工程之一，可有效缩小雨水排水立管管径，减少雨水排水立管数量。

3. 采用室外、室内消防供水系统共用管网，系统不设常规的破碎玻璃的消防水泵启动按钮等水泵启动装置，通过消防水泵房内设置在系统管网上的压力开关分级控制水泵的开、停，可持续保证系统管网的压力。系统简单，操作方便，便于维修、管理且节约系统管网造价。能以最可靠、最经济的方式，保证火灾发生时的消防系统供水。

四、工程系统图及照片

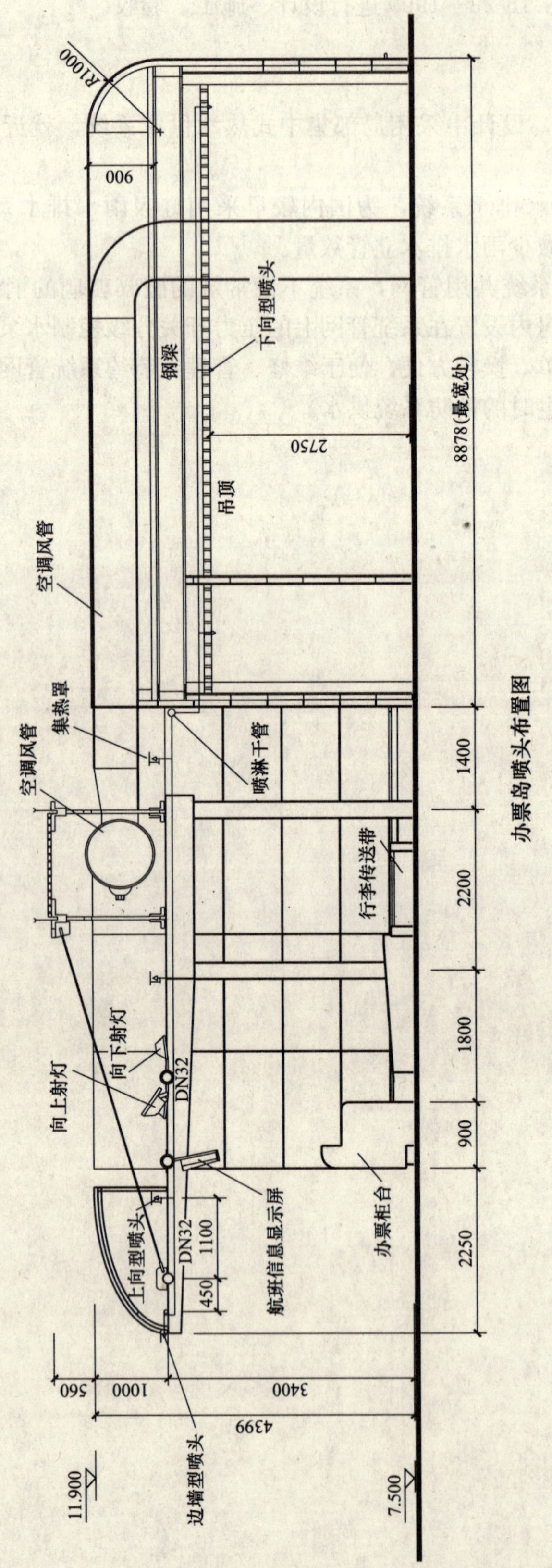

办票岛喷头布置图

1400
1200
200
350
1100
2厚发纹不锈钢
2厚发纹不锈钢
2厚发纹不锈钢
2厚发纹不锈钢
消防喉卷盘
透明玻璃
(后背为不锈钢板)
手提灭火器
红色漆字
消火栓
透明玻璃门

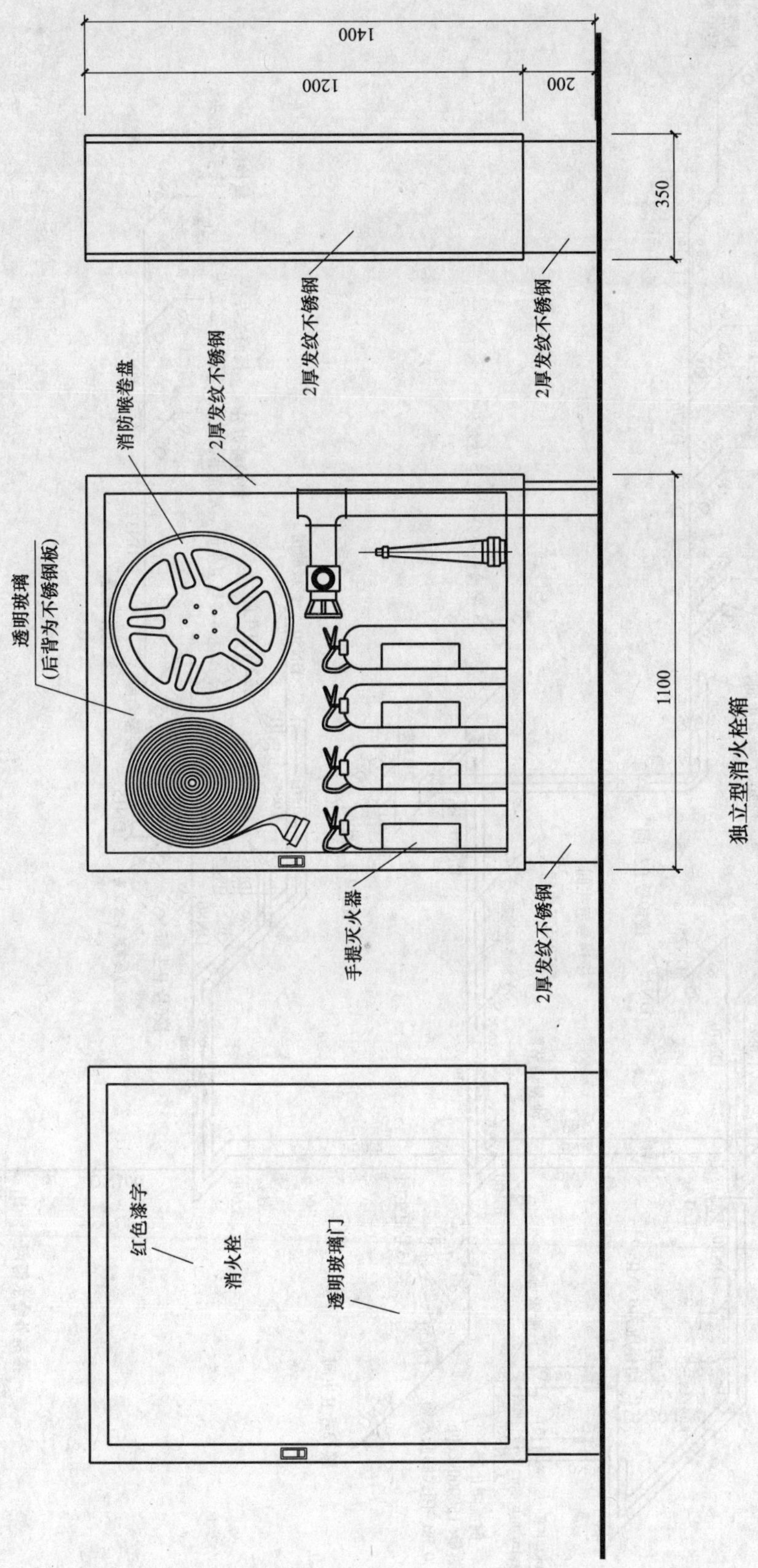

独立型消火栓箱

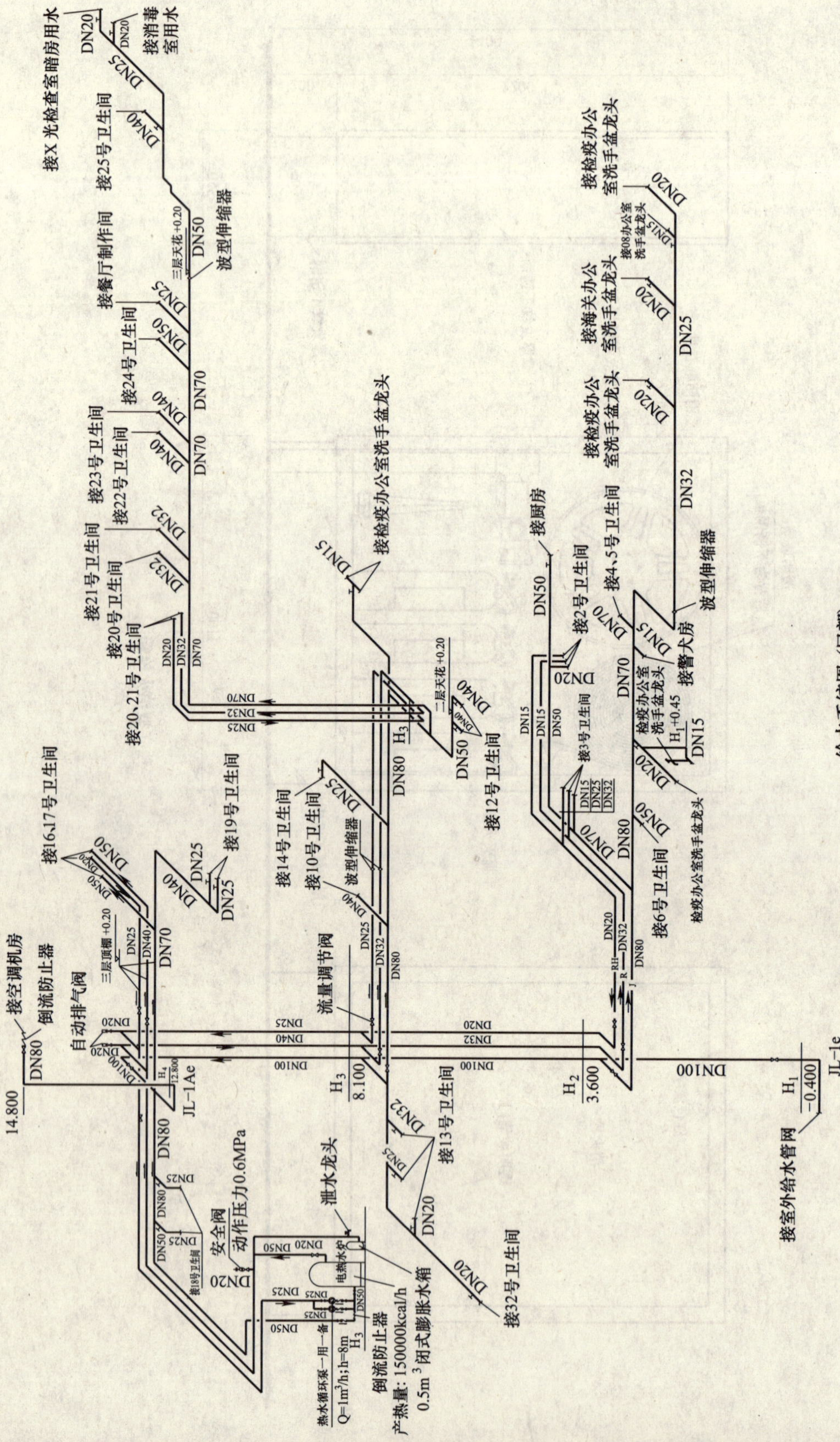

给水系统图（局部）

D100虹吸雨水斗
D250
YL-16B
YL-16A
YL-17B
YL-17A
YL-18B
YL-18A
YL-19B
YL-19A
YL-20B
YL-20A
D300L7.4i0.01
D300L10.5i0.01
D300L9.9i0.01
H=11.70
12.30
起点标高
D300L10.3i0.002
H3=7.50
H3-1.0
D300
H2=3.50
H1+1.00
H1=±0.00
H1-2.60
H1-2.40
H1-2.20
H1-1.80
排至室外检查井
D400L8.7i0.005
D400L7.0i0.005
D400L9.3i0.005
D400L9.5i0.005
YL-16
YL-17
YL-18
YL-19
YL-20

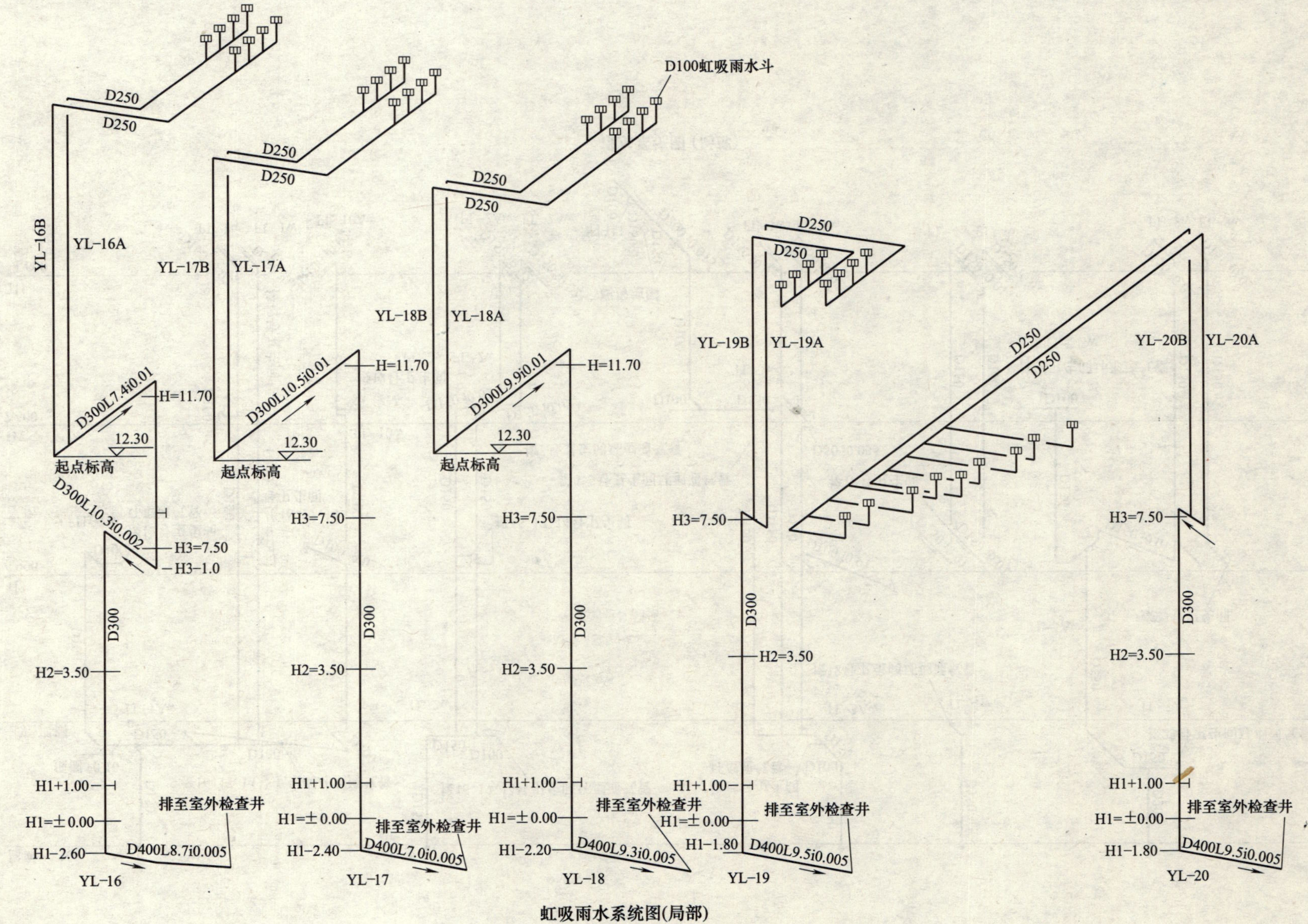

虹吸雨水系统图(局部)

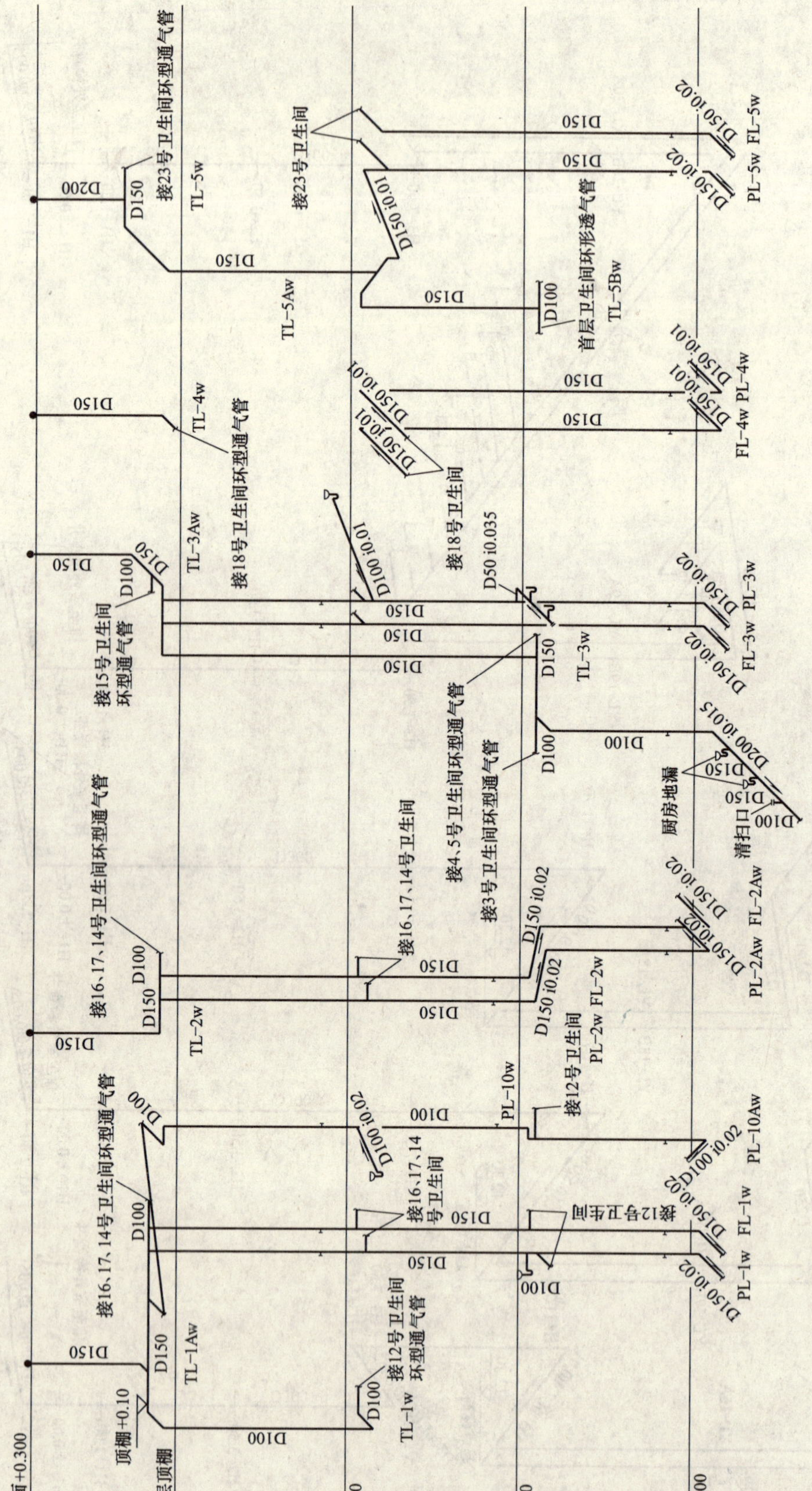

排水系统图（局部）

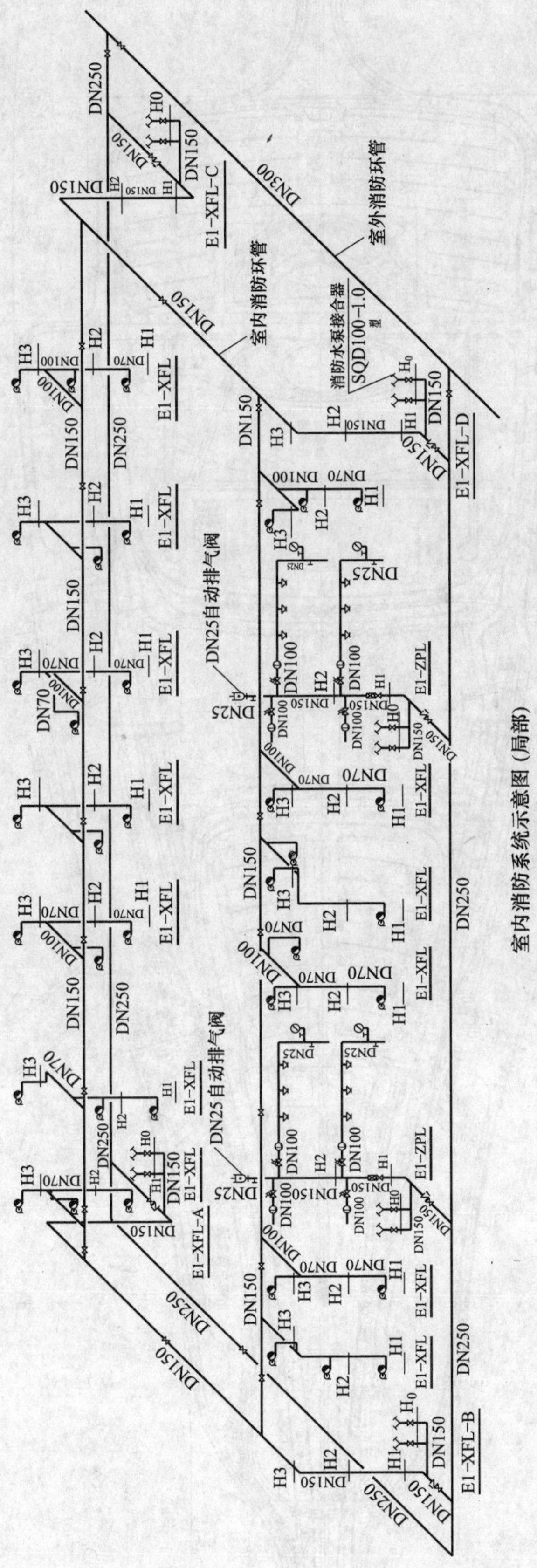

室内消防系统示意图(局部)

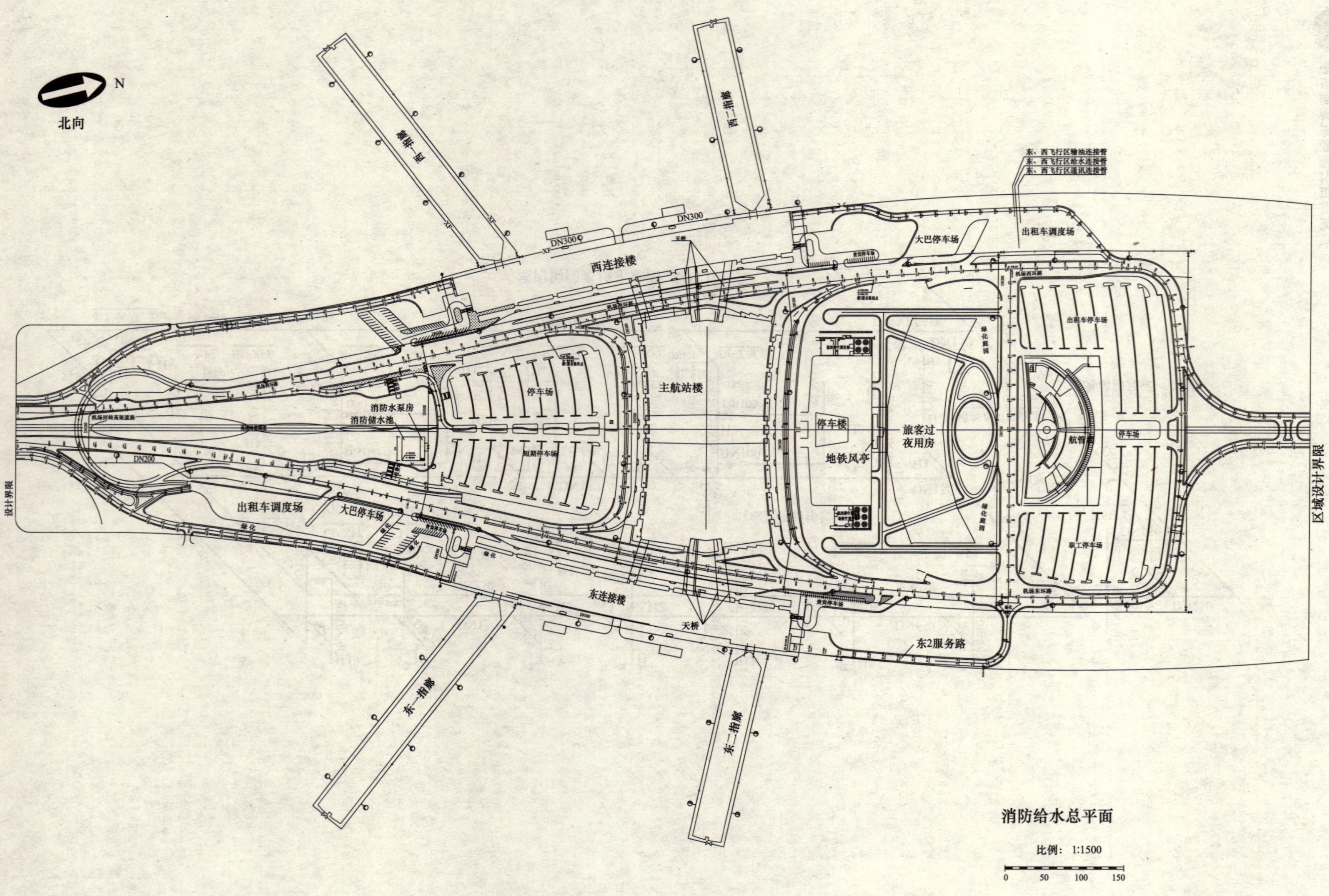
北向
N
西一指廊
西二指廊
西连接楼
DN300
大巴停车场
出租车调度场
东、西飞行区输油连接管
东、西飞行区给水连接管
东、西飞行区通讯连接管
主航站楼
停车场
短期停车场
停车楼
地铁风亭
旅客过
夜用房
航管楼
出租车停车场
职工停车场
消防水泵房
消防储水池
DN200
设计界限
区域设计界限
东连接楼
天桥
东2服务路
东一指廊
东二指廊
消防给水总平面
比例：1:1500
0
50
100
150

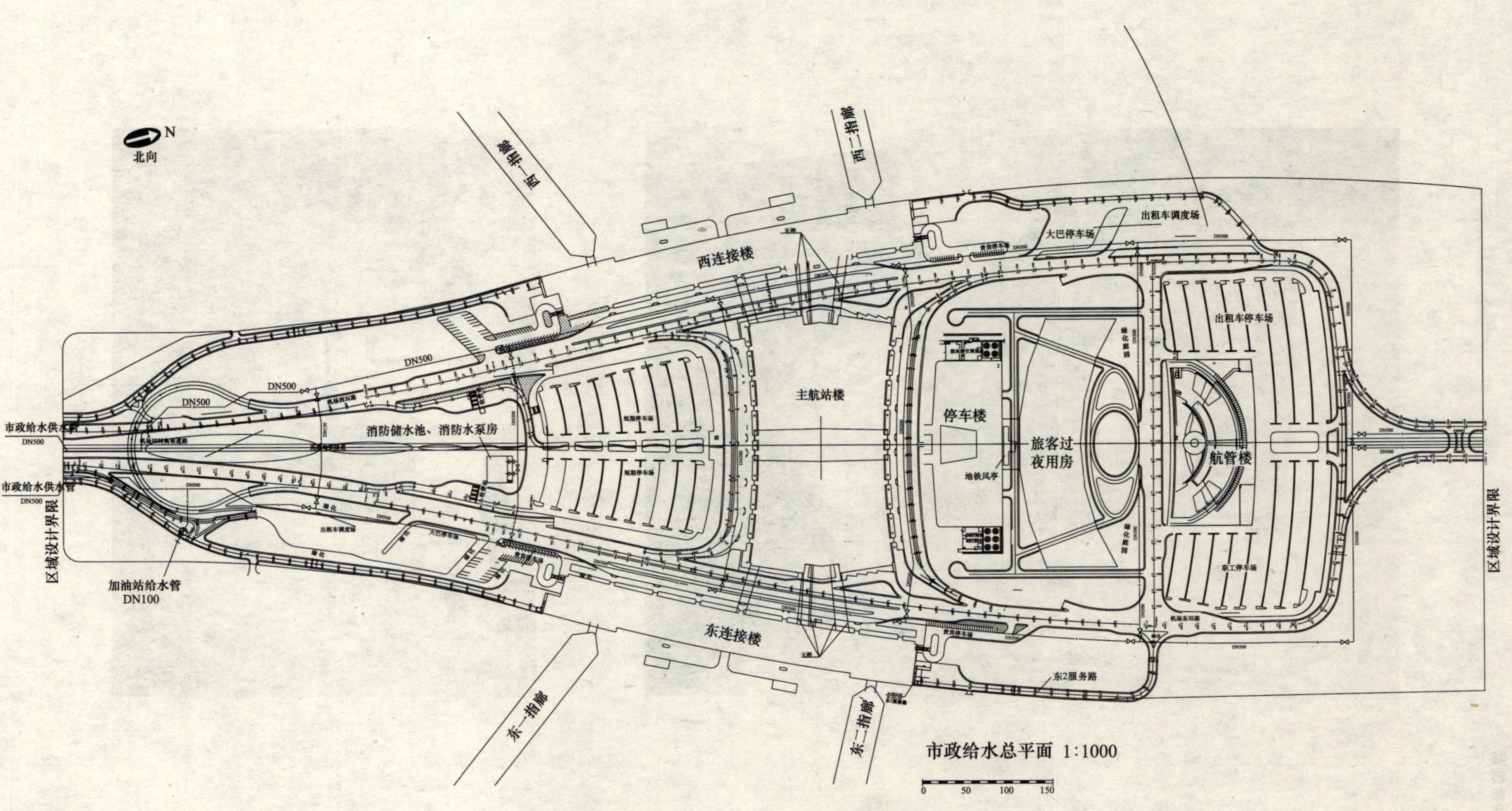

市政给水总平面 1:1000

残障人卫生间（感应冲洗）

电热水机房实景

工程施工照片

航站楼夜景

航站楼主立面

消防泵房实景

主航站楼虹吸雨水管实景

深圳游泳跳水馆

设计单位：中国建筑设计研究院
设 计 人：周蔚　马明
获奖情况：公共建筑一等奖
工程概况：

本工程位于深圳市，为游泳跳水馆，可进行游泳、跳水训练、比赛和戏水。占地面积 $5.4hm^2$，建筑面积 $42557m^2$，建筑高度 19m。本工程已于 2002 年 10 月正式投入使用。

一、给水排水系统

（一）给水系统

1. 本工程采用城市自来水作为游泳跳水馆和水上娱乐中心的生活用水和池水补充水水源。

2. 用水量标准和用水量

本工程最高日生活用水量 $1145.9m^3$，最大小时生活用水量 $124.2m^3$，平均小时用水量 $87.6m^3$，主要项目用水标准和用水量（表 1）。

冷水用水量表　　　　**表 1**

序号	用水项目	使用人数	用水量标准	小时变化系数	使用时间	平均小时用水量(m^3/h)	最大小时用水量(m^3/h)	最高日用水量(m^3/d)	备注
1	游泳者淋浴	4950 人/d	60L/(人·场)	2.0	12	24.8	49.5	297	
2	工作人员	200 人/d	50L/(人·d)	2.0	10	1.0	2.0	10.0	
3	餐饮	1000 人/d	15L/(人·d)	2.0	12	1.3	2.6	15.0	
4	泳池补水								
	室内比赛跳水池	$8292.5m^3$	池容积的 4%	1.0	16	20.7	20.7	331.7	
	室内娱乐池	$660m^3$	池容积的 4%	1.0	16	1.7	7	26.4	
	室外娱乐池	$800m^3$	池容积的 4%	1.0	16	1.0	2.0	32.0	
	室外游泳池	$2100m^3$	池容积的 4%	1.0	16	5.3	5.3	84.0	
5	冷却塔补水	$850m^3/h$	1.5%循环水量	1.0	12	12.8	12.8	153.6	
6	锅炉补水			1.0	16	4.0	4.0	64.0	
7	浇洒绿地	$14000m^2$	$2L/m^2$	1.0	4	7.0	7.0	28.0	
8	不可预见水量	按 10%计				8.0	11.2	104.2	
9	合计					87.6	124.2	1145.9	

注：室内比赛跳水池含游泳池跳水馆内跳水池、比赛池、训练池。

3. 给水系统

(1) 室外给水系统

1) 本工程由笋岗西路上的 $DN1000$ 城市自来水管上、位于游泳跳水馆东侧处接一根 $DN200$ 给水引入管至红线内，经过水表井后在红线内与本工程的室外环状管网相接。该环状管网在西北侧与现有体育场、体育馆的室外环状管网相连接，构成双向供水。

2) 游泳跳水馆、水上娱乐中心、室外游泳池、室内训练馆（改造）的生活用水及池水补水均直接由室外给水管供水。

3) 室外给水系统为生活消防合用管道系统。

(2) 室内给水系统

1) 生活用水系统与消防给水系统、池水循环净化系统的管道分开设置。

2) 城市自来水水压能满足本工程生活用水要求，故采用城市自来水直接供水方式。

4. 管材：室内采用聚丙烯（PP-R）塑料管；室外采用内壁衬水泥砂浆球墨铸铁给水管，橡胶圈接口。

（二）生活热水系统

1. 生活热水供应部位：游泳跳水馆和水上娱乐中心的淋浴。

2. 冷水计算温度 10℃，生活热水供应温度 60℃。

3. 本工程最高日生活热水量（60℃）137.7m³/d，最大小时生活热水量（60℃）22.9m³/h，耗热量 1300kW。主要项目用热水标准和用水量详（表 2）。

生活热水用水量表（60℃） **表 2**

序号	用水项目	使用人数	用水量标准	小时变化系数	使用时间(h)	平均小时用水量(m³/h)	最大小时用水量(m³/h)	最高日用水量(m³/d)	备注
1	游泳者淋浴	4950 人/d	27L/（人·场）	2.0	12	11.1	22.3	133.7	
2	餐饮	1000 人/d	4L/（人·餐）	2.0	10	0.3	0.6	4.0	
3	合计					11.4	22.9	137.7	

4. 热源由本工程锅炉房提供 0.8MPa 蒸汽经减压阀减压至 0.4MPa 后使用。

5. 热水系统的冷水补水由城市自来水直供。

6. 游泳跳水馆设 2 台 $V=1.2m^3$ 立式半容积式汽水换热器，设于馆内地下一层热交换间，供游泳跳水馆淋浴。

水上娱乐中心设 2 台 $V=2.0m^3$ 立式半容积式汽水换热器，设于水上娱乐中心地下一层热交换间，供水上娱乐中心淋浴。

汽水换热器均设自动温度调节装置及安全装置。

7. 热水系统采用机械循环，每个系统设两台热水循环泵，1 用 1 备，互为备用，当系统水温低于 50℃时，热水循环泵自动开启，系统水温达 55℃时，热水循环泵自动关闭，如此往复。

8. 管材：热水管采用聚丙烯（PP-R）塑料热水管。

（三）排水系统

1. 室外污水、雨水采用分流管道系统。红线内污水设 2 个总排出管，分别接至笋岗西路的城市污水管。

2. 室内污水与洗涤废水采用合流管道系统。

生活污水最大小时排水量 54m³/h，最高日排水量 290m³/d。

室内±0.000 地坪以上污废水采用重力自流排出。地下室污废水由潜水排污泵提升分别排入室外污水管道或雨水管道，每一集水坑设两台潜水排污泵，轮换工作，互为备用，潜水排污泵由集水坑水位自动控制。

3. 厨房为独立排水管道系统，污水经隔油器处理后排入室外污水管道；锅炉房排水经降温池处理，使水温不超过 40℃再排入室外污水管道；生活污水经化粪池处理后排入污水管道。

4. 管材：室内污水、通气管均采用 PVC-U 塑料排水管；室外污水管采用钢筋混凝土管，钢丝网水泥砂浆抹带接口。

（四）雨水系统

1. 暴雨强度公式：$q=\frac{167A}{(t+b)^n}$

屋面设计重现期 $P=5$ 年，地面设计重现期 $P=1$ 年；屋面集水时间 $t=5\text{min}$，地面集水时间 $t=10\text{min}$。

2. 建筑屋面雨水采用内、外排水相结合的排水方式，雨水经雨水斗、雨水立管排至室外雨水管道。屋面雨水采用压力流（虹吸式）排水系统，雨水口采用虹吸式雨水斗。屋面天沟设有排超重现期雨水的溢流口。

地下车库出入口处设雨水截水沟和集水坑，截流至集水坑内的雨水由潜水排污泵提升后排入室外雨水管道。

3. 红线内室外地面雨水经室外雨水口、雨水管分两路排至笋岗西路城市雨水沟（管）内。

4. 管材：室内雨水管采用高密度聚乙烯管；室外雨水管采用钢筋混凝土管，钢丝网水泥砂浆抹带接口。

（五）冷却循环水系统

1. 设计参数：湿球温度 28℃；冷却塔进水温度 37℃，出水温度 32℃。循环水量 850m³/h，补水量 12.8m³/h，循环利用率为 98.5%。

2. 冷却塔及补水：逆流式超低噪声玻璃钢冷却塔两台，与冷冻机对应配套使用。冷却塔设于锅炉房屋面上。冷却塔补水由城市自来水直接供给。

（六）游泳池及娱乐池池水循环净化

1. 基本设计参数

（1）游泳池及娱乐池平面尺寸及水深：

① 游泳跳水馆比赛池：51.5m×25m×2.2～3.0m；

② 游泳跳水馆训练池：25m×21m×2.5m；

③ 游泳跳水馆跳水池：25m×25m×5.5m；

④ 室外游泳池：50m×21m×2m；

⑤ 水上娱乐中心室内造浪池：30m×12～25m×0～2m（梯扇形）；

⑥ 水上娱乐中心室内外嬉水休闲池：不规则狭长形；

⑦ 水上娱乐中心室外漂流河：170m×2.2～3m×1.0m（弯曲形状）；

⑧ 水上娱乐中心室内外滑道池（2 个）：ϕ6.5m×1.2m；

⑨ 水上娱乐中心室内儿童池：ϕ4m×0～0.3m；

⑩ 水上娱乐中心室内按摩池（高温）：ϕ2.9m×0.8m、ϕ2.6m×0.8m；

⑪ 水上娱乐中心室内按摩池（常温）：ϕ2.8m×0.8m。

(2) 池水循环周期

① 游泳跳水馆比赛池：4.5h；

② 游泳跳水馆训练池：4h；

③ 游泳跳水馆跳水池：8h；

④ 水上娱乐中心室内外娱乐池：3h；

⑤ 水上娱乐中心室内按摩池、儿童池：0.5h。

(3) 池水温度

① 游泳跳水馆比赛池、训练池、跳水池：26±1℃；

② 水上娱乐中心室内娱乐池，28℃（冬季），夏季开放时随气温；

③ 水上娱乐中心室内高温按摩池：37℃；

④ 水上娱乐中心室内常温按摩池、儿童池：28℃（冬季），夏季开放时随气温。

(4) 过滤速度

① 过滤器均采用石英砂压力过滤器；

② 游泳跳水馆比赛池、训练池过滤速度不超过 25m/s；

③ 游泳跳水馆跳水池、室外游泳池、水上娱乐中心等不超过 30m/s。

2. 池水循环方式及系统划分

(1) 池水循环方式

① 游泳跳水馆比赛池、跳水池、训练池采用逆流式循环。

② 室外游泳池、造浪池、滑道池、嬉水休闲池、漂流河、儿童池、按摩池等采用顺流式循环。

(2) 系统划分

① 游泳跳水馆比赛池、训练池、跳水池、室外游泳池等各自独立设置池水循环净化系统。

② 水上娱乐中心室内滑道池、嬉水休闲池、造浪池、儿童池、室内常温按摩池合设 1 组池水循环净化系统。

③ 水上娱乐中心室外滑道池、嬉水休闲池、漂流河合设 1 组池水循环净化系统。

④ 水上娱乐中心室内高温按摩池独立设置两组池水循环净化系统。

⑤ 水上娱乐中心室内、室外滑道池各自设置润滑水循环给水系统（润滑水泵要求双路电源）。

⑥ 水上娱乐中心漂流河设 2 处推流加压泵站（工艺提供）。

⑦ 水上娱乐中心室内、室外嬉水休闲池的水景（水伞、水帘、水蘑菇等）分别各自合设循环给水系统。

3. 循环水泵

(1) 游泳跳水馆内的跳水池、比赛池、训练池的循环水泵采用进口水泵，泵体为铸钢，叶轮为不锈钢材质或无锌铜。

(2) 水上娱乐中心的造浪池、室内外嬉水休闲池、漂流河、滑道池等的循环水泵采用国产水泵，泵体为铸钢，叶轮为不锈钢材质或无锌铜。

4. 初次充水和补充水

(1) 游泳池及娱乐池初次充水、正常使用中的补充水水源为城市自来水。

(2) 游泳跳水馆比赛池和跳水池、训练池采用均衡水池间接式补水。

(3) 室外游泳池、水上娱乐中心娱乐水池和室内训练池（改造）采用设置平衡水箱间接式补水。

(4) 补水管道上均装设倒流防止器和水表计量补水量。

5. 均衡池、平衡水箱

(1) 游泳跳水馆比赛池设 135m^3 的均衡池 1 座，设于本馆地下一层机房。

(2) 游泳跳水馆训练池设 60m^3 的均衡池 1 座，设于本馆地下一层机房。

(3) 游泳跳水馆跳水池设 80m^3 的均衡池 1 座，设于本馆地下一层机房。

(4) 室外游泳池设 3～5m^3 平衡水箱 1 座，设于其看台下面。

(5) 水上娱乐中心室内造浪池、滑道池、嬉水休闲池、儿童池合用 1 座平衡水箱，设于商店端部的房间内。

(6) 水上娱乐中心室外滑道池、嬉水休闲池、漂流河合用 1 座平衡水箱，设于商店端部的房间内。

6. 池水过滤净化

(1) 池水过滤均采用石英砂压力过滤器。

(2) 过滤器的反冲洗采用气、水组合冲洗方式。

7. 池水加药

(1) 为保证过滤效果，向池水中投加混凝剂，混凝剂采用碱式氯化铝或精制硫酸铝，投加量按 5mg/L 进行设计。采用湿式投加。

(2) pH 值调整剂采用碳酸钠或纯碱，投加量按 3mg/L。采用湿式投加。

(3) 为保证池水不产生藻类，应定期（当池水出现绿颜色时，或夏季阴雨闷热季节）向池水中投加除藻剂。除藻剂采用硫酸铜，投加量按 1mg/L 设计，用湿式投加。

(4) 加药方式采用全自动（自动投加、自动调剂）控制和手动控制两种形式，并与循环水泵连锁。

8. 池水消毒

(1) 池水消毒剂采用臭氧（O_3），投加量按 0.8～1.0mg/L 设计。

(2) 消毒方式采用循环水全部进行消毒的全流量臭氧消毒。

(3) 臭氧与水在反应罐充分混合、接触反应，接触反应时间不少于 2min。

(4) 长效消毒剂采用成品次氯酸钠溶液，投加量按有效氯为 0.6mg/L 设计。

(5) 投加系统的划分与循环水系统的划分相一致。

(6) 投加方式采用全自动控制和手动控制两种形式，并与循环水泵连锁。

9. 池水加热

(1) 室内各类泳池及娱乐池采用间接式加热方式。

(2) 热源为锅炉房提供的 0.8MPa 蒸汽，经减压阀减压至 0.4MPa 后使用。

(3) 加热设备采用汽-水板式换热器，数量按初次池水加热时间，游泳、跳水馆不超过 72h，室内水上娱乐中心不超过 48h 确定。池水初次加热耗热量为 2500kW，平时循环耗热量为 990kW。

(4) 采用分流量加热方式时，增设被加热水与未加热水充分均匀混合装置。

(5) 被加热水的出水温度采用 35～40℃。换热器均设置自动温度调节装置，并与循环水泵连锁。

(6) 各类泳池及娱乐池正常使用中的池水保温换热器，采用轮换运行，有利设备的保养维修。

10. 循环水净化系统的控制

(1) 游泳池和娱乐池均采用全自动化控制系统（不包括过滤器的反冲洗）。

(2) 循环水净化系统的控制

① 连续监测池水的 pH 值、余氯、氧化还原电位、水温等运行参数，并能显示数值。

② 根据 pH 值、余氯、水温等数据，自动调节药剂的投加量和加热器的控制。

11. 跳水池即时安全气垫及制波系统

（1）跳水池 3m 及 3m 以上的跳板和跳台下设即时安全气垫系统。池底设空气起泡制波系统制波；水面以上在 3m 及 3m 以上的跳板和跳台处设置喷水造波喷嘴制波。

（2）即时安全气垫喷气时间应不小于 7 秒。

12. 设备材料

（1）管材及附配件采用 ABS 塑料或铜制品，工作压力不小于 0.6MPa。

（2）室内比赛池、跳水池及训练池加药设备、消毒设备、循环水泵、加热器及自动化控制设备和仪表建议采用成套进口产品。水上娱乐池可以以国产设备为主，关键性的自动化控制设备和仪表建议采用进口设备。

二、消防系统

（一）消防用水量

1. 水量（表 3）

消防用水量　　表 3

序号	系统名称	用水量标准(L/s)	火灾持续时间	一次灭火用水量(m^3)
1	室外消火栓	30	2h	216
2	室内消火栓	20	2h	144
3	自动喷水灭火	30	1h	108

2. 消防灭火系统：本工程设室外消火栓系统、室内消火栓系统、自动喷水灭火系统、气体灭火系统。

（二）消火栓系统

1. 室外消火栓系统

（1）采用低压消防给水系统，并且生活与消防合用给水管道系统。

（2）由笋岗西路城市自来水管和体育场、体育馆室外给水管网上各接 *DN*200 引入管至红线内，与红线内环网相接，直接供给消火栓用水。

（3）本工程室外共设 11 套地上式室外消火栓。

2. 室内消火栓系统

（1）除变配电间、柴油发电机房、通信机房等不能用水灭火的房间外，均设有消火栓保护。

（2）采用游泳跳水馆内的训练池池水作为主水源；比赛池池水作为备用水源。

（3）室内消火栓给水管道为独立管道系统。

（4）游泳跳水馆上部无条件设置高位水箱，为保证消火栓管网内水压，室内消火栓给水系统采用微机控制自动巡检消防气压给水设备进行加压供水。此设备包括两台主泵和两台副泵（均为 1 用 1 备，互为备用）、1 台气压罐、微机控制器、PLC 可编程器等配套设备及仪表。

（5）微机控制自动巡检消防气压给水设备设于游泳跳水馆的地下消防水泵房内。火灾时，该设备因管网压力下降自动启动主泵。也可由消火栓处的启泵按钮及消防控制中心直接启动主泵，消防水泵房设手动控制启停。平时则由副泵和气压罐维持管网压力。

（6）微机控制自动巡检消防气压给水设备的巡检功能：给出正常的巡检指示和泵的故障指示；远程遥控开启巡检功能并显示消防干管给水压力值；每周对消防主泵进行运转巡检 1 次。

（7）室内消火栓箱内配 *DN*65mm、*L*＝25m 麻质衬胶水带 1 条，*DN*65mm 消火栓 1 个，65mm×19mm 直流水枪 1 支；消防卷盘 1 套；启泵按钮和指示灯各 1 个（地下车库消火栓箱内不设消防卷盘）。

3. 室外设2套地上式消防水泵接合器，供消防车向系统供水。

4. 管材：采用热浸镀锌钢管、丝扣和沟槽卡箍机械连接。

（三）自动喷水灭火系统

1. 除设备机房、变配电间、通信机房、空间高度超过8m的场所和金属网架屋面、卫生间、淋浴间等场所外。其余部位均设有自动喷水灭火喷头。

2. 自动喷水灭火系统按中危险Ⅱ级要求设计，喷水强度8L/(min·m²)，作用面积160m²，灭火用水量30L/s，与室内消火栓系统相同，训练池池水为消防主水源，比赛池池水作为备用水源。

3. 为保证自动喷水管网水压，与消火栓消防给水系统相同，设置微机控制自动巡检消防气压给水设备进行加压供水。设两台主泵、两台副泵（均为1用1备，互为备用）、1个气压罐、微机控制器、PLC可编程器等。火灾时，喷头动作，管网压力下降到一定值时，主泵自动启动，向管网供水。平时由副泵维持管网压力。

4. 本系统每层和每个防火分区均设水流指示器和电触点信号阀，以便喷头动作后能立即向消防中心报警。

5. 除厨房高温作业区采用93℃级玻璃球喷头；库房、车库采用72℃级易熔元件喷头，其余房间和部位均采用68℃级玻璃球喷头。

6. 室外设两套地上式消防水泵接合器，供消防车向系统供水。

7. 管材：采用热镀锌钢管、丝扣及沟槽式卡箍机械连接。

（四）气体灭火系统

1. 低压二氧化碳灭火系统

(1) 燃气锅炉房设置低压二氧化碳全淹没灭火系统。

(2) 基本设计参数

设计浓度：37%。

气体喷放时间：≤1min。

(3) 二氧化碳灭火系统设自动控制、手动控制和机械应急操作三种启动方式。

2. 七氟丙烷灭火系统

(1) 柴油发电机房设置七氟丙烷全淹没灭火系统。

(2) 基本设计参数：

设计浓度：8.3%。

气体喷放时间不多于10s。

(3) 七氟丙烷灭火系统设自动控制、手动控制和机械应急操作三种启动方式。

3. 移动式磷酸铵盐灭火器

(1) 变配电间、汽车库出入口设置25kg装推车式磷酸铵盐灭火器。

(2) 厨房、通信机房及汽车库内设置4kg装手提磷酸铵盐灭火器。

(3) 观众休息厅及其他部位根据《建筑灭火器配置设计规范》要求设置2kg装手提磷酸铵盐灭火器。

(4) 屋顶网架内沿照明光带通行马道外侧设置2kg装手提磷酸铵盐灭火器。

三、设计及施工体会

本工程属较大型、复杂的体育建筑，在设计中由于和国家体育总局及有设计经验的游池专业公司配合，按提出工艺要求与各专业配合设计，使得本工程施工较为顺利。

四、工程系统图及照片

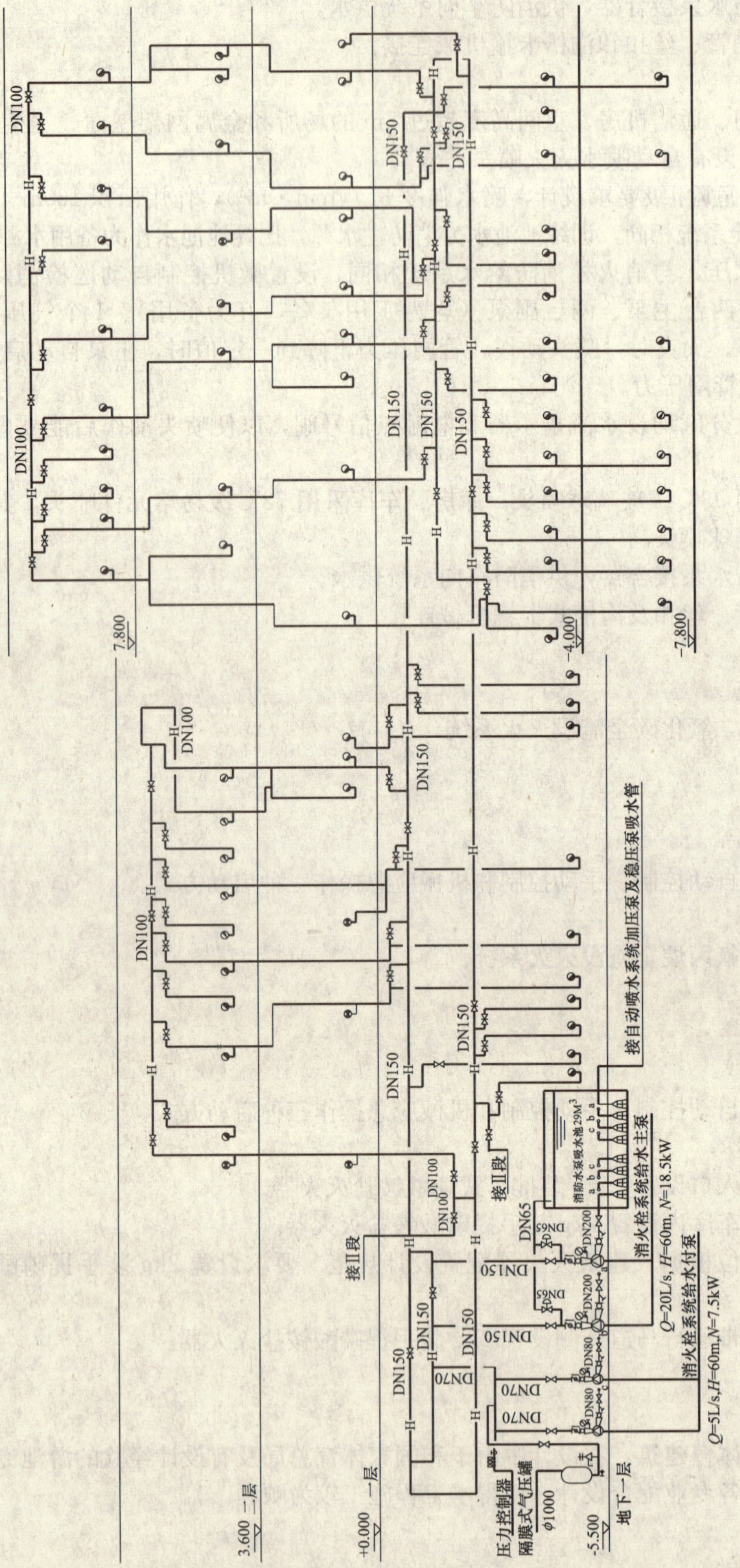

Ⅰ段消火栓给水系统图

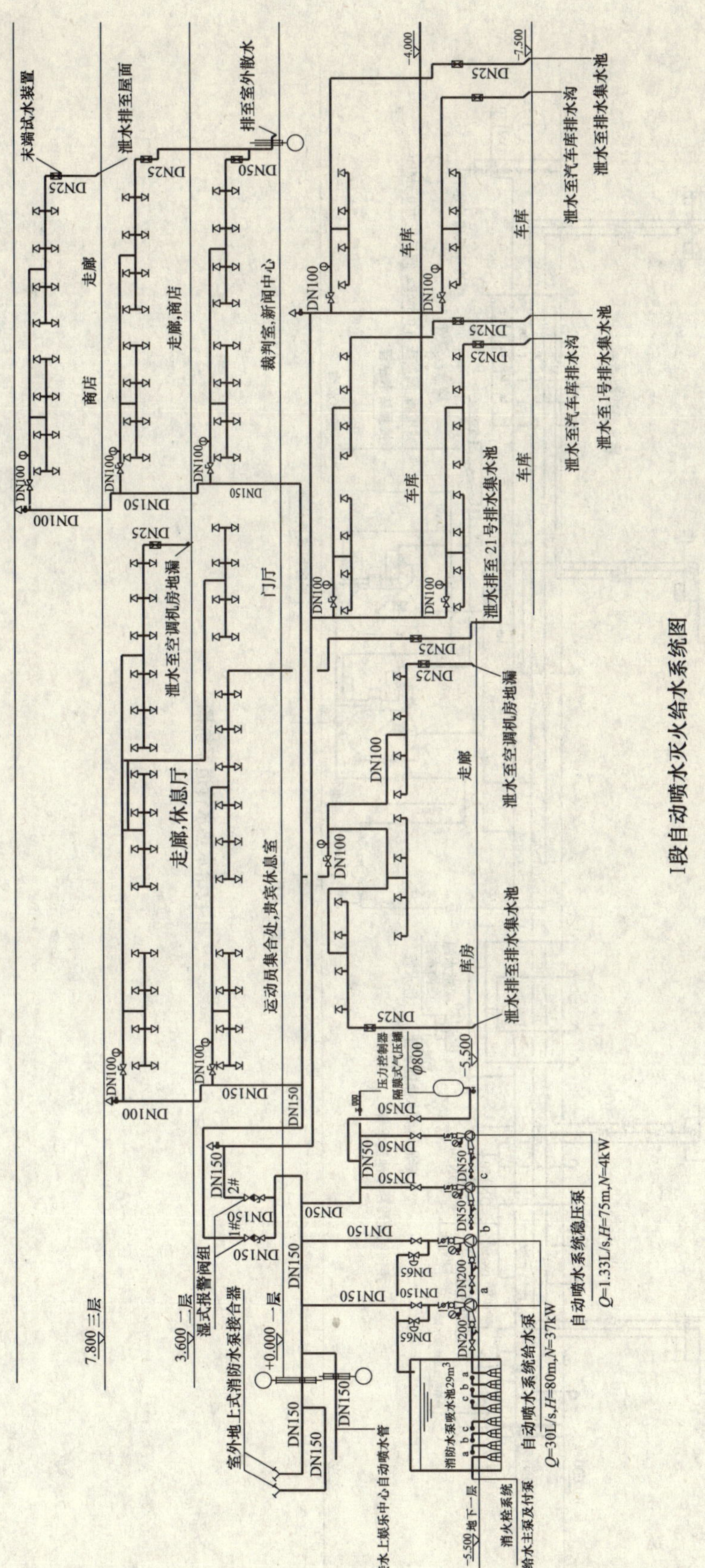

I段自动喷水灭火给水系统图

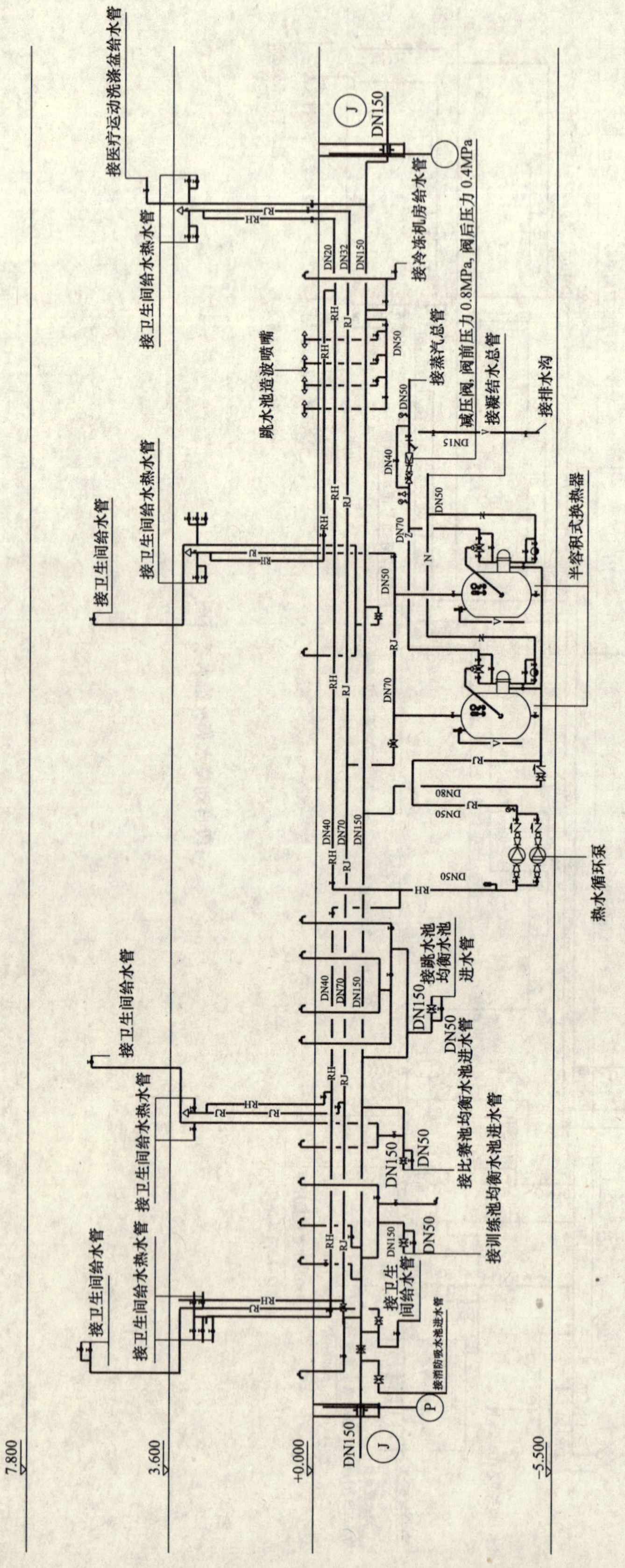

I段给水热水管道系统图

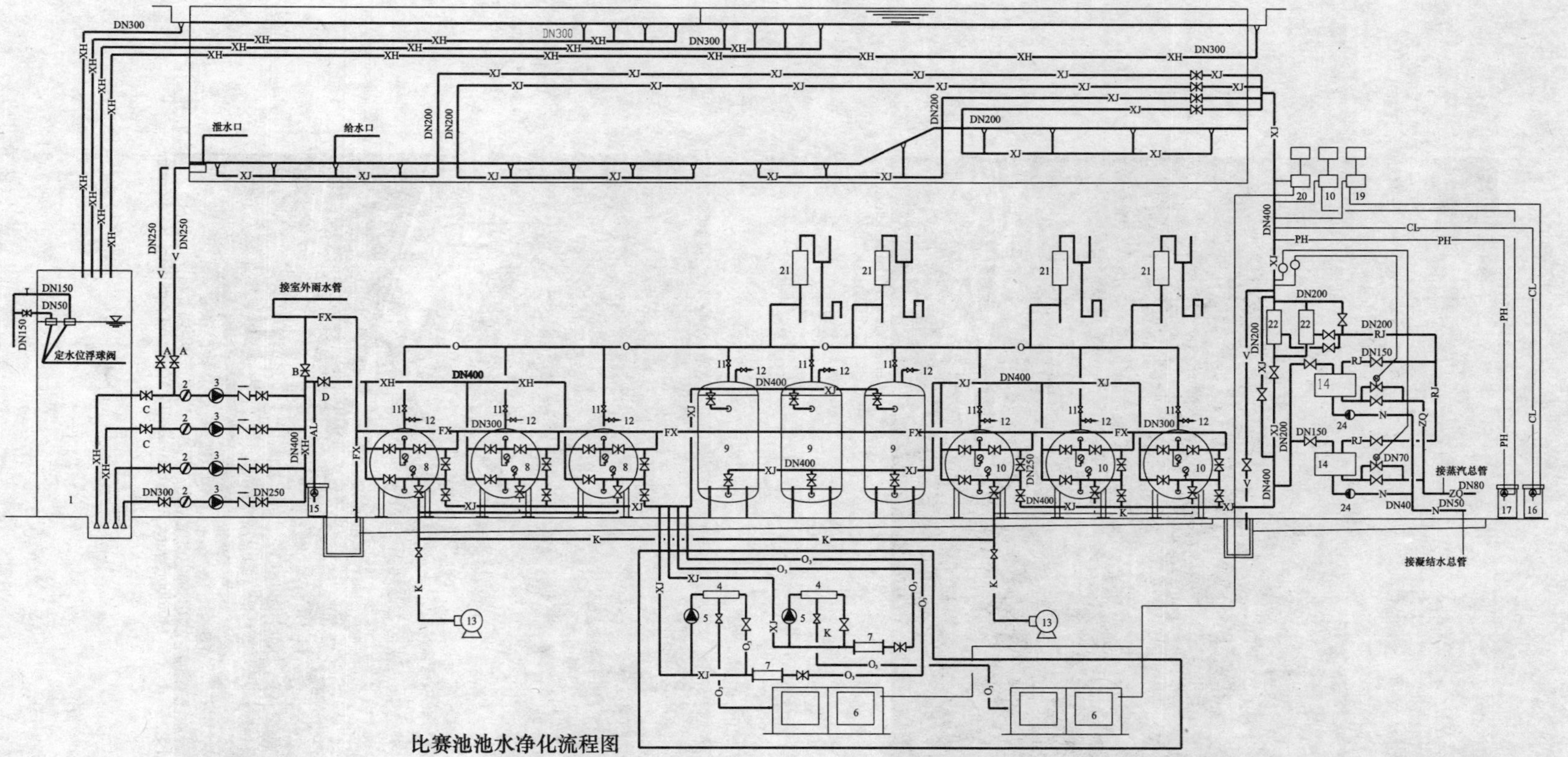

比赛池池水净化流程图

设备编号名称对照表

编号	名称	单位	数量	编号	名称	单位	数量	编号	名称	单位	数量	编号	名称	单位	数量
1	均衡池	座	1	7	臭氧混合器	个	2	13	无油鼓风机	组	2	19	pH值调节测控仪表	套	1
2	毛发过滤器	个	4	8	砂过滤罐	台	3	14	板式换热器及水/汽控制系统	组	2	20	O_3测控仪表	套	1
3	循环水泵	台	4	9	臭氧反应罐	台	3	15	絮凝剂投加系统	套	1	21	残余臭氧消除器	台	4
4	臭氧射流器	台	2	10	活性碳吸附罐	台	3	16	长效消毒系统	套	1	22	管道混合器	台	2
5	臭氧增压泵	套	2	11	自动排气阀	台	9	17	pH值调整系统	套	1	23	排水提升泵	台	4
6	臭氧发生器	组	2	12	手动排气阀	台	9	18	余氯测控仪表	套	1	24	疏水器	个	2

说明：1.游泳池泄空排水时，关闭CD阀门，开启AB两个阀门，平时正常循环时，AB两阀关闭，CD阀门开启；

2.平时循环时，一部分循环水加热至30°C与未加热的循环水混合，使水温达到26°C；初次加热池水时，一部分冷水加热与另一部分未加热的冷水混合，使池水水温在72小时内达到26°C；

3.工艺设备公司确定后，本流程图将按订货设备情况进行必要调整。

图例	名称	图例	名称	图例	名称
	循环给水管	—N—	凝结水管		蝶阀
	循环回水管		残余臭氧排气管		闸阀
—FX—	反冲洗管	—O3—	臭氧输出管		截止阀(DN>50)
	泄水管	—CL—	长效消毒剂管		截止阀(DN<50)
—F—	压力排水管	—AL—	絮凝剂管		电动阀
—Z—	蒸汽灌	—PH—	pH值调整管		

游泳馆全景鸟瞰 Aerial View of the Natetorium

主馆、副馆之间的室外戏水乐园 Outdoor Water Park between the Main and Auxiliary Natatorium

跳水池边波浪形背景墙及跳台 Wave-shaped background wall and diving platform by the diving pool

上海旗忠森林体育城网球中心

设计单位： 上海建筑设计研究院有限公司

设 计 人： 脱宁　胡强　刘毅　杨磊　吴泉　吴健斌

获奖情况： 公共建筑一等奖

工程概况：

我国为举办2005年上海ATP国际网球大师杯赛，在上海市闵行区建造了一座占地约为338000m² 的旗忠森林国际网球中心。该工程是由室内网球俱乐部、十八片室外网球场、主赛场和能源中心等单体组成的体育建筑，其建筑面积约为60000m²。15000座的主赛场建筑高度约为38m，其屋顶为八片可开启式活动屋面，开合面积约为15200m²，开启一次时间约为10～20min。其余建筑物建筑高度均不高于24m，是2003年度上海市重大建设工程项目之一。

一、给水排水系统

（一）给水系统

1. 冷水用水量（表1）。

冷水用水量表　　表1

序　号	用水名称	用水定额	最高日用水量(m³/d)
1	观众	3L/(座·场)	108
2	运动员及官员淋浴	40L/(人·次)	97.5
3	工作人员	100L/(人·d)	15
4	记者	50L/(人·班)	15
5	网球俱乐部运动员	100L/(人·次)	10
6	网球中心餐厅	25L/(人·餐)	37.5
7	网球俱乐部餐厅	60L/(人·餐)	7.2
8	绿化浇灌	2L/(m²·d)	320
9	网球场地浇灌	3L/(m²·次)	114
10	空调补给水	由暖通专业提供	200
11	最高日总用水量为997m³/d		

2. 水源

根据建设单位提供的资料，当地市政供水压力为0.25MPa。网球中心生活用水、空调补给水、场地和绿化浇灌用水由元江路和昆阳路二路市政给水管网供水，引入管管径为两根*DN*250。

3. 系统竖向分区

冷水系统竖向分为两个区，一、二层为一区，二层以上为另一区。

4. 供水方式及给水加压设备

网球中心一、二层配水点利用市政水压直接供给，二层以上配水点采用恒压变频供水设备供水，生活水池和恒压变频供水设备设置在主赛场一层机房内。

5. 管材

室内冷水管道采用公称压力为1.0MPa薄壁铜管及配件，焊接和法兰连接。

室外冷水管道采用公称压力为0.6MPa给水塑料管及配件，专用胶粘接。

(二) 热水系统

1. 热水用水量（表2）。

热水用水量表 表2

序号	用水名称	用水定额(60℃)	最高日用水量(m^3/d)
1	运动员及官员淋浴	35L/(人·次)	85.3
2	工作人员	40L/(人·d)	6
3	网球俱乐部运动员	40L/(人·次)	4
4	网球中心餐厅	10L/(人·餐)	15
5	网球俱乐部餐厅	20L/(人·餐)	2.4
6	最高日总用水量为124m^3/d		

2. 热源

集中供应热水的热源采用燃气锅炉提供的高温热水，主赛场的热水耗热量约为918000kcal/h。局部供应热水的热源采用电力。

3. 系统竖向分区

热水系统竖向分区同冷水系统。

4. 供水方式

运动员及官员淋浴室、健身中心淋浴室、餐厅厨房洗涤池等部位使用的热水采用集中加热方式。为使冷热水压力平衡，热水供水方式同冷水，即利用市政水压直接供水。为保证热水出水温度，热水回水管采用同程布置，机械循环。

主赛场一层贵宾室卫生间和四层新闻转播室卫生间以及网球俱乐部部分卫生间和高级办公室等相对比较分散的热水配水点采用局部加热方式。

5. 热交换设备

集中供应热水的加热设备采用不锈钢导流型容积式水-水加热器，局部供应热水的加热设备采用挂壁型容积式和吊顶型容积式电加热器。

6. 管材

室内热水管道采用公称压力为1.0MPa的薄壁铜管及配件，焊接和法兰连接。

(三) 排水系统

1. 排水系统的形式

室内外生活污废水采用合流制，大部分生活污废水通过管道重力排放至市政污水管网内，其排放量约为287m^3/d。

主赛场一层看台地面冲洗废水经明沟收集后，二层看台地面冲洗废水经地漏收集后，重力排放至室外污水检查井。

主赛场内场地面冲洗废水、小部分生活污废水和共同沟内的废水均流入各自的集水井，通过污水潜水泵压力提升至室外污水检查井。

2. 通气管设置方式

主赛场的排水系统采用副通气立管进行系统通气，其通气帽采用侧墙式。其余建筑物的排水系统采用伸顶通气。

3. 局部污水处理设施

餐厅厨房洗涤废水经隔油池预处理后重力排至基地污水检查井。

4. 管材

室内外生活污废水管道采用排水塑料管及配件，承插粘接。

（四）雨水系统

1. 暴雨重现期（表3）

暴雨重现期 **表3**

序号	雨水收集部位名称	暴雨重现期(年)	序号	雨水收集部位名称	暴雨重现期(年)
1	总体	1	4	主赛场可开启屋面	50
2	主赛场内场看台	2	5	其他屋面	5
3	主赛场内场地面	5			

2. 雨水系统的形式

室外雨污水采用分流制，分几路重力排放至基地附近的市政雨水管网和基地北侧河道内。

主赛场可开启大跨度钢结构屋面雨水采用压力流排水系统。

主赛场内场看台和其他屋面雨水采用重力流排水系统。

主赛场内场地面雨水纳入集水井，通过雨污水潜水泵压力提升至室外雨水检查井。

3. 管材

室内压力流雨水管道明敷时采用公称压力为0.6MPa的不锈钢管及配件，焊接和法兰连接。暗敷时采用公称压力为1.0MPa的HDPE给水塑料管及配件，热熔连接。重力流雨水管道采用排水塑料管及配件，承插粘接。

室外雨水管道采用排水塑料管及配件，承插粘接。

二、消防系统

（一）水源

消防水源由市政三条道路提供三路*DN*200供水管，在基地内连成*DN*300管网供室内外消防用水，消防总用水量为90L/s。

（二）消火栓系统

1. 消火栓系统的用水量（表4）。

消火栓系统用水量 **表4**

序号	消防系统名称	消防用水量	火灾延续时间
1	室外消火栓灭火系统	30L/s	2h
2	室内消火栓灭火系统	30L/s	2h

2. 供水方式

室外消火栓灭火系统采用低压消防给水系统，利用市政水压直接供水。室内消火栓灭火系统采用稳高压消防给水系统，其系统竖向不分区。

3. 主赛场室内消火栓泵及稳压设备等参数（表5）。

主赛场室内消火栓泵及稳压设备参数表　　表 5

序号	消防设施名称	技术参数
1	室内消火栓加压泵	Q=30L/s，H=45m，N=22kW，2 台
2	室内消火栓稳压泵	Q=5L/s，H=64m，N=5.5kW，2 台
3	消防稳压罐	总容积 50L，1 个
4	水泵接合器	DN150，P=1.6MPa，2 套

4. 主赛场和网球俱乐部分别设置室内消火栓灭火系统和水泵接合器

消火栓泵和稳压设备分别设置在能源中心机房和网球俱乐部一层机房内，在机房的室外分别设置 2 套水泵接合器。

5. 管材

室内消防给水管道采用公称压力为 1.6MPa 的热镀锌钢管和热镀锌无缝钢管及配件，丝扣连接和沟槽式连接。

室外埋地消防给水管道采用公称压力为 1.6MPa 的给水球墨铸铁管及配件，承插连接。

（三）自动喷水灭火系统

1. 自动喷水灭火系统用水量（表 6）。

自动喷水灭火系统用水量表　　表 6

序号	消防系统名称	消防用水量	火灾延续时间
1	自动喷水灭火系统	30L/s	1h

2. 供水方式

自动喷水灭火系统采用稳高压消防给水系统，其系统竖向不分区。

3. 主赛场和网球俱乐部分别设置自动喷水灭火系统和水泵接合器

自动喷水泵、稳压设备和报警阀分别设置在能源中心机房和网球俱乐部一层机房内，在机房的室外分别设置 2 套水泵接合器。

4. 主赛场自动喷水泵及稳压设备参数（表 7）。

主赛场自动喷水泵及稳压设备参数表　　表 7

序号	消防设施名称	技术参数
1	自动喷水泵加压泵	Q=30L/s，H=68m，N=30kW，2 台
2	自动喷水泵稳压泵	Q=1L/s，H=78m，N= 1.5kW，2 台
3	消防稳压罐	总容积 50L，1 只

5. 主赛场自动喷水系统主要附件（表 8）。

主赛场自动喷水系统主要附件表　　表 8

序号	系统附件名称		规格及数量
1	玻璃球喷头	一般场所	DN15，68℃，2540 只
		锅炉房	DN15，93℃，38 只
2	报警阀	湿式报警阀组	DN150，P=1.6MPa，4 套
		雨淋阀组	DN150，P=1.6MPa，1 套
3	水泵接合器		DN150，P=1.6MPa，2 套

6. 管材：同消火栓系统。

（四）水喷雾灭火系统

1. 设置部位：柴油发电机房采用水喷雾灭火系统进行保护，其系统与自动喷水灭火系统合用，水雾喷头形式采用离心雾化型喷头。

2. 系统设计参数（表 9）：

水喷雾系统设计参数表 **表 9**

设计喷雾强度	持续喷雾时间	喷头工作压力	响应时间
20L/(min・m^2)	0.5h	≥0.35MPa	≤45s

3. 系统控制要求：水喷雾灭火系设有自动控制、手动控制和应急操作三种控制方式。

4. 管材：同消火栓系统。

三、设计及施工体会或特点介绍

据资料介绍，到目前为止世界上相继建成和在建的开合式屋盖的大型体育建筑将近二十座，其中开合式屋盖面积超过 10000m^2 的将近十座。如德国的奥夫沙尔克体育馆，荷兰的阿姆斯特丹竞技场，加拿大的多伦多体育场，日本的福冈棒球场，这些开合式屋盖的大型体育建筑被体育建筑大师称之为“第三代体育建筑”，它们是各国争相申办各种世界级体育比赛的一个亮点，原因是其可不受气候的变化而影响比赛进程，适应各种室内和室外赛事。

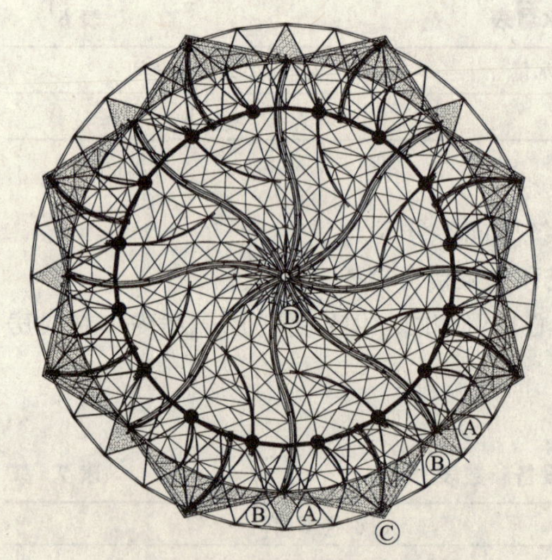

图 1　关闭状态时屋盖

上海旗忠森林国际网球中心主赛场的屋顶为开合式屋盖，开合面积约为 15200m^2，开启一次时间约为 10～20min。本项目是 2003 年度上海市重大建设工程项目之一。主赛场可容纳 15000 名观众，它的外形呈碗状，上大下小，建筑高度约为 38m，其屋盖由八片花叶状的开合式屋盖组成（图 1）。当屋盖打开时从空中鸟瞰，它仿佛就像点缀在绿草丛中一朵盛开的白玉兰，壮观而大气（图 2）。

大型开合式屋盖屋面雨水的收集和排放是该工程给水排水专业设计的技术要点和难题，目前国内无工程实例可参考。

参考有关资料，开合式屋盖按其移动方式可分为：水平移动方式、水平旋转移动方式、空间移动方式、绕枢轴转动方式、折叠移动方式和组合移动方式。

目前世界上大多数开合式屋盖的开合方式为水平移动方式和空间移动方式，它们是以平行移动、空间轨迹（道）移动或迭盖单元屋盖的形式打开屋盖，其屋盖大多由固定不动结构单元和可以移动结构单元组成，这类屋盖雨水的收集和排放比较简单，它只要将可以移动单元屋盖的雨水收集至固定不动单元屋盖的雨水天沟内，再通过屋面雨水斗和管道有组织地排至室外雨水检查井即可。

上海旗忠森林国际网球中心主赛场（以下简称网球主赛场）屋盖的开合方式属于水平旋转移动方式，它以八片可以移动的结构单元绕八个竖轴转动的方式打开屋盖，其屋盖没有固定不动结构单元。当屋盖闭合时，八片移动单元屋盖为柔性连接，如果移动单元屋盖的雨水天沟和雨水管道设计不当会造成雨水水位超高，雨水通过柔性连接的缝隙倒灌入室内（图 3）。

图 2 开启状态时屋盖

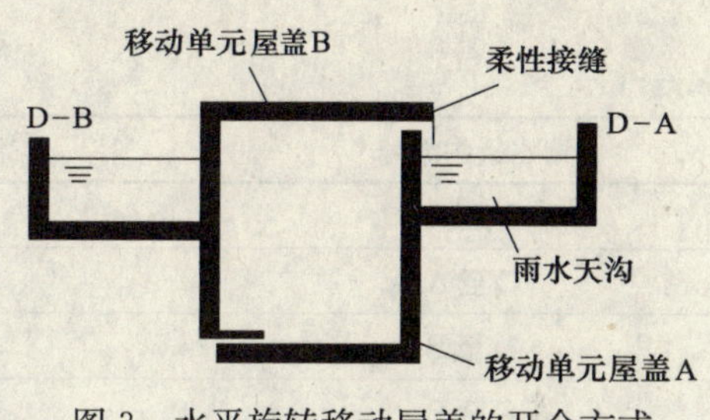

图 3 水平旋转移动屋盖的开合方式

针对网球主赛场水平旋转移动方式开合屋盖的特点，给水排水专业设计组会同屋盖的加工单位进行了多次讨论和协商，采用了开合式屋面雨水分步收集和排放的设计方案。

所谓开合式屋面雨水分步收集和排放系指将屋面雨水分为两部分串联收集和排放（图 5）。第一部分为移动单元屋盖的雨水收集和排放，它由雨水天沟、雨水集水井、雨水斗和雨水短立管组成，第二部分是将移动单元屋盖的雨水收集至设置在支撑移动屋盖下的固定环型钢架上的雨水集水井内，再通过雨水斗、雨水悬吊横管、雨水立管和消能雨水检查井二次间接串联排至室外。

开合式屋盖屋面雨水收集和排放特点介绍：

（一）网球主赛场屋面雨水设计主要技术参数（表 10）

主赛场屋面雨水设计参数表 **表 10**

开合式屋盖汇水面积	15200m^2	每片屋盖汇水面积 1900m^2
雨水设计重现期	50 年	
雨水径流时间	5min	
暴雨强度	805L/(s·hm^2)	
雨水排放方式	压力流	
雨水斗	UV 压力流雨水斗	捷流虹吸有限公司产品
雨水集水井材料	不锈钢	
雨水管道材料	不锈钢管和 HDPE 管	明露部分采用不锈钢管

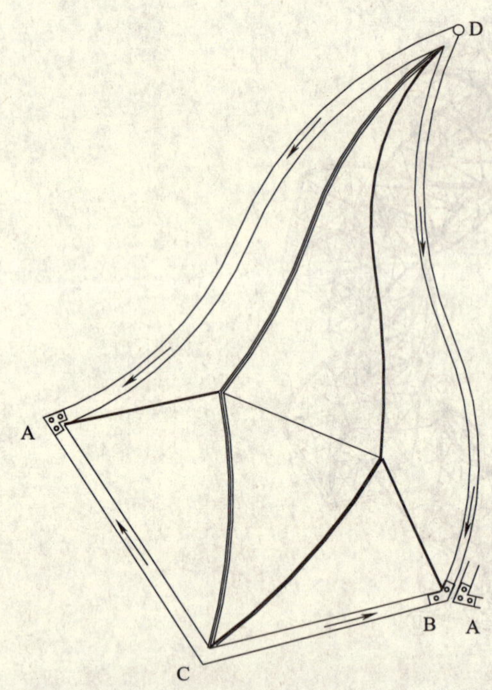

图 4 网球中心主赛场的移动单元屋盖

（二）移动单元屋盖的雨水收集和排放系统

网球中心主赛场的移动单元屋盖形似花叶状（图4），沿花叶四周设置了一道雨水天沟，其断面尺寸一般为 550mm×250mm（高），雨水天沟水深计算结果见表 11，A、B 两点为雨水天沟最低点（屋盖开合时 A 点为竖轴转动点，B 点为移动点），其断面尺寸为 550mm×350mm（高），D 点与 A、B 两点的高差均为 1.3m。雨水斗和雨水短立管的管径、高度和数量计算结果见表 12，从表 11 数据可见移动单元屋盖雨水天沟的高度完全能满足 50 年雨水设计重现期的雨水量，经复核如保持雨水天沟干弦高度为 75mm 时，则雨水天沟通过的雨水量还能满足 100 年雨水设计重现期，由此可见，该工程雨水天沟设计高度足以满足移动单元屋盖柔性连接缝隙处不透水的要求。

由表 12 数据可得雨水短立管高度和数量是由 A、B 两点收集的雨水量决定，当雨水短立管管径确定后，雨水短立管高度越大，雨水的排放量越大，同时，B 点处的短立管高度还要考虑屋盖开启时不能碰到下部的雨水集水井上边缘。

雨水天沟计算结果表　　表 11

雨水天沟编号	雨水量(L/s)	天沟深度(mm)
D至A	53	56
C至A	46	52
D至B	34	42
C至B	21	31

雨水斗、雨水短立管管径、高度及数量表　　表 12

雨水天沟编号	雨水量(L/s)	雨水斗管径(mm)×数量(个)	雨水短立管管径(mm)、高度(mm)×数量(根)
A点	99	UV107×3	*DN*100×1100×3
B点	55	UV107×2	*DN*100×700×2

（三）支撑移动屋盖的环型钢架雨水收集和排放系统（图 5）

移动单元屋盖 A、B 两点的雨水收集至设置在支撑移动屋盖下的固定环型钢架上的雨水集水井内，在环型钢架上共设置 8 只不锈钢雨水集水井，其尺寸按 50 年一遇雨水设计重现期，超过 50 年雨水设计重现期的雨水则从雨水集水井的溢流孔溢出（溢流孔中心标高为 33.45m），移动单元屋盖闭合时每只雨水集水井收集 A、B 两点的雨水量，开启时 B 点雨水短立管移动出集水井至室外（图 3），其每只雨水井仅收集 A 点的雨水量（表 13）。网球中心主赛场屋面雨水收集后通过 6 根总雨水立管分成 4 路排至室外压力流雨水检查井，在埋地压力流雨水检查井的井盖上设置专用透气管用作消能措施。

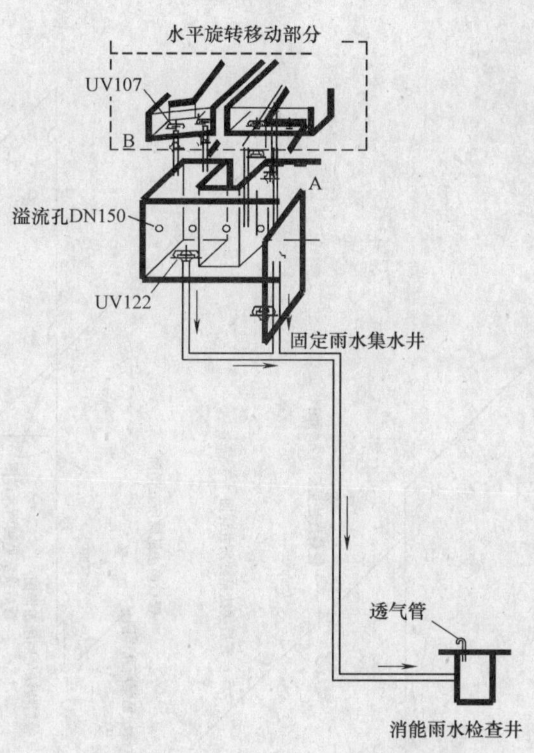

图5　支撑移动屋盖的环型钢架雨水收集和排放系统

雨水集水井计算结果表　　表13

雨水集水井数量(只)	8
雨水集水井尺寸(mm)	4800×2000×1300(高)
每只雨水集水井溢流孔孔径(mm)和数量(根)	*DN*150×4
每只雨水集水井雨水斗管径(mm)和数量(个)	UV122×2
雨水悬吊横管和立管(最大)管径(mm)和总数量(m)	*DN*315×815
雨水埋地管(最大)管径(mm)和总数量(m)	*DN*500×70
消能雨水检查井数量(座)	4

总之，世界上具有开合式屋盖的大型体育建筑其屋盖的开合方式各有不同，它们的屋面雨水收集和排放也各有特点。上海旗忠森林国际网球中心主赛场开合式屋盖的屋面雨水收集和排放设计具有专业创新精神，填补了我国给水排水专业设计在这个领域的空白，它采用了开合式屋面雨水分步收集和排放的二次间接串联的设计方案，该系统既简单又实用，为本专业人士在今后的设计中提供了很好的经验，值得同行借鉴。

网球主赛场开合屋盖雨水排水系统经过2005年夏季几场暴雨的考验，特别是台风“麦莎”期间的强暴雨的考验，该工程雨水排水系统设计满足移动单元屋盖柔性连接缝隙处不透水的要求，排水通畅，并受到业主的一致好评。

四、工程系统图及照片

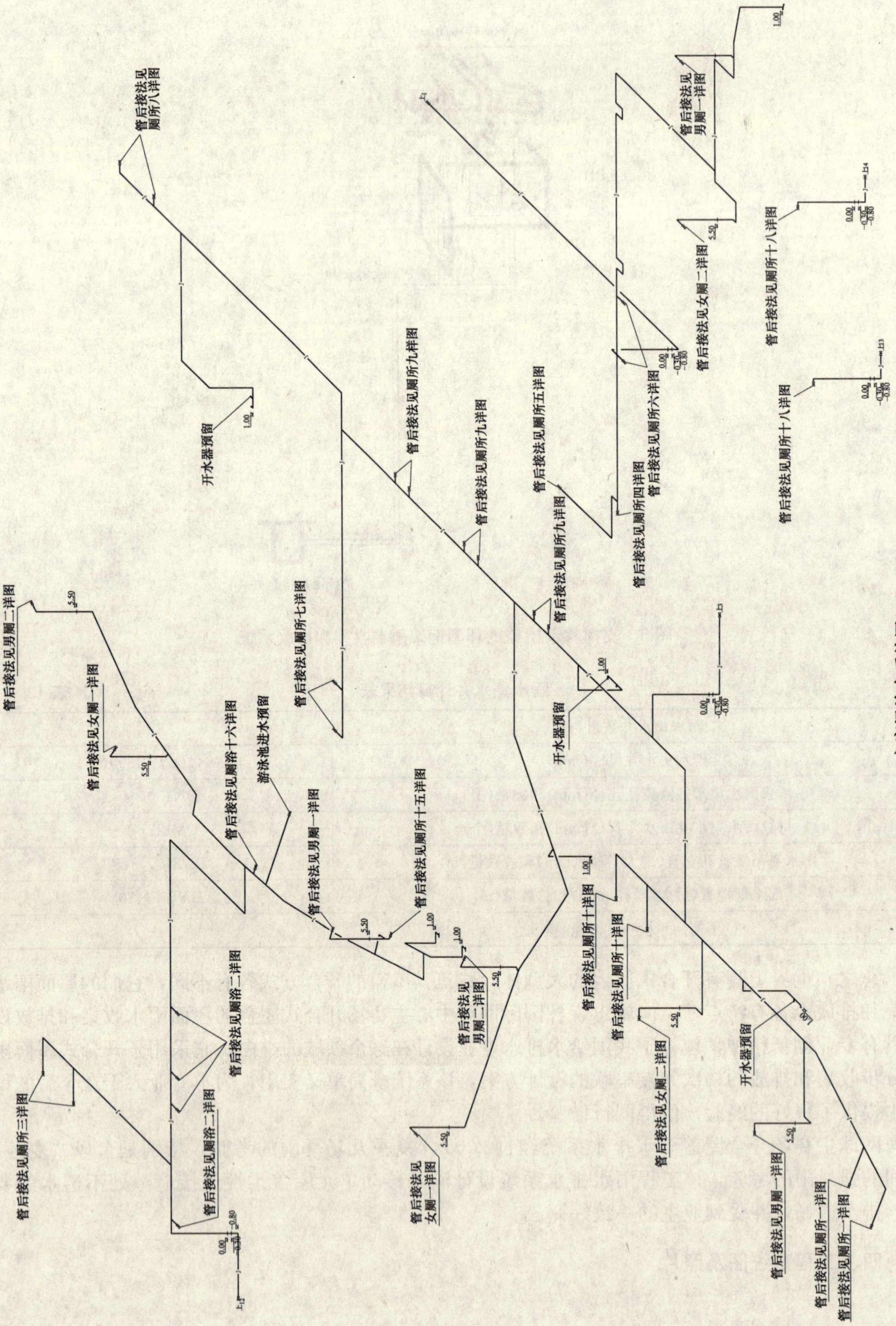

主赛场给水系统图(一)

管后接法见厕所十三详图
管后接法见女厕二详图
管后接法见女厕一详图
管后接法见男厕二详图
管后接法见厕所十四详图
洗衣房上水预留
管后接法见男厕二详图
管后接法见厕浴一详图
管后接法见厕所十九详图
管后接法见厕浴一详图
管后接法见厕浴一详图
管后接法见厕所十九详图
管后接法见女厕一详图
管后接法见厕所十二详图
管后接法见厕所十九详图
管后接法见厕所十九详图
管后接法见厕所十九详图
管后接法见男厕一详图
管后接法见女厕二详图
管后接法见厕所十七详图
管后接法见厕所十七详图
5.50
0.00
-0.30
-0.80
上4
上5
上6
上7
上8
上9
上10
上11

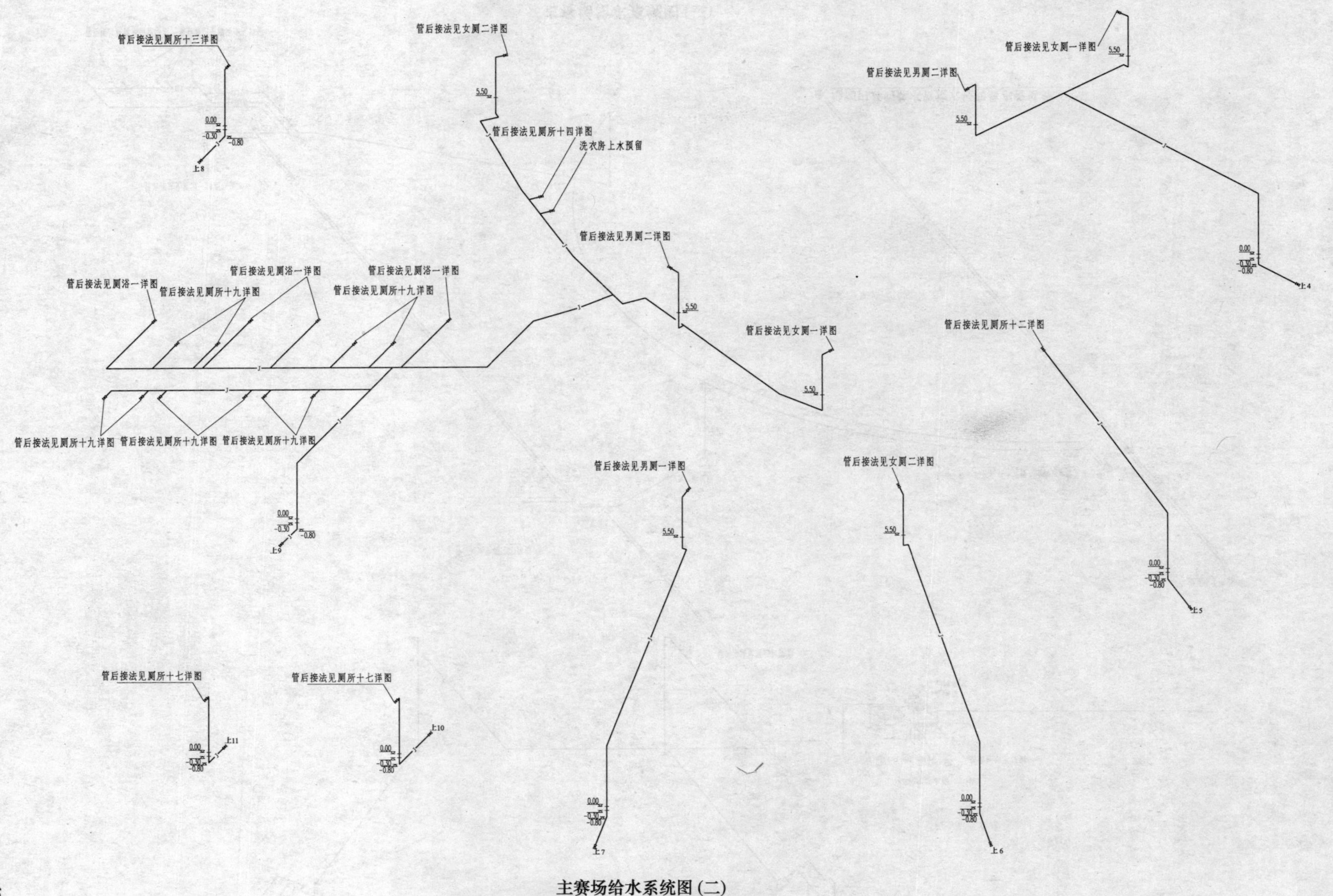

主赛场给水系统图(二)

6吨生活水箱
变频供水泵一用一备
DN10孔
空调补给水预留
防虫网罩
排至倒水坑
管后接法见厕所四详图
管后接法见厕浴二详图
排气阀
接至能源中心
地沟内环向热水管接入径向热水管见备忘录
管后接法见厕浴一详图
管后接法见厕浴十九详图
管后接法见厕浴十九详图
地沟内环向热水管接入径向热水管见备忘录

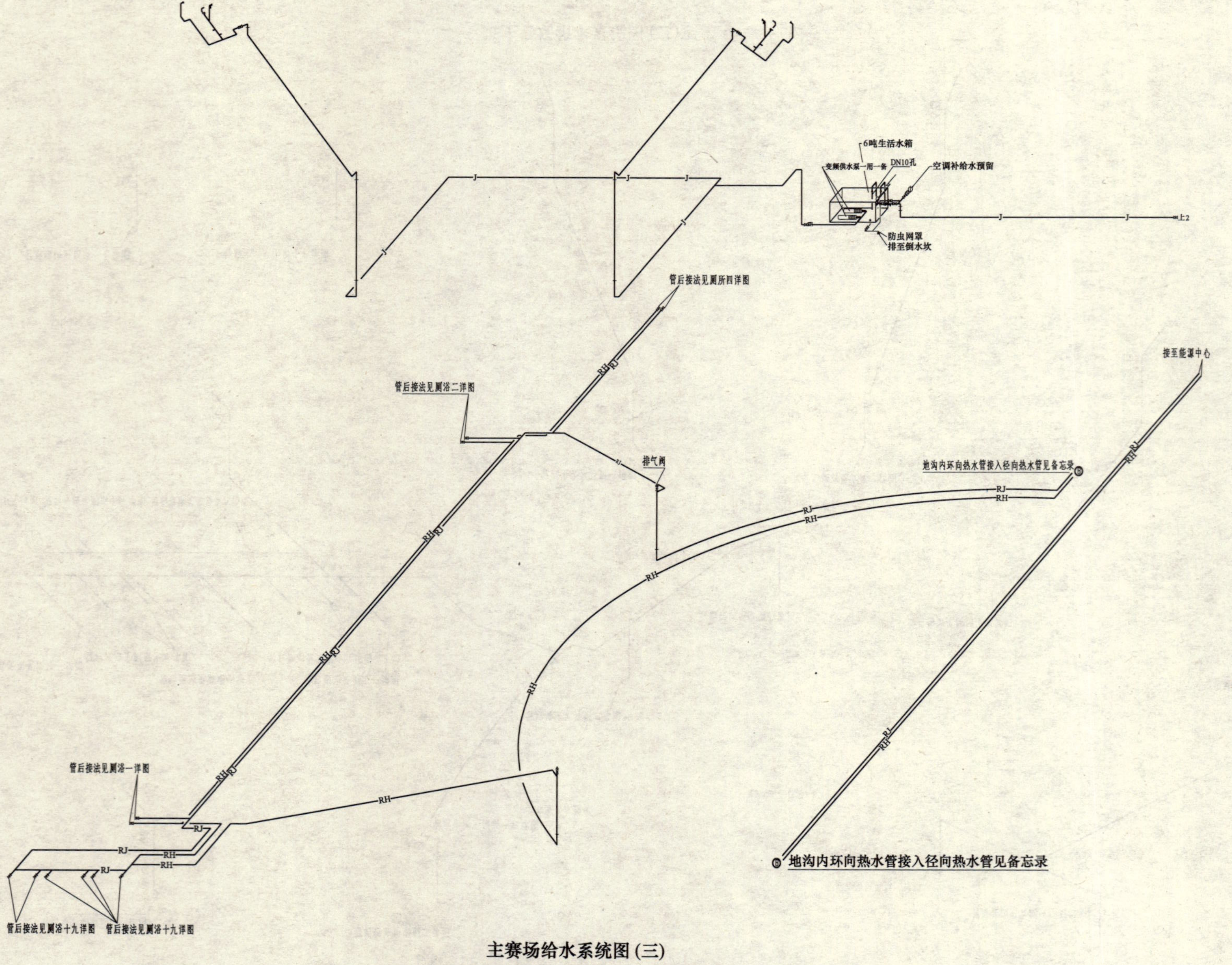

主赛场给水系统图(三)

接至二层通气管
管后接法见男公厕一详图
接水施 PD-005
穿孔管φ20 @ 200
φ20
管后接法见女公厕一详图
管后接法见男公厕二详图
注:蹲式大便器需自带存水弯

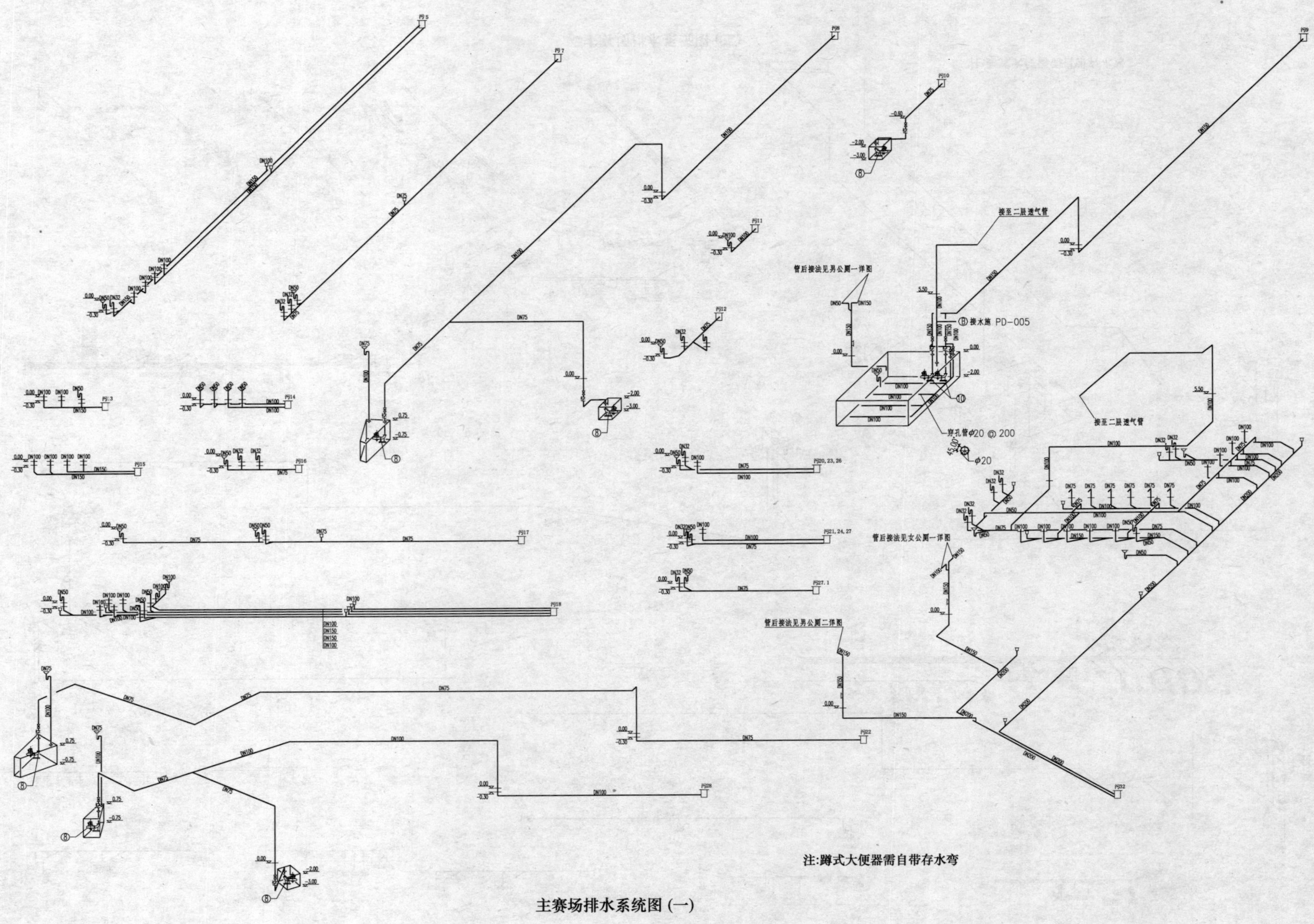

主赛场排水系统图 (一)

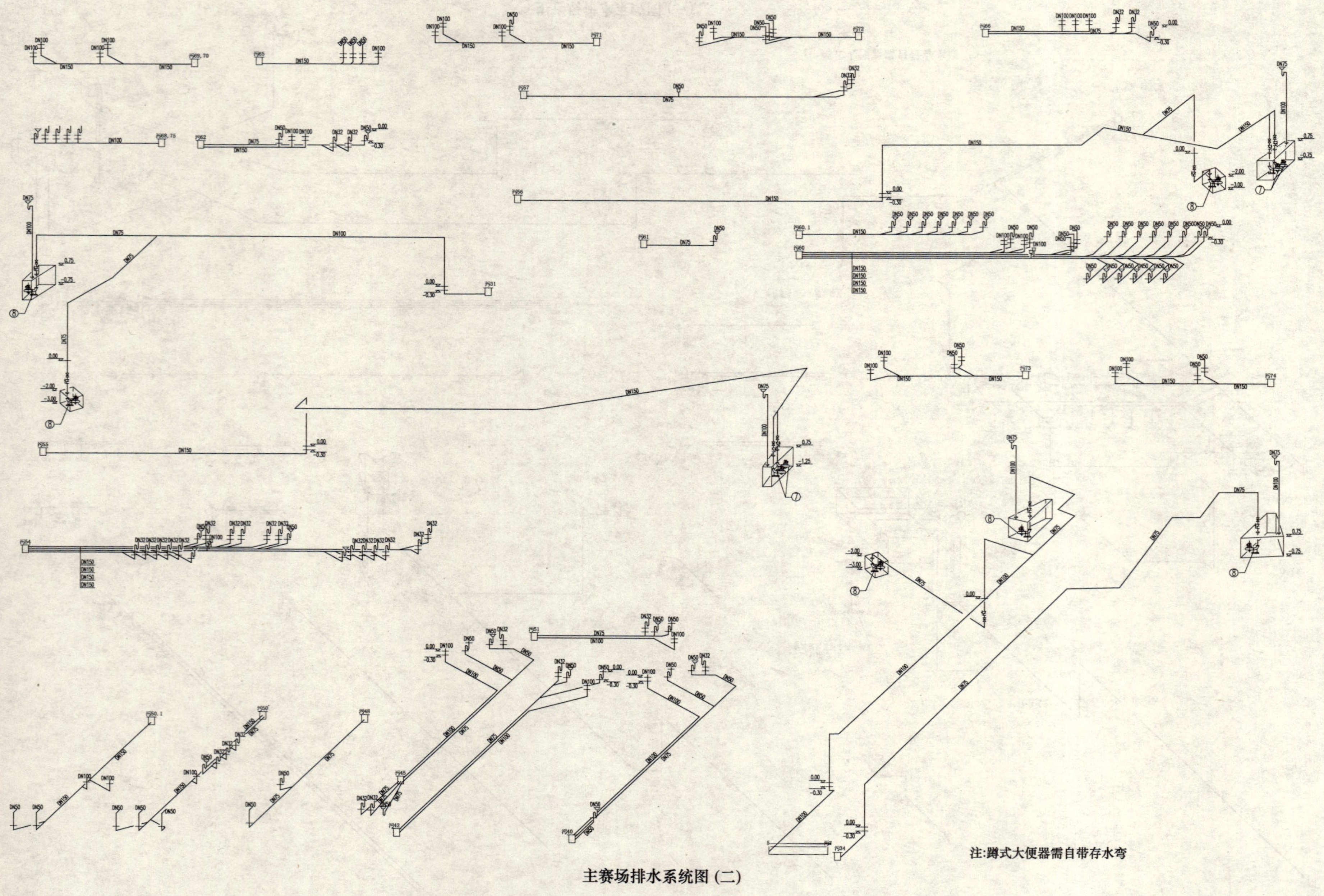

主赛场排水系统图（二）

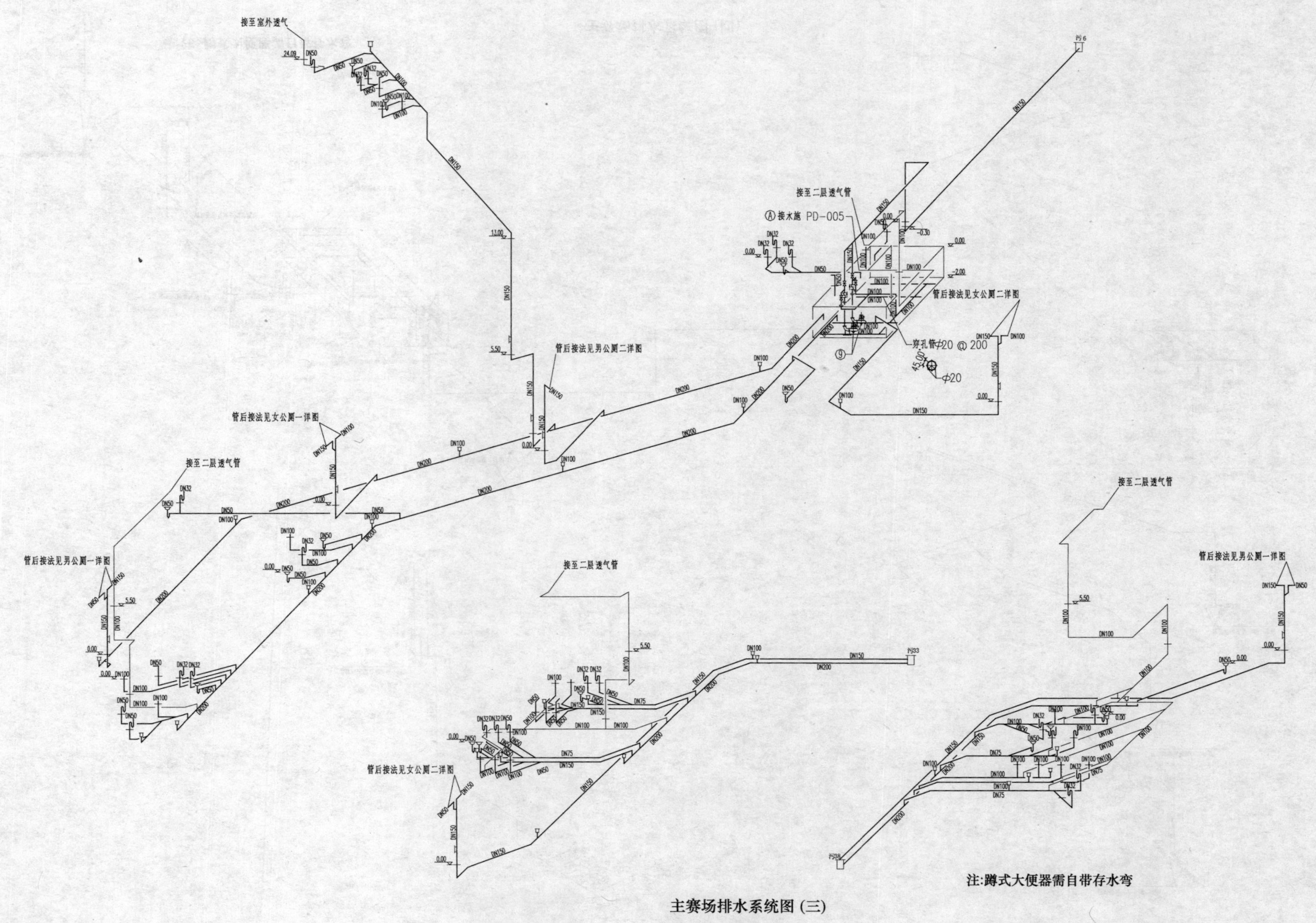

注:蹲式大便器需自带存水弯

主赛场排水系统图 (三)

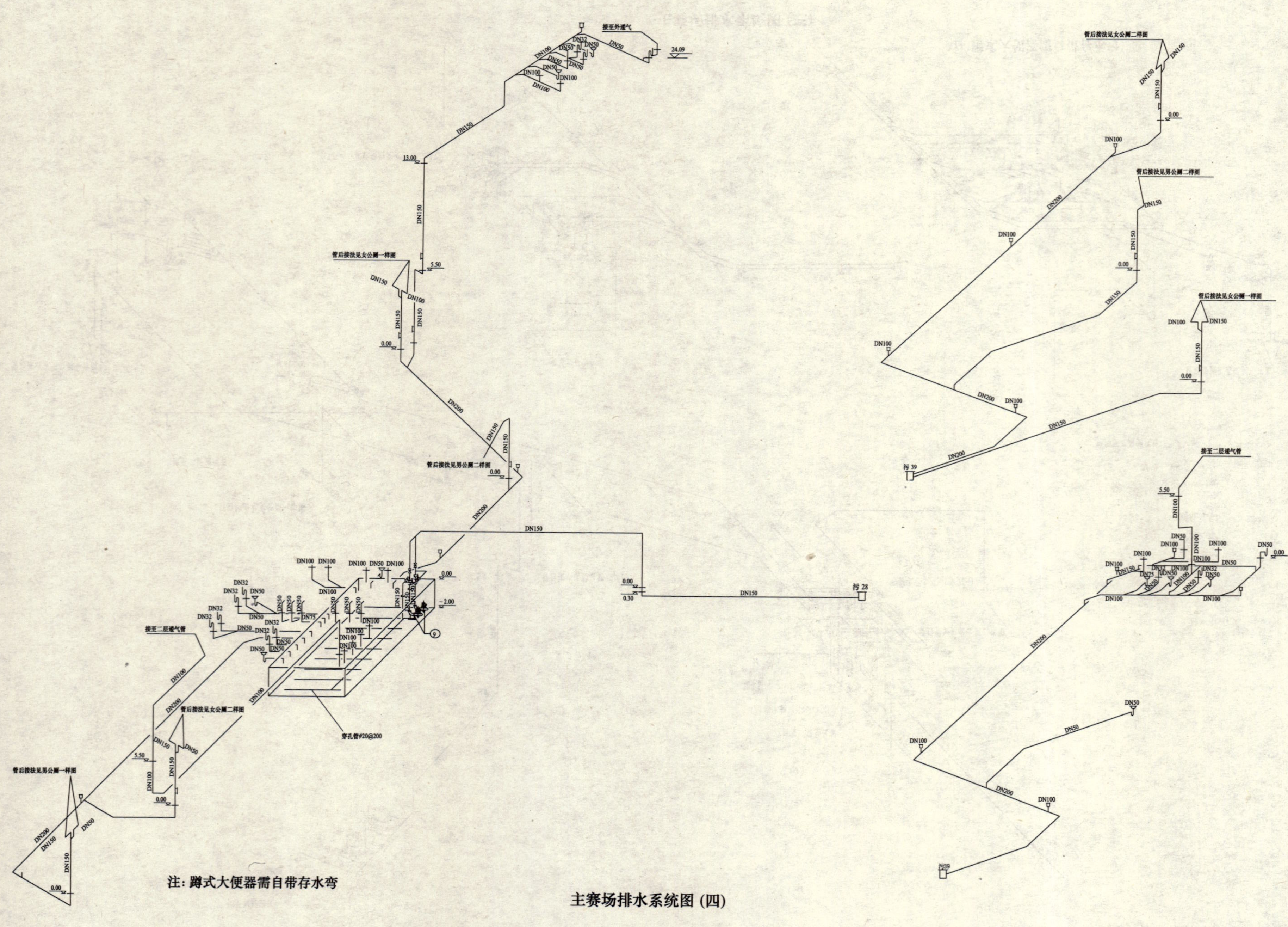

注：蹲式大便器需自带存水弯

主赛场排水系统图(四)

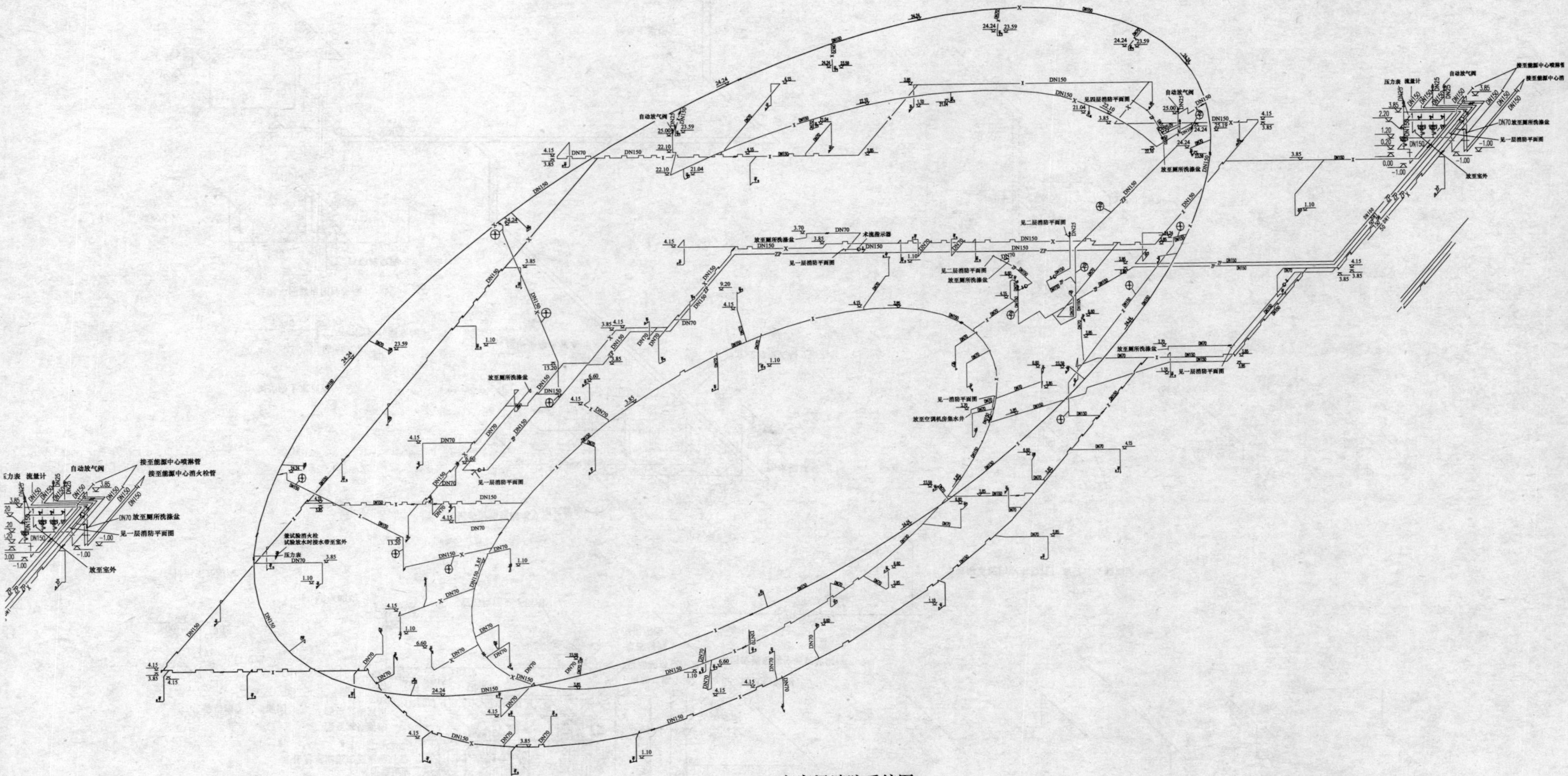

主赛场消防系统图

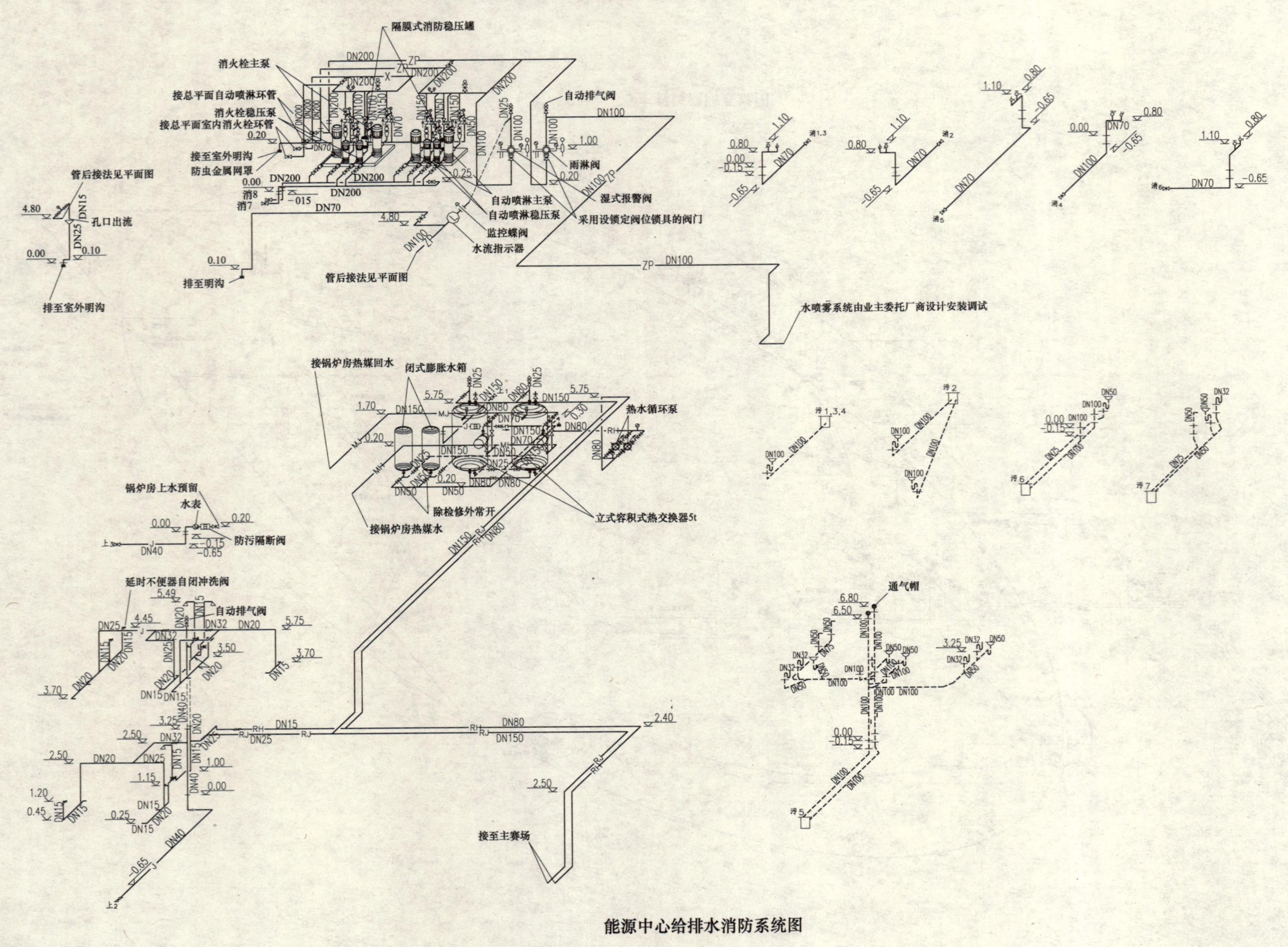

能源中心给排水消防系统图

上海旗忠森林体育城网球中心主赛场屋面开启时，
仿佛就像点缀在绿草丛中一朵盛开的白玉兰

上海旗忠森林体育城网球中心主赛场夜景

主赛场内场壮观的全景，红地毯上深蓝色座位为临时搭建的 VIP 临时看台

 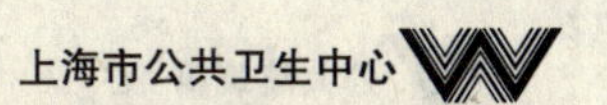

上海市公共卫生中心

设计单位：上海建筑设计研究院有限公司
设 计 人：脱宁 朱建荣 陆伟 徐雪芳 汤福南 吴泉 徐燕 胡伟
胡强 吴健斌 施辛建 钱锋

工程概况：

上海市公共卫生中心项目是一所集传染性和感染性疾病预防、治疗和研究为一体的医疗建筑，地处上海市金山区山阳镇。基地占地面积约为33万m^2，分为安全区、限制区和污染区三大区域（图1），建筑面积约为8万m^2，建筑高度小于24m。

公共卫生中心由门急诊医技楼、病房组团、科研楼、动物实验楼、污物污水处理站、中心供应站洗衣房（以上几个单体建筑设置在污染区内）、能源中心、营养食堂、综合培训楼、宿舍楼、职工食堂（除能源中心、营养食堂设置在限制区内，其余几个单体建筑设置在安全区内）等三层及三层以下单体建筑组成。固定病床数为500床（由两个组团组成，组团一为烈性传染病房，组团二为一般性传染病房），预留临时应急病床数为600床。上海市公共卫生中心是2004年度上海市重大建设工程项目之一。

一、给水排水系统

（一）给水系统

1. 冷水用水量（表1）

冷水用水量 **表1**

序号	用水名称	用水定额	最高日用水量(m^3/d)
1	门诊病人	15L/(人·次)	12
2	病房病人	400L/(床·d)	200
3	医务人员	250L/(人·d)	275
4	营养食堂	25L/(人·餐)	37.5
5	职工食堂	25L/(人·餐)	102
6	宿舍	200L/(人·d)	52
7	洗衣房	60L/kg干衣	75
8	冷却塔补给水	暖通专业提供	360
9	锅炉补给水	暖通专业提供	60
10	绿化浇灌用水	2L/(m^2·d)	479
11	未预见水量	按最高日用水量的15%计	113
12	总用水量		1765.5

2. 水源

上海市公共卫生中心生活用水、医疗用水、锅炉空调补给水、绿化浇灌用水由市政的两根

DN250 管道供水，为确保基地供水安全可靠，两路市政供水管道经水表计量后在基地内呈环状布置。

3. 系统竖向分区

冷水系统竖向分为两个区。单层建筑（如能源中心、中心供应站洗衣房、营养食堂和职工食堂）的用水点为一区，其他建筑的用水点为另一区。

4. 供水方式及给水加压设备

能源中心、中心供应站洗衣房、营养食堂和职工食堂以及绿化浇灌用水利用市政水压直接供水（要求当地市政水压 0.2MPa），其他单体建筑采用由生活水池、恒压变频供水设备组成的稳高压给水系统。

基地内共设置两套恒压变频供水设备，一套设置在限制区能源中心机房内，供隔离区的门急诊医技楼、病房楼、科研楼、动物楼使用；另一套设置在安全区机房内，供安全区的宿舍楼和行政楼使用。

5. 管材

室内冷水管道采用公称压力为 1.0MPa 的薄壁铜管及配件，焊接。室外冷水管道采用公称压力为 0.6MPa 的给水塑料管及配件，使用专用胶粘接。

（二）热水系统

1. 热水用水量（表 2）

热水用水量 **表 2**

序号	用水名称	用水定额(60℃)	最高日用水量(m^3/d)
1	门诊病人	10L/(人·次)	8
2	病房病人	180L/(床·d)	90
3	医务人员	110L/(人·d)	15
4	营养食堂	10L/(人·餐)	40.8
5	职工食堂	10L/(人·餐)	23.4
6	宿舍	90L/(人·d)	33.8
7	洗衣房	27L/kg 干衣	121
8	未预见水量	按最高日用水量 15%计	49.8
9	总用水量		381.8

2. 热源

热源采用由燃气锅炉提供的高温热水，热水耗热量约为 1800000kcal/h×1.163÷1000=2093.4kW

3. 系统竖向分区

热水系统竖向分区同冷水系统。

4. 加热和供水方式

门急诊医技楼、病房楼、中心供应站洗衣房、营养及职工食堂、动物实验楼的热水采用集中加热方式。热水系统供水方式同冷水，管道敷设采用同程布置，机械循环。

能源中心、污水污物处理站、行政楼的热水采用局部加热方式。

5. 热交换设备

集中供应热水的加热设备采用不锈钢导流型容积式水—水热交换器。局部供应热水的加热设备采用挂壁型容积式和快速式电加热热水器。

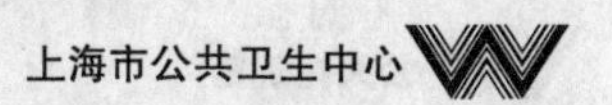

6. 管材

室内热水管道采用公称压力为 1.0MPa 的薄壁铜管及配件，焊接。

（三）排水系统

1. 排水系统形式

室内污废水采用分流制，室外污废水采用合流制，室外雨污水采用分流制。

室外合流污废水经污水处理站二级生化处理，并经消毒灭菌处理达到国家排放标准后排入市政污水管道内。基地内共设置两座污水处理站，A 座用于收集处理隔离区及限制区的生活、医疗污废水和初期雨水，生化处理设计规模约 $1000m^3/d$，消毒规模约为 $1600\ m^3/d$。B 座用于收集安全区生活污废水，设计规模约为 $240\ m^3/d$。污水处理工艺采用接触氧化法。

2. 通气管设置方式

污废水立管采用伸顶通气形式。

3. 采用局部污水处理设施

厨房含油废水经隔油池预处理、P3 实验室含菌有毒废水经消毒池预处理后通过管道排至基地污水处理站。

4. 管材

室内外生活污废水管道采用排水塑料管及配件，承插粘接。

（四）雨水系统

1. 屋面雨水量按暴雨重现期 5 年设计，基地雨水量按 1 年设计。

2. 雨水系统的形式

屋面雨水采用重力流排水系统。隔离区和限制区的屋面雨水、地面雨水经雨水斗和路旁雨水口收集后有组织地通过管道重力排至雨水调节池，通过雨水潜水泵压力提升后排至市政雨水管道和市政河道。隔离区、限制区的初期 $500m^3$ 雨水收集后前 $250m^3$ 雨水汇同污废水进行二级生化处理，后 $250m^3$ 雨水只进行消毒处理。

3. 管材：室内外雨水管道采用排水塑料管及配件，承插粘接。

二、消防系统

（一）水源

室外消防用水由市政提供两路 *DN*200 管道供水，室内消防用水由基地内的 $210m^3$ 消防水池供水，为保证室内外消防供水的安全可靠，基地内的室内外消防管道呈环状布置。

（二）消火栓系统

1. 消火栓系统用水量（表 3）。

消火栓系统用水量表 表 3

序号	消防系统名称	消防用水量	火灾延续时间
1	室外消火栓灭火系统	25L/s	2h
2	室内消火栓灭火系统	20L/s	2h

2. 供水方式

室外消火栓采用低压消防给水系统，由市政给水管网供水。室内消火栓采用稳高压消防给水系统，其系统竖向不分区。

3. 室内消火栓泵及稳压设备参数见表 4。

室内消火栓泵及稳压设备参数表　　表 4

序号	消防设施名称	技术参数
1	室内消火栓加压泵	Q=20L/s　H=60m　N=30kW
2	室内消火栓稳压泵	Q=5L/s　H=66m　N=7.5kW
3	消防稳压罐	总容积 50 L

4. 消防水池、消火栓加压泵及稳压设施设置在能源中心机房内。基地四个入口处共设置八套水泵接合器（每个入口处设置两套）。

5. 管材：

室内消防给水管道采用公称压力为 1.6MPa 的热镀锌钢管和热镀锌无缝钢管及配件，螺纹连接和沟槽式连接。室外埋地消防给水管道采用公称压力为 1.6MPa 的给水球墨铸铁管及配件，承插连接。

（三）自动喷水灭火系统

1. 自动喷水系统用水量（表 5）。

自动喷水系统用水量表　　表 5

序号	消防系统名称	消防用水量	火灾延续时间
1	自动喷水灭火系统	30L/s	1h

2. 供水方式：

自动喷水灭火系统采用稳高压消防给水系统，其系统竖向不分区。

3. 自动喷水加压泵及稳压设备参数（表 6）。

自动喷水加压泵及稳压装置参数表　　表 6

序号	消防设施名称	技术参数
1	自动喷水加压泵	Q=30L/s, H=80m, N=37kW
2	自动喷水稳压泵	Q=1L/s, H=88m, N=2.2kW
3	消防稳压罐	总容积 50L

4. 自动喷水系统附件选型（表 7）。

自动喷水系统附件选型表　　表 7

序号	系统附件名称		规格及数量
1	玻璃球喷头	一般场所	DN15, 68℃, 3800 只
		锅炉房	DN15, 93℃, 80 只
2	湿式报警阀组		DN150, P=1.6MPa, 12 套
3	水泵接合器		DN150, P=1.6MPa, 8 套

5. 自动喷水系统的水泵接合器布置同消火栓系统。

6. 管材：同消火栓系统。

三、医疗气体系统

（一）氧气

1. 氧气系统气源为液氧，由设置在基地的液氧供应站通过管道将氧气送至各用气终端。液氧供应系统由固定液氧罐、气化器、减压装置、管道、用气终端和报警装置等设备组成，供氧量约为 4000L/min，液氧罐总容积为 $13m^3$。

2. 氧气管道采用脱氧铜管及配件，焊接。

（二）真空吸引

1. 真空吸引系统的负压源由设在各单体建筑一层机房内的真空泵机组提供，吸引系统由水环式真空泵、真空罐、排污罐、管道、用气终端和报警装置等设备组成，真空抽气量约为 $630m^3/h$。

2. 真空吸引管道采用热镀锌管及配件，螺纹连接。

（三）压缩空气

压缩空气系统的气源由设在各单体建筑一层机房内的空气压缩机组提供，压缩空气系统由空气压缩机、贮气罐、干燥机、三级过滤器、管道、用气终端和报警装置等设备组成，压缩空气排气量约为 $150m^3/h$。压缩空气管道采用脱氧铜管及配件，焊接。

四、蒸汽系统

1. 蒸汽气源由能源中心锅炉房供给，蒸汽主要供厨房、中心供应站洗衣房、消毒间等用汽设备，蒸汽用汽量约为 1500kg/h。

2. 锅炉房提供的蒸汽压力为 0.8MPa。每个用汽点根据设备压力要求进行减压。

3. 蒸汽管道、凝结水管道采用无缝钢管及配件，焊接。

五、设计及施工体会或特点介绍

传染病医院特别是烈性传染病医院，给水排水设计与其他公共建筑和一般性综合医院不同，它的设计重点主要是防止在给水排水输送过程中产生的二次污染。为此，给水排水专业设计人员针对此课题进行了深入的讨论和研究。

（一）排水方案研讨

项目立项时，正值“非典”盛行，为防止市政水体受到二次污染，当时有关专家提出公共卫生中心限制区和污染区两大区域内的污废水不得排放至市政管道，要求达到零排放，由于现行规范规定传染病医院的污废水不得回用，因此该区域内的污废水只能全部焚烧。方案设计时排水方式的选用是一个关键课题，污废水排水方式通常为重力流，配置的大便器一次冲洗水量为 6L，那么这么大的冲洗水量都要进行焚烧则焚烧炉容量配置是相当大的。从而引申出是否能采用虹吸式排水方式的方案来替代之，这套系统配置的大便器一次冲洗水量仅为 1L，这样可大大缩小焚烧炉容量。经比较两种排水方式各有利弊，前者的优点是系统比较成熟、简单、造价低、维修方便，但系统排水量较大，要满足零排放要求焚烧炉的容量配置较大。后者的优点是系统排水量较小，要满足零排放要求焚烧炉的容量配置较小，但系统比较复杂、造价高、维修困难、洁具使用时噪声大，大范围使用该系统国内没有先例，而且由于病房组团离焚烧炉较远，排水管路较长，一旦系统内虹吸破坏则整个排水系统将瘫痪。方案设计时排水方式的选用一度处于进退两难的局面。

随着人们对“非典”的进一步认识和卫生部相继出台的相应规定，特别是新的《医院污水处理设计规范（讨论稿）》的问世，经过反复认真地研究和讨论，一致认为传染病医院的污废水（不包括特种废水）在传染病疫情发生时，只要在医院二级污水处理前增加预消毒装置、增加消毒接触时间、增加消毒剂投加量或增加消毒剂投加点则处理后的污水是能满足排放标准的。因此本着“在保证设计质量的前提下达到治理污染、保护环境、安全运行、技术先进和经济适用”的原则，本项目室内外污废水排水方式均采用重力流，经二级生化处理并消毒后的污水纳入市政污水管道，其污泥经消毒和脱水后就地进行焚烧。

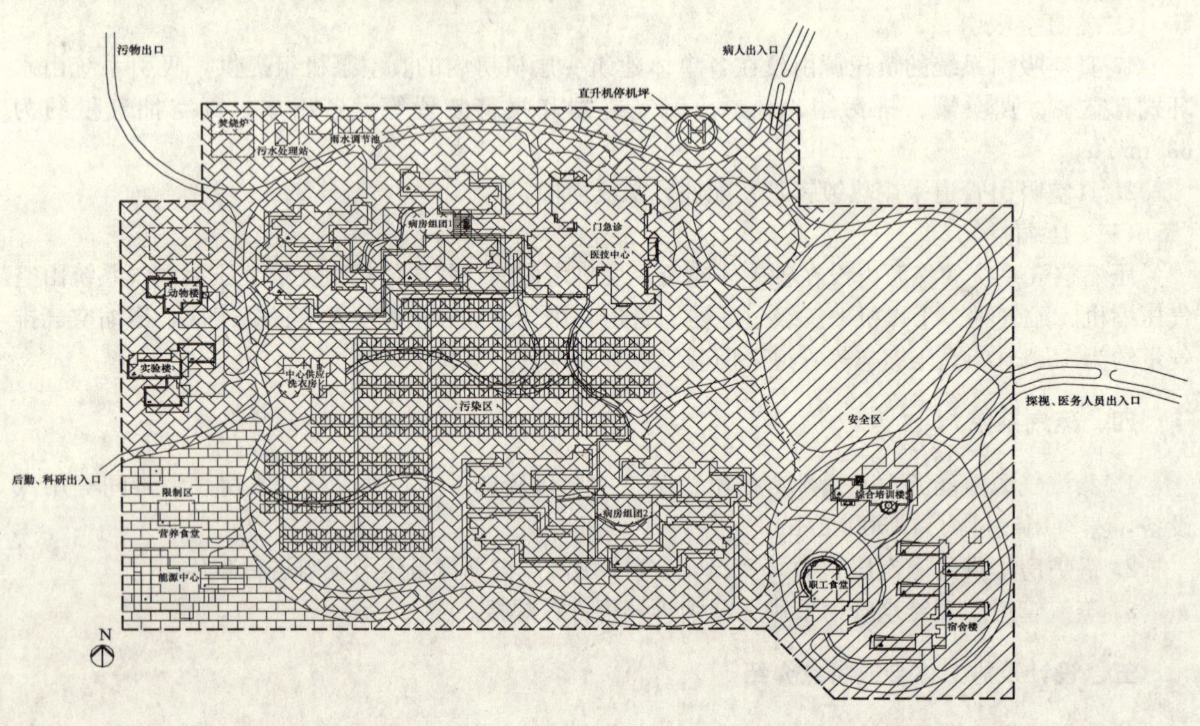

图1　上海市公共卫生中心项目示意图

（二）防止二次污染研讨

1. 产生二次污染的途径

经过分析，传染病医疗机构产生二次污染的主要途径由四个方面组成。首先是给水系统在输送过程中由于管道设计不当而造成回流污染，影响水质。其次是排水系统在输送过程中由于管道及其附属构筑物的渗漏而造成周边土壤和环境污染。再次是排水系统通气管口部排出的气体由于含有大量的病原体而造成周边大气和环境污染。最后是给水排水设备和构筑物在总体平面或单体平面上设置位置不适当而造成给水设备及构筑物被污染或排水设备及构筑物污染水质和环境等等。

2. 防止二次污染措施

针对传染病医疗机构在给水排水输送过程中产生的二次污染源，在上海市公共卫生中心项目设计时主要采取了以下几点防污染措施：

（1）给水输送时的防回流污染及其他防污染措施。

1）为保证该项目供水安全可靠，基地给水水源由市政提供 2 路给水管道并在基地内呈环状布置。2 路给水管在进基地时设置倒流防止器以防止市政水源受到回流污染。

2）生活水池采用组装式不锈钢成品水箱并设置在水箱间内，以避免通常采用地埋式钢筋混凝土水池由于其构筑物裂缝造成外部地下水渗入水池内而引起池内水质污染。

3）由于生活水池的储蓄水量较大，考虑到门急诊和住院淡季用水量较小时，生活水池内水体停留时间过长影响水质，设置1套水池消毒装置对贮水水体定时进行消毒和循环。

4）该项目水加热设备采用导流型容积式水加热器，与传统容积式水加热器比较其优点之一是无冷水滞水区，可以避免水加热器内细菌（如军团菌）的繁殖，保证水质。

（2）排水输送时的防渗防溢及其他防污染措施。

1）设计污水定额按现行规范为设计给水定额的85%～95%，此系数主要是考虑污水的蒸发损失和管道渗漏。但该项目在污水输送时严禁有渗漏现象的存在，故设计污水定额按设计给水定额的100%计（蒸发损失不计）。

2）该项目室内外污水排放体系采用重力流排水系统。为保证室外污水密闭输送，室外污水管道采用加强筋埋地塑料排水管，隔离区和限制区的污水检查井和污水处理构筑物采用钢筋混凝土材料捣制，其内壁采用防渗防腐涂料进行粉刷，以防止室外污水在输送时因渗漏而造成土壤和地下水质受到污染。

3）隔离区和限制区的污水检查井井盖和污水处理构筑物人孔盖采用双层密闭井盖和人孔盖（图4），其一防止室外污水在输送时因堵塞外溢而造成环境污染，其二防止室外污水系统内被污染的气体逸出进入大气而造成危害。

4）由于传染病医院的污水中含有多种传染病菌、病毒，虽然经消毒处理，但不能保证任何时候都绝对安全，因此传染病医疗机构的污废水严禁作为中水水源，以保证中水水源水质的安全。

5）隔离区和限制区的污水在进入二级生化处理前采用臭氧进行预消毒，因为臭氧具有比氯更强的氧化消毒能力，杀菌效果比氯消毒好。残余臭氧可以自行分解为氧气，不会产生二次污染，因此采用臭氧对污水进行预消毒处理后不会影响后序生化处理的生化菌种的活力。

6）隔离区内烈性传染病房楼、门急诊医技楼和生物实验楼的屋面雨水立管尽量沿外墙敷设，一定要设置在室内的雨水管道，应敷设在清洁区或半污染区，以避免雨水管道破裂时引起室内有害有毒气体上下层窜通，保证室内空气不受污染。

7）据有关资料报道，初期地表径流雨水中污染物的浓度比较大，其COD_{Cr}浓度约为274mg/L、BOD_5浓度约为95mg/L、SS浓度约为5212mg/L、大肠杆菌约为1980个/L、细菌总数约为178×10^4个/L，为确保排出的雨水不污染市政水体，该项目隔离区和限制区的初期地表径流雨水汇同生活污水一同进行二级生化处理和消毒处理（图2）。

8）该项目污水按不同区域的污水污染物浓度分别进行处理，隔离区和限制区的污水可能受到烈性病原体的污染，故与安全区未受到病原体污染的污水分开处理（图3），以减少工程投资，减少消毒剂用量，降低运行成本。两种污水处理工艺流程的区别在于：

① 前者采用臭氧进行预消毒处理污水，污泥采用二氧化氯进行消毒处理。

② 消毒剂投加量、接触时间、余氯量等指标不同。其中前者有效氯最大投加量为50 mg/L，后者有效氯投加量为15mg/L。

③ 污泥处置方式不同。前者污泥经机械脱水后就地焚烧，后者污泥外运至专门场所处置。

9）三级生物实验室污染区和半污染区的特种废水设置单独的排水管道，严格与其他污废水管道分开，其特种废水集中收集至特种贮水池经消毒灭菌后纳入总体污水管道内。

（3）排水系统通气管的防大气污染及其他防污染措施。

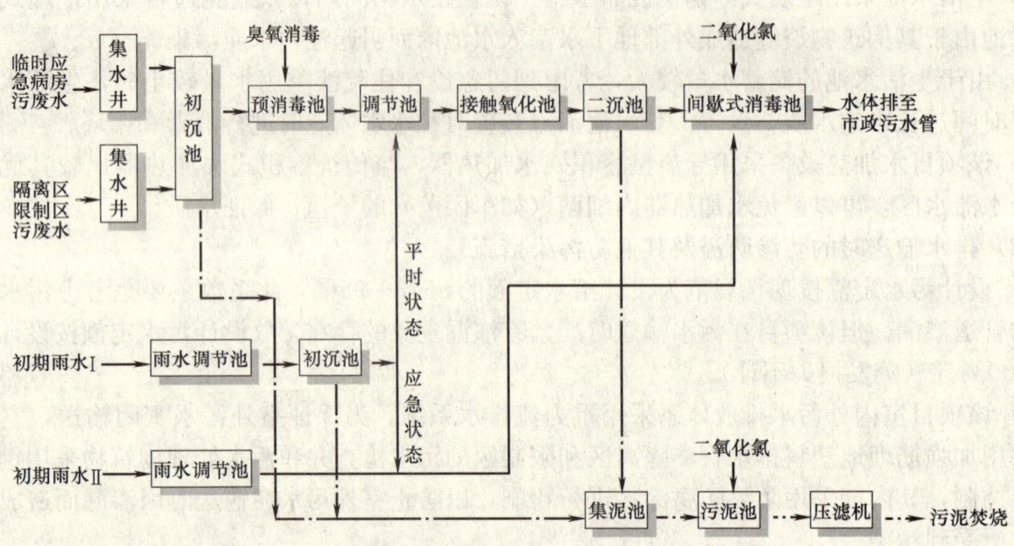

图 2　隔离区，限制区污水处理工艺流程

1）传染病医院的污废水通气管是病菌孳生和繁殖的场所，为防止周边大气受污染，隔离区内烈性传染病房楼、门急诊医技楼和生物实验楼的污废水伸顶通气管相对集中后在通气管与大气接触的口部设置专门的消毒器。（值得注意：排水通气管的作用是使排水系统内空气流通、压力稳定和防止水封破坏，具有呼和吸两重功能。排水通气管口部不能采用高效过滤器进行消毒灭菌，因为高效过滤器要通过排风机抽吸才能使排水系统内的气体排出，而不能对其系统进行补气）。

2）隔离区内烈性传染病房楼、门急诊医技楼和生物实验楼内分别设置的真空吸引机的伸顶排气管口部采用高效过滤器进行消毒，以防止真空吸引系统内的病原体污染周边环境。

3）隔离区和限制区的污水处理构筑物的伸顶通气采用二氧化氯喷雾洗涤方式进行消毒除菌。

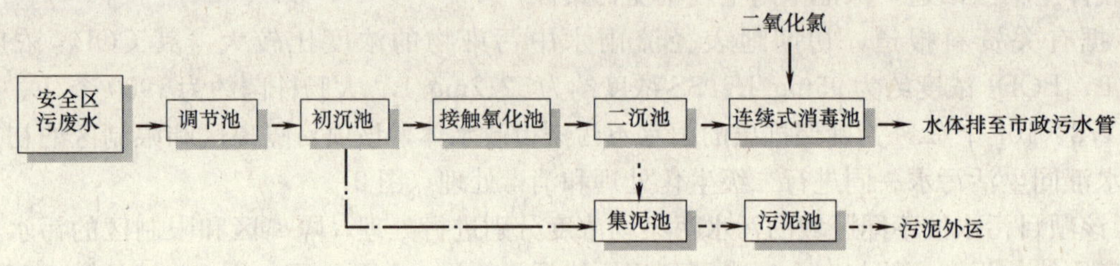

图 3　安全区污水处理工艺流程

（4）给水排水设备和构筑物设置部位及其他防污染措施。

1）总体上布置的生活水池、消防水池、生活水泵、消防水泵等集中供水设备设置在安全区或限制区内，以免造成水质污染。污水污物处理设备设置在夏季最小频率风向的上风向，该项目污水污物处理设备设置在总体污染区的西北角，以避免污水处理过程中产生的异味污染环境。

2）隔离区病房楼、门急诊医技楼和生物实验楼内真空吸引系统为避免管道过长引起泄漏，保证环境不受污染，真空吸引系统设备不集中设置，而分别单独设置在每个单体建筑内，且应布置在单体建筑的半污染区内。

3）为保证饮用水水质，隔离区传染病房楼内供应病人的开水器设置在半污染区，盛水容器由专人通过传递窗送至病人。

4）总体上，布置的管道尽量不要敷设在管沟内，应采用直埋方式，以避免管沟内积水孳生有害昆虫和动物传播病源体，不得不采用地沟敷设的管道应在地沟内用黄砂进行回填。同样道理，总体上不得布置水体等水景构筑物。

5）为防止接触污染，厕所洗手盆、便器和诊查室、诊断室、产房、手术室、检验科、医生办公室、护士室、治疗室、配方室、灭菌室等部位的洗涤盆应采用非手动开关的全自动感应洗手器和冲便器。

6）隔离区室内除淋浴室、卫生间、污洗间、空调机房等必须设置地漏的场所外其他用水点附近不应设置地漏，为防止地漏干涸造成水封破坏污染环境，带水封的地漏水封深度不得小于50mm，且宜采用多通道永磁密封防涸地漏。经常不使用的地漏（除密闭地漏外）的场所要加强管理，定时定人进行补水。

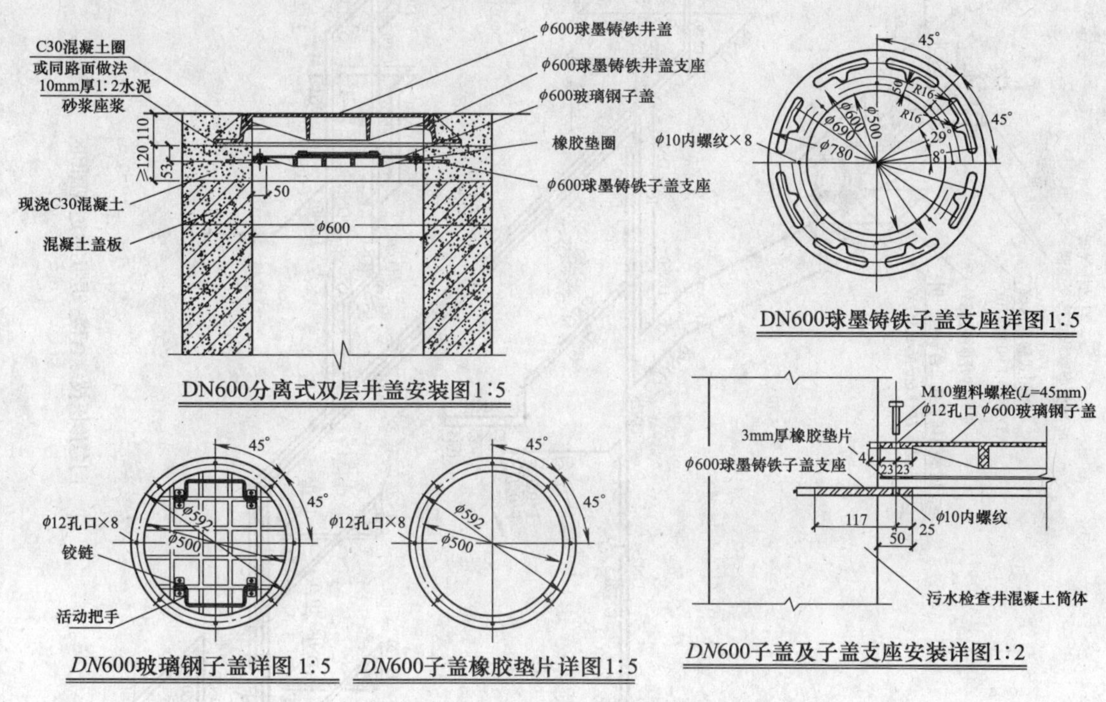

图 4　双层密闭井盖和人孔盖

综上所述，传染病医疗机构的防二次污染是该项目的设计重点和特点，它应该引起广大给水排水专业设计人员的高度重视，决不可掉以轻心，因为它直接涉及人民生命安全、人身健康、环境保护和公共利益。

总之，传染病医疗机构的防二次污染设计无论对于建筑专业还是设备专业都是重中之重，上海市公共卫生中心项目给水排水专业无论是排水方案的选用还是防二次污染设计都是比较成熟、先进、适用和完善的，它既经济又环保，有很好的社会效益。

六、工程系统图及照片

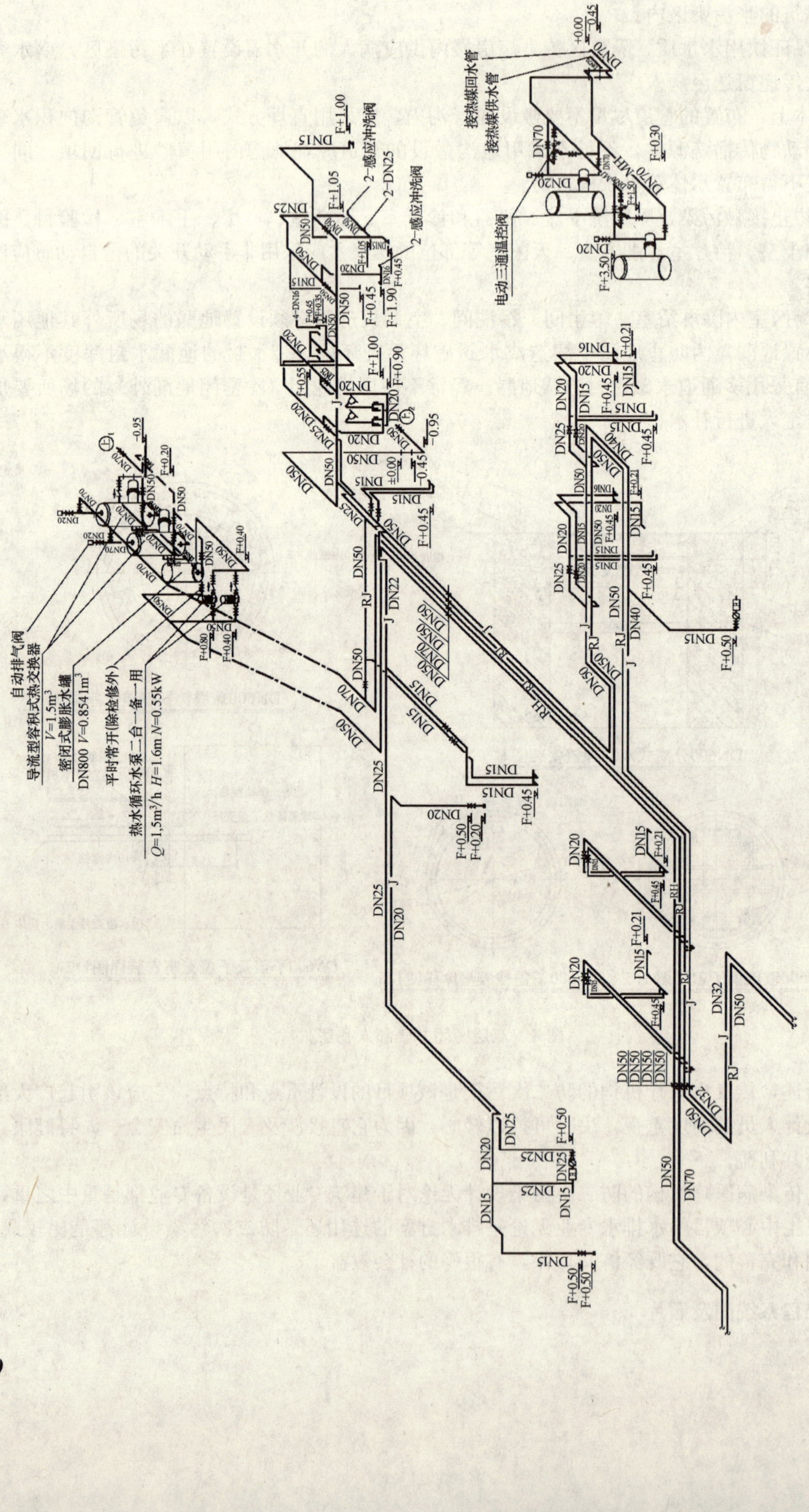

自动排气阀

导流型容积式热交换器 V=1.5m^3

密闭式膨胀水罐 DN800 V=0.8541m^3

平时常开(除检修外)

热水循环水泵二台一备一用 Q=1.5m^3/h H=1.6m N=0.55kW

接热媒回水管

接热媒供水管

电动三通温控阀

2-感应冲洗阀

2-DN25

门急诊医技综合楼一层上水透视图B区

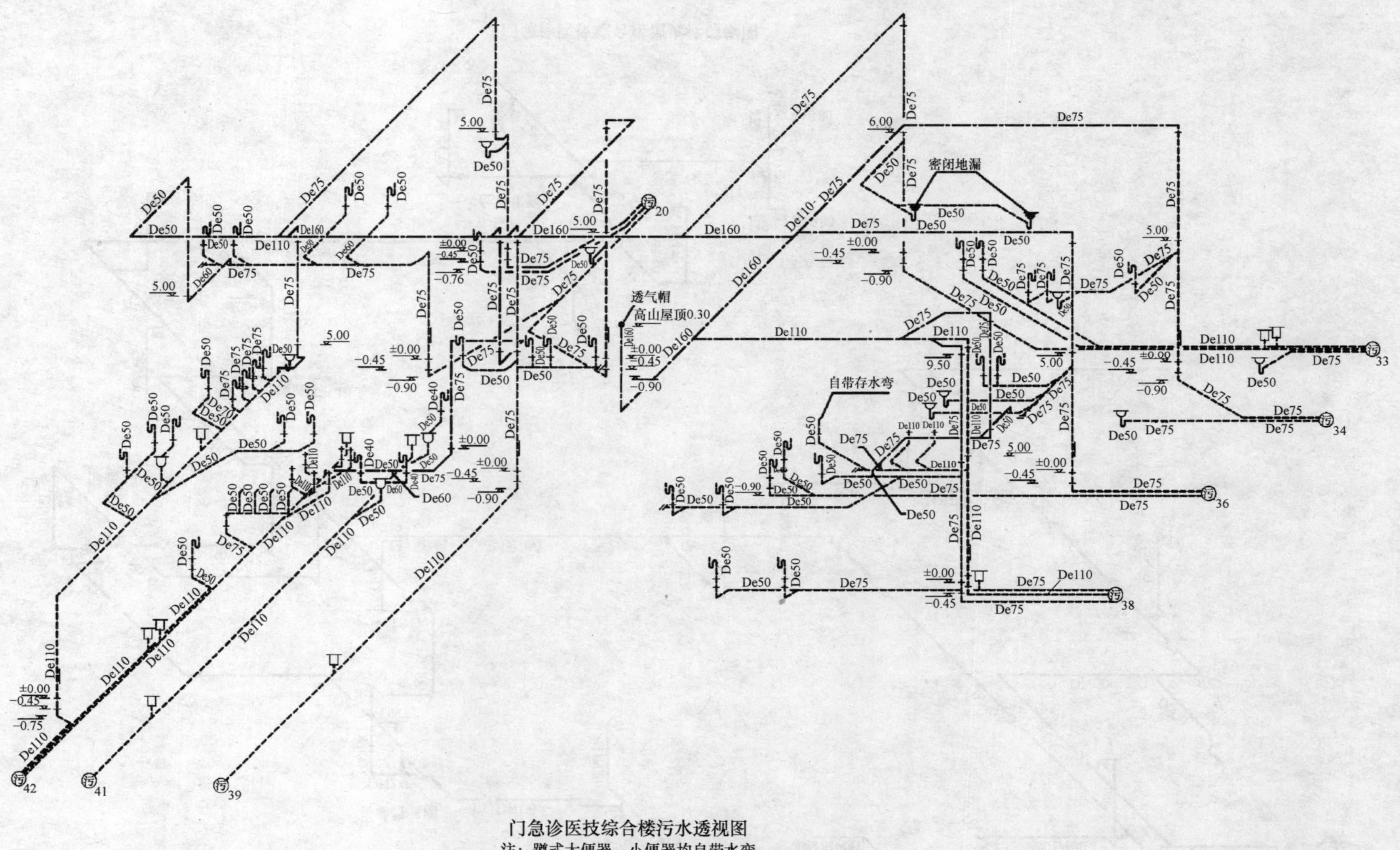

门急诊医技综合楼污水透视图

注：蹲式大便器、小便器均自带水弯。

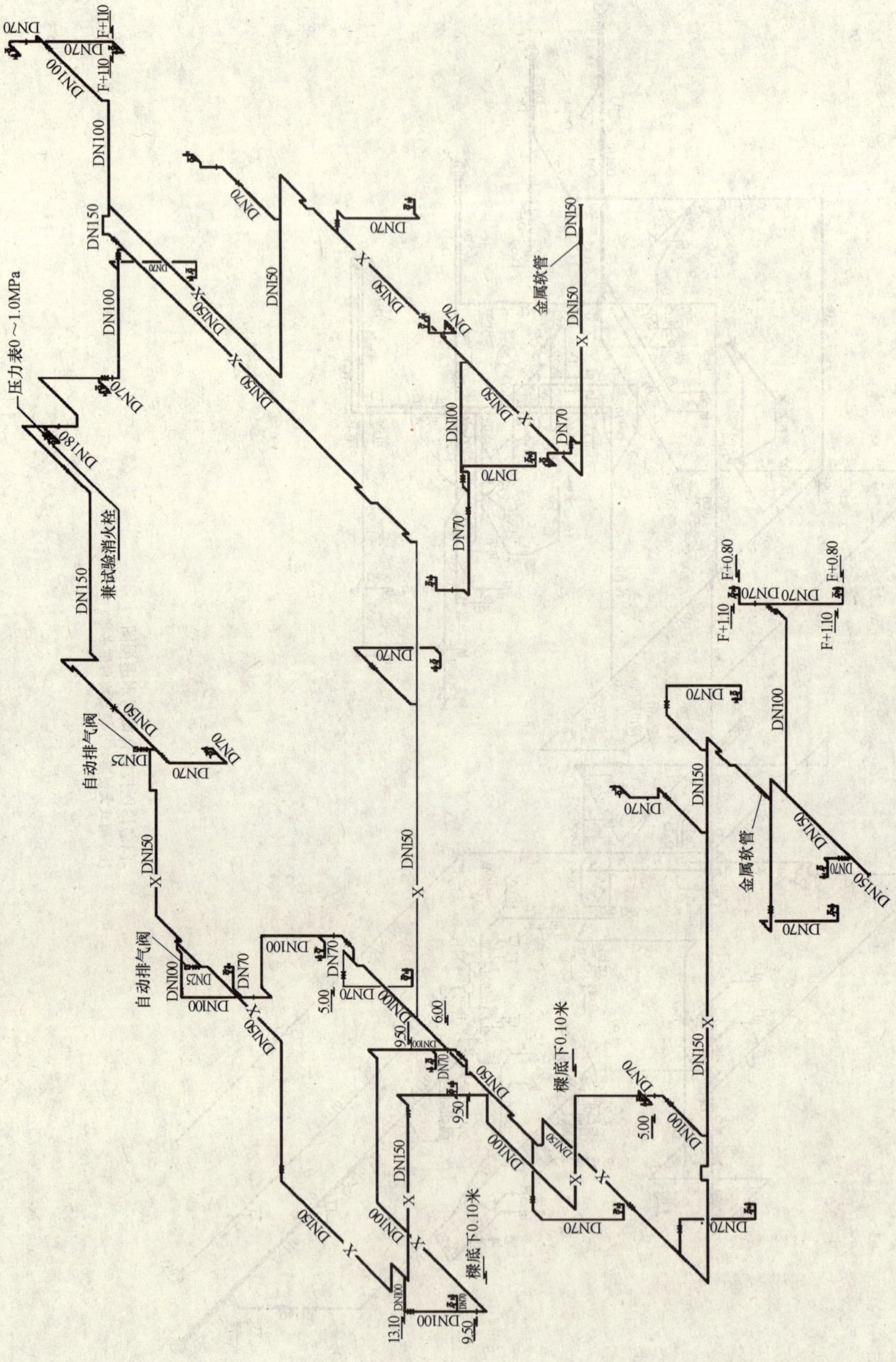

门急诊医技综合楼消火栓透视图

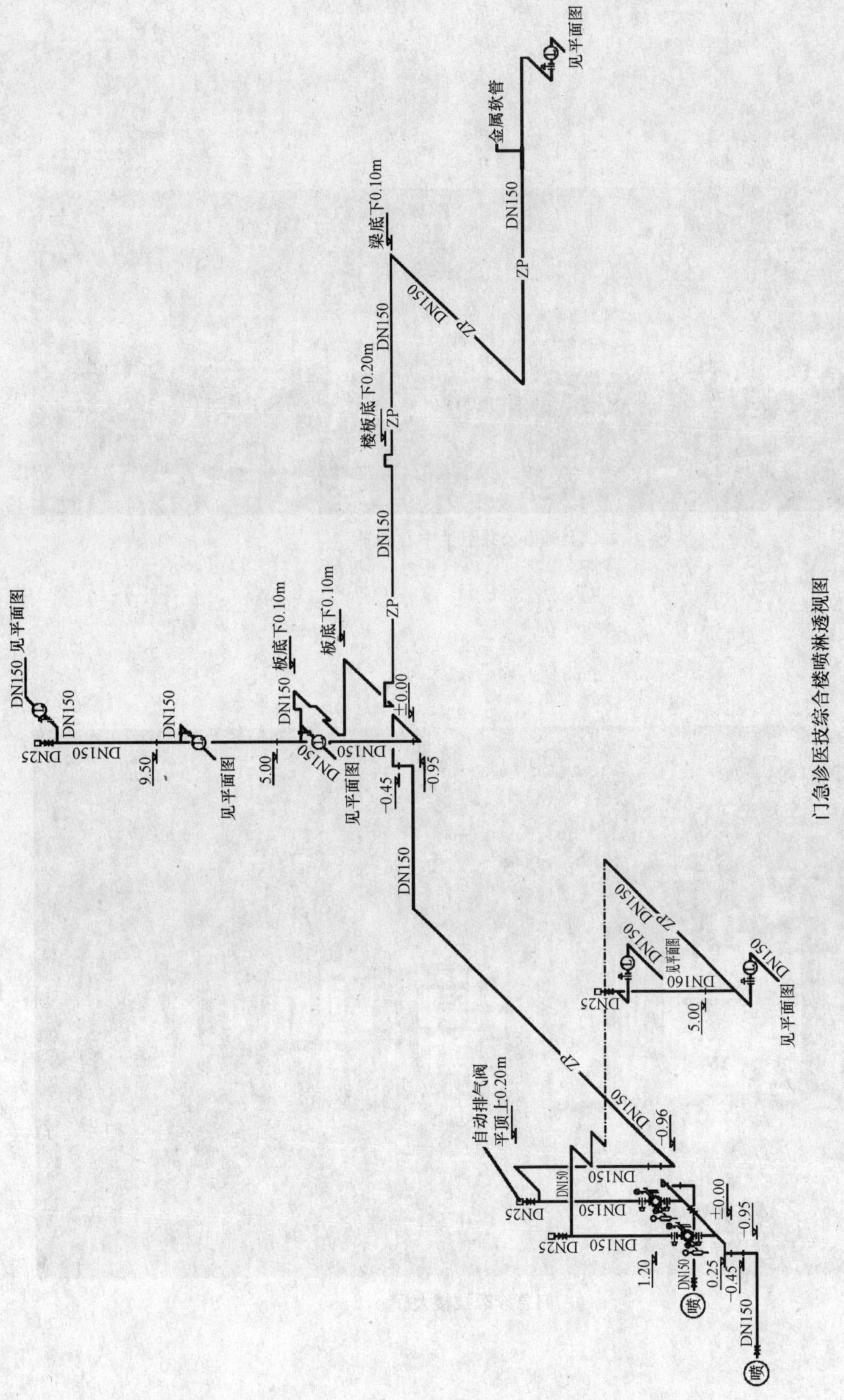

门急诊医技综合楼喷淋透视图

上海市公共卫生中心外景

门急诊医技楼大厅

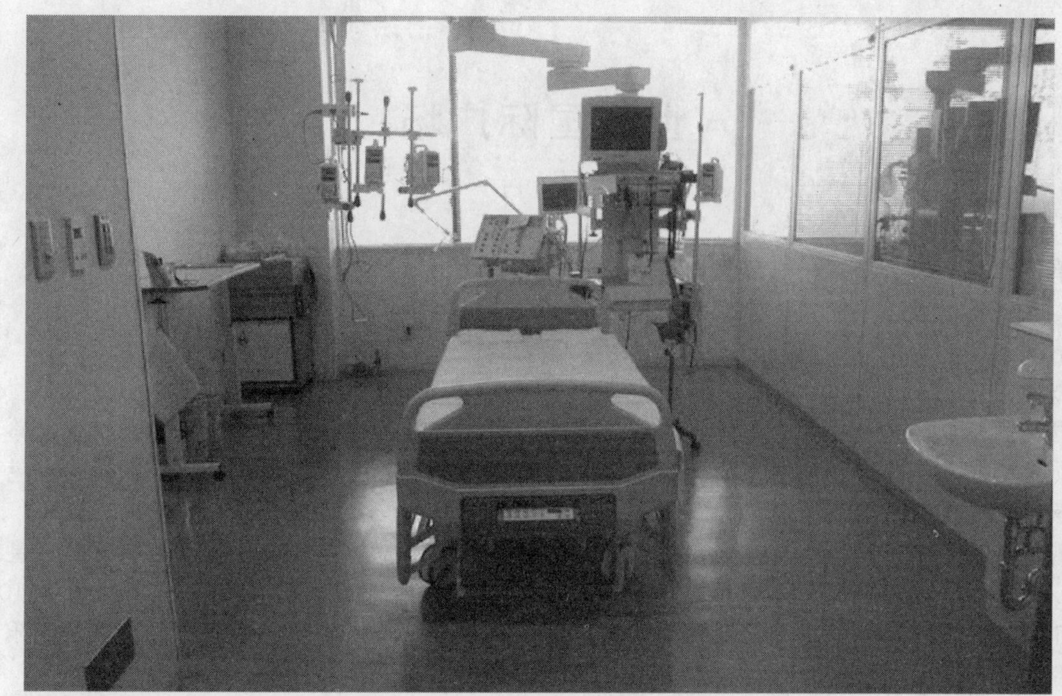

重症监护病房

实验室

世茂国际广场

设计单位：现代设计集团华东建筑设计研究院有限公司
设 计 人：王华星 戴毓麟 陈立宏 王珏
获奖情况：公共建筑一等奖
工程概况：

世茂国际广场地处中国上海市市中心最繁华、闻名中外的南京路步行街的起点，南京路、西藏路交角的东南，毗邻上海著名的大型商厦——新世界和市百一店。世茂国际广场是由香港世茂集团承建的超高层综合性大厦。

基地占地12929m²，总建筑面积171523m²。地上60层，地下3层，主楼为超豪华五星级酒店（La Royal Maridien），由STARWOOD酒店管理公司管理，共设773套客房。裙房10层，高度54.9m，其中地下一层（局部）至六层为商场，由百联集团经营；七至十层设酒店娱乐、会议和餐饮等附属设施。

一、给水排水系统

（一）给水系统

1. 用水量（表1）

用水量表 表1

用途	用水标准	使用时间(h)	时变化系数 K	平均时用水量(m³/h)	最大时用水量(m³/h)	最高日用水量(m³/d)	饮用净水 最大时(m³/h)/最高日(m³/d)	冲洗水 最大时(m³/h)/最高日(m³/d)
宾馆用水	400L/(床·d)	24	2.0	32.2	64.4	773	51.5/618.4	12.9/154.6
7F、8F餐厅用水	40L/(座·次)	12	1.5	19.2	28.8	230	23.0/184	5.8/46
1～6F商场用水	8L/(m²·d)	12	1.5	12.7	19.1	152.5	5.7/45.75	13.4/106.75
7F、8F会议用水	8L/(人·场)	4	1.2	5.9	7.05	23.5	2.11/7.05	4.94/16.45
10F大堂酒吧、茶座（含乐乐辰）	15L/(座·次)	18	1.5	2.9	4.3	51.9	3.4/41.5	0.9/10.4
10F乐乐辰自助餐厅	20L/(座·次)	12	1.5	5.1	7.7	61.5	6.2/49.2	1.5/12.3
37F自助餐厅	20L/(座·次)	12	1.5	2.25	3.4	27	2.7/21.6	0.7/5.4
58～60F俱乐部	20d/(人·d)	10	2.0	0.8	1.6	8	0.48/2.4	1.12/5.6
9F浴室、SPA、B1乐乐辰职工淋浴		12		15.3	15.3	183.6	15.3/183.6	
车库地坪冲洗用水	3L/(m²·次)	2		17.1	17.1	34.2		17.1/34.2
绿化用水	2L/(m²·次)	2		2.0	2.0	4.0		2.0/4.0
锅炉房用水		18		12	12	216		12/216
游泳池补充水		24		1.0	1.0	24.4	1.0/24.4	
冷却塔补给水	2%	18		63	63	1134		63/1134
未预见水量(10%)				19.1	24.7	292.4	11.1/117.8	13.5/174.6
总计				210.6	271.4	3216	123/1296	149/1920

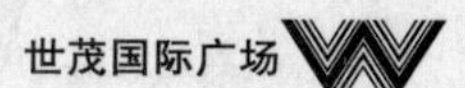

2. 水源

给水有两路 $DN300$，分别接自九江路和西藏中路市政给水总管，进口处各设 $DN150$ 总水表 1 只计量生活用水。室外绿化用水、地下室车库冲洗用水及地下室厕所冲洗用水利用城市水压直接供给，其余用水进入地下三层冲洗水贮水池。

3. 水压

饮用净水系统：按照避难层采用大分区及支管减压方式。控制最不利点静水水压不小于 0.2MPa，对静水压力大于 0.5MPa 处设支管减压阀控制阀后压力不大于 0.35MPa。

冲洗水系统：采用分区干管串联减压，控制最不利点静水压力不小于 0.15MPa，不大于 0.5MPa。

4. 给水方式及系统竖向分区

楼内给水按水质分为 2 种，即饮用净水和冲洗水。冲洗水用城市自来水，供冲洗厕所、冷却塔和游泳池、水景和锅炉房补给水等；饮用净水是将自来水经砂、活性炭及精密过滤器过滤处理后水质达到《饮用净水水质标准》CJ 94—2005 的水，净水处理工艺流程（图 1）。

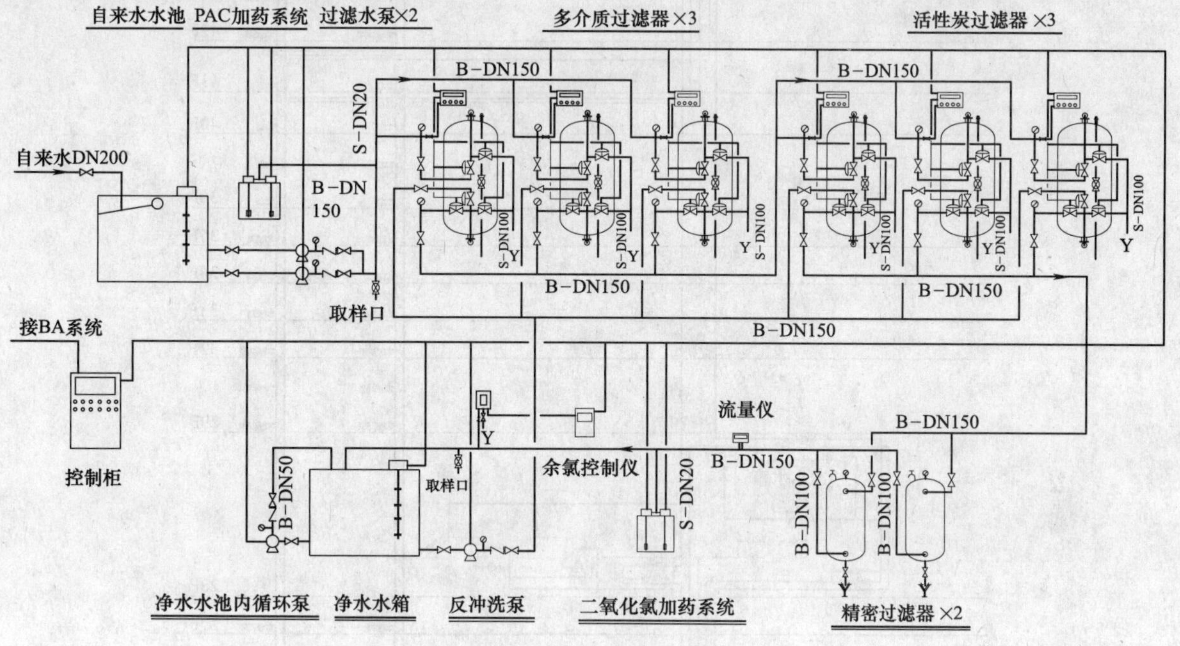

图 1　饮用净水处理工艺流程图

饮用净水系统：采用大分区及支管减压方式。由于热水是以相应分区饮用水为水源的，为了保证冷热水压力均衡，减少热交换器及相应回水泵数量，将净水按避难层自然分区分为五个大区。其中酒店四十二至六十层为第Ⅰ分区；二十三至四十一层为第Ⅱ分区；11～40 层为第Ⅲ分区；七至十层酒店公共娱乐、会议和餐饮等附属设施为第Ⅳ分区；二至六层商场为第Ⅴ分区；一层及一层以下酒店后勤用房为第Ⅵ分区。每个分区压力超标处设支管减压，具体做法是：压力不大于 0.5MPa 处支管不减压；压力大于 0.5MPa、不大于 0.6MPa 处冷热水支管各设 1 只减压阀；压力大于 0.6MPa 处则设两只减压阀串联减压。为保证净水水质，在每一净水系统进口处设紫外线杀菌装置，末端设回水管用泵或调节阀控制回水流量，将水返回相应供水水箱。饮用净水系统（图 2）。

冲洗水系统：由于冲洗用水没有压力均衡要求，为了减少减压阀数量则采用大分区减压方式即在五个自然分区中根据压力情况再将第一至第三分区用减压阀各细化为两个小区，保证每区最

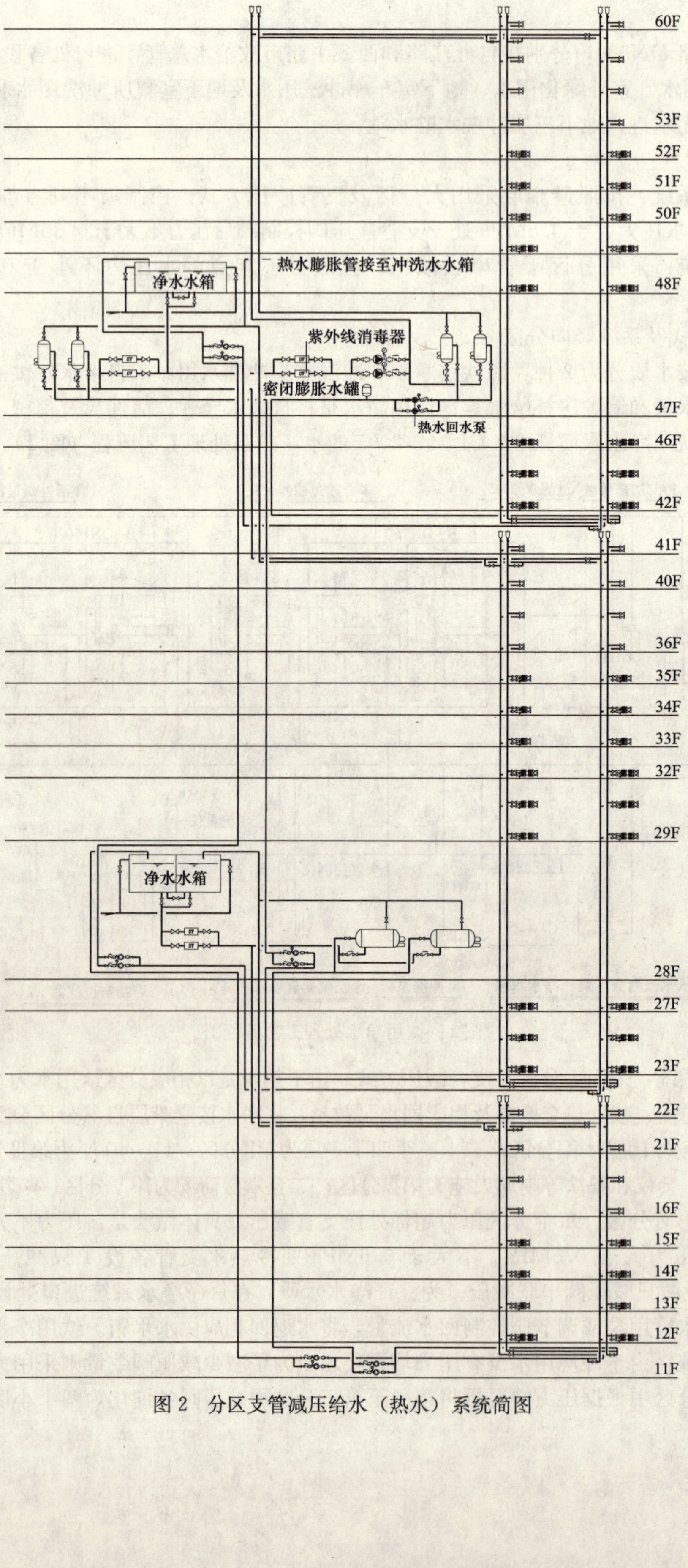

图 2　分区支管减压给水（热水）系统简图

不利点供水压力不小于0.15MPa，不大于0.5MPa。

5. 给水加压设备（表2）

给水加压设备表 **表2**

序号	名　称	技术参数和要求	数量	设置位置
1	净水处理设备	处理水量 $Q=75m^3/h$，包括原水加压泵、砂滤、活性炭、精滤、加药设施、反冲洗泵、监控仪表及控制柜等全套	1套	B3生活水泵房
2	净水水池池内循环泵	$Q=10m^3/h, H=20m, N=3kW$	1台	B3生活水泵房
3	28F净水中间水箱加压泵	$Q=12.45L/s, H=160m, N=30kW$，2用1备	3台	B3生活水泵房
4	28F冲洗水中间水箱加压泵	$Q=16.2m^3/h, H=155m, N=15kW$，1用1备	2台	B3生活水泵房
5	48F净水中间水箱加压泵	$Q=12.25L/s, H=87m, N=18.5kW$，2用1备	3台	28F生活水泵房
6	47F冲洗水中间水箱加压泵	$Q=11.4m^3/h, H=84m, N=5.5kW$，1用1备	2台	28F生活水泵房
7	酒店Ⅰ区净水变频泵组	$Q=10.3L/s, H=72m, N=15kW$，2台，1用1备，配变频控制柜，泵组带隔膜罐	1套	47F生活水泵房
8	酒店Ⅰ区冲洗水变频泵组	$Q=4.58L/s, H=71.5m, N=7.5kW$，2台，1用1备，配变频控制柜，泵组带隔膜罐	1套	47F生活水泵房
9	Ⅳ～Ⅵ区净水变频泵组	$Q=23.1L/s, H=106m, N=22kW$，3台，2用1备，配变频控制柜，泵组带隔膜罐	1套	B3生活水泵房
10	Ⅳ～Ⅵ区冲洗水变频泵组	$Q=15.6L/s, H=92m, N=11kW$，3台，2用1备，配变频控制柜，泵组带隔膜罐	1套	B3生活水泵房
11	酒店Ⅱ区净水回水泵	$Q=3.05L/s, H=10m, N=1.1kW$，1用1备	2台	28F生活水泵房
12	酒店Ⅲ区净水回水泵	$Q=2.55L/s, H=10m, N=1.5kW$，1用1备	2台	11F喷淋阀站
13	地下室冲洗水水箱	钢筋混凝土制，储水330m³，分成2格	1座	B3生活水泵房
14	地下室净水水箱	优质不锈钢拼装式产品，储水240m³，分成2格	1座	B3生活水泵房
15	28F冲洗水水箱	优质不锈钢拼装式产品，储水24m³，分成2格	1座	28F生活水泵房
16	28F净水水箱	优质不锈钢拼装式产品，储水30m³，分成2格	1座	28F生活水泵房
17	47F冲洗水水箱	优质不锈钢拼装式产品，储水18m³，分成2格	1座	47F生活水泵房
18	48F净水水箱	优质不锈钢拼装式产品，储水14m³，分成2格	1座	48F净水水箱间

6. 管材

室内净水管、冲洗水管均采用优质薄壁紫铜管及配件，承插接口银钎焊接。

室外给水管 *DN* 不小于100采用内涂水泥防腐层的球墨铸铁管，*DN* 小于100采用PVC-U

给水塑料管，胶粘剂粘接。

（二）热水系统

1. 主要热水定额（以60℃计）：(1) 酒店客房：200L/(床·d)；(2) 餐厅：5L/(人·次)；

2. 热水用水量表（表3）

热水用水量表 **表3**

系统分区	最大时用水量(60℃)(m^3/h)	设计小时耗热量(W)
酒店Ⅰ区	11.53	725190
酒店Ⅱ区	29.0	1823983
酒店Ⅲ区	21.1	1327105
酒店Ⅳ区	36.1	2270544
酒店Ⅵ区	13.0	817647

3. 热源和加热/储存

酒店部分由同区饮用净水经热交换器加热后供应，其中客房部分（Ⅰ～Ⅲ区）采用汽－水半容积式热交换器；辅助公共用房部分（Ⅳ区和Ⅵ区）采用半即热式热交换器，各区热交换器均为两用一备，热源为锅炉房自备蒸汽。

4. 热水系统

(1) 商场部分因卫生间分散，而且只有洗手盆用少量热水，因此采用在每个卫生间设即热式电加热器供应热水。

(2) 厨房、职工淋浴、桑拿及酒店客房等设集中供应热水系统。热水除第一分区采用下行上给式，其余分区采用上行下给式，并设回水系统以防止热水在管中冷却影响使用。为了减少热交换器数量并方便其设置，同给水系统一样，基本上按避难层分区，并在分区压力超过0.5MPa的各层热水支管进口处均设稳压减压阀以保证每层支管冷热水压力相近。因一般回水均仅为立管回水支管都不回水，因此在支管进口设减压阀对回水并无任何影响。

(3) 对热水出流时间大于5s的支管采用自动控制电伴热技术。

热水系统（图2）。

5. 热水系统主要设备选型（表4）

热水系统主要设备造型表 **表4**

序号	名称	技术参数和要求	数量	设置位置	备注
1	酒店Ⅰ区热交换器	ϕ1200，立式半容积式，产水量 $6m^3/h$，Pg=1.2MPa	3台	47F生活水泵房	2用1备
2	酒店Ⅱ区热交换器	ϕ1600，立式半容积式，产水量 $14m^3/h$，Pg=0.6MPa	3台	47F生活水泵房	2用1备
3	酒店Ⅲ区热交换器	ϕ1600，卧式半容积式，产水量 $11m^3/h$，Pg=0.6MPa	3台	28F生活水泵房	2用1备
4	酒店Ⅳ区热交换器	半即热式，产水量 $20m^3/h$，Pg=0.6MPa	3台	9F热交换机房	2用1备
5	酒店Ⅵ热交换器	半即热式，产水量 $9m^3/h$，Pg=0.6MPa	3台	B1热交换机房	2用1备
6	酒店Ⅰ区热水回水泵	Q=8.35m^3/h，H=10m，N=0.75kW，Pg=1.2MPa	2台	47F生活水泵房	1用1备
7	酒店Ⅱ区热水回水泵	Q=20.5m^3/h，H=10m，N=1.5kW，Pg=1.0MPa	2台	28F消防水泵房	1用1备
8	酒店Ⅲ区热水回水泵	Q=16m^3/h，H=10m，N=1.1kW，Pg=1.0MPa	2台	11F喷淋阀站	1用1备

续表

序号	名　称	技术参数和要求	数量	设置位置	备注
9	酒店Ⅳ区热水回水泵	$Q=19.8m^3/h$, $H=10m$, $N=1.5kW$, $Pg=0.6MPa$	2台	9F热交换机房	1用1备
10	酒店Ⅵ区热水回水泵	$Q=7.1m^3/h$, $H=10m$, $N=0.75kW$, $Pg=0.6MPa$	2台	9F热交换机房	1用1备
11	酒店Ⅰ区密闭膨胀罐	$\phi1000$，总膨胀量≥57L，总容积1100L，$Pg=0.6MPa$	1台	47F生活水泵房	
12	酒店Ⅳ区密闭膨胀罐	$\phi600$，总膨胀量≥17L，总容积360L，$Pg=0.6MPa$	1台	9F热交换机房	
13	客房三区密闭膨胀罐	$\phi600$，总膨胀量≥9L，总容积180L，$Pg=0.6MPa$	1台	B1热交换机房	

6. 管材

热水管、回水管均采用优质薄壁紫铜管及配件，承插接口银钎焊接。

（三）冷却循环水系统

1. 冷却循环水系统

根据暖通专业提供资料，离心式冷水机组总冷量为5000RT，冷却水温差6℃（32～38℃），冷却循环水量为3200m³/h。设计选用400m³/h超低噪声横流式冷却塔8台［温差8℃（32～40℃），设在裙房顶）。为保证冷却塔冬季运行，在每台冷却塔设15kW浸入式电加热器2台，冷却循环水泵共九台（8用1备）。

为防循环水质恶化，在每台循环水泵出口处加磁化器1只，并设进口全自动反冲洗过滤器两只连续处理一部分循环水，另设有杀菌消毒投药装置1套。塔体材料采用阻燃型。

2. 管材

管径DN不大于300冷却循环水管采用焊接钢管及配件，除与泵及阀门连接处用法兰连接外均为焊接；除锈，外涂防锈漆二度，色漆一度；管径DN大于300冷却循环水管采用卷板焊接钢管，除锈，外涂防锈漆二度，色漆一度。

（四）排水系统

1. 最大日污（废）水量：1602m³/d。

2. 排水系统

室内污废分流，设主通气立管和器具通气管。室外污水在基地出口处设监测井然后和雨水合并排入九江路城市合流总管，在排出前，厨房含油废水和汽车库冲洗废水经隔油处理，污水经预处理及消毒后与废水混合，再用潜水泵提升后排出（图3）。

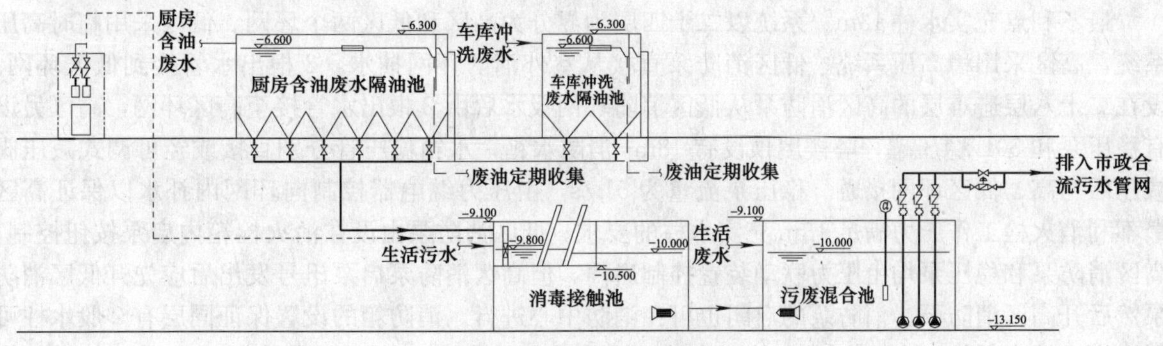

图3　污水处理工艺流程图

3. 管材：

室内排水泵出水管及消防排水管管径 *DN* 不小于 100 采用焊接钢管及配件，除与泵及阀门连接处用法兰连接外均为焊接，除锈，外涂防锈漆二度，色漆一度；管径 *DN* 小于 100 采用热镀锌钢管，丝扣连接。污水管、废水管以及管径 *DN* 不小于 50 的通气管采用离心浇铸灰口铁直管及配件，穿越楼板的立管和技术层排水汇总管、地下室排水横干管采用柔性抗振承插式接口，法兰连接；厨房、卫生间内支管采用不锈钢卡箍式接头。管径 *DN* 小于 50 通气管采用热镀锌钢衬塑（PE）钢管及配件，丝扣连接。

室外污水管采用超强筋硬聚氯乙烯（PVC-U）排水管，“T”形橡胶圈接口。

（五）雨水排水系统

1. 场地、屋面雨水重现期、雨水量：

屋面雨水设计重现期 P 按不小于 3 年考虑，5min 降雨历时的设计降雨强度为 3.26L/(s·100m²)，溢流口按设计重现期 50 年考虑。

总体雨水设计重现期 P 按不小于 3 年考虑，车库坡道按 10 年考虑。总体雨水分三路汇总后分别排至九江路（$\phi600$）、西藏中路（$\phi600$）和贵州路（$\phi450$）市政排水预留口。

2. 屋面雨水系统的形式：

屋面雨水采用重力流排水方式。

3. 管材：

室内雨水管采用无缝钢管及配件，热浸镀锌，沟槽机械接头接口。

室外管径 *DN* 不大于 500 雨水管均采用超强筋硬聚氯乙烯（PVC-U）排水管，“T”形橡胶圈接口；管径 *DN* 大于 500 雨水管采用增强聚丙烯（FRPP）模压排水管，“O”形橡胶圈接口。

二、消防系统

本工程消防给水按超高层设计。

（一）消防给水量、消防水源及室外消火栓系统

室外消防用水量为 30L/s；室内消火栓消防用水量为 40L/s；室内自动喷水灭火系统：地下车库按中危Ⅱ级，其余部位按中危Ⅰ级设计，用水量为 30L/s，最不利点喷头工作压力不小于 0.05MPa。

由西侧西藏中路和南侧九江路市政供水管上各引入一根 *DN*300 进水管，在基地内形成 *DN*300 供水环网，并在总体适当位置和水泵接合器附近接出室外消火栓，间距小于 120m，供消防车取水。

（二）室内消火栓消防系统

最不利点充实水柱 13m。系统以二十四层为界分为高区和低区两个环网。低区采用临时高压系统，高区采用稳高压系统。低区消防泵直接从室外消防环网抽水，2 根出水管接到低区环网。设在二十八层避难层的高区消防泵从低区消防环网吸水后由 2 根出水管接至高区环网，高区另设有稳压泵和 50L 稳压罐，塔楼屋顶设有 18m³ 消防水箱，水箱稳压管分别直接或经可调式减压阀减压后与高、低区环网接通。稳压泵流量为 5L/s，由压力继电器控制向环网内补水以保证高区最不利消火栓工作压力满足 13m 充实水柱的要求。低区消防泵由设在消火栓箱内启泵按钮控制，高区消防泵和稳压泵均由压力联动装置控制启停，但高区消防泵启泵讯号发出后应先开低区消防泵然后开高区消防泵。消防泵的启闭也可在消防中心进行。消防箱的设置保证同层有 2 股水柱可同时到达楼内任何一点，在消防电梯前室均设有消火栓。为防止环网内静压超压另用减压阀将

高、低区分别分区以保证各分区静压不大于1.0MPa，消火栓栓口动压超过0.5MPa处设减压孔板减压。

消防泵设试验放水管，系统设持压泄压阀，屋顶设试验用消火栓及压力表。

室外设水泵接合器3套接至低区环管。

室内消火栓消防系统（图4）。

室内消火栓消防系统主要设备选型（表5）。

室内消火栓系统主要设备选型表　　表5

序号	名　称	技术参数和要求	数量	设置位置	备注
1	室内低区消火栓消防加压泵	Q=40L/s,H=173m,N=132kW 消防专用泵	2台	B3 消防泵房	1用1备
2	室内高区消火栓消防加压泵	Q=40L/s,H=151m,N=110kW 消防专用泵	2台	28F 消防泵房	1用1备
3	室内高区消火栓消防增压设施	Q=5L/s,H=159m,N=22kW 稳压泵2台 配50L隔膜式气压罐1台	1套	28F 消防泵房	增压水泵 1用1备

（三）自动喷水灭火系统

自动洒水喷头按全保护方式布置，系统以二十八层为界分为高、低两个分区。同室内消火栓消防系统，低区采用临时高压系统，高区采用稳高压系统。低区喷淋泵直接从室外消防环网抽水，两根出水管分别接到B三层和十一层报警阀站。在二十八层避难层设高区喷淋泵从低区环管上吸水并由两根出水管分别接至二十八层和四十七层报警阀站，高区另设稳压泵及50L稳压罐。稳压泵的设计流量为1L/s向系统补水，以保证高区最不利喷头处工作压力不小于0.05MPa。稳压泵由压力继电器控制启闭；高区喷淋泵由消防稳压泵的压力联动装置控制开启，低区喷淋泵由湿式报警阀延时器后的压力继电器控制开启，但开高区喷淋泵前应先开低区喷淋泵，主泵启动后稳压泵立即停止工作，主泵也可由消防中心控制启闭。锅炉房设有与火灾探测器联动的自动切断气源装置。每只湿式报警阀保护喷头数不大于800只。每层每个防火分区管网进口处设带监控阀的水流指示器、泄水阀，末端设试水阀，每个报警阀组控制的最不利点喷头处设末端试水装置。因建筑防火卷帘已设置3小时耐火隔热等级，故卷帘两侧不设加密喷淋系统。

机械式停车库中双层车库的下层喷头采用快速反应扩展覆盖边墙型玻璃球闭式喷头（覆盖面为4.9m×5.5m），并带集热罩；地下室一层车道进出口处、避难层百叶窗附近10m内采用易熔合金直立型喷头；十二层及十二层以上宾馆客房部分下喷头采用快速反应隐蔽型玻璃球闭式喷头或DN20扩展覆盖边墙型玻璃球快速反应闭式喷头。其余部位上喷头采用直立型玻璃球闭式喷头，下喷头采用下垂型玻璃球闭式喷头。喷头工作温度动作温度一般为68℃（玻璃球）和72℃（易熔合金），但厨房烹调间、锅炉房、开水间等设置的喷头动作温度为93℃，设置在玻璃天窗下受日光直晒的喷头动作温度为141℃。接近避难层百叶窗和车道进出口处的管道加设保温。

喷淋泵设试验放水管，系统设持压泄压阀。

室外设水泵接合器2套接至低区环管。

自动喷水灭火消防系统（图4）。

自动喷水灭火消防系统主要设备选型（表6）。

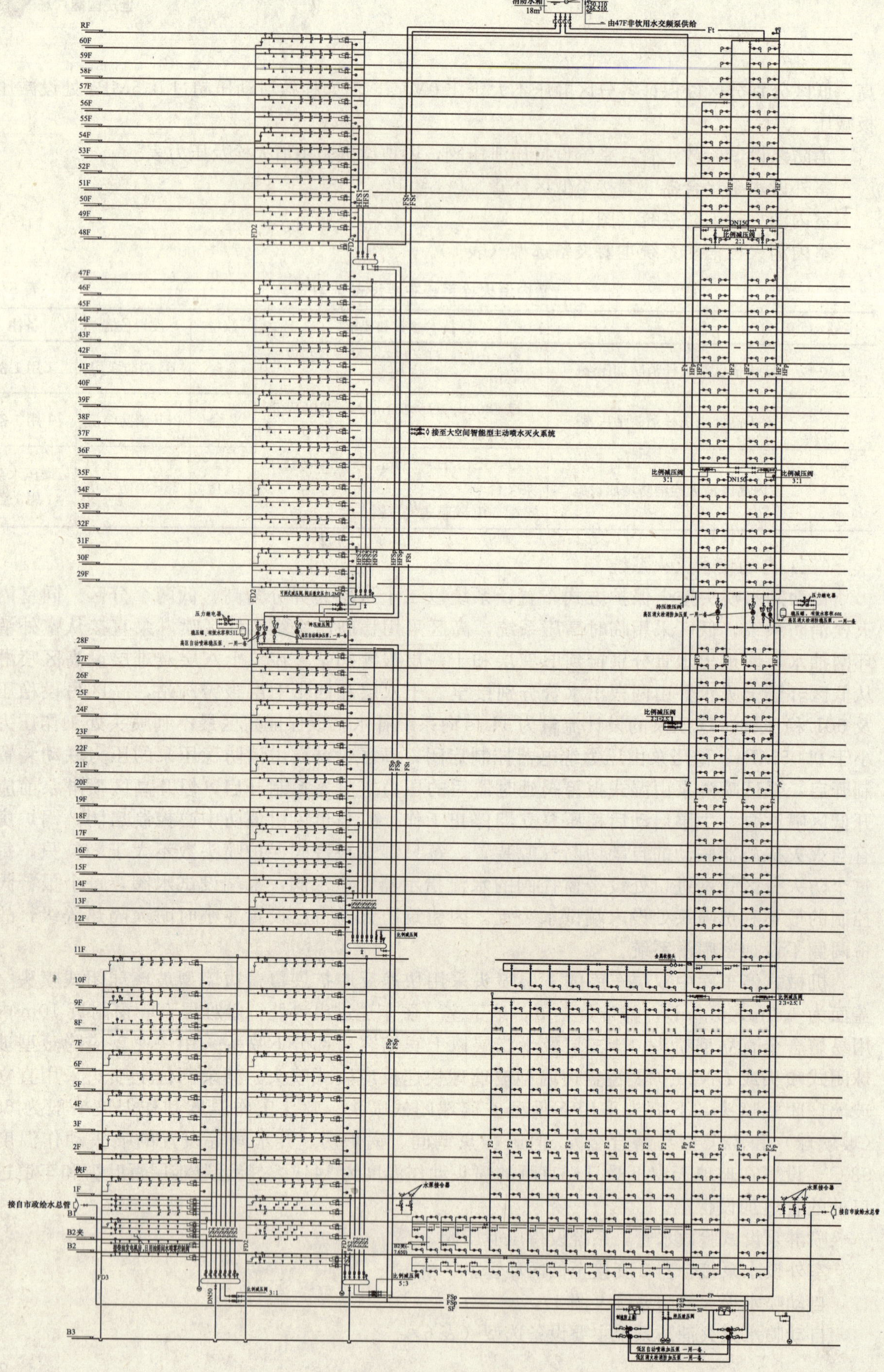

图 4　室内消火栓消防和自动喷水灭火消防系统简图

自动喷水灭火系统主要设备造型表 **表 6**

序号	名称	技术参数和要求	数量	设置位置	备注
1	自动喷水灭火消防加压泵	Q=30L/s，H=190m，N=110kW 消防专用泵	2 台	B3 消防泵房	1 用 1 备
2	自动喷水灭火消防加压泵	Q=30L/s，H=147m，N=90kW 消防专用泵	2 台	28F 消防泵房	1 用 1 备
3	自动喷水灭火消防稳压设施	Q=1L/s，H=157m，N=11kW 稳压泵 2 台 配 50L 隔膜式气压罐 1 台	1 套	28F 消防泵房	稳压水泵 1 用 1 备

（四）气体灭火系统

变电所、电话、安保弱电机房、柴油发电机房和日用油箱间按区域和楼层分块设置了 4 套 IG-541 气体灭火系统，均采用组合分配保护方案，全淹没、有管网系统。设计室内温度为 16～30℃，设计浓度为 37.5%～42.8%，浸渍时间 10min。

（五）其他灭火系统

37F 中庭因设有自助餐厅，净空高度超过 8m，采用的是大空间智能型主动喷水灭火系统。该系统从高区供水环网上取水，经减压阀减压至 0.42MPa 后供水。共设 ZSD-40/40A 装置 7 套，ZSS-20 装置 2 套。

（六）灭火器材设置

灭火器配置按严重危险级考虑。在每个消防箱下部和其他需要场所按有关规范要求配置手提式磷酸铵盐干粉灭火器若干，在锅炉房及地下车库另设 25kg 装推车式磷酸铵盐干粉灭火器。

三、设计中的新颖、独特、难点之处的特别说明

给水系统采用的分质供水既保证用水水质，又减少了处理水量，从而节省了处理投资与经常费用。为了防止在管网中因停留时间过长而变质，各分区分别设一回流管连续回流部分水到各级供水水箱（池）再次进行紫外线杀菌处理，以确保水质安全可靠和各区供水量相对平衡。净水回水管采用干管同程布置方式可尽量做到均匀回水。

图 5 支管减压阀安装实景

宾馆的净水和和热水系统采用了按照避难层进行大分区的支管减压供水方式，是一种既考虑了本工程避难层机房面积有限的实际情况，同时为了保证冷热水压力均衡，减少热交换器及相应回水泵数量而采用的切实有效的分区方式。为进一步提高系统的安全可靠性，在静压大于 0.6MPa 的支管上设 2 只减压阀串联减压和 BA 点监控，这样对减压阀来说，既可减小压比，减轻气蚀和磨损，避免噪声，延长使用寿命，又避免其中 1 只减压阀出现故障时阀后压力过高而损伤龙头等配件现象的发生。对系统而言，减压阀设在分支管上（图 5），不影响立管和干管的循环，经减压后管网中的空气就能尽快释放而不致影响整个管网，且能最大限度满足卫浴配件的使用压力要求。对用水点而言，减压阀的随时可调能保证卫生间内冷热水水压均衡，因为热源距使用点近，不会发生要放去很多冷水方流出热水的情况，使用舒适度提高了。从经济投资比较来看，支

管减压方式比分区设热交换器节省投资约15%，比总管设减压阀节省约10%。

对个别热水供水支管较长的客房卫生间，则参考了英国BS 6700标准中对热水支管长度的要求，以热水出水时间是否大于5s为原则，对出流时间大于5s的热水支管采用自控调温电伴热技术。商场部分因卫生间布置分散，而且只有洗手盆用少量热水，故采用在每个卫生间设快速电加热器供应热水，这样既省去了热水系统，也减少了管网的热损失。

图6　大空间智能型主动喷水灭火装置

室内消火栓和自动喷水灭火消防系统均采用水泵串联+各分区减压阀减压供水方式，高区采用稳高压系统。稳高压系统在火灾初期能满足相应的消防用水水压和流量要求，提高了系统的安全度。三十七层中庭因设有自助餐厅，净空高度超过8m，采用的是大空间智能型主动喷水灭火系统（图6）。该系统利用原喷淋供水管网，能自动探测寻找并早期发现判定火源，主动开启系统定点定位喷水灭火，灭火后能主动停止喷水并可多次重复启闭。

因低区消防泵直接从两路市政管网上抽水，水泵吸水管上所设倒流防止器具有止回作用，而消防泵停泵时缓闭止回阀产生延时关闭，导致水泵关闭后吸水管的压力升高，无法泄压，故在水泵吸水管上增设*DN*50泄压阀一组，并控制泄压阀设定压力略高于市政管网在吸水管处的压力，从而有效防止了上述现象的发生。

在冷却水系统设计上，建议暖通专业采用6℃温差冷冻机组，较常用的5℃温差节水约17%。从而使冷却循环水泵供水能力同样节省约17%，同时降低了投资和机房面积，节电17%以上，并相应减小了循环水管管径。选用温差为8℃（32～40℃）的冷却塔，确保了冷却效果。

四、工程照片

世茂国际广场

中国闽台缘博物馆

设计单位： 福建省建筑设计研究院

设 计 人： 程宏伟　蒋天旗　黄文忠　王晓丹

获奖情况： 公共建筑二等奖

工程概况：

中国闽台缘博物馆是祖国大陆唯一的对台的国家级博物馆，是展示闽台两地丰富独特的地缘、血缘、法缘、文缘、商缘关系的专题博物馆。馆内展示和珍藏着代表闽台历史的重要文物。博物馆位于福建省泉州市北清东路北侧，背靠清源山风景名胜区，面对泉州西湖；用地面积为150亩，大楼南侧为大礼仪广场（馆区入口），东侧为停车场，西侧北侧为后花园。本工程为一类高层公共建筑（小于50m），主体建筑面积23300m²，主体高度为23.9m，观景台屋面高度为32.1m，承露台屋面高度为43.5m，建筑造型复杂；一层北侧为藏品库房及设备机房；南侧为临时展厅及报告厅等，二、三层为主展厅，四层为研究室、文献中心，四层屋面为设备层，结构设计使用年限为100年。2006年5月落成开馆。

一、给水排水系统

（一）给水系统

1. 用水量估算（表1）。

用水量估算表　　　　**表1**

用户名称	用水量标准	建筑面积或使用人数	时变化系数 K	工作时数 (h)	最高日水量 (m^3/d)	最大时用水量 (m^3/h)
参观观众	5L/(人·次)	5000人	1.5	8	25	4.7
办公及服务	50L/(人·d)	200人	1.5	8	10	1.9
茶座	15L/(人·次)	400人	1.5	8	6	1.2
文物清洗	1L/(m^2·d)	1900m^2	2.0	8	2	0.5
冷却水补水	700m^3/h	1.5%	1.0	8	84	10.5
未预见水量	15%				19	2.8
总计					146	21.6

2. 水源：馆区用水由北清东路市政给水管网的2个接口（DN150）引入2根de160管，并围绕馆区成环网（de160）布置，供应本楼用水（接入点市政水压为0.35MPa），进水设2个LXL-100总水表（表后均设置倒流防止器）。为保证供水的可靠性，在2根de160管接入点之间的市政给水管网上增设检修阀。

3. 给水系统：一至三层均由市政水压直接供水；考虑供水的可靠性，屋面设备层设置2个15m³生活水箱（市政水压直供），作为市政停水时一至四层生活用水的备用水源，平时供应二层西北角冷却塔的冷却补水、四层生活用水及设备层用水；同时屋面设备层设置生活变频给水设备

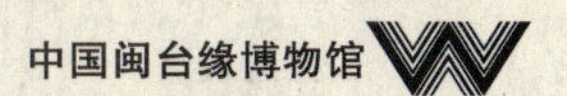

(其中给水加压泵两台，两用，型号为 CHI8-15：Q=7m³/h，H=22m，n=2750r/min，N=1.1kW)，供应四层及设备层用水。

4. 礼仪广场（馆区入口）东西两侧设有大型喷泉水池（80m×9m），中央设有镜面式倒影水池（70m×15m），馆区绿化及室外水景用水通过打井抽取地下水供应。

5. 管材：室内给水管采用薄壁不锈钢管及配件；室外给水管采用埋地 PE 给水塑料管及配件。

（二）冷却循环水系统

1. 一至三层展厅的中央空调系统的冷水主机总功率为 2240kW。空气干球及湿球温度分别约为 35.2℃及 28.0℃，夏季主导风向为偏南风。冷却塔出水温度最高允许值为 32℃。

2. 考虑二层西北角安装空间对冷却塔效能的影响，设计采用侧出风横流式方形超低噪声型冷却塔，共四台，型号为 SHC-175。一层西北角设备区冷冻机房内设有 1 台 SCII-350F 型电子水处理仪，并相应设置冷却循环水泵，共 5 台，4 用 1 备，型号为 KQL150/320-22/4（Q=175m³/h，H=30m，n=1480r/min，N=22kW)。冷却循环水管采用无缝钢管及配件。

（三）污废水系统

1. 排水系统采用污废水合流制。室内污废水立管顶部设置伸顶通气管。室内污水管采用机制柔性接口排水铸铁管及配件。

2. 本楼生活污水经化粪池预处理，一层北侧的文物消毒及熏蒸废水经处理池处理，接入馆区南侧的二级污水处理设备处理后，排入北清东路市政污水管，最终排至市政污水处理厂。待市政污水处理厂建成后，污水可不经二级污水处理设备处理，直接经化粪池处理后排入市政污水管。

3. 污水排放量约为 45m³/d（不计绿化用水、冷却补充水及未预见用水量，排水量以用水量 90%计)。室外污水管采用 PVC-U 双壁波纹排水塑料管及配件。

（四）雨水系统

1. 室外污水与雨水分流，雨水分三路排至馆区南侧北清东路市政雨水管。

2. 本楼建筑屋面雨水设计重现期采用 10 年，降雨强度 q_5=4.90L/(s·100m²)。屋面雨水采用重力流系统排放。室内雨水管采用 PE 给水塑料管及配件。

3. 馆区室外雨水设计重现期采用 2 年，降雨强度 q_{15}=2.48L/(s·100m²)，馆区总雨水排放量为 1116L/s。室外雨水管采用 PVC-U 双壁波纹排水塑料管及配件。

二、消防系统

（一）水源

2 根 de160 市政进水管围绕馆区成环网（de160）布置，上设若干座室外消火栓；一层西北角设备区设置 900m³ 消防专用水池（分两格设置）及泵房，并设置室外消防车取水口，满足馆区室内外消防用水量要求。屋面设置 18m³ 消防专用水箱，满足消防前期 10min 用水量要求。

（二）室内消火栓系统

室内消火栓系统用水量为 25L/s，采用临时高压给水系统；栓口静水压力小于 1.00MPa；系统加压泵采用消防专用泵，2 台，型号为 XBD6.0/30-100×20×4/2（Q=108m³/h，H=60m，n=1480r/min，N=30kW)，1 用 1 备，设有自动巡检功能。由于屋面造型要求，消防专用水箱高度不能满足最不利点消火栓的 7m 静水压力要求，屋面设置 1 套 XQB-4/10-2.5 型稳压装置；在室外设置 4 套水泵接合器；管材采用内外壁热浸镀锌钢管及配件。

（三）自动喷水灭火系统

1. 一层普通文物库房的预作用自动喷水灭火系统按仓库危险Ⅱ级设计，作用面积 300m²，喷水强度 16.0L/(min·m²)，灭火用水量为 100L/s（系统最不利点工作压力大于 0.12MPa）。一至三层展厅的预作用自动喷水灭火系统按中危险Ⅰ级设计，作用面积 160m²，由于展厅为网格类通透性吊顶，其喷水强度采用 7.8L/(min·m²)，灭火用水量为 33L/s。二至三层的大门厅入口及三维电影厅（12m<高度<14m）采用雨淋系统，灭火用水量分别为 55L/s 及 40L/s。二层及以上的室内中庭（高度 26m）采用大空间智能型主动喷水灭火系统的自动扫描射水高空水炮装置（共 4 套），灭火装置的标准工作压力为 0.60MPa，标准保护半径不大于 20m，灭火用水量为 20L/s。其余部分按中危险Ⅰ级设计，作用面积 160m²，喷水强度 6.0L/(min·m²)，系统最不利点工作压力大于 0.10MPa，灭火用水量 30L/s。各系统均共用自动喷水系统加压泵。

2. 自动喷水系统加压泵采用消防专用泵，共 3 台，2 用 1 备，型号为 XBD7.5/50-150D/3 (Q=108m³/h，H=75m)，并设置微机自动控制系统：仅一层普通文物库房（仓库危险Ⅱ级）位置起火时，投入 2 台喷淋泵灭火；中危险级处或室内中庭等其余位置起火时，投入 1 台喷淋泵灭火。当室内中庭的自动扫描射水高空水炮装置启动时，水泵扬程应为 85m；普通文物库房或中危险级处等其余位置起火时，水泵扬程不超过 70m。

3. 为保护文物，展厅及普通库房采用充气式预作用系统，严禁管道漏水，利用空压机自动控制空气供应并监测系统的气密性（0.03MPa<气压<0.05MPa），系统的配水管道充水时间不大于 2min，配水管道的快速排气阀前设置电动阀。预作用报警阀组采用电磁阀自动控制和手动启动装置。

4. 室内中庭采用大空间智能型主动喷水灭火系统的自动扫描射水高空水炮装置，为边墙式安装，设计同时开启数为 4 个，单个设计流量为 5L/s，内置的智能型红外探测组件自动控制电磁阀，系统采用电磁阀自动控制和手动启动装置。

5. 考虑屋面消防专用水箱高度不能满足最不利点喷头压力要求，屋面设一套 XQB-4/5-1.2 喷淋系统稳压装置。喷淋系统在室外设置 7 套水泵接合器。

6. 一层普通库房及展厅内局部位置（高度>8m）采用大口径喷头（K=115），展厅的 4200mm×4200mm 次梁内布置 4 个喷头保护时采用小口径喷头（K=57），其余位置采用标准口径喷头（K=80）；普通库房及展厅的预作用系统及公共区域的湿式系统的喷头采用快速反应喷头。雨淋系统采用开式喷头，吊顶处采用吊顶型喷头，普通库房及展厅等无吊顶处采用直立型喷头。喷头动作温度采用 68℃。

7. 一层西北角设备区的报警阀间设 2 套湿式报警阀组，7 套预作用报警阀组（共用 2 套空压机），2 套雨淋阀组，另有 1 套水喷雾灭火系统的雨淋阀组。

（四）水喷雾灭火系统

1. 一层西北角设备区的柴油发电机房及其油箱间采用水喷雾灭火系统，设计灭火强度 20L/(min·m²)，响应时间小于 45s，最不利点工作压力大于 0.35MPa，灭火用水量为 20L/s，喷射持续时间 0.5h。

2. 水喷雾系统加压泵采用消防专用泵，2 台，1 用 1 备，设有自动巡检功能，型号为 XBD6.3/20-100×20×4/2 (Q=72m³/h，H=63m，n=1480r/min，N=22kW)。雨淋阀组前设有 2 套室外水泵接合器，与喷淋系统共用稳压装置。系统采用电磁阀自动控制、手动启动装置控制及应急操作控制等三种控制方式。管材采用内外壁热浸镀锌钢管及配件。

（五）IG-541 混合气体自动灭火系统

1. 一层北侧库房区的珍品及一级纸绢类文物库房，采用 IG-541 混合气体自动灭火系统，为全淹没式、一级充压系统，最低设计灭火浓度不低于 36.5%，其喷放时间应保证在 1min 内（且不小于 48s）达到设计浓度的 95%。

2. 珍品及一级纸绢类文物库房，按两个防护区设计，灭火系统采用组合分配式管网系统，设计灭火浓度为不低于 38%，钢瓶间设置在设备区。管网灭火系统具有自动、手动和机械应急三种启动方式，自动控制装置应在接到 2 个独立的火灾信号后才能启动。气体灭火剂管道采用无缝钢管及配件。

三、工程特点及设计体会

（一）预作用喷淋系统

1. 针对博物馆主要使用功能的文物库房和文物展厅的特点设置了预作用喷淋系统：本工程的普通藏品库房及展厅采用了充气式预作用自动喷水灭火系统，目的是在该系统的准工作状态时严禁管道漏水或系统误喷；同时要求在设计充水时间内、保证系统在喷头动作前预先充水而转换成湿式自动喷水系统。

2. 为加强普通库房及展厅预作用喷淋系统的配水管道的排气能力，在设计中将配水干管作为始端的竖向管道，经横向的配水管（中部），在各横向配水管末端增设排气连通管（*DN*15）及终端的竖向排气管，并在竖向排气管末端设置电磁阀及快速排气阀。这种做法简单而且可靠，能解决并加强了各配水支干管末端的尽快排气充水和管网末端堵气问题。

3. 本工程展厅吊顶装修为网格类通透性吊顶（库房未设置吊顶），在喷头受热和布置要求方面，不适合采用干式下垂型喷头，因此设计采用了直立型喷头，既保证喷头能及时受热动作，又降低投资，同时满足预作用系统规范对喷头的要求：系统复位时能排尽管道内积水。对于系统配水管道的排水方式，为便于系统复位时能排尽管道内积水，设计时采用了喷淋水平干管在各层顶板的梁下敷设，喷淋支管穿梁，能便于系统配水管道的排水。在设计中增设风管（宽度不小于 1.2m）下喷淋配水支管及其末端的泄水管，同时可在火灾或试验后将 1～2 个防火分区内的相应风管下的下垂型喷头取下并排空积水，可避免干式下垂型喷头价格昂贵的问题，也降低了工程造价。

4. 根据博物馆的布展设计要求，展厅柱网间距设计为 8.4m。在设计时充分考虑建筑柱网及结构次梁对喷头布置及其设计参数的影响：展厅的 4200mm×4200mm 次梁内布置 4 个喷头保护时采用小口径喷头（$K=57$），布置 2 个喷头保护时采用标准口径喷头（$K=80$），从而合理确定普通库房及展厅的喷淋配水管网、预作用报警阀及喷淋系统加压泵的布置及设计参数等。

5. 当喷淋系统设计流量为 30L/s 时，要满足预作用系统规范要求其配水管道充水时间不宜大于 2min 的条件，则系统管道容积不宜大于 3600L，由于建筑专业按每个展厅为一个防火分区（均小于 1000m^2）设计，经计算每个展厅的喷头即需 1 个预作用报警阀组控制。本工程喷淋系统加压泵的单泵流量设计采用 50L/s，则系统管道容积不宜大于 6000L，经计算上下两层展厅的喷头可由 1 个预作用报警阀组控制，减少预作用报警阀组数量，使得预作用系统相对简单、合理，且满足配水管道充水时间的要求。

6. 由于本工程喷淋系统复杂，各工况点流量扬程变化多，因此设计要求采用 2 用 1 备的喷淋泵配比，同时喷淋泵采用微机自动控制（含自动巡检功能），要求喷淋加压泵在不同起火位置时，提供相应的流量扬程，保证喷淋系统正常灭火，比 1 用 1 备的水泵配置更合理经济，同时也满足喷淋规范的要求。

（二）其他消防系统

1. 本工程二层以上的室内中庭部分，高度为26m，面积为530m²，其屋面为钢化玻璃顶及钢网架，在方案设计阶段经与消防主管部门协商同意，设计采用了国内近年来应用较多的大空间智能型主动灭火系统（自动扫描射水高空水炮灭火装置），解决了约30m高的室内中庭的消防难题。

二、三层的大门厅入口及三维电影厅（12m<高度<14m），原设计均采用雨淋系统。在后期的装修配合设计中，建筑及装饰专业将二层的大门厅入口（即序厅）的前半部分也更改为钢化玻璃顶及钢网架，后半部分仍为有吊顶的方案。为避免原设计的雨淋系统管线及喷头对装饰效果的影响，序厅的前半部分也采用标准型自动扫描射水高空水炮灭火装置（共2套）保护；考虑序厅的电气专业控制的整体性，后半部分相应采用标准型大空间智能灭火装置（标准保护半径不大于6m，喷水流量5L/s），有效加强了序厅的消防灭火能力并满足了序厅的装饰美观效果。

2. 为保护馆内文物库房的珍品及一级纸绢类文物，设计采用的洁净、环保的IG-541气体自动灭火系统，能满足本工程气体灭火剂管线输送距离长度为70m的要求，同时能避免七氟丙烷气体灭火剂对文物的微腐蚀性问题。

3. 由于本楼为博物馆建筑，考虑展厅布展需要，展厅内不应设置给水排水管道，因此消火栓立管布置在展厅外部，消火栓箱朝内或朝外布置，尽量避免消火栓箱在展厅内布置；同时考虑展厅布置方便，其余消火栓箱尽量布置在展厅出入口。

（三）雨水系统

本楼建筑屋面造型复杂：首先是最高处的承露台，其次是建筑专业在四角设计四个大台阶（每个宽度为25m），并通向屋面中部的观景台；同时一至四层外墙在四个方向逐步退至屋面中部，因此各屋面汇水面积都较小，设计采用重力流雨水系统排放。观景台下部为屋面设备层，为尽量避免屋面雨水对设备层（地面结构有反梁）的影响，观景台屋面雨水排入其南北两侧大台阶天沟；同时充分利用大台阶两侧的闭合式栏杆内空间天然形成的雨水沟，在每个大台阶的中端及末端另设置2道截留沟（台阶式），即观景台及大台阶雨水均排入闭合式栏杆内的雨水沟；同时由于大台阶高差达26m，在栏杆内水沟也设置台阶，用以消能；同时所有截流沟雨水排入栏杆内水沟处设置雨水斗，保证屋面雨水的顺畅排放。设计时还充分考虑了一层局部下沉的停车区的雨水排放问题。

（四）冷却循环水系统

1. 由于建筑专业要求屋面不能设置冷却塔，仅二层西北角小屋面适于安装冷却塔，但其空间对冷却塔的冷却效果却有较大影响：南墙为展厅外墙，东西侧墙体有封堵，仅北侧无墙封堵（作为冷却塔进风面），上方为大台阶（斜面）结构拉梁（梁间镂空净距仅为500mm），因此设计时加大了冷却塔的冷却水量；同时为降低噪声及漂水对展厅环境的影响，设计采用多台小型号的侧出风横流式方形超低噪声型冷却塔（低转速铝合金宽叶片式风机），其风机位于冷却塔南面（侧出风型），4台冷却塔风筒增设导风管排至东墙（不影响建筑外立面处）外，避免风机排出的湿热空气回流和干扰对冷却效果的影响。

2. 一层西北角设备区冷冻机房内相应设置的5台冷却循环水泵，按4用1备配比，即冷却塔及冷却水泵采用4用的配比，控制合理，系统节能，亦与中央空调系统采用的BA控制系统相适应。

四、工程系统图及照片

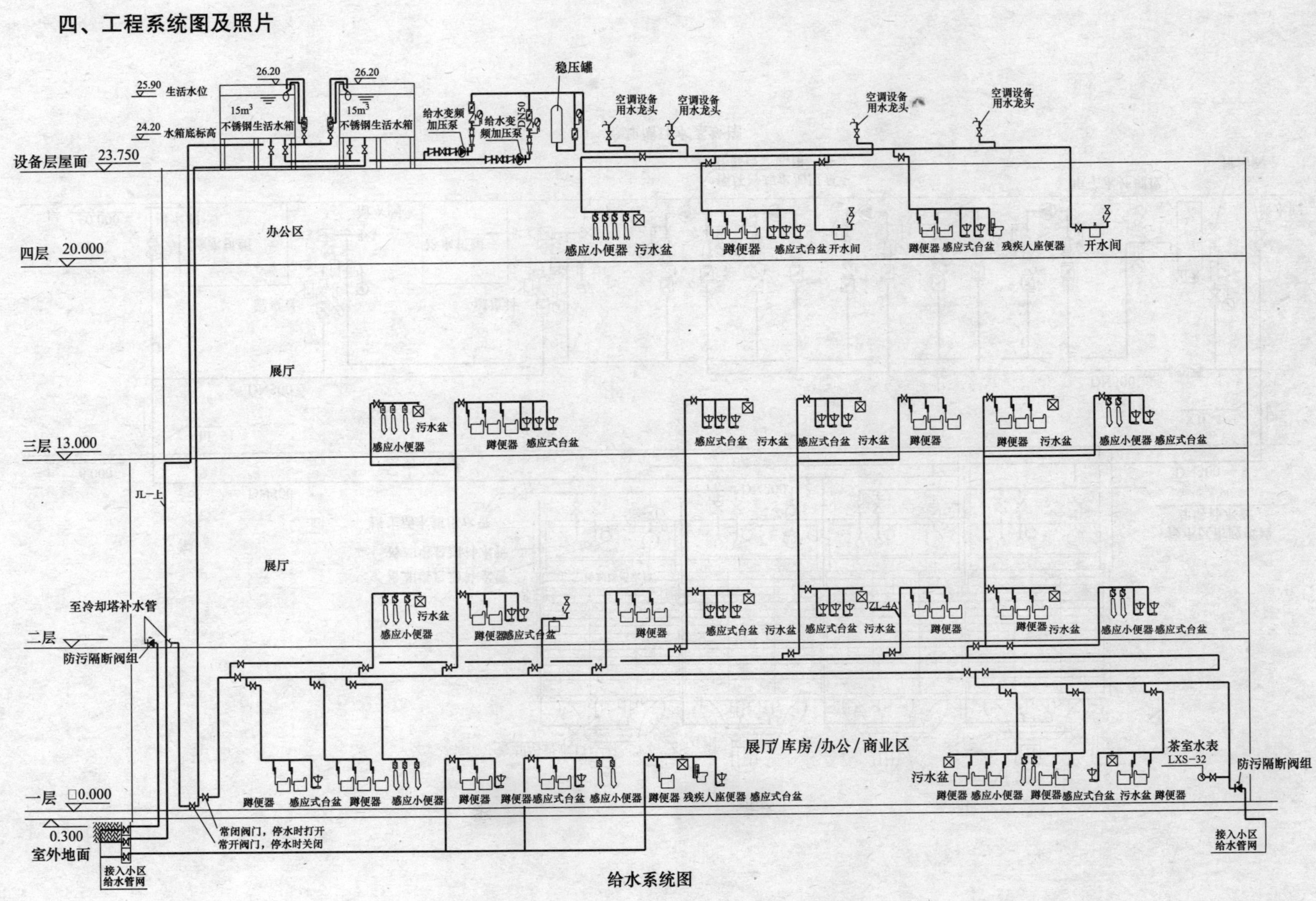

给水系统图

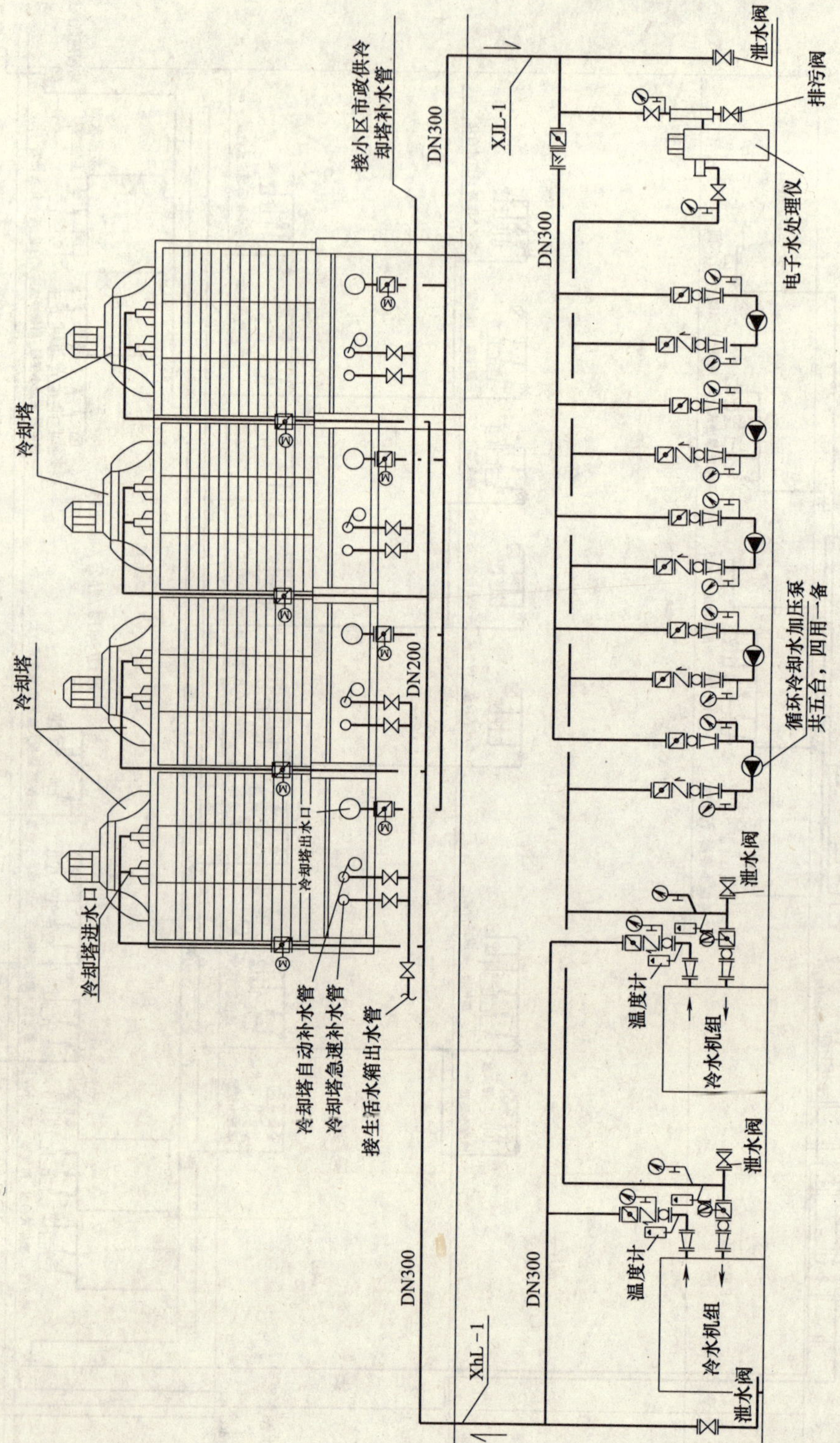

冷却塔
冷却塔
冷却塔进水口
冷却塔自动补水管
冷却塔出水口
冷却塔急速补水管
接生活水箱出水管
接小区市政供冷却塔补水管
DN300
DN200
DN300
二层 6.000
XhL-1
XJL-1
DN300
DN300
温度计
温度计
冷水机组
冷水机组
泄水阀
泄水阀
泄水阀
泄水阀
一层 ±0.000
循环冷却水加压泵共五台，四用一备
电子水处理仪
排污阀

冷却循环水系统图

水箱屋面层 28.700
设备层 23.750
四层 20.000
三层 13.000
二层 6.000
一层 □0.000
室外地面 −0.300
报告厅入口室外标高 −1.800
办公区
展厅
展厅
卫生间
开水间
残卫
设备夹层
展厅/库房/办公/商业区
排至明沟
排至室外污水检查井
空调机房密闭地漏
排至室外污水检查井
门厅入口处集水坑
空调机房集水坑
潜水排污泵
排至室外雨水检查井
PDJ
DN75
DN100
DN125
WL
1000
600

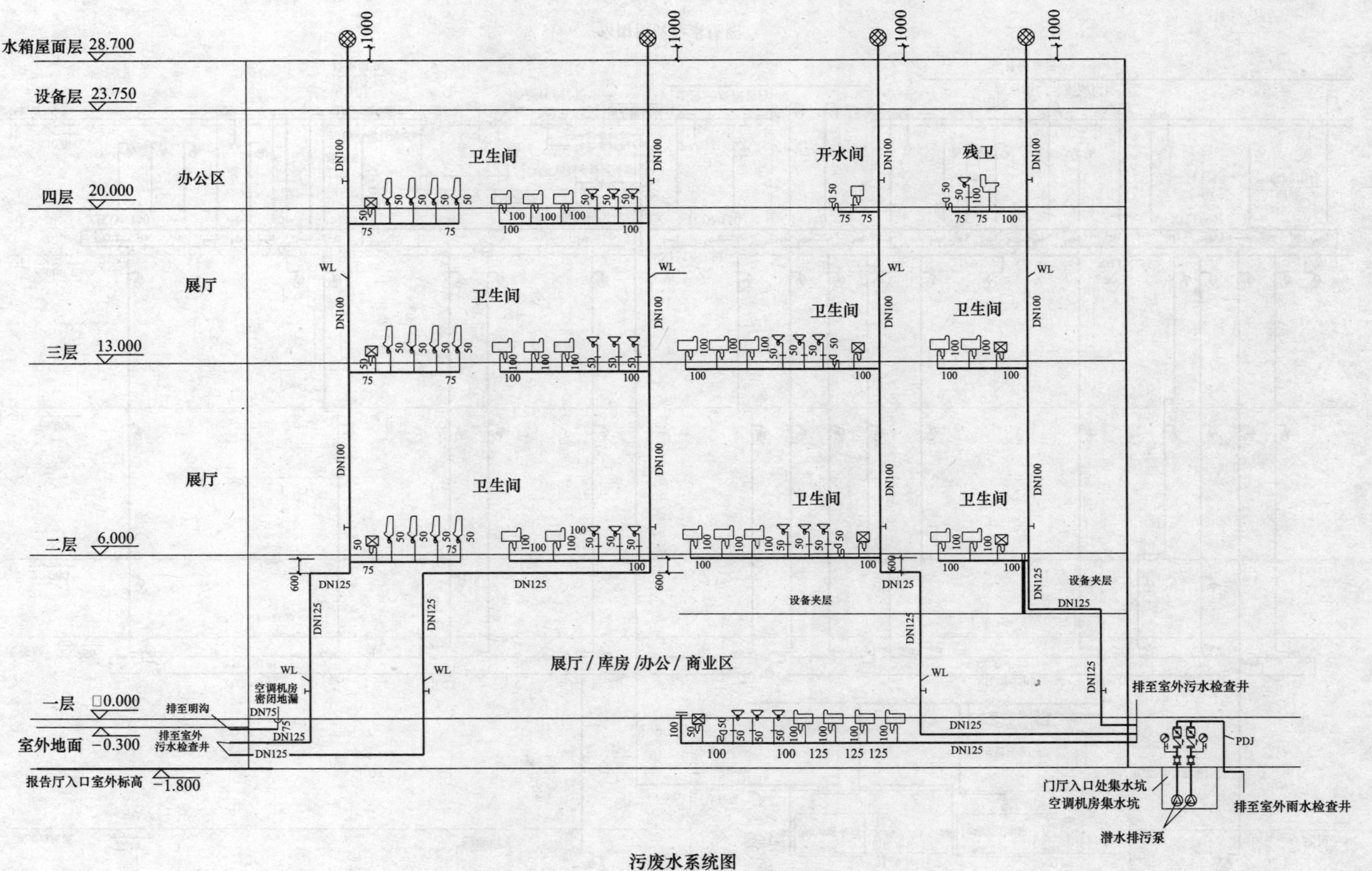

污废水系统图

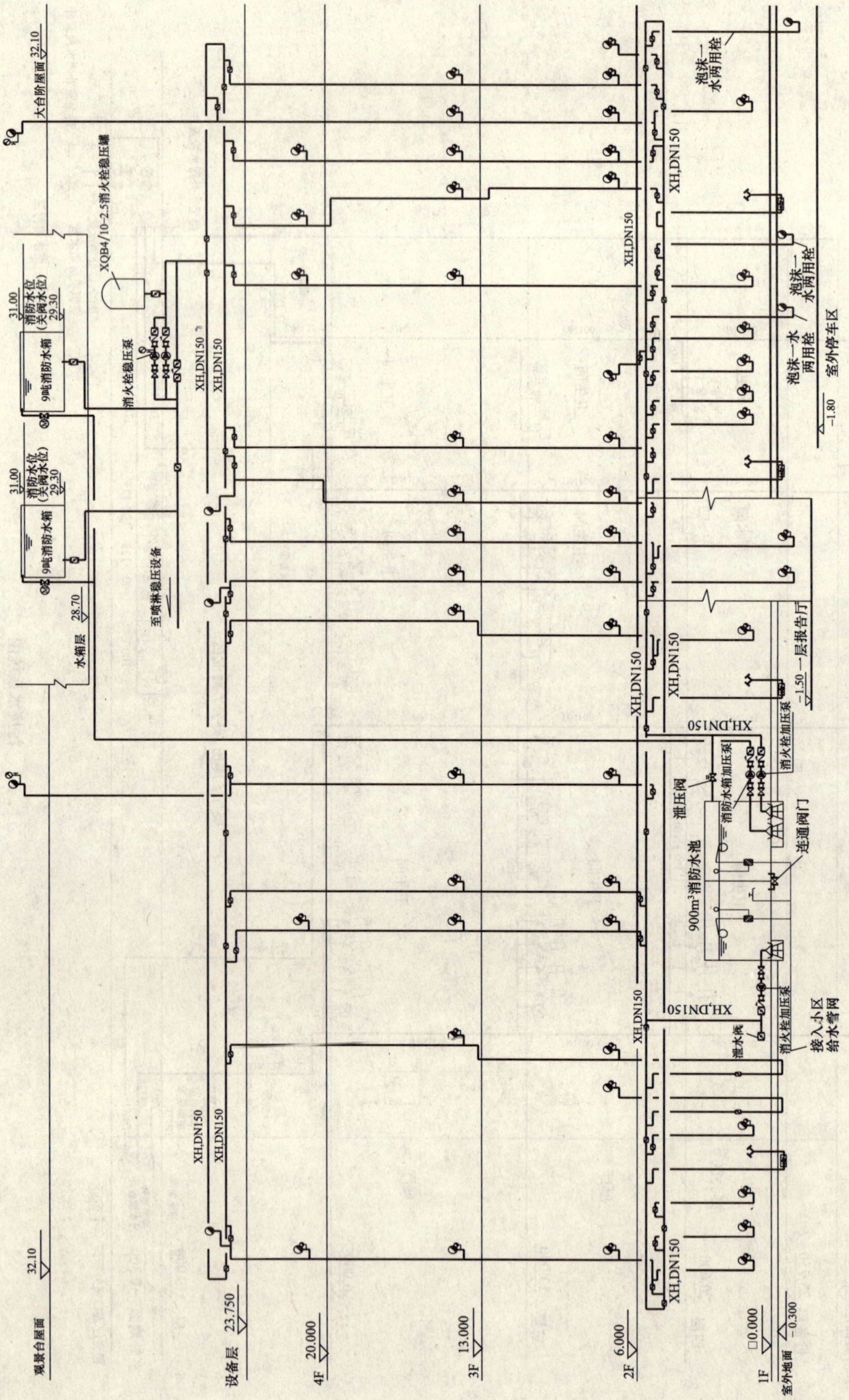

室内消火栓系统图

喷淋系统采用微机自动控制
9吨消防水箱
消防水位
水箱层
喷淋稳压泵
喷淋稳压罐
XQB4/5-1.2 喷淋稳压罐
电动阀，主泵开启时关闭
接消火栓系统稳压设备
屋面
23.750
4F
20.000
3F
13.000
2F
6.000
1F
±0.000
-0.300
室外地面
中庭上空
门厅上空
电影厅上空
开式喷头
展厅
展厅（共3处）
回廊走道
贵宾厅
休息厅
茶室
办公
库房
设备用房
设备技术层
技术设备层
临时展厅
大台阶斜板
泄水至雨水口
排至明沟
排至花池
排至水盆
湿式报警阀
雨淋报警阀
预作用报警阀
预作用报警阀（本类型共3个）
自动喷淋加压泵
喷淋系统水泵接合器
泄压阀回水池
ZP,DN200
DN50
DN70
大空间智能型高空水炮系统
标准型自动扫描射水高空水炮灭火装置
电磁阀
泄水阀
模拟喷头
排雨水口
排水漏斗
电动阀

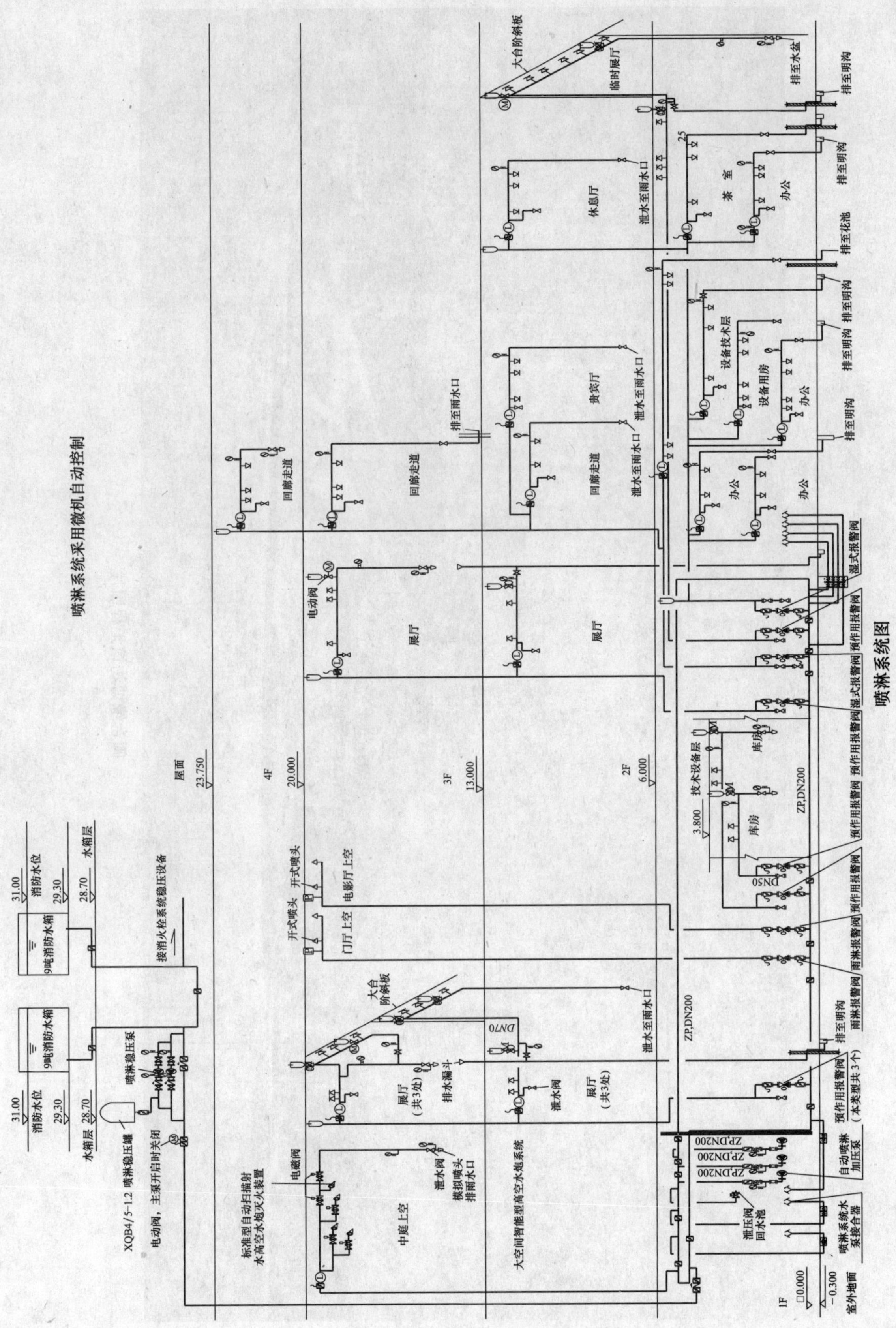

喷淋系统图

闽台缘博物馆工程照片

西直门综合交通枢纽及配套服务用房（西环广场）

设计单位： 中国建筑设计研究院
设 计 人： 夏树威　杨兰兰　刘海
获奖情况： 公共建筑二等奖
工程概况：

本工程位于北京市西直门立交桥西北角，规划建设用地面积 4.52 万 m^2，建筑高度 99.9m，总建筑面积约 26 万 m^2，它是连接北京西直门火车站、城铁车站、地铁车站及公交总站的大型交通枢纽。

本工程地下三层，地上二十三层，地下部分包括换乘通道、换乘大厅、机动车停车场、超市、员工餐厅、人防（战备物资库）及设备机房等功能，地上裙房部分为交通枢纽、公交站房及娱乐、餐饮和大型百货购物中心等，裙房以上共有四个塔楼均为高档写字楼，4 号塔楼共十八层，建筑高度为 60m，1～3 号塔楼均为二十三层，建筑高度 99.9m。

本工程于 2005 年 10 月竣工。

一、给水排水系统

（一）给水系统

1. 给水量（表 1）

给水量表　　**表 1**

房号	名　称	使用数量	用水定额 {L/[人(m^2)·d(次)]}	时间 (h)	K	用水量 最高日 (m^3/d)	用水量 平均时 (m^3/h)	用水量 最高时 (m^3/h)	备注
1	商场	21239 人次	3	12	2.5	63.72	5.31	13.27	
2	餐厅	4396 人	3×40	12	2.0	527.52	43.96	87.92	
3	办公	8977 人	60	10	2.0	538.62	53.86	107.72	250d/年
4	车库	55000m^2	3	2	2.0	165	82.5	165	60d/年
5	空调补水	1600×3×2%×12		12	1.0	1152	96	96	90d/年
		1600×2×2%×12		12	1.0	768	64	64	
		400×2×1%×24		24	2.0	192	8	16	
6	中水节水					−185.36	−17.96	−36.58	
7	1～6 合计					3221.5	335.67	513.33	
8	未预见水量	1～6 合计×10%				322.15	33.57	51.33	
9	合计	1～6 合计＋未预见水量				3543.65	369.24	564.66	

2. 生活给水系统由市政给水管网引 2 条 $DN300$ 的给水管道进入红线，并在建筑物的周围敷设成环状管网，再从环状管网上引 2 根 $DN300$ 的管道进入大楼，供全楼生活和消防用水。市政

供水压力为0.20MPa。

3. 该工程所在地的市政水压不能满足全楼生活用水的要求，故在大楼3号塔楼的地下二、三层设置了生活水贮水池及生活变频供水设备，保证大楼用水，为防止贮水池的二次污染，在生活变频给水泵的吸水管上加设紫外线消毒器对生活用水进行二次消毒以确保水质的稳定。

4. 本工程给水系统在竖向分为三个区，其中1～3号塔楼及其群房：低区为地下三层至三层；中区为四层至十二层；高区为十三至二十三层。4号塔楼（层高低于1～3号塔楼）给水系统也分为三个区：低区为地下二层至四层；中区为五层至十六层；高区为十七至十八层。给水系统低区由市政给水管网直接供水；高、中区供水方式为：将市政给水管网供水储于生活贮水池中并经生活变频供水水泵提升后供各区用水点。在地下二层生活水泵房中，高区和中区各设1套变频供水设备分别供高、中区用水，各用水点供水水压不大于0.45MPa。

5. 由于本工程的使用功能包括高档写字楼及大型百货购物中心等，冷却塔补水在大楼总的生活用水中占了很大的比例，所以在3号塔楼的地下三层设置专为冷却塔补水的贮水池及变频供水设备，贮水池与消防贮水池连通可避免消防水池储水因长期闲置产生的污染，并设有消防用水不被动用的措施。

6. 本工程给水系统管材采用衬塑钢管。

（二）中水系统

1. 水量表（表2、表3）。

中水原水量表 **表2**

序号	名称	人数(人)	用水定额{L/[人·d(次)]}	时间(h)	K	用水量			备注
						最高日(m^3/d)	平均时(m^3/h)	最高时(m^3/h)	
1	商场	21239	3×25%	12	2.5	15.93	1.33	3.32	
2	办公	8977	60×35%	10	2.0	188.52	18.85	37.70	250d/年
3	餐厅	4396	40×5%×3	12	2.0	26.38	2.20	4.40	
4	合计					230.83	22.38	45.42	

中水用水量表 **表3**

序号	名称	人数(人)	用水定额{L/[人·d(次)]}	时间(h)	K	用水量			备注
						最高日(m^3/d)	平均时(m^3/h)	最高时(m^3/h)	
1	商场	7348	3×75%	12	2.5	16.53	1.38	3.44	
2	办公	3850	60×65%	10	2.0	18.68	15.02	30.03	
3	餐厅	3114	40×5%×3	12	2.0	18.68	1.56	3.1	
4	合计					185.36	17.96	36.57	

说明：1. 表中中水用水量未考虑水处理设备反冲洗水量；

2. 表中中水用水量仅为A区五至十六层及B、C、D区四至十二层冲厕用水。

2. 本工程中水系统的源水为全楼的洗浴废水，回收水量：Q=230.83m^3/d，由于本楼中水源水量总和经处理后小于全楼的冲厕用水量，所以中水源水在经处理后只供1～3号塔楼的四至十二层及4号塔楼五至十六层冲厕用水，回用水量：Q=185.36m^3/d。其他部分冲厕及全楼洗车和浇洒道路绿地等用水均采用自来水供水。

3. 中水系统的处理流程为：中水原水→曝气调节池→接触氧化→过滤→消毒→中水清水池→变频供水泵→回用。处理能力为 $Q=20m^3/h$，处理设施运行时间 12h，中水处理站设于 2 号塔楼的地下三层。

4. 本工程中水给水系统管材采用衬塑钢管。

（三）冷却循环水系统

1. 空调专业提供的设置资料为 5 台 1600m³/h 冷水机组和 2 台 400m³/h 冷水机组，这 5 台 1600m³/h 和 2 台 400m³/h 冬季运行，冷却塔选用 CEF-800×2 型低噪声不锈钢逆流式方型冷却塔 5 台，CEF-400 型低噪声不锈钢逆流式方型冷却塔 2 台，冷却塔均置于 3 号塔楼和 4 号塔楼之间裙房五层的屋顶，每台冷却塔进水管均装有电动蝶阀，出水管装有普通蝶阀，冷却循环管道均设有泄水阀门，在停止使用时将冷却塔及循环管道泄空，泄水排至附近雨水斗。为保证冷却循环水的水质稳定，本工程在冷却循环水泵的出水口上，设置了综合水处理器以达到防腐除垢、杀菌灭藻的目的。

2. 本工程冷却循环水系统管材采用焊接钢管。

（四）排水系统

1. 本工程排水系统采用污、废分流的排水方式，污水均排入市政污水管网。

2. 排水透气管采用专用透气、环形透气及伸顶透气相结合的方式。

3. 污水排水系统：首层以上排水均采用重力流排入室外检查井，首层以下污水排至污水集水坑经潜污泵提升排出室外，汇集后经化粪池处理排入市政污水管网，厨房污水经隔油器（池）后排入市政污水管网。

4. 废水排水系统：地下一层以上洗浴废水均采用重力流，经汇集后排入中水处理站的曝气调节池，经生化处理后回用，地下部分废水经废水集水坑中潜污泵提升排入室外污水管网。

5. 本工程排水系统管材采用柔性机制排水铸铁管。

（五）雨水系统

1. 屋面雨水设计重现期为 5 年，降雨历时 5min。溢流口排水能力按 50 年重现期设计。室外地面雨水设计重现期 p 取 3 年。基地排水面积 F 约 4.52 万 m²。降雨历时 t 估算 5min。降雨强度 $q_5=4.48L/(s\cdot100m^2)$。平均径流系数 Ψ 取 0.9。

总雨水排水量：$Q=\Psi qF=1822.46L/s$

2. 雨水排水系统：塔楼屋面雨水采用重力流排水的排水方式排至裙房屋顶，裙房屋顶雨水采用虹吸式雨水排水系统排入室外雨水检查井，汇集后排入雨水管网。

3. 本工程雨水排水系统管材采用给水塑料管。

二、消防系统

（一）消火栓系统

1. 室外消火栓给水系统：

室外消防给水由建筑物周围的室外生活、消防合用管网供给，设室外地下式消火栓 12 个，设计流量 30L/s。

2. 室内消火栓给水系统：

（1）室内消火栓系统由地下三层消防水池——消火栓泵——屋顶水箱及增压稳压装置联合供

水。系统的设计流量40L/s。竖向分为高、低两个区。低区：地下三层至十一层，设2台消火栓泵，1用1备，平时管网压力由屋顶水箱直接控制在设定范围内（屋顶水箱引出管上设减压阀使系统静水压小于0.8MPa压力），并提供消火栓系统前10min消防用水。高区：十二层至二十三层，设3台消火栓泵，2用1备。平时管网压力由屋顶水箱及增压稳压装置维持，并保持消火栓系统前10min消防用水。

（2）设于屋顶水箱间的增压稳压泵由连接隔膜式气压罐管道上的压力控制器控制，当系统压力上升至0.4MPa时，稳压泵停止；当系统压力下降至0.35MPa时，增压稳压泵启动；当压力再下降至0.3Mpa时，启动消火栓泵，增压稳压泵停泵。

（3）消火栓泵的控制方式还有：①由消火栓处启泵按钮启动，水泵运转信号反馈至消防中心及消火栓处，消火栓指示灯闪亮，该防火分区其他消火栓箱内的指示灯也亮；②在消防中心和地下水泵房中手动控制启停。

（二）自动喷洒系统

1. 本工程自动喷水系统按中危险级Ⅱ级设计；喷水强度：8L/(min·m^2)；作用面积：160m^2。

除卫生间、楼梯间及不宜用水扑救的消防控制中心、网络中心、变配电室、消防水泵房及热交换间以外，均设有闭式喷洒头。

2. 本建筑自动喷水系统由消防水池——自动喷洒水泵——屋顶水箱（及增压稳压泵）联合供水。系统竖向分高低两个区，低区为地下三层至六层，设2台自动喷洒泵（互为备用），平时系统压力由设于二十三层的消防水箱（经减压阀减压）维持，低区设11组湿式报警阀，14组预作用报警阀，除11组预作用阀，2组湿式报警阀单独设置于靠近人防防护区处，其余均设在地下一层消防控制中心相邻的报警阀间内。高区为七层至二十四层，设2台自动喷洒泵（互为备用），高区共设13组湿式报警阀，除2组设于地下一层报警阀间之外，其余均设于六层报警阀间。水箱出水管或屋顶补压装置出水管分别与低区高区水泵出水管在报警阀前连接。

3. 除地下车库外自动喷洒灭火系统均采用湿式系统。系统稳压补压泵由气压罐连接管道上的压力控制器控制。当管网压力达到0.37MPa时，补压泵停止；当压力下降至0.32MPa，稳压泵启动；当管网压力继续下降至0.28MPa时，地下三层水泵房中的1台自动喷洒泵启动，稳压泵停泵。火灾时喷头喷水，水流指示器动作，反映到区域报警盘和总控制盘，同时相对应的报警阀动作，敲响水力警铃，压力开关报警，反映到消防中心，自动或手动启动1台自动喷洒泵。消防中心及泵房就地均可启动自动喷洒水泵，其运行状态反映到消防中心和泵房的控制盘上。

4. 地下车库设自动喷水预作用-泡沫联用系统：系统采用预作用报警阀，每个报警阀控制喷头数量不超过800个。配水管道设快速排气阀，充水时间不大于2min，快速排气阀入口前设电动阀，此电动阀与自动喷洒泵联动。泡沫液选用水成膜泡沫液，供给强度6.5L/(min·m^2)，供给时间10min，混合液浓度为6%，作用面积160m^2，泡沫液储罐消防水压大于等于0.6MPa。本系统平时报警阀后管网充满0.05MPa的压缩空气，阀前压力由屋顶水箱保证。阀后管道内气压由压力控制器和空气平衡器组成的连锁装置控制。当管网渗漏，气压降至0.03MPa时，供气管道上压力开关动作启动空压机，管网恢复压力后，空压机停机。火灾发生时，火灾探测器发出

信号并通过电器控制部分开启预作用雨淋阀上的电磁阀放水，同时开启管网末端快速排气阀前的电动阀，迅速放气充水，同时空压机停止，系统转为湿式系统，着火处喷头爆破，报警阀处的压力开关动作，自动启动喷洒泵，泡沫液与自动喷洒消防用水混合后进入喷洒管网向系统供水灭火。

（三）七氟丙烷气体灭火系统

1. 本工程在地下二层变配电室、冷冻控制中心及地下三层电缆夹层设置七氟丙烷气体灭火系统，系统采用全淹没式组合分配系统，本工程防护区超过8个，灭火剂采用100%备用，主备系统能自动切换。

2. 喷射时间：机房为7s；变配电室为10s。

灭火剂浸渍时间：3min。

系统最大防护区480.8m^2，需七氟丙烷灭火剂1551.1kg。

3. 本工程七氟丙烷气体灭火系统设自动、手动和机械应急三种启动方式：

(1) 自动控制：当火灾发生时，在烟、温感火灾探测器都发出火灾信号，通过火灾自动报警控制器，延迟30s后自动启动七氟丙烷气体灭火系统。

(2) 手动控制：当值班人员发现火灾时，及时手动启动防护区外的紧急启动盒，紧急启动七氟丙烷气体灭火系统。

(3) 当发生火灾而自动报警系统失灵时，值班人员可及时到储罐间直接压下启动电磁阀启动七氟丙烷气体灭火系统灭火。

（四）移动式灭火器

按规范配置手提式（推车式）磷酸铵盐干粉灭火器。

三、设计体会

1. 大型公共建筑的中水系统设计中，一般情况下，工程本身可收集中水原水量都少于中水用水量，因此在水量平衡计算中选择中水用水点的部位很重要，本工程选择中水用水点的部位为13.200～52.800m标高的公共卫生间冲厕，这样13.200m标高以下的低区用水点可以充分利用市政水压供水，达到节水节能的双重目的。

2. 大型公共建筑的冷却循环系统，一般冷却水量都十分巨大（本工程为8800m^3/h），因此在干管制的冷却循环系统设计中，如果采用常规的干管一供一回的循环系统则系统的供回水管管径也十分巨大（本工程为1200mm），如此巨大的管径和荷载对建筑物的设备施工安装及土建承载力的要求都非常高。本工程在冷却循环系统设计中，管道敷设采用环状管网（参见冷却循环系统图）设计，使管道直径减小为800mm，管道流速控制在2.5m/s以内，这样减少了管道的集中荷载及在吊顶中的安装高度，降低了土建投资并使施工安装方便。

四、工程系统图

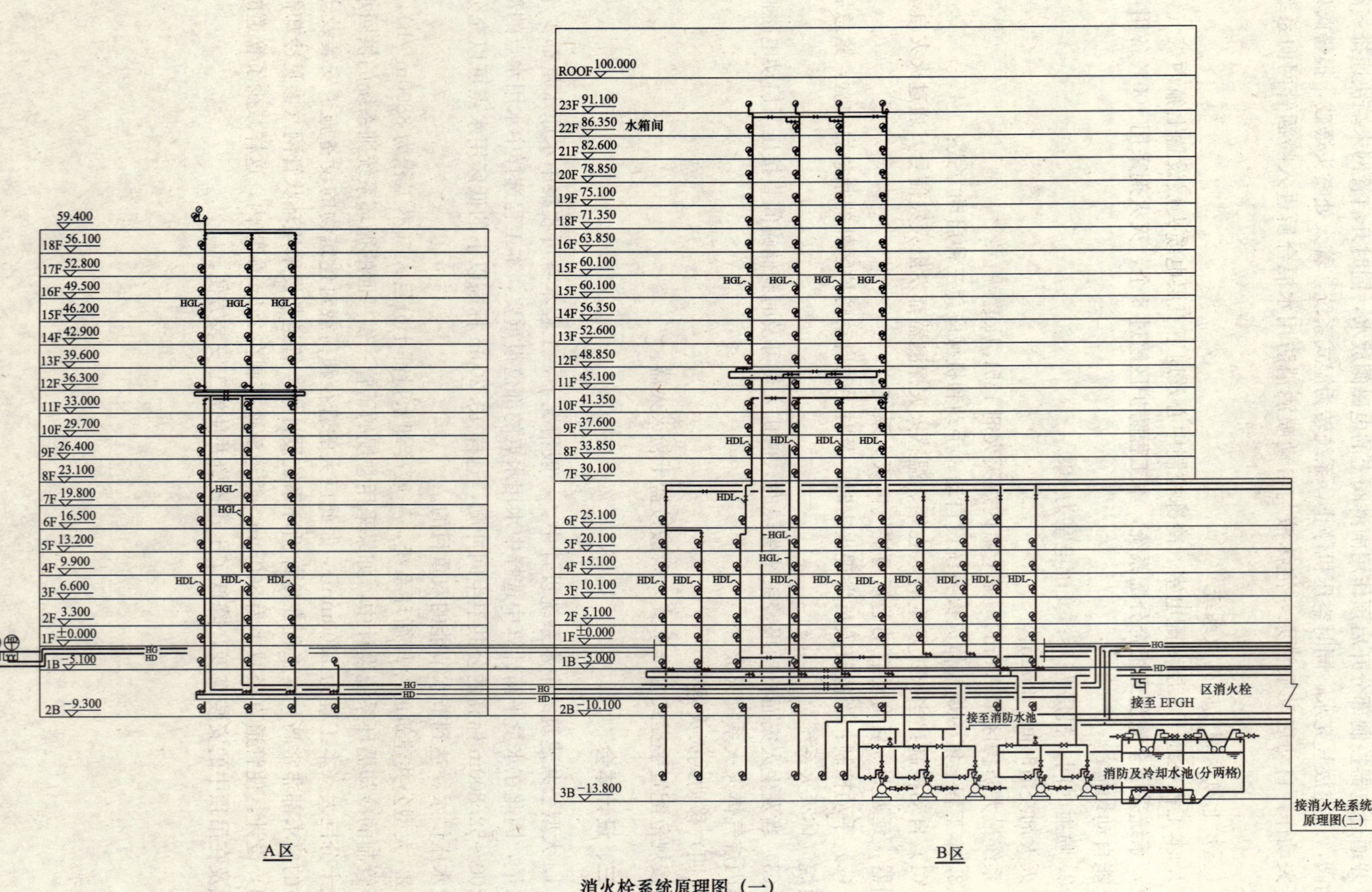

消火栓系统原理图（一）

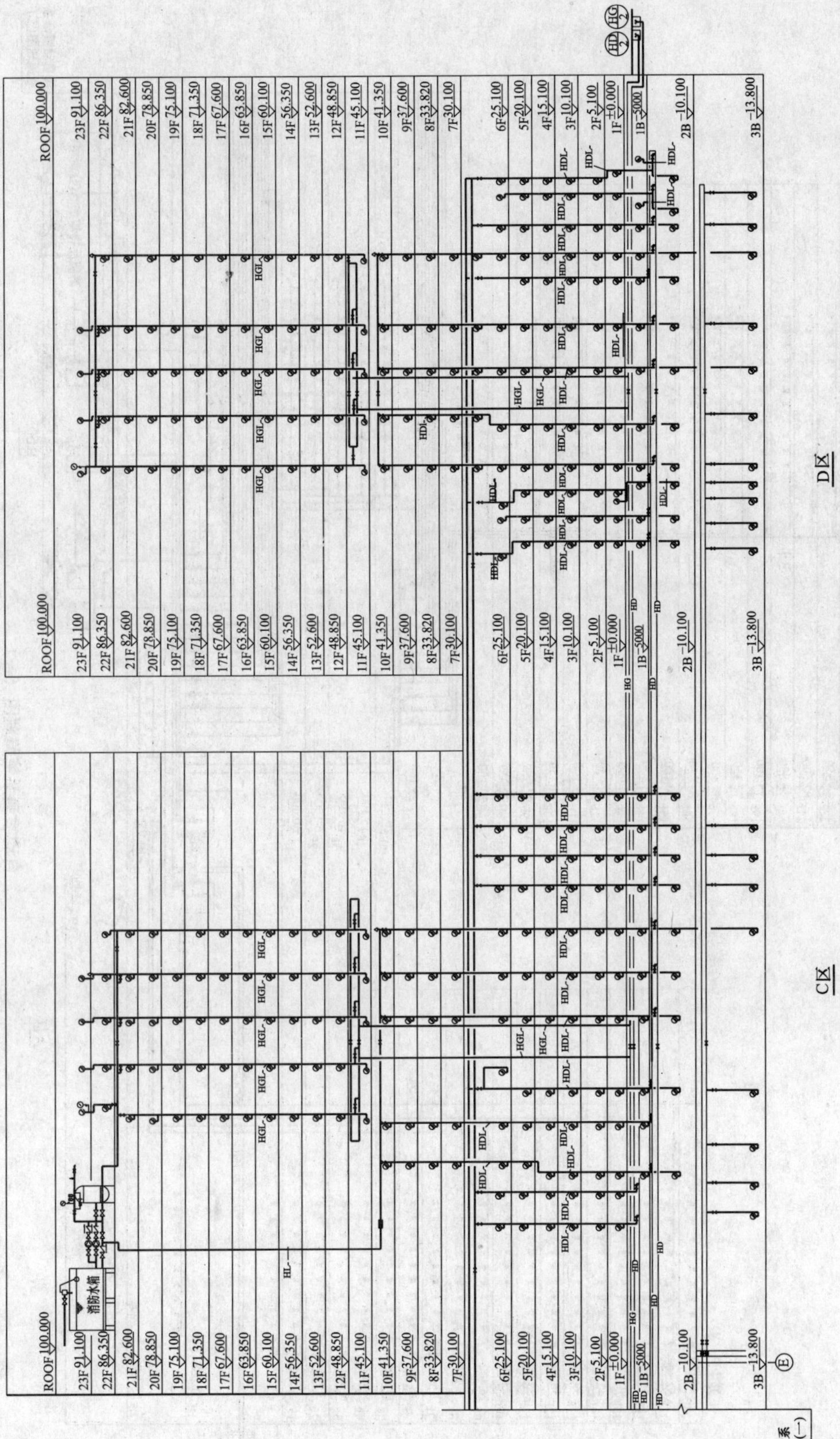

C区

D区

消火栓系统原理图（二）

接消火栓系统原理图(一)

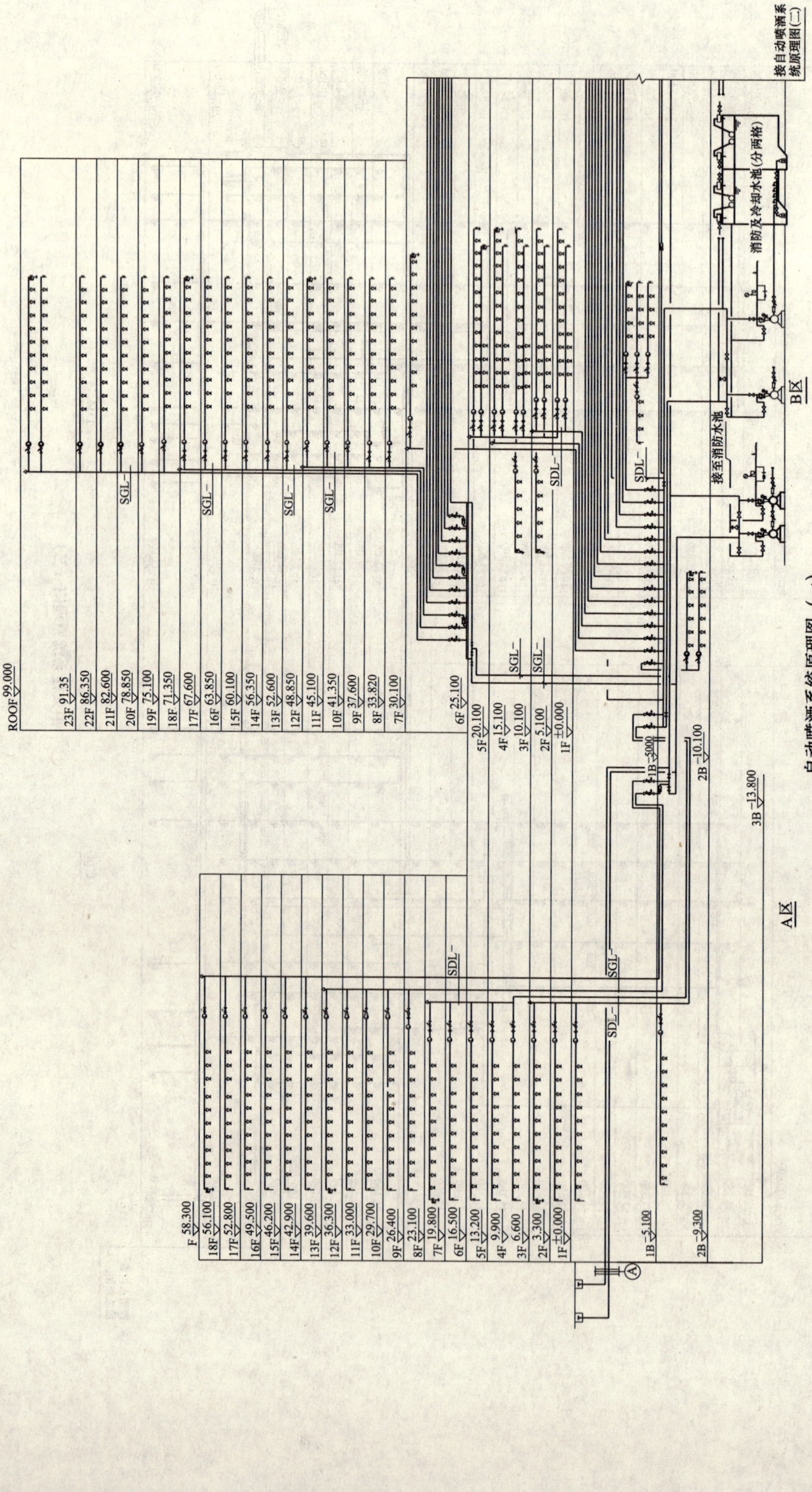

ROOF 99.000
23F 91.35
22F 86.350
21F 82.600
20F 78.850
19F 75.100
18F 71.350
17F 67.600
16F 63.850
15F 60.100
14F 56.350
13F 52.600
12F 48.850
11F 45.100
10F 41.350
9F 37.600
8F 33.820
7F 30.100
6F 25.100
5F 20.100
4F 15.100
3F 10.100
2F 5.100
1F ±0.000
1B −5.000
2B −10.100
3B −13.800

SGL−
SDL−

接自动喷洒系统原理图(二)
消防及冷却水池(分两格)
接室消防水池
B区

F 58.300
18F 56.100
17F 52.800
16F 49.500
15F 46.200
14F 42.900
13F 39.600
12F 36.300
11F 33.000
10F 29.700
9F 26.400
8F 23.100
7F 19.800
6F 16.500
5F 13.200
4F 9.900
3F 6.600
2F 3.300
1F ±0.000
1B −5.100
2B −9.300

A区

自动喷洒系统原理图（一）

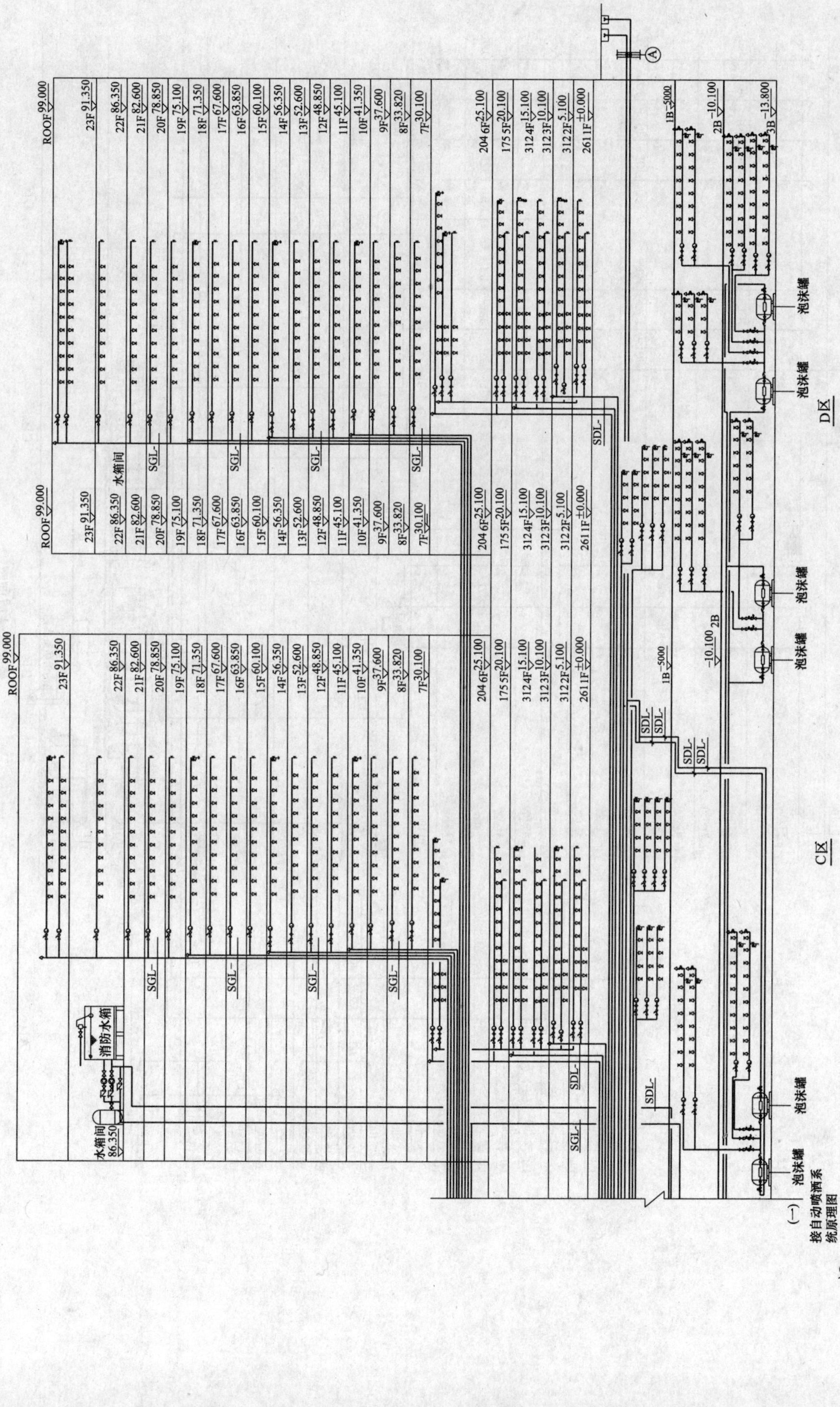

C区

D区

接自动喷洒系统原理图（一）

自动喷洒系统原理图（二）

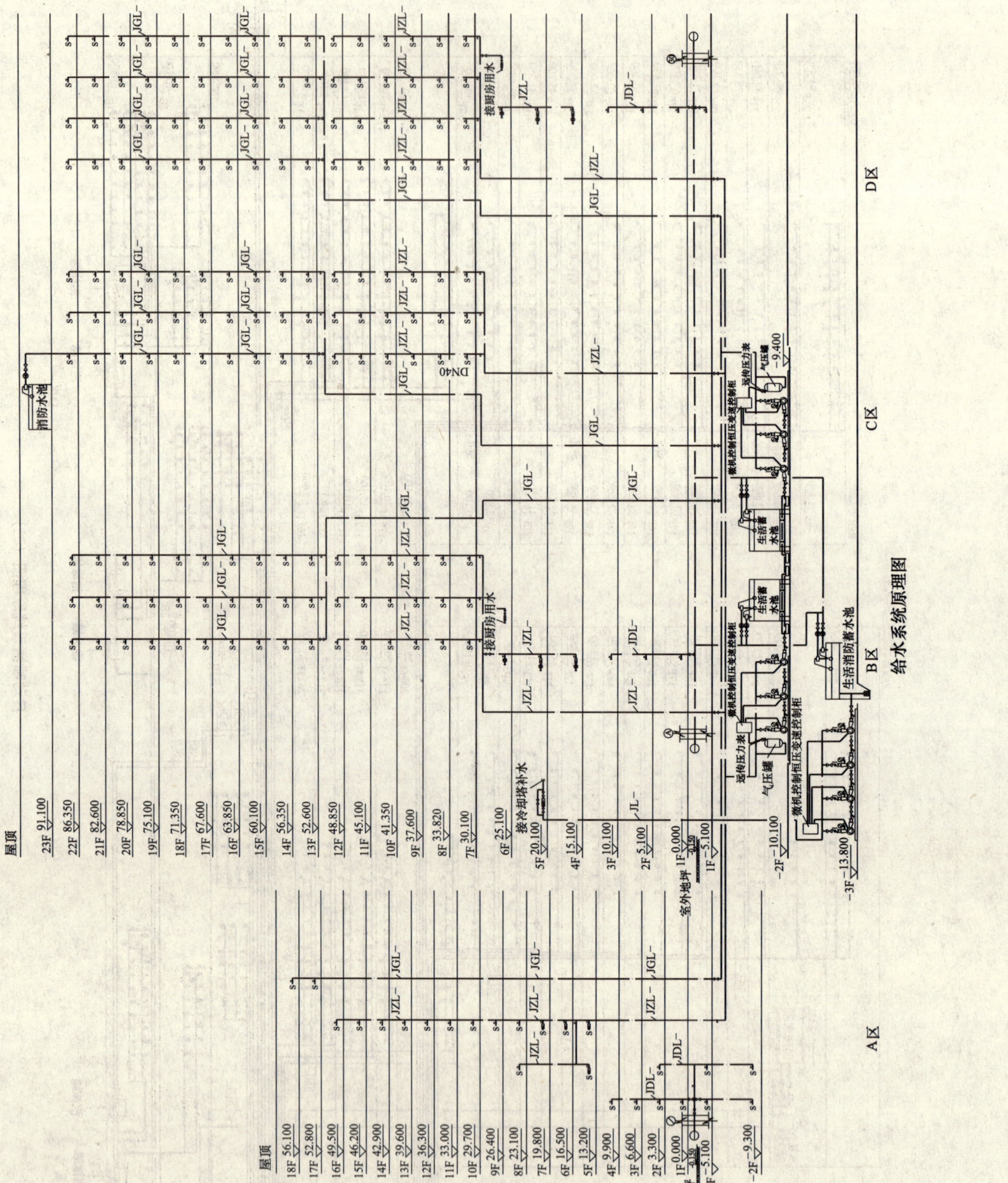

给水系统原理图

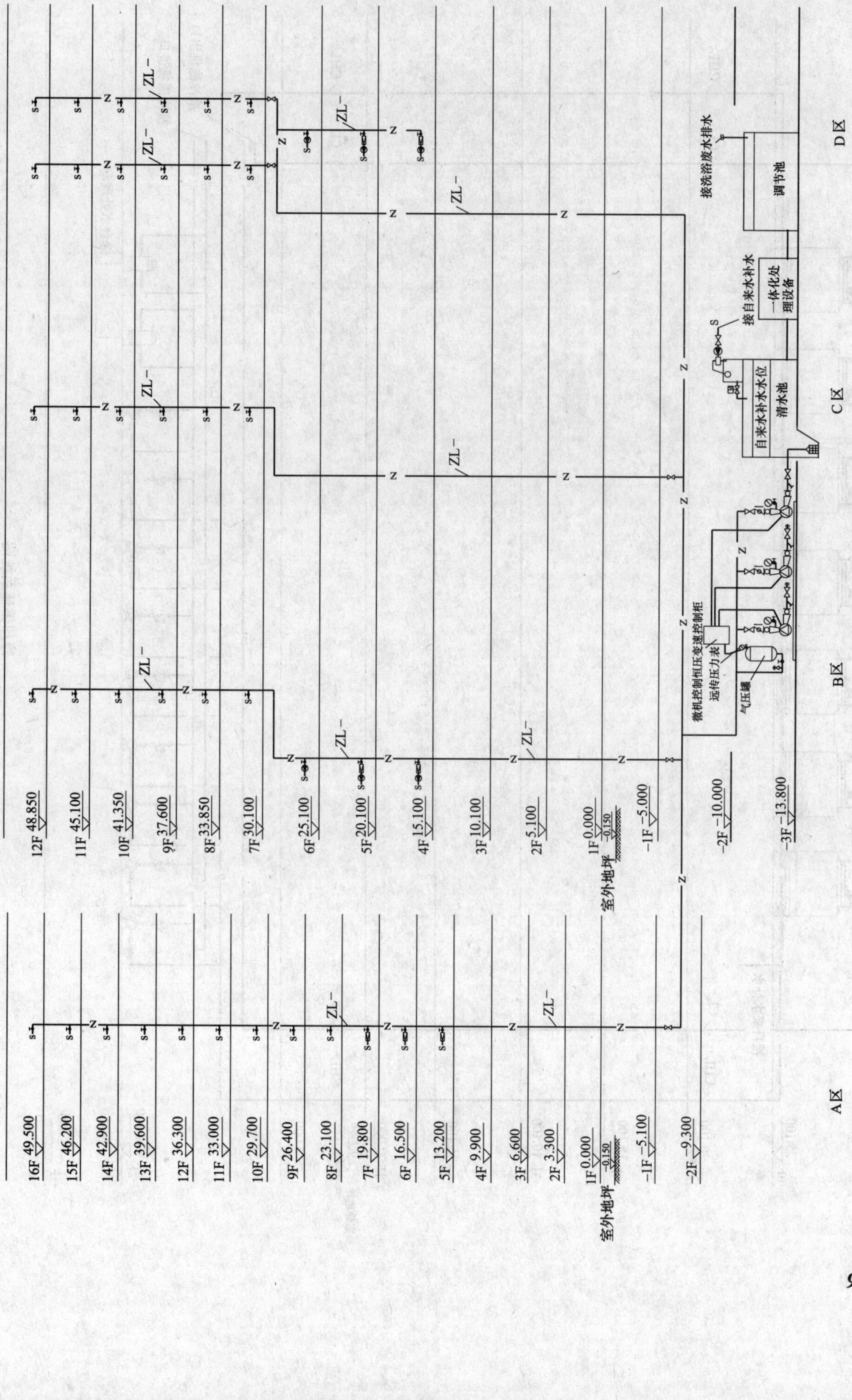

16F 49.500
15F 46.200
14F 42.900
13F 39.600
12F 36.300
11F 33.000
10F 29.700
9F 26.400
8F 23.100
7F 19.800
6F 16.500
5F 13.200
4F 9.900
3F 6.600
2F 3.300
1F 0.000
室外地坪 −0.150
−1F −5.100
−2F −9.300

12F 48.850
11F 45.100
10F 41.350
9F 37.600
8F 33.850
7F 30.100
6F 25.100
5F 20.100
4F 15.100
3F 10.100
2F 5.100
1F 0.000
室外地坪 −0.150
−1F −5.000
−2F −10.000
−3F −13.800

ZL−

微机控制恒压变速控制柜
远传压力表
气压罐
自来水补水水位
清水池
接自来水补水
一体化处理设备
接洗浴废水排水
调节池

A区
B区
C区
D区

中水系统原理图

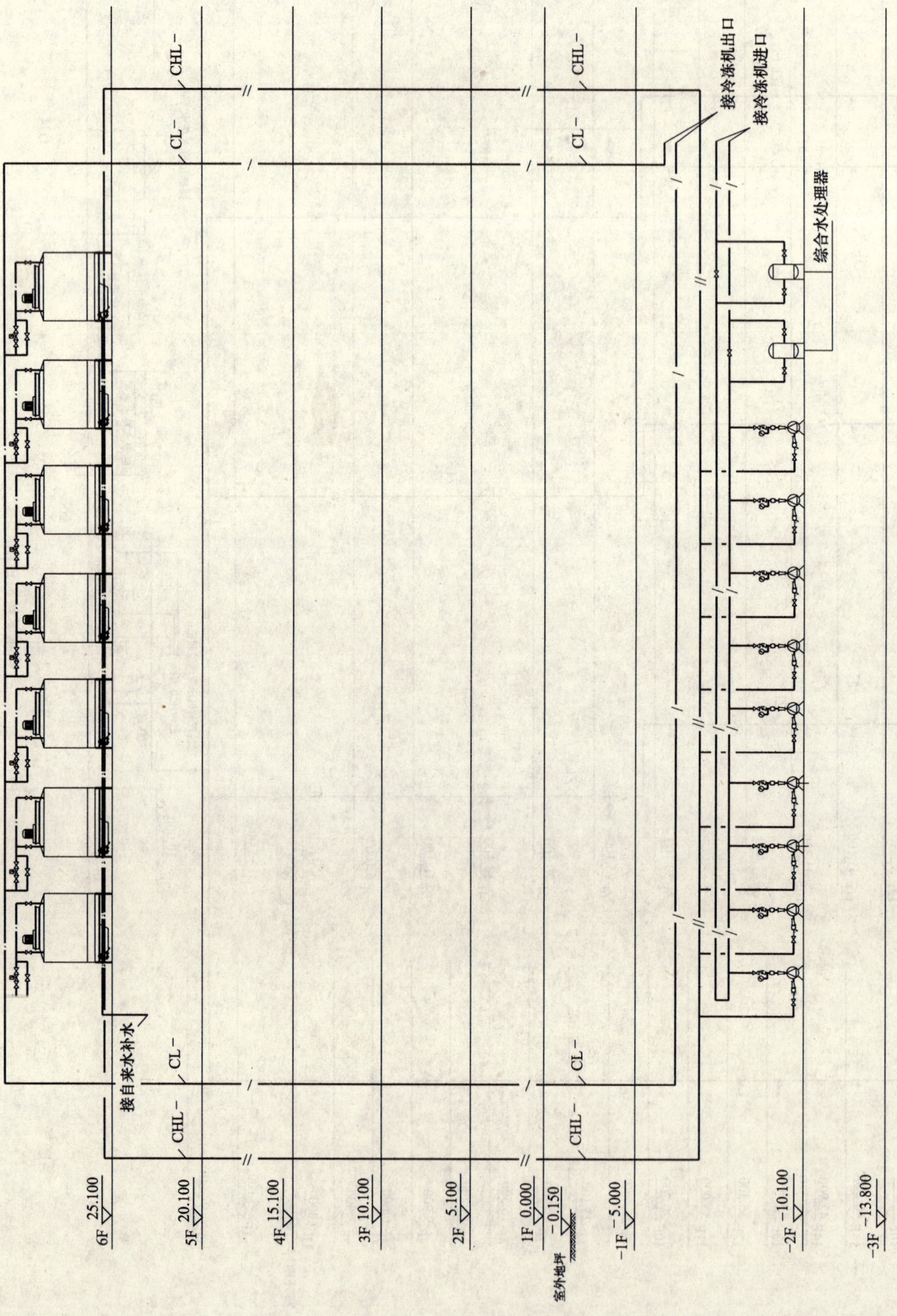

冷却循环系统图

成都海发商厦空气源热泵热水供应系统

设计单位：四川省建筑设计院

设 计 人：王瑞　方汝清　王家良　唐先权　余斌

获奖情况：公共建筑二等奖

工程概况：

海发商厦位于成都市中心天府广场东侧，1997 年我院承担其设计任务，该项目地下 4 层，地上 30 层，建筑高度 135m，建筑面积 110000m^2。地下二至四层为停车库及设备用房，地下一层～地上十一层为商业用房（现为摩尔百盛），十二层为避难层，十三至三十层为四川省人寿保险公司办公楼。其中二十五至三十层为公司自用会所，含标准客房 46 间，主要用于公司业务洽谈和客户接待。2001 年我院承接省人保公司对其项目的修改设计任务，会所部分要求增设集中热水供应系统。成都日照时间不长，属于冬冷夏热地区，有条件采用空气源热泵机组，当时成都乃至四川地区尚无工程采用此类设备。为此，我们对热泵在成都地区的应用进行了技术条件、经济适用性等方面的探索。建成至今，“成都海发商厦空气源热泵热水供应系统”已经运行五年多时间，业主反映使用效果好，实践证明在节省能耗方面效果显著。我院对其项目进行跟踪调查和总结，认为成都地区的气候条件采用空气源热泵是适宜的，具有节能和运行成本低的经济优势，值得推广应用。

一、系统设置

海发商厦给水系统竖向分四个区，地下四层至地上四层为Ⅰ区，由市政给水管网直接供水；五至十层为Ⅱ区，由设置在十二层避难层的生活水箱供水；十一至二十层为Ⅲ区，由屋顶水箱经减压阀减压后供水；二十一至三十层为Ⅳ区，由屋顶水箱直接供水。二十五至三十层设置集中热水系统，热水系统采用上行下给系统，机械循环，全天 24h 供水。热水制备采用空气源热泵机组。由屋顶生活水箱供水。

二、工程特点

（一）设计参数

用水人数：92 人（标准客房 38 间，办公用热水及健身淋浴用热水折合为 8 间客房用水量，设计按 46 间标准客房计算）

最高日用水量标准：160L/(人·d)

时变化系数：6.84

冷水计算温度：7℃

热水计算温度：60℃

最大日用水量：14.7m^3/d

最大时用水量：4.2m^3/h

设计耗热量：258.6kW

设计耗电量：15.1kW·h/m^3

工程所用电价：0.85元/(kW·h)

直接生产成本：12.8元/m^3

（二）本工程2004年至2007年的实际热水用量和耗电量（业主提供）（表1）

2004年～2007年实际热水量和耗电量　　表1

	2004年		2005年		2006年		2007年	
	水量(m^3)	电量(kW·h)	水量(m^3)	电量(kW·h)	水量(m^3)	电量(kW·h)	水量(m^3)	电量(kW·h)
一季度	560	18220	442	14420	483	15690	620	20330
二季度	615	9400	458	7180	635	10300	900	14340
三季度	1200	16160	1180	15910	902	11520	887	11210
四季度	656	17080	642	16707	712	18610	745	19450
总量	3031	60860	2722	54217	2732	56120	3152	65330

四年总用水量：11637m^3，年均用水量：2909m^3，平均每日用水量：7.97m^3；

四年总耗电量：236527kW·h，年均耗电量：59132kW·h，平均每日耗电量：162kW·h。

制备1m^3水耗电20.3kW·h，结算电价：0.85元/(kW·h)，实际生产成本：17.3元/m^3。

（三）经济技术比较

本工程热水制备实际成本17.3元/m^3，较之于设计计算成本12.8元/m^3，高35%，分析原因主要为管网、水箱等热损失造成，这类损耗在其他热水供应系统中也存在。在这里，我们不计系统实际运行的这部分热损耗，仅就热水制备的理论计算成本对成都地区常用燃气热水机组和电加热热水机组进行比较。

以成都市春秋季平均自来水温12.4℃计算，热水温度按60℃计，生产每1m^3热水所需要的能耗理论值为$Q=Cq(t_r-t_1)=4.187\times1000\times(60-12.4)=199\times10^3$kJ。

1. 各种热源的热值（表2）。

不同热源的热值　　表2

名　称	理论热值	热效率(COP)	实际热值
电热水器	3.6×10^3kJ/(kW·h)	97%	3.49×10^3kJ/(kW·h)
天然气	36×10^3kJ/m^3	75%	27×10^3kJ/m^3
气源热泵	3.6×10^3kJ/(kW·h)	367%	13.2×10^3kJ/(kW·h)

注：气源热泵COP值取季节变化的加权平均值：(2.5×3+3.5×4+4.5×5)/12=3.67。

2. 热水成本比较，即生产每1m^3的热水所需要的直接成本（表3）。

热水成本比较　　表3

名　称	消耗能源量	能源单价	直接成本
电热机组	57.0kW·h	0.85元	48.5元
燃气机组	7.4m^3	2.20元	16.3元
气源热泵	15.1kW·h	0.85元	12.8元

由上表看出气源热泵的直接成本最低，能有效地节省能耗，制备成本是电热机组的26.4%，燃气热水机组的78.5%。

（四）空气源热泵在成都地区应用的特点

1. 成都地区各月份平均气温、水温（表4）。

成都地区各月份平均气温、水温（单位:℃） 表4

	1月	2月	3月	4月	5月	6月	7月	8月	9月	10月	11月	12月
平均气温	5.5	7.2	11.6	16.5	21.0	23.5	25.2	24.9	21.0	16.9	11.8	7.1
平均水温	4.5	6.0	10.0	12.5	20.0	21.0	23.0	23.0	20.0	16.0	11.0	6.5

2. 空气源热泵选型，冷水计算温度可按成都春秋季平均水温12℃计算，以冬季冷水温度5.7℃进行校核计算，按其耗热量差值配置辅助电加热；

3. 成都地区采用空气源热泵供应热水，一年中仅12月、1月、2月3个月需要辅助电加热。

三、设计体会

1. 本工程采用空气源热泵机组，利用环境大气热量作为热源，将冷水加热。在能源危机加剧、环保要求不断提高的时代，这种新的节能、环保热水供应方式将有广阔的应用前景。系统投入运行5年了，使用效果较好，水压稳定，冷热水压力平衡，热水出水快，用户很满意。

2. 根据成都市气候及水源条件，在设备选型时分析环境温度、进水温度变化对热泵效率的影响，合理确定能效比。运行成本低，成本是电热机组的26.4%，燃气热水机组的78.5%。

3. 设计充分考虑该系统热水供应量不大但使用量变化大的特点，合理确定贮热设备容积，使设计工况与实际运行工况切合。

四、工程系统图及照片

屋面热水制备系统
DN100
DN70
屋面
DN50
DN70
DN80
DN80
DN70
DN70
DN50
30F
29+1F
29F
28F
27F
26F
25F
24F
RL-3
RL-2
RL-1
RL-8
RHL-1
RL-7
RL-6
RL-5
RL-4
DN50
DN40
DN25
DN32
DN50
DN40
DN25
DN50
DN50

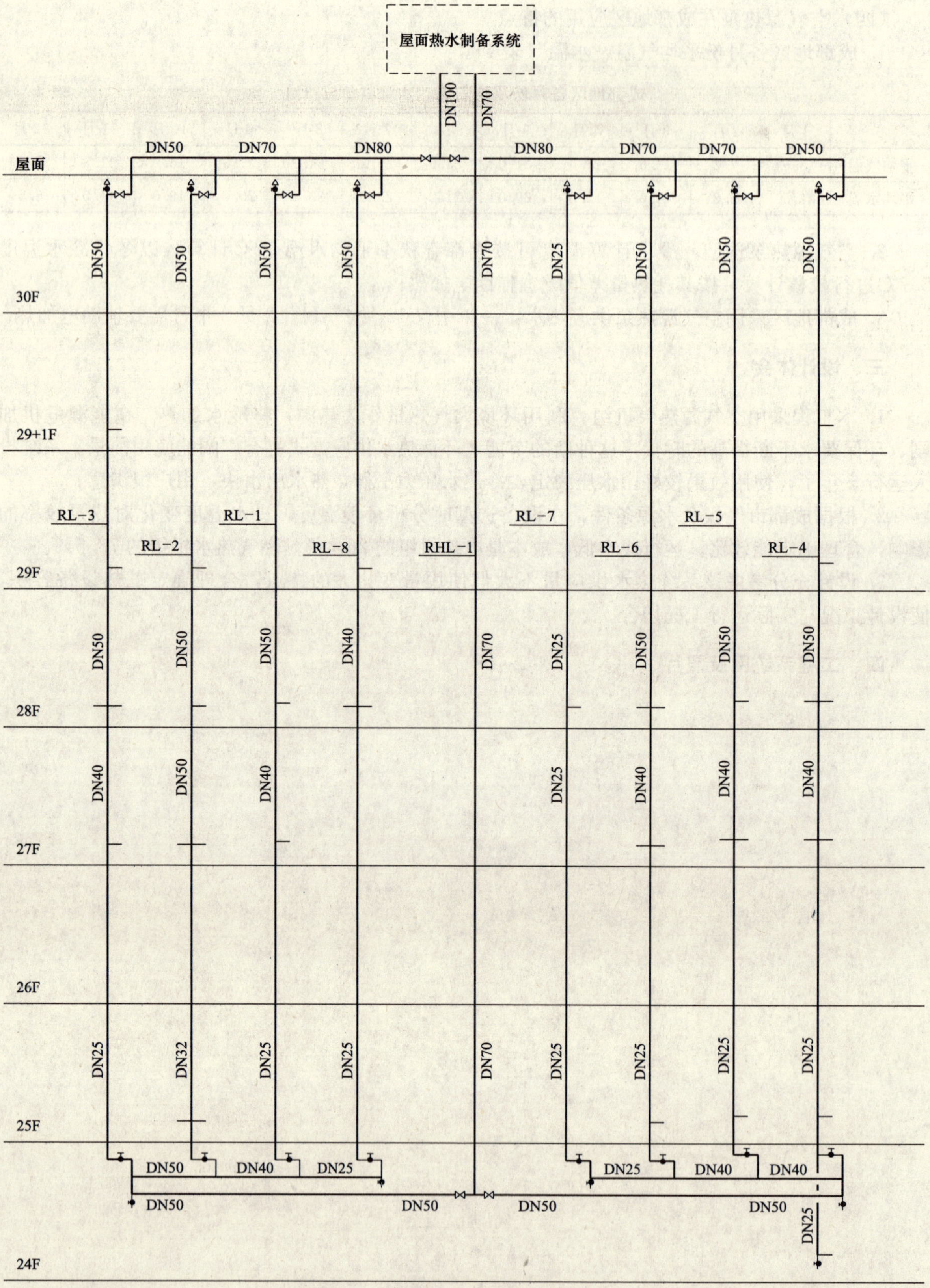

热水系统原理图

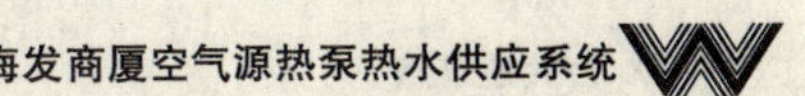

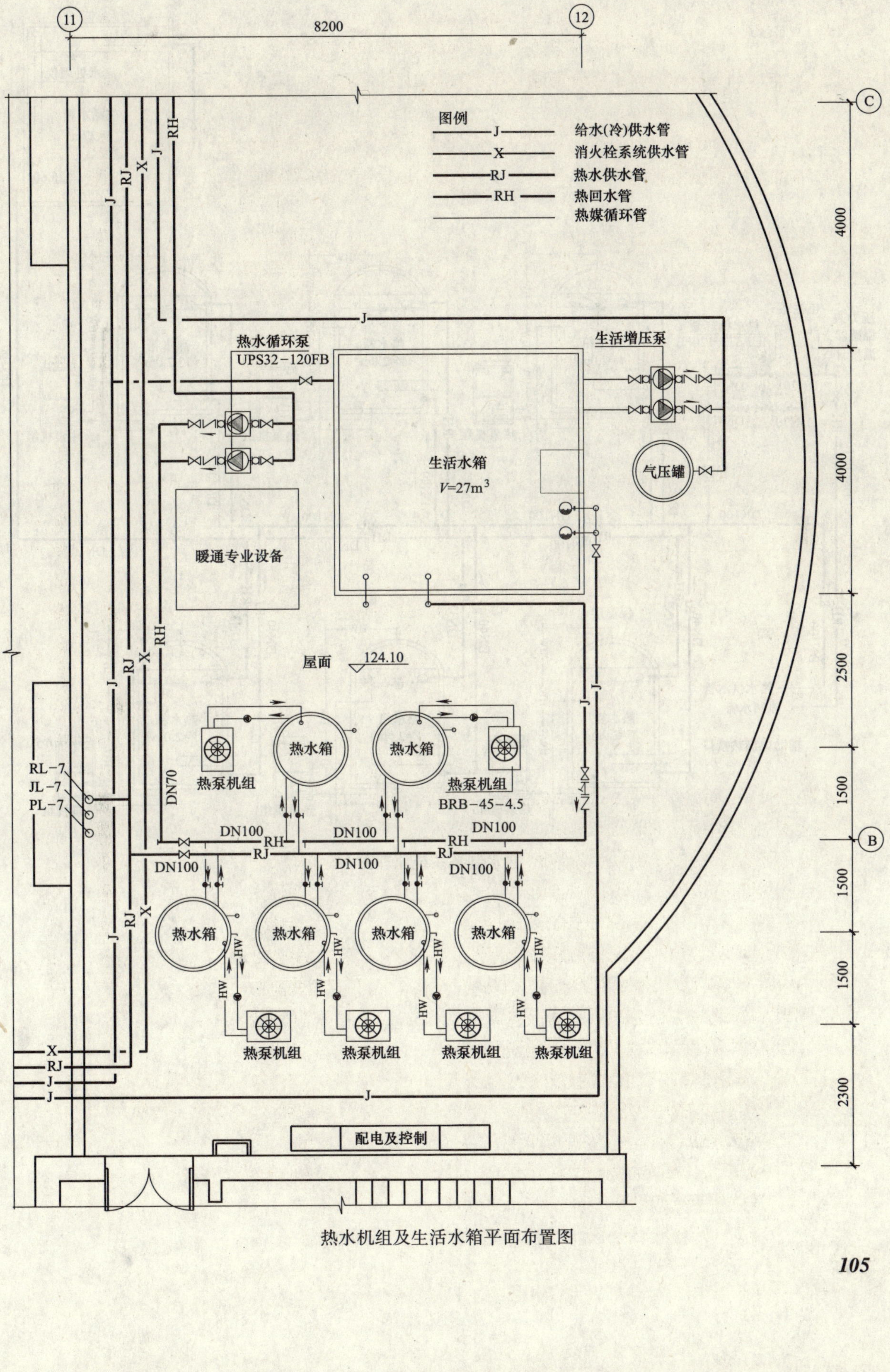

热水机组及生活水箱平面布置图

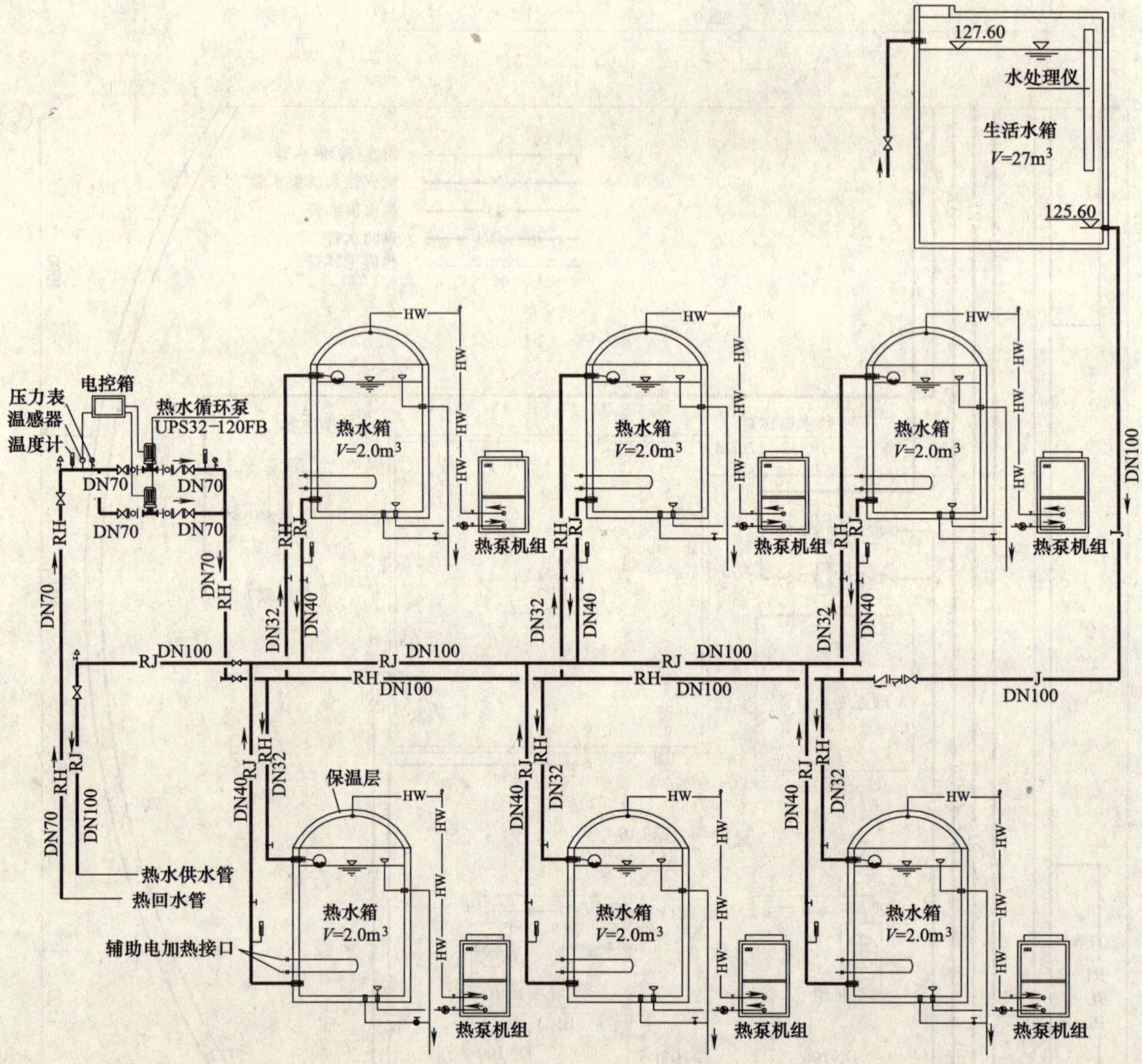

生活水箱
V=27m^3
水处理仪
127.60
125.60
DN100
J
压力表
温感器
温度计
电控箱
热水循环泵
UPS32-120FB
DN70
RH
RJ
DN100
DN32
DN40
HW
热水箱
V=2.0m^3
热泵机组
保温层
辅助电加热接口
热水供水管
热回水管

热水制备系统原理图

海发商厦

用友软件园

设计单位：中国建筑设计研究院

设 计 人：王耀堂　刘鹏　赵世明

获奖情况：公共建筑二等奖

工程概况：

用友软件园位于北京中关村永丰产业基地，占地45.52hm^2，建设目标为国际一流的生态环保软件园。园区内的水景与休闲广场，为研发人员提供了一个休闲与交流的场所。软件园由七个功能区、十几个单体建筑组成，各个功能区既相互独立、又相互连接，总建筑面积约40万m^2，建筑物均不超过24m，主要功能为用友软件股份公司员工软件开发、办公用房，配套餐饮、宿舍、培训用房等。中国建筑设计研究院负责本项目的室外总平面设计，各单体设计由不同设计单位完成。

一、给水排水系统

（一）给水系统

1. 冷水用水量表：与市政接口的给水接口处设置一级计量水表，每个建筑物入口设置二级计量水表，建筑物内根据使用功能设置三级计量水表。

2. 水源：市政自来水。

3. 系统竖向分区：竖向为一个分区。

4. 供水方式及给水加压设备：市政自来水直接供给。

5. 管材：室外给水管为钢丝网骨架加筋PE管，室内给水管为薄壁不锈钢管。

（二）热水系统

1. 热水用水量表：与换热器连接的冷水给水管设总计量水表，厨房热水支管设计量水表。

2. 热源：水源热泵制备，燃气锅炉房辅助加热。

3. 系统竖向分区：竖向为一个分区。

4. 热交换器：半容积式热交换器。

5. 冷、热水压力平衡措施、热水温度的保证措施等：干管设机械循环保证热水温度。

6. 管材：室外热水管为CPVC管道，保温直埋，室内热水管为薄壁不锈钢管。

（三）中水系统

1. 中水源水量表、中水回用水量表、水量平衡：

中水系统水量计算（表1）。

园区逐月水量平衡分析（表2）。

园区水综合利用水量平衡（图1）。

2. 系统竖向分区：竖向为一个分区。

3. 供水方式及给水加压设备：变频加压泵供水。

4. 水处理工艺流程（图2）

中水系统水量计算 **表 1**

序号	用水项目名称	用水规模（人）	用水量标准（L）	小时变化系数 K	使用时间（h）	中水原水量		收集量		冲厕量	
						平均日（m^3/d）	平均时（m^3/h）	平均日（m^3/d）	平均时（m^3/h）	平均日（m^3/d）	平均时（m^3/h）
1	1号研发中心	2200	35	1.5	10	55.6	5.56	41.7	4.17		
2	2号研发中心	2000	35	1.5	10	50.6	5.06	37.9	3.79	42.0	4.20
3	3号研发中心	2000	35	1.5	10	50.6	5.06	37.9	3.79	42.0	4.20
4	4号研发中心	2200	35	1.5	10	55.6	5.56	41.7	4.17	46.2	4.62
5	5号研发中心	1200	120	2.0	16	104.0	6.50	78.0	4.88	86.4	5.40
6	产业中心	800	75	1.2	10	43.4	4.34	32.5	3.25	24.0	2.40
7	培训中心	500	300	2.0	24	108.4	4.52	81.3	3.39	21.0	0.88
8	小计					468.18	36.59	351.14	27.45	261.60	21.70

注：1号研发中心不设中水回用系统。

园区逐月水量平衡表 **表 2**

月份	降雨量（mm）	水面蒸发量（mm）	有效屋面面积（m^2）	屋面雨水收集量（m^3）	湖边绿地面积（m^2）	绿地雨水收集量（m^3）	湖面蒸发量（m^3）	中水入湖量（m^3）	绿化浇洒量（m^3）	水量合计（湖体接纳量）
1	2.7	29.9	80000	0	40000	0	625.6	1980	0	1354.4
2	4.9	32.1	80000	0	40000	0	625.6	1980	0	1354.4
3	8.3	57.1	80000	0	40000	0	1122.4	1980	16800	−15942.4
4	21.2	125	80000	1356.8	40000	169.6	2387.4	1980	16800	−15681
5	34.2	133.2	80000	2188.8	40000	273.6	2277	1980	21000	−18834.6
6	78.1	132.7	80000	4998.4	40000	624.8	1255.8	1980	8400	−2052.6
7	185.2	99	80000	11852.8	40000	1481.6	−1982.6	1980	4200	13097
8	159.7	98.4	80000	10220.8	40000	1277.6	−1409.9	1980	8400	6488.3
9	45.5	85.8	80000	2912	40000	364	926.9	1980	4200	129.1
10	21.8	78.2	80000	1395.2	40000	174.4	1297.2	1980	4200	−1947.6
11	7.4	45.1	80000	0	40000	0	867.1	1980	0	1112.9
12	2.8	29.3	80000	0	40000	0	609.5	1980	0	1370.5
合计	571.8	945.8		34924.8		4365.6	8602	23760	84000	−29551.6

注：1. 雨水收集的范围仅限园区的南区部分；

2. 中水入湖量为收集量与冲厕用水量的差值，只算工作时间内（每月22日）排水量；

3. 湖面蒸发量为湖面本体水面蒸发量和降雨量的差值，湖体面积按23000m^2计，水深按1.25m计。湖面蒸发量为北京地区多年水面蒸发量为依据。

5. 管材：室外给水管为钢丝网骨架加筋PE管，室内给水管为PP-R管。

（四）排水系统

1. 排水系统的形式（污、废合流还是分流）：污、废合流。
2. 透气管的设置方式：单立管屋顶伸顶透气管。
3. 采用的局部污水处理设施：化粪池。
4. 管材：室外排水管为HDPE双壁管，室内排水管为离心机制排水铸铁管。

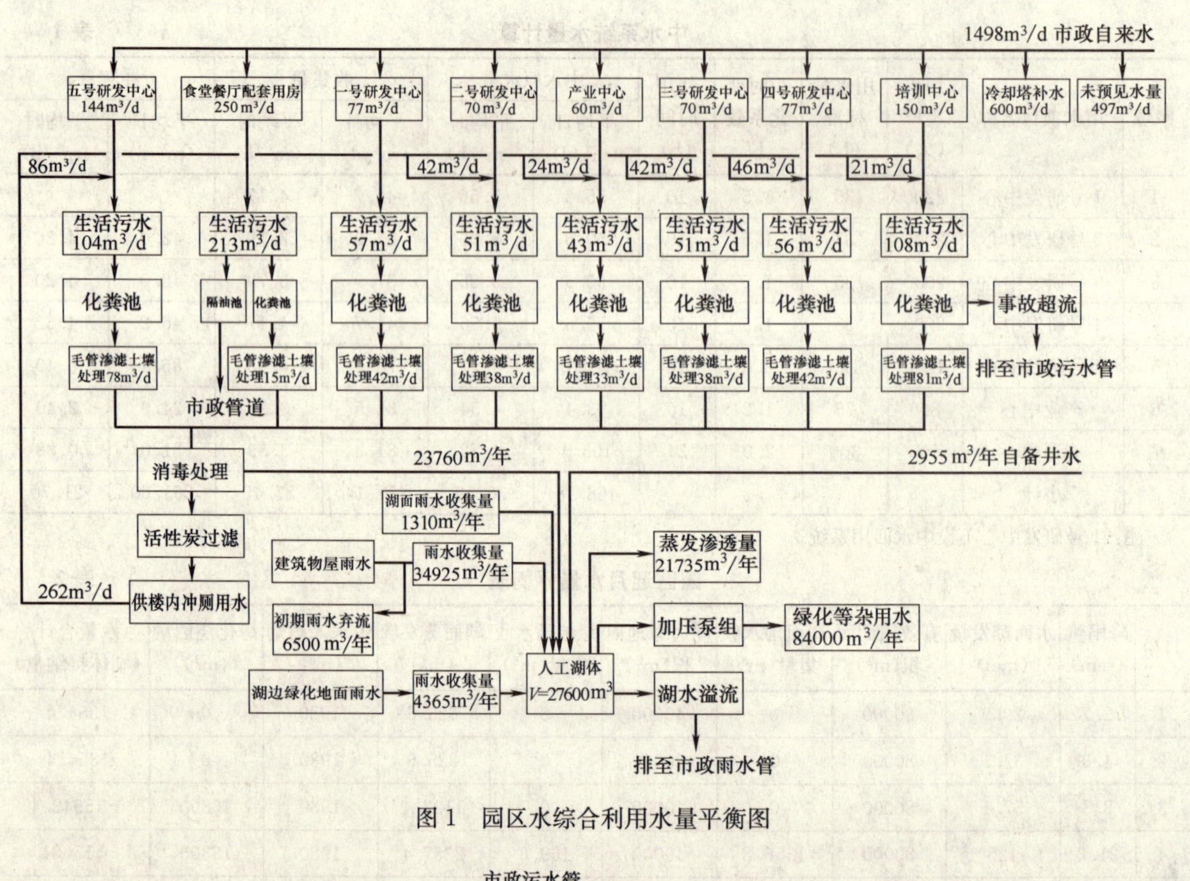

图 1　园区水综合利用水量平衡图

市政污水管
溢流　溢流
化粪池出水 → 事故溢流井 → 格栅、配水井 —泵→ 毛管渗滤处理装置
调试排放
补充景观水 ← 生态砾池 ←泵— 集水井 → 市政污水
冲厕 ← 泵 ← 中水池 ← 活性炭过滤罐
次氯酸消毒器

图 2　中水处理回用系统工艺流程图

二、设计及施工体会或工程特点介绍

该项目广泛采用了雨水利用、中水处理和回用、景观水处理与保持等节水措施，基本实现了园区综合水量平衡。对建筑综合节水技术的推广和应用进行了多项广泛而又深入的尝试，取得了宝贵的经验和教训。尤其在建筑雨水利用方面，采用了收集利用、渗透地面和渗透排放一体系统等多项新技术，原创开发了渗透井、渗透弃流井、渗透雨水口、渗透管（沟）等多种渗透雨水利用产品；开发了用于虹吸排水立管的流量式自动弃流装置；相关产品得到了一定规模的推广和应用，实践证明具有良好的使用效果，得到了业界同行的好评。

根据目前国内外雨水利用的成熟经验和工程的实际特点，该园区雨水利用的总体思路是屋面雨水收集用于构造水景观，同时雨水作为绿化浇洒用水，地面雨水透过渗透补充地下水。绿化浇洒用水直接从湖体内抽水，设专用绿化管网；这样做有两大优点，一是可充分利用雨水和中水；二是当通过井水或自来水向湖体补水时，能够加速景观水的循环，可保持良好的景观水质。

室内污废合流至化粪池，室外按不同建筑物分设土地毛管渗滤中水处理设施，按不同地块分设中水贮水池、变频给水机组等设备，可避免园区室外管线过长、管线埋深、投资大的弊端。中水回用主要用于冲厕，多余中水用于人工湖补水。

毛管渗滤土地处理技术是一种较有代表性的污水地下渗滤处理系统，属污水的土地处理范畴，它以生态原理为基础，充分利用了土地的天然净化能力，具有不影响地面景观、建设和运行管理费用低等特点。但是本项目运行现状并不理想，主要是因为：毛管渗滤土地处理技术的原理有待进一步探究，处理大规模污水负荷尚不成熟，化粪池处理后的 BOD_5、COD 等指标偏高，中水处理设施处理后的中水指标难以达到规范要求；办公场所用水量较为集中，水量调节容量不够；中水设施按每 $8m^2$ 处理 $1m^3$ 的设计污水负荷偏小，合理占地面积应不小于 $16m^2$，但面积占用较大时处理设施布置有困难，使用受到一定限制。

三、工程系统图及照片

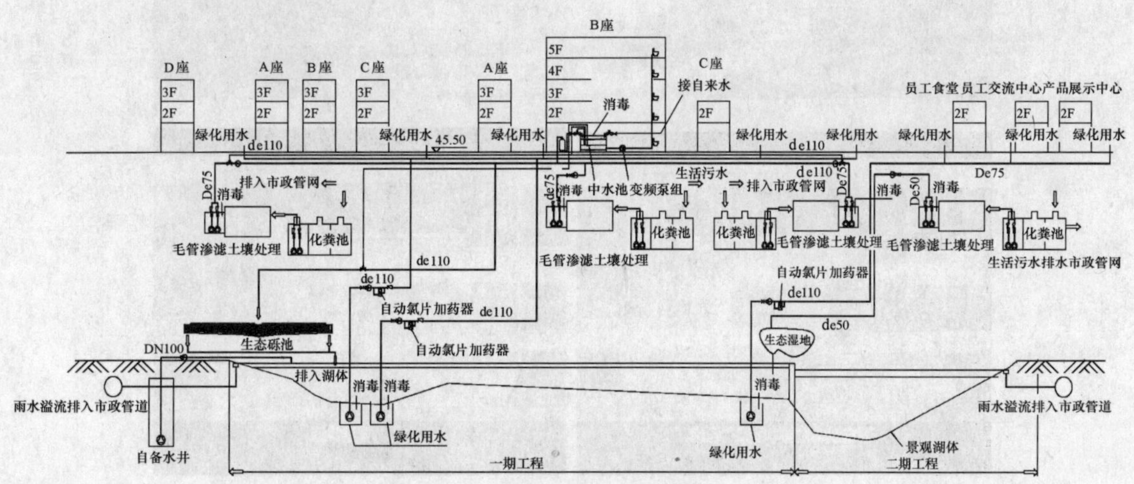

中水-绿化用水系统原理图

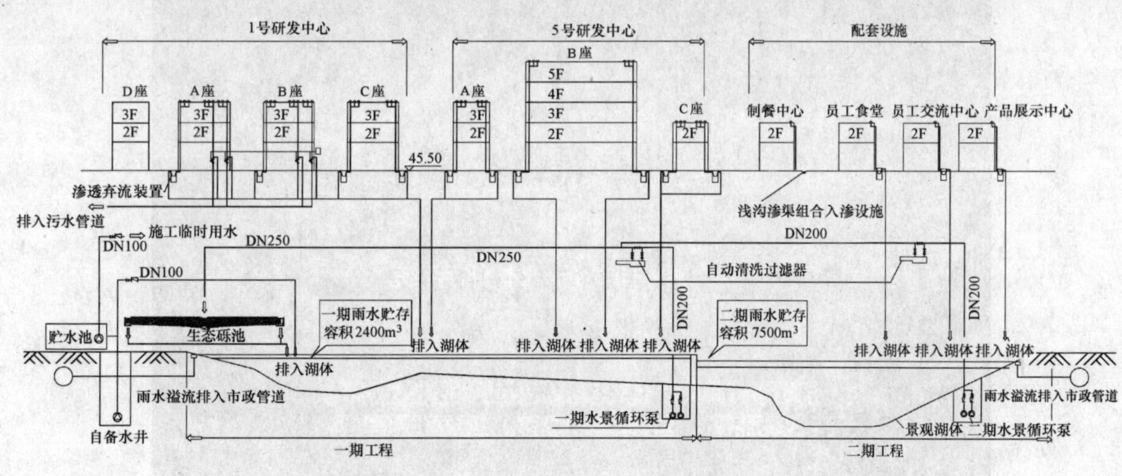

雨水利用与景观水处理系统原理图

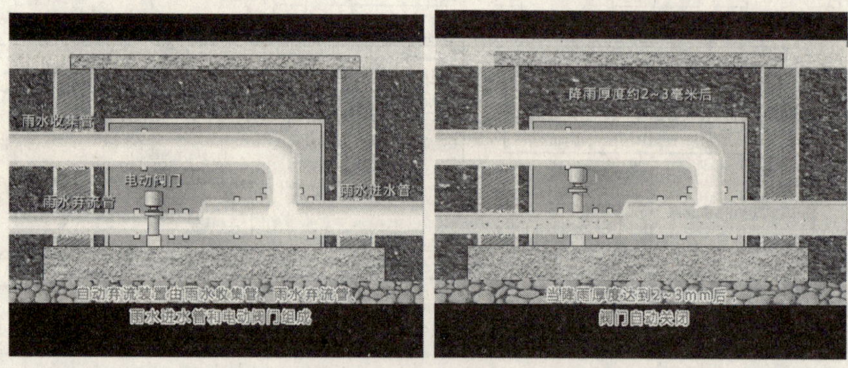

流量型雨水初期自动弃流装置构造示意图

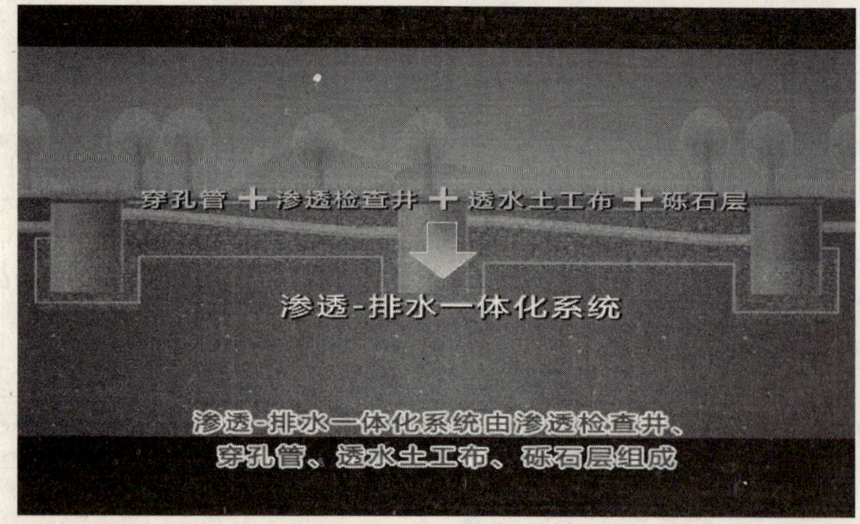

渗透管渠-排放一体系统构造示意图

渗透地面、渗透井、渗透沟

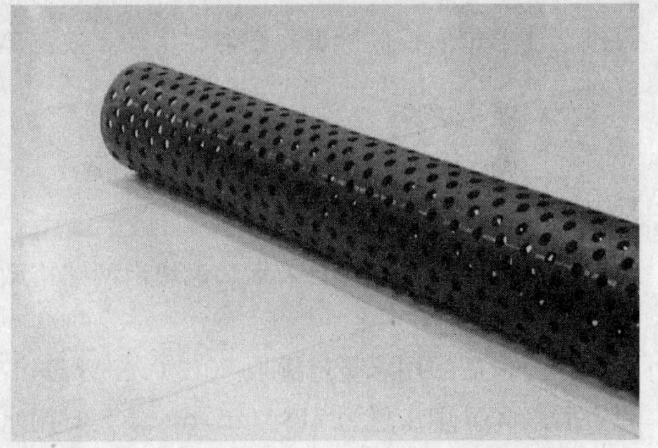

渗透管及施工安装

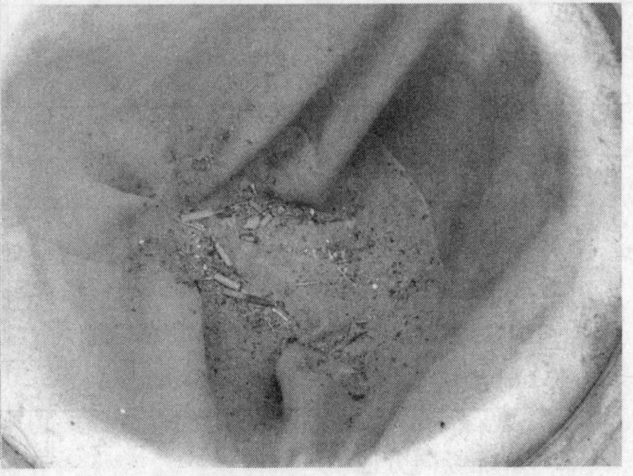

渗透井安装及栏污状况

新资大厦（汇亚大厦）

设计单位：华东建筑设计研究院有限公司
设 计 人：杨琦　王珏　张伯仑
获奖情况：公共建筑二等奖
工程概况：

汇亚大厦（原名为新资大厦）为一栋位于上海市浦东陆家嘴B2－2地块的高级办公楼。本地块占地面积8452m²。该建筑的总建筑面积约9.2万m²，建筑高度168.80m，标准层层高4.35m，地下4层，地上31层，投资7000万美元。建筑内部设计采用了全新的设计理念，提供业主灵活布置形式的大空间，从而达到最大的出租率和经济性。该建筑方案由美国建筑师设计，国内设计单位承担后阶段的咨询和设计，其施工图设计于2004年6月完成。

一、给水设计

（一）给水系统

1. 水源

给水水源采用城市自来水，地块由两路市政给水管网供水。

2. 用水量

办公人员的用水量定额取50L/(人·班)，冷却塔补充水最高日用水量为280m³/d。该建筑的生活最高日用水量为718.3m³/d，最大时用水量为125.4m³/d。总体生活进水管选用*DN*200。具体的用水量见表1：

汇亚大厦生活用水量表　　**表1**

用　　途	用水量定额	$Q_{最高日}$(m³/d)	$Q_{最大时}$(m³/h)
办公、交易	50L/(人·班)	291.70	64.2
商场	3L/(顾客·次)	3.39	0.5
餐厨	15L/(顾客·次)	28.28	5.7
冷却塔补充水	2%的补充水量	280	28
车库地面冲洗	2L/m²	18.2	9.1
绿化和道路浇洒		3.04	1.5
未预见水量	15%最高日用水量	93.69	16.4
总计		718.30	125.4

3. 系统竖向分区

给水系统的变频给水总管在竖向进行了分区，水泵供水共分6个区。分区内的给水范围、压力值和减压阀组的设置（表2），另外7区由市政管网压力直接供水。

汇亚大厦给水分区的给水范围、压力值和减压阀组设置　　表 2

分区	给水范围	最大静水压（kPa）	最大阀前动压（kPa）	要求减压值（kPa）	减压阀组的设置情况
1 区	RF～27F	39.2	39.2	—	—
2 区	26F～22F	33.75	42.2	30.2	可调式减压阀
3 区	21F～17F	34.1	64.95	52.95	2：1 减压阀＋可调减压阀
4 区	16F～12F	34.1	88.05	76.05	2：1 减压阀＋可调减压阀
5 区	11F～7F	33.75	111.15	99.15	3：1 减压阀＋可调减压阀
6 区	6F～1AF	39.6	133.9	121.9	3：1 减压阀＋可调减压阀
7 区	1F～B4	22.5	22.5	—	—

注：阀后压力按 0.12MPa 计。

4. 供水方式及给水加压设备

生活给水系统采用水池-水泵的变频给水方式。

生活水池按最高日用水量的 35%设计，生活水池的有效容积为 250m³，设在地下 4 层。生活给水与冷却塔补水合用变频泵，生活水泵的流量按设计秒流量确定。系统选用 3 台泵，以均衡给水的变频与工频。采用 Q=8L/s 的泵 2 台，Q=4L/s 的泵 1 台。另备用 1 台 8L/s 的水泵。水泵的扬程考虑到水泵并联工作的工况，在所需扬程的基础上增加了 1.05 的系数。生活水泵在实际安装中采用了立式多级泵。系统配备气压罐调节夜间给水，调节水量的容积采用 0.5m³。气压水罐采用变压式，其总容积为 2.28m³，罐体内直径 D1200。

5. 热水供应

在热水供应方面，对卫生间的洗手盆考虑热水供应。对该建筑而言，采用分散室供应热水更有利于节能。

在每个卫生间的男、女厕所管井内各设一套壁挂式容积式电热热水器。各层茶水间内预留容积式电热开水器。

6. 管材

给水管道采用薄壁铜管，钎焊连接。

（二）排水系统

1. 排水系统形式

室内污废水合流，总体中污水和雨水分流。

2. 通气管的设置方式

大楼设主通气立管、环形通气管及结合通气管。

3. 排水措施

在空调机房、茶水间单独设排水立管，直接排至衔接雨水井之明沟。地下室的污废水设污水潜水泵提升，并配自耦装置。地下车库的排水经隔油沉沙池处理后排入市政雨水管。餐饮厨房污水排至总体的隔油井，经处理后排入污水管。

值得一提的是在室内排水中设计考虑了每层办公区域下的排水，并充分考虑了超高层建筑的消防排水措施。

4. 排水量和污水排放

生活污水排水量为 350.8m³/d，生活污水最终汇入市政污水排水管。

5. 管材

室内排水管采用柔性机制接口（离心铸铁）排水管，内外作防腐处理，不锈钢卡箍柔性连接。地下室的压力排水管及地下室的地漏排水管、敷设在底板内的排水管均采用热镀锌钢管，除与排水泵和阀门连接处采用法兰连接外，其余均采用丝扣连接。室外排水管采用室外埋地HDPE双壁排水管，橡胶圈密闭承插连接。

（三）雨水系统

总体雨水重现期按 $P=3$ 年设计，排水接出管为 $DN500$。建筑屋面设6个 $DN150$ 的雨水斗，在建筑芯筒内设2根 $DN300$ 的雨水立管。地下室出入口处考虑可能雨水进入，设置集水井和排水泵。

室内雨水管采用热镀锌钢管，沟槽连接；室外雨水管采用埋地HDPE双壁排水管，橡胶圈密闭承插连接。

（四）循环冷却水系统

1. 系统设计

循环冷却水系统由循环水泵从冷却塔吸水经加压后到冷冻机组的冷凝器进行热交换，同时部分水经旁滤、电子除垢处理，再送至屋顶的冷却塔处理。

2. 规模和设备

空调运行总负荷2400RT，循环水量取1400m^3/h，总管 $DN500$。冷却塔采用中温型，进塔水温40℃，出塔水温32℃，其补充水量按2%的冷却水量计。循环水泵设在地下室，需要考虑泵壳体的承压能力要求远大于其水泵扬程的问题。为节省机房的面积，循环水泵采用上进上出单级单吸离心泵。设计考虑了1台备用泵。

3. 管材

循环冷却水管采用承压卷板钢管，热镀锌。沟槽式连接。外涂防锈漆二度，色漆一度。水处理的给水管采用热浸镀锌钢管，除与水泵及阀门连接处采用法兰连接外，其余均采用沟槽式连接。加药管采用ABS管，粘接。

二、消防设计

（一）消防给水设计

1. 消防用水量

该建筑设消火栓给水系统和自动喷水灭火系统。消防总用水量为105L/s，总体消防进水管采用 $DN300$。该建筑室外消火栓用水量30L/s，室内消火栓用水量40L/s。自动喷水灭火系统的用水量采用了35L/s。

2. 系统分区

消防给水系统设计采用了上海市工程建设规范《民用建筑水灭火系统设计规程》推荐的串联消防泵临时高压消防给水系统，系统在每一级内采用比例减压阀分区，这种系统在超高层建筑中运用相对简单、可靠（图1、图2）。中间的消防转输泵设在16层（避难层）内。消防给水系统在每级均设有18m^3的高位消防水箱。

3. 消火栓系统

消火栓的水枪充实水柱不小于13m，根据1层大厅层高的计算，其所需的最小充实水柱为14.1m。消防箱内设消防软管卷盘。系统的分区确保消火栓栓口的静水压力不大于0.80MPa，系统采用比例减压阀减压；对动压大于0.50MPa处，在消火栓的栓口设置减压孔板。系统的各级均设有泄压阀，这对于串联消防给水系统防止超压是很有必要的。系统还设局部消火栓稳压泵和调节水容积为300L的气压水罐。室外设有4套室外消火栓、3套消火栓和3套喷淋地上式水泵接合器。

4. 自动喷水灭火系统

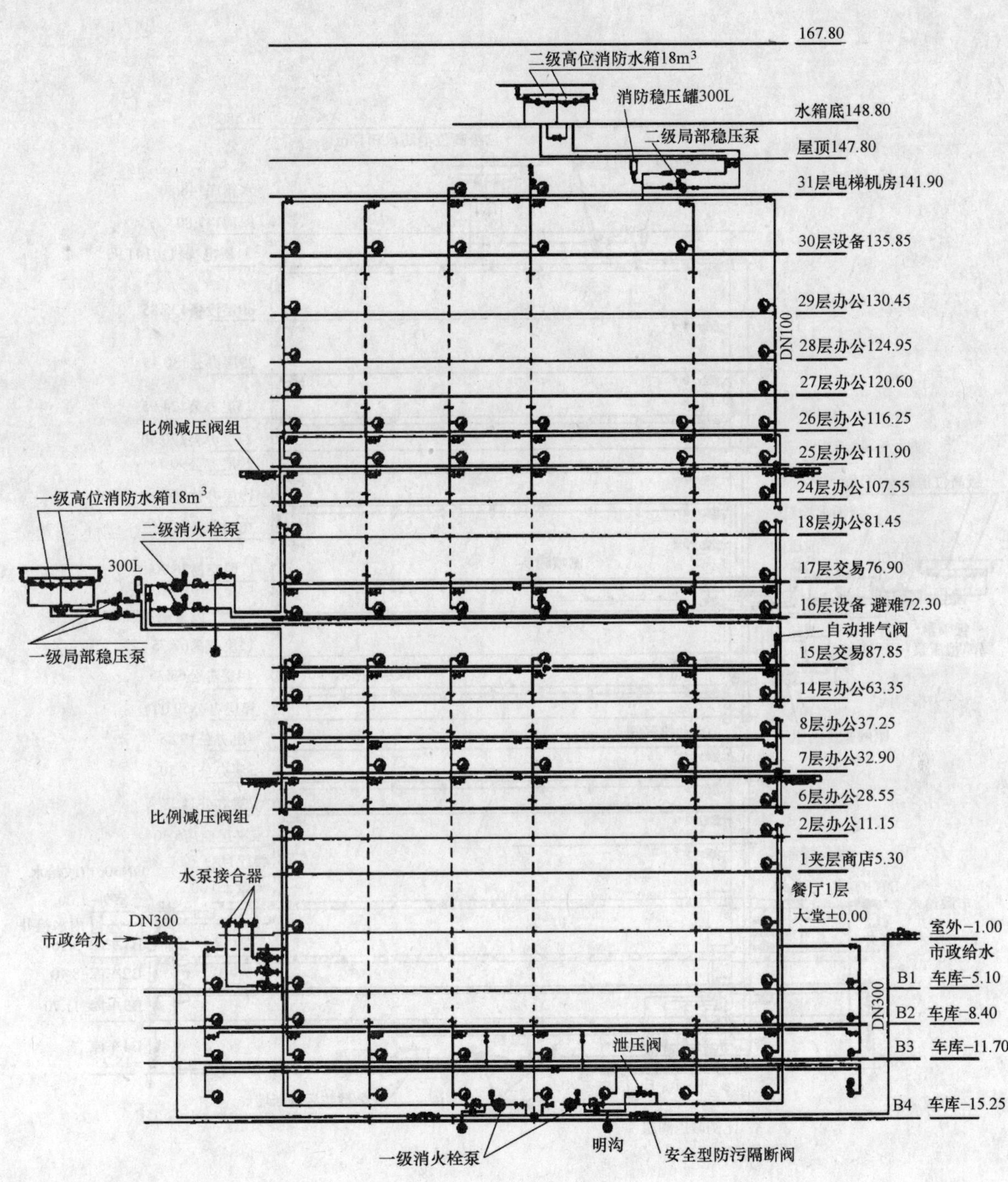

图1 消火栓给水系统原理

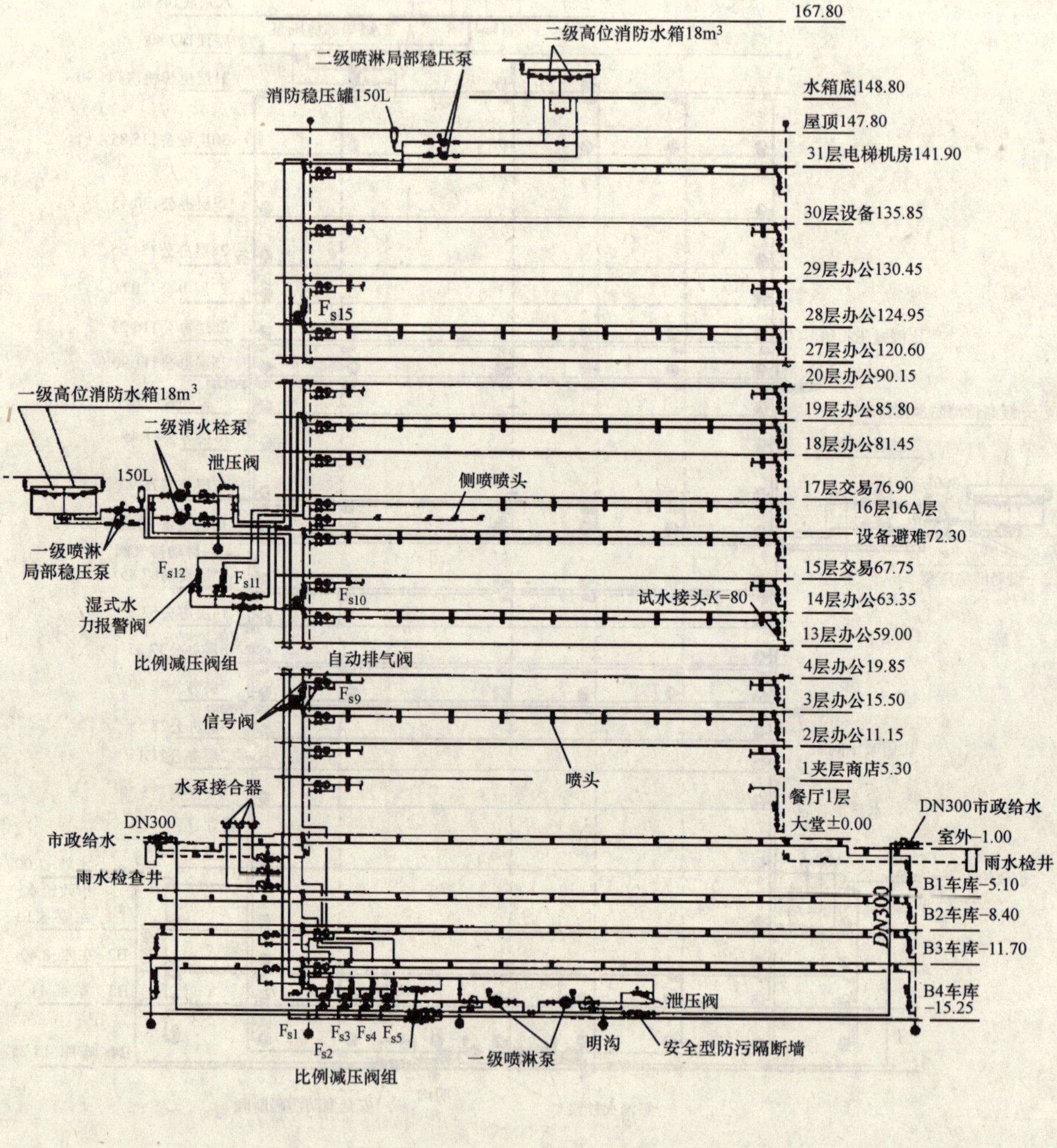

图 2　自动喷水灭火系统原理

对超高层建筑的消防强调自救为主，该建筑的自动喷水灭火系统进行全保护。喷淋报警阀设在楼层上部，报警阀前的给水干管成环状供水，消防给水系统内设有局部稳压设施。避难层的避难区域喷头采用了边墙型扩展覆盖喷头。

（二）消防排水设计

设计中重视了消防排水的设计。除了消防泵房、消防电梯井、地下室内考虑消防排水外，还考虑到消防给水系统在调试、检测中的排水问题。由于该建筑外墙为不可开启的玻璃幕墙，故在设计中增设了1根消防排水立管，并在立管上设有供消火栓试验排水用的栓口。自动喷水灭火系统在管道布置上注意试验排水的连接，其给水干管从芯筒外侧绕一圈再回到管井。消防排水泵的供电也采用两路供电。

（三）特殊消防设计

1. 泡沫喷淋联用系统

柴油发电机房设闭式自动喷水一泡沫联用灭火系统。其喷水强度取6.5L/(min·m^2)，湿式系统自动喷水至喷泡沫的转换时间按4L/s流量计算不大于3min。泡沫罐按持续喷泡沫的时间不小于10min和混合比3%计算。

2. 气体灭火系统设计

地下室变压器室及开关室和避难层电话机房、配电间分别设七氟丙烷（HFC-227ea）气体自动灭火系统。前者采用了全淹没组合分配系统，其保护对象分别为地下二层10kV电闸与变压器室和地下三层变压器室，共2个保护区。系统的充装压力为4.2MPa（表压），设计浓度8.3%，设计喷射时间10s，设计抑制时间10min。电话机房的灭火设计浓度8%，因电话机房经常有人工作，故防护区的最大浓度（NOAEL）取9%对实际浓度进行校核。

建筑内还配有磷酸铵盐干粉灭火器。

三、工程设计特点和体会

（一）设计特点

1. 建筑给水排水设计是创新和发展的过程。

设计不是简单的重复，新资大厦给水排水设计的创新表现在超高层建筑中生活给水系统全部采用了变频供水技术，并对竖向进行了分区，在保障供水卫生的同时也节省了能量；对冷却塔的补水也采用了变频供水技术，对季节不同引起的补水量变化由水泵直接调控，达到了节约用水、节约能源的目的。变频控制采用最不利点水压控制，卫生间洗手盆提供热水供应，提供健康、舒适、安全的给水，体现“以人为本”的绿色建筑宗旨。在办公建筑中，结合空调的设计，选用了8℃温差的冷却塔，减少了冷却塔的用地、节约了冷却塔的补水量，循环冷却水系统也设有相应的水处理设备，设旁滤处理并考虑了反冲洗，取得显著节能节水效果和社会、经济效益。在排水的控制上，配合业主对高档建筑的要求，采用了卫生间同层排水的技术，在排水立管的位置设置了排水立管的漏水检测系统，设有电位信号显示漏水位置。对超高层建筑的消防强调自救为主，喷淋报警阀上楼层、报警阀前的给水干管成环状供水，消防给水系统内设有局部稳压设施。设计还结合高档办公楼的要求，采用了租户冷却水系统，解决了特殊用户（IT机房）对冷却水的需求，同时设计针对用户的不确定性，对屋顶设置的循环泵和租户冷却塔采用了变频技术，在对业主的回访中，得到了较好的评价。

2. 建筑给水排水设计是不断平衡设计之间问题的过程

平衡在于解决建筑给水排水工程设计中出现难度较大的关键技术问题。当建筑出现面积控制困难时，将地下生活水箱设置在车道下，设计处理好了不同高度水箱的水位联动的变频控制方式。建筑给水排水服务于建筑和业主，为满足出租面积最大化和办公区域灵活化的目的，设计将雨水管设置在芯筒内，避免了常规的设计方法而采用了 2 根 $DN300$ 的雨水立管，最大限度地提供出租办公区域的使用面积，且方便了管道的检修，相应增加了出租办公区的面积，从而提高了经济效益；同时在办公区域预留了 2 处立管供今后增加卫生间使用。设计平衡了国内外使用者的习惯，在芯筒内增设了行政人员淋浴间。在处理办公区域消防排水技术上，考虑到建筑幕墙为不可开启，现增设了 1 根消防排水立管，并在立管上设供消火栓试验排水用的栓口。在芯筒的两侧还设地漏考虑管道可能的排水，其排水采用间接方式，满足卫生要求。

3. 建筑给水排水设计是建设安装的灵魂

给水排水设计需要全过程的控制，才能体系设计的思想。在与外方设计的合作的过程中，设计加深了对“设计控制”的理解，参与了“CA（合同管理）模式”，设计参与了建筑安装的全过程控制，包括产品、材料、安装要求、控制方式等，从而确保工程设计质量。用心设计是本工程给水排水设计者追求的目标之一。

（二）设计体会

1. 设计理念：

该建设项目由于是国外独资，无论在建设项目管理还是设计的运作上都与国内的常规方式有所不同。从设计的角度看，境外与境内设计指导思想和设计阶段区别较大。境外的机电设计人员强调在满足规范强制性条文的前提下尽量服从建筑和业主的要求。在设计过程操作上，机电设计分为概念设计（Concept Design）、计划设计（Scheme Design）、深化图（Deep Design）、招标图（Tender Design），在施工安装阶段由承包商完成 Shopping Drawing。机电图纸最终是要满足招标要求。这与国内的方案、扩初、施工图（Construction Design）设计阶段不完全一致，国内设计最终要求满足设备材料采购、非标准设备制作和施工的深度需要。

加强给水排水工程师的服务意识和沟通显得尤为重要。给水排水中雨水系统的设计就是体现机电工程师与建筑师、业主设计理念相结合的一例。本工程建筑师力图采用大型办公建筑设计的最新设计概念，灵活的布置形式为业主提供富有个性的办公空间，创造大空间办公形式，以适应各种用户需求，特别是大公司大开间的办公，以达到最大的出租率和经济性。由此，给水排水专业在整个建筑的屋面雨水上仅采用了 2 根 $DN300$ 的立管。采用集中设置雨水管的方式有利于减少建筑面积的占用，而将立管布置在芯筒内可提高办公的出租面积，最大限度地满足业主追求的出租得益率。当然，大口径的排水管在地下室排出时对空间的布置存在不利的因素。

及时与建筑、结构工种沟通对机电设计也很重要。如在消火栓箱的布置上，由于该建筑标准层的建筑面积较大，需要布置一定数量的消火栓。建筑师要求美观且不影响功能的使用，国外机电工程师在设计中消防是以喷淋为主，对消火栓布置不重视，而设计在扩初阶段积极介入，使建筑师及时将这一问题考虑在设计中，也可使结构在计算上提前考虑芯筒中非剪力墙的位置。当然，给水排水设计应满足土建的基本设计要求。

2. 公共场所的给水方式：

建筑在一层和一夹层为餐厅、商场，按国内设计是采用市政压力直接供水以节省运行费用。而国外机电设计的做法是采用水泵给水方式供水。其理由是公共场所出租重要的是考虑供水的可靠性，强调以客户为中心的做法，即使在市政给水中断的情况下也要保证一定时间的供水。

3. 办公区域和卫生间的排水：

在芯筒的两侧地板下各设 2 只地漏用于排水。它对于办公区域的消防排水也很有利。设计中结合这种排水的特点，采用间接排水的方式，将排水管接至空调机房或水管井内，然后再通过其他地漏排水，以防止污水管中的臭气传播。

在卫生间的排水中，设计采用了同层排水的形式。卫生间的后面均设有可供检修的排水管弄，洗手盆下设有侧墙式地漏。坐便器采用了带隐蔽水箱的壁挂式坐便器，在前方预留了足够的空间以满足西方人的身材需要。电热热水器设在管井的上部，确保卫生间区域的上部无直接的排水。排水立管采用了柔性接口机制排水铸铁管，并结合超高层建筑的设计特点，利用管道的布置方式来解决立管的温度伸缩、排水压力问题。

该建筑还采用了定位式液漏侦测系统。它是用于自动检测排水管道的渗漏，在立管穿楼板的部位安装传感装置。设计具体在雨水管的立管转弯部位、空调机房的地漏排水支管和立管每隔6层、污水和废水立管的转弯部位采用了检测漏水报警的装置。

4. 冷却塔的选用和补水：

冷却塔按温差 $\Delta t=8$℃选塔，实际冷却水温为6.48℃。采用中温冷却塔可减小循环冷却水的管径，该工程的循环冷却水总管仅为 $DN500$，节省了设备的管井面积，相应增加了出租办公区的面积，从而提高了经济效益。在计算冷却塔的补水量中，其补水也可减小。

扩初设计中，循环冷却水量是按0.15L/s/RT确定。冷却塔的补水计算具体由蒸发量、飘流量和排污量三部分计算组成，蒸发量由冷却塔的进出水温差和最终浓缩率决定，其计算的补水量约为循环冷却水量的2%。

5. 报警阀前的供水：

该工程自动喷水灭火系统的报警阀组设置在各楼层，在报警阀前采用了环状供水，在提高给水可靠性的同时也减少了垂直立管的数量，这特别适用于超高层建筑。在喷淋报警阀前成环的问题上，设计采用了2根管道分别从环状管网引出，再连接到报警阀组，而不是在报警阀前支状接出。报警阀后设有控制阀，以便于系统的检测。所有的控制阀均采用信号阀，目的在于确保消防给水系统的给水可靠性。

6. 系统的控制：

在高标准的办公建筑中，给水排水系统的自动控制是必不可少的。控制系统需要满足监视、控制、测量、记录的要求。在给水系统中，生活水池采用2个以便于清洗，其水位信号联动变频系统，3大1小的生活泵各对应配置1套变频控制器，压力信号设置在三十二层的最不利点；对减压阀的压力表采集电接点信号，了解减压阀和过滤器的工况。在排水系统中，集水井内设有最低水位、最高水位、超高水位、报警水位，排水泵均考虑超高水位时2台泵同时工作，并向控制中心报警。在消防给水系统中，每级消防给水系统设1套消防泵自动巡检装置，巡检的方式采用变频低转速运行，并能向消防控制中心显示工作状态。上下级消防泵连锁启动的时间间隔控制在20s以内。消火栓泵和消火栓稳压泵启动后不得自动关闭。消防给水排水系统具有BA控制信号的控制和显示功能。气体自动灭火系统具有自动、手动及机械应急启动三种控制方式。在循环冷却水系统中，冷却塔集水盘内设电加热棒，空调系统开始运行时，先启动冷却塔风机，再启动循环水泵，然后冷冻机运行；系统停止工作前，先关闭冷冻机，再关闭循环水泵，最后停止冷却塔风机的工作。

7. 设计总结：

设计还就该项目进行了给水排水的总结，发表了2篇文章在我国中文核心刊物。“汇亚大厦建筑给水排水和水灭火设计的特点”发表在《给水排水》2005年第5期69、“汇亚大厦给排水和水消防系统的控制方式”发表在《给水排水》2007年第11期84页。

四、工程照片

“汇亚大厦（新资大厦）”建成后的立面

（地处：上海浦东陆家嘴中央公园）

屋顶高温冷却塔

深圳威尼斯酒店（原：愉悦大厦）

设计单位：深圳华森建筑与工程顾问有限公司
设 计 人：赵锂　刘晶　姜慧媛
获奖情况：公共建筑二等奖
工程概况：

愉悦大厦位于深圳市华侨城世界之窗的北面，西北面为世界花园，南临深南大道。是华侨城集团投资兴建的具有现代化设施的四星级涉外酒店。建筑方案及扩初设计由美国新莱蒙工程公司完成，建筑施工图由建设部建筑设计院华森公司配合香港龚书楷建筑师事务所完成。其特点是以水为主题的旅游酒店，与新落成的欢乐谷及华侨城高架旅游缆车组成华侨城新的旅游景点。本工程建筑面积约 60000m^2，客房 480 套。地上部分为 17 层，地下 2 层。地上部分的总高度为 72.8m，地下部分的深度为−6.5m（车库部分为−8.0m）。结构形式为框支剪力墙体系。裙房地下一二层南侧为车库，北侧为机电设备机房（包括冷冻机房、空调机房、水泵房、热交换间、锅炉房、游泳池水处理机房等），主楼地下一二层为公共娱乐（桑拿等）及变配电间等，并设有物业管理及办公用房。首层有一个 22m×40m 的大空间宴会厅、酒店大堂、小餐厅、西餐厅、厨房等。二层南侧有一个水面积为 1400m^2、水深 1.5m 的室外游泳池，池顶部设有一大型膜结构，一个水面积为 270m^2、水深 1.5m 的室内游泳池，北侧为食街。三层为多功能厅。4～16 层为标准客房。17 层为两套总统套房及一大型会议厅。标准客房层层高为 3.3m。

一、给水排水系统

（一）给水系统

1. 生活用水量：最高日用水量为 1150m^3/d。

2. 水源：本工程的供水水源为市政水源，分别从侨城西街及佛山街的市政给水管道引入，各自经水表井在室外红线内形成环网。

3. 系统竖向分区：从节省能源和保证供水考虑，本工程给水系统竖向分为三个区，一区用水由市政给水管道直接供给，二区为 4 层至 16 层采用由屋顶水箱、水泵、水池联合供水，为满足二区各用水点的水压不超过 0.35MPa（3.5kgf/cm^2），用减压阀将二区再分为 2 个供水区。17 层为总统套房，单独为一个供水区。

4. 给水加压设备：本工程在地下二层水泵房设有 260m^3 生活水池一座，生活水池只考虑客房及空调补充水部分的储水量；生活水泵出水量按客房及空调补充水部分的最大小时用水量考虑，屋顶水箱间设两台变频调速水泵供 17 层总统套房用水，水泵出水量按 17 层卫生器具最大秒流量计，水泵的启、停由水泵出水管上的压力开关控制，使 17 层管网保持在设计压力值。

5. 给水供水管除水泵出水管及水箱至热交换器供水管采用热浸镀锌钢管外，其余均采用铜管。

（二）热水系统

1. 热源：热源为地下二层锅炉房的高温热水，供水温度为 95℃，回水温度为 70℃。

2. 系统竖向分区：热水系统竖向分区同给水系统，为保证4～9层热水供水压力及冷热水压力的平衡，在供水管上设减压阀（高度与冷水系统同）。

3. 热交换器：一、二区热交换器集中设在地下二层热交换间内。三区热交换器设在水箱间内；室内游泳池加热采用快速水-水换热器。加热器的耗热量按各自的最大小时用热量计，加热器的储热量按30min计。

4. 一、二、三区热水回水均采用机械循环。二区上、下两个供水分区的热水供水干管管径在末端比计算管径放大一级，以保证顶层及末端立管的供水流量及水压。热水给水立管及热水回水立管底部设调节阀门，阀门设置管井内，以便于调试和维修。

5. 热水分区供水应考虑冷、热水的压力平衡，将热水系统的减压阀放在热交换器冷水供水管上，设置的高度同冷水系统，阀后压力值一致。

6. 热水供水管及回水管均采用铜管，冷热水混合龙头采用美国"Delta"公司生产的具有压力平衡装置的龙头，冷热水允许压力差可达50%，水温变化±1.2℃以内，以防烫伤，还可背靠背安装，简化卫生间给水热水管道。

（三）排水系统

1. 本工程从北向南地形由高向低变化，除南侧地下一层的排水靠重力流排至室外，其余地下一二层的排水均经集水池后用排水泵加压排出。

2. 为保证排水通畅，改善卫生条件，客房卫生间设器具透气，公共卫生间设环形透气。

3. 厨房污水经厨房内部的器具隔油器后排至排水沟内，经室外隔油池后排至市政排水管网。

4. 排水立管采用抗震柔性排水铸铁管，连接卫生器具的排水横管采用PVC-U塑料排水管。

（四）雨水系统

1. 屋面雨水采用内排水系统，在地下一层排出室外，接入市政雨水管道。

2. 本工程在结构基础下部设有排水盲管数条，以消除地下水对地下室底板及侧墙的浸压，排水盲管中的地下水汇集到建筑物周边的排水盲沟内并排入集水井内，经潜水泵提升排至市政雨水管道。地下室底板的防水在此种情况下可仅做混凝土自防水，不再做建筑外防水，但设备机房等重点部位还应做建筑外防水。

3. 雨水管采用焊接钢管，敷设在柱子内。

二、消防系统

本工程设有室外消火栓系统，室内消火栓系统，自动喷洒系统，水喷雾灭火系统，手提灭火器。室外消防用水由市政管网提供。室内消火栓用水、自动喷洒用水由二层的室外游泳池供给，消防储水量为540m³。水喷雾用水由市政管网提供。地下二层水泵房内设消防水泵吸水池一座，水池容积为60m³。

（一）消火栓系统

1. 本工程室内消火栓用水量为40L/s，室外消火栓用水量为30L/s。系统竖向为一个区，消火栓系统的静水压满足最大静水压的要求。消火栓管道系统水平竖向均成环。

2. 为防止消火栓管道系统在小流量时系统超压，在系统下环设泄压阀，泄压阀的开启压力为工作压力加0.05MPa。消火栓管道系统的阀门设置采用在水平环管设置与在立管设置相结合的方式，此种阀门设置方式的优点为在既考虑立管检修又考虑环管检修的情况下，阀门总数较少，系统的供水安全性高。

3. 消火栓管道采用无缝钢管，焊接连接。

(二) 自动喷洒系统

1. 本工程按中危险级设置，用水量为 26L/s。系统竖向为一个区，采用临时高压制，屋顶水箱间设专用增压稳压装置一套。自动喷洒增压稳压装置设在屋顶水箱间与设在地下水泵房相比可减少稳压泵的扬程，水泵型号的选择余地较大。

2. 自动喷洒系统竖向虽为一个区，但在地下一、二层报警阀前的管道上设减压阀，以避免地下一、二层管道压力过高。一层使用面积大，自动喷洒管道系统也很大，同一层最不利点喷头与水流指示器处喷头的压力差也很大，为避免水流指示器附近作用面积内喷头喷水强度过大（不超过设计喷水强度的 20%），在此附近的作用面积内的供水干管上设减压孔板。

3. 地下车库自动喷洒管道均穿梁敷设，喷头上喷，在布置喷头时应注意喷洒干管穿梁敷设，喷洒支管平行于梁敷设，支管不穿梁，支管敷设在梁间。

4. 自动喷洒管道采用热镀锌钢管，丝扣连接。

(三) 水喷雾系统

1. 设置范围：地下二层燃油锅炉房及柴油发电机房。

2. 基本设计参数：设计喷雾强度为 20L/(min・m^2)，持续喷雾时间为 0.5h，水喷雾灭火系统响应时间不大于 45s。

3. 系统：水喷雾灭火系统采用常高压，由华侨城给水管网直接供水。锅炉房及柴油发电机房各自设有一套雨淋控制阀。水喷雾灭火系统设有三种控制方式：自动控制、手动控制及应急控制。

4. 燃油锅炉房水喷雾喷头除保护燃油锅炉外，储油间也要设水雾喷头。水喷雾雨淋阀前应设过滤器，以防止杂物破坏雨淋阀的严密性，以及堵塞电磁阀、水雾喷头内部水流通道。

三、工程系统图

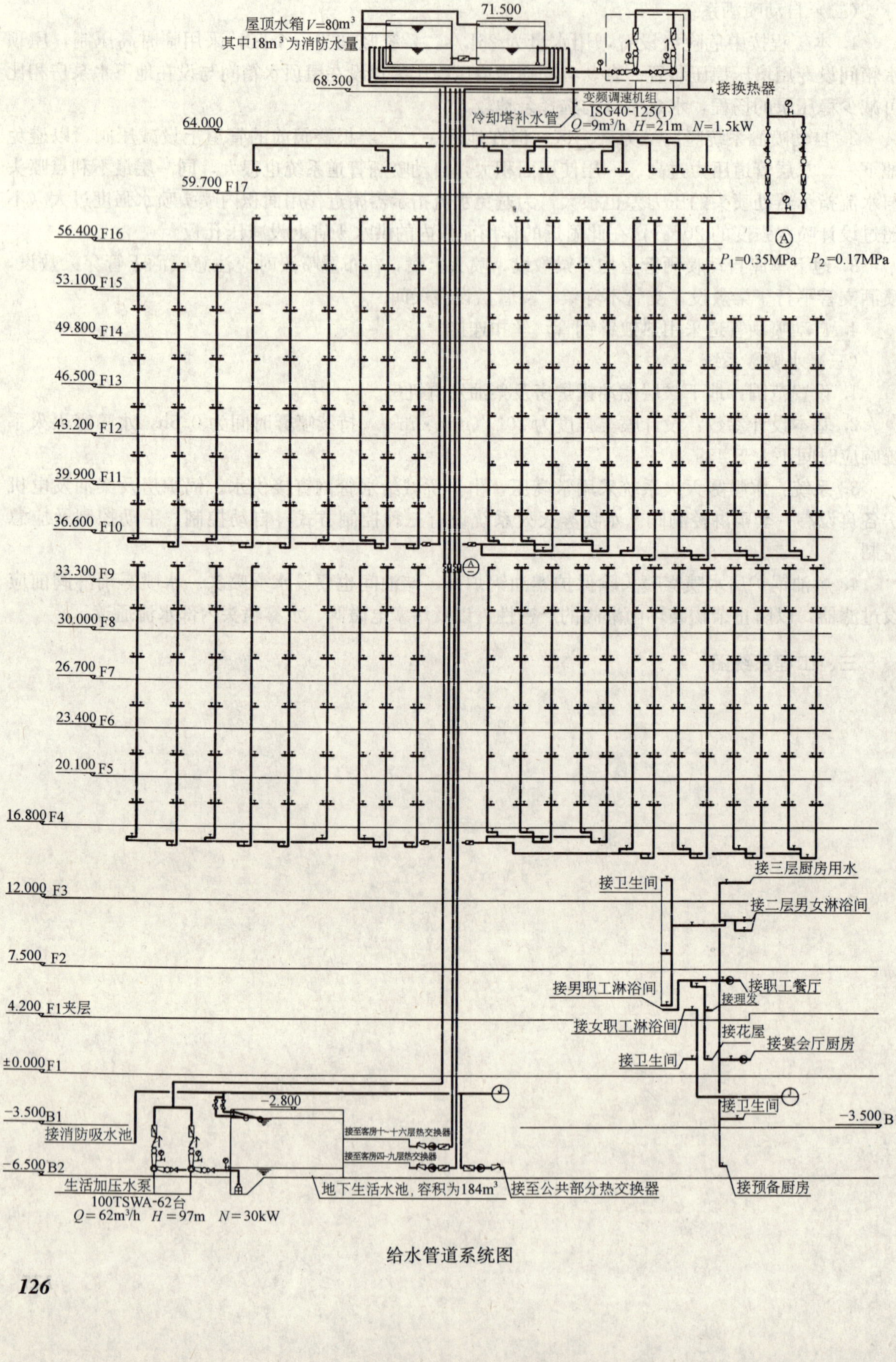

71.500
屋顶水箱 V=80m³
其中18m³为消防水量
68.300
变频调速机组
ISG40-125(1)
Q=9m³/h H=21m N=1.5kW
接换热器
冷却塔补水管
64.000
59.700 F17
56.400 F16
53.100 F15
49.800 F14
46.500 F13
43.200 F12
39.900 F11
36.600 F10
33.300 F9
30.000 F8
26.700 F7
23.400 F6
20.100 F5
16.800 F4
12.000 F3
7.500 F2
4.200 F1夹层
±0.000 F1
−3.500 B1
−6.500 B2
−2.800
Ⓐ
P_1=0.35MPa P_2=0.17MPa
接三层厨房用水
接卫生间
接二层男女淋浴间
接男职工淋浴间
接职工餐厅
接理发
接女职工淋浴间
接花屋
接宴会厅厨房
接卫生间
接卫生间
−3.500 B1
接消防吸水池
接至客房十~十六层热交换器
接至客房四~九层热交换器
生活加压水泵
100TSWA-62台
Q=62m³/h H=97m N=30kW
地下生活水池，容积为184m³
接至公共部分热交换器
接预备厨房

给水管道系统图

屋顶水箱 $V=80m^3$
其中$18m^3$为消防水量
71.500
71.300
69.000
68.300
64.000
59.700 F17
56.400 F16
53.100 F15
49.800 F14
46.500 F13
43.200 F12
39.900 F11
36.600 F10
33.300 F9
30.000 F8
26.700 F7
23.400 F6
20.100 F5
16.800 F4
12.000 F3
7.500 F2
4.200 F1夹层
±0.000 F1
6.500 B2
B1 -3.500
立式单管束容积换热器
RV-04-1.5
热水循环水泵
接自锅炉房
变频调速机组
$P_1=0.35MPa$ $P_2=0.17MPa$
接至卫生间
接三层厨房
接美容美发
接二层男女淋浴间
接食街
接至男职工淋浴
接至女职工淋浴
接至职工厨房
接宴会厅厨房
接西餐厅厨房
接桑拿中心
接一层多功能厅卫生间
接自锅炉房
接至桑拿中心
接至预备厨房
热水循环水泵
分水缸$\phi 300$
接自室外管网
接"A"点
PN400-6型闭式隔膜膨胀水箱
立式单管束容积换热器
RV-04-5.5×4
RV-04-3.0×2

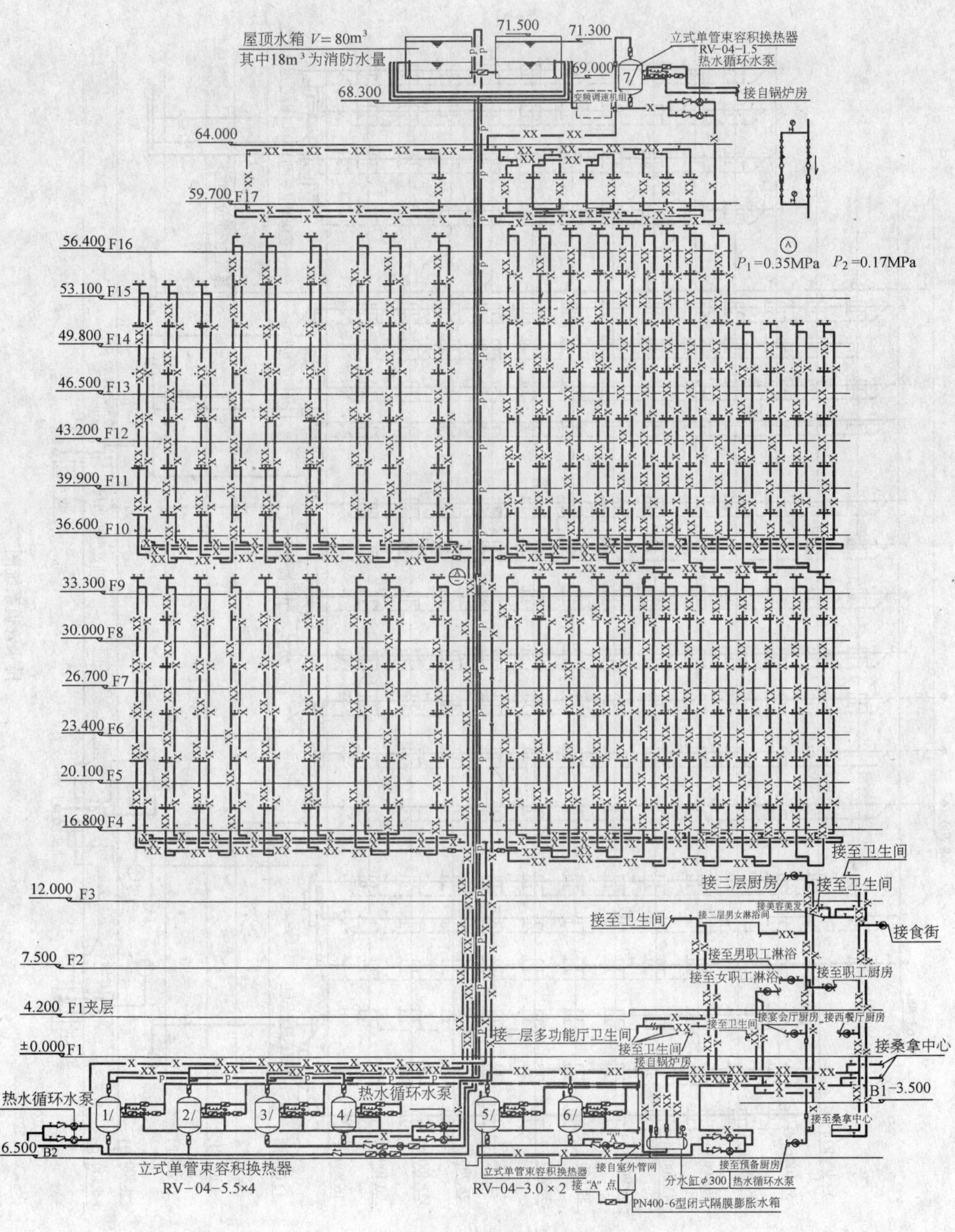

热水管道系统图

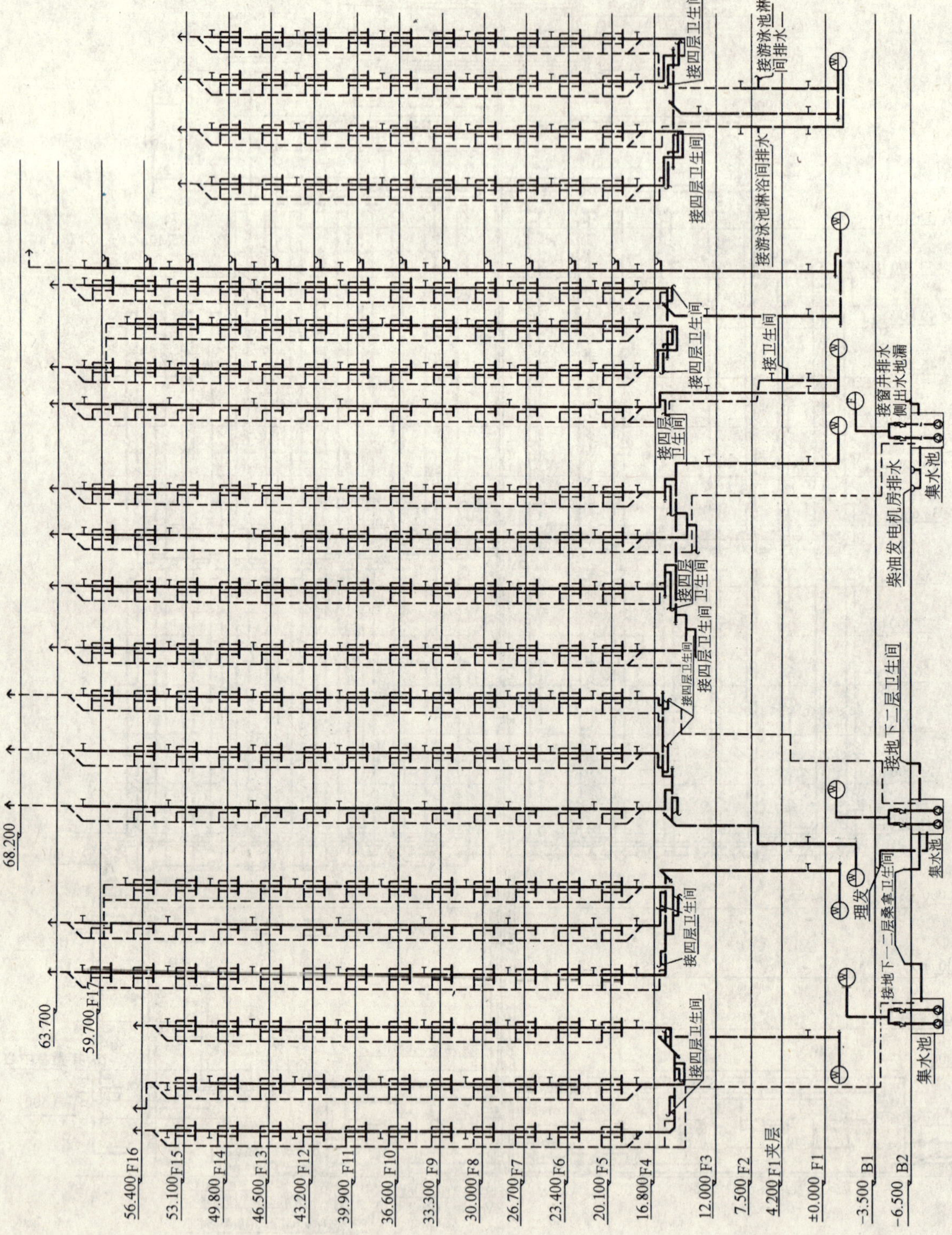

排水管道系统图

71.500
屋顶水箱其中消防水量为18m³
71.300
69.000
试验用消火栓
68.300
64.000
59.700 F17
56.400 F16
53.100 F15
49.800 F14
46.500 F13
43.200 F12
39.900 F11
36.600 F10
33.300 F9
30.000 F8
26.700 F7
23.400 F6
20.100 F5
16.800 F4
12.000 F3
7.500 F2
4.200 F1夹层
±0.000 F1
-3.500 B1
-6.500 B2
室外游泳池
消防水量为432.0m³
5.500
接室外环管
泄压阀
消防吸水池
排入消防水泵吸水池
消火栓水泵2台 150TSWA-3 Q=40L/s H=96m N=75kW

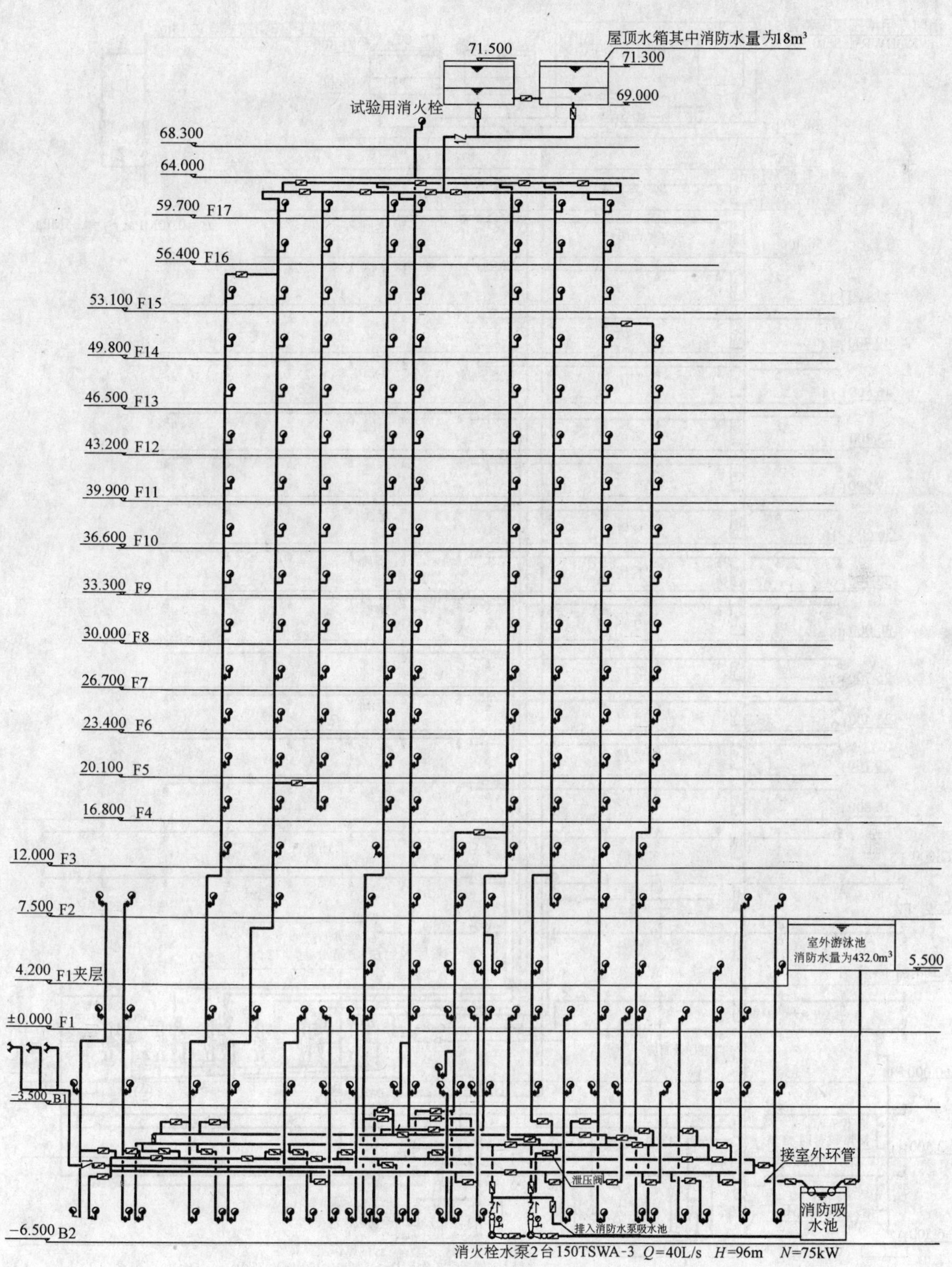

消火栓管道系统图

消防专用增压稳压装置
XQBWR-1-S-10
电阻远传压力表
屋顶水箱其中消防水量为18m³
71.500
71.300
69.000
68.300
64.000
减压孔板ϕ11mm
其他各层均相同
59.700 F17
56.400 F16
53.100 F15
49.800 F14
46.500 F13
43.200 F12
39.900 F11
36.600 F10
33.300 F9
30.000 F8
26.700 F7
23.400 F6
20.100 F5
16.800 F4
12.000 F3
7.500 F2
4.200 F1夹层
±0.000 F1
-3.500 B1
-6.500 B2
客房
多功能大厅
走廊
多功能厅
商场
食街
夜总会
健身
办公
职工餐厅及厨房
室外游泳池
消防水量为432.0m³
5.500
宴会厅及大堂
多功能厅及厨房
水力警铃
延迟器
2:1
排至室外雨水管
DN50
地下车库
接市政管网
接"A"点
柴油发电机房
锅炉房
泄压阀
"A"
桑拿及办公
地下车库
排入5号集水池
排入10号集水池
排入1号集水池
接市政管网
排入室外雨水井内
消防吸水池
自动喷水泵2台 125TSWA-6
排入水泵房排水沟内
Q=30L/s H=120m N=75kW
A
P_1=0.70MPa P_2=0.35MPa

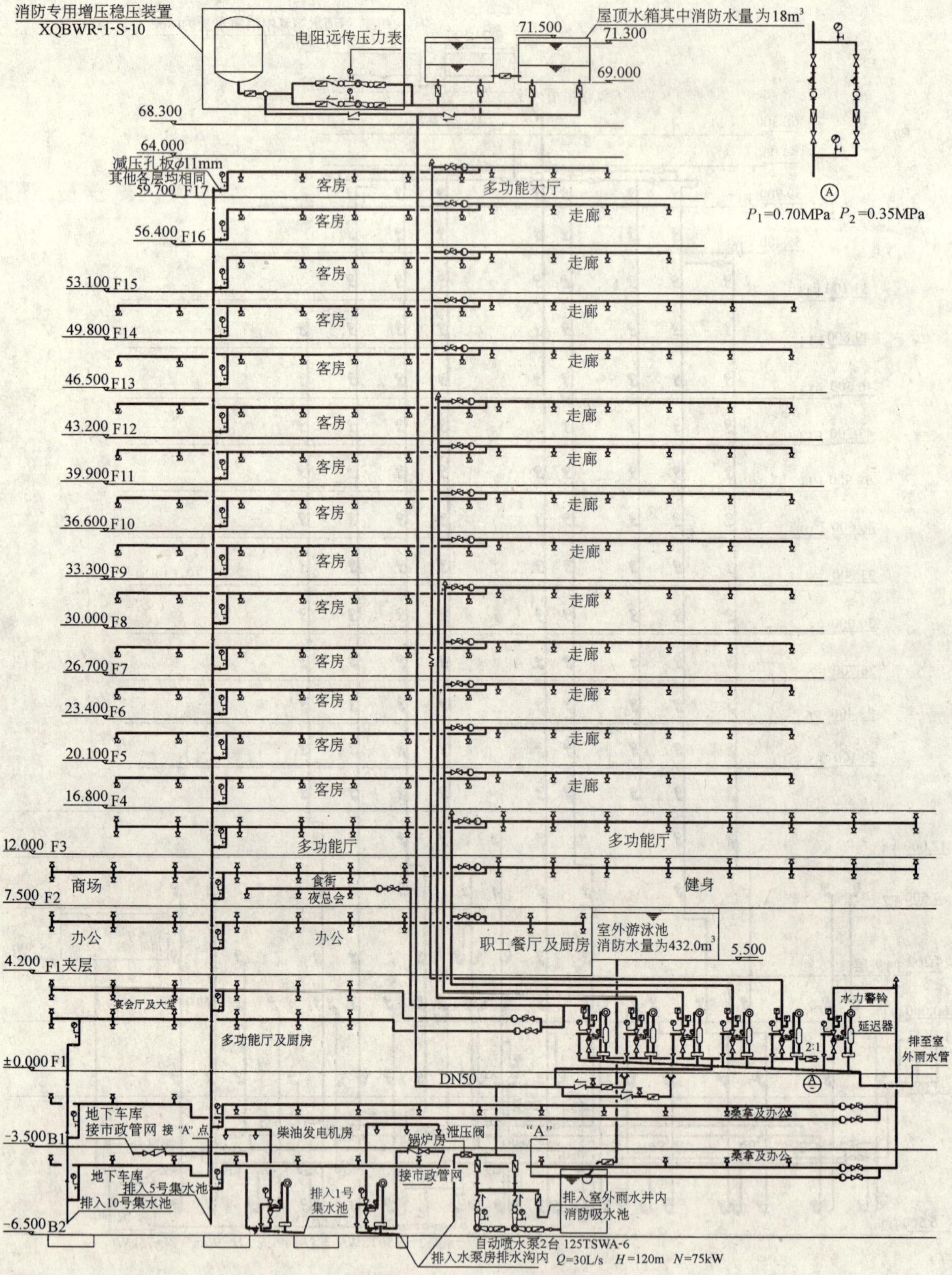

自动喷水管道系统图

上海国际赛车场

设计单位： 上海建筑设计研究院有限公司

设 计 人： 徐凤　包虹

获奖情况： 公共建筑二等奖

工程概况：

上海国际赛车场是上海市人民政府建设上海国际汽车城的一个重要部分，在嘉定乃至整个上海市的发展中占有重要地位。上海国际赛车场位于上海市嘉定区安亭镇的东北角，距安亭镇中心约 7km。基地总占地面积 5.3km^2，一期占地面积 2.5km^2，是举办一级方程式汽车赛事及其他赛事的场地；二期占地面积 2.8km^2，为配套区。本次项目设计范围为 2.5km^2 内的建筑物单体及总体各种管线设计。

上海国际赛车场"上"字形赛道总长 5.541km，最长的直道赛段为 1175m，赛车场沿"上"字形赛道周边分散设置了主看台、副看台、比赛工作楼、新闻中心、车队生活用房、空中餐厅、比赛控制塔、急救中心、物业管理楼、设备仓储间、卡丁车比赛工作楼、工作间、固定卫生设施等 18 类 68 座单体建筑。固定卫生设施共有 29 幢（每幢内设男女卫生间），沿"上"字形赛道周边分散布置。

一、给水排水系统

（一）给水系统

1. 冷水用水量（表 1）

冷水用水量　　表 1

用　途	用水定额	最高日用量 Q_d(m^3/d)	最大小时用水量 Q_h(m^3/h)
看台观众	3L/(人·场)	1200.00	300.00
新闻中心	60L/(人·班)	32.00	6.40
空中餐厅	顾客 20L/(人·次)	45.00	6.75
	职工 60L/(人·班)	6.00	1.20
比赛工作楼	60L/(人·班)	28.80	5.76
	贵宾 3L/(人·场)	12.00	3.00
后勤	餐厅 15L/(人·次)	20.40	3.40
	浴室 150L/(人·次)	45.00	11.25
	办公 60L/(人·班)	18.00	3.60
车队用房	200L/(人·d)	23.00	2.40
急救中心	60L/(人·班)	3.00	0.60
比赛控制塔	60L/(人·班)	12.00	2.40

续表

用　途	用水定额	最高日用量 Q_d(m³/d)	最大小时用水量 Q_h(m³/h)
行政管理塔	60L/(人·班)	12.00	2.40
小计		1457.20	350.16
小计(含20%未预见用水量)		1748.64	
绿化浇洒	1.5L/(m²·d)	600.00	
空调冷却补水		400.00	40.00
合计		2748.64	390.16

2. 水源

由安亭水厂与嘉定水厂规划敷设的 *DN*500 市政环通给水管引入 2 路 *DN*450 进水管供 F1 国际赛车场一期生活及消防用水，每一路进水管分设水表计量，布设 *DN*450 生活、消防给水环管。市政给水管最低水压 0.16MPa。

3. 系统竖向分区

地下室至二层利用市政供水水压供水，三层以上生活用水由恒压变频供水设备供给水；变频调速供水设备供水范围：主看台二层以上、比赛控制塔三层以上、行政管理塔三层以上、比赛工作楼夹层及三层、新闻中心、空中餐厅、派出所。

4. 供水方式及给水加压设备：

能源供应中心设集中生活水箱及恒压变频供水设备供水。

5. 管材：给水系统采用薄壁不锈钢管及其配件，承插式卡压连接。

（二）热水系统

1. 热水用水量（表 2）。

热水用水量　　**表 2**

器具名称	器具用水量	数量(个)	同时使用百分数(%)	水温(℃)
淋浴器	450 L/h	32	100	40
洗脸盆	50 L/h	28	100	35
最大时用水量(m³/h)				9.93

2. 热源：选用常压电热水炉供 95℃热媒水。

3. 系统竖向分区

单体建筑布置分散，据各单体用途主看台、副看台、比赛工作楼、新闻中心、车队生活用房、比赛控制塔卫生间、淋浴间分散设容积电热水器供应热水。物业管理楼、后勤用房设集中热水炉供应职工淋浴间用热水。

4. 热交换器设备：选用连续出水量为 10m³/h 的半容积式换热器。

5. 冷、热水压力平衡措施、热水温度的保证措施等

冷、热水由市政供水压力直接供水；热水管、回水管及其热水加热设备采用保温材料保温。热水供水系统采用机械循环方式，以保证热水管网末端的水温。

6. 管材：给水系统采用薄壁不锈钢管及其配件，承插式卡压连接。

（三）排水系统

1. 排水系统室内污废水合流排至室外污水检查井。室外雨、污水分流排放。

2. 排水系统立管设伸顶透气。

3. 固定卫生设施共有29幢（每幢内设男女卫生间），沿“上”字形赛道周边分散布置，每幢之间的间距约100m。22幢固定卫生设施（编号为1～9号、14～26号）室外污水采用真空排水系统，其他的采用重力排水系统，污废水最终排入E1路（位于“上”字形赛道左侧）市政污水管。

4. 管材：室内排水管采用硬聚氯乙烯排水塑料管及其配件。室外真空排水管采用HDPE管材，管径与管壁厚度比率为SDR11，压力等级PN10；管道管径不大于200，采用电焊熔连接；管道管径大于200，采用熔接焊连接。

（四）雨水系统

1. 屋面雨水系统按设计重现期 $P=5$ 年计算，$q_5=5.29\text{L}/(\text{s}\cdot100\text{m}^2)$。场地雨水降雨设计重现期按 $P=10$ 年计，降雨强度 $q_{10}=275.7\text{L}/(\text{s}\cdot\text{hm}^2)$。

2. 屋面雨水采取重力流排水系统，室外雨水汇流后排至市政雨水管道或排入周边河道。

3. 室内采用硬聚氯乙烯排水塑料管及其配件。室外采用加筋塑料管及其配件。

二、消防系统

（一）消火栓系统

1. 消火栓系统用水量

（1）室外消火栓系统用水量30L/s。

（2）看台区域（包括主看台、新闻中心、空中餐厅、比赛控制塔、行政管理塔、比赛工作楼、车队生活用房、急救中心、摄影楼、淋浴盥洗楼等单体）室内消火栓系统用水量30L/s。卡丁车区域（包括物业管理楼、工作间、设备仓储间、卡丁车比赛工作楼等单体）室内消火栓系统用水量15L/s。

2. 水源：从市政给水管引2路 *DN*450 给水管在外场停车场、内场分别布设成 *DN*450 环管，并连通。室外消火栓用水由 *DN*300 环管供给。消防时，消防水泵直接从 *DN*450 环管上抽水。

3. 系统分区：能源供应中心给水泵房内设消火栓泵2台，流量30L/s，扬程80m（1用1备）。消火栓系统稳压泵2台，流量5L/s，扬程86m（1用1备）、稳压罐1台（容积300L）；新闻中心、空中餐厅各设18m³ 消防水箱一座——供主看台、新闻中心、空中餐厅、比赛控制塔、行政管理塔、比赛工作楼、车队生活用房、急救中心、摄影楼、淋浴盥洗楼的消防系统用水。

内场中部后勤区设备仓储间设备用房内设消火栓、喷淋系统合用水泵2台，流量36L/s，扬程46m（1用1备）。稳压泵2台，流量3L/s，扬程51m（1用1备），稳压罐1台（容积450L）——供物业管理楼、工作间、设备仓储间、卡丁车比赛工作楼的消防系统用水。

4. 水泵接合器：看台区域消火栓系统设 *DN*150 水泵接合器2组。卡丁车区域设 *DN*150 水泵接合器4组。

5. 管材：管道管径不大于100mm，采用内外壁热镀锌钢管及其配件；管径大于100mm，采用无缝钢管及其配件。

（二）自动喷水灭火系统

1. 用水量：看台区域（包括主看台、新闻中心、空中餐厅、比赛控制塔、行政管理塔、比赛工作楼、车队生活用房、急救中心、摄影楼、淋浴盥洗楼等单体）用水量27L/s（中危险Ⅱ级）。卡丁车区域（包括物业管理楼、工作间、设备仓储间、卡丁车比赛工作楼等单体）室内消火栓系统用水量 21L/s（中危险Ⅰ级）。

2. 系统分区：能源供应中心给水泵房内设喷淋泵 2 台，流量 30L/s，扬程 102m（1 用 1 备）。自动喷水灭火系统稳压泵 2 台，流量 1L/s，扬程 112m（1 用 1 备）、稳压罐 1 台（容积 150L）；新闻中心、空中餐厅各设 $18m^3$ 消防水箱一座——供主看台、新闻中心、空中餐厅、比赛控制塔、行政管理塔、比赛工作楼、车队生活用房、急救中心、摄影楼、淋浴盥洗楼的消防系统用水。

内场中部后勤区设备仓储间设备用房内设消火栓、喷淋系统合用水泵 2 台，流量 36L/s，扬程 46m（1 用 1 备）。稳压泵 2 台，流量 3L/s，扬程 51m（1 用 1 备），稳压罐 1 台（容积 450L）——供物业管理楼、工作间、设备仓储间、卡丁车比赛工作楼的消防系统用水。

3. 水泵接合器：看台区域自动喷水灭火系统设 *DN*150 水泵接合器 2 组。卡丁车区域设 *DN*150 水泵接合器 4 组。

4. 管材：管道管径不大于 100mm，采用内外壁热镀锌钢管及其配件；管径大于 100mm，采用无缝钢管及其配件。

三、设计特点

上海国际赛车场“上”字形赛道总长 5.541km，最长的直道赛段为 1175m，赛车场沿“上”字形赛道周边设置了主看台、副看台、固定卫生设施等各单体建筑物。主看台、副看台位于“上”字形赛道左侧；固定卫生设施共有 29 幢（每幢内设男女卫生间），沿“上”字形赛道周边分散布置，每幢之间的间距约 100m。赛车场内采用污水、雨水分流制系统。室外污水系统原设计为重力流排水系统，总体综合管线排图时发现赛道周边弱电管线、强电管线、雨水管、上水管、污水管等管线复杂，污水管最大埋设深度深达 6～8m；同时得知国内有真空排水系统设备代理商，经业主、设计院、设备代理商多次商讨，确定赛车场内 22 幢固定卫生设施（编号为 1～9 号、14～26 号）室外污水采用真空排水系统，其他的采用重力排水系统，污废水最终排入 E1 路（位于“上”字形赛道左侧）市政污水管。

根据赛车场特点，“上”字形赛道上部 9 幢固定卫生设施作为一个真空排水系统，管道长 1277m，设真空泵站一；“上”字形赛道下部 13 幢固定卫生设施作为另一个真空排水系统，管道长 1714m，设真空泵站二，共设 2 个真空泵站。每幢固定卫生设施室内按重力排水系统设计，污水排至室外污水井后接入收集箱，男女卫生间各设 1 个收集箱，两套真空排水系统共 44 个收集箱。

真空泵站一内设 3 台真空泵（2 用 1 备）；2 台污水泵。室外埋地 1 个罐体积为 $25\ m^3$ 的真空罐；泵房顶部设透气管滤池。真空泵站二内设 4 台真空泵（3 用 1 备）；2 台污水泵。室外埋地 1 个罐体积为 $25\ m^3$ 的真空罐。

四、工程系统图及照片

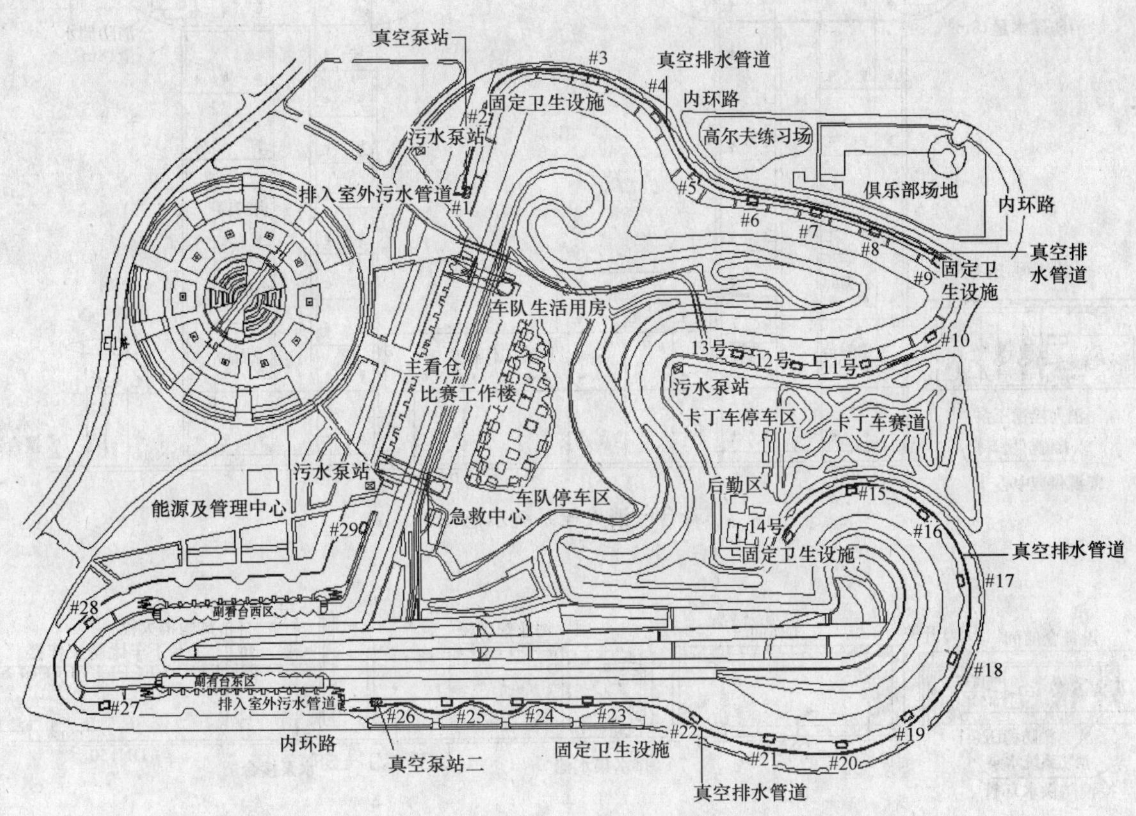

真空排水管道平面图

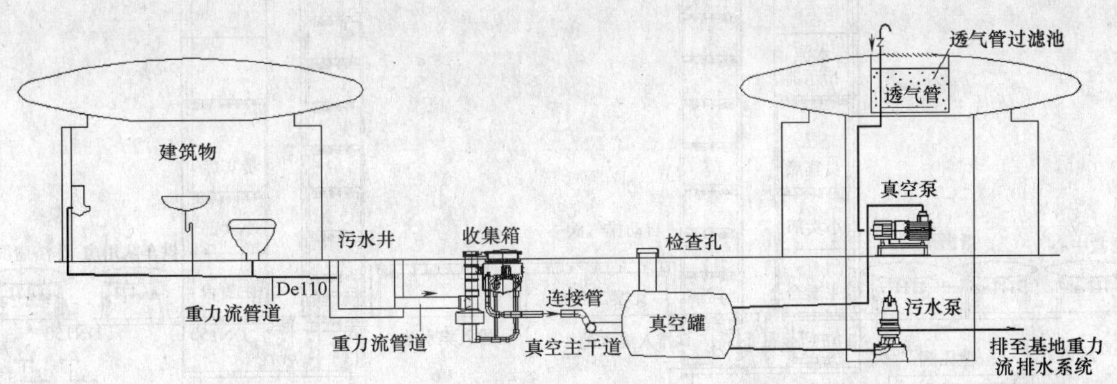

真空排水系统图

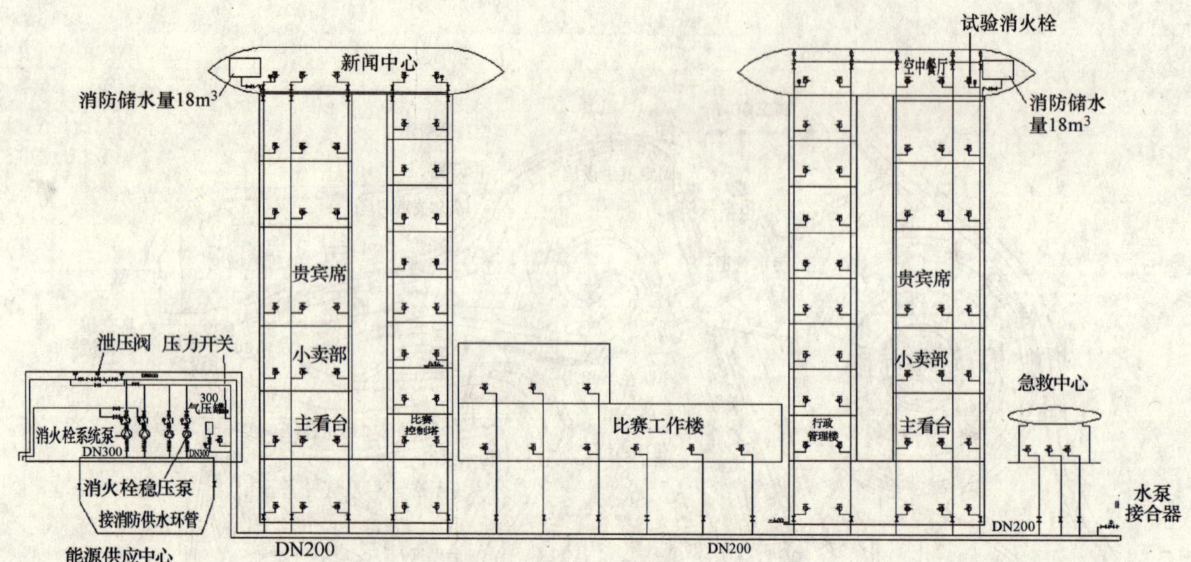

看台区消火栓系统示意图

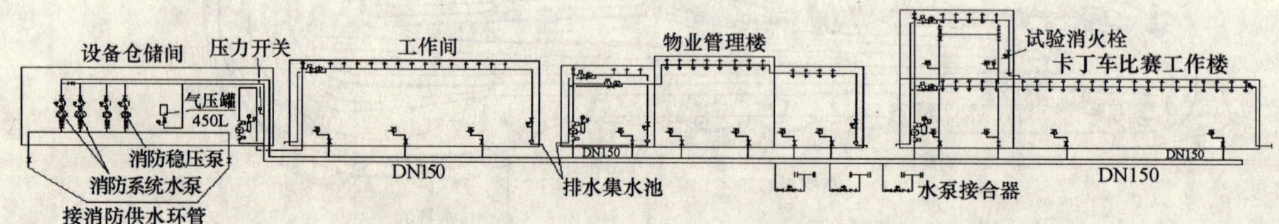

消火栓系统示意图

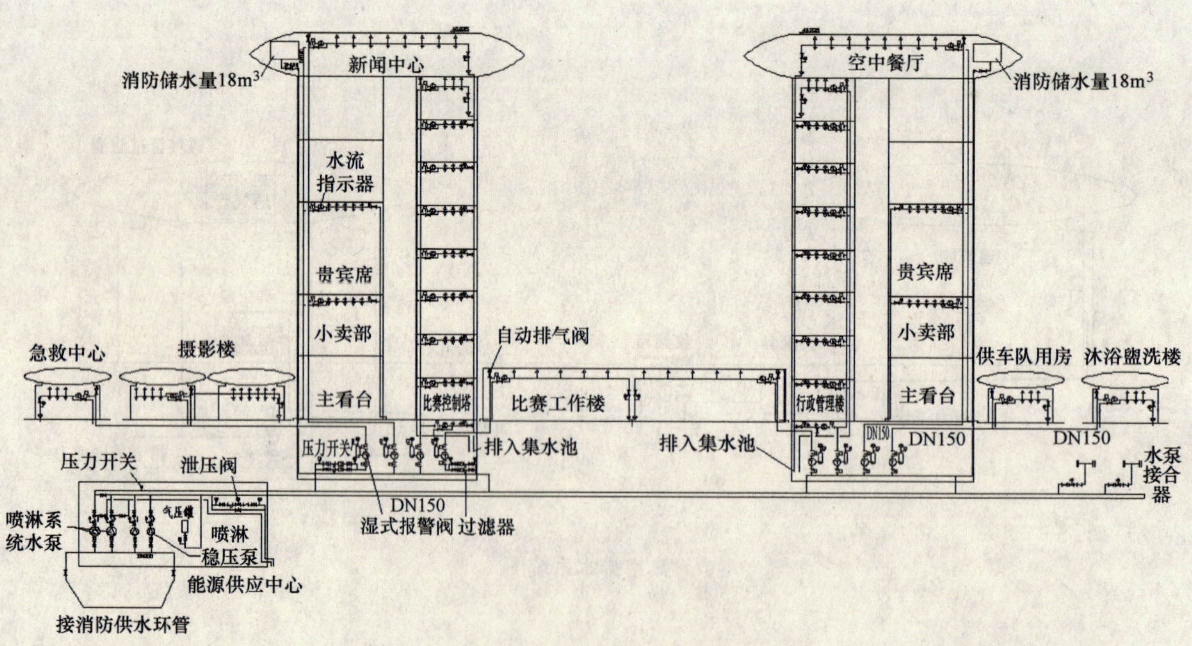

看台区喷淋系统示意图

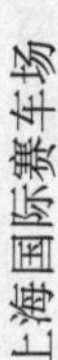

上海国际赛车场

威海国际商品交易中心

设计单位： 上海建筑设计研究院有限公司

设 计 人： 朱建荣　张隽

获奖情况： 公共建筑二等奖

工程概况：

威海市国际商品交易中心位于威海市中心区与经济技术开发区之间的黄金海岸上。规划用地东濒大海，西靠城市景观公园与风景区，南侧为高档国际会议酒店与威海市文化艺术中心，北侧为高档商务住宅区。项目用地总面积为 9.16hm^2，总建筑面积为 5.58 万 m^2，建筑高度 24m，共四层。现已建成以举办展览、展销、经贸洽谈、大型活动为主的国际商品交易中心。

总体布局中，主要功能用房分南、北、中三个区域。南、北区两个“扇”形的平面对称布置，内设交易厅及附属用房，中区设置交易中心的礼仪入口门厅及餐饮服务区，三个部分之间以圆弧形休息廊（可兼展廊）相连接，自然形成了一个半围合的面向大海开放的中心广场。交易中心管理及商务办公等功能用房分别在南、北区交易厅的夹层内设置。一层平面及总平面见图 1，典型剖面见图 2。

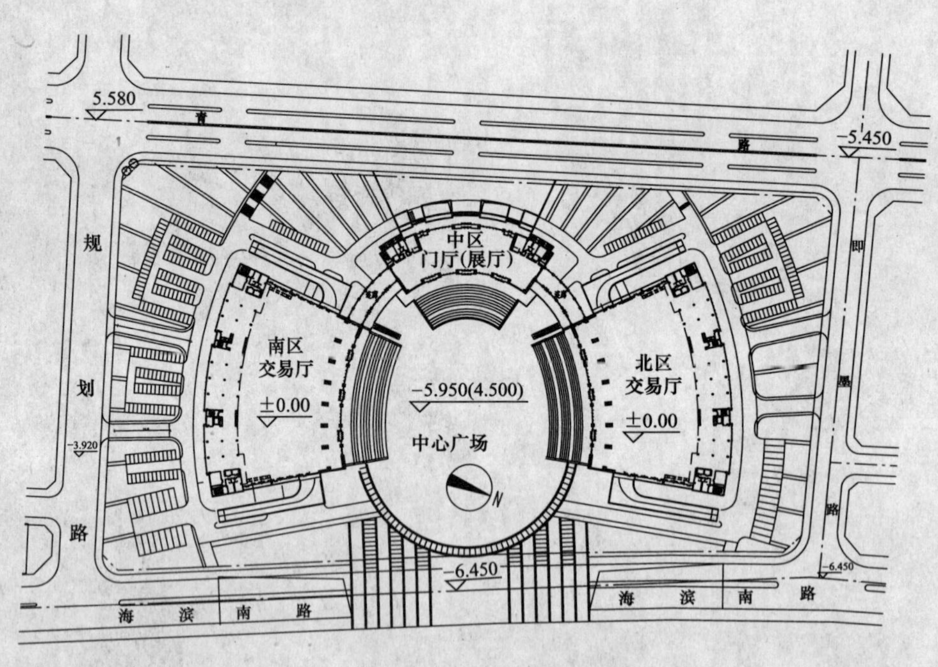

图 1　一层平面

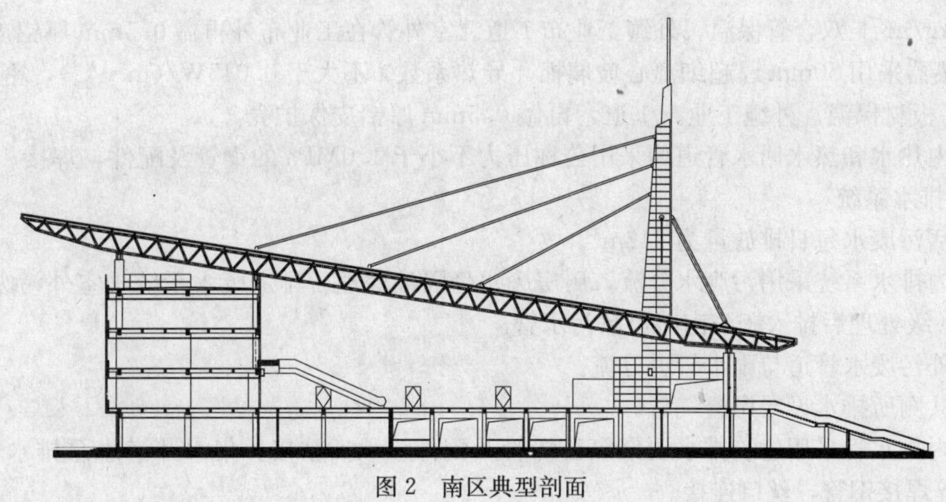

图 2　南区典型剖面

一、给水排水系统

(一) 给水系统

1. 给水用水量（表 1）

给水用水量表　　**表 1**

编号	用水类别	用水量标准	最高日用水量(m^3/d)	最大时用水量(m^3/h)
1	参观观众	5L/(人·次)	50	6.25
2	参展人员	50L/(人·次)	75	9.38
3	会议厅	6L/(人·次)	12	3
4	快餐厅	25L/(人·餐)	125	15.63
5	工作人员	60L/(人·班)	18	2.25
6	空调补水		250	25
7	绿化用水	2L/(m^2·d)	68	17
8	未预见水量	最高日用水量的 15%	62	7.9
9	用水总量		660	86.4

2. 水压：市政给水水压为 0.45MPa。

3. 水源：生活给水水源从海滨南路和青岛路各引入 1 根 *DN*200 的进户管，经水表计量后在基地内连成环网供各用水点用水。

4. 生活给水方式：采用市政给水管网直接供水。

5. 室内给水管管径不大于 *DN*100 采用内衬塑热镀锌焊接钢管，丝扣连接；管径大于 *DN*100 采用内衬塑无缝钢管热镀锌，沟槽式机械接头连接，接头公称压力为 1.0MPa。

(二) 热水系统

1. 集中热水供快餐厨房，热水用水量为 6.25m^3/h（60℃）。设计小时耗热量为 400kW。

2. 贵宾卫生间热水采用局部加热方法，由电热水器供水。

3. 快餐厨房集中热水，热源来自市政热力管网之蒸汽，水源来自市政给水管网，经汽-水立式导流型容积式加热器换热后送至各用水点。采用 2 个 2.5m^3 容积式加热器，加热器设于中区架空层热交换机房内。

4. 快餐厨房热水管网采用上行下给式机械循环。热水循环泵设于架空层热交换机房内。

5. 热水管、热水回水管采用超细离心玻璃棉［导热系数 λ 不大于 0.045W/(m·℃)，密度

不小于 $48kg/m^3$］双合管保温。外缠工业布 1 道。室外管在工业布外再做 0.5mm 厚铝皮保护壳。容积式加热器采用 50mm 厚超细离心玻璃棉［导热系数 λ 不大于 0.045W/(m·℃)，密度不小于 $48kg/m^3$］板材保温。外缠工业布 1 道，再做 0.5mm 厚铝皮保护壳。

6. 室内热水和热水回水管道均采用公称压力不小于 1.0MPa 的铜管及配件，焊接。

（三）排水系统

1. 生活污废水每日排放量为 $342m^3$。

2. 室内排水系统采用污废水分流，厨房废水经隔油处理后排入废水系统，室外污废水合流，经化粪池一级处理后排入海滨南路市政污水管。

3. 室外污废水管道与雨水管道分流。

4. 公共厕所排水设专用透气管。

5. 室内排水管采用建筑排水硬聚氯乙烯管及配件，承插粘接。集水井潜水泵排水管采用内衬塑热镀锌焊接钢管，丝口连接。

（四）雨水排水系统

1. 本基地占地 $9.2hm^2$，采用威海地区的雨量公式，设计重现期 $P=2$ 年，径流系数 $\phi=0.5$，集流时间 $t=15min$，雨水排放量为 1012L/s，总排放管为 2 根 $DN700$。雨水排放管排入海滨南路市政雨水管。

2. 展馆大型屋面雨水采用虹吸压力流排水系统。虹吸雨水系统所排屋面雨水总面积为 $28000m^2$，设计重现期 $P=50$ 年，降雨强度 $q=650.2L/(s \cdot hm^2)$。

3. 屋面虹吸雨水管道采用公称压力不小于 0.60MPa 的承压塑料管或钢塑复合管及配件。室外明露雨水管道采用符合紫外光老化性能标准的排水塑料管及配件，R—R 承口橡胶密封连接。

二、消防系统

（一）概述

1. 建筑属建筑高度小于 24m 的一类民用建筑，消防总用水量为 95L/s，其中室外消防用水量为 30L/s，室内消火栓用水量为 20L/s，自动喷淋和自动扫描射水高空水炮灭火装置系统；叠加用水量为 45L/s。

2. 水源分别从 2 根市政给水管道上各引入 1 根 $DN200$ 给水管，引入管道分别经过水表计量后在基地内布置成环状网管网，供给室外消火栓用水及消防水池进水。

3. 消防泵房内设 $320m^3$ 消防专用水池 1 座，供给室内消火栓系统、喷淋系统及高空水炮系统用水。在南区和北区展馆的屋顶各设 1 个 $18m^3$ 消防水箱。

（二）室内消火栓系统

1. 中区架空层消防泵房内设有消火栓泵 2 台（$Q=20L/s$、$H=60m$、$N=22kW$），1 用 1 备。在建筑物的南区、北区各设置 $DN100$ 消火栓水泵接合器 1 套。

2. 室内消火栓之间间距控制在 25m 范围左右，在消火栓箱内除设有 $DN65$ 消火栓、$DN65\times25m$ 锦纶衬胶龙带、直径 19mm 水枪、启动水泵的按钮（双触点）外，另设置 $DN25$ 栓口的消防软管卷盘，小口径消防软管卷盘可供非专业消防人员自救初期火灾使用，并设有磷酸铵盐干粉灭火器（3kg）3 具。

3. 消火栓管道（X）管径小于等于 $DN100$ 采用热镀锌焊接钢管，丝扣连接；管径大于 $DN100$ 采用无缝钢管热镀锌，沟槽式机械接头连接，接头公称压力 1.0MPa。

（三）自动喷水灭火系统

1. 除不可用水灭火之处、净空高度大于 8m 的空间以外，展示厅、休息厅、餐厅、厨房、会议室、洽谈室、办公室、特色展销、商业中心、库房、车库及其他公共活动场均设有自动喷水灭火系统。

2. 架空层车库部位采用预作用系统，其余均为湿式系统。架空层车库按中危险（Ⅱ）级设计，喷水强度 8L/(min·m²)，作用面积 160m²。其余部位均为中危险（Ⅰ）级，喷水强度 6L/(min·m²)，作用面积 160m²。

3. 喷淋给水采用临时高压供水系统，喷淋专用泵设于中区架空层消防泵房内，喷淋泵选用 2 台立式离心泵（Q=30L/s、H=75m、N=37kW），一用一备。泵从消防水池抽水。

4. 由于建筑造型的限制，消防水箱设置高度不满足最不利点喷头压力，因此在南区消防水箱间内设喷淋系统增压装置 1 套，配有 2 台增压泵（1 用 1 备），有效容积 300L 气压罐 1 只，电机功率为 3kW。启泵压力 0.15MPa，停泵压力 0.20MPa。

5. 整个系统由 5 只湿式报警阀和 5 只预作用报警阀控制，每只报警阀控制喷头数不多于 800 个，报警阀分别设于中区架空层消防泵房，南区和北区报警阀间。将报警阀前供水主干管呈水平环状网布置，以提高消防供水的安全度。喷淋每层均设水流指示器、监控蝶阀和试验放水装置。

6. 喷头采用玻璃球喷头，除厨房、热交换机房采用 93℃喷头外，其余均为 68℃。

7. 在建筑物的南区设置 DN100 喷淋水泵接合器 2 套、北区设置 DN100 喷淋水泵接合器 1 套。

8. 喷淋管（ZP）管径大于 DN80 采用无缝钢管，沟槽式机械接头连接，接头公称压力 1.6MPa；管径不大于 DN80 采用热镀锌焊接钢管，丝扣连接。

（四）自动扫描射水高空水炮系统

1. 净空高度大于 8m 的门厅、南区展厅和北区展厅设置自动扫描射水高空水炮，代替自动喷淋灭火系统。

2. 根据广东省标准《大空间智能型主动喷水灭火系统设计规范》DBJ 15-34—2004 规定，每个高空水炮喷水流量 5L/s，工作压力 0.6MPa，保护半径 20m，最大安装高度 20m，系统的设计流量为 45L/s。

3. 系统由自动扫描射水高空水炮灭火装置、电磁阀、水流指示器、信号阀、模拟末端试水装置、配水管道及供水泵等组成，能在发生火灾时自动探测着火部位并主动喷水灭火。

4. 高空水炮给水采用临时高压供水系统，水炮专用泵设于中区架空层消防泵房内，水炮泵选用 2 台立式离心泵（Q=45L/s、H=100m、N=90kW），1 用 1 备。泵从消防水池抽水。

5. 由于建筑造型的限制，消防水箱设置高度不满足最不利点水炮压力，因此在北区消防水箱间内设高空水炮系统增压装置 1 套，配有 2 台增压泵（1 用 1 备），有效容积 150 升气压罐 1 只，电机功率为 3kW。启泵压力 0.15MPa，停泵压力 0.20MPa。

6. 在建筑物的南区设置 DN100 高空水炮水泵接合器 2 套、北区设置 DN100 喷淋水泵接合器 1 套。

7. 高空水炮管（XP）管径大于 DN80 采用无缝钢管，沟槽式机械接头连接，接头公称压力 1.6MPa；管径小于等于 DN80 采用热镀锌焊接钢管，丝扣连接。

（五）气体灭火系统

1. 网络中心和电脑主机房采用气体灭火系统。

2. 灭火设计浓度为 8%，系统喷放时间不应大于 10s。

3. 系统应有自动控制、电气手动控制、机械应急启动三种控制方式。

三、工程特点及体会

（一）特点

1. 本工程为山东省重点工程，工程从设计到竣工只用了 9 个月的时间。期间设计及施工配合的工作难度大，时间紧。该项目目前已取得了一定的社会经济效益。

2. 本工程由于是大面积、大空间的会展，在消防系统设计上有突破规范的部分（如防火分区等）。在初步设计阶段召开了专家评审会，最终确定了目前的设计方案。

3. 采用自动扫描射水高空水炮系统（以下简称为高空水炮）：

净空高度大于 8m 的门厅、南区展厅和北区展厅设置自动扫描射水高空水炮，代替自动喷淋灭火系统。根据广东省标准《大空间智能型主动喷水灭火系统设计规范》DBJ 15-34—2004 规定，每个高空水炮喷水流量 5L/s，工作压力 0.6MPa，保护半径 20m，最大安装高度 20m，系统的设计流量为 45L/s。系统由自动扫描射水高空水炮灭火装置、电磁阀、水流指示器、信号阀、模拟末端试水装置、配水管道及供水泵等组成，能在发生火灾时自动探测着火部位并主动喷水灭火。

4. 屋面雨水排水采用虹吸式排水系统。

整个建筑造型中最具特色的是斜置的钢结构扇形屋盖与钢索立柱。南北区屋盖径向长度达 100m 左右，法向圆弧长边长度达 150m，最大悬挑 10m。为保证屋面雨水排水系统安全、可靠，不影响建筑的整体造型和美观及一层大空间展厅的使用，设计采用了虹吸式屋面雨水排水系统，可迅速排除屋面雨水，并且解决了雨水管道与建筑装修的矛盾。从技术、经济等方面比较，选择采用了大排水量雨水斗的虹吸式屋面雨水排水系统。虹吸雨水系统所排屋面雨水总面积为 28000m^2，根据屋面坡度走向、天沟排布及汇水状况，划分出 7 个汇水区域，通过系统整合，共设置 14 个虹吸排水系统。设计重现期 P=50 年，采用了 50 组不锈钢 UV-57 雨水斗，雨水斗设计排水负荷为 15L/(s·个)；8 组不锈钢 UV-107 雨水斗，雨水斗设计排水负荷为 40L/(s·个)。虹吸系统出口流速小于 1.8m/s，出口处检查井采用钢筋混凝土雨水井。

（二）体会

1. 建筑物的防火等级及防火分区是整个消防设计的基础。虽然这部分的设计任务主要由建筑专业完成，但是给水排水专业应积极辅助配合，寻找出最为合理，最适合具体项目的方案，以确保整个消防体系的合理与完备。

2. 应在充分理解规范的基础上灵活运用，同时在确有必要的情况下可合理地突破规范。在突破规范时应及时进行专家评审或进行消防性能化分析，以保证方案的合理性及可行性。

3. 高大空间建筑一般宽度大，室内空间相对空旷，可利用墙面较少，因此消防箱及灭火器的布置比较棘手。如果建筑物跨度过大，必须在中间位置布置消防箱时就会有很大困难。笔者考虑可有两种方式：

（1）布置地下式消火栓。但这种方式有较大缺点：①日常管理要求高；②布展必须避让地下式消火栓；③火灾发生后人员疏散会遮挡地下式消火栓；④如高大空间下有地下室，则影响地下室使用。

（2）设消防箱，与建筑及装修协调做局部封包处理。这种方式的缺点是：①割裂了建筑空间，影响整体的美观；②布展受到墙体的影响，灵活性差。

上述两种方式就扑救火灾方面考虑，笔者更倾向于第二种方式。但采取该方式必须与建筑及业主进行大量沟通与协调，以便获得最好的效果。

4. 高空水炮是目前用于高大空间室内灭火的有效手段，但也存在一定的缺陷。如：该装置采用红外探测器，由于红外线的物理性质导致了对障碍物的敏感。临时设施对探测的影响是不受设计控制的，因此只能通过日常管理来规避。

四、工程系统图及照片

18m³ 消防水箱
21.00
19.00
DN25自动排气阀
空调补水
15.50
10.50
5.50
±0.00
-5.50
-5.95
9.556
7.40
17.058
会议、办公
固定展位
男厕
女厕
休息厅
餐厅
展厅
特色展销、库房
车库
DN25皮带龙头
机房、自行车库
门厅（展厅）
常开
DN150液压水位控制阀
厨房
310m³ 消防水箱
电动阀
防污隔断阀
南区
中区
北区
接市政给水管网
DN100
DN40
DN80
DN150
DN200
DN50

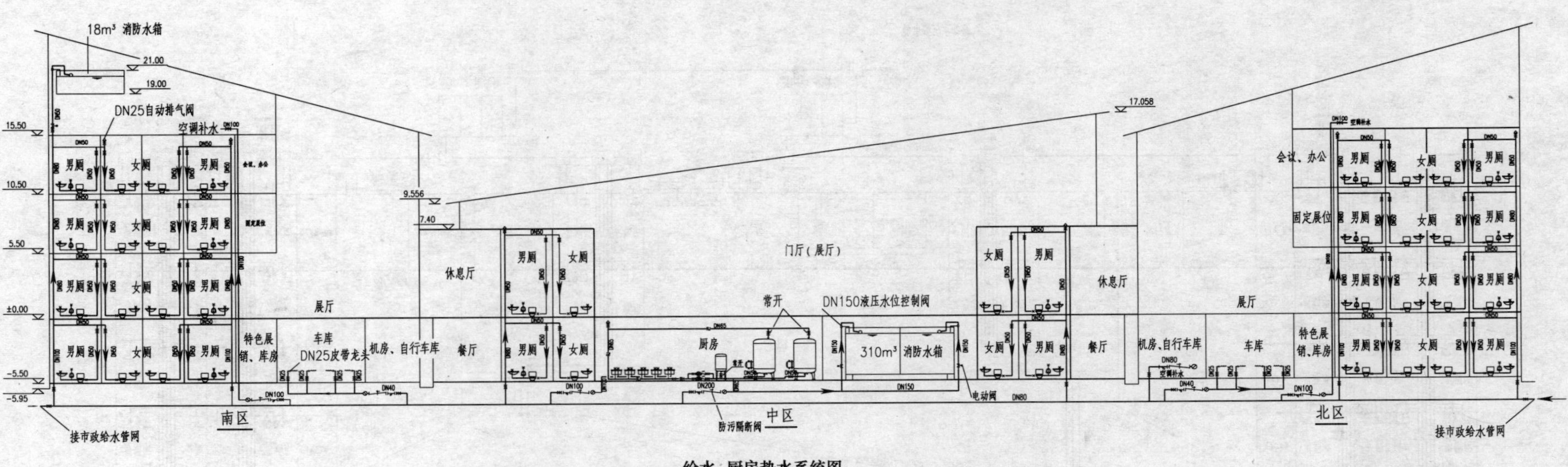

给水、厨房热水系统图

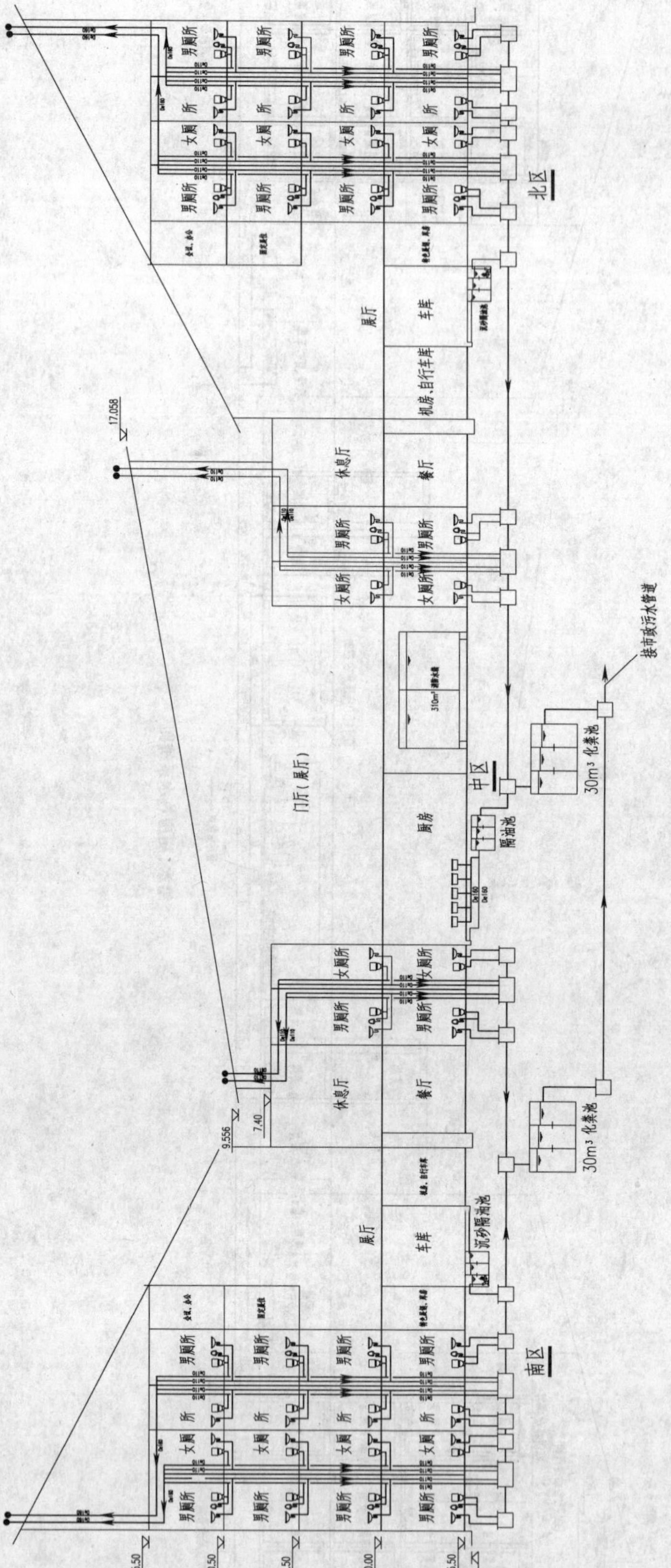

排水系统图

北区
中区
南区
展厅
休息厅
门厅（展厅）
DN65室内消火栓
DN25消防软管卷盘
DN65试验消火栓
消防泵
安全阀
DN100消火栓水泵接合器
155m³消防水池
18m³消防水箱
屋顶
17.058
9.556
7.40
15.50
10.50
5.50
±0.00
-5.50
-5.95

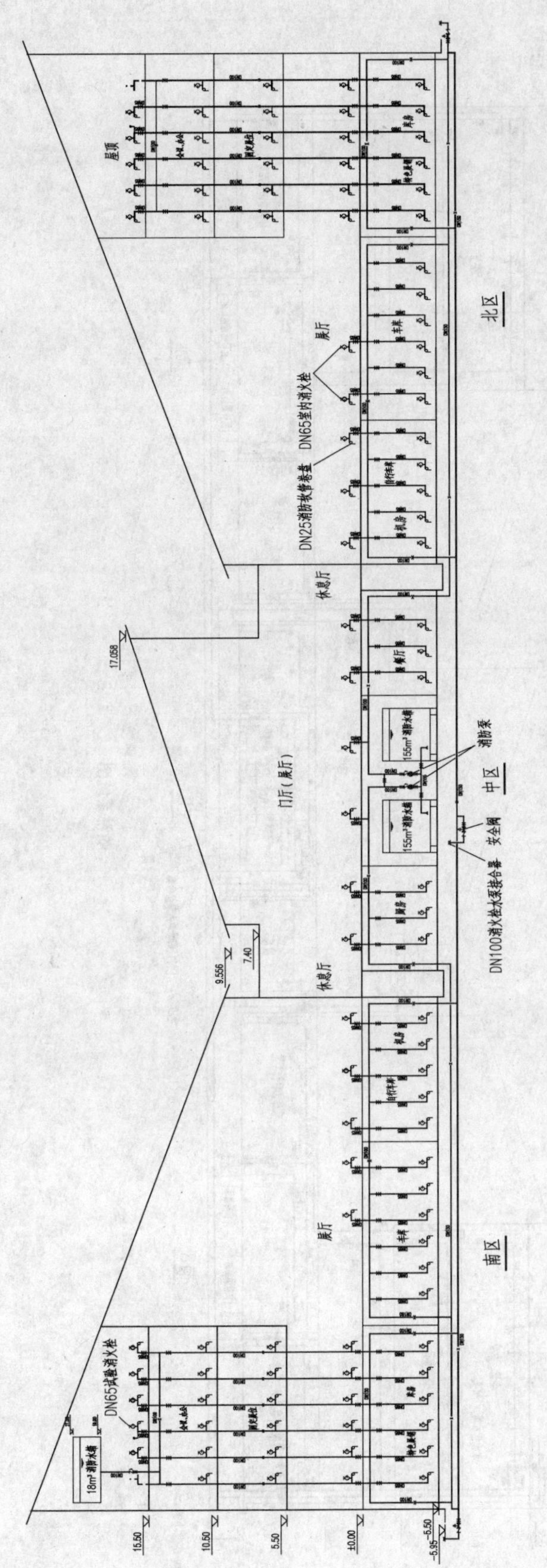

消火栓系统图

DN25自动排气阀
屋顶
会议、办公
固定展位
展厅
特色展铺、库房
车库
沉砂隔油池
机房、自行车库
休息厅
餐厅
门厅（展厅）
155m³消防水箱
厨房
北区
中区
南区
DN150
DN100
安全阀
DN100喷淋水泵接合器
17.058
9.556
7.40
18m³消防水箱
增压装置
水流指示器
喷头
监控蝶阀
湿式报警阀
15.50
10.50
5.50
±0.00
-5.50
-5.95

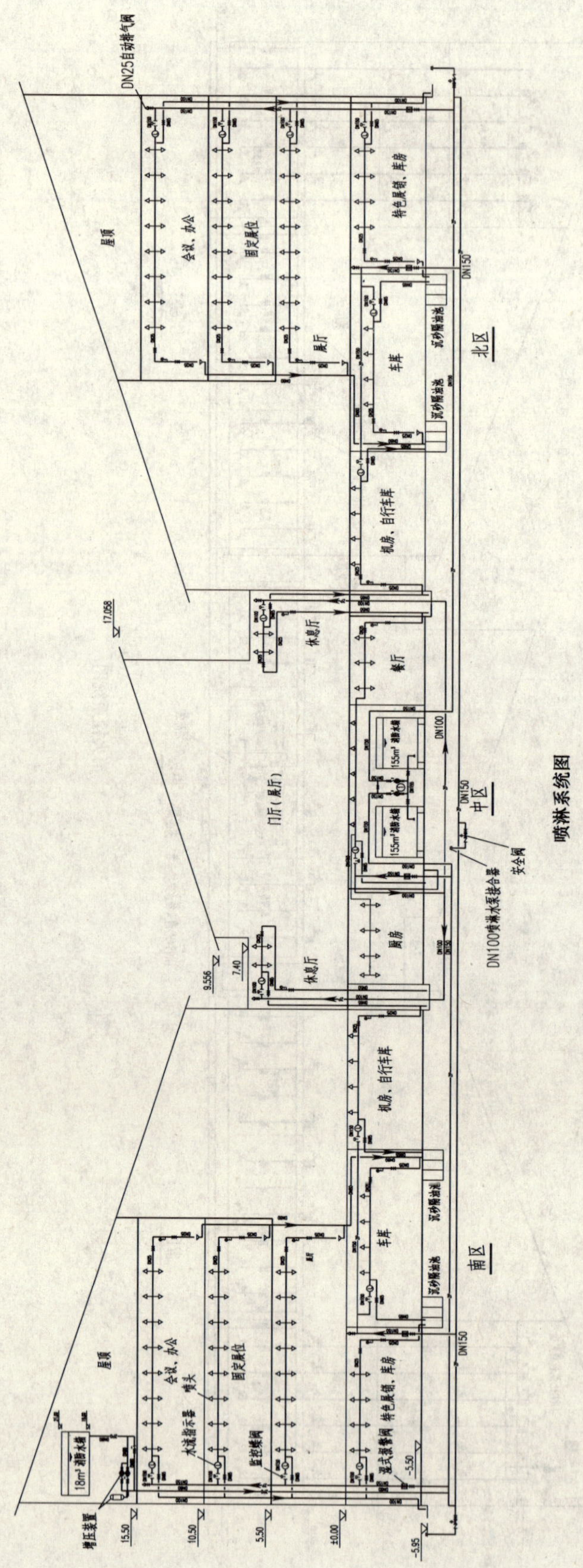

喷淋系统图

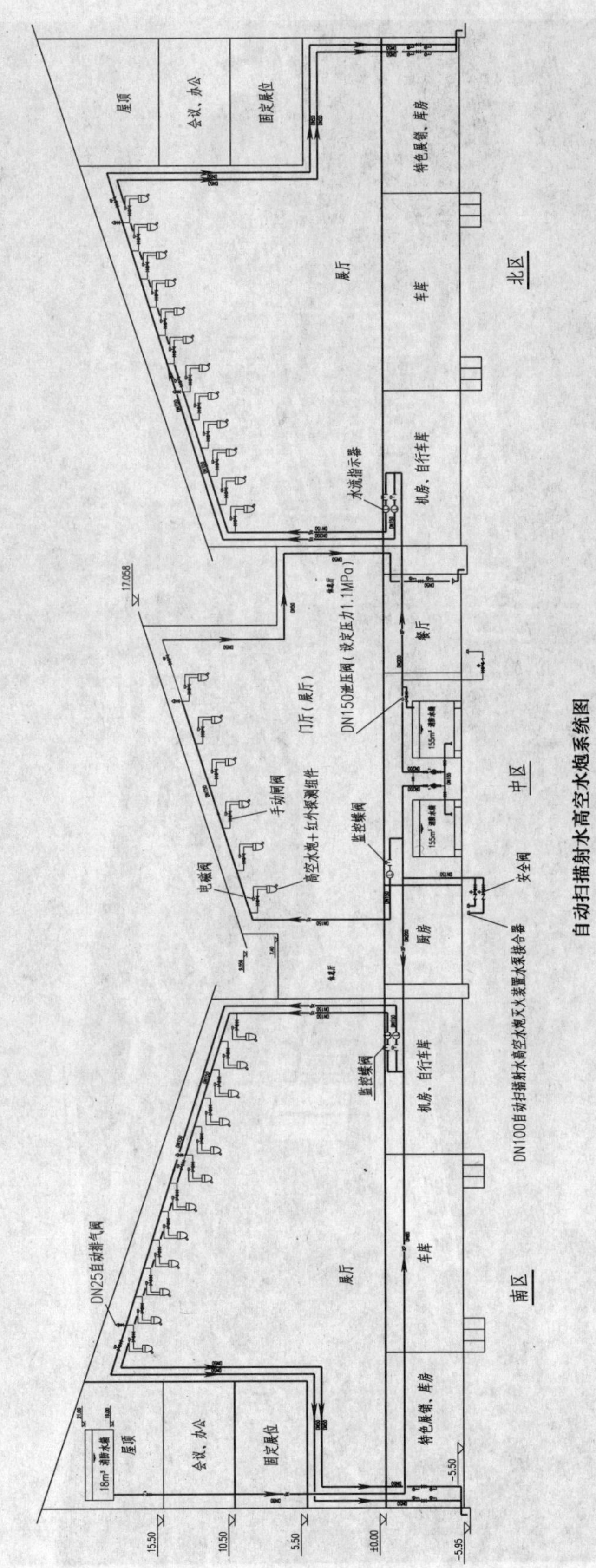

自动扫描射水高空水炮系统图

鸟瞰效果图

武汉协和医院外科病房大楼给水排水设计

设计单位：中南建筑设计院

设计人：栗心国　杨运波　王克强　涂正纯　余蔓蓉

获奖情况：公共建筑二等奖

工程概况：

协和医院外科病房大楼工程位于湖北省武汉市汉口解放大道与新华路交叉口西北角，东临60m宽新华路，南临60m宽解放大道，西侧为中山公园，北侧为新华路体育场，地理位置十分显著。本大楼是以640张病床、42间手术室为主的综合性外科病房大楼，总建筑面积74117m²，地下室建筑面积8888.60m²。其中裙楼6层，主楼32层，地下2层，建筑高度127.80m，最高点144.70m。本工程建成后，作为协和医院的标志性建筑，对城市空间与景观也产生重要的影响。

各层平面功能设置简介如下：

地下一至二层设置设备间，包括中心供氧、中心吸引、空调机房、变配电间、水泵房、热交换间等，其余则为地下停车库，车位部分采用双层升降横移式停车设备，共计可停放车辆229辆。

一层为住院手续办理大厅和药房，并适当布置了休息茶座及鲜花、礼品等服务设施，创造亲切宜人的生活气氛，缓解病人的心理压力；夹层为血液科、药房；二层为手术示范教室、陈列厅及学术报告厅（可容纳600人）；三层为手术准备用房、麻醉科和手术部的中心供应室；四、五层为手术部，共有45间手术室；六层为手术部的设备用房；七层为ICU病房；八层为设备用房兼避难层；九至三十二层为外科病房（其中十八层为避难层）。

一、给水排水系统

（一）给水系统

1. 冷水用水量（表1）

冷水用水量表　　表1

项目	用水量标准[L/(人·d)]	使用单位数	使用时间(h)	小时变化系数K	平均小时用水量(m³/h)	最大时用水量(m³/h)	最高日用水量(m³/d)
病房	400L/(床·d)	640床	24	2.0	10.7	21.3	256
医务人员	250L/(人·d)	500人	8	1.5	15.6	23.4	125
门诊	15L/(人·d)	1000人	12	1.2	1.3	1.5	15
冷却循环水补充水	1%	2700m³/h	16	1.0	27.0	27.0	432
道路及绿化	2L/(m²·d)	5000m²	4	1	2.5	2.5	10
未预计水量	按总用水量10%计				5.7	7.6	83.8
合计					62.8	83.3	921.8

注：未预计用水量包括管道泄漏水量及车库洗车用水量等。

2. 水源

本建筑位于武汉市中心城区，在解放大道有 1 根 *DN*1000 的市政给水干管。设计接入 2 根 *DN*200 的进水管供本楼用水。

3. 系统竖向分区

根据市政管网的压力及本建筑的功能分区，本建筑生活给水系统在竖向分为 5 个区：

A 区：地下二层至三层；B 区：四层至八层；C 区：九层至十七层；D 区：十九层至二十六层；E 区：二十七层至三十三层。

4. 供水方式及给水加压设备

(1) 供水方式

A 区：由市政管网供水；

B 区：由 B 区生活变频泵供水，变频泵设于地下二层；

C 区：由 C 区生活变频泵供水，变频泵设于地下二层；

D 区：由屋顶生活水箱经减压阀供水；

E 区：由屋顶生活水箱供水。

(2) 给水加压设备

地下室生活水箱：采用食品级不锈钢材质，有效容积 $200m^3$；

屋顶生活水箱：采用食品级不锈钢材质，有效容积 $38m^3$；

B 区生活变频泵：$Q=24m^3/h$，$H=60m$；

C 区生活变频泵：$Q=50m^3/h$，$H=100m$。

5. 管材

屋顶水箱进水管采用厚壁无缝钢管，$\phi168\times10$；生活给水干管采用钢塑复合管；生活给水支管采用冷水型 PP-R 管；冷却循环水管采用螺旋缝高频焊接钢管。

(二) 热水系统

1. 热水用水量（表 2）

热水用水量表 **表 2**

项目	用水量标准 [L/(人·d(次)]	使用单位数	使用时间 (h)	小时变化系数 *K*	平均小时用水量(m^3/h)	最大时用水量(m^3/h)	最高日用水量(m^3/d)
病房	200L/(床·d)	640 床	24	2.0	5.3	10.7	128
医务人员	130L/(人·d)	500 人	8	1.5	8.1	12.2	65
门诊	12L/(人·d)	1000 人	12	1.2	1.0	1.2	12
未预计水量	按总用水量 10%计				1.4	2.4	20.5
合计					15.8	26.5	225.5

2. 热源

建筑热源为蒸汽。

本工程位于武汉协和医院院内，医院已对原有锅炉房进行改造，可以提供足够的蒸汽供本楼使用。蒸汽表压 0.4MPa，饱和温度 151.11℃，计算对数平均温度差为 93℃。

3. 系统竖向分区

为了保证本楼的热水使用安全、稳定，尤其为了保证手术区用水不受其他用水干扰，本楼热水系统的设置考虑了冷热水供水的平衡、手术区作为一个独立的热水供水分区等问题，并在手术室的洗手池设置冷热水平衡控制阀。热交换器设于地下室设备用房和十八层避难层。

本建筑生活热水系统在竖向分为四个区：

A区：四层至八层；B区：九层至十七层；C区：十九层至二十六层；D区：二十七层至三十三层。

4. 热交换设备：

(1) A区：采用1组半即热式换热器供水，下行上给。设有热水膨胀罐及热水循环泵。设备设于地下二层热交换间内。

热交换器型号SW1B+05，产水量7.5m^3/h，换热面积2.3m^2，共2套；

热水循环泵DRG50-200，Q=3.75～7.5m^3/h，H=13.1～12m，N=0.75kW；

热水膨胀罐ϕ600，PN600-6。

(2) B区：采用1组半即热式换热器供水，下行上给。设有热水膨胀罐及热水循环泵。设备设于地下二层热交换间内。

热交换器型号SW1B+07，产水量13.6m^3/h，换热面积3.3m^2，共2套；

热水循环泵DRG65-200，Q=7.5～15m^3/h，H=13.1～12m，N=2.2kW；

热水膨胀罐ϕ600，PN600-6。

(3) C区：采用1组半即热式换热器供水，下行上给。设有热水膨胀罐及热水循环泵。设备设于十八层热交换间内。

热交换器型号SW1B+07，产水量13.6m^3/h，换热面积3.3m^2，共2套；

热水循环泵DRG65-200，Q=7.5～15m^3/h，H=13.1～12m，N=2.2kW；

热水膨胀罐ϕ600，PN600-6。

(4) D区：采用1组半即热式换热器供水，上行下给。设有热水膨胀管及热水循环泵。设备设于二十五层热交换间内。

热交换器型号SW1B+07，产水量13.6m^3/h，换热面积3.3m^2，共2套；

热水循环泵DRG65-200，Q=7.5～15m^3/h，H=13.1～12m，N=2.2kW。

5. 冷热水压力平衡措施、热水温度的保证措施等

(1) 冷热水压力平衡措施：

本工程生活热水系统与给水系统严格一一对应，以保证冷热水压力平衡。

(2) 热水温度的保证措施：

本工程主要从以下几方面来保证热水温度：

设置温控阀控制蒸汽的温度和供给，防止热水超温；

设置温控阀控制热交换器的出水温度，保证系统温度安全；

设置热水循环泵，使热水系统充分循环，确保整个系统总是处于备用状态；

设置管道保温，尽量减少系统的热损失。

6. 管材：

热交换站热水干管采用铜管，其他热水管均采用聚丁烯PB管。

(三) 排水系统

1. 排水系统的形式：

本工程采用污废合流的排水方式。

本工程采用竖向分区的排水系统：病房卫生间的排水在转换层集中后排出；手术部分盥洗废水单独排出；一至三层污废水单独排出。

地下室设置污水集水坑，通过潜水泵抽排。

2. 透气管的设置方式

本工程排水系统设置伸顶透气管。透气管在顶楼分区集中后，伸出屋面。

3. 采用的局部污水处理设施

根据本工程的环境影响评价结论，当地环保主管部门要求本工程的污水处理采用一级处理方式。主要工艺流程为：

原污水—格栅—提升泵—接触消毒—排放

污水经一级处理后，排入市政污水管网，进入城市污水处理厂进行深度处理，达标后排入地表水体。

4. 管材

本工程生活污水排水管采用柔性机制排水铸铁管。

（四）雨水系统

1. 采用的暴雨重现期

根据武汉地区的气象资料，暴雨重现期选用 2 年，小时降雨强度为 138mm/h，降雨历时 5min 的暴雨强度为 3.83L/(s·m²)。

2. 雨水系统的形式

本工程屋面雨水采用重力流排水系统。

根据屋面坡度，布置 87 型雨水斗和 *DN*150 雨水排水立管。计算裙房屋面汇水面积时，充分考虑塔楼部分侧墙的投影面积。

3. 管材

根据各种管材承受内压能力的情况，并结合各区雨水管的工况，裙房雨水采用柔性机制排水铸铁管，塔楼雨水采用生活给水 PVC-U 管。

二、消防系统

（一）消火栓系统

1. 用水量

本楼属于超高层建筑医院，经与当地消防部门协商，室内消火栓消防水量取 40L/s，室外消火栓消防水量取 30L/s，火灾延续时间 3h，消防贮水 432m³。每根消火栓立管的最小流量为 15L/s。消火栓水枪的充实水柱不小于 13m。消火栓（箱）内设置单阀单出口 *D*65 室内消火栓，并配 *D*65 长 25m 麻质衬胶水龙带 1 根，ϕ19 水枪 1 支，消防泵启动按钮 1 个，自救式消火栓（软管卷盘）1 套。

2. 系统分区

根据本楼建筑高度及实际情况，为了保证消防供水安全可靠，既满足规范规定的压力要求，又不致超压破坏，本设计在地下二层设置消防水池及一级消防泵；在十八层（避难层）设置调节水池及串联式二级消防泵；在屋顶设置屋顶消防水箱及增压设备。本建筑共分为三个供水分区：

A 区：地下二层至十五层：火灾初期由屋顶水箱经减压阀供水，其后由地下室一级消防泵供水；

B 区：十六层至二十八层：火灾初期由屋顶水箱供水，其后先开一级泵，后开二级泵，由一、二级消防泵串联供水；

C 区：二十九层至三十三层：火灾初期由屋顶水箱和屋顶增压设备协同供水，其后先开一级泵，后开二级泵，由一、二级消防泵串联供水。

3. 主要设备及构筑物

(1) 一级消火栓泵

Q=40L/s，H=100m，N=75kW，2台，1用1备；

(2) 二级消火栓泵

Q=40L/s，H=80m，N=55kW，2台，1用1备；

(3) 增压稳压设备

ZW (L)-I-X-13：

配气压罐 SQL1000×0.6，配用水泵 25LGW3-10×4，N=1.5kW (2台，1用1备)；

(4) 地下室消防水池

地下室消防水池设于地下二层，采用钢筋混凝土结构。有效容积 750m^3，包括消火栓储水量 432m^3，自动喷淋储水量 75m^3，空调补水量 243m^3。

地下水池设置进水管、出水管、溢流管、泄水管、通气管、水位信号装置、检修人孔等。进水管设置电磁遥控浮球阀。

(5) 中间水箱

中间水箱设于十八层（避难层）设备用房，采用装配式热镀锌钢板水箱，有效容积 26.2m^3。

中间水箱设置进水管、出水管、溢流管、泄水管、通气管、水位信号装置、检修人孔等。进水管设置电动阀。

(6) 屋顶水箱

屋顶水箱设于屋面层屋顶水箱间，采用装配式热镀锌钢板水箱，有效容积 18.8m^3。

中间水箱设置进水管、出水管、溢流管、泄水管、通气管、水位信号装置、检修人孔等。进水管设置电动阀。

(7) 水泵结合器

本工程室外设置高低区消防水泵结合器，型号 SQ150，每组2套。

4. 管材

本工程消火栓采用热镀锌钢管。

(二) 自动喷水灭火系统

1. 用水量

本楼属于超高层建筑医院，经与当地消防部门协商，本楼属中危险级，自动喷淋水量取 20.8L/s，火灾延续时间 1h，消防储水 75m^3。

本建筑物内除面积小于 5m^2 的卫生间、厕所和不宜用水扑救的部位外，均设置了自动喷水灭火系统。考虑到本楼人员构成以病人为主，疏散困难，故采用快速响应喷头，以提高对火灾的反应速度。

2. 系统分区

根据本楼建筑高度及规范规定之每个报警阀控制的喷头数，本设计在地下二层设置消防水池及一级喷淋泵；在十八层（避难层）设置调节水池及串联式二级喷淋泵；在屋顶设置屋顶消防水箱及增压设备。本建筑共分为三个供水分区：

A区：地下二层至十八层：火灾初期由屋顶水箱经减压阀供水，其后由地下室一级喷淋泵供水；

B区：十九层至二十八层：火灾初期由屋顶水箱供水，其后先开一级泵，后开二级泵，由

一、二级喷淋泵串联供水；

C区：二十九层至三十三层：火灾初期由屋顶水箱和屋顶增压设备协同供水，其后先开一级泵，后开二级泵，由一、二级喷淋泵串联供水。

3. 主要设备及构筑物

(1) 一级喷淋泵：

Q=20.8L/s，H=90m，N=45kW，2台，1用1备；

(2) 二级喷淋泵：

Q=20.8L/s，H=66m，N=30kW，2台，1用1备；

(3) 增压稳压设备：

ZW (L)-I-Z-10：

配气压罐 SQL800×0.6，配用水泵 25LGW3-10×4，N=1.5kW (2台，1用1备)；

(4) 喷头的选型：

自动喷水灭火系统采用的喷头为 ZST-15 型。喷头温级为 68℃，玻璃球颜色为红色。病房采用 3mmZSTP-15/68 快速反应普通喷头。有吊顶部位的喷头加设装饰盘，喷头安装高度按建筑吊顶标高确定。车库采用直立型喷头。

(5) 报警阀：

湿式报警阀型号为 ZSFZX-150。水流指示器型号为 ZSJZB-125 (100)。

本建筑共设置9套湿式报警阀，其中5套设于地下二层，3套设于十八层，1套设于三十层。

(6) 水泵结合器：

本工程室外设置高低区消防水泵结合器，型号 SQ150。

4. 管材：

本工程消火栓采用热镀锌钢管。

三、工程特点

(一) 设计特点

1. 本楼为超高层综合性医疗建筑，但在整个给水排水系统中，仅有屋顶水箱进水管的工作压力为1.6MPa，其余系统全部采用低压管道，系统运行安全可靠，节能节水；

生活冷热水系统作竖向分区，每个区包括九层，确保每个用水点的舒适；

根据本建筑各部的用水特点，巧妙地将病房部分的用水和门诊、手术等裙房的用水分开设置，减少相互影响；

2. 消火栓系统和自喷系统采用竖向串联供水方式，整个系统低压运行，减少噪声，增加了系统的安全性；

病房采用 3mm 的快速反应普通喷头和水平边墙型喷头，充分考虑了病区人员疏散较慢的特点，提高了病房区的安全性；

3. 冷却塔采用无风机冷却塔，尽可能减少噪声对医院的影响，冷却塔置于邻近楼房的屋顶，减少对病房的噪声影响；

冷却循环补充水和消防用水合并储存，并采取消防水不被动用的措施，既保证了消防用水的储存，又能及时更换，保证储存水水质。

(二) 设计体会

本工程施工及运行过程中，发现以下几个值得探讨、改进的问题：

1. 冷却补水方式：

本工程冷却塔的补充水系采用变频泵供水，使用过程中发现补水泵启停频繁。

主要原因是冷却塔的集水盘水深太浅，很难控制。而且使用过程中会经常出现溢流的情况。

建议有条件的情况下，采用工频泵补水或采用高位水箱补水。

2. 热水管管材的选用：

本工程设计选用的热水管材为知名品牌的聚丁烯管。塑料管用于热水系统时，有一个特点，就是一旦超温，管道承压能力会出现骤降，进而出现爆管事故。建议生活热水系统慎重选用塑料管作为热水管材，或者采取更为稳妥的安全措施，譬如严格控制蒸汽的进口温度、对热交换器的出水温度进行实时监控等。

四、工程系统图及照片

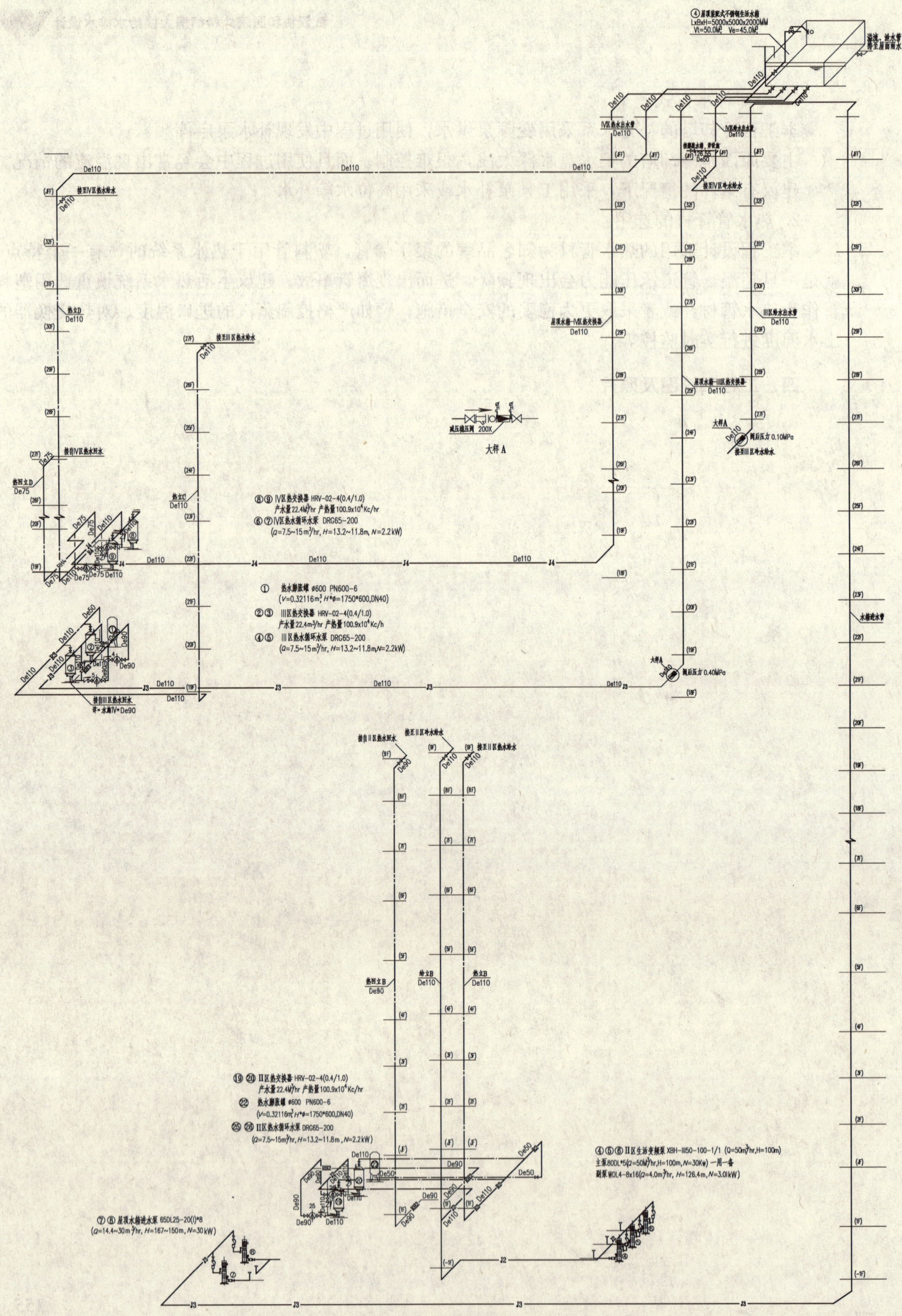

生活供水系统透视总图 1：150

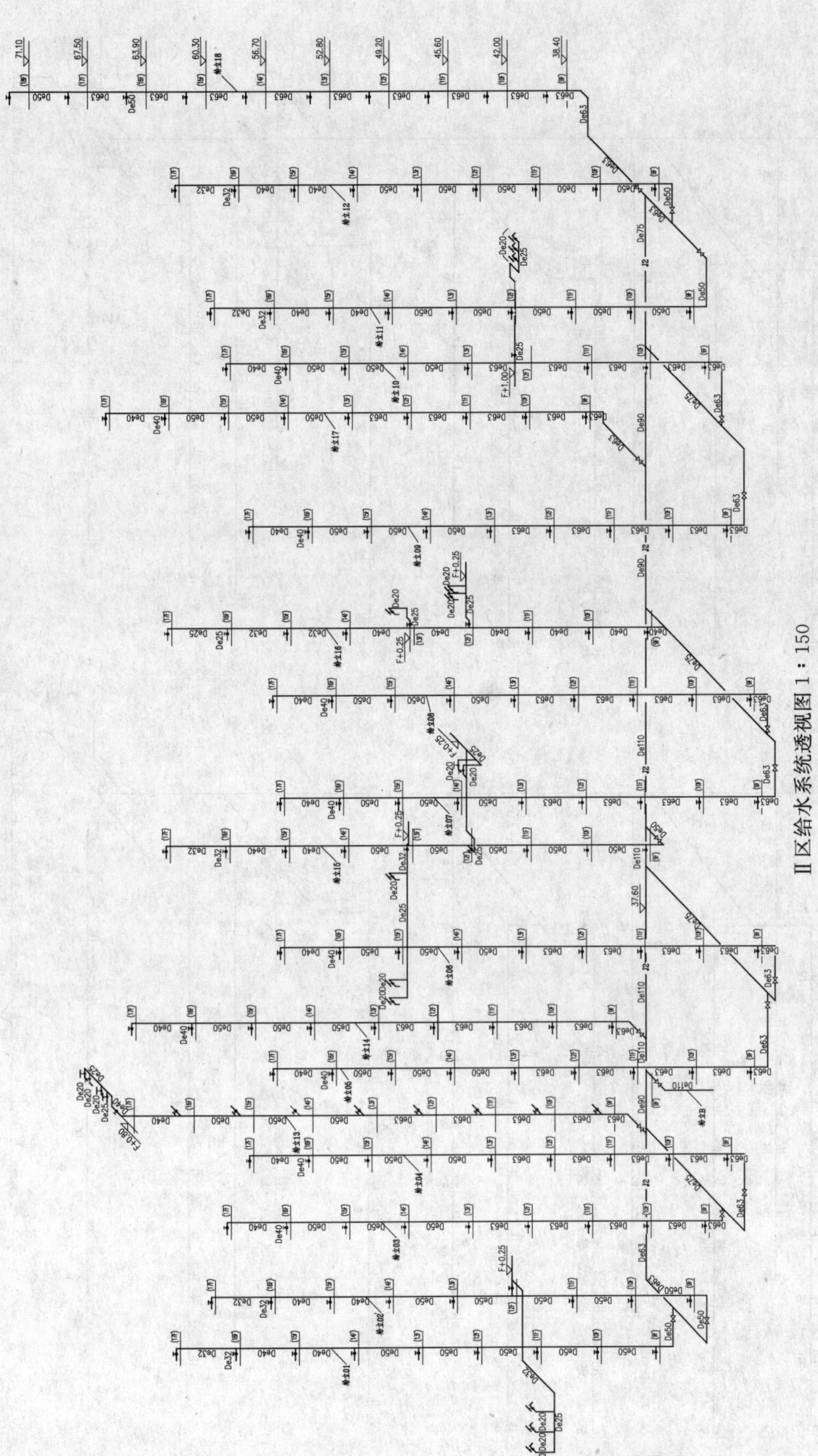

Ⅱ区给水系统透视图 1：150

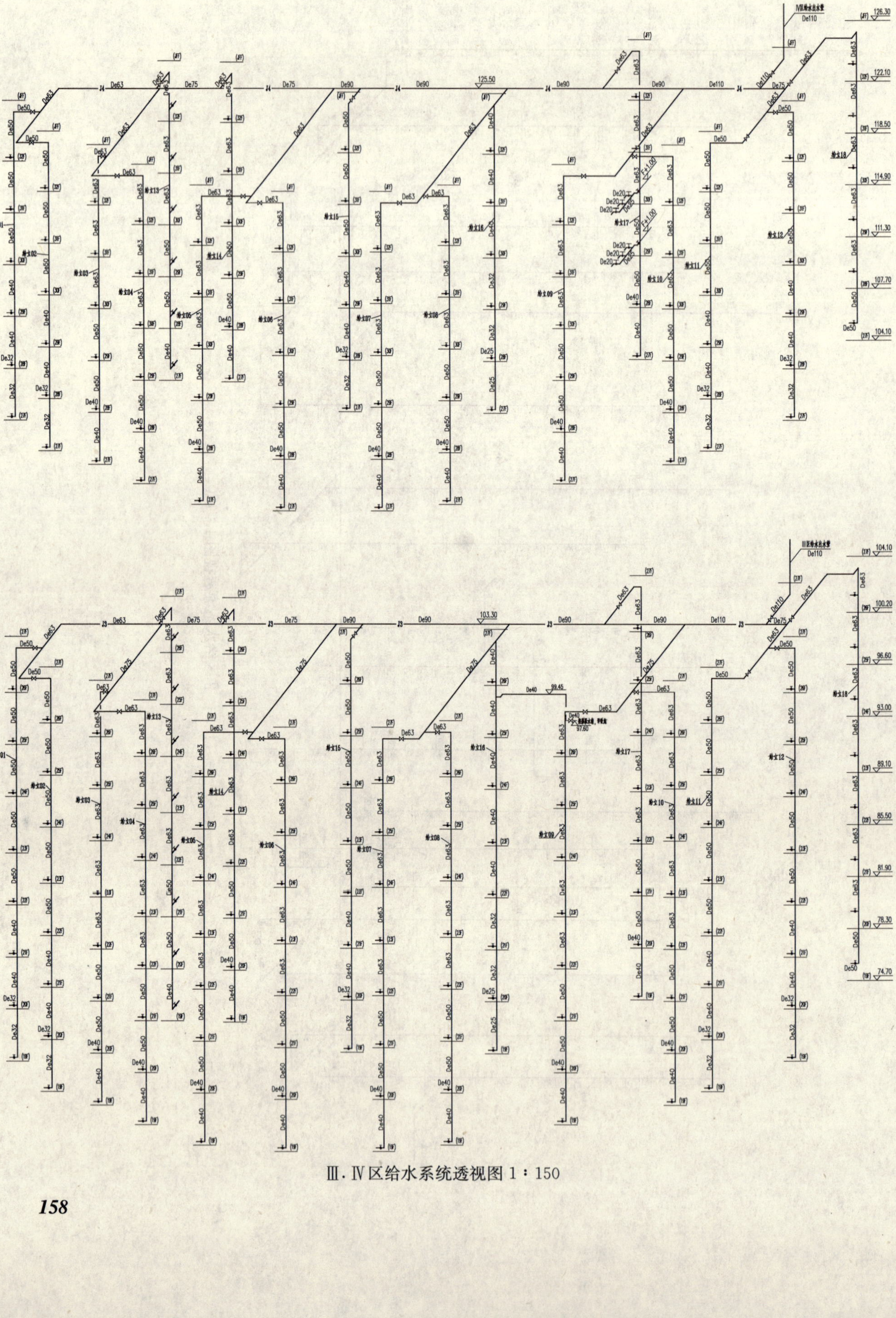

Ⅲ.Ⅳ区给水系统透视图 1：150

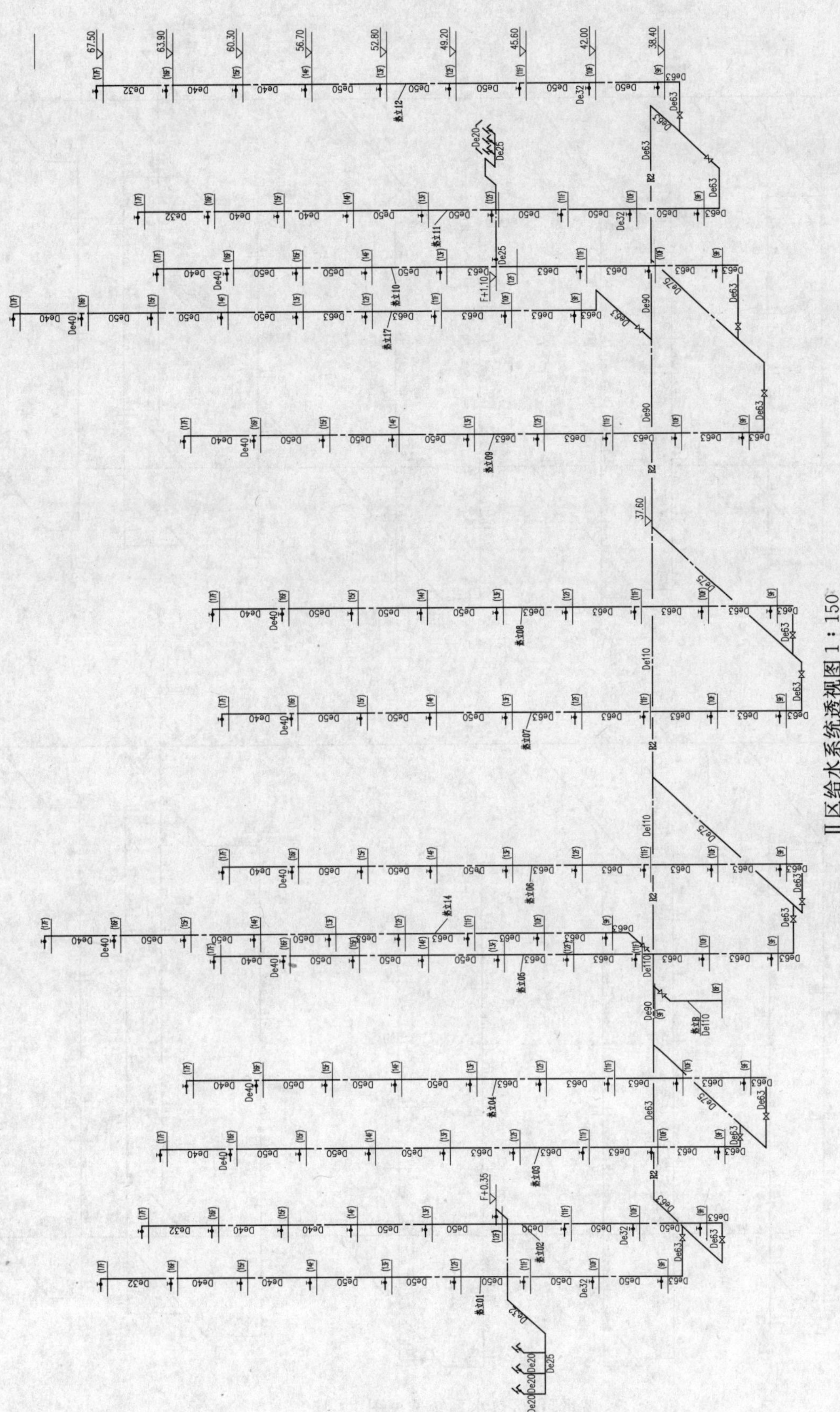

Ⅱ区给水系统透视图 1：150

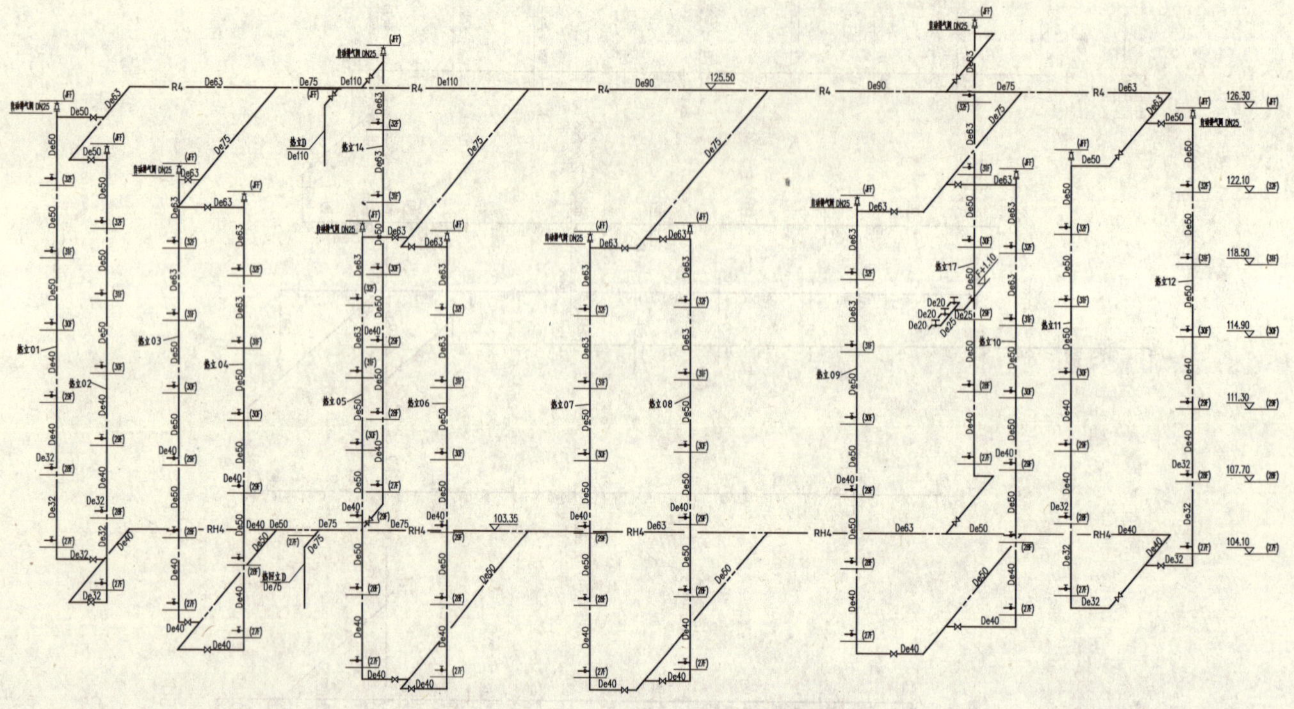

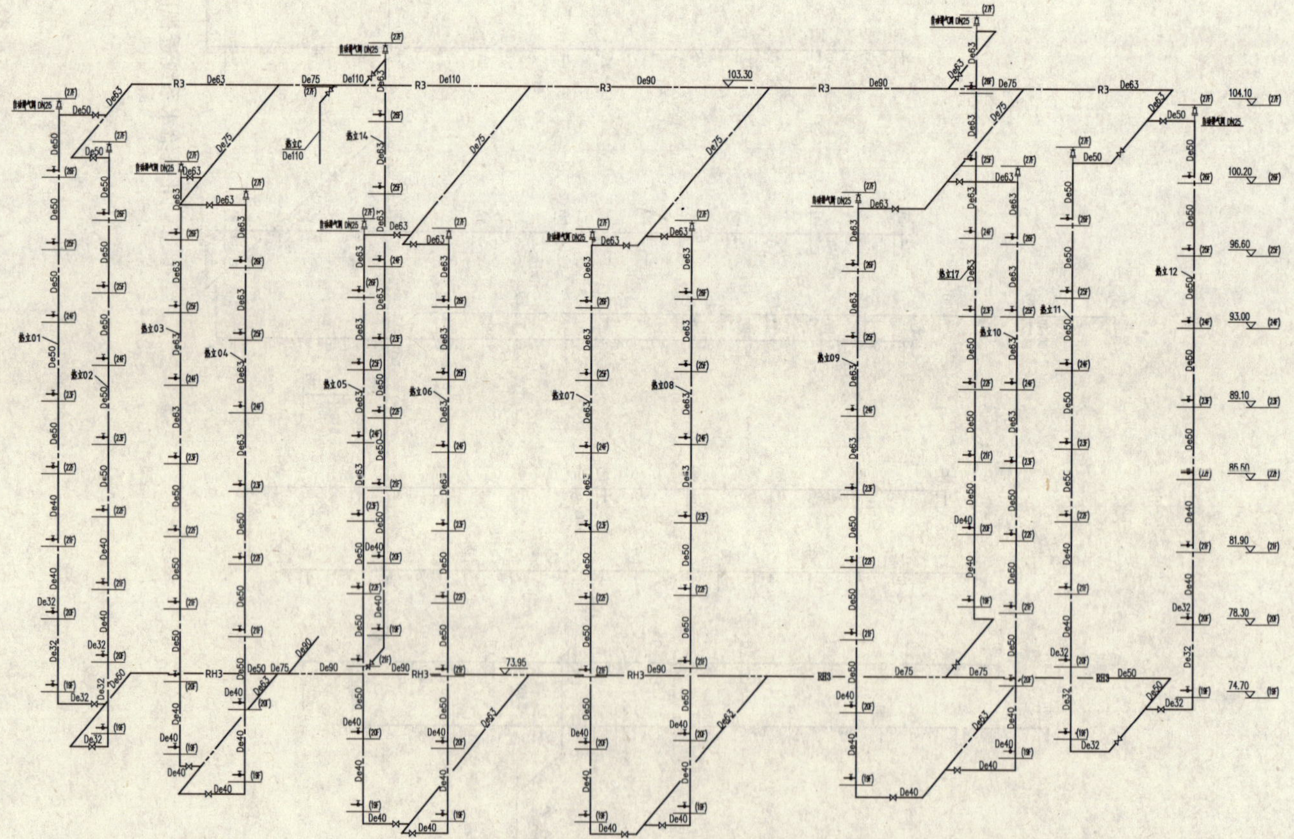

Ⅲ.Ⅳ区热水系统透视图 1：150

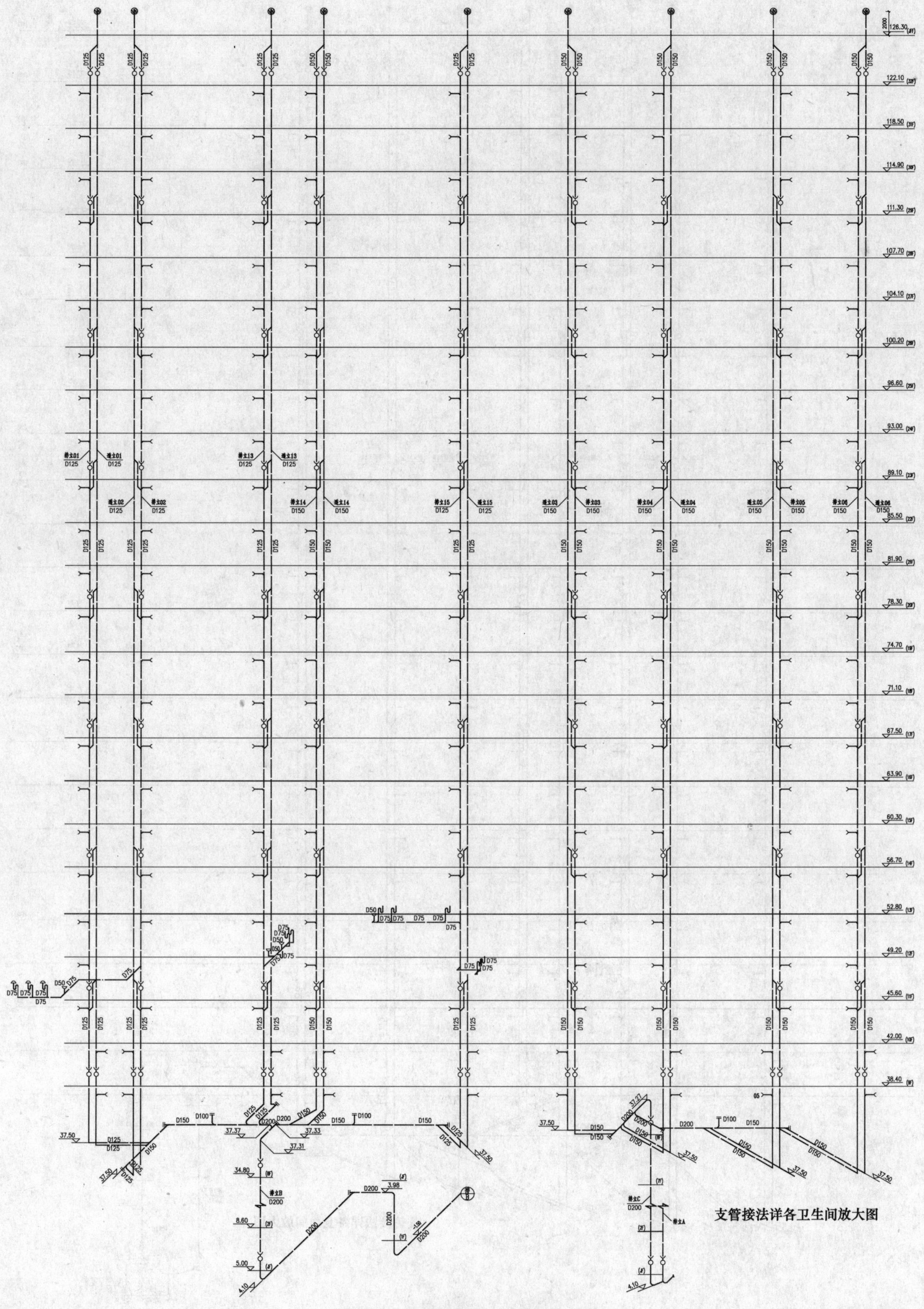

塔楼排水系统透视图一（1：150）

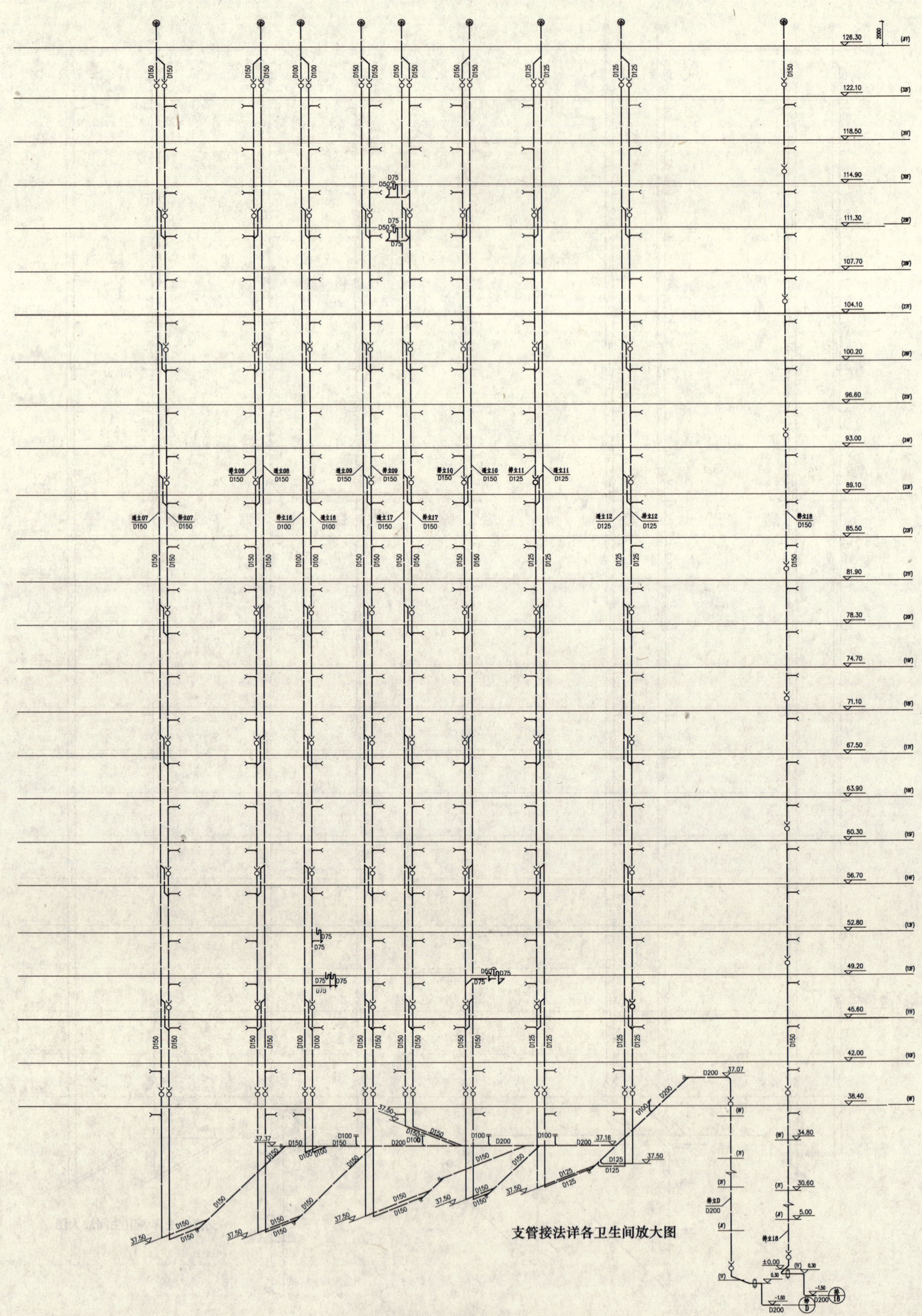

塔楼排水系统透视图二（1：150）

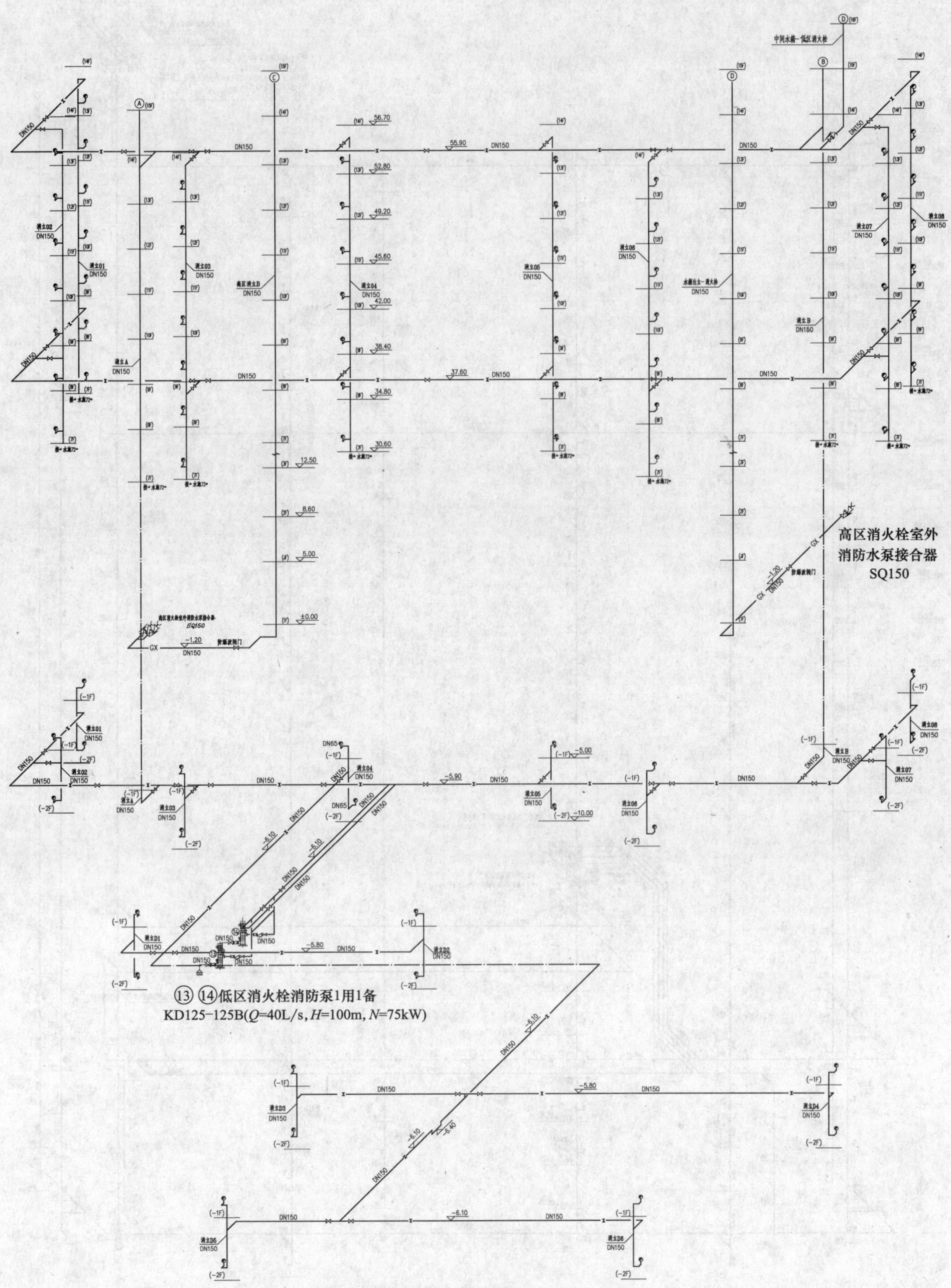

地下室消火栓消防给水系统透视图（1∶150）

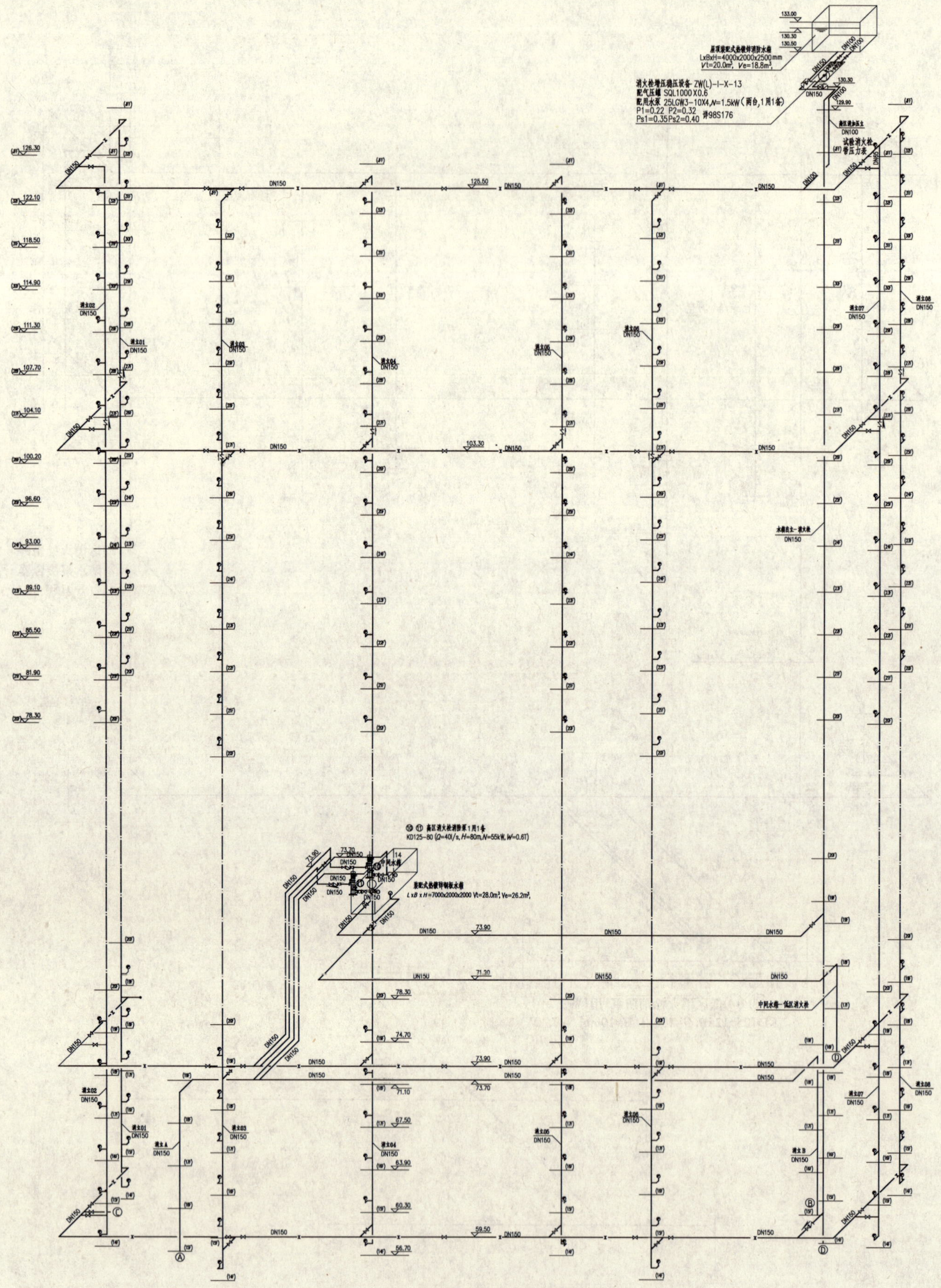

塔楼消火栓消防给水系统透视图（1：150）

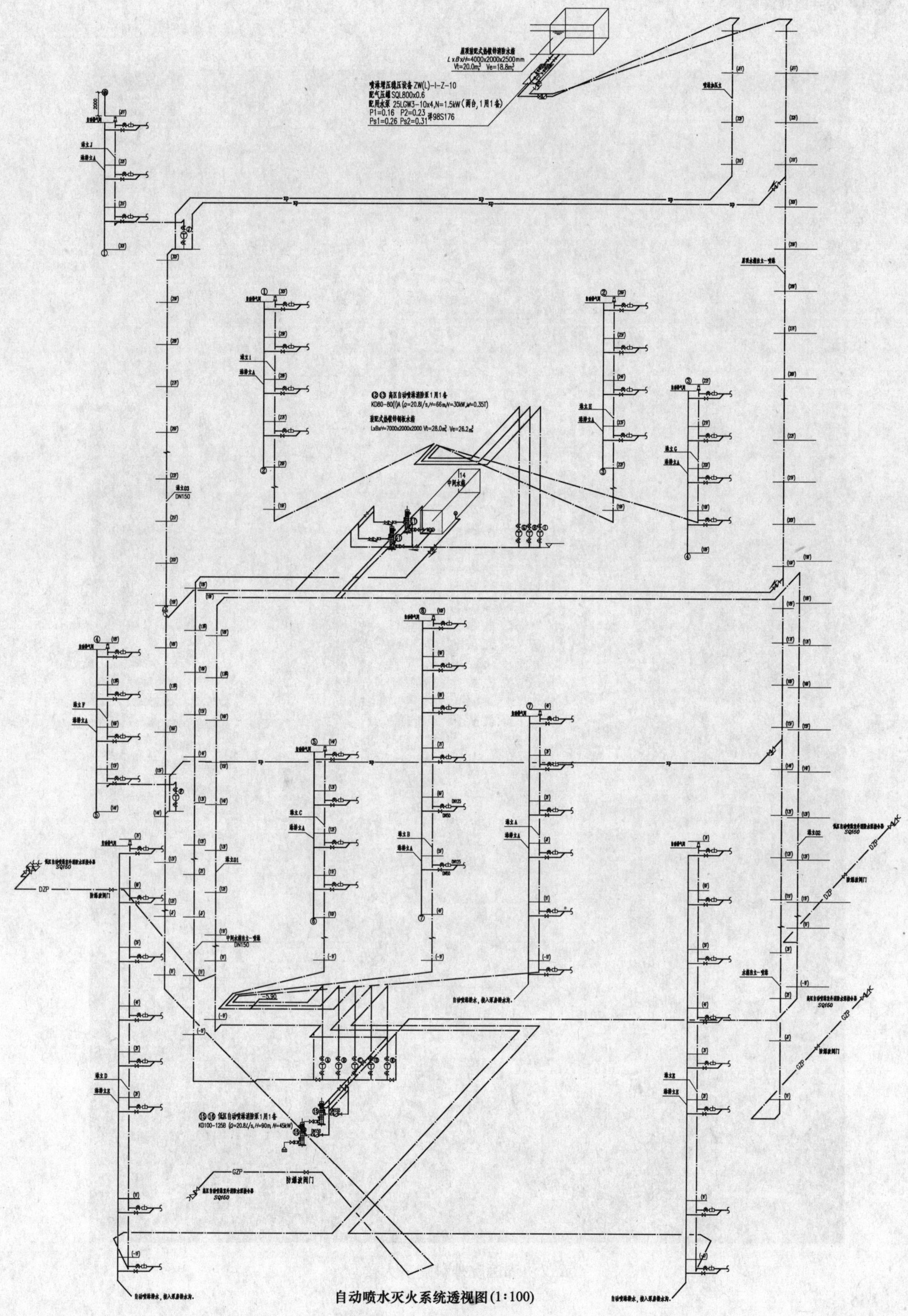

自动喷水灭火系统透视图(1:100)

武汉协和医院外科病房大楼

轻汽西厂区改造项目

设计单位：中国建筑设计研究院
设 计 人：王涤平　蒋春艳　黎松　苏兆征
获奖情况：公共建筑二等奖
工程概况：

本工程位于北京市海淀区，东邻首体南路，南邻车公庄西路，西邻半截塔东路，北邻半截塔北街。由一条南北走向的内部路分为东西两个部分，西部为住宅区，东部为公建区。总占地面积7.39hm^2，其中住宅区占地3.91hm^2，公建区占地3.48hm^2。

本工程总建筑面积419860m^2，其中住宅区175332m^2，公建区244528m^2。

公建区地上分为南北区，南区包括：酒店式公寓（CS5），商业，办公（CS1～CS4）；北区包括：会所（CN3），商业，办公（CN2～CN5），消防中队（CN1）。

地下三层：地下一层为商业，机房；地下二层为汽车库；地下三层为六级人防物资库，平时为汽车库。

建筑高度：北区：80m（19层），南区：99m（24层）。

本工程设有生活给水，生活热水，中水，生活污、废水，雨水排水，消防系统。

本工程住宅部分由北京市设计院负责设计，公建部分由本院负责设计。

本工程目前已投入使用。

一、给水排水系统

（一）给水系统

1. 冷水用水量（表1、表2）。

公建北区生活用水量计算表　　　　**表1**

序号	用水项目名称	使用数量	用水量标准	日用水时间(h)	小时变化系数K	用水量		
						最高日(m^3/d)	最高时(m^3/h)	平均时(m^3/h)
1	办公	3900人	50L/(人·d)	10	1.2	195	23.4	19.5
2	商业	10400m^2	5L/(m^2·d)	12	1.5	52	6.5	4.3
3	餐饮	3100人	40L/(人·次)	10	1.5	124	18.6	12.4
4	消防中队住宿	50人	130L/(人·d)	24	2.5	6.5	0.7	0.3
	办公	50人	50L/(人·d)	10	1.2	2.5	0.3	0.25
	餐饮	50人×3	25L/(人·次)	16	1.2	3.75	0.3	0.24
5	健身中心	200人	30L/(人·次)	8	1.5	6.0	1.125	0.75
6	淋浴桑拿	60人	150L/(人·次)	12	2.0	9.0	1.5	0.75
7	车库冲洗	28000m^2	2L/(m^2·d)	8	1.0	56	7.0	7.0
8	游泳池补水	350m^3	5%池容积	10	1.0	17.5	1.75	1.75

续表

序号	用水项目名称	使用数量	用水量标准	日用水时间(h)	小时变化系数 K	用水量		
						最高日(m^3/d)	最高时(m^3/h)	平均时(m^3/h)
9	绿化	1869m^2	1.5L/(m^2·d)	4	2.0	2.8	1.4	0.7
	小计					475.05	62.575	47.94
	未预见水量	10%计				47.5	6.3	4.8
10	冷却塔补水	2460m^3/h	2%循环水量	10	1.0	492	49.2	49.2
	总计					1015	118.1	102

公建南区生活用水量计算表 **表 2**

序号	用水项目名称	使用数量	用水量标准	日用水时间(h)	小时变化系数 K	用水量		
						最高日(m^3/d)	最高时(m^3/h)	平均时(m^3/h)
1	办公	5800 人	50L/(人·d)	10	1.2	290	24.2	29
2	酒店式公寓	300 人	250L/(人·d)	24	2.5	75	7.8	3.125
3	商业	9450m^2	5L/(m^2·d)	12	1.5	47.25	5.91	3.94
4	餐饮	2000 人	40L/(人·次)	10	1.5	80	12	8
5	娱乐	100 人	5L/(人·次)	8	1.5	0.5	0.1	0.625
6	健身	60 人	30L/(人·次)	8	1.5	1.8	0.34	0.225
7	美容美发	30 人	70L/(人·次)	12	1.5	2.1	0.263	0.175
8	车库冲洗	26500m^2	2L/(m^2·d)	8	1.0	53	6.625	6.625
9	绿化	2115m^2	1.5L/(m^2·d)	4	2.0	3.173	1.6	0.8
	小计					552.823	58.838	52.515
	未预见水量	10%计				55.3	5.9	5.25
10	冷却塔补水	3160m^3/h	2%循环水量	10	1.0	632	63.2	63.2
	总计					1240	128	121

2. 水源：地下三层至一层由市政自来水管网直接供水，供水水压为 0.18MPa，其他由变频调速供水装置供水。

3. 系统竖向分区：

北区竖向分为三个区：一区：地下三层至一层，二区：二层至十层，三区：十一层至十九层；南区竖向分为四个区：一区：地下三层至一层，二区：二层至十层，三区：十层至十九，四区：二十层至二十四层，公寓（CS5）分为两个区：一区：四层至十二层，二区：十三层至十八层。

4. 供水方式及给水加压设备：

北区、南区一区由市政自来水管网直接供水；北区二区至三区，南区二区至四区及公寓一、二区由变频调速供水装置供水。

5. 管材：采用衬塑钢管，公寓水表后采用 PP-R 管材。

（二）热水系统

1. 热水用水量表（表3）。

公建区热水量计算表　　表3

序号	用水项目名称		使用数量	用水量标准(60℃)	日用时间(h)	小时变化系数 K	用水量			耗热量
							最高日(m^3/d)	最高时(m^3/h)	平均时(m^3/h)	(kW)
1	北区	消防中队	50人	60L/(人·d)	24	6.84	3	0.855	0.125	152
2	北区	游泳池补水	250m^2							215
3	北区	淋浴桑拿	60	100L/(人·d)	12	6.84	6	3.42	0.5	256
4	南区	酒店式公寓	300人	160L/(人·d)	24	5.61	48	11.22	2.0	840
	小计						57	15.5	2.625	1463
	未预见水量		10%计				5.7	1.6	0.3	146.3
	总计						62.7	17.1	3.0	1610

2. 热水供应范围：

酒店式公寓，会所，消防中队，办公。其中酒店式公寓，会所，消防中队采用集中热水供应；办公采用电热水器分散供应热水。

3. 热源为城市热网。公建区分南北区各设一个热交换机房，由热力公司负责设计，我院提供热水需水量，耗热量及设计要求。

4. 热水系统分区同生活给水系统分区。

5. 热水系统采用机械循环，每个系统设2台热水循环泵，1用1备，互为备用，当系统水温低于50℃时，热水循环泵自动开启运行，系统水温达55℃时，热水循环泵自动关闭停止运行。公寓（CS5）入户支管采用电伴热保温。

6. 管材：采用热水用衬塑钢管，公寓水表后采用热水用PP-R管材。

（三）中水系统

1. 中水源水量表、中水回用水量（表4、表5），源水量为回用水量的110%。

中水原水量表　　表4

序号	名　称		人数(人)	用水定额×0.7×0.8 {L/[人·d(次)]}	时间 h	K	用水量(m^3)			备注
							最高日(m^3/d)	最高时(m^3/h)	平均时(m^3/h)	
1	住宅		1620	250×59%×0.7×0.8	24	2.5	134	14	5.6	住宅区
2	办公		9700	50×34%×0.7×0.8	10	1.2	92	11	9.2	公建区
3	消防中队		50	130×95%×0.7×0.8	24	2.5	3.5	0.4	0.15	公建区
4	酒店式公寓		300	250×40%×0.7×0.8	24	2.5	16.8	1.75	0.7	公建区
5	会所	泳池淋浴	720	100×95%×0.7×0.8	12	2.0	38	6.4	3.2	公建区
		淋浴桑拿	30	150×95%×0.7×0.8	12	2.0	2.4	0.4	0.2	公建区
	合计						286.7	34	19	

2. 系统竖向分区：

竖向分为二个区：一区：地下三层至十层，二区：十一层至十九层。一、二区由变频调速供水装置供水。

3. 回收住宅区淋浴废水，公建区酒店式公寓、消防中队及会所的淋浴废水、公建卫生间洗手盆废水，经设于住宅区会所地下二层中水处理机房处理后，回用于住宅区住宅冲厕及公建区CN2、CN4、CS2楼卫生间冲厕。

中水回用水量表　　表5

序号	名　称	人数（人）	用水定额{L/[人·d(次)]}	时间 h	K	用水量 最高日（m^3/d）	最高时（m^3/h）	平均时（m^3/h）	备注
1	住宅	1548	250×21%	24	2	81.3	6.8	3.4	住宅区
2	会所	50	50×66%	10	1.5	1.65	0.255	0.17	住宅区
3	商业	36	50×66%	12	1.5	1.2	0.15	0.1	住宅区
4	办公(CN2)	1100	50×66%	10	1.2	36.3	4.4	3.63	公建区
5	办公(CN4)	2100	50×66%	10	1.2	69.3	8.4	7	公建区
6	办公(CS2)	2100	50×66%	10	1.2	69.3	8.4	7	公建区
7	商业(CN2)	2215m^2	5×5%	12	1.5	0.75	0.1	0.06	公建区
8	商业(CN4)	2750m^2	5×5%	12	1.5	0.92	0.12	0.08	公建区
9	商业(CS2)	2750m^2	5×5%	12	1.5	0.92	0.12	0.08	公建区
	合计					261.6	28.75	21.5	

4. 中水处理工艺流程

优质杂排水→格栅→调节池→生物处理（氧化曝气）→沉淀→过滤→消毒→中水

5. 管材：采用衬塑钢管。

（四）排水系统

1. 公建区污、废水分流。公建区酒店式公寓、消防中队及会所的淋浴废水、公建卫生间洗手盆废水为中水源水，生活污水经室外化粪池处理后排入市政污水管道。

2. 办公楼的公共卫生间设专用通气立管，每隔两层设结合通气管与污、废水立管相连；CS5公寓卫生间设专用通气立管，厨房不设专用通气立管，仅设伸顶通气管。

3. 地下室内的污、废水汇集至集水坑经潜水泵提升后排至室外污水管道。

4. 厨房工艺由专业公司负责，内设隔油器。

5. 管材：采用柔性抗震机制排水铸铁管及管件。

（五）雨水系统

1. 暴雨重现期：$P=10$ 年。暴雨强度公式：$q=2001(1+0.811\lg P)/(t+8)^{0.711}$

2. 公建区建筑屋面雨水采用内排水的排水方式，单斗系统。

地下车库出入口处设雨水截水沟和集水坑，截流至集水坑内的雨水由潜水排污泵提升后排入室外雨水管道。

3. 管材：立管采用镀锌钢管，水平出户管采用给水铸铁管。

（六）冷却循环水系统

1. 设计参数：湿球温度28℃；冷却塔进水温度37℃，出水温度32℃。公建北区循环水量2460m^3/h，补水量49.2m^3/h；公建南区循环水量3160m^3/h，补水量63.2m^3/h，循环水利用率为 98%。

2. 冷却塔及补水：横流式超低噪声玻璃钢冷却塔 17 台，与冷冻机对应配套使用。冷却塔设于 CN2，CN4，CS2，CS4，CS5 建筑屋面上。冷却塔补水由变频调速供水装置供给。

二、消防系统

本工程设室内消火栓系统、自动喷水灭火系统。

（一）消火栓系统

1. 消火栓水量（表 6）

消火栓用水量 表 6

序号	系统名称	用水量标准（L/s）	火灾持续时间	一次灭火用水量（m^3）
1	室外消火栓	30	3h	324
2	室内消火栓	40	3h	432

2. 室外消火栓系统：两路市政水引入管向本工程供水，一路从首体南路接入，管径 *DN*200mm，一路从车公庄西路接入，管径 *DN*200mm。进入用地红线后形成室外给水环网，环管管径 *DN*200。

本小区在建筑物四周的 *DN*200mm 环管上设 13 个 *DN*100mm 室外地下式消火栓。

3. 公建区室内消火栓系统：

（1）消火栓系统分高低区，低区：地下三层至十一层，高区：十二层以上。高低区消火栓给水管在地下一层分别成环，低区在十一层成环，高区分别在十二层及顶层成环，人防层单独成环。低区平时由屋顶水箱维持管网压力，高区由增压稳压装置维持管网压力。

（2）考虑到小区一次火灾，消防泵房集中设于住宅区会所地下二层，消防贮水 540m^3，并为公建区设低区消火栓泵 2 台，互为备用；高区消火栓泵 2 台，互为备用。

（3）公建区在 CS4 屋顶设消防水箱一座，贮存消防水量 18m^3，水箱底标高与最不利消火栓几何高差小于 7m，设消火栓增压稳压装置 1 套，稳压泵供水能力为 5L/s。

（4）消火栓箱内配 *DN*65mm 消火栓 1 个，*DN*65mm、*L*＝25m 麻质衬胶水龙带 1 条，*DN*65×19mm 直流水枪 1 支，消防卷盘 1 套（汽车库、消防电梯前室消火栓不带水喉）。所有消火栓处均配带指示灯和常开触点的起泵按钮 1 个。

（5）水泵接合器：设 6 组地下式室外消防水泵接合器。

（6）管材：采用涂塑无缝钢管，沟槽和法兰连接。未采暖的地下车库的消火栓管道做电伴热保温。

（二）自动喷水灭火系统

1. 自动喷水水量（表 7）

自动喷水灭火系统用水量 表 7

序号	系统名称	用水量标准（L/s）	火灾持续时间（h）	一次灭火用水量（m^3）
1	自动喷水灭火	30	1	108

2. 危险等级：办公、会所等用房按中危险级Ⅰ级设计；地下停车库、商场按中危险级Ⅱ级设计。

3. 设计参数：中危险级Ⅰ级，设计喷水强度 6L/(min・m²)，作用面积 160m²；中危险级Ⅱ级，设计喷水强度 8L/(min・m²)，作用面积 160m²。地下车库采用预作用系统，系统充水时间不大于 2min。

4. 小区按一次火灾考虑，消防泵房集中设于住宅区会所地下二层，并为公建区设自动喷水泵 2 台，互为备用。

5. CS4 屋顶水箱间设稳压泵稳压。稳压泵供水能力为 1L/s。

6. 喷头：

(1) 除厕所、卫生间、变配电室、电话总机房、消防控制中心、电梯机房、水箱间不设喷头，其余均设喷头保护。因地下一层防火分区面积超出规范规定，在水暖机房也设置喷头。

(2) 地下一、三层采用大口径玻璃球喷头，其余采用普通玻璃球喷头，吊顶下为吊顶型喷头，吊顶内喷头为直立型，无吊顶的客房、办公室为边墙型。公称动作温度：厨房炉灶上部为 93℃级，厨房其余部位为 79℃级，其他部分均为 68℃级。

7. 报警阀组：地下停车库采用预作用湿式自动喷水灭火系统，共设 10 组预作用阀组，地面以上有采暖设施的用房采用湿式自动喷水灭火系统，共设 22 组报警阀组，分别设置在地下一、二层，十一层及十六层，各报警阀负担喷头数不超过 800 个。报警阀前的管道布置成环状。

8. 水流指示器：每个防火分区均设水流指示器，并在靠近管网末端设试水装置。

9. 水泵接合器：室外设 2 组水泵接合器。

10. 管材：采用加厚热浸镀锌钢管，丝扣和沟槽式卡箍连接。

(三) 移动式灭火器

1. 地下一层的变配电间，电话机房设推车式磷酸铵盐干粉灭火器。

2. 办公、酒店式公寓、商业、会所均设手提式磷酸铵盐干粉灭火器。

三、设计及施工体会

1. 本工程属于大型综合性建筑，建筑方案为加拿大 JAMES KM CHENG ARCHITECTS INC 负责设计，初步设计及施工图设计由我院与北京建筑设计研究院共同完成，由此相互间的配合尤为重要，尤其是整个小区的外管线设计。我院负责设计小区外管线，因建筑主体距红线距离过近，故我方提前进行了小区管线的综合工作，把给水管线尽可能地设在室内，对污、废水管线也规定了出户方向，这样有利于设计工期顺利进行，减少返工现象。

2. 在本工程消防设计中，经过计算，感觉到对于大底盘的建筑物（287.2m×85.6m），消火栓系统在地下一层成环，仅成一个大环，以最不利点计算沿程损失过大，导致消火栓泵扬程的选取也过大，因此，在大环中间加了一个通路，使其变成 2 个环，这样再以最不利点计算沿程损失就大大地减小了，消火栓泵扬程的选取也较为合适。

3. 在本工程中水设计中，我们应甲方"中水不上住宅区的住宅楼"的要求，进行中水平衡：住宅区洗涤废水，公建区公寓、会所淋浴废水，均作为中水原水回收，处理后用于住宅区及公建区车库地面冲洗和绿化用水。以计算来看中水是平衡的，但实际上，冬天绿化及车库地面冲洗用水量明显减少，达不到计算值，中水实际上是不平衡的。因此，我们建议甲方在住宅区的住宅楼中回用中水，这不仅可以很好地达到节水目的，而且在水资源紧张，水费日益高涨的今天也符合普通居民的需要。这样一来中水达到真正的平衡，顺利通过节水办的审批。

四、工程系统图及照片

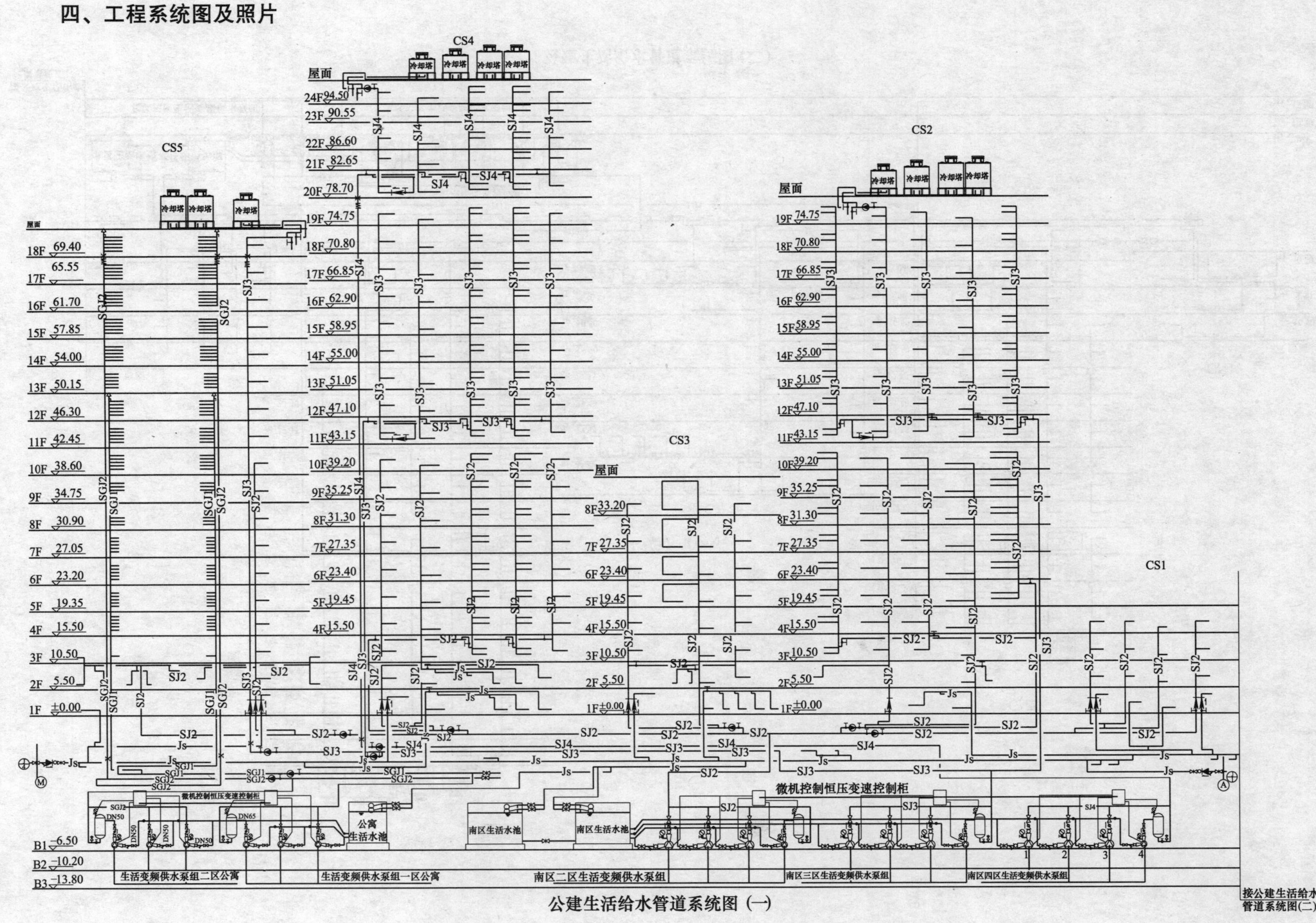

公建生活给水管道系统图（一）

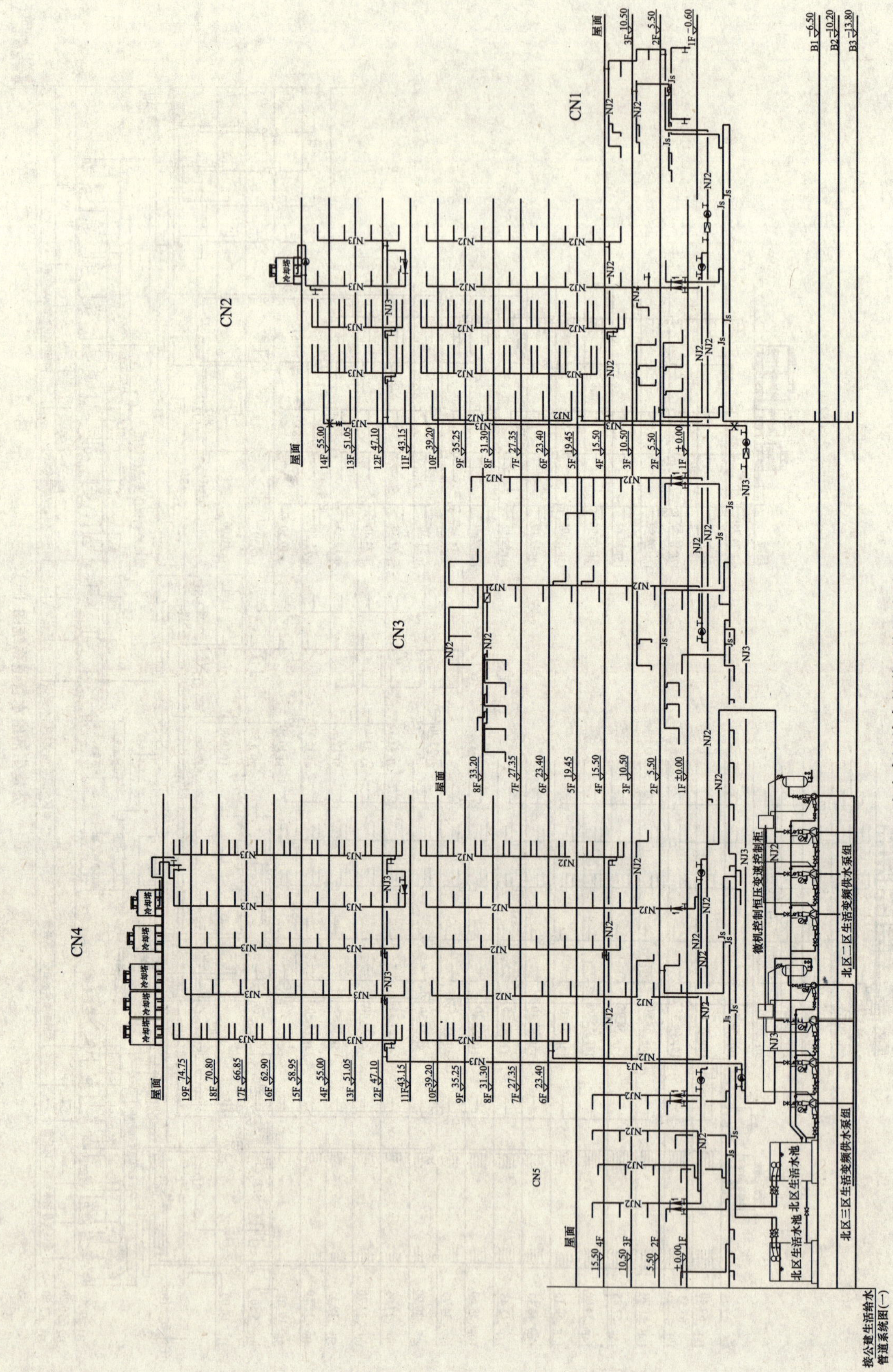

公建生活给水管道系统图(二)

接公建生活给水管道系统图(一)

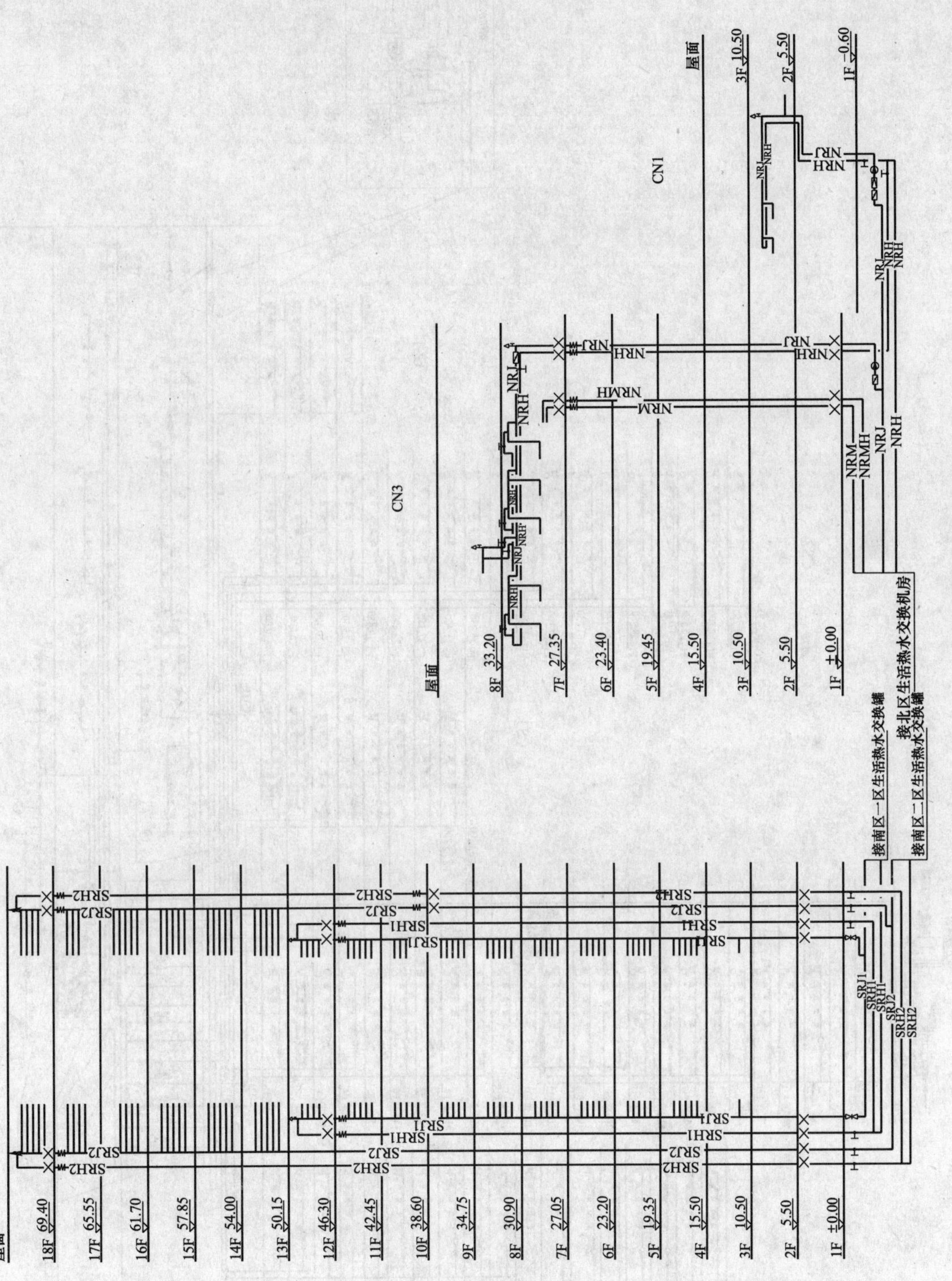

公建生活热水管道系统图

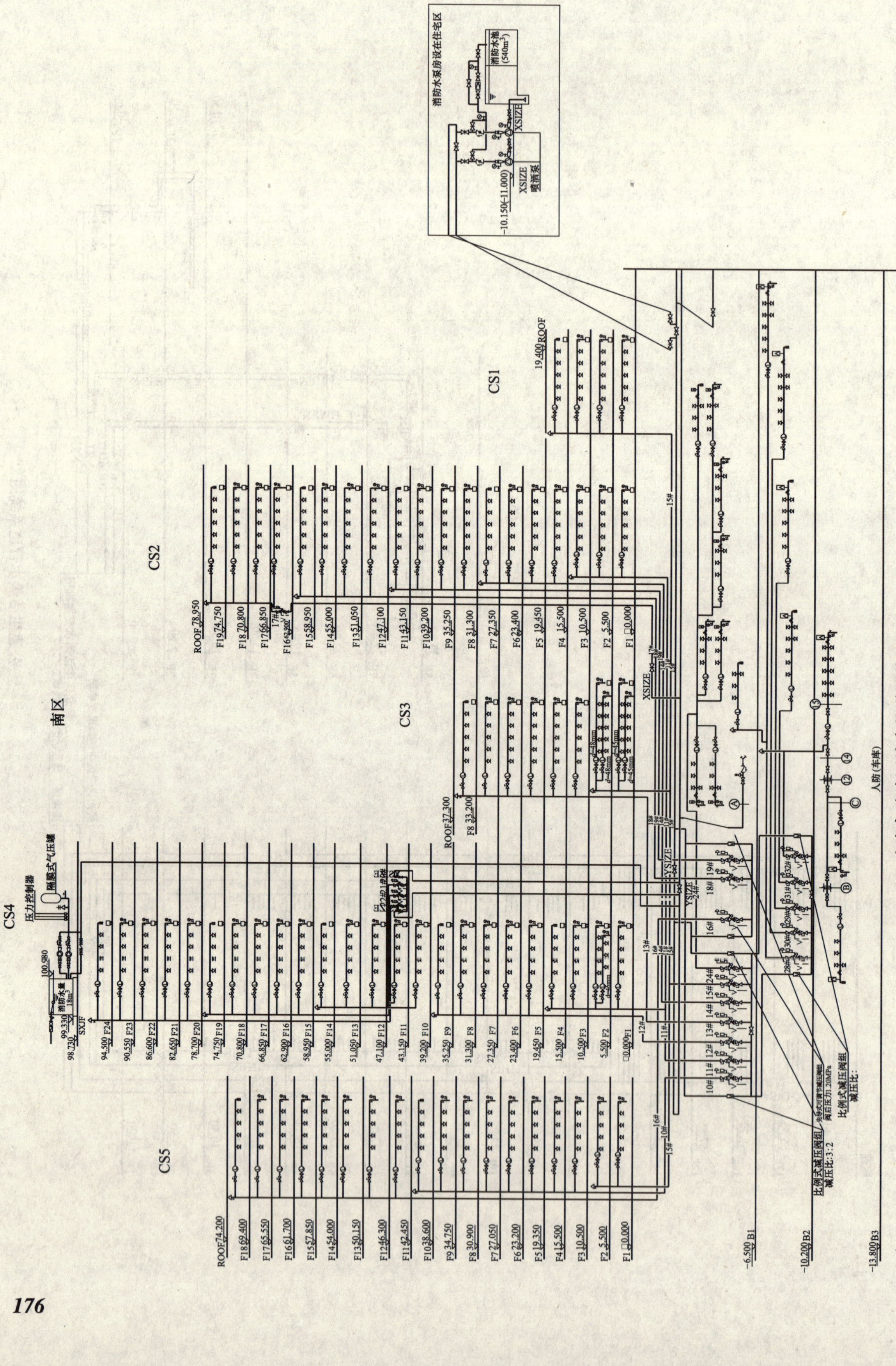

公建自动喷洒给水管道系统图（一）

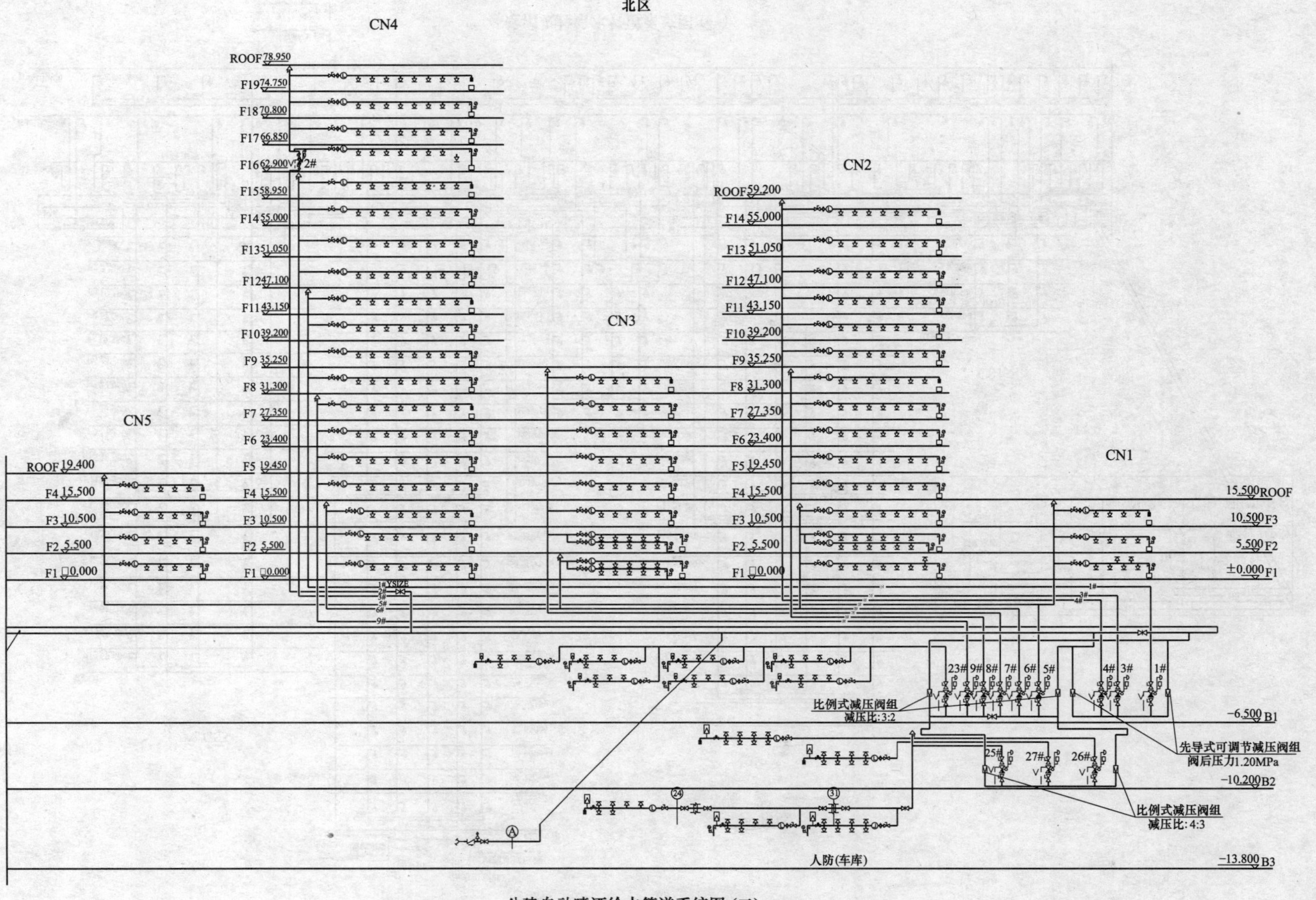

公建自动喷洒给水管道系统图（二）

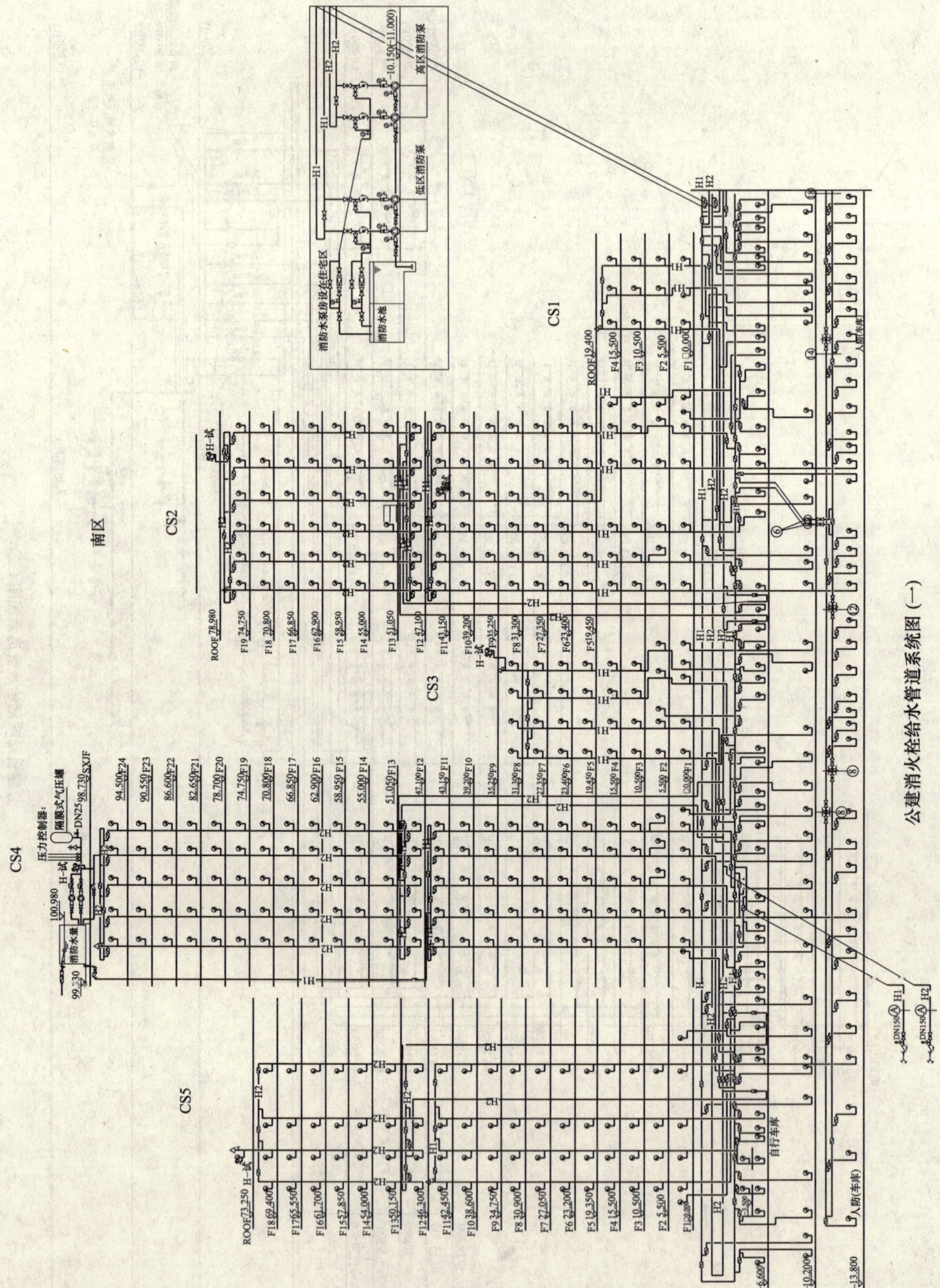

公建消火栓给水管道系统图（一）

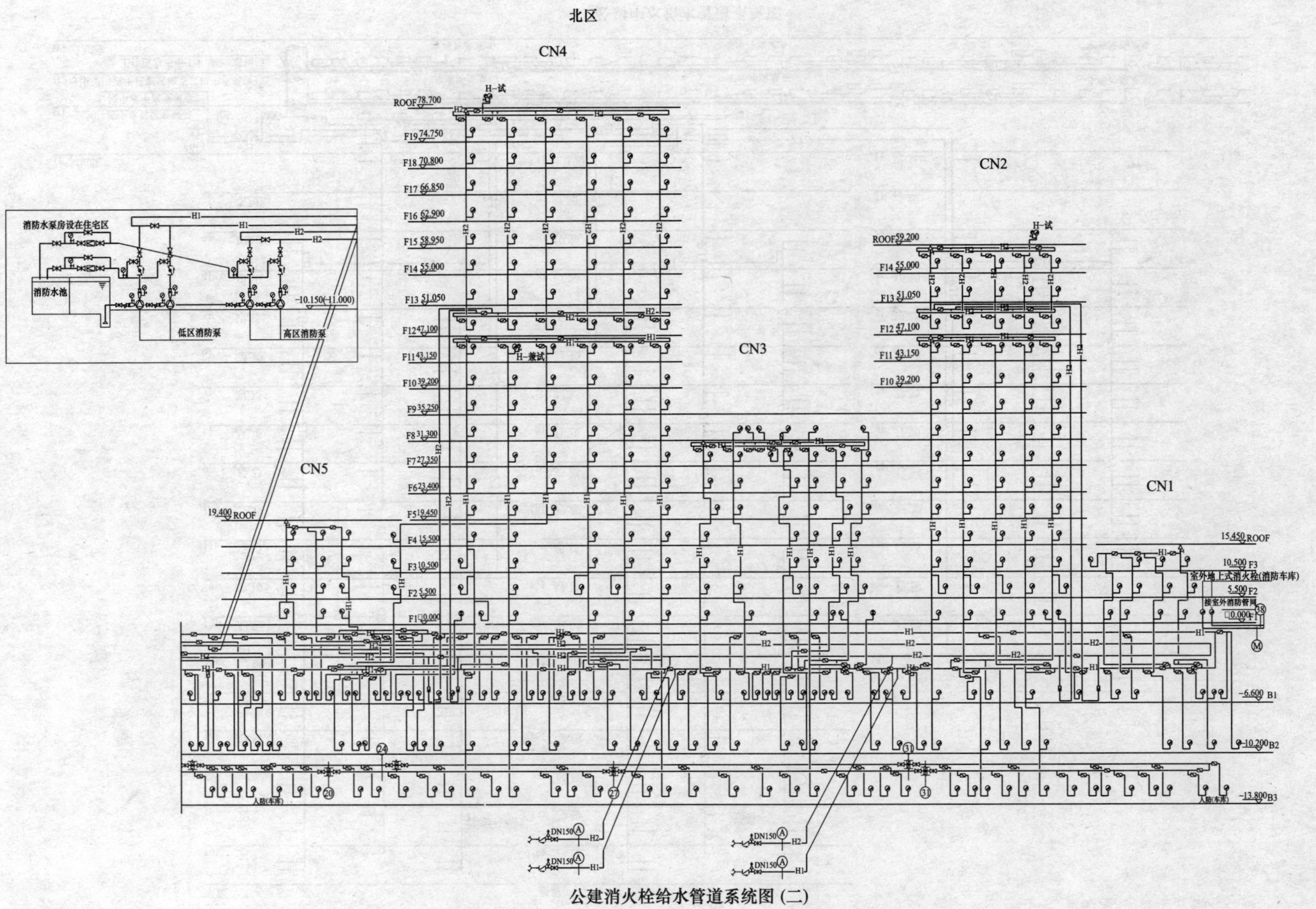

公建消火栓给水管道系统图（二）

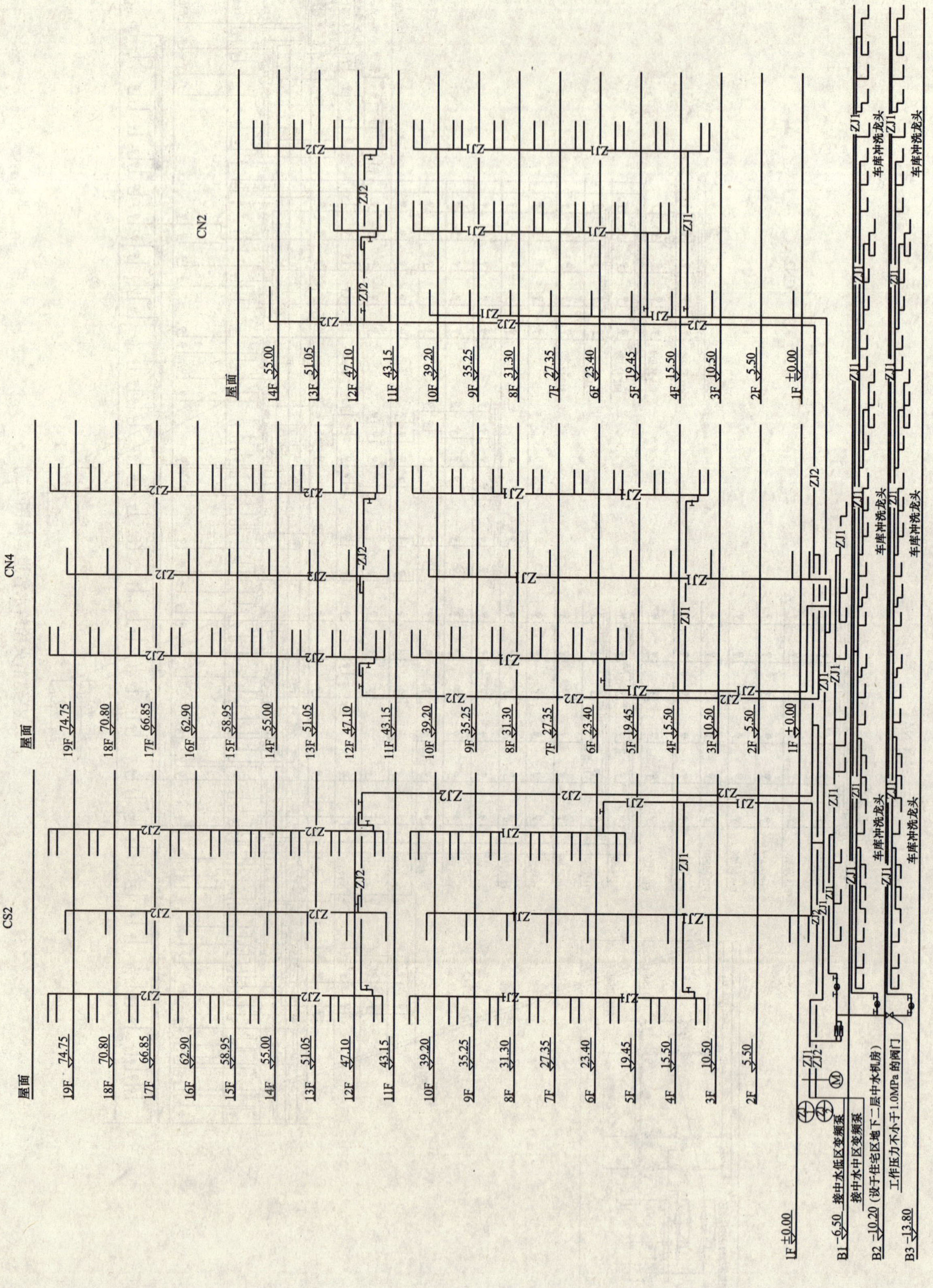

公建中水给水管道系统图

轻汽西厂区办公楼

福建会堂

设计单位：福建省建筑设计研究院

设 计 人：黄文忠　程宏伟　陈佩文

获奖情况：公共建筑二等奖

工程概况：

福建会堂位于福州西湖东岸，西湖宾馆用地。会堂主体建筑地面共六层，地面一层为会堂入口、贵宾休息室等，二层为主入口大堂及观众厅池座，三层为观众厅楼座及三个议事厅，共设座位1439个，其中池座中部分为带小桌表决器的代表席，四、五层为会议室，设12个议事厅，六层为国际会议中心，设1个231座的国际会议厅，地下两层作为停车及设备用房，共停车365辆。建筑面积38000m^2。

一、给水排水系统

（一）给水系统

1. 冷水用水量计算（表1）

表1

序号	用户名称	用水量标准	数量	K_h	工作时间(h)	最高日用水量(m^3/d)	最大时用水量(m^3/h)
1	会堂(白天)	50L/(人·d)	1700人	2.0	8	85.0	21.3
2	剧场(夜间)	20L/(人·场)	1500人	2.0	4	30.0	15.0
3	冷却塔	1.5%补充水	1200m^3/h	1.0	10	180.0	18.0
4	绿化及未预见水量15%用水量	5%用水量				44.0	5.9
5	总计					339.0m^3/日	45.2m^3/时

注：以一天两场会议一场演出计。

2. 水源：冷水分为生活用水及杂用水，水源均采用自来水。用水由市政管网两路供水，一路由原西湖宾馆进水管引进，另一路由北后街城市自来水管引进。

3. 系统分区：地下室及一层采用市政压力直接供水，二层及以上加压供水，加压部分为一区。

4. 供水方式及加压设备：考虑会堂供水的间断性，同时，消防水池不成死水，供水分为生活用水及杂用水，生活用水主要供给洗脸盆、浴盆及开水间等，由宾馆贵宾楼屋面水箱减压后供给。杂用水供给大便器、小便器冲洗及冷却塔补水，由本楼地下室消防及杂用水合用水池，经杂用水变频装置加压供给。

5. 热水供应：考虑本楼供水的间断性，同时，使用时间较短，公共卫生间洗脸盆、化妆室淋浴间各设电热水器供应热水。

6. 饮用水供应：本建筑在每个开水间内设电开水器供应开水，各议事厅设冷热饮水机供应饮用水。

7. 管材：室外采用内衬水泥砂浆给水铸铁管，室内给水管采用镀锌钢管，热水管采用带保温护套紫铜管。

（二）排水系统

1. 本建筑室内污废水合流，生活污水经化粪池处理后排至市政路市政污水管。地下车库排水汇集至地下二层隔油池，隔油后经潜水排污泵提升至室外污水管。

2. 污水及废水采用伸顶式透气管，同时，部分设有环形透气管以加强透气。

3. 室内排水管采用排水铸铁管，地下室加压排水管采用镀锌钢管。室外排水管采用钢筋混凝土管。

（三）雨水系统

1. 室外生活污水与雨水分流，雨水排至西湖。

2. 本建筑室内雨水重现期采用5年，室外雨水重现期采用2年。

3. 室内雨水管采用镀锌钢管。室外雨水管采用钢筋混凝土管。

二、消防系统

本楼由于会堂上设有国际会议厅，按高规一类综合楼进行防火设计。本楼设有室内外消火栓系统、自动喷淋系统、防火卷帘保护闭式水喷淋系统、水幕系统、雨淋系统、水喷雾系统。由于宾馆贵宾楼已建消防水池泵房及水箱，应考虑充分利用。本楼消防及杂用水池储消防专用水260m^3，贵宾楼已建水池储消防专用水650m^3，两建筑共储消防水910m^3，含2路进水能满足消防要求。2个水池设有消防水泵互为提升补充。

（一）消火栓系统

1. 本楼室内外消火栓用水量各为25L/s，火灾持续时间3h。

2. 室内消火栓系统由宾馆贵宾楼室内消火栓系统供给，分为一区。室内消火栓采用成套产品，箱内配置启泵按钮，引至西湖宾馆贵宾楼消火栓加压泵及本楼消控中心。观众厅马道内配置消火栓。地下室采用泡沫一水两用消火栓。

3. 室外设有水泵接合器。屋面设有试验用消火栓。

4. 消防干管采用镀锌无缝钢管及钢制配件，减压后消防管采用镀锌钢管及配件。

（二）自动喷淋系统

1. 闭式自动喷水灭火系统：本建筑舞台外设置闭式自动喷淋系统保护。灭火用水量30L/s，火灾持续时间1h。喷淋系统由贵宾楼喷淋加压泵供给，室外3套水泵接合器。底层湿式报警阀室设4套ZSS150湿式报警阀。分层分区设置水流指示器。厨房及投影室喷头动作温度为79℃，其余喷头动作温度为68℃。

2. 防火卷帘保护闭式喷淋系统：防火卷帘两侧设加密闭式喷头加以保护，灭火用水量30L/s，火灾持续时间3h。加压泵位于本楼地下消防泵房，采用2台，1用1备。室外设2套水泵接合器。底层湿式报警阀室设1套ZSS150湿式报警阀。喷头动作温度为68℃，距离防火卷帘1m。

3. 水幕灭火系统：会堂舞台口防火幕及主舞台与侧舞台间防火卷帘采用水幕灭火系统进行防火保护，水幕系统灭火用水量36L/s，火灾持续时间3h。加压泵位于本楼地下消防泵房，采用2台，1用1备。室外设3套水泵接合器。水幕喷头采用开式水幕喷头。水幕报警阀采用雨淋阀，位于侧舞台雨淋阀间。

4. 雨淋灭火系统：会堂舞台葡萄架下部设有雨淋灭火系统，共分三区。系统灭火用水量67L/s，火灾持续时间1h。加压泵位于本楼地下消防泵房，采用2台，1用1备，室外设6套室外水泵接合器。雨淋喷头采用ZSTK-15开式喷头。雨淋阀共3套，位于侧舞台雨淋阀间。

5. 喷淋干管采用镀锌无缝钢管及钢制配件。减压后消防管采用镀锌钢管及配件。

（三）水喷雾灭火系统

1. 地下一层柴油发电机房及油罐间采用水喷雾灭火系统保护，系统灭火用水量40L/s，喷射持续时间0.5h。

2. 水喷雾加压泵采用水幕加压泵。室外设有水泵接合器。

3. 水雾喷头采用高速射流器。报警阀采用雨淋阀，位于地下一层水喷雾控制间。

4. 消防干管采用镀锌无缝钢管及钢制配件。减压后消防管采用镀锌钢管及配件。

（四）消防排水

1. 消防电梯井底设有集水坑并配潜水排污泵加压排水。集水坑设水位自动控制。

2. 舞台底舞台设备机房设有集水坑以汇集舞台排水，并配潜水排污泵加压排水。集水坑设水位自动控制。

三、工程特点及体会

1. 用水定额的合理采用及水质防污染问题。考虑到举行重要会议期间，夜间有时会有慰问演出，在确定最高日用水量时以白天开会（办公用水定额）及夜间一场演出（剧场用水定额）计算，最大时用水量则选用白天办公及夜间剧场的大者。会堂是非经常使用场所，其用水间歇性大，故生活用水在水池停留时间较长，会引起水质的二次污染。在设计中采用分质供水，将生活用水及杂用水系统分设。生活用水由西湖宾馆贵宾搂屋面生活水箱供给，设置杀菌及消毒设备，将水质污染控制在最低限度。杂用水与消防用水合用水池，既使生活用水量减少，达到减小水质处理的水量、节省投资及运行费用的目的，又能使消防用水不会完全成为死水。管线布置时，生活用水在区域管线最低处设放空阀，在管道水较长时间不用时予以排放至杂用水池。杂用水管道及配水点设有明显的标记，以免误用。

2. 电开水容量的计算。采用办公饮水定额高限作为会堂会议饮水定额，但由于用水瞬间相对集中，故小时变化系数难以确定。在设计中，确定以会议开始时每人同时供应一杯开水的使用要求，来考虑足够的开水容器，同时，电开水器的设置满足在1h内提供开水容器所储存的开水量。

3. 会堂按一类高层综合楼进行防火设计，消防系统较多。在设计中，充分利用西湖宾馆已建消防设施以节省造价。室内消火栓及自动喷淋系统利用现有加压泵供给，其余由本楼另行设置。已有水池消防水经加压泵提升至会堂消防水池。

4. 由于观众厅上部设置国际会议厅，结构采用钢梁承重，钢梁外虽刷防火涂料，但考虑建筑的安全性，仍设置水喷淋系统加以保护，防止钢梁温度变形引起坍塌。在设计中，采用输出控制器控制多个开式喷头同时动作，既能达到较好的使用效果，系统设置也较为简单。

5. 在舞台口增设钢梁，水幕管道固定在钢梁上，以解决固定问题，又不影响防火幕及舞台幕布的使用。雨淋阀位于舞台附近，便于现场应急手动操作，为避免人员伤害，当有演出及会议时，雨淋系统采用手动控制，派专人值班。无演出时采用自动控制。舞台底部增强排水设施，增大排水能力，以保证可靠使用。

6. 由于设计时间较早，新系统采用较少。如会堂屋面较大，仍采用重力雨水排放系统，雨水立管管径大，数量多。由于采用普通防火卷帘作为防火隔断，增加了系统，增大了消防水池。观众厅及门厅部位的大空间灭火问题未解决。

四、工程系统图及照片

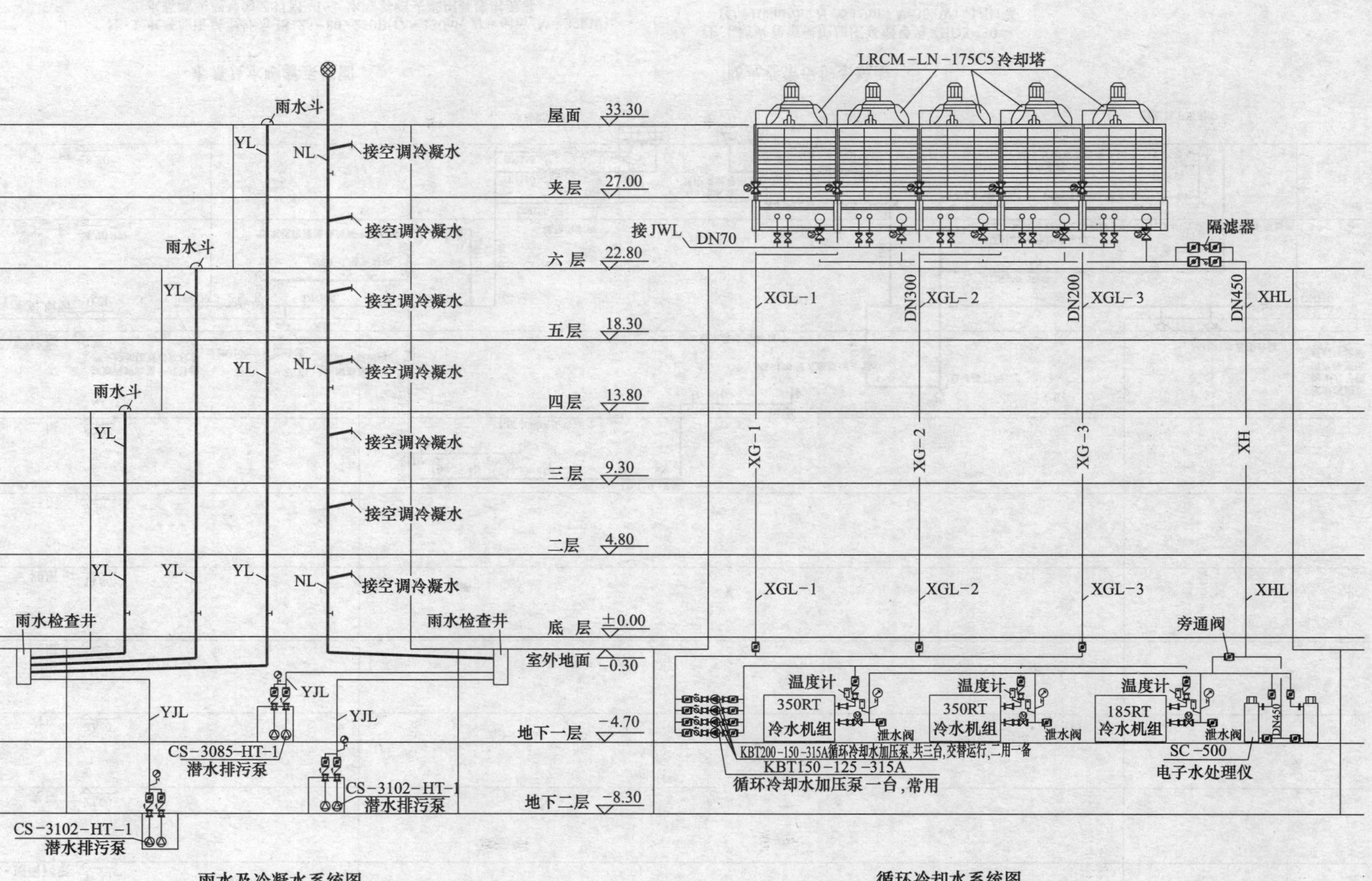

雨水及冷凝水系统图

循环冷却水系统图

注:集水坑内两台潜水排污泵均为高水位同时启动，并设有超水位报警。

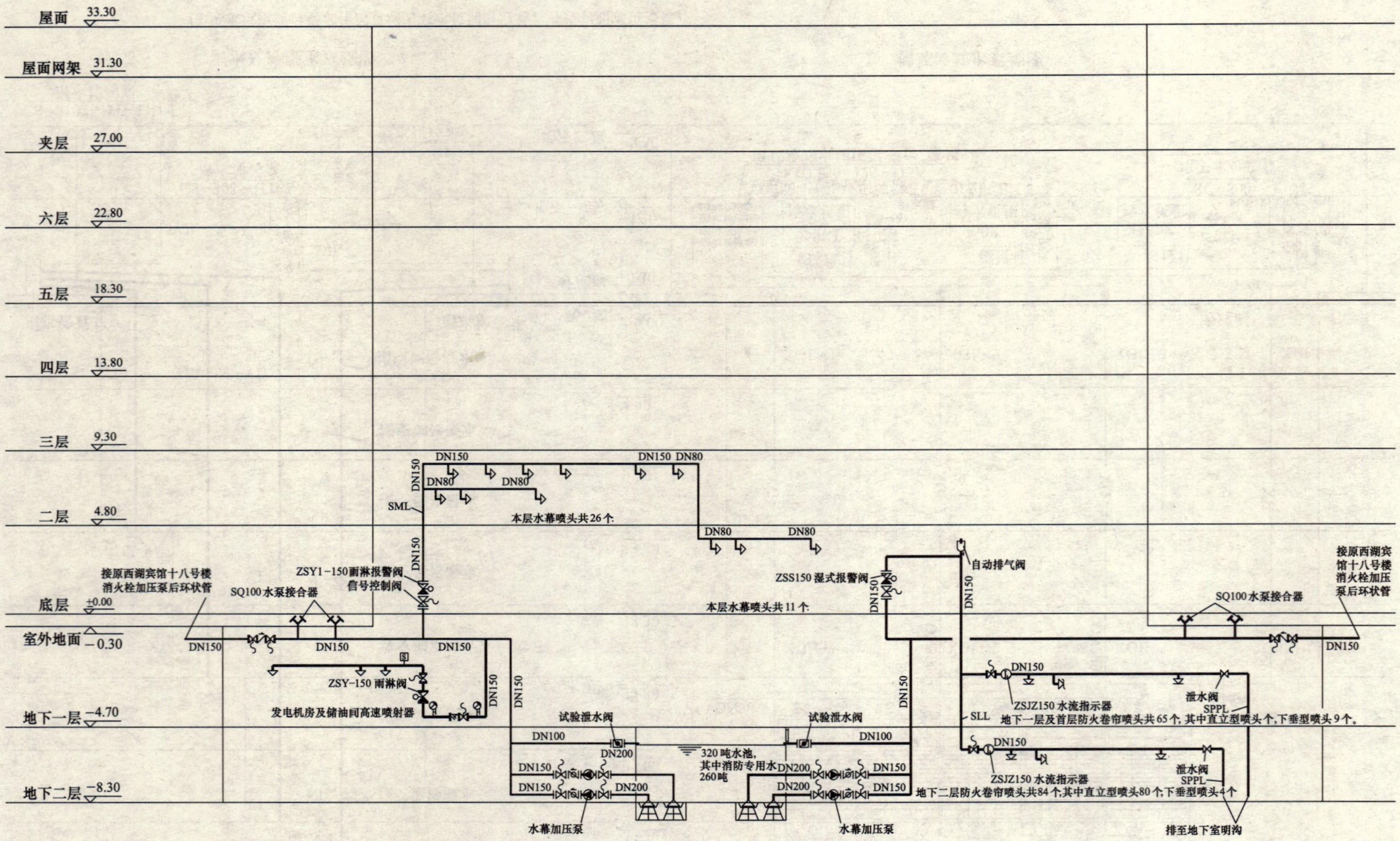

屋面 33.30
屋面网架 31.30
夹层 27.00
六层 22.80
五层 18.30
四层 13.80
三层 9.30
二层 4.80
底层 ±0.00
室外地面 -0.30
地下一层 -4.70
地下二层 -8.30

DN150
DN150 DN80
DN80 DN80
SML
本层水幕喷头共26个
DN80 DN80
DN150
ZSY1-150雨淋报警阀
信号控制阀
接原西湖宾馆十八号楼消火栓加压泵后环状管
SQ100水泵接合器
DN150 DN150 DN150
ZSY-150雨淋阀
发电机房及储油间高速喷射器
DN150
试验泄水阀
DN100
DN200
DN150
DN150
DN200
水幕加压泵
320吨水池，其中消防专用水260吨
试验泄水阀
DN100
DN200
DN200
DN150
DN150
水幕加压泵
ZSS150湿式报警阀
DN150
本层水幕喷头共11个
自动排气阀
DN150
DN150
SLL
DN150
ZSJZ150水流指示器
泄水阀
SPPL
地下一层及首层防火卷帘喷头共65个，其中直立型喷头56个，下垂型喷头9个。
DN150
ZSJZ150水流指示器
泄水阀
SPPL
地下二层防火卷帘喷头共84个，其中直立型喷头80个，下垂型喷头4个
排至地下室明沟
SQ100水泵接合器
接原西湖宾馆十八号楼消火栓加压泵后环状管
DN150

水幕及水喷雾系统图

注：1.水幕加压泵型号为 IS125-80-250B($Q=130m^2$, $H=61m$, $N=37kW$)；
2.水幕喷头型号为 ZSTM-15。水喷雾喷头采用高速射流器。

防火卷帘保护系统图

注：1.防火卷帘保护加压泵型号为XBD5-30
($Q=108m^3/h$, $H=54.9m$, $N=30kW$)，1用1备；
2.防火卷帘喷头共149个，其中直立型喷头129个，
下垂型喷头11个，吊顶型喷头9个。

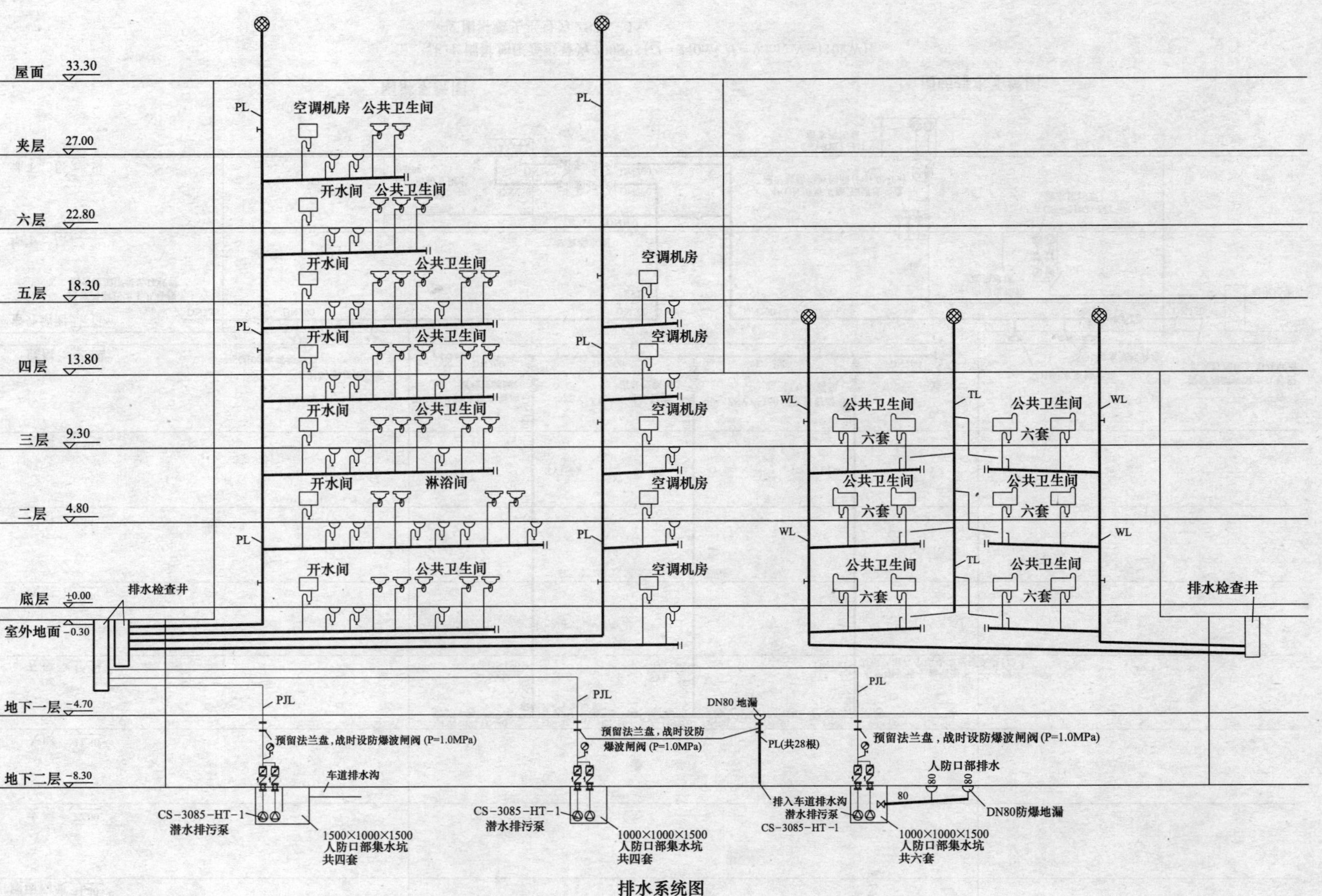

排水系统图

注：1.本建筑污水及废水合流；

2.集水坑内两台潜水排污泵均为高水位同时启动，并设有超水位报警。

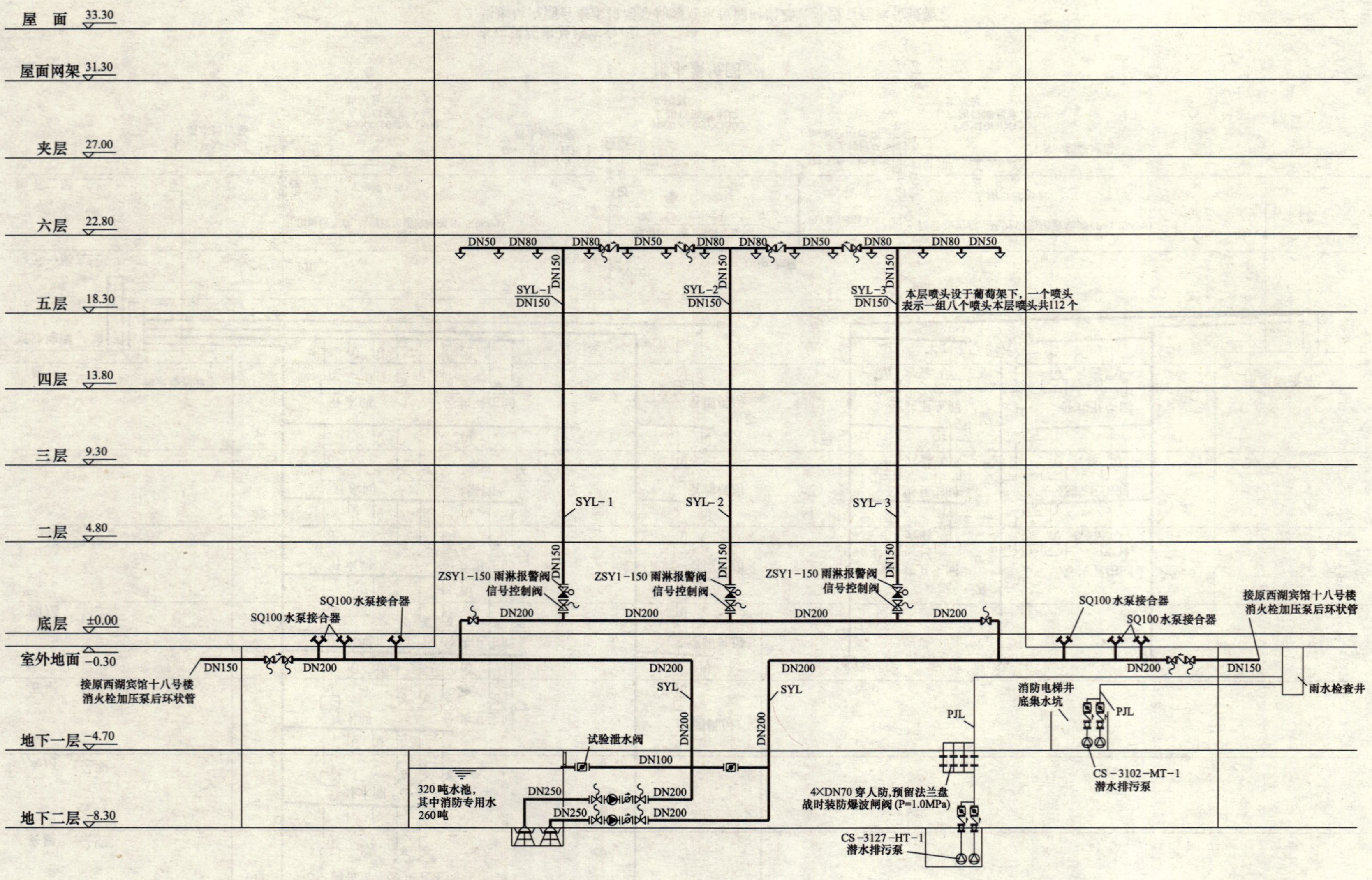

屋面 33.30
屋面网架 31.30
夹层 27.00
六层 22.80
五层 18.30
四层 13.80
三层 9.30
二层 4.80
底层 ±0.00
室外地面 −0.30
地下一层 −4.70
地下二层 −8.30

DN50 DN80 DN80 DN50 DN80 DN80 DN50 DN80 DN80 DN50
SYL−1 DN150
SYL−2 DN150
SYL−3 DN150
本层喷头设于葡萄架下，一个喷头表示一组八个喷头本层喷头共112个
SYL−1
SYL−2
SYL−3
ZSY1−150 雨淋报警阀 信号控制阀
ZSY1−150 雨淋报警阀 信号控制阀
ZSY1−150 雨淋报警阀 信号控制阀
DN200
SQ100 水泵接合器
SQ100 水泵接合器
DN150
DN200
接原西湖宾馆十八号楼消火栓加压泵后环状管
SYL
DN200
试验泄水阀
DN100
320 吨水池，其中消防专用水 260 吨
DN250
DN250
DN200
DN200
SQ100 水泵接合器
SQ100 水泵接合器
接原西湖宾馆十八号楼消火栓加压泵后环状管
DN150
雨水检查井
消防电梯井底集水坑
PJL
PJL
CS−3102−MT−1 潜水排污泵
4×DN70 穿人防，预留法兰盘战时装防爆波闸阀 (P=1.0MPa)
CS−3127−HT−1 潜水排污泵

雨淋系统图

消防排水系统图

注：1.雨淋加压泵型号为 200S95 ($Q=240\text{m}^2$, $H=98\text{m}$, $N=110\text{kW}$)；

2.雨淋喷头型号为 ZSTK−15。

屋面 33.30
夹层 27.00
六层 22.80
五层 18.30
四层 13.80
三层 9.30
二层 4.80
底层 ±0.00
室外地面 -0.30
地下一层 -4.70
地下二层 -8.30
公共卫生间
15L电热水器
开水间
空调机房
至电开水器
JSL
JWL
JRL
接六层屋面冷却塔补充水
SS100 室外消火栓(共五套)
DN100
DN150
DN125
DN50
减压阀后压力调至0.45MPa
人防饮用水箱
人防生活水箱
手摇泵
GD25-15管道泵
预留法兰盘，战时设防爆波闸阀(P=1.0MPa)
人防给水系统共有4套
水泵房
φ600恒压罐
65DL×3变频加压泵

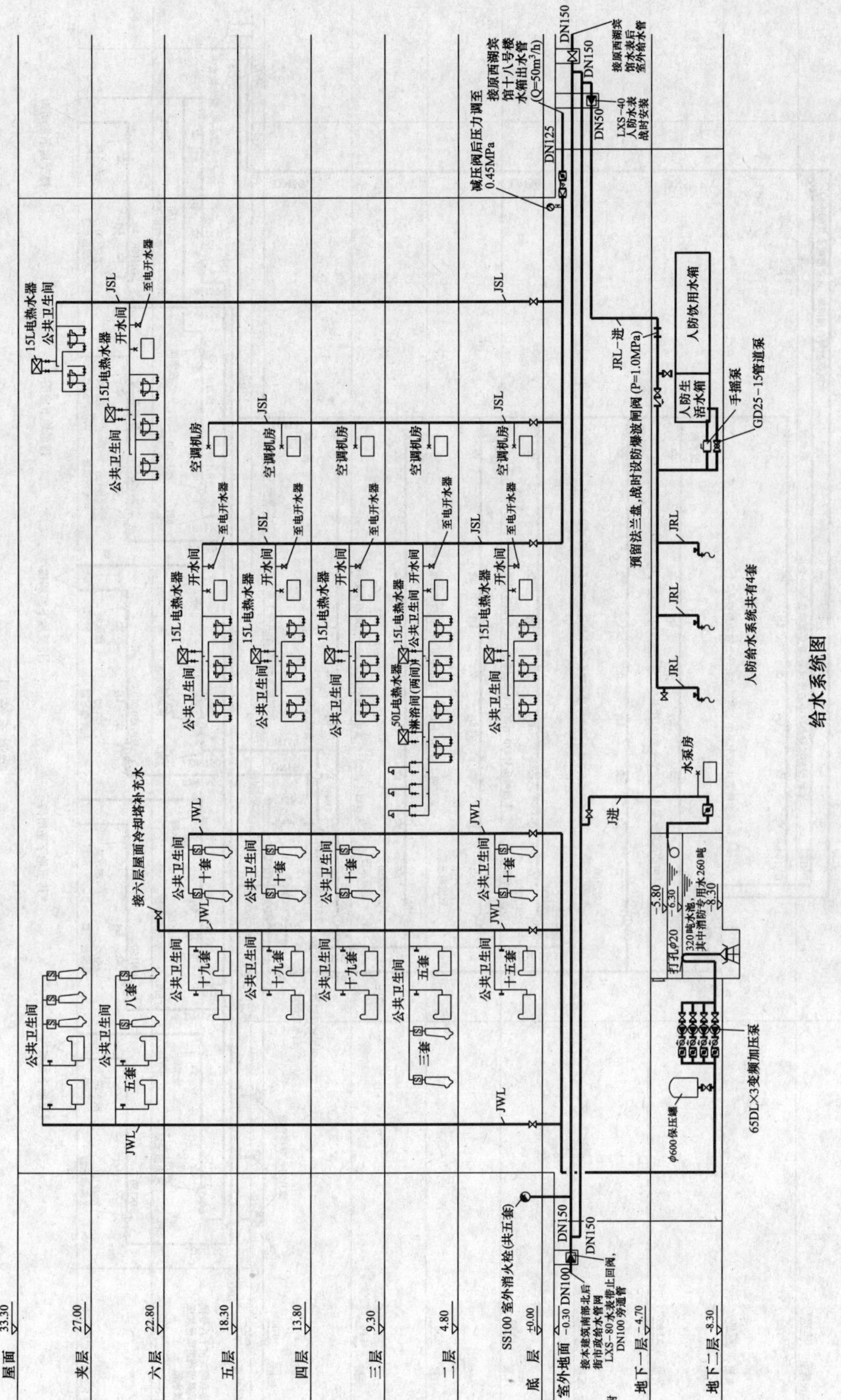

给水系统图

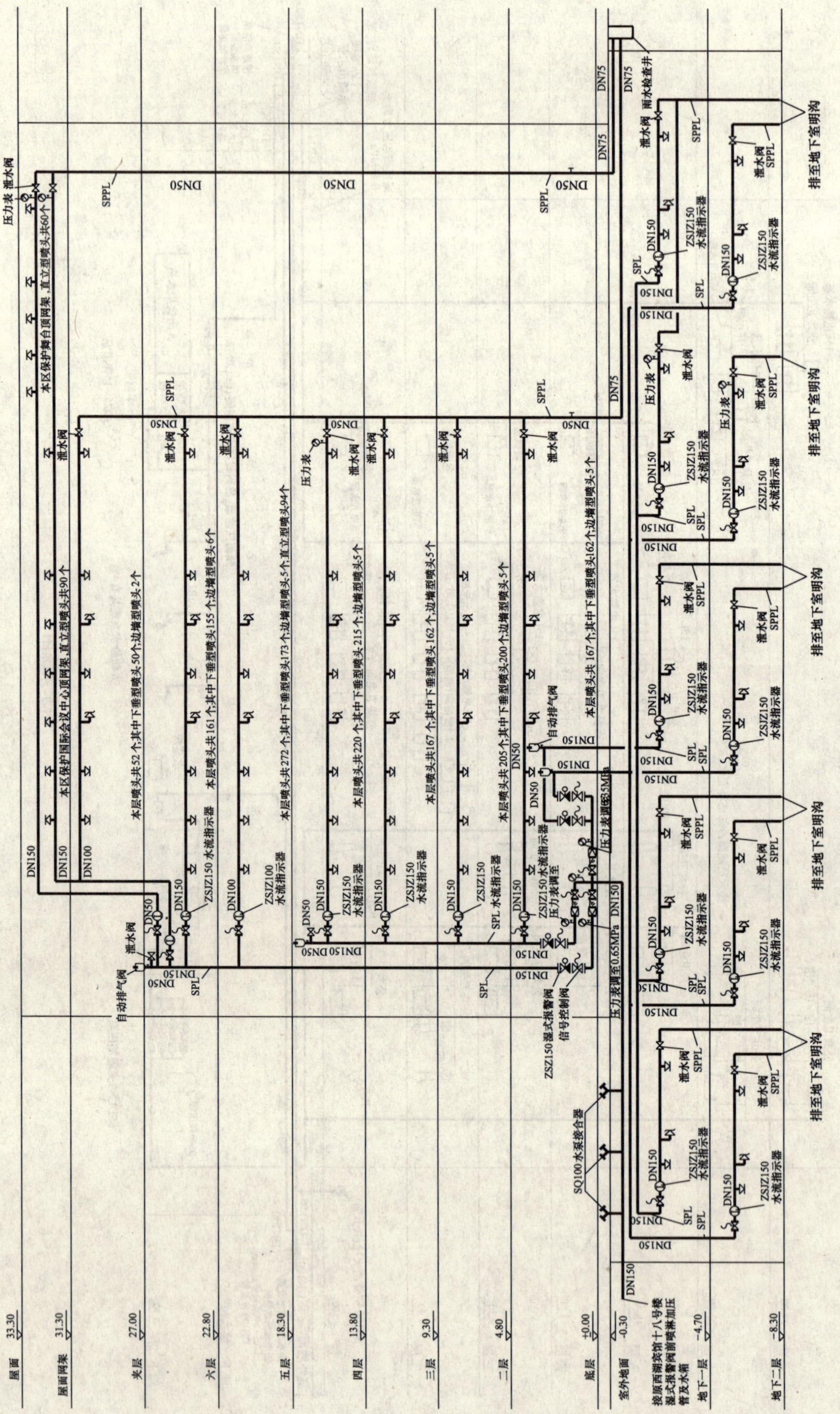

屋面 33.30
屋面网架 31.30
夹层 27.00
六层 22.80
五层 18.30
四层 13.80
三层 9.30
二层 4.80
底层 ±0.00
室外地面 -0.30
接原西湖宾馆十八号楼湿式报警阀前喷淋加压管及水箱
地下一层 -4.70
地下二层 -8.30

本区保护舞台顶网架，直立型喷头共60个
本区保护国际会议中心顶网架，直立型喷头共90个
本层喷头共52个其中下垂型喷头50个，边墙型喷头2个
本层喷头共161个，其中下垂型喷头155个，边墙型喷头6个
本层喷头共272个，其中下垂型喷头173个，边墙型喷头5个，直立型喷头94个
本层喷头共220个，其中下垂型喷头215个，边墙型喷头5个
本层喷头共167个，其中下垂型喷头162个，边墙型喷头5个
本层喷头共205个，其中下垂型喷头200个，边墙型喷头5个
本层喷头共167个，其中下垂型喷头162个，边墙型喷头5个

ZSZ150湿式报警阀
信号控制阀
SQ100水泵接合器
压力表调至0.65MPa
ZSJZ150水流指示器
自动排气阀
泄水阀
压力表
雨水检查井
排至地下室明沟

喷淋系统图

屋面 33.30
屋面网架 31.30
夹层 27.00
六层 22.80
五层 18.30
四层 13.80
三层 9.30
二层 4.80
底层 ±0.00
室外地面 −0.30
地下一层 −4.70
地下二层 −8.30
接原西湖宾馆十八号楼消火栓加压泵后环状管
DN150
压力表调至0.55MPa
SQ100
水泵接合器
自动排气阀
压力表
DN50
DN100
FSL
DN70

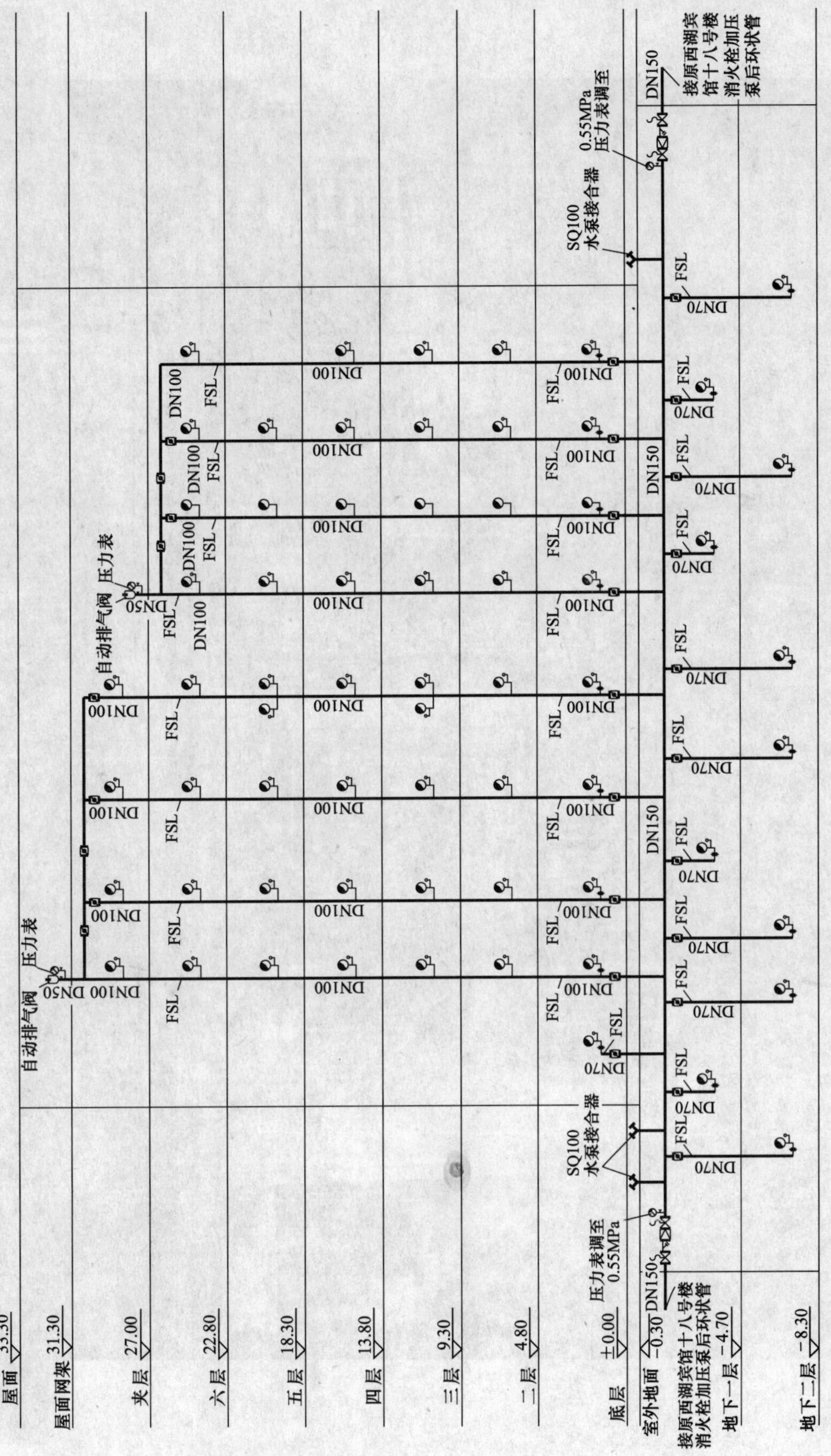

消火栓系统图

福建会堂

上海铁路枢纽南站工程（主站屋、广场、景观）——给水排水专业介绍

设计单位：现代设计集团华东建筑设计研究院有限公司
设 计 人：茅颐华　冯旭东　陈宁　王黎松　胡明　陶俊
获奖情况：公共建筑二等奖

工程概况：

1. 上海铁路枢纽南站工程是上海在超大型立体化、智能化、人性化交通枢纽工程的首次大规模尝试。上海铁路南站作为上海陆上交通的南大门，也是上海对外交通和市内换乘的重要枢纽。该工程的实施不但解决了铁路枢纽客运能力的不足，也加强了市内各交通枢纽之间的联系，是上海21世纪的“标志性”工程。上海铁路南站位于上海市沪闵路以南，石龙路以北，规划中的桂林路以东，柳州路以西的地块。规划用地37.9hm²。其主要由轨道交通1号线、3号线改造、规划中的轻轨L1线上海南站的轨道工程和新建工程组成。新建工程由三大部分组成。

第一部分：上海铁路南站站房（主站屋工程），其中包括主站屋，售票楼和行包房。

第二部分：上海铁路南站广场（地面）工程，主要包含地面绿地景观项目，上海铁路南站长途汽车站和上海铁路南站邮政转运楼，以及地面施工配套工程。

第三部分：上海铁路南站广场（地下）工程，其主要项目有：南广场地下工程和北广场地下工程。

2. 上海铁路南站主体项目规模（表1）

上海铁路南站主体项目规模 **表 1**

名　称	上海铁路南站主站屋		上海南站广场地下工程		上海南站景观绿化	
建筑规模及内容	最高聚集人数 6000 人		商场及停车库，通道		绿地、景观 (包括通道和广场、停车场)	
	地上 3 层，地下 1 层		地下 2 层			
占地面积(m^2)	58250		57331		199368	
建筑高度(m)	42					
建筑面积(m^2)	总建筑面积	50433	总建筑面积	113355	总建筑面积	199368
	地上	45304	南广场	42190	南广场	80029
	地下	5129	北广场	71165	北广场	119339
结构形式	主体为现浇混凝土框架结构，屋面为大跨度钢结构		现浇钢筋混凝土框架结构。施工采用逆做法		集中式大面积绿化的手法，以草坪为主，乔木、灌木相结合	

3. 上海铁路南站主体项目的用水量（表 2）

上海铁路南站主体项目用水量表 **表 2**

名　称	上海铁路南站站屋工程		上海南站广场地下工程		上海南站景观绿化	
消防用水 (L/s)	室外：30		室外：20		室外：15(停车场)	
	消火栓：30		消火栓：20			
	自动喷淋：30		自动喷淋：30			
日供水量 (m^3/d)	主站屋	1718	南广场	1051	南广场	143
	售票楼	72.5				
	行包房	74.5	北广场	623	北广场	228
水源	城市自来水管网。供水水压：0.25MPa。引入管均为 2 路					

4. 上海铁路南站主体项目主要技术（表 3）

上海铁路南站主体项目主要技术 **表 3**

名　称	上海铁路南站站屋工程	上海南站广场地下工程	上海南站景观绿化
给水方式	主站屋：恒压变频直接供水 售票楼、行包房： 市政管网压力直接供水	市政管网压力直接供水	1. 自动喷灌系统水泵加压； 2. 人工喷灌由市政管网压力直接供水
排水方式	主站屋：真空卫生排水和屋面虹吸雨水排水； 售票楼、行包房：污废分流	室外：雨污分流 室内：污废合流	室外：雨污分流
消防给水	主站屋、售票楼：采用各自独立的稳高压给水供水方式； 行包房：独立的临时高压给水方式	1. 采用各自独立的稳高压给水供水方式； 2. 车库、柴油发电机房：自动喷水一泡沫灭火系统	室外市政低压供水
冷却循环给水系统	主站屋：冷却塔采用开式横流塔，系统为前置水泵的干管制形式	冷却塔采用开式横流塔，系统(与冰蓄系统配套)为前置水泵的干管制形式	
采用的节能、节水技术	1. 采用室内真空卫生排水系统的先进技术； 2. 生活给水采用恒压变频直接供水方式； 3. 全自动智能控制在线加药技术应用于空调循环冷却水的水质稳定处理	1. 采用 6L 大便器冲洗水箱； 2. 空调(冰蓄冷)冷却水采用冷却塔处理后循环使用。全自动智能控制在线加药技术应用于水质稳定处理	斜坡绿地自动喷灌系统

5. 上海铁路南站主站屋各部的功能及平面

（1）给水排水设备的基本平面（图1）：

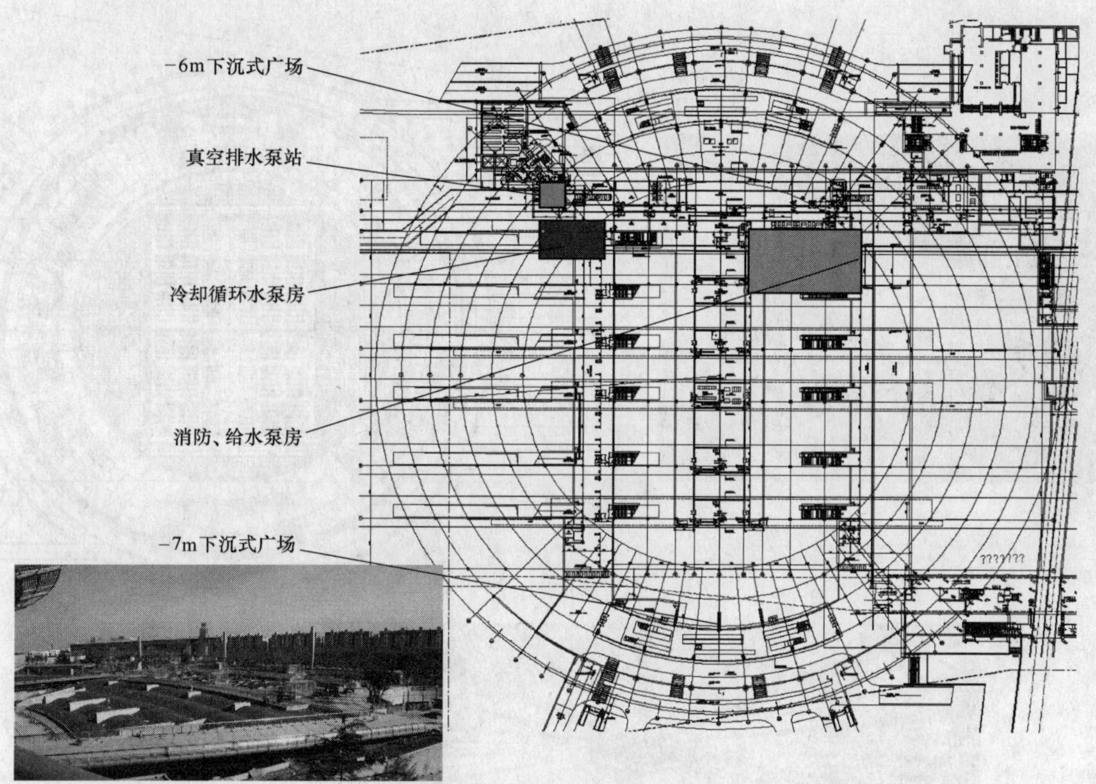

图1 地下平面图

（2）站台平面（图2）：

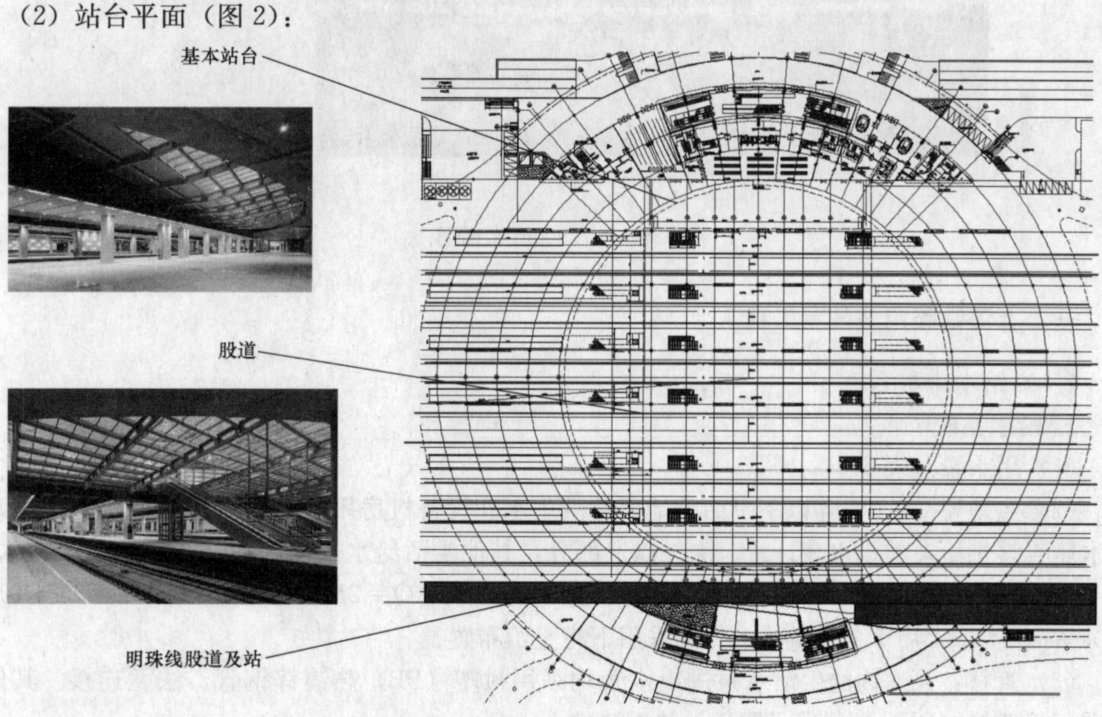

图2 0.00m（站台）平面图

（3）进站大厅及候车平面（图 3）：

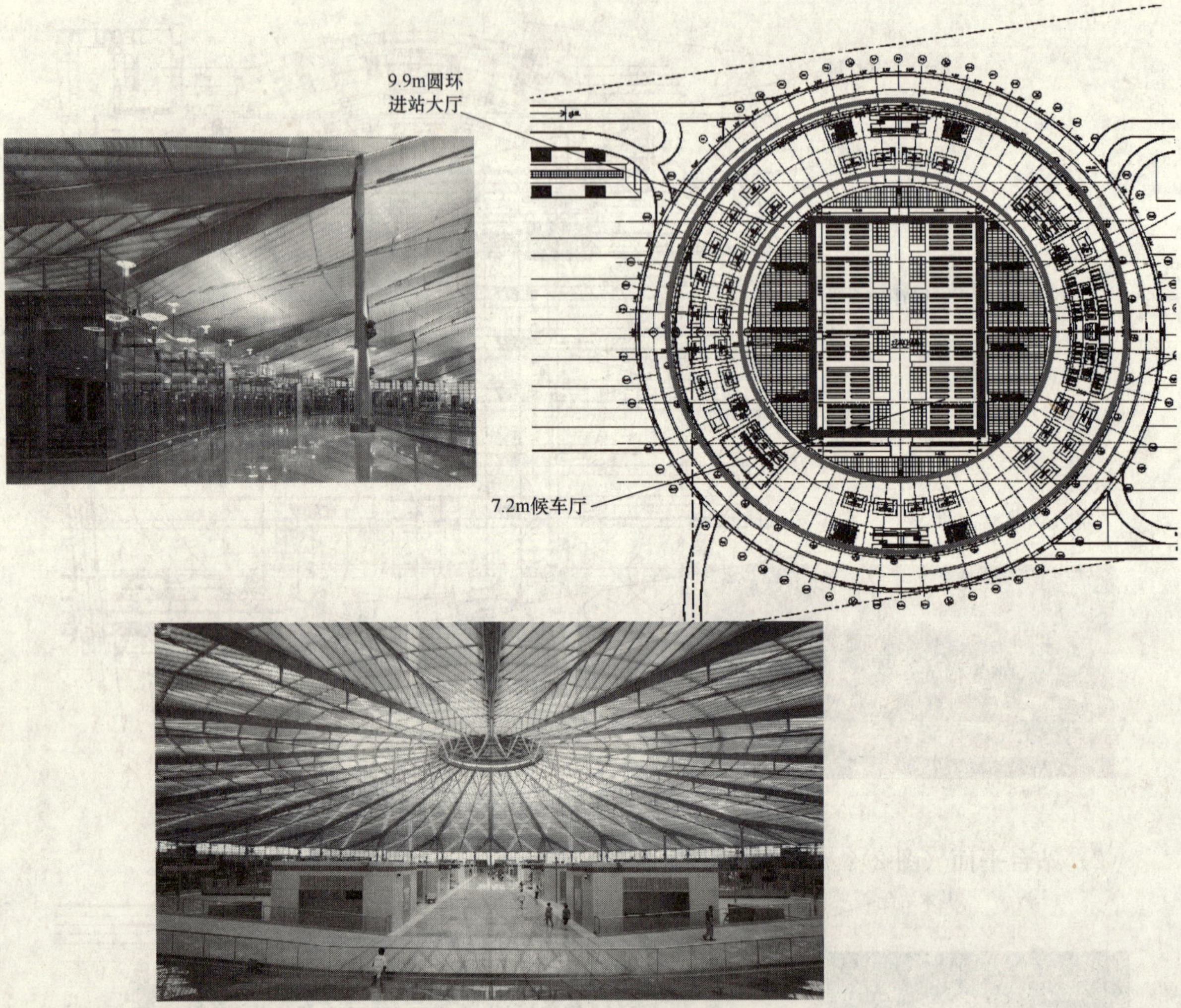

9.9m圆环
进站大厅

7.2m候车厅

图 3　7.500m 平面图

一、上海铁路南站站屋工程

（一）给水排水系统

1. 给水系统

（1）用水量（表 4）。

（2）主站屋－0.000m 以下平面的地面冲洗用水和设备机房用水、生活水池进水采用市政管网水压直接供给，并设水表计量。除去以上部分，其他生活给水采用水池（不锈钢装配式水箱，$V=10\times4\times3\text{m}=120\text{m}^3$）、变频水泵加压泵组［变频泵，$Q=25\text{m}^3/(\text{h}\cdot\text{台})$，$H=36\text{m}$，$N=4.0\text{kW}\times5$ 台。4 用 1 备］供给；管网采用下行上给布置。

（3）管材：泵房内的生活水泵进出水管均采用衬塑（PB）热镀锌钢管，法兰连接。其他部分采用聚乙烯（PE）塑料管及配件，热熔连接。

站房用水量 表 4

编号	名称		设计人数（人）	用水标准[L/(d·人)]	时变化系数 K	使用时间 H(h)	最大日用水量 Q_d(m^3/d)	最大时用水量 Q_h(m^3/h)
1	主站屋	普通候车厅	33480	20	2.5	24	670	69.8
2		软席候车厅	2340	25	2.5	24	59	6.1
3		贵宾候车厅	105	25	2.5	24	3	0.3
4		广厅(商店)	3000	5	2.0	24	15	1.3
5		售票厅	10000	3	2.5	16	30	4.7
6		办公	600	80	2.0	10	48	9.6
7		循环冷却水量	2400	1.67%	1.3	24	738	40.0
8		未预见水量		10%			156	13.2
9		小计					1718	144.8
10	行包房	办公	300	50	2.0	10	15.0	3.0
11		行包房	240	100	2.0	8	24.0	6.0
12		绿化	4800	2.5	1.5	8	12.0	2.3
13		未预见水量		15%			7.7	1.7
14		小计					58.7	12.9
15	售票楼	预留	240	50	2.0	10	12.0	2.4
16		售票厅	15200	3	2.5	16	45.6	7.1
17		绿化	2150	2.5	1.2	8	5.4	0.8
18		未预见水量		15%			9.4	1.5
19		小计					72.4	11.9
20		共计					1849.5	169.6

2. 热水系统：

（1）贵宾候车厅卫生间生活热水采用容积式电（25L，3kW/台）热水器分散制备。

（2）开水供应采用分散设电开水器（9L，6kW/台）加热供给。

（3）管材：采用聚丁烯（PB）塑料管及配件，热熔连接。

3. 排水系统：

（1）主站屋室内卫生排水系统：

① 室内采用污、废水合流系统。站屋内的卫生间排水采用室内真空卫生排水系统，系统图见图 4。其真空排水站的最大能力为 2000L/h。真空泵站采用全自动控制方式，并配备 1 套真空排水监控系统。

② 室内真空卫生排水泵站：真空罐：2 台，6m^3 的真空罐；

真空泵：4 台，500m^3/h（1.0bar），N=11kW/台；

干式污水排水泵：2 台，Q=17m^3/h，H=20m，N=7.5kW/台；

控制柜：70kW/130A

③ 管材及阀门：真空泵站内采用承插式 PVC-U 排水管，粘接。真空排水管采用 PE（PN10）塑料管；管配件为顺水三通；电热熔连接。真空排水系统维修阀均采用真空闸阀。

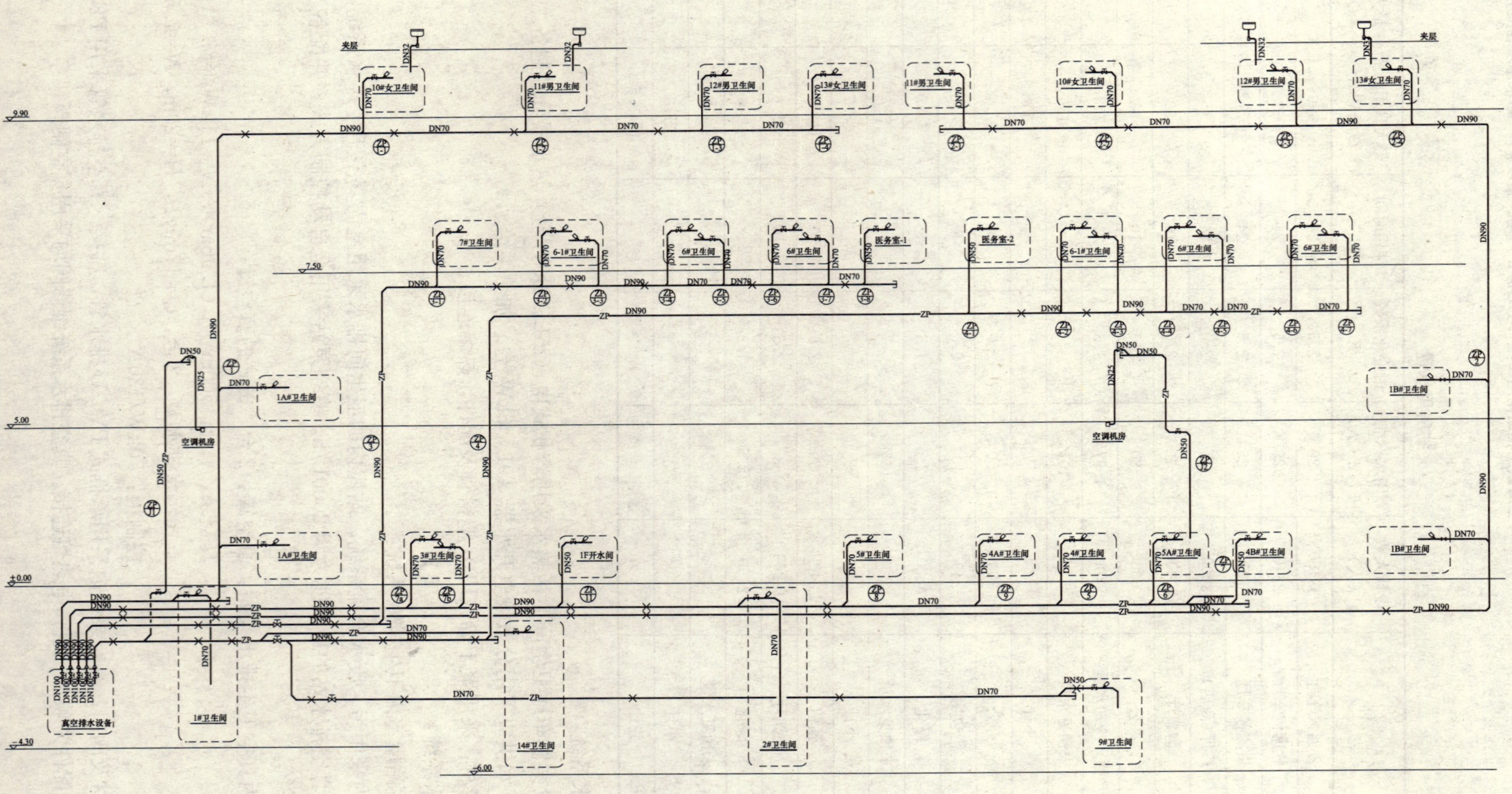

图 4 真空卫生排水系统图

（2）主站房屋面雨水的排出采用虹吸排水系统，系统见图 5。

① 设计重现期为上海地区 50 年暴雨重现期，其设计降雨强度为 $q_5=7.09$ [L/(s·100m²)]；虹吸排水溢流采用天沟设溢流口方式，溢流能力为上海地区 2 年暴雨重现期，其设计降雨强度为 $q_5=2.82$ [L/(s·100m²)]。

② 管材：9.90 m 以上部分采用不锈钢管，焊接。其他部分为离心铸铁管，不锈钢卡箍连接。

（3）售票楼和行包房排水系统：

① 室内采用污、废水分流系统。系统均采用升顶透气。管材为 PVC-U 排水塑料管及管件，承插式粘接。

② 屋面雨水排水采用 87 型雨水斗的重力排水方式，其设计重现期为 $P=2$ 年。

4. 循环冷却给水系统：

（1）系统设四组（每组塔由 200m³/h 3 台塔组成）处理量为 600m³/h 的横流式冷却塔；冷却塔进出水温度为 37℃/32℃。冷却塔布置在站屋西侧行包房的屋顶上见图 6、图 7。循环冷却水泵设在－6.000m 的循环冷却水泵房中；冷却循环水泵 $Q=600\text{m}^3/\text{h}$，$H=28\text{m}$，$N=75\text{kW}$/台，5 台（4 用 1 备）。

图 6　站屋冷却塔

（2）为了解决春秋季节及室外温度低于 15℃时能正常开启冷冻机组，系统配备 1 套蒸汽快速换热器进行冷却循环系统启动前的预热。

（3）系统配备旁滤水处理器（处理水量 $Q=90\text{m}^3/\text{h}$）和全自动智能控制在线加药设备的水质稳定装置。循环水系统浓缩倍数控制为 3。

（4）管材：冷却循环水系统管道中 $DN\leqslant50$ 采用热镀锌钢管，丝扣连接；$80\leqslant DN\leqslant400$ 采用无缝钢管，$DN>400$ 采用卷板管材，焊接。系统管道内壁采用化学镀膜防腐处理。

5. 主站屋屋面冲洗给水系统：

（1）为了解决大屋面的冲洗，采用了独立的屋面冲洗供水系统。系统由 4 根不锈钢立管从 9.9m 环型大厅外柱边引至屋面，并沿 18 个“人”字穹顶钢结构布置冲洗栓口。冬季管网系统防冻设置放空排水阀。

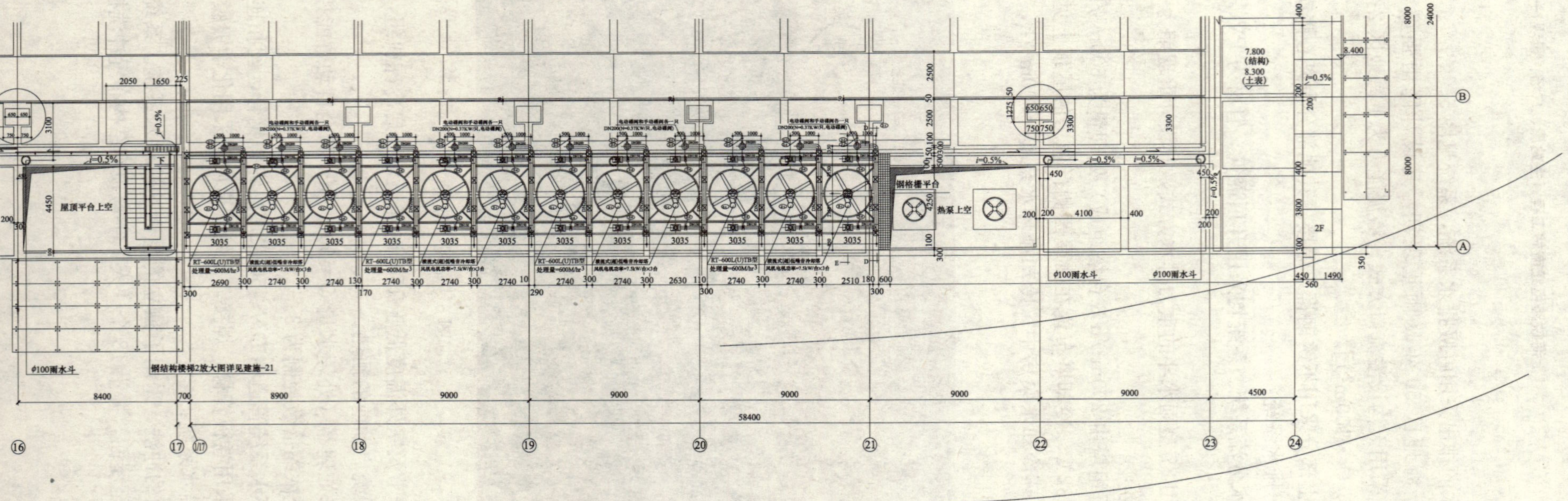

图 7　层顶冷却塔（主站屋）平面图

（2）冲洗水加压泵站

① 冲洗水变频给水机组：Q=8L/s，H=85m，N=37kW。2台（1用1备），配隔膜式气压罐V>100L。

② 不锈钢装配式水箱：尺寸3000mm×3000mm×2000mm；1座。

（3）管材：采用不锈钢管。DN≥80的焊接，DN≤50的丝扣连接。

（二）消防系统

1. 室内水消防系统

（1）消防给水系统

① 室内消防给水采用各自独立的稳高压给水系统（图8）。在地下室消防水泵房内设置消防加压水泵和消防稳压泵、气压罐，加压水泵从市政管网上直接吸取。为保证最不利点消火栓静水压力，消防泵房中设消防稳压泵和气压罐。主站屋部分各设置2组侧墙式DN150水泵接合器（每组为3套）。设置的位置分别在−6.000m米北侧出站广场和±0.000m1号站台处。行包房部分各设置2套侧墙式DN150水泵接合器。

② 消防水泵等设备（表5）。

消防设备表 表5

序号	设备名称		性能参数	单位	数量	备注
1	主站屋	消火栓加压泵	Q=30L/s,H=40m,N=18.5kW	台	2	1用1备
2		消火栓稳压设备	Q=5L/s,H=50m,N=4kW	台	2	配隔膜式气压罐V=50L,泵1用1备
3		消火栓水泵接合器	侧墙式DN150	组	2	每组3套
4		水喷淋加压泵	Q=30L/s,H=60m,N=37kW	台	2	1用1备
5		水喷淋稳压设备	Q=1L/s,H=70m,N=4kW	台	2	配隔膜式气压罐V=50L,泵1用1备
6		水喷淋水泵接合器	侧墙式DN150	组	2	每组3套
7		湿式报警阀组	DN150	套	4	
8	售票楼湿式报警阀组		DN150	套	1	
9	行包房	消火栓加压泵	Q=20L/s,H=30m,N=11kW	台	2	1用1备
10		消火栓稳压设备	Q=5L/s,H=40m,N=3kW	台	2	配隔膜式气压罐V=50L,泵1用1备
11		消火栓水泵接合器	侧墙式DN150	套	2	
12		水喷淋加压泵	Q=30L/s,H=40m,N=30kW	台	2	1用1备
13		水喷淋稳压设备	Q=1L/s,H=50m,N=2.2kW	台	2	配隔膜式气压罐V=50L,泵1用1备
14		水喷淋水泵接合器	侧墙式DN150	套	2	
15		湿式报警阀组	DN151	套	1	

（2）消火栓的布置

① 室外消火栓（DN100）的布置。

为了保证9.800m环型车道上的室外消防用水，从1号站台下的室外消防环状管网上引出2根DN150给水管至9.800m环型车道下方，并设环管连接。在环型车道边设置8个地上式三出口消火栓，其栓口水压不低于0.10MPa。

主站屋地下出站广场－6.00m和－7.00m，分别设置地上式室外消火栓2个，管道由0.000m站台消防专用环管上接出。

0.000m基本站台室外消火栓（地下式）布置应满足主站屋，行包房和售票楼的水泵接合器及其室外消防供水要求。

② 室内消火栓的布置。

消火栓采用*DN*65，*Φ*65×*Φ*19水枪，*DN*65×*Φ*25m长的衬胶水龙带；消防卷盘为*DN*25，水龙带采用*DN*25×*Φ*25m橡胶水带，箱内配启泵按钮和指示灯，下部配磷酸铵盐干粉灭火器。站屋室内消火栓按保护半径为29m，消火栓之间的最大距离不大于30m布置；并且确保2股水柱同时到达。主站屋除基本站台外，其他2～6号站台也布置了若干了消防箱，作为站台消防的辅助保护。

(3) 自动喷淋灭火系统：

① 系统设计参数（表6）

自动喷水设计参数　　表6

分项		危险等级	设计喷水强度[L/(min·m²)]	作用面积(m²)	用水量(L/s)
主站屋	站屋内办公等用房	中危险Ⅰ级	6	160	30
	站屋内的商场	中危险Ⅱ级	8	160	
行包房	办公等用房	中危险Ⅰ级	6	160	30
	行包房	中危险Ⅱ级	8	160	

② 系统组件

主站屋设置4套*DN*150水力报警阀组，并按消防分区分别设置水流指示器和监控。其中9.900m大厅部分供水管按环管供水。

行包房和售票楼各设置1套*DN*150水力报警阀组，并按消防分区分别设置水流指示器和监控。

办公室及走道，商场，售票厅中喷头，采用标准闭式吊顶型喷头（68℃）。行包房和无吊顶内采用标准闭式直立型喷头（68℃）。

主站屋自动喷淋系统见图9。

(4) 消防给水系统管材：*DN*≥80的均采用热镀锌钢管，沟槽式机械接头连接；

DN＜80的采用热镀锌钢管，丝扣连接，丝扣连接处应刷防锈漆2道，再漆银粉漆。

(5) 固定气体灭火系统

① 主站屋和行包房内的计算机用房和网络控制用房，通信枢纽用房电源室等均采用七氟丙烷（HFC-227ea）气体自动灭火系统。系统为组合分配方式（图10）。

② 设计保护区的正常温度为20℃，设计灭火浓度为8.0%。保护区内设计浓度不大于9%，气体释放延时时间为30s。系统的喷放时间小于10s。系统设置自动和手动控制功能，并有具备应急机械式操作控制系统。

③ 管材采用无缝钢管，并做内外镀锌防腐处理。*DN*≤80的采用螺纹连接，*DN*＞80采用法兰连接。

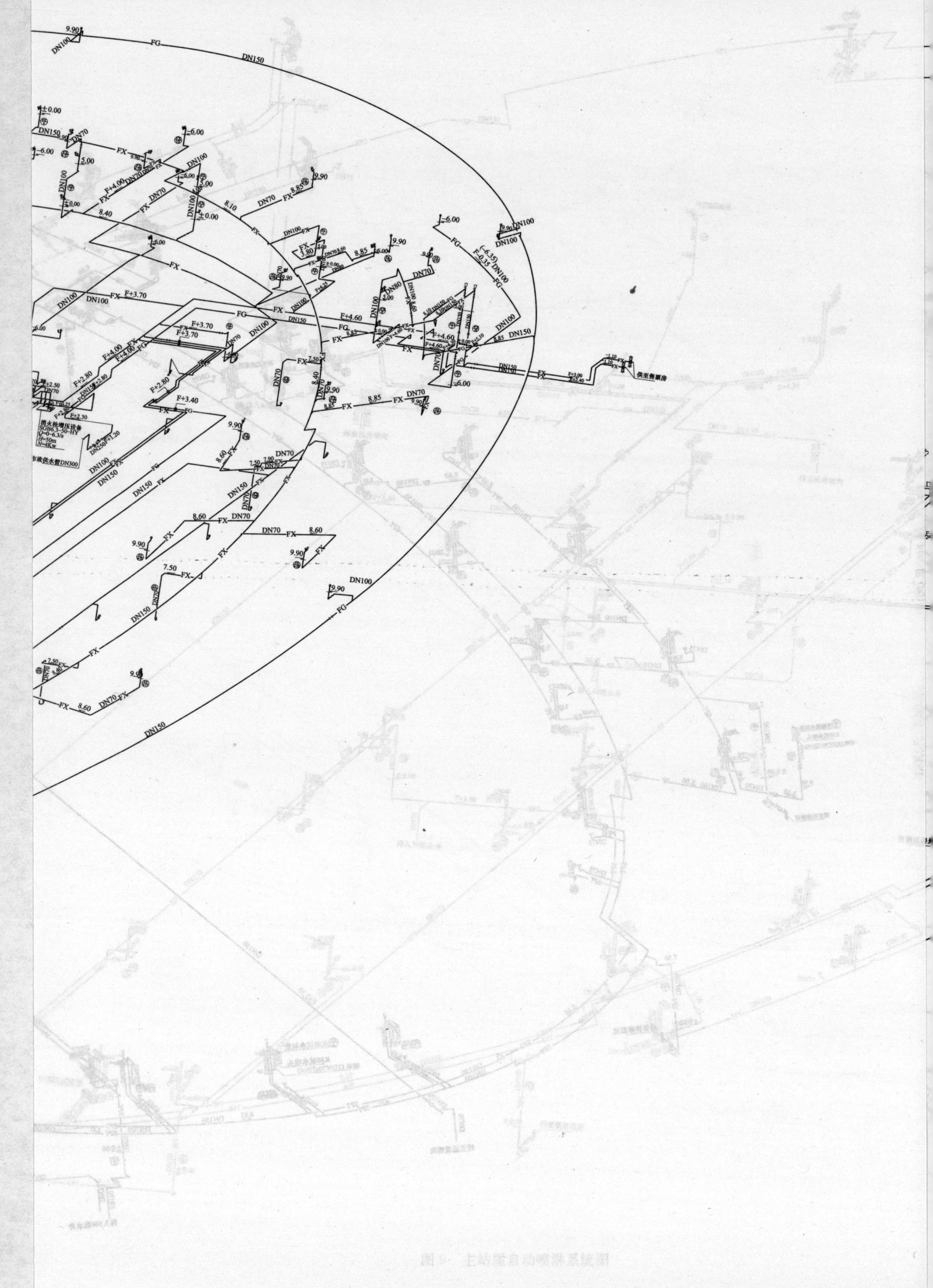
消火栓增压设备
SGB6.3-50-HY
供至售票房
市政供水管DN300

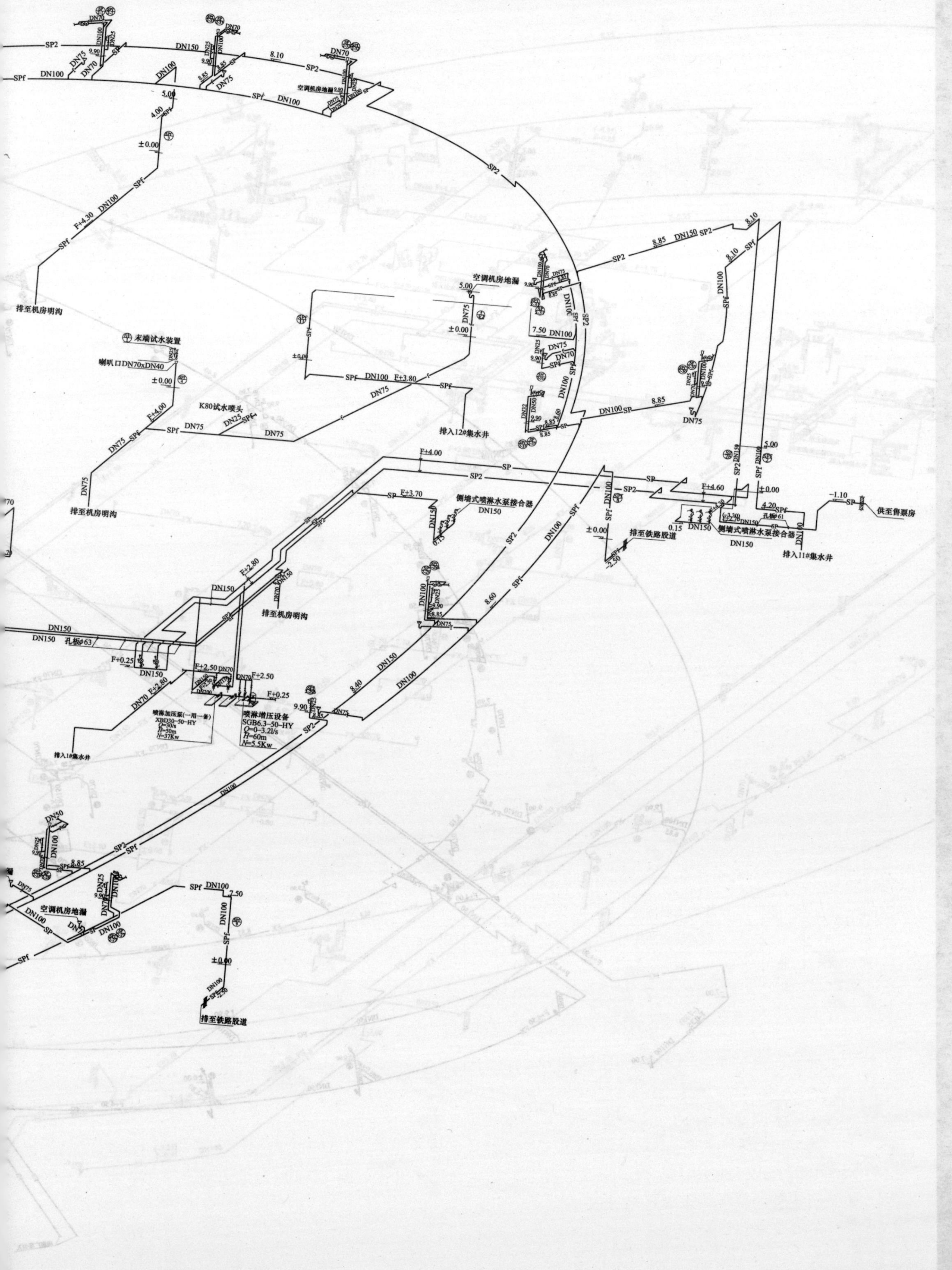

图8 主站层消火栓系统图

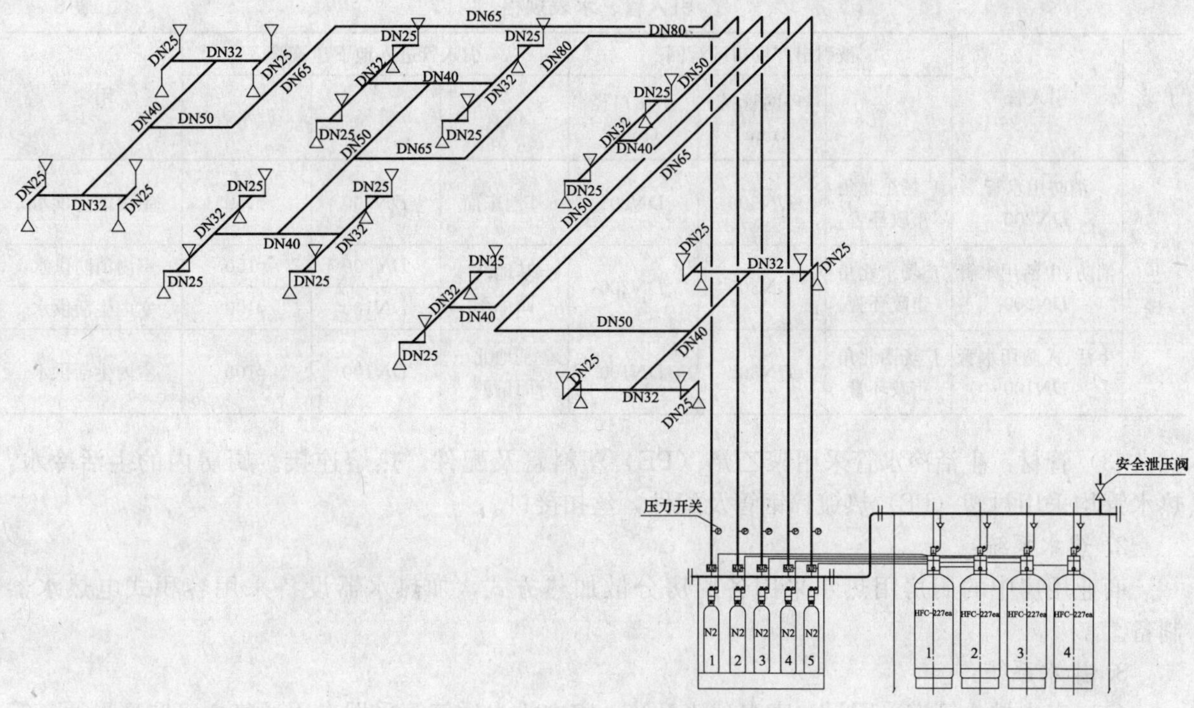

图10　主站屋气体灭火系统图

二、上海铁路南站一北广场地下工程

（一）给水排水系统

1. 给水系统：

（1）用水量（表7）。

北广场地下工程用水量　　　　表7

编号		名　称	设计人数(人)	用水标准 [L/(d·人)]	最大日用水量 Q_d(m³/d)	最大时用水量 Q_h(m³/h)
1	北广场	办公	600	80	48.0	12.0
2	北广场	车库地面冲洗	25000	2	50.0	7.5
3	北广场	通道地面冲洗	7100	2	14.2	2.1
4	北广场	商店	11000	5	55.0	9.2
5	北广场	餐厅(商店)	5000	15	75.0	9.4
6	北广场	循环冷却水量	1400	2%	672.0	28.0
7	北广场	未预见水量		15%	137.1	10.2
8	北广场	小计			1051.3	78.4

（2）水源及计量：

水源取自城市自来水管网。其市政管网供水点常年水压为：0.15～0.24MPa。从上海南站北广场城市给水环网上引入2根*DN*200给水管，生活用水管接2路*DN*100给水管进地下室，各给水引入管的管径、水表规格见表8。

引入管、水表规格 **表 8**

广场	引入管	被引出广场市政管网			引入管进入地下建筑管			用途
		位置	环网管径（mm）	引出口径（mm）	位置	管径	设水表	
北广场	消防用水管 $DN200$	广场东北角市政环管	$DN300$	$DN200$	基地东面	$DN200$	$\phi150$	室内消防供水
	消防、生活用水管 $DN200$	广场东北角市政环管	$DN300$	$DN200$	基地北面偏东	$DN200$	$\phi150$	室内消防供水
						$DN100$	$\phi100$	室内生活供水
	生活、人防用水管 $DN100$	广场西北角市政环管	$DN300$	$DN100$	基地北面偏西	$DN100$	$\phi100$	室内生活供水

（3）管材：生活冷水管采用聚乙烯（PE）塑料管及配件，热熔连接。厨房内的生活冷水，热水管均采用衬塑（PB）热镀锌钢管及配件，丝扣接口。

2. 热水系统：

商业用房中的厨房用热水采用各厨房分散加热方式，加热水器设备采用容积式电热水器制备。

3. 排水系统：

（1）室内排水管道采用污、废水分流系统。室内排水透气管采用专用通气立管和环形通气管相结合的形式。厕所污、废水汇集至污水集水池，并由污水潜水泵抽送排入总体污水管道；设备机房的排水采用集水坑、排水潜水泵抽送排入总体污水管道。

（2）商业用房中的餐饮废水经全封闭油脂分离器处理后，由排水潜水泵抽送排入总体污水管道。

（3）地下车库废水经聚集型矿油分离器处理后，再经排水潜水泵抽送排入总体污水管道。

（4）地下通道入口部分雨水由排水潜水泵抽送排入广场雨水管道。其雨水设计重现期 $P=5$ 年。

（5）下沉式广厅、下沉式景观广场雨水汇集后由排水潜水泵抽送排入广场雨水管道。其雨水设计重现期 $P=10$ 年。

（6）管材：① 车库地下室排水管采用 PVC-U 排水管及配件，粘接接口。

② 地下潜水泵排水管均采用热镀锌钢管，$DN\geqslant80$ 的采用机械沟槽式接口；$DN<80$ 的采用丝扣接口，丝扣连接。

③ 埋入地下二层地板内的排水管用离心排水铸铁管，不锈钢卡箍连接。

4. 冷却循环水系统（配合空调冰蓄冷系统）：

（1）系统设 8 台（每台冷却塔 $150m^3/h$）处理量为 $1200m^3/h$ 的横流式冷却塔；冷却塔进出水温度为 37℃/32℃。冷却塔布置在室外绿化区内。循环冷却水泵设在地下二层空调机泵房中。冷却循环水泵：常规主机冷却水泵 $Q=300m^3/h$，$H=27m$，$N=37kW$，1 台；双工况主机冷却水泵 $Q=450m^3/h$，$H=26m$，$N=45kW$，3 台（2 用 1 备），（图 11）。

（2）系统配备循环水旁滤处理器（处理水量 $Q=70m^3/h$）和全自动智能控制在线加药设备的水质稳定装置。循环水系统浓缩倍数控制为 3。

（3）管材：冷却循环水系统管道中 $DN\leqslant50$ 的采用热镀锌钢管，丝扣连接；$80\leqslant DN\leqslant350$ 的采用无缝钢管；$DN>350$ 的采用卷板管材，焊接。系统管道内壁采用化学镀膜防腐处理。

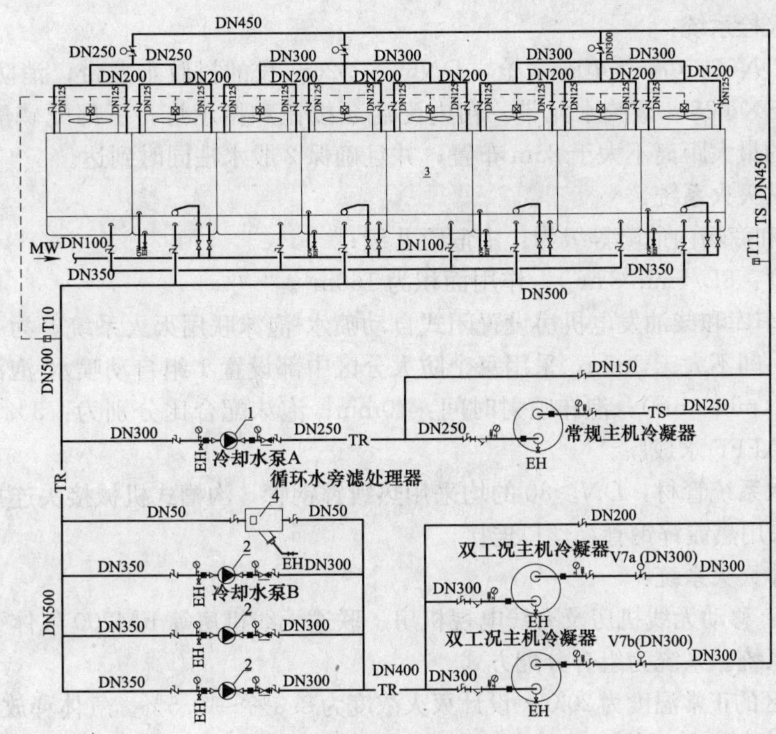

图 11　冷却塔循环水系统流程图

（二）消防系统

(1) 消防给水系统：

① 用水量：

室外消火栓消防用水量：20L/s；

室内消火栓消防用水量：20L/s；

自动喷水灭火系统消防用水量：30L/s。

② 室内消防给水采用各自独立的稳高压给水系统。在地下室消防水泵房内设置消防加压水泵、消防稳压泵和气压罐；加压水泵从市政管网上直接吸取。各系统配备 *DN*150 地上式水泵接合器。

③ 消防水泵等设备见表 9：

消防设备表　　表 9

序号	设备名称	性能参数	单位	数量	备注
1	消火栓加压泵	Q=20L/s, H=30m, N=11kW	台	2	1用1备
2	消火栓稳压设备	Q=5L/s, H=40m, N=4kW	台	2	配隔膜式气压罐 V=50L,泵1用1备
3	消火栓水泵接合器	地上式 *DN*150	组	2	每组2套
4	水喷淋加压泵	Q=30L/s, H=50m, N=37kW	台	2	1用1备
5	水喷淋稳压设备	Q=1L/s, H=60m, N=4kW	台	2	配隔膜式气压罐 V=50L,泵1用1备
6	水喷淋水泵接合器	地上式 *DN*150	组	2	每组3套
7	湿式报警阀组	*DN*150	套	20	
8	湿式报警阀组	*DN*100	台	1	
9	水喷淋泡沫罐	泡沫罐容量 1.0m^3	台	13	

(2) 室内消火栓系统：

消火栓采用 *DN*65，*Φ*65×*Φ*19 水枪，*DN*65×*Φ*25m 长的衬胶水龙带；消防卷盘为 *DN*25，水龙带采用 *DN*25×*Φ*25m 橡胶水龙带，箱内配启泵按钮和指示灯，下部配磷酸铵盐干粉灭火器。消火栓之间的最大距离不大于 25m 布置；并且确保 2 股水柱同时到达。

(3) 自动喷淋灭火系统：

① 地下车库和商场内危险等级为：中危险Ⅱ级；

设计喷水强度：8L/(min·m²)；作用面积为 160m²。

② 地下室汽车库和柴油发电机房设置闭式自动喷水-泡沫联用灭火系统。为了保证系统自喷水至泡沫的转换时间不大于 3min，采用每个防火分区中部设置 1 组自动喷水-泡沫装置。泡沫喷射强度为：6.5L/(min·m²)；泡沫喷射时间：10min；泡沫配合比分别为：3%和 6%。原液选用储存时间长的 AFFF 水成膜。

(4) 消防给水系统管材：*DN*≥80 的均采用热镀锌钢管，沟槽式机械接头连接；

DN<80 的采用热镀锌钢管，丝口连接。

(5) 固定气体灭火系统：

① 电信机房、移动无线机房及有线电视机房、联通无线机房等 FM200 气体灭火系统等均采用气体自动灭火系统。系统为组合分配方式。

② 设计保护区的正常温度为 20℃，设计灭火浓度为 8.3%～10.5%。气体释放延时时间为 30s。系统的喷放时间小于 10s。系统设置自动和手动控制功能，并有具备应急机械式操作控制系统。

③ 管材采用无缝钢管，并做内外镀锌防腐处理。*DN*≤80 的采用螺纹连接，*DN*>80 采用法兰连接。

三、上海铁路南站广场景观绿化

(一) 给水排水系统

1. 给水系统：

(1) 用水量（表 10）。

南站广场绿化用水量 **表 10**

编号	地块名称		设计参数 (m²)	用水标准 [L/(d·m²)]	时变化系数 K	使用时间 H(h)	最大日用水量 Q_d(m³/d)	最大时用水量 Q_h(m³/h)
1	北广场	绿地面积	64403	2.0	1.5	8	128.8	24.2
2		硬地面积	26015	2.0	1.5	8	52.0	9.8
3		未预见量		20%			36.2	6.8
4		小计					217.0	40.7
5	南广场	绿地面积	30198	2.0	1.5	8	60.4	11.3
6		硬地面积	24864	2.0	1.5	8	49.7	9.3
7		未预见量		20%			22.0	4.1
8		小计					132.1	24.8
9	共计						349.2	65.5

(2) 水源及计量：

水源取自城市自来水管网，其市政管网供水点常年水压为：0.15～0.24MPa。绿化用水采用市政管网水压直接供给，对每个绿化块给水管分别由广场市政管网上引入，引入管上设水表计量，并设置倒流防止器。

2. 绿地景观排水（雨水排水）

（1）绿地下有地下建筑部分，采用设排水盲管集水，并由排水沟和排水管汇集和排入广场市政雨水管网。

（2）下沉式广场排水：在斜坡绿化景观部分设排水盲管集水。盲管内雨水由下沉式广场地面排水沟渠引入地下建筑中的雨水排水泵站，并由泵站内的潜水泵提升后，排入广场市政雨水管网。

（3）绿地上空高架车道及人行道上的雨水排水，由车道和人行道上的排水管引入地面集水井。再由绿地雨水管网排入广场市政雨水管。

（4）绿地景观雨水排水量见表11。

绿地景观雨水排水量 **表11**

编号	广场	名　称	设计重现期 P(年)	雨水排水量(L/s)
1	南广场	下沉式绿地及广场	10	160
2		绿地高架车、人行道及硬地面	2	435
3		合计	—	595
4	北广场	下沉式绿地及广场	10	260
5		绿地高架车、人行道及硬地面	2	304
6		合计	—	564

3. 绿地喷灌系统

（1）对于大面积的灌木林和竹林区，预留给水接头，可在日后增设滴灌浇水设施。斜坡绿地采用自动喷灌供水系统；喷头采用暗藏式低射角式标准射角产品；供水采用水池、水泵加压供给，并配备雨水感知器和自动控制器，管网分组喷灌。

（2）加压泵站（位于广场地下一层）

① 加压水泵（变流量稳压水泵）：Q=0～18m^3/h，H=50m，N=5.5kW；2台（1用1备）。

② 玻璃钢水箱：尺寸2000mm×2000mm×1500mm；1座。

（3）管材：水泵进出水管采用衬塑钢管，其余室内给水管和自动喷灌给水管采用聚乙烯（PE）给水管，热熔连接。

4. 景观水景系统

（1）喷水池中心有1座景观石，直流喷头围绕着景观石布置2圈。内圈喷头角度与池底垂直，其直线水柱最高处距水面3.5m。外圈喷头角度向内倾斜15°。其弧线水柱最高处距水面1.5m。喷泉供水采用专用不锈钢潜水泵直接加压供给，其供水总量为：200m^3/h。

（2）主要设备表（表12）

景观水景设备表 **表12**

序号	设备名称	性　能　参　数	单位	数量	备注
1	可调方向直流喷头	PZW25(DN25)，全不锈钢材质 Q=2.5～3.5m^3/h,水压=47～96kPa, 喷高=4.0～8.0m	只	20	设置外圈
2		PZW25(DN40)，全不锈钢材质 Q=3.5～6.5m^3/h,水压=48～100kPa, 喷高=4.6～9.0m	只	18	设置内圈
3	喷泉水泵	Q=30L/s,H=60m,N=37kW	台	3	3台同时用
4	喷泉控制柜	N=4kW	台	1	系统自带

(3) 管材

① 喷泉供水管均采用不锈钢管焊接，喷头与管道的连接采用丝扣连接。

② 水池进水管：预埋池壁部分采用热镀锌衬塑（PB）钢管，丝扣连接；埋地部分采用聚乙烯（PE）给水管，热熔连接。

③ 排水管均采用给水铸铁管，石棉水泥承插式接口。

(4) 广场喷泉的形式（图12）。

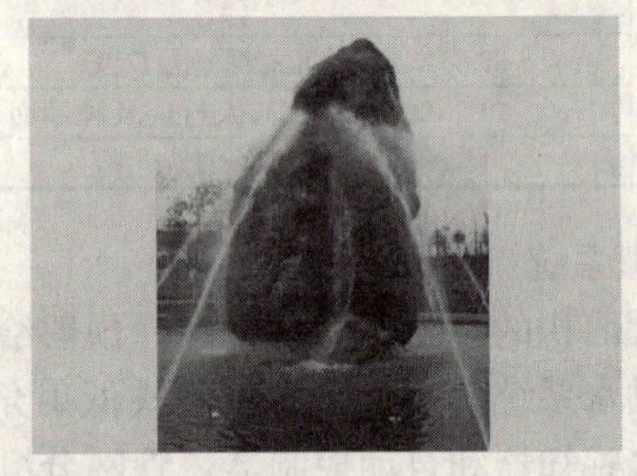

图12　广场喷泉

四、工程设计特点介绍

（一）室内真空卫生排水技术

——解决大空间重力系统无法设透气管的技术难题，节水、节能、安全卫生的排水新方式。

室内真空卫生排水系统是一种完全不同于传统重力排水概念的全封闭排水方式。从原来用于飞机和火车上的单个设备，发展成能为特殊建筑服务的室内真空卫生排水系统。该系统的排水方式具有节水、管网无污水渗漏、无异味气体排出的特点，同时还有洁具可随意布置、系统管网不需任何重力坡度等显著优点，是一种洁净、灵活性强的节水排水系统。

室内真空排水方式是一个全新理念的排水系统。从设计思想和设备的配置，到系统的计算及工程的应用和施工都有其独特的技术。同时，自动控制和监视系统的应用，使该排水方式实现了机电一体化。

该系统有真空泵站、真空坐便器、真空排水收集装置（TYPE2，AE25）和真空排水地漏组成。该系统的应用既解决了本工程的难点，而且也有以下几方面的优点：

节水：坐便器冲洗用水仅需1L，这不仅为业主带来显著的经济效益，更主要是从保护水资源的角度，满足了全球性环境保护要求。

管道安装灵活：由于真空卫生排水管不是依据重力排水原理，故管道的敷设中不用考虑坡度，能像压力管道的敷设一样自由上下绕行。高速的传输能力，决定了管道的管径比重力管相对要小。站屋吊顶内真空排水管道见图13。

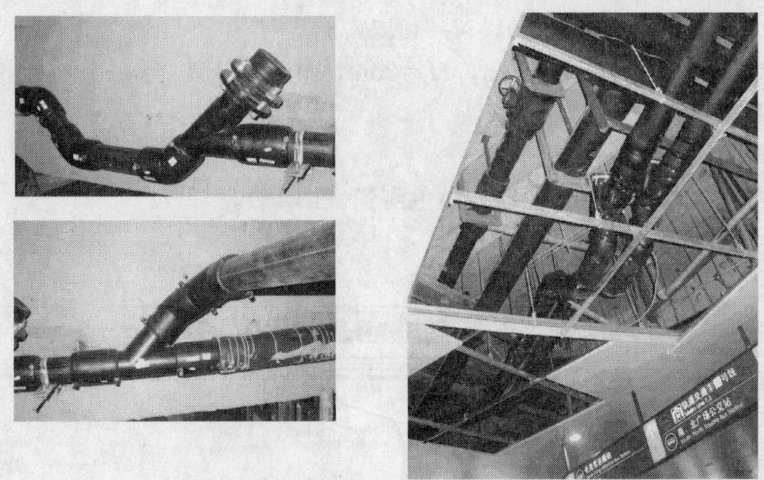
图 13　站屋吊顶内真空排水管

全封闭的系统：无污水渗漏，也无气体的排出。特别是在设有空调的卫生间地漏中水封的蒸发所产生的臭气溢出现象不会再发生了，满足了卫生要求。

(1) 室内真空卫生排水泵站（图 14）：真空罐：2 台，6m^3 的真空罐

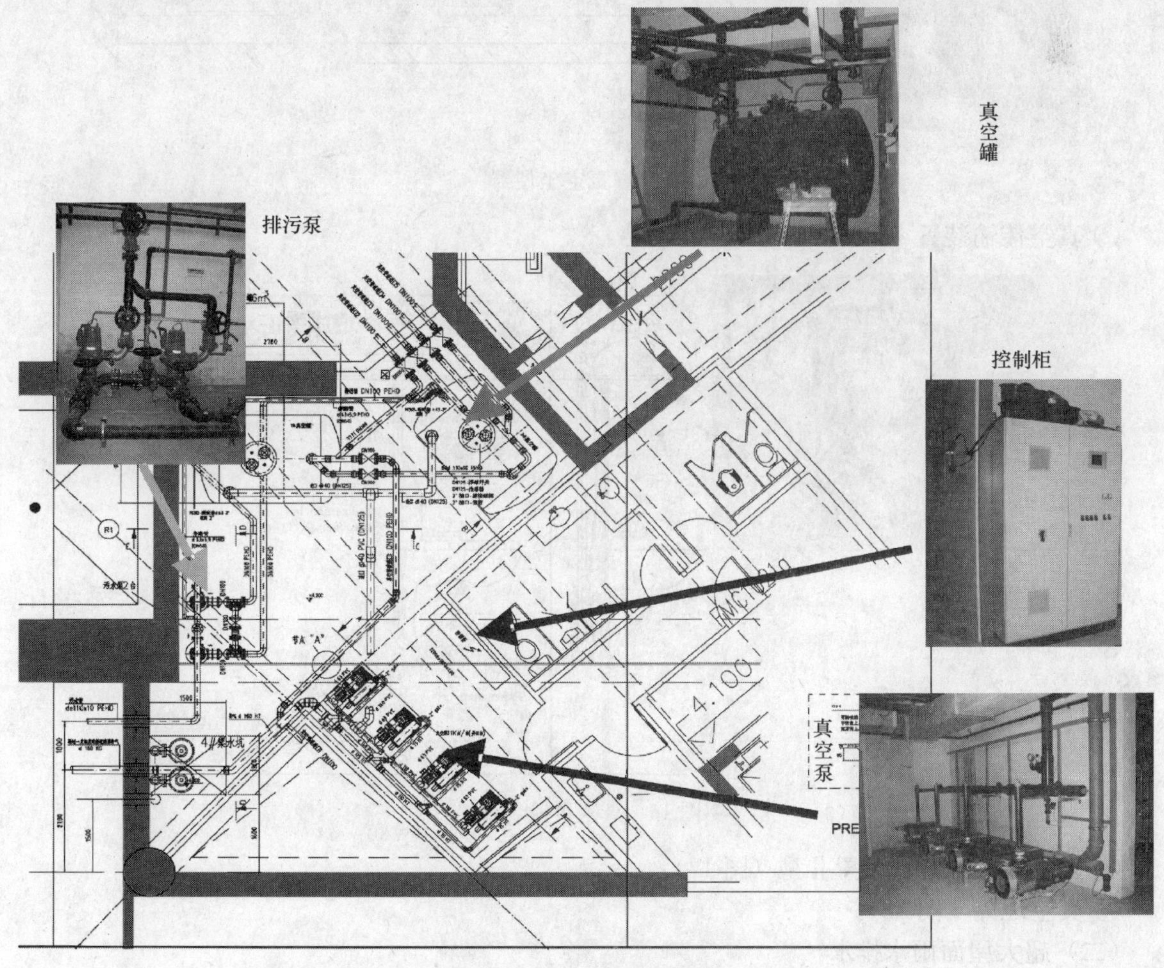

图 14　真空卫生排水泵站

真空泵：4 台，500m^3/h（1.0bar），N=11kW/台

干式污水排水泵：2 台，Q=17m^3/h，H=20m，N=7.5kW/台

控制柜：70kW/130A

（2）室内真空卫生排水收集设备

① 真空坐便器：落地式真空坐便器，白色陶瓷（图 15）。

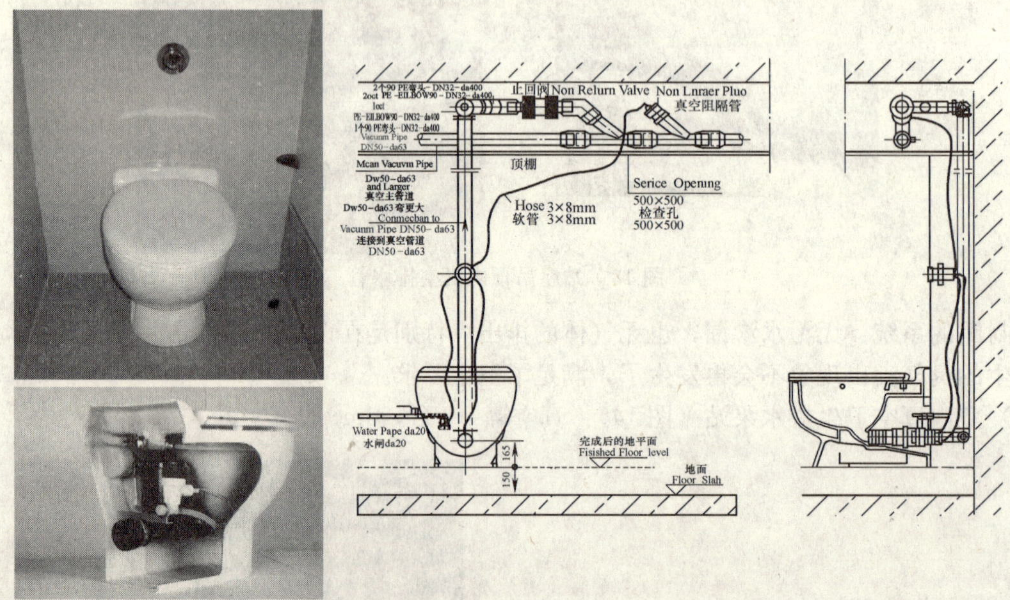

图 15　真空坐便器

② 真空传输装置 AE25 1 1/4″（图 16）。

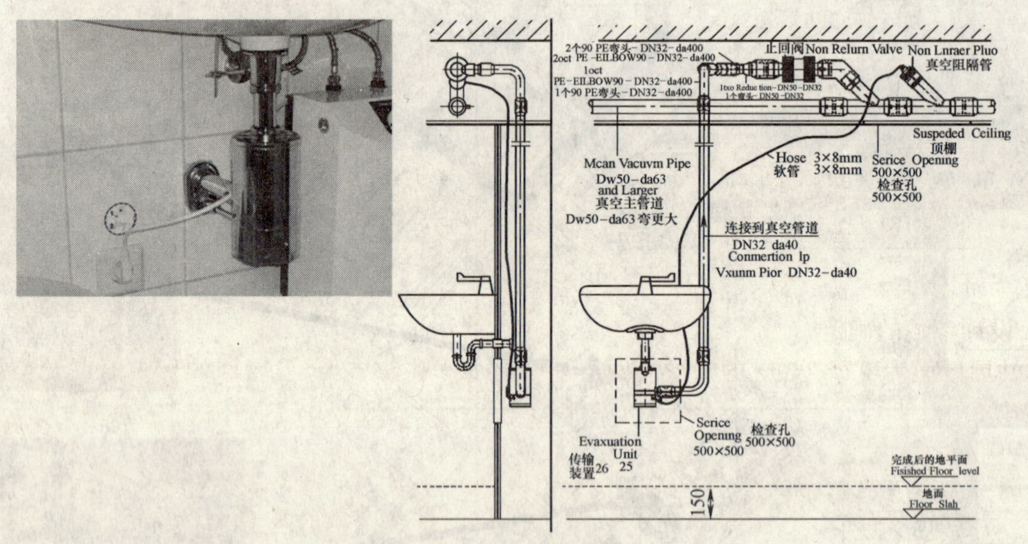

图 16　真空传输装置

③ 真空收集箱传输装置Ⅱ型（图 17）。

④ 真空地漏（图 18）。

（二）超大屋面雨水排水

——采用先进、可靠的虹吸雨水排水技术

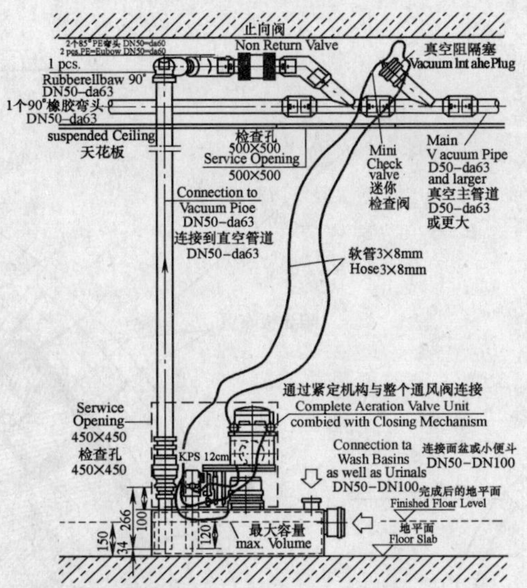

图 17 真空收集箱传输装置

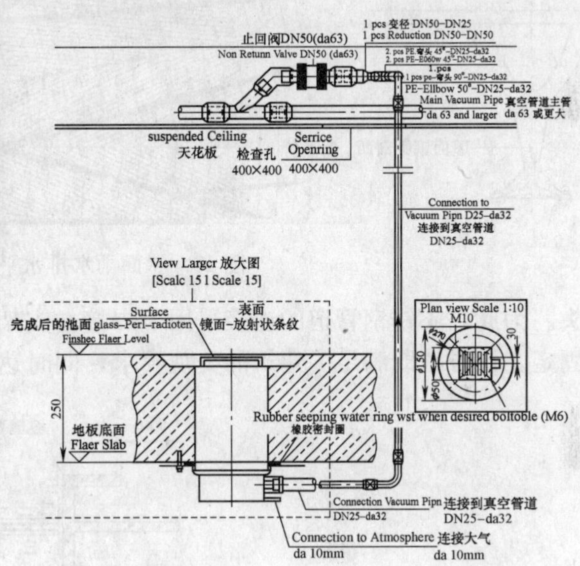

图 18 真空地漏

1. 设计参数的确定

主站屋屋面为直径 260m 的圆形屋面，其投影面积为 53168m²。屋面的环向雨水天沟位于建筑 C2 轴位置，18 组“人”字形穹顶结构把屋面分成 36 块，其中 18 块 A 型投影面约为 2211m²，18 块 B 型投影面积均为 742.8m²。其环向雨水天沟也等分成了 36 段（图 19）。

2. 配合建筑的设计亮点

（1）溢流口

本项目屋面虹吸雨水排水系统按上海地区 50 年暴雨重现期设计、计算系统排水能力。溢流按 2.82L/(s·100m²）的暴雨强度计算校核，在环形天沟外侧开设溢流口排放超 50 年设计重现期的雨水（图 20）。

（2）9.900m 平面上明露立管的支架：

站屋 9.900m 平面上的 54 根虹吸雨水立管高约 10m，建筑的美观要求不能设置常用的抱箍

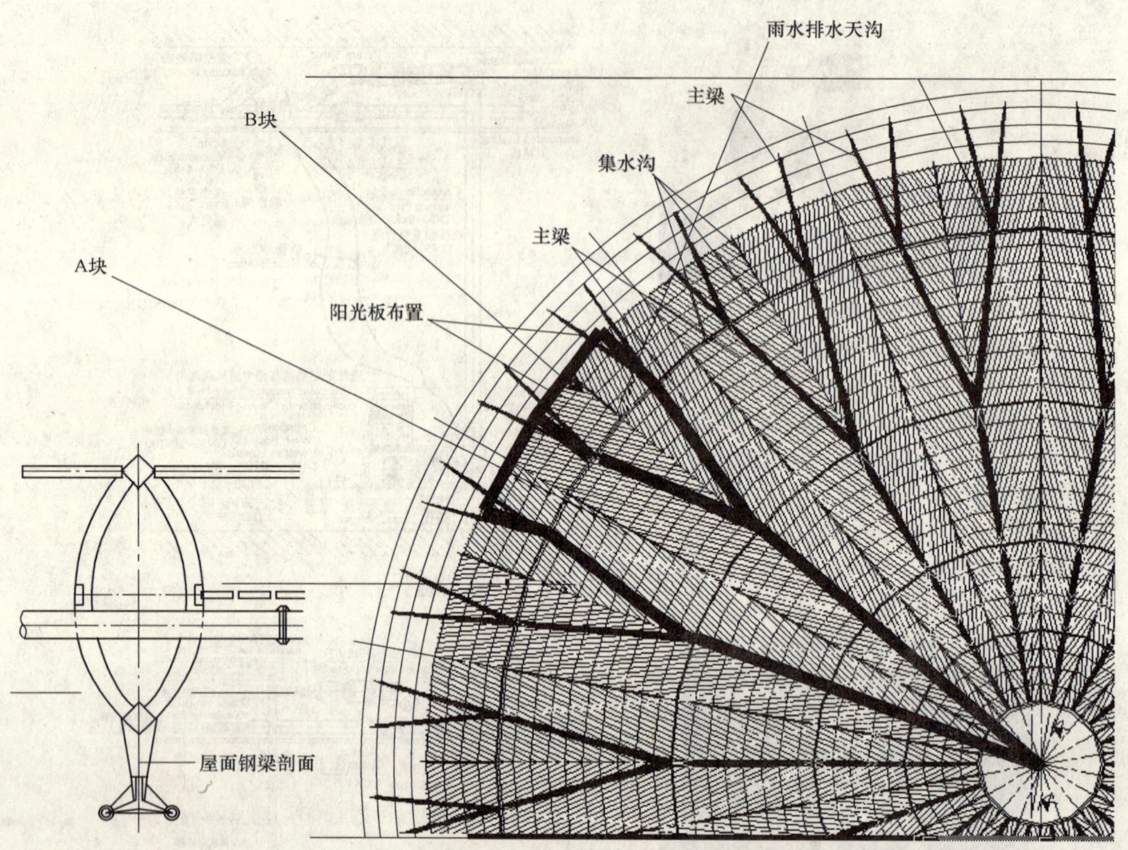

图 19　屋面雨水排水平面

支架和接头。为此，不锈钢管道的连接采用了焊接；支架分别焊在管道和建筑幕墙钢支撑柱上，采用铆钉固定。该方法既满足了建筑的美观要求，同时达到固定管道的目的（图 21）。

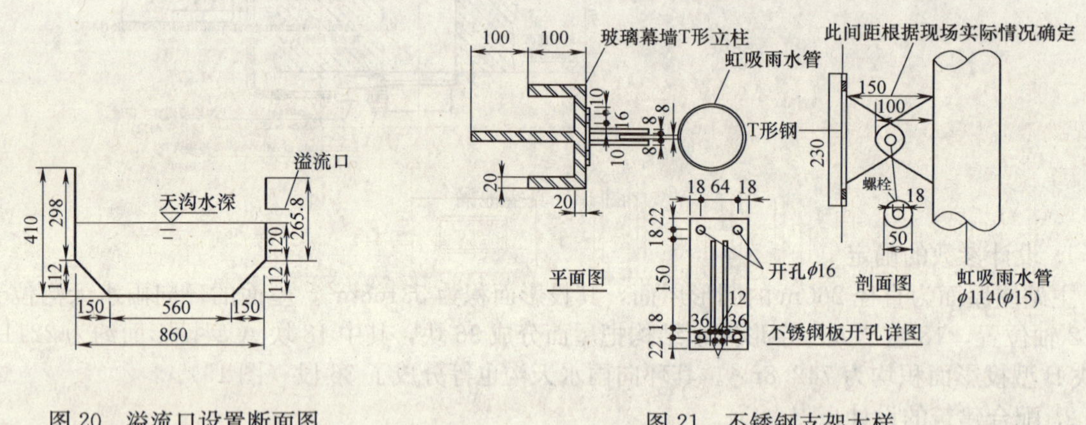

图 20　溢流口设置断面图

图 21　不锈钢支架大样

（3）补偿器的应用

主站屋的 36 根立柱支撑着 18 组“人”字形穹顶钢屋架。为了满足钢屋架的变形伸缩，立柱和“人”字形穹顶钢屋架的连接是一个活动槽，位移量为 6cm 。虹吸雨水斗设在“人”字形穹顶钢屋架的天沟内；排水立管固定在立柱上。因为，立管和虹吸雨水悬吊管位移方向为轴向和横向两个方向，故选用横向大拉杆型补偿器连接（图 22）。

图 22　站屋虹吸雨水系统

（三）循环冷却水系统全自动智能控制在线加药技术

系统水质稳定处理实现全自动在线控制。减少了系统排污和日常药剂的投加量，系统控制原理图见图 23。

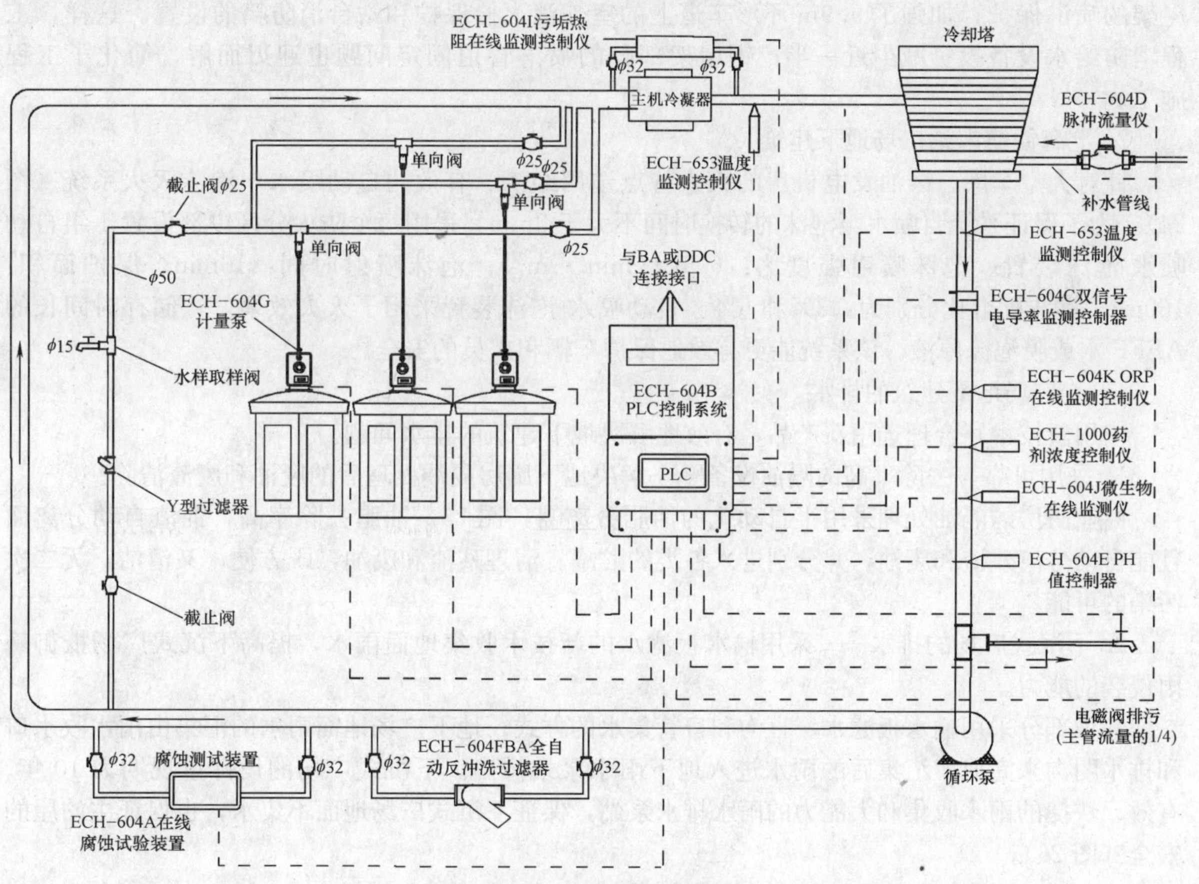

图 23　全自动智能控制在线加药循环冷却水系统

中央空调冷却水稳定、冷冻水稳定采用 ECH-604 全自动智能控制在线加药技术，该技术的使用使中央空调冷却水系统节能可大于 20%，可节水 1/2～1/3，可减少排污 1/2～1/3。完全符合国家发改委 2008 年 5 月《国家重点节能技术推广目录》第 45 项。

1. 高分子化学镀膜专利技术的应用

站屋空调冷却水及冷冻水系统管线内壁的防腐，采用 ECH-200 高分子化学镀膜专利技术。该工艺操作简单；无二次污染；成本低于镀锌、二次安装的工艺。

2. 日常运行阶段水质处理

(1) 冷却水稳定使用 ECH-98 生物杀菌剂，控制微生物生长与繁殖，控制及杀死军团菌。使用 ECH-328 中央空调冷却水环保复合水处理剂，控制系统结垢及腐蚀。

(2) PLC 全自动智能控制系统

PLC 全自动智能控制系统（内置在工控机内，并含 ECH-661 大型数据软件包）设计程序及水质技术要求智能化调整投药量，安装专有的水质分析软件并提交有关分析报告（由水质分析软件自动生成）。

(四) 室内消防系统

采用独立的稳高压给水供水方式。该系统可解决建筑不能设屋顶水箱的问题；同时，可确保系统管网日常的压力能满足最不利点灭火时需求，以达到可靠、安全的目的。

1. 上海铁路南站主站屋工程

经《消防性能化设计》，使原扩初的消防给水系统进一步简化。取消了消防水炮系统和钢屋架的喷淋保护；加强了 9.9m 环形车道上的室外消火栓保护和站台消防箱的设置。这样，工程消防给水设备投资减少近一半；钢屋架部分的喷淋管道固定问题也迎刃而解，简化了工程施工。

2. 上海铁路南站广场地下建筑

针对大型车库、柴油发电机房的灭火特点选用经济、有效的自动喷水一泡沫灭火系统（图 24）。为了保证系统自喷水至泡沫的转换时间不大于 3min，采用每个防火分区中部设置 1 组自动喷水-泡沫装置。泡沫喷射强度为：6.5L/(min·m^2)；泡沫喷射时间：10min；保护面积：160m^2；泡沫配合比分别为：3%和 6%。自动喷水-泡沫装置采用了灭火效果好，储存时间长的 AFFF 水成膜泡沫原液。该系统能更有效地保护车辆和人员的安全。

(五) 广场地下建筑的排水

应用新技术，合理选用新产品，有效地解决地下建筑的排水问题。

1. 采用可靠，去除率高的隔油设备——解决地下厨房隔油处理后的废油和废渣清除。

商业厨房的隔油处理采用半自动化的油脂分离器，图 25。油脂去除率高，油渣自动分离而且能自动分离残渣和废油，并分别进入各类的贮罐。清理残渣和废油，既方便，又清洁，无二次污染的可能。

2. 下沉式广场的排水——采用输水板滤水的新技术收集地面雨水，提高下沉式广场抵御暴雨侵袭的能力。

斜坡部分采用输水板滤水、盲沟和盲管集水的方式；地下广场地面雨水的汇集由雨水收水口和排水明沟来完成。汇集后的雨水进入地下雨水泵站排出。下沉式广场的设计重现期为 10 年。有效、快捷的雨水收集和大能力的雨水排水泵站，保证下沉式广场地面不集水，也保证主站屋的安全（图 26）。

(六) 绿地喷灌系统

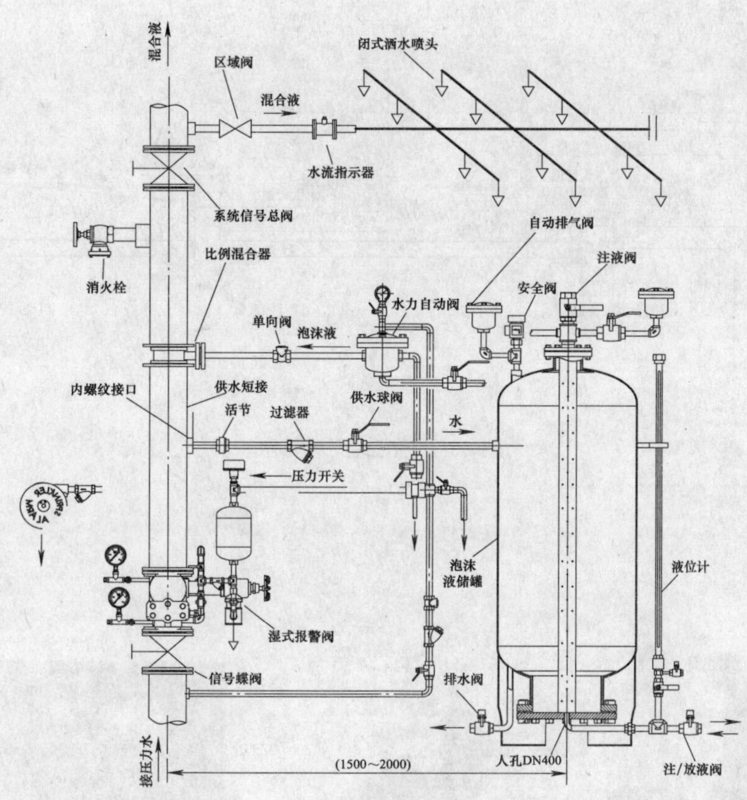

图 24　ZP 系列自动喷水-泡沫灭火系统示意图

图 25　半自动化油脂分离器

自动喷灌系统的应用，实现绿地的自动喷水浇灌；节约用水。

对于大面积的灌木林和竹林区，预留给水接头，可在日后增设滴灌浇水设施。斜坡绿地采用自动喷灌供水系统；喷头采用暗藏式低射角式标准射角产品；供水采用水池，水泵加压供给，并配备雨水感知器和自动控制器，管网分组喷灌。自动喷灌系统的组件见图 27。

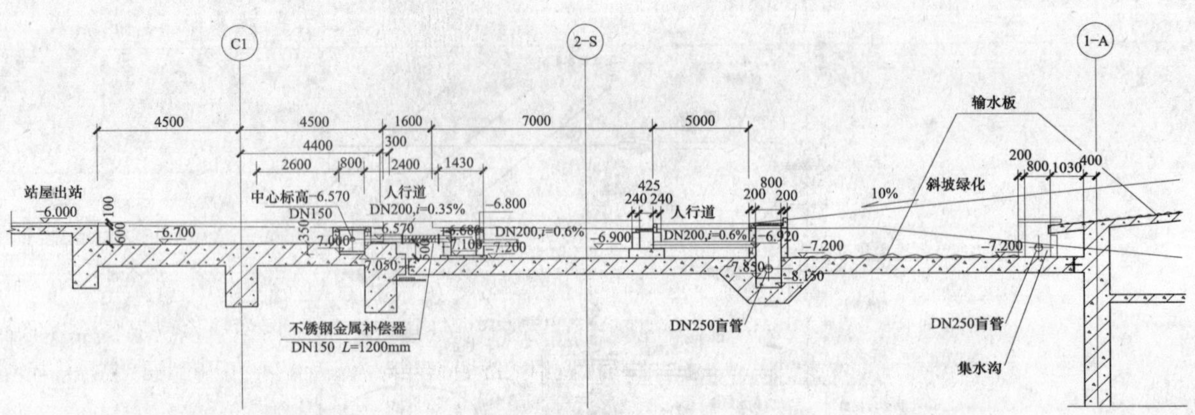

图 26 下沉式广场排水

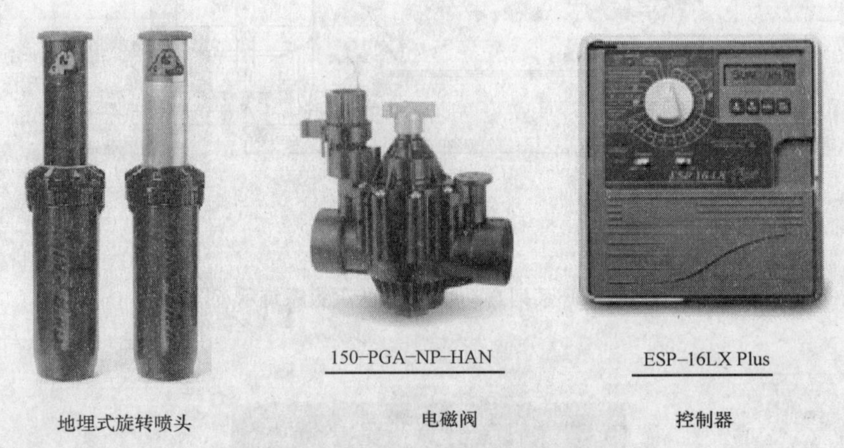

图 27 自动喷灌系统组件

上海铁路南站夜景

福建省立医院改扩建工程医技住院综合楼

设计单位： 福建省建筑设计研究院
设 计 人： 陈耀辉　程宏伟　林清霖　李萍
获奖情况： 公共建筑三等奖
工程概况：

福建省立医院医技住院综合楼是省立医院21世纪新建的标志性建筑，建筑面积69860m^2，病床数1050床，地上十九层，地下三层，地上部分总高度79.28m，地下部分的深度为12.4m，结构形式为框架剪力墙体系。地下三层、地下二层北侧为机电设备用房（包括冷冻机房、水泵房、生活消防水池），南侧地下二、三层平时为汽车停车库，战时为中心医院，地下一层为厨房、餐厅、中心供应室、中药库、静脉配制中心、高低压配电室、柴油发电机房、物流机房等，一层为门厅、门诊挂号、中西药房、康复科、生理检验科、影像科、消控中心等，二层为内窥镜、核医学科、血液透析、病理科、检验科等，三层为外科加护病房SICU、神经外科ICU、麻醉科、手术室等，技术层为手术设备层和给水排水管道转换层，四层为产科病房、产房，五层为内科、ICU、儿科病房，六至七层为干部病房，八层贵宾病房，九至十九层为标准普通病房，每层设2个护理单元。

一、给水排水系统

（一）给水系统

1. 冷水用水量（表1）。

冷水用水量　　表1

序号	名　称	数量	标准	最大日用水量 (m^3/d)	工作时间 (h)	时变化系数 K	最高日最大时用水量 (m^3/h)
1	病床	1050床	350L/(人·d)	367.5	24	2.0	30.7
2	医务人员	400人	150L/(人·d)	60	8	2.0	15
3	门诊病人	450人次	15L/(人·次)	6.8	8	2.5	2.2
4	医院后勤职工	73人	100L/(人·d)	7.3	8	2.0	1.9
5	营养餐厅	3000人次	20L/(人·次)	60	12	1.5	7.5
6	空调冷却水补充	按循环水量1.5%计		432	16	1	27
7	小计			933.6			84.3
8	绿化及不可预见水量	按1～5项之和15%		140.0			12.7
9	合计			1076.6			97.0

2. 水源：

给水水源由大楼东面五四路和南面东大路市政给水管各引进1路$DN150$给水管围绕本楼成环，环状网$DN150$，市政压力0.2～0.25MPa，本楼最高日用水量1076.6m^3/d，最高日最大时用水量为97m³/h，由本楼地下室泵房及生活水池供给的各楼最高日用水量1349.2m³/d，最高日最大时用水量为104m³/h，地下三层设生活及消防水池1座。容积为674m³，分成2格，其中含生活贮水296m³，屋顶生活消防水箱90m³（含初期10min消防水量18m³），分成2格。

3. 系统竖向分区

生活给水系统分成3个区，地下三层至一层为低区，二层、三层、技术层为中区，四层至十九层为高区。

4. 供水方式及给水加压设备

低区由市政压力直接供水，中区由变频供水机组加压供水，高区由水泵和高位水箱联合供水，其中四至十一层压力超过0.35MPa，采用减压阀减压后供水，十二层至十九层采用上行下给式，四至十一层采用下行上给式，四、十二层给水支管设减压阀减压，为保证二区供水的安全性，另从三区引1根干管接入二区供水环网，当二区设备故障时，作为备用水源。二、三区供水干管上均设有紫外-C消毒器，保证供水水质，屋面生活消防水箱设有水箱自动冲洗装置，中区变频机组型号为JW-36/48，Q=36m³/h，H=48m，配水泵3台，2用1备，型号为50DL15-4，N=4kW，并配小流量泵WDL40-7 1台，N=2.2kW，气压罐规格ϕ500×1600，高区生活泵型号为80DLT20X6，Q=60m³/h，H=108m，N=30kW，1用1备。

5. 生活给水管采用内衬塑镀锌钢管，管径不大于100的采用螺纹接口，大于100的采用沟槽连接。

（二）热水系统

1. 热水用水量（表2）

热水用水量 **表2**

序号	名　称	数　量	标　准	最大日用水量(m³/d)
1	病床	1050床	110L/(人·d)	115.5
2	医务人员	400人	60L/(人·d)	24
3	医院后勤职工	73人	30L/(人·d)	2.2
4	营养餐厅	3000人次	10L/(人·次)	30
5	小计			171.7
6	不可预见水量	按1～5项之和15%		25.8
7	合计			197.5

2. 热源

病房及医生工作区设有集中热水系统，早晚定时供应，热源为自备温泉水，手术部和治疗室采用小型电热水器分散24小时供应，营养餐厅热水由厨房蒸汽供给，本楼最高日温泉用水量197.5m³/d，最高日最大时温泉用水量为47.3m³/h，地下三层热水泵房内设80m³热水箱1个，为了保证热水水质和防止管道结垢，屋面30m³热水箱出水管上设智能杀菌灭藻除垢水处理器。

3. 系统竖向分区

热水系统分区同冷水系统，四层至十九层为一区，由水泵和高位水箱联合供水，其中四至十一层压力超过0.35MPa，采用减压阀减压后供水，十二层至十九层采用上行下给式，热水干管设于屋面，回水管设于十一层，四至十一层采用下行上给式，热水干管和回水干管均设于技术层，回水均接入地下三层的热水箱，四、十二层热水支管设减压阀减压。

4. 热交换设备

热水加压泵型号为 80DLR20X6，$Q=54m^3/h$，$H=118m$，$N=30kW$，2 台，1 用 1 备，为了保证温泉水的温度，地下热水箱设循环泵循环加热，水箱热水循环泵型号为 TTR100-(65)-200A，$Q=46m^3/h$，$H=11m$，$N=3kW$，1 用 1 备，间接式热水机组型号为 EB-B-27，单台 $N=27kW$，共 2 台。

5. 冷热水压力平衡措施、热水温度的保证措施等。

冷热水箱均设于屋面水箱间内，水箱底高度一样，冷热水分区一样，热水管道同程布置，保证热水干管和立管均衡循环。

6. 热水管采用紫铜管，焊接连接，嵌墙安装的支管采用覆塑紫铜管，热水管均采用 25mm 厚橡塑保温材料保温，屋面露明部分外包 0.5mm 厚铝板保护，热水箱保温均采用 50mm 聚氨酯泡沫现场发泡，外包 0.5mm 厚铝板保护。

（三）排水系统

1. 四层及四层以上病房采用污废水合流，双立管，病房排水管道在技术层汇合后排至室外。

2. 二层核医学科患者卫生间设单独的排水立管，污水经排水立管收集后排入室外埋地衰变池衰变达标后排入院区污水管网，衰变池为三级衰变池，营养餐厅含油废水经成品隔油池隔油后排入地下三层污水集水坑，污水集水坑均设密闭井盖和伸顶透气管，大楼污水经院区原污水处理站处理达到 GB 18466—2005 中预处理标准后排入市政污水管。

3. 地下室集水坑潜污泵出水管采用内外壁热镀锌钢管，螺纹或沟槽接口，排水管除二层检验科采用 PVC-U 排水塑料管，胶接外，均采用柔性排水铸铁管，地下室厨房和中心供应室采用法兰接口，其余均采用不锈钢卡箍连接。

（四）雨水系统

1. 室内雨水重现期采用 3 年，室外雨水重现期采用 1 年。

2. 室内雨水采用重力流，主楼屋面和裙房屋面雨水分设系统排放，大屋面雨水管在技术层汇集后排入室外雨水检查井。

3. 雨水管采用柔性排水铸铁管，大屋面雨水管采用法兰接口，裙房屋面雨水管采用不锈钢卡箍连接。

二、消防系统

（一）消火栓给水系统

本楼为建筑高度大于 50m 的一类高层建筑，室内消火栓系统设计流量为 30L/s，室外消火栓系统设计流量为 20L/s，火灾延续时间 2h，自动喷水灭火系统设计流量为 40L/s，火灾延续时间 1h，水喷雾灭火系统设计流量为 23L/s，火灾延续时间 0.5h，地下室生活消防合用水池内含 $378m^3$ 室内消防用水量，室外 $144m^3$ 消防水量贮存在室外景观喷水池内，室外消火栓给水管网与生活给水管网合用，室外环网上设 5 套 SS100 地上式消火栓，室内消火栓系统分成 2 个区，地下三层至技术层为低区，四层至十九层为高区，由地下三层消防水泵房内室内消火栓泵供水，高低区均成环状布置，室外高低区各设 2 套 SQ100 水泵接合器，屋顶设置 $90m^3$ 生活消防合用水箱，屋面消防水箱高度满足最不利点消火栓 7m 的静压要求，不设保压罐，消火栓主泵采用切线泵，型号为 XBD14/30-SLH，$Q=108m^3/h$，$H=140m$，$N=75kW$，1 用 1 备，地下三层及四至十八层采用减压稳压消火栓。消火栓主泵出水管及高区消火栓管道采用镀锌无缝钢管，沟槽连接，其余采用普通内外壁热镀锌钢管，管径不大于 100 的采用螺纹接口，大于 100 的采用沟槽连接。

（二）自动喷水灭火系统

地下车库按中危险级Ⅱ级设计，地下一层药库按仓库危险级Ⅰ级设计，其余按中危险级Ⅰ级设计，除厨房和中心供应的消毒锅室喷头采用温标为93℃的快速响应喷头外，均采用68℃的快速响应喷头，系统设9套湿式报警阀，位于一层消控中心附近的报警阀室内，自动喷水灭火系统顶上几层压力不足部分设气压罐保压，气压罐型号为XQB4/5-1.2，配水泵25GDL4-12X3，$Q=3.6m^3/h$，$H=35m$，$N=1.1kW$，1用1备，喷淋泵采用切线泵，型号为XBD14/40-SLH，$Q=144m^3/h$，$H=140m$，$N=90kW$，1用1备。系统设3套SQS100水泵接合器，喷淋系统减压阀后管道采用内外热镀锌钢管，其余采用镀锌无缝钢管，螺纹或沟槽接口。

（三）水喷雾灭火系统

地下一层柴油发电机房采用水喷雾灭火系统，设计喷雾强度20L/(min·m²)，持续喷雾时间0.5h，最不利点喷头工作压力不小于0.35MPa，由设于地下二层的水喷雾泵供给，喷头采用高速水雾喷头，型号为ZSTG110/114。雨淋阀设于发电机房附近。当发电机房内烟感及温感探测器确定火灾时，反馈至消控中心，同时，打开雨淋阀的电磁阀，启动喷淋加压泵，压力开关信号反馈至消控中心。雨淋阀采用电磁阀（1用1备）自动控制和手动控制，水喷雾泵型号为100DL72-20X3，$Q=82.8m^3/h$，$H=56m$，$N=22kW$，1用1备。水喷雾灭火系统室外设2套SQS100水泵接合器，水喷雾系统管道采用内外热镀锌钢管，螺纹或沟槽接口。

三、设计及施工中的体会

1. 医院生活给水系统的安全：在确定高区供水方案时，对变频供水和水泵-水箱结合的传统供水方式进行了综合的比较，考虑到医院供水的安全性及冷热水压力的平衡，所以高区仍采用水泵-水箱结合的传统供水方式，为弥补生活水箱可能带来的二次污染，采取了多项保证措施，包括紫外-C消毒器和水箱自动冲洗装置，保证医院用水安全。

2. 热水供应系统和热水箱循环加热热源的选择：根据医院热水实际使用情况，经与建设单位充分沟通后，确定病房热水采用定时供应，由于热源是采用温泉水，考虑到手术部热水对水质和供水不间断的特殊要求，手术部热水供应采用分散式小型电热水器24h供应，热水箱的保温加热循环利用夜间峰谷电价进行，根据福建省经贸委、福建省物价局《关于开拓电力市场电价遗留问题的批复》（闽价【2005】商218号）的规定：单台容量在20kW及以上可单独装设复费率电表的蓄热式电锅炉应执行峰谷电价政策，尖峰、高峰上浮50%低谷下浮50%，商业用电平段电价0.83元/(kW·h)，高峰电价1.25元/(kW·h)，低谷电价0.42元/(kW·h)，平段时间6h，高峰时间8h。如果按常规选用电锅炉，不执行峰谷电价，平均起来电价约为1.04元/(kW·h)，经济比较后，采用蓄热式电锅炉，利用夜间23：00～7：00峰谷电价0.275元/(kW·h)，由电热水机组对热水箱进行加热循环，保证热水箱内温度不低于60℃。

3. 给水排水管道在一些特殊用房上的处理措施：由于医院建筑平面多变且复杂，上下层卫生间经常错位，使得排水管道在病房、ICU、贵重设备室等房间上方，为此上层采用降板处理，确保排水管道不穿过上述房间，为防止上层板防水处理不好时造成凹槽内积水，在下层楼板上增设地漏或侧排地漏。

4. 医院中的卫生安全措施：原设计中地漏采用无水封地漏加P形或S形存水弯，经过SAS风波后，为了防止地面不经常排水的场所地漏水封干涸，改用多通道地漏，通过洗手盆排水对地漏水封的补水，保证地漏水封长期不失效。手术部地漏采用密闭地漏，为防止交叉感染和节水，医院公共部分的小便器、大便器、洗脸盆及医生办公室洗手盆采用感应器冲洗，手术部刷手池采用膝控式。

5. 本工程2006年底竣工验收后，经过一年多的运行，在节水节能方面取得了较好的社会和经济效益，获得建设单位的一致好评，但在实际使用过程中亦存在一些问题：(1) 冷热水系统设计时没有考虑到按科室设置水表计费，不能有效地对各科室的节水情况进行监督，并进行成本核算 。(2) 本工程施工图是2001年设计的，当时规范没有要求消防用水和生活用水必须分开，使得消防和生活水池偏大，对饮用水卫生造成威胁，尽管后期由于建设单位实现两路进水，室外消防水量不用贮存在地下水池，水池减至674m^3，并在水池内增设导流墙，还是不够理想，留下一个遗憾。

四、工程系统图及照片

生活消防水箱45m3
生活消防水箱45m3
86.42
84.42
水箱层 83.72
接屋面冷却塔补水
WF 79.28
19F 75.12
18F 71.32
17F 67.50
16F 63.70
15F 59.90
14F 56.12
13F 52.32
12F 48.52
11F 44.72
10F 40.92
9F 37.12
8F 33.32
7F 29.52
6F 25.70
5F 20.92
4F 16.76
技术层 13.76
常闭
3F 8.96
2F 4.80
1F ±0.00
-1F -5.00
接市政给水
-2F -9.25
-3F -12.40
生活消防水池337m3
生活消防水池337m3
变频供水机组
水箱加压泵，1用1备

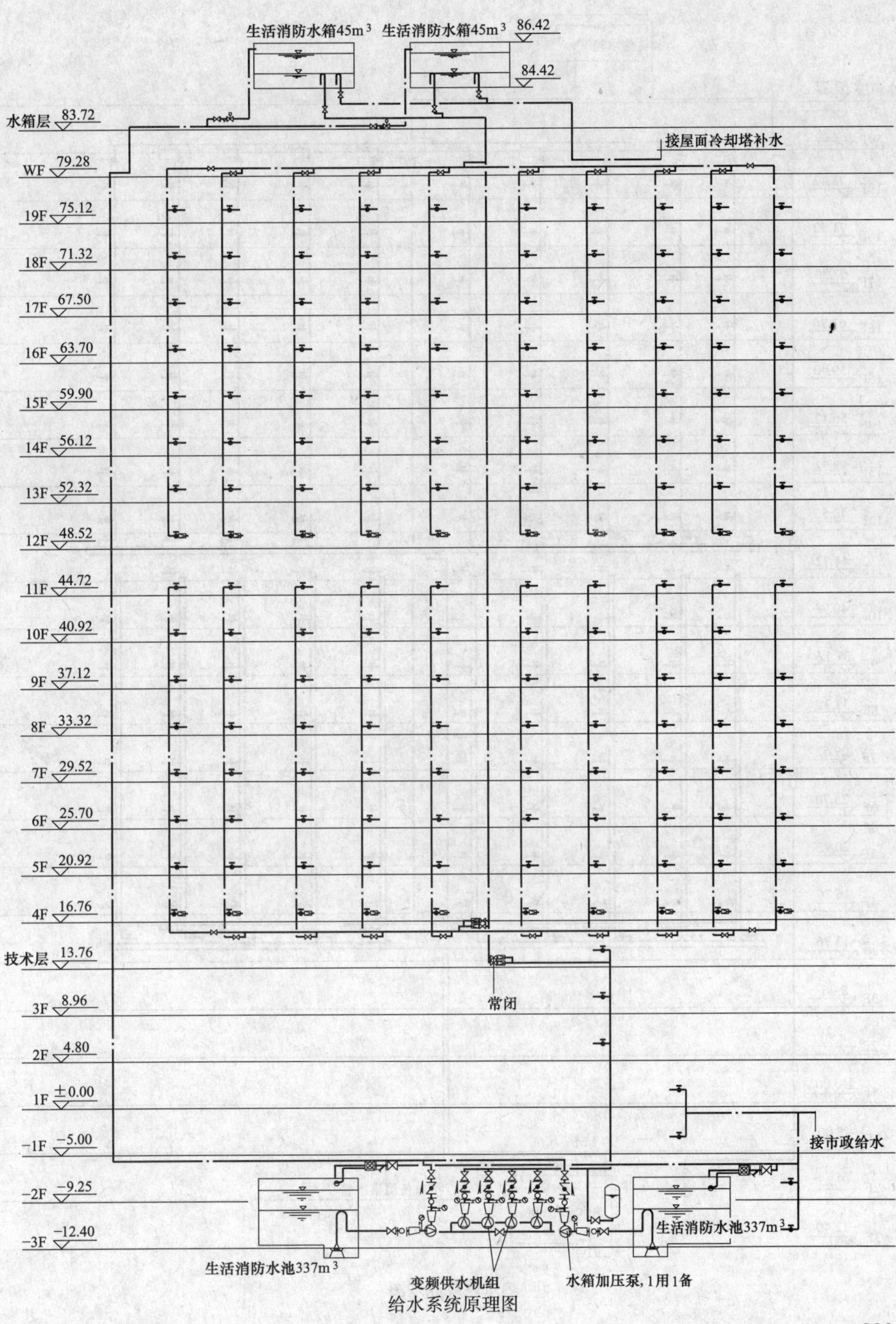

给水系统原理图

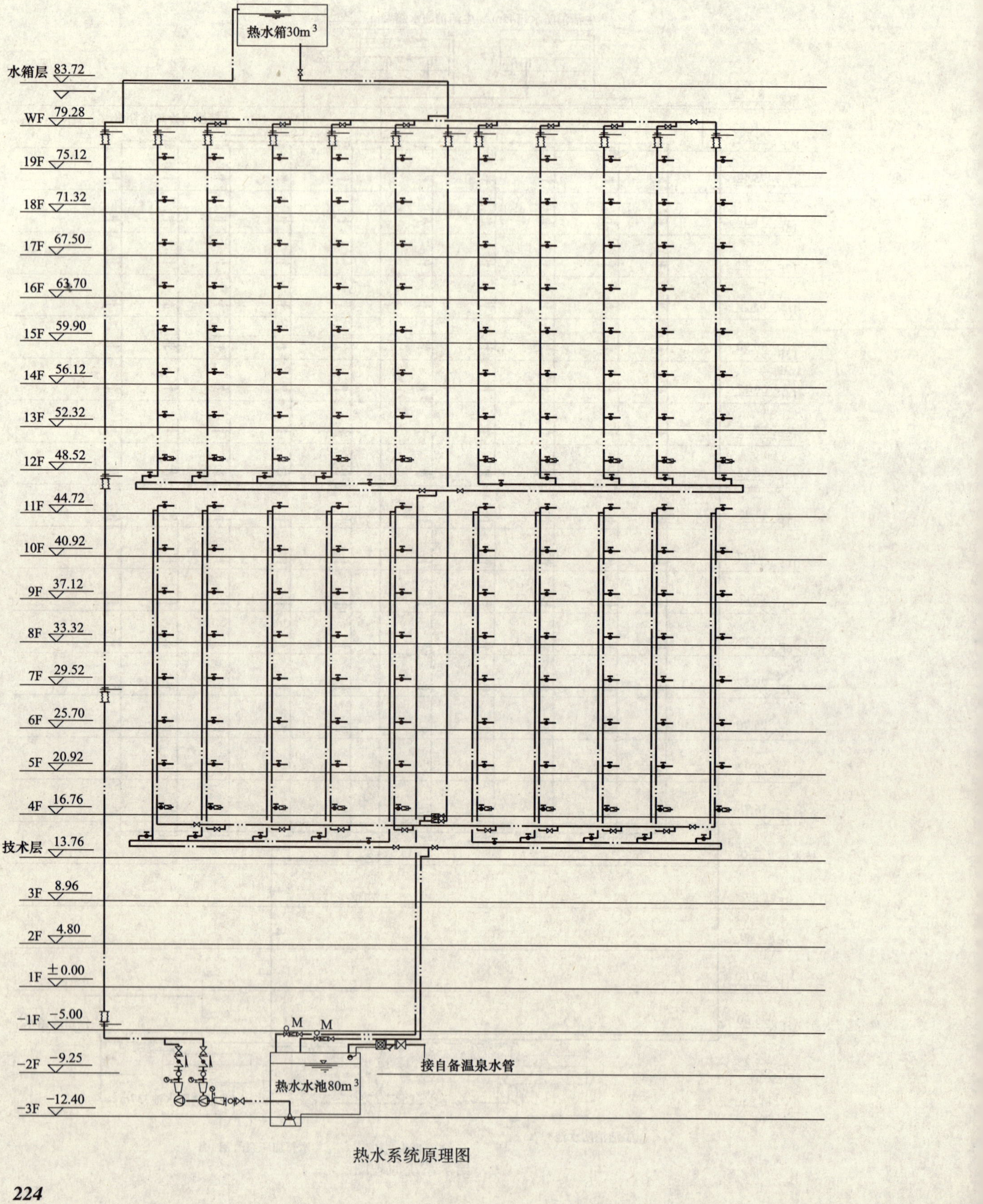

热水系统原理图

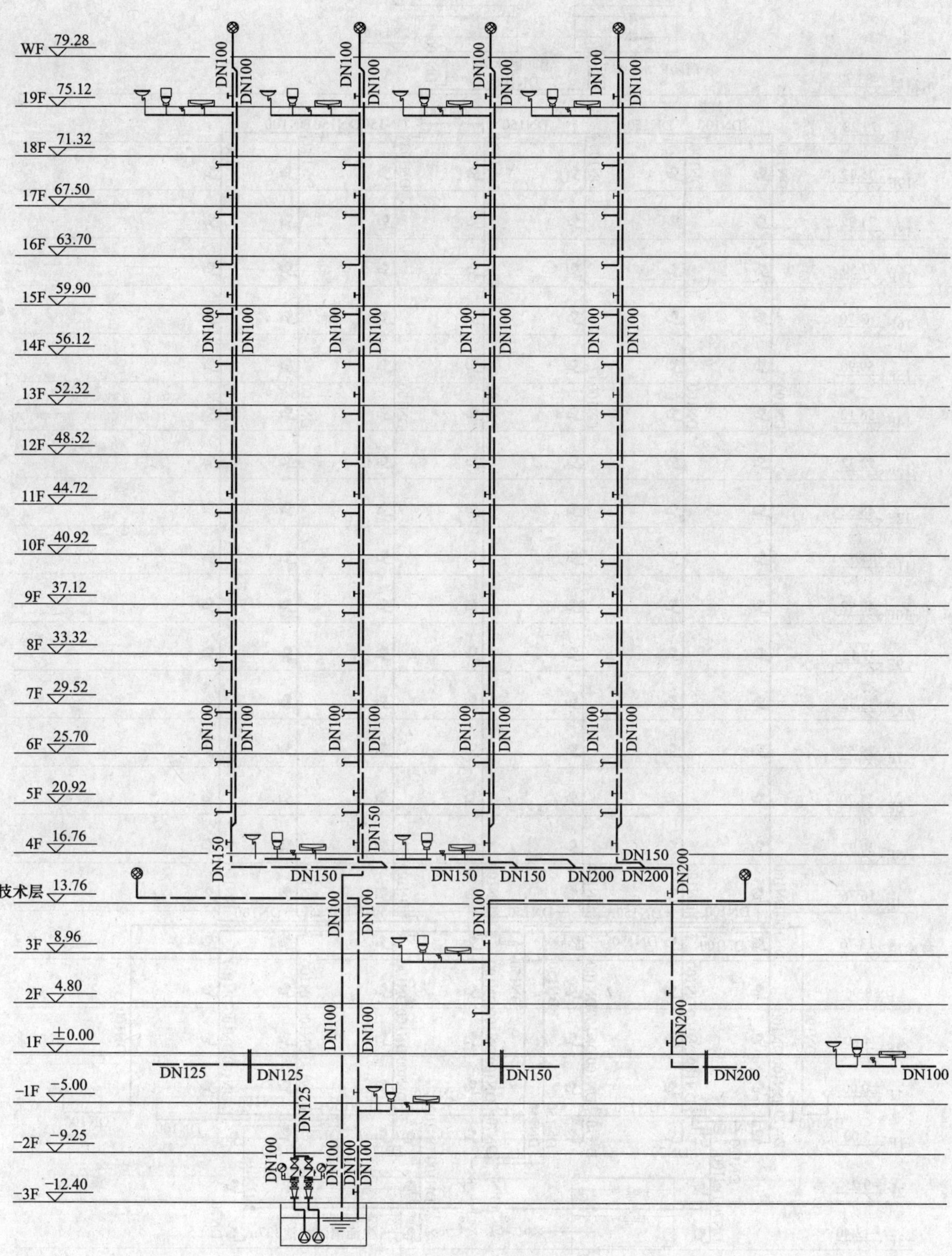

排水系统原理图

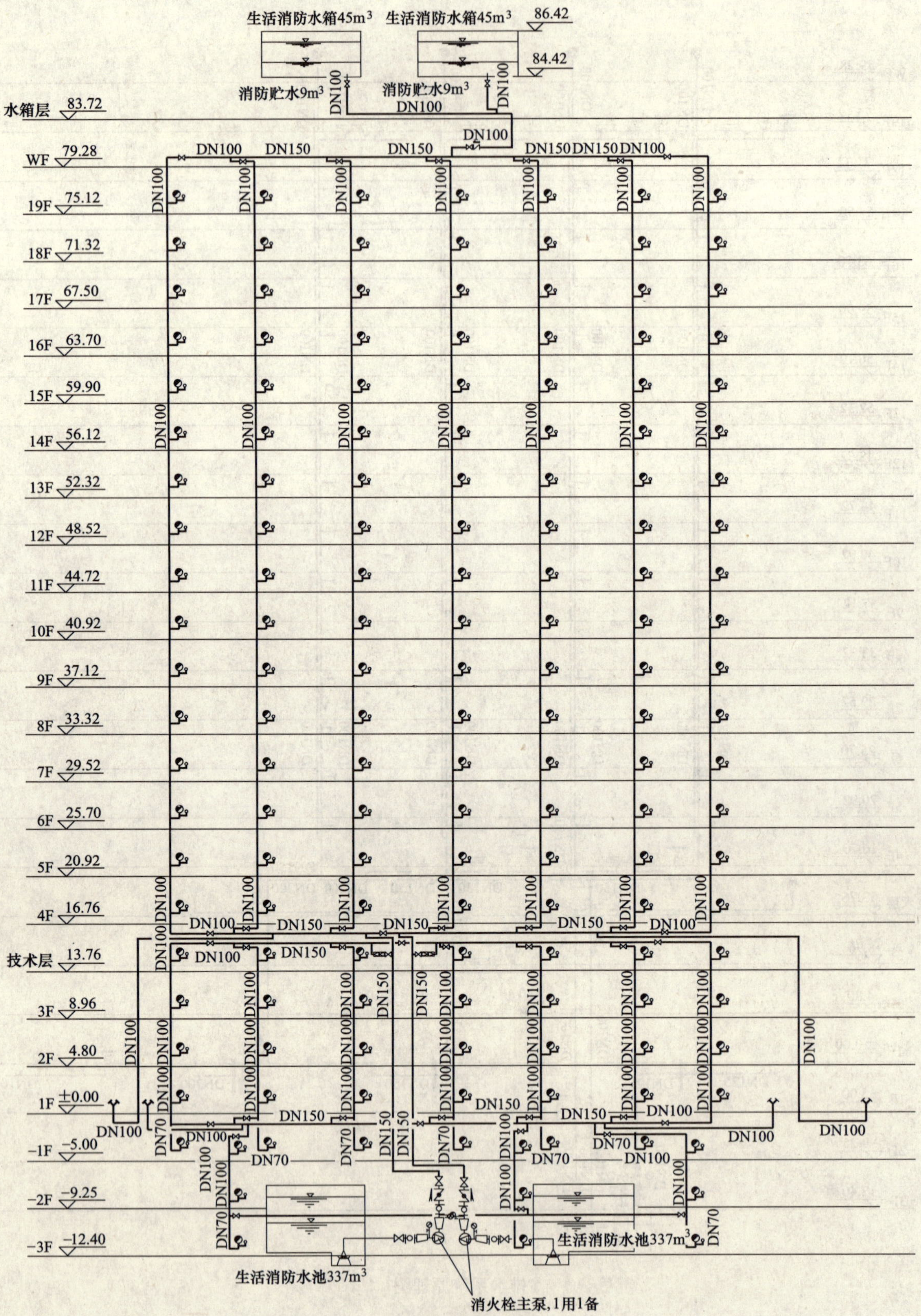

生活消防水箱45m³ 生活消防水箱45m³
86.42
84.42
消防贮水9m³ 消防贮水9m³
水箱层 83.72
WF 79.28
19F 75.12
18F 71.32
17F 67.50
16F 63.70
15F 59.90
14F 56.12
13F 52.32
12F 48.52
11F 44.72
10F 40.92
9F 37.12
8F 33.32
7F 29.52
6F 25.70
5F 20.92
4F 16.76
技术层 13.76
3F 8.96
2F 4.80
1F ±0.00
−1F −5.00
−2F −9.25
−3F −12.40
生活消防水池337m³
生活消防水池337m³
消火栓主泵，1用1备

消火栓系统原理图

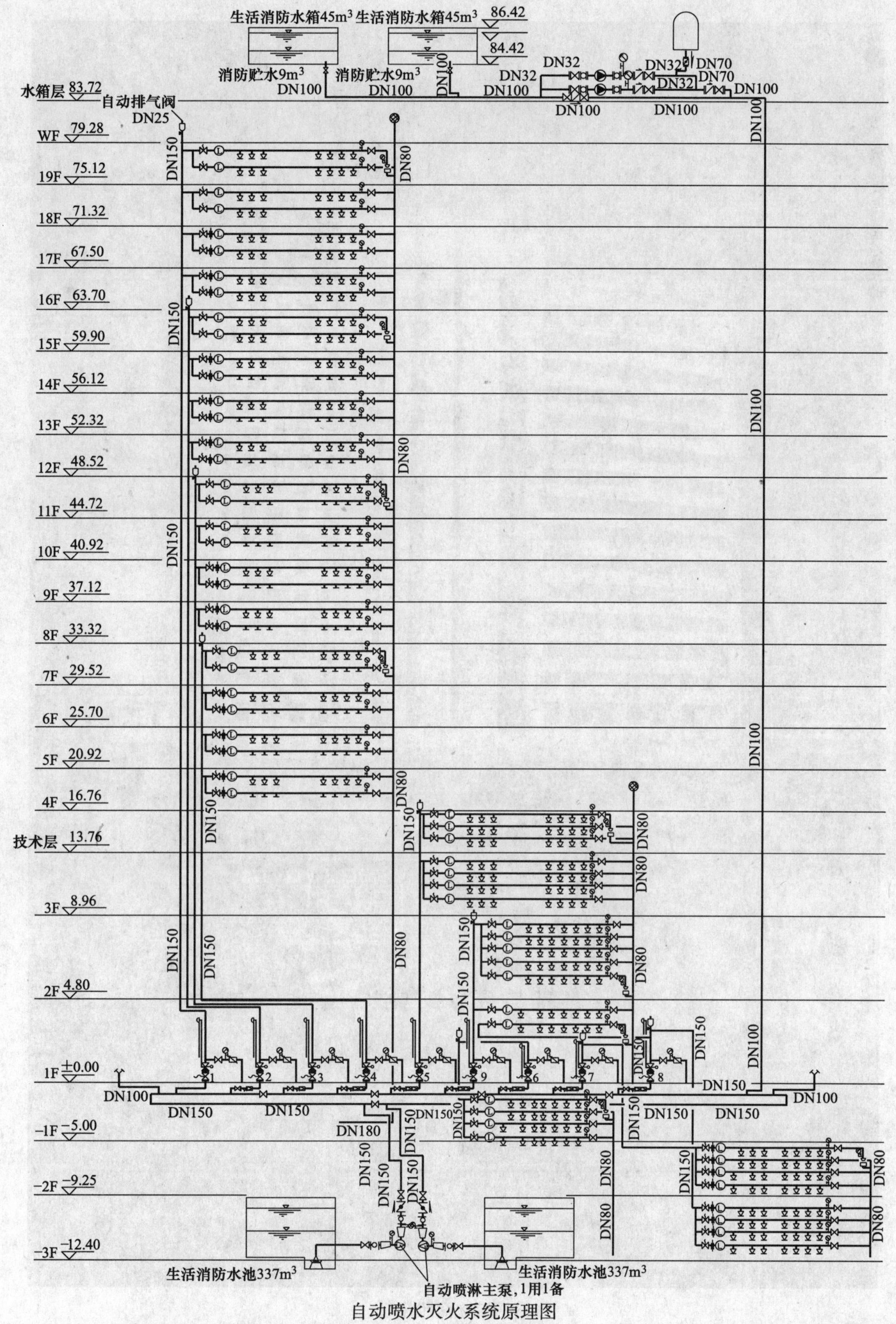

自动喷水灭火系统原理图

医院立面照片

郑州烟草研究院易地建院工程给水排水设计

设计单位：机械工业第六设计研究院

设 计 人：王金凤　杨飞

获奖情况：公共建筑三等奖

工程概况：

本工程位于郑州高新技术开发区，基地面积77089.23m²，包括3个主要单体：科研实验楼、公寓楼及中试车间。科研实验楼集办公、科研、档案信息、车库为一体，十层，建筑高度46.95m，为一类高层民用建筑，建筑面积30072m²；公寓楼集职工培训、食宿为一体，七层，建筑高度29.90m，为二类高层民用建筑，建筑面积9289m²；中试车间为单层厂房丙类。

一、给水排水系统

（一）给水系统

1. 冷水用水量（表1）。

冷水用水量　　表1

序号	用水名称	用水量标准	使用时数(h)	时变化系数 K	用水量		备注
					最高日(m^3/d)	最大时(m^3/h)	
一、	科研实验楼						
1	生产用水		8	1.5	10	1.9	按生产要求
2	职工生活水	30L/(人·班)	8	1.5	10.5	2.0	按350人
3	空调冷却水补水	按1.2%计	16	1	153.6	9.6	循环量800t/h
4	空调冷冻水补水		12	1	4.8	0.3	
合计					178.9	13.8	
二、	公寓楼						
5	公寓生活用水	200L/(人·d)	24	2.8	34.0	4.0	170床
6	裙房办公用水	30L/(人·班)	8	1.5	1.8	0.3	按60人
7	裙房食堂用水	25L/(人·次)	12	1.5	37.5	4.7	按500人,3次
8	桑拿用水	150L/(人·次)	12	2.0	30.0	5.0	按200人
合计					87.3	14.0	
三、	中试车间						
9	生产用水		8	1.5	20	3.8	按生产要求
10	职工生活水	30L/(人·班)	8	1.5	2.7	0.5	按90人
合计					22.7	4.3	
11	地面浇洒及绿化	1.2L/(m^2·d)	8	1.0	75	9.4	
平时总用水量合计					400.3	45.7	含10%未预见水量
12	室内消火栓用水量				324m³/次	108	火灾延续时间3h
13	室外消火栓用水量				324m³/次	108	火灾延续时间3h
14	喷水消防用水量				108m³/次	108	火灾延续时间1h
消防用水量合计					756m³/次	324	按科研实验楼计

2. 水源：采用市政自来水，分2路 *DN*200 进水，自来水水压 0.30MPa。

3. 系统竖向分区：分为2个区，低区由市政压力直供，高区采用灵活的组合方式加压供水。

4. 科研实验楼供水方式及给水加压设备：四层以下为低区，五层以上为高区，高区用加压泵提升至屋面高位水箱供五至九层用水，顶层用水及屋面冷却塔补水由调速泵组抽取高位水箱水供给，以解决高位水箱水压不足问题。系统示意如下：

自来水→吸水箱→泵→高位水箱→五至九层用水
↓
变频泵→十层用水及冷却塔补水

地下站房设 20m³ 的吸水箱1座，生活加压泵2台，加压泵型号 KQDL50-15×15-C2，Q=9～12m³/h，H=80～75m，P=5.5kW，1用1备。

屋顶水箱储水量 17.2m³，调速泵组 HBL3-0516（水泵 KQL40/110-0.75/2，Q=3.9～5.6m³/h，H=17.6～16m）。

5. 公寓楼供水方式及给水加压设备：三层及以上为淋浴用水频繁的客房，需稳定性良好的水压，因此竖向分区时，二层及以下为低区，三层及以上为高区，高区用加压泵提升至屋面高位水箱供三至七层用水。系统示意如下：

自来水→吸水箱→泵→高位水箱→洗浴用冷水
↓
容积式热交换器→洗浴用热水

一层站房设 2.0m×1.0m×2m 吸水箱（按无调节要求计）1座，生活加压泵2台，型号 FDG50-200（Ⅰ），Q=17.5～25～32.5m³/h，H=52.7～50～45.5m，P=7.5kW，1用1备。

屋顶水箱 4.0m×2.0m×2.0m。

6. 管材：直接埋地的给水管、消防管采用球墨给水铸铁管，承插接口。室内安装的生活给水管采用不锈钢管。

（二）热水系统

1. 热水用水量（表2）。

热水用水量 **表2**

序号	用水名称	用水量标准	使用时数(h)	时变化系数 *K*	用水量(m³)		备注
					最高日	最大时	
1	公寓用水	80L/(人·d)	24	6.22	13.6	3.5	170床
2	桑拿用水	80L/(人·次)	12	2.0	16.0	2.7	按200人
合计					29.6	6.2	

2. 热源：市政所供低压蒸汽。

3. 系统竖向分区：淋浴用水部分建筑高差小，不需分区。

4. 热交换设备：容积式换热器 RVW-04-7.0。

5. 冷热水压力平衡措施：加高屋顶水箱间，将导流型容积式换热器置于高位水箱下面，冷热水压头均来自于水箱水面，相差极小。

6. 热水温度的保证措施：设置自动温控装置，根据热交换器水温调节蒸汽阀门开度，控制水温。热交换器采用容积式，水容积较大，可缓冲温控装置灵敏度引起的阀门开关滞后现象，保证水温在允许的范围内波动。

7. 管材：采用内衬氯化聚氯乙烯钢塑复合管。

（三）排水系统

1. 排水系统形式：污废合流。

2. 透气管的设置方式：排水立管伸顶通气。

3. 采用的局部污水处理措施：院区污水经化粪池，进入地埋式接触氧化工艺处理设施处理后外排。

4. 管材：采用混凝土管。

二、消防系统

1. 消火栓系统：本工程以科研实验楼为最不利消防对象。科研实验楼为一类高层民用建筑，建筑高度45.9m，其室内消火栓消防水量为30L/s，室外消防水量为30L/s，火灾延续时间为3h；室外消防用水由院区环状管网供应，室内消火栓用水由地下站房供应，竖向不分区。

室外设有消防水池1座与喷水系统合用，贮有室内消防水量408m^3（2路进水，不间断供水按20 m^3/h计）。为了定期更新消防存水，以免水质恶化，水池另贮存绿化浇水用水量120m^3，更新存水时不动用消防水容积，保证消防安全性。

地下站房设有室内消火栓泵供科研实验楼及公寓楼，型号XBD7.8/30-100，Q_s＝30L/s，H＝0.78MPa，P＝37kW，1用1备。

屋顶水箱间内设有总容积为32.5m^3的生活、消防水箱2座，其中贮有18m^3的消防初期水量（与喷水系统合用）。为满足消防初期最不利点消火栓所需压力，设1套增压稳压设施XQB3-0.3，包括2台增压泵（1用1备，单泵流量Q＝4.8m^3/h，扬程H＝30m），1个气压罐SQL1000×1.0。

消火栓采用带自救式消防卷盘的消火栓，五层及以下消火栓采用减压孔板减压，以保证栓口出水压力不超过0.50MPa。

消火栓系统设2套消防水泵接合器。

2. 自动喷水灭火系统：以科研实验楼为最不利消防对象，自动喷水消防水量为30L/s（地下车库按中危Ⅱ考虑），火灾延续时间为1h，竖向不分区，消防水池、高位水箱与消火栓系统合用。

地下站房设有消防喷水泵供科研实验楼及公寓楼，型号XBD9.7/30-150，Qs＝30L/s，H＝0.797MPa，P＝55kW，1用1备。

为满足初期最不利点喷水所需压力，设1套增压稳压设施XQB4-0.15，包括2台增压泵（1用1备，单泵流量Q＝2.4m^3/h，扬程H＝40m），1个气压罐SQL800×1.0。

喷水系统设2套消防水泵接合器SQS100-B。

三、工程特点

（一）科研实验楼

1. 高区给水系统特点

建筑专业从美观角度出发，高位水箱间只能设在屋面标高处，不允许抬高，使得屋顶水箱位置偏低，满足不了顶层生活用水及屋面冷却塔补水要求，而建筑内大多数用水点均为冷热水混合龙头，需要相当稳定的水压。为此，采用的是高区给水加压方案：

水泵→屋顶水箱→调速泵组再次加压供应顶部用水→水箱直接供应下部用水

优点：设计方案中，高区用水主要由屋顶水箱供给，顶部水压不足部分采用低扬程、小流量调速泵组供水，这种灵活方式克服了全程大型调速泵组供水时的能耗高、机损快、噪声持续大、水压不稳定的弊端，又解决了全程由高位水箱供水时顶部水压不足问题，保持了水箱供水能耗小、水压稳定的优点，提高了供水使用的舒适度。

缺点：增加了屋面结构处理难度。

2. 自动喷水灭火系统特点：根据不同场合，分别采用供水模式。

为了使恒温恒湿实验室的重要设备平时不被水渍侵害，此部分采用预作用自动喷水系统，其余部位采用湿式系统。

优点：即满足消防要求，又保证了重要设备的安全使用环境。

缺点：增加了消防费用。

（二）公寓楼

1. 高区给水系统、热水系统特点：

顶层卫生间为坐式大便器，水压要求较小，故允许条件下加高水箱间高度，抬高水箱标高，采用水泵→屋顶水箱加压方案直接供水。

为平衡冷热水系统，减少热水系统水损，采用顶层加热、上行下给方式，导流型容积式换热器设在屋顶水箱间内高位水箱下面，并根据空间布局加设了 2 个挂在墙上的小型膨胀水箱。

优点：水压稳定，节能。热水系统最大限度利用了冷水压力，且提高了热水使用的舒适度，节约了调温所需的用水时间及耗水量。

缺点：因加高屋顶水箱间，增加了结构处理难度。

2. 消防系统：采用区域集中供水系统，水泵、水池、高位水箱及增压稳压设备均设于科研实验楼内，供自身及公寓楼、中试车间消防用水。

3. 加压供水系统：科研实验楼与公寓楼分别设置加压泵及水箱，避免了合用加压系统时低建筑物浪费压头现象。

四、工程系统图

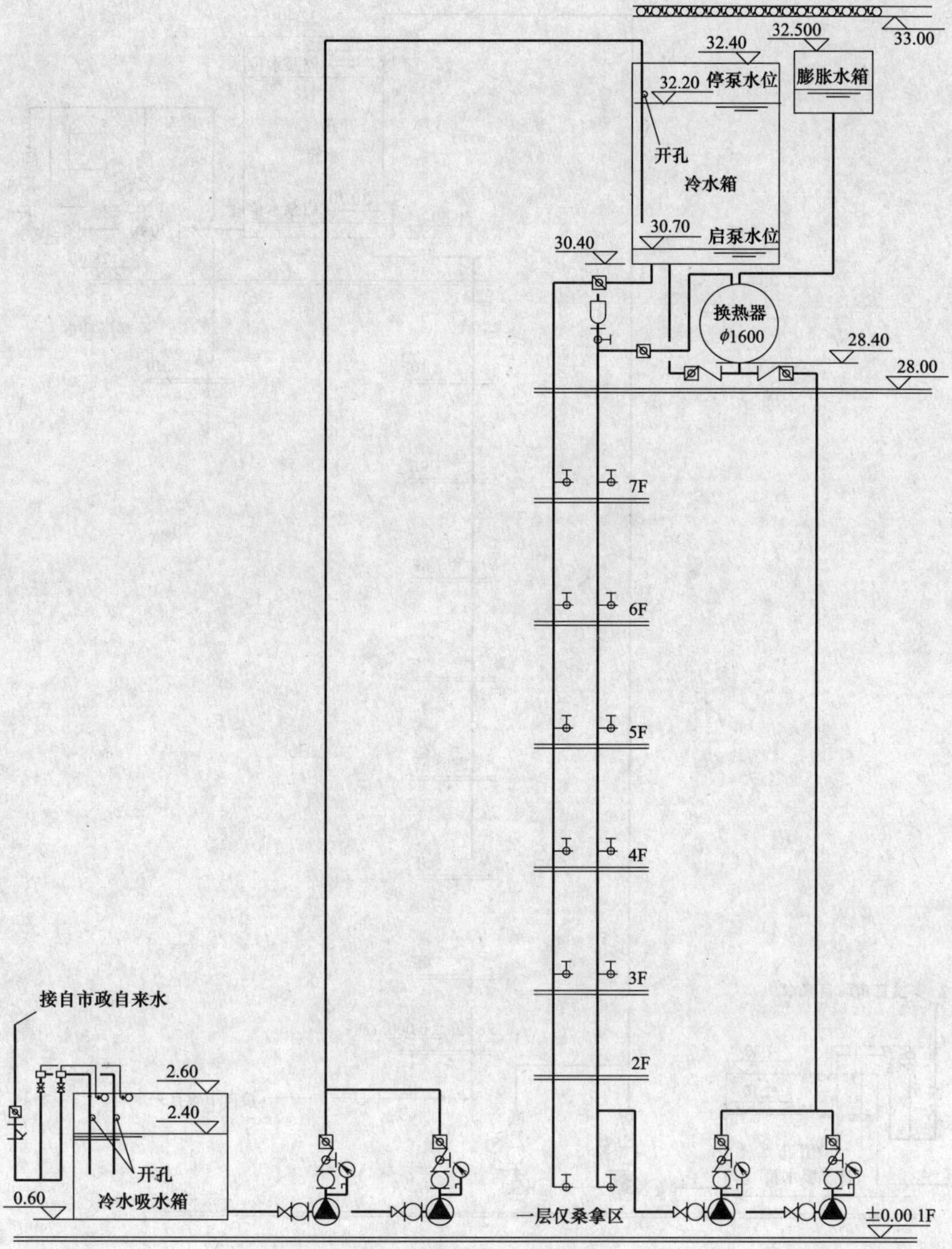

33.00
32.500
32.40
膨胀水箱
32.20
停泵水位
开孔
冷水箱
30.70
启泵水位
30.40
换热器
φ1600
28.40
28.00
7F
6F
5F
4F
3F
2F
接自市政自来水
2.60
2.40
开孔
0.60
冷水吸水箱
一层仅桑拿区
±0.00 1F

公寓楼热水系统原理图

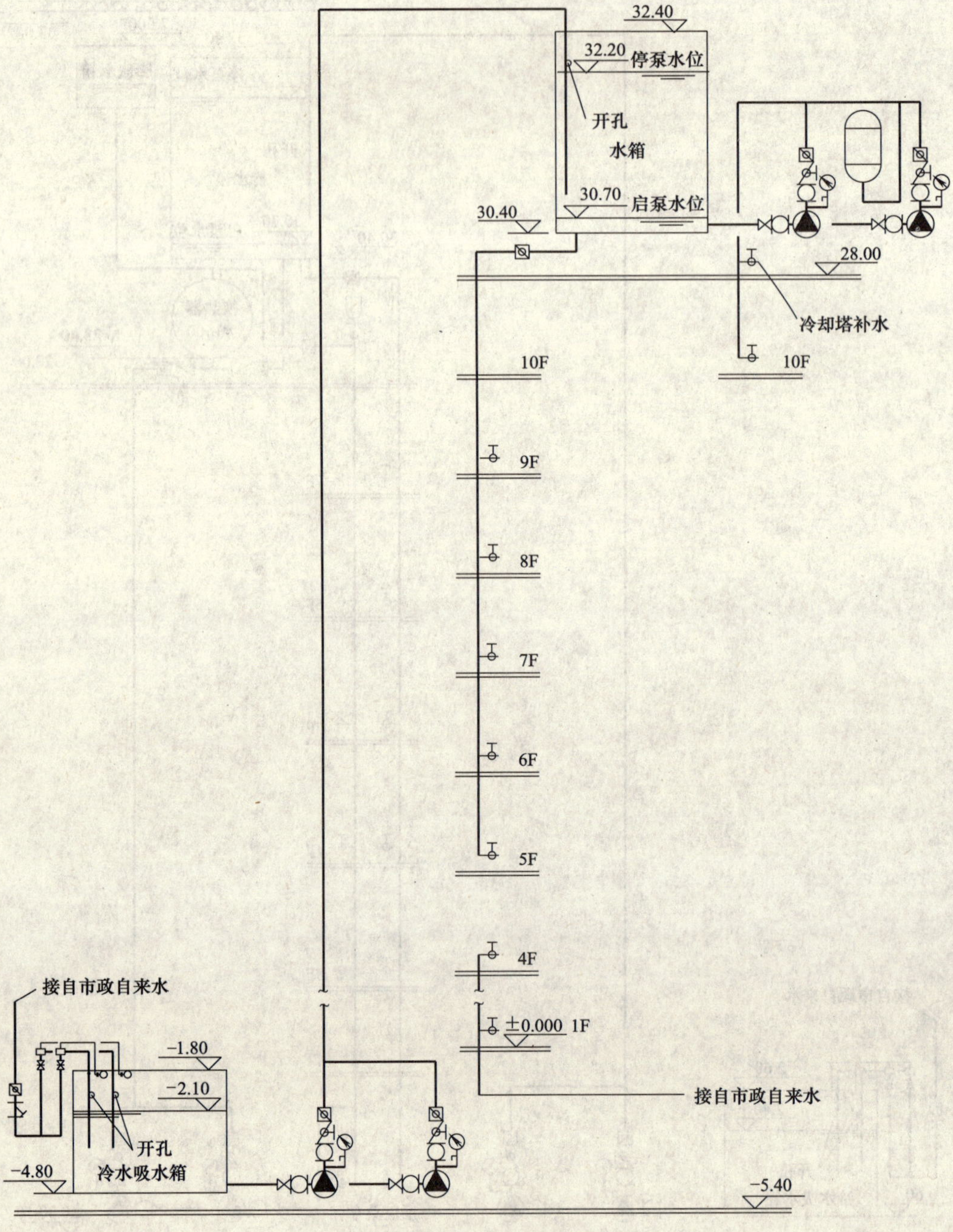

32.40
32.20 停泵水位
开孔
水箱
30.70 启泵水位
30.40
28.00
冷却塔补水
10F
10F
9F
8F
7F
6F
5F
4F
±0.000 1F
接自市政自来水
接自市政自来水
−1.80
−2.10
开孔
冷水吸水箱
−4.80
−5.40

科研实验楼给水原理图

加压给水
32.40
32.20
停泵水位
开孔
水箱
30.70
启泵水位
30.40
28.00
科研实验楼
10F
9F
8F
公寓楼
7F
6F
5F
4F
1F
±0.000
接自市政自来水
-1.35
-2.90
试水管
开孔
消防水池
-5.50
-5.40

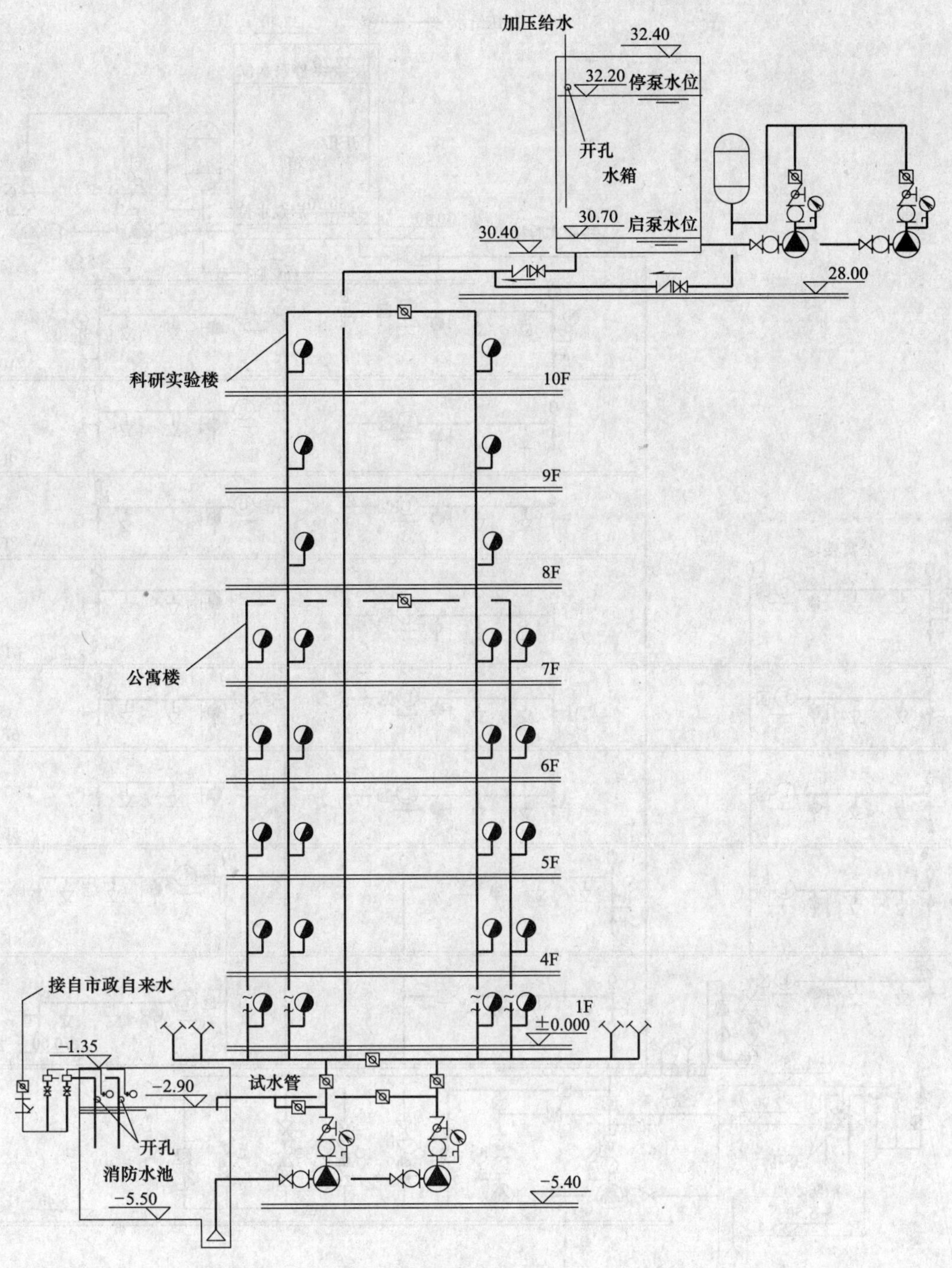

消火栓原理图

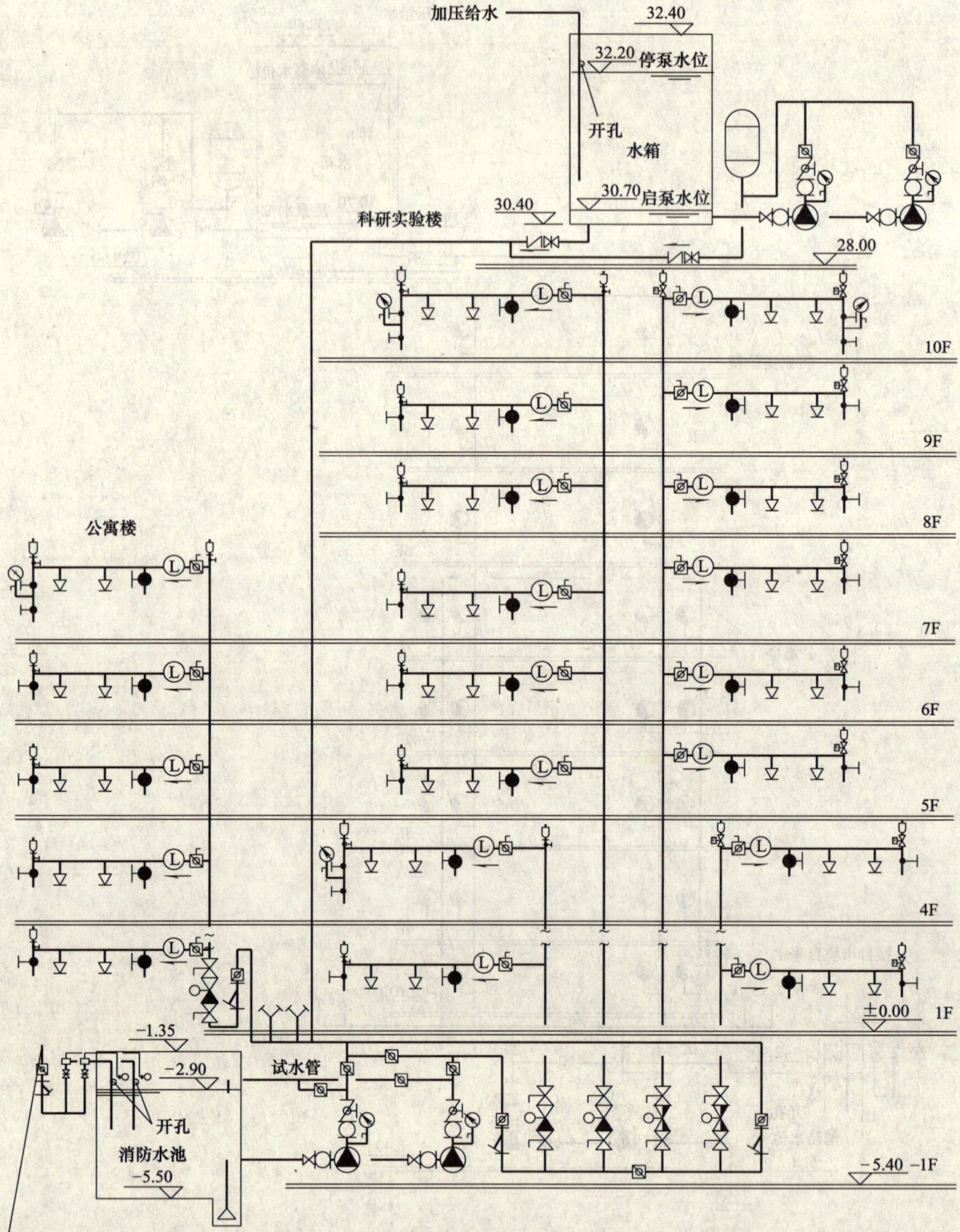

加压给水
32.40
32.20 停泵水位
开孔
水箱
30.70 启泵水位
30.40
科研实验楼
28.00
10F
9F
8F
7F
6F
5F
4F
1F
±0.00
公寓楼
−1.35
−2.90
试水管
开孔
消防水池
−5.50
−5.40 −1F
接自市政自来水

自动喷水原理图

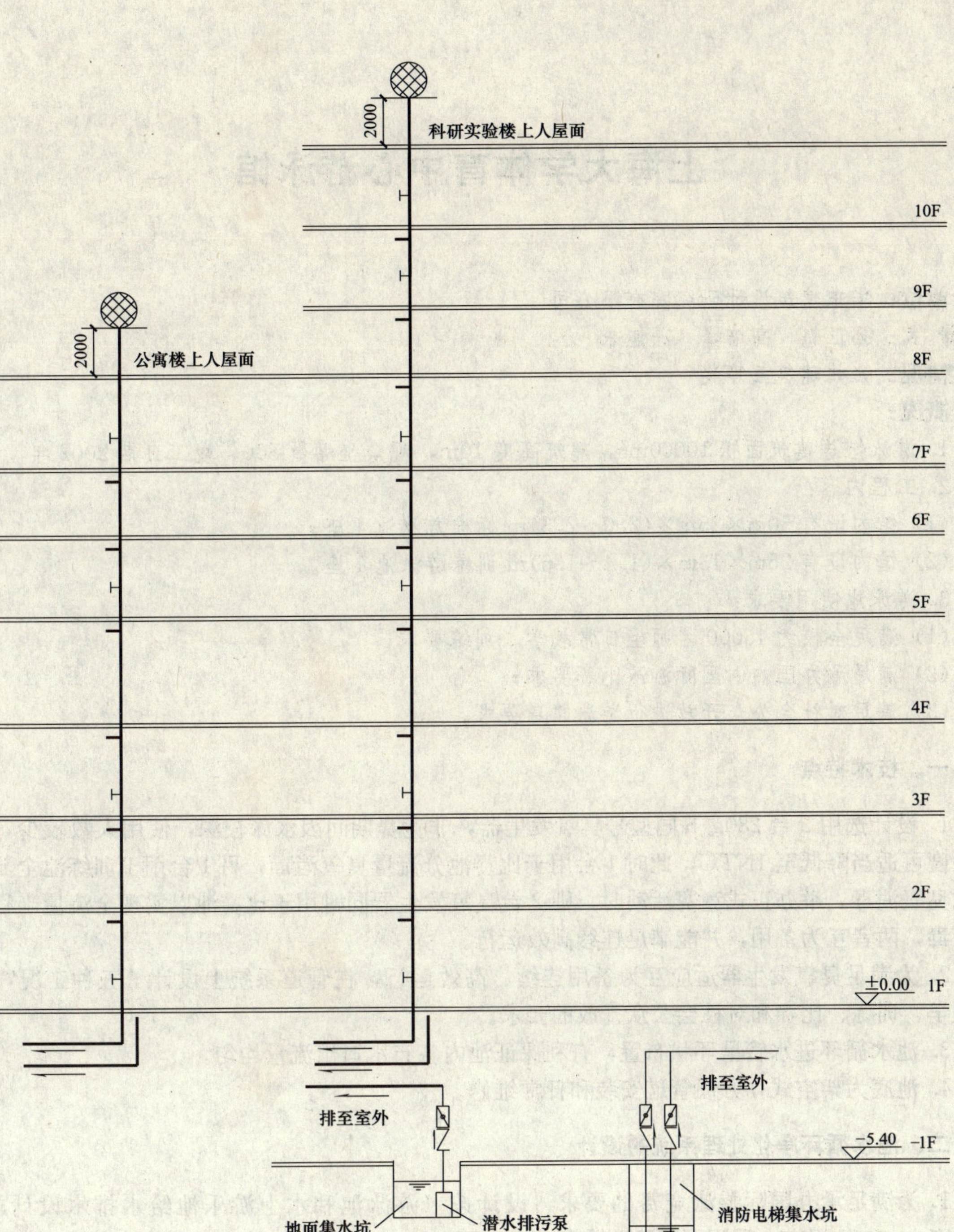

2000
科研实验楼上人屋面
10F
9F
2000
公寓楼上人屋面
8F
7F
6F
5F
4F
3F
2F
±0.00
1F
排至室外
排至室外
-5.40
-1F
地面集水坑
潜水排污泵
消防电梯集水坑
潜水排污泵

排水原理图

上海大学体育中心游泳馆

设计单位： 华东建筑设计研究院有限公司
设 计 人： 孙正魁　高培峰　冯旭东
获奖情况： 公共建筑三等奖
工程概况：

1. 游泳馆总建筑面积10000m²，建筑高度10m，观众坐席数800，竣工日期2002年。
2. 工程内容：
(1) 馆内设有50m×25m×(2.0～2.3)m标准游泳池1座；
(2) 馆内设有25m×13m×(1.4～1.6)m训练游泳池1座。
3. 游泳池使用要求：
(1) 满足全校约15000名师生日常教学、训练要求；
(2) 满足承办国内、国际游泳比赛要求；
(3) 满足对社会公众开放进行游泳健身要求。

一、技术特点

1. 设计选用2台280g/h同型号臭氧发生器，非竞赛期间因水深较深，使用人数较少，池水浑浊度可适当降低至1NTU，此时1台用于比赛池分流量臭氧消毒，另1台用于训练池全流量半程式臭氧消毒。举办正式竞赛活动时，则2台臭氧发生器同时用于比赛池以实现全流量半程式臭氧消毒，两者互为备用，并能满足连续高效运行。

2. 为满足臭氧发生器适应互为备用连续、高效运行，在管道系统上设计了五种工况，以满足教学、训练、比赛和对社会公众开放的要求。

3. 池水循环进水管呈环状布置，有利保证池内各布水口出流量均匀。

4. 池底为架空式，方便管道安装和日常维修。

二、池水循环净化处理系统的设计

1. 为满足承办国际游泳竞赛的要求，设计按《游泳池和水上游乐池给水排水设计规程》CECS14：2002规定，采用了国际游泳联合会（FINA）2002～2005年手册中第14章关于“游泳池水中杀菌和化学指标”的规定进行设计。

2. 池水循环净化处理系统的设计技术参数（表1）。

池水循环净化处理系统技术参数　　表1

序号	技术参数项目		比 赛 池	训练休闲池
1	池子规格	池水尺寸($L×B×H$)	50m×25m×(2.0～2.3)m	25m×13m×(1.4～1.6)m
		池水面积(m²)	1250	325
		池水容积(m³)	2687.5	487.5

续表

序号	技术参数项目		比 赛 池	训练休闲池
2	池水循环	循环方式	逆流式	逆流式
		循环周期(h)	5	5
		循环流量(m^3/h)	600	120
		均衡池容积(m^3)	50	19
3	池水过滤设备	过滤器形式	立式	立式
		过滤器壳体材质	炭钢	炭钢
		过滤介质材质及粒径	均质石英砂，粒径：0.5～0.85mm，不均匀数小于1.4	
		过滤介质有效厚度	1000mm	1000mm
		配水系统形式	ABS工程塑料缝隙式滤棒	ABS工程塑料缝隙式滤棒
		过滤速度[m^3/(h·m^2)]	30	30
4	池水消毒设施	消毒方式	全流量半程式臭氧消毒，并辅以氯消毒	全流量半程式臭氧消毒，并辅以氯消毒
		分流循环水流量(m^3/h)	150	30
		臭氧投加量	0.8～1.0mg/L	0.8～1.0mg/L
		次氯酸钠溶液	成品稀释投加、投加量(以有效氯计)：5mg/L	
		臭氧制备方式	氧气法制备臭氧	
		臭氧投加装置	加压水泵＋水射器＋在线混合器	
		反应罐容积(m^3)	9.2m^3/台	
		反应罐材质	钢制内衬耐臭氧腐蚀材料	
5	池水加药装置	混凝剂名称	液体碱式氯化铝	液体碱式氯化铝
		混凝剂投加量(mg/L)	10	10
		pH调整剂名称	稀盐酸	稀盐酸
		pH调整剂投加量(mg/L)	5	5
		除藻剂名称	无	无
		除藻剂投加量(mg/L)		
		投加方式	均采用精密计量泵定比湿式投加	
6	多余臭氧吸附器	吸附介质名称	活性炭	
		活性炭粒径(mm)	0.9～1.6	0.9～1.6
		活性炭有效厚度(mm)	600	600
		臭氧吸附器形式	立式	立式
		吸附过滤速度(m/h)	30	30
		吸附过滤器材质	钢制内衬耐臭氧腐蚀材料	钢制内衬耐臭氧腐蚀材料
		配水系统形式	ABS工程塑料缝隙式滤棒	ABS工程塑料缝隙式滤棒
7	池水加热设备	热源及换热方式	0.4MPa饱和蒸汽，间接加热	
		初次加热耗热量	306×10^4cal/h	62×10^4cal/h
		加热方式	分流量	
		分流加热的分流量(m^3/h)	150	30
		加热器形式及材质	板式换热器，304不锈钢	板式换热器，304不锈钢
		池水初次加热时间(h)	48	24
		池水设计温度(℃)	26	27
8	池水循环净化系统划分		独立系统	独立系统
9	水质监测方式		全自动水质监测控制系统	
10	系统设备控制方式		半自动控制池水净化处理系统	
11	池子补水量[(m^3/d)/(m^3/h)]		135/5.6	24.4/1

3. 池水循环净化处理工艺流程（图1）

机房内主要设备表

编号	名称	单位	数量	编号	名称	单位	数量	编号	名称	单位	数量
1	絮凝剂投加装置	套	2	8	管道混合器	台	2	15	pH值调整剂投加装置	套	2
2	不锈钢水箱	只	2	9	水封桶	只	2	16	长效消毒剂投加装置	套	2
3	快开式毛发聚集器	台	7	10	臭氧发生器	套	2	17	调色抑藻剂投加装置	套	2
4	循环水泵兼反冲洗水泵	台	7	11	臭氧反应罐	台	2	18	pH值检测控制系统	套	2
5	泳池专用过滤器	台	7	12	活性炭吸附罐	台	4	19	ORP值检测控制系统	套	2
6	臭氧增压泵	台	2	13	残余臭氧消除器	台	2	20	臭氧测控系统	套	2
7	水射器	套	2	14	板式换热器	台	4				

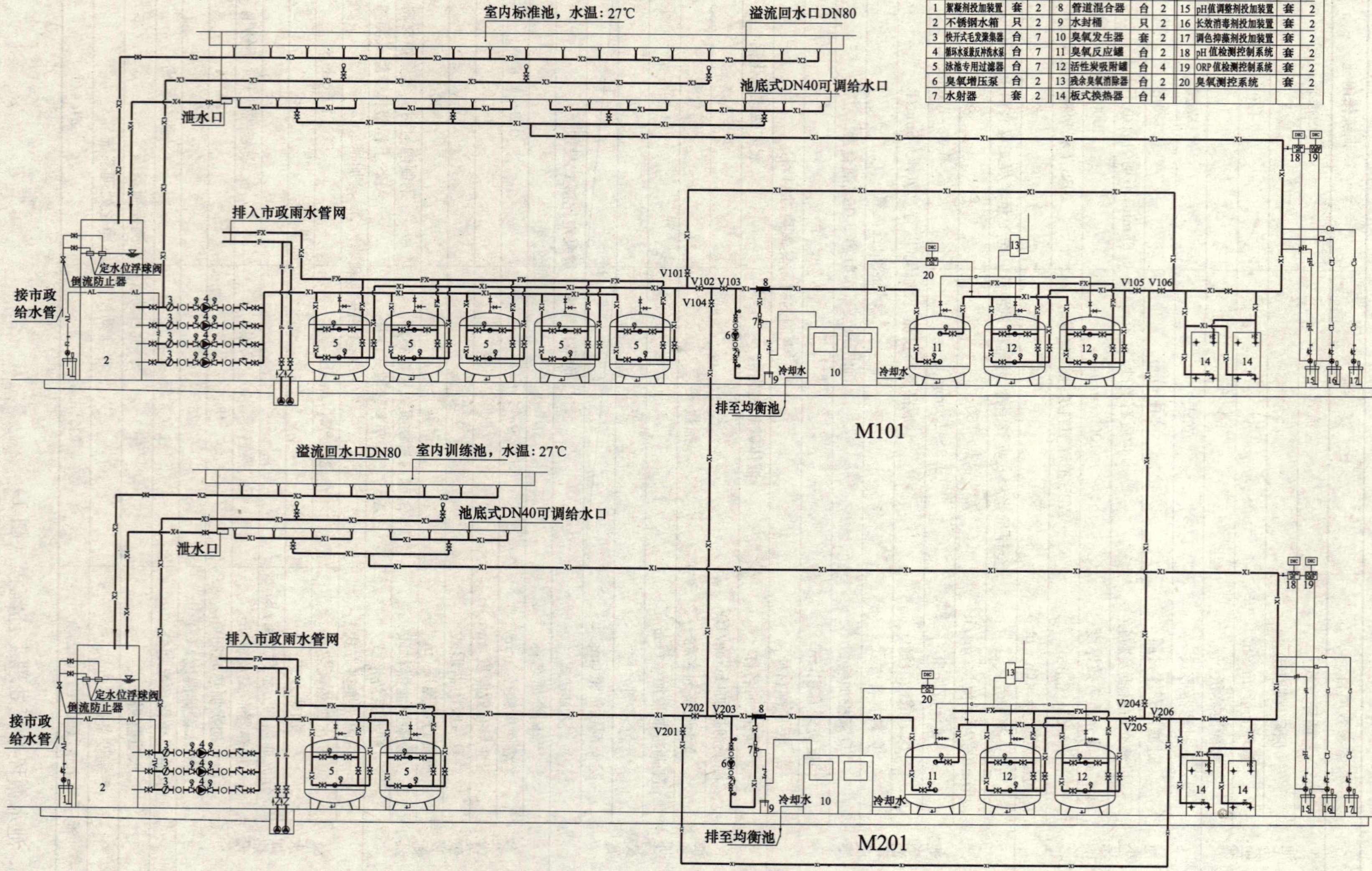

图 1　池水循环净化处理工艺图

4. 比赛池和训练池臭氧消毒五种工况的设计

（1）工况一：举行正式游泳比赛时，为满足全流量半程式消毒要求，则臭氧发生器 M101 和 M201 同时用于比赛池，其阀门切换见表 2。

（2）工况二：日常游泳教学、对公众开放时，由于训练池的游泳者较多，则臭氧发生器 M101 和 M201 分别用于比赛池和训练池，为实现比赛池分流量全程式臭氧消毒（臭氧投加量为 0.45mg/L）和训练池全流量半程式臭氧消毒（臭氧投加量为 1.0mg/L）要求。其阀门切换见表 2。

（3）工况三：如臭氧发生器 M101 出现故障或例行检修，而比赛池需要臭氧消毒时，通过切换阀门使臭氧发生器 M201 用于比赛池分流量臭氧消毒（臭氧投加量为 0.45mg/L），训练池此时采用常规氯消毒。其阀门切换见表 2。

（4）工况四：如臭氧发生器 M201 出现故障或例行检修，而训练池需要臭氧消毒时，通过切换阀门使臭氧发生器 M101 用于训练池全流量半程式臭氧消毒（臭氧投加量为 1.0mg/L），比赛池此时采用常规氯消毒。其阀门切换见表 2。

（5）工况五：如 2 台臭氧发生器 M101 和 M201 因特殊情况全部停用，则比赛池和训练池此时均采用常规氯消毒。其阀门切换见表 2。

臭氧不同工况时的阀门切换状况 **表 2**

工况	阀门关启状况									
	V101	V102	V001	V002	V203	V204	V201	V202	V103	V104
工况一	开	开	关	开	开	开	关	关	关	关
工况二	开	开	开	关	关	关	开	开	关	关
工况三	关	关	开	开	开	开	关	关	关	关
工况四	关	关	开	关	关	关	关	关	开	开
工况五	关	关	开	开	关	关	关	关	关	关

5. ABS 塑料管内外壁很光滑，为保证穿游泳池底板套管密封不漏水、不渗水，设计在石棉水泥密封填料中加入了特殊防水胶水，取得了良好的效果。

三、池水循环净化处理系统调试中出现的问题及建议

1. 溢流回水槽设计采用了两侧溢流回水管分别接入均衡水池，但由于溢流回水管连接的回水口处于非淹没流状态，回水管内仍夹带有空气，加之连接管难以实现等流程，靠近总管处的回水口出现流量不足，气体从该回水口向外排放，不时发出嘟嘟的排气声，对游泳者造成意外干扰。如能研制出流量可调型回水口，以使回水槽内回水口处于淹没流状态就能消除上述弊病的出现。

2. 在逆流式池水循环系统中，利用真空吸污口借助循环水泵进行吸污，一旦吸污程序启动，出现将吸污净化后的水从池底给水口再送回游泳池，致使沉积在池底的污物又被冲起来，使得真空吸污工作无法完成。为此，在逆流式池水循环方式中，采用具有程序控制的全自动池底吸污器比较理想。

3. 穿池底给水口，预留套管为钢管，而给水口接管为 ABS 塑料管，其外壁光滑。因此套管内缝隙填料石棉水泥中掺入了特殊防水胶，确保了竞赛池 144 个给水口均未出现渗水、漏水现象。

4. 溢流式溢流回水槽溢水堰纵水高度的误差±2mm 是可行的，也是可操作的，保证了溢流

回水的均匀性。

四、工程照片

广州大学城华南师范大学二期综合体育馆

设计单位：中南建筑设计院
设 计 人：涂正纯 邓斌 秦晓梅 王强 李萍英
获奖情况：公共建筑三等奖
工程概况：

华南师范大学综合体育馆位于广州市大学城新校区，它是全国大学生运动会、亚运会及国际赛事的游泳、羽毛球和手球等单项比赛场地，由体育馆、游泳馆和教学馆三馆构成，本工程总建筑面积约2.3万m^2。总用地面积约8.9hm^2。其中：①体育馆：建筑面积11104m^2，设有4988个固定座位以及少量活动看台，内场40m×50m。②游泳馆：建筑面积8100m^2，观众席1602人(另有部分活动看台)，包括标准游泳池（50m×25m）和训练池（21m×25m）各1个。③教学馆：建筑面积4653m^2，主要满足球类（篮球、排球、羽毛球等）、体操、健身、舞蹈、武术、散打等教学训练功能。2005年开始设计，2007年6月投入使用。

一、给水排水系统

（一）给水系统

1. 生活用水量统计：生活总用水量为444.8m^3/d，最大时81.9m^3/h，其中冲厕、绿化、道路浇洒和景观水池补充水使用杂用水，饮用水、盥洗、淋浴、游泳池补水等使用高质水。高质水总用水量约为400.7m^3/d，杂用水总用水量约为44.1m^3/d。生活用水量见表1。

华南师范大学综合体育场馆生活用水量表 **表1**

用水对象	用水单位数		用水量标准		小时变化系数 K	用水时间 h(h)	用水量		
							最高日 (m^3/d)	平均时 (m^3/h)	最大时 (m^3/h)
多功能体育馆观众	4988	人	3	L/(人·场)	1.2	4	29.9	7.5	9.0
多功能体育馆运动员	300	人	40	L/(人·d)	3.0	4	24.0	6.0	18.0
体育教学馆	300	人	40	L/(人·d)	3.0	4	24.0	6.0	18.0
游泳馆观众	1602	人	3	L/(人·场)	1.2	4	9.6	2.4	2.9
游泳馆运动员	200	人	40	L/(人·d)	3.0	4	16.0	4.0	12.0
场馆工作人员	100	人	100	L/(人·d)	2.0	8	10.0	1.3	2.5
其他			10%				11.4	2.7	6.2
小计							124.9	29.8	68.6
游泳馆补水	3635	m^3	按泳池体积8%计			24	290.8	12.1	12.1
其他			10%				29.1	1.2	1.2
小计							319.9	13.3	13.3
合计							444.8	43.2	81.9

注：多功能体育馆观众、体育教学馆、游泳馆观众、场馆工作人员四项用水量的60%使用杂用水量。

2. 水源：广州大学城市政给水采用分质供水，分别设有高质水管网和杂用水管网，高质水的绝对压力为0.41MPa，杂用水的绝对压力为0.44MPa。

3. 生活给水系统系统：根据市政高质水、杂用水管网的供水压力满足建筑物最高层卫生器具的水压要求，生活给水系统由城市管网直接供水，管网为下行上给的布置方式。

4. 计量方式：生活饮用水和杂用水城市接管点分别设总表计量。

5. 管材：室内高质水管道采用环压式不锈钢管；室外高质水管道采用高密度聚乙烯管（HDPE）给水管，热熔焊接。杂用水采用硬聚氯乙烯管（PVC-U）给水管，承插粘接连接。

（二）热水系统

1. 热水用水量统计（表2）：用水量为45.0 m^3/d，最大时21.3m^3/h。

华南师范大学综合体育场馆热水量表 **表2**

用水对象	用水单位数		用水量标准		小时变化系数 K	用水时间 h(h)	用水量		
							最高日 (m^3/d)	平均时 (m^3/h)	最大时 (m^3/h)
多功能馆运动员	300	人	25	L/(人·d)	2.0	4	15.0	3.8	7.5
体育教学馆	300	人	25	L/(人·d)	2.0	4	15.0	3.8	7.5
游泳馆运动员	200	人	25	L/(人·d)	2.0	4	10.0	2.5	5.0
场馆工作人员	100	人	50	L/(人·d)	2.0	8	5.0	0.6	1.3
合计							45.0	10.6	21.3

2. 热媒为锅炉房提供的蒸汽，蒸汽压力为0.4MPa。

3. 多功能体育馆、游泳馆、体育教学馆淋浴用热水采用集中加热供应系统，在游泳馆地下室设备间设置2台1.5 m^3 半容积式浮动盘管换热器制备热水，换热器进水由市政高质水管网接来。热水循环采用机械循环方式。

4. 管道保温：热水管采用50mm岩棉壳外包铝箔玻璃钢进行保温。

5. 管材：室内热水管道采用环压式不锈钢管。

（三）排水系统计算

1. 生活排水系统采用污、废合流制。

2. 为保证排水通畅，部分公共卫生间内设置专用通气立管和环形通气管。

3. 排水根据广州大学城的统一要求，生活污水不设化粪池，污水直接经过管道收集后进入城市污水处理厂统一处理，达标排放。

（四）雨水系统

1. 多功能体育馆、游泳馆的屋面造型独特、面积较大（多功能体育馆屋面约5900m^2、游泳馆屋面约4600m^2），为了避免布置过多数量的雨水立管又能达到使屋面雨水迅速排放的目的，采用压力流系统排放屋面雨水。

2. 压力流系统的排水能力按照P=10年重现期的降雨量设计，超过设计重现期的雨水量经屋面雨水天沟溢流。

3. 室外雨水管网按照P=2年重现期的降雨量设计。

4. 管材：压力流雨水管选用高密度聚乙烯雨水管（压力流专用管），支架由专业公司完成。外落水雨水立管和悬吊管采用PVC-U排水管，粘接接口。

二、消防系统

华南师大教学区设有区域集中加压消防给水系统，其系统设计参数为消火栓系统 Q=108m³/h，H=80m；自喷系统 Q=108m³/h，H=80m；消防水池容积 450m³。消防加压泵房位于体育场馆的西南方向，校园内部环路布置消火栓加压给水、自喷加压给水管网，图书馆（六层）屋顶设高位消防水箱。

（一）消火栓系统

本工程室内消火栓系统消防用水量为 20L/s，室外消火栓用水量 30L/s，火灾延续时间为 2h，室外消防用水量由杂用水管网供给。室内消火栓系统三馆共同构成环网，并有两条引入管与校区消火栓加压给水管网相连，引入管在室外设减压（阀后压力为 0.5MPa）后供室内，并设 SQS-100A 型消防水泵接合器 4 套。

（二）自动喷水灭火系统

1. 本工程项目自喷系统按中危险级Ⅰ级设计，自喷系统设计流量为 21L/s，1h 火灾延续时间消防用水量为 75.6m³，室内自喷用水由校区自喷加压给水管网提供。

2. 根据规范规定，在多功能体育馆的门厅、走道、贵宾室、运动员休息室、器材室、健身中心、办公室等处均设置玻璃球闭式喷头，喷头动作温度为 68℃。对于因使用功能要求致使防火分区面积超过规范规定的部位，如多功能体育馆、游泳馆的地下室设备房、体育教学馆的训练馆也增设了自动喷水灭火系统。

3. 报警阀按照控制喷头的数量不超过 800 个设置，水流指示器每层每个防火分区均设 1 个。室外设置 SQS-100A 型消防水泵接合器 2 套。

（三）大空间智能型主动喷水灭火系统

1. 多功能体育馆观众厅因为空间高度大于 8m 需设置大空间智能型主动喷水灭火系统。在体育馆观众厅屋顶网架下端设置 9 套自动扫描射水高空水炮灭火装置。主动喷水灭火系统设计流量为 26L/s，1h 火灾延续时间内的消防用水量为 93.6m³。

2. 主动喷水灭火系统为临时加压系统，由游泳馆比赛池的均衡水池提供该消防用水量，在游泳馆地下室设备间内设 2 台主动喷水灭火加压泵（XBD30-100-HY 型 Q=30L/s，H=150m，N=55kW），1 用 1 备，在多功能体育馆地下室设备间内设 ZW（W）-Ⅱ-X-A 型气压稳压装置一套为电磁阀前的管网充水，室外设置 SQS-100A 型消防水泵接合器 2 套。

3. 当智能型红外探测组件采集到火灾信号后，启动高空水炮传动装置进行扫描，完成火源定位后，打开电磁阀，信号同时传递至消防控制中心和水泵房，启动消防水泵并反馈信号至消防控制中心；火灾探测器探测到火灭后，手动关闭水泵和电磁阀。

三、游泳池循环水处理系统

1. 本工程项目游泳馆比赛池和训练池采用逆流式循环水处理系统，循环周期为 6h，比赛池和训练池循环水量分别为 438m³/h 和 90m³/h。其系统流程如下：

市政给水管 → 均衡水池 → 毛发聚集器 → 循环水泵
↑（均衡水池）　　　　　　　　　　　　↓（循环水泵）
游泳池 ← 加热 ← 压力过滤器

2. 混凝剂采用氯化铝或硫酸铝，投加量 3～5mg/L，为调节 pH 值和使水质透明，间歇投加碳酸钠和硫酸铜，消毒剂采用次氯酸钠。

3. 游泳馆的比赛池和训练池为恒温游泳池，设计水温26℃，环境室温为26℃，加热设备采用2台板式热交换器，热源由设在室外的锅炉房供给。

4. 管材：游泳池循环水管采用ABS塑料给水管，粘接连接。

四、设计特点

1. 采用了分质供水，绿化、道路广场浇洒和冲厕用水使用杂用水，饮用水、盥洗、淋浴和游泳池补充水等使用高质水，在保证生活用水品质的同时节约用水水费，降低场馆的运行费用。

2. 热水采用集中机械循环热水供应系统，加热设备采用具有高效自动除垢的半容积式浮动盘管换热器。

3. 比赛池、训练池采用逆流式循环处理，循环系统共用机房，且利用比赛池的均衡水池作为建筑消防水池，一池多用，节约投资。

五、工程系统图及照片

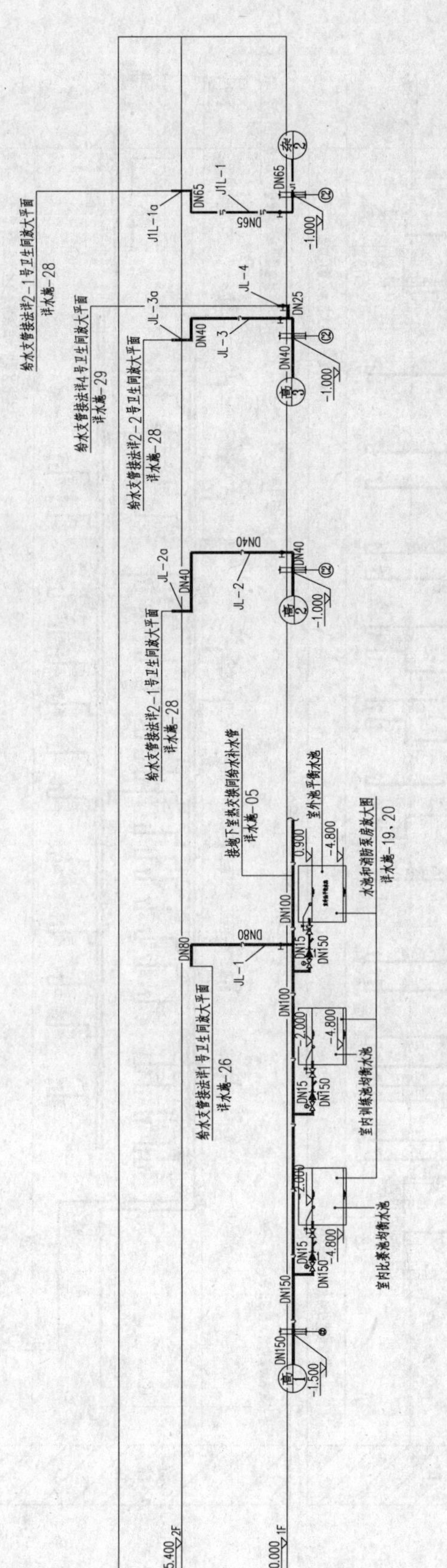

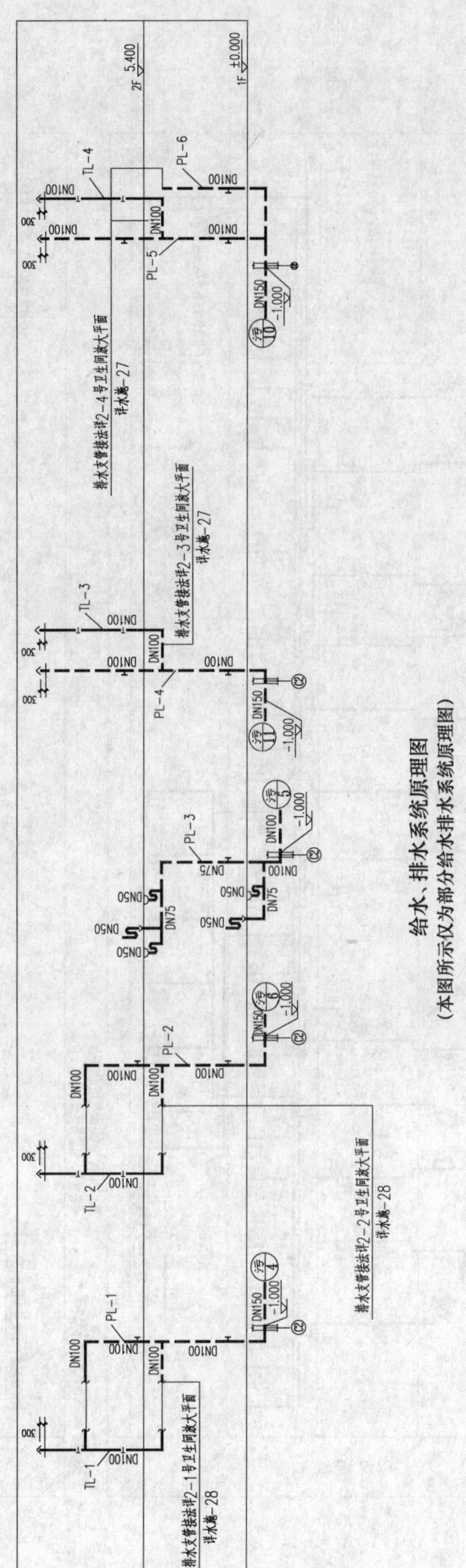

给水、排水系统原理图
（本图所示仅为部分给水排水系统原理图）

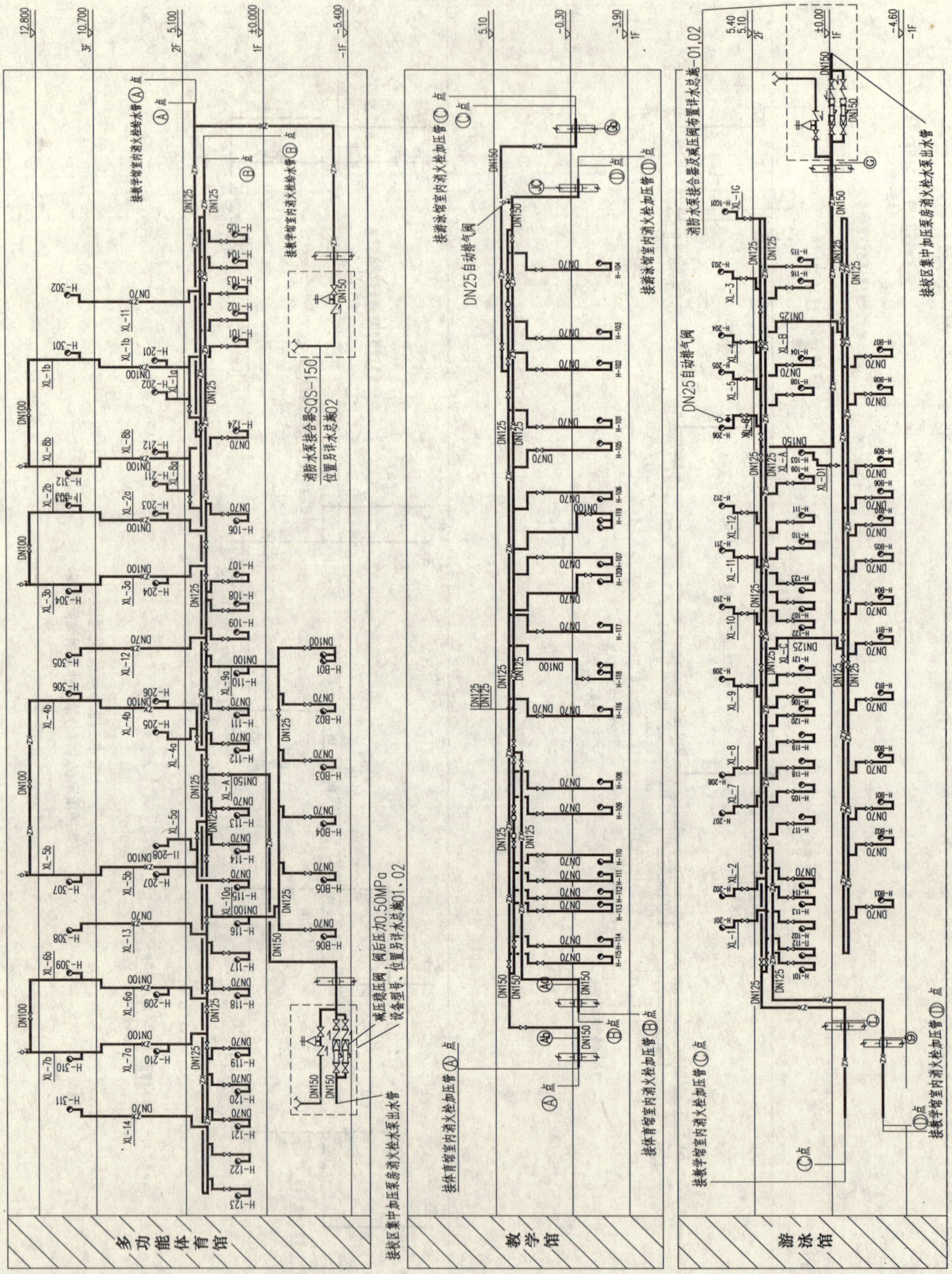

消火栓给水系统原理图

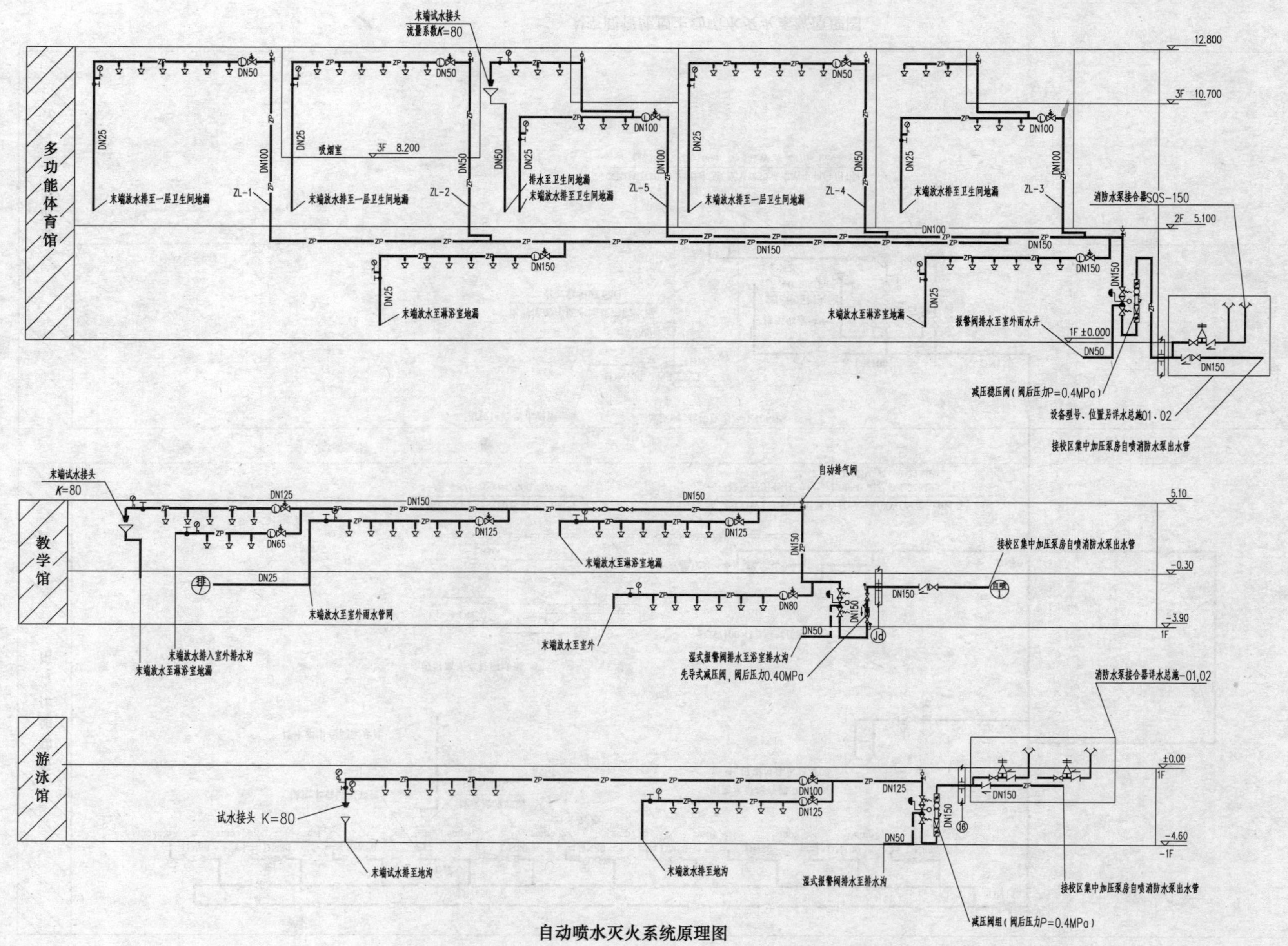

自动喷水灭火系统原理图

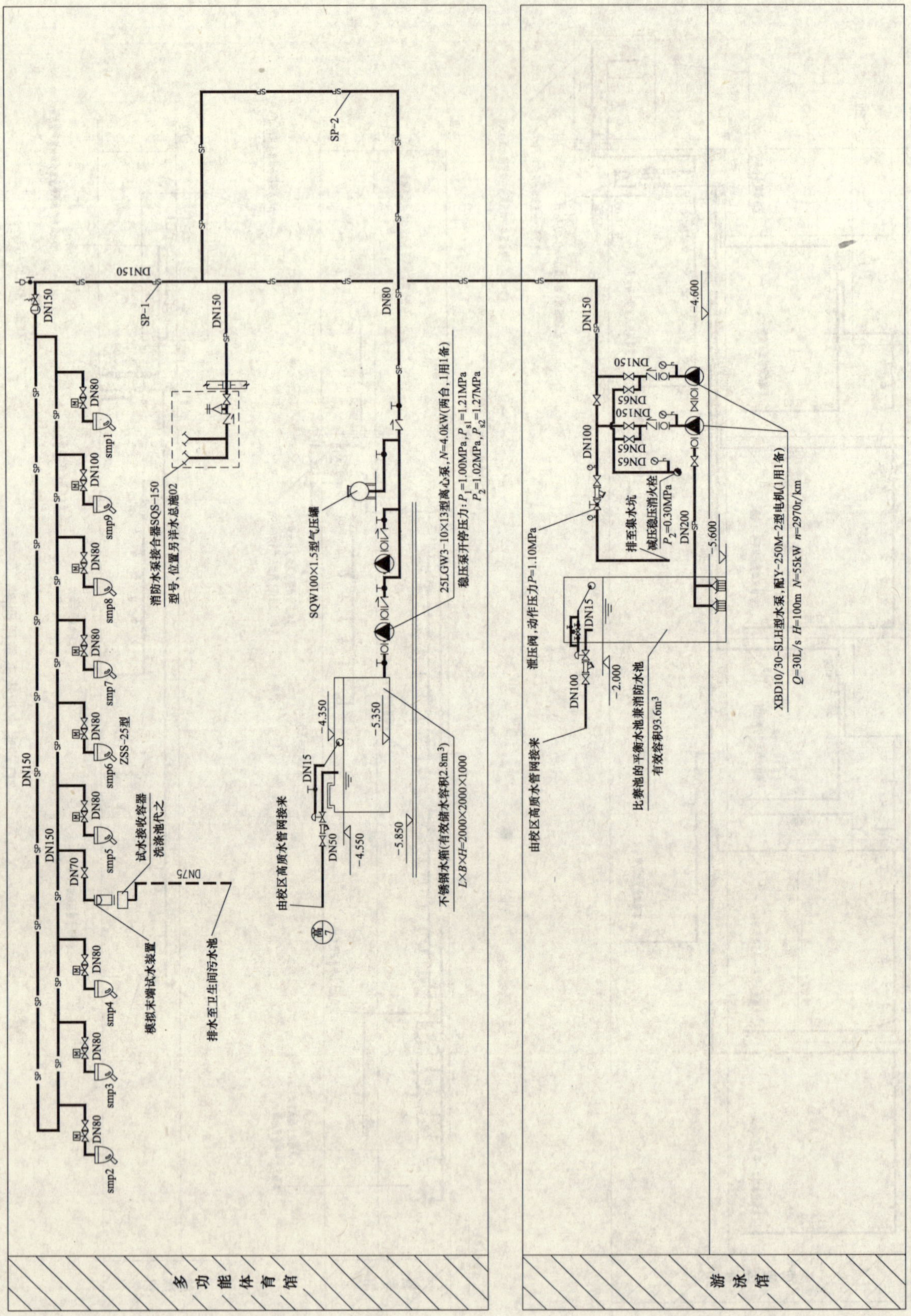

多功能体育馆

DN150
DN150
DN150
smp2 DN80
smp3 DN80
smp4 DN80
DN70
smp5 DN80
smp6 DN80
ZSS-25型
smp7 DN80
smp8 DN80
smp9 DN100
smp1 DN80
模拟末端试水装置
试水接收容器
洗涤池代之
DN75
排水至卫生间污水池
DN150
SP-1
消防水泵接合器SQS-150
型号、位置另详水总施02
DN150
SP-2
由校区高质水管网接来
DN15
−4.350
DN50
−4.550
−5.350
−5.850
SQW100×1.5型气压罐
DN80
不锈钢水箱(有效储水容积2.8m³)
$L\times B\times H$=2000×2000×1000
25LGW3-10×13型离心泵，N=4.0kW(两台，1用1备)
稳压泵开停压力：P_1=1.00MPa，P_{s1}=1.21MPa
P_2=1.02MPa，P_{s2}=1.27MPa

游泳馆

由校区高质水管网接来
泄压阀，动作压力P=1.10MPa
DN100
DN15
−2.000
DN100
DN150
比赛池的平衡水池兼消防水池
有效容积93.6m³
排至集水坑
减压稳压消火栓
P_2=0.30MPa
DN65
DN65
DN150
DN65
DN150
DN200
−5.600
−4.600
XBD10/30-SLH型水泵，配Y-250M-2型电机(1用1备)
Q=30L/s H=100m N=55kW n=2970r/km

大空间智能型主动喷水灭火系统原理图

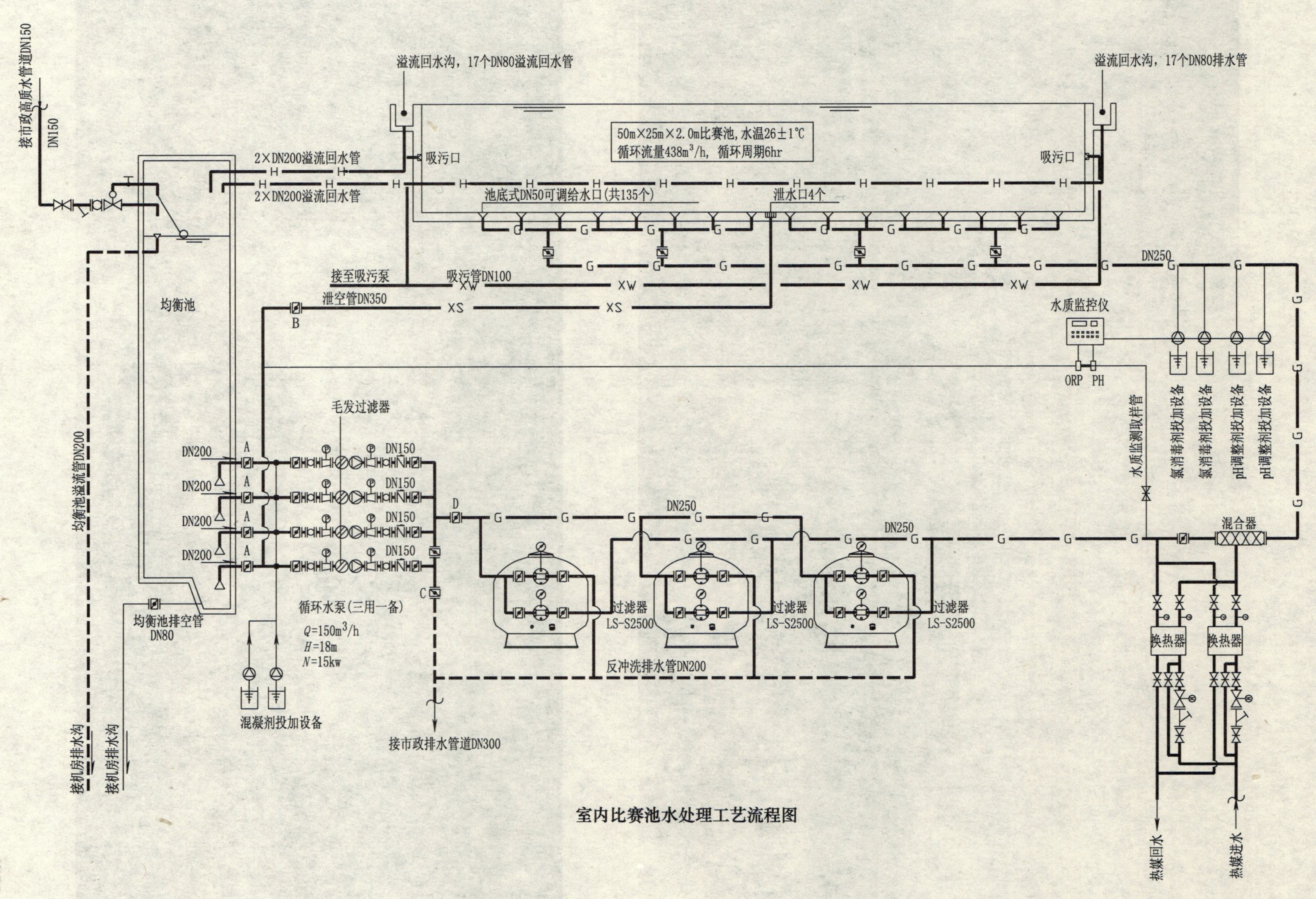

室内比赛池水处理工艺流程图

第八届全国少数民族传统体育运动会马术场馆

设计单位： 广州市设计院
设 计 人： 赵力军 何志毅 孔红 陈健聪 赖海灵 姚玉玲
设计单位： 广州市设计院
获奖情况： 公共建筑三等奖

工程概况：

第八届全国少数民族传统体育运动会马术场馆位于从化市良口镇自然生态环境优越的流溪河温泉旅游区内。场地三面环山，北面紧靠105国道。场地周边建有6m宽的环形消防车道（与急救车道合用），一条12m宽的规划路与105国道连接，车流、人流集散畅顺。

马术场馆建设用地660.8亩，其中比赛场馆用地522.5亩，预留配套发展用地138.3亩。建筑规模为9000m^2，投资1.98亿元。2006年11月完成设计，2007年6月建成，同年7月投入使用。

现场地形复杂，高差变化大，绝对标高从50多米至150多米不等，许多地方山势陡峭，而马术比赛场主要功能为速度赛马，地形中场地面积大，开山挖方高度及填方高度均达到30多米，为配合第八届全国少数民族传统体育运动会的召开，设计及施工工期只有一年多，时间少、任务紧。复杂的地形以及赛马养马的特殊要求为建筑布局设计、道路修建、护坡挡土、土方平衡、平整、防洪设计及场地排水带来相当大的难度，而且国内没有类似的项目可供借鉴。

马术场馆给水设计包括比赛场地、马厩、马医院、病马房、骆驼圈、洗马槽等功能用房、绿化、运动员和工作人员用房等部分，采用变频供水。整个场馆总用水量约600m^3/d（其中生活用水量约250m^3/d，绿化用水量约350m^3/d）。排水设计主要包括通过多级跌水消能的特大落差明渠排洪设计、场地雨水收集和排放设计、生活污水收集及处理设计等几个部分。消防设计包括室内外消火栓系统及自动喷水灭火系统的设计。

一、给水排水系统

（一）给水系统

1. 冷水用水量（表1）。

冷水用水表 **表1**

用水名称	用水定额	数量	用水时间(h)	平均时用水量(m^3/h)	时变化系数 K	最大时用水量(m^3/h)	最高日用水量(m^3/d)
观众	3L/(人·场)	4000人	6	6.0	2.0	12	36
马匹	500L/(匹·d)	160匹	24	3.33	2.0	6.67	80
骆驼	150L/(匹·d)	40匹	24	0.25	2.0	0.5	6
餐厅	60L/(人·次)	500人	16	5.63	2.5	14	90
工作人员	50L/(人·d)	150人	8	0.94	2.0	1.88	7.5
绿化用水	1.5L/(m^2·d)	23.3hm^2	8	43.7	1.0	43.7	349.5
未预见	10%			6.0		7.8	56.9
合计				65.85		85.8	625.9

场地与市政道路高差约60m，在山脚设水泵房，一次提升60m至场地水泵房，2个水泵房均采用变频泵组供水。场地水泵房贮存400 m^3 的生活用水及400 m^3 的消防用水。为避免土方沉降引起管道沉降及管口脱落，给水管道采用柔韧度较好的钢丝网骨架管，焊接连接。马厩、骆驼圈等功能用房需要在马厩走廊配备供水龙头以保证比赛马匹的饮用水及马圈的冲洗用水。

2. 水源：

采用地下井水作为本项目的供水水源，水源水质经过滤消毒等处理设施后满足《生活饮用水卫生标准》GB 5749—2006的相关要求，在山脚设置变频泵房将生活和消防用一次提升60m至场地水泵房。

3. 系统竖向分区：

给水系统不分区，由场地变频泵组直接向各用水点供水。

4. 供水方式及给水加压设备：

供水方式为：水源→山脚变频泵组→场地变频泵组→各用水点

给水加压设备：

山脚泵房：全自动变频供水设备（Q=86.4m^3/h，H=80m，N=50kW）

场地泵房：全自动生活变频供水设备（Q=36L/s，H=30m，P=33kW）

5. 管材：

市政进水管和室外给水干管钢丝网骨架塑料给水管，热熔连接；室内给水管全部采用PPR塑料给水管，热熔连接，公称压力1.6MPa。

（二）热水系统

不设集中供应热水系统，在各饮水点或淋浴间安装饮水机和电热水器满足项目热水需求。

（三）中水系统

无中水系统。

（四）污水系统

1. 排水系统的形式：

排水系统采用污废分流的方式。

2. 单层或者低层的建筑均采用伸顶通气的方式。

3. 污水排出口为广州流溪河，故所有污水经化粪池处理后和生活废水合流后进入污水处理站进行处理，整个污水收集处理系统设计合理，有效地保证马术场馆的污水不会造成周边水体的污染，设计上体现了“以人为本、以环境为本”的绿色建筑宗旨。

污水排放标准执行《广东省地方水污染物排放限值》DB/26—2001，排放污水的水质满足排水水质需达到第二时段一级标准。（pH=6～9，SS≤60mg/L，BOD_5≤20mg/L，动植物油≤10mg/L）

污水处理工艺为：粗细格栅→调节池→水解酸化（挂弹性填料）→三级接触氧化（挂弹性填料）→竖流沉淀池→消毒池→排放。

剩余污泥处理工艺为：竖流沉淀池污泥→污泥消化池→定期外运脱水填埋（吸粪车吸走）。

（五）雨水系统

雨水系统分为场地雨水系统和多级跌水系统两部分。

1. 暴雨重现期：

场地雨水系统采用10年的暴雨重现期；建筑物屋面采用10年的暴雨重现期；周边截洪沟采用50年的暴雨重现期。

2. 雨水系统的形式

(1) 场地雨水系统

马匹比赛跑道的设计影响到赛马的速度以及赛马和骑手的安全。所以跑道的排水、渗水、垫层的软硬程度及面层构造均需结合当地材料设计并达到比赛要求。场地外围设截洪沟，比赛跑道内外侧均设排水沟，场地中间草地设去水盲沟。场地雨水排水设计重现期采用10年，综合径流系数0.50。地面集水时间 $t_1=5\text{min}$，$m=2$。

(2) 多级跌水系统

明渠排洪设计中终点和起点排水总落差高达65m，整个马术场馆的汇水面积为65万 m^2，设计流量为 $14m^3/s$，排洪渠总长度超过2600m，其设计条件复杂，在国内同类项目中无类似经验可以借鉴。故我院经多方案比较最终确定采用多级跌水模型对其排洪明渠进行分散消能的跌水设计。采用先分别截洪分散消能，再集中泄洪的方法，引导洪水就近排入周边水体的设计思路，实现安全排洪。工程实践证明，分散消能的跌水设计能很好地对洪水进行收集引导和消能，保护马术场馆不受洪水威胁，大大地降低特大落差排水对明渠的冲刷。排水出口最终排入105国道旁的流溪河。

3. 管材

在场地雨水系统中为防止土方沉降引起管道脱口或断裂，排水管道 $DN<800$ 的采用HDPE双壁波纹管承插胶圈连接，环刚度为 $8kN/m^2$。$DN\geqslant800$ 的采用钢筋增强聚乙烯螺旋波纹管机械连接，环刚度为 $16kN/m^2$。

在多级跌水系统中，采用浆砌块石的明渠排水，块石强度不小于MU30。

二、消防系统

(一) 消火栓系统

1. 消防贮水量

场地水泵房设 $400m^3$ 消防贮水池（含自动喷水灭火系统），看台最高处设消防专用消防水箱 $18m^3$。

2. 室外消火栓系统

室外消火栓系统设计流量20L/s，室外消火栓型号为SS100，沿道路及场地周边按不大于120m间距布置，沿道路室外消火栓由山脚 $700m^3$ 清水池供水，场地周边室外消火栓由场地水泵房全自动消防供水设备供水。

3. 室内消火栓系统

(1) 室内消火栓系统设计流量15L/s，每股水柱的流量为5L/s，充实水柱为10m，消火栓箱的间距不大于30m，并保证同层2股水柱同时到达任何部位。消火栓箱内配置：SN65全铜消火栓1个，DN65化纤衬胶水龙带25m 1条，ϕ19mm水枪1支，GX-3消防卷盘1卷。屋面设试验用消火栓，栓前设压力表。消火栓栓口压力超过0.50MPa时，采用全铜减压稳压消火栓。

(2) 消防水泵及水泵房：场地水泵房，室内全自动消防供水设备设消火栓加压主泵2台，1用1备，性能参数：$Q=15L/s$，$H=50m$，$N=15kW$；设稳压泵2台，1用1备，性能参数：$Q=5L/s$，$H=50m$，$N=5.5kW$，有效调节容积300L气压罐1个。

室外全自动消防供水设备设消火栓加压主泵2台，1用1备，性能参数：$Q=20L/s$，$H=30m$，$N=11kW$；设稳压泵2台，1用1备，性能参数：$Q=5L/s$，$H=30m$，$N=4kW$，有效调节容积300L气压罐1个。

（3）消防水泵的控制

各消火栓箱旁均设有碎玻按钮，可远距离直接启动主泵，消防稳压泵由压力开关自动控制启停。各台水泵也可在消防中心及泵房内手动控制，各台水泵的启、停、故障，均有信号在消防控制中心显示 。

（4）系统给水管网

场地室外消防环状管网由场地水泵房的室外全自动消防供水设备消火栓主泵向环状管网双路供水；看台室内消防环状管网由场地水泵房的室内全自动消防供水设备消火栓主泵向环状管网双路供水；在室外设置 2 组 SQD100 消防水泵接合器接入环状供水主干管。

（二）自动喷水灭火系统

1. 湿式自动喷水灭火系统（以下简称喷淋系统），按中危险级Ⅰ级设计，喷水强度为 6L/(min·m^2)，每个喷头的保护面积不大于 12.5 m^2，最不利点处喷头工作压力不小于 0.05MPa，计算作用面积 160m^2，湿式报警阀设于各单体内，每个湿式报警阀控制的喷头不多于 800 个。

2. 设置闭式喷头的部位包括看台下办公、走廊，发电机房等。无吊顶部位只设一层直立型喷头；有吊顶部位当吊顶至楼板底净高不大于 0.8m 时，只设一层吊顶型喷头；当吊顶部位吊顶至楼板底净高大于 0.8m 时，在吊顶内加设一层直立型喷头。

3. 除发电机房采用动作温度 93℃的喷头外，其余均采用动作温度 68℃的喷头。

4. 喷淋水泵及其控制

场地水泵房自动喷淋全自动消防供水设备内有喷淋加压主泵 2 台，1 用 1 备，性能参数：Q=21L/s，H=50m，N=18.5kW，稳压泵 2 台，1 用 1 备，性能参数：Q=1L/s，H=50m，N=1.5kW，有效调节容积 150L 气压罐 1 个。

喷淋主泵由安装于湿式报警阀后延迟器上的压力掣启动，启动压力为 0.035MPa；喷淋稳压泵由压力开关自动控制启停。各台水泵也可在消防中心及泵房内手动控制，各台水泵的启、停、故障，均有信号在消防控制中心显示。

5. 系统给水管网

由场地水泵房自动喷淋全自动消防供水设备向喷淋系统管网直接供水。

每个部分的每个防火分区分别设水流指示器及带开关指示器的阀门（开关信号反馈到消防中心），在湿式报警阀组控制的最不利点喷头处，设末端试水装置，其余楼层在管网末端设 1 条排水管和试水阀。

同时设屋顶水箱稳压，并在水泵房内设稳压泵及气压罐，以保证管网平时所需水压。在室外设置 2 组 SQD100 消防水泵接合器接入湿式报警阀前供水主干管。

6. 管材选用

消火栓及喷淋给水管道采用热镀锌钢管；DN100 以下采用丝扣连接，DN100 及以上采用沟槽式连接。

三、工程特点和设计体会

第八届全国少数民族传统体育运动会马术场馆给水排水设计体现了创新、实用、合理、节水、节能和节约用地的设计原则，在室外排水明渠落差高达 65m、汇水面积为 65 万 m^2，设计流量为 14m^3/s 的情况下，在建筑给水排水设计中应用多级跌水模型在明渠排水中进行消能分析和设计。排洪沟于 2007 年 3 月完工，经历 2007、2008 年两年的雨季考验，马术场馆的排水系统运行情况良好，马术场馆没有受到洪涝的影响，排洪沟亦无明显冲刷。即使无雨季节，排洪沟亦有山涧泉水、溪水通过，多级跌水形成多级小型瀑布，消力槛变成景观山石，排洪沟和马术场馆浑然一体，人工排水构筑物与周边自然环境、马术场馆和谐统一，证明多级跌水模型在排洪沟的设计中是非常成功的。

马术场馆的给水排水设计在国内可借鉴的同类项目极少，本项目的给水排水设计是对带特殊功能的建筑给水排水设计的一个有益补充，每格马厩需要单独配置给水龙头，洗马槽、骆驼圈等需要配置足够给水龙头。自建二级污水生化处理站有效地保护了周边水体，污水处理站采用埋地式，最大限度地节约了用地；场地及赛道排水的合理设计，跑道的排水、渗水、垫层的软硬程度及面层构造均结合当地材料进行设计并达到比赛要求，保证马术场馆雨天不积水，马术比赛正常进行。

在节水节能方面，生活给水加压系统采用变频供水设备、选用节水型卫生洁具及配水件、公共卫生间采用感应式水龙头、感应式小便器冲洗阀及感应式大便器冲洗阀，总之，本项目的设计均遵循着“以人为本、以环境为本”的绿色建筑宗旨。第八届全国少数民族传统体育运动会马术场馆亦成为广东省目前唯一可以正常使用的优秀的马术场馆，设计成果可供本行业借鉴。

四、工程系统图及照片

A截洪沟弯道参数表

节点	里程(m)	X坐标	Y坐标	半径(m)	弧长(m)
A0	0+0.00	2620375.874	470487.482		
A1	圆心	2620386.140	470428.820	15.10	30.99
	0+37.42	2620371.610	470426.600		
	0+68.41	2620394.480	470416.980		
A2	圆心	2620400.790	470402.430	15.72	11.85
	0+68.41	2620394.480	470416.980		
	0+80.26	2620406.410	470417.120		
A3	0+112.33	2620436.573	470406.209		
A4	0+149.86	2620464.776	470381.465		
A5	0+180.90	2620475.042	470352.166		
A6	0+285.71	2620556.600	470286.340		

B截洪沟弯道参数表

节点	里程(m)	X坐标	Y坐标	半径(m)	弧长(m)
B0	0+0.00	2620556.597	470286.339		
B1	0+80.52	2620619.253	470235.767		
B2	圆心	2620640.970	470206.070	3.00	3.30
	0+117.19	2620638.420	470204.500		
	0+120.49	2620640.920	470203.070		
B3	0+144.39	2620664.822	470202.649		
B4	0+292.36	2620804.104	470252.530		
B5	0+326.83	2620821.373	470282.363		
B18	0+591.88	2621080.855	470336.410		
B25	0+631.03	2621111.554	470360.706		
B32	0+663.59	2621128.330	470383.825		
B36	0+682.53	2621142.872	470401.560		
B41	0+704.22	2621161.617	470412.470		
B47	0+727.24	2621184.311	470416.345		
B52	0+749.30	2621208.434	470416.818		
B57	0+771.38	2621228.095	470410.741		
B60	0+788.12	2621243.212	470405.006		
B65	0+812.94	2621263.230	470392.090		

说明：

1. 本图高程、坐标、长度均以米（m）计。
2. 截洪渠平面上各拐点的沟底、沟顶设计高程均为各拐点弯道弧线中点高程。
3. 本图设计各点间距离均以沟渠轴线长度计，其弯道长度以弯道实际距离计量。
4. A渠基础底设计标高比渠内底标高低400mm，A①型的综合式消力池设3个，其设计渠内底标高和基础底标高见S-0B-13，B渠基础底设计标高比渠内底标高低400mm，B渠设综合式消力池设10个，其设计渠内底标高和基础底标高见S-0B-13。
5. 本纵断面图渠深和渠内底高程为已跌水后的高程，施工时应注意跌水前的渠底高程和渠深为图示高程减去跌水高度。
6. 消力池（槛）布置一栏中，B①等为消力池标号（对应尺寸见大样），在节点上标注指在该节点后按大样中的方式布置相应的消力池，节点上无标号标注指该节点无需做消力池（槛）。

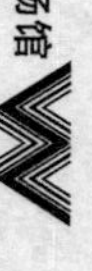

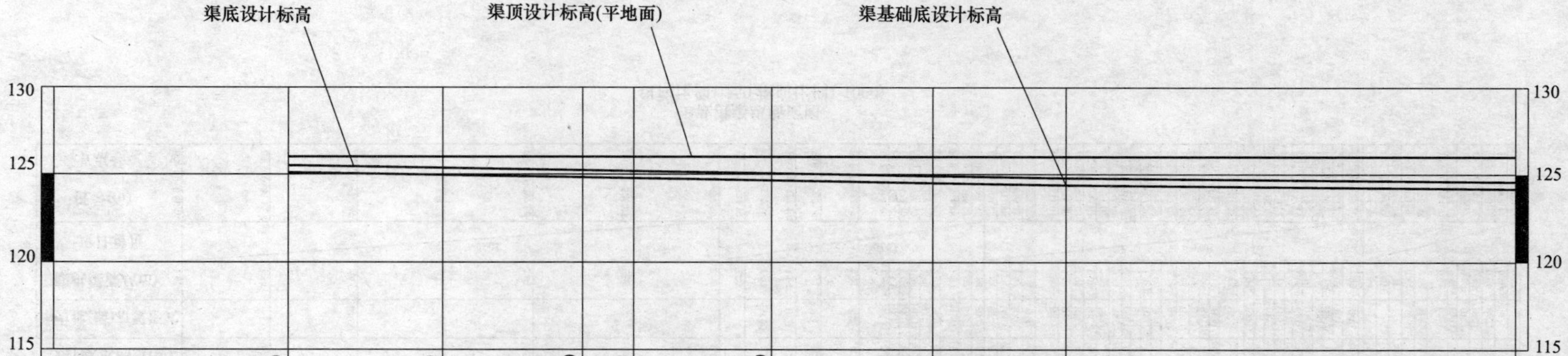
渠底设计标高
渠顶设计标高(平地面)
渠基础底设计标高
130
125
120
115

节点号	A0	A1	A1-A2	A2	A3	A4	A5	A6
设计渠顶高程(m)	126.00	126.00	126.00	126.00	126.00	126.00	126.00	126.00
设计渠内底高程(m)	125.44	125.29	125.17	125.12	125.99	124.84	124.78	124.57
截洪渠深 H(m)	0.56	0.71	0.83	0.88	1.01	1.16	1.22	1.43
消力池(槛)布置形式				A①		A①		A①
设计坡度	i=0.004						i=0.002	
里程桩 (m)	0+0.00	0+37.42	0+68.41	0+80.26	0+112.33	0+149.86	0+180.90	0+285.71

A截洪渠纵断面图
(纵向比例1:250;横向比例1:1000)

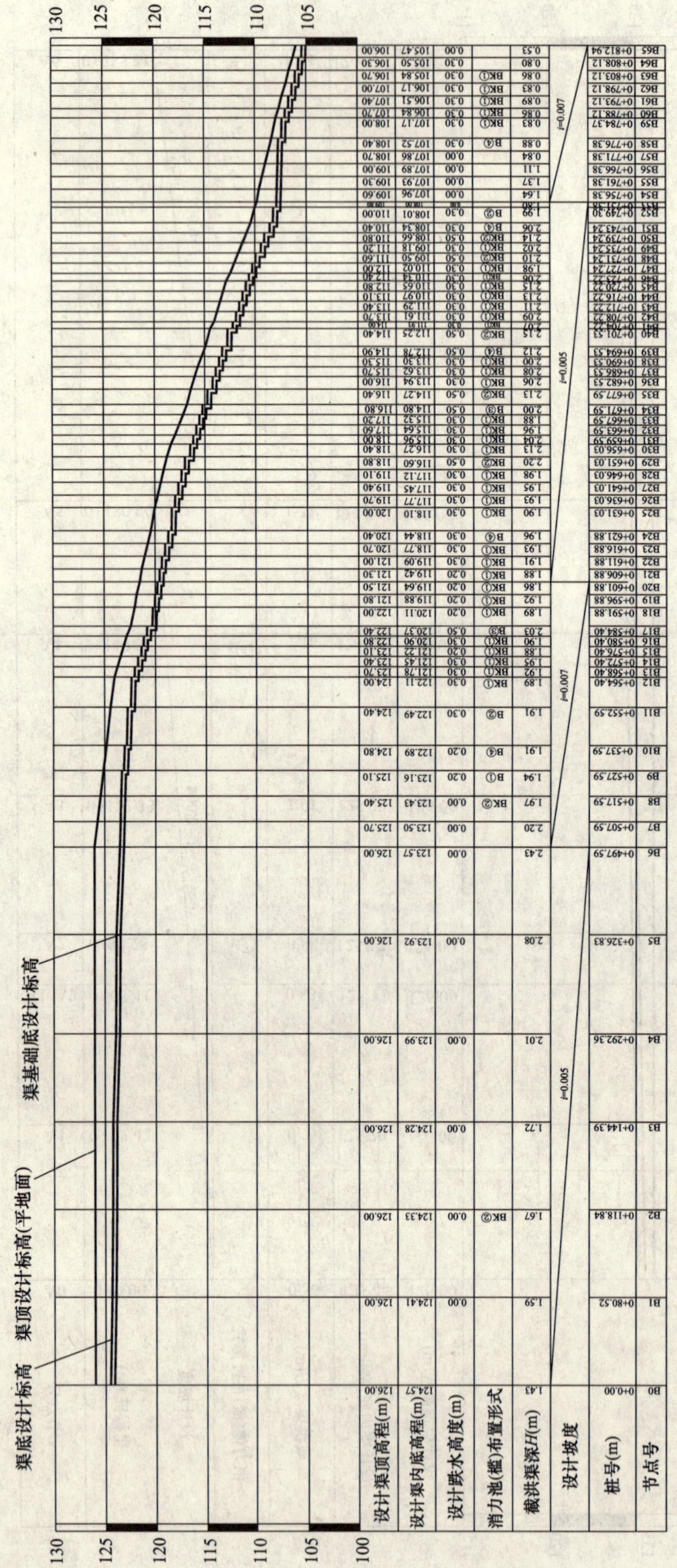

节点号	桩号(m)	设计坡度	截洪渠深H(m)	消力池(槛)布置形式	设计跌水高度(m)	设计渠内底高程(m)	设计渠顶高程(m)
B0	0+0.00	i=0.005	1.43			124.57	126.00
B1	0+80.52		1.59		0.00	124.41	126.00
B2	0+118.84		1.67	BK②	0.00	124.33	126.00
B3	0+144.39		1.72		0.00	124.28	126.00
B4	0+292.36		2.01		0.00	123.99	126.00
B5	0+326.83		2.08		0.00	123.92	126.00
B6	0+497.59	i=0.007	2.43		0.00	123.57	126.00
B7	0+507.59		2.20		0.00	123.50	125.70
B8	0+517.59		1.97	BK②	0.00	123.43	125.40
B9	0+527.59		1.94	B①	0.20	123.16	125.10
B10	0+537.59		1.91	B④	0.20	122.89	124.80
B11	0+552.59		1.91	B②	0.30	122.49	124.40
B12	0+564.40		1.89	BK①	0.30	122.11	124.00
B13	0+568.40		1.92	BK①	0.30	121.78	123.70
B14	0+572.40		1.95	BK①	0.30	121.45	123.40
B15	0+576.40		1.88	BK①	0.30	121.22	123.10
B16	0+580.40		1.90	BK①	0.30	120.90	122.80
B17	0+584.40		2.03	B③	0.50	120.37	122.40
B18	0+591.88		1.89	BK①	0.20	120.11	122.00
B19	0+596.88		1.92	BK①	0.20	119.88	121.80
B20	0+601.88	i=0.005	1.86	BK①	0.20	119.64	121.50
B21	0+606.88		1.88	BK①	0.20	119.42	121.30
B22	0+611.88		1.91	BK①	0.30	119.09	121.00
B23	0+616.88		1.93	BK①	0.30	118.77	120.70
B24	0+621.88		1.96	B④	0.30	118.44	120.40
B25	0+631.03		1.90	BK①	0.30	118.10	120.00
B26	0+636.03		1.93	BK①	0.30	117.77	119.70
B27	0+641.03		1.95	BK①	0.30	117.45	119.40
B28	0+646.03		1.98	BK①	0.30	117.12	119.10
B29	0+651.03		2.20	BK②	0.50	116.60	118.80
B30	0+656.03		2.13	BK①	0.30	116.27	118.40
B31	0+659.59		2.04	BK①	0.30	115.96	118.00
B32	0+663.59		1.96	BK①	0.30	115.64	117.60
B33	0+667.59		1.88	BK①	0.30	115.32	117.20
B34	0+671.59		2.00	B③	0.50	114.80	116.80
B35	0+677.59		2.13	BK②	0.50	114.27	116.40
B36	0+682.53		2.06	BK①	0.30	113.94	116.00
B37	0+686.53		2.08	BK①	0.30	113.62	115.70
B38	0+690.53		2.00	BK①	0.30	113.30	115.30
B39	0+694.53		2.12	B④	0.50	112.78	114.90
B40	0+701.53		2.15	BK②	0.50	112.25	114.40
B41	[illegible]		[illegible]	[illegible]	[illegible]	[illegible]	[illegible]
B42	0+708.22		2.09	BK①	0.30	111.61	113.70
B43	0+712.22		2.11	BK①	0.30	111.29	113.40
B44	0+716.22		2.13	BK①	0.30	110.97	113.10
B45	0+720.22		2.13	BK①	0.30	110.67	112.80
B46	0+723.22		2.06	BK②	0.50	110.34	112.40
B47	0+727.24		1.98	BK①	0.30	110.02	112.00
B48	0+731.24		2.10	BK②	0.50	109.50	111.60
B49	0+735.24		2.02	BK①	0.30	109.18	111.20
B50	0+739.24		2.14	BK②	0.50	108.66	110.80
B51	0+743.24		2.06	B④	0.30	108.34	110.40
B52	0+749.30	i=0.007	1.99	B②	0.30	108.01	110.00
B53	[illegible]		[illegible]		[illegible]	[illegible]	[illegible]
B54	0+756.38		1.64		0.00	107.96	109.60
B55	0+761.38		1.37		0.00	107.93	109.30
B56	0+766.38		1.11		0.00	107.89	109.00
B57	0+771.38		0.84		0.00	107.86	108.70
B58	0+776.38		0.88	B④	0.30	107.52	108.40
B59	0+784.37		0.83	BK①	0.30	107.17	108.00
B60	0+788.12		0.86	BK①	0.30	106.84	107.70
B61	0+793.12		0.89	BK①	0.30	106.51	107.40
B62	0+798.12		0.83	BK①	0.30	106.17	107.00
B63	0+803.12		0.86	BK①	0.30	105.84	106.70
B64	0+808.12		0.80		0.30	105.50	106.30
B65	0+812.94		0.53		0.00	105.47	106.00

B截洪渠纵断面图
(纵向比例1:250;横向比例1:1000)

C主排洪渠弯道参数表

节点	桩号(m)	X坐标	Y坐标	半径(m)	弧长(m)
	圆心	2621262.590	470388.930		
C0	0+0.00	2621264.213	470391.453	3.00	3.54
C1	0+3.54	2621265.553	470388.494		
	圆心	2621379.950	470352.270	118.60	215.24
C2	0+22.36	2621262.807	470369.874		
C3	0+129.98	2621293.904	470270.839		
C4	0+237.60	2621391.428	470234.366		
	圆心	2621400.05	470142.830	92.00	82.34
C4	0+232.99	2621391.428	470234.366		
C5	0+270.99	2621423.615	470231.699		
C6	0+315.33	2621452.867	470218.085		
C7	0+465.12	2621459.020	470214.267		
C8	0+480.14	2621463.295	470211.669		
C9	0+485.76	2621467.478	470208.957		
C10	0+511.45	2621481.130	470299.360		
C16	0+524.12	2621602.463	470114.085		
C17	0+511.45	2621614.994	470103.927		

D截洪渠弯道参数表

节点	桩号(m)	X坐标	Y坐标	半径(m)	弧长(m)
D0	0+0.00	2621761.948	470223.123		
D1	0+11.93	2621751.502	470217.352		
D2	0+59.11	2621705.707	470205.986		
D3	0+62.99	2621701.828	470205.829		
D4	0+96.42	2621668.645	470201.739		
D5	圆心	2621664.941	470195.516	4.45	2.86
	0+103.69	2621662.002	470198.832		
D6	0+105.14	2621661.108	470197.738		
D7	0+107.14	2621659.823	470196.205		
D9	0+111.14	2621651.778	470192.767		
D19	0+154.03	2621636.080	470155.170		

D6-D17节点参数表

节点号	桩号(m)	截洪渠深 H(m)	设计跌水高度(m)	设计渠内底高程(m)	设计渠顶高程(m)
D6	0+105.14	1.50	1.00	75.70	77.20
D7	0+107.14	1.42	0.70	74.98	76.40
D8	0+109.14	1.34	0.70	74.26	75.60
D9	0+111.14	1.56	1.00	73.24	74.80
D10	0+113.14	1.28	0.50	72.72	74.00
D11	0+115.14	1.50	1.00	71.70	73.20
D12	0+117.14	1.42	0.70	70.98	72.40
D13	0+119.14	1.34	0.70	70.26	71.60
D14	0+121.14	1.56	1.00	69.24	70.80
D15	0+123.14	1.48	0.70	68.52	70.00
D16	0+125.14	1.40	0.70	67.80	69.20
D17	0+127.14	1.62	1.00	66.78	68.40

说明：

1. 本图高程、坐标、长度均以米（m）计。

2. 截洪渠平面上各拐点的沟底、沟顶设计高程均为各拐点弯道弧线中点高程。

3. 本图设计各点间距离均以沟渠轴线长度计，其弯道长度以弯道实际距离计量。

4. C和D渠的基础底标高比渠内底标高低250mm，需做综合式消力池的节点的渠底和渠基础底标高等于此纵断面中列出的标高减去消力池的高度，具体数值参考S-0B-13，施工时应重视这些个别消力池对渠底高程的影响，避免对此纵面图的误解。

5. 本纵断面图渠深和渠内底高程为已跌水后的高程，施工时应注意跌水前的渠底高程和渠深为图示高程减去跌水高度。C截洪渠采用同地面坡度的做法，在部分节点处设置C①形式消力池。在C①消力池前还设有陡坡消力槛CK①，做法详S-0B-13。在C2～C4、C4～C6有较大转弯半径，放样时应注意和道路的施工配合，使C渠沿道路旁边布置。

6. 消力池（槛）布置一栏中，C①等为消力池标号（对应尺寸见大样），在节点上标注指在该节点后按大样中的方式布置相应的消力池，节点上无标号标注指该节点无需做消力池（槛）。

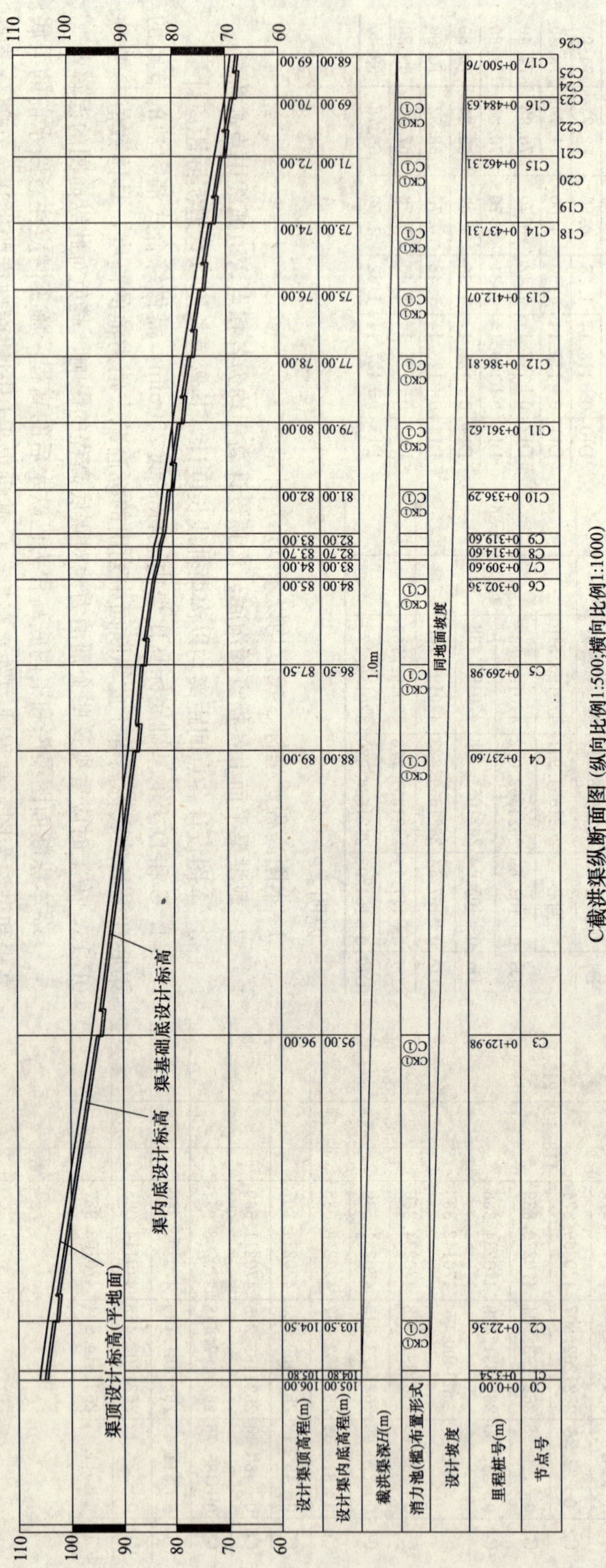

C截洪渠纵断面图 (纵向比例1:500;横向比例1:1000)

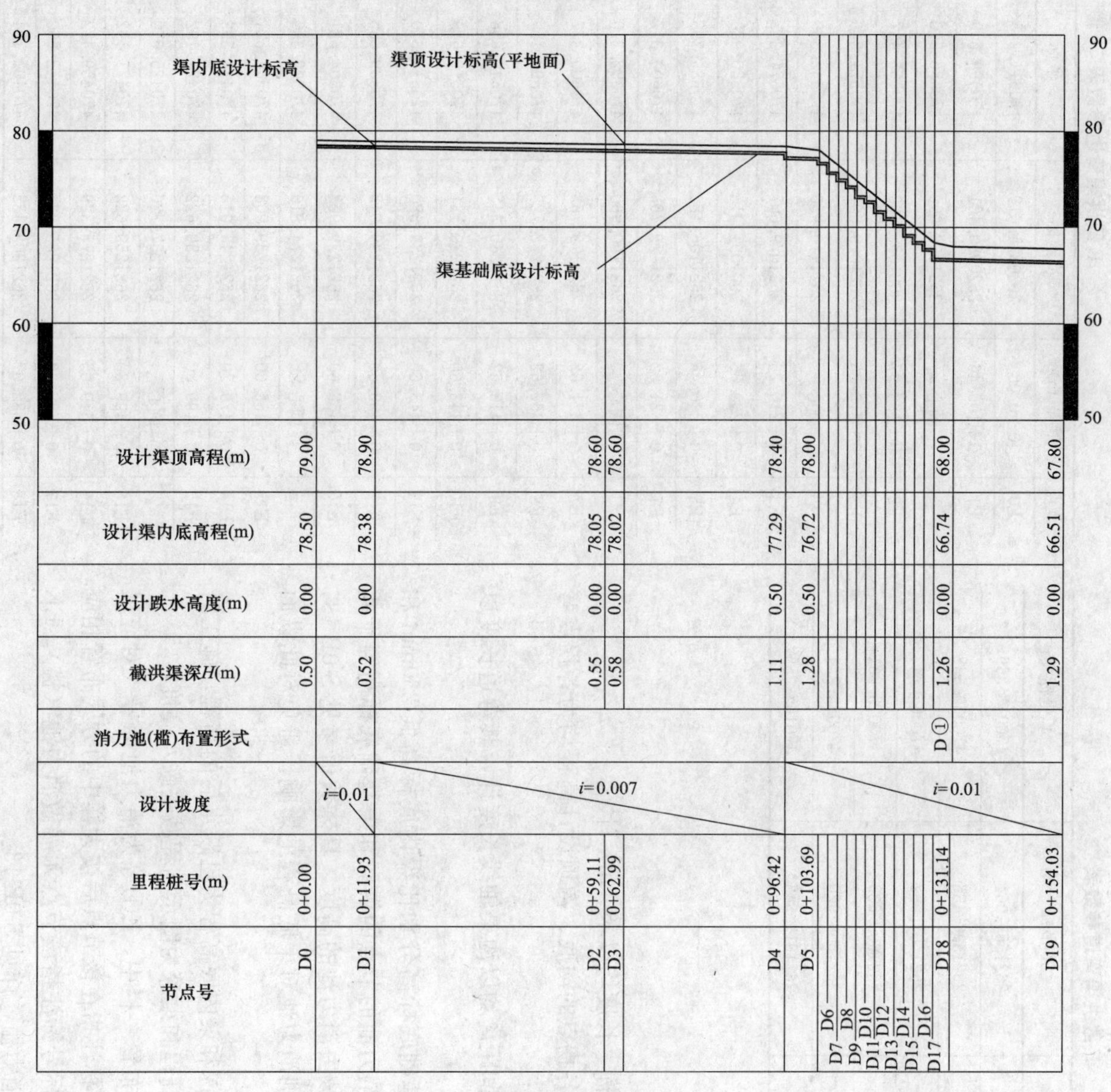

D截洪渠纵断面图

（纵向比例1:500;横向比例1:1000）

F 截洪渠弯道参数表

节点	桩号(m)	X 坐标	Y 坐标
F0	0+0.00	2621585.064	470011.369
F1	0+22.30	2621596.456	470030.538
F2	0+58.53	2621604.992	470065.743
F3	0+66.69	2621605.639	470073.881
F4	0+78.11	2621606.920	470085.224
F5	0+99.92	2621615.545	470105.255

说明：

1. 本图高程、坐标、长度均以米（m）计。

2. 截洪渠平面上各拐点的沟底、沟顶设计高程均为各拐点弯道弧线中点高程。

3. 本图设计各点间距离均以沟渠轴线长度计，其弯道长度以弯道实际距离计量。

4. D 和 E 渠的基础底标高分别比渠内底标高低 250mm 和 400mm，需做综合式消力池的节点的渠底和渠基础底标高等于此纵断面中列出的标高减去消力池的高度，具体数值参见 S-0B-13，施工时应重视这些个别消力池对渠底高程的影响，避免对此纵面图的误解。

5. 本纵断面图渠深和渠内底高程为已跌水后的高程，施工时应注意跌水前的渠底高程和渠深为图示高程减去跌水高度。

6. 消力池（槛）布置一栏中，E①等为消力池标号（对应尺寸见大样），在节点上标注指在该节点后按大样中的方式布置相应的消力池，节点上无标号标注指该节点无需做消力池（槛）。EK①为消力池前的加密消力槛，详见 S-0B-13。

E 截洪渠弯道参数表

节点	里程(m)	X 坐标	Y 坐标	半径(m)	弧长(m)
E0	0+0.00	2620874.619	470611.445		
E1	0+106.46	2620980.421	470599.609		
	圆心	2621063.090	470586.570	15.00	26.29
E2	0+188.97	2621055.490	470565.427		
E3	0+215.26	2621079.607	470571.346		
	圆心	2621110.950	470545.380	22.50	31.20
E3	0+215.26	2621079.607	470571.345		
E4	0+230.86	2621091.315	470580.920		
E5	0+246.46	2621106.182	470585.798		
E7	0+321.62	2621179.763	470600.377		
	圆心	2621190.960	470552.210	49.50	92.00
E7	0+321.62	2621179.763	470600.377		
E8	0+367.62	2621222.723	470590.119		
E9	0+413.62	2621240.345	470549.608		
E10	0+443.60	2621239.131	470519.649		
E11	0+448.60	2621239.380	470514.670		
E12	0+453.60	2621239.643	470509.656		
E13	0+458.60	2621239.908	470504.621		
	圆心	2621274.810	470502.680	35.00	41.20
E13	0+458.60	2621239.908	470504.621		
E14	0+479.20	2621245.015	470484.393		
E15	0+499.80	2621259.622	470471.192		
	圆心	2621237.720	470425.610	50.50	38.50
E15	0+499.80	2621259.622	470471.192		
E16	0+519.05	2621275.329	470459.422		
E17	0+538.30	2621285.334	470442.650		
E18	0+582.07	2621303.432	470402.794		

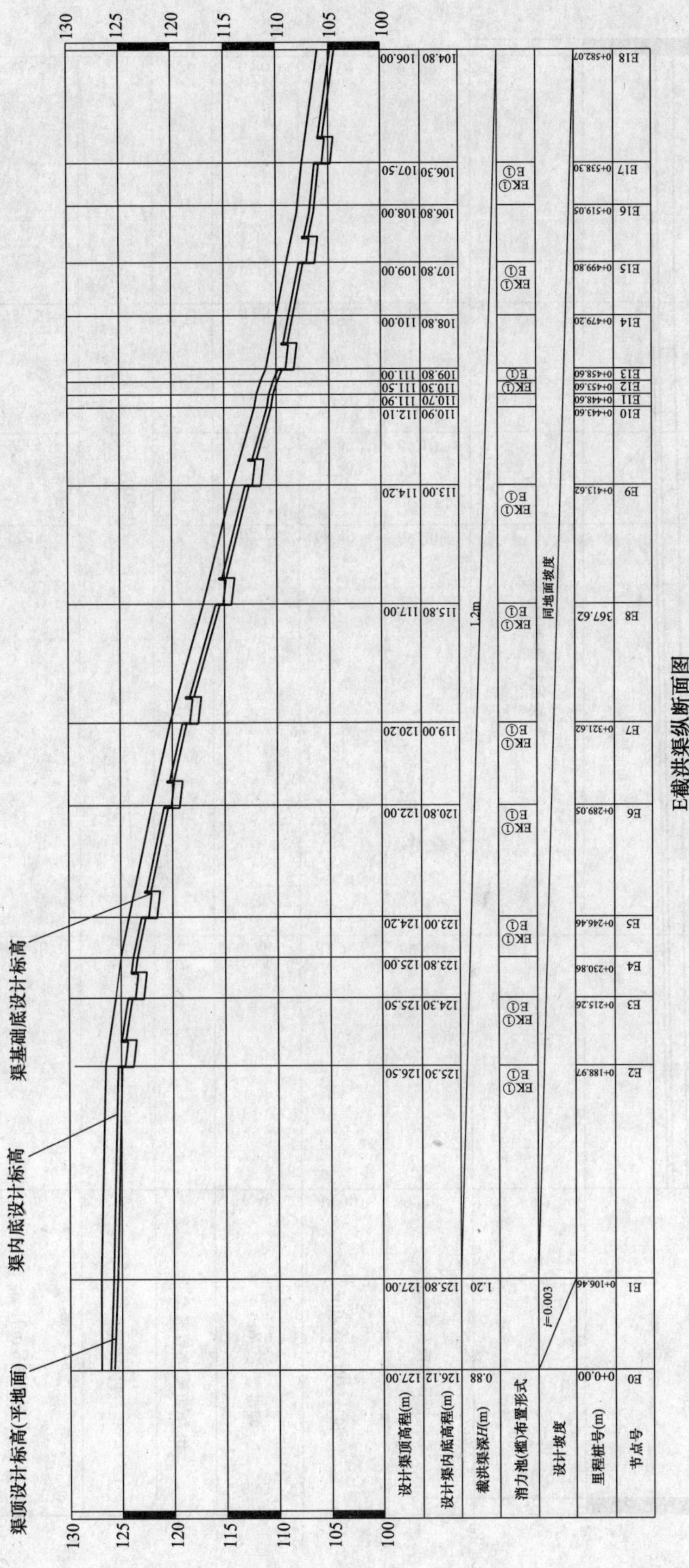
E截洪渠纵断面图
纵向比例1:250;横向比例=1:1000

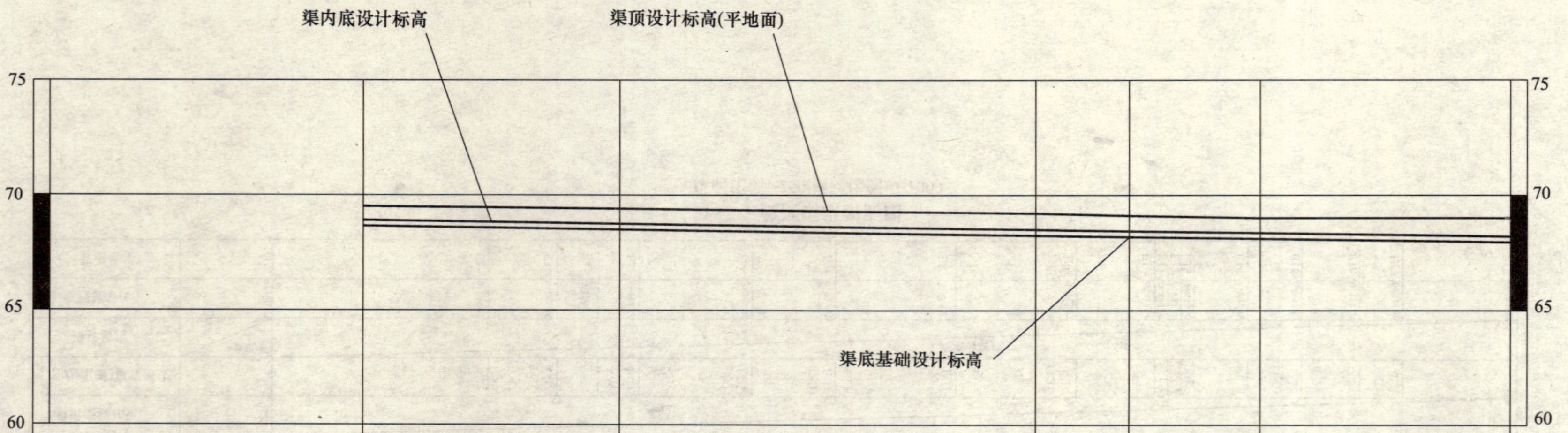

设计渠顶高程(m)	69.50	69.40	69.20	69.10	69.00	69.00
设计渠内底高程(m)	68.90	68.74	68.49	68.43	68.35	68.20
截洪渠深 H(m)	0.60	0.66	0.71	0.67	0.65	0.80
消力池(槛)布置形式					F①	
设计坡度	i=0.007					
里程桩号(m)	0+0.00	0+22.30	0+58.53	0+66.69	0+78.11	0+99.92
节点号	F0	F1	F2	F3	F4	F5

F截洪渠纵断面图
纵向比例1:250 横向比例=1:500

H 排洪渠弯道参数表

	桩号(m)	*X* 坐标	*Y* 坐标
H0	0+0.00	2621204.328	470440.465
H5	0+79.93	2621290.030	470422.850
H6	0+109.94	2621303.432	470402.794
H11	0+148.82	2621316.833	470365.727
H21	0+175.91	2621328.849	470343.355
H35	0+188.53	2621332.650	470330.096
H40	0+193.73	2621335.554	470325.778
H56	0+275.26	2621409.728	470291.939
H62	0+314.94	2621449.357	470289.803
H67	0+355.01	2621488.265	470280.235
H72	0+381.54	2621513.431	470271.825
H77	0+407.37	2621538.600	470266.027
H82	0+429.91	2621558.137	470254.787
H89	0+458.38	2621575.092	470233.039
H95	0+487.03	2621592.055	470208.850
H100	0+506.39	2621603.817	470193.471
H107	0+580.32	2621619.393	470183.650
H118	0+525.64	2621647.892	470136.032

说明：

1. 本图高程、坐标、长度均以米（m）计。

2. 截洪渠平面上各拐点的沟底、沟顶设计高程均为各拐点弯道弧线中点高程。

3. 本图设计各点间距离均以沟渠轴线长度计，其弯道长度以弯道实际距离计量。

4. H 渠的基础底标高比渠内底标高低 500mm，需作综合式消力池的节点的渠底和渠基础底标高等于此纵断面中列出的标高减去消力池的高度，具体数值参考 S-0B-13，施工时应重视这些个别消力池对渠底高程的影响，避免对此纵面图的误解。节点 H16-H46 渠底基础高程做成陡坡，坡度同地面高程，H16 和 H46 的渠基础底高程分别为 98.92m 和 87.06m。

5. 本纵断面图渠深和渠内底高程为已跌水后的高程，施工时应注意跌水前的渠底高程和渠深为图示高程减去跌水高度。

6. 消力池（槛）布置一栏中，H①等为消力池标号（对应尺寸见大样），在节点上标注指在该节点后按大样中的方式布置相应的消力池，节点上无标号标注指该节点无需做消力池（槛）。

H 渠部分节点参数表

节点号	桩号(m)	截洪渠深 *H*(m)	设计跌水高度(m)	设计渠内底高程(m)	设计渠顶高程(m)	消力池(槛)布置形式
H17	0+169.44	2.39	0.30	99.11	101.50	
H18	0+170.94	2.40	0.30	98.80	101.20	
H19	0+172.44	2.51	0.50	98.29	100.80	
H20	0+173.94	2.42	0.30	97.98	100.40	
H21	0+174.91	2.32	0.30	97.68	100.00	
H22	0+175.91	2.33	0.30	97.37	99.70	
H23	0+176.91	2.34	0.30	97.06	99.40	
H24	0+177.91	2.55	0.50	96.55	99.10	
H25	0+178.91	2.45	0.30	96.25	98.70	
H26	0+179.91	2.36	0.30	95.94	98.30	
H27	0+180.75	2.57	0.50	95.43	98.00	
H28	0+181.75	2.67	0.50	94.93	97.60	
H29	0+182.75	2.58	0.30	94.62	97.20	
H30	0+183.75	2.49	0.30	94.31	96.80	
H31	0+184.75	2.39	0.30	94.01	96.40	
H32	0+185.69	2.50	0.50	93.50	96.00	
H33	0+186.69	2.51	0.50	92.99	95.50	
H34	0+187.69	2.51	0.50	92.49	95.00	
H35	0+188.53	2.52	0.50	91.98	94.50	
H36	0+189.88	2.53	0.50	91.47	94.00	
H37	0+190.88	2.64	0.50	90.96	93.60	
H38	0+191.88	2.54	0.30	90.66	93.20	
H39	0+192.88	2.65	0.50	90.15	92.80	
H40	0+193.73	2.56	0.30	89.84	92.40	
H41	0+194.75	2.46	0.30	89.54	92.00	
H42	0+196.75	2.38	0.30	89.22	91.60	
H43	0+198.75	2.29	0.30	88.91	91.20	
H44	0+200.75	2.41	0.50	88.39	90.80	
H45	0+202.75	2.52	0.50	87.88	90.40	
H46	0+205.40	2.44	0.30	87.56	90.00	H④
H57	0+275.84	2.43	0.30	85.57	88.00	HK②
H83	0+430.48	2.51	0.30	75.49	78.00	H①
H101	0+507.10	2.55	0.30	69.05	71.60	
H106	0+524.81	2.27	0.00	67.83	70.10	
H107	0+525.64	2.48	0.30	67.52	70.00	H①

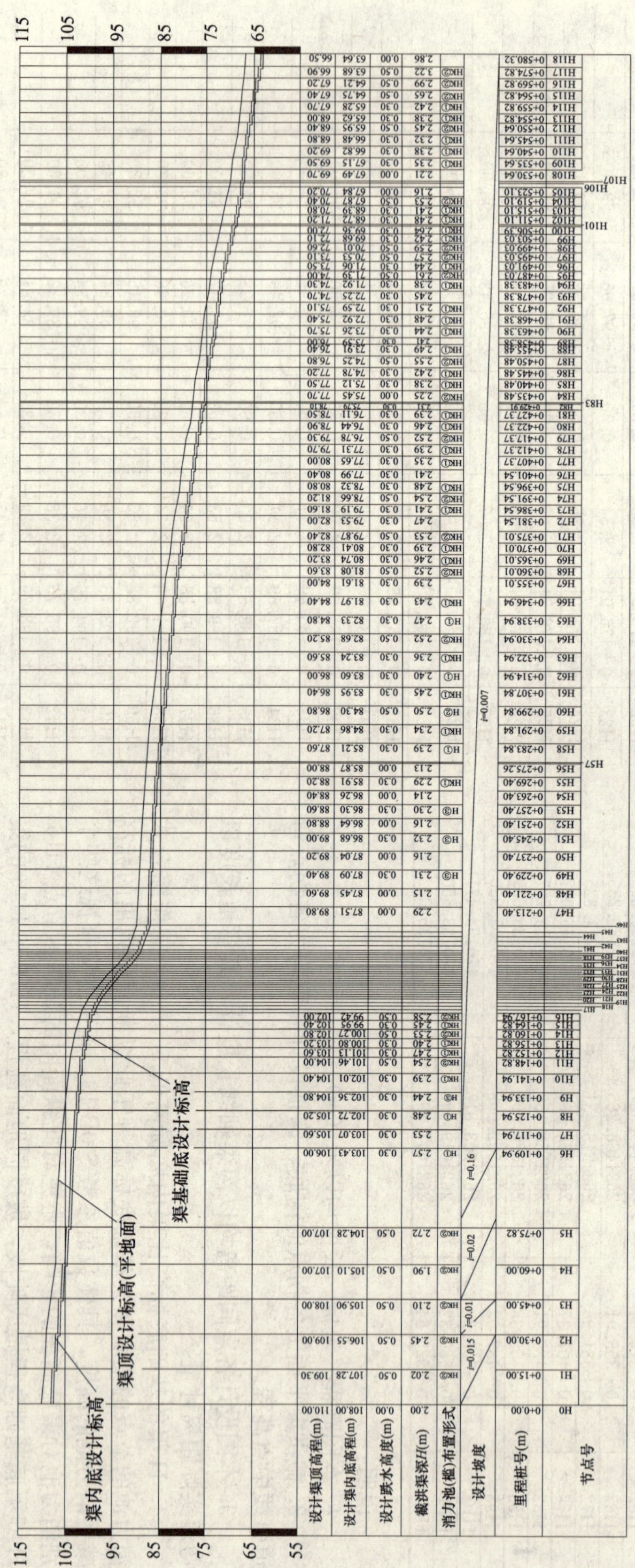

主排洪渠H纵断面图
纵向比例1:500;横向比例=1:1000

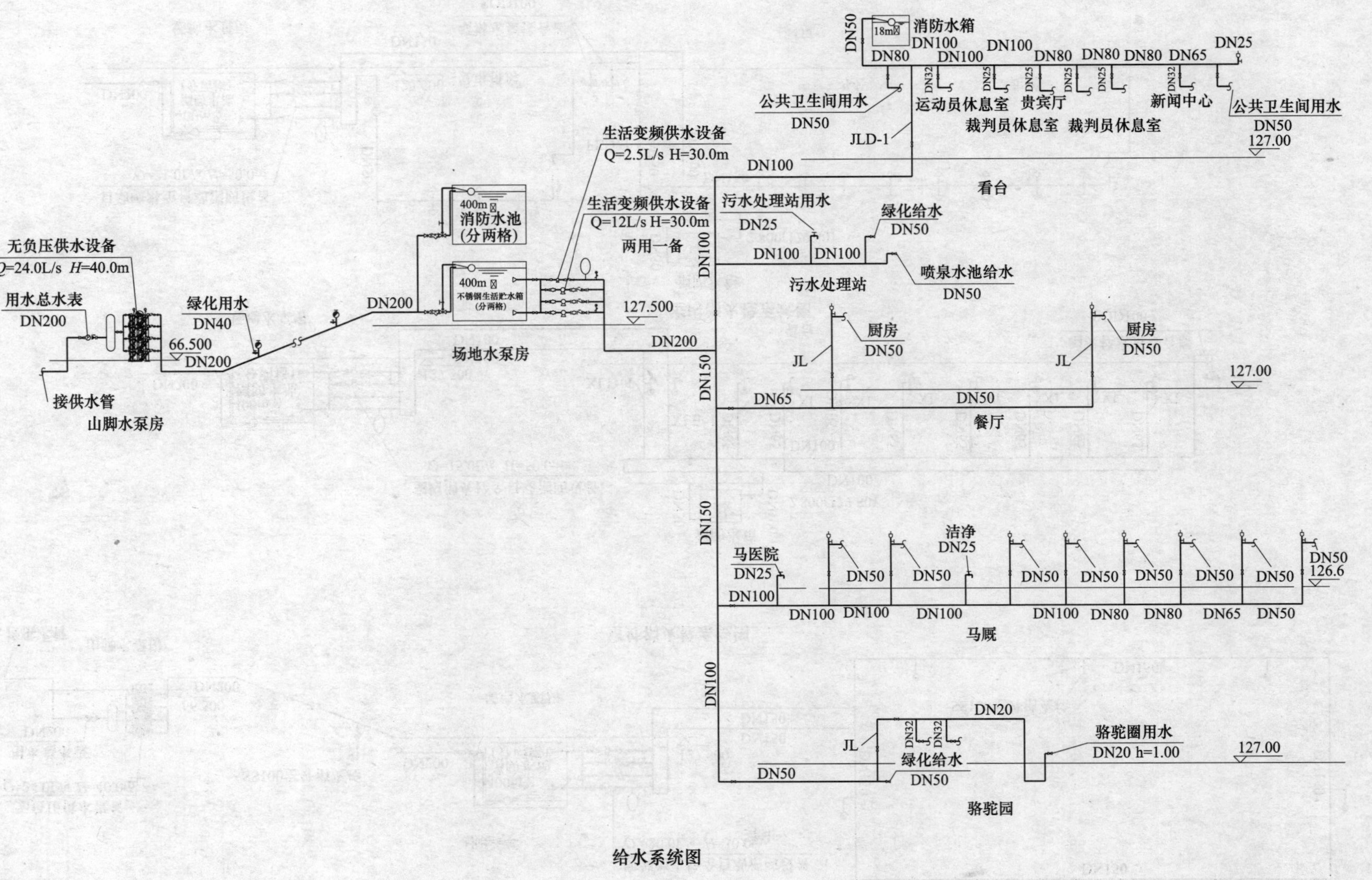

无负压供水设备
Q=24.0L/s H=40.0m
用水总水表
DN200
接供水管
山脚水泵房
绿化用水
DN40
66.500
DN200
DN200
400m
消防水池
(分两格)
400m
不锈钢生活贮水箱
(分两格)
场地水泵房
127.500
生活变频供水设备
Q=2.5L/s H=30.0m
生活变频供水设备
Q=12L/s H=30.0m
两用一备
DN200
DN100
污水处理站用水
DN25
DN100
DN100
污水处理站
绿化给水
DN50
喷泉水池给水
DN50
18m
消防水箱
DN50
DN80
DN100
DN100
DN100
DN80
DN80
DN80
DN65
DN25
公共卫生间用水
DN50
JLD-1
运动员休息室
贵宾厅
裁判员休息室
裁判员休息室
新闻中心
公共卫生间用水
DN50
127.00
看台
JL
厨房
DN50
JL
厨房
DN50
DN65
DN50
127.00
餐厅
DN150
DN150
马医院
DN25
DN100
洁净
DN25
DN50
DN50
DN50
DN50
DN50
DN50
DN50
DN50
126.6
DN100
DN100
DN100
DN100
DN80
DN80
DN65
DN50
马厩
DN100
DN20
JL
绿化给水
DN50
DN50
骆驼圈用水
DN20 h=1.00
127.00
骆驼园

给水系统图

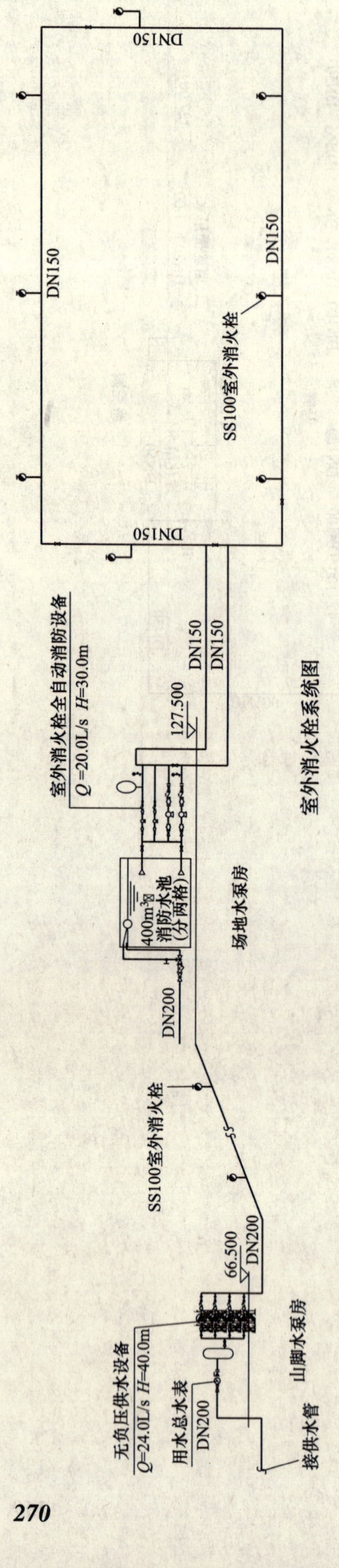

无负压供水设备
Q=24.0L/s H=40.0m
用水总水表
DN200
接供水管
山脚水泵房
66.500
DN200
SS100室外消火栓
DN200
400m³消防水池（分两格）
场地水泵房
室外消火栓全自动消防设备
Q=20.0L/s H=30.0m
127.500
DN150
DN150
DN150
SS100室外消火栓

室外消火栓系统图

室内消火栓全自动消防设备
Q=15.0L/s H=50.0m
DN200
400m³消防水池（分两格）
场地水泵房
127.500
DN100
DN100
XLD-1
XLE-1
DN50
消防水箱
DN100
2.800(129.80)
DN100
DN65
XL
看台
消火栓水泵接合器
SQD100

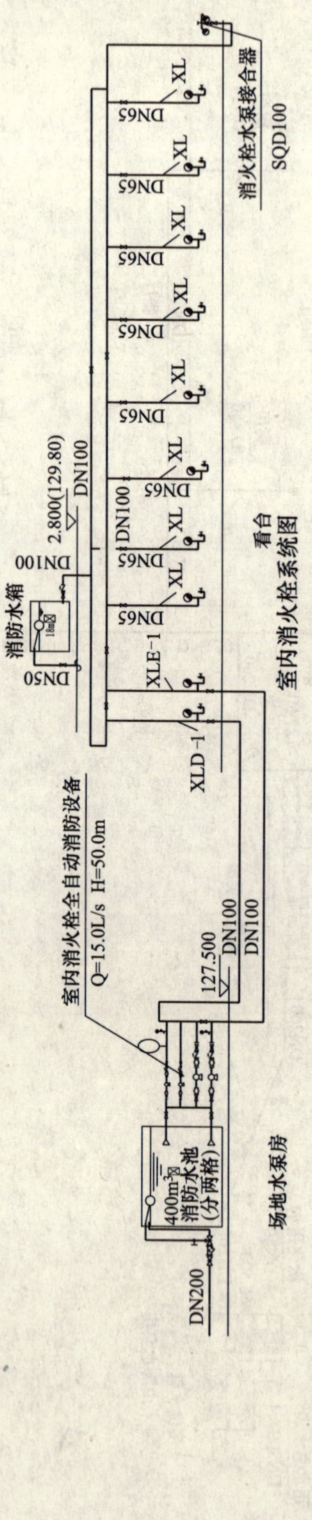

室内消火栓系统图

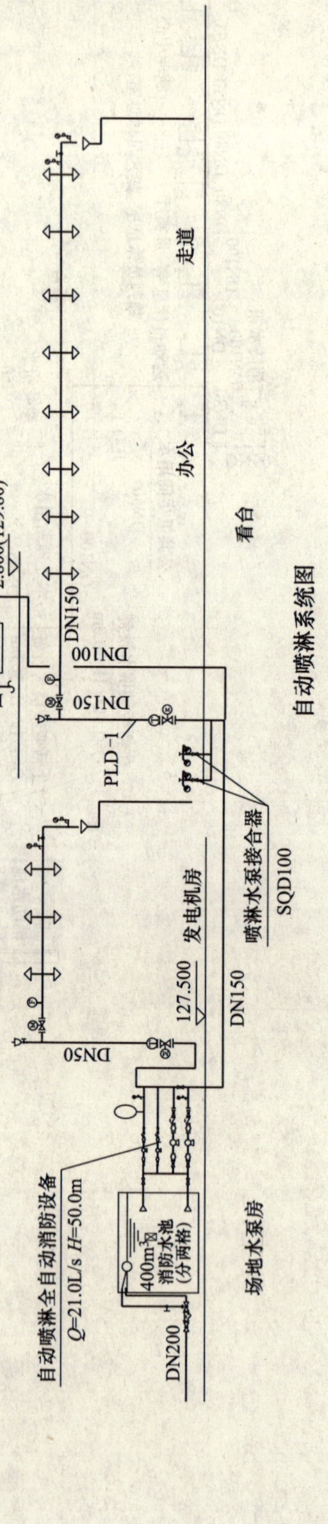

自动喷淋全自动消防设备
Q=21.0L/s H=50.0m
DN200
400m³消防水池（分两格）
场地水泵房
127.500
DN50
DN150
发电机房
喷淋水泵接合器
SQD100
PLD-1
DN150
DN100
DN50
消防水箱
2.800(129.80)
DN150
办公
走道
看台

自动喷淋系统图

第八届全国少数民族传统体育运动会马术场馆工程

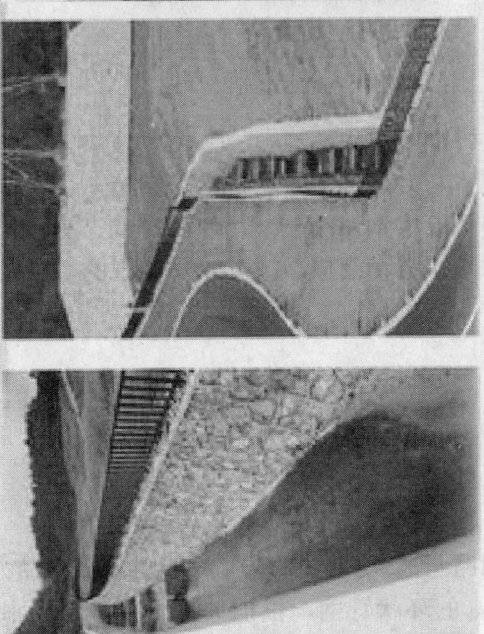

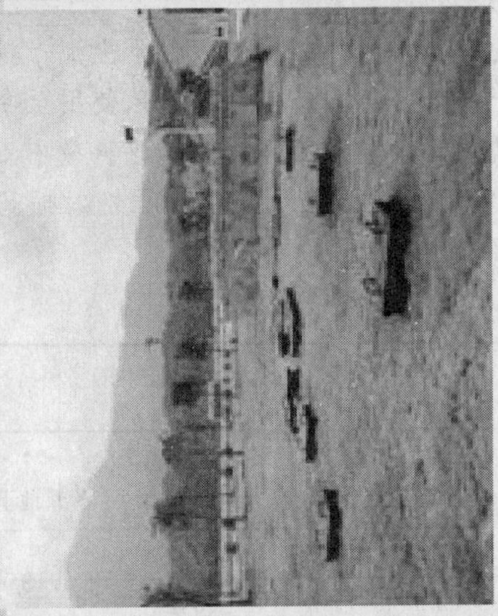

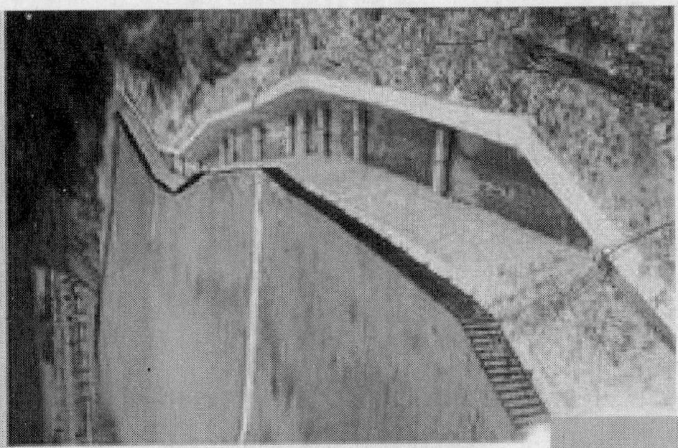

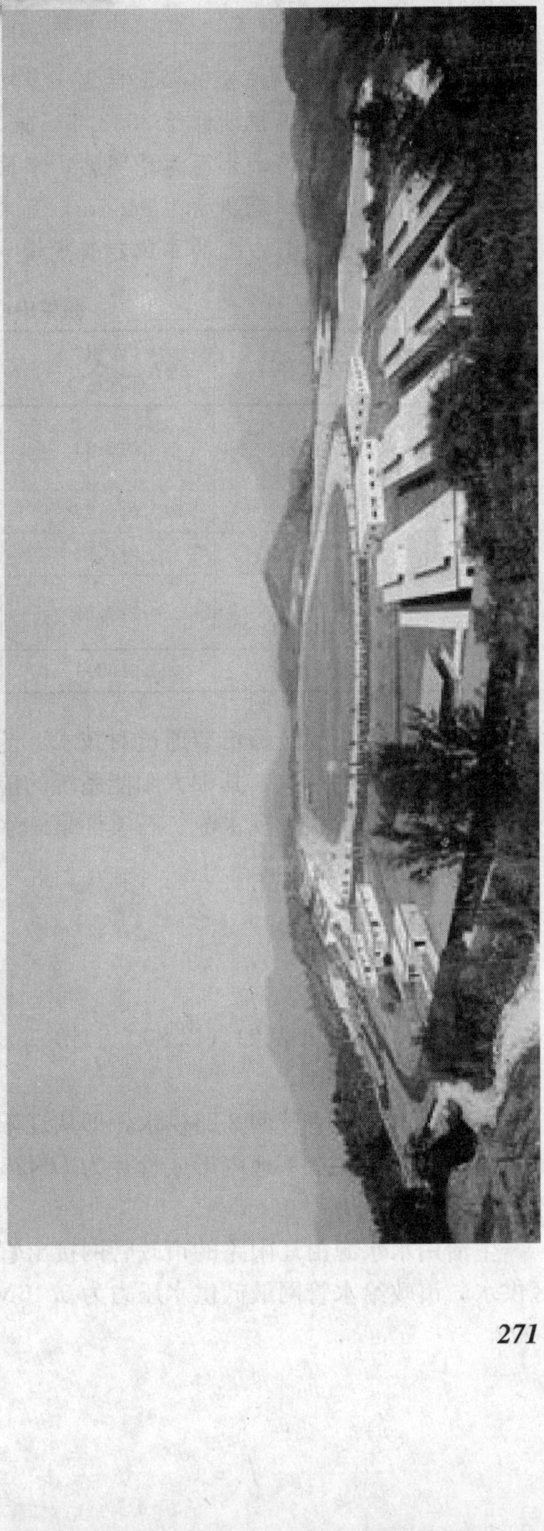

1,2,4—多级跌水排洪沟;

3—地埋式污水处理站;

5—马术场馆南面鸟瞰

上海烟草（集团）科教中心

设计单位： 同济大学建筑设计研究院（集团）有限公司

设 计 人： 张颖（女） 归谈纯

获奖情况： 公共建筑三等奖

工程概况：

上海烟草（集团）科教中心工程为一多功能的综合科研办公中心，位于上海市杨浦区，基地面积约 5.29 万 m^2。工程设计于 2003 年。该工程于 2006 年竣工后正常投入使用至今。

工程南面为长阳路，北面为昆明路，东面为通北路，西面为辽阳路。该科教中心总建筑面积约 5.29 万 m^2。总体建筑高度为 34.4m，室内 ±0.000m，相当于黄海高程绝对标高 3.75m，室内外高差 0.45m。科教中心的单体建筑规模（表 1）。

科教中心单体建筑规模　　表 1

	单体名称	面积（万 m^2）	高度（m）	层数	功能
1	行政办公楼	约 3.11	34.4	地上 6 层 地下 1 层	地上办公 地下一层机动车库
2	会议中心	约 0.26	16.7	1 层	会议
3	技术中心	约 0.84	22.1	5 层	办公
4	服务中心和计算中心	约 1.06	19.1	地上 6 层 地下 1 层	地上办公 地下一层自行车库
5	高压开关站	0.0209	6	1 层	电气设备房

在本设计中，建筑师希望通过对技术、艺术巧妙的运用来给烟草城塑造一个全新的，前所未有的生态烟草城的形象。其中太阳能系统的应用、中水回用——污水零排放、屋顶花园的设置以及下沉广场、跌落式景观水池、石溪涌泉、水墙、自动灌溉、人工水体景观的生态设计等等都是其重要的组成部分。

一、给水排水系统

（一）给水系统

1. 冷水用水量（表 2）（以 800 人计）

2. 水源

消防由市政给水管网 2 路供水，即从辽阳路与通北路的市政管网分别接出管径为 *DN*200 的管道至本基地，并在基地内形成管径为 *DN*250 的环状管网，供消火栓及喷淋泵取水。市政给水管网最低供水压力为 0.15MPa。

生活用水水源由辽阳路的市政管网接出管径为 *DN*100 的管道至本基地，供基地内各单体低区供水。市政给水管网最低供水压力为 0.15MPa。

冷水用水量表 表 2

用　途	用水量标准	使用时数 (h)	时变化系数 K	最大日用水量 (m^3/d)	最大日最大小时用水量 (m^3/h)
办公	40L/(人·班)	10	1.5	32	4.8
职工食堂	20L/(人·次)	4	1.5	16	6
职工浴室	60L/(人·次)（总数 3/4 人使用）	2	1.5	36	27
空调补水	循环冷却水量的 1%			1	
未预见用水量	按 10%计			8.5	3.78
合计				93.5	41.58

3. 系统竖向分区

生活给水采用竖向分为两区：

(1) 一层及以下部分采用市政管网直接供水；

(2) 二层及以上部分采用不锈钢组合水箱—恒压变频调速水泵联合供水方式。

4. 供水方式及给水加压设备

室内给水系统主要供应厨房、浴室及各单体建筑的卫生间、技术中心实验用水。

水泵房设于行政办公楼地下室水泵房内。地下室生活水箱采用不锈钢装配式水箱，其有效容积为 $40m^3$。如图 1 所示，水泵的开启停止由压力开关自动控制。室内供水管道均为暗敷。

5. 管材

(1) 室内部分管材：冷水给水管道采用聚丁烯（PB）管，热熔连接。

(2) 室外部分管材：给水管管径小于 100mm，采用聚丁烯（PB）管，粘接；给水管管径不小于 100mm，采用球墨铸铁给水管及管件。

(3) 其他

水泵采用低噪声节能型产品，所有水泵均设隔振装置。小便器冲洗阀选用感应式冲洗。

6. 直饮水处理

(1) 先经过 30μm 粗过滤器→活性炭过滤→5μm 保安过滤器→反渗透装置→矿物质处理调节器→紫外线杀菌→0.45μm 精细过滤器→食用级不锈钢水箱及专门的呼吸器与水封装置。

(2) 避免食用水管道中水流不动，形成“死水”及污染，供水管道内食水不断循环杀菌过滤。

(3) 选用最先进的可编程序控制系统（PLC）发出运作指令合监控，完全不经人手。

(4) 在行政楼每个楼层设 4 个取水点，每个取水点上下小于等于六层设置一套小型设备，直接饮用或各办公室备电开水器煮水。

(二) 热水系统

1. 热水用水量表（表 3）

供水范围：各层公共卫生间、带卫生间的办公室、食堂、浴室（按人数为 800 人，60℃计）。

2. 热源

以太阳能为主要热源，电加热作为辅助热源，并根据上海地区每天不同时段不同电价的具体特点，控制在晚上低谷电价时加热，蓄热。做到太阳能全能量利用。充分节能环保。最终由热水箱加恒压变频调速水泵供应沐浴、食堂、卫生间洗手用热水。

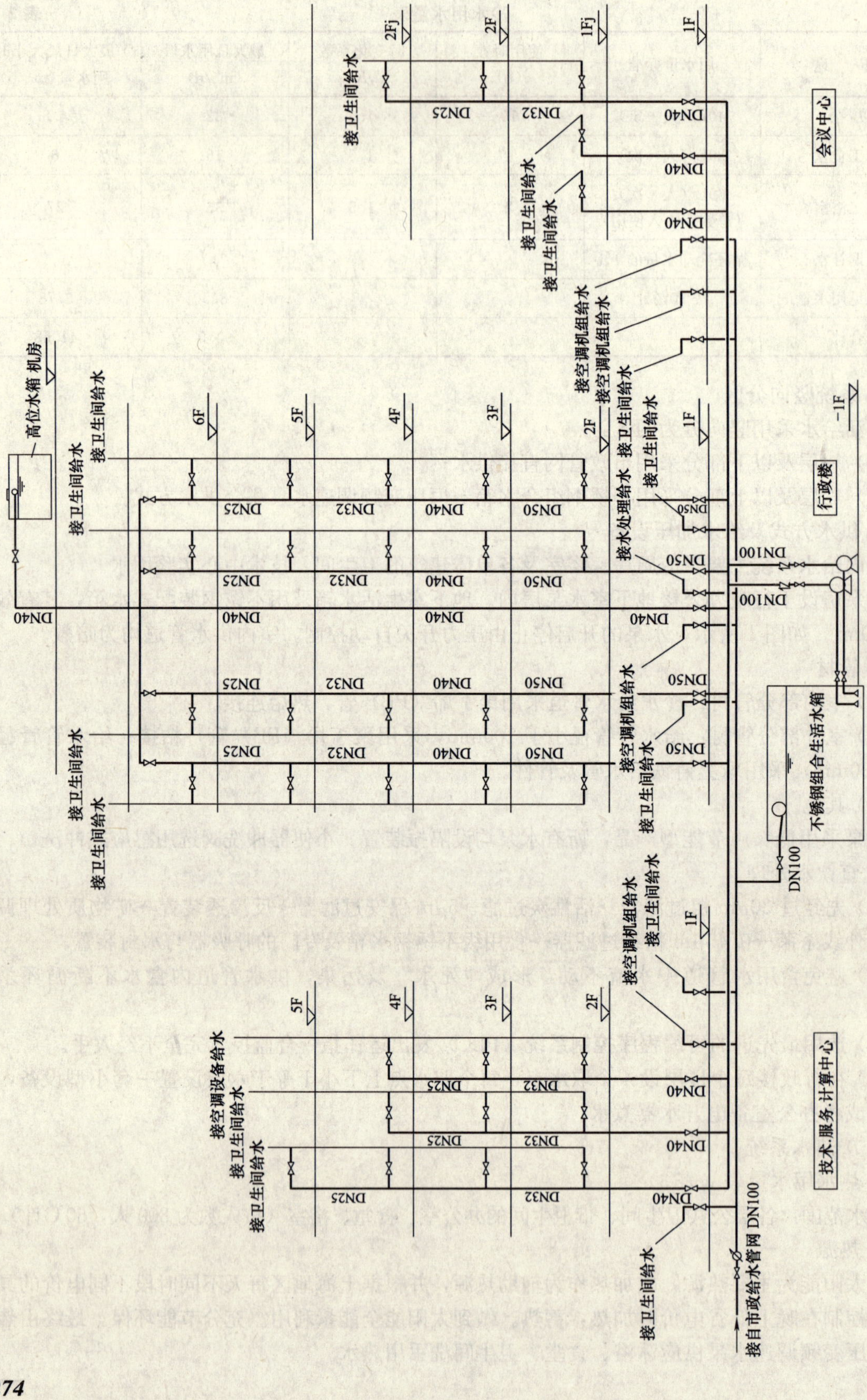

图 1 生活冷水系统原理图

热水用水量 表3

用　途	用水量标准	使用时数(h)	时变化系数 K	最大日用水量 (m^3/d)	最大日最大小时用水量 (m^3/h)
办 公	8L/(人·班)	8	1.5	6.4	1.2
职工食堂	8L/(人·次)	4	1.5	6.4	2.4
职工淋浴	50L/(人·次)	2	1.5	30	22.5
未预见用水量	按10%计			4.3	2.6
合计				47	28.7

3. 系统竖向分区：

热水系统竖向为一个分区，横向根据不同单体及使用功能分区。

供水方式：采用下行上回全机械循环系统。

4. 热交换设备：

在不设绿化的屋面安装太阳能真空吸热板共 $250m^2$（占地面积约 $960m^2$），配合热水箱的有效容积共为 $54m^3$。由太阳能与水进行热交换，将水加热。（考虑到食堂洗涤盆的使用温度50℃，淋浴的使用温度37～40℃即可，根据太阳能及电蓄热的实际情况，适当降低水温，加大储水量来满足使用要求）

5. 冷、热水压力平衡措施、热水温度的保证措施

热水流程：冷水水箱——变频调速水泵——屋面真空式太阳能集热水箱——一层水箱间热水箱（热水）——恒压变频调速水泵——各用水点（回水至热水箱），由于功能及建筑房间布局的需要设置了2套系统分别供至技术中心和服务中心的热水机房。

压力平衡措施：冷热水泵分别选用相近扬程的水泵。

热水温度的保证措施具体方式如下：

(1) 太阳能集热热水

太阳能集热设备安装于技术中心顶层，集热水箱热水分别供至技术中心和服务中心的热水机房。

(2) 电蓄热热水

技术中心和服务中心的热水机房分别装有电蓄热热水设备，设备以夜间低谷电蓄热加温模式制备热水（80℃）后待用。

(3) 热水混合

热水混合过程以技术中心为例作说明，服务中心与技术中心相同。

太阳能热水经阀Fd03进入一级三通调温阀Fd04输入端Ⅰ；生活给水经阀Fd02进入一级三通调温阀Fd04输入端Ⅱ；三通调温阀Fd04通过其出口温度传感器自动调节冷热水输入比例而使输出水温恒定在设定值（40～80℃可调）。

当太阳日照充分时，一级调温输出即可达到设定值。此时，混合热水经阀Fd05进入二级三通调温阀Fd07输入端Ⅰ并全部输出注入预混水箱；电蓄热热水经阀Fd06进入二级三通调温阀Fd07输入端Ⅱ，但不输入。

当太阳日照不足时，一级调温输出将低于设定值。此时，混合热水经阀Fd05进入二级三通调温阀Fd07输入端Ⅰ；电蓄热热水经阀Fd06进入二级三通调温阀Fd07输入端Ⅱ；三通调温阀Fd07通过其出口温度传感器自动调节冷热水输入比例而使输出水温恒定在设定值。

技术中心和服务中心热水机房供出水温设计为60℃，热水由三通调温阀混合至设定值后注入预混水箱。预混水箱水位低于设定下限时启动预混水泵和各电动调节阀门，水位高于设定上限时关闭预混水泵和各电动阀门。

（4）热水供出

技术中心和服务中心热水分别由恒压变频水泵定时段恒压供出。控制冷水与热水压力值尽可能相同。

热水温度保证措施：采用BA控制水温的高低、不同时段水温的高低等（图2）。

6. 管材

（1）室内部分管材

热水供回水管道、净水供回水管道采用聚丁烯（PB）管，热熔连接。

（2）室外部分管材

热水埋地管道采用直埋式预制保温管，芯管采用铜管，外套管采用高密度聚乙烯管，保温层为氰腐剂作底层防腐，聚氨酯硬质泡沫塑料保温。

（3）其他

水泵采用低噪声节能型产品，所有水泵均设隔振装置。

（三）中水系统

1. 中水源水量表、中水回用水量表、水量平衡

科教中心内的中水水源包括淋浴排水、盥洗排水、厨房排水和厕所排水。设计将生活污水经适当处理后，作为中水用于冲洗大便器、绿化及浇洒道路、补充景观水体因蒸发、渗透而引起的水量损失等，有效节约水资源。

水量平衡计算

（1）生活污水量

生活污水量按90％的生活给水量计；

则生活污水量为：$Q=90\%\times93.5m^3/d=84m^3/d$

（2）中水需求量（表4）

中水需求量 **表4**

序号	用途		用水量标准	数量	用水时间(h)	时变化系数	用水量	
							最高日(m^3/d)	最大(m^3/h)
1	冲洗厕所	大便器用水	160L/(h·个)	128个	10	1.5	20.5	3.1
		小便器用水	100L/(h·个)	76个	10	1.5	7.6	1.14
2	浇洒道路和场地绿化用水		2L/(m^2·次)	14340	4	2	28.6	14.3
3	景观水补充用水（水量和池底材料有关）		景观水体积的5％（面积2597m^2）	体积662m^3	8h	1	33.1	4.14
4	总计						89.8	22.68

所以：中水源水量＝生活污水量＝84 m^3/d；

中水需求量＝89.8m^3/d；

中水源水量与中水需求量可以基本持平。处理好的中水可全部回用，少量不足部分用自来水补充到景观水池，所以对其污水全部收集并进行处理。

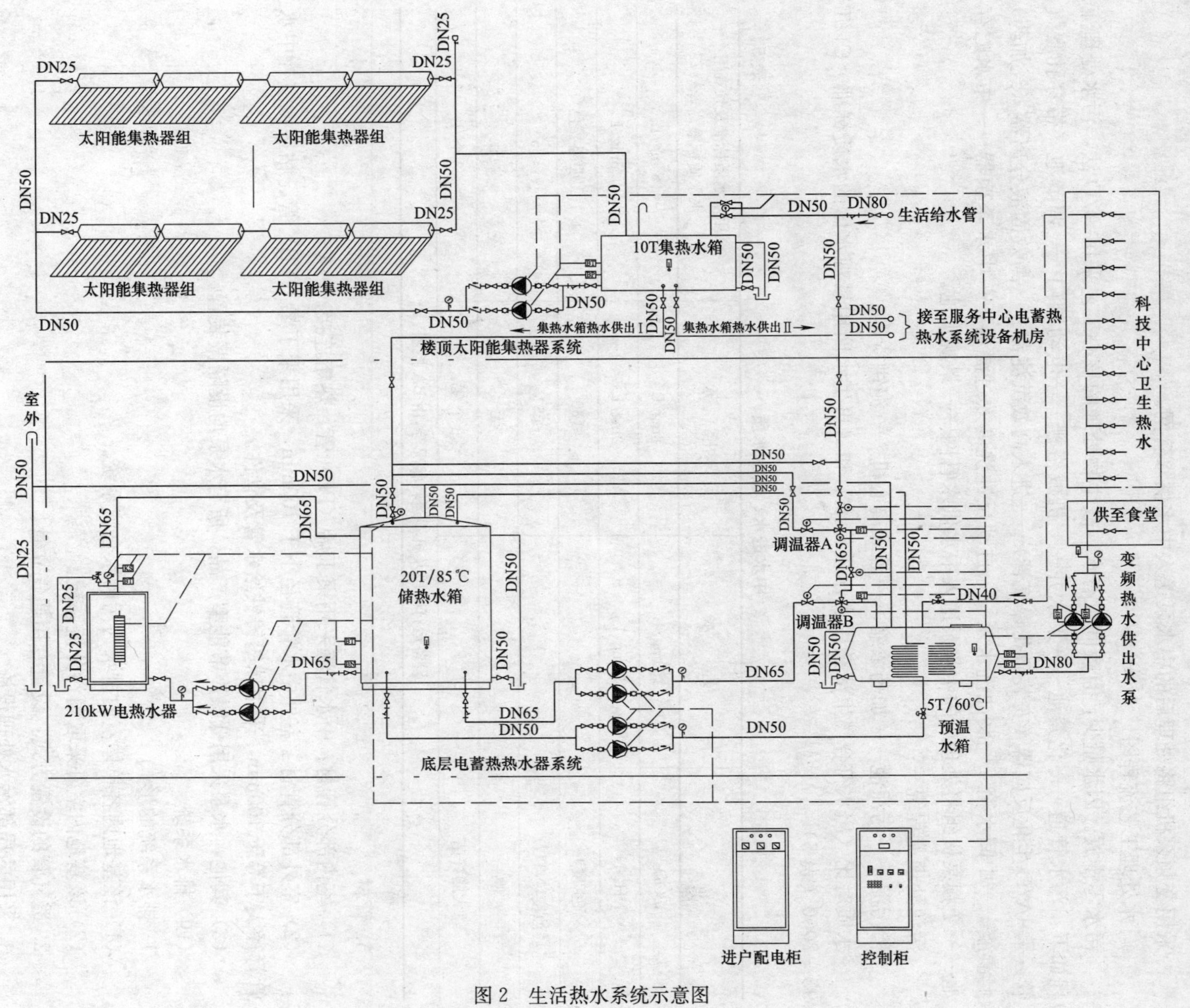

图2 生活热水系统示意图

2. 系统竖向分区

中水系统竖向共为一个分区，横向各单体建筑独自一个分区。

3. 供水方式及给水加压设备

采用变频泵机组将处理后的中水泵送入中水供水管网。

4. 水处理工艺流程图

污水零排放。因水量少，且夜间没有水，故生物处理的核心工艺采用 A/O 法，污水处理流程如下：污水管道——化粪池——集水井——机械格栅——电动阀门——调节池（带穿孔曝气管）——A/O 生化反应器（安装微孔曝气管）——进入高效沉淀器——高效固液分离器（经加药）上清液——中间水箱——反冲洗水泵——自动反冲洗高效过滤器——中水杀菌器——中水贮存池——变频泵机组将处理后的中水泵送入中水供水管网——景观水池。

污泥处理流程统一：

稀污泥——污泥池——加药浓缩——卧螺离心机——泥饼待运。

水质对比（出水符合《生活杂用水水质标准》和《再生水回用景观水体的水质标准》CJ/T 95—2000（表 5）。

中水进水、出水水质　　　　表 5

	进　水	出　水	杂用水水质标准及景观用水水质标准高者
BOD_5	200mg/L	8mg/L	8 mg/L
NH_4-N	35mg/L	2mg/L	0.5mg/L
色(度)		≤30	无明显异色
浊度(NTU)		≤5	≤5
嗅		无	无
总大肠杆菌		≤3 个/L	≤3 个/L
设备运行时段及机器运转状况等，由 BA 控制			

5. 管材

（1）室内部分管材：中水管道采用聚丁烯（PB）管，热熔连接。

（2）室外部分管材：室外中水管管径小于 100mm，采用聚丁烯（PB）管、粘接；室外中水管管径大于等于 100mm，采用球墨铸铁给水管及管件。

（3）其他：水泵采用低噪声节能型产品，所有水泵均设隔振装置。

（四）排水系统

1. 排水系统的形式

（1）该基地内各单体室内排水为污废水合流系统。

（2）该基地内室外采取雨污分流系统。

2. 透气管的设置方式：设置专用通气立管。

3. 采用的局部污水处理设施

（1）生活污水处理量为 $84m^3/d$（按每天运转 16h 考虑）。生物处理的核心工艺采用 A/O 法。

（2）厨房废水经隔油池处理后接入基地内排水管道，统一经化粪池处理后进入基地地下式污水处理站进行两级生化处理。

(3) 实验室有毒污水集中回收，处理后另行排放。

4. 管材

(1) 室内排水管采用优质 PVC-U 排水管；屋面雨水管采用高密度聚乙烯（HDPE），热熔连接。

(2) 室外排水管采用增强聚丙烯（FRRP）管，承插式接口，O 形橡胶密封。

(五) 雨水系统

1. 采用的暴雨重现期

根据上海暴雨强度公式计算考虑其重要性，建筑物屋面重现期 10 年，加溢流系统，重现期 50 年，室外地面重现期按 2 年考虑，其雨水量为 1330L/s。

2. 雨水系统的形式

考虑建筑物的具体情况，屋面雨水采用虹吸雨水排放系统。屋面雨水经雨水管道系统排至室外窨井（虹吸雨水排放系统排出管汇入的窨井采用钢筋混凝土制），再汇集基地雨水，一起纳入通北路市政雨水管道系统。

3. 管材

室内雨水管采用高密度聚乙烯（HDPE），热熔连接。

基地内室外雨水管采用增强聚丙烯（FRPP）管，承插式接口，O 形橡胶密封。

二、消防系统

(一) 消火栓系统

1. 消防水量

基地内行政楼为一类建筑，其室外消防用水量为 30L/s；室内消防用水量为 30L/s；其他建筑为多层建筑，消防及喷淋用水量小于上述流量。因此，基地内消防流量取值按行政楼的消防流量取值。

2. 消防水源

市政给水管网两路供水，即从辽阳路与通北路的市政管网分别接出管径为 *DN*250 的管道至本基地，在基地内形成 *DN*250 消防环路，并引入消防泵房，供消火栓泵与喷淋泵抽取。市政给水管网最低供水压力为 0.15MPa。

3. 系统分区

该基地内消火栓系统竖向不分区，各个单体消火栓系统分别从行政楼泵房出来的环状管网接出，自身成环。

4. 稳压设备及水池水箱

行政楼屋顶设置高位消防水箱间，内设置有效容积为 $18m^3$ 的高位消防水箱及消火栓稳压泵稳压罐，保证最不利点消火栓的流量及压力要求。

5. 室内消火栓系统

为了保证消防系统初期供水压力，屋顶水箱间设有自动控制稳压泵。除不宜用水消防的地方，在建筑内各处均设消火栓箱，保证两股水柱可以达到室内任何地点，间距在 25m 左右，箱内配有 ϕ19 水枪及 ϕ65×25m 水龙带。消火栓出口压力控制在 0.5MPa 以下，超压部分，在栓口处设减压孔板。考虑到此建筑物的重要性，为服务人员初期火灾灭火的使用，在消火箱内配置 ϕ4.5 水枪及 ϕ20×25 软管卷盘，并在消火栓箱内配置手动按钮，可直接开启消防泵，消防泵设在地下室，从市政环状管网的引入管上抽取（图 3）。

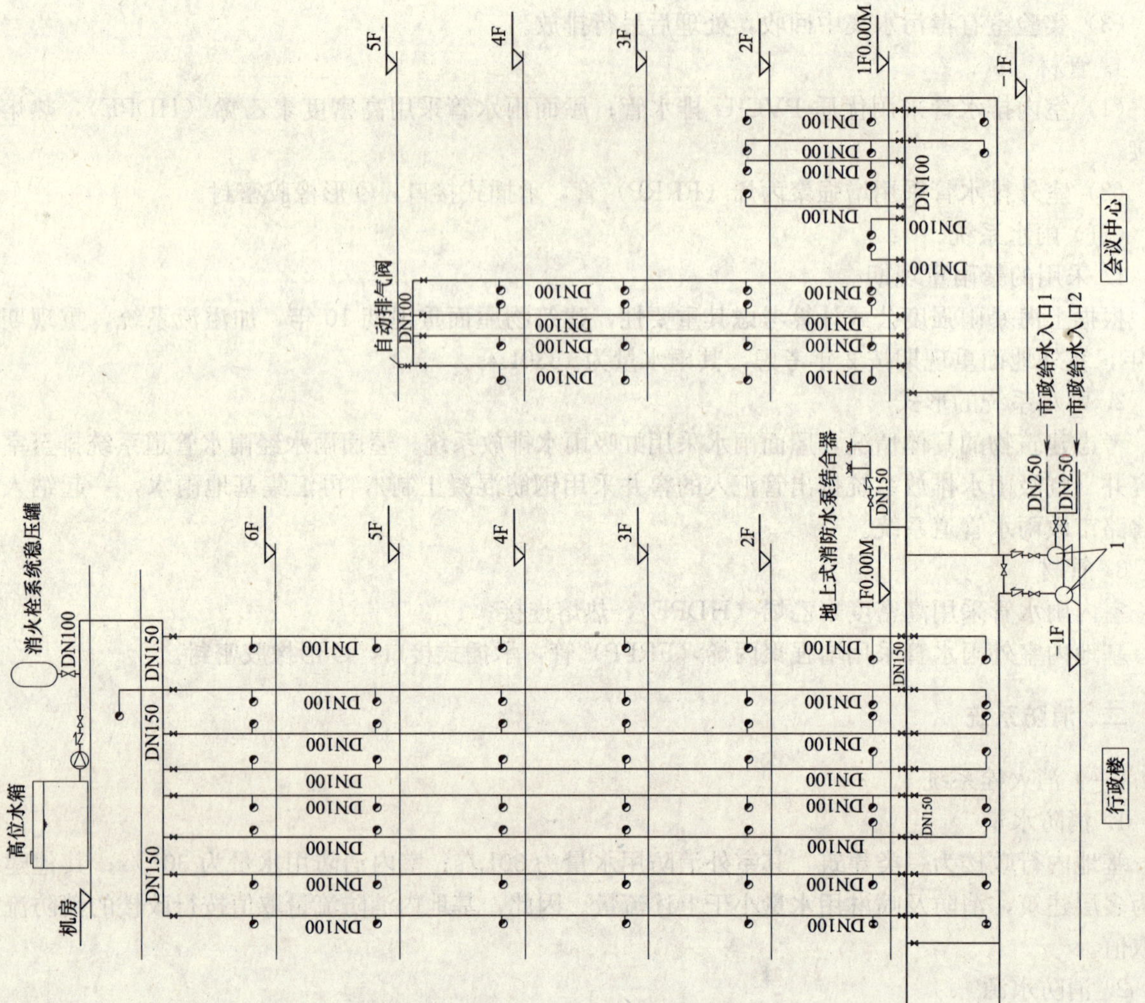

图3 消火栓系统原理图

6. 室外消防部分

在基地内沿建筑物四周，设置室外地上式三出水消火栓、消火栓系统水泵接合器、喷淋系统水泵接合器，能满足室外消防和室内消火栓系统、加压供水要求。室外消火栓布置最大间距为120m，消防水泵接合器15～40m范围内设置室外消火栓。

7. 管材

消防管$DN\leqslant 100$mm采用热镀锌钢管，$DN>100$mm采用镀锌无缝钢管，$DN\leqslant 100$mm丝扣连接，$DN>100$mm卡箍沟槽式连接。

（二）自动喷水灭火系统

1. 用水量

科教中心自动喷水灭火系统为湿式系统。自动喷水灭火系统用水量为28L/s。

2. 系统分区

科教中心自动喷水灭火系统共为一个分区。

3. 稳压设备

行政楼屋顶设置高位消防水箱间，内设置有效容积为18m^{3}的高位消防水箱及喷淋稳压泵稳压罐，保证最不利点喷头的流量及压力要求。

4. 喷头选型、报警阀

自动喷洒头安装于办公室、走廊、餐厅、厨房、停车库以及其他公共场所，进行全保护。除厨房采用作用温度为93℃外，其他场所采用68℃标准式喷洒头。每个系统均设水力报警阀，每个阀安装自动喷洒头，控制在800个左右。当每层任何1个喷洒动作时，由水流指示器动作信号送至防灾中心；当管道系统压力下降20%，压力继电器发出指令，喷水泵启动，压力继电器发出指令，喷水泵启动，压力再继续下降10%时，备用泵又启动。系统稳压泵采用自控稳压泵。喷水泵水源从市政环网的引入管上抽取（图4）。

5. 管材

喷淋管$DN\leqslant 100$mm采用热镀锌钢管，$DN>100$mm采用镀锌无缝钢管，$DN\leqslant 100$mm丝扣连接，$DN>100$mm卡箍沟槽式连接。

（三）七氟丙烷气体灭火系统

1. 设置位置

考虑此建筑的具体情况，UPS间、计算机工作站、数据备份间、小型机间、服务器、网络间采用七氟丙烷气体灭火系统。

2. 系统设计参数

气体设计浓度为8%，设计喷射时间10s，设计抑制时间10min（图5）。

3. 系统控制

此系统具有自动、手动及机械应急启动三种控制方式。保护区均设二路独立探测回路，当第一路探测器发出火灾信号时，发出警报，指示火灾发生的部位，提醒工作人员注意；当第二路探测器亦发出火灾信号后，自动灭火控制器开始进入延时阶段（0～30s可调），此阶段用于疏散人员（声光报警器等动作）和联动设备的动作（关闭通风空调，防火卷帘门等）。延时过后，向保护区的电磁驱动器发出灭火指令，打开驱动瓶容器阀，然后由瓶内氮气打开相应的防护区选择阀，并经过选择阀打开相应的七氟丙烷气瓶，向失火区进行灭火作业。同时报警控制器接收压力信号发生器的反馈信号，控制面板喷放指示灯亮。当报警控制器处于手动状态，报警控制器只发出报警信号，不输出动作信号，由值班人员确认火警后，按下报警控制面板上的应急启动按钮或

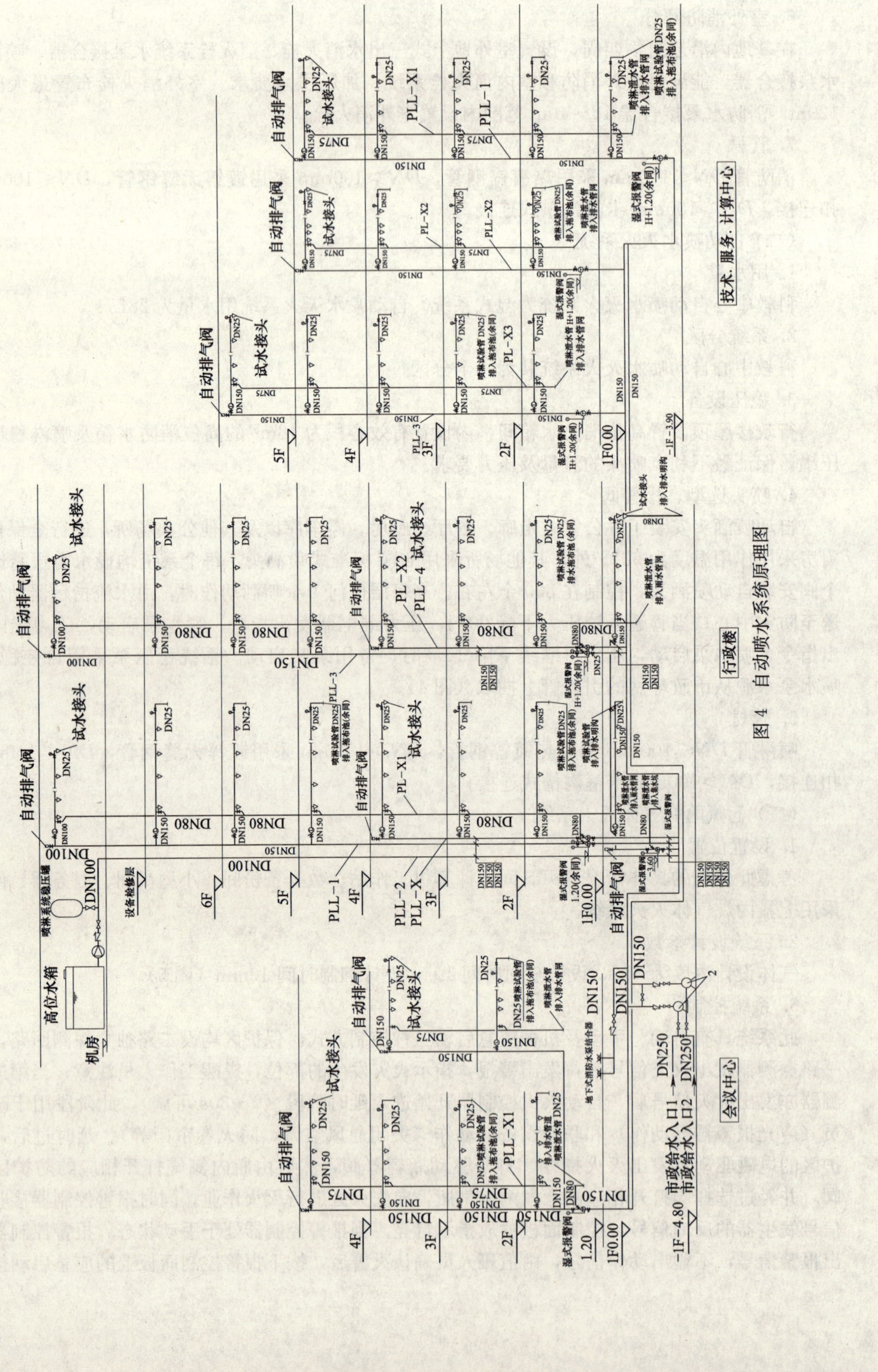

图 4　自动喷水系统原理图

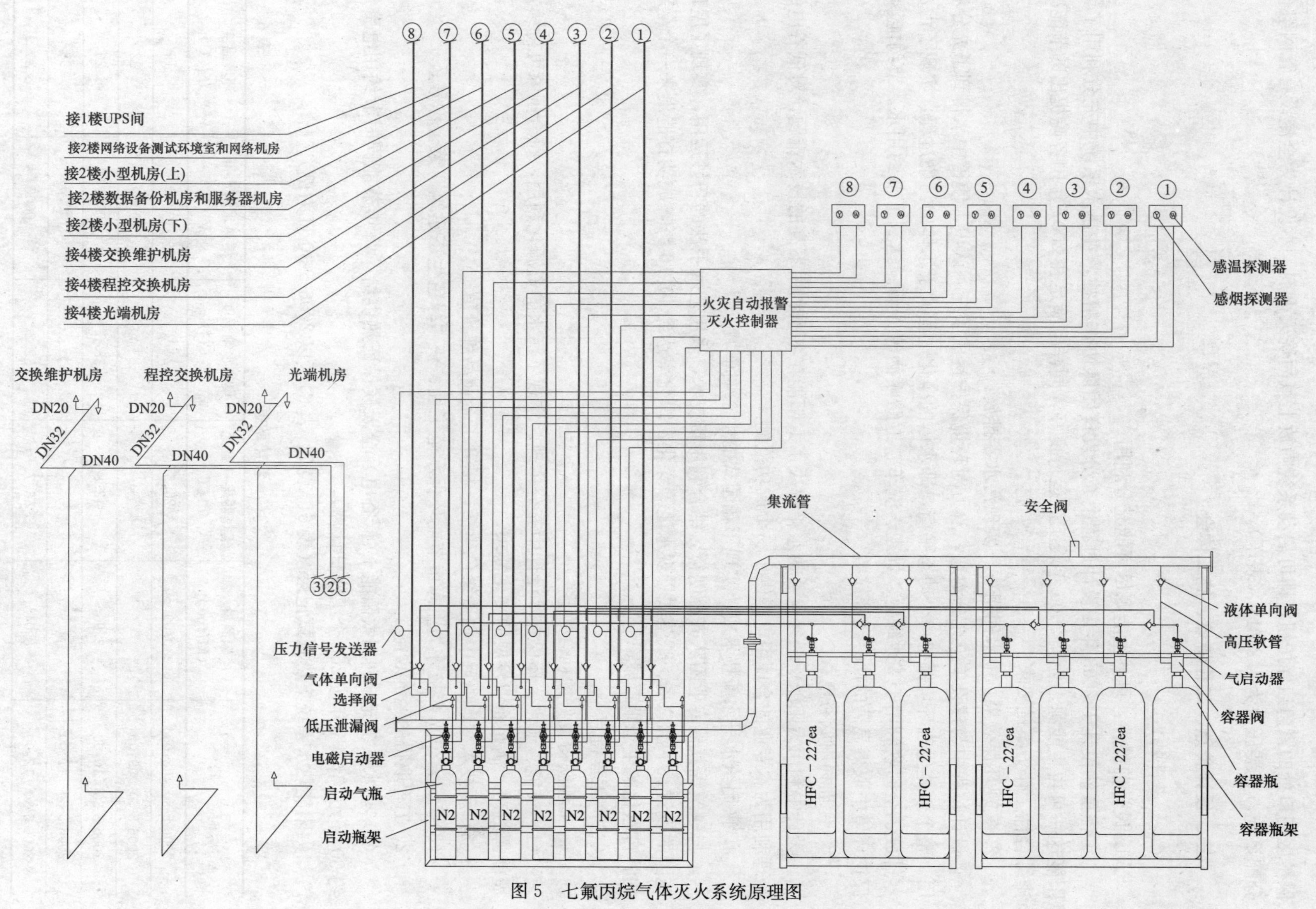

图5 七氟丙烷气体灭火系统原理图

保护区门口处的紧急启停按钮，即可启动系统喷放七氟丙烷灭火剂。本设计为全淹设有管网组合分配系统，充装压力为4.2MPa（表压）。

三、设计特点、工程特点、施工体会

（一）设计特点

1. 设计前瞻性：可再生能源尽可能充分利用。

工程虽然设计于2003年，设计过程中充分发挥团队协作精神，在热水系统中充分利用了太阳能这一可再生能源。工程2006年竣工后运行良好，同样也满足在2007年国务院提出的节能减排综合性工作方案的要求。

2. 实现环保效果：中水回用——实现污水零排放：

设计过程中与建设单位充分沟通，双方对环境保护达成了统一认识，使得中水得到了充分利用。整个水体生态环境保持一个动态平衡，即水体的净化过程大于水体的污染过程，实现了污水零排放、全回收利用于基地绿化、景观、洗车、道路喷洒等方面。达到了节约用水。节约能源、保护环境中取得显著的社会经济效益。

3. 合理利用低谷电：

设计中利用太阳能＋低谷电蓄热水箱解决了太阳能在冬季利用不高的技术难题，对低谷电的合理利用为本专业的合理用电提供了一个成功范例。

4. 采用给水排水新技术成功实现了花园式的生态烟草城：

与建筑等其他专业团队齐心创新，结合利用新技术，采用艺术手法的巧妙运用，实现了屋顶花园的设置、下沉广场、跌落式景观水池等绿化，绿化率达到40.16％，成功打造出来一个全新的、自然化的生态烟草城。

（二）工程特点

1. 工程获得良好的社会效益

（1）节能、节水、环保在本设计中充分体现，实现了污水的资源化利用，符合国家可持续发展能源战略；满足企业发展的文化需求。

（2）新技术在本项目中创造绿色生活，提升了企业品牌价值。

（3）工程2007年被评为上海市节能环保示范工程、获“绿色生态建筑”荣誉称号。

2. 工程取得的经济效益

（1）热水系统充分利用太阳能＋(低谷电）全天候保证热供给。每年节能同时节约用电费用约30万元/年（全年按260个工作日计算）。

太阳能热水系统集热测试记录（表6、表7、表8）（以2006-5-30日为例）。

集热数据 **表6**

时　间	辐照量 (MJ/m^2)	集热器出口温度 $T1$(℃)	集热水箱温度 T_2(℃)	集热水箱水量 V_1(L)	环境温度 T_3(℃)
2006-5-30　08:00	0.00	24.5	24.2	10000	19
2006-5-30　09:00				10000	22
2006-5-30　10:00	3.96	42.8	38.3	10000	26
2006-5-30　11:00				10000	28
2006-5-30　12:00	8.04	56.7	52.2	10000	30

续表

时　　间	辐照量 (MJ/m²)	集热器出口温度 T1(℃)	集热水箱温度 T_2(℃)	集热水箱水量 V_1(L)	环境温度 T_3(℃)
2006-5-30　13:00				10000	30
2006-5-30　14:00	11.86	70.7	66.1	10000	29
2006-5-30　15:00				10000	27
2006-5-30　16:00	14.16	83.8	79.1	10000	26

集热水箱温降数据（10h）　　　　**表 7**

时　　间	集热水箱温度 T_2(℃)	集热水箱水量 V_1(L)	环境温度 T_3(℃)	环境空气流动速率 (m/s)
2006-5-30　16:00	79.7	10000	26～16	≤4
2006-5-31　02:00	76.9	10000		

（注：本测试遵循《太阳能热水系统性能评定规范》，数据由上海中区节电科技有限公司提供）

与电加热热水成本对比　　　　**表 8**

正常电加热热水成本	利用太阳能＋（低谷电）加热热水成本
47t/d×(60－5)×1.163×0.64 元/(kW·h)×260d＝50 万元/年	(47－10)t/d×(60－5)×1.163×0.30 元/(kW·h)×260d＝18.5 万元/年
按普通电加热计算	太阳能平均每天产生 10t 满足需要的热水 其余热量由低谷电产生（数据详热水系统集热测试记录）
50－18.5＝31.5 万元/年	
结论：与正常电加热相比，利用太阳能＋（低谷电）加热热水，每年节电费约 30 多万元	

（2）科教中心内污水处理率和回用率都达到了 100%，每年节约的自来水费约为 6 万元。

每年节约的自来水费为 84m³/d×1.93 元/m³×365d/年＝5.92 万元

（3）景观水循环处理节约了大量的水资源，每年可节约费用约 8000 元（表 9）。

景观水循环处理的经济分析　　　　**表 9**

景观水循环处理的运行费用		景观水采用自来水换水费用
循环系统的处理能力为 10m³/h，水体面积为 2597m²，体积为 662m³；三天循环一次		按每年换水 12 次计算（水体体积为 662m³）
电费 E_1 ［取 0.64 元/(kW·h)］	药剂费 E_2 （按 0.03 元/m³ 水计）	自来水费
5.0kW×8h×0.64 元/(kW·h)×260d＝6656 元/年	0.03 元/m³×10m³/d×8×260d＝624 元/年	1.93 元/m³×662m³×12 次/年＝15332 元/年
年直接经营费＝6656＋624＝7280 元/年		
15332－7280＝8052 元/年		
结论：采用循环处理的方式不仅节约了大量的水资源，而且每年可节约 8000 元		

（4）工程运行两年以来，基本达到设计期望效果。

3. 施工体会

（1）本工程未采用完全密闭污水井盖，不能保证控制所有雨水不进入污水管网，这样造成污水站实际处理的污水量超出了理论计算污水量。有待于改进。

（2）一方面污水处理站内湿度高，另一方面由于上海也属于潮湿性气候。现有处理站内电气控制柜等电气设备容易腐蚀生锈、寿命较短。目前采取 2 个措施：加大处理站的通风量来缓解电气设备的腐蚀；对臭气量大的区域增加设置局部排风。

四、工程照片

郑州国际会展中心

设计单位： 机械工业第六设计研究院

设 计 人： 卫海凤　杨飞　张强　宋涛　王宇峰　李小丽

获奖情况： 公共建筑三等奖

工程概况：

郑州国际会展中心坐落于郑州郑东新区 CBD 内环上，建筑面积约为 21 万 m^2，主要供国内外一些重要的展览及会议使用。

郑州国际会展中心分为会议中心和展览中心两部分。会议部分为圆形布局，建筑面积 6.08 万 m^2，由容纳 5000 人的多功能厅、1200 人的国际报告厅、两个 400 人的会议厅及十几个中小型会议室组成，屋顶由直径 154m 的中心桅杆斜拉、12 个三枝树柱支撑的桁架拱结构组成，呈折叠圆锥状。展览部分平面为端头呈扇形的条式布局，建筑面积 15.36 万 m^2，可设 3560 个国际标准展位，展厅两层，一层最大柱网 30m×30m，二层无柱，为 7.2 万 m^2 的大展厅，高 40.5m，屋顶为 102m 跨的桅杆桁架拱结构。

郑州国际会展中心先后获得中国建筑工程最高奖——鲁班奖及中国土木工程最高奖——詹天佑奖。

一、给水排水系统

（一）给水系统

1. 冷水用水量（表 1）。

用水量表　　表 1

序号	用 水 类 别	用水标准	最高日用水量 (m^3/d)	最大时用水量 (m^3/h)	备　注
1	展位工作人员(3560 个展位,每个展位 2.5 人)	50L/(人·d)	445	55.63	K=2.0 以 16h 计
2	展览中心参观人员(以 1.5 人/m^2)	3L/(人·d)	302.04	50.34	K=2.0 以 12h 计
3	会展中心工作人员(以 300 人计)	50L/(人·d)	15	1.88	K=2.0 以 16h 计
4	会议中心(以 5000 人计)	50L/(人·d)	250	62.5	K=2.0 以 8h 计
5	餐厅(以 5000 人计,一日两次)	40L/(人·次)	400	100	K=2.0 以 8h 计
6	职工餐厅(以 300 人计,一日三次)	20L/(人·次)	18	3	K=2.0 以 12h 计
7	绿化(以 12.5hm^2 计)	1.6L/(m^2·次)	400	100	每日两次,每次 2h
8	浇洒路面(以 20hm^2 计)	1.0L/(m^2·次)	400	50	每日 2 次,每次 4h
9	冷却水补水量(以 2.0%循环冷却水量)		2798.08	174.88	以 16h 计
10	冷冻水补水量(30m^3/h)		480	30	以 16h 计
	小　计		5508.12	628.23	
11	未预见水量(以 10%计)		550.81	62.82	
	合　计		6058.93	691.05	

2. 水源

给水水源采用市政自来水，从市政环状给水管上引入 2 根进水管，在院区内形成环状管网。

3. 系统竖向分区

生活冷水采用分区供水方式，地下室至三层为低区，由市政管网直接供给，四层至六层为高区，采用变频供水设备加压供水。

4. 供水方式及给水加压设备

低区由市政管网直接供给，市政供水压力 0.25MPa；四层至六层为高区，采用变频供水设备加压供水，各层洗脸盆的用水由设于六层屋面的冷水箱供给。生活给水加压设备采用变频供水设备，总流量 Q=57L/s，扬程 H=66m，采用 3 台大泵及 2 台小泵，并配套 1 台隔膜式气压罐。

5. 管材

室内生活给水管采用钢塑复合管，丝扣、法兰或卡箍连接。

（二）热水系统

1. 热水用水量（表 2）

热水量计算表 **表 2**

序号	用水类别	用水标准	最高日用水量 (m^3/d)	最大时用水量 (m^3/h)	备注
1	厨房（以 5300 人计，一日 2 次）	10L/（人・次）（50℃热水）	106	26.5	K=2.0 以 8h 计
2	展位工作人员（以 8900 人计）	6L/（人・d）	53.4	6.68	K=2.0 以 16h 计
3	展览中心参观人员（以 1.5 人/m^2 计）	1L/（人・d）	100.68	16.78	K=2.0 以 12h 计
4	会议中心（以 5000 人计）	6L/（人・d）	30	7.5	K=2.0 以 8h 计
5	会展中心工作人员（以 300 人计）	6L/（人・d）	1.8	0.23	K=2.0 以 16h 计
	合计		291.88	57.69	

2. 热源

热源采用市政热网供应的蒸汽。

3. 系统竖向分区

系统不分区，为一个区，由屋面热水箱供应热水。

4. 热交换设备

展览中心和会议中心分别设置热交换设备，展览中心设置 2 套汽—水半容积式换热器，每套设备热水产量 6.9m^3/h；会议中心设置 2 套汽—水半容积式换热器，每套设备热水产量 14.4m^3/h。

5. 冷、热水压力平衡措施、热水温度的保证措施

各层用水设备的冷热用水分别由设于屋面的冷、热水箱供给，以保证冷、热水压力平衡，换热器的热媒进口前设温控阀，在热水出口处配有温度传感，控制热水出水温度为 60℃，热水系统各回水管上设温度传感及电磁阀，当水温为 50℃时电磁阀打开，水温为 55℃时电磁阀关闭。

6. 管材

热水管采用铜管，专用接头连接或焊接。

（三）中水系统

本项目未设置中水系统。

（四）排水系统

1. 排水系统的形式：排水系统为废、污合流制。

2. 透气管的设置方式：卫生间排水系统设置专用通气立管。

3. 采用的局部污水处理设施

厨房污水经隔油池处理、锅炉房排水经排污降温池处理后排至室外污水管网。

4. 管材

排水管及通气管采用柔性抗振排水铸铁管，B型柔性接口。

（五）雨水系统

1. 采用的暴雨重现期

重力流雨水暴雨重现期采用10年，压力流（虹吸）雨水暴雨重现期采用50年。

2. 雨水系统的型式：

展览中心外排水系统采用重力流雨水排水系统，展览中心内排水系统及会议中心屋面雨水采用压力流（虹吸）雨水排水系统。

3. 管材

重力流雨水管材采用内外热镀锌钢管，展览中心压力流雨水管材采用HDPE高密度聚乙烯管及配件，会议中心压力流雨水管材采用不锈钢管及配件。

二、消防系统

（一）消火栓系统

1. 消防水量

室外消火栓消防用水量30L/s，火灾延续时间3h；室内消火栓消防用水量40L/s，火灾延续时间3h。

2. 消防设备

室外消火栓水泵参数：Q=30L/s，H=0.60MPa，P=30kW，共2台，1用1备。

室内消火栓水泵参数：Q=40L/s，H=1.0MPa，P=55kW，共2台，1用1备。

屋面设置2座30m^{3}的不锈钢保温水箱，六层设置消火栓与自动喷水合用增压稳压设备1套，室外设3套消防水泵结合器与室内管网连接。

3. 管材

消火栓给水管采用内外壁热镀锌钢管。

（二）自动喷水灭火系统

1. 消防水量

展览中心地下室仓库按仓库危险级Ⅲ级设计，设计喷水强度20L/(min·m^2)，作用面积260m^2，设计流量120L/s。火灾延续时间1h。

2. 消防设备

水泵参数：Q=60L/s，H=1.0MPa，P=75kW，共3台，2用1备。

层高为10m的仓库采用快速响应早期抑制喷头（ESFR喷头），层高5m的仓库采用快速反应大流量喷头（K=155），其他采用标准吊顶型、直立型及隐蔽型喷头；展览及会议中心共设置14套湿式报警阀组，分别位于展览中心及会议中心地下室内；室外设8套消防水泵结合器与室内管网连接。

3. 管材

自动喷水管道采用内外壁热镀锌钢管。

（三）水喷雾灭火系统

1. 设置位置

展览中心地下室内的直燃机房及会议中心地下室内的燃气锅炉房、柴油发电机房设水喷雾灭火系统。

2. 系统参数

设计喷雾强度 20L/(min·m²)，设计水量 180L/s，火灾延续时间 0.5h。

3. 消防设备

水泵参数：Q=90L/s，H=0.837MPa，P=110kW，共 3 台，2 用 1 备。

水雾喷头采用高速水雾喷头，喷射角 120°，均带滤网，喷头压力 0.35MPa，展览及会议中心共设置 7 套雨淋阀组。

4. 系统控制

系统同时具有自动、水泵房及现场应急三种控制方式。

5. 管材

水喷雾管道采用内外壁热镀锌钢管。

（四）雨淋灭火系统

1. 设置位置

展览中心观景走廊、会议中心一层多功能厅及五层会议厅设雨淋灭火系统。

2. 系统参数

雨淋系统按中危险级Ⅰ级设计，设计喷水强度 6L/(min·m²)，作用面积为 160m² 计，会议中心共分为 46 个保护单元，由 46 套雨淋阀控制，灭火时最不利情况为同时开放 4 个雨淋阀组，设计水量 98L/s，火灾延续时间 1h。

3. 消防设备

水泵参数：Q=50L/s，H=1.0MPa，P=75kW，共 3 台，2 用 1 备。

4. 系统控制

系统同时具有自动、水泵房及现场应急三种控制方式。

5. 管材

管道采用内外壁热镀锌钢管。

（五）消防水炮系统

1. 设置位置

展览中心一层及五层展厅、会议中心中央大厅设置消防水炮灭火系统。

2. 系统参数

每炮每门流量为 40L/s，射程 70m。按照两门水炮的水射流同时到达被保护区域任一部分，则系统供水设计流量为 80L/s，火灾延续时间 1h。

3. 消防设备

水泵参数：Q=80L/s，H=1.5MPa，P=160kW，共 2 台，1 用 1 备。消防水炮应具有直流——喷雾无级转换的功能。

4. 系统控制

启动方式分为手动和自动两种方式，系统同时具有自动、水泵房及现场应急三种控制方式。

5. 管材

管道采用无缝焊接钢管。

（六）气体灭火系统

1. 设置位置

展览中心地下室总配变电所、会议中心弱电机房、网络中心设计七氟丙烷气体灭火系统。

2. 系统参数

配变电所设计灭火浓度 8.3%，灭火剂喷放时间 10s，弱电机房、网络中心设计灭火浓度

8%，灭火剂喷放时间 8s，灭火方式为管网全淹没灭火，采用组合分配系统。

3. 系统控制

系统同时具有自动、手动及机械应急三种控制方式。

三、郑州国际会展中心给水排水设计体会

1. 固定消防水炮灭火系统：会议大厅及展厅大空间消防采用自动消防水炮灭火系统，水炮布置的原则是使两门水炮的水射流同时到达被保护区域的任一部位，为避免人员受到伤害，消防水炮具有直流—喷雾无级转换的功能。自动消防水炮系统由电动消防炮和控制器两部分组成，启动方式分为手动和自动两种方式，手动启动方式：值班人员在现场发现着火点，按下手动报警按钮通知值班室，或在控制室通过监测系统发现着火点，操作控制盘使消防水炮对准着火点，按动面板按钮直接启动水泵及电磁阀，使之喷水灭火；自动灭火方式：控制主机接到火灾探测器探测报警并进行图像显示后，通过联动控制器联动，扫描确定着火点坐标，驱动消防水炮对准着火点，并启动消防水泵，通过压力继电器设定的水压值自动开启电磁阀喷水灭火。消防水炮具有远程定点扑救早期火灾，大大提高灭火效果，减少非火灾因素所造成的损失。

2. 压力流雨水排水系统：会展中心屋面为桅杆桁架拱结构，其汇水面积约为 6 万 m^2，采用压力流雨水排水系统。压力流雨水排水系统的工作原理为：利用重力作用在管道内产生局部真空，使雨水斗及水平管内的水流获得附加的压力，造成虹吸现象，利用虹吸作用，极大地加快水在排水管内的流速，快速排放屋面雨水。压力流雨水排水系统克服传统重力流雨水系统汇水面积小、立管多、管径大的缺点，并具有排水横管无须坡度、现场施工量大大减少、管道具有自洁能力的特点，同时既不破坏屋面的整体建筑效果，又保证了雨水的及时收集和排放，适用于大面积工业及公共建筑的屋面雨水排放，与重力流雨水系统比较有明显的技术优势。

3. 室内地下式消火栓：由于二层展厅整个展厅没有柱子，设置在展厅中部的消火栓无法依托，考虑到展厅的整体效果及美观要求，参照其他会展中心的做法，结合消防部门的意见，为此采取设置地下式消火栓，采用不锈钢盖板。消火栓坑尺寸为：$L\times B\times H=1200\times 700\times 500$(mm)，布置在人行道旁边，设置时要避开消防通道，并做明显标识，布展时不得占用其位置。

4. 由于会展中心工程规模大、功能要求复杂，涉及的专业、新技术、新材料的应用也比较多，在施工过程中设计人员同甲方、施工、监理进行了大量的沟通、交流，项目设计及施工中感觉收获颇多。

(1) 由于会展中心功能复杂，项目比较特殊，涉及的各个部门、各种因素都比较多，所以对设计的要求比较高，设计人员要考虑的东西也比其他项目要多。因此要把类似会展中心这样的大空间公共项目做好就更能体现出一个设计人员的综合业务水平，他要求设计人员在处理好自己专业内部的各种系统的基础上还要协调好与其他专业之间的关系。

(2) 此项目对装修配合的要求更细。在施工过程中不断地对一些专项工程要求二次设计及深化设计，作为基础设计方要对不断出现的各个工种做好协调工作并不断的调整自己的设计使之更趋完美，比如说厨房、多功能厅、会议中心内部都是通过不断地深化设计使功能设计达到使用要求。

(3) 设计中存在的一些问题：①会议中心给水排水设计时污水及废水通气管直接穿出屋面，施工时由于影响到建筑美观均更改为侧墙式通气。②展览中心一区、三区屋面水箱溢流放空管排至屋面，此屋面为内屋面，未考虑雨水排放，施工时在屋面水箱处增加地漏，以排放水箱溢流放空水。

四、工程系统图及照片

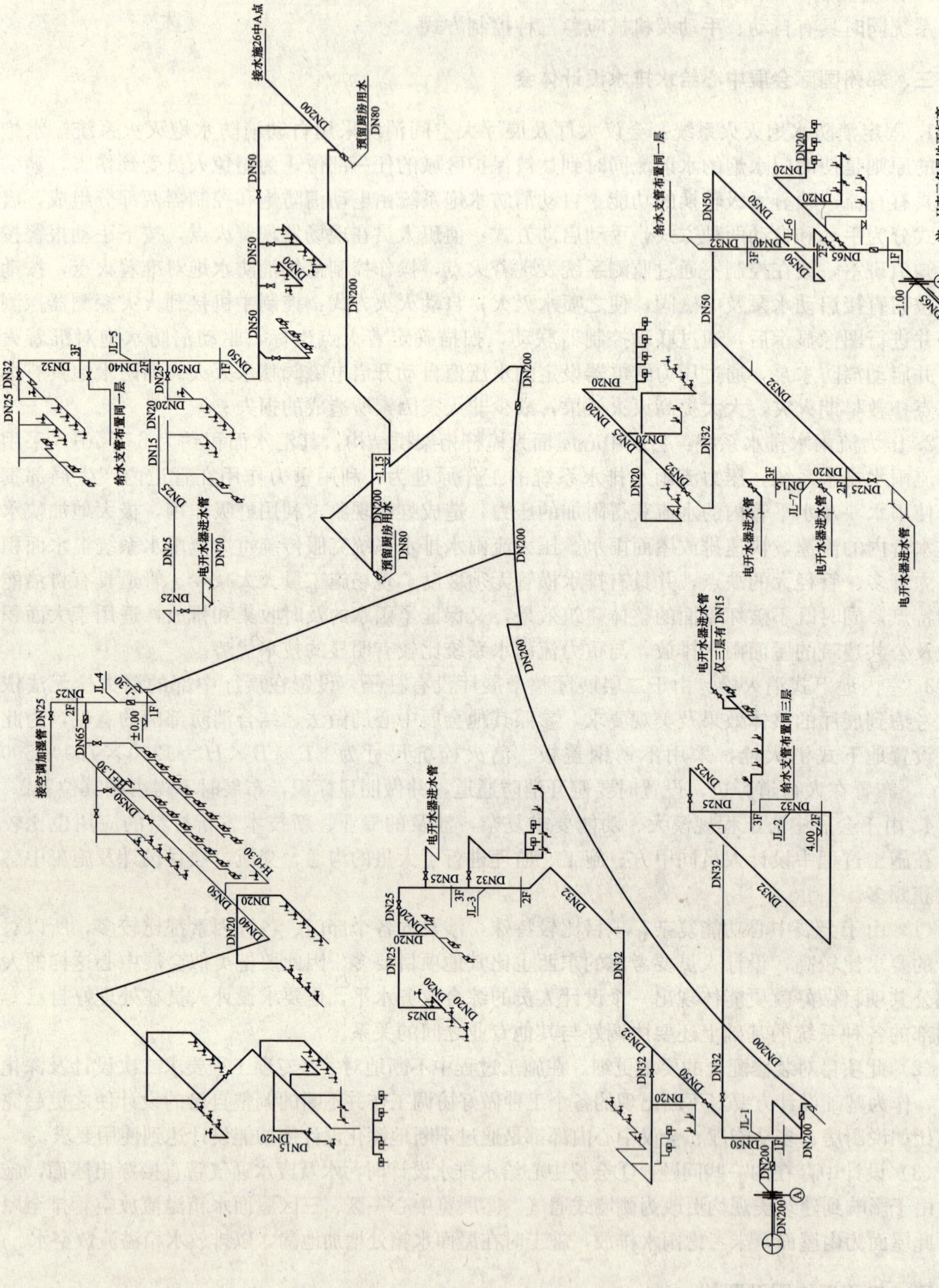

注：H表示各层地面标高。

会议给水系统图

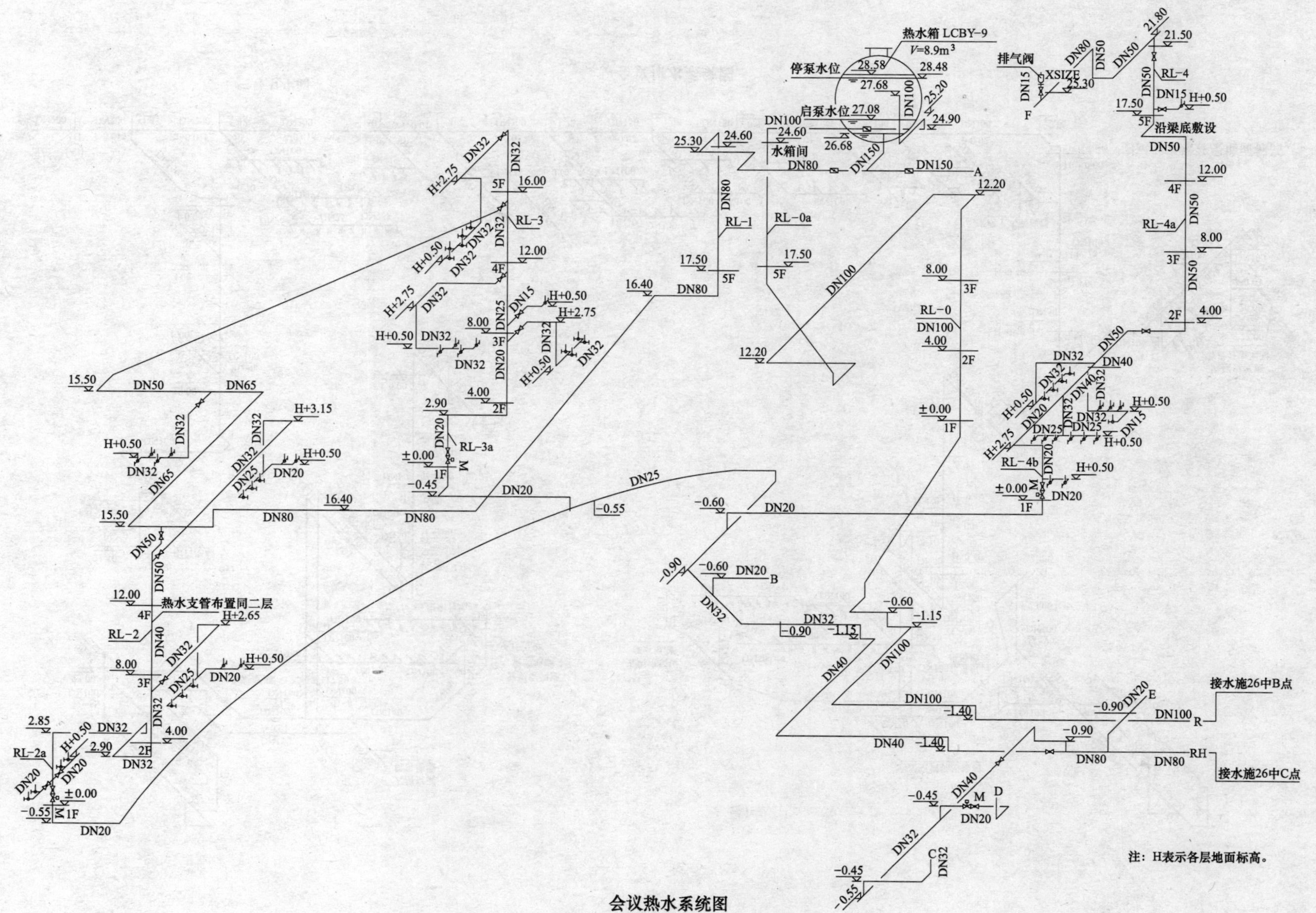

注：H表示各层地面标高。

会议热水系统图

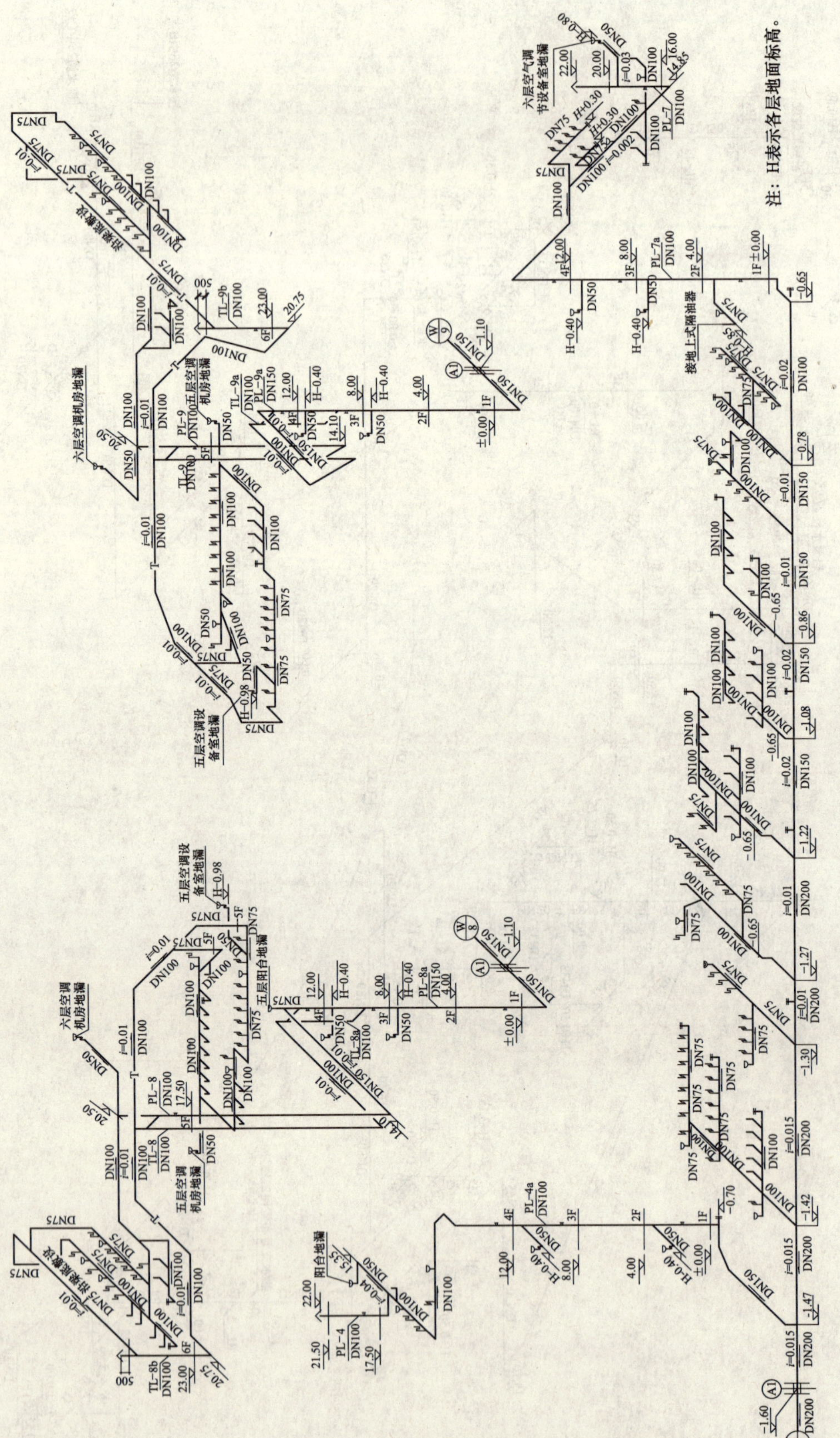

会议排水系统图

注：H表示各层地面标高。

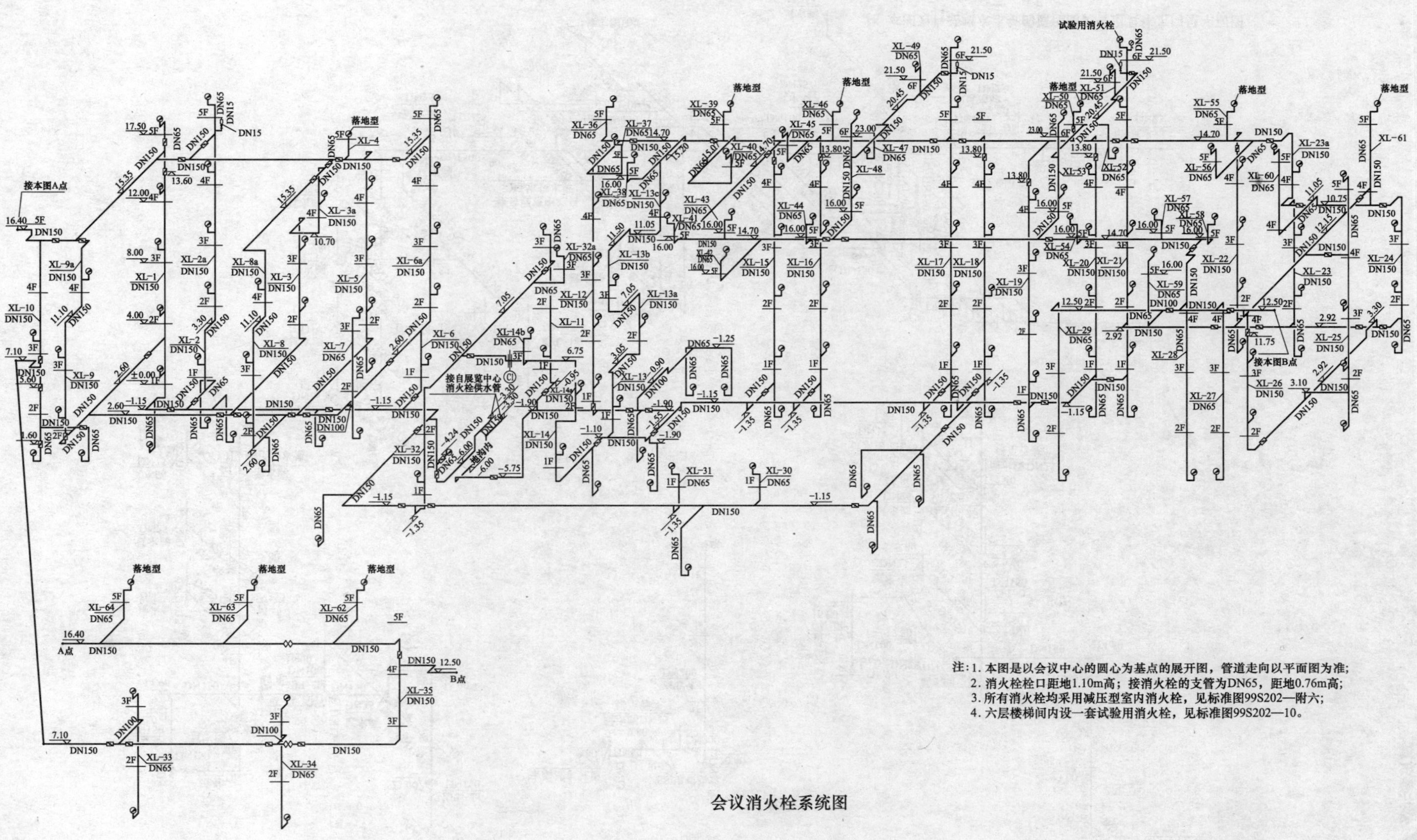

注：1. 本图是以会议中心的圆心为基点的展开图，管道走向以平面图为准；
2. 消火栓栓口距地1.10m高；接消火栓的支管为DN65，距地0.76m高；
3. 所有消火栓均采用减压型室内消火栓，见标准图99S202—附六；
4. 六层楼梯间内设一套试验用消火栓，见标准图99S202—10。

会议消火栓系统图

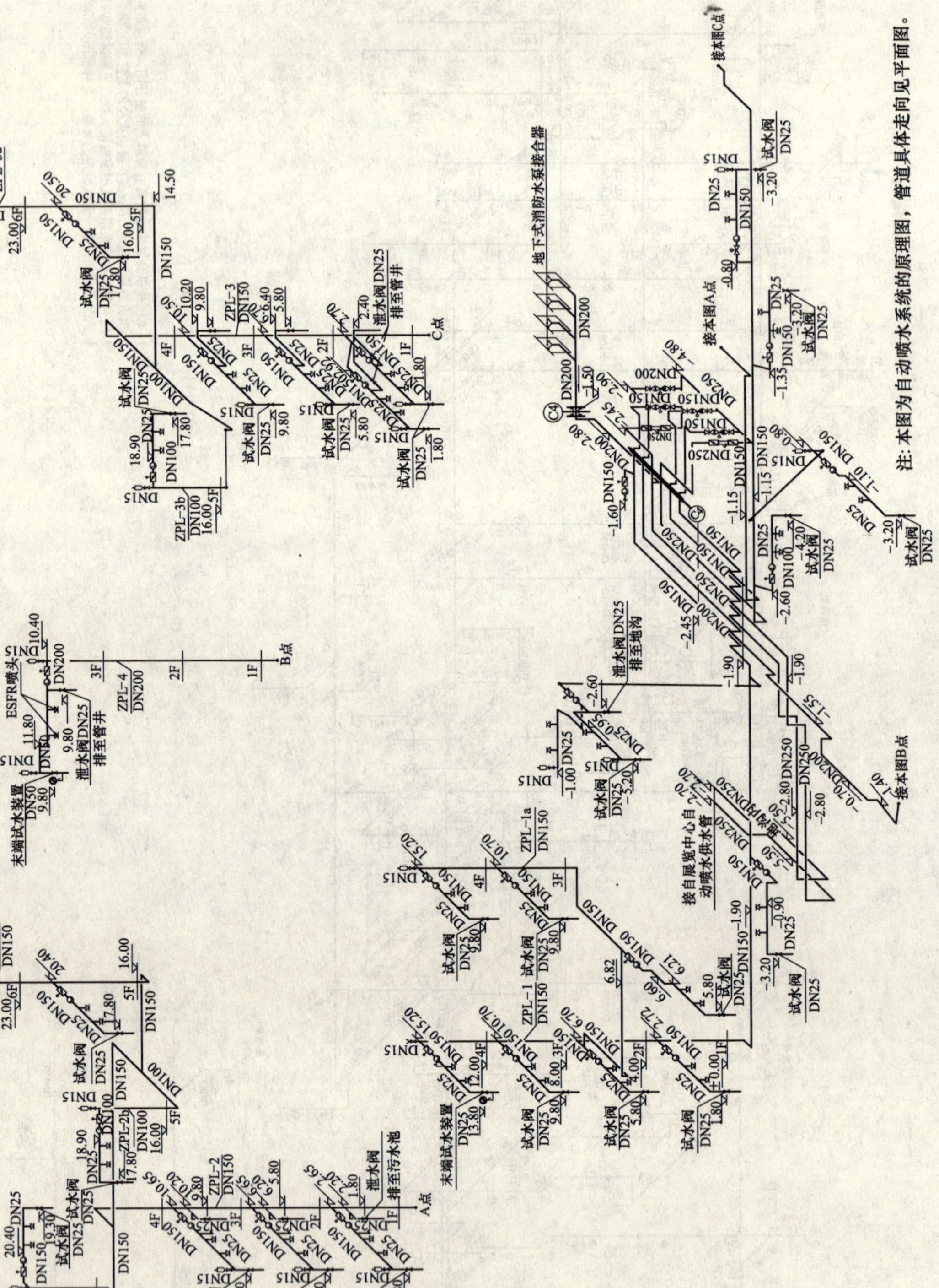

会议自动喷水系统图

注：本图为自动喷水系统的原理图，管道具体走向见平面图。

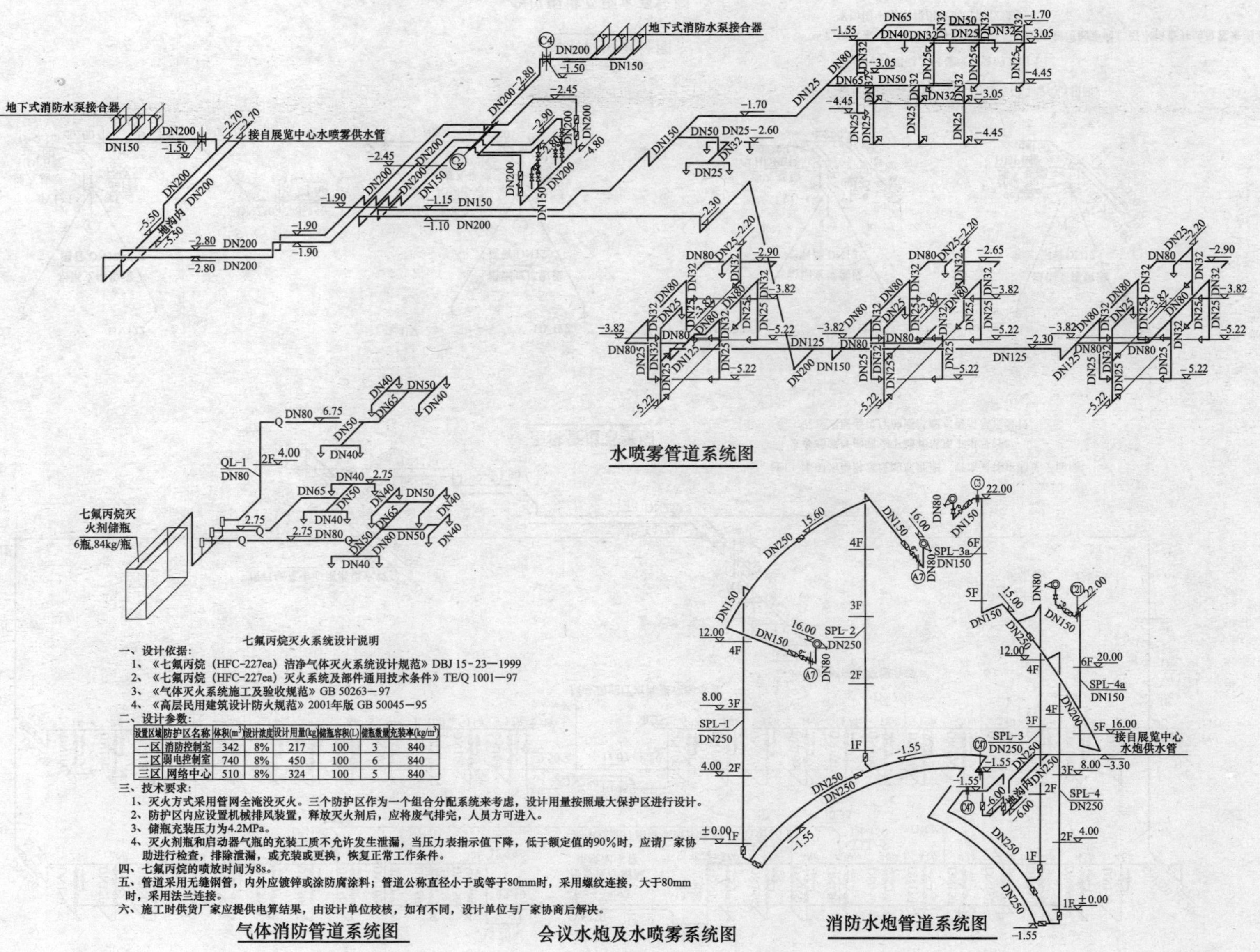

七氟丙烷灭火系统设计说明

一、设计依据：

1、《七氟丙烷（HFC-227ea）洁净气体灭火系统设计规范》DBJ 15-23—1999

2、《七氟丙烷（HFC-227ea）灭火系统及部件通用技术条件》TE/Q 1001—97

3、《气体灭火系统施工及验收规范》GB 50263—97

4、《高层民用建筑设计防火规范》2001年版 GB 50045—95

二、设计参数：

设置区域	防护区名称	体积(m^3)	设计浓度	设计用量(kg)	储瓶容积(L)	储瓶数量	充装率(kg/m^3)
一区	消防控制室	342	8%	217	100	3	840
二区	弱电控制室	740	8%	450	100	6	840
三区	网络中心	510	8%	324	100	5	840

三、技术要求：

1、灭火方式采用管网全淹没灭火。三个防护区作为一个组合分配系统来考虑，设计用量按照最大保护区进行设计。

2、防护区内应设置机械排风装置，释放灭火剂后，应将废气排完，人员方可进入。

3、储瓶充装压力为4.2MPa。

4、灭火剂瓶和启动器气瓶的充装工质不允许发生泄漏，当压力表指示值下降，低于额定值的90%时，应请厂家协助进行检查，排除泄漏，或充装或更换，恢复正常工作条件。

四、七氟丙烷的喷放时间为8s。

五、管道采用无缝钢管，内外应镀锌或涂防腐涂料；管道公称直径小于或等于80mm时，采用螺纹连接，大于80mm时，采用法兰连接。

六、施工时供货厂家应提供电算结果，由设计单位校核，如有不同，设计单位与厂家协商后解决。

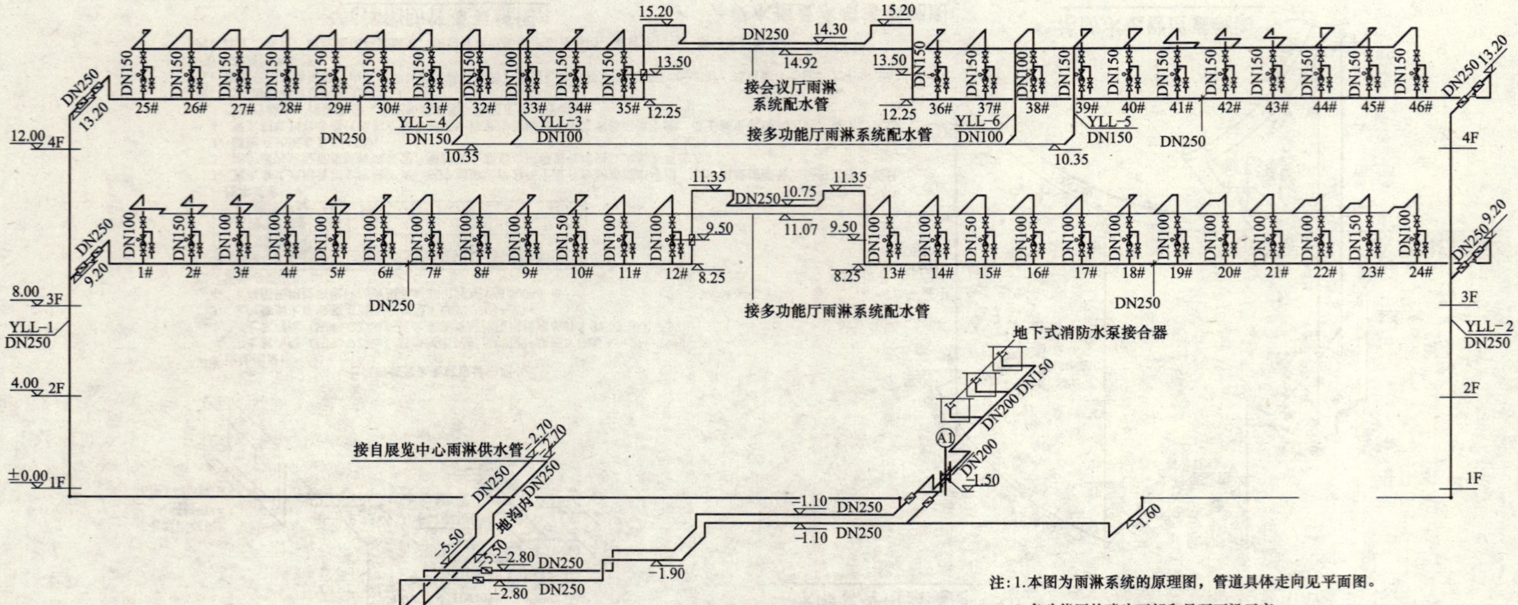

雨淋管道系统图

注：1.本图为雨淋系统的原理图，管道具体走向见平面图。

2.多功能厅的喷头下部和吊顶下沿平齐。

3.五、六层会议厅的雨淋配水管沿吊顶敷设。

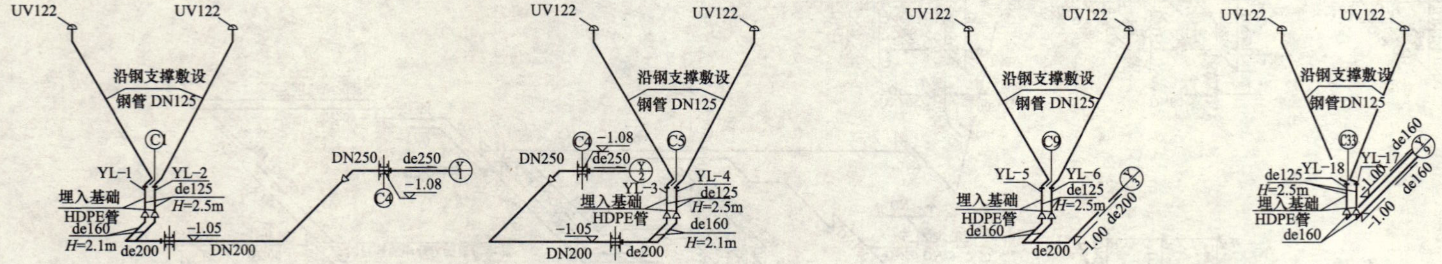

雨水管道系统图

注：1.雨水系统(Y/4)(Y/5)(Y/6)(Y/7)(Y/10)(Y/11)与(Y/12)相同，

(Y/8)与(Y/9)相同，只是排出管的方向不同.

2.雨水系统排出管的方向应结合厂区雨水管道的走向、雨水检查井的位置来确定，平面图中所示排出管的方向仅供参考。

会议雨淋及雨水系统图

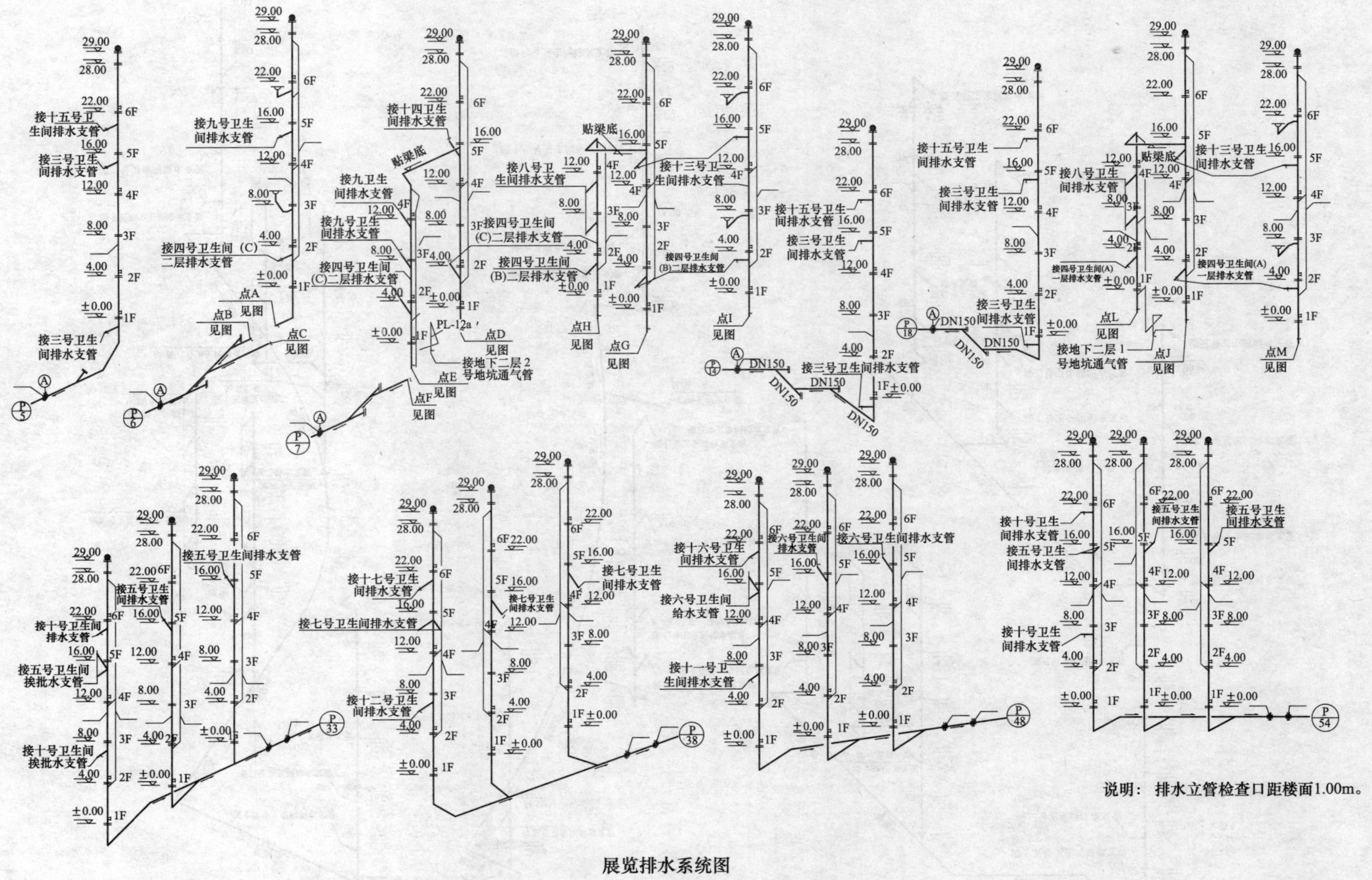

展览排水系统图

说明：排水立管检查口距楼面1.00m。

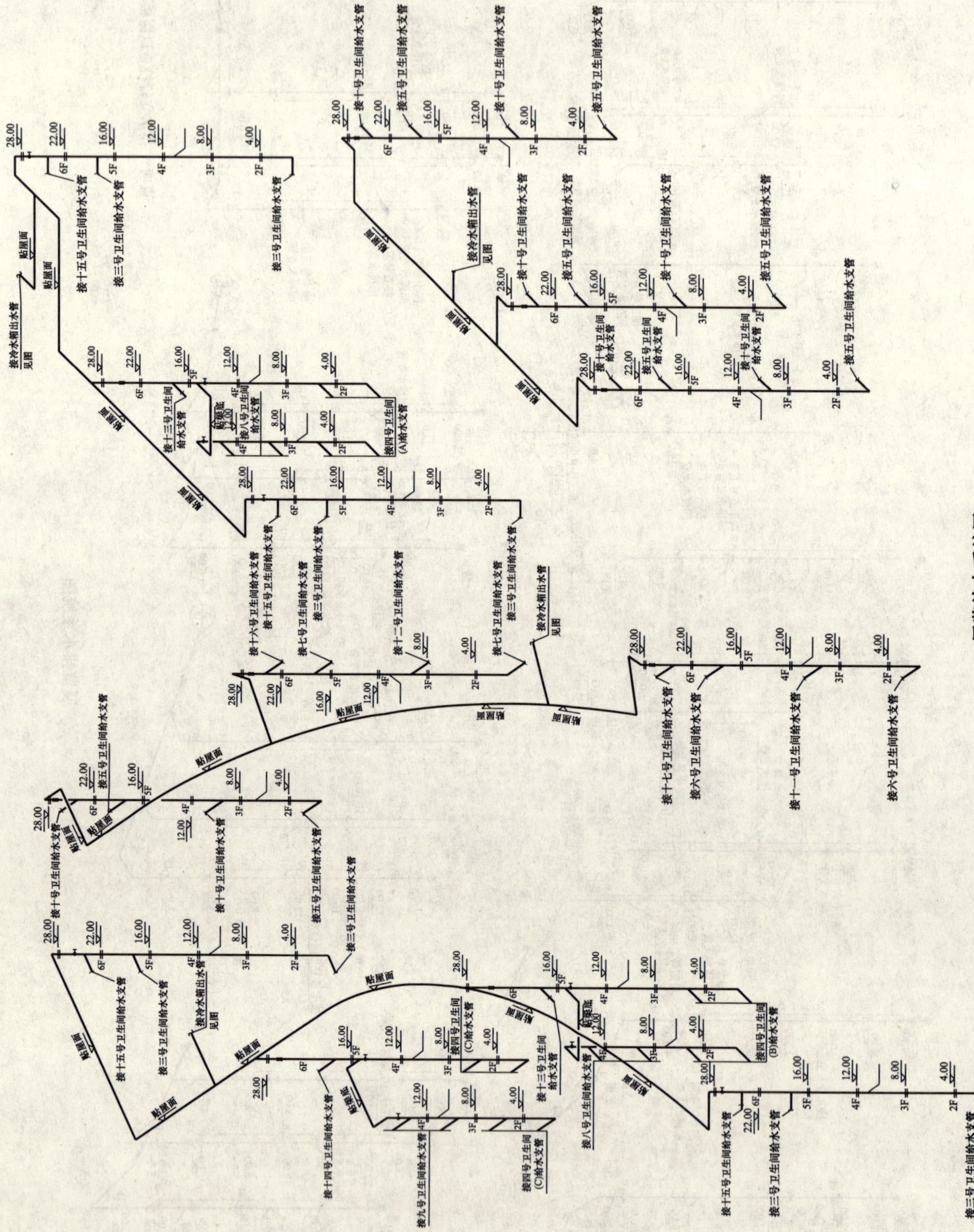

展览给水系统图

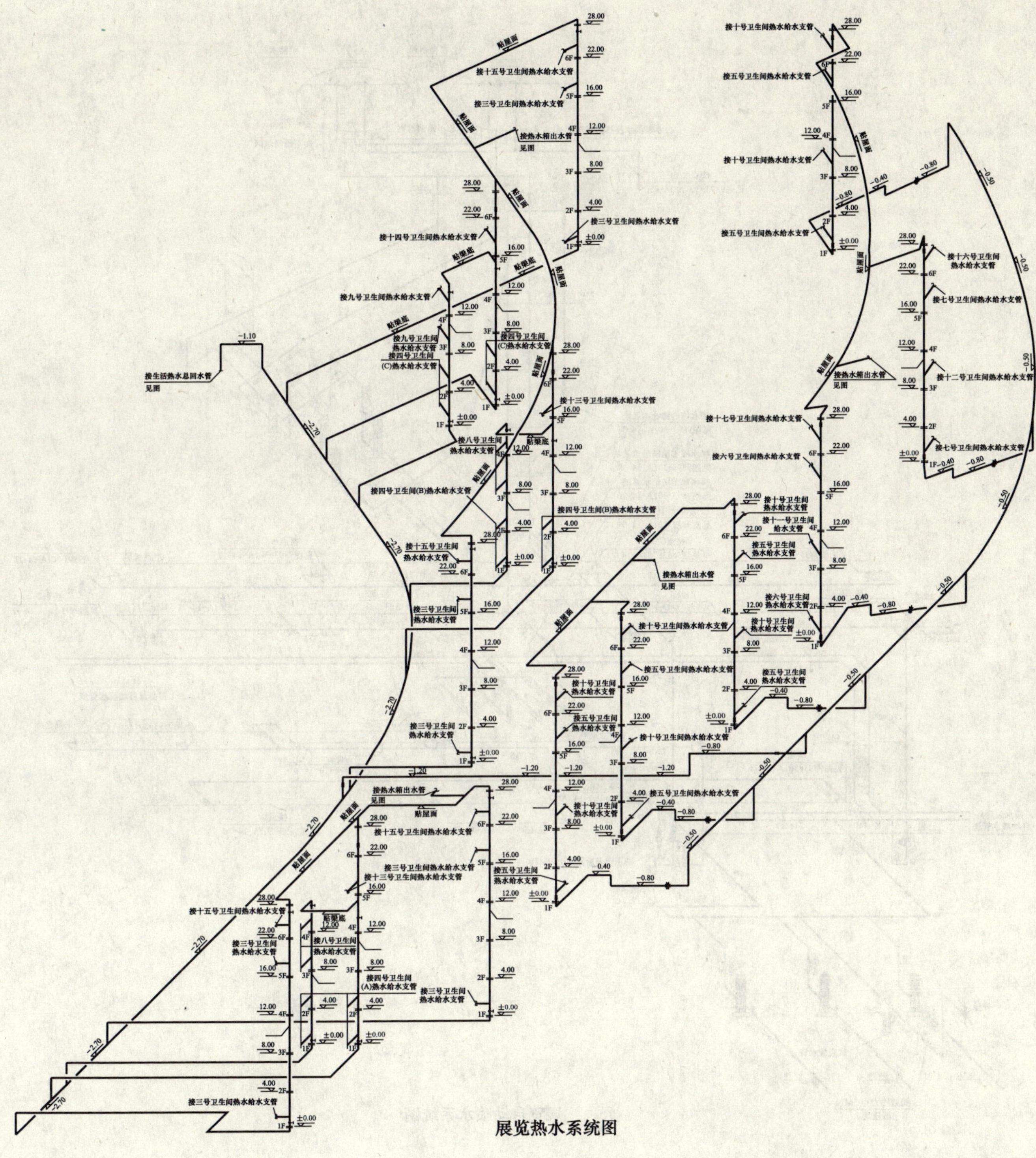

展览热水系统图

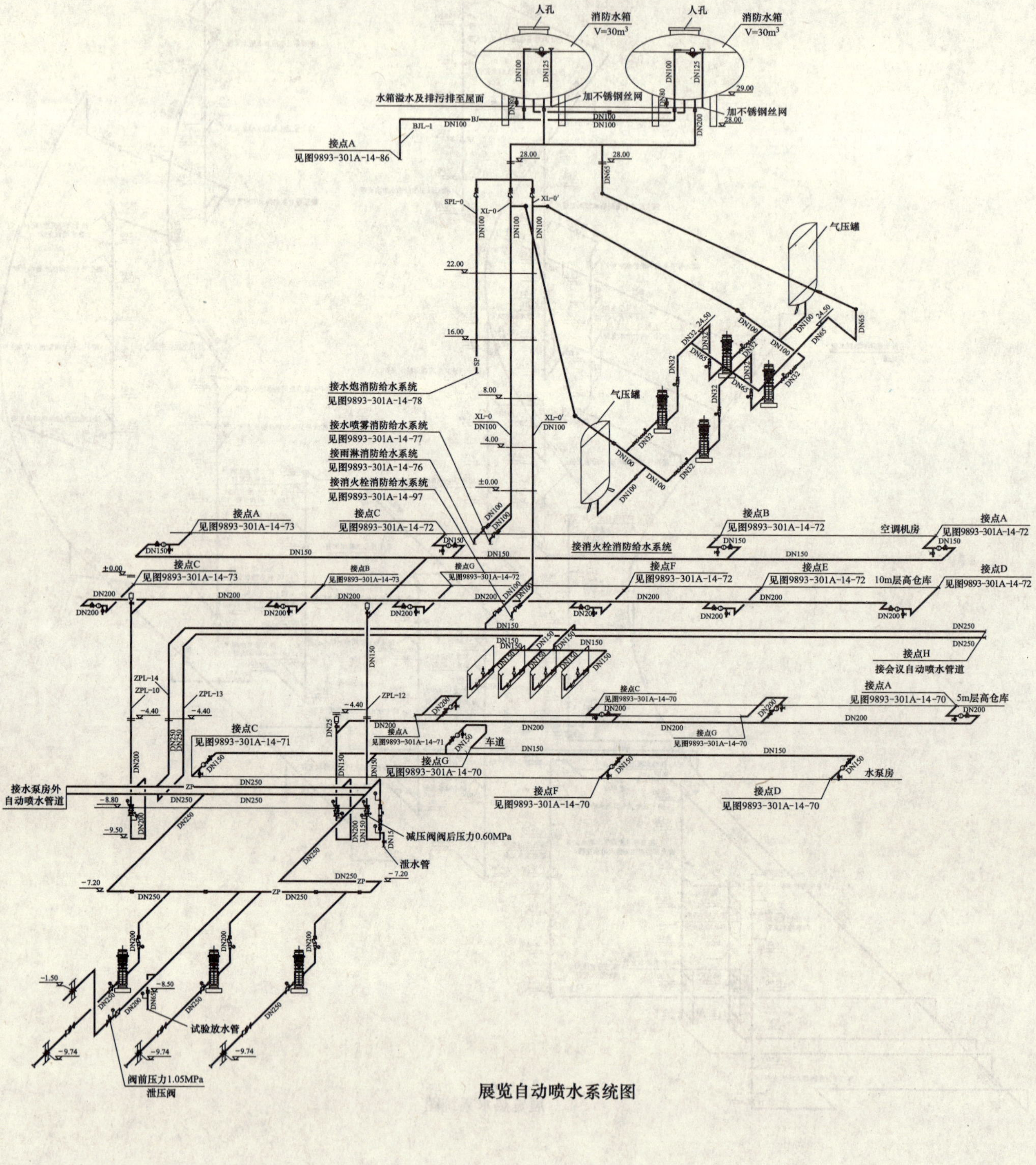

展览自动喷水系统图

接水箱出水管
见图9893-301A-14-75
阀前压力1.55MPa
泄压阀
试验放水管
接会议中心的消防水炮给水管道

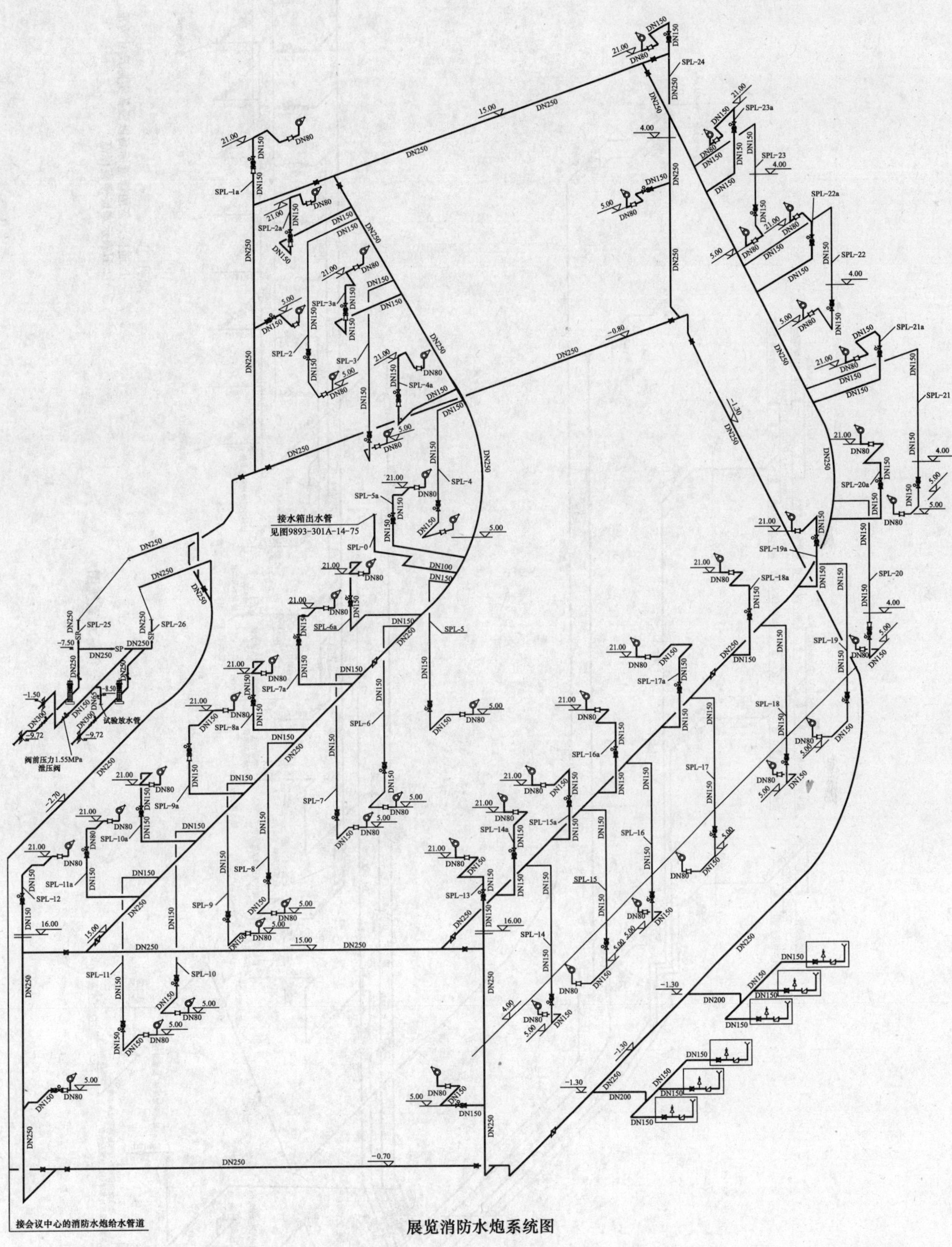

展览消防水炮系统图

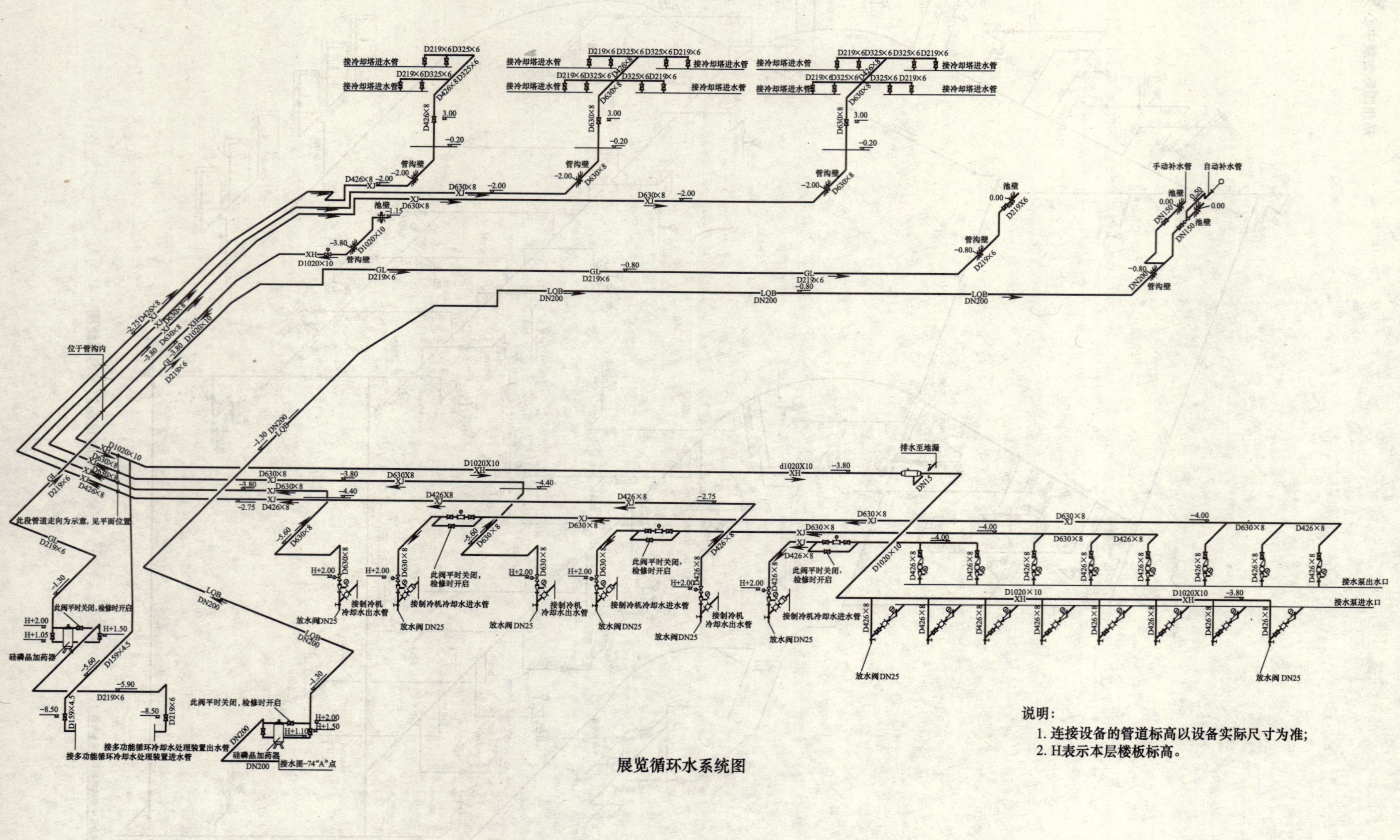

展览循环水系统图

说明：

1. 连接设备的管道标高以设备实际尺寸为准；
2. H表示本层楼板标高。

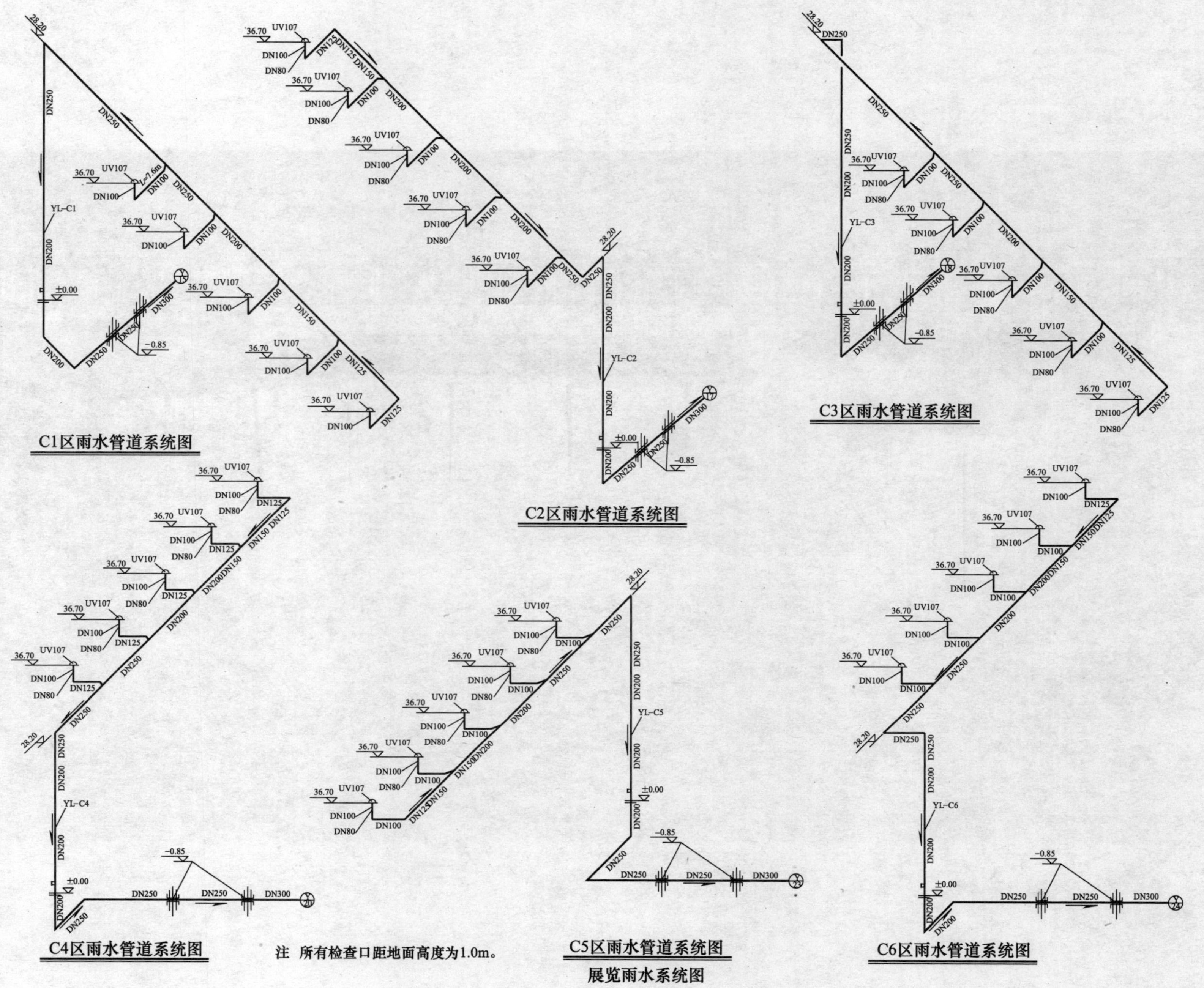

C1区雨水管道系统图

C2区雨水管道系统图

C3区雨水管道系统图

C4区雨水管道系统图

C5区雨水管道系统图

展览雨水系统图

C6区雨水管道系统图

注 所有检查口距地面高度为1.0m。

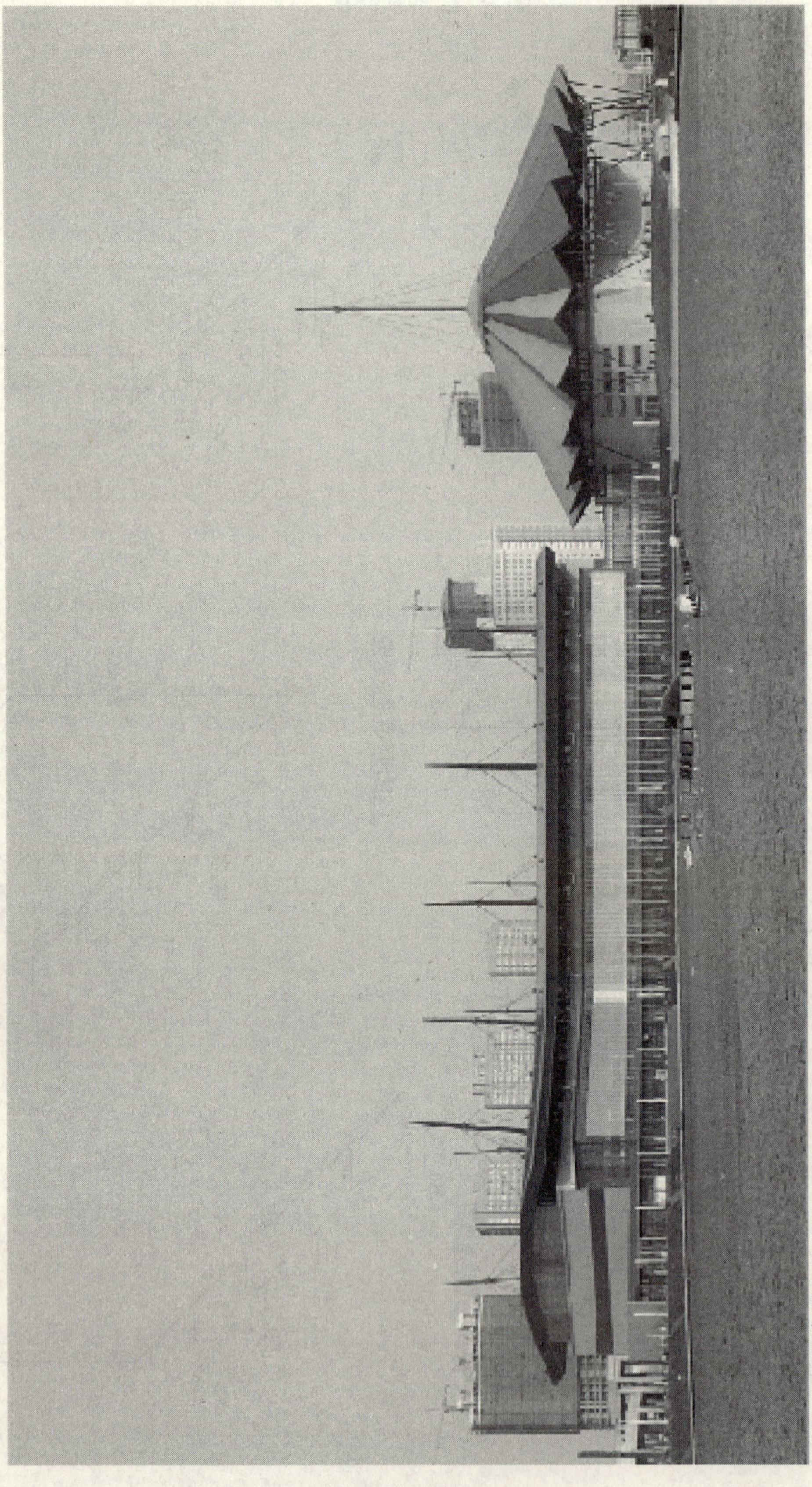

中山市文化艺术中心

设计单位：中建国际设计公司

设 计 人：伍凌　丁丽娟　郑大华

获奖情况：公共建筑三等奖

工程概况：

中山市文化艺术中心位于中国广东中山市，北靠博爱路，西面及西南面毗邻孙文纪念公园和孙文广场，中心在主要城市道路兴中路的东端，与周围的中山市体育运动中心，中山市广播电台及中山市主要行政办公区共同构成该市的主要城市景观，使文化的家园成为人们日常生活的一部分。本工程是集办公、会议、演艺、培训、娱乐、休闲、餐饮、购物为一体的多功能综合性建筑，整个文化中心由两大功能组成，演艺中心和群众艺术培训中心。总占地面积为68599.58m²，其中演艺中心建筑面积23879.87m²，建筑高度最高31.70m，培训中心建筑面积19090.48m²，建筑高度最高32.20m。演艺中心包括1300座的大剧场，600座多功能小剧场，100座的影音演播厅，群众艺术培训中心包括各种专业教室、交谊舞厅、办公、快餐部等等，其中内含200座影院1个，100座影院2个。

一、给水排水系统

（一）给水系统

1. 给水用水量（表1）

给水用水量　　**表1**

项　目	用水定额	使用数量	最高日用水量 (m^3/d)	使用时间 (h)	平均时用水量 (m^3/h)	时变化系数 K	最大时用水量 (m^3/h)
演艺中心观众	20L/(d·人)	2000人	40.00	6	6.67	2.5	16.67
演艺中心办公	50L/(d·人)	50人	2.5	10	0.25	2.5	0.63
演艺中心演员	50L/(d·人)	200人	10	10	1.00	2.5	2.50
电影院	8L/(d·人)	501人	4.008	3	1.34	2.5	3.34
餐饮	20L/(d·人)	300人	6	12	0.50	2	1.00
商场	3L/(d·人)	150人	0.45	10	0.05	2.5	0.11
浇洒和绿化用水	1.5L/(m²·次)	1200m²	18		18.00		18.00
车库地面冲洗用水	3L/(m²·次)	3980m²	11.94		11.94		11.94
冷却塔补水	冷却循环水量的2%		180	12			15.00
水景补水[L/(m²·d)]	15	3000	45				
合计			317.898				69.18

本工程未预见用水量按日用水量的10%计算，生活最高日用349.7m³/d，最大小时用水量76.10m³/h。

2. 水源

本工程水源为市政管网，分别从博爱四路和兴中路引入 2 路 *DN*200 供水管。

3. 供水方式

根据甲方提供的市政条件，市政水压为 0.28～0.30MPa 水头，本工程生活给水用水点最高点标高为 15.90m，生活给水和流量已能满足供水点的压力要求，所以本工程各层生活给水直接采用市政管网供水。

4. 管材

室外给水管道：孔网钢带聚乙烯管，电热熔连接，工作压力 1.0MPa。

室内给水管道：进口美标铜管，焊接，工作压力 1.0MPa。

（二）热水系统

本工程不设置集中热水供应系统，仅在演艺中心各层化妆室及排练厅更衣室淋浴用等处设置热水供应。各层化妆室及卫生间内淋浴器用热水分别设置电热水器供给，排练厅更衣室淋浴热水采用电热水炉供给。

管材采用进口美标铜管，焊接，工作压力 1.0MPa。

（三）中水系统

无

（四）排水系统

1. 排水系统的形式：污、废水合流，最高日排水量约 286m^3/d。

2. 通气管的设置方式：设置专用通气立管。

3. 采用的局部污水处理设施：污废水经室外化粪池处理后排至博爱四路市政污水管道。

4. 管材：PVC-U 排水塑料管、胶粘连接。

（五）雨水系统

1. 采用的暴雨重现期

屋面设计重现期按 10 年，室外场地设计重现期按 2 年考虑。

2. 雨水系统的形式

屋面雨水采用内排水，因演艺中心舞台及观众厅均为大空间，宜尽量减少雨水立管，故屋面采用虹吸压力流排水，设计重现期采用 10 年，按 100 年暴雨重现期校核，溢流暴雨强度值为 836.0L/(s·hm^2)，溢流采用溢流口溢流的方式，溢流雨水逐层下排至 14.50m 标高屋面，再经溢流管排出建筑物外。培训中心屋面采用重力流排水，雨水由雨水斗收集后，经雨水立管排至室外雨水管网；室外路面雨水经雨水口收集后，排至室外雨水管，最后排至市政雨水管网。

3. 管材：

演艺中心虹吸压力流排水管采用 HDPE 管，热熔连接。培训中心重力排水管采用 PVC-U 管，粘接。室外雨水管采用室外采用硬聚氯乙烯双壁波纹管，"U" 形橡胶圈接口。

二、消防系统

本工程属多层公共建筑。

（一）消火栓系统

1. 用水量

室内消火栓用水量为 15L/s，室外消防用水量为 30L/s。火灾延续时间为 2h。

2. 消火栓泵

XBD5.8/15-DLL 2台（1用1备），Q=15L/s，H=60m，N=15kW

消火栓增压稳压设备　ZW（L)-I-X-10　Q=3.0m³/h，H=40m，N=1.5kW

气压罐　SQL800X0.6　1台

演艺中心地下消防水池贮存消防水量1070m³，其中室内消防水量850m³，室外消防水量216m³。设在培训中心屋顶的高位消防水箱贮水量为36m³。另于一层设置消防水泵结合器，供消防使用。在室外设置消防车取水口，取水口与消防水池用连通管连接。

3. 管材

采用热浸镀锌钢管，管径不大于100时，采用螺纹连接；大于100时，采用沟槽式卡箍连接。

（二）自动喷水灭火系统

1. 用水量系统：

采用闭式自动喷水系统，地下车库、舞台（包括屋面板下，各层天桥下）按中危险级Ⅱ级设计，设计喷水强度8L/(min·m²)，作用面积200m²；其他地方按中危险级Ⅰ级设计。设计喷水强度6L/(min·m²)，作用面积200m²。在地下室报警阀间共设置五组湿式报警阀，由加压设备直接供水，报警阀前设环状供水管道。演艺中心净高不大于8m的观众厅、电影院等公共娱乐场所采用快速响应喷头，其余采用普通玻璃球喷头。喷头公称动作温度为68℃，厨房喷头公称动作温度为93℃。另于一层设置两组消防水泵结合器，供消防使用。

2. 自动喷水泵

XBD7.8/30-DLL 2台（1用1备），Q=30L/s，H=80m，N=37kW

自动喷水增压稳压设备　ZW（L)-I-Z-10　Q=3.0m³/h，H=40m，N=1.5kW

气压罐　SQL800X0.6　1台

3. 管材

采用热浸镀锌钢管，管径小于100时，采用螺纹连接；管径不小于100时，采用沟槽式卡箍连接。

（三）自动喷水雨淋系统

1. 用水量

设计按严重危险级在主舞台、后舞台葡萄架下、侧台处设置自动喷水雨淋系统，喷水强度16L/(min·m²)，作用面积260m²。设计流量按雨淋阀控制的喷头流量之和计算，为97L/s。

2. 自动喷水雨淋系统控制

雨淋阀开启传动装置为带火灾探测器的电动控制系统，保护区内的火灾自动报警系统探测到火灾后发出信号，打开雨淋阀的电磁阀，雨淋阀开启，压力开关动作自动启动水泵供水（但演出时使用手动控制），同时联动水幕泵启动。喷头采用开式喷头。

3. 自动喷水雨淋泵

XBD7.8/40-DLL 4台（3用1备），Q=40L/s，H=80m，N=45kW

自动喷水雨淋增压稳压设备　ZW（L)-I-Z-10　Q=3.0m³/h，H=40m，N=1.5kW

气压罐　SQL800X0.6　1台

4. 管材

采用热浸镀锌钢管，管径小于100时，采用螺纹连接；管径不小于100时，采用沟槽式卡箍连接。

（四）自动喷水水幕系统

1. 用水量

本项目在舞台口、舞台与后舞台分隔处设置自动喷水防火幕冷却水幕系统，喷水强度 1.0L/(s·m)，防火幕总长 44m，设计流量 44L/s。

2. 自动喷水水幕系统控制

雨淋阀开启传动装置为带火灾探测器的电动控制系统，保护区内的火灾自动报警系统探测到火灾后发出信号，打开雨淋阀的电磁阀，雨淋阀开启，压力开关动作自动启动水泵供水（但演出时使用手动控制）。喷头采用水幕喷头。

3. 自动喷水水幕泵

XBD5.9/50-DLL 2 台（1 用 1 备），Q=50L/s，H=60m，N=45kW

水幕增压稳压设备　ZW（L)-I-Z-10　Q=3.0m^3/h，H=40m，N=1.5kW

气压罐　SQL800X0.6　1 台

4. 管材

采用热浸镀锌钢管，管径小于 100 时，采用螺纹连接；管径不小于 100 时，采用沟槽式卡箍连接。

（五）气体灭火系统

1. 设置位置

设地下室发电机房及储油间、二层大剧场硅柜室等不能用水灭火的部位采用七氟丙烷气体灭火。选用国内生产的 ZYZP 型七氟丙烷（FM200）自动灭火系统产品。

2. 设计灭火方式

防护区采用全淹没灭火，设计成组合分配型，具有同时保护选择灭火的功能.

3. 工作原理

本系统具有自动，手动及机械应急操作三种启动方式：自动状态下，当防护区发生火灾时，气体灭火控制器接到防护区两独立火灾报警信号后立即发出联动信号（关闭通风空调等)，经过 30s 时间延时，气体灭火控制器输出 24V 直流电，启动灭火系统。HFC-227ea 经管网施放到防护区，控制器面板喷放指示灯亮，同时，灭火控制器接收压力讯号器反馈信号，防护区内门灯显亮，避免人误入。当防护区经常有人工作时，可以通过防护区门外的手动/自动转换开关，使系统从自动状态转换到手动状态；当防护区发生火警时，灭火控制器只发出报警信号，不输出动作讯号，由值班人员确认火警，按下控制器面板或击碎防护区门外紧急启动按钮，即可立即启动系统，喷放 HFC-227ea 灭火剂。当自动、手动紧急启动按钮都失灵时，可进入储瓶间内实现机械应急操作启动。只需拔出对应防护区启动瓶上的手动保险销，拍击手动按钮，即可完成整套系统的启动喷放工作。

4. 系统设计参数（表 2）

气体灭火系统设计参数　　**表 2**

序号	防护区名称	设计浓度(%)	容积(m^3)	灭火剂设计用量(kg)	灭火剂实际用量(kg)	瓶组数	喷射时间(s)	浸渍时间(min)
A	发电机房及储油间	8.3	310	204.6	225	3	<10	≥10
B	大剧场硅柜室	8.3	280	184.8	225	3	<10	≥10

5. 管网安装

采用镀锌无缝钢管，管径小于 100 时，采用螺纹连接；管径不小于 100 时，采用法兰连接。

三、设计及施工体会及工程特点介绍

1. 本工程给水排水及消防设计力求系统安全可靠，经济合理。

生活给水充分利用市政水压，市政给水预留接口的流量和压力已经满足给水要求。为了更好地节水节能，公共卫生间均采用红外嘴感应水嘴、感应式冲洗阀小便器、大便器。

2. 因演艺中心舞台及观众厅均为大空间，宜尽量减少雨水立管，故屋面采用虹吸压力流排水，为保证观众厅的音效，虹吸雨水悬吊管内的流速控制在5m/s以内，吊顶内雨水管道的支架或穿墙套管均内衬弹性材料，以缓冲振动，吊顶内表面增加吸声材料。

3. 演艺中心舞台的消防是重点，室内消防用水量为15L/s，室外消防用水量为30L/s，火灾延续时间为2h。自动喷水灭火系统用水量为30L/s，火灾延续时间为1h；雨淋系统用水量为97L/s，火灾延续时间为1h；水幕系统用水量为37L/s，火灾延续时间为3h。室内消防时舞台需同时开启的系统有：消火栓、雨淋、水幕，故地下水池储存消防水量1070m^3，其中室内消防水量850m^3，室外消防水量216m^3。室内消防用水量在舞台部分，在舞台葡萄架下、侧台处按严重危险级设置自动喷水雨淋系统，在舞台口、舞台与后舞台分隔处设置自动喷水防幕冷却水幕系统，观众厅前厅层高超过8m，采用大空间职能型主动灭火系统-自动扫描射水高空水炮ZSS25，设计流量20L/s，加压泵与自喷水泵合用。由于本工程实际消防水量较大，所以在舞台机坑和升降乐池机房设置废水泵井，以免在消防时形成水患。消防时废水排入泵井，经潜污泵提升至室外雨水管网。

四、工程照片

中山文化艺术中心夜景

X1-7 地块金融大厦（花旗集团大厦）

设计单位：上海建筑设计研究院有限公司
设 计 人：邓俊峰　徐凤　包虹　张晓波　郭德文
获奖情况：公共建筑三等奖
工程概况：

本工程基地位于上海市浦东陆家嘴金融贸易区内，是一栋超高层的金融办公楼。大楼总建筑面积 117984m²。地下共三层，地上四十层，塔楼二层，建筑高度 168.3m，最高高度 180m。地下3层至地下一层为设备用房及停车库，地上一层至四层为大堂、银行营业厅、餐厅、厨房等，五层至三十八层为金融办公室，三十九层至四十层为金融家会所，其中第十三层、第二十七层为避难层及设备用房。

一、给水排水系统

（一）给水系统

1. 冷水用水量（表1）

表1

名　称	用水标准	给水量(t/d)	名　称	用水标准	给水量(t/d)
办公室	60L/(人·d)	364	浇洒绿化	2L/(m²·d)	3
商场顾客	3L/(m²·d)	8	汽车清洗	300L/(辆·次)	3
商场员工	100L/(人·d)	24	空调系统补水		494
顾客餐饮	30L/(人·次)	62			

2. 水源：从基地南侧及西侧的城市道路下各引入 1 根 *DN*300 的给水管，沿建筑物四周设置呈环状供水管网，供应基地室内、外生活及消防用水。生活用水从环状供水管网上接驳 2 根 *DN*150 给水管，经水表计量后至地下室，经过全自动反冲洗过滤器处理后，进入 360t 清水池。

3. 给水系统竖向分区

共分为三个区级：

第一区级为地下三层至地上八层；

第二区级为地上九层至二十二层；

第三区级为地上二十三层至屋顶。

4. 供水方式及给水加压设备

大楼采用水箱—水泵—高位水箱—减压阀的联合供水方式。各区级竖向管网最低点卫生洁具配水点处的静水压力大于 0.45MPa 时，采用可调式减压阀减压后供水，减压阀后压力为 0.15MPa，使每一分区的卫生洁具配水点处的静水压力保持在 0.15～0.45MPa 之间。所有减压装置均设置在管道井内，减少生活供水管穿越办公室的管线，避免因管道渗漏等意外情况对金融办公室的影响。

地下室生活水泵房内设置十三层生活水箱供水泵 2 台，1 用 1 备：流量 60t/h，扬程 90m，功率 30kW；

地下室生活水泵房内设置二十七层生活水箱供水泵 2 台，1 用 1 备：流量 105t/h，扬程 150m，功率 90kW；

二十七层生活水泵房内设置屋顶生活水箱供水泵 2 台，1 用 1 备：流量 70t/h，扬程 80m，功率 37kW；

屋顶设置恒压变频供水机组 1 套，机组配备 2 用 1 备，共 3 台水泵，300L 气压罐一只：流量 450L/min，扬程 20m，单泵功率 2.2kW；

地下室生活水泵房内设置裙房空调专用供水机组 1 套：流量 1450L/min，扬程 60m，单泵功率 11kW。生活水箱均采用拼装式不锈钢板生活水箱。

地下室生活水泵房内设置水箱 180t 2 座，市政直接供水；

十三层设置水箱 26t 1 座，水泵供水；

二十七层设置水箱 70t 1 座，水泵供水；

屋顶设置水箱 52t 1 座，水泵供水。

其中二十七层中间水箱、屋顶水箱均内包括 18t 消防贮水。

地下室设置裙房空调专用混凝土水箱 170t 1 座，市政直接供水。

5. 管材

生活给水管道采用薄壁紫铜管。

（二）热水系统

1. 热水用水量：热水温度按照 60℃计（表 2）。

表 2

名　称	用 水 标 准
淋浴	70L/(人·次)
办公	5L/班

针对大楼内热水用水点分散的特点，热水系统采用了分散式的容积式电加热热水器供应热水。分散的方式相对系统供应既灵活机动，又能减少因管道长度而产生的热损失。

2. 管材：生活热水给水管道采用薄壁紫铜管。

（三）排水系统

1. 排水系统的形式：室内污水、废水分流，室外污水、废水合流。

2. 透气管的设置方式：设置专用透气管、环形透气管及结合透气管。

3. 采用局部污水处理设施：厨房含油废水经隔油器、隔油池二级处理后，排至室外污水管道系统。

4. 管材：污水管、废水管、透气管均采用柔性接口机制排水铸铁管。

（四）雨水系统

1. 采用的暴雨重现期：屋面暴雨重现期按照 50 年设计。

2. 雨水系统的形式：屋面雨水采用压力流雨水排放系统。

3. 管材：室内雨水管道系统采用不锈钢管。

二、消防系统

(一) 消火栓系统

室外消火栓用水量 30L/s；室内消火栓用水量 40L/s。

地下室消防泵房内设置 150t 消防专用水池，供应第一区级的消防主泵用水。第二区级的消防主泵由第一区级的消防供水环管供水。

系统竖向共分为 2 个区级：第一区级为地下三层至地上二十七层；第二区级为地上二十八层至屋顶。

在二十七层及屋面分别设置与生活系统合用的 18t 消防用水，并采用消防存水不被移作他用的措施。

在四层、十三层设置可调式减压阀减压，保证最低点处的消火栓栓口的静水压力不大于 0.80MPa，在栓口的出水压力大于 0.50MPa 的消火栓口处，设置减压孔板减压。

地下室消防泵房内第一区级的消火栓主泵 2 台，1 用 1 备，流量 144t/h，扬程 162m，功率 135kW。

二十七层消防泵房内设置第二区级的消火栓主泵 2 台，1 用 1 备，流量 144t/h，扬程 76m，功率 55kW。

在二十七层及屋面分别设置消火栓系统稳压设备，设备包括稳压泵 2 台，1 用 1 备，流量 5L/s，扬程 27m，功率 5.5kW，300L 气压罐 1 台。

室外设置高区消火栓水泵接合器和低区消火栓水泵接合器各 3 组。

消火栓系统采用热镀锌钢管及热镀锌无缝钢管。

(二) 自动喷水灭火系统

地下室消防泵房内第一区级的喷淋主泵 2 台，1 用 1 备，流量 108t/h，扬程 174m，功率 90kW。

二十七层消防泵房内设置第二区级的喷淋主泵 2 台，1 用 1 备，流量 108t/h，扬程 103m，功率 55kW。

在二十七层及屋面分别设置喷淋系统稳压设备，设备包括稳压泵 2 台，1 用 1 备，流量 1L/s，扬程 25m，功率 3kW，150L 气压罐 1 台。

室内共设置 17 套湿式报警阀，报警阀组分别设置在各楼层的专用管井内。

除一层至四层的大厅部分采用隐蔽式喷淋头以外，其他区域采用快速响应玻璃泡喷淋头。除厨房的喷头动作温度为 93℃以外，其他喷头的动作温度为 68℃。

室外设置高区喷淋水泵接合器和低区喷淋水泵接合器各 2 组。

喷淋系统采用热镀锌钢管及热镀锌无缝钢管。

(三) 气体灭火系统

大楼采用全淹没的组合分配式七氟丙烷灭火系统，设置位置：

地下一层的电气机房、发电机房；

十三层：电信机房、综合布线室、网通机房、移动机房、连通机房、备用机房；

二十七层：电气机房。

除发电机房的设计灭火浓度为 8.3%之外，其他部位的设计灭火浓度为 8%。气体灭火系统设置自动控制、手动控制和机械应急操作三种启动方式。

三、工程特点介绍

1. 本大楼属超高层建筑，消防水系统采用了经济、实用的“直接串联”的供水方式，即高区消防供水水源由低区消防供水环网供应，从整个供水管网上看，形成了“泵接泵”的串联供水形式。整个水消防系统分为高区、低区两个大区，分别由高区、低区的消防主泵服务于各个区的水消防系统。“直接串联”的高区消防主泵充分利用了低区消防主泵的供水余压，有效地降低了高区消防主泵的供水扬程，从而减小了高区主泵的用电量，达到了节能的目的。该系统相对于分区相同的并联供水系统来讲，大大降低了高区系统的压力等级，方便了该区域的管材、配件、水泵的选择及管道的采购及施工。根据上海地方规范，采用“泵接泵”的消防系统后，无需在高区消防主泵房内设置 60t 专用消防转输水箱，因此，也相应取消了为转输水箱提供水源的水泵、给水排水管道，减少了水箱、水泵、管道的占地面积及其投资，同时也避免了消防贮存水量长期不用而造成的“死水”现象，从而达到了节水、节能、减排的目的。

2. 本大楼屋面采用压力流雨水排放系统，雨水管道采用不锈钢管，焊接连接。使之成为在陆家嘴地区的超高层建筑群中，首个采用压力流雨水排放系统的建筑。

按照现行《建筑给水排水设计规范》的规定：重要公共建筑、高层建筑的屋面雨水排水工程与溢流设施的总排水能力不应小于 50 年重现期的雨水量。由于大楼主楼屋顶、裙房屋顶的幕墙装饰的限制，使得屋顶无法直接对外开设溢流口。因此，如果按照重力流排水系统设计本大楼的雨水系统，2300m^2 的主楼屋面至少需设置 4 根 $DN200$、2 根 $DN150$ 的雨水管道，才能满足溢流雨水量的排放要求。这些雨水管道的设置，不仅相应增加了各层的管道井面积，同时，由于建筑主体设置在裙房的中间部位，雨水排出横管的布置也将影响地下一层的建筑高度及其建筑功能的使用。建筑约有 6000m^2 的侧墙面雨水、大面积的裙房屋面的雨水同样存在着管道多、排水坡度大等类似问题。因此，主楼屋面的雨水、侧墙的雨水、裙房屋面的雨水的排放应在保证雨水快速排出的前提下，采用最少的管道数量、最小的管道管径及最小的排水坡降予以排除，不仅可以减少各层的管道井面积，还使雨水排出横管对地下一层建筑功能的影响最小，并能满足设计规范的要求。采用压力流雨水排放系统的设计可以解决这些问题，主楼屋面设置 4 个 $DN100$ 的雨水斗，2 根 $DN150$ 的不锈钢雨水管，即能满足 50 年重现期的溢流雨水量的排放要求，使得大楼的雨水管道数量大大减少，管径也大大缩小，相对采用同样管道材质的重力流排水系统，工程综合造价降低了。

综上所述，合理地选择压力流雨水排放系统，能有效地解决重力流排水系统中所产生的大管径、多管道、大坡降的问题，进一步满足了建筑对空间的苛刻要求。

四、工程系统图及照片

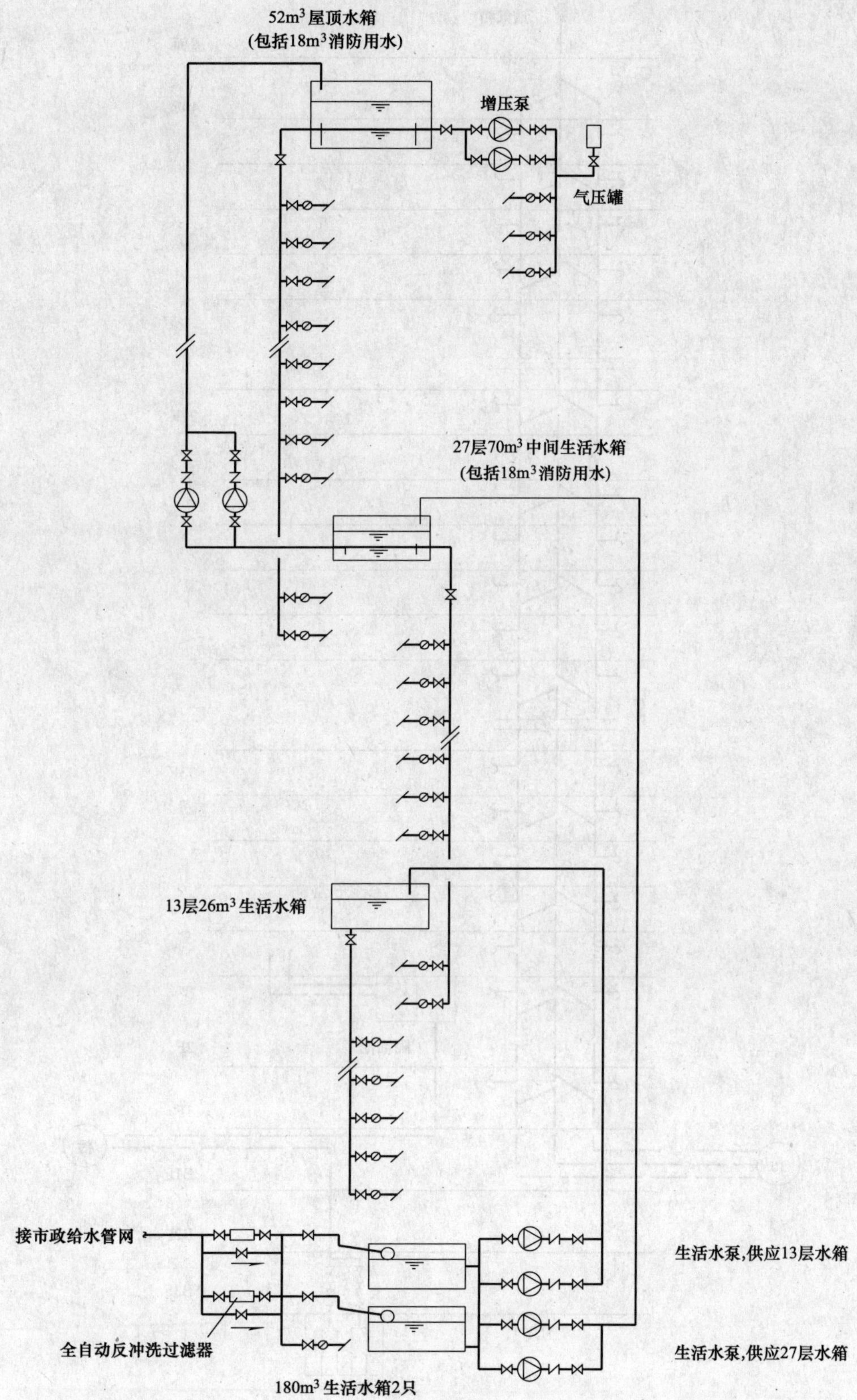

52m³屋顶水箱
（包括18m³消防用水）

增压泵

气压罐

27层70m³中间生活水箱
（包括18m³消防用水）

13层26m³生活水箱

接市政给水管网

生活水泵，供应13层水箱

全自动反冲洗过滤器

生活水泵，供应27层水箱

180m³生活水箱2只

生活给水系统

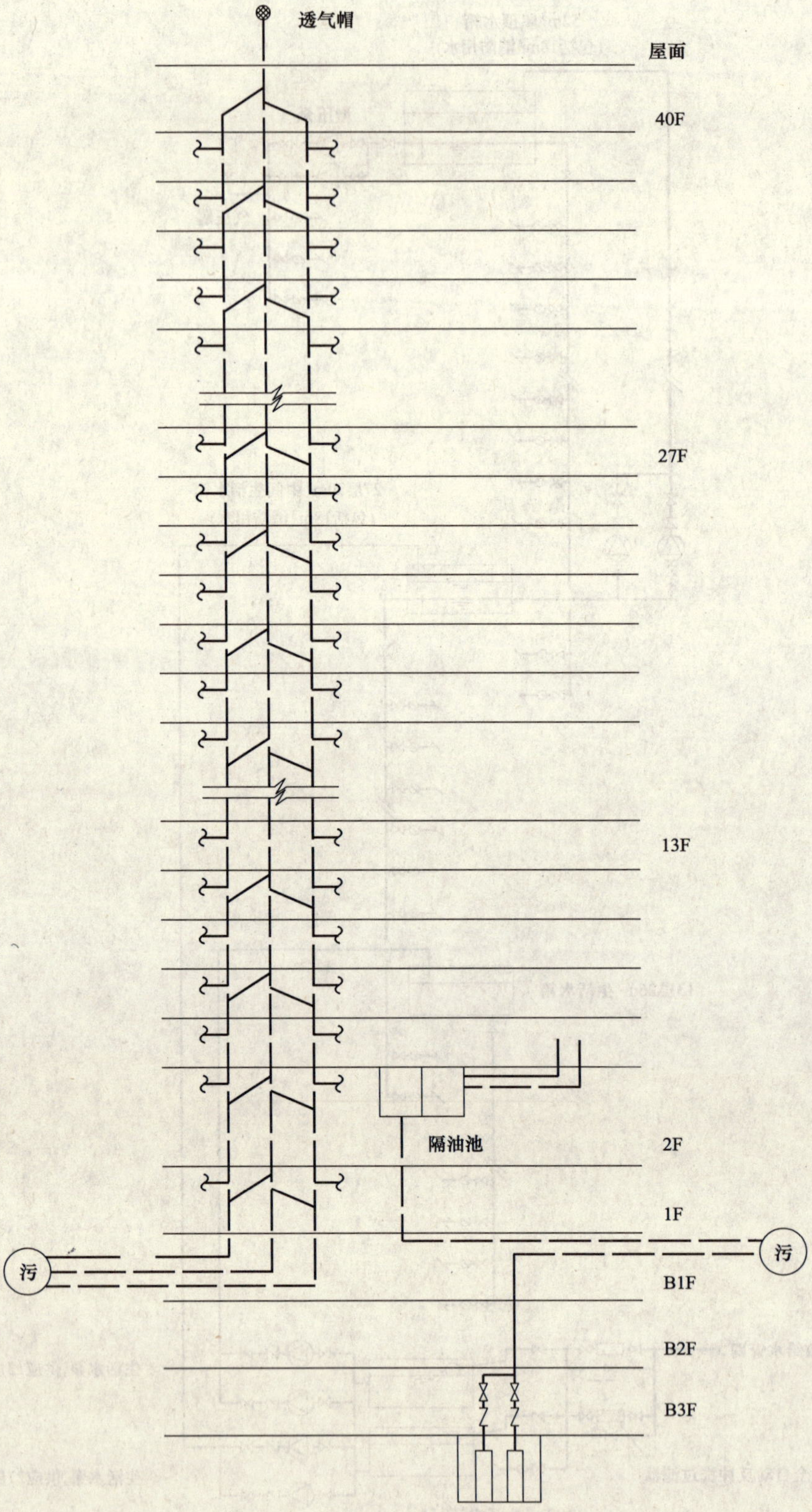

透气帽
屋面
40F
27F
13F
隔油池
2F
1F
污
污
B1F
B2F
B3F

污水、废水系统图

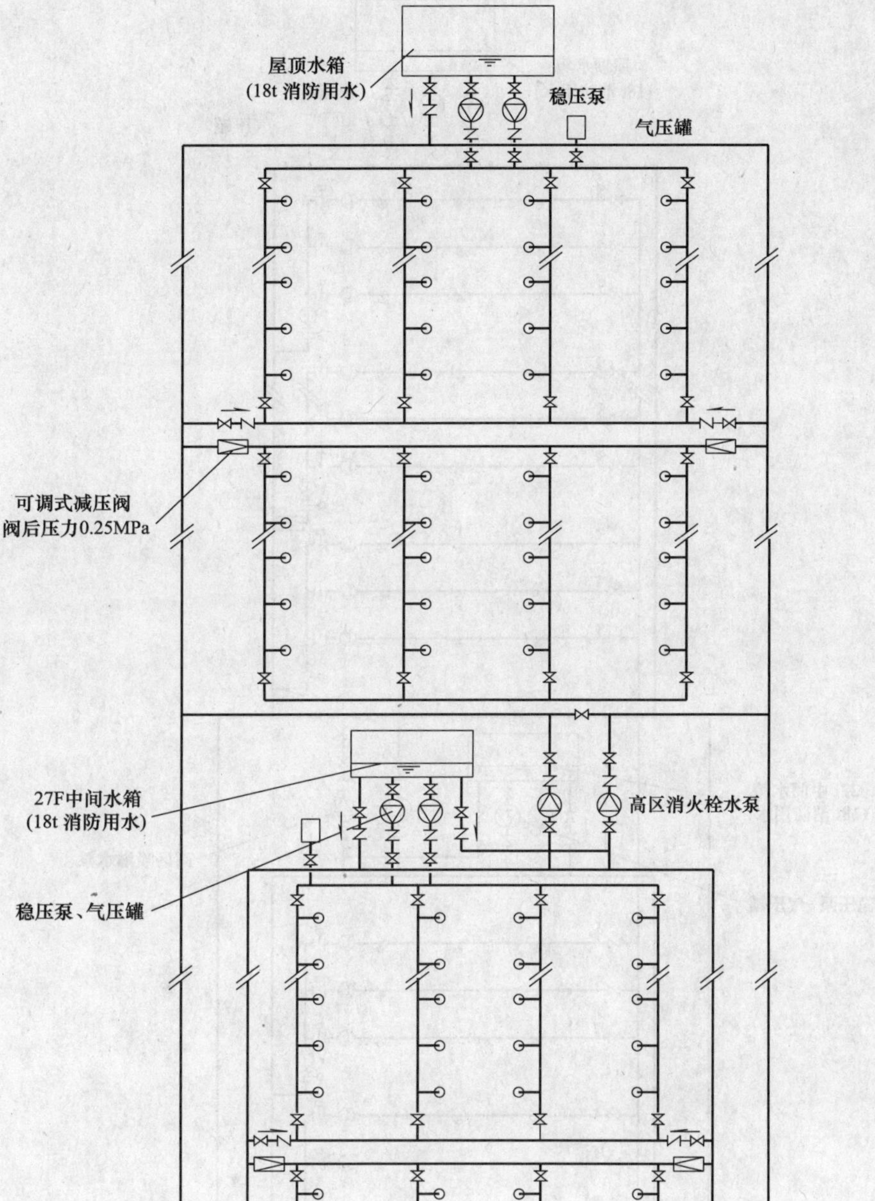

屋顶水箱
(18t 消防用水)
稳压泵
气压罐
可调式减压阀
阀后压力0.25MPa
27F中间水箱
(18t 消防用水)
高区消火栓水泵
稳压泵、气压罐
水泵接合器
水泵接合器
低区消火栓水泵
接市政给水管网
水箱
接市政给水管网

消火栓系统图

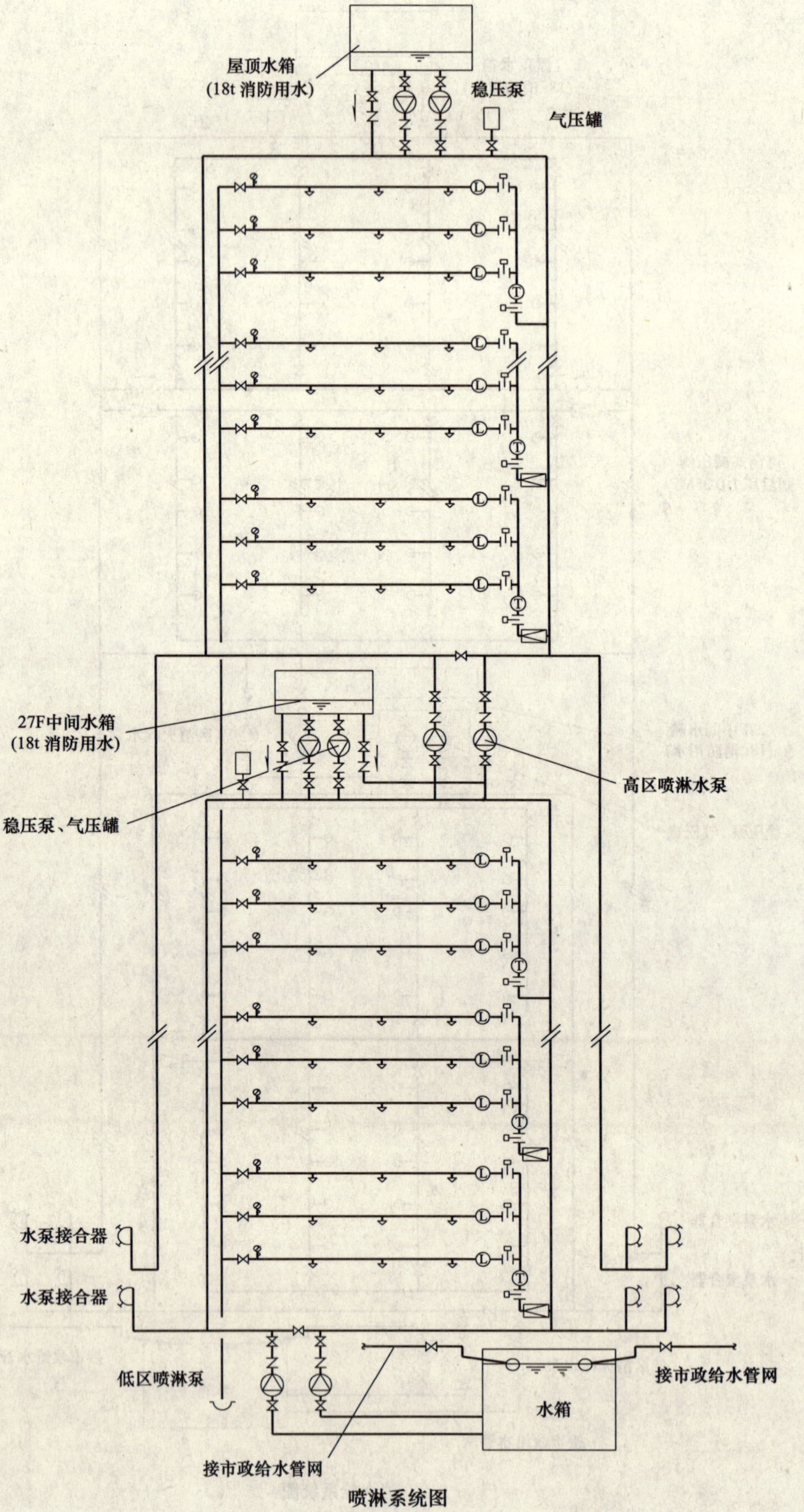

喷淋系统图

杭州金都雅苑中心会馆游泳池太阳能热水系统工程

设计单位：浙江大学建筑设计研究院
设 计 人：王靖华　朱跃荣
获奖情况：公共建筑三等奖
工程概况：

金都雅苑是位于杭州市西部闲林地区的高级居住小区，占地总面积114160m²，建筑总面积：116022m²。建筑总容积率为：0.79。内有叠排、联排排屋居住单位466个。本工程是该小区的中心会馆，建筑面积：3512m²。内设餐厅，健身娱乐、小型宾馆、会议、小型超市等各种功能。其中的300m²室内恒温游泳池是其主要的健身场所。

金都雅苑中心会馆游泳池是一个高档小区会馆内全年开放的公共游泳池，要求池水能够尽量利用太阳能保持恒温。不足部分可以用其他能源予以补充。该项目已于2006年11月开始运行。

泳池面积：300m²。

泳池平均水深约1.5m。

另外有十间标准客房，泳池配套的淋浴设施及一个餐厅的局部热水供应。

屋顶可资利用的太阳能集热器布置面积约300m²。

一、给水排水系统

（一）给水系统

本工程为小区的中心会馆，楼高四层，给水系统较为简单。由小区的给水系统直供。

（二）热水系统

热水系统中的加热系统是本工程重点介绍的内容。

1. 系统的基本设计

(1) 太阳集热器的热能收集采用温差信号强制循环，保证热能适时有效的收集。

(2) 从太阳集热器收集到的热量，首先进入加热罐集热。同时，将贮热罐用下部的低温水顶到集热器加热；用水时，冷水进入贮热罐下部将相对高温的上端热水顶到加热罐作为预热水。温度不达标时补充加热。达标时，直接使用。

(3) 采用2组太阳集热罐和电蓄热罐并联的方式，可以灵活地切换变化为加热、蓄热组和使用组。互不干扰，水温稳定。并且可以根据气候和使用条件确定开启的组数。

(4) 增设空气源热泵热水机组2台，主要用于泳池水的补充加热。因为泳池水温的要求较低(26±1℃)，可以大大提高其能效比（COP值）。

(5) 为保证能够全年正常使用太阳热水器，选用金属真空管集热器。要求能够承压，以保证系统的完整和可靠性。

(6) 泳池水与太阳能热水系统采用板式热交换器换热，使泳池水和太阳能热水器及洗浴用水完全分离，避免污染。

(7) 采用可靠的可编程中央控制器，实现操作智能化、自动化。

2. 系统的基本计算：

（1）泳池的表面蒸发热损失负荷：

按规范中的公式：

$$Q_Z=4.187v(0.0174V_f+0.0229)(P_b-P_q)F(760/B)$$

其中：

26℃时水的蒸发潜热：

$$v=582.5\text{kcal/kg}\times4.1868=2438.8\text{kJ/kg}$$

池面风速按：

$$V_f=0.2\text{m/s}\text{ 计。}$$

若环境空气温度 $t_q=25℃$，泳池水温定为 $t_s=26℃$。空气相对湿度为 55%，

查表得：26℃时水的饱和蒸汽压：

$$P_b=25.2\text{mmHg}$$

空气相对湿度为 55%、气温为 25℃时的蒸汽分压：

$$P_q=13.8\text{mmHg}$$

泳池表面积：$F=300\text{m}^2$（平均水深按 1.5m 计算）。

当地大气压 $B=760\text{mmHg}$

泳池的散热负荷：

$$Q_Z=4.187\times582.5(0.0174\times0.20+0.0229)(25.2-13.8)\,300(760/760)=220039\text{kJ/h}$$

（2）泳池四周及底面的传导散热负荷：

泳池的表面蒸发损失负荷为 220039kJ/h，按泳池四周及底面的传导散热负荷为表面蒸发的 20%计，即为：44007kJ/h。

开放时总散热负荷为：264046kJ/h（73.35kW）；

关闭时总散热负荷为：44007kJ/h（12.22kW）。

（3）泳池的全天总散热量

以泳池每天开放 8h，关闭 16h 计

$$W_d=264046(\text{kJ/h})\times8(\text{h})+44007(\text{kJ/h})\times16(\text{h})=2816480\text{kJ/h}(782.3\text{kW}\cdot\text{h})$$

（4）泳池的每天补充水需热量

$$W_b=4.187\gamma q_b(t_s-t_b)$$

式中 γ——密度 1.0kg/L；

q_b—每天的补水量：450×1000L×5%=22500L；

t_s——游泳池水温度（26℃）；

t_b——补水的全年平均温度（15℃）。

$$W_b=4.187\times1.0\times22500\times(26-15)=1036282\text{kJ}=287.9\text{kW}\cdot\text{h}$$

泳池全天的总需热量：

$$W_z=W_d+W_b=2816480+1036282=3852762\text{kJ}=1070\text{kW}\cdot\text{h}$$

（5）泳池配套的淋浴热水耗热量：

按开放 8h 每人平均逗留 1h，池内按 50 人计。则每天的人流总数约为 300 人次，以每人 20L/人（40℃热水）计，淋浴热水耗热量：

$$W_L=4.187\times300\times20\times(40-5)=879270\text{kJ}(244\text{kW}\cdot\text{h})$$

按 8h 平均则为：109908kJ/h（30.53kW）。

(6) 配套10间2床间客房的用热量

按每人150L/(人·d)，60℃，客房热水耗热量：

$$W_k=4.187\times20\times150(60-5)=680855\text{kJ}(192\text{kW}\cdot\text{h})$$

则总热量为690855kJ，按8h平均为86357kJ/h (23.99kW)。

(7) 开放使用时平均小时用热量为：

$$\Sigma Q=73.55+30.53+23.99=128.07\text{kW}$$

(8) 蓄热罐的容积

泳池蓄热依靠池泳本身，并且建议在闭馆后池面增设薄膜阻断蒸发热损失。蓄热状况的池水温度只要提高2.0℃就足够。

泳池蓄热量：

$W_Y=4.187\times450\times1000\times1.0\times2.0=3768300\text{kJ}=1047\text{kW}\cdot\text{h}$（与泳池全天的需热量1070kW·h基本持平）。

淋浴和客房的日总耗热量为1560125kJ (433kW·h)。

按蓄热温差为70℃到10℃计算，总贮热容积为6.21m³。考虑到有一部分负荷会发生在谷电蓄热时段，故选用3.0m³的贮热水罐2台（2组）。总容量6m³。每组配用功率54kW，的350L电热水器1台，总功率108kW。另外配备输入功率18kW和9kW的空气源热泵机组各1组（按平均能耗比2.7考虑，输出功率为73kW)。总配电功率为135kW。机组分为2组加热机组，2组热泵机组独立运行。

(9) 蓄热时间

谷电时间为10h，为安全起见，淋浴水按108kW配制，不考虑太阳集热产生的热量，则加热时间为4.5h。富裕的加热能力考虑在冬季热泵出力较低时支持泳池的蓄热。泳池的蓄热时间和加热周期，视天气条件和室内空调环境而定。

(10) 太阳能集热器集热量计算：

有效日照天数按183d计算，集热器年平均综合效益设定为50%，按杭州市年平均辐照量为4620MJ/(m²·年)计。则有日照日的平均太阳能的热量为：(300m²集热面积)

$$W_R=300\times4620\times50\%/183=3788\text{MJ/d}=3788000\text{kJ/d}=1052\text{kW}\cdot\text{h/d}$$

(11) 初次加热时间核算：

一般杭州市的冬季冷水温度可以5℃计算，加热到26℃所需要的热量为：

$$W_c=4.187\times450\times1000\times1.0(26-5)=39567150\text{kJ}$$

一般考虑48h内完成加热，扣去太阳能集热器所能提供的热量，要求的加热能力为：

$$Q_J=(39567150-2\times3788000)/48=666482\text{kJ/h}=185\text{kW}$$

实际加热能力为电热水器和空气源热泵加热能力之和：

$Q_J=54\times2+27\times2.7=180.9\text{kW}$ 基本符合要求。

实际上太阳能加热的游泳池，可以延长加热时间。分前后段，前段利用太阳能加热，不开启其他加热手段。待水温达到一定值之后，再开启电热或空气源热泵完成后段的加热。后段时间可以大大缩短，可以有效地节约初次加热能耗。

3. 控制要求

(1) 集热控制：

在会馆的三块屋面上分别设有3组太阳能集热器，为分体承压式装置，总面积约300m²，三块屋面的集热器、供水管和集热循环泵自成单元。当任何1组集热器的温度传感器（温传1、2、

3）的温度大于蓄热水罐上传感器（温传 4、5）的温度 15℃时，该组集热循环水泵启动，直至蓄热罐内的低温水将集热器中的高温水替换完成，至两者温差低于 5℃时，该组水泵停止运转。

（2）游泳池加热控制

当游泳池水温传感器（温传 11）探测到泳池水温度低于 25℃时，泳池加热、蓄热循环泵（一次泵）启动，同时开启电磁阀 1，泳池加热蓄热循环二次泵启动。在板式热交换器内进行热交换，当二次水板交入口的温度传感器（温传 8）低于 45℃时，关闭电磁阀 1，同时开启电磁阀 3 和 18kW 的热泵热水机组对二次水进行加热。直至泳池水温（温传 11）升到 27℃时，一次泵关闭，相应的二次泵及热泵热水机组同时关闭。

注：系统设计中还有一台 9kW 的热泵热水机预留。控制设计时应对其预留接口，可以分档投入 9kW 机组、18kW 机组及 2 台总共 27kW 同时投入。另外该热泵机组应能够在谷电时段及天气条件较好季节利用泳池水蓄热。这一项可以采用手动调高控制水温来实现。另外可以通过单独运行二次泵和热泵热水机组对蓄热水罐进行蓄热（手动控制）。

（3）电加热器控制

电热水器在正常使用时有内设的温控装置控制水温。加热装置开闭完全由水温控制，保证出水温度的安全可靠。

电热水器需蓄热时，开启蓄热、保温循环水泵和电磁阀 5，将蓄热罐中的水循环加热至设定温度时，循环泵和电磁阀 5 关闭，蓄热结束。

（三）其他水系统

本工程无中水系统，其他水系统包括排水系统、雨水系统等都较为常规和简单，不再赘述。

二、消防系统

本工程消防给水系统设室内消火栓和喷淋 2 个系统，由小区中心消防泵房供水。系统常规，不再赘述。

三、工程特点

鉴于目前许多室内游泳馆在冬季或春秋季开放时加热所消耗的能源量巨大，经营上难以盈利，使很多游泳池（馆）难以维持。为克服这个缺点，本工程在系统设计时主要有以下几个特点：

1. 优先充分利用太阳能，当太阳能不足或者没有时利用峰谷电价政策中比较低廉的谷电加热补充。

2. 在保证泳池系统加热和使用热水安全的前提下，做到太阳热水既能加热泳池池水，又能提供洗浴热水和客房用热水。

3. 由于谷电时段和使用时段的不重合性，采用热水蓄热的方式达到充分利用谷电的目的。主要蓄热形式考虑利用泳池本身巨大的水容量、蓄积热量。泳池的洗浴及客房用水利用热水器容积蓄热（或部分蓄热）。

4. 为避免由于建燃气或燃油锅炉房所带来的土建上的麻烦。同时也为了控制上的灵活性。本系统中采用电热水器和空气源热泵机组作为补充热源，而且热水器的每台电功率小于 100kW（注：大于 100kW 按电锅炉认定）。

5. 控制系统实现全自动化、智能化，但主要的运行参数又可以根据实际情况予以调节。

6. 系统操作简便、可靠、经济性好。

四、工程系统图及照片

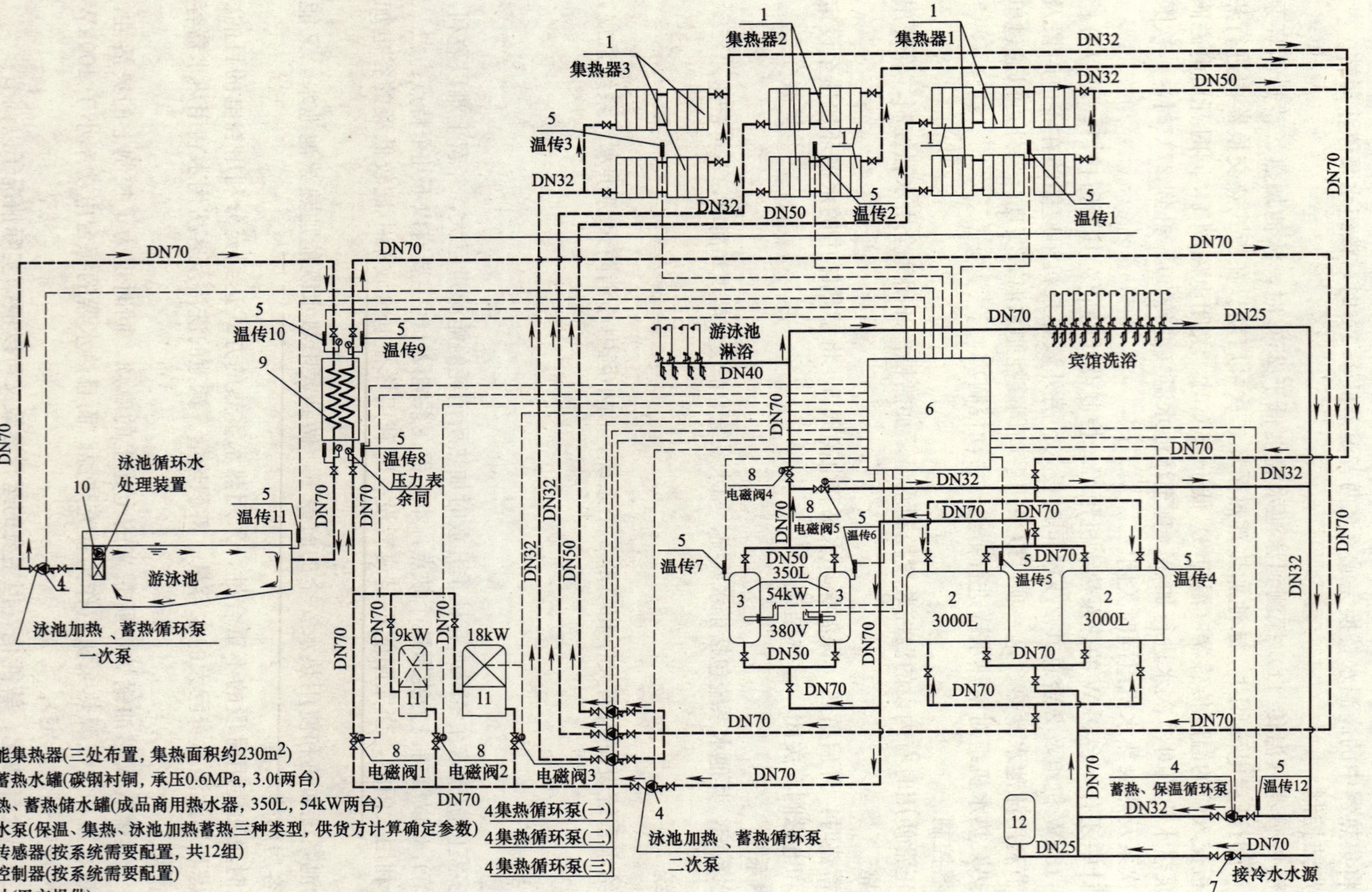

1. 太阳能集热器(三处布置，集热面积约230m^2)
2. 太阳蓄热水罐(碳钢衬铜，承压0.6MPa，3.0t两台)
3. 电加热、蓄热储水罐(成品商用热水器，350L，54kW两台)
4. 循环水泵(保温、集热、泳池加热蓄热三种类型，供货方计算确定参数)
5. 温度传感器(按系统需要配置，共12组)
6. 中央控制器(按系统需要配置)
7. 流量计(甲方提供)
8. 电磁阀(按系统需要配置，共5组)
9. 板式热交换器(供货方计算确定参数)
10. 水处理装置(甲方提供)
11. 空气源热泵热水机组(承压式，输入功率18kW一台，预留9kW一台)
12. 膨胀罐(供货方计算确定参数)

加热蓄热系统原理图

集热器布置

机房

游泳池

北京 2008 年奥运会丰台垒球场

设计单位： 中国中元国际工程公司
设 计 人： 申刚　王玉玲　李会涛　张日
获奖情况： 公共建筑三等奖
工程概况：

丰台垒球场是 2006 年女垒世界锦标赛及北京 2008 年奥运会垒球比赛场地，于 2006 年 7 月竣工，是北京奥运会十一个新建场馆中第一个新落成的场馆。并成功举办了第十一届世界女子垒球锦标赛和北京 2008 年奥运会，受到各界广泛的好评。项目建设内容主要包括垒球主比赛场、备用场、1 号和 2 号热身场地和各类功能用房、观众看台及配套设施等。主比赛场地 9720 座，备用比赛场地 3200 座，项目总建筑面积 15570m²，其中新增建筑面积 10350m²，临时搭建建筑面积 5220m²。

一、给水排水系统

（一）给水系统

1. 用水量（表 1）

用水量表　　　　**表 1**

序号	用水名称	用水定额	数量	用水时间	小时变化系数	市政自来水用水量		中水用水量		总用水量	
						最大日（m³/d）	最大小时（m³/h）	最大日（m³/d）	最大小时（m³/h）	最大日（m³/d）	最大小时（m³/h）
1	主场馆运动员淋浴	40L/（人·次）	100			4.0	6.48			4.0	6.48
2	主场馆观众	3L/（人·场·d）	9400	8	1.2	8.5	1.27	19.7	2.96	28.2	4.23
3	备用场运动员淋浴	40L/（人·次）	100			4.0	6.48			4.0	6.48
4	备用场馆观众	3L/（人·场·d）	7000	8	1.2	6.3	0.95	14.7	2.21	21.0	3.15
5	贵宾餐厅	15L/（人·次）	100	4	1.5	1.5	0.56			1.5	0.56
6	功能用房	40L/（人·班）	300	8	1.3	3.6	0.59	8.4	1.37	12.0	1.95
7	室外绿化	4L/（m²·d）	60000	10	1.0			240.0	24.00	240.0	24.00
8	场地浇洒	4L/（m²·d）	28000	4	1.0	112.0	28.00			112.0	28.00
9	给水小计					139.9	44.32	282.8	30.53	422.7	74.85
10	给水未预见水量	10%				14.0	4.43	28.3	3.05	42.3	7.49
11	给水总计					153.8	48.75	311.1	33.58	465.0	82.34

2. 水源

本工程生活给水水源为市政给水，在体育中心南门侧已有一个 $DN300$ 的市政给水入口，考虑赛后体育中心发展，体育中心内原有的建筑物的生活给水及室外消防给水逐步改造为全部由市政给水供给，从西侧体育中心一号路上的市政给水管道再引一条 $DN200$ 给水管，在体育中心内连成环状管网，供给本次工程奥运赛时红线内各新建建筑的生活及室外消防给水。

3. 供水方式及给水加压设备

本工程各新建建筑的生活给水由市政给水管网直接供给。供水压力 0.18MPa，入口处设水表计量。功能用房的四层以上给水压力不能满足，在功能用房的首层设置无负压给水设备加压供给，无负压给水设备给水流量 $24m^3/h$，供水压力 0.25MPa，功率 2×2.2kW。

4. 管材

生活给水管室外埋地部分采用球墨给水铸铁管，胶圈密封接口。室内部分采用薄壁不锈钢管，卡压连接。

（二）热水系统

1. 热水用水量（表 2）

本工程中主场馆和备用赛场中的运动员、裁判员淋浴和贵宾餐厅休息区的洗面器使用生活热水。设置集中热水供应系统，生活热水只在比赛时定时供给，水源为市政生活给水。

生活热水用水量 **表 2**

用水项目	用水定额	数量	最高日用水量	最大小时用水量
单位	L/(人·次)	人	L/d	L/h
运动员淋浴用水	30	200	6000	4320
VIP 用水	8	220	1760	450
奥运官员用水	90	14	1260	1260
办公室淋浴用水	40	15	600	720
总用水量			9020	6750

60℃生活热水最大日热水用水量 $6.75m^3/d$，设计小时耗热量 439kW。

2. 太阳能热水系统

在功能用房屋顶层设太阳能热水系统，在五层屋顶设太阳能集热板，总采光面积 $125m^2$，在屋顶水箱间设容积为 $8m^3$ 的储热水箱，水箱内设置 12×9kW 的电加热器辅助加热。集热板及热水箱的补水由市政给水经无负压给水设备加压供给，热水箱与集热板间设循环水泵循环，保证热水箱内热水的温度。生活热水由热水变频给水泵供给主比赛场、备用比赛场及功能用房二、三层淋浴的使用，热水泵给水流量 $20m^3/h$，供水压力 0.12MPa，功率 2×1.5kW，支管末端设温控阀控制热水循环保证供水管道内的热水温度。

为保证冷热水供水的压力平衡及稳定，使用生活热水的器具，所使用的冷水由无负压给水设备供给。整个系统设置自动控制系统实现定温出水、温差循环、循环加热、防冻及补水等功能。

3. 管材

生活热水管道采用薄壁不锈钢管，卡压连接。

（三）中水系统

1. 中水用水量见用总水量（表 1）

2. 中水系统

丰台体育中心设置中水处理站，水源为原游泳馆中淋浴、盥洗、泳池换水及冲洗排水，通过调查了解游泳馆实际的使用情况得到的资料，确定中水处理量为 $150m^3/d$，中水处理装置处理能力 10.0m³/h，处理后水质达到《城市污水再生利用城市杂用水水质》GB/T 18920 的规定。

本项目最高日中水用水量 311.1m³/d，首先使用体育中心自建中水处理站制备的中水，不足部分由市政给水补给。在雨季时，优先使用经收集处理后的雨水。在中水泵房中设置中水变频给水装置供给中水，中水变频给水装置给水流量 75m³/h，供水压力 0.32MPa，总功率 13.5kW。设置 2 台浇洒泵，供给比赛场地草坪的浇洒使用，流量 100m³/h，扬程 60m，功率 60kW。

3. 水处理工艺流程（图 1）

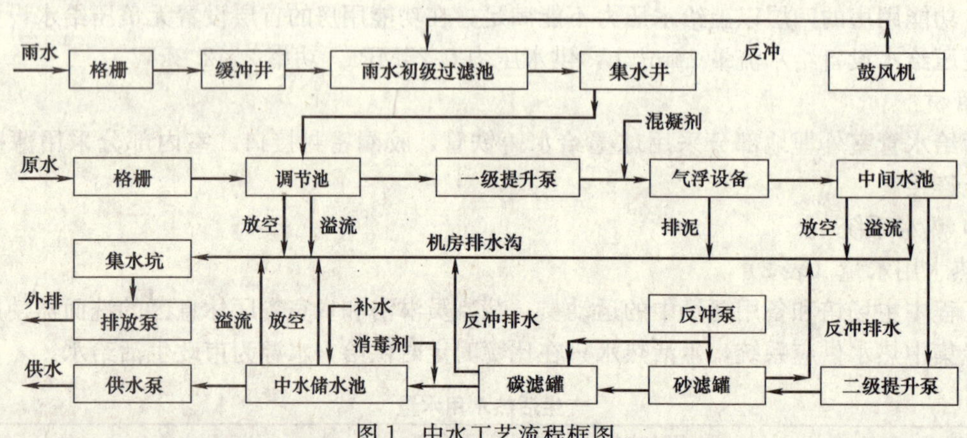

图 1 中水工艺流程框图

4. 管材：中水给水系统室内管道采用衬塑钢管，沟槽连接或丝接，室外埋地部分采用球墨给水铸铁管，胶圈密封接口。

（四）排水系统

1. 排水系统的形式

排水形式采用雨、污分流。

生活污水量按生活用水量 85%计，本项目最大日排污量 66.1m³/d。生活污水排入体育中心室外污水管道，经化粪池处理后排入市政排水管道。

2. 管材：污水排水管室内采用机制柔性连接排水铸铁管。压力排水管采用热镀锌钢管，法兰连接。室外污水排水管采用高密度聚乙烯（HDPE）管，承插胶粘接口。

（五）雨水系统

1. 雨水排水

雨水排水量采用北京市暴雨强度公式计算。屋面雨水设计重现期采用 10 年，5min 降雨强度为 5.84L/(s·100m²)（210mm/h）。屋面雨水采用重力流内排水，雨水排入室外雨水管道。室外雨水设计重现期采用 5 年，区域内雨水总汇水面积 19.4hm²，平均径流系数 0.6，总最大雨水排水量 4050 L/s。室外雨水排放尽量利用原有设施，分别向北、南、西方向排入市政管道。

2. 雨水利用

体育中心内大面积的雨水利用主要采用草地浅沟，渗水路面等渗透设施使雨水尽量回灌地下，减小雨水排放量。

体育中心内原有田径场的雨水主要为看台和跑道的雨水，雨水污染较小，对这部分的雨水进行收集利用。

利用田径场内原有的排水沟收集雨水，在田径场北侧雨水出口处因地制宜，建 500m³ 的雨水综合利用池，内设 2 台潜水排污泵，雨水经综合利用池进行过滤预处理后，供至中水处理站作为中水水源。

3. 管材：

室外雨水排水管采用高密度聚乙烯（HDPE）管，承插胶粘接口。室内内排雨水管采用镀锌钢管，沟槽连接。

二、消防系统

（一）消防用水量

消防用水量见表3。

消防用水量（以主场馆为消防计算对象） 表3

名　称	流　量(L/s)	火灾延续时间(h)	用水量(m^3)	备　注
室外消火栓用水量	25	2	180	由市政给水管网直供
室内消火栓用水量	15	2	108	由消防水池及泵房供给
自动喷水灭火系统用水量	21	1	75.6	由消防水池及泵房供给
合　计			363.6	

（二）消火栓系统

本工程中主场馆、备用场馆及功能用房均设置室内消火栓。

室内消火栓系统为临时高压给水系统。由体育心南门侧的消防水池及水泵房供给消防用水，由设置在泵房内的气体顶压式自动消防给水设备保证火灾初期10min消防用水，并维持平时管网压力。

（三）自动喷水灭火系统

主场馆及功能用房内设置湿式自动喷水灭火系统。按中危险Ⅰ级设置，喷水强度6L/(min·m^2)，作用面积160m^2，喷头工作压力0.10MPa。

自动喷水灭火系统为临时高压给水系统。由体育中心南门侧的消防水池及水泵房供给消防用水，由设置在泵房内的气体顶压式自动消防给水设备保证火灾初期10min消防用水，并维持平时管网压力。

（四）气体灭火系统

在主场馆一层的成绩处理机房、三层的安保指挥监控通信设备间及监控室、功能用房中的移动通信设备机房、固定设备通信机房、数据网络中心5个房间内设置七氟丙烷气体自动灭火装置，采用无管网设备，全淹没灭火形式。设计灭火浓度≥8%。

（五）消防泵房改造及室外消防管网

体育中心南门附近现有一座有效容积为640m^3的消防、生活、浇洒合用水池，消防水容积400m^3，其他用水容积240m^3，水池补水为原有深井水和市政给水，原有1个占地面积112m^2的泵房，泵房内原有变频供水设备1套，绿化洒水泵4台，原有消防泵两台，流量48.89L/s，压力0.60MPa，功率38.2kW。

本次工程对现有水池及泵房进行局部改造，利用原有两台消防泵作为室内消火栓和自动喷水灭火系统的消防给水泵。增设气体顶压式自动消防给水设备1套，为消火栓系统和自喷系统合用，保证消火栓及自喷系统火灾初期10min消防用水，并维持平时管网压力。

在室外设置室内消火栓和自动喷水灭火系统合用的消防专用管网，管道连接成环状，消防泵连接两条输水管道向环状管网输水，各新建建筑的室内消火栓及自喷用水分别从消防管网接入。

三、设计体会

由于本项目是北京2008年奥运会垒球比赛场地，遵循“绿色奥运、科技奥运、人文奥运”

的宗旨，需要充分体现奥运的绿色、科技、人文等概念，又要贯彻国际奥委会及中国奥委会的“瘦身”原则和计划，同时考虑功能的需要和实际情况，体现节俭原则，因此在系统的选择和设置方式上需要做到即满足各项要求，又要节俭。同时因项目是在原丰台体育中心内进行重建和改造，需要考虑体育中心内原有设施及管线的改造及利用，情况较为复杂。而充分的调查、分析和研究、详尽的计算是解决这些问题的关键步骤。

本项目主要特点：

1. 利用清洁环保的太阳能，设置太阳能热水系统，供给运动员淋浴等使用的生活热水。生活给水由市政给水直接供给，压力不能满足的部分设管网叠压供水设备加压供给，充分利用市政给水的压力，节约能源。

2. 丰台体育中心项目建成后包括四块垒球的比赛练习场地、一块足球比赛场及大面积的绿化，需要喷洒浇灌的面积约 10 万 m^2，每年浇洒用水量约 4 万 m^3。结合体育中心的情况，收集体育中心原游泳馆的淋浴废水作为中水水源，在中水处理站内处理达标后用于绿化及冲厕。

3. 雨水收集处理和利用方案是本工程的一大亮点，也是雨水综合利用、实现节水的关键内容。通过对体育中心原有雨水管线及新建管线的调查及分析，在靠近原体育场处设置雨水综合利用池收集体育中心内原田径场看台及部分跑道的雨水，作为中水水源的补充。

4. 结合体育中心的原有设施，充分利用原有的水池及泵房，对原有的消防设施进行改造以满足新老场馆的消防用水需要，节约投资。

四、工程系统图及照片

太阳能集热器，共20块，每块集热面积6.25m²，总集热面积125m²
图例
太阳能热水管
太阳能回水管
-J1- 生活给水管
-RJ- 生活热水给水管
-RH- 生活热水回水管
倒流防止器
电磁阀
可曲挠橡胶接头
变径管
止回阀
蝶阀
截止阀
水泵
温度传感器T1
温度传感器T2
水位探头
储热水箱
有效容积8m³
温度探头T3
辅助电加热,12×9kW
热水变频供水泵
Q=20m³/h,H=12m,N=2×1.5kW
循环水泵 PUN-600E
Q=4.2m3/h, H=25m, N=0.60kW
奥运赛时功能用房5号卫生间
功能用房4#卫生间
温度调节阀，调节回水温度45℃～50℃
无负压给水设备
Q=24m³/h，H=25m，N=2×2.2kW
备用场
自动排气阀
室外地坪
主场
温度控制阀，调节回水温度45～55℃
太阳能热水系统控制说明
太阳能热水制备系统采用智能控制系统，可以实现太阳能集热器定温出水、温差循环、定时上水、管道温差循环，管路循环（一开即有热水）等功能。
<1> 定温出水功能：
当光照充足而水箱内尚未储满热水时，系统为定温出水运行，当集热器出口温度T1达到设定值时，控制系统打开电磁阀E1，自来水进入管路，把高温水顶入水箱，当出口温度T2低于设定温度时，控制系统关闭电磁阀E1。
<2> 温差循环功能
当水箱水满且T1-T3＞7℃时，启动水泵P，循环加热；当T1-T3＜3℃时，关闭泵。温差循环启动值默认为7℃，可调范围为3-F(15)℃，通过定时上水键来调节；温差循环停止值默认为3℃，可调范围为3-F(15)℃，同过手动上水键来调节。
<3> 防冻循环功能
当水箱有水，T2＜5℃，启动水泵P，循环水防冻；当T2＞10℃，关闭水泵P。当水箱无水，T2＜5℃，启动电磁阀E1，顶水防冻；当T2＞10℃，关闭水泵P。
<4> 上下限水位补水功能
通过控制器循环上水键启动上下限水位补水功能，水箱水位低于设定下限水位时自动打开电磁阀E2，上水到设定关闭电磁阀E2。上下限水位的设定值通过功能键的切换来实现调上限水位值时节，第一次出现的水位信号为上限水位值，可调范围为3～6格；第二次出现的水位信号为下限水位值，可调范围为1～2格。
<5> 循环加热功能
当通过控制器中的循环加热键启动循环加热功能，系统启动水箱电加热管给水箱中的水升温。具体操作详见生产厂的操作说明。
<6> 定时加热、定时上水、手动加热、手动上水功能
控制盘具有定时加热、定时上水、手动加热、手动上水功能。
太阳能热水系统原理图

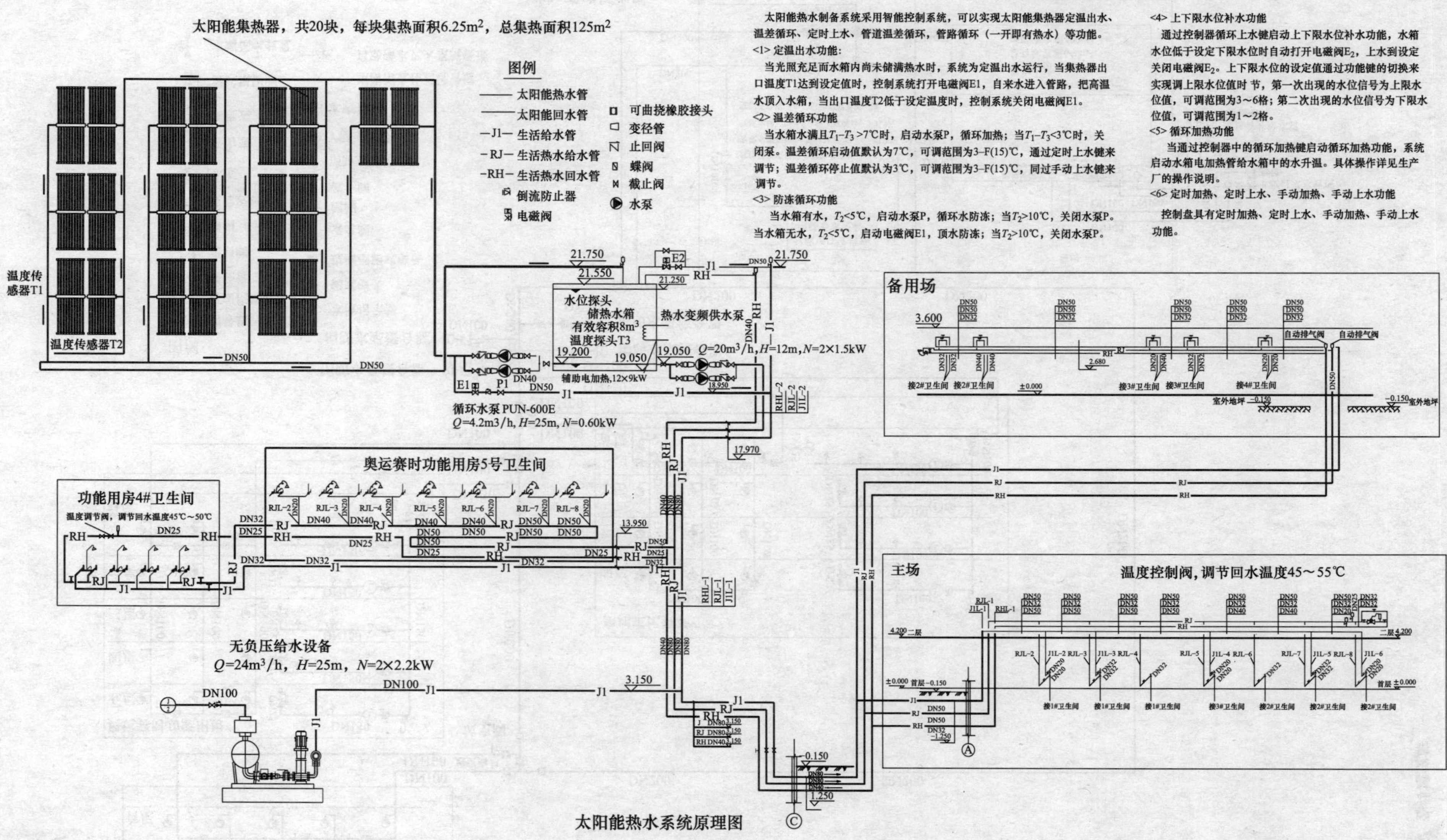

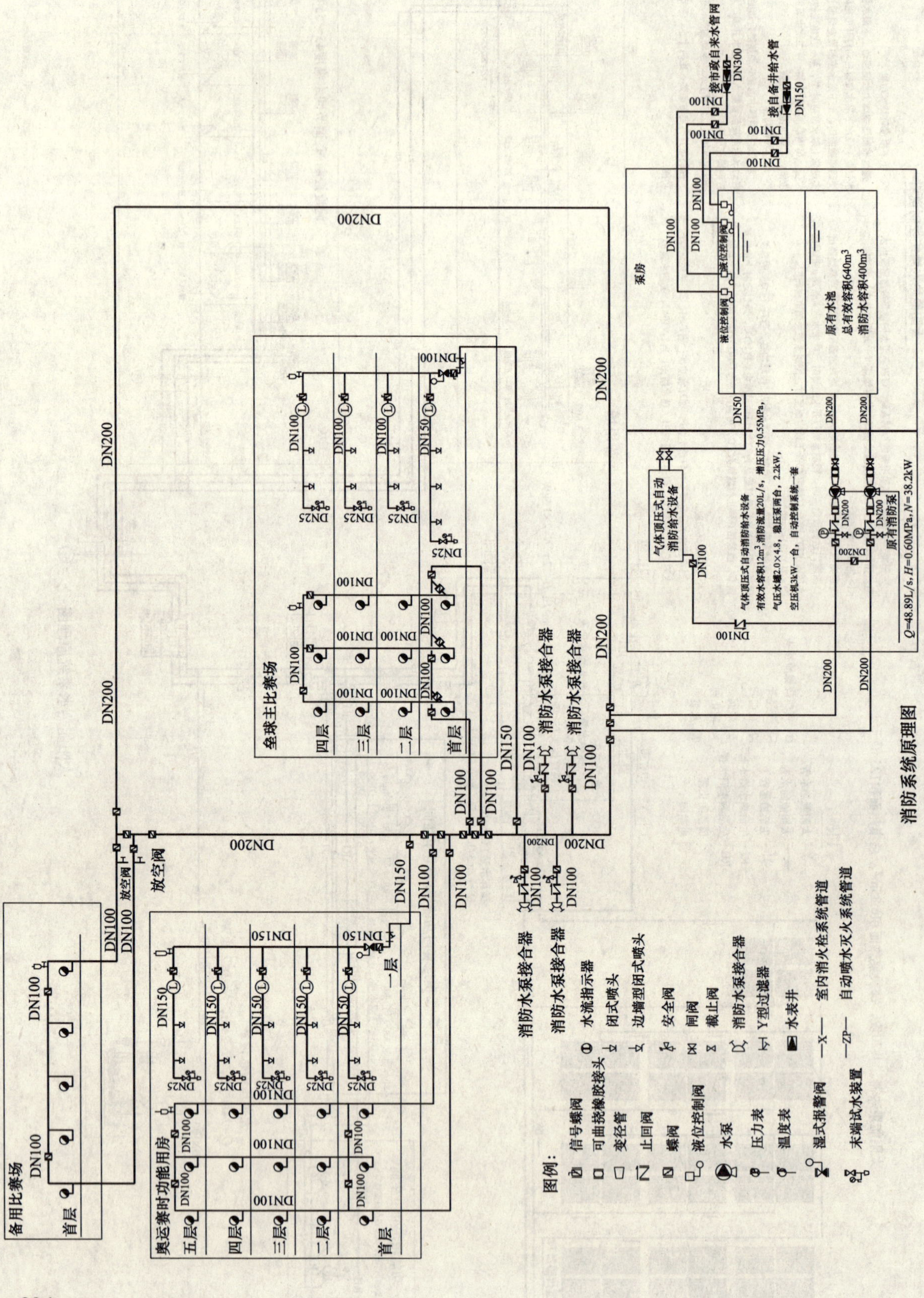

备用比赛场

首层 DN100 DN100

奥运赛时功能用房

五层 四层 三层 二层 首层 一层

DN100 DN150 DN25

垒球主比赛场

四层 三层 二层 首层

DN100 DN150 DN25

DN200 DN150 DN100 DN50 DN300

放空阀

消防水泵接合器

泵房

气体顶压式自动消防给水设备

液位控制阀

接市政自来水管网

接自备井给水管

气体顶压式自动消防给水设备
有效水容积12m³，消防流量20L/s，增压压力0.55MPa，
气压水罐2.0×4.8，稳压泵两台，2.2kW，
空压机3kW一台，自动控制系统一套

原有水池
总有效容积640m³
消防水容积400m³

原有消防泵
Q=48.89L/s，H=0.60MPa，N=38.2kW

图例：

符号	名称	符号	名称
	信号蝶阀		水流指示器
	可曲挠橡胶接头		闭式喷头
	变径管		边墙型闭式喷头
	止回阀		安全阀
	蝶阀		闸阀
	液位控制阀		截止阀
	水泵		消防水泵接合器
	压力表		Y型过滤器
	温度表		水表井
	湿式报警阀	—X—	室内消火栓系统管道
	末端试水装置	—ZP—	自动喷水灭火系统管道

消防系统原理图

华侨城洲际大酒店（原深圳湾大酒店）

设计单位：深圳华森建筑与工程设计顾问有限公司

设 计 人：姜慧媛　唐祖银　李仁兵　黄志坤　周克晶　张永峰　赵锂

获奖情况：公共建筑三等奖

工程概况：

华侨城洲际大酒店为白金五星级酒店，位于深圳市南山区华侨城，由“深圳湾大酒店”改建而成。于2006年投入使用。建筑面积10万m^2，建筑高度34m。地上三层，地下一层。除客房外，主要有会议、餐厅、酒吧等功能用房。

一、给水排水系统

(一) 给水系统

1. 冷水用水量（表1）

冷水用水量计算表　　　　表1

序号	用水项目名称	用水规模（人或m^3）	单位	用水量标准(L)	小时变化系数K	使用时间(h)	用水量 最高日(m^3/d)	最大时(m^3/h)	平均时(m^3/h)	备注
1	客房生活用水	795	L/(人·d)	325	2.3	24	258.4	24.8	10.8	包括热水
2	职员	1060	L/(人·次)	90	2.3	24	95.4	8.9	4.0	
3	中餐厅	258	L/(人·次)	50	1.4	12	12.9	1.5	1.1	
4	西餐厅	207	L/(人·次)	40	1.5	16	8.3	0.8	0.5	
5	宴会厅	1000	L/(人·次)	50	1.4	12	50.0	5.8	4.2	
6	咖啡厅	1020	L/(人·次)	10	1.4	18	10.2	0.8	0.6	
7	特色餐厅1	264	L/(人·次)	50	1.4	12	13.2	1.5	1.1	
8	特色餐厅2	264	L/(人·次)	50	1.4	12	13.2	1.5	1.1	
9	工作坊	1698	L/(人·次)	7	1.4	12	11.9	1.4	1.0	
10	大堂酒吧	240	L/(人·次)	10	1.4	18	2.4	0.2	0.1	
11	会议室	846	L/(人·次)	7	1.4	12	5.9	0.7	0.5	
12	水疗	42	L/(人·次)	200	1.4	12	8.4	1.0	0.7	
13	健身及康体中心	120	L/(人·次)	50	1.2	12	6.0	0.6	0.5	
14	酒吧区	1350	L/(人·次)	10	1.4	18	13.5	1.1	0.5	
15	洗衣房用水	530	kg干衣	127	1.5	8	67.3	12.6	8.4	
16	空调补水	2100			1.0	3	94.5	31.5	31.5	按循环量的1.5%
17	泳池过滤	2500			1.0	10	250.0	25.0	25.0	按池容积的1.0%
18	绿化浇灌	10000	L/(m^2 次)	2	1.5	8	20.0	3.8	2.5	
19	锅炉用水						30.0	2.5	2.5	
20	停车库	95	L/(m^2 次)	15	1.0	2	1.4	0.7	0.7	
	合计						972.9	126.7	97.5	
	不可预见用水						97.3	12.7	9.7	按合计水量的10%
	总计						1070.2	139.3	107.2	

2. 水源

市政给水管接入2条DN200mm的市政给水管，供水压力0.2MPa。经过深度处理后供生活用水，达到了饮用纯净水标准。

3. 系统分区：

本工程特点为平面距离较长，给水系统横向分为西翼和东翼，竖向各为 2 个区，供水压力超过 0.45MPa 时在给水支管上设减压阀。

4. 供水方式及给水加压设备：

高区、低区分别经过变频调速机组及稳压罐供水。

低区技术参数：q=25L/s，H=45m，N=24.2kW；

主泵 CR45-3-2 型（2 用 1 备）q=14L/s，H=45m，N=11kW；

辅泵：CR10-5，单泵 q=2L/s，H=45m，N=2.2kW；

配套 ϕ600 隔膜气压罐 1 个。

高区技术参数：q=25L/s，H=65m，N=33kW

主泵 CR45-4-2 型（2 用 1 备），单泵 q=13L/s，H=65m，N=15kW；

辅泵：CR10-7，单泵 q=2L/s，H=65m，N=3.0kW；配套 ϕ600 隔膜气压罐 1 个。

洗衣房冷水由市政压力直接供水，供水压力 0.25MPa。

5. 管材：采用铜管，钎焊。

（二）热水系统

1. 热水用水量：

详见热水用水量（表 2）。

热水用量计算表 **表 2**

序号	用水项目名称	用水规模器具数（人或 m²）	单位	用水量标准（L）	小时变化系数 K	使用时间（h）	用水量 最高日（m³/d）	用水量 最大时（m³/d）	用水量 平均时（m³/d）	冷水温度（℃）	热水温度（℃）	设计小时耗热量（W）	热媒耗量 蒸气间接加热（kg/h）	备注
1	西翼高区													
	客房	398	L/(人·d)	180	5.00	24	71.6	14.9	3.0	10	49	663445.9	−989.8	
2	东翼高区													
	客房	369	L/(人·d)	180	5.00	24	66.4	13.8	2.8	10	49	615104.3	−917.7	
3	西翼低区													
	职员	1060	L/(人·d)	50	5.24	24	53.0	11.6	2.2	10	49	514383.5	−767.4	
	中餐厅	258	L/(人·d)	18	6.00	12	4.6	2.3	0.4	10	60	66165.1	−98.7	
	宴会厅	1000	L/(人·d)	18	6.00	12	18.0	9.0	1.5	10	60	256453.8	−382.6	
	风味餐厅	528	L/(人·d)	18	6.00	12	9.5	4.8	0.8	10	60	135407.6	−202.0	
	会议室	846	L/(人·d)	2	6.00	12	1.7	0.8	0.1	10	49	18803.2	−28.1	
	室外游泳池	120	L/(人·d)	25	6.00	4	3.0	4.5	0.8	10	49	33339.0	−49.7	
	酒吧区	1350	L/(人·d)	6	6.00	12	8.1	4.1	0.7	10	49	90015.3	−134.3	
4	东翼低区													计算耗热用量
	客房	33	L/(人·d)	180	5.00	24	5.9	1.2	0.2	10	49	55009.3	−82.1	
	康乐	120	L/(人·d)	25	6.00	12	3.0	1.5	0.3	10	49	33339.0	−49.7	
	水疗	70	L/(人·d)	100	6.00	12	7.0	3.5	0.6	10	49	77791.0	−116.1	
	室内游泳池	120	L/(人·d)	25	6.00	4	3.0	4.5	0.8	10	49	33339.0	−49.7	
	西餐厅	207	L/(人·d)	15	6.00	12	3.1	1.6	0.3	10	60	44238.3	−66.0	
	咖啡厅	1260	L/(人·次)	6	6.00	12	7.6	3.8	0.6	10	60	107710.6	−160.7	
5	洗衣房	4770	kg 干衣	15	1.20	8	71.6	10.7	8.9	10	60	611642.2	−912.5	每床每月 180kg
	合计						337.2	92.6	23.9			3356186.9	−5007.1	
6	不可预见用水				2.50	24	33.7	3.5	1.4	10	60	335618.7	−500.7	按合计水量的 10%
	总计						370.9	96.1	25.3			3691805.5	−5507.8	

注：酒店等全日供水计算公式：$Q=m\times q\times c\times (T_r-T_l)\times 86400$；温会中心按定时供水计算：$Q=q\times (T_r-T_l)\times p\times N\times b\times c1360$。

2. 热源：采用由锅炉房提供的150℃饱和蒸汽，经汽-水换热制备热水。

3. 系统分区：热水系统与冷水系统分区相同，竖向分两区。采用下行上给机械式循环系统。因热水出水时间要求，客房采用支管循环。

4. 热交换设备：本建筑热水由东西翼换热站分高低区供给，每区选用 2 台半容积式换热器。锅炉房供应 $8kg/cm^2$ 的饱和蒸汽，经减压至 $4kg/cm^2$ 后进入换热器，制备 60℃生活热水。

5. 冷热水压力平衡措施、热水温度的保证措施：冷热水为同源设置。客房及公共娱乐部分采用全日制机械循环，循环泵设于每个支系统的回水干管上，回水管道上设电接点温度计。当回水温度低于 50℃时循环泵启动，回水温度达 60℃时循环泵停泵。建设单位要求高区换热器出水温度为 49℃，低区卫生热水经恒温混合阀调温至 49℃。

6. 管材：采用铜管，钎焊。

（三）中水系统

应建设单位要求，本工程未设计中水系统。

（四）排水系统

1. 排水系统形式：污水废水合流制。

2. 通气管设置方式：均设置专用通气立管，大型公共卫生间设置环形通气管。

3. 局部污水处理设施：厨房污水经室内器具隔油池处理后排至室外隔油池。锅炉房污水排至室外排污降温池，经冷却后排至室外污水管网。所有污水经化粪池处理后排至市政污水系统。

4. 管材：室内污水管采用离心铸铁排水管，橡胶圈密封，不锈钢卡箍连接。通气管采用 PVC-U 排水管。室外埋地污水管采用 HDPE 双壁波纹排水管。

（五）雨水系统

1. 暴雨重现期

暴雨强度公式 $q=988.0002(1+0.568\lg T)/(t+1.983)^{0.465}$ $(L/s\cdot 10000m^2)$（深圳暴雨公式）。

屋面雨水重现期为 10 年，屋面降水历时 5min，暴雨强度 $q_5=6.05L/(s\cdot 100m^2)$；

2. 雨水系统形式：重力式雨水系统。

3. 管材

内排水雨水系统采用离心铸铁排水管，橡胶圈密封，不锈钢卡箍连接。

外墙雨水管采用 PVC-U 排水管。室外埋地雨水管采用 HDPE 双壁波纹排水管。

二、消防系统

消防系统用水量（表 3）。

（一）消火栓系统

室内消火栓系统为 1 个区。室外游泳池用做消防水池，容积约为 $950m^3$，为便于消防泵吸水，消防泵房内设消防吸水池一座，容积为 $30m^3$。屋顶消防水箱容积为 18 m^3。

室内消火栓泵：选用 XBD8/30-125D 型泵（1 用 1 备）$Q=30L/s$，$H=80m$，$N=37kW$。设 1 套消火栓稳压装置，型号为 50LW15-12×7（1 用 1 备），Q＝5L/s，$H=84m$，$N=11kW$，由压力开关自动控制启停。

消防用水量表 **表 3**

消防用水名称	用水标准 (L/s)	供水时间 (h)	一次灭火用水量 (m^3)
室外消火栓用水	30	3	324
室内消火栓用水	30	3	324
自动喷洒灭火用水	52	1	187.2
合计			835.2

管材为内外壁热镀锌钢管，丝接或沟槽式连接。

（二）自动喷水灭火系统

自动喷水灭火系统竖向不分区。除中庭按严重危险级Ⅰ级，车库按中危险级Ⅱ级，地下酒窖按仓库危险级Ⅰ级外，其他部位按中危险级Ⅰ级设置自动喷水灭火系统。设置范围为除小于5m^{2}的卫生间和不宜用水扑救房间外所有的部位。按照深圳市公安局消防局审批意见，宴会厅、休息厅、精品商场、酒店大堂等净高超过8m小于12m的场所的自动喷水灭火系统，应按喷水喷水强度q=12L/(min·m^2)，作用面积260m^2，流量系数K=115、喷头最大间距3m进行设计。

喷洒泵选用2台150DL180-30×4型泵（1用1备），Q=60L/s，H=109m，N=90kW。设1套自喷稳压装置，型号为40LW12-15×8（1用1备），Q=5L/s，H=96m，N=7.5kW，由压力开关自动控制启停。

（三）水喷雾灭火系统

柴油发电机房、锅炉房均采用水喷雾灭火，供水接自动喷水灭火系统。

（四）气体灭火系统

七氟丙烷灭火系统：用于电脑机房，电话机房，电视机房，音响控制室。

三、工程特点

1. 水平分区：本工程占地面积较大，楼高仅30m，因此给水和热水系统采用了水平分区的设置方式。

2. 支管循环：本工程对给水排水尤其是热水使用有较高要求，要求任何时间任意一间客房热水龙头在5s中内出足温热水。因此采用了支管循环方式。

3. 余热回收：设置了设备机房余热回收系统作为卫生热水的预热，结合热泵的使用，起到了节能的作用。

4. 废水利用：本工程地下室不设底板，通过盲沟和盲管将地下室渗水收集，用于景观用水。

5. 系统安全：本工程顶层为总统套房，按照常规做法应单独设置给水系统。因本酒店规格较高，客房均为豪华套房，未设置普通标准间、单人间，设备均为高标准配置，系统安全性高，因此未将总统套房给排水系统单独设置。

6. 注重消防：本工程消防要求较高。自动喷水灭火系统按照国际做法增加了检测和试验装置。对于排烟罩和污衣通道喷头的设置有具体做法要求。电气、电信机房均设置七氟丙烷自动灭火系统。

7. 细节设计：本工程在室内装饰工程施工阶段，各机电专业设计师在现场办公。喷头、风口位置等机电配合与建筑效果得到完美结合。值得一提的还有所有公共卫生间洗手台下排水管均为暗装，宜于美观，便于清洁。

四、工程系统图及照片

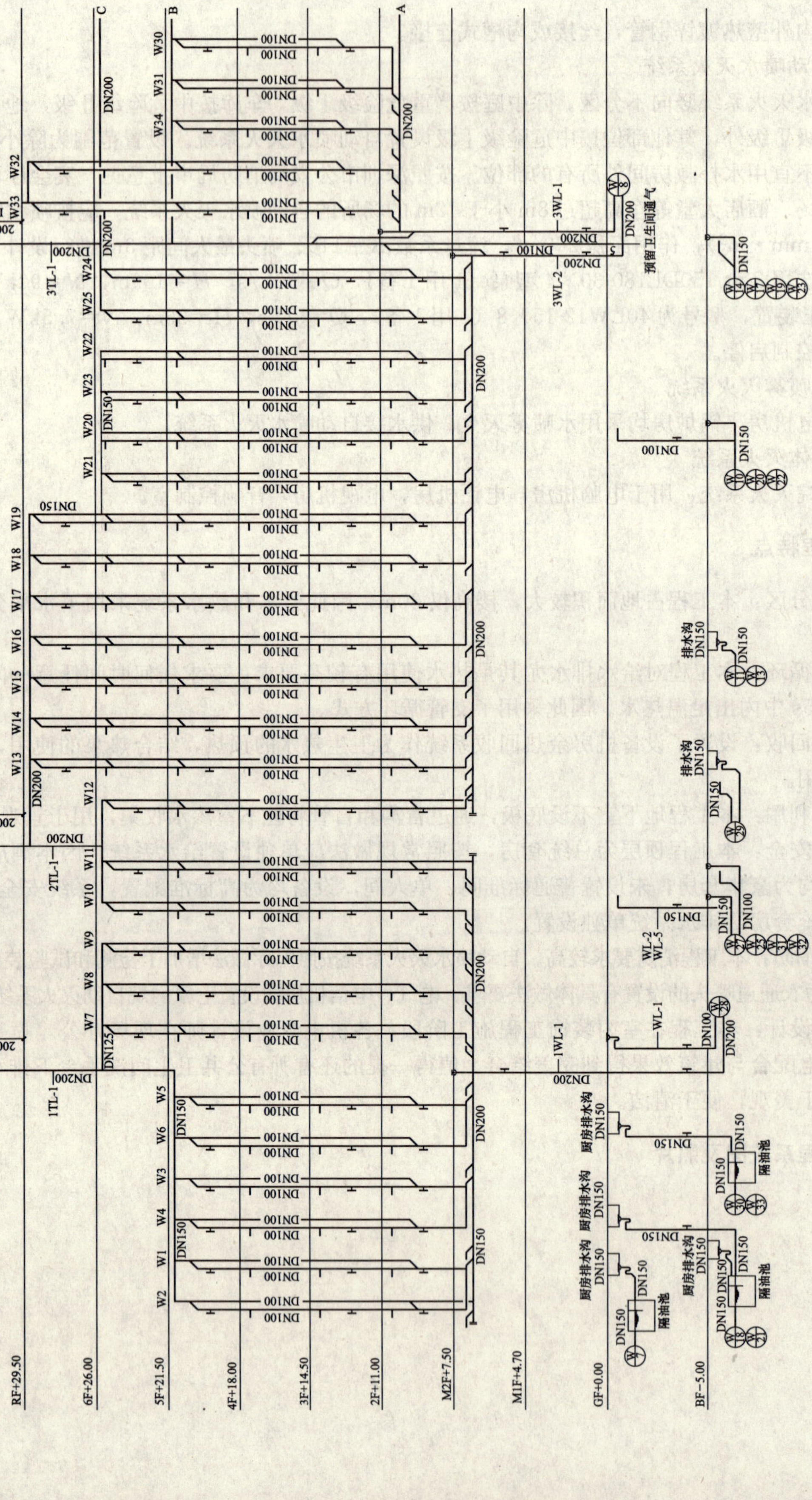

华侨城洲际大酒店污废水管道系统图

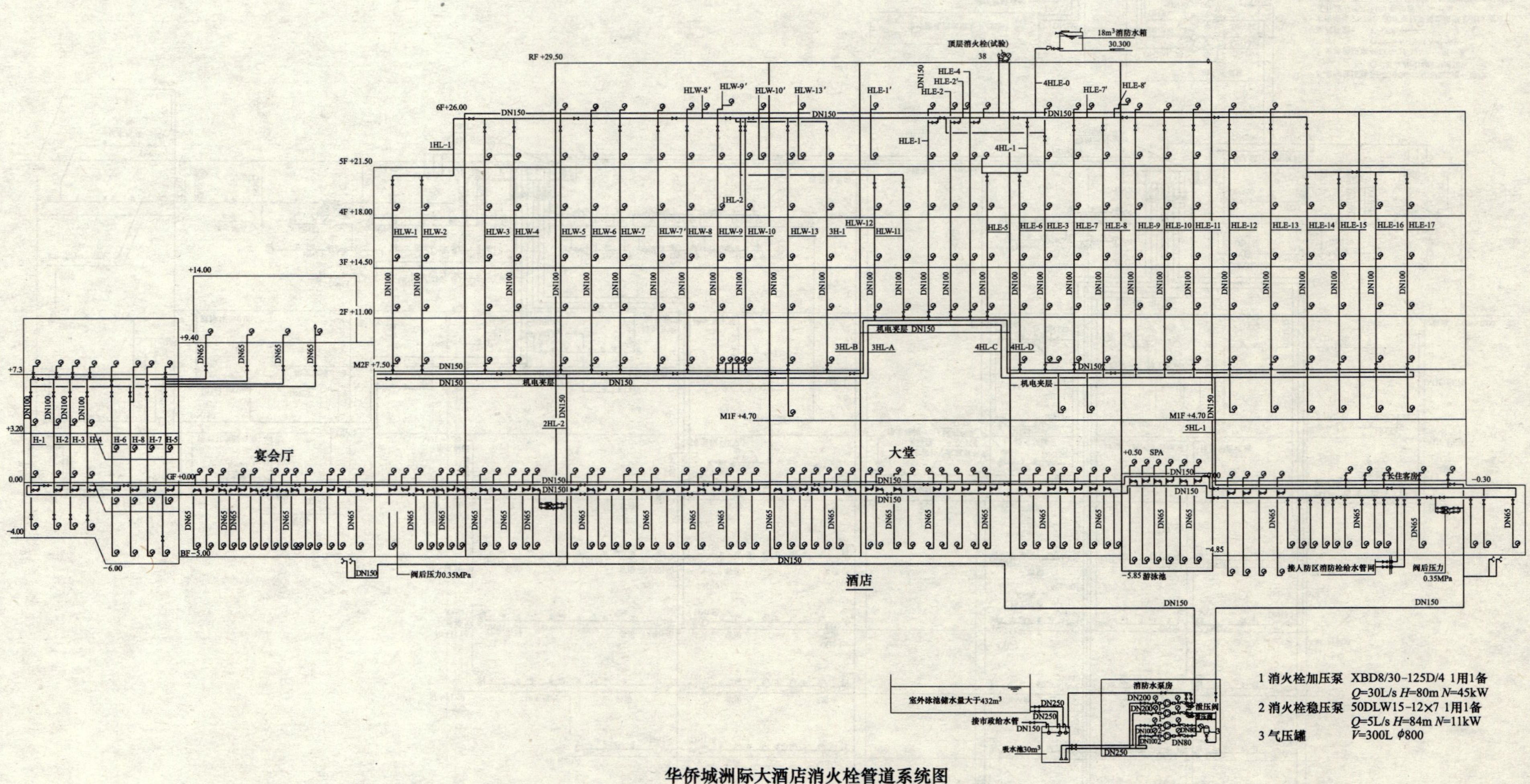

华侨城洲际大酒店消火栓管道系统图

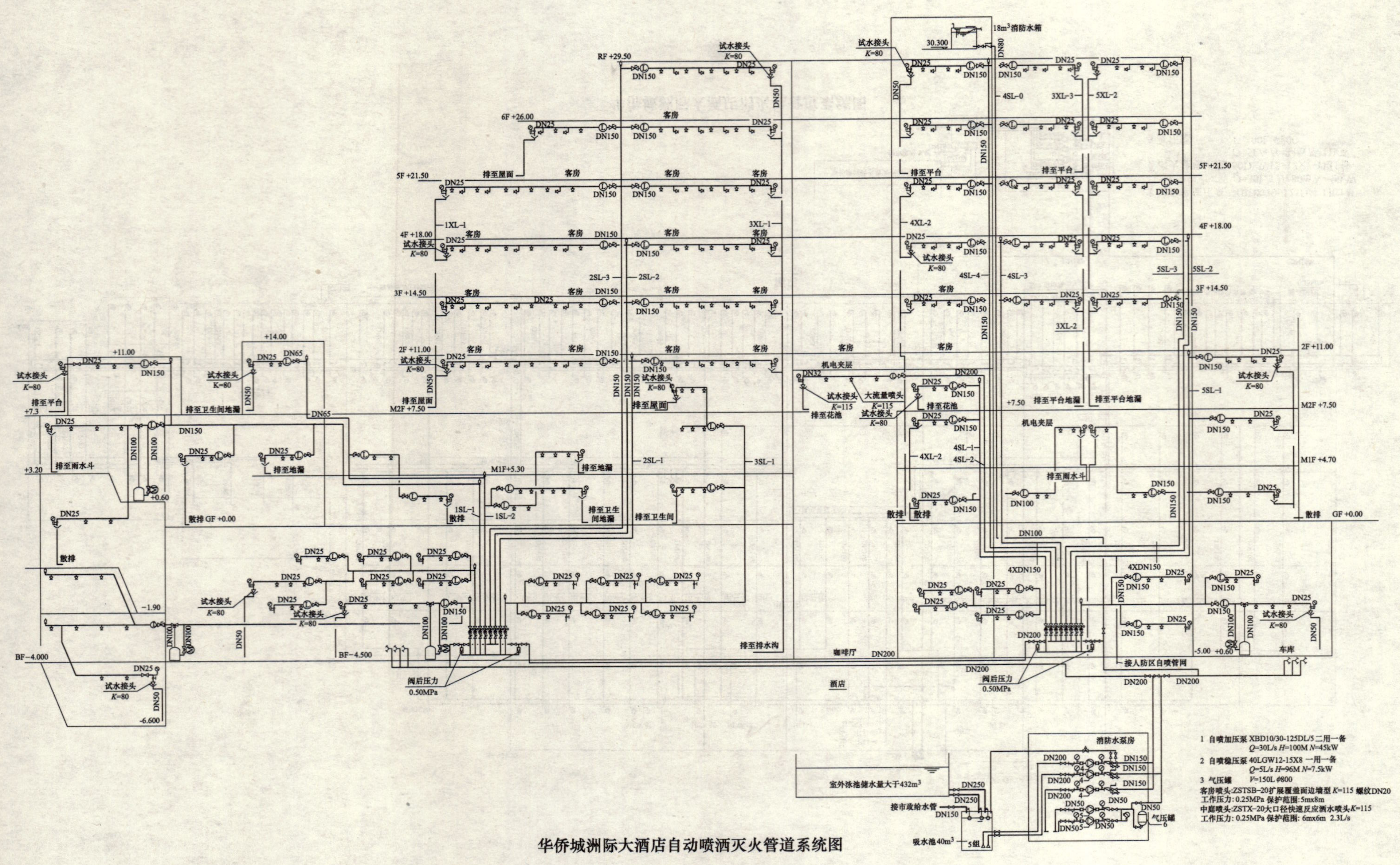

华侨城洲际大酒店自动喷洒灭火管道系统图

华侨城大酒店照片 1

华侨城大酒店照片 2

麒麟山庄配套工程

设计单位： 中建国际设计公司
设 计 人： 陈刚　李洪静　丁丽娟　郑大华
获奖情况： 公共建筑三等奖
工程概况：

深圳麒麟山庄为高标准、高质量地完成各项接待任务，由政府投资，兴建两层楼的体育休闲建筑，含两块室内网球场、一个室内游泳馆、棋牌室及附属用房。项目用地面积 31678m^2，建筑面积 8797.65m^2，建筑高度最高 17.100m。

一、给水排水系统

（一）给水系统

1. 给水用水量（表 1）

给水用水量　　表 1

序号	项　目	服务人数	用水定额	服务时间	时变化系数 K	最高日(m^3/d)	平均时(m^3/h)	最大时(m^3/h)
1	游泳馆	200 人·次	50L/(人·次)	6h	1.5	10	1.7	2.5
2	网球馆	24 人·次	50L/(人·次)	4h	2	1.2	0.3	0.6
3	合计					11.2	2	3.1
4	未预见水量	10%				1.1	0.2	0.3
5	室外绿化及冲洗地面	20000m^2	1.5L/(m^2·d)	2	1	30	15	15
6	游泳池补水		5%容量	6	1	100m^3/d	16.7	16.7
7	总计					142.3	33.0	35.1

引入管总当量流量：

$q_g=\sum q_0\times n_0\times b=0.15\times26\times0.8+1.2\times31\times0.02+0.1\times9\times1.0+0.15\times30\times0.8+0.5\times9\times0.8=12L/s$

冷水管总当量流量：

$q_g=\sum q_0\times n_0\times b=0.1\times26\times0.8+1.2\times31\times0.02+0.1\times9\times1.0+0.1\times30\times0.8+0.3\times9\times0.8=8.3L/s$

2. 水源

室外绿化及浇洒用水、游泳池充水及补水水源，由春园路市政给水管引入一路 DN150 供水管，供水压力为 0.20MPa。

室内生活及室内外消防用水，由山庄现有供水管网引入两路 DN150 给水管，在红线内连接成环状供水。山庄现有管网供水压力，平时为 0.3MPa，消防时为 0.6MPa。

3. 系统竖向分区

室外绿化及浇洒用水、游泳池充水及补水由市政压力直接供水；生活给水由山庄现有供水管直接供给。

4. 供水方式及给水加压设备

麒麟山庄现有供水设备为变频自动供水设备。

5. 管材

室外给水管道：孔网钢带塑料复合管，电热熔连接，压力等级不小于 1.0MPa。

室内给水管道：进口美标铜管，焊接，压力等级不小于 1.0MPa。

（二）热水系统

1. 热水用水量及耗热量

游泳馆及网球馆淋浴、洗手盆及公共卫生间的洗手盆均设置热水供应，热水系统采用集中热水供应系统。

器具数量：淋浴器：9.4L/min，30 个；30L/min，9 个（首长专用）；洗脸盆：26 个。

设计小时耗热量：$Q_h=\sum q_h\times(t_r-t_L)\rho_r\times n_0\times b\times C/3600=344\text{kW}$

55℃时设计小时用水量：$q_{rh}=7.9\text{m}^3/\text{h}$

2. 热源及热交换

生活热水供应系统热源首选为太阳能热水系统，燃气锅炉作为太阳能不足时的补充热源。

太阳能集热系统为承压式。太阳能系统采用强制温差循环方式，当集热器与蓄热罐温差达到3℃时，循环泵开启，将蓄热罐水提升通过集热器吸收热量，当集热器温度与蓄热罐温度一致时，停止循环泵，依次循环，使蓄热罐水温不断升高。

太阳能蓄热罐热水通过 HRV 立式半容积式换热器加热冷水，当换热器水温降至 51℃时，循环泵开启，当换热器水温升至 54℃时停止循环。蓄热罐出水 65℃（最低），回水 55℃。

当蓄热罐水温低于 65℃时，太阳能蓄热罐停止供热（太阳能温差强制循环继续），热媒切换至燃气锅炉（供回水温度分别为 90℃、70℃）；当蓄热罐水温再次升至 65℃时，锅炉停止供热，切换至太阳能系统供热。依次循环切换工作。

3. 系统竖向分区

本项目生活热水竖向不分区。

4. 冷、热水压力平衡措施、热水温度的保证措施等

冷热水水源同源，供水系统采用双管制。热水循环方式采用强制机械循环，当末端温度降至51℃时，循环泵开启，当末端温度升至 54℃时，循环泵停止，依次循环。

热水系统水加热设备、蓄热水器、热水箱、热媒及热水供回水管、明敷管道均需采取保温措施。

5. 热水供水及热媒管材

进口美标铜管，焊接，压力等级不小于 2.0MPa。

（三）中水系统

无

（四）排水系统

1. 排水系统的形式：污、废水合流。

2. 通气管的设置方式：伸顶透气。

3. 采用的局部污水处理设施：污废水经室外化粪池处理后排至春园路市政污水管道。

4. 管材：机制铸铁管，不锈钢卡箍连接。

（五）雨水系统

1. 采用的暴雨重现期：屋面设计重现期按 10 年，室外场地设计重现期按 2 年考虑。

2. 雨水系统的形式：屋面雨水采用内排水，由雨水斗收集后，经雨水立管排至室外雨水管网；室外路面雨水经雨水口收集后，排至室外雨水管；最后排至市政雨水管网。

3. 管材：机制铸铁管，不锈钢卡箍连接。

二、消防系统

（一）水源及消防储水

1. 由麒麟山庄现有供水管网引入两路 DN150 给水管，在红线内连接成环状供水。

2. 山庄现有管网供水压力，平时为 0.3MPa，消防时为 0.6MPa，满足本工程室内外消防用水要求，故本工程不设消防水箱、水池。

（二）室内外消火栓系统

1. 消火栓系统用水量：室内消火栓 10L/s，室外消火栓 25L/s，火灾延续时间 2h。

2. 室外给水环管上设置室外消火栓，间距不大于 120m。

3. 室内消火栓的布置保证同层相邻两支水枪充实水柱同时到达室内任何部位。

4. 消防增压稳压均由山庄原有增压稳压设备提供，发生消防时，消火栓系统按钮可启动山庄原有消防主泵。

5. 室内消火栓系统设置两组 DN100 水泵接合器。

（三）自动喷水灭火系统

1. 本工程自喷系统火灾等级按中危险Ⅰ级；设计用水量 20L/s，火灾延续时间为 1h。

2. 本工程设有湿式报警阀共 1 套，报警阀担负的喷头数量不超过 800 个。按防火区分别设水流指示器和信号阀。

3. 普通场合安装吊顶装饰型玻璃球喷头，作用温度 68℃。厨房操作间安装玻璃球喷头，作用温度 93℃。超过 8m 的空间不设置喷头保护。

4. 消防增压稳压均由山庄原有增压稳压设备提供，发生消防时，报警阀压力开关可自动启动山庄原有消防主泵。

5. 自喷系统设置两组 DN100 水泵接合器。

（四）灭火器的配置

本工程属 A 类火灾，每个灭火器的最大保护距离 20m，每个消火栓处配置点设 2 瓶 MFA2 磷酸铵盐类干粉灭火器。

三、泳池水循环处理系统

（一）池水水质执行标准

本工程游泳池池水水质标准执行 FINA2002～2005 水质标准，其中 THM 指标按不超过国内现行自来水水质标准中相关规定执行。

（二）池水循环处理系统主要设计参数

1. 采用逆流循环方式，循环周期 4h，循环水量 558m^3/h，目标水温 30℃。

2. 水循环处理流程如下：

池岸溢流沟回水⟶均衡水箱⟶毛发收集器⟶循环水泵⟶硅藻土添加系统⟶硅藻土过滤器⟶臭氧消毒系统⟶池水加热系统⟶pH 值调整系统⟶长效消毒剂投加系统⟶池底布水。

（三）均衡水池

按如下公式计算均衡水池容积：

$$V=V_b+V_f+V_t=100m^3$$

式中 V_b——保障循环水泵安全运行的容积。参照国外经验，安全容积可按不小于400mm水深计入均衡水箱的总容积；

V_f——调节水量变化所需的容积，取单台过滤器反冲洗水量；

V_t——调节蓄水容积变化所需的容积，为0.03A3，即$37.5m^3$。

（四）循环水泵

系统拟采用3台水循环泵，3用，不设备用泵。每台工作泵的设计参数如下：$Q=186m^3/(h·台)$，$H=21m$，$N=18.5kW/台$。

（五）过滤

1. 过滤方式采用"可再生式"硅藻土过滤器，选用三台ATLAS硅藻土过滤器，过滤面积为$50m^2$/台，过滤强度3.5～$4m^3/(m^2·h)$，反冲强度$5m^3/(m^2·h)$。

2. 单台过滤器反冲洗水量：反冲洗强度取$5m^3/(h·m^2)$，反冲洗时间取5min，单台过滤器过滤面积为$50m^2$，反冲洗水量为：$21m^3$。

（六）消毒

消毒方式采用分流量臭氧消毒，分流量25%投加臭氧，再与75%未投加臭氧的水混合。

（七）池水加热

1. 泳池目标水温为30℃，维温所需耗热量为370kW。

2. 热源：泳池维温热源首选为空调热泵，使用方可根据需要，手动切换至使用太阳能系统，热泵供回水温度分别为50℃、45℃。

3. 泳池初次加热时间按3d考虑，所需耗热量为589kW，由空调热泵提供热源。系统设计时考虑了将燃气热水炉手动切换至泳池加热系统。

4. 热源切换控制：由于太阳能集热面积有限，不能同时提供泳池池水温度保持和生活热水供应所需热量，太阳能系统正常情况下优先提供生活热水系统。运营时，如需将太阳能系统蓄热供至泳池池水温度保持系统时，应手动切换（不得将太阳能蓄热同时提供2个系统同时工作），同时将淋浴系统热媒手动切换至热泵系统，泳池换热单元一次侧热泵系统供热管反馈水流信号，使热泵系统自动投入使用。

（八）pH调整剂及长效消毒剂

1. pH调整剂根据水质检测情况投加碳酸钠、碳酸氢钠或盐酸，当使用盐酸时，溶液浓度不得超过3%，当使用碳酸钠、碳酸氢钠时，其溶液浓度不得超过5mg/L。pH调整剂投加量宜采用1～5mg/L，由pH传感器控制自动投加，并10%～100%自动控制投加量。

2. 长效消毒剂投加次氯酸钠溶液（成品），其溶液浓度不得超过5mg/L。长效消毒剂投加量宜采用1～3mg/L，由ORP传感器控制自动投加，并10%～100%自动控制投加量。

四、设计及施工体会或工程特点介绍

1. 本工程主要用途是用于中央首长的接待，在非接待时段，对市民开放。对于给水排水及泳池水处理系统而言，基本的设计理念就是保证各系统的安全性和可靠性，同时兼顾舒适性，这样的理念充分的反映在各系统设计以及设备选型中。

2. 游泳池水质标准比照FINA2005～2005要求的水质标准执行，是国内为数不多的采用可再生式硅藻土过滤器的高标准泳池，本项目验证了可再生式硅藻土过滤器与传统的石英砂过滤器相比，存在着以下明显的优点：

(1) 明显更优的泳池池水清澈度。

(2) 明显更小的设备空间，本工艺机房面积约 $120m^2$。

(3) 更小的反冲水量，反冲周期约为 2～3 星期一次。

(4) 使用的化学物质更少（石英砂过滤器需配合絮凝剂使用）。

3. 生活热水供应系统及泳池池水温度保持系统热源，首选为绿色环保能源太阳能光热系统，由于放置太阳能的屋顶面积有限，经过我们的详细计算，屋顶设置 $400m^2$ 导流承压式全玻璃真空管太阳能集热器。太阳能集热系统设计为承压式，虽然太阳能面积不大，在实际运营时，10 月至来年 5 月间在晴天有日照的天气下，太阳能系统完全满足泳池池水温度保持和顾客淋浴用热，不需备用热源开启，完全符合设计意图，充分达到了节能的目的。带热回收的空气源热泵及燃气锅炉作为太阳能不足时的补充，保证任何气候条件下热水供应得安全性。不同的热源间实行手动和自动切换模式。

4. 热水供水的管道设计方面，采用双管制的供应方式，所有热水供水阀距热水供水管的短管长度不超过 500mm，这样的设计，虽然热水供水管道行程增加了，但能保证打开供水阀门的同时，迅速出来达到设计温度的热水，保证了使用舒适性。

五、工程照片

麒麟山庄

深圳市远洋中心

设计单位：深圳华森建筑与工程设计顾问有限公司

设 计 人：周克晶　赵锂　刘晶　沙漠　葛培

获奖情况：公共建筑三等奖

工程概况：

深圳市远洋中心（现名：城市天地广场）位于深圳市罗湖区嘉宾路与宝安南路交口处，西北侧与华润万象城相对。总用地面积为 8599.73m²。总建筑面积为 220000m²。本工程最初设计是在 1996 年，按办公综合楼设计，待地下室施工完成后停工。2002 年在地下室已完工的基础上，重新设计地上部分，按超高层住宅综合楼设计。本工程地下三层，主要是地下停车库及各专业设备用房；地上一至五层为商场、商铺；六至八层为带卫生间的餐饮、酒店，且有集中热水供应；九层为避难层，十层至四十一层为小户型住宅（其中二十五层为避难层），住宅分 A、B 座，每座各三栋，住宅总户数 2142 户，总建筑高度为 141.00m。工程于 2004 年 6 月竣工验收完成。

一、给水排水系统

（一）给水系统

1. 冷水用水量表：整个建筑的生活用水量（表 1）。

用水量汇总表　　**表 1**

序号	用水项目名称	用水标准 [L/(人·d)]	人数或面积 (m²)	小时变化系数 K	使用时间 T	给水量		
						最高日 (m³/d)	最大时 (m³/h)	平均时 (m³/h)
1	住宅	300	2142×3=6426 人	2.0	24	1927.8	160.65	80.325
2	办公	60	25800/12 人	2.5	8	129	40.31	16.125
3	客房	500	132×2 人	2.0	24	132	11	5.5
4	商场	6L/(m²·d)	23189m²	2.5	10	139.1	34.78	13.9
5	空调	1.5%	450×2m³/h		10	135	13.5	13.5
6	车库冲洗	3L/(m²·d)	12250m²	2.0	2	36.75	36.75	18.375
7	合计					2500	296.99	147.7
8	未预见 10%					250	30.0	14.8
9	总计					2750	326.7	162.5

2. 水源：

水源为市政给水管网，市政管网的供水水压为 0.2～0.25MPa。

3. 系统竖向分区：

建筑内的给水采用分区供水，在地下三层、10 层、屋顶均设有生活水箱。分区原则能利用市政水压的尽量利用市政水压直接供水，市政水压无法保证的采用变频供水或水箱重力供水。

具体分区为：地下三层至一层为1区，二层至五层为2区，六层至9层为3区，10层至17层为4区，18层至25层为5区，26层至31层为6区，32层至41层为7区。

4. 供水方式及给水加压设备：

供水方式为：1区由市政管网直接给水；2区由10层生活水箱重力供水；3区由10层变频泵组加压供水。十层以上的住宅A、B座各自独立设生活水箱，分别供A、B座生活用水，其中4至6区由屋顶水箱经减压后重力供水，7区由屋顶水箱重力供水。每层入户支管的供水压力不超过0.35MPa，住宅每户设水表计量，水表采用远传水表。公共部分按各自不同的用水单位分设水表计量。

给水加压设备：

在地下三层水泵房内的给水加压设备有：

(1) 地下三层设有620m^3 的生活贮水箱。

(2) 航运公司专用的给水变频泵组，MVWS-48-60，

配2台主泵65DL30-15×5，Q=45m^3/h，H=73m，N=22kW；

辅泵1台40GDL6-12×6，Q=6m^3/h，H=72m，N=3kW；

稳压罐ϕ600，供水恒压值0.7MPa。

(3) 中区给水加压泵2台，65DL30-15×5，Q=30m^3/h，H=75m，N=11kW。

(4) 高区（A栋）给水加压泵2台，125TSWA-7，Q=72.3m^3/h，H=152m，N=75kW。

(5) 高区（B栋）给水加压泵2台，125TSWA-7，Q=92.7m^3/h，H=161m，N=75kW。

(6) 屋面给水设备有：

① 屋面上设有2座35m^3 的生活水箱。

② A、B座屋顶各设有生活水箱90m^3 1座。

5. 管材

生活给水立管、干管采用涂塑钢管，沟槽管件连接；住宅部分水表后的给水管采用HDPE管，热熔连接；六至八层的给水管采用铜管及其管件，承插焊接；地下三至五层的给水管采用HDPE管，热熔连接。

（二）热水系统

1. 热水用水量表：整个建筑仅六至八层有集中热水供应，其用水量见表2。

热水用水量汇总表 **表2**

序号	用水项目名称	用水标准[L/(人·d)]	人数或面积(m^2)	小时变化系数K	使用时间(h)	给水量 最高日(m^3/d)	最大时(m^3/h)	平均时(m^3/h)
1	客房	160	376	6.53	24	60.16	16.4	2.5
2	未预见10%					6.0	1.6	0.3
3	合计					66.2	18.0	2.8

2. 热源

住宅部分各户分设燃气热水器制备热水，热水器设在各户的厨房或生活阳台上。六至八层的客房热水集中供应，由十层屋面燃气中央热水机组制备热水。

3. 系统分区

集中热水系统不分区，仅六至八层有。由航运专用变频泵组保证供水的压力。

4. 热交换设备

(1) 设有燃气式中央热水机组 DBJ-90P 1套。

(2) 卧式热水储罐2座 $V=3m^3$，热水循环泵及膨胀罐1套。

5. 冷、热水压力平衡措施，热水温度保证措施等

(1) 热水系统配管采用上行下给，循环管道采用同程布置，立管循环，机械循环。

(2) 热水由冷水变频泵组经热水机组值得，水压基本与冷水相同。

(3) 热水供水干管尽量放大以减少阻力。

(4) 热水供水管、循环管均保温。

6. 管材

六至八层的热水管采用铜管及其管件，承插焊接。

(三) 排水系统

1. 排水系统的形式

雨、污分流，污、废合流排放。

2. 透气管的设置方式

住宅卫生间排水均设有专用通气管，裙房公共卫生间的排水设有环型通气管。

3. 采用的局部污水处理设施

公共厨房的废水先经隔油池处理，再排入市政污水管网。建筑的生活污水汇合后先经化粪池处理后，再排入市政污水管网。

4. 管材

排水管采用离心排水铸铁管，柔性承插连接。

(四) 雨水系统

1. 暴雨重现期

建筑屋面雨水采用雨水斗收集，屋面雨水的重现期按2年计算。

2. 雨水系统的形式

屋面雨水采用重力流排水，雨水经收集后由立管排至室外雨水井内。

3. 管材

排水管采用离心排水铸铁管，柔性承插连接。

二、消防系统

(一) 消火栓系统

1. 消火栓系统的用水量

室外消火栓用水量为30L/s，室内消火栓用水量为40L/s，消火栓贮水时间3h。

2. 系统分区

室内消火栓分高、低区，低区由地下三至九层，由低区消火栓加压泵供水；十至二十五层为高区的1区，由高区消火栓加压泵经减压供水，二十六至四十一层为高区的2区，由高区消火栓加压泵供水。

3. 消火栓泵的参数

(1) 地下三层消防泵房内设有低区消火栓加压泵3台（2用1备），XBD20-80-TB，$Q=20L/s$，$H=80m$，$N=37kW$。

(2) 地下三层消防泵房内设有高区消火栓加压泵3台（2用1备），XBD20-180-TB，$Q=$

20L/s，H=180m，N=75kW。

(3) 在10层屋面的设备间内，设有低区消防稳压水箱18m³，同时设有消火栓稳压设施一套，FQL-Ⅱ-18-30。Q=18m³/h，H=30m，N=3.0kW。

(4) 在A、B座的屋顶设备间内，各设有一套高区消防稳压水箱18m³及消火栓稳压设施，FQL-Ⅱ-18-30。Q=18m³/h，H=30m，N=3.0kW。

4. 水池、水箱的容积及位置

(1) 地下三层设有540m³消防贮水池，分2格。

(2) 在10层屋面、A、B座的屋顶设备间内，分别设有低区和高区消防稳压水箱18m³。

5. 水泵结合器的设置

在室外分别设有3套高、低区消防水泵结合器，水泵结合器为地上式。

6. 管材

低区采用热镀锌钢管，高区采用加厚热镀锌钢管，卡箍连接。

(二) 自动喷水灭火系统

1. 自动喷水灭火系统的用水量

自动喷水灭火用水量27.8L/s，自动喷水贮水时间1h。

2. 系统分区

自动喷水灭火系统分高、低区，低区由地下三至九层，由低区自动喷水加压泵供水；十至二十五层为高区的1区，由高区自动喷水加压泵经减压供水，二十六至四十一层为高区的2区，由高区自动喷水加压泵供水。

3. 自动喷水加压泵的参数

(1) 地下三层消防泵房内设有低区自动喷水加压泵2台（1用1备），XBD30-90-TB，Q=30L/s，H=90m，N=45kW。

(2) 地下三层消防泵房内设有高区自动喷水加压泵2台（1用1备），XBD30-180-TB，Q=30L/s，H=180m，N=90kW。

(3) 在10层屋面的设备间内，设有低区自动喷水稳压设施1套，FQL-Ⅱ-4-33，Q=4m³/h，H=33m，N=1.1kW。

(4) 在A、B座的屋顶设备间内，各设有1套高区自动喷水稳压设施，FQL-Ⅱ-4-33，Q=4m³/h，H=33m，N=1.1kW。

4. 喷头的选型

车库采用易熔合金喷头（现设计已不采用），动作温度72℃；商场有吊顶处，采用玻璃球装饰型喷头，无吊顶处为普通型喷头，动作温度68℃；裙房公共厨房内为玻璃球喷头，动作温度93℃；住宅户内为侧墙喷头，动作温度68℃。

5. 报警阀的数量、位置

报警阀均为湿式，其设置的位置为：一层、九层、二十五层各设有9套。

6. 水泵结合器的设置

在室外分别设有2套高、低区消防水泵结合器，水泵结合器为地上式。

7. 管材

低区采用热镀锌钢管，高区采用加厚热镀锌钢管，丝扣和卡箍连接。

(三) 气体灭火系统

1. 设置位置

柴油发电机房、变配电间、高低压配电室均采用二氧化碳气体灭火系统。

2. 系统设计参数

设计采用局部淹没式，设计浓度 34%，采用高压方式，喷放时间 60s。

3. 系统的控制

设有手/自动转换装置，可远程控制气体设备的启停。控制盘还应有备用电源，备用电使用时间不小于 24h，气体喷放的延迟时间 0～30s 可调。系统状态的所有信号都可以传输到控制盘或控制中心。系统喷放气体后，连接在管路系统上的喷气压力信号返回中心控制室。

系统设有自动、手动、机械应急操作三种工况。有人时采用电气手动，无人时采用自动控制。两种控制的转换可在控制盘上实现。

三、设计及施工体会或工程特点

1. 工程特点

因为本工程属于超高层综合楼，建筑功能多样，集住宅、办公、商业、餐饮于一体。属于功能复杂建筑。

2. 设计及施工体会

(1) 根据建筑功能多的特点，在设计中要做好管道的转换配合。

(2) 避难层有部分要作设备间，其层高要能满足使用要求，不能作的太低。

(3) 各专业间的管线综合非常必要，各层的建筑高度去掉梁高，基本上就剩不了太多空间，而设计中通风、空调的风道又很高，这就要求管道布置时好好协调，合理设置。

(4) 超高层建筑与结构配合预留孔洞要非常仔细，尽量多留也不要少留。因为在工程建设过程中，建设单位会不停的修改使用功能，使得管道走向也要调整，这时多余的留洞就变得非常重要。

(5) 给水排水专业的设备间要足够大，设备布置要考虑将来的检修、更换。

(6) 水管井要留出管道安装的操作空间，管井内做好预留排水地漏。

(7) 高层住宅的最下面住宅层的排水，最好单独连接至立管。

四、工程系统图及照片

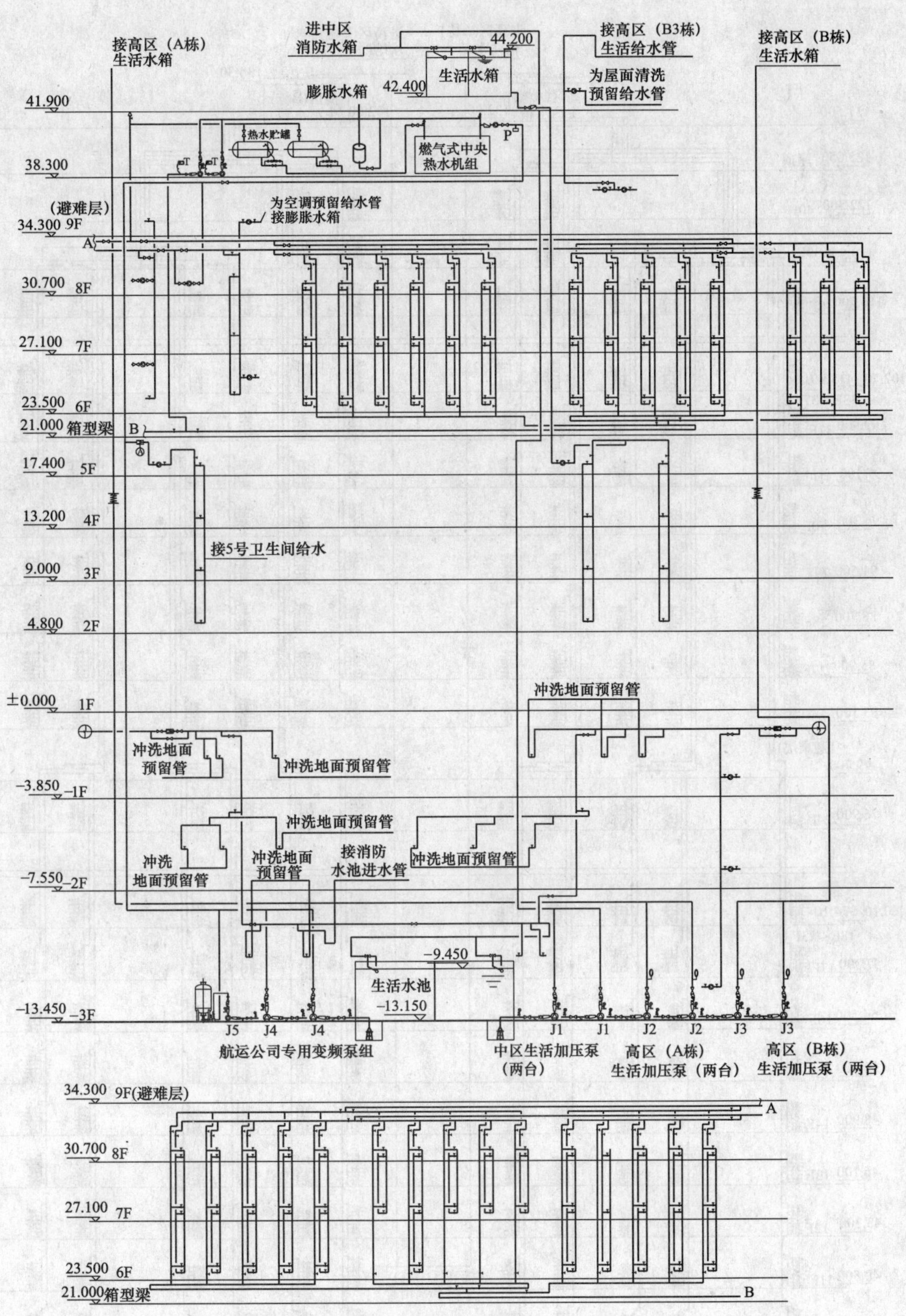

远洋中心给水管道系统图（一）

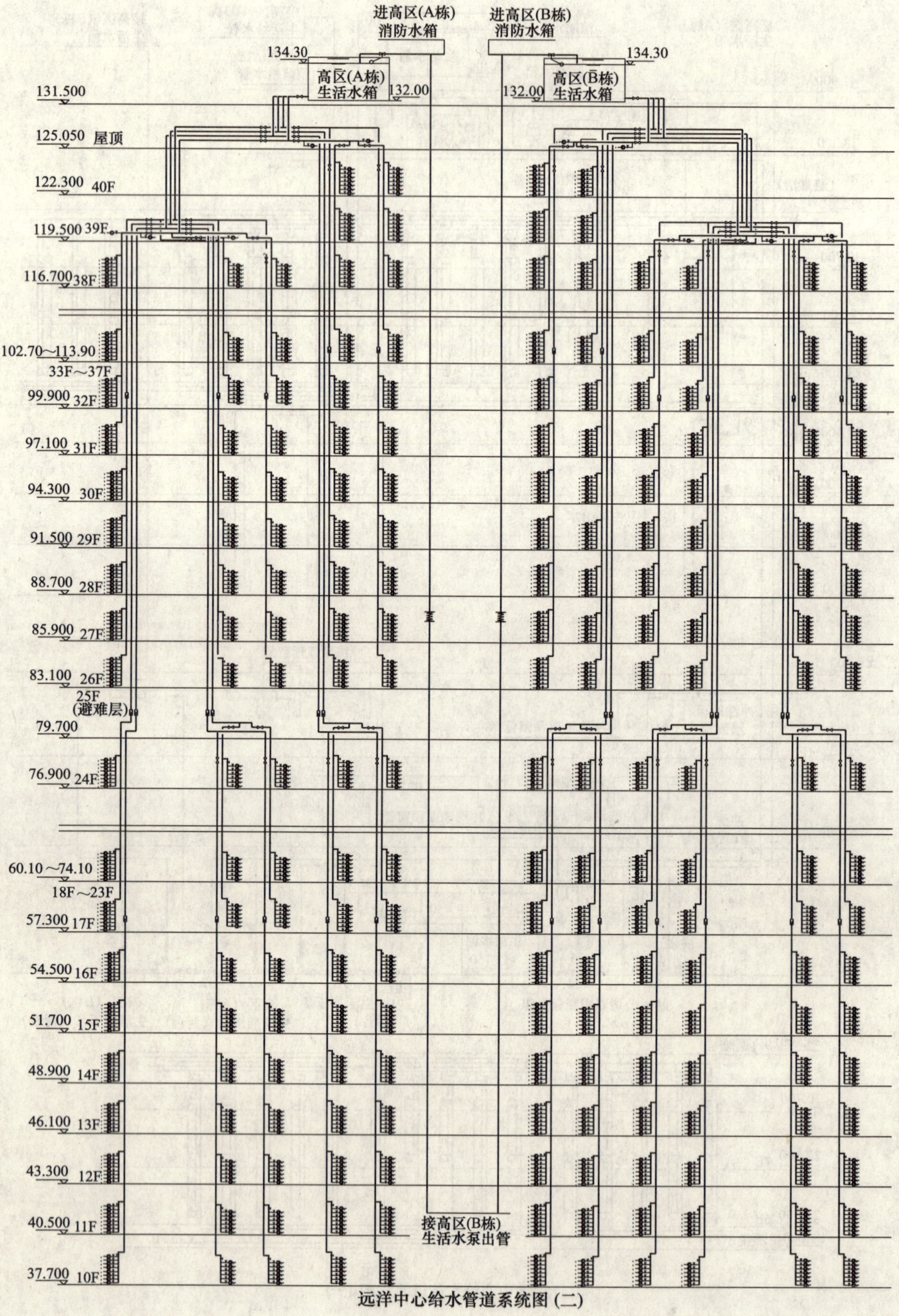

进高区(A栋)
消防水箱
进高区(B栋)
消防水箱
134.30
高区(A栋)
生活水箱
132.00
134.30
高区(B栋)
生活水箱
132.00
131.500
125.050 屋顶
122.300 40F
119.500 39F
116.700 38F
102.70～113.90
33F～37F
99.900 32F
97.100 31F
94.300 30F
91.500 29F
88.700 28F
85.900 27F
83.100 26F
25F
(避难层)
79.700
76.900 24F
60.10～74.10
18F～23F
57.300 17F
54.500 16F
51.700 15F
48.900 14F
46.100 13F
43.300 12F
40.500 11F
37.700 10F
接高区(B栋)
生活水泵出管

远洋中心给水管道系统图（二）

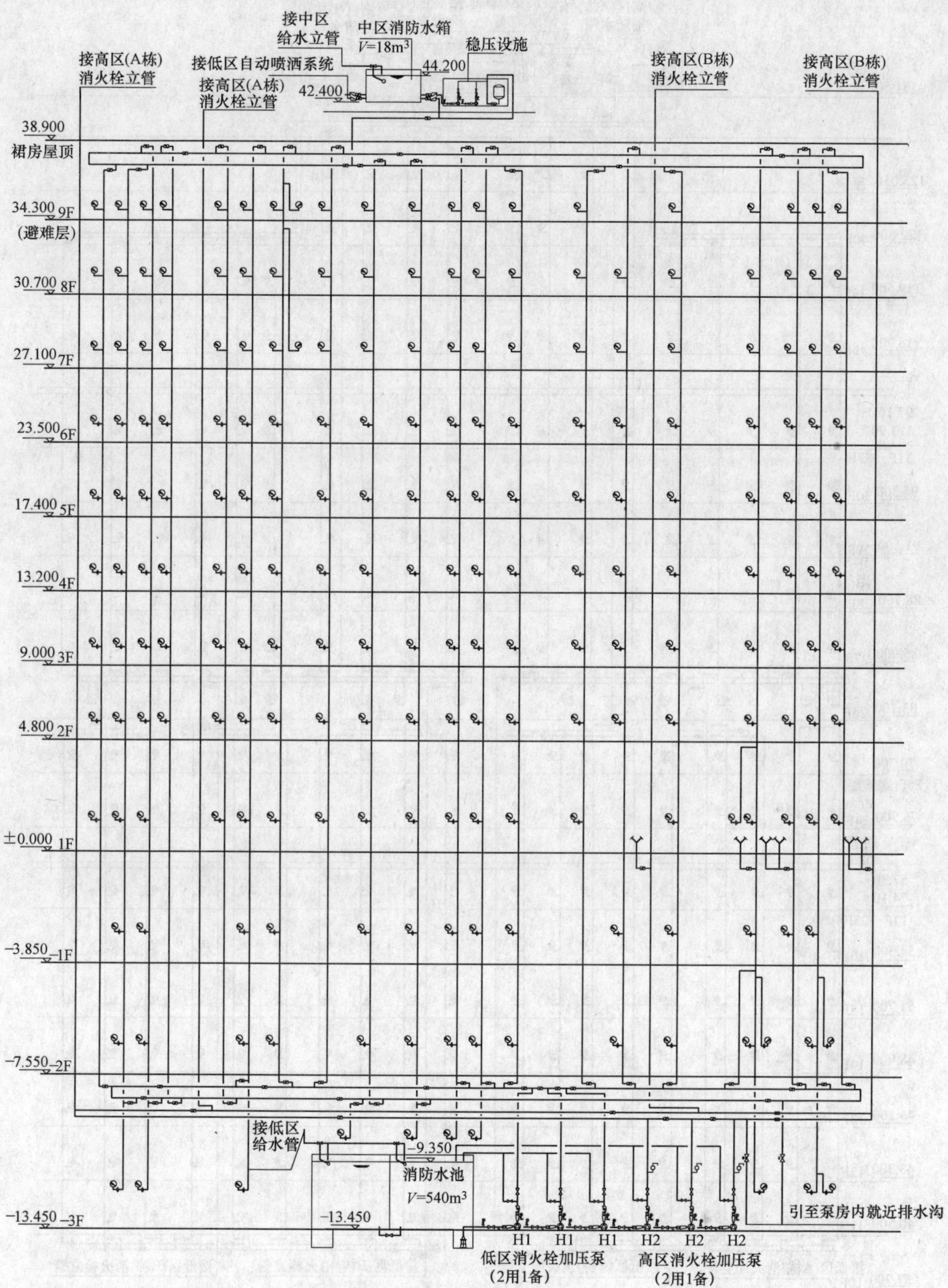

远洋中心消火栓管道系统图（一）

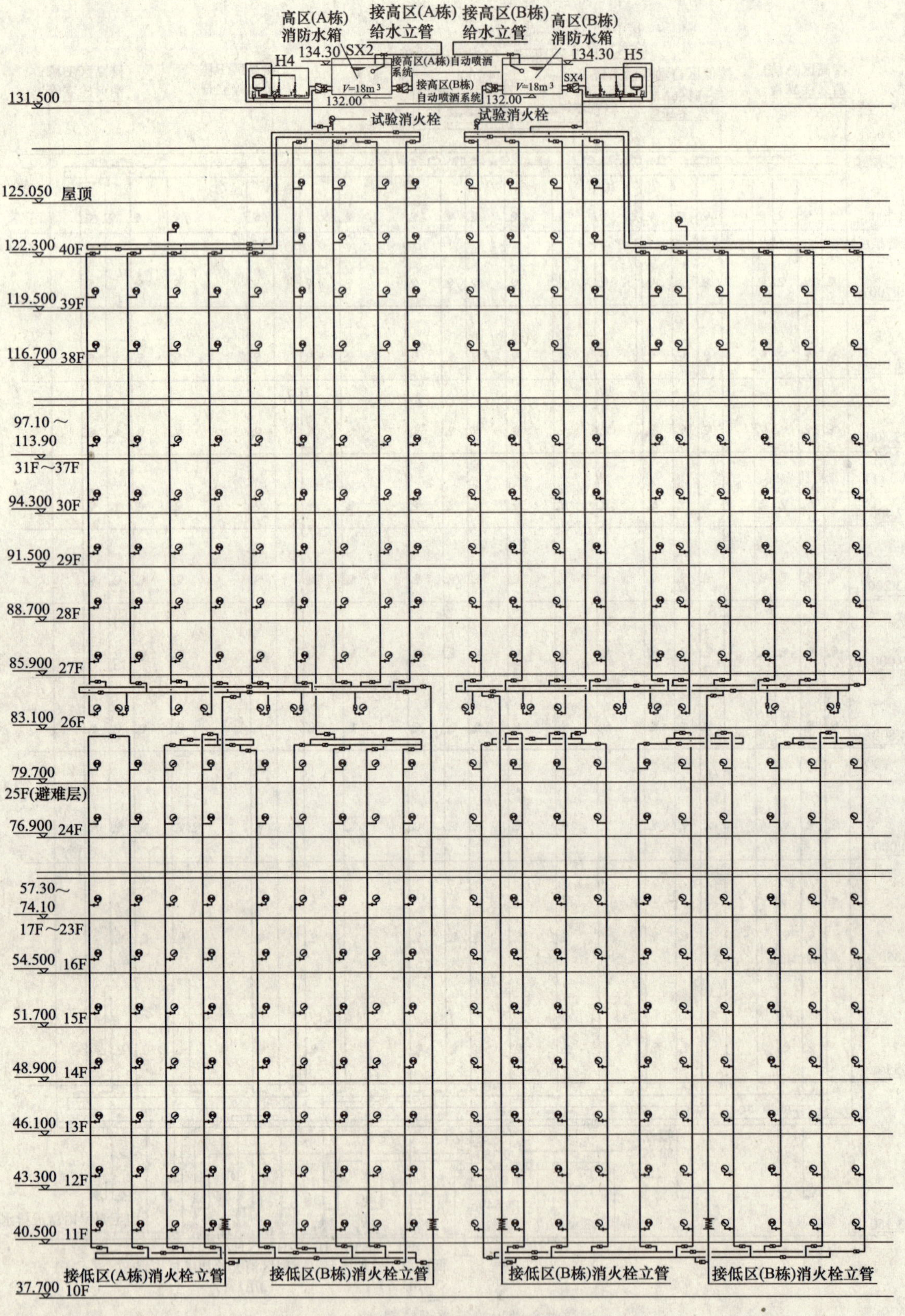

远洋中心消火栓管道系统图 (二)

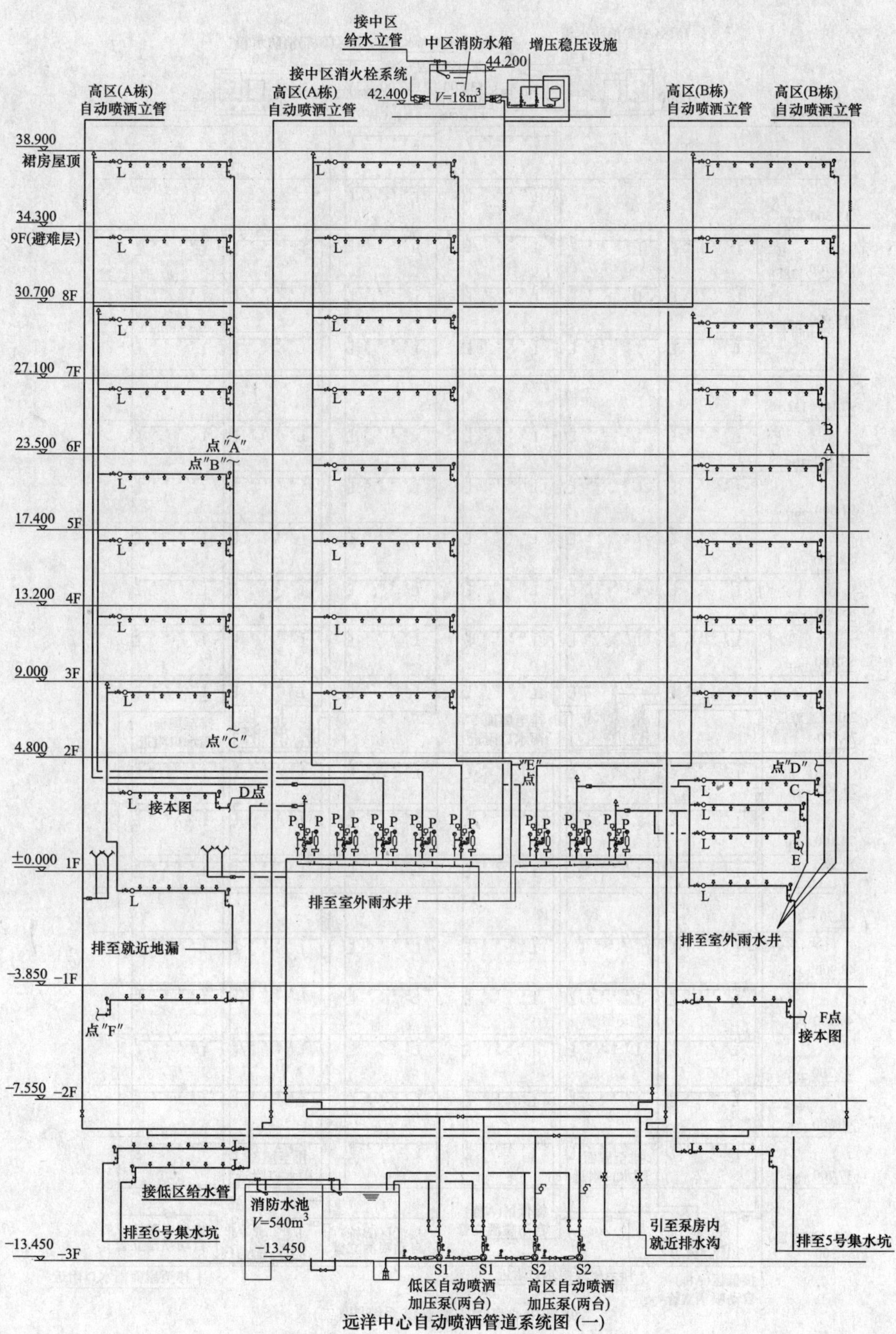

远洋中心自动喷洒管道系统图（一）

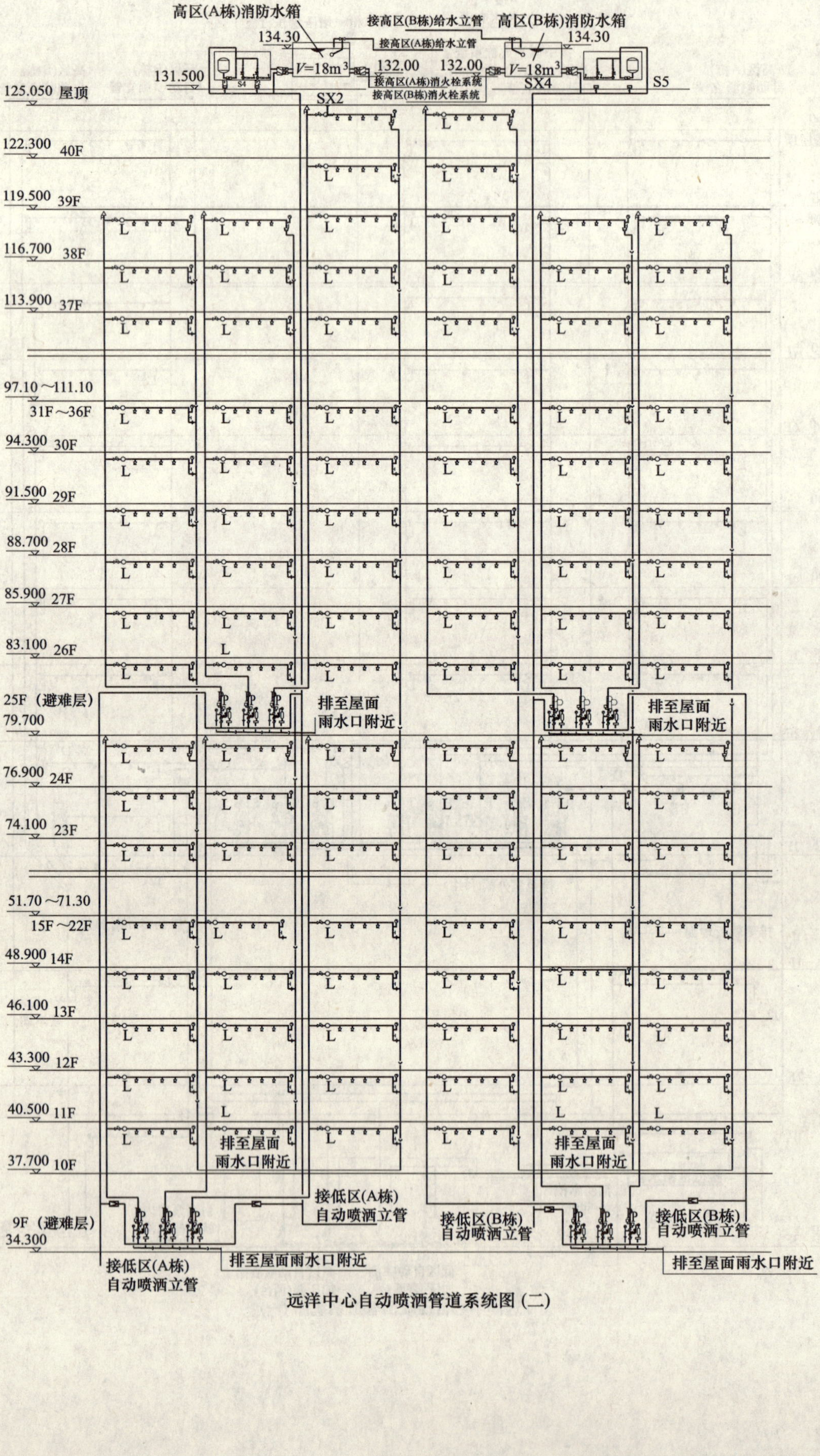

高区(A栋)消防水箱
接高区(B栋)给水立管
高区(B栋)消防水箱
134.30
接高区(A栋)给水立管
134.30
V=18m^3
132.00
132.00
V=18m^3
131.500
S4
接高区(A栋)消火栓系统
接高区(B栋)消火栓系统
SX4
S5
SX2
125.050 屋顶
122.300 40F
119.500 39F
116.700 38F
113.900 37F
97.10～111.10
31F～36F
94.300 30F
91.500 29F
88.700 28F
85.900 27F
83.100 26F
25F（避难层）
79.700
排至屋面
雨水口附近
排至屋面
雨水口附近
76.900 24F
74.100 23F
51.70～71.30
15F～22F
48.900 14F
46.100 13F
43.300 12F
40.500 11F
37.700 10F
排至屋面
雨水口附近
排至屋面
雨水口附近
接低区(A栋)
自动喷洒立管
接低区(B栋)
自动喷洒立管
接低区(B栋)
自动喷洒立管
9F（避难层）
34.300
接低区(A栋)
自动喷洒立管
排至屋面雨水口附近
排至屋面雨水口附近
L

远洋中心自动喷洒管道系统图(二)

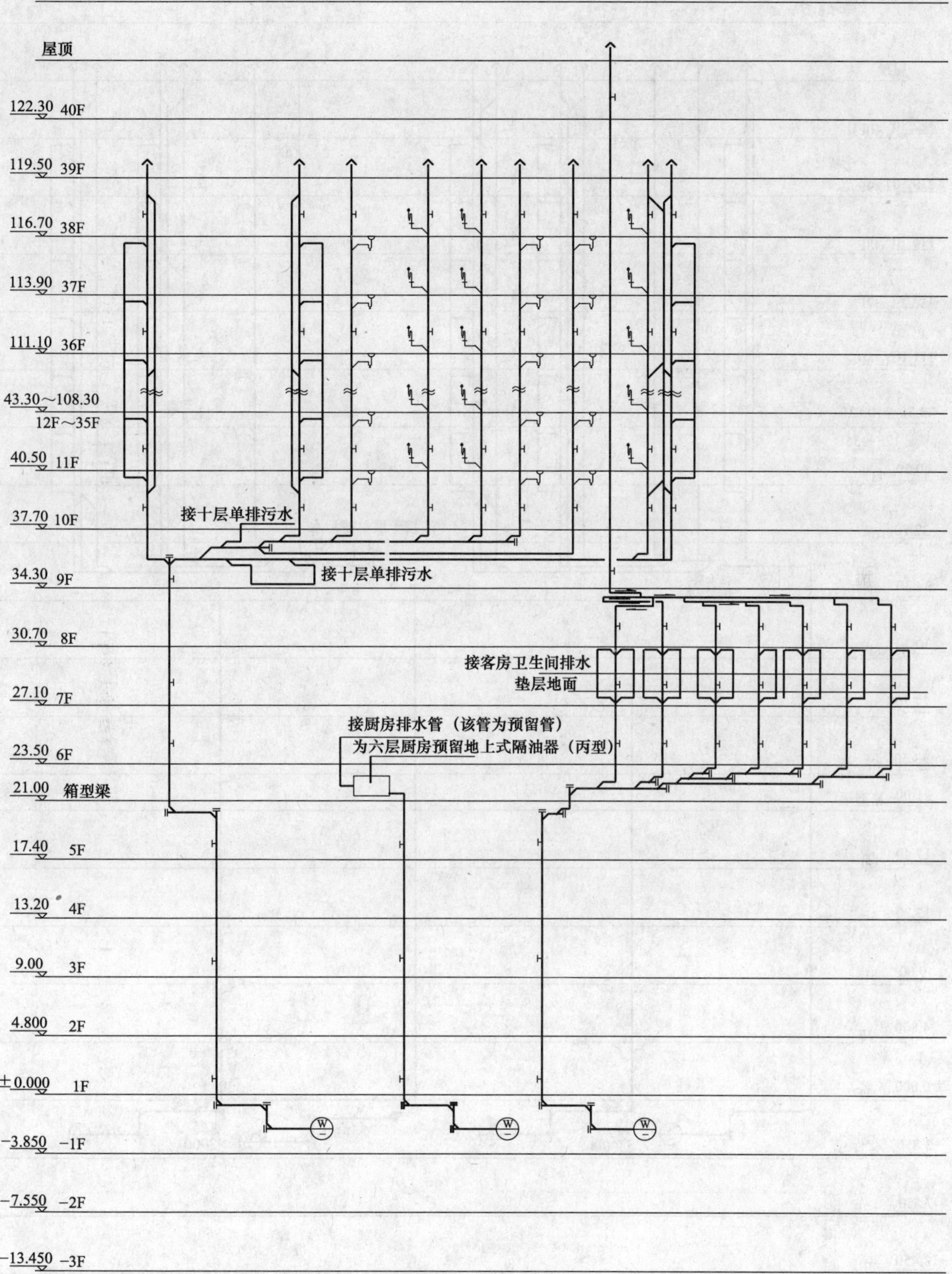

远洋中心污水管道系统图（一）

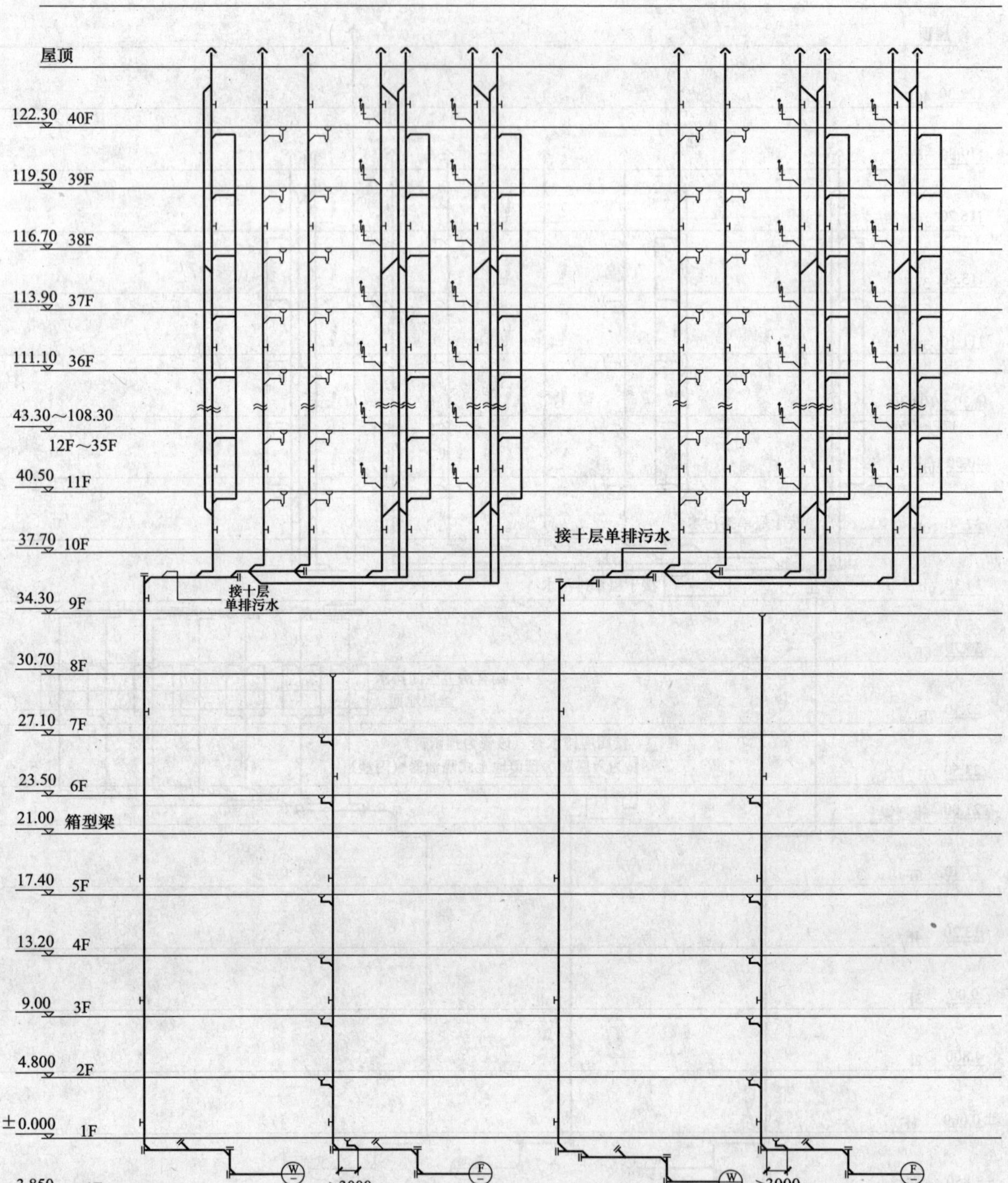

远洋中心污水管道系统图（二）

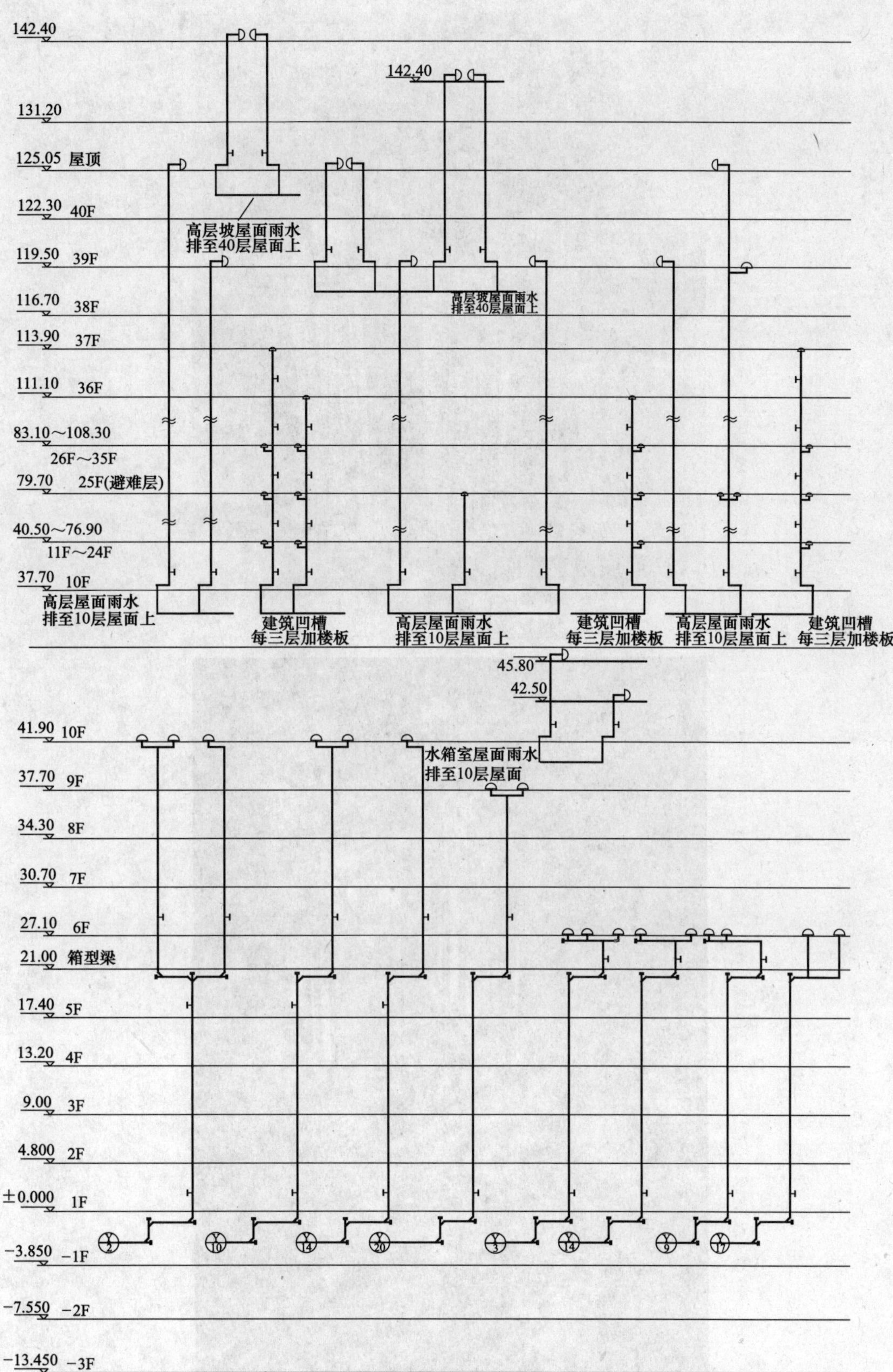

远洋中心雨水管道系统图

北京威斯汀酒店（金融街B3大厦）

设计单位： 中国中元国际工程公司

设 计 人： 张萍　徐红

获奖情况： 公共建筑三等奖

工程概况：

北京金融街B3大厦（北京威斯汀酒店）工程由北京金昊房地产开发有限公司、金融街控股股份有限公司开发建设，由世界著名的STARWOOD酒店管理公司管理的北京市重点项目。

本工程总用地面积11742m²，总建筑面积117675m²，建筑总高度为88m，其中地下建筑面积40379m²，地上建筑面积77296m²。主要包括486间酒店客房及205间公寓式套房客房，酒店配套设施豪华先进，包括餐饮中心、会议中心、商务中心、康体中心、豪华俱乐部等，达到国际五星级标准酒店及公寓式酒店标准，并根据国际酒店管理集团STARWOOD的标准，成功实施了突出其国际高档品牌的个性化设计。

一、给水排水系统

（一）生活给水系统

1. 设计用水量：最高日用水量为2119.2m³/d；最大小时用水量为186.7m³/h（含中水水量），生活用水量（表1）。

生活用水量表　　表1

用水部门名称	单位	数量	用水定额［L/(人·d),L/(m²·d),L/(kg干衣·d)］	最高日用水量(m³/d)	最大时用水量(m³/h)	用水时间(h)	小时变化系数K
酒店	人	641	400	256	21.33	24	2.0
公寓式酒店	人	500	400	200	16.67	24	2.0
物业管理	人	803	100	80.3	6.69	24	2.0
洗衣房	kg	3994	40	159.76	29.96	8	1.5
健身中心	人	80	150	12	2	12	2.0
职工餐厅	人	720	20	14.4	2.4	12	2.0
餐饮	人	2040	40	81.6	13.6	12	2.0
酒吧	人	200	15	3	0.45	10	1.5
宴会厅	人	1900	15	28.5	5.7	10	2.0
空调循环冷却水系统补充水	m³/h	2460	1.5%	885.6	36.9	24	
游泳池补水	m³	390	10%	39	3.25	12	
绿化	m²	1773	4	7.09	1.77	4	
道路浇洒	m²	1843	2	3.69	0.92	4	
冲洗车库	m²	24147	2	48.29	8.05	6	
热力系统				300	37	10	
合计				2119.23	186.69		

2. 水源：由基地 $DN200$mm 给水环状管网上引两路 $DN200$mm 给水管进入室内，供大楼生活及消防使用。

3. 系统竖向分区

地下四至地上二层为直供区，由市政管网水压直接供水。

酒店三至八层为加压一区；九至十五层为加压二区；十六至二十层为加压三区；二十一至二十六层为加压四区。

公寓式酒店三至八层为加压一区；九至十五层为加压二区；十六至二十一层为加压三区；二十二至二十七层为加压四区。

4. 供水方式及给水加压设备

酒店一、二区设 1 套恒压变量变频供水设备（$Q=62m^3/h$，$H=0.90$MPa，$N=11$kW×5，5 台水泵，4 用 1 备，轮流启动）和紫外线水处理器（$Q=100m^3/h$，$N=0.5$kW）。

酒店三、四区设 1 套恒压变量变频供水设备（$Q=55m^3/h$，$H=1.25$MPa，$N=37$kW×3，3 台水泵，2 用 1 备，轮流启动）和 3 台紫外线水处理器（$Q=60m^3/h$，$N=1$kW）。

公寓式酒店一、二区设 1 套恒压变量变频供水设备（$Q=50m^3/h$，$H=0.90$MPa，$N=11$kW×4，4 台水泵，3 用 1 备，轮流启动）和 2 台紫外线水处理器（$Q=50m^3/h$，$N=0.5$kW）。

公寓式酒店三、四区设 1 套恒压变量变频供水设备（$Q=55m^3/h$，$H=1.25$MPa，$N=37$kW×3，3 台水泵，2 用 1 备，轮流启动）和 3 台紫外线水处理器（$Q=60m^3/h$，$N=0.5$kW）。

加压一、三区采取减压方式供水，各卫生器具配水点处最高静水压力不大于 0.45MPa，最低静水压力不小于 0.15MPa。

B3 层生活泵房内设有效容积为 $300m^3$ 不锈钢材质生活贮水箱，以及各楼生活供水设备。

5. 管材：采用薄壁紫铜管，焊接连接。

（二）生活热水系统

1. 设计用水量：冷水计算温度为 10℃，系统供水温度 60℃，回水温度 55℃，最高日用水量为 $353.8m^3/d$，最高时生活用水量为 $58.8m^3/h$，小时供热量为 1218kW。游泳池小时供热量约 287kW（直接供应蒸汽）。生活热水用水量（表 2）。

生活用热水量表 **表 2**

用水部门名称	单位	数量	用水定额 [L/(人·d),L/(m²·d), L/(kg 干衣·d)]	最高日用水量 (m^3/d)	最大时用水量 (m^3/h)	用水时间 (h)	小时变化系数 K
酒店	人	641	160	102.56	17.91	24	4.19
公寓式酒店	人	500	160	80	13.97	24	4.19
物业管理	人	803	50	40.15	3.35	24	2
洗衣房	kg	3994	15	59.9	11.23	8	1.5
健身中心	人	80	80	6.4	1.08	12	2
职工餐厅	人	720	10	7.2	1.2	12	2.0
餐饮	人	2040	20	40.8	6.8	12	2.0
酒吧	人	200	8	1.6	0.24	10	1.5
宴会厅	人	1900	8	15.2	3.04	10	2.0
合计				353.81	58.82		

2. 热源：本建筑物内全部设置集中热水供应系统，采用市政热源（检修期由备用蒸汽锅炉提供热源），地下一层热交换站换热后全日循环供应60℃热水，水源来自各区的生活给水系统，三层游泳池由锅炉房提供的蒸汽热媒经游泳池机房内热交换设备换热后供热。

3. 系统竖向分区：系统竖向分区与生活给水系统相同，水源来自各楼的生活给水加压系统，热水压力不大于冷水压力。卫生器具配水点处最高静水压力不大于0.45MPa，最低静水压力不小于0.15MPa。

4. 热交换设备：热媒及热源供应部分详见热力专业设计。

5. 冷热压力平衡措施、热水温度保证措施：热水供回水管采用同程系统，裙房部分卫生间，酒店及公寓式酒店热水支管采用自调控伴热电缆保温，维持温度55℃。

6. 管材：采用薄壁紫铜管，焊接连接。

（三）软化水系统

软化水由锅炉房及热交换站提供，用于地下一层员工餐厅厨房、地下一层洗衣房、首层餐饮厨房、首层酒吧、二层宴会厅厨房等用水点，用水量约为31.82m³/h。

（四）饮用水系统

酒店住宿人员4L/(人·d)，物业管理人员3L/(人·d)，酒店及公寓式酒店自备饮用水，其余部分采用电开水器供应饮用水，水源来自同层的给水系统。最高日饮用水水量约6m³/d。

（五）中水系统

1. 中水原水：设置中水原水收集系统，收集酒店及公寓式酒店内洗浴及盥洗等优质杂排水，最高日中水原水水量约190m³/d。经中水处理站处理后回用于楼内便器冲洗、地下车库冲洗及绿地浇洒，最高日中水用水量约170m³/d。

2. 中水水量平衡计算（表3）。

中水水量平衡表　　表3

用水部门名称	单位	数量	用水定额[L/(人·d),L/(m²·d)]	中水回用水量		中水原水量(m³/d)	用水时间(h)
				最大日(m³/d)	最大时(m³/h)		
酒店	人	641	400	30.77	2.56	102.97	24
公寓式酒店	人	500	400	24	2	80.32	24
酒店物业管理	人	246	100	14.76	1.23	6.21	24
餐饮	人	2040	40	4.90	0.82		12
其他物业管理	人	557	100	33.42	2.79		24
健身中心	人	80	150	1.8	0.3		12
职工餐厅	人	720	20	0.86	0.15		12
宴会厅	人	1900	15	1.71	0.34		10
绿化	m²	1773	4	7.09	1.77		4
道路浇洒	m²	1843	2	3.69	0.92		4
冲洗车库	m²	24147	2	48.29	8.05		6
合计				171.28	20.93	189.5	

中水原水量/中水回用水量＝189.5/171.28＝1.11，在110%～115%范围内，水量基本平衡。

3. 中水处理：

地下四层中水处理站设置一套中水水处理设施，设备处理能力 11m³/h。最高日中水净水产水量约 190m³/d。

中水处理采用下述工艺流程：中水原水⟶曝气调节池⟶毛发过滤器⟶污水泵⟶接触氧化池⟶沉淀池⟶中间水池⟶过滤水泵⟶石英砂过滤器⟶活性炭过滤器⟶消毒处理⟶中水净水贮水箱。

4. 中水供水：

中水供水竖向分四个区。

地下室及裙房部分为加压一区，设置 1 套变频设备恒压变量供水（Q=20m³/h，H=0.4MPa，N=4kW×3，3 台水泵，2 用 1 备，轮流启动）。

酒店三至九层为加压二区；十至十八层为加压三区；十九至二十六层为加压四区，设置 1 套变频设备恒压变量供水（Q=31m³/h，H=1.2MPa，N=11kW×3，3 台水泵，两用 1 备，轮流启动）。二区及三区采用减压方式供水。

公寓式酒店三至十层为加压二区；十一至十九层为加压三区；二十至二十七层为加压四区。设置 1 套变频设备恒压变量供水（Q=31m³/h，H=1.2MPa，N=11kW×3，3 台水泵，2 用 1 备，轮流启动）。二区及三区采用减压方式供水。

各卫生器具配水点处最高静水压力不大于 0.45MPa，最低静水压力不小于 0.10MPa。

5. 管材：中水原水收集管同污水系统；中水供水管采用热浸镀锌钢塑复合管及管件，DN≤100mm 螺纹连接，DN>100mm 沟槽式刚性接头连接。

（六）循环冷却水系统

1. 空调循环冷却水系统：

大楼设置空调循环冷却水系统，与空调专业冷水机组相对应，共分为 4 套系统，总循环流量为 2380m³/h，供水温度 32℃，回水温度 37℃，循环供回水干管 DN600mm。

B4 层冷水机房内设置五台循环冷却水水泵（3 台 Q=870m³/h，H=0.3MPa，N=110kW，2 用 1 备；2 台 Q=320m³/h，H=0.3MPa，N=45kW）。公寓式酒店屋顶设置四台超低噪声逆流式冷却塔（2 台 Q=924m。3/h，N=33kW；2 台 Q=348m³/h，N=11kW）。循环冷却水水泵吸水端设置水处理器，对循环冷却水进行过滤、杀菌、灭藻、防垢等处理。

2. 冷库用空调循环冷却水系统：

大楼设置厨房冷库用空调循环冷却水系统，总循环流量 80m³/h，供水温度 32℃，回水温度 37℃，循环供回水干管 DN150mm。

地下四层冷水机房内设置两台循环冷却水水泵（Q=80m³/h，H=0.3MPa，N=15kW，1 用 1 备；公寓式酒店屋顶设置 1 台超低噪声逆流式冷却塔（Q=85.2m³/h，N=2.2kW）。循环冷却水水泵吸水端设置水处理器，对循环冷却水进行过滤、杀菌、灭藻、防垢等处理。

B3 层生活水泵房内设置 1 套循环冷却水补水装置，采用恒压变量变频供水设备（Q=40m³/h，H=1.2MPa，N=15kW×3，3 台水泵，2 用 1 备，轮流启动）。

3. 管材：空调循环冷却水供回水管采用螺旋缝焊接钢管，焊接连接。

（七）雨水系统

1. 雨量：设计降雨重现期 P=10 年，计算小时降雨厚度 H=210mm/h，降雨历时 5min 的暴雨强度 q_5=5.84L/(s·100m²)，汇水面积 12260m²，总雨水量为 716L/s。

2. 雨水系统：酒店及酒店式公寓屋面雨水采用重力流排水；裙房及泳池屋面雨水采用虹吸

式压力排水系统；汽车坡道及通风竖井等雨水排水，经若干潜水排水泵抽升排放。

3. 管材：重力流雨水排水管（含窗井及汽车坡道等）埋地部分采用球墨给水铸铁管，胶圈接口；架空部分及压力流排水管采用热浸镀锌钢管，沟槽式刚性接头连接；虹吸式压力排水系统采用高密度聚乙烯（HDPE）管材，采用热熔或电熔连接。

（八）污水系统

1. 排水量：排水量标准同给水，排水系数取0.9。最高日排水量752m³/d（其中污水量为562m³/d，废水量为190m³/d）。

2. 排水系统：采用双立管排水系统，污废水分流排放，餐饮废水单独排放。地上部分污废水竖向分区重力流排出户外，地下部分污废水采用压力流排放。地下部分的废水采用潜水排污泵、含悬浮杂质的污水采用潜水切割排污泵抽升排放，其中潜水切割排污泵配置可拆卸式不锈钢刀头。

3. 污水局部处理：

(1) 洗浴及盥洗等优质杂排水，排入中水原水收集管网，经中水机房集中处理达标后，回用于全楼的卫生间便器冲洗和室外绿化。

(2) 餐饮各含油排水器具出口处设置第一级除油设备，排水总出口处设置第二级除油设备，餐饮含油污水经两级除油处理后采用潜水切割排污泵抽升排放。

(3) 蒸汽锅炉采取间隙式排污，采用中水降温，排水温度≤40℃时排入集水坑后抽升排放。

4. 管材：压力流排水管（含污水集水坑透气管）及*DN*＜50mm的重力流排水管采用热浸镀锌钢管，*DN*≤100mm螺纹连接，*DN*＞100mm沟槽式刚性接头连接；*DN*≥50mm的重力流排水管及透气管采用柔性抗震排水铸铁管及管件。

二、消防系统

（一）消防水量

大楼按一类建筑、耐火等级为一级、危险等级为中危险级（自动喷水灭火系统地下部分为中危险级Ⅱ级，地上部分为中危险级Ⅰ级）进行防火设计。消防系统包括室外消火栓系统、室内消火栓系统、自动喷水灭火系统、水喷雾灭火系统、气体灭火系统及其他灭火系统（表4）。

消防用水量表 **表4**

名称	用水量(L/s)	灭火时间(h)	一次消防用水量(m³)	需要水池容积(m³)
室外消火栓	30	3	324	
室内消火栓	40	3	432	432
自动喷水	30	1	108	108
水喷雾	30	0.5	54	54
合计			918	594

注：水喷雾系统、自动喷水灭火系统不同时动作，故不考虑其同时使用，一次消防用水量按同时启动室外消火栓系统、室内消火栓系统及雨淋系统计算，消防水池按贮存室内消火栓系统、自动喷水系统用水量计算，约为540m³。

（二）室外消火栓系统

1. 水源：采用市政供水，基地内*DN*200mm环状给水管网上设置6组*DN*100mm室外地下式消火栓，供室外消防使用。

2. 设计参数：室外消火栓用水量30L/s，延续时间3h，一次消防用水量324m³。

3. 系统设计：室外消防采用低压制给水系统，由城市自来水直接供水，发生火灾时，由城市消防车从现场室外消火栓取水经加压进行灭火或经消防水泵接合器供室内消防灭火用水。

4. 消火栓：室外消火栓间距不超过 120m，距外墙不小于 5m，距路边不大于 2m。消防水泵接合器 15～40m 范围内需设置室外消火栓。

（三）室内消火栓系统

1. 水源：在火灾延续时间内全部由地下四层的有效容积 600m^3 消防水池提供。

2. 设计参数：室内消火栓用水量 30L/s，延续时间 3h，一次消防用水量 432m^3。

3. 系统设计：系统采用临时高压制，在地下四层消防水泵房内设有 2 台专用消火栓供水泵（Q=144m^3/h，H=1.4MPa，N=90kW，1 用 1 备），公寓式酒店屋顶水箱间内设一座有效容积 18m^3 的不锈钢材质消防贮水箱及 1 套增压稳压设备［ZW（W）—Ⅰ—Ⅹ—10，消防有效贮水容积 V=300L］维持系统上部压力。在室外设 4 套 DN100 消防水泵接合器。室内消火栓管道水平干管及竖向立管均构成环状，在环网上设一根 DN100 管道与屋顶 18m^3 消防水箱及其后消火栓增压稳压装置相连。

4. 系统分区：室内消火栓系统分高、低两区，各区管道独立成环，最低消火栓栓口处静水压力不大于 0.80MPa，最高消火栓栓口处静水压力不小于 0.07MPa。地下四至十二层为低区，酒店十三至二十六层为高区，公寓式酒店十三至二十七层为高区，低区系统经减压阀减压供水。

5. 自动控制：消火栓箱内消防水泵启动按钮直接启动消火栓主泵，公寓楼屋顶消防水箱间内消火栓系统增压稳压设备压力降至 0.22MPa 时启动消火栓主泵。

6. 消火栓：楼内设若干消火栓，消火栓箱尺寸 1800×650×160mm，箱内配置 DN65mm 消火栓 1 个，ϕ19mm 水枪 1 支，DN65mm×25m 水龙带一条，消防水泵启动按钮 1 个，自救式消防卷盘 1 套（DN25mm 小口径室内消火栓，ϕ6.8mm 小口径开关水枪，ϕ19mm×25m 输水胶管），消火栓箱下部配置 4kg 手提式磷酸铵盐干粉灭火器 2 具。

7. 管材：在十七层以上及五至九层低区管道采用普通镀锌钢管，其余管道采用加厚热浸镀锌钢管，$DN \leqslant$100mm 螺纹连接，$DN >$100mm 沟槽式刚性接头连接。

（四）室内自动喷水灭火系统

1. 保护部位：建筑内除建筑面积小于 5m^2 的卫生间和不宜用水扑救的部位外，均设置自动喷水灭火系统。

2. 设计参数：采用闭式系统。除净空高度 8～12m 的中庭采用设计喷水强度 6L/(min·m^2)、作用面积 260m^2 外，其余地方采用设计喷水强度 8L/(min·m^2)（中危险级Ⅱ级）、6L/(min·m^2)（中危险级Ⅰ级），作用面积 160m^2。设计用水量 30L/s，火灾延续时间 1h，一次消防用水量 108m^3。

3. 系统设计：自动喷水灭火系统采用临时高压制，在地下四层消防水泵房内设有专用自动喷水供水 2 台（Q=144m^3/h，H=1.4MPa，N=90kW，1 用 1 备），公寓式酒店屋顶水箱间内设一套增压稳压设备［ZW（L）—Ⅰ—Z—10］维持系统上部压力。室外设置 4 套 DN100mm 消防水泵接合器。地下二、三、四层及有采暖设施的部分采用湿式自动喷水灭火系统，地下一层局部及地下一层夹层无采暖设施的部分采用预作用自动喷水灭火系统。

4. 系统控制：湿式自动喷水系统中湿式报警阀组压力开关直接连锁启动自动喷水主泵，北楼屋顶消防水箱间内自动喷水灭火系统增压稳压设备压力降至 0.18MPa 时启动自动喷水主泵。预作用自动喷水系统中报警阀后管道中充压缩空气，空气压力维持在 0.03～0.05MPa 之间，并设用来检测气体压力的压力开关，当压力低于 0.03MPa 时，控制中心报警，预作用系统中管道末端设快速排气阀和电磁阀，当接到消防报警确认火灾时，管道末端的电磁阀和预作用阀中的电磁阀同时打开，并启动自动喷水主泵。泵房和消防控制中心还设有手动开启和关闭自动喷水灭火给水加压泵的装置。

5. 喷头选用：汽车坡道、公共娱乐场所、中庭环廊、地下商业及仓储用房、公寓采用快速响应喷头，其余部位采用标准喷头。汽车坡道采用 57℃喷头，厨房热厨间、烧烤间采用 93℃喷头，其余地方采用 68℃喷头。喷头流量系数 $K=80$。有吊顶区域采用吊顶型喷头，无吊顶区域或栅板类通透性吊顶的场所采用直立型喷头，预作用系统下垂型喷头采用干式专用下垂型喷头。

6. 管材：采用热浸镀锌钢管，减压阀前为加厚钢管，减压阀后为普通钢管，$DN\leqslant100$mm 螺纹连接，$DN>100$mm 沟槽式刚性接头连接，配水干管与配水支管连接处采用沟槽式刚性接头。

（五）水喷雾灭火系统

1. 保护部位：地下一层锅炉房；柴油发电机房及其油箱间。

2. 设计参数：柴油发电机房设计喷雾强度 20L/(min·m^2)，持续喷雾时间 0.5h，水雾喷头工作压力 0.35MPa，消防水量 35L/s，燃气锅炉房设计喷雾强度 9L/(min·m^2)，持续喷雾时间 1.0h，水雾喷头工作压力 0.20MPa，消防水量 25L/s，一次消防最大用水量 90m^3。

3. 系统设计：自动喷水灭火系统采用临时高压制，在地下四层消防水泵房内设有专用自动喷水供水 2 台（$Q=144$m^3/h，$H=1.4$MPa，$N=90$kW，1 用 1 备)，柴油发电机房及锅炉房各设 1 套雨淋报警阀组。

4. 系统控制：感温感烟探测器动作时，开启相应的雨淋阀组；消防控制中心可远距离开启电磁动雨淋阀组；现场可手动直接开启控制阀启动雨淋阀组，雨淋阀开启时，压力开关直接连锁启动水喷雾供水泵。

5. 管材：采用热浸镀锌钢管，$DN\leqslant100$mm 螺纹连接，$DN>100$mm 沟槽式刚性接头连接，配水干管与配水支管 连接处采用沟槽式刚性接头。

（六）气体灭火系统

计算机房（面积约 64m^2，体积约 230m^3）采用 1 套独立式 FM200 气体灭火系统；总变电室（面积约 695m^2，体积约 3197m^3）、总配线室（面积约 695m^2，体积约 1529m^3）及通信机房（面积约 120m^2，体积约 504m^3）采用 1 套 FM200 组合分配气体灭火系统。设计浓度 8%，喷放时间小于 7s，浸渍时间不小于 3min，工作压力 2.5MPa。灭火系统设自动、手动及机械应急操作三种启动方式。

（七）其他灭火系统

楼内除配置若干手提式磷酸铵盐干粉灭火器（设置在消火栓箱下部）外，在配电间等电器用房配置若干手提式二氧化碳灭火器，在地下停车库加配若干推车式轻水泡沫灭火器。

三、人防工程

地下四层设有抗力等级为 6 级、防化等级为丁级的防空地下室，平时为汽车库，战时为物资库。进出人防的所有给水排水管道均采用热浸镀锌钢管及管件，且在人防防护墙（顶板）处设置密闭套管（“国家标准” FS01～02)，并在人防防护墙（顶板）内侧加设防爆波阀。

四、节水设计

1. 供水系统分别设多级计量，采用远传水表。

2. 采用一次冲洗水量不大于 6L 的节水型坐便器，小便器冲洗采用红外感应延时自闭式冲洗阀，各种用水龙头均采用陶瓷密封芯片节水型龙头。

3. 大楼设置中水系统，收集大楼内洗浴及盥洗等优质杂排水，经中水处理站处理后回用于楼内便器冲洗。

4. 采用空调循环冷却水系统，冷却塔为节水型产品。

5. 室外绿化采用微喷节水灌溉。

五、环境保护

1. 餐饮污水经隔油设备除油处理达标后抽升排入基地污水排水管网。

2. 所有污水经钢筋混凝土化粪池处理后排入市政污水排水管网。

3. 除潜水排污泵外，其余水泵均采取积极隔振措施。

4. 冷却塔采用超低噪声型产品。

六、工程系统图及照片

威斯汀酒店

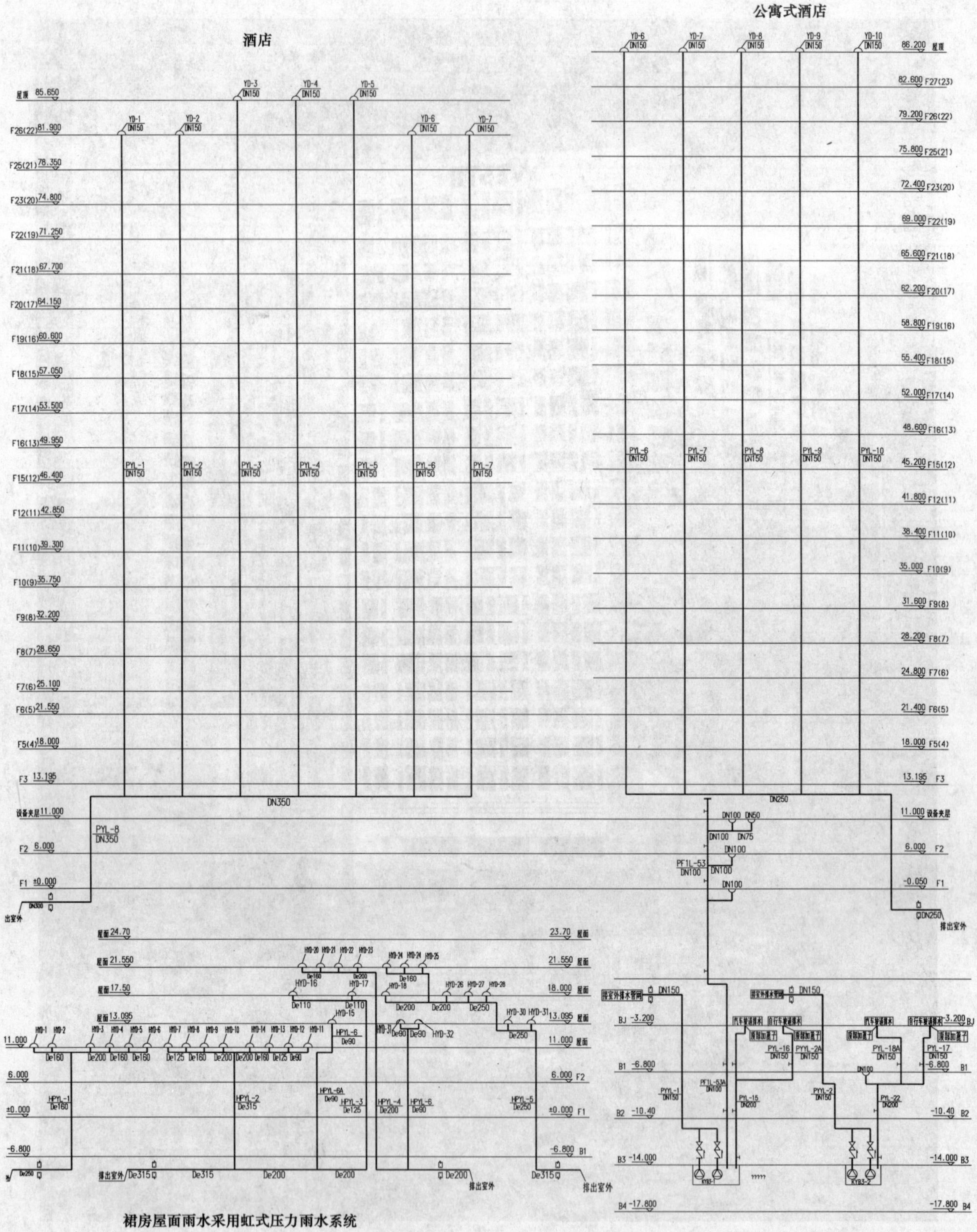

酒店

公寓式酒店

裙房屋面雨水采用虹式压力雨水系统

雨水系统图

进水管

进水管

试验消火栓

消火栓增压稳压装置：ZW(W)-I-X-10-0.16

P1=0.16MPa P2=0.22MPa PS1=0.25MPa PS2=0.30MPa

F1、F2层消火栓修改

排两套水泵结合器

排两套水泵结合器

接试验消火栓

消防水池有效容积700m³(两格)

管道穿越防护结构预埋刚性密闭套管（做法见FS01-02）人防防护墙内设置阀门其工作压力为消防系统1.6MPa

消火栓系统加压泵参数：Q=144m³/h H=1.4Mpa N=90kW 一用一备

消火栓系统图

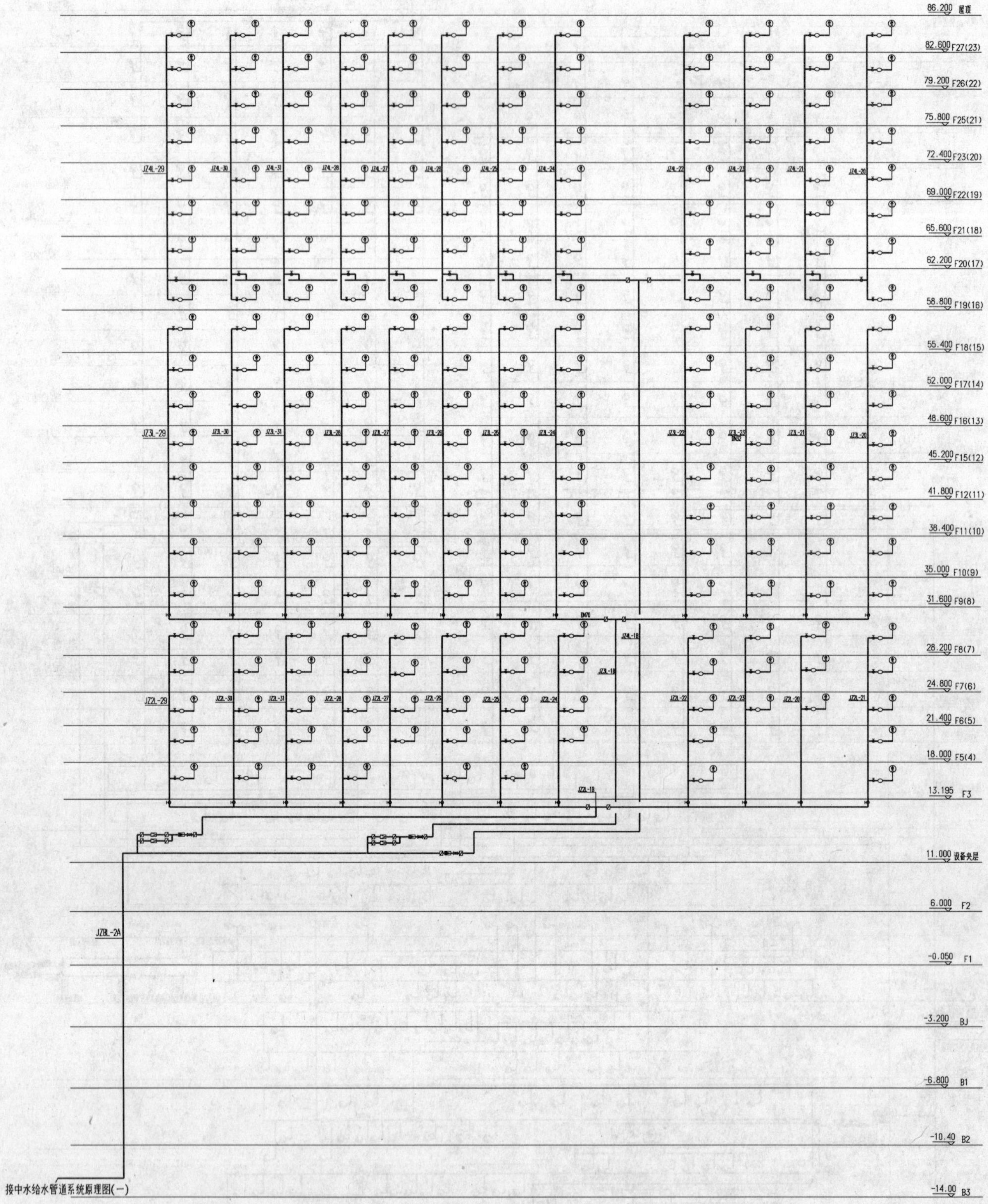

86.200 屋顶
82.600 F27(23)
79.200 F26(22)
75.800 F25(21)
72.400 F23(20)
69.000 F22(19)
65.600 F21(18)
62.200 F20(17)
58.800 F19(16)
55.400 F18(15)
52.000 F17(14)
48.600 F16(13)
45.200 F15(12)
41.800 F12(11)
38.400 F11(10)
35.000 F10(9)
31.600 F9(8)
28.200 F8(7)
24.800 F7(6)
21.400 F6(5)
18.000 F5(4)
13.195 F3
11.000 设备夹层
6.000 F2
-0.050 F1
-3.200 BJ
-6.800 B1
-10.40 B2
-14.00 B3

JZBL-2A

接中水给水管道系统原理图(一)

中水给水管道系统图（公寓）

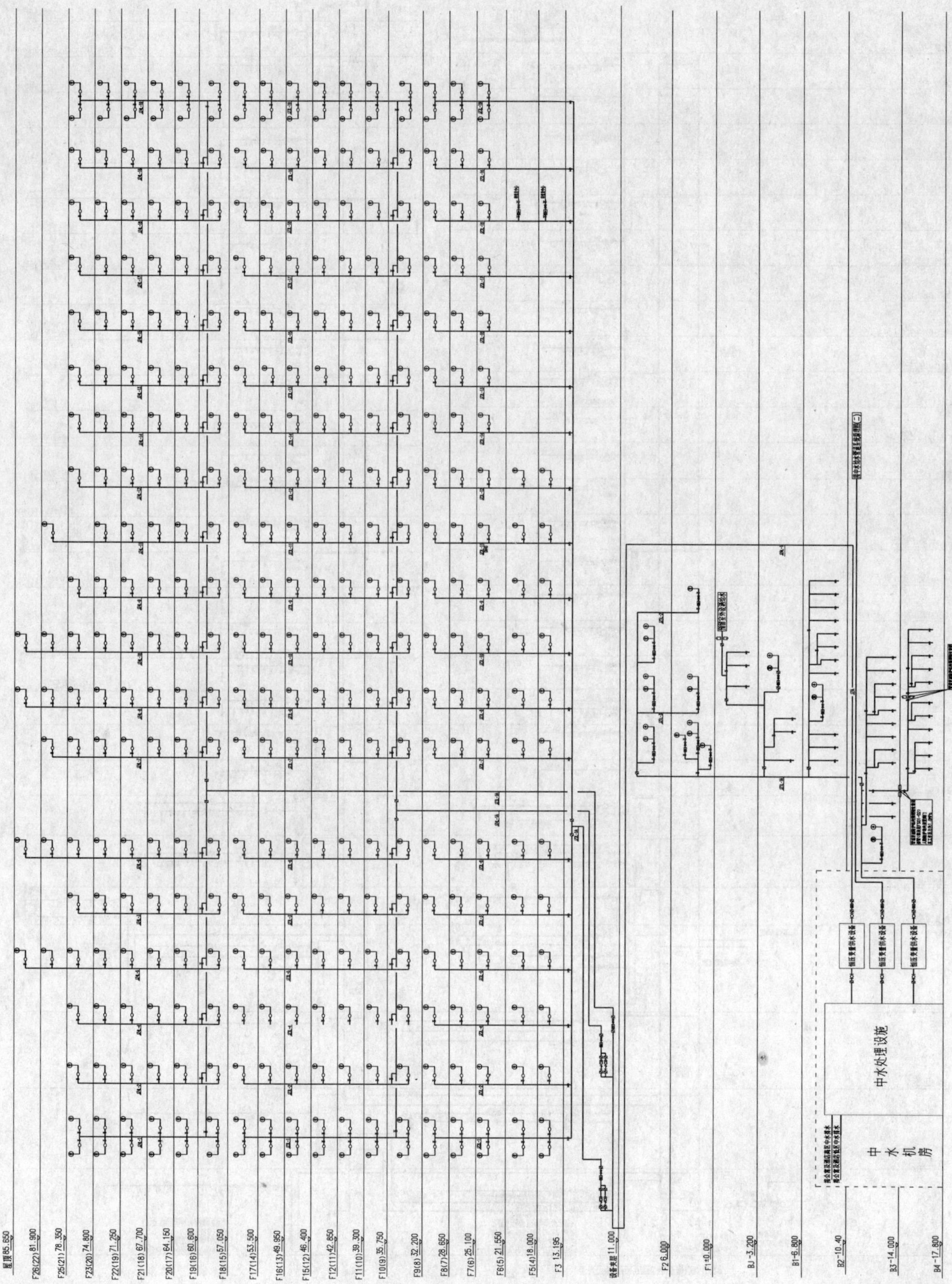

中水给水管道系统图（酒店）

屋顶85.650
F26(22) 81.900
F25(21) 78.350
F23(20) 74.800
F22(19) 71.250
F21(18) 67.700
F20(17) 64.150
F19(16) 60.600
F18(15) 57.050
F17(14) 53.500
F16(13) 49.950
F15(12) 46.400
F12(11) 42.850
F11(10) 39.300
F10(9) 35.750
F9(8) 32.200
F8(7) 28.650
F7(6) 25.100
F6(5) 21.550
F5(4) 18.000
F3 13.195
设备层 11.000
F2 6.000
F1 ±0.000
BJ -3.200
B1 -6.800
B2 -10.40
B3 -14.000
B4 -17.800

中水处理设施

中水机房

自喷系统增压稳压装置:
P1=0.16MPa P2=0.23MPa PS1=0.26MPa PS2=0.31MPa
屋顶 85.650
F26(22) 81.900
F25(21) 78.350
F23(20) 74.800
F22(19) 71.250
F21(18) 67.700
F20(17) 64.150
F19(16) 60.600
F18(15) 57.050
F17(14) 53.500
F16(13) 49.950
F15(12) 46.400
F12(11) 42.850
F11(10) 39.300
F10(9) 35.750
F9(8) 32.200
F8(7) 28.650
F7(6) 25.100
F6(5) 21.550
F5(4) 18.000
F3 13.195
设备夹层 11.000
F2 6.000
F1 ±0.000
B1夹 -3.200
B1 -6.800
B2 -10.40
B3 -14.000
B4 -17.800
86.200 顶层
82.600 F27(23)
79.200 F26(22)
75.800 F25(21)
72.400 F23(20)
69.000 F22(19)
65.600 F21(18)
62.200 F20(17)
58.800 F19(16)
55.400 F18(15)
52.000 F17(14)
48.600 F16(13)
45.200 F15(12)
41.800 F12(11)
38.400 F11(10)
35.000 F10(9)
31.600 F9(8)
28.200 F8(7)
24.800 F7(6)
21.400 F6(5)
减压阀后压0.65MPa
快速排气阀
水泵房
消防水池
有效容积700m³(两格)
管道穿越防护结构预埋刚性密闭
套管(做法见FS01-02)
人防防护墙内设置阀门
其工作压力为消防系统1.6MPa

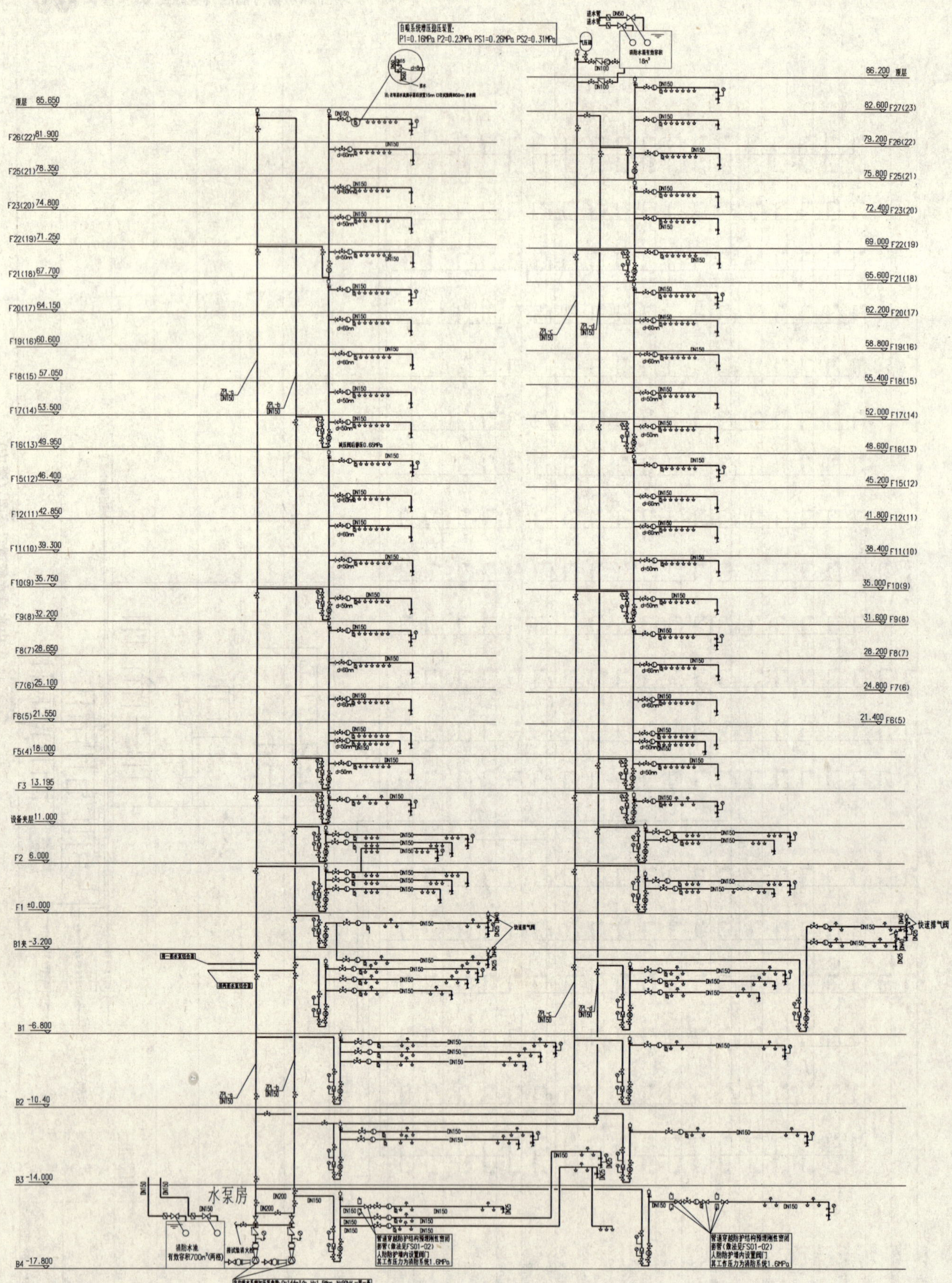

自动喷水系统图

TQL-40
TQL-39
TQL-38
TQL-37
TQL-34
TQL-31
屋顶 86.200
F27(23) 82.600
F26(22) 79.200
F25(21) 75.800
F23(20) 72.400
F22(19) 69.000
F21(18) 65.600
F20(17) 62.200
F19(16) 58.800
F18(15) 55.400
F17(14) 52.000
F16(13) 48.600
F15(12) 45.200
F12(11) 41.800
F11(10) 38.400
F10(9) 35.000
F9(8) 31.600
F8(7) 28.200
F7(6) 24.800
F6(5) 21.400
F5(4) 18.000
F3 13.195
设备夹层 11.000

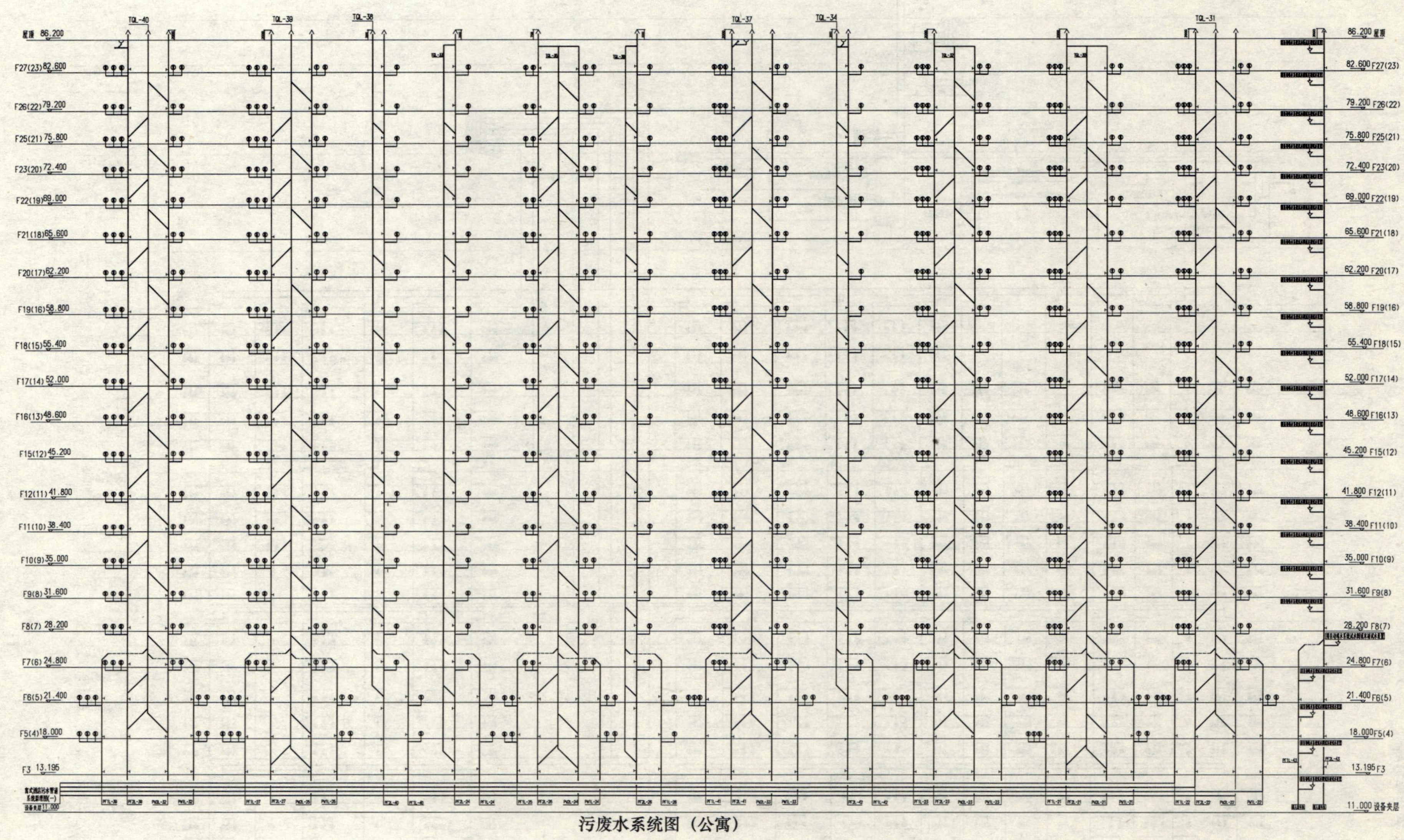

污废水系统图（公寓）

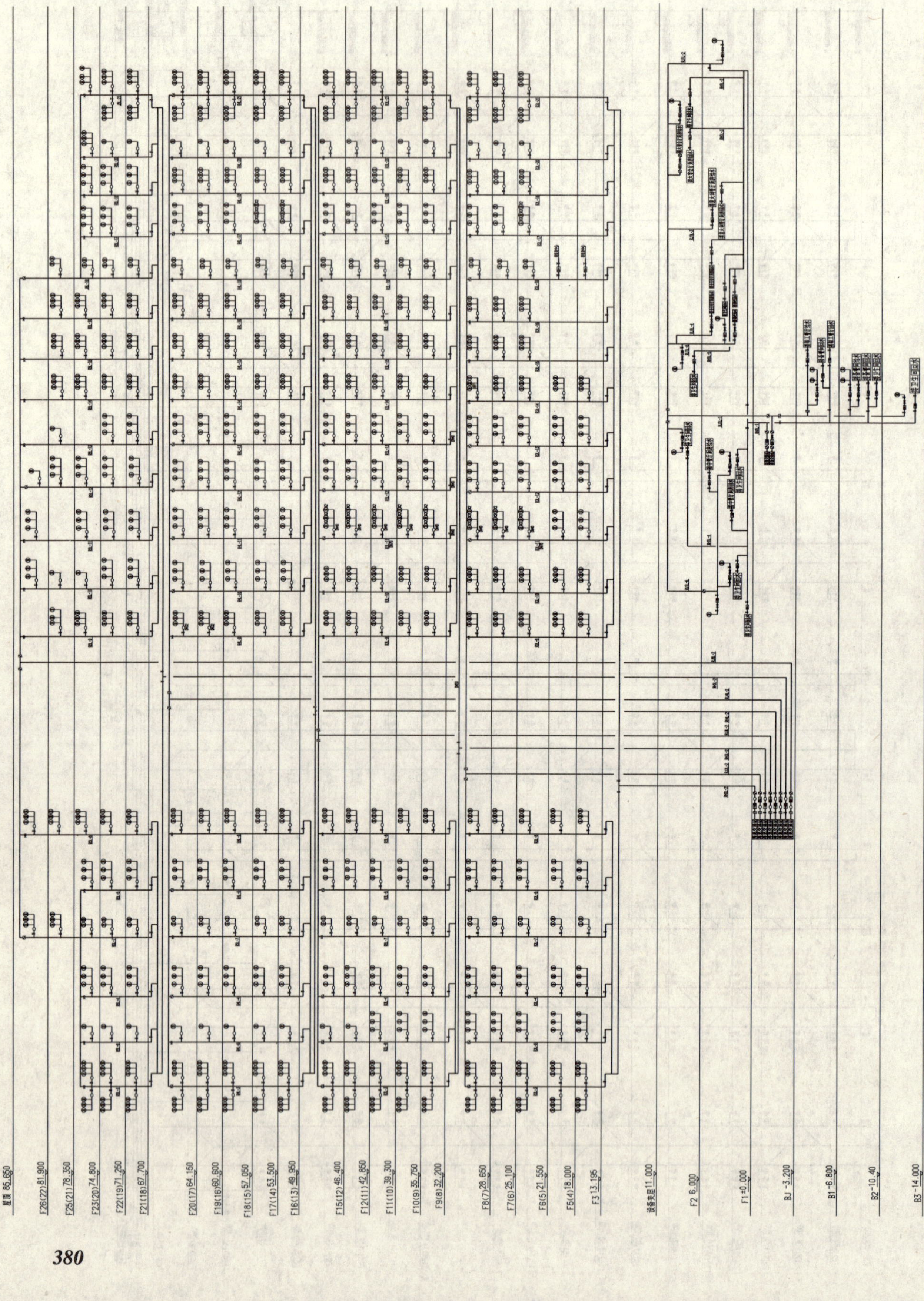

屋顶 85.650
F26(22) 81.900
F25(21) 78.350
F23(20) 74.800
F22(19) 71.250
F21(18) 67.700
F20(17) 64.150
F19(16) 60.600
F18(15) 57.050
F17(14) 53.500
F16(13) 49.950
F15(12) 46.400
F12(11) 42.850
F11(10) 39.300
F10(9) 35.750
F9(8) 32.200
F8(7) 28.650
F7(6) 25.100
F6(5) 21.550
F5(4) 18.000
F3 13.195
设备夹层 11.000
F2 6.000
F1 ±0.000
BJ -3.200
B1 -6.800
B2 -10.40
B3 -14.000

热水管道系统图（酒店）

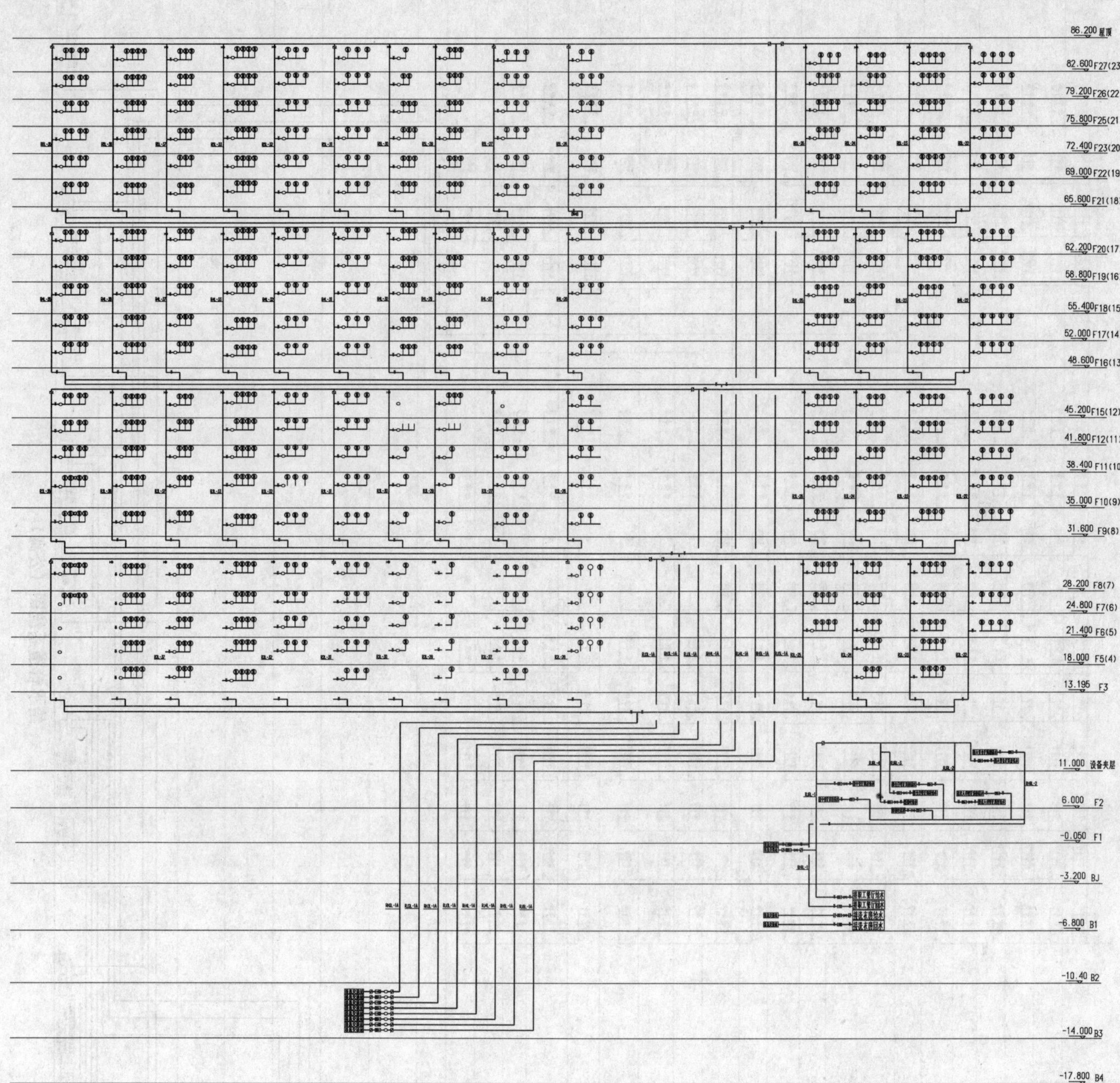

热水管道系统图（公寓）

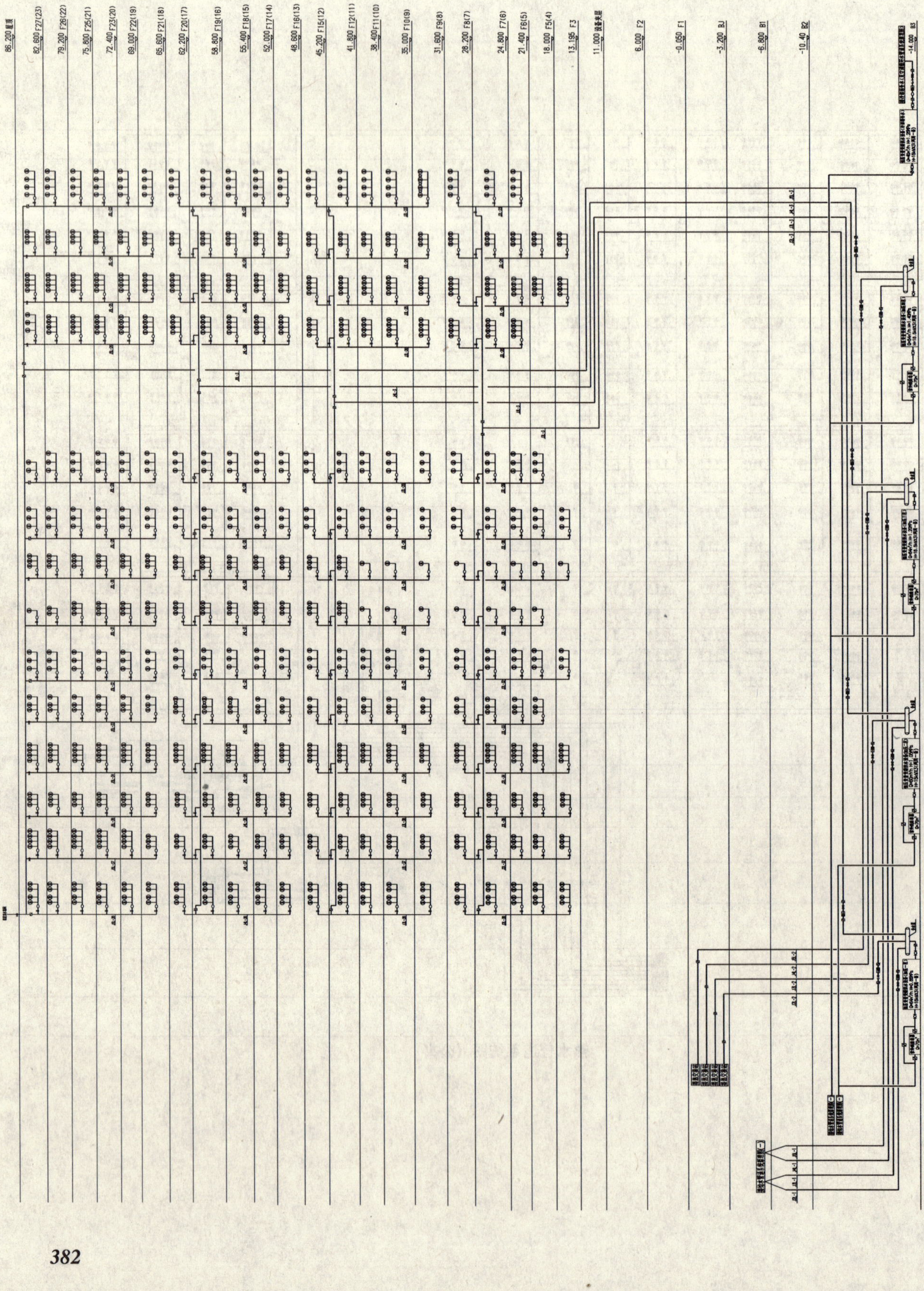

给水管道系统图（公寓）

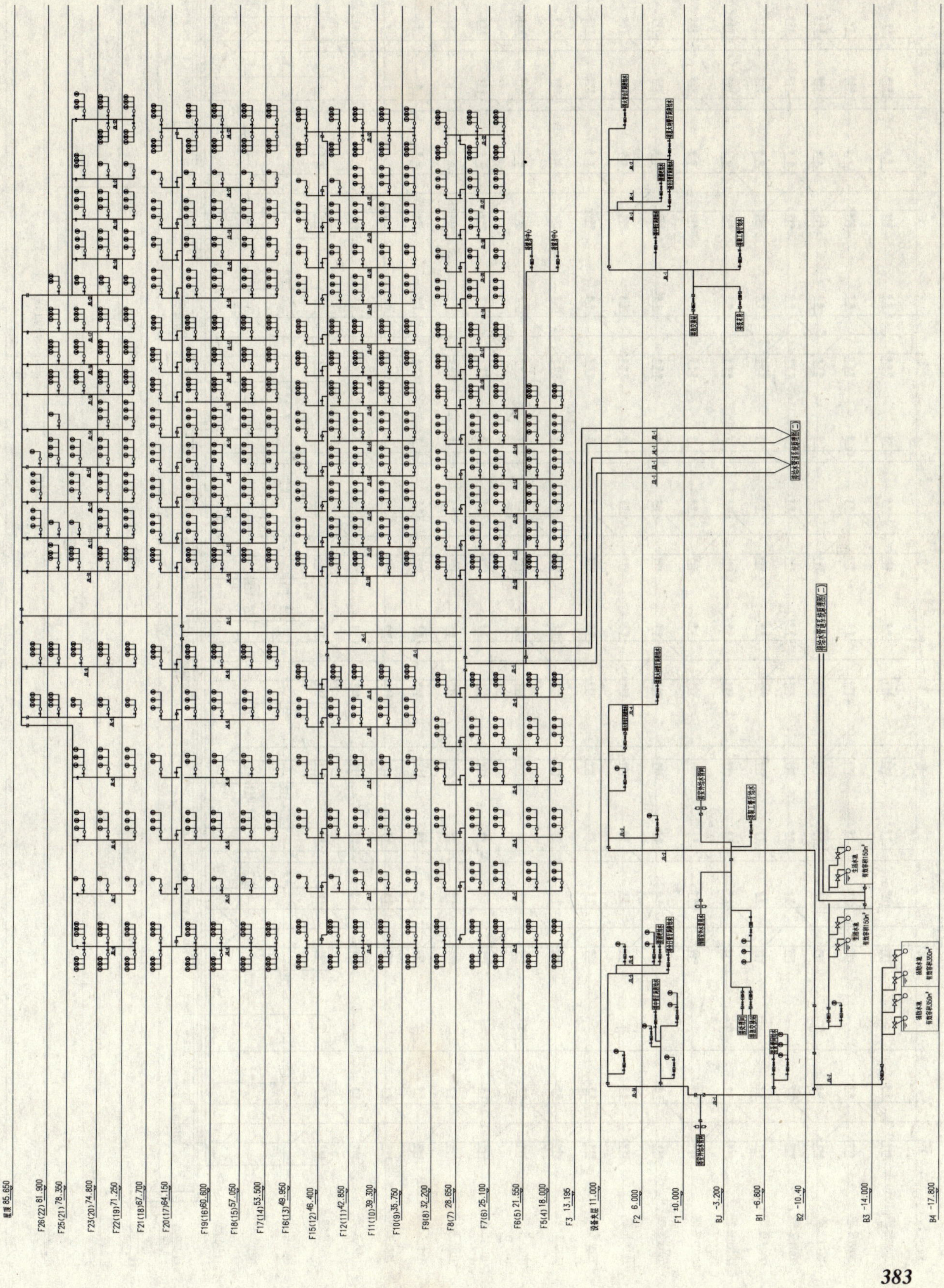

屋顶 85.650
F26(22) 81.900
F25(21) 78.350
F23(20) 74.800
F22(19) 71.250
F21(18) 67.700
F20(17) 64.150
F19(16) 60.600
F18(15) 57.050
F17(14) 53.500
F16(13) 49.950
F15(12) 46.400
F12(11) 42.850
F11(10) 39.300
F10(9) 35.750
F9(8) 32.200
F8(7) 28.650
F7(6) 25.100
F6(5) 21.550
F5(4) 18.000
F3 13.185
设备夹层 11.000
F2 6.000
F1 ±0.000
BJ -3.200
B1 -6.800
B2 -10.40
B3 -14.000
B4 -17.800

给水管道系统图（酒店）

TQL-49
TQL-47
TQL-48
TQL-50
TQL-51
TQL-46
TQL-45
TQL-44
TQL-41
TQL-42
中水机房
中水处理设施

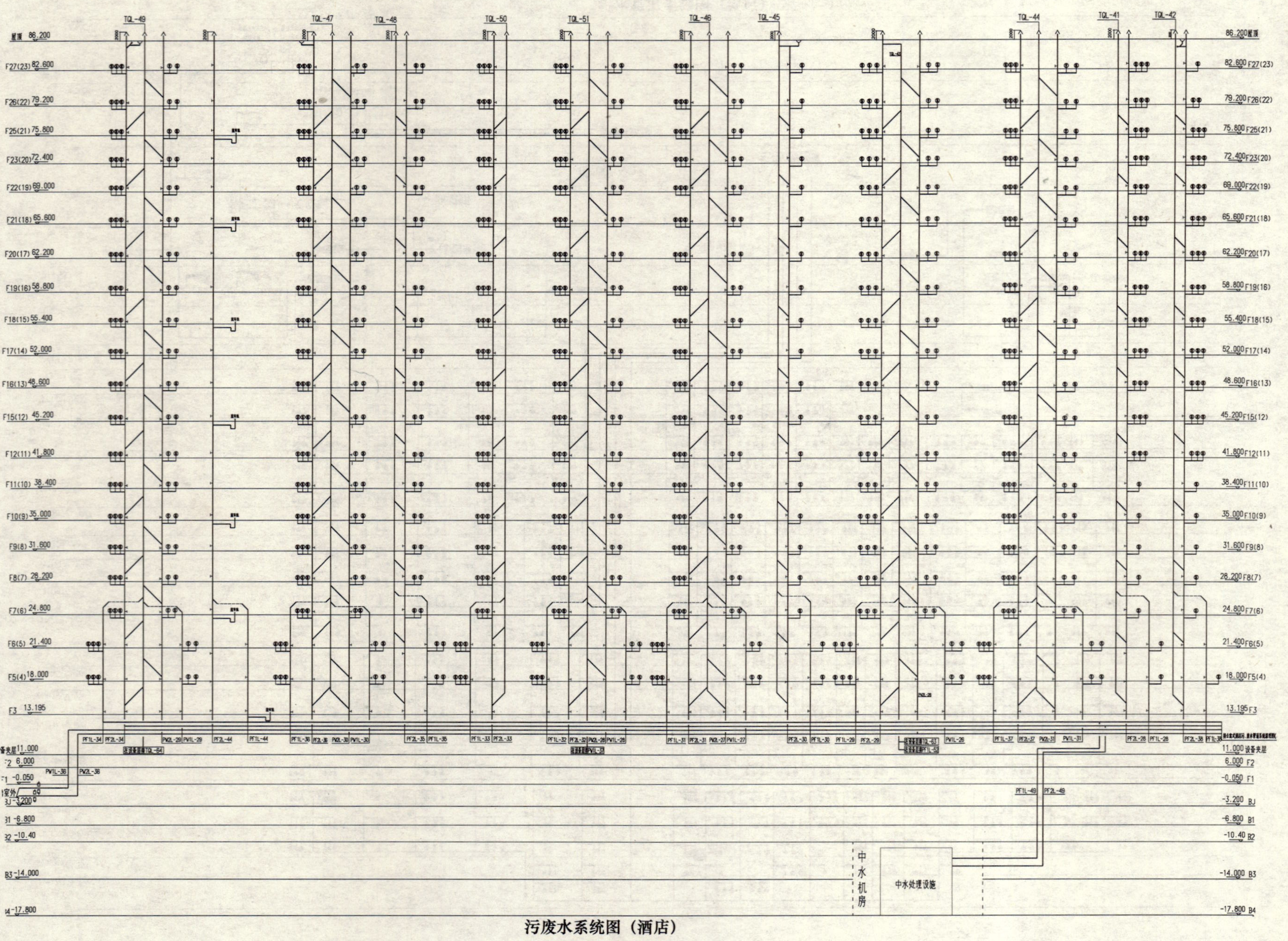

污废水系统图（酒店）

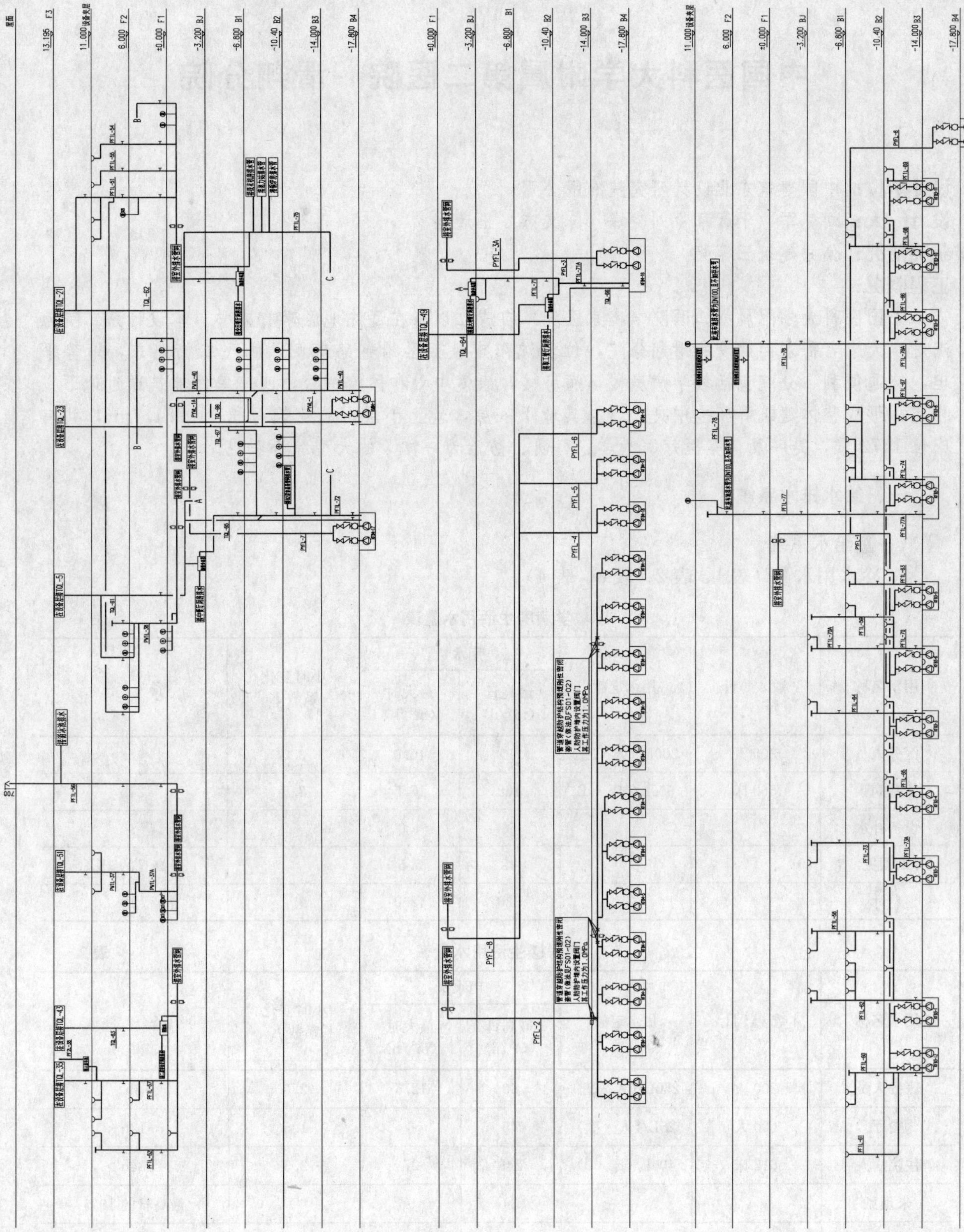

地下污废水管道系统图

中国医科大学附属第二医院　滑翔分院

设计单位：中国建筑东北设计研究院有限公司
设 计 人：刘德军　于彦章　刘晓峰　陈文杰　王欣路
获奖情况：公共建筑三等奖
工程概况：

中国医科大学附属第二医院（盛京医院）自成立以来在辽沈地区享有盛誉。本设计系二院为满足广大患者需求而建设的滑翔分院，位于沈阳市铁西区滑翔路南侧，腾飞二街路东，地势平坦，交通便利。分院包括教学病房楼，病房楼，康复中心和体检中心，四座单体建筑通过地下室相连，形成整体建筑群环抱中央广场。其地下一层，地上十层，总建筑面积110981.7m^2，共有床位1672张，是一所“集医疗、教学、科研、防治为一体”的大型综合医院。

一、给水排水系统

（一）给水系统

1. 冷水用水量（表1、表2、表3、表4）。

教学病房生活用水量表　　**表1**

用水名称	数　量	用水定额	用水量		小时变化系数 K	备　注
			最高日 (m^3/d)	最大时 (m^3/h)		
医务人员	300人	200L/(人·班)	60	15.0	2.0	8h
住院病人	560床	300L/(床·d)	168	17.5	2.5	24h
设备补水			50	4.0		
未预见			42	5.5		最高日的15%
总计			320	42.0		

病房楼生活用水量表　　**表2**

用水名称	数　量	用水定额	用水量		小时变化系数 K	备　注
			最高日 (m^3/d)	最大时 (m^3/h)		
医务人员	200人	250L/(人·班)	50	12.5	2.0	8h
餐厅	600人	25L/(人·次)	45	6	1.5	12h
住院病人	612床	400L/(床·d)	245	27	2.5	24h
未预见			34	5		最高日的10%
总计			374	50.5		

康复中心生活用水量表 表 3

用水名称	数　量	用水定额	用水量		小时变化系数 K	备　注
			最高日 (m³/d)	最大时 (m³/h)		
门诊	400 人	15L/(人·次)	6	1.2	1.5	8h
医务人员	200 人	250L/(人·班)	50	12.5	2.0	8h
餐厅	600 人	25L/(人·次)	45	6	1.5	12h
住院病人	500 床	400L/(床·d)	200	21	2.5	24h
水疗	200 人	200L/(人·次)	40	7	2.0	12h
未预见			34.1	4.8		最高日的 10%
总计			376	52.5		

体检中心生活用水量表 表 4

用水名称	数　量	用水定额	用水量		小时变化系数 K	备　注
			最高日 (m³/d)	最大时 (m³/h)		
门诊	200 人	15L/(人·次)	3	0.6	1.5	8h
医务人员	100 人	250L/(人·班)	25	6.3	2.0	8h
餐厅	200 人	25L/(人·次)	5	0.7	1.5	12h
洗衣	400kg	80L/kg	32	6	1.5	8h
未预见			6.5	13.6		最高日的 10%
总计			72	27.2		

【后三座单体：最高日用水量：374＋376＋72＝822m³/d；最大时用水量：50.5＋27.2＋52.5＝130.2m³/h。】

2. 水源：本园区由市政管网引入一根 *DN*200 的给水管。

3. 给水加压设备、系统竖向分区及供水方式

考虑到康复中心和病房楼用水量较大，合成一套系统管径比较大且地下室使用功能复杂，没有足够面积建设供给全院用水的生活水泵房，给水分为 2 套系统：系统Ⅰ单独服务教学病房楼，系统Ⅱ服务康复中心，病房楼，体检中心。Ⅰ套系统水箱间直接设于教学病房楼地下室（地下一层及一层的用水由市政管网直接供给；二层及以上由设于地下室的水箱及水泵加压供给）；Ⅱ套系统水箱间设于体检中心地下室。系统竖向分为两各区，一至三层为低区，四至十层为高区。

管网为枝装。均为微机变频供水方式。

4. 管材

采用薄壁不锈钢管，*DN*100 及以下管道采用卡压式连接，*DN*125 及以上管道采用沟槽，法兰或卡箍连接。

（二）热水系统

1. 热水用水量表（表 5、表 6、表 7、表 8）。

教学病房热水用水量表（60℃） 表5

用水名称	数量	用水定额	用水量		小时变化系数 K	备注
			最高日（m^3/d）	最大时（m^3/h）		
医务人员	300人	80L/(人·班)	24	4.5	1.5	8h
住院病人	560床	120L/(床·d)	67	6.2	2.2	24h
总计			91	10.7		

病房楼热水用水量表（60℃） 表6

用水名称	数量	用水定额	用水量		小时变化系数 K	备注
			最高日（m^3/d）	最大时（m^3/h）		
医务人员	200人	80L/(人·班)	16	3.0	1.5	8h
餐厅	600人	7L/(人·次)	4.2	6	1.5	12h
住院病人	612床	120L/(床·d)	73.4	7.7	2.2	24h
总计			93.6	16.7		

康复中心热水用水量表（60℃） 表7

用水名称	数量	用水定额	用水量		小时变化系数 K	备注
			最高日（m^3/d）	最大时（m^3/h）		
门诊	400人	7L/(人·次)	2.8	0.5	1.5	8h
医务人员	200人	80L/(人·班)	16.0	3.0	1.5	8h
餐厅	600人	7L/(人·次)	4.2	0.5	1.5	12h
住院病人	500床	120L/(床·d)	60.0	5.6	2.23	24h
水疗	200人	120L/(人·次)	24.0	4.0	2.0	12h
总计			107.0	13.6		

体检中心热水用水量表（60℃） 表8

用水名称	数量	用水定额	用水量		小时变化系数 K	备注
			最高日（m^3/d）	最大时（m^3/h）		
门诊	200人	7L/(人·次)	1.4	0.3	1.5	8h
医务人员	100人	80L/(人·班)	8.0	1.5	1.5	8h
餐厅	200人	7L/(人·次)	1.4	0.3	1.5	12h
洗衣	400kg	20L/kg	8.0	1.5	1.5	8h
总计			18.8	3.6		

【后三座单体：最高日用水量：93.6＋107.0＋18.8＝219.4m^3/d；最大时用水量：16.7＋13.6＋3.6＝33.9m^3/h】

2. 热源：由电热水锅炉提供热水。

3. 系统竖向分区：同相应给水系统

4. 冷、热水压力平衡措施、热水温度的保证措施在教学病房楼地下室设2台电热水锅炉（210kW/台），另设两台热水贮水罐（6m³/台），其仅用于本项目的病房部分。另在体检中心地下室分设各区电热水锅炉（每区2台，低区500kW/台，中区600kW/台），另设热水贮水罐（每区两台，5m³/台）。

为给患者及工作人员提供舒适的居住和工作场所，分院四栋单体均为全日制热水供应。为保证冷热水压力平衡，热水与给水系统分区方式相同。机械闭式循环系统，各区均设电锅炉、热水罐、膨胀罐及热水循环泵，以保证用水量不均的情况下仍较强的调节能力。四栋单体病房部分的热水管线均为上供下回式同程布置，裙房及体检中心因用水点多且上下不对应，采用了干管循环的方式，能够保证各用水点迅速得到热水。

5. 管材：

采用薄壁不锈钢管，*DN*100及以下管道采用卡压式连接，*DN*125及以上管道采用法兰或卡箍连接。

（三）中水系统

建设单位经与规划和市政部门共同确定本工程不设中水系统，其生活污水先经化粪池预处理，然后经本院区污水处理站处理，达标后排入市政污水管网。

（四）排水系统

1. 排水系统的形式：

本工程室内污、废水为合流排出方式，系统底层污水单独排出。

由于外线条件的限制，污水只能排向院区外侧，同时外侧由于地下室采光要求设置很多窗井，使原本“长距离排水”又加上了“出口有限”，设计中为解决此问题在地上部分尽量使远处排水点在转换层汇集至靠近出口的干管中，最大限度减少长距离排水横管。考虑到局部排水横管较长，更为保持医院空气清新，设计中采用了通气管和清扫口。地下室排水接至集水坑通过潜污泵提升排至室外。雨水为重力流内排水。

2. 透气管的设置方式：系统均设伸顶通气管，卫生间设专用通气管，并按规范要求设环形通气管。

3. 采用的局部污水处理设施：地下室厨房废水经隔油器进入排水沟引至集水坑，由潜污泵提升排出进入隔油池，处理后排入市政。

4. 管材：

重力流排水管：立管采用机制离心排水铸铁管，立管采用卡箍连接，水平管采用法兰连接；压力流排水管采用涂塑钢管，管件连接。

二、消防系统

（一）消火栓系统

整个分院消火栓管网为一套系统，室内消防用水由设在教学病房楼地下室的消防储水池和消防水泵供给，消防储水量465m³。屋顶消防水箱设于病房楼顶层（原设于教学病房楼后移至病房楼），有效容积18m³。属临时高压制，系统竖向不分区。

系统设计流量为30L/s，火灾延续时间为2h。各单体分设消防水泵结合器（每个项目2套，采用地下式的）。从消防水泵房引出两根干管布设于地下室管道通廊内，各单体设有2根引入管至内部成环。在病房楼顶层设本系统（气压）稳压设备。

采用焊接钢管，焊接或法兰连接。

（二）自动喷水灭火系统

整个分院自动喷水为1套系统，消防水池及消防水箱设置同消火栓系统。

从消防水泵房引出2根干管布设于地下室管道通廊内，各单体设2根引入管于报警阀前成环。除不能用水消防的设备室、手术室外均设置闭式自动喷水灭火系统。均采用快速响应喷头，病房设计中采用了边墙型扩展覆盖面喷头，在保证喷水强度的同时满足甲方要求。

系统设计流量为30L/s，火灾延续时间为1h。各单体分设消防水泵结合器（每个项目两套，采用地下式的）。在病房楼顶层设本系统（气压）稳压设备。教学病房楼、病房楼、康复中心和体检中心各设5、4、6、2套湿式报警阀。

采用内外壁热镀锌钢管，管径$DN \leqslant 80$为丝扣连接，管径$DN > 80$为沟槽连接。

三、设计及施工体会或工程特点介绍

全院只采用1套消防系统。通过管道通廊内的消防干管输送各单体的消防用水，1座消防水池，1座消防水箱，简化系统，节约投资，便于管理。

分院采用了2套供水系统，更好满足各单体用水要求，热水均为全日制供水，为患者及工作人员提供了舒适休养、工作和活动场所。

热水设计中通过单体内热水管道布置和阀门调节尽量保持压力平衡，克服由于建筑需要导致的设备机房不居中给管道同程布置带来困难。

排水设计中设置了通气管以及不少于规范要求的清扫口，在“长距离排水”和“出口有限”的情况下确保排水畅通、清通顺利。

在病房喷淋设计中广泛采用了边墙型扩展覆盖喷头，保证喷水强度的同时满足甲方要求不吊顶且管道不能与吊瓶滑轨交叉的美观及使用要求。

为更好节约资源保护环境，设计中采用了节水型卫生器具，采用变频调速水泵供水，医院污水均经过污水处理站处理达标后排放。

因管道采用卡压式、卡箍式连接，施工便捷，保证了施工质量和缩短工期的双重要求。

四、工程系统图及照片

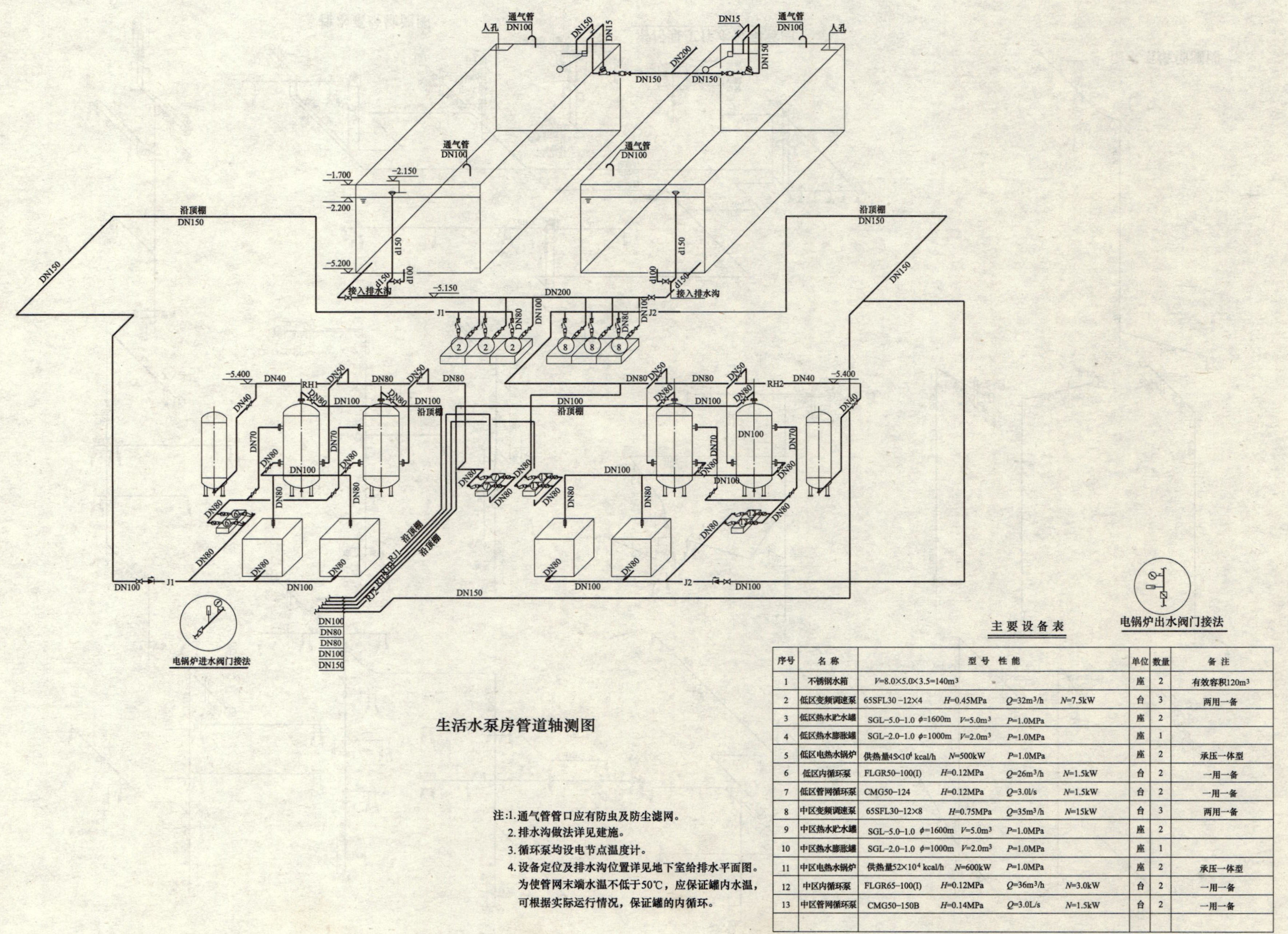

生活水泵房管道轴测图

注：1. 通气管管口应有防虫及防尘滤网。
2. 排水沟做法详见建施。
3. 循环泵均设电节点温度计。
4. 设备定位及排水沟位置详见地下室给排水平面图。为使管网末端水温不低于50℃，应保证罐内水温，可根据实际运行情况，保证罐的内循环。

主要设备表

序号	名称	型号 性能	单位	数量	备注
1	不锈钢水箱	V=8.0×5.0×3.5=140m³	座	2	有效容积120m³
2	低区变频调速泵	65SFL30−12×4 H=0.45MPa Q=32m³/h N=7.5kW	台	3	两用一备
3	低区热水贮水罐	SGL−5.0−1.0 ϕ=1600m V=5.0m³ P=1.0MPa	座	2	
4	低区热水膨胀罐	SGL−2.0−1.0 ϕ=1000m V=2.0m³ P=1.0MPa	座	1	
5	低区电热水锅炉	供热量45×10⁴ kcal/h N=500kW P=1.0MPa	座	2	承压一体型
6	低区内循环泵	FLGR50−100(I) H=0.12MPa Q=26m³/h N=1.5kW	台	2	一用一备
7	低区管网循环泵	CMG50−124 H=0.12MPa Q=3.0l/s N=1.5kW	台	2	一用一备
8	中区变频调速泵	65SFL30−12×8 H=0.75MPa Q=35m³/h N=15kW	台	3	两用一备
9	中区热水贮水罐	SGL−5.0−1.0 ϕ=1600m V=5.0m³ P=1.0MPa	座	2	
10	中区热水膨胀罐	SGL−2.0−1.0 ϕ=1000m V=2.0m³ P=1.0MPa	座	1	
11	中区电热水锅炉	供热量52×10⁴ kcal/h N=600kW P=1.0MPa	座	2	承压一体型
12	中区内循环泵	FLGR65−100(I) H=0.12MPa Q=36m³/h N=3.0kW	台	2	一用一备
13	中区管网循环泵	CMG50−150B H=0.14MPa Q=3.0L/s N=1.5kW	台	2	一用一备

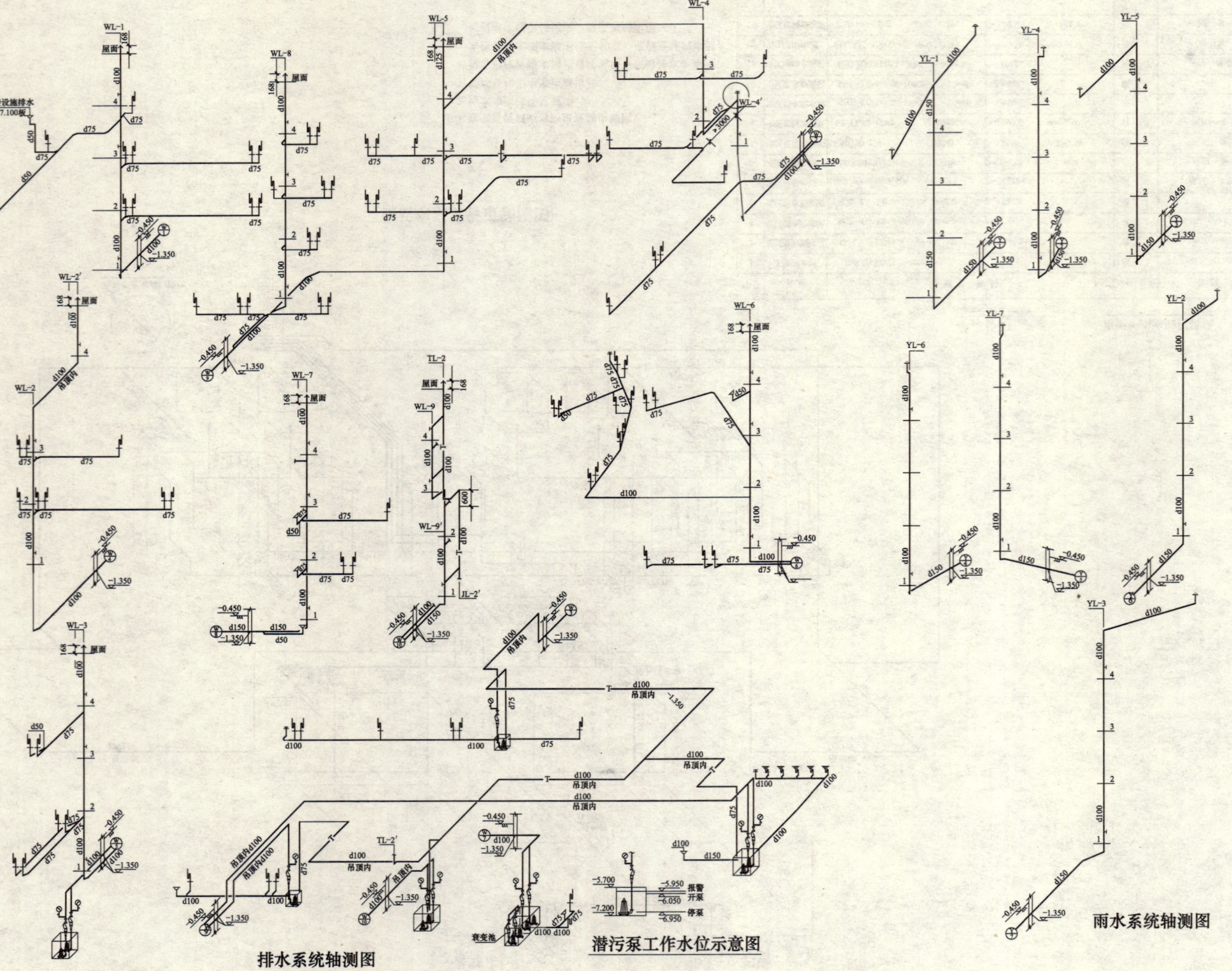

排水系统轴测图

潜污泵工作水位示意图

雨水系统轴测图

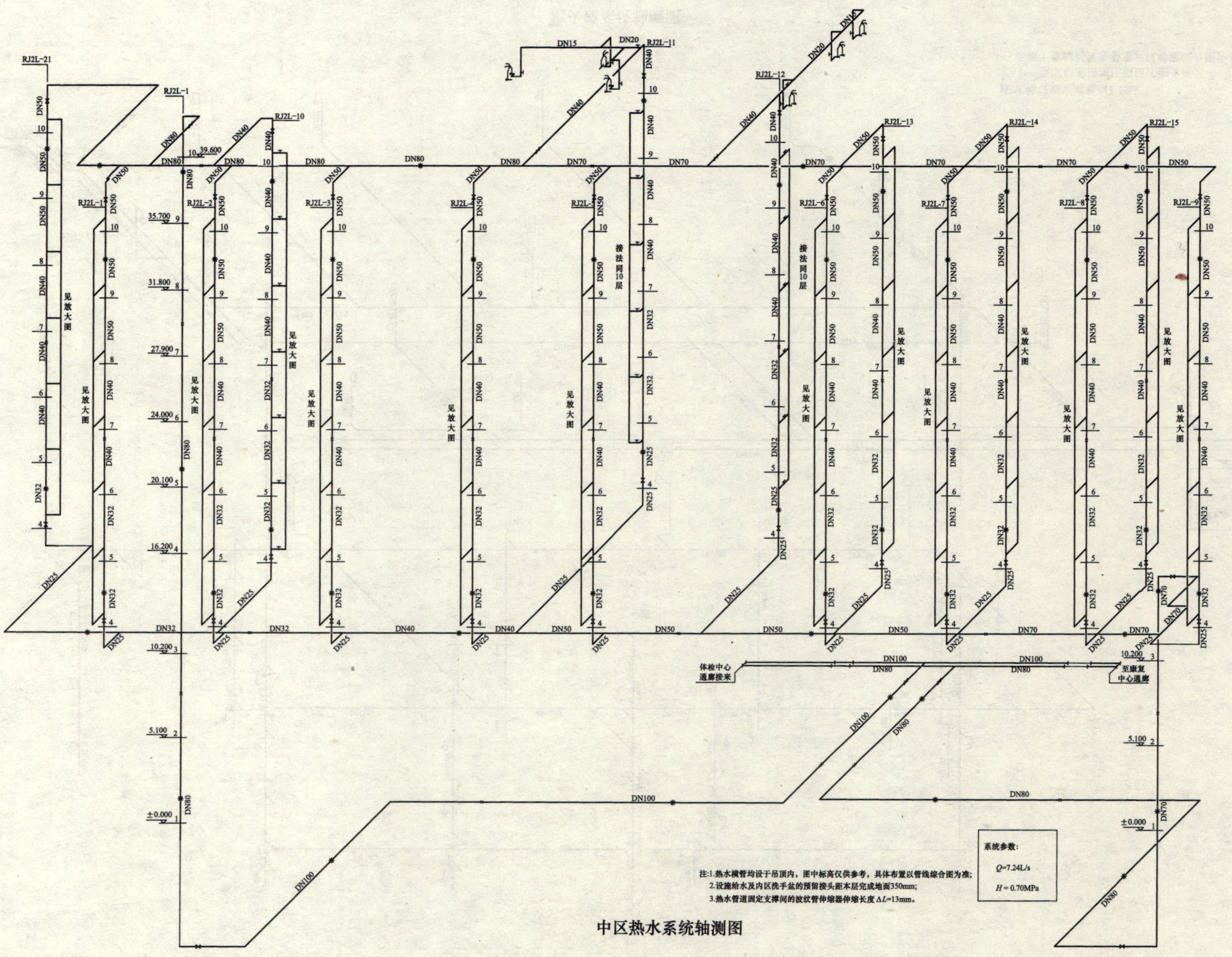
系统参数：
Q=7.24L/s
H = 0.70MPa
注:1.热水横管均设于吊顶内，图中标高仅供参考，具体布置以管线综合图为准;
2.设施给水及内区洗手盆的预留接头距本层完成地面350mm;
3.热水管道固定支撑间的波纹管伸缩器伸缩长度 ΔL=13mm。
体检中心通廊接来
至康复中心通廊

中区热水系统轴测图

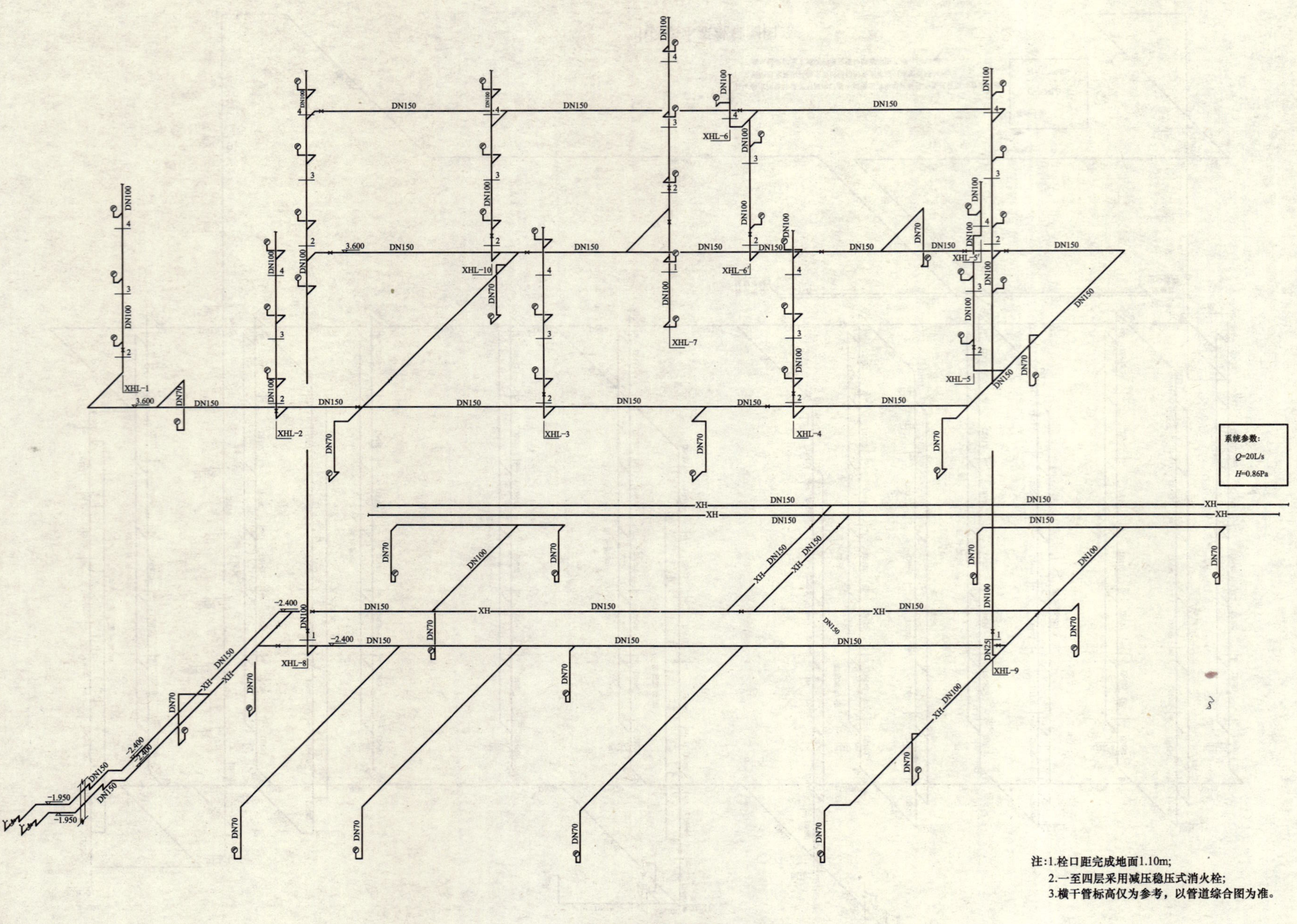

注:1.栓口距完成地面1.10m;
2.一至四层采用减压稳压式消火栓;
3.横干管标高仅为参考，以管道综合图为准。

消火栓系统轴测图

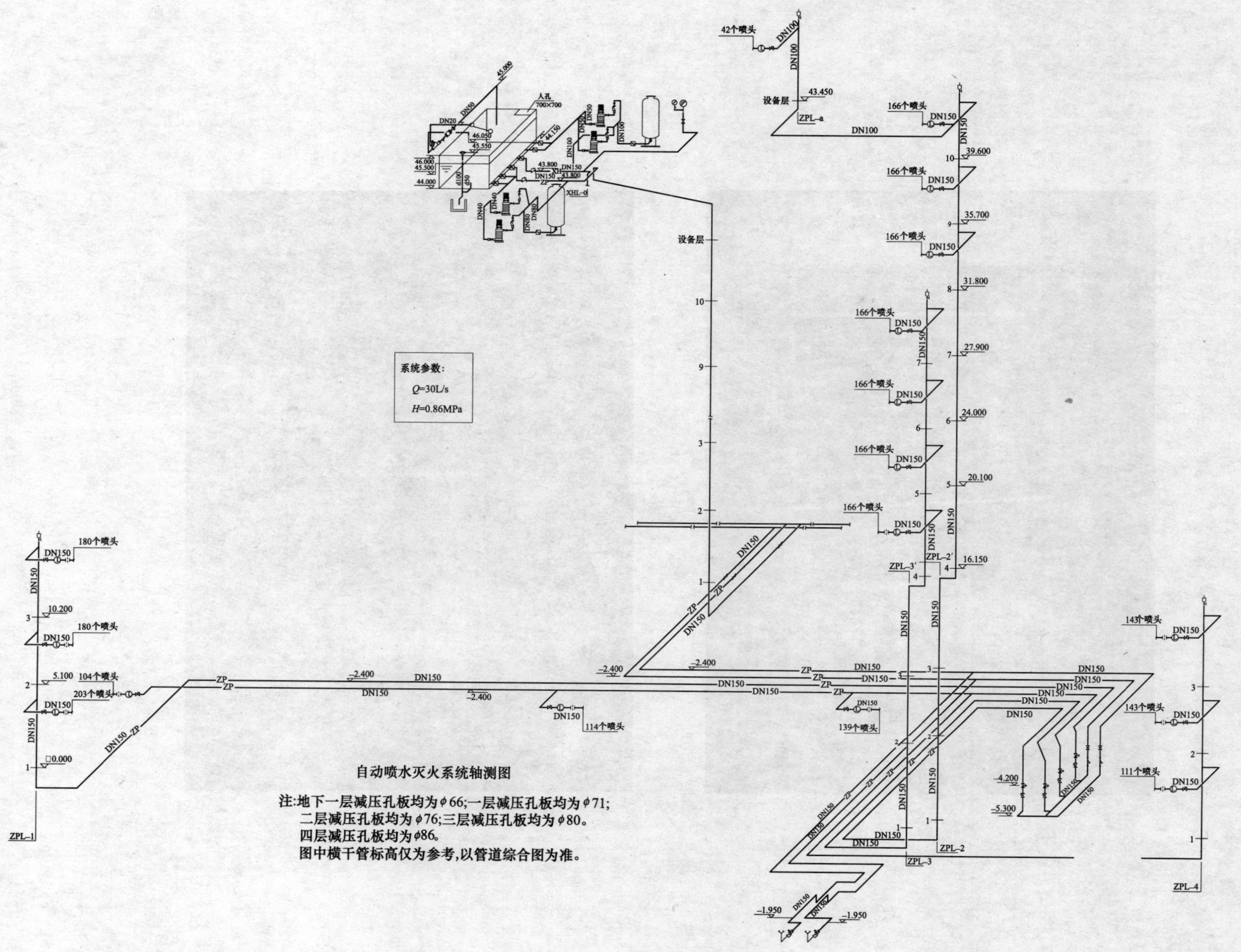

自动喷水灭火系统轴测图

注：地下一层减压孔板均为$\phi 66$；一层减压孔板均为$\phi 71$；二层减压孔板均为$\phi 76$；三层减压孔板均为$\phi 80$。四层减压孔板均为$\phi 86$。图中横干管标高仅为参考，以管道综合图为准。

中国医科大学附属盛京医院总平面图
MAP OF SHENGJING HOSPITAL OF CHINA MEDICAL UNIVERSITY
滑翔路
腾飞二街
门诊楼
病房楼
您所在的位置
体检楼
病房楼
康复楼

深圳国际会议展览中心

设计单位： 中国建筑东北设计研究院有限公司

设 计 人： 朱宝峰　崔长起　孙瑞文　徐良鸥

获奖情况： 公共建筑三等奖

工程概况：

工程性质：深圳国际会议展览中心属于属超大规模，超大空间的会展公共建筑。建于深圳市民中心广场北端，南临滨河大道，北临福华三路。

总占地面积 128000m²，总建筑面积 255615m²。

本建筑共计五层，总高度为 60m。

深圳国际会议展览中心以展览会议为主，兼顾与展览会议有关的展示、演示、表演、集会等功能，为一座具有国际标准的超大型展览建筑，展览厅总容量为具备 6000 个国际标准展位，建筑面积为 115686m²。

会议部分总容纳人数为 6200，总建筑面积为 18726m²，其中有容纳 3000 人的多功能厅 1 个，中型会议厅 1 个，300 人会议厅 2 个；400 人会议厅 2 个，1200 人多功能会议厅 1 个；其中 300 人和 400 人会议厅可分为 20 人和 50 人等各种规模的会议室。

由单层的展厅（含 3000 人多功能厅）及中间的高层部分组成，单层展厅长 540m，宽 282m，横向有两条 30m 的室外通道穿过。展厅为拱形屋顶，高度为 12.5m 至 30m。

中间高层部分在标高 45m 以下，长 540m，宽约 40m，共三层。一层层高 7.5m，与两侧展厅相连通。二层标高 7.5m 为展览前厅。三层标高 15m 为贵宾，办公及小型展室。标高 30m 处，为架空观光层。架空层上部为长 360m，宽 58m，高 15m 的会议中心，架在 30m 高的展厅之上，其中标高 45m（中央部分的第四层）布置 1200 人多功能会议厅，800 人国际会议厅，中小型会议室及餐厅。

第五层，标高 50m，布置贵宾室及餐厅，至屋顶总高为 60m。

另设有地下室一层，布置地下停车场，设备机房，展具仓库，地下市政广场及车行隧道。

本建筑方案特点为大面积的展厅，多功能厅分布于底层且人数较多，会议中心集中于顶部，属超大规模，超大空间的会展公共建筑。

本工程始建于 2001 年，2003 年完成，2004 年工程建成。

一、给水排水系统

（一）给水系统

1. 日用给水量

主要设计参数：展厅顾客流量 20 万人/d，给水用水量（表 1）。

2. 给水水源：本工程给水分别由益田路、金田路市政给水管上各 *DN*200 进水管，给水进水管，在绿篱墙边红线内设有水表及过滤器，在红线范围内给水管 *DN*200 连接成环状管网后再分别接入地下室内的消防水池和生活水池。在环状管网上设有必要数量的 *DN*100 室外消火栓及用

于绿地喷灌系统的 $DN25$ 洒水栓，同时在室外展场布置适当数量的 $DN15$ 给水点以便供展览之用。

给水用水量　　表1

序号	名　称	最大日用水量(m^3/d)	最大时用水量(m^3/h)
1	冷却循环补水 q_1	1600×0.02×8×10=2560	1600×0.02×8=256
2	展厅顾客 q_2	200000×0.005=1000	1000×1.2/10=120
3	工作人员 q_3	2000×50=100	100/10×2=20
4	会议餐饮用水 q_4	3400×0.05×2=340	340/10×1.2=40.8
5	合计 $q_1+(q_2+q_3+q_4)\times1.2$	4288	473

3. 给水分区

室内给水系统分为高区，低区供水系统，低区供水系统为 15.0m 以下由市政给水管网直接供给；高区供水系统 30.0m 以上由－7.5m 水泵房水泵变频供水。

4. 供水方式及加压设备

供水方式采用下行上给。高区变频供水装置型号为：ES-880REC，设计参数为：$Q=15L/s$，$H=100m$，$N=7.5\times4kW$。

5. 管材

给水管采用内筋嵌入式衬塑给水镀锌钢管，卡压连接。

（二）排水系统

1. 排水系统形式及透气设置

最大日排水量按 $1300m^3/d$ 计。

卫生间排水采用污废合流，展厅排水、机房与厨房排水单独排放。生活排水系统设有污水主立管和专用通气立管，通气管每层与污水立管相连通。

2. 采用的局部污水处理设施

厨房排水就地进行隔油器处理，同时在室外再经隔油池处理后排入室外排水管网。

生活污水汇集后经化粪池处理后分别排入益田路、滨河大道、金田路上的市政排水管网。每侧钢筋混凝土化粪池容积为 $100m^3$。

3. 管材

生活排水管材采用卡箍排水管，卡箍连接。

展厅排水管材采用 PVC-U 排水管，粘接。

（三）雨水系统

1. 暴雨的重现期

展厅屋面设计暴雨的重现期按 $P=10$ 年计算，降雨历时为 5min。暴雨强度公式按 $Q=1275.955/(t+1.210)^{0.480}$。

在中部 30m 屋面设计暴雨的重现期按 $P=100$ 年计算，降雨历时为 5min。暴雨强度公式按 $Q=1443.100/(t+0.551)^{0.352}$。

2. 雨水系统的形式

展厅屋面的雨水采用虹吸排水方式。

3. 管材

虹吸雨水的管材采用不锈钢管，氩弧焊连接。

二、消防系统

(一) 消防用水标准

消火栓：室内按 40L/s、室外按 30L/s、火灾延续时间按 3h 计。

自动喷洒按 22L/s、火灾延续时间按 1h 计。

雨淋按 70L/s，火灾延续时间按 1h 计。

卷帘水幕用水量 0.5L/(s·m^2)，火灾延续时间按 3h 计。

消防炮按 67L/s，火灾延续时间按 3h 计。

(二) 消防用水量

消火栓：室内、室外用水量皆为 756m^3；

自动喷洒用水量为 79.2m^3；

卷帘水幕用水量为 799.2m^3；

消防炮用水量为 720m^3；

雨淋用水量为 252m^3。

一次火灾用水量为 2606.4m^3。

(三) 消防水泵房及消防水池

从滨河大道、福华三路、益田路、金田路上分别引入给水管（*DN*200）在建筑红线内形成环状管网布置，并在其管网上设有必要数量的室外消火栓，从环状管网上左右 2 侧分别引入 2 条给水管（*DN*200）至建筑两侧的地下消防泵房内的消防水池，考虑到该工程的重要性，消防水池容积按不小于 3000m^3 计，每侧为 1500m^3，每个消防水池再分为 2 格。右侧消防泵房内设有消火栓泵（1 用 1 备），型号为 6×4×10F-M，Q=40L/s，H=100m，N=75kW；自动喷洒泵（1 用 1 备），型号为 6×4×10F-M，Q=22L/s，H=100m，N=55kW；消防炮水泵（2 用 1 备），型号为 6×4×12F-M，Q=60L/s，H=100m，N=90kW。左侧消防泵房内设有卷帘水幕泵（2 用 1 备），型号为 HSC3 4×6×11，Q=80L/s，H=80，N=80kW；雨淋泵（2 用 1 备），型号为 HSC3 4×6×11，Q=80L/s，H=80，N=80kW。在中间两个消防设备中心设报警阀及泡沫贮液罐和加药泵等消防设备供地下车库泡沫喷淋系统使用；在顶层设 18.0m^3 消防水箱及消防稳压装置 BLX1-10-0.3-0.5，N=1.5kW。

(四) 室外消火栓系统

1. 室外消火栓的用水量：

室外按 30L/s、火灾延续时间按 3h 计，一次火灾室外消火栓的用水量为：324m^3。

2. 室外消火栓系统：

根据水务集团提供的资料，本工程所在的市政水压在 0.3MPa 左右。室外消火栓系统采用低压供水系统，从滨河大道、福华三路、益田路、金田路上分别引入给水管（*DN*200）在建筑红线内形成环状管网布置，并在其管网上设有必要数量的 *DN*150 室外消火栓。

3. 室外消火栓管材采用 HDPE 管，热溶连接。

(五) 室内消火栓系统

1. 室内消火栓系统采用一个分区，当室内消火栓栓口处压力大于 0.5MPa 时，采用减压消火栓。

2. 消火栓管网水平，竖向皆成环状布置；消火栓间距小于 30m；消火栓箱内配有 *DN*65 消火栓 1 支、25m 衬胶水龙带 1 条、ϕ19mm 喷嘴水枪 1 支，并配消防卷盘（*DN*25 消火栓 1 支、

30m 胶管、ϕ9mm 喷嘴水枪 1 支）且设有可直接启动消火栓泵的按钮；在室内消火栓箱下设有磷酸铵盐手提式灭火器箱；室内消火栓系统在室外设有四组 DN150 水泵接合器。

3. 消火栓管材采用采用内外热镀锌钢管，DN＜100mm 时采用丝扣连接；DN≥100mm 卡箍连接。

（六）自动喷洒系统

1. 自动喷洒系统采用一个分区，当室内自动喷洒水流指示器处压力大于 0.5MPa 时，采用减压孔板减压。

2. 整个建筑物内除展厅外都设置自动喷洒灭火系统，喷洒泵设在地下室消防泵房内，报警阀分别设在地下室消防泵房内和中间两个消防中心内，水流指示器按防火分区布置。地下车库采用在闭式自动喷洒系统上加泡沫贮罐和泡沫管道的比例混合器组成的泡沫喷淋系统；展厅展位高于 3.0m 时设有临时喷洒系统保护，中、西餐厅厨房喷头采用 93℃喷头，其他房间的自动喷洒系统选用 68℃快速响应喷头。该系统在室外设有 3 组 DN150 水泵接合器。

3. 自动喷洒管材采用采用内外热镀锌钢管，DN＜100mm 时采用丝扣连接；DN≥100mm 卡箍连接。

（七）消防水炮灭火系统

1. 消防水炮灭火系统采用一个分区。

2. 由于展厅较高、建筑空间开阔，以及该建筑物的重要性，考虑采用远控消防水炮灭火系统，该系统包括信息处理机，双波段火灾探测器，线型光束图像感烟探测器，数控消防水炮等设备组成。该系统特点：数据远程控制，空间定位（着火点坐标）精度高，水炮射程距离远。消防水炮设在展厅风塔上，展厅两侧附属用房屋顶和 7.50m 的滚梯平台上。消防水炮型号为 EL-570-TBS，射程为 55m，炮口具有自动调压装置，风塔上及 7.50m 层的炮塔可以自动升降。

3. 消防水炮管材采用内外热镀锌加厚钢管，DN＜100mm 时采用丝扣连接；DN≥100mm 卡箍连接。

（八）低压二氧化碳灭火系统

1. 分别在−7.50m 的柴油发电机房、变配电房和通信设备机房、5.5m 的 IT 用房和 45.0m 的配电房等设低压二氧化碳气体灭火系统。

2. 上述房间为平时无人房间，低压二氧化碳灭火设计浓度为 40%，分别设计有组合 555 型、355 型低压二氧化碳气体灭火装置柜。

3. 二氧化碳管采用无缝钢管，焊接。

三、设计及工程体会或说明设计特点

1. 本建筑面积大，跨度大，分为多个展厅，且有两条市政道路通过，应对上述特点，生活给水、直饮水、消防给水、冷却循环水等的设计采用了分别应对展厅部分地下设有四个给水排水分中心，通过分水器分别配给各个使用单元，给水排水分中心通过地下综合管沟连接在一起，这样既有利于某一展厅的单独使用，也适用了展厅使用的多样性。同时也便于某一展厅使用、检查和维修。

2. 对于排水和雨水由于埋地管道在室内敷设比较长，如果按规范设计地面清扫口，展厅地面的清扫口比较多。设计采取的措施是通过放大埋地管道管径，增加埋地管坡度，同时参照室外排水规范有关检查井的要求，每 30m 设计了地面清扫口，并用专用的井盖保护。对于有可能堵塞的厨房排水管道，采取将该排水管道明设计在地下车库，同时增加清扫口以方便检修和清掏。

3. 对于展厅每个展位需要的给水排水及消防管道，通过采取在展厅地面设计管沟，管沟内敷设每个展位需要的给水排水及消防管道。同时管沟内的两侧设有地漏，排除清洗地面排水以及事故排水。

4. 根据建筑物的功能及重要性，分别设计了多种消防设施，如室内、室外消火栓系统、自动喷洒、雨淋系统、卷帘水幕系统、泡沫喷淋系统、消防水炮系统、低压二氧化碳灭火系统、手提式灭火器。消防系统庞大，管道综合比较复杂，如何优化设计应重点考虑。

5. 对于屋面虹吸雨水，利用屋面的箱梁，虹吸雨水管道敷设在箱梁内，沿弧形屋面，立管设于两侧，同时在此处设有雨水溢流口，使屋面排水能力大于50年一遇的雨水量。屋面排水管沟的设计应重视屋面钢板温度伸缩的影响。

四、工程系统图及照片

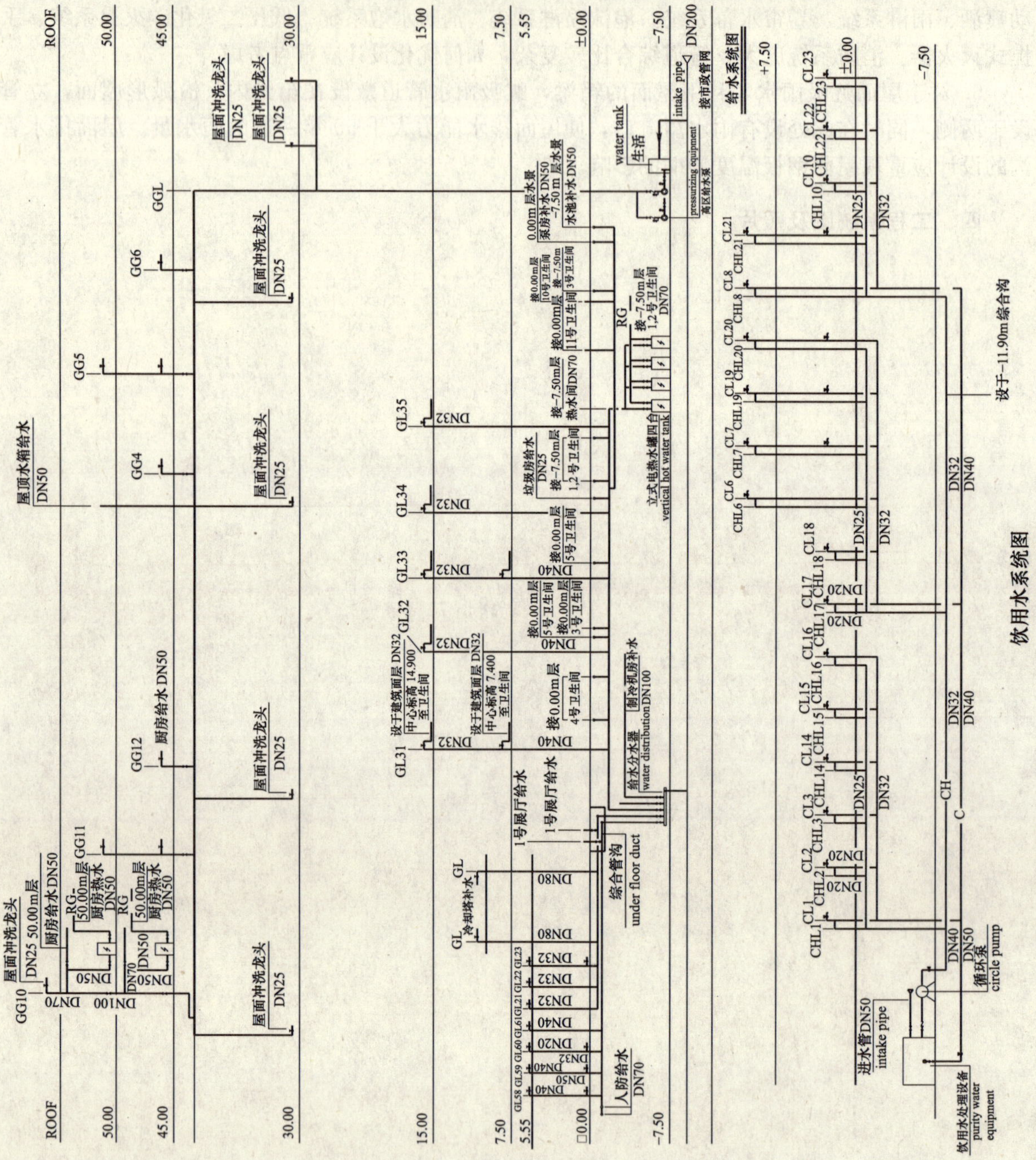

给水系统图

饮用水系统图

PL48′
PL33′
PL
ROOF
54.90m层空调排水DN100
接排水沟
54.90
隔油装置 共四组
fat removal equipmet
50.00
PL32′ Durgo自动吸气阀
inspiration valve
PL47′ Durgo自动吸气阀
inspiration valve
接45.00m层
5号卫生间
接45.00m层
2号卫生间
PL34′ Durgo自动吸气阀
inspiration valve
隔油装置 共七组
fat removal
equipmet
DN200
i0.01
45.00
DN200 i0.01
45.00m层排水
PL32
PL47
PL48
PL49
PL50
PL33
PL34
PL35
DN150
DN100
DN75
DN200
30.00
15.00
PL21
9.60
7.50
5.55
A
B
接0.00m层
3号卫生间
接0.00m层
4号卫生间
接0.00m层
5号卫生间
接0.00m层
29号卫生间
饮用水排水
接0.00m层
30号卫生间
接0.00m层
5号卫生间
接0.00m层
5号卫生间
隔油装置
fat removal equipmet
接0.00m层
厨房排水
±.0.00
DN200
i0.01
−7.50
−7.50m层
1号,2号卫生间排水
legend 图例
sewage pipe 污水管
——ENTL— Deairing pipe of sewage water 污水排气管
—DS——DS— sewage pipe 污水管
pressure increase 升压
—F——F— fatty sewage 含油脂污水
排水系统图

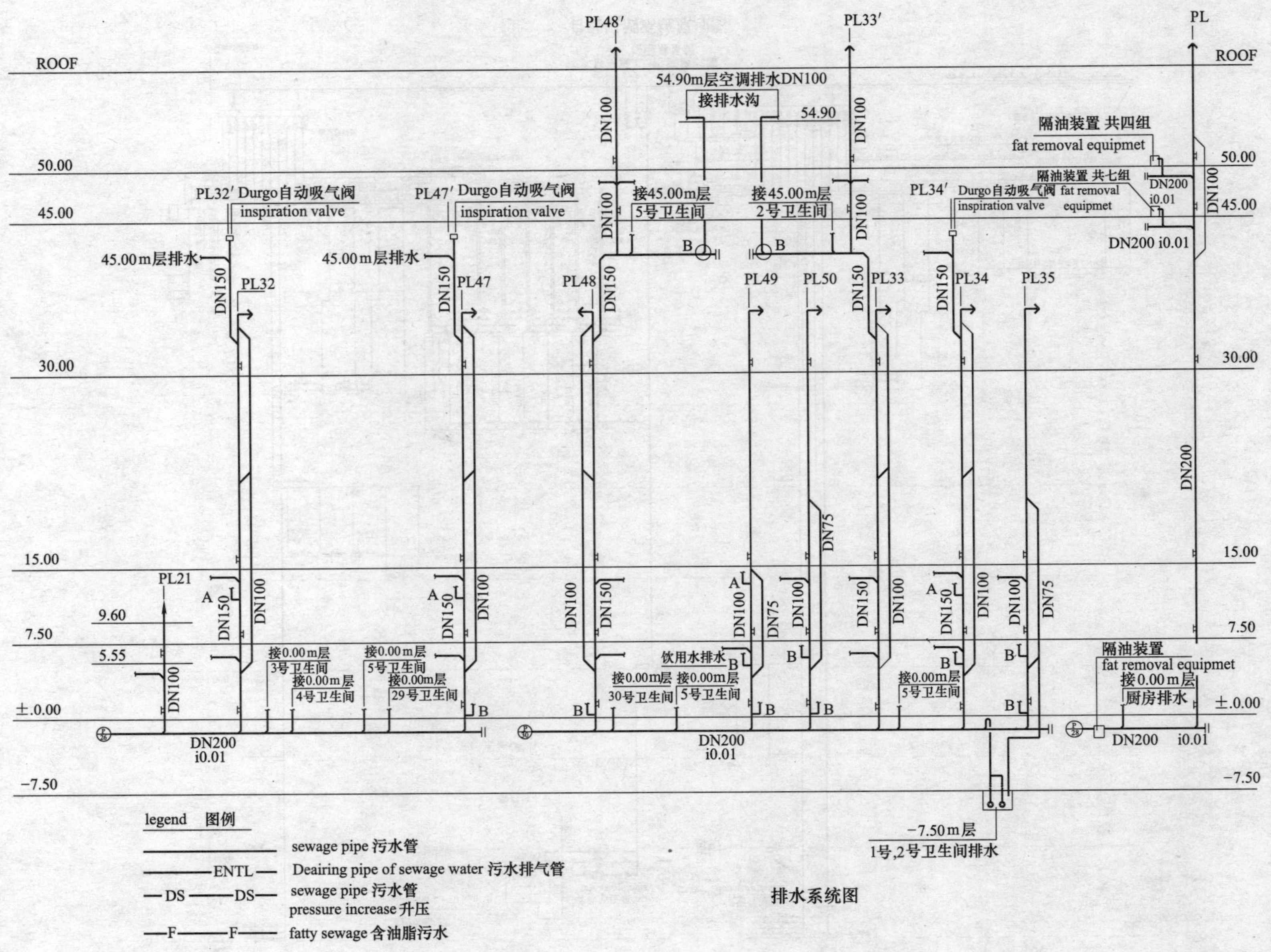

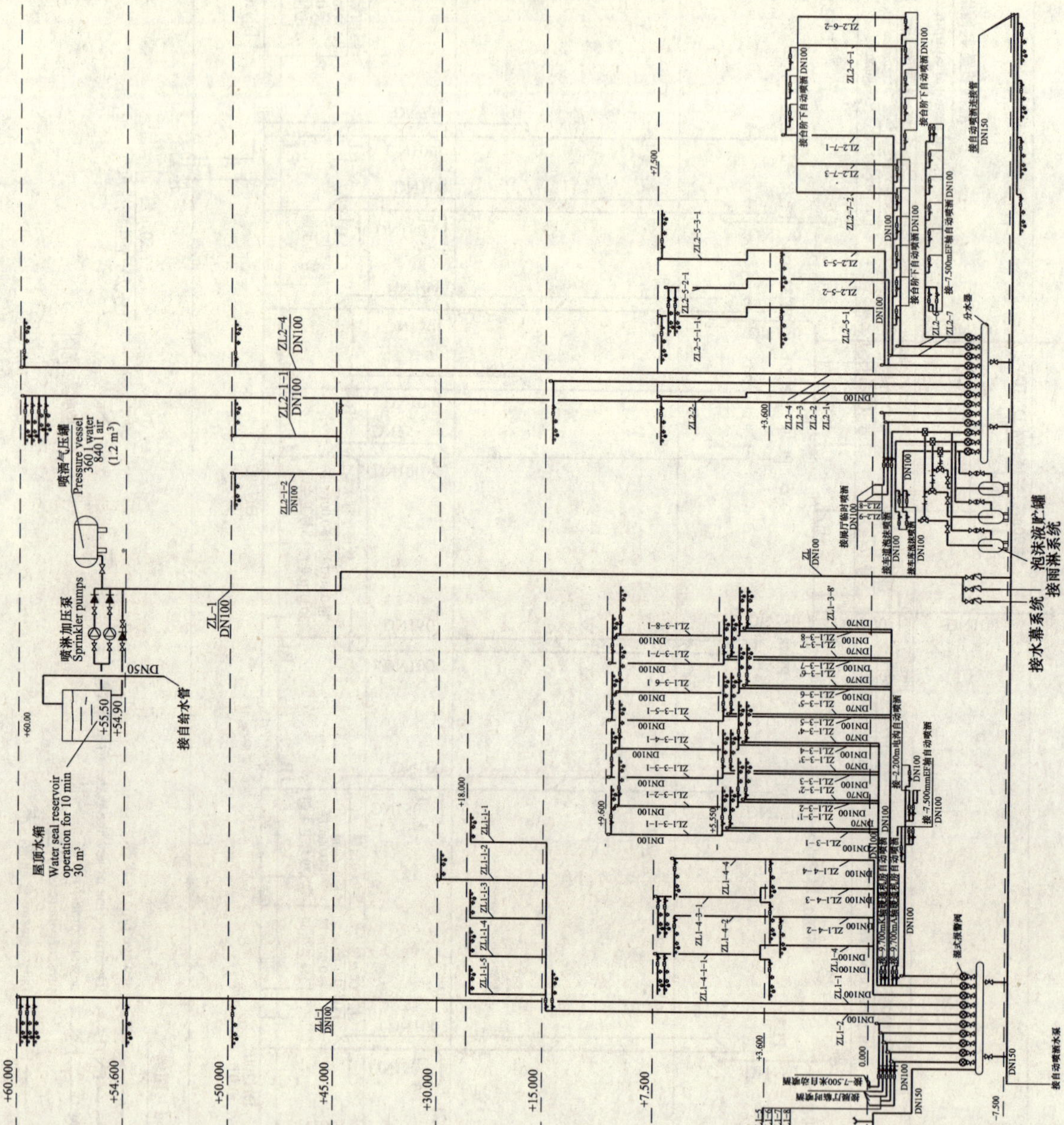

自动喷洒系统原理图

高压配电室 (No1)
低压配电室 (No2)
制冷机房变电所及控制室 (No3)
柴油发电机房 (No4)
EMRS (No1) EMRS (No2) EMRS (No3) EMRS (No4)
ELOS (No1) ELOS (No2) ELOS (No3) ELOS (No4)
555 555 555

气体灭火系统原理示意图
(系统二)

技术参数表

系统编号	系统二			
保护型式	全淹没灭火设计			
系统类型	组合分配			
保护范围(防护区名称)	高压配电室(有地台)	低压配电室	制冷机房变电所及控制室	柴油发电机房(有吊顶)及油箱间
防护区编号	No 1	No 2	No 3	No 4
防护区内是否有人工作	平时无人	平时无人	平时无人	平时无人
防护区折算面积(m^2)	728.35+407.55=1135.90	905.75	427.25	431.4+384.8+77.5×2=971.2
防护区体积(m^3)	1145.4+144.78=1290.18	1557.41	495.10	490+367.5+39.3×2=936.1
系统设计工作压力	2.07MPa			
物质系数 K_b	1.2	1.2	1.2	1.2
设计浓度C(%)	40	40	40	40
喷射持续时间 (min)	1	1	1	1
设计用量 (kg)	1236.93+219.43=1456.36	1525.61	518.42	515.14+401.05+51.61×2=1019.41
分配储罐数 (个)	3(个) 555	3(个) 555	1(个) 555	2(个) 555
防护区实际储存量(kg)	555X3=1665	555×3=1665	555	555×2=1110
系统储罐总量 (套)	3(个) 555			
环境平均温度T(℃)	20	20	20	20
泄压口(m^2) A>	0.1598	0.1674	0.0569	房间:0.1005 油箱间:0.00566
喷嘴型号及数量	房间:8个 Py-17 地台:8个 Py-9.5	8个 Py-20	4个 Py-20	房间:6个Py-14 油箱间: 天花:6个Py-13 2个Py-12.5
抑制时间 (min)	10	10	10	至停转止
系统启动方式	自动. 手动. 应急操作			

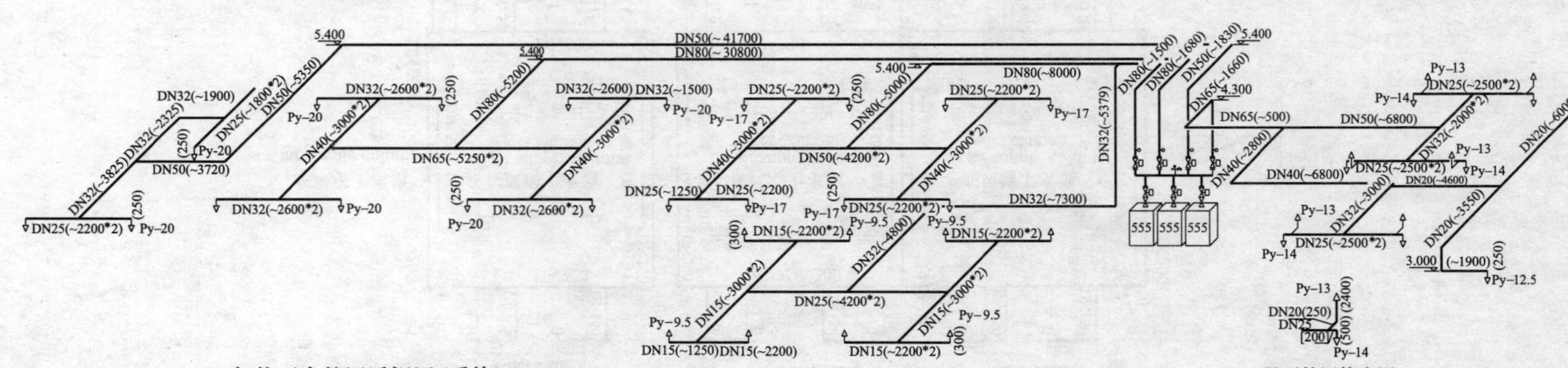

气体灭火管网透视图 (系统二)

吊顶管网接点图

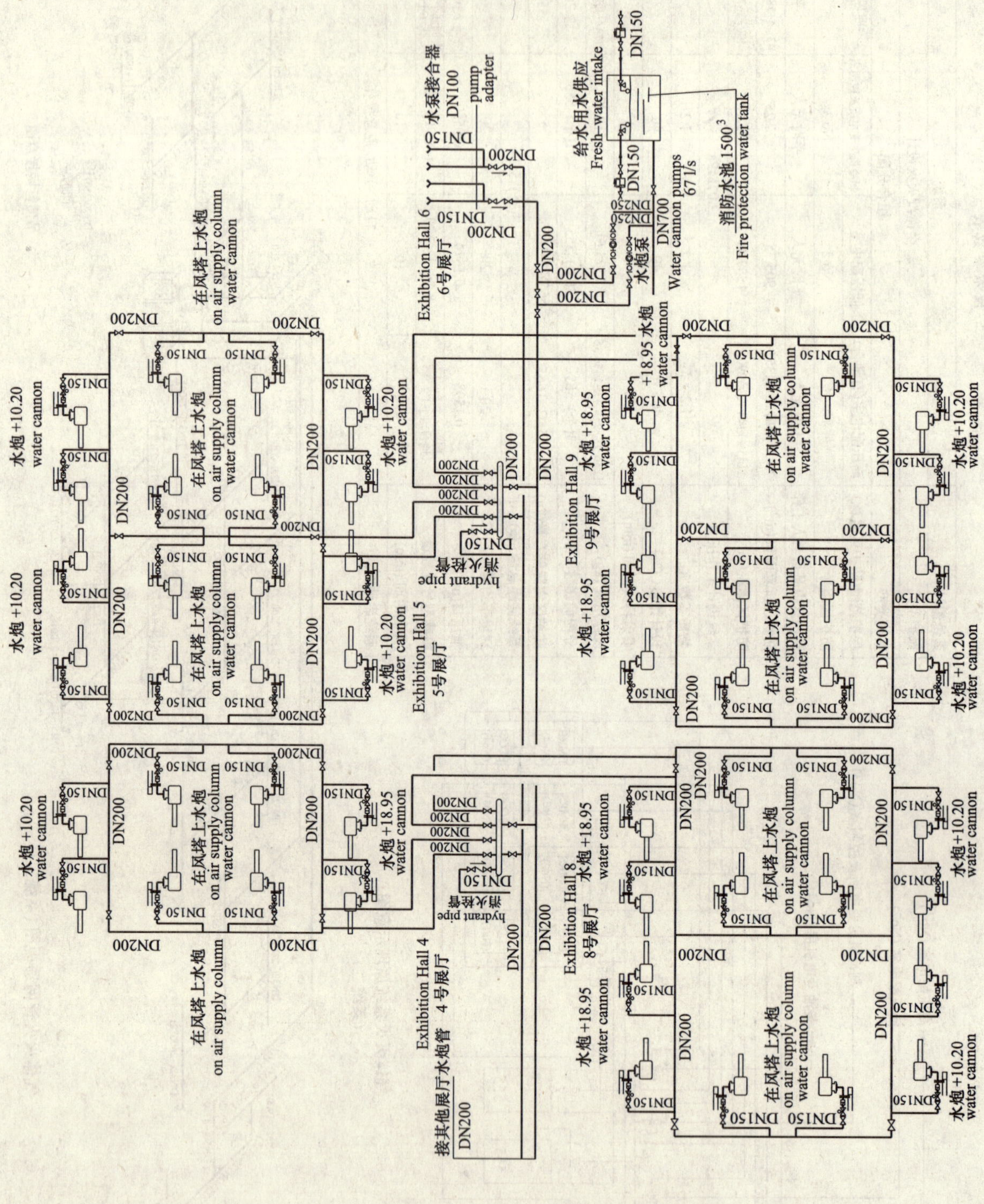

Exhibition Hall 4 4号展厅

Exhibition Hall 5 5号展厅

Exhibition Hall 6 6号展厅

Exhibition Hall 8 8号展厅

Exhibition Hall 9 9号展厅

在风塔上水炮 on air supply column water cannon

水炮 +10.20 water cannon

水炮 +18.95 water cannon

消火栓管 hydrant pipe

接其他展厅水炮管

水泵接合器 pump adapter DN100

水炮泵 Water cannon pumps 67 l/s

给水用水供应 Fresh-water intake

消防水池 1500^3 Fire protection water tank

DN700 DN250 DN200 DN150

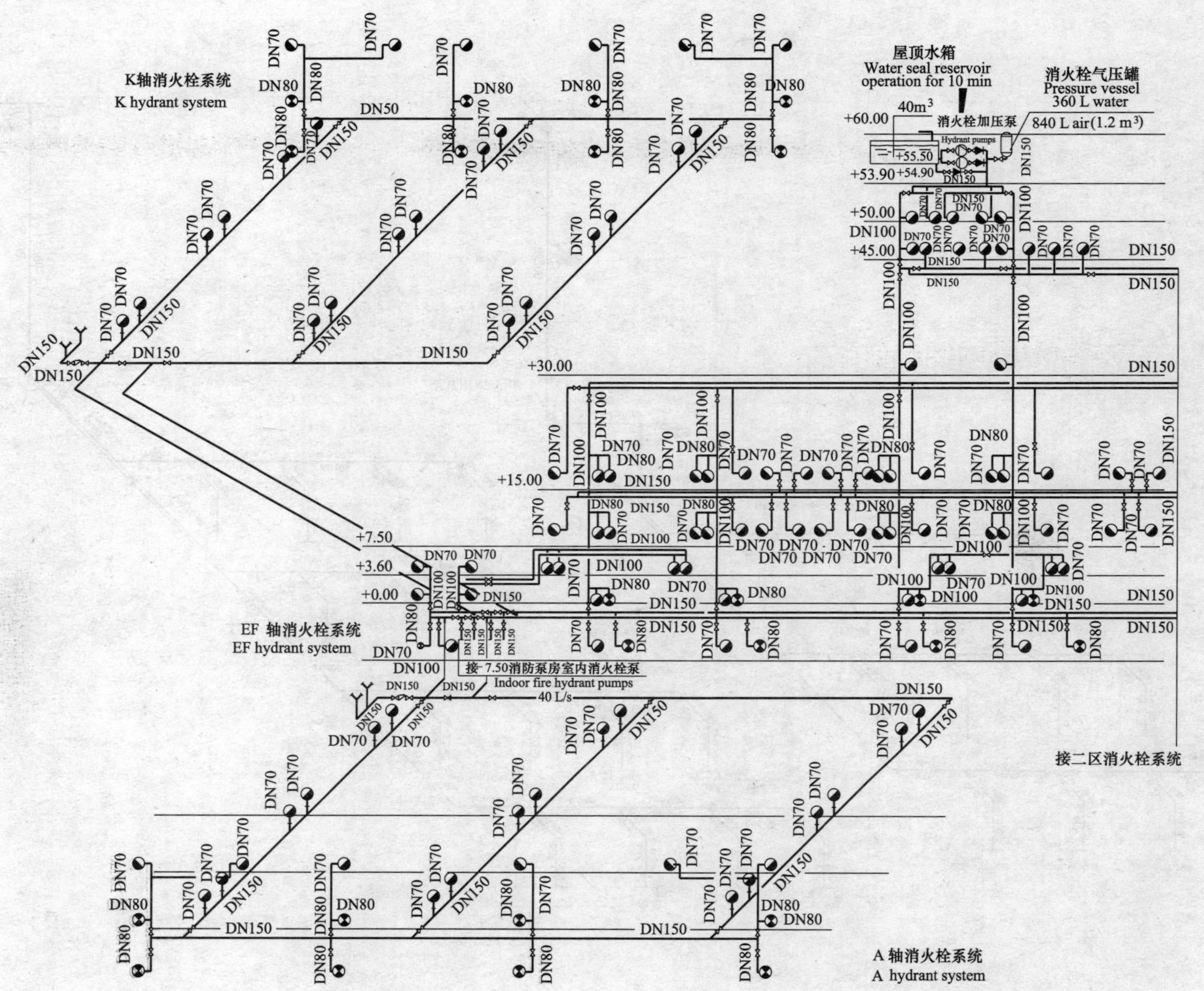

K轴消火栓系统
K hydrant system
屋顶水箱
Water seal reservoir
operation for 10 min
40m³
消火栓加压泵
Hydrant pumps
消火栓气压罐
Pressure vessel
360 L water
840 L air (1.2 m³)
+60.00
+55.50
+54.90
+53.90
+50.00
+45.00
+30.00
+15.00
+7.50
+3.60
+0.00
EF 轴消火栓系统
EF hydrant system
接-7.50消防泵房室内消火栓泵
Indoor fire hydrant pumps
40 L/s
接二区消火栓系统
A 轴消火栓系统
A hydrant system

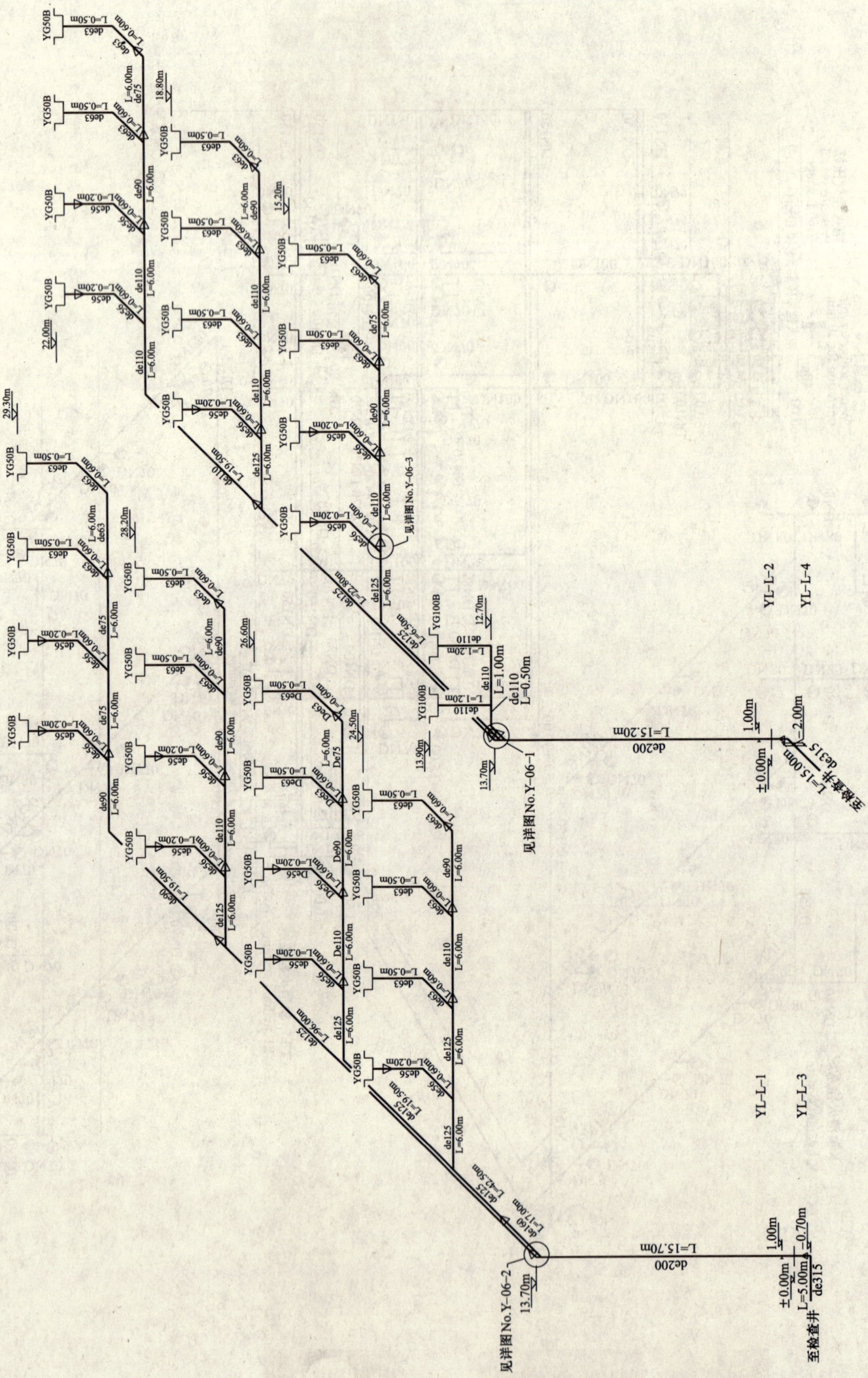

YL-L-2

YL-L-4

YL-L-1

YL-L-3

见详图No.Y-06-1

见详图No.Y-06-2

见详图No.Y-06-3

至检查井

会展夜景

中关村西区综合管廊及地下空间开发

设计单位：北京城建设计研究总院有限责任公司
设 计 人：肖燃 宋庆宇 师文龙 刘文波
获奖情况：公共建筑三等奖
工程概况：

本项目位于北京市海淀区海淀镇，规划范围东起白颐路，西至彩和坊路，北以北四环路为界，南临海淀镇南街，规划总用地面积51.44hm²，其中建筑用地面积38.54hm²，除保留现状海龙大厦和四通大厦2个地块外，其余用地被划分为27个地块，地上、地下规划建筑面积130万m²。

本工程由综合管廊及地下空间开发两部分组成。其中，地下综合管廊总建筑面积：95090m²，其中环形汽车通道及连接通道为29865m²，支管廊层为39972m²，主管廊层为25253m²。地下一层为环形车道，全长1500m，单向双车道，净宽7.2m，净高3.4m；地下二层为支管廊及地下空间开发层，净高设计为4.5m；地下三层为主管廊层，净高设计为2.6m，相对标高随路面变化。综合管廊的主管廊全长1900m，标准段断面净尺寸为12.7m×2.2m，分五个小室将电力、电信、上水给水（*DN*600）、中水给水（*DN*300）、天然气（*DN*400）、热力（*DN*500 2根）、冷冻水（*DN*500 2根）管线敷设其中，在白颐路及北四环与周围市政主干线相连。电力小室净宽2m，给水小室净宽2.8m，电信小室净宽为2.5m，天然气小室净宽2.2m，热力小室净宽1.8m。

地下空间开发的总建筑面积199490m²，分A、B、C、D、E及楔形绿地商业开发区，集商业、餐饮、娱乐、健身、地下停车库于一体。其中：A区地下二层为商业，地下一层为餐饮及超市。B区地下二层为商业，地下一层为汽车库，地上一、二层为餐饮。C区地下一层、二层局部为办公用房，其他均为汽车库，地下三层为汽车库。D区地下一层为商业及商业用房。E区地下一、二层为商业。地上一至三层为娱乐健身中心。楔形区地下二层、一层为商业及汽车库，地上一层为商业，地上二层为办公用房。

一、给水排水系统

（一）给水系统

1. 冷水用水量（表1）

2. 水源

给水水源为城市自来水，A、B、C区供水引自中关村西区综合管廊Ⅹ段处22号支管廊水表间，*DN*150给水管1根，综合管廊Ⅵ段10号支管廊水表间，*DN*150给水管1根；健康中心供水引自综合管廊Ⅵ段10号支管廊水表间，*DN*150给水管1根；楔形绿地供水引自综合管廊Ⅵ段主管廊水表间，*DN*150给水管1根。水压为0.18MPa。

冷水用水量 表1

区域	符号	名称	用水量标准	使用人数或面积（人或 m²）	时间（h）	K	最高日（m³/d）	最大时（m³/h）
A区	1	商业	3L/(人・次)	5200	12	2.0	15.6	2.6
	2	职工	30L/(人・班)	500	12	2.0	15.0	2.5
	3	餐饮	40L/(人・2次)	2100	12	2.0	84	14
	4	冷却塔补水	11L/s	39.6m³/h	12		475.2	39.6
		总计					589.8	58.7
B区	1	商业	3L/(人・次)	600	12	2.0	1.8	0.3
	2	职工	30L/(人・班)	120	12	2.0	3.6	0.6
	3	餐饮	40L/(人・2次)	5609	12	2.0	224.36	37.38
	4	车库	2L/(m²・次)	4840m³	2		9.68	4.84
	5	管廊商业	3L/(人・次)	500	12	2.0	0.825	0.25
		总计					240.265	43.12
C区	1	计算中心办公	30L/(人・班)	200	12	2.0	12	2
	2	管廊办公	30L/(人・班)	200	12	2.0	12	2
	3	车库	2L/(m²・次)	28496m³	8		56	7
		总计					80	11
D、E区地下二层	1	商业	3L/(人・次)	1667	12	2.0	5	0.833
	2	职工	30L/(人・班)	150	12	2.0	4.5	0.75
	3	管廊商业	3L/(人・次)	300	12	2.0	0.9	0.15
	4	管廊车库	2L/(m²・次)	3920m³	2		7.84	3.92
		总计					17.24	5.653
E区	1	游泳池	3L/(人・次)	300人	12	2.0	45	7.5
	2	桑拿	50L/(人・次)	500人	12	2.0	25	4
	3	健康中心	3L/(人・次)	700人	12	2.0	2.1	0.35
	4	餐饮顾客	30L/(人・次)	300人	12	2.0	9	1.5
	5	餐饮职工	30L/(人・次)	100人	12	2.0	3	0.375
	6	游泳池补水		5%			100	8.3
	7	冷却塔补水		2%			15.6	1.3
		总计					199.7	23.325
楔型绿地	1	商业	3L/(人・次)	10351	12	2.0	31.053	5.175
	2	职工	30L/(人・班)	700	12	2.0	24.0	4
	3	生鲜处理			12		12	1
	4	车库	2L/(m²・次)	17483m³	2		34	4
		总计					101.053	14.175

3. 系统竖向分区

A、B、C、D区、E区地下层及楔形绿地区域由城市自来水直接供给；E区一层以上由设在

D区的水泵房内的变频调速供水机组供水。

4. 供水方式及给水加压设备

给水系统供水方式采用下行上给方式。给水加压设备采用无负压管网增压稳流给水设备机组。

5. 管材

生活给水管采用衬塑钢管，当管径不小于100mm时，沟槽连接；当管径小于100mm时，丝扣连接。

（二）热水系统

1. 热水用水量（表2）

热水用水量 表2

区域	符号	名称	用水量标准	使用人数（人）	时间（h）	K	最高日（m^3/d）	最大时（m^3/h）
A区	1	热水	14L/（人·2次）	2100	10	2.5	29.4	7.35
B区	1	热水	14L/（人·2次）	1609	10	2.5	78.52	19.63
E区	1	桑拿游泳			20	2.5	100	12.5
	2	餐饮	7L/（人·次）	300	10	2.5	2.1	0.525
	3	游泳池供热	80℃		10		18.2	15

2. 热源

生活热水热源为城市热力，供回水温度：采暖季125℃/65℃，非采暖季70℃/40℃。管网接自综合管廊热力管廊的*DN*500的热水管。

3. 系统竖向分区

在A区、B区、E区有生活热水供给。A、B区设一个热交换站，E区设一个热交换站，均为北京城市热力公司负责。每个热水系统均不分区，均采用机械循环系统。

4. 热交换设备

采用小型自控换热机组，其中包括板式换热器、循环水泵、自控设备。

5. 冷、热水压力平衡措施、热水温度的保证措施等

（1）冷、热水压力平衡措施：与冷水系统压力分区一致，供水压力一致；热水系统供水管线同程布置。

（2）热水温度的保证措施：采用循环泵机械循环；热水循环泵进出水管道上均设置温控阀。应根据生活热水回水温度40℃启泵，50℃停泵。

6. 管材

热水系统，当管径*D*不大于25mm时，采用铝塑复合管，热熔连接；当管径大于25mm时，采用衬塑钢管，丝扣或沟槽连接。

（三）中水系统

1. 中水源水量表、中水回用水量表（表3）、水量平衡

中水水源来自中关村西区市政中水处理站，管道接自中关村西区综合管廊的中水管。A、B、C区供水引自中关村西区综合管廊Ⅹ段处22号支管廊水表间，*DN*100中水管1根，Ⅳ段10号支管廊水表间，*DN*100中水管1根；D、E区健康中心中水供水引自综合管廊Ⅵ段10号支管廊

水表间，$DN100$ 给水管 1 根；楔形绿地中水供水引自综合管廊Ⅵ段主管廊水表间，$DN100$ 中水管 1 根。水压为 0.30MPa。

中水源水量、回用水量表 表 3

区域	给水总用水量(m^3/d)	中水比例	最高日用水量(m^3/d)	最大时(m^3/h)
A 区	114.6	商业 0.60，餐饮 0.06	23.4	3.9
B 区	230.6	商业 0.60，餐饮 0.06	17.2	2.7
C 区	24.0	商业 0.60，餐饮 0.06	14.4	2.4
D、E 区地下二层	10.4	商业 0.60，餐饮 0.06	6.2	1.0
E 区上面	84.1	商业 0.60，餐饮 0.06	5.04	0.8
楔型绿地	67.0	商业 0.60，餐饮 0.06	40.2	6.1

2. 系统竖向分区

A、B、C、D、E 区及楔形绿地由小区中水处理站直接供给，供水压力满足使用要求，系统竖向不分区。

3. 供水方式及给水加压设备

中水系统供水方式采用下行上给式，不设置加压设备。

4. 管材

中水给水管采用内外壁热镀锌钢管，当管径 D 不小于 100mm 时，采用沟槽连接；当管径小于 100mm 时，采用丝扣连接。

（四）排水系统

1. 排水系统的形式

(1) A 区、B 区地下、C 区、D 区、E 区地下以及楔型绿地采用污废合流排水系统。由于是地下工程，采用污废分流排水设置困难。

(2) B 区地面一、二、三层排水采用污废分流排水系统。B 区地面一、二、三层排水采用污废分流排水系统。

(3) E 区地面和健康中心游泳池及淋浴间较多，水量较大，淋浴间、游泳池排水单独排出至室外小区中水收集管内。

2. 透气管的设置方式

透气管透气方式以升顶透气为主，局部大型公共卫生间设置环形透气管。

3. 采用的局部污水处理设施

(1) 餐饮的厨房等含油污水排出的室外排水管道上，设置隔油池。隔油池有效容积不小于 10min 的污水流量。

(2) 卫生间的生活污水的室外排出管上设置化粪池。

4. 管材

重力流排水管采用 PVC-U 管，粘接。压力排水管采用焊接钢管，焊接。

（五）雨水系统

1. 采用的暴雨重现期

重现期 $P=10$ 年，降雨历时 $t=5\text{min}$，径流系数 $\psi=0.9$（沥青路面）

北京地区设计降雨强度 $q=\dfrac{2001\times(1+0.811\lg P)}{(t+8)^{0.711}}=\dfrac{3623.811}{(5+8)^{0.711}}=584.99\text{L}/(\text{s}\cdot\text{hm}^2)$

2. 雨水系统的形式

(1) 地面层屋面雨水采用檐沟外排水方式。

(2) 敞口进排风竖井、敞口楼梯间及汽车坡道开口段等部位则设置雨水集水坑，经坑内潜污泵提升后排至室外雨水管道。

3. 管材

重力流雨水管采用给水铸铁管，承接，水泥捻口。压力雨水管采用焊接钢管，焊接。

二、消防系统

(一) 消火栓系统

1. 系统用水量（表4）

消火栓用水量 表4

<table>
<tr><th colspan="2">区域划分</th><th>室外消火栓用水量(L/s)</th><th>室内消火栓用水量(L/s)</th></tr>
<tr><td rowspan="3">管理区</td><td>A区</td><td rowspan="3">30</td><td rowspan="3">15
(不包括为B区塔楼部分预留的5L/s消防水量)</td></tr>
<tr><td>B区</td></tr>
<tr><td>C区</td></tr>
<tr><td>管理区</td><td>D、E区</td><td>30</td><td>15</td></tr>
<tr><td colspan="2">楔型绿地商业开发区</td><td>30</td><td>15</td></tr>
<tr><td colspan="2">综合管廊</td><td>20</td><td>15</td></tr>
</table>

2. 系统分区：本工程消火栓给水系统无分区。

3. 水源状况（表5）

消火栓水源状况表 表5

<table>
<tr><th colspan="2">区域划分</th><th>消防水源</th></tr>
<tr><td rowspan="3">管理区</td><td>A区</td><td rowspan="3">管廊内2路的DN600mm的城市自来水，消火栓系统为常高压供水系统；
B区塔楼部分预留消防用水：采用城市自来水，在A区2号消防水泵房，消火栓系统为临时高压供水系统</td></tr>
<tr><td>B区</td></tr>
<tr><td>C区</td></tr>
<tr><td>管理区</td><td>D、E区</td><td>采用城市自来水，在E区地下二层消防水泵房，消火栓系统为临时高压供水系统</td></tr>
<tr><td colspan="2">楔型绿地商业开发区</td><td>采用城市自来水，在地下二层消防水泵房，消火栓系统为临时高压供水系统</td></tr>
<tr><td colspan="2">综合管廊</td><td>管廊内引入2根DN150mm的城市自来水，消火栓系统为常高压供水系统</td></tr>
</table>

4. 消火栓泵（稳压设备）的参数（表6）

消火栓泵参数表 表6

消防水泵房	规格型号
D、E区地下二层泵房	XBD5.6/15-80L(Q=15L/s,H=0.56MPa,N=15kW)，共2台，1用1备
楔型绿地地下二层泵房	XBD5.6/15-80L(Q=15L/s,H=0.56MPa,N=15kW)，共2台，1用1备

5. 水池、水箱的容积及位置（表7）

消防水池、水箱容积及位置表 表7

消防水泵房	消防水池有效容积	屋顶水箱有效容积
A区2号泵房	144m^3(其中为B区塔楼部分预留2h消火栓用水量36m^3)	18m^3
D、E区地下二层泵房	216m^3(其中2h消火栓用水量108m^3)	18m^3
楔型绿地地下二层泵房	216m^3(其中2h消火栓用水量108m^3)	城市自来水稳压

6. 水泵接合器的设置（表 8）

水泵接合器设置表 **表 8**

区域划分		消火栓室外水泵接合器
管理区	部分 A 区与全部 C 区	无
	部分 A 区与全部 B 区	无
管理区	D、E 区	1 组
楔型绿地商业开发区		1 组
综合管廊		无

7. 管材：消火栓系统给水管采用焊接钢管，焊接连接，阀门及需拆卸部位采用法兰连接。

（二）自动喷水灭火系统

1. 系统用水量（表 9）

自动喷水用水量 **表 9**

区域划分		用水量
管理区	部分 A 区与全部 C 区	27.73L/s，按 30.00L/s 计
	部分 A 区与全部 B 区	27.73L/s，按 30.00L/s 计
	B 区塔楼部分	27.73L/s，按 30.00L/s 计
管理区	D、E 区	27.73L/s，按 30.00L/s 计
楔型绿地商业开发区		27.73L/s，按 30.00L/s 计

2. 系统分区：本工程自动喷水灭火系统无分区。

3. 自动喷水加压泵（稳压设备）的参数（表 10）

自动喷水加压泵参数表 **表 10**

消防泵房	喷淋水泵规格型号	稳压装置
A 区 1 号泵房	XBD6.8/30-100L：Q=30L/s，H=0.68MPa，N=37kW，共 2 台，1 用 1 备	水泵选用 50LGW24-20×6（2 套），Q=5L/s，H=1.140MPa，N=15.0kW，n=2950r/min；Q=5.00-6.67-8.33 H=132-120-99；气压罐选用 SN1500×1.6（2 套）
A 区 2 号泵房	XBD7.2/30-250L：Q=30L/s，H=0.72MPa，N=37kW，共 2 台，1 用 1 备	水泵选用 50LGW24-20×6（2 套），Q=5L/s，H=1.183MPa，N=15.0kW，n=2950r/min；Q=5.00-6.67-8.33 H=132-120-99；气压罐选用 SN1500×1.6（2 套）
	B 区塔楼部分：XBD12/30-125D-6：Q=30L/s，H=0.80MPa，N=55kW，共 2 台，1 用 1 备	水泵选用 50LGW24-20×6（2 套），Q=5L/s，H=1.414MPa，N=15.0kW，n=2950r/min；Q=5.00-6.67-8.33 H=132-120-99；气压罐选用 SN1500×1.6（2 套）
D、E 区地下二层泵房	XBD8.5/30-100L：Q=30L/s，H=0.85MPa，N=45kW，共 2 台，1 用 1 备	
楔型绿地地下二层泵房	XBD8.5/30-100L：Q=30L/s，H=0.85MPa，N=45kW，共 2 台，1 用 1 备	水泵选用 50LGW24-20×6（2 套），Q=5L/s，H=1.140MPa，N=15.0kW，n=2950r/min；Q=5.00-6.67-8.33 H=132-120-99；气压罐选用 SN1500×1.6（2 套）

4. 水池、水箱的容积及位置（表 11）

水池、水箱的容积及位置表 **表 11**

消防水泵房	消防水池有效容积	屋顶水箱有效容积
A 区 1 号泵房	108m³(全部为自动喷淋用水量)	
A 区 2 号泵房	144m³(其中 1h 自动喷淋用水量 108m³)	
D、E 区地下二层泵房	216m³(其中 1h 自动喷淋用水量 108m³)	18m³
楔型绿地地下二层泵房	216m³(其中 1h 自动喷淋用水量 108m³)	

5. 喷头的选型

(1) 湿式喷淋系统：喷头选用玻璃泡喷头，动作温度为 68℃、$K=80$；厨房操作间喷头，动作温度 93℃。

(2) 预作用喷淋系统：易熔合金片喷头，动作温度 68℃，选用直立型喷头向上安装。

(3) 喷头溅水盘与顶板的距离在 75mm～150mm 范围内。

6. 报警阀的数量及位置（表 12）

报警阀数量及位置表 **表 12**

消 防 泵 房	报警阀组规格型号及数量	
A 区 1 号泵房	水泵房内：湿式报警阀组 *DN*150mm，共 5 组	
	C 区报警阀室	地下三层：预作用报警阀组 *DN*150mm，1 组
		地下二层：预作用报警阀组 *DN*150mm，3 组
A 区 2 号泵房	湿式报警阀组 *DN*150mm，共 5 组	
D、E 区地下二层泵房	湿式报警阀组 *DN*150mm，共 5 组	
楔型绿地地下二层泵房	湿式报警阀组 *DN*150mm，5 组	
	预作用报警阀组 *DN*150mm，3 组	

7. 水泵接合器的设置（表 13）

水泵接合器设置表 **表 13**

区 域 划 分		自动喷淋室外水泵接合器
管理区	部分 A 区与全部 C 区	2 组
	部分 A 区与全部 B 区	2 组
管理区	D、E 区	2 组
楔型绿地商业开发区		2 组

8. 管材：自动喷水灭火系统给水管采用热浸镀锌钢管，当管径 $D>100$mm 时，采用管箍式或法兰连接，当管径 $D\leqslant100$mm 时采用丝扣连接。

三、工程特点

中关村西区综合管廊及地下空间开发工程的设计中，结合我国国情及中关村西区的特点，创立综合管廊＋地下空间开发＋地下环行车道的三位一体的地下综合构筑物模式，为此获得了国家发明专利，获得了北京市科技进步二等奖。

中关村西区的设计不仅引入地下综合管廊的概念，同时引入在公共绿地下设置大型地下空间开发的区域设计概念。由于公共绿地位于整个西区的中心，因此我们设计的地下空间开发首先在地下与综合管廊相连通；其次在地下通过综合管廊与四周各地块相连通；第三通过地下通道与白颐路上未来地铁车站相连通；最后在地上通过各地面出入口与整个西区的地面二层步行系统相连通，使中关村西区无论地上及地下，区内及区外均有机地形成一个整体，高效便捷地体现出21世纪中国地下空间建筑的特色。

1. 采用综合管廊的综合管线设计方式，解决了大型地下空间开发中，空间利用、交通组织、各种管线之间的矛盾，提高了地下空间的使用率，实现了节地，提高了管线的使用寿命，同时为地下空间大面积的开发和能源的综合利用设置了通道和联结的纽带。

2. 在工程中设置的中水系统，提高了水的重复利用率，实现了节水的目标。中关村西区25个地块中水统一收集处理，经管廊输送中水至地下空间开发区域卫生间冲厕使用，实现了中水的综合利用。

3. 中关村西区设置了区域冰蓄冷能源冷站，因此与之配套的冷却循环系统也为集中设置，选用的BAC冷却塔，使整个西区景观整齐，冷却效率高。

4. 在市政水压不能满足的区域，采用了无负压变频供水设备，减少了水的二次污染，实现了用水节能和卫生。

5. 车库采用的变功率电伴热系统，有效地节省了为保证消火栓系统不结冻而需设置的采暖系统的投资以及缴纳的采暖费用。

6. 地下空间开发区域采用城市自来水供水满足消火栓水压、水量要求，提高了消防保证率，节约了消火栓泵的投资。

7. 由于是地下工程，室外景观设计没有设置消防水箱的位置，自动喷淋系统未设置屋顶水箱，但在地下消防水泵房设置了承压贮水罐，满足火灾前10min的消防水量，较好地满足了建筑设计的美观要求。

四、工程系统图及照片

62.05
4.85(55.45)
−0.70(49.90)
−5.30(45.30)
−9.90(40.70)
1
B1
B2
接厨房排水
1号排水泵房
0.100(50.70)
接室外化粪池
接室外隔油池
54.10
DN150
49.25
49.00
WT
WP
DN80
WQ15−10−1.5 1用1备
WQ15−10−1.5 1用1备
（原为 WQ25−8−1.5）
接地下二层15号卫生间透气
DN150
接地下二层
15号卫生
间扬水管
0.100(50.70)
DN100
6.600
0.00(50.60)
DN100
DN80
接18号卫生间排水
WQ30−21−5.5 1用1备
B−3 消防梯底坑排水
B−6 消防梯底坑排水
0.00(50.60)
0.00(50.60) 接室外化粪池
接室外隔油池
接地下一层16号卫生间扬水管
接22号、23号卫生间排水
接地下一层16号卫生间透气
接地面一层厨房排水
接地下二层16号卫生间透气
DN150
DN100
WQ15−10−1.5
1用1备
2号排水泵房
54.10

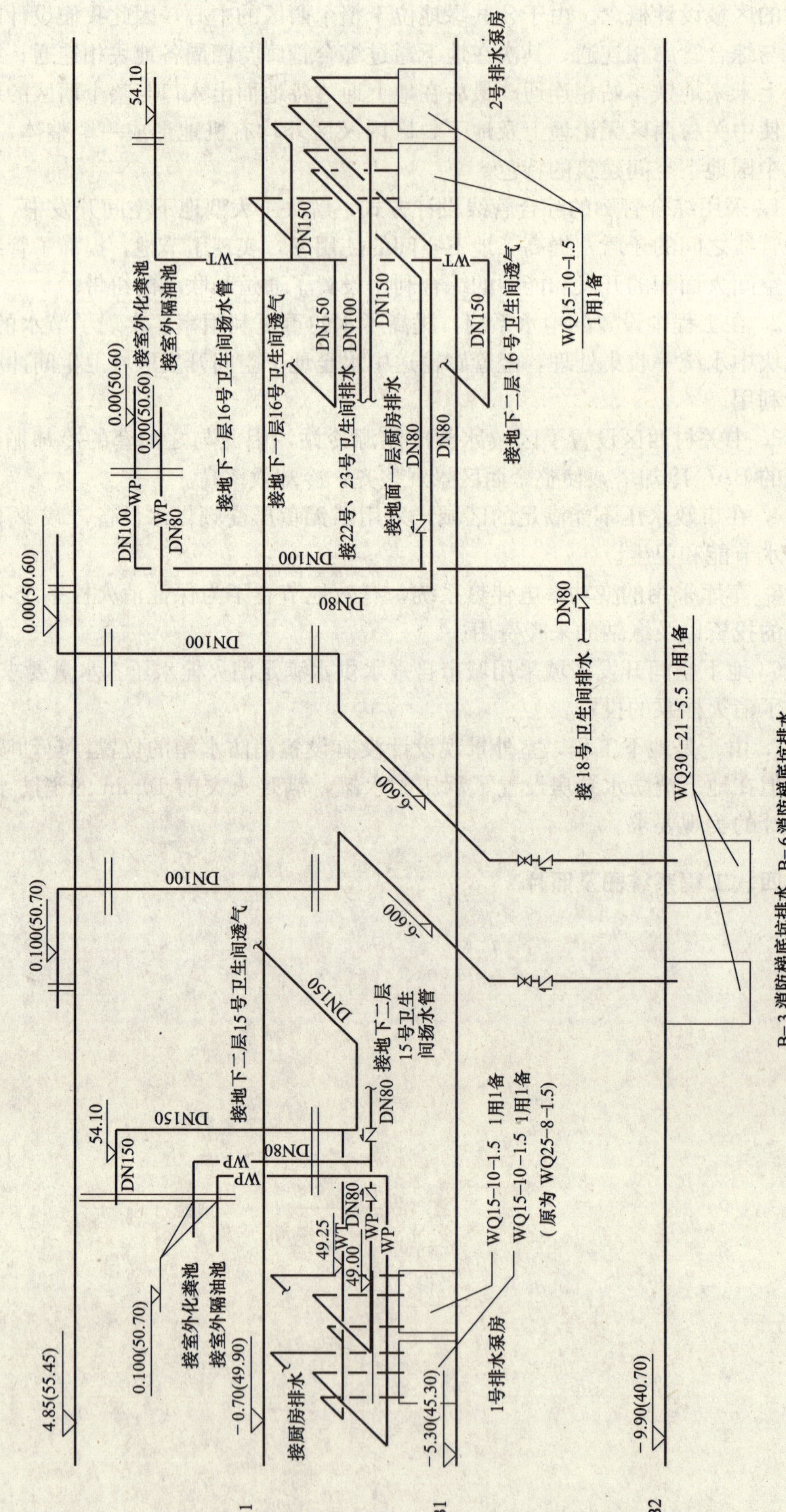

B 区排水系统原理图

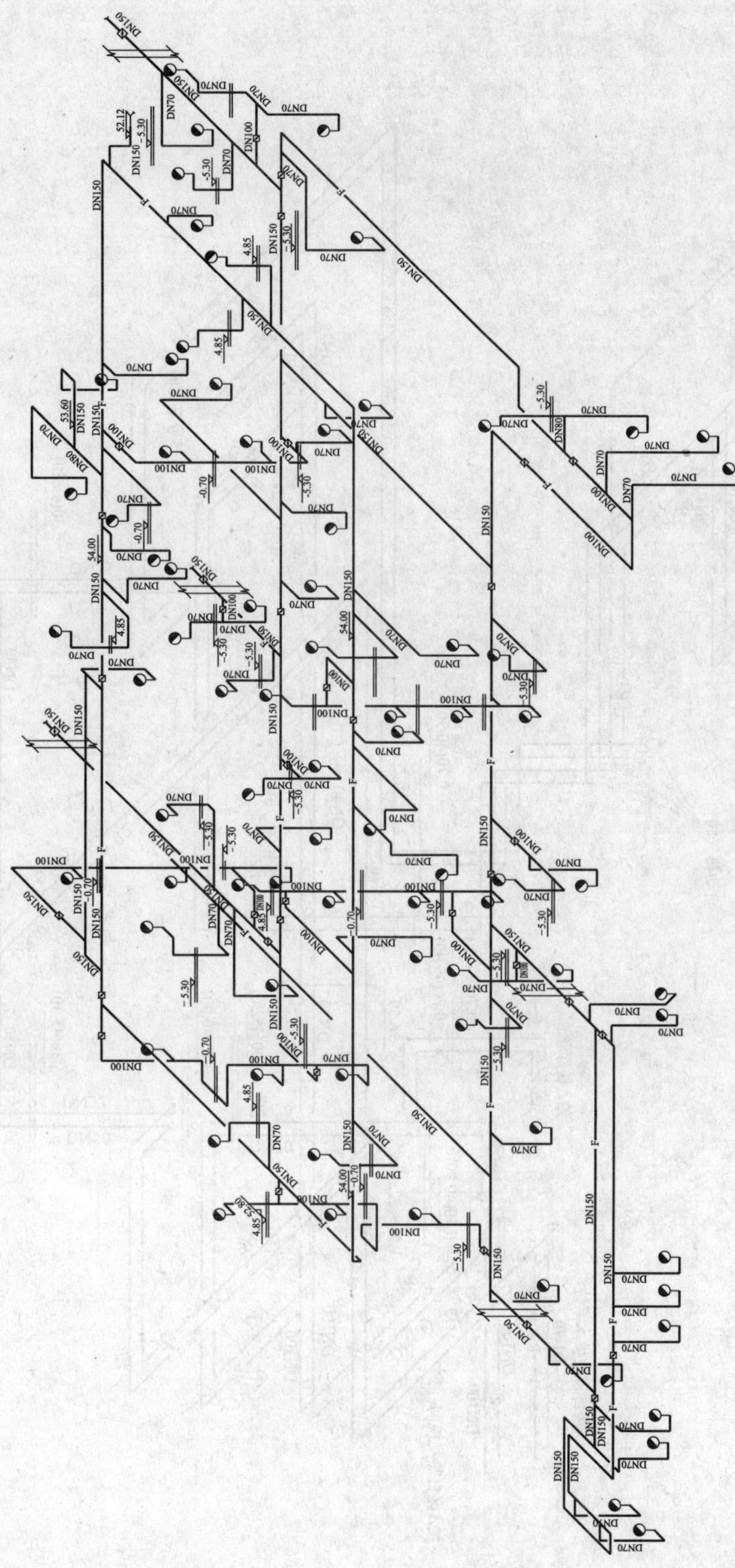

B区消火栓系统图

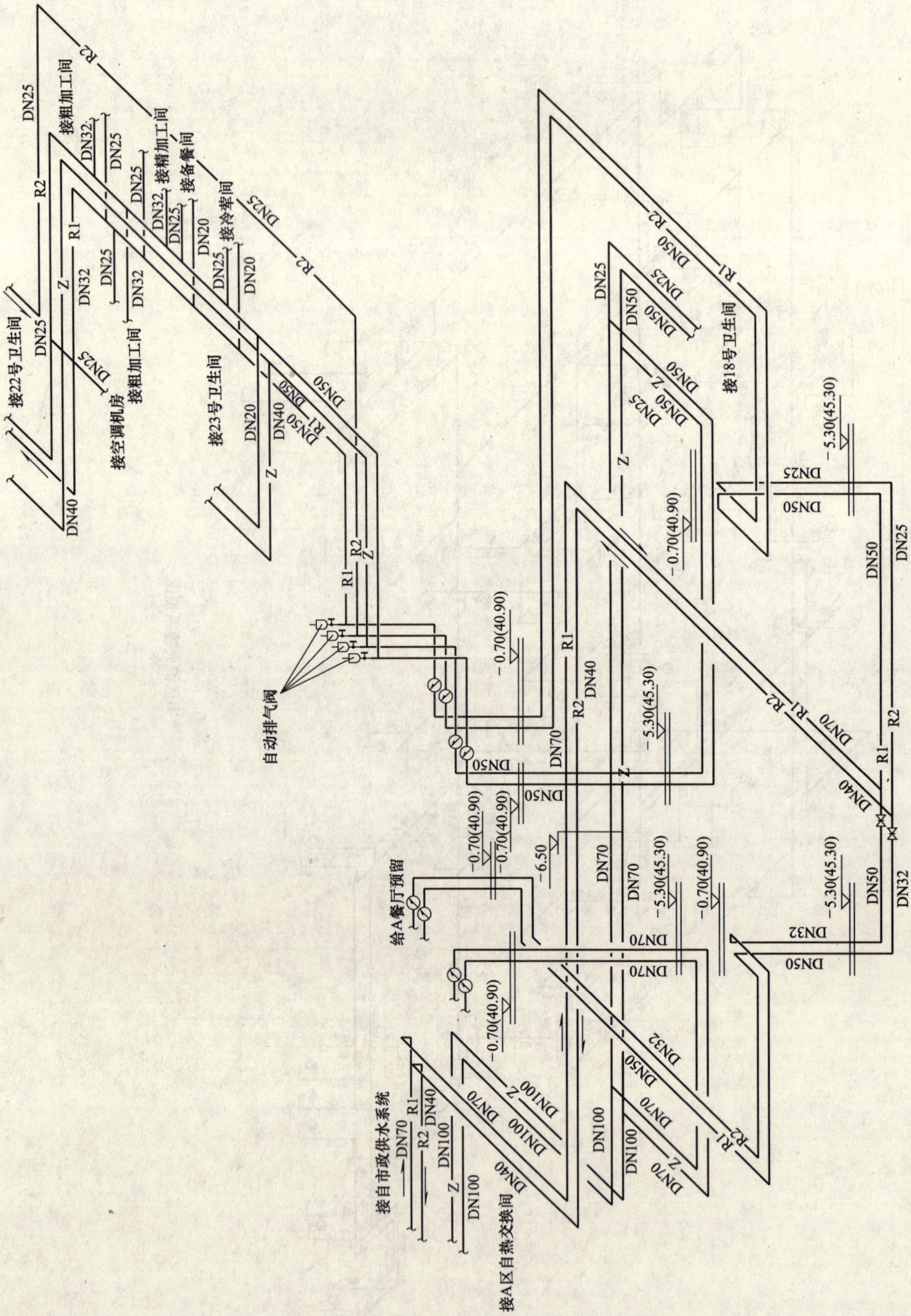

B区给水及热水系统图

11.45(62.05)
末端试验装置
55号防火分区喷淋 196
4.85(55.45)
53号 防火分区喷淋 138
56号 防火分区喷淋 67
接A区2号水泵房
−6.600
54号防火分区喷淋 114
侧墙式水泵接合器
52号防火分区喷淋 129
−0.70(49.90)
50号防火分区喷淋 309
以上喷淋系统
待建筑平面确认后再行施工
−6.500
−6.700
−1.900
−5.30(45.30)
51号防火分区喷淋 162个
35号防火分区 170
36号防火分区喷淋 83个
管廊V段管理用房防火分区喷淋69个
管廊III、IV段商业防火分区喷淋366个
34b号防火分区喷淋 58个
34a号防火分区喷淋 87个
−6.400
DN150
DN25

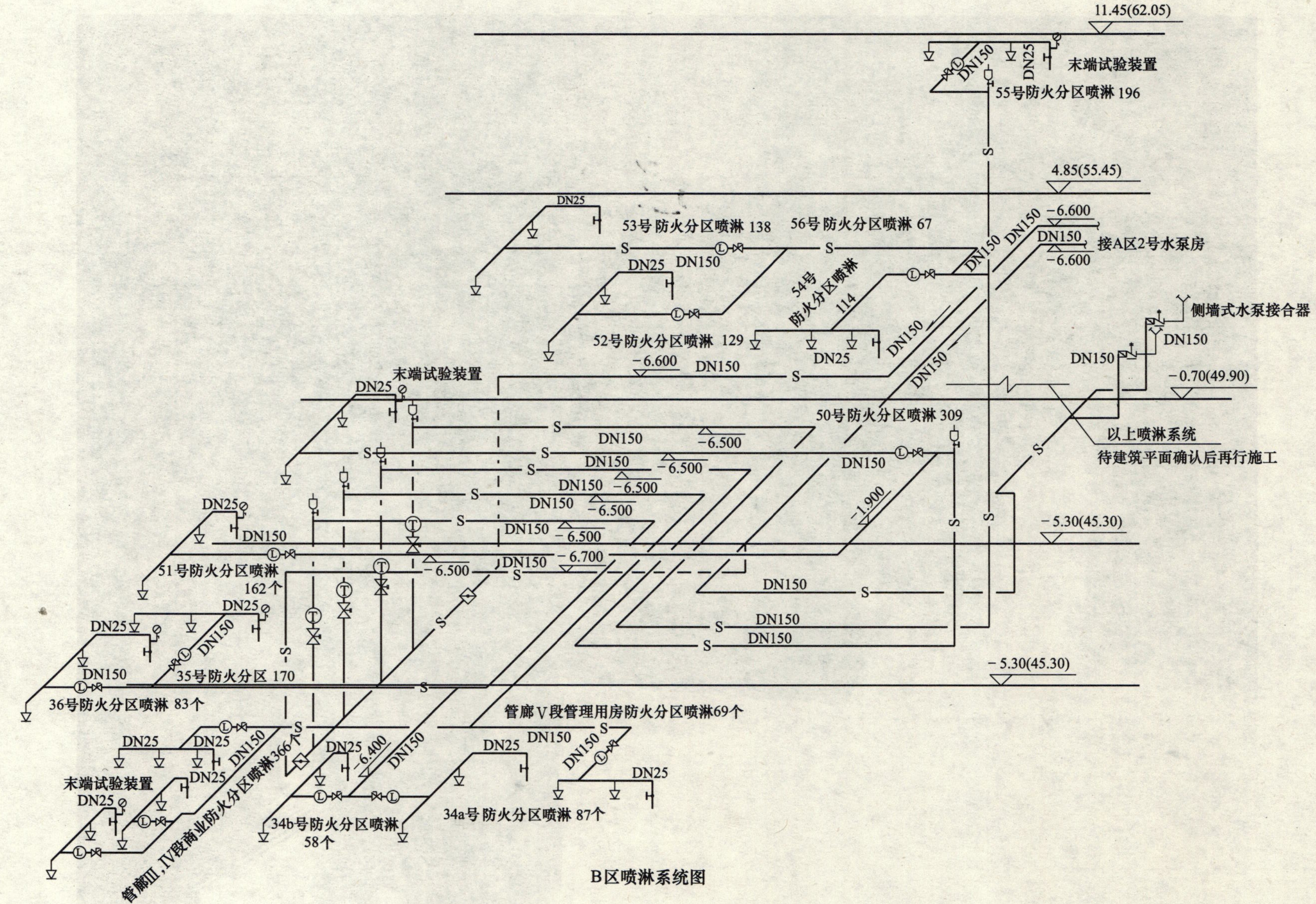

B区喷淋系统图

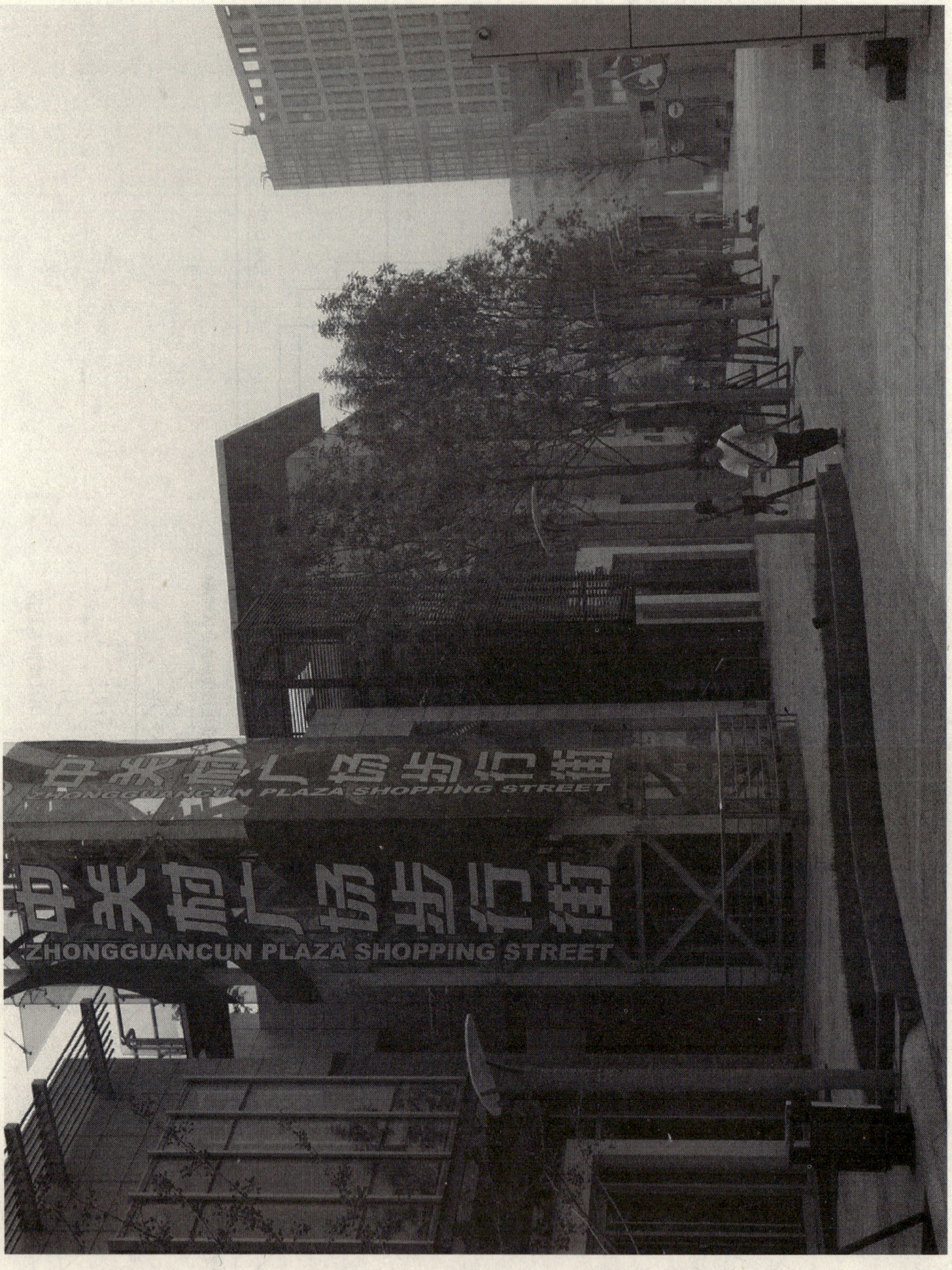

上海市松江区中心医院传染病大楼

设计单位：华东建筑设计研究院有限公司
设 计 人：何宏涛（专业负责人） 陈建刚（审定人）
获奖情况：公共建筑三等奖
工程概况：

松江区中心医院传染病大楼为多层传染病病房及门诊综合楼，位于医院的西北角。单独成区，留有供传染病人专享的室外活动场地。北侧临城市道路四新路，东侧与病房楼隔着医院的主要环路遥相对望，南侧是保护建筑韩三房和古树园区，西侧是沈泾塘。本工程建筑面积达6600m^2，共五层，建筑高度为20.04m（至女儿墙顶），床位数为184床。本楼功能布置根据不同病种的病人流量和传染病传播特性安排如下：一层为传染科门诊部，二到五层依次为肠道科、其他类、肝科和肺科护理单元。火灾危险等级：中危险Ⅰ级。

一、给水系统

（一）给水系统

1. 冷水用水量（表1）

冷水用水量 表1

序号	用水类别	用水定额	使用数量	最高日用水量（m^3/d）	最大时用水量（m^3/h）	备注 K_h
1	病房	400L/(床·d)	184床	73.6	7.67	2.5
2	门急诊	15L/(病人·次)	100	1.5	0.19	1.5
3	医务人员	200L/(人·班)	180	36	9	1.5
4	小计			111.1	17	

本工程最高日用水量为111.1m^3/d，最大时用水量为17m^3/h。

2. 水源：市政给水管道上引入1根进水管。

3. 系统竖向分区：不分区，供水水压0.3MPa、用水点水压控制范围在0.10～0.35MPa。

4. 供水方式及给水加压设备：本楼采用市政直接供水。

5. 管材：给水管管径不小于*DN*70的采用钢塑复合管道，压力等级1.0MPa，管配件连接。给水管管径小于*DN*70的：采用PP-R管道，PP-R冷水管道采用S4.0系列。PP-R热水管道采用S3.2系列。

（二）热水系统

病房热水采用电加热热水器供应；每层设置一电开水炉供应开水。

（三）排水系统

1. 排水系统的形式：室内污废水合流。

2. 透气管的设置方式：设置专用通气立管，专用通气立管与排水管间用H形通气配件连接。

3. 采用的局部污水处理设施：污废水进化粪池后经臭氧预消毒排至院区污水管网。

本工程化粪池选用国标图集 03S702　G12-75F。臭氧接触池（有效容积 8.5m³）

4. 管材：排水管采用硬聚氯乙烯（PVC-U）管及管件，承插粘接。

（四）雨水系统

1. 采用的暴雨重现期：雨水量计算根据上海市暴雨强度公式，$q_j=\dfrac{5544\ (P^{0.3}-0.42)}{(t+10+7\lg p)^{(0.82+0.07\lg p)}}$

室外总体雨水设计重现期为 3 年，屋面雨水设计流态为重力流，设计重现期按 5 年考虑。

2. 雨水系统的形式：内排水，重力流。

3. 管材：排水管采用硬聚氯乙烯（PVC-U）管及管件，承插粘接。

二、消防系统

（一）消火栓系统

消火栓系统用水量：室外消火栓 25L/s；室内消火栓 15L/s，系统不分区，室内消火栓系统为临时高压系统，与院区合用消防泵，本建筑中室内消火栓留两路 $DN100$ 引入管接口。原消防泵参数：$Q=20\sim35$L/s，$H=51\sim65$m，$N=45$kW。院区最高建筑 7 层病房楼屋顶设置有有效容积为 18m³ 的消防水箱。上海地区消防水泵直接从市政管网抽水，不需设消防水池。一层设水泵接合器一组，管材：消防给水管管径不小于 $DN100$ 采用无缝钢管，热镀锌，机械沟槽式卡箍连接；管径小于 $DN100$，采用热镀锌钢管，丝扣连接。

（二）自动喷水灭火系统

喷淋系统用水量：21L/s；系统不分区，喷淋系统为临时高压系统，与院区合用喷淋泵，本建筑中喷淋系统留一路 $DN150$ 引入管接口。原喷淋泵参数：$Q=20\sim35$L/s，$H=68\sim87$m，$N=55$kW。院区最高建筑 7 层病房楼屋顶设置有有效容积为 18m³ 的消防水箱。上海地区喷淋水泵直接从市政管网抽水，不需设消防水池。除病房、治疗区域喷淋普通喷头为快速响应喷头，其余为普通下垂型喷头，本工程设一组报警阀，设置于本建筑一层报警阀间内。一层设水泵接合器 2 组，管材：消防给水管管径不小于 $DN100$ 采用无缝钢管，热镀锌，机械沟槽式卡箍连接；管径小于 $DN100$，采用热镀锌钢管，丝扣连接。

三、设计体会

1. 防止在给水输送过程中由于管道设计不当而造成的回流污染，影响水质。根据业主资料：室外市政水压 0.30MPa，本楼采用市政直接供水。因本建筑内各病区病源性质不同，为防止在停水时各个污染区的给水管可能产生倒流进入其他病区的可能，本楼每层单独设置 1 根给水干管供水，在每层给水干管入口处设置低阻型防污隔断阀组（水损约为 3m），防止各病区交叉感染。低阻型防污隔断阀组设置在清洁区、半清洁区内，以便检修人员在清洁区内进行检修，同时也保证了在检修时打开管道不会使水管里水与被污染区空气接触，导致产生进入清洁区的水被污染的可能。

2. 传染病医院不适合做循环水系统，因为那样可能会导致热水循环区域内人员交叉感染，故本建筑生活热水采用在每间病房卫生间内设置电热水器供应洗浴热水的方式。医生区污洗间设置电热水器供应污洗热水。每层备餐间设置电开水器供应本层清洁区医务人员饮用开水，为进一步提高饮用水安全，采用带有活性炭过滤装置的电开水器。每个病房内设置 1 只 1kW 左右的小型电开水壶供应本病房内病员饮用开水，这样避免了与外界的物质交换，最大限度地防止了交叉感染发生的可能性。

3. 防止通过接触交叉感染，病房楼内的相关卫生器具均采用非手动开关。污染区公共卫生间洗手盆、洗脸盆、洗涤池、小便器、大便器均采用红外感应装置；医生活动用房内淋浴器采用混水阀，脚踏开关；蹲式便器采用脚踏开关，洗手盆，污洗盆采用肘式或者膝式龙头，病房过渡小间内洗手盆为非手动式龙头，供医务人员进出病室刷手用；病房内因考虑到住在同一病房内的病人均为同类病人，不存在接触传染问题，为了使用方便，其卫生间内大便器、洗脸盆、淋浴器采用普通龙头。病人使用的坐式大便器的坐圈宜采用“马蹄式”，蹲式大便器宜采用“下卧式”，大便器旁应装置“助力拉手”，此做法主要注意的问题是检修时需要先对要维修的龙头进行消毒处理。采用红外感应装置的，与电气专业配合，预留好电源。所有卫生器具应选用质量较好的产品，尽量减少维修次数。

4. 污水在排入院区污水总管前必须单独处理。本工程的污水主要有肝炎、痢疾、肺结核病等污水，在现行的《医疗机构污水排放要求》中规定总余氯量、粪便大肠菌群数、采用氯化消毒时的接触时间均不同，故采用化粪池作为污水消毒前的预处理，起到一定的中和和初沉作用。化粪池的容积应按污水在池内停留时间不小于36h计算，污泥清掏周期宜为1年。在化粪池后，污水进入消毒池，采用臭氧消毒，因为臭氧具有比氯更强的氧化消毒能力，杀菌效果比氯好。残余臭氧可以自行分解为氧气，不会产生二次污染，而且不会影响后序医院污水处理站的生化处理生化菌种的活力。消毒池臭氧投加量50mg/L，最大时用水量16.86m^3/h。总耗臭氧量为843g/h，接触池大小按停留30min考虑。

5. 传染病医院的污废水通气管是病菌孳生和繁殖的场所，为防止周边大气受污染，本楼的病房区（污染区）通气管汇合连接成两根*DN*150的伸顶通气管，在其排气口设置专门的过滤设备（活性炭过滤装置）。屋顶通气管过滤装置，过滤器直径计算原则为保证活性炭过滤器横截面孔隙总面积为汇合通气管横截面面积的4倍。采用活性炭滤料，密度1.85g/cm^3，填充密度0.5g/cm^3，孔隙率＝(1.85－0.5)/1.85＝0.729。通气管为*DN*150，则设过滤装置管径X，满足$(X\times X\times 3.14/4)\times 0.73/4=150\times 150\times 3.14/4$推出$X=351$mm，取400mm，长度500mm。伸顶通气管活性炭过滤装置定期更换，换下的过滤器采用焚烧处理，以保持吸附除菌功能。在更换时，工人要做好消毒措施，采取二氧化氯喷雾洗涤的方式进行消毒除菌。

6. 空调排水：本建筑采用每间房间设置风机盘管的空调系统，因其冷媒管横跨污染区与清洁区，其冷凝水排放必须分为清洁区与污染区两个区排放，否则将造成人员交叉感染。本专业与暖通专业经协商本建筑不做专用的空调冷凝水排放管，而是将其凝结水纳入本专业的污水排放体系；在污染区的洗涤盆上方附近或卫生间里预留下冷凝水接口，并做好水封；清洁区的地漏附近预留冷凝水接口，因本建筑出水均经过臭氧消毒，所以可以完全解决冷凝水中病原体的外流。

7. 消防系统设计强调立足自救，并结合外部灭火，系统按规范设置了室内消火栓，同时增设了消防卷盘，加强了建筑灭火器配置，加密了部分室外消火栓。值得注意的问题是，污染区设置的灭火器不得进入清洁区。

四、工程系统图及照片

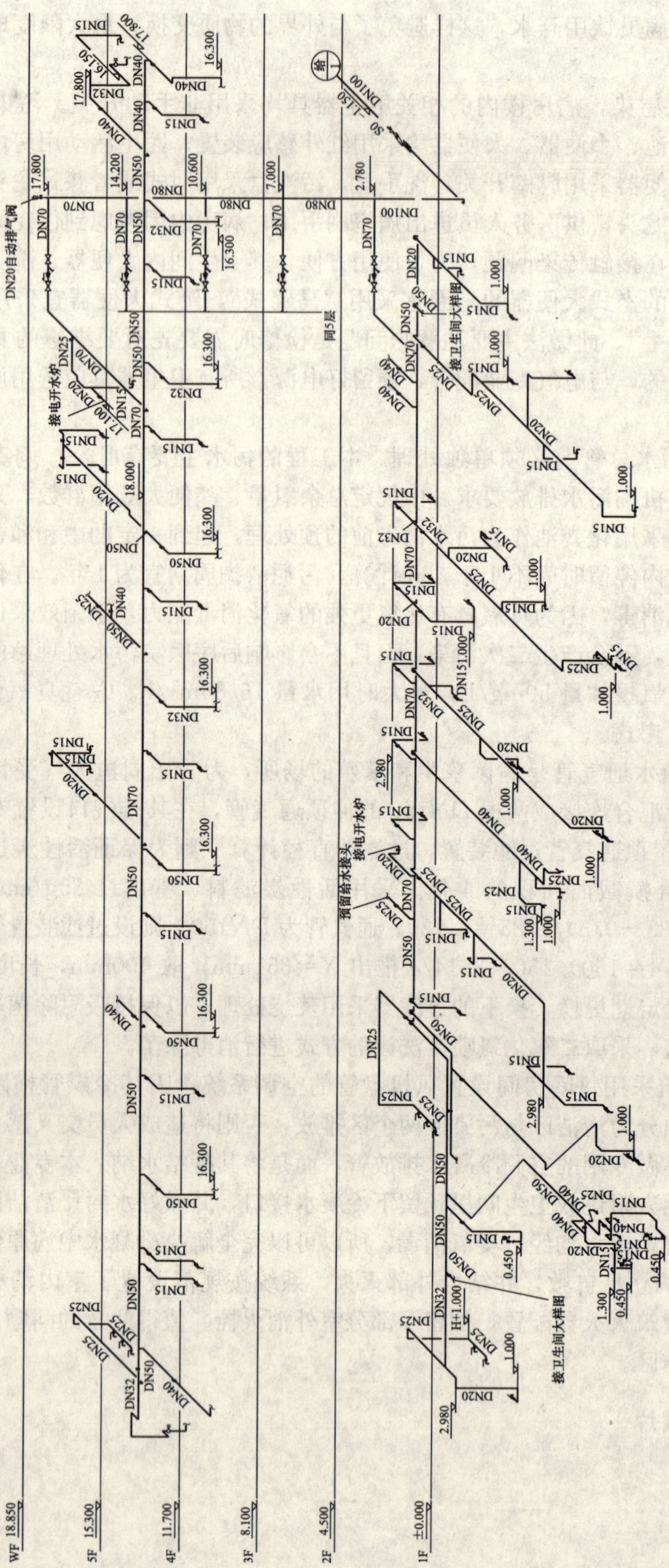

给水系统透视

注：本工程倒流防止器为低阻型（水头损失小于等于3m）。

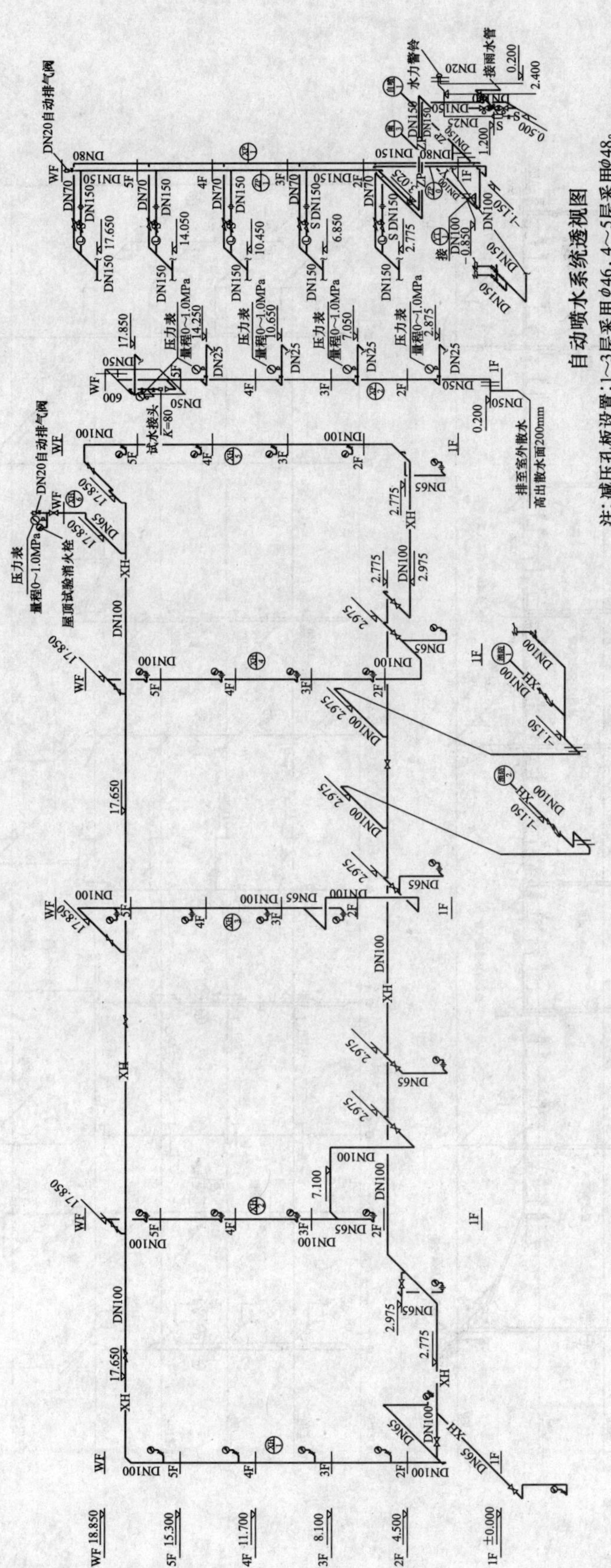

自动喷水系统透视图

注：减压孔板设置：1~3层采用φ46，4~5层采用φ48。

消火栓系统透视图

注：消火栓接立管的短管标高均为H+0.800
消火栓接立管的短管管径均为DN65
消火栓栓口标高均为H+1.100
减压孔板设置：1~3层采用φ22，4~5层采用φ26

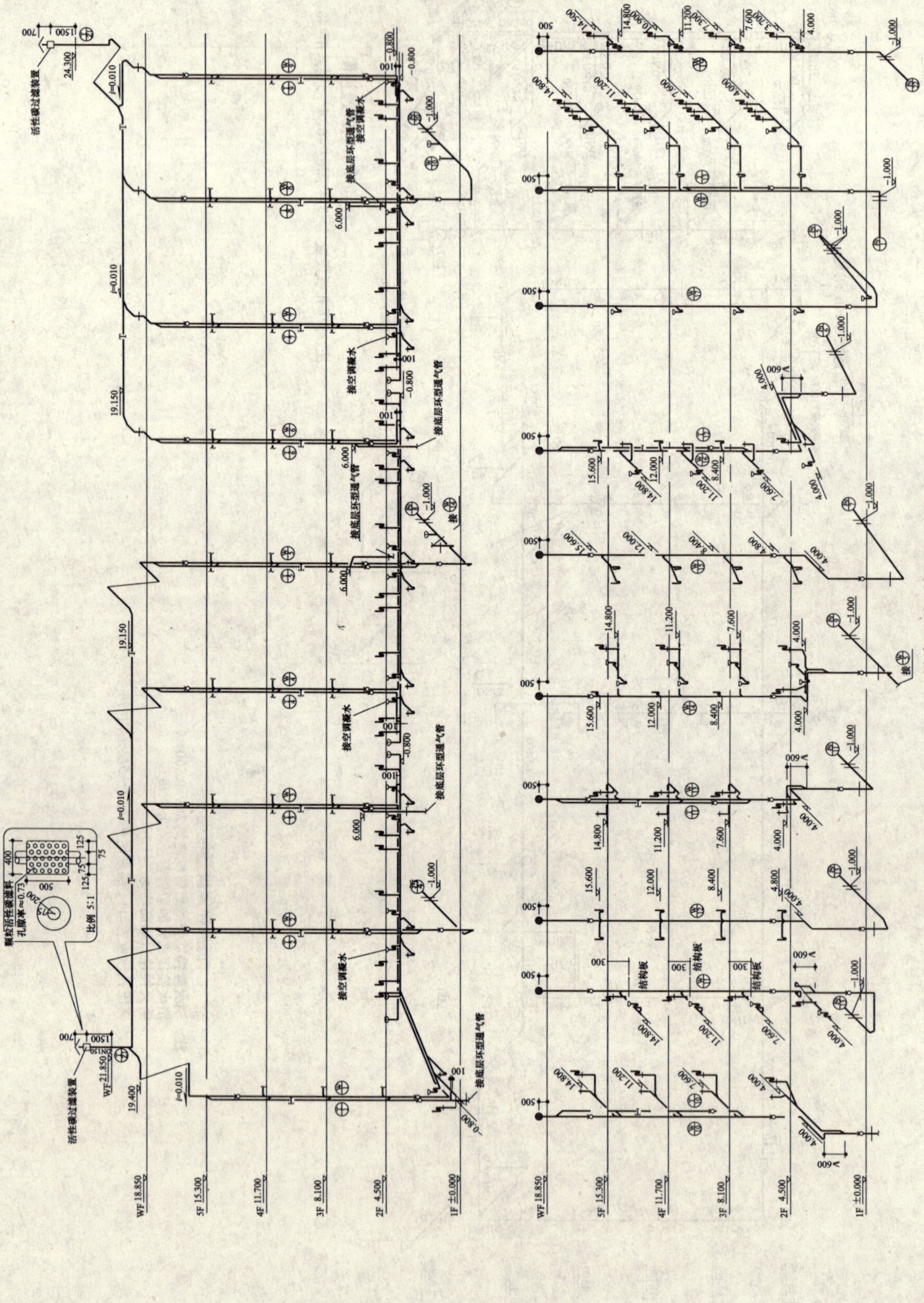

排水系统透视图（一）

注：病房卫生间内淋浴排水均采用防反溢地漏。
电开水炉处地漏所接支管均采用耐热塑料管。

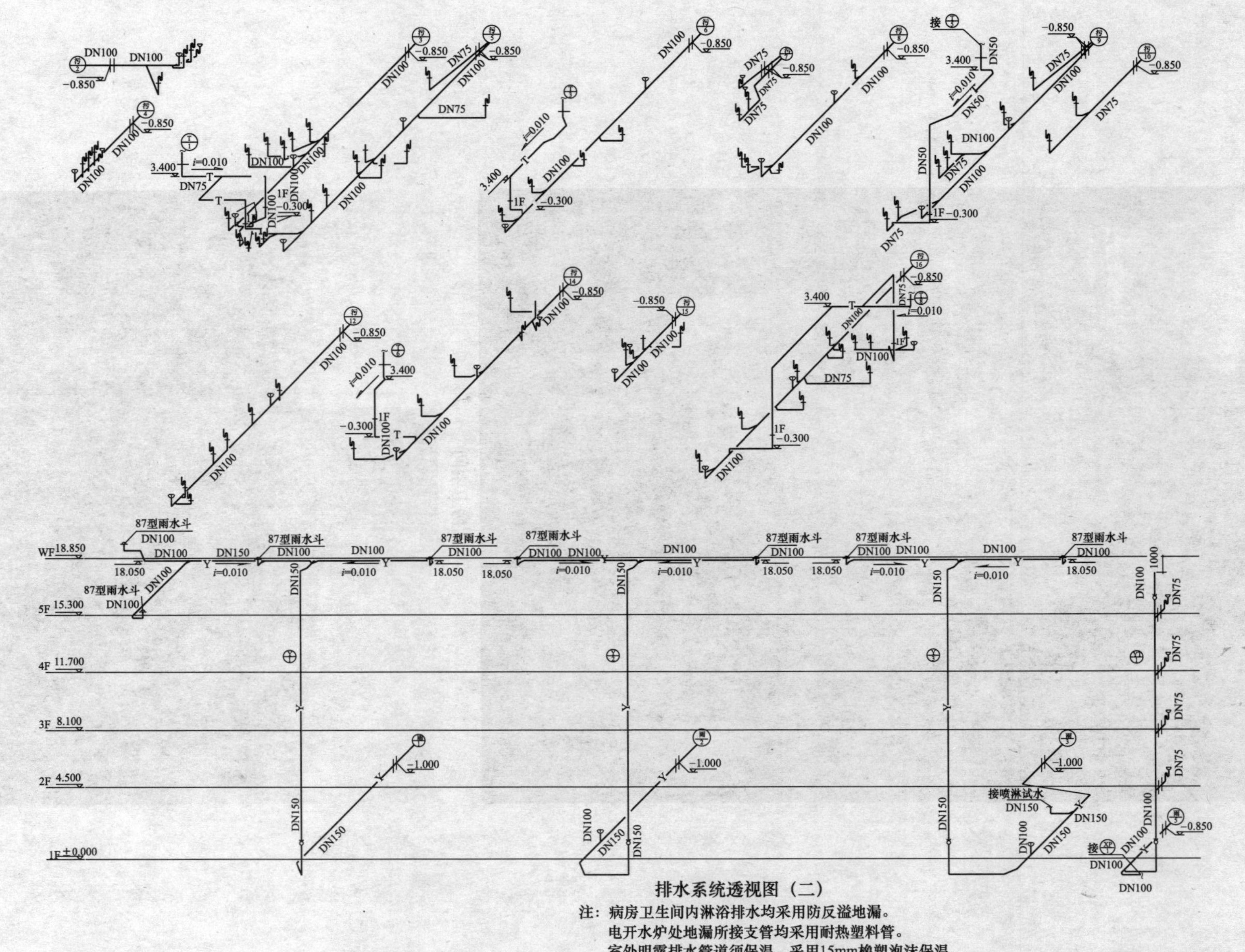

排水系统透视图（二）

注：病房卫生间内淋浴排水均采用防反溢地漏。
电开水炉处地漏所接支管均采用耐热塑料管。
室外明露排水管道须保温，采用15mm橡塑泡沫保温。

病房卫生间

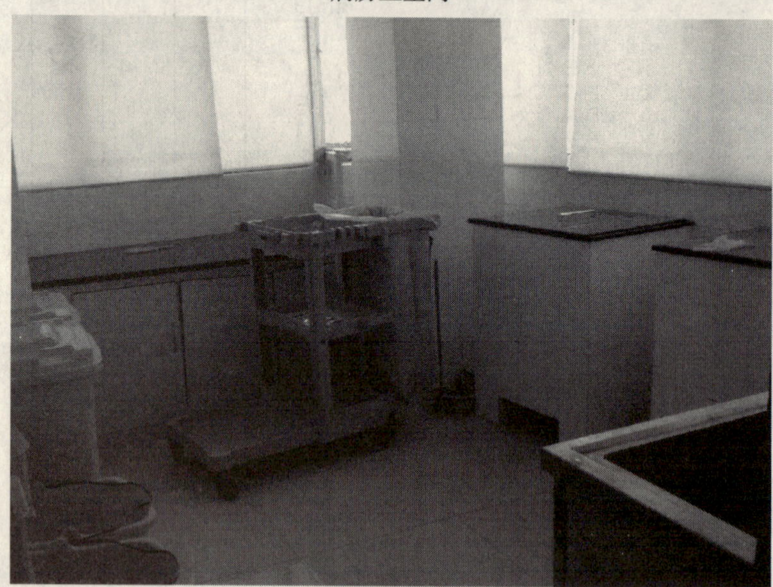

病房污洗消毒室 1

病房污洗消毒室 2

门诊污洗消毒室

屋面图片

清华科技园科技大厦

设计单位：清华大学建筑设计研究院
设 计 人：刘玖玲　冬宇辉
获奖情况：公共建筑优秀奖
工程概况：

科技大厦是一座智能化高科技的综合办公楼，它是高新技术研发的聚集地和辐射源，是清华科技园的中心，更是当时国家唯一一个5A级高校科技园的标志性建筑。

建筑规模：188000m^2。

建筑性质：办公、科研。

建筑高度：99.9m，建筑层数：地上二十五层，地下三层。

建筑由下而上分层布置功能，地下部分为车库、员工餐厅、设备机房等后勤支持系统，首层和二层为商业餐饮功能用房，三层为大型公共集散功能用房，四层及以上为办公用房。

一、给水排水系统

（一）给水系统

1. 冷水用水量（表1）

冷水用水量表　　表1

序号	分类	用水量标准(L)	使用人数或单位数	单位	小时变化系数 K	使用时间(h)	最高日用水量(m^3/d)	最大时用水量(m^3/h)	备注
1	办公	40	9660	L/(人·d)	2.0	10	387	77.3	
2	餐厅	15	5000	L/(人·次)	2.0	10	75	115	
3	淋浴	150	200	L/(人·次)	1.5	6	30	7.5	
4	服务人员	25	400	L/(人·班)	2.5	10	10	2.5	
5	空调冷却补水					10	200	20	
共计							702	122.3	
未预见用水		取总水量的10%							
总计							772	135	

其中生活日用水量572m^3/d，最大时用水量115m^3/h。

2. 水源

本工程室外有两路水源，分别从学校及市政管网接入，供水压力为0.20MPa，管径分别为DN150及DN200。在本科技园区内连成DN200环状管网供水。

3. 系统竖向分区

给水系统分四个区。

低区：地下三层至地上三层，由小区管网直接供水。

高区：由变频供水机组加压供地上四至二十五层生活用水，再由减压阀分 3 个小区。

4. 供水方式及给水加压设备

给水采用变频供水方式：由变频供水机组从位于本楼地下二层设备间内的 194m^3 不锈钢生活水箱抽取加压供地上四至二十五层生活用水，再由减压阀分 3 个小区，该系统最不利点的供水压力为 0.15MPa，可调试减压阀分别设定，以满足每区的供水压力不超过 0.4MPa。

给水加压设备：变频调速供水包括 3 台生活主泵，2 用 1 备；1 台辅泵及气压罐 1 台。

5. 管材

建筑物内的给水管均采用铜管，焊接。

（二）热水系统

根据甲方要求，职工淋浴及厨房均采用电热水器供给热水。

（三）中水系统

1. 中水源水量表、中水回用水量表、水量平衡。

本工程位于地下三层设有科技园小区综合中水处理机站，将小区各楼的盥洗、洗浴废水收集作为中水水源，经处理后，一部分回用到威新大厦及考试中心冲厕，另一部分供给本科技大厦地下车库冲洗地面。中水水源来自规模为 2 万 m^2 以上办公建筑的盥洗及淋浴废水。

中水源水量见表 2。

中水源水量表 **表 2**

序号	原水来自部位	排水标准[L/(人·d)]	排水人数	日排水量(m^3/d)	年排水日(d)	备注
1	科技大厦办公室盥洗	16	9660	155	290	
2	科技大厦淋浴	60	200	12	290	
3	创新中心办公室盥洗	16	3800	60.8	290	
4	创新中心淋浴	60	100	6	290	
5	威新大厦办公室盥洗	16	3000	48	290	
6	威新大厦淋浴	60	50	3	290	
7	威盛大厦办公室盥洗	16	3000	48	290	
8	威盛大厦淋浴	60	50	3	290	
	共计			336		
	未预见水量	按总量 90%计				
	总计			302		

中水用水量（表 3）：本科技园小区中水主要用于冲厕及绿化冲洗地面

中水用水量表 **表 3**

序号	中水使用部位	用水量标准[L/(人·d)]	用水人数或用水面积(人或m^2)	日用水量(m^3/d)	年工作日(d)	备注
1	科技大厦冲厕	24	9660	232	290	
2	科技大厦冲洗车库地面	2L/(m^2·次)	23300	46	290	
3	浇洒绿地	2L/(m^2·次)	46500	93	290	
	共计			371		
	未预见水量	按总量 10%计				
	总计			408		

水量平衡如下：

中水源水量 $302m^3/d$：回用于科技大厦冲厕 $232\ m^3/d$。

回用于科技大厦冲洗车库地面 $46\ m^3/d$。

回用于科技园区浇洒绿地 $93\ m^3/d$。

按 10%未预见水量计。

回用水量 $408m^3/d$。

冬季中水主要用于冲厕及冲洗车库地面，用水量 $305m^3/d$，水量平衡；

夏季中水主要用于冲厕及浇洒绿地，用水量 $357m^3/d$，需补充自来水。

2. 系统竖向分区

中水系统分四个区：

Ⅰ区：地下三层至地上三层；

Ⅱ区：四至十层；

Ⅲ区：十一至十七层；

Ⅳ区：十八至二十五层。

3. 供水方式及给水加压设备

中水采用变频供水方式：由变频供水机组从位于本楼地下三层设备间内的 75 m^3 中水清水池抽取加压供建筑冲厕用水，再由减压阀分 4 个区，该系统最不利点的供水压力为 0.15MPa，可调试减压阀分别设定，以满足每区的供水压力不超过 0.4MPa。

中水加压设备：变频调速供水包括 3 台主泵，2 用 1 备；1 台辅泵及气压罐 1 台。

4. 中水处理工艺流程

(1) 原水→调节池→毛发过滤器→提升水泵→一体化处理设备→消毒→中水储水池→中水变频供水设备→用水点。

(2) 中水站采用间歇式运行，每日运行 16h，则中水处理量 19 m^3/h。

5. 管材

中水给水管采用热浸镀锌钢管、丝接。

(四) 排水系统

(1) 排水系统的形式

本工程采用污、废分流的排水管道系统。污水管排除卫生间粪便污水，废水管排除卫生间盥洗水及淋浴用水，三层以上污水汇集排入室外污水管；一、二层污水单独排出；地下层污水汇集到集水坑由潜排污泵提升排出。

(2) 透气管的设置方式

污废水管合用专用透气立管出屋面透气；卫生间设环形透气管与专用透气立管连接。

(3) 采用的局部污水处理设施

本工程污水经过经粪池处理后排入园区污水管道；厨房污水经隔油池（具）隔油后排入室外污水管道。废水经管道汇集后排入地下中水处理站。

(4) 管材

室内污水、废水排水管采用球墨铸铁排水管，卡箍柔性接口。

(五) 雨水系统

1. 北京市暴雨强度公式：$q=2001(1+0.81\lg p)/(t+0.8)^{0.711}$。

设计重现期：$P=5$ 年。

2. 雨水系统的形式

屋面雨水采用内排水系统，分别排入室外雨水管道及室外散水。地下车库坡道雨水经雨水沟截流引至地下集水坑，经潜水泵提升后排至室外雨水管道。

3. 管材

室内雨水管均采用热浸镀锌钢管，焊接接口。

二、消防系统

本项目为科技园区的其中一幢 18.8 万 m^2 写字楼，按同一时间的火灾次数为 1 次计，在本园区的创新大厦（高层建筑 6 万 m^2 写字楼，总高 64.4m）地下三层设有消防加压泵房，为整个园区所共用。该泵房设有 540m^3 室内消防水池（其中消火栓水量 432m^3，自动喷水灭火水量 108m^3）1 座，室内消火栓加压泵 2 台，自动喷水灭火加压泵 2 台；屋顶水箱间设有 18m^3 消防水箱 1 座（消火栓系统与自动喷水泵系统合用）；消火栓增压稳压水泵 1 组，自动喷水灭火系统增压稳压泵 1 组，具体参数如下：

室内消火栓给水泵：XBD9.6/50-150DLX/4 型　　2 台互为备用

$$Q=40-50-55\text{L/s}$$

$$H=1.04-0.96-0.92\text{MPa}$$

$$N=75\text{kW}$$

自动喷水灭火给水泵：XBD13.6/30-100DLX/4 型

2 台互为备用

$$Q=20-25-30-35\text{L/s}$$

$$H=1.48-1.44-1.36-1.20\text{MPa}$$

$$N=75\text{kW}$$

消火栓系统稳压装置：ZW（L)-I-X-10 型　　1 套

$$Q=0.67-0.83-1.31\text{L/s}$$

$$H=52-59-38.5\text{m}$$

$$N=1.5\text{kW}$$

自动喷水灭火系统稳压装置：ZW（L)-I-Z-10 型　　1 套

$$Q=0.67-0.83-1.31\text{L/s}$$

$$H=41.6-40-30.8\text{m}$$

$$N=1.5\text{kW}$$

该消防泵房可以保证火灾时，3h 40L/s 的消火栓系统用水量，压力供到 64.4m 层高的消火栓；1h 30L/s 的自动喷水灭火用水量，压力供到 64.4m 层高的喷淋头，并满足火灾初期的消防用水，这是一套完整的消防系统，整个科技园区将从这里接出两根 *DN*200 消火栓管道在室外形成环网，为园区每幢楼提供消火栓加压水；接出两根 *DN*150 自动喷水管道在室外形成环网为每幢建筑提供自动喷水灭火加压水。

（一）消火栓系统

1. 消火栓用水量

室内消火栓系统：40L/s，3h 灭火时间

室外消火栓系统：30L/s

2. 室外消火栓系统

因本科技园区有两路分别为 *DN*200 及 *DN*150 的进水管在园区内形成环状管网，可以直接供室外消防用水。

3. 室内消火栓系统

该系统直接从室外高压消火栓管网取水接入 2 根 *DN*150 水管供本楼地下三至地上十四层消火栓用水；系统在地下二层设两台管道接力泵（互为备用）加压供本楼高区十五至二十五层消火栓供水。

在 1 座塔楼的屋顶设 1 座 $18m^3$ 消防专用水箱并配 1 组增压泵（此系统与自动喷水灭火系统共用）保证高区火灾初起时消防用水。

消火栓的布置保证室内任何部位均有两股充实水柱同时到达，每个消火栓处均有直接启动消防泵的按钮和报警按钮。高区消防需联动创新中心消防水泵及本楼消火栓接力泵。

该系统的消防水泵接合器分高低区设置，各设 3 套 *DN*150 墙壁式水泵接合器，供消防车向室内供水。

（二）自动喷水灭火系统

本系统直接从室外高压自动喷水管网接入 2 根 *DN*150 水管供本楼地下三至地上十三层自动喷洒系统用水，由减压阀再分 2 小区满足系统压力要求；地下二层设 2 台自动喷水接力泵（互为备用）加压供本楼高区十三至二十五层喷洒灭火用水。$18m^3$ 的屋顶水箱保证火灾初起时自动喷水灭火系统用水。每个防火分区均设水流指示计及信号阀，系统分高、低区各设两台水泵接合器，供消防车向室内供水。

1. 地下机械车库采用预作用自动喷水灭火系统，按中危险级设计，地下二层设预作用报警阀 5 套各配 1 套空压机保证管网压力 0.03MPa。机械车库按上、下层车位布置两排喷头（数量按单排计）每个报警阀负担的喷头数为 800 个。

2. 本楼的其他部位均采用湿式自动喷水灭火系统，湿式报警阀设于地下二层，每个报警阀控制 800 个喷头，高区的控制系统在启动喷洒泵时需联动创新中心喷洒加压泵。

（三）水喷雾灭火系统

地下柴油发电机房设水喷雾灭火系统。

1. 用水量

设计喷雾强度 $15L/(min \cdot m^2)$，持续喷雾时间 1h，按柴油机组的保护面积 $46m^2$ 计，用水量为 11.5L/s。

2. 设置范围

地下柴油发电机房及油箱间。

3. 系统

该系统由 1 组雨淋阀，管道及水喷雾喷头组成，从自动喷水灭火系统压力管上接出 1 路 *DN*100 管供水，控制压力为 0.6MPa。

（四）灭火器配置设计

1. 按中危险 A 类火灾设置，采用手提干粉（磷酸铵盐）灭火器，设于每个消火栓箱内。

2. 变配电间高压开闭站等，配备 50kg 装推车式磷酸铵盐干粉灭火器。

（五）管材

1. 消火栓管：采用加厚热浸镀锌钢管，丝扣或焊接接口。

2. 自动喷水管：自动喷水管和水喷雾管采用热浸镀锌钢管，丝扣连接，*DN*100 以上管道采用沟槽连接。

三、设计及施工体会及工程特点介绍

1. 供水方案体现安全可靠，节能环保的基本思想。

本工程生活用水分高低区供给。低区充分利用市政管网的压力直接供给，高区采用变频供水＋减压阀分区的供水方式，并在水泵出口设紫外线消毒装置，以保证供水卫生可靠。

2. 中水系统提升科技园区的绿色节能品质。

本工程是清华科技园区约40万m^2中，建筑面积最大最高的标志性建筑，本着保护水资源和可持续利用的原则，同时综合考虑在协调技术经济平衡的情况下，最大限度的利用中水，确立了园区总的废水回收与再利用方案即：在本工程地下室设置中水处理机房，通过收集园区2万m^2以上建筑的盥洗及淋浴废水，进行生化处理，再回用于建筑冲厕及园区绿化，实现水量平衡。

3. 消防系统的设计实现了安全节能的优化组合：

按园区同一时间内火灾次数为一次计，消防系统设计依托科技园区内创新大厦已建成的，满足最大消防水量的水池及水泵，引出高压消防管道，通过本建筑内设置的消防竖向接力水泵，将不足压力补充，从而大大减少泵房占地面积及用电负荷，实现消防系统的节能模式。

4. 虹吸压力雨水排放系统的巧妙设计，为科技大厦最具特色的生态绿色空间提供了安全与舒适。

占地约5000m^2的二层露天平台，参天的钢树群；婆娑的银杏林；潺潺的小桥流水，共同营造出积极的交往空间，亦是四栋塔楼的平面交通平台。如何将瞬间倾泻的雨水迅速排除，而又不破坏地面整体协调性，是设计雨水系统的关键，最终实现的雨水口精致隐蔽，排水管巧妙布置均为这一切带来了可能。

5. 潺潺溪水，叠泉小瀑的点缀，营造出生态环境的和谐与情趣。

为保证水景的水质良好，在水池附近机房，设有1座调节水池，将喷泉水进行循环过滤处理，维护环境的优雅。

6. 细节的优化设计：

设计的细节，往往从人文关怀、管理水平等方面体现出来：洗手盆附近的小型电热水器，能便捷快速提供热水，增加舒适感；水表的设置点与安装位置，便于管理查验；设备间的紧凑布置节省了建筑占地。

四、工程系统图及照片

F25
F24
F23
F22
F21
F20
F19
F18
F17
F16
F15
F14
F13
F12
F11
F10
F9
F8
F7
F6
F5
F4
F3
F2
F1
B1
B2
B3
接园区内废水管
接园区内污水管
排空
废水调节池
进6号潜水泵坑
进8号潜水泵坑
进7号潜水泵坑

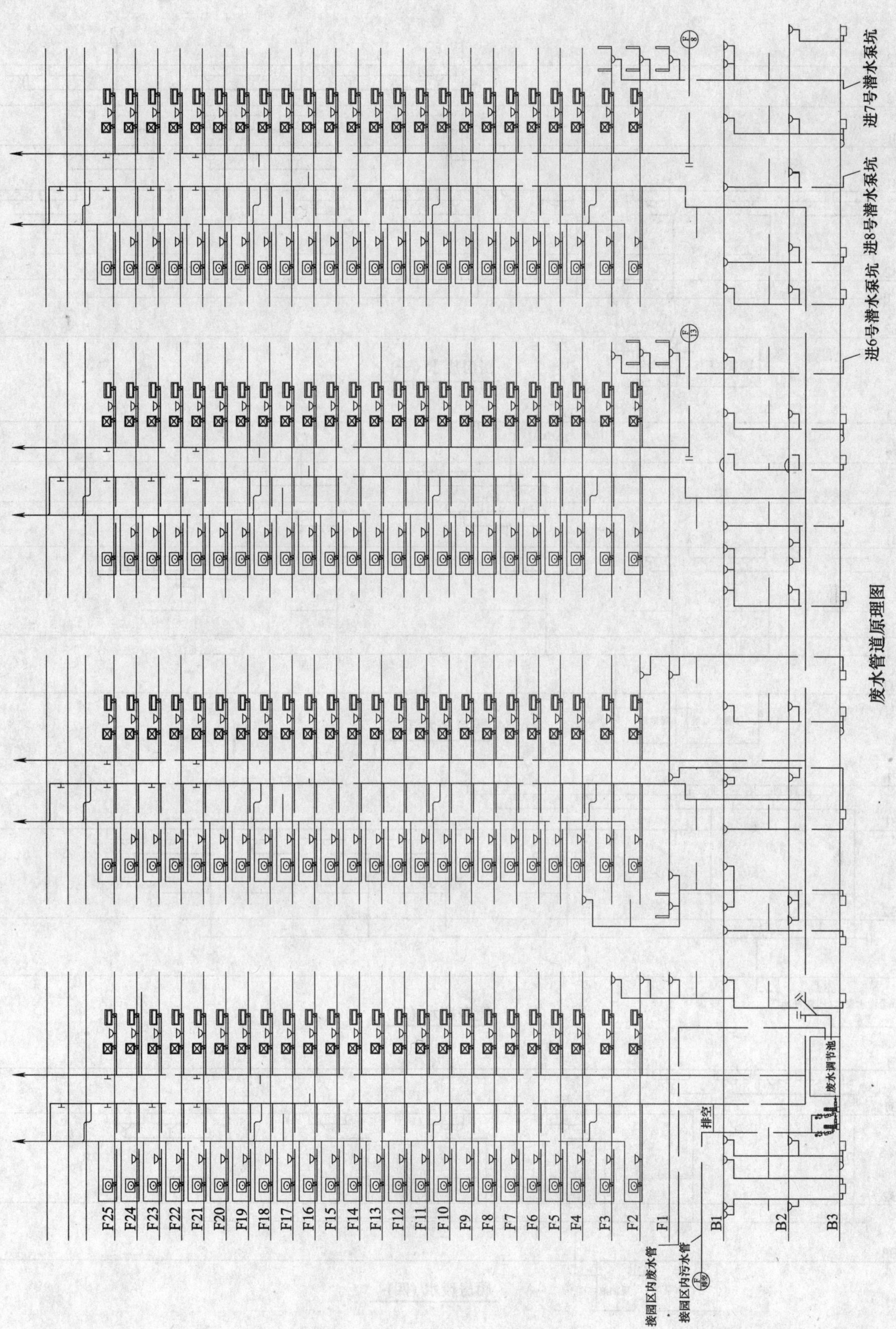

废水管道原理图

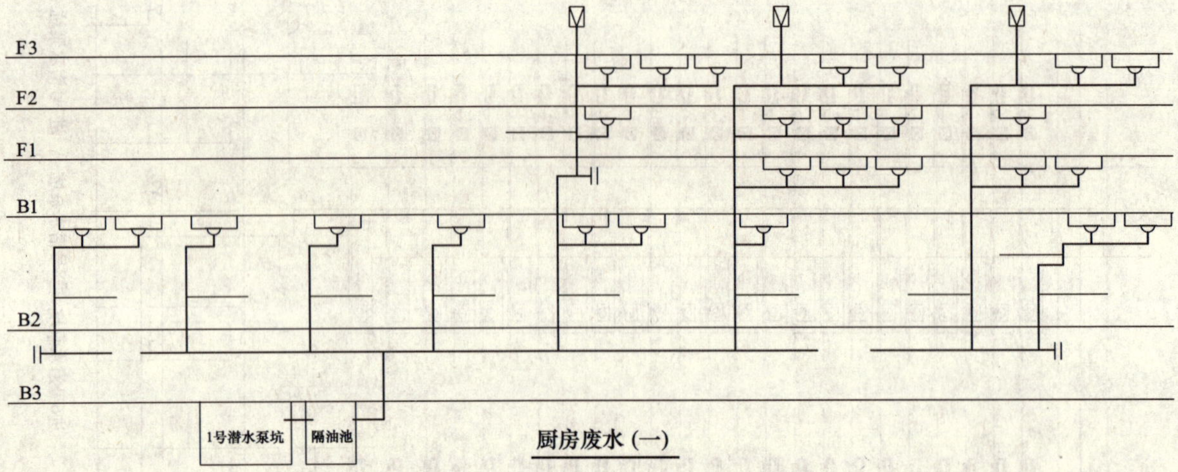

F3
F2
F1
B1
B2
B3
1号潜水泵坑
隔油池

厨房废水(一)

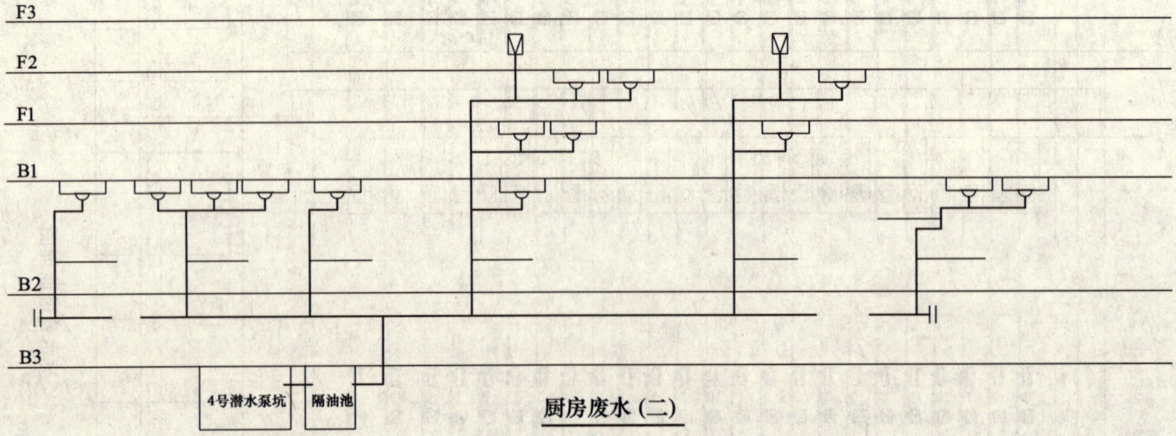

F3
F2
F1
B1
B2
B3
4号潜水泵坑
隔油池

厨房废水(二)

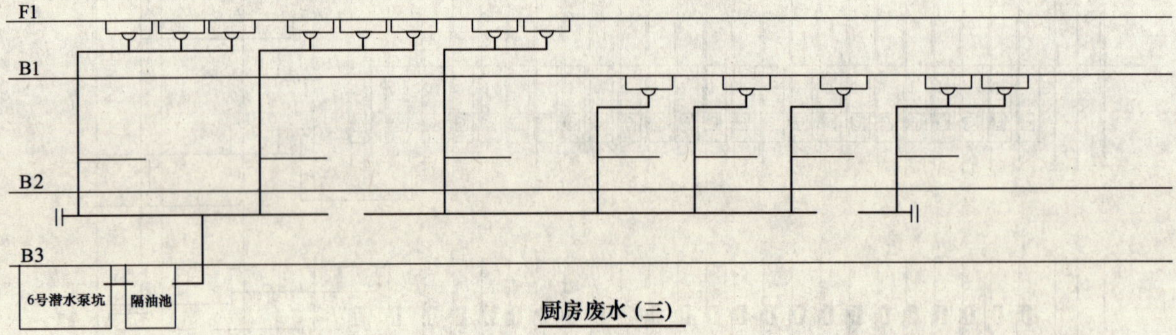

F1
B1
B2
B3
6号潜水泵坑
隔油池

厨房废水(三)

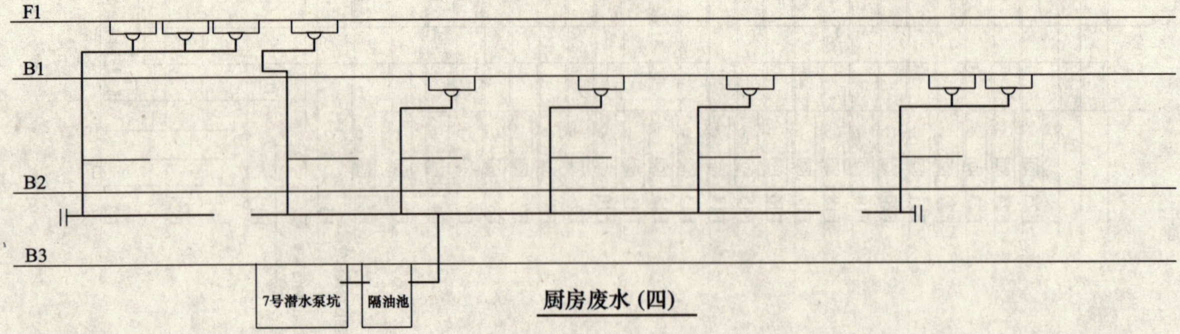

F1
B1
B2
B3
7号潜水泵坑
隔油池

厨房废水(四)

A
B
C
D
接会所厨房
接开水间
可调式减压阀
阀后压力 0.1MPa
JL-A4-1
JL-A1-2
JL-A
JL-A3-1
JL-A3-2
JL-A2-1
JL-A2-2
JL-B4-1
JL-B1-2
JL-B
JL-B3-1
JL-B3-2
JL-B2-1
JL-B2-2
JL-C4-1
JL-C1-2
JL-C
JL-C3-1
JL-C3-2
JL-C2-1
JL-C2-2
JL-D4-1
JL-D1-2
JL-D
JL-D3-1
JL-D3-2
JL-D2-1
JL-D2-2
JL-1
JL-2
JL-4
JL-5
JL-6
JL-7
接室外给水环网
接室外
给水环网
JL-A1-1
JL-A1-2
JL-B4-2
JL-C1-1
JL-C1-2
JL-D1-1
JL-D1-2
接新风机房
生活水箱100M³
变频生活供水设备
紫外线饮水消毒器

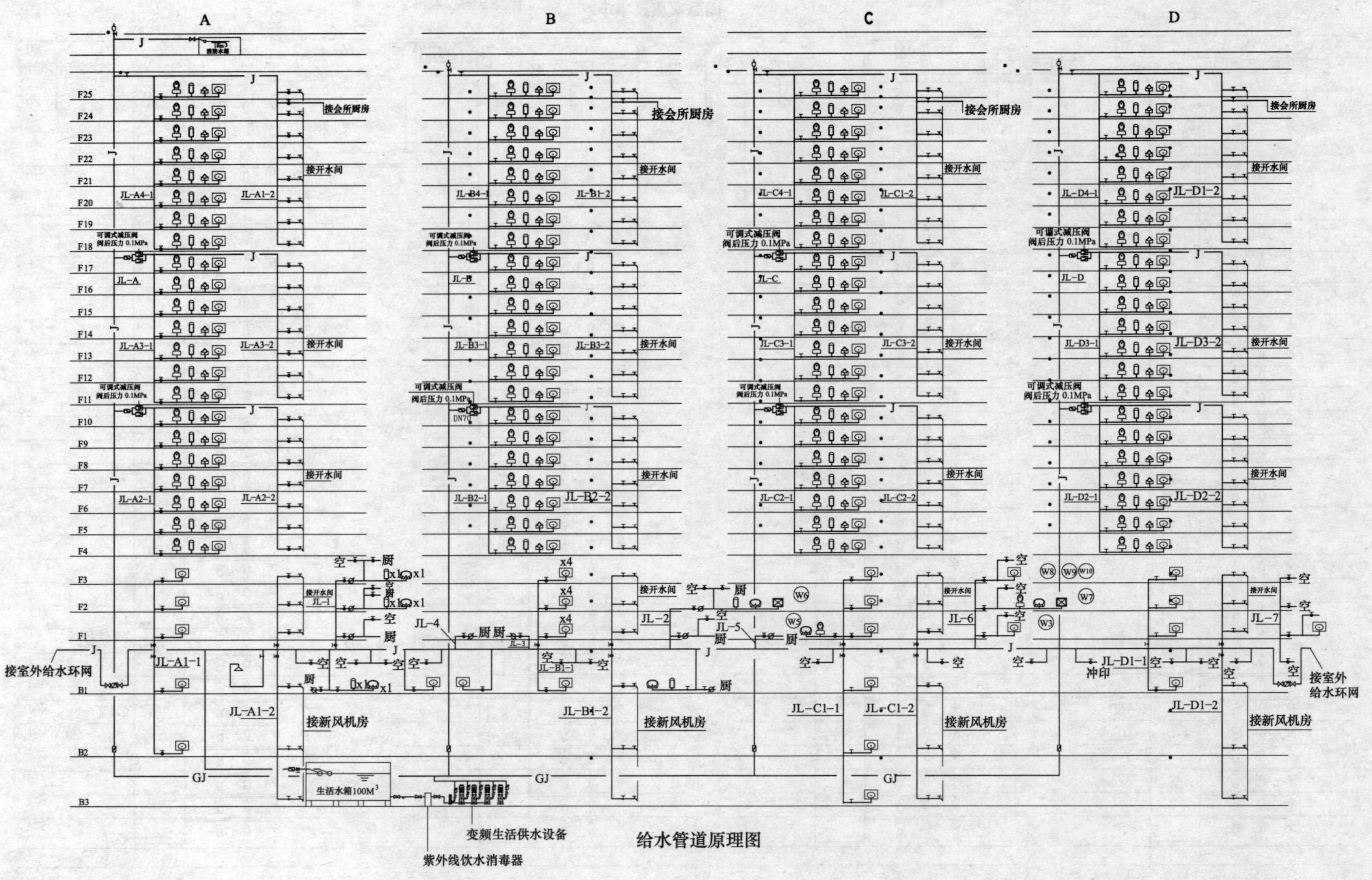

给水管道原理图

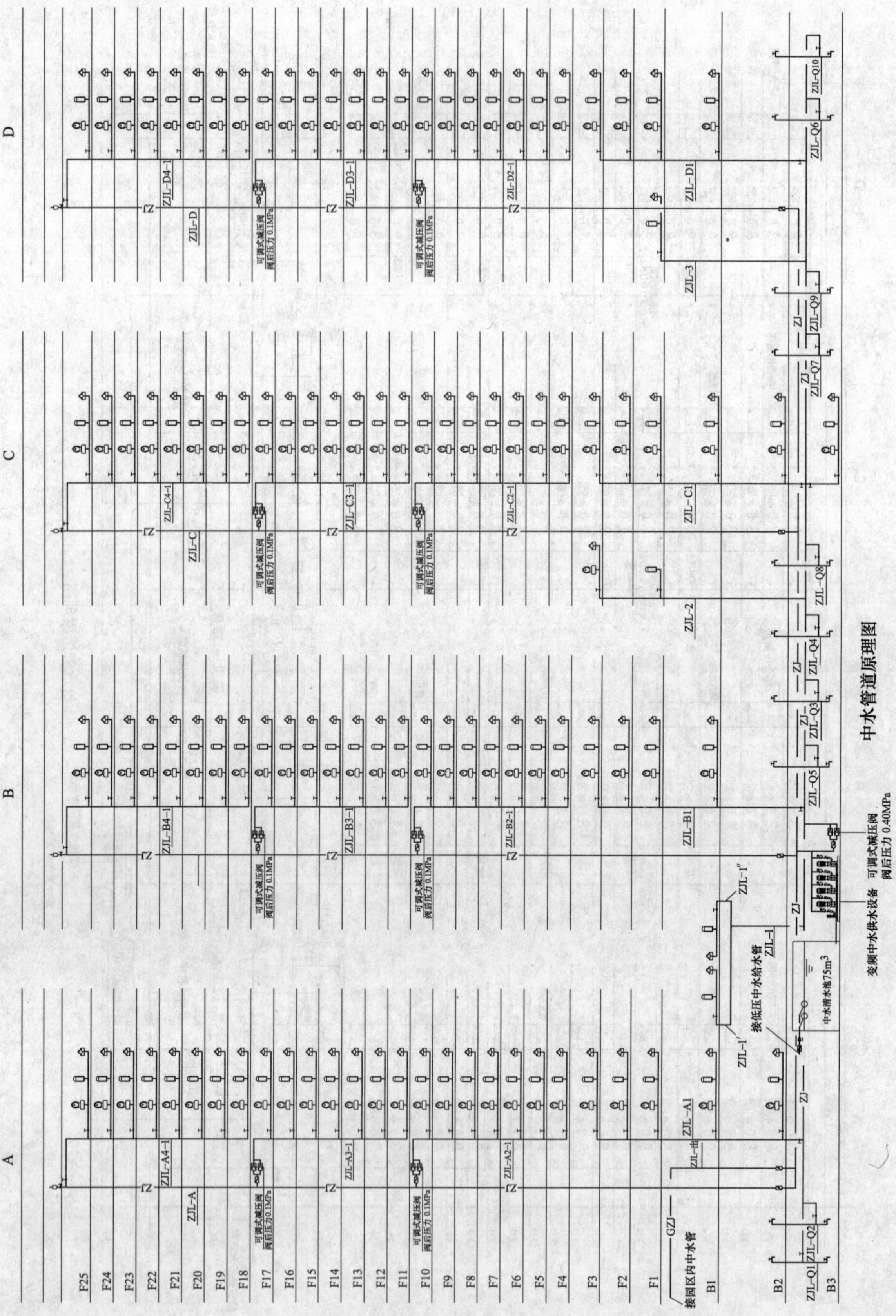

中水管道原理图

A
B
C
D
接水箱间排水
断流水池
TL-A
TL-B
TL-C
TL-D
WL-A-1
WL-B-1
WL-C-1
WL-D-1
WL-1
WL-2
WL-3
WL-A-1'
WL-B-1'
WL-C-1'
WL-D-1'
YWL-17
YWL-18
YWL-19
YWL-20
17号潜水泵坑
18号潜水泵坑
19号潜水泵坑
20号潜水泵坑
DN100
DN50
F25
F24
F23
F22
F21
F20
F19
F18
F17
F16
F15
F14
F13
F12
F11
F10
F9
F8
F7
F6
F5
F4
F3
F2
F1
B1
B2
B3

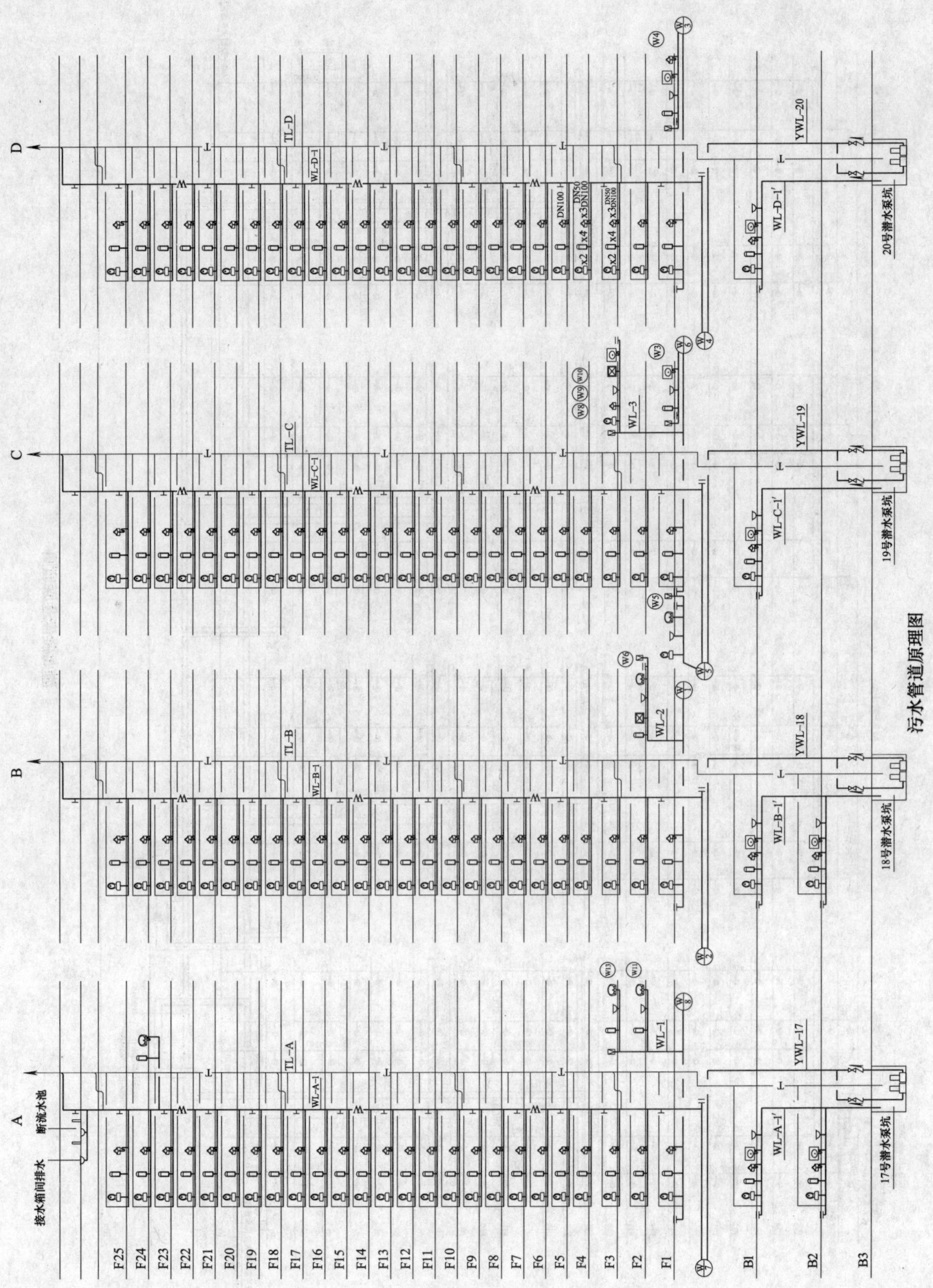

污水管道原理图

XBD3.1/5-65-160L
Q=5l/s H=33m
N=4.0KW 2900r/min
SQL1200x0.6气压罐
水V=0.62m3 α=0.75
接自喷水系统
18m3
消防水箱
A
B
C
D
试验消火栓
接室外高压消火栓供水管网
DN150管网压力 0.9MPa
见地下层消火栓透视图
泄压阀
可调式减压阀
阀后压力 0.65MPa
4xDN150

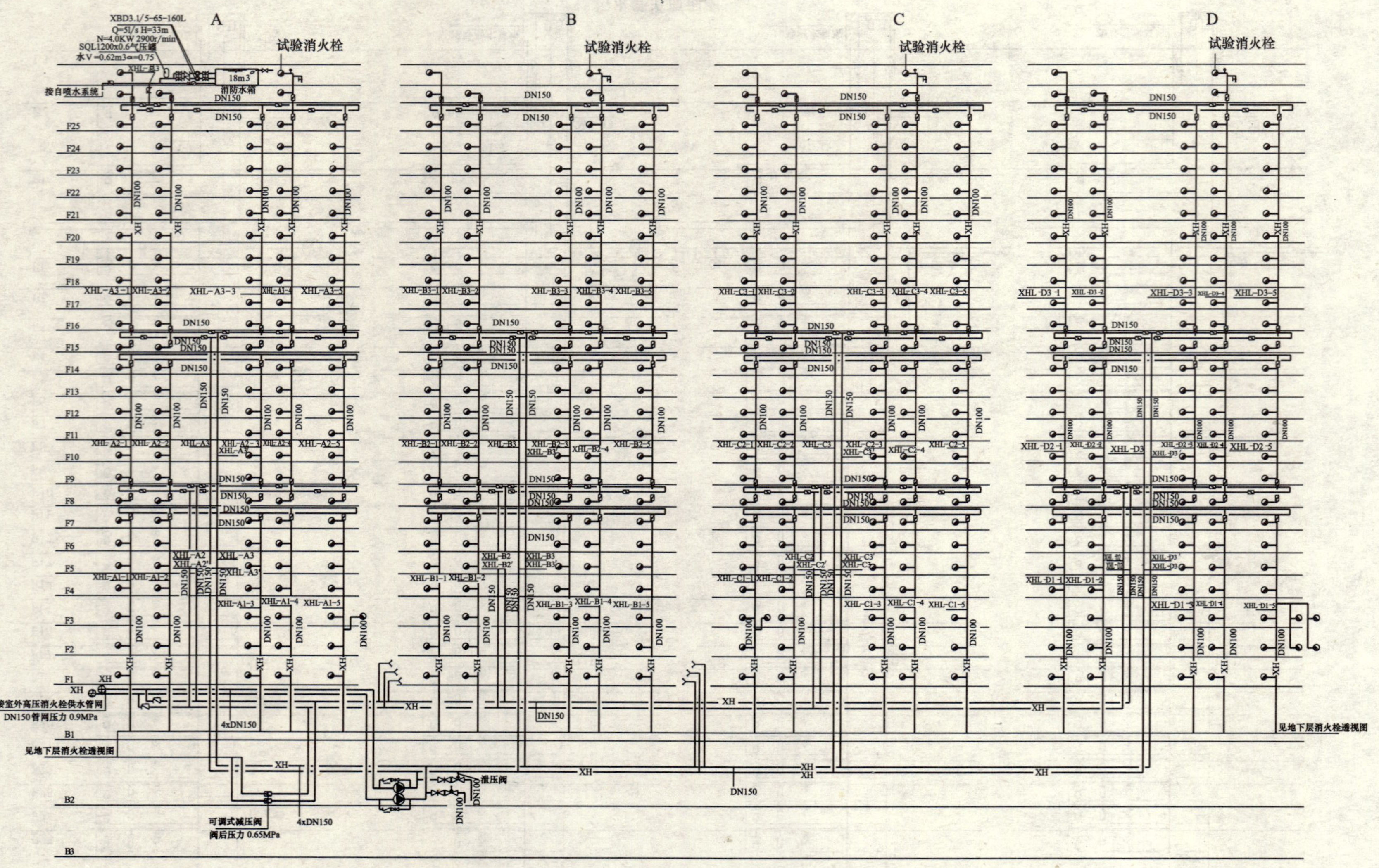

消火栓管道原理图

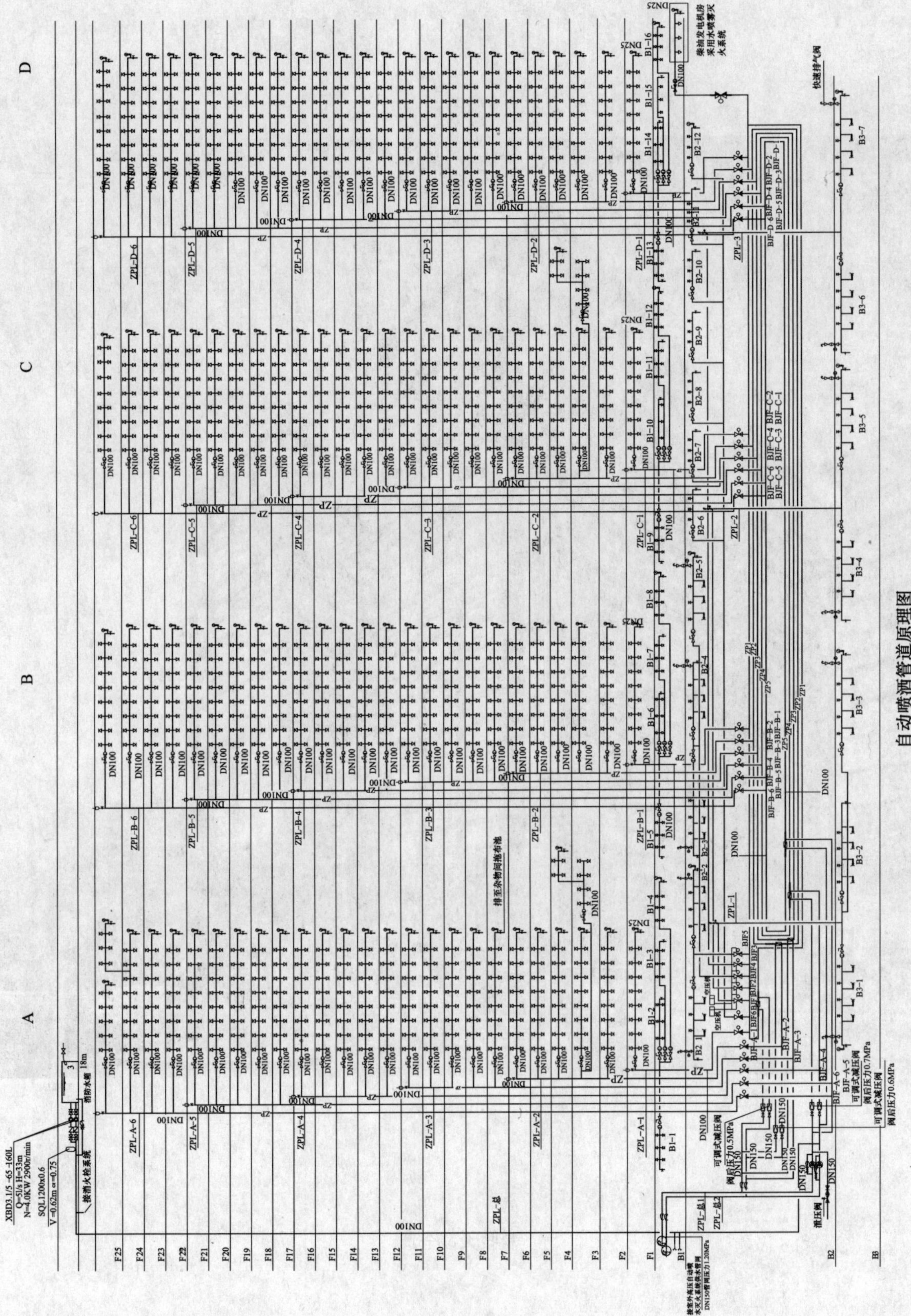

自动喷洒管道原理图

科技大厦全景

佛山世纪莲体育中心　体育场

设计单位：华南理工大学建筑设计研究院
设 计 人：江帆　王峰　岑洪金　韦桂湘
获奖情况：公共建筑优秀奖
工程概况：

佛山世纪莲体育中心位于佛山市顺德区乐从镇东平河畔。项目在地面上兴建主比赛体育场1个、配套训练场1个、游泳馆1个，其余地方为绿化用地、群众活动广场和室外停车场等。佛山世纪莲体育中心占地面积425000 m^2，主比赛体育场建筑面积79193 m^2、固定观众席36000个、中心场地达到国际比赛标准。

佛山世纪莲体育中心——体育场为2006年广东省第十二届运动会的主会场。体育场功能分区及层数详见表1。

各楼功能分区及层数一览表　　　　**表1**

分区编号	标高	层高	主要功能	备注
地下二层	－0.5m/＋0.5m	4.0m/3.5m	停车库、六级人防	
地下一层	＋4.5m/＋4.0m	4.5m/5.0m	招待所大堂、餐厅厨房、运动员和新闻工作者专用区、停车库	
首层	＋9.5m	5.0m	招待所大堂、贵宾房、会议室、休息室、体育场通道(平台)	
二层	＋14.5m	＞3.0m	小商店房、体育场通道(平台)	

体育中心室内地坪±0.000的绝对高程为3.00m，室外设计高程为2.90m。体育中心东侧为主要出入口，该道路敷设有市政给管线，可供接口给水管管径*DN*400，东侧有一河涌，可接纳雨水排放；南边为城市主干道，市政给排水管线可供接口给水管管径*DN*400，雨水排水管管径*d*1200，污水排水管管径*d*700。

一、给水排水系统

(一) 给水系统

1. 用水量

本工程的最高日用水量为1452.5m^3，最大小时用水量为363.8m^3。其中：生活最高日用水量为413.4m^3，最大小时用水量为92.75m^3；足球场地喷灌最高日用水量为314.2m^3，最大小时用水量为157.08m^3；景观绿化最高日用水量为724.9m^3，最大小时用水量为113.99m^3。水量计算详见表2：

体育场生活用水统计一览表　　表 2

序号	用　途	用水定额	用水单位数	每日用水时间(h)	小时变化系数	最高日用水量(m^3/d)	最大时用水量(m^3/h)
1	观众用水	3L/(人·场)	36000 人/场×2 场/d	3h/场	1.5	216.0	54.00
2	运动员淋浴等用水	40L/(人·次)	300(人·次)	3h	3.0	12.0	12.00
3	工作人员用水	50L/(人·班)	100(人·班)	8h	1.5	5.0	0.94
4	餐厅厨房用水	60L/(人·次)	2000(人·次)	12h	1.5	120.0	15.00
5	客房区用水	300L/(床·d)	76 床位	24h	2.5	22.8	2.38
6	足球场地喷灌用水	10L/(m^2·次)	7140m^2/个×2 个	1h/次×2 次/日	1.0	285.6	142.80
7	空调补充用水	2m^3/时 8m^3/时		24h 10h	1.0	48.0 80.0	10.00
8	绿化道路等用水	3L/(m^2·次)	13000m^2/个×2 个	1h/次×2 次/日	1.0	156.0	78.00
9	水景补充用水	5%	7500m^3	24h	1.0	375.0	15.63
10	未预见用水	10%					
小计 1	生活用水总计	1.1×(1+2+3+4+5)				413.4	92.75
小计 2	足球场地喷灌用水总计	1.1×(6)				314.2	157.08
小计 3	景观绿化总计	1.1×(7+8+9)				724.9	113.99
合计	全部用水总计	1.1×(1+2+…+9)				1452.5	363.83

2. 水源

生活水源为市政自来水，体育中心东、西侧主干道敷设有 *DN*400 给水干管各一条，市政供水压力 0.30MPa，可满足本工程水质水量的要求。

分别从体育中心西侧市政干管上驳接 *DN*350 引入管和东侧市政干管上驳接 *DN*200 引入管，市政给水管道在体育中心成环形管网布置，每隔 100m 左右设一室外地上式消火栓，以供灭火时消防车取用。体育中心内建筑用水由外网直供。

3. 系统竖向分区

室内生活给水系统竖向不分区，均利用市政压力直接供水。

4. 供水方式及给水加压设备

(1) 生活给水系统利用市政压力直接供水。

(2) 足球场地喷灌系统由一套全流量高效变频调速供水设备加压供给。喷灌水池和加压设备均设在首层的水泵房内。

加压设备设计参数如下：

性能参数：Q=45.0L/s，H=90.0m，N=101kW。

配 80DL50-25 (I)×5 型 4 台，3 用 1 备，Q=13.89～18.06L/s，H=99.6～98.8m，N=30kW。

65LG25-15 (I)×6 型，1 用，Q=4～6.94L/s，H=103.8～90m，N=11kW。

隔膜式气压罐一个：$\phi\times H$=1200×2000

喷灌水池容量 60m^3，采用钢筋混凝土结构。

5. 管材

室外给水管采用钢丝网缠绕复合塑料管，电熔焊接。

室内（地下 1 层）环行干管采用不锈钢给水管，焊接。

室内其他给水管采用内衬塑钢塑复合给水管，卡箍或螺纹连接。

给水干管每隔 30m 左右设一不锈钢金属波纹管。

（二）热水系统

运动员淋浴和贵宾室内采用电热水器供应热水，分散供应。

（三）排水系统

1. 排水系统的形式

采用雨、污分流制。生活排水采用污、废分流制。

2. 透气管的设置方式

设专用通气立管，通气立管引到高位排向大气。

3. 采用的局部污水处理设施

污水经化粪池预处理后与废水一起排入体育中心污水管网，最后送往城市污水处理厂。

厨房排水采用隔油器隔油后排入污水管网。

可供接口的市政检查井底标高－1.00m。

4. 管材

室外污水管采用 PVC-U 双壁波纹排水管，S2 型，胶圈接口，砂砾垫层基础，基础设计支承角为 180°（2α）。

室内负二层底板预埋管以及集水井潜水泵出水管采用内外涂塑钢管，螺纹连接。

厨房和运动员淋浴室排水管采用建筑排水柔性接口铸铁管，地下一层埋地部位采用承插式柔性接口，室内其他部位采用卡箍接口。

其他污水管采用 PVC-U 排水管，溶剂粘接。

（四）雨水系统

1. 采用的暴雨重现期

佛山地区尚无暴雨公式，参照广州市的暴雨强度公式：

$$q=\frac{2424.17(1+0.533\lg T)}{(t+11.0)^{0.668}}$$

室外重现期取 5 年，室内重现期取 10 年。

2. 雨水系统的形式

体育中心东侧有一河涌，可接纳雨水排放。南边为城市主干道，市政雨水排水管管径 d1200，可供接口的市政检查井底标高－0.10m。

膜屋面雨水排水管道按压力流设计，看台（平台）排水管道按重力流设计，屋面雨水经雨水斗收集后，由雨水管道排至室外检查井。

3. 管材

压力流排水系统管道的材料：从虹吸雨水斗连接管始至预埋在钢筋混凝土柱中不能检修的部分为止，采用不锈钢管（焊接），安装在水管井中可以检修的管道，采用内表面涂塑离心铸铁排水管（不锈钢卡箍连接）。

看台（平台）排水管采用 PVC-U 排水管，溶剂粘接。

二、消防系统

（一）消火栓系统

1. 室外消防给水系统

室外消防管网采用低压制。与生活给水合用管网，环状管网每隔 100 左右设室外地上式消火栓 1 套，环网管径 *DN*300。

2. 消防水池及消防泵房

室内消防系统采用集中泵房和水池，水源来自位于游泳馆内的消防加压设备和消防水池（与游泳馆合用，室内消火栓系统与自动喷水系统加压设备分开设置），本工程室内消火栓系统与自动喷水系统分别从游泳馆引 2 根进水管（管径 *DN*200）至体育场室内消防给水系统，游泳馆消防水泵房内的消防水量和供水压力均可满足本工程要求。

3. 消防用水量

消防用水量见表 3。

消防用水量计算表 **表 3**

序号	系统名称	用水量标准(L/s)	火灾延续时间(h)	一次消防用水量(m^3)	备　注
1	室外消火栓系统	30	3	324	由市政给水管网提供，不计入消防水池
2	室内消火栓系统	30	3	324	
3	自动喷水灭火系统	27.7	1	100	按中危险Ⅱ级设计
消防水池容积				424	位于游泳馆，与游泳馆合用

4. 室内消火栓系统

（1）室内消火栓系统用水量 30L/s，火灾延续时间 3h。

（2）室内消火栓给水管网在地下二层及地下一层顶连接成环，竖向不分区。进水压力 0.45MPa。

（3）消火栓主泵的控制

火灾发生后，可由室内消火栓的碎玻按钮或由消防控制中心任一种方式启动消防主泵。消防主泵的停泵只能在消防控制中心或泵房手动控制。

（4）室内消火栓的设置

在走道、楼梯附近等明显易于取用的地点，消火栓的间距应保证同层任何部位有两个消火栓的水枪充实水柱同时到达。水枪充实水柱不小于 10m。在 2 层设 1 个试验用消火栓。在试验用消火栓前设压力表。

（5）消火栓箱配置

内配备 *DN*65 口径消火栓一个 ϕ19 水枪一支，25m 长衬胶水龙带一卷，*DN*25 口径 25m 长消防软管卷盘，消防碎玻按钮 1 个。

（6）水泵接合器设置

室外设消防水泵接合器 2 套，其周围 15～40m 范围内设室外消火栓。

（7）管材

室内消火栓系统采用内外涂塑复合钢管，当 $DN>100$ 时挠性沟槽式连接，当 $DN\leqslant100$ 时采用丝扣连接。

（二）自动喷水灭火系统

1. 保护范围

本工程除设备机房和不宜用水扑救的部位外，作为地下停车库的＋0.50m/－0.50m 标高层、设置了中央空调系统的＋4.50m 标高层和＋9.50m 标高层，室内部位均设置自动喷水灭火系统。

2. 设计参数

地下二层（即＋0.50m/－0.50m 标高层）停车库火灾危险等级按中危险级Ⅱ级执行，喷水强度 8L/(min・m^2)，作用面积 160m^2；其他部位按火灾危险等级按中危险级Ⅰ级执行，喷水强度 6L/(min・m^2)，作用面积 160 m^2。

本建筑自动喷水灭火系统设计用水量为 27.7L/s，延续时间 1h，一次灭火用水量 100m^3。

3. 系统设计

（1）系统设置及竖向分区：竖向不分区，进水压力 0.45MPa。

（2）自动喷水灭火系统设消防水泵接合器 2 套。

（3）自动喷水灭火系统湿式报警阀设置：

本工程室内自动喷水灭火系统设置两路报警阀（每路设置备用报警阀，共 4 套），阀后配水干管在场内水平成环型布置，中间采用电动阀以控制两路的断开与连接，电动阀的启闭可在消防中心控制。各防火分区设置信号阀和水流指示器。采用以上布置方式，突破了规范 GB 50084—2001 中第 6.2.3 条有关报警阀设置的规定（该条文不是强制性条文），设计方认为：按上述设置报警阀和环型供水管，仍可保证系统安全。对于大体积的体育建筑，按此设计可大大简化系统和节省消防管材，并为今后国家规范修订大体积体育建筑消防措施的相关条文提供了工程实例及依据。对报警阀的设置进行简化，设计方主要考虑了以下因素：体育建筑使用的季节性强，平时使用的范围较小，可充分利用比赛淡季进行系统的维护维修；国内（省内）类似工程的使用，系统运行正常；设置备用报警阀和配水干管环型布置均在一定程度上加强了系统的可靠性；节约管道占用的空间和工程造价，检修检测更直观。

本工程若按每个报警阀控制喷头数不大于 800 个设计，则需要设置 9 套报警阀及 9 条阀后消防配水干管。

（4）消防泵的控制

喷淋主泵由湿式报警阀后的压力开关控制。当发生火灾时，喷头爆破喷水灭火，湿式报警阀打开，报警阀后压力开关动作，启动喷淋主泵。

（5）喷头选用

地下车库采用公称动作温度 68℃的玻璃球直立型喷头，其余部位吊顶下采用 68℃的玻璃球喷头，吊顶内（高度超过 80cm 内有可燃物时，加设上喷喷头）用 79℃的玻璃球直立型喷头，厨房采用公称动作温度 93℃的玻璃球直立型喷头，流量系数均为 $K=80$。

喷头布置：一般间距为 3.3m，距墙边不大于 1.8m，防火卷帘处不大于 2.8m，并不小于 2.0m。

（6）每个防火分区设信号闸阀、水流指示器及检验用试水阀，在每个报警阀组控制的最不利点喷头处设末端试水装置。

（7）管材：

室内自动喷水系统采用内外涂塑复合钢管，当 $DN>100$ 时挠性沟槽式连接，当 $DN\leqslant100$ 时采用丝扣连接。

（8）系统的监测

系统设有监测装置，以便于消防控制中心能监测系统下列工作状态：

① 系统各配水干管（水流指示器前）阀门的开启状态；

② 消防水泵电源供应和工作情况；

③ 消防水池、水箱的水位；

④ 报警阀和水流指示器的动作状况。

三、工程特点及使用管理部门评价

（一）工程特点

本工程给水排水专业根据可持续发展的原则进行设计，在设计中充分体现以人为本、节能、节水、节材、节地、高效、安全的设计理念。

1. 本工程室内自动喷水灭火系统设置两路报警阀（每路设置备用报警阀，共4套），阀后配水干管在场内水平成环型布置，中间采用电动阀以控制两路的断开与连接，电动阀的启闭可在消防中心控制。各防火分区设置信号阀和水流指示器。

2. 比赛场地（足球场）设 PVC-U 穿孔管水管排水，最后排水到体育场外的雨水收集水池，提升后排到市政雨水管网。设置雨水收集水池，当周边市政雨水管网排水不畅时，场地排水有一定的缓冲能力；经过近两年多次特大暴雨的验证，比赛场地排水顺畅可靠。

3. 地下室车库地面排水采取小集水坑与集水井相结合的形式，便于地面排水小明沟的设计，并减少了集水井和潜污泵的数量。

4. 屋面雨水的排放采用压力流排水系统，经过特大暴雨的验证，证明了排水的可靠性。本建筑屋面采用膜结构，屋面面积约 $60000m^2$，均匀划分成 40 个区域。屋面雨水排水管道按压力流设计，屋面雨水排水系统与溢流设施的总排水能力不小于 50 年重现期的雨水量。

5. 给水系统设计以节能、节水、节地为目的，充分利用市政管网的供水压力，减少日常运行费用。

（1）给水系统设计以节能、节水、节地为目的，充分利用市政管网的供水压力，减少日常运行费用。室内生活给水由市政管网直接供水。

（2）室外绿化用水由市政管网直接供水。

（3）足球草地喷灌由专用气压给水设备供水（流量 $145m^3/h$，扬程 80m）。

（4）消防系统采用集中泵房和水池，并充分利用游泳池的水量，节约投资：体育场和游泳馆室内消防加压设备统一设置在游泳馆内，利用游泳馆内的室内训练池和室外游泳池作为消防贮水池（这 2 个水池不同时放空），每个池内的水容积大于 $1875.0m^3$，满足一次火灾的消防用水量要求。游泳馆内泵房设集中消防加压设备（室内消火栓系统与自动喷水系统分开设置）。

（5）公共卫生间内的大便器采用容积为 6L 的冲洗水箱，配备 3/6L 双按键；洗手盆采用感应式水龙头、感应式小便器冲洗阀，以达到节水和安全、卫生的目的。

（二）使用管理部门评价

该工程于 2006 年 10 月正式投入使用，到目前为止，给水排水各系统运行均正常。由于本工程设计方案合理，考虑周全，为本工程的建设和赛后的管理均起到了很好的效果。主要体现在以下几个方面：

1. 自动喷水系统的改进，节省了大量的消防管材、简化了系统。使得竣工后的系统调试、运行管理更简便。该设计为业主节省了投资，并减少了管道的维修保养工作量，大大减少了管理工作人员。为赛后的场馆管理工作提供了极大的方便。

2. 生活给水系统设计成环型供水主管，水压比较均衡。

3. 生活给水系统、绿化喷灌系统充分利用市政压力直接供水，不但节省了设备投资，还减少了日常的电费。

4. 管材使用适当，极大地减少了维修工作量，方便管理。

5. 地下室部分同时兼负雨水排放的集水井，其内的潜污泵在原设计时仅考虑水泵 1 用 1 备，在汛期时，由于排水量大，需要同时开启 2 台水泵，水泵局部供电不足。设计应在其他工程项目设计时注意相类似的情况并给予充分的考虑。

四、工程系统图及照片

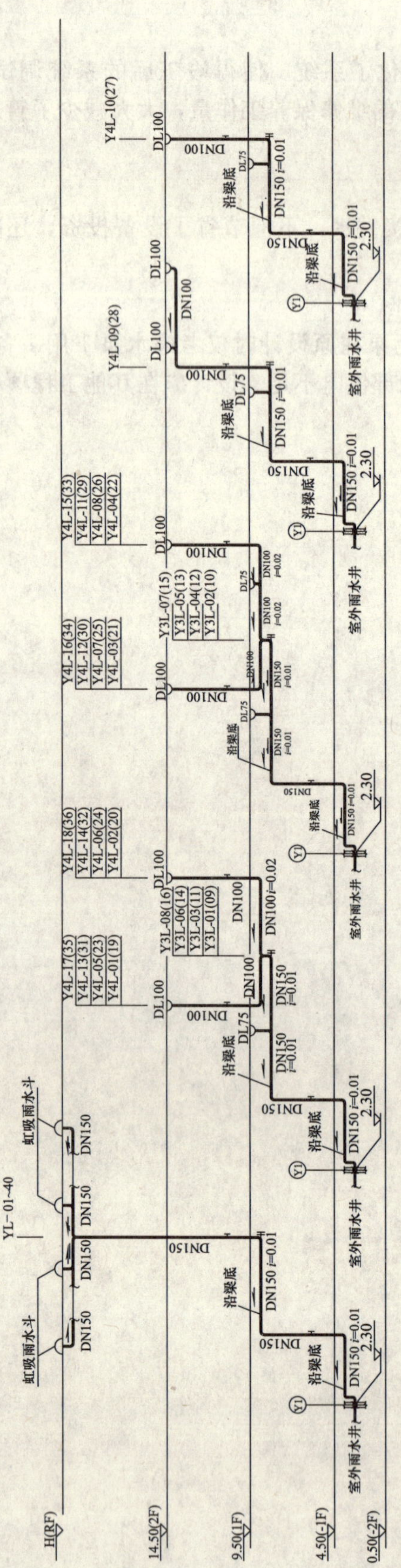

雨水系统原理图

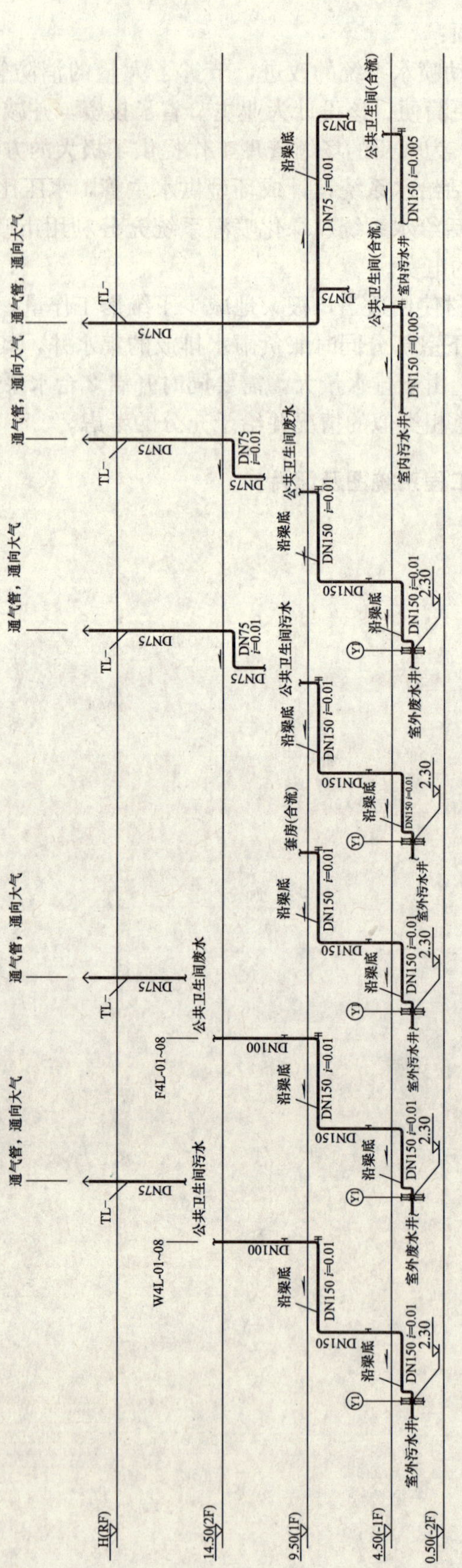

排水系统原理图

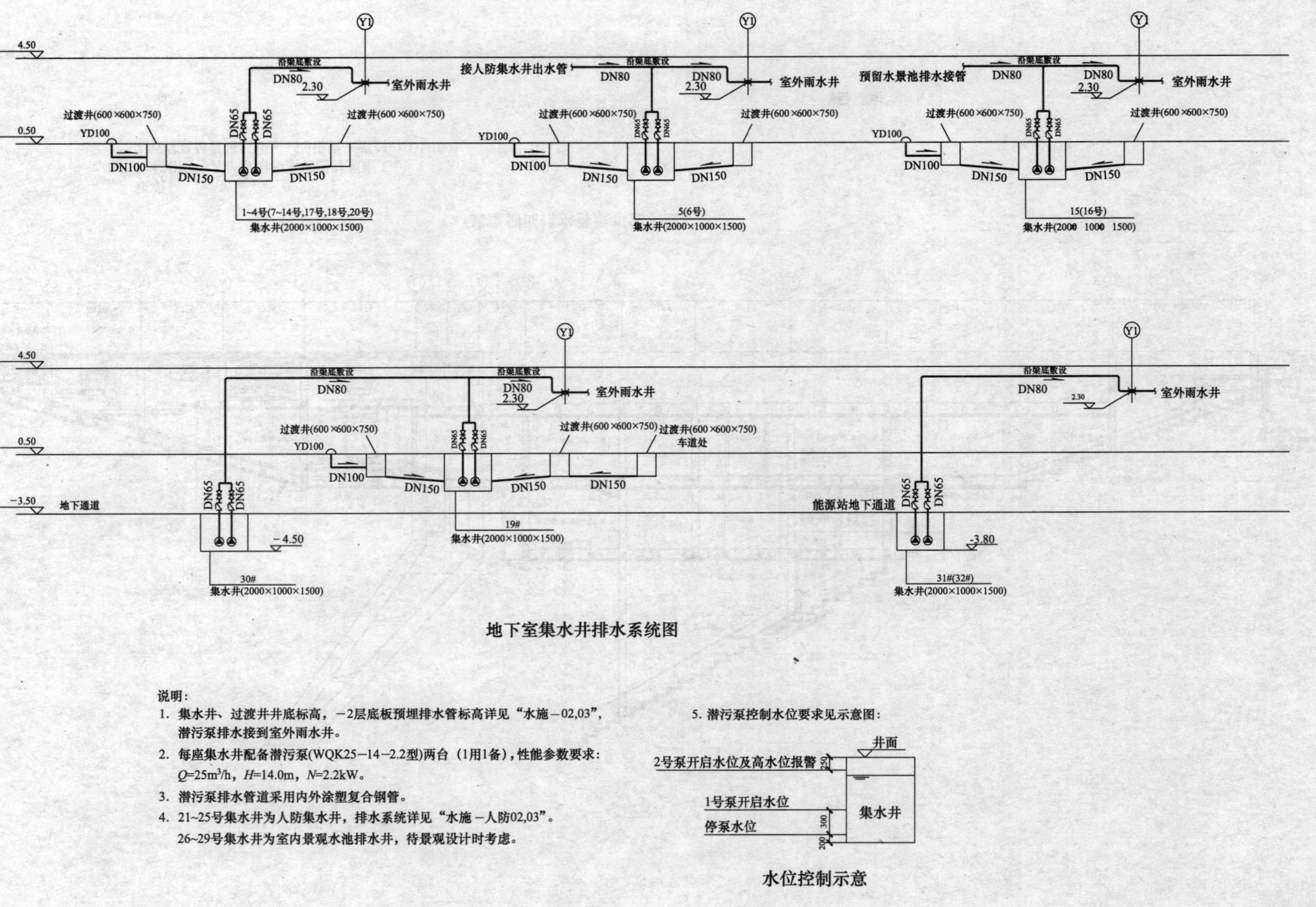

地下室集水井排水系统图

说明:

1. 集水井、过渡井井底标高，−2层底板预埋排水管标高详见“水施−02,03”，潜污泵排水接到室外雨水井。
2. 每座集水井配备潜污泵(WQK25−14−2.2型)两台（1用1备），性能参数要求：Q=25m³/h，H=14.0m，N=2.2kW。
3. 潜污泵排水管道采用内外涂塑复合钢管。
4. 21~25号集水井为人防集水井，排水系统详见“水施−人防02,03”。26~29号集水井为室内景观水池排水井，待景观设计时考虑。
5. 潜污泵控制水位要求见示意图：

水位控制示意

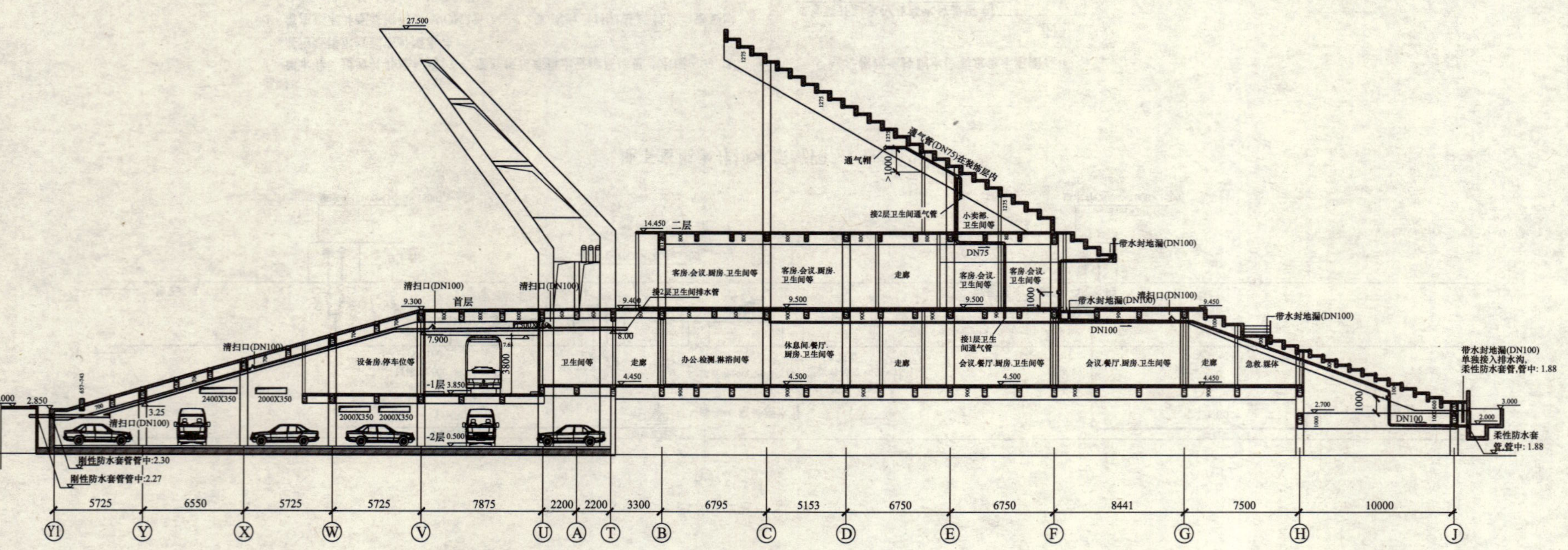

典型剖面排水管道布置示意图

说明:

1.本图需与各平面图和系统图对照施工。

2.所有悬吊管每隔10～15m设置一清扫口(DN100)。

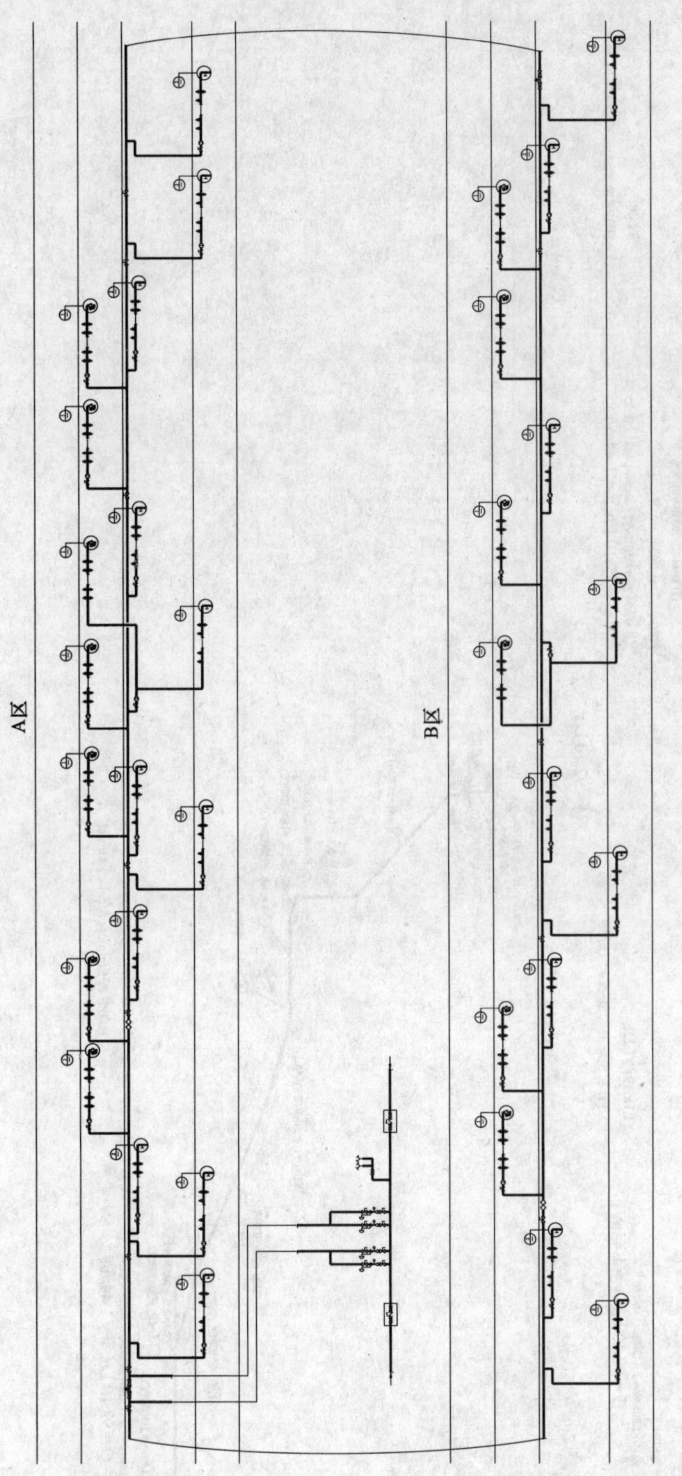

体育场自动喷水给水展开系统原理图

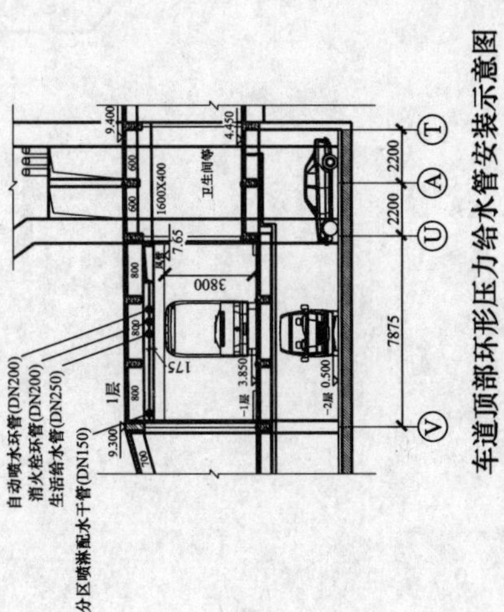

车道顶部环形压力给水管安装示意图

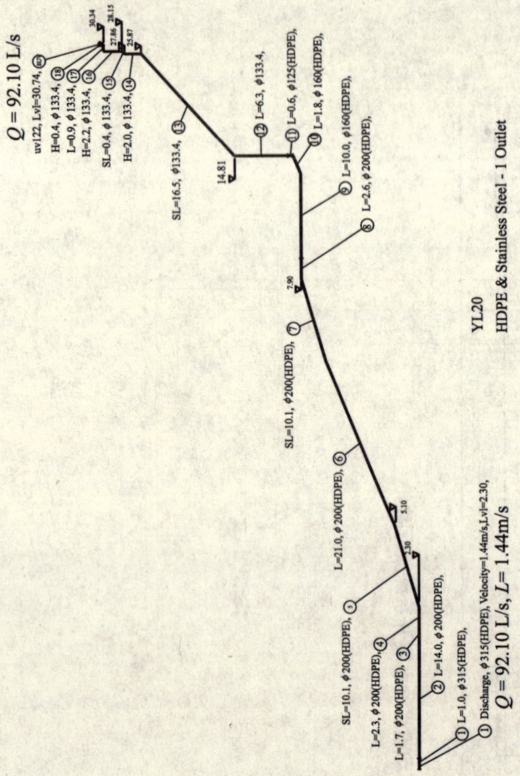

Q = 92.10 L/s

uv122, Lvl=30.74,
H=0.4, ϕ133.4, (14)
L=0.9, ϕ133.4, (13)
H=2.2, ϕ133.4, (12)
SL=0.4, ϕ133.4, (11)
H=2.0, ϕ133.4, (10)
30.34
27.86
28.15
25.87
SL=16.5, ϕ133.4, (9)
14.81
(8) H=5.3, ϕ133.4,
L=12.6, ϕ200(HDPE), (5)
7.90
(7) H=1.6, ϕ125(HDPE),
(6) H=1.8, ϕ160(HDPE),
SL=20.0, ϕ200(HDPE), (4)
L=4.0, ϕ200(HDPE), (3)
2.30
(2) L=14.0, ϕ200(HDPE),
(1) L=1.0, ϕ315(HDPE),
(1) Discharge, ϕ315(HDPE), Velocity=1.44m/s, Lvl=2.30,

Q = 92.10 L/s, v = 1.44m/s

YL1to19, YL22to40
HDPE & Stainless Steel - 1 Outlet

Q = 92.10 L/s

uv122, Lvl=30.74,
H=0.4, ϕ133.4, (18)
L=0.9, ϕ133.4, (17)
H=2.2, ϕ133.4, (16)
SL=0.4, ϕ133.4, (15)
H=2.0, ϕ133.4, (14)
30.34
27.86
28.15
25.87
SL=16.5, ϕ133.4, (13)
14.81
(12) L=6.3, ϕ133.4,
(11) L=0.6, ϕ125(HDPE),
(10) L=1.8, ϕ160(HDPE),
(9) L=10.0, ϕ160(HDPE),
(8) L=2.6, ϕ200(HDPE),
SL=10.1, ϕ200(HDPE), (7)
7.90
L=21.0, ϕ200(HDPE), (6)
5.10
SL=10.1, ϕ200(HDPE), (5)
L=2.3, ϕ200(HDPE), (4)
L=1.7, ϕ200(HDPE), (3)
2.30
(2) L=14.0, ϕ200(HDPE),
(1) L=1.0, ϕ315(HDPE),
(1) Discharge, ϕ315(HDPE), Velocity=1.44m/s, Lvl=2.30,

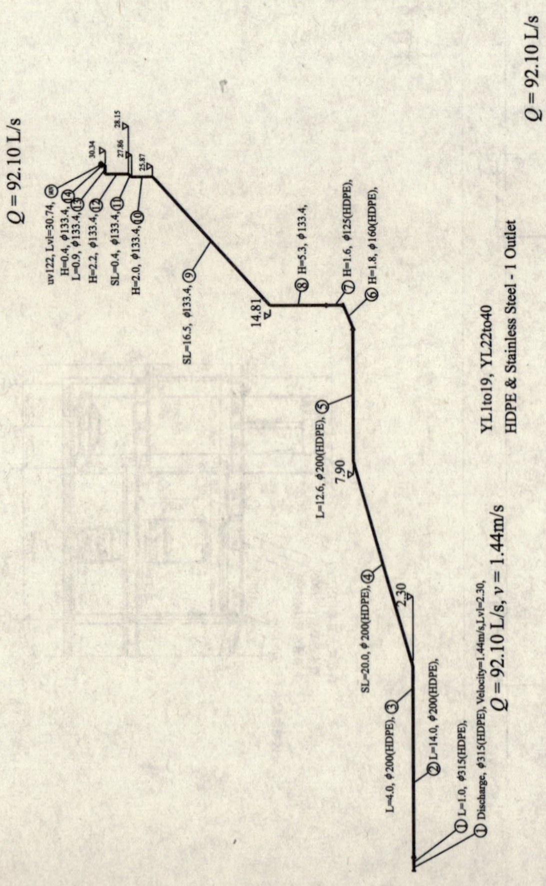

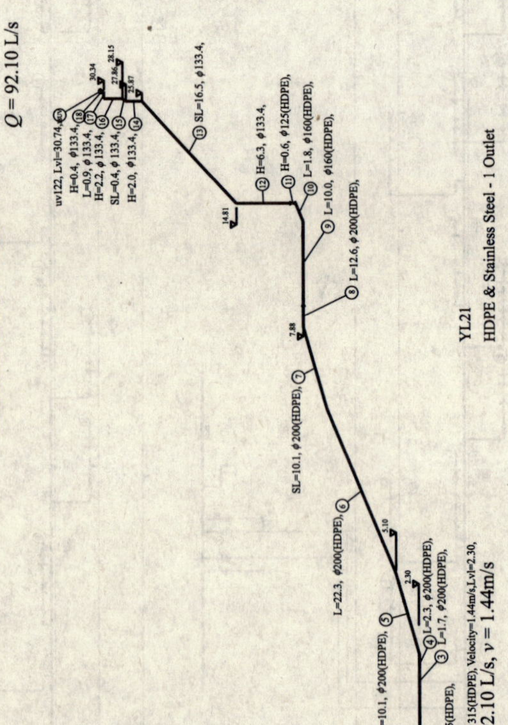

Q = 92.10 L/s, L = 1.44m/s

YL20
HDPE & Stainless Steel - 1 Outlet

Q = 92.10 L/s

uv122, Lvl=30.74,
H=0.4, ϕ133.4, (18)
L=0.9, ϕ133.4, (17)
H=2.2, ϕ133.4, (16)
SL=0.4, ϕ133.4, (15)
H=2.0, ϕ133.4, (14)
30.34
27.86
28.15
25.87
(13) SL=16.5, ϕ133.4,
14.81
(12) H=6.3, ϕ133.4,
(11) H=0.6, ϕ125(HDPE),
(10) L=1.8, ϕ160(HDPE),
(9) L=10.0, ϕ160(HDPE),
(8) L=12.6, ϕ200(HDPE),
SL=10.1, ϕ200(HDPE), (7)
7.88
L=22.3, ϕ200(HDPE), (6)
5.10
L=14.0, ϕ200(HDPE), (2)
SL=10.1, ϕ200(HDPE), (5)
2.30
(4) L=2.3, ϕ200(HDPE),
(3) L=1.7, ϕ200(HDPE),
(1) L=1.0, ϕ315(HDPE),
(1) Discharge, ϕ315(HDPE), Velocity=1.44m/s, Lvl=2.30,

Q = 92.10 L/s, v = 1.44m/s

YL21
HDPE & Stainless Steel - 1 Outlet

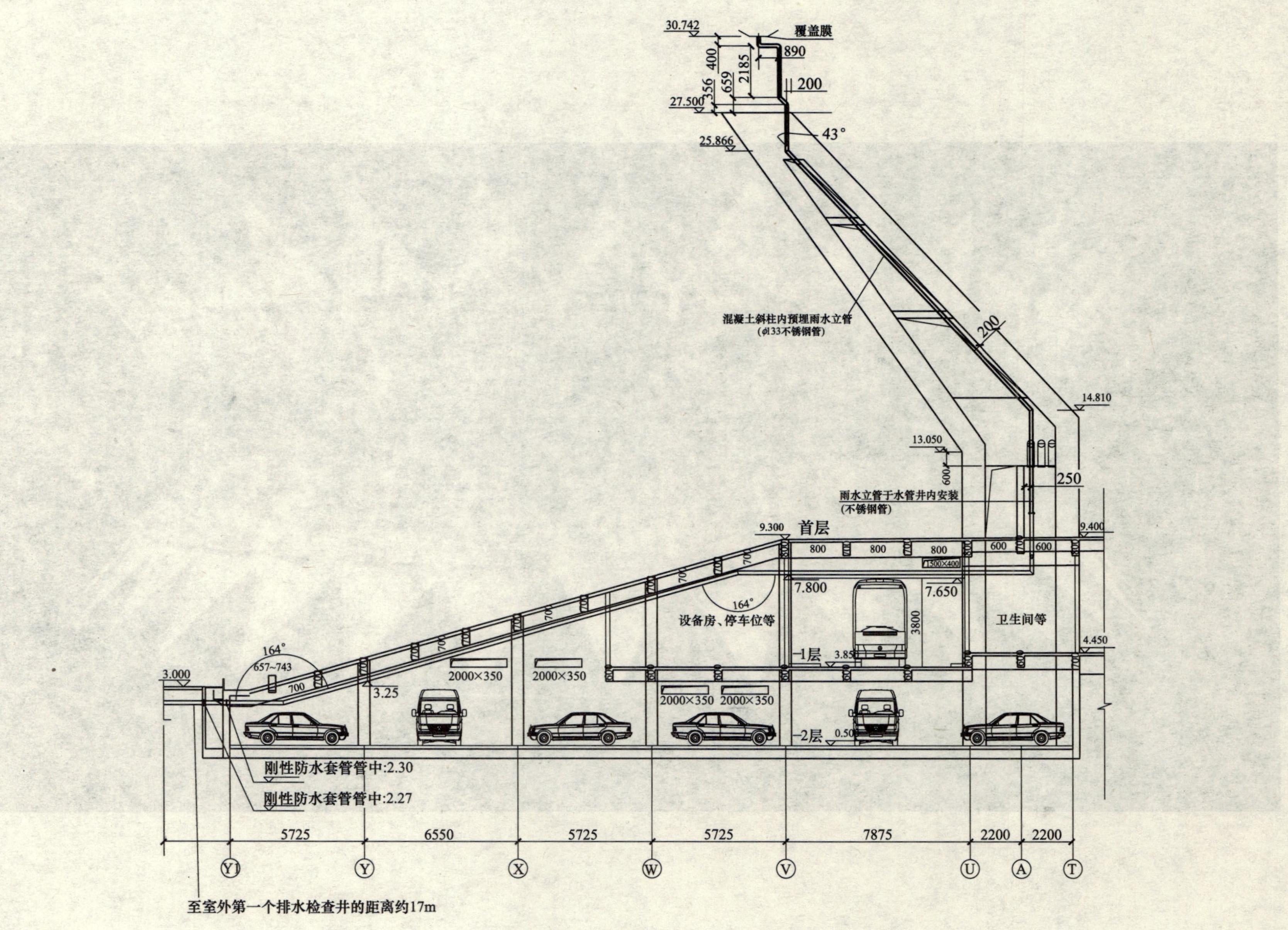

覆盖膜
30.742
890
400
2185
200
356
659
27.500
43°
25.866
混凝土斜柱内预埋雨水立管
(ϕ133不锈钢管)
200
14.810
13.050
600
250
雨水立管于水管井内安装
(不锈钢管)
9.300
首层
9.400
800
800
800
600
600
1500×400
7.800
7.650
164°
设备房、停车位等
3800
卫生间等
4.450
-1层
3.85
164°
657~743
700
3.000
3.25
2000×350
2000×350
2000×350
2000×350
-2层
0.50
刚性防水套管管中:2.30
刚性防水套管管中:2.27
5725
6550
5725
5725
7875
2200
2200
Y1
Y
X
W
V
U
A
T
至室外第一个排水检查井的距离约17m

南宁市人大代表活动中心

设计单位：广西华蓝设计（集团）有限公司（原广西建筑综合设计研究院）
设 计 人：刘宗秋 黄智鹦 肖睿书 安忠林 卢子贵
获奖情况：公共建筑优秀奖
工程概况：

在本工程投入使用前，南宁缺乏可出演大型舞台剧的甲等剧场，为了适应东盟博览会的需要，南宁市政府决定在南宁市会展中心对面结合南宁人大会堂及办公区兴建一个1500座的高等级甲等剧场，并在2004年首届东盟博览会召开前完工。

项目用地位于民族大道东段北面，其南面是南宁市会展中心。整个场地为南北向的长方形，设计中分为前中后三个部分，南面临民族大道设置了剧场，剧场前设置了大型的集散广场。中部设置了南宁市人大的会议楼和招待所，北面设置了人大办公楼。三部分之间以南北贯穿的交通轴联系。整个建筑群总平布局取意于广西少数民族的首饰，呈发散型布置，外墙采用铝板，石材，浅灰色幕玻及灰色金属屋面板相结合，建筑外观极为现代大气。

主要经济技术指标（表1）：

主要经济技术指标 **表1**

总用地面积		86799.9m²	总建筑面积		64710 m²	建筑密度	18.4%
其中	净用地面积	76589.9m²	其中	地上建筑面积	55570m²	容积率	0.72
	城市道路用地面积	10210m²		地下建筑面积	9140m²	绿化率	42%
建筑层数		最高5层	建筑占地面积		14100 m²	停车位	304
建筑高度		最高24m					

一、给水排水系统

（一）给水系统

1. 冷水用水量（表2）

冷水用水量表 **表2**

序号	项目	用水定额	用水单位数	用水时间(h)	时变化系数 K	最高日用水量(m^3/d)	平均时用水量(m^3/h)	最大时用水量(m^3/h)	备注
1	办公楼	50L/(人·d)	200	12	2.5	10	0.83	2.08	
2	会议楼	50L/(人·d)	300	12	2.5	15	1.25	3.13	
3	招待所	300L/(人·d)	84	24	2	25.2	1.05	2.1	
4	会堂	15L/(人·场)	2900	6	1.5	43.5	7.25	10.88	按两场计
5	办公中心空调补充水	$4m^3/h$		10	1	40	4	4	
6	会堂空调补充水	$10m^3/h$		6	1	30	5	5	

续表

序号	项目	用水定额	用水单位数	用水时间(h)	时变化系数 K	最高日用水量(m^3/d)	平均时用水量(m^3/h)	最大时用水量(m^3/h)	备注
8	绿化、道路浇洒用水	2L/(m^2·d)	62000	6	1	124	20.67	20.67	
9	生活用水合计					287.7	40.05	47.86	
10	管网漏失	10%				28.77	4.01	4.79	
11	合计					316.47	44.06	52.65	

2. 水源

采用城市自来水，从南侧民族大道 $DN600$ 干管及北侧道路 $DN600$ 干管分别接驳一根 $DN200$ 进水管。市政给水压力为 0.25～0.30MPa。

3. 系统竖向分区

低区：地下室、一至二层；

高区：三层以上。

4. 供水方式及给水加压设备

采用市政管网直接供水和地下水池、加压水泵、高位生活水箱相结合的供水方式。低区由市政管网直接供水；高区由高位生活水箱供水。整个地块内的建筑物合用地下生活水池，设在办公楼地下室；高位生活水箱采用不锈钢装配式水箱，共两个，分别位于办公楼和会堂屋面。其中办公楼高位生活水箱为办公楼、会议楼、招待所合用。

(1) 需加压部分生活用水量（表 3）。

加压部分生活用水量　　表 3

序号	项目	用水定额	用水单位数	用水时间(h)	时变化系数 K	最高日用水量(m^3/d)	平均时用水量(m^3/h)	最大时用水量(m^3/h)	备注
1	办公楼	50L/(人·d)	160	12	2.5	8	0.67	1.67	
2	会议楼	50L/(人·d)	150	12	2.5	7.5	0.63	1.56	
3	招待所	300L/(人·d)	60	24	2	18	0.75	1.5	
4	会堂	15L/(人·场)	720	6	1.5	10.8	1.8	2.7	按两场计
5	办公中心空调补充水	$4m^3/h$		10	1	40	4	4	
6	生活用水合计					84.3	7.85	11.43	
7	管网漏失	10%				8.43	0.79	1.14	
8	合计					92.73	8.64	12.57	

(2) 地下生活水池最小有效容积：$V=92.73\times25\%=23.18m^3$；

取 $V=30\ m^3$。

(3) 办公楼高位水箱最小有效容积：$V=(1.67+1.56+1.5+4)\times50\%=4.4m^3$；

取 $V=8m^3$。

(4) 会堂高位水箱最小有效容积：$V=2.7\times50\%=1.4m^3$；

取 $V=3m^3$。

(5) 生活给水系统设两台屋顶水箱补水泵泵，$Q=7.2m^3/h$，$H=41m$，$P=2.2kW$，1 用 1 备。

5. 管材

室外埋地给水（冷水）管道采用 PE100 塑料给水管，热熔连接；室内生活给水管采用紫铜管，扩口钎焊接、法兰连接（与阀门连接）及螺纹连接（与阀门连接）。屋顶水箱采用不锈钢装配式水箱，内设自动清洗装置，定期进行清洗消毒。

（二）热水系统

1. 热水用水量表

（1）招待所热水用水量表（表 4）（60℃）。

招待所热水用水量　　表 4

序号	项　目	用水定额	用水单位数	用水时间(h)	最高日用水量(m^3/d)
1	招待所	160 L/(床位·d)	84	24	13.4
2	招待所员工	50 L/(人·d)	20	24	1
3	餐厅	20 L/(人·d)	200	12	4
	合计				18.4

（2）会堂热水用水量（表 5）（定时供应）。

会堂热水用水量表　　表 5

序号	项目	用水定额(L/h)	用水单位数	水温(℃)	同时使用百分数(%)	设计小时耗热量(kW)
1	淋浴器	200	8	37	100	41.0
2	浴盆	250	4	37	100	25.6
3	洗手盆	80	54	35	50	50.3
	合计					117

2. 热源

招待所热水系统：采用太阳能加电辅助加热形式，太阳能集热板集热板面积约 150m^2，太阳能贮热水箱 8m^3，容积式电热水箱 8m^3（分 2 座，每座 4m^3）。

会堂热水系统：采用容积式电热水箱 6m^3（分 2 座，每座 3m^3）。

3. 招待所、会堂热水系统竖向不分区。热水立管与回水管连接处设紫铜导流接头。

4. 招待所热水系统全日供应热水，为全日机械循环，循环泵启停采用温度自控。会堂热水系统根据需要定时供水，为定时机械循环，在供热水前根据设定时间启动循环泵，回水温度高于55℃时，自动停泵。

5. 热水管道采用紫铜管，扩口钎焊接、法兰连接（与阀门连接）及螺纹连接（与阀门连接）。

（三）排水系统

1. 排水系统采用污废合流形式。

2. 由于本工程建筑高度较低，排水立管采用直接伸顶通气。

3. 污废水收集经化粪池处理后排至市政污水管道。

4. 管材

室内及室外埋地管道 $DN\leqslant350$ 采用 PVC-U 排水塑料管，专用胶粘接；室外埋地管道 $DN\geqslant400$ 采用钢筋混凝土排水管，橡胶圈承插连接。

(四)雨水系统

1. 南宁市暴雨强度公式：$q=\dfrac{10500(1+0.707\lg P)}{t+21.1P^{0.119}}$

建筑屋面雨水设计重现期10年，采用50年校核；

5min降雨强度 $q_5=5.47\text{L}/(\text{s}\cdot100\text{m}^2)$。

2. 会堂21.000标高以上大型屋面采用压力流雨水系统，其余屋面采用重力流雨水系统。

3. 压力流雨水系统采用不锈钢管、铝合金雨水斗，焊接；重力流雨水系统采用PVC-U排水塑料管、雨水斗，专用胶粘接。

二、消防系统

(一)消防给水系统用水量

1. 消防用水以城市自来水和消防水池储水为水源，各系统用水量见表6。

消防系统用水量　　表6

序号	项　目	用水标准(L/s)	火灾延续时间(h)	用水量(m^3)	备　注
1	室外消火栓系统	30	2	216	市政管网直接供给
2	室内消火栓系统	20	2	144	办公楼消防水池加压供给
3	湿式自动喷水灭火系统	30	1	108	办公楼消防水池加压供给
4	舞台葡萄架雨淋系统	100	1	360	会堂消防水池加压供给
5	舞台口水幕系统	20	1	72	办公楼消防水池加压供给
6	一次灭火总用水量			900	1+2+3+4+5
7	一次灭火室内消防用水量			684	2+3+4+5 室内消防水池加压供给

2. 消防水池及消防水箱

会堂地下室设250m³的消防水池，专供舞台葡萄架雨淋系统；办公楼地下室设300m³的消防水池供其余各系统合用。

会堂、办公楼屋面分别设18m³的消防水箱。

(二)消火栓给水系统

1. 室外消火栓给水管与生活给水管合用，连成环状管网，从南侧民族大道及北侧规划道路分别接驳一根*DN*200进水管。本工程室外环状给水管共设16套室外地上式消火栓。

2. 室内消火栓给水系统不分区，地下室及一层采用减压稳压消火栓。

3. 室内消火栓给水系统用水由办公楼地下消防水池提供。系统设2台消防专用立式给水泵($Q=20\text{L/s}$，$H=60\text{m}$，$P=22\text{kW}$)，1用1备；另设1套消防稳压设备，稳压泵($Q=3.9\text{L/s}$，$H=26.5\text{m}$，$P=2.2\text{kW}$)1用1备，$\Delta V=500\text{L}$稳压水罐1个，*PN*1.0MPa。

办公楼地下泵房接两根*DN*150消火栓给水管至会议楼、招待所及会堂。系统设两套消防水泵接合器。

4. 室内、外消火栓给水系统管材：室内管道采用加厚热镀锌钢管，法兰连接($DN>50$)、丝扣连接（DN≤50）；室外埋地管道采用 PE100 给水管，热熔连接。

（三）自动喷水灭火系统

1. 自动喷水灭火系统用于保护地下车库、观众厅（净高小于 8m 部位）、大堂、钢屋架、礼堂附属用房等部位。系统危险等级中Ⅱ级，喷水强度 8L/(min·m^2)，作用面积 160m^2，最不利点喷头工作压力不小于 0.05MPa。系统共设四组报警阀，竖向分区第一组负责地下一层、一至二层；第二组负责三至四层；第三组负责后台一至五层；第四组负责钢屋架等建筑构件。系统设 3 套消防水泵接合器。

2. 自动喷水灭火系统用水由办公楼地下消防水池提供。系统设 2 台消防专用立式给水泵（Q=30L/s，H=60m，P=30kW），1 用 1 备；另设 1 套消防稳压设备（与室内消火栓系统合用），稳压泵（Q=3.9L/s，H=26.5m，P=2.2kW）1 用 1 备，ΔV=500L 稳压水罐 1 个，PN1.0MPa。

3. 招待所客房采用大口径水平边墙型洒水喷头，ZSTB-20-68℃；招待所厨房采用直立型洒水喷头，ZSTZ-15-79℃；其余有吊顶场所采用吊顶型洒水喷头，ZSTD-15-68℃，车库等无吊顶场所采用直立型洒水喷头，ZSTZ-15-68℃。

4. 自动喷水灭火系统管材采用加厚热镀锌钢管，沟槽式连接（DN>50）、丝扣连接（DN≤50）。

（四）舞台葡萄架雨淋系统

1. 会堂观众厅座位数为 1450 个，舞台葡萄架自动喷水灭火系统危险等级按严重危险级Ⅱ级考虑，喷水强度 16L/(min·m^2)，作用面积 260m^2，最不利点喷头工作压力不小于 0.05MPa。

2. 系统用水由会堂地下消防水池提供。系统设 3 台消防专用立式给水泵 XBD7.5/50-150D/3（Q=50～60L/s，H=75～65m，P=55kW），2 用 1 备；设 1 套全自动气压消防增压给水设备 XBD-Z-3.6-24-2LDW，（Q=1L/s，H=24m，P=1.1kW）。

3. 系统设 3 组雨淋阀，7 个消防水泵接合器。

4. 雨淋系统控制要求如下［开会或演出等活动期间，采用（2）、（3）方式］：

（1）传动管网自动开启雨淋阀，压力开关动作自动启动给水泵；

（2）消防控制室开启雨淋阀组电磁阀同时启动给水泵（雨淋阀组不同时开启，仅能开启其中任意 1 组）；

（3）手动快开阀开启雨淋阀，压力开关动作自动启动给水泵或泵房应急启动给水泵。

5. 管材采用加厚热镀锌钢管，沟槽式连接（DN>50）、丝扣连接（DN≤50）。

（五）舞台水幕系统

1. 会堂舞台台口防火幕设防护冷却水幕系统。系统喷水强度 1.0L/(s·m^2)，喷头工作压力 0.10MPa，水幕宽度 20m。

2. 水幕系统用水由办公楼地下消防水池提供。系统设两台消防专用立式给水泵（Q=30L/s，H=60m，P=30kW），1 用 1 备。

3. 系统设 1 组雨淋阀，3 个消防水泵接合器。

4. 水幕系统与防火幕联动，控制要求如下：

（1）防火幕联动开启雨淋阀组电磁阀同时启动给水泵；

（2）消防控制室开启雨淋阀组电磁阀同时启动给水泵；

（3）手动快开阀开启雨淋阀，压力开关动作自动启动给水泵或泵房应急启动给水泵。

5. 管材采用加厚热镀锌钢管，沟槽式连接（DN>50）、丝扣连接（DN≤50）。

三、工程照片

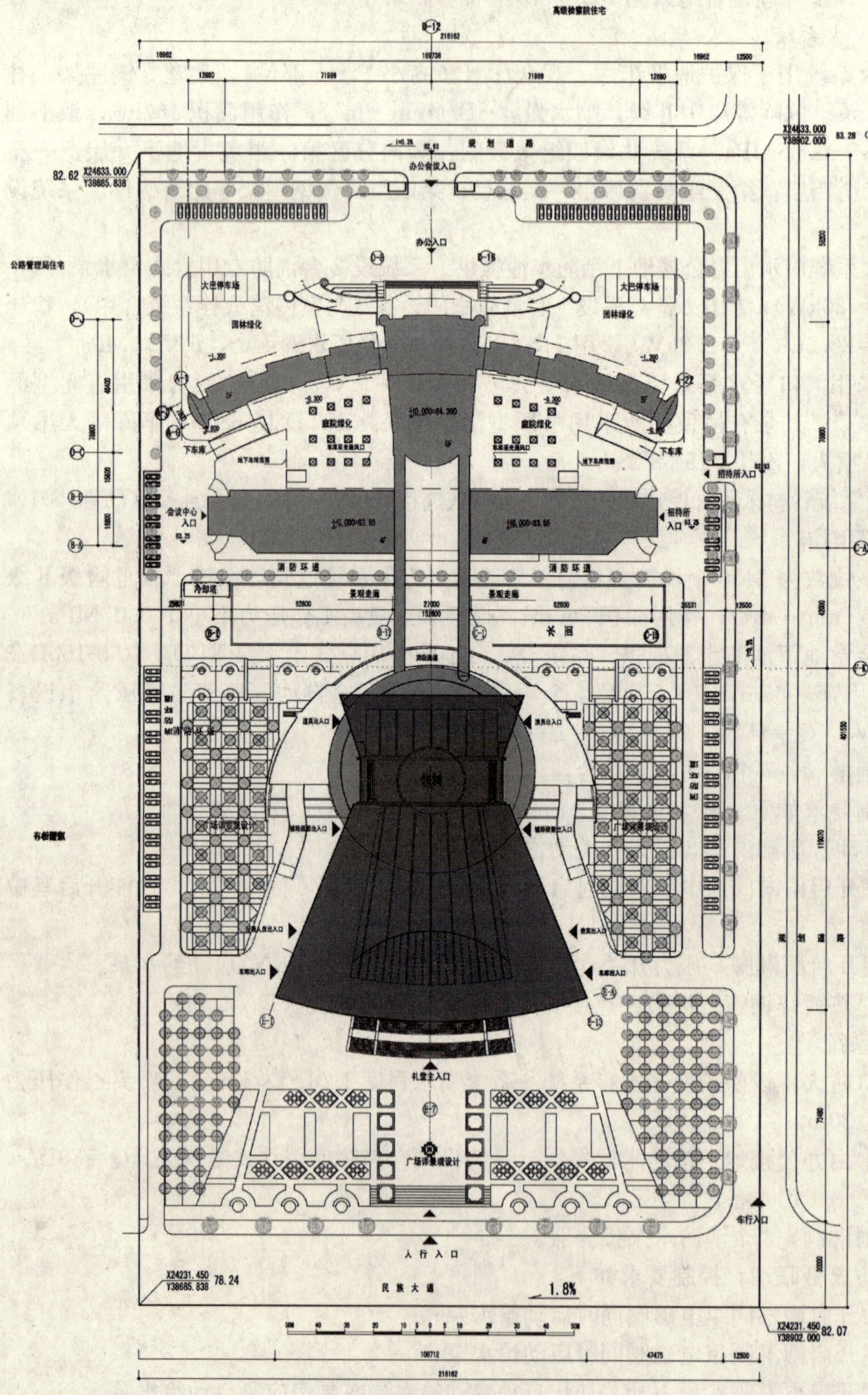

高级检察院住宅

规划道路

办公会议入口

83.28 （据2001年4月30日南宁市规划管理局函）

公路管理局住宅

大巴停车场

园林绿化

庭院绿化

下车库

会议中心入口

招待所入口

消防环道

冷却塔

景观走廊

长廊

东方房地产多层住宅（未建）

布谷塑瓶

礼堂主入口

广场环境景观设计

人行入口

车行入口

民族大道

X24633.000 Y38685.838 82.62

X24633.000 Y38902.000

X24231.450 Y38685.838 78.24

X24231.450 Y38902.000 82.07

主要经济技术指标：

总用地面积：		86799.9 m²
其中：	净用地面积：	76589.9 m²
	城市道路用地面积：	10210 m²
总建筑面积： 其中：地上建筑面积： 地下建筑面积：		64710m² 55570m² 9140m²
建筑占地面积：		14100m²
建筑密度：		18.4%
容积率：		0.72
绿化率：		42%
停车位： 其中：地上(大巴)： (小车)： 地下： 车库：		304个 27个 118个 92个 67个

建筑面积分项指标：

总建筑面积： 其中：地上建筑面积： 地下建筑面积：		64710m² 55570m² 9140m²
办公会议中心	总建筑面积： 其中：地上建筑面积： 地下建筑面积：	25870m² 20930m² 4940m²
	停车： 其中：地上(大巴)： (小车)： 地下：	162个 12个 58个 92个
会堂	总建筑面积： 其中：地上建筑面积： 地下建筑面积：	29700m² 25500m² 4200m²
	停车： 其中：场地(大巴)： (小车)： 车库：	142个 15个 60个 67个

总平面 1:500

会堂临民族大道主立面

从民族大道看会堂全景

会堂与招待所之间的渗水地面、停车场

郑州正大世纪·城市广场

设计单位： 机械工业第六设计研究院
设 计 人： 陈春喜　江洪
获奖情况： 公共建筑优秀奖
工程概况：

郑州正大世纪·城市广场为一座由大型商业中心与3栋26层高层住宅共同组成的大型建筑综合体，集居住、购物、休闲娱乐于一体。居住部分位于场地南部；商业部分功能复杂，主要有大型商业购物中心——易初莲花超市、商业步行街、自营百货、保利五星级影视城、美食广场、酒吧一条街等等。

项目位于郑州市农业路和中州大道交叉口。东临中州大道50m宽城市景观绿化带，西接姚寨路，北靠农业路，地处郑东新区与老市区过渡区，地理位置优越，交通条件良好。征地面积4.12万m^2，规划建筑用地面积3.49万m^2，东西长约240m，南北长约190m，基地内地势平坦。其中商业中心主要包括易初莲花超市和城市广场两大部分。总建筑面积约12.54万m^2中商业建筑面积约5.96万m^2，住宅面积3.89万m^2，地下汽车库及设备用房约2.7万m^2。建筑总高度为79.95m。

一、给水排水系统

（一）给水系统

1. 冷水用水量（表1）。

冷水用水量　　　　**表1**

用水类别	用水定额	用水单位数	使用时间(h)	小时变化系数 K	最高日(m^3/d)	最大时(m^3/h)
住宅	150L/(人·d)	426×3.3	24	2.7	210.87	23.73
商场	6L/(m^2·d)	21558m^2(易初莲花)	12	1.4	129.35	15.09
商场	6L/(m^2·d)	32160m^2(主题商场)	12	1.4	192.96	22.51
餐饮	25	3239.04m^2(易初莲花)	12	1.2	242.93	28.34
电影院	4	682	3	1.4	2.73	1.27
循环冷却水	1.0%	1200m^3/h(主题商场)	12	1	144	12
循环冷却水	1.0%	1000m^3/h(易初莲花)	12	1	120	10
地下车库	2	9963m^2(易初莲花)	6	1	19.93	3.32
地下车库	2	17059m^2(主题商场)	6	1	34.12	5.69
未预见	10%	易初莲花			51.49	5.8
未预见	10%	主体商场			58.20	6.39
合计					1206.59	134.15

2. 水源

本工程水源取自市政自来水，分别从建筑物北面农业路和西面姚寨路市政给水管道上分别引入1根 $DN200$ 的给水管道，场区内形成环状，供应场区内生活及室内外消防用水。

3. 竖向分区

给水系统竖向分为五个区，地下一至地上二为一区，市政供水管道直接供水；三至九层为二区，屋顶生活水箱减压供水；十至十七层为三区，屋顶生活水箱减压供水；十八至二十四为四区，屋顶生活水箱直接供水；二十五至二十六层为五区，屋顶生活水箱增压供水。

4. 供水方式及给水加压设备

给水系统采用生活水箱-生活增压泵-屋顶生活水箱-用户的供水方式，为便于管理，每栋住宅楼供水装置单独设置。

(1) 每栋地下室生活水箱的容积：

单栋楼居民：　　　　142×3.3＝469人

日用水量为：　　　　$469\times150=70.3\text{m}^3/\text{d}$

水箱容积按日用水量的25%计：

$$70.3\times0.25=17.6\text{m}^3$$

选4000×3000×2500不锈钢水箱3座，有效容积均为26m³。

(2) 单栋住宅楼屋顶生活水箱的选用

单栋楼居民：　　　　142×3.3＝469人

日用水量为：　　　　$469\times150=70.3\text{m}^3/\text{d}$；

最大时用水量为：　　　　$70.3\times2.7/24=7.91\text{m}^3/\text{h}$；

屋顶水箱容积按不小于最大时用水量的50%计：

$$7.91\times0.5=4.0\text{m}^3;$$

选2500×2000×2000不锈钢水箱3座，有效容积均为8.5m³。

(3) 生活水泵的选用

① 水泵流量：

$$Q\geqslant7.91\text{m}^3/\text{h};$$

② 水泵扬程：

$$H=H_1+h_i+h_f=(82.95+3.3)+151\times0.0271+2=86.25\text{m}$$

③ 生活水泵的选用：(加压管道管径取 $DN65$)

系统选50FLDP16.5-10×9，$Q=3.3\sim4.5\sim5.5\text{L/s}$，$H=115.2\sim90\sim67.5\text{m}$，$P=7.5\text{kW}$ 生活水泵6台，分3组，各1用1备。

④ 屋顶生活变频增压装置3套

HLS5.6/0.16，配用水泵 FLG40-125A，$Q=1.08\sim1.56\sim2.06\text{L/s}$，$H=17.6\sim16\sim14.4\text{m}$，$P=0.75\text{kW}$。

5. 管材

室内安装的地下室生活水箱至屋顶生活水箱的加压给水管；屋顶水箱至各层供水分支阀前的冷水给水管采用钢塑复合管，接口采用丝扣、卡箍或法兰连接。

住宅内水表后至各用水点的管道采用铝塑PP-R复合冷水管，各户热水器出水至户内各用水点的管道采用铝塑PPR复合热水管；管道接口采用热熔连接、管道与金属管配件、阀门等的连接，采用带金属嵌件的过渡接头螺纹连接。

室内安装的其他生活进、出户管，裙房生活间内给水管道，水箱和水池的溢流、放空管等均采用PP-R塑料给水管，热熔连接。给水塑料管与金属管配件、阀门等的连接，采用法兰连接或带金属嵌件的过渡接头螺纹连接。

（二）排水系统

1. 排水系统的形式

排水系统采用污、废水合流制，一层以上的污水经管道收集后直接排至室外污水检查井，经化粪池处理后，排入市政污水管网；地下一层的污水分别汇集至集水坑，用潜水排污泵提升排出室外。潜水泵由集水坑内水位计自动控制。

2. 透气管的设置方式

住宅部分污水通气管采用内螺旋塑料排水管，污水和通气管共用，商场部分卫生间排水系统采用辅助通气管。

3. 采用的局部污水处理设施

餐厅污水经隔油池处理后排入室外化粪池。

4. 管材

排水立管、通气管及与之相连的横支管和排出管采用 PVC-U 新型复合螺旋消声排水塑料管，新型消声螺旋排水塑料管三通，弯头等采用同一厂家配套管件，卫生器具排水管与排水横管垂直连接，应采用 90°斜三通；排水横管与立管的连接采用 45°斜三通或 45°斜四通；排水立管与排出管端部的连接采用 2 个 45°弯头，排水塑料管采用胶粘剂粘接。

排污泵后管道采用焊接钢管，接口采用焊接，阀门、三通、弯头等需拆卸部位采用法兰连接。

（三）雨水系统

1. 采用的暴雨重现期

本工程暴雨重现期采用 10 年，并设置超重现期溢流排水口。

2. 雨水系统的形式

住宅部分雨水采用重力流外排水形式；商场部分（裙房）采用压力流内排水形式。

3. 管材

压力流雨水管道采用高密度聚乙烯（HDPE）排水塑料管，对焊连接或电焊管箍连接。

重力流雨水管道采用 PVC-U 排水塑料管，胶粘剂粘接。

二、消防系统

（一）消火栓系统

本设计室内消火栓消防水量为 40L/s，室外消防水量为 30L/s，火灾延续时间 3h，室外消火栓用水量由室外生活消防管网供应，室内消火栓消防水量由屋顶水箱和消防加压泵联合供应，室内消火栓连成环状。

2 号主楼地下室设 $750m^3$ 消防水池 1 座，供消火栓泵和喷淋泵吸水灭火。

2 号高层住宅楼屋顶水箱间设一座贮存 $18m^3$ 消防初期水量的消防专用水箱，用以确保消火栓系统管网最不利点的压力，消防时，启动消防按钮，由消火栓主泵启动供水。

消火栓系统竖向分成两个区，地下一至十二层为低区，十二层及以上为高区。

屋顶消防增压稳压装置型号：ZW(L)-I-XZ-10，配用水泵 FLG40-200B，Q=1.03～1.47～1.94L/s，H=38～36～34.5m，P=1.5kW。

室内消火栓系统增压泵型号：XBD11.6/40-125L，Q=40L/s，H=1.16MPa，P=75kW，2 台，1 用 1 备。

室内消火栓系统设置地上式消防水泵接合器 3 套，型号 SQS150-B，分别设置在裙房的东、西、北面。

室内消火栓系统给水管道采用焊接钢管，接口采用焊接，阀门、三通、弯头等需拆卸部位采用法兰连接。

室外消火栓系统和生活给水系统合用管道采用给水球墨铸铁管道，接口采用橡胶圈柔性连接。

（二）自动喷水灭火系统

本设计自动喷水灭火系统按用水量最大的仓储区仓库（Ⅱ）级设计，设计用水量 80L/s，火灾延续时间 1h。

2 号主楼地下室设 750m^3 消防水池 1 座，消防水池内存有 300m^3 的喷淋消防水，屋顶水箱内存有 18m^3 喷淋及室内消火栓初期水量。

屋顶消防增压稳压装置为室内消火栓系统和自动喷水灭火系统共用。

室内自动喷水灭火系统增压泵型号：XBD10.15/40-125L，Q=40L/s，H=1.015MPa，P=55kW，3 台，2 用 1 备。

本工程共设置 8 套湿式报警阀，高区 1 套，型号为：*DN*100ZSS；低区 7 套，型号为：*DN*150，ZSFZ。

车库和无吊顶的区域选用标准 68℃直立型玻璃球闭式喷头，有吊顶的部分选用 68℃吊顶型玻璃球闭式喷头，易初莲花三层保利国际影院 1～6 大厅、地下商业选用 K=115 的快速响应喷头，商场内仓储用房选用 K=200 的快速响应早期抑制喷头。

室内自动喷水灭火系统设置地上式消防水泵接合器 6 套，型号 SQS150-B，分别设置在裙房的东、西、北面。

室内安装的自动喷水管道采用内外热镀锌钢管，镀锌管道采用丝扣、卡箍或法兰连接。喷头与管道的连接采用锥管螺纹连接。

（三）水喷雾灭火系统

本建筑物内地下室燃气制冷机房设置水喷雾自动灭火系统，设计喷雾强度为 20L/(min·m^2)，持续时间为 0.5h，设计水量为 80L/s。

2 号主楼地下室设 750m^3 消防水池 1 座，消防水池内存有 120m^3 的水喷雾消防水。

室内水喷雾自动灭火系统增压泵和自动喷水灭火系统水泵共用。

地下室设置一套雨淋报警阀，型号为：*DN*150，ZSFY150。

水喷雾系统采用 120°高速水喷雾喷头。

室内安装的水喷雾管道采用内外热镀锌钢管，镀锌管道采用丝扣、卡箍或法兰连接。喷头与管道的连接采用锥管螺纹连接。

三、设计及施工体会或工程特点介绍

本工程集居住、购物、休闲娱乐于一体。居住部分位于场地南部；商业部分功能复杂，主要有大型商业购物中心——易初莲花超市、商业步行街、自营百货、保利五星级影视城、美食广场、酒吧一条街等等。整个工程设计原则为：既考虑节约投资又考虑便于以后运行管理。

给水系统的供水范围为本建筑内的各种生活用水，最高日用水量为 1206.59m^3/h，最大时供水量为 134.15m^3/h。给水系统采用生活增压泵和屋顶生活水箱联合供水方式。生活水泵，水箱联合供水方式和变频供水比较，生活水泵运行在高效点，有利于节能，符合国家节能政策要求，另一方面，供水安全度比变频供水高；缺点是屋顶设置生活水箱，有可能造成二次污染，同时也增加了结构荷载。

本工程商场屋面雨水系统采用虹吸压力流雨水排放系统，系统设计重现期10年，压力流雨水管道无坡度敷设，有效地保证了建筑室内净高要求，为综合管线布置创造了良好条件，有效地解决了商场的使用空间要求。

消防系统按区域消防系统设计，易初莲花超市，城市广场，高层住宅，保利国际影城等看做一个消防对象，火灾次数同一时间按一次计。消防系统统一考虑，节约了工程投资，减少了占地面积，但不利于消防工程的分段验收，不利于工程分别投入使用。

每个用水单位均设水表计量，公共卫生间采用感应式冲洗阀小便器，有利于提高用户节水意识，节约用水。

屋顶消防水箱不设专门补水泵，充分利用生活管网余压，节约初期投资和运行成本，减少了泵房的占地面积。

卫生间排水和厨房排水分开设置，存水弯、地漏水封高度都有严格要求，有效地保证了室内的卫生条件。

循环冷却水系统冷却塔根据屋顶位置采用单侧进风冷却塔，有效地缓解了屋顶设备占用活动空间的问题；冷却塔补水采用消防水池水，并保证消防水池水不被动用，从而使消防水质不至于因恶化而经常更换；另外超低噪声、低飘水率冷却塔的应用，使建筑环保、节能性能得以体现。

四、工程系统图及照片

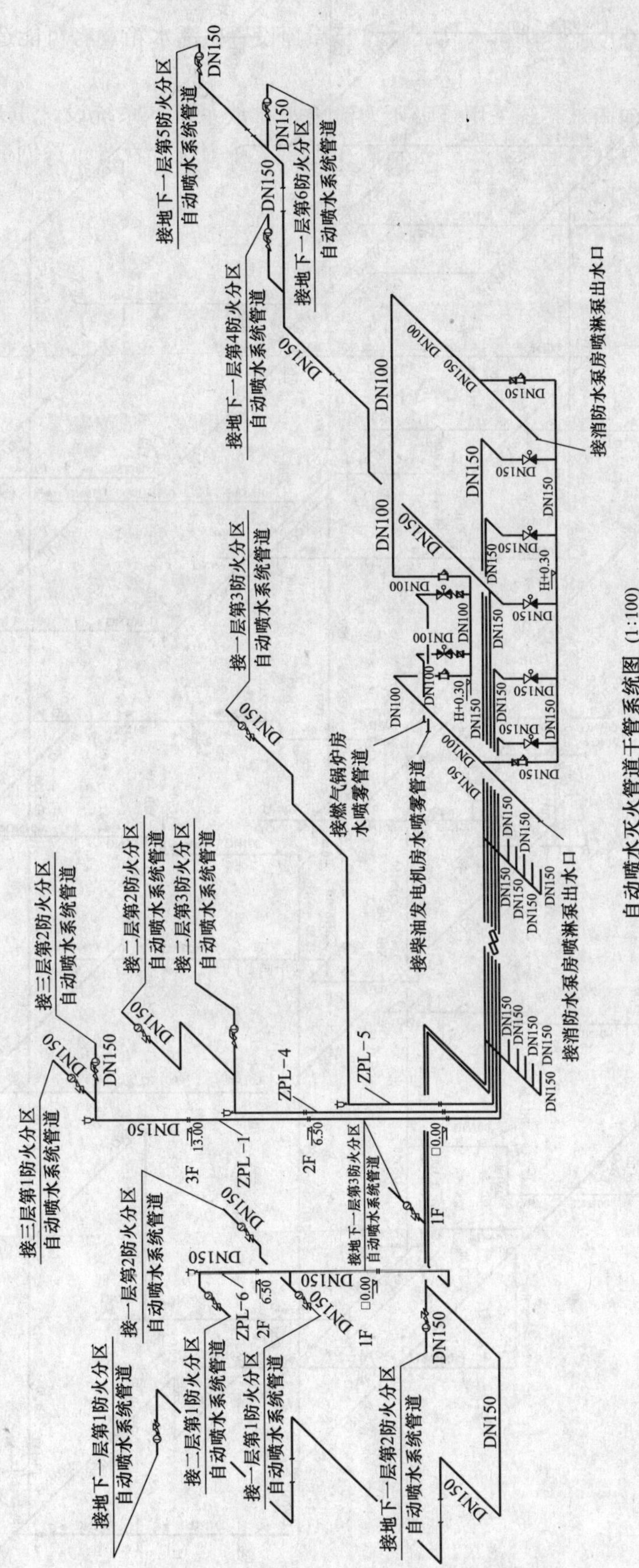

自动喷水灭火管道干管系统图 (1:100)

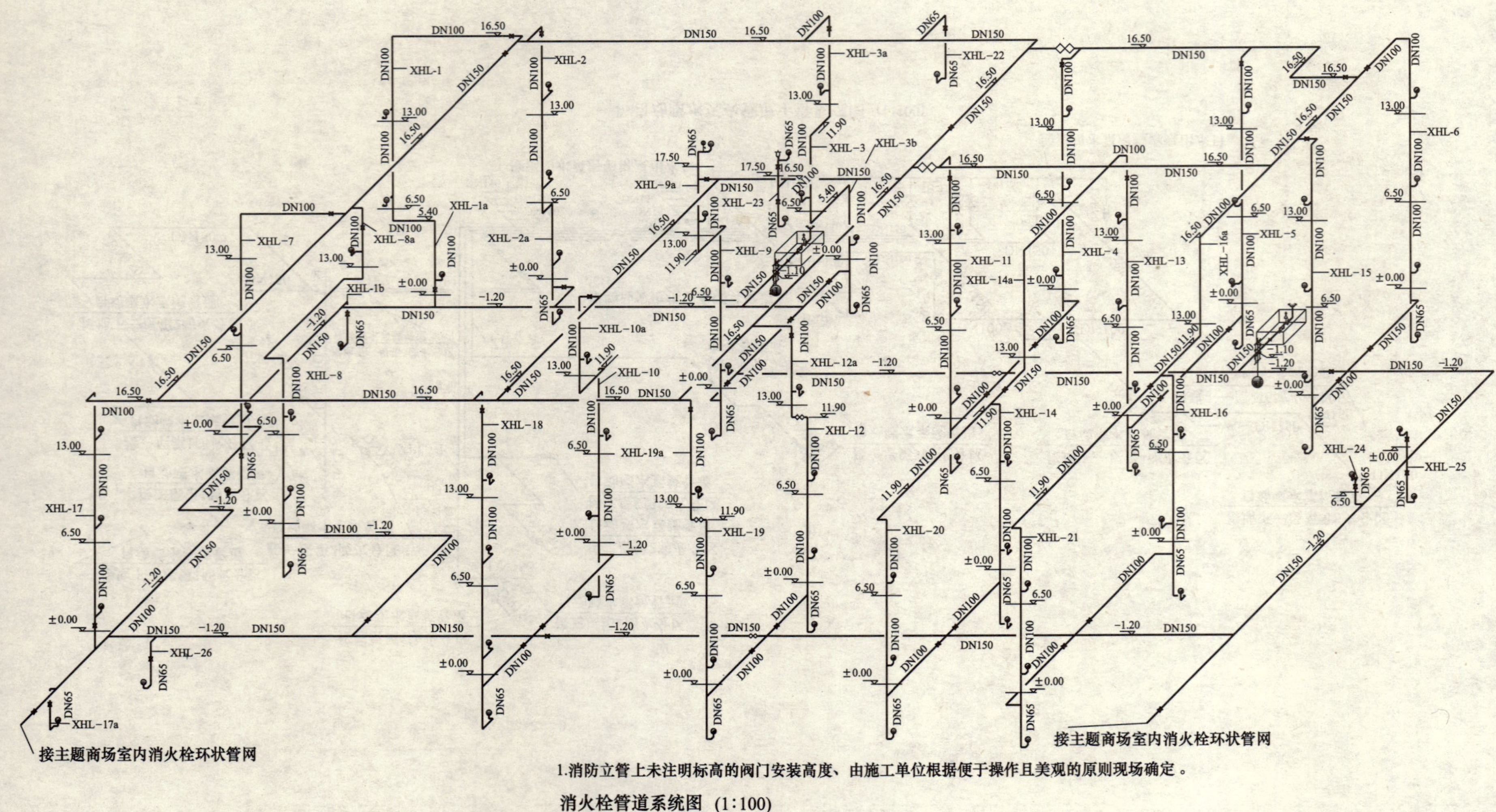

1.消防立管上未注明标高的阀门安装高度、由施工单位根据便于操作且美观的原则现场确定。

消火栓管道系统图 (1∶100)

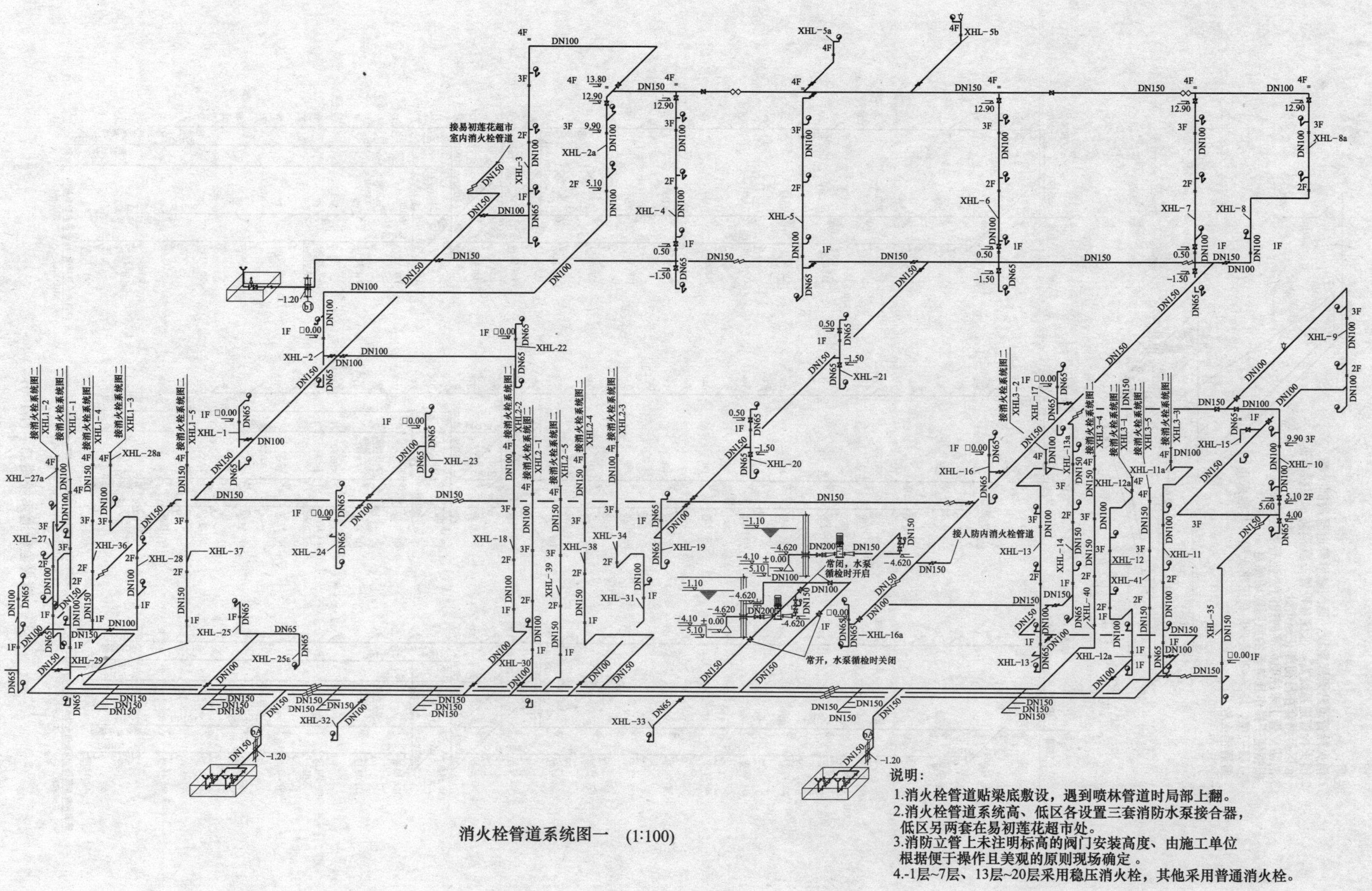

消火栓管道系统图一　(1:100)

说明：

1.消火栓管道贴梁底敷设，遇到喷林管道时局部上翻。
2.消火栓管道系统高、低区各设置三套消防水泵接合器，低区另两套在易初莲花超市处。
3.消防立管上未注明标高的阀门安装高度、由施工单位根据便于操作且美观的原则现场确定 。
4.-1层~7层、13层~20层采用稳压消火栓，其他采用普通消火栓。

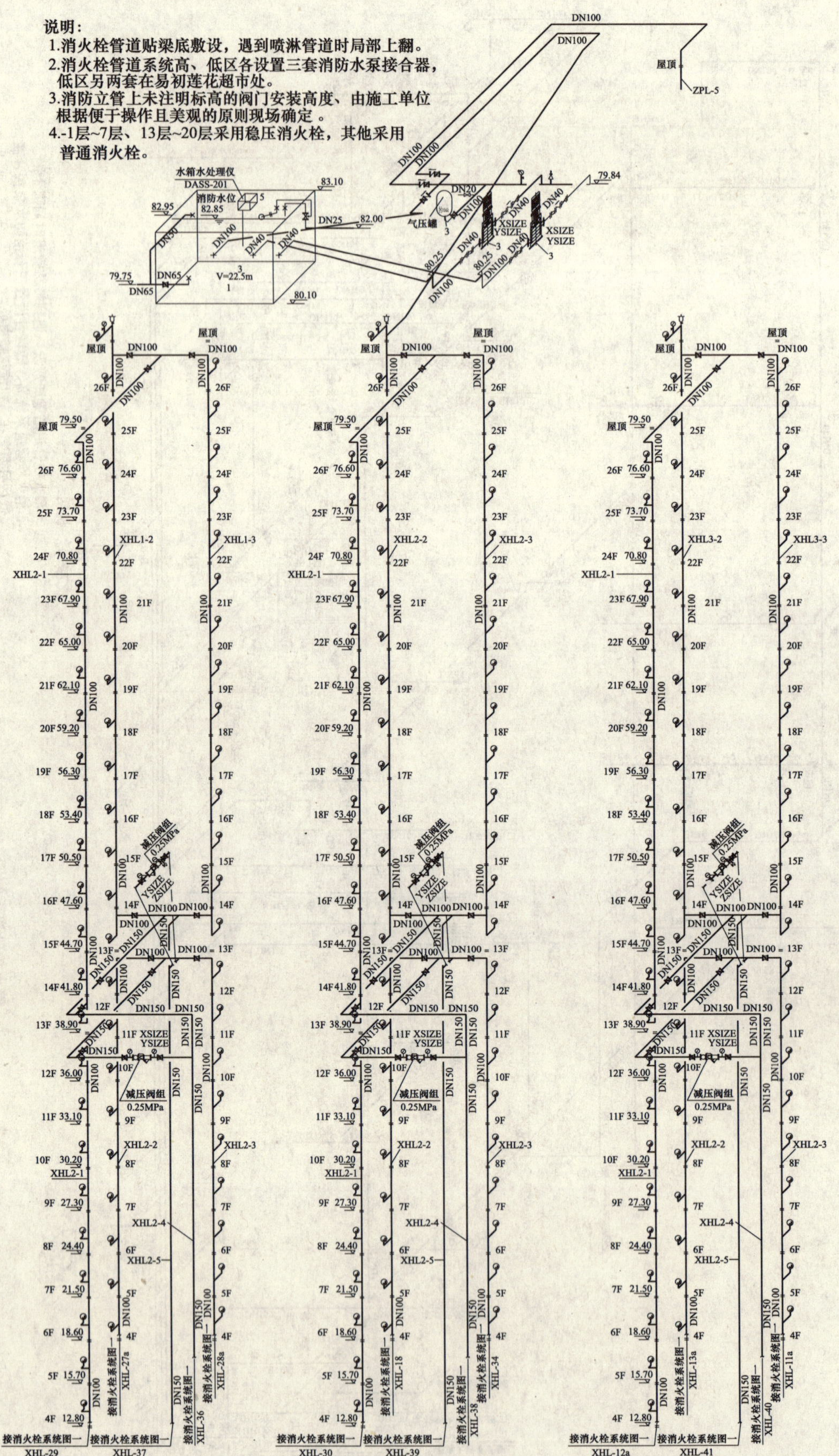

消火栓管道系统图二 (1:100)

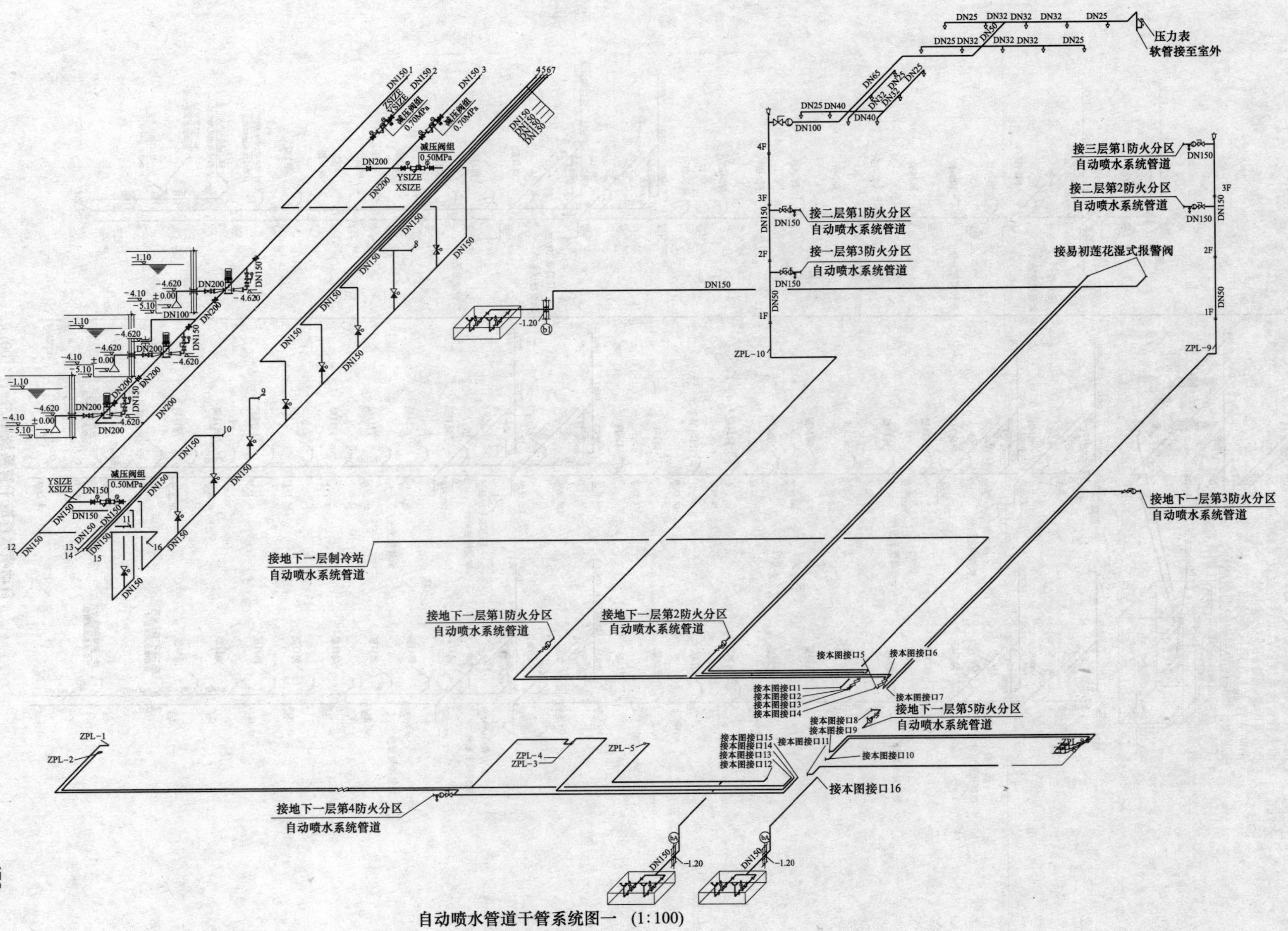

自动喷水管道干管系统图一 (1:100)

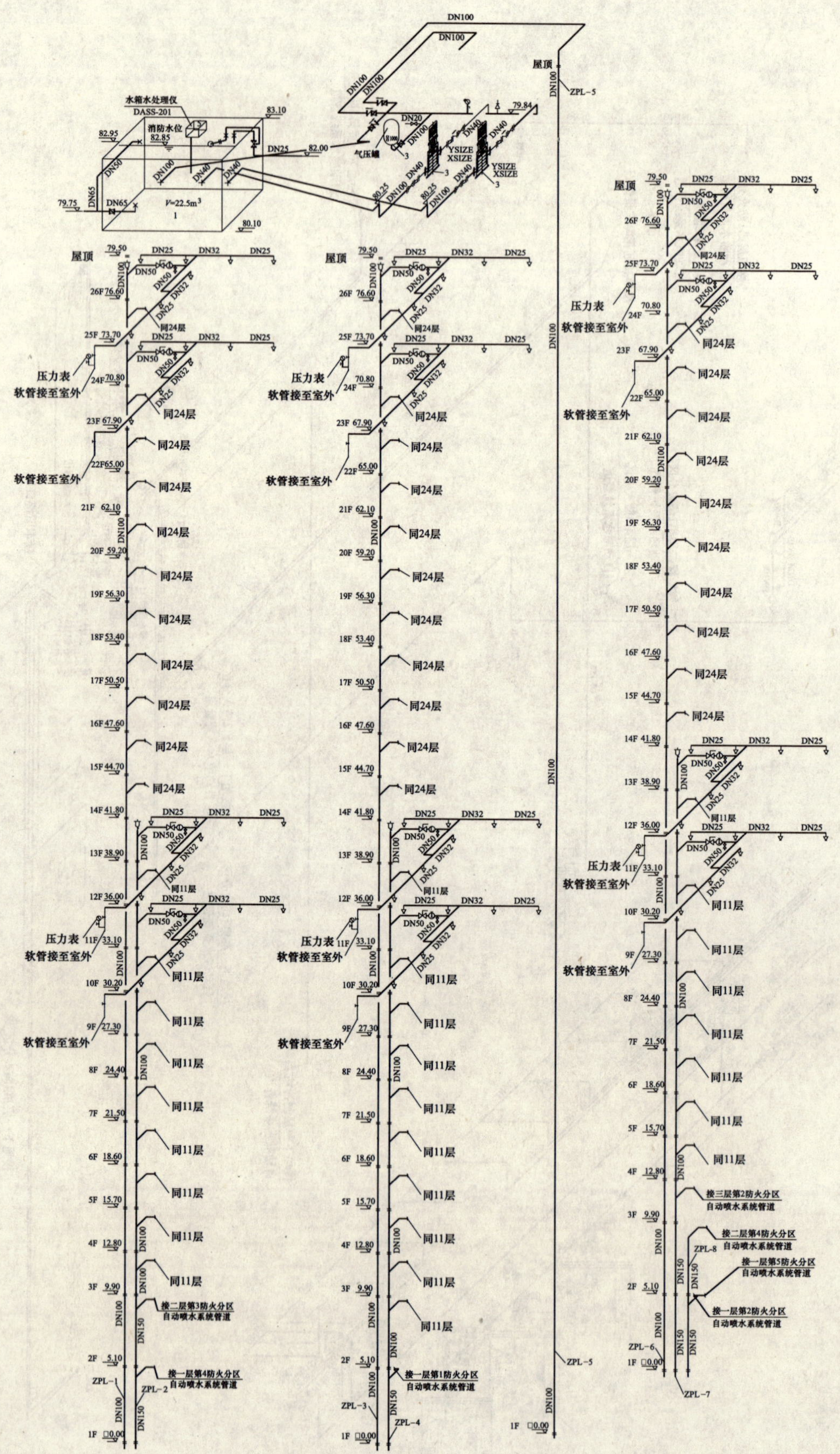

自动喷水管道干管系统图二 (1∶100)

正大世纪　城市广场　局部立面

正大世纪　城市广场　主入口

生活给水水箱

制冷机房循环冷却水管道

自动喷淋泵

综合管道

复旦大学正大体育馆

设计单位：同济大学建筑设计研究院

设 计 人：冯玮

获奖情况：公共建筑优秀奖

工程概况：

复旦大学为迎接百年校庆，学校规划建造一座能够举办大型室内比赛的多功能综合体育馆。体育馆位于复旦大学南区体育中心内，国权路以西，政肃路以南。该体育馆总建筑面积 12111m²，主体建筑地上主体一层，附属看台三层，可容纳固定席观众人数为 3529 人，活动看席 1362 席，是一座集比赛、训练、集会、演出等功能于一体的规模较大、设施先进的综合体育馆。体育馆设计有显著的体育个性，充分体现复旦大学百年发展的文化意义和日益发展的时代特征。

工程于 2003 年 9 月完成设计，于 2005 年 8 月竣工并通过验收。

体育馆内设计完善的给水排水系统及消防系统。

一、给水排水系统

（一）给水系统设计

1. 生活用水量（表 1）

生活用水量表 **表 1**

序号	名称	用水标准	用水时间(h)	小时变化系数(K_h)	用水量 最高日(m^3/d)	平均时(m^3/h)	最大时(m^3/h)
1	观众(m=5000 人)	3L/(人·场)(每日 2 场)	4	2.0	30	7.5	15
2	运动员淋浴(m=46 人)	50L/(人·场)	4	2.0	2.3	0.58	1.2
3	工作人员(m=30 人)	50L/(人·场)	4	2.0	1.5	0.38	0.75
4	空调系统补水	1m³/h	8	1.0	8	1	1
5	绿化及道路浇洒(s=1000 m²)	1.5L/(m²·次)	1	1.0	1.5	1.5	1.5
6	总计	总和×1.10(不可预计)			47.6	12.1	21.4

最高日用水量为 47.6m³/d，最大时用水量为 21.4m³/h。

2. 水源：从国权路市政给水管接出 *DN*200 给水进管，接出后设置生活给水水表井，供给体育馆生活用水。

3. 给水系统：因体育馆内生活用水点仅为一、二层，本着节能原则，充分利用市政压力，给水系统为直接供水方式。

4. 管材：给水管采用公称压力为 S5 系列 1.25MPa 的 PPR 给水管。

（二）热水系统设计

1. 体育馆热水用水为运动员、裁判员淋浴。因体育馆热水水量不大、用水不确定性、集中使用又要求较高等特性，因此，生活热水采用分点设置容积式电加热热水系统，该系统管道设备简单，就近设置避免不必要的热损失，运行管理又较为方便。

2. 容积式电热水器的选用：

(1) 运动员淋浴室选用商用容积式电热水器 2 台，每台电量为 54kW，水容量为 455L，温升 55℃，产热水量为 802L/h。

(2) 裁判淋浴室选用商用容积式电热水器 1 台，电量为 18kW，水容量为 455L，温升 55℃，产热水量为 267L/h。

3. 管材：热水管采用公称压力为 S3.2 系列 2.0MPaPPR 热水管，热熔连接。

(三) 排水系统设计

1. 室内污废水合流，室外雨污分流。

2. 污水汇合后经市政污水检测井，最后排入市政排污水管。

3. 管材：室内污废水立管采用 PVC-U 排水管，粘接。

(四) 雨水系统设计

1. 室外雨污水分流。

2. 屋面采用虹吸雨水排放系统。由于体育馆的屋面造型独特，北高南低，并呈穹顶状，室内又没有足够位置布置多根雨水立管，采用传统重力排水系统，很难保证屋面雨水有组织地排水，因此，大屋面设置虹吸雨水排水系统，该系统与传统的重力式雨水排放系统相比，为真空满水流，相同管径排水能力较强，排除相同汇水面积的雨水所需要的雨水斗和立管的数量较少，横向集水管不需要坡度，所占空间较少，充分满足体育馆的特殊需要。本系统验收前一天正值 50 年一遇台风，完全经受了考验，安全排水。

3. 屋面雨水采用虹吸式压力雨水排水系统，设计按重现期 $P=10$ 年、溢流按重现期 $P=50$ 年。根据屋面外形，设置内圈、外圈 2 条天沟，每条天沟尺寸为 600mm×250mm，因屋盖是斜面的，天沟也无法平置，因此在每条天沟末端设置一段集水沟，尺寸为 800mm×500mm，则雨水斗可平设于天沟内。内圈天沟东西两侧各设置 20L/s 雨水斗 6 个，共 12 个，外圈天沟东西两侧各设置 10L/s 雨水斗 4 个，共 8 个。

4. 管材：高密度聚乙烯（HDPE）雨水排水管。

二、消防系统

(一) 消防水量、水源

1. 水源：从国权路市政给水管、校园已有给水管网上分别接出 2 路 *DN*200 给水进管，接出后以 *DN*250 消防环管在地块内环通，供体育馆室内外消防用水。

2. 消防水量（表 2）

消防用水量表 表 2

消防系统名称	消防用水量(L/s)	火灾延续时间(h)
室内消火栓系统	15	2
自动喷水灭火系统	21	1
自动消防水炮用水量	60	1
室外消火栓系统	20	2
室内外消防同时作用最大用量	95	

(二) 消火栓系统

1. 室内消火栓系统采用稳高压消防系统，泵房内设2台消火栓泵，参数为Q=15L/s，H=40m，1用1备，系统设置稳压泵及稳压罐，通过稳压泵及稳压罐来保持消防系统的稳高压状态，不设置屋顶消防水箱。

2. 按规范设置室内消火栓，以满足有2股水柱到达任何部位。室内消火栓箱采用组合式消火栓箱，箱内配置DN65消防水龙头，25m水龙带、19mm直流水枪、自救式灭水喉及消防泵启动按钮各1付，手提式磷酸铵干粉灭火器若干。

3. 室外设置1套消火栓系统水泵接合器，并在15～40m内设室外消火栓。

4. 室外消火栓直接接自消防环管管网。

（三）自动喷水灭火系统

1. 除卫生间、电气室、观众厅外，均设置自动喷水灭火系统。按中危Ⅰ级设计，喷水强度为6L/(min·m^2)，作用面积160m^2，自动喷水量为21L/s。

2. 系统采用稳高压消防系统，在水泵房内设2台喷淋泵，参数Q=30L/s，H=50m，1用1备，并设置稳压泵及稳压罐，通过稳压泵及稳压罐来保持消防系统的稳高压状态，不设置屋顶消防水箱。喷淋泵直接从DN250市政压力消防给水环管上吸水。

3. 系统为湿式喷淋系统。1套报警阀设于泵房内，担负的喷头不超过800个。

4. 每层、每个防火分区分设水流指示器。为了保证系统安全可靠，在报警阀组的最不利喷头处设末端试水装置，其他防火分区和各楼层的最不利喷头处，均设DN25试水阀。

5. 室外设置2套喷淋系统水泵接合器，并在15～40m内有室外消火栓。

（四）自动消防水炮系统

1. 场馆内采用自动消防水炮灭火系统。因体育馆屋盖结构为钢桁架一索一拱结构，屋顶采用白色PTFE玻璃纤维膜结构。场馆内净空大于8m，且场馆内均设置中央空调系统。体育馆为大型公共集散场所，一旦发生火患，后果不堪设想。因此在比赛场馆内设置自动消防水炮来实现自动灭火宗旨。

2. 自动消防水炮系统包括前端红外线及自动消防水炮。自动消防水炮在实现大空间内火灾早期探测报警的同时，可自动驱动消防水炮，实现大空间内早期火灾的定点扑救，使火灾及扑救过程中造成的损失减少到最低；控制距离远（最远可达1200m）；可手动优先操作。

3. 自动消防水炮系统：观众场馆内大空间设置PSDZ30W-LA862型消防水炮2台，每台流量30L/s，工作压力0.9MPa，垂直旋转角度−85°～+60°，水平旋转角度−90°～+90°，满足保护区域内任一部位2门水炮水射流同时到达。安装时将水炮固定于观众厅看台层2根斜柱上。

4. 系统也采用稳高压消防系统，在水泵房内设2台水炮水泵，参数Q=60L/s，H=110m，1用1备，并设置稳压泵及稳压罐，通过稳压泵及稳压罐来保持消防系统的稳高压状态，不设置屋顶消防水箱。水泵直接从DN250市政压力消防给水环管中吸水。

三、设计施工体会

近年各种大空间的建筑设计项目越来越多，如何解决大空间内自动消防灭火设施问题，一直是近几年研究的重点，特别对于类似体育馆的大空间，自动消防水炮很好地解决了这一难题，也为大型场馆的设计、使用提供了安全的保障。

四、工程系统图及照片

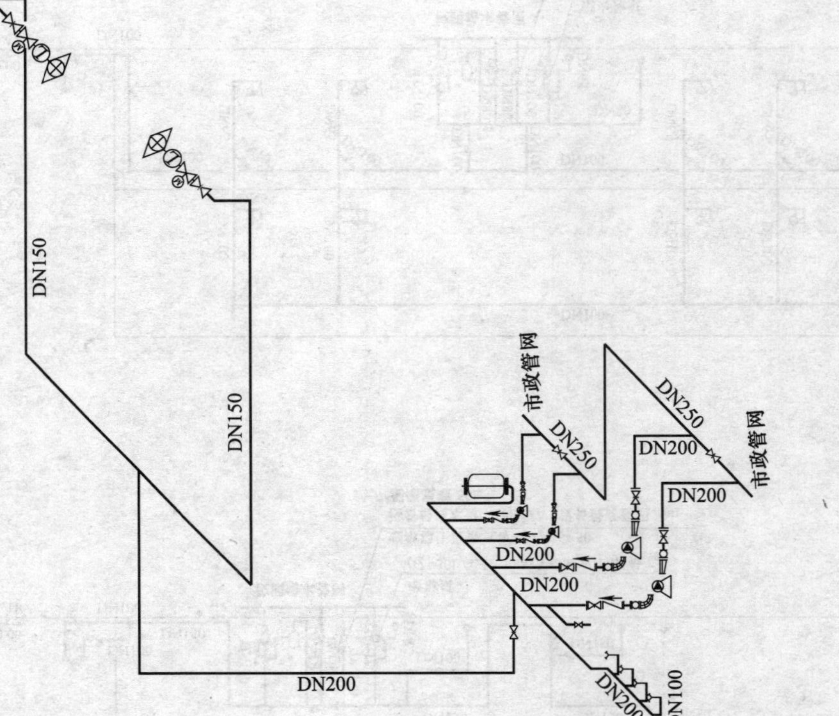

PSDZ30W-LA862 消防炮技术参数：

流量：30L/s

最大额定压力：16×10^5Pa

工作压力（炮入口）：9×10^5Pa

入口法兰：DN80　PN16

垂直旋转角度：$-85°\sim+60°$

水平旋转角度：$-90°\sim+90°$

炮身自重：约 25kg

水炮射程：在水炮工作压力 9×10^5Pa 时，射程 65m

消防炮泵　$Q=60$L/s，$H=100$m，$N=90$kW

消防炮稳压设备　XW-1.2/18－50，设备最大流量 5L/s，最高压力 1.20MPa

消防水炮供水系统示意图

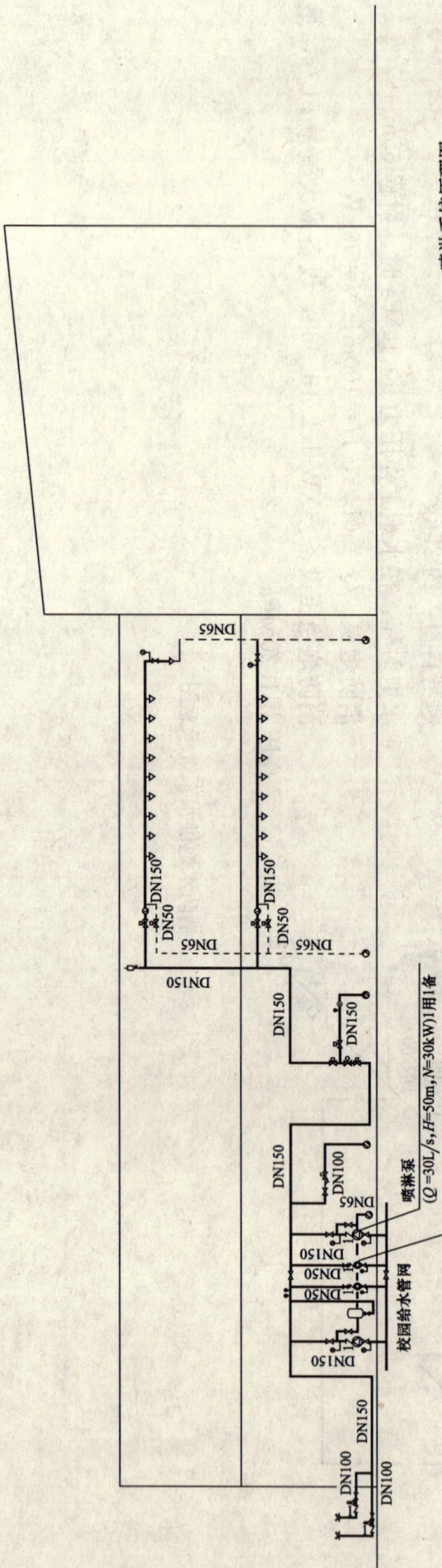

喷淋泵

(Q=30L/s,H=50m,N=30kW)1用1备

喷淋稳压设备 XW-07/36-50

设备最高水量 3.6m^3/h 设备最高扬程70m

配隔膜罐 50L

校园给水管网

喷淋系统原理图

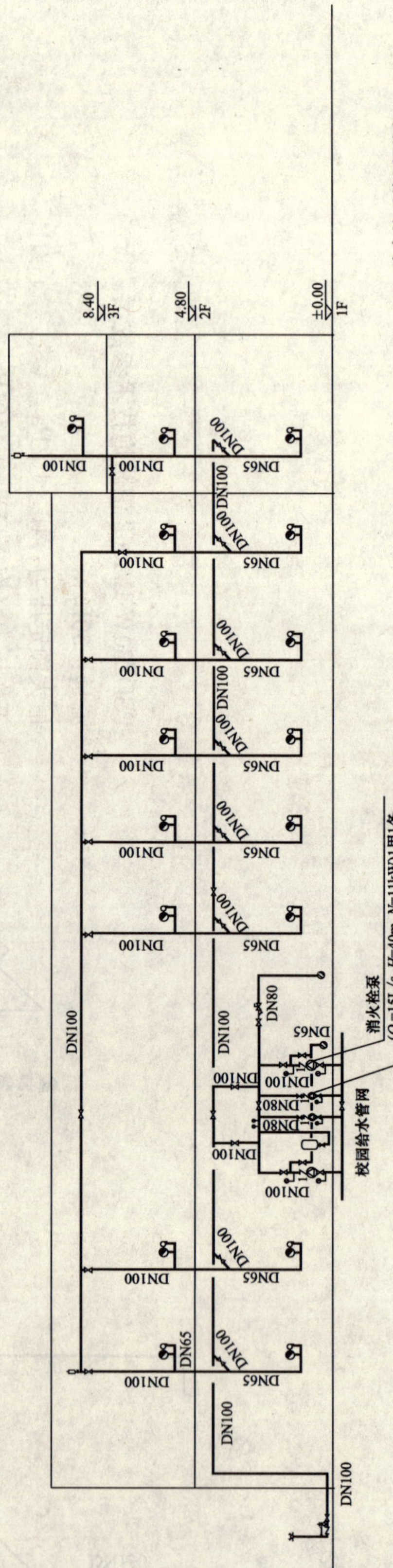

消火栓泵

(Q=15L/s,H=40m,N=11kW)1用1备

消火栓稳压设备 XW-0.6/18-50;

设备最高水量 18m^3/h 设备最高扬程 60m

配隔膜罐 50L

校园给水管网

消火栓系统原理图

HX—YB2
Q=10.58L/S虹吸雨水斗
Pluvia359.636.00.1
16.00m
15.20m
±0.00m
−1.80m
De125
L=15.00m
L=10.00m
De110
L=16.00m
HX—YA2
Q=20.28L/S 虹吸雨水斗
Pluvia359.573.00.1
16.00m
15.15m
±0.00m
1.80m
De200
L=15.00m
L=1.00m
L=0.50m
De160
L=16.00m
虹吸雨水系统图

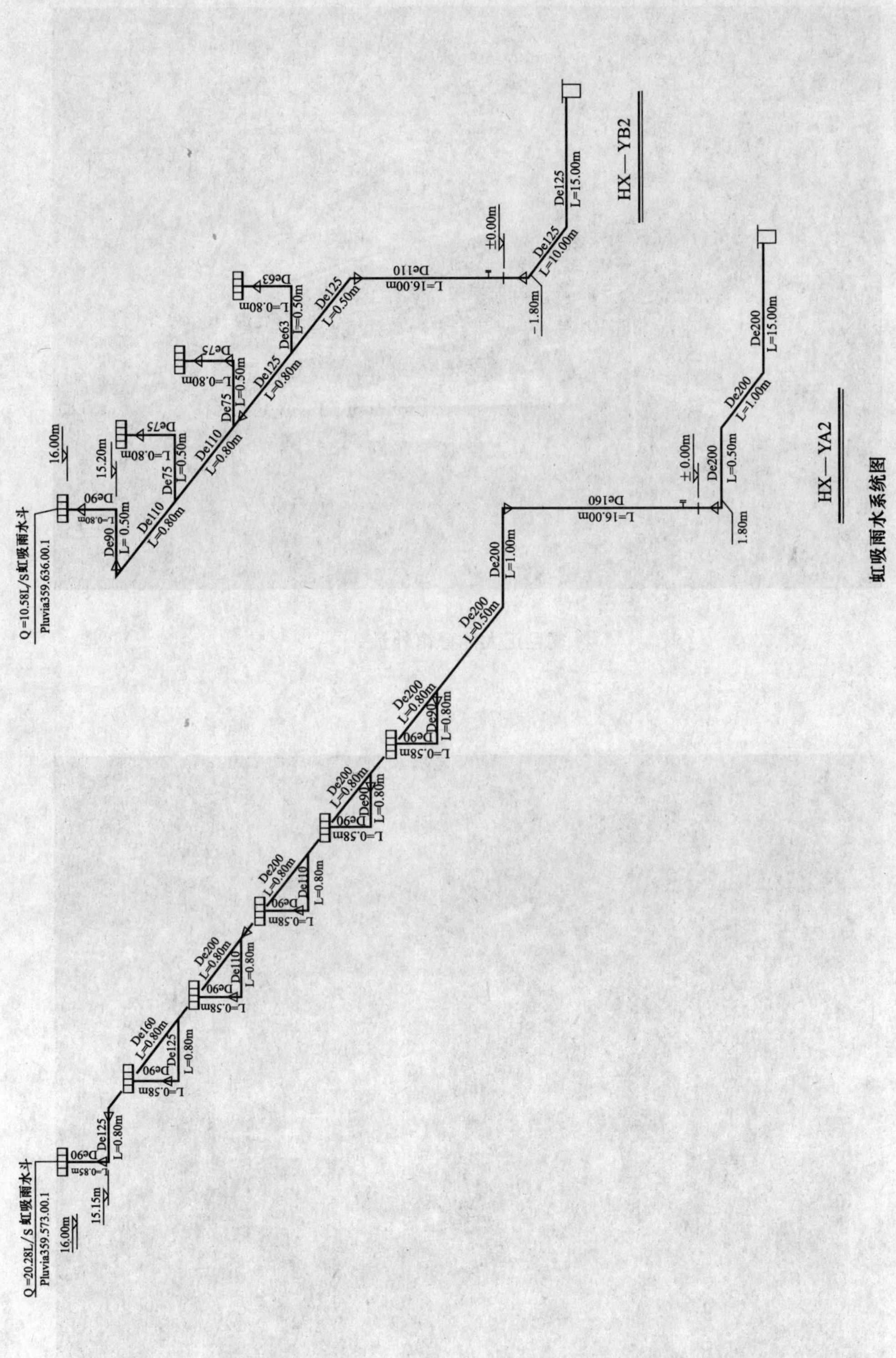

复旦正大体育馆外景

复旦正大体育馆泵房

复旦正大体育馆消防水炮

复旦正大体育馆虹吸雨水系统

瑞金医院门急诊医技楼改扩建

设计单位：上海建筑设计研究院有限公司
设 计 人：汤福南　栾雯俊
获奖情况：公共建筑优秀奖
工程概况：

瑞金医院门急诊医技病房大楼工程为2004年上海市重点工程和实事工程。工程总建筑面积7.3万m^2，总高99.75m，地上二十二层，地下两层；为大型现代化综合性医疗建筑。本建筑由六层裙楼及二十二层主楼组成。其中一至六层裙楼安排解决量大的普通门诊病人的就诊及功能检验科室，主楼九至十六层设置专家、特需门诊，以及各疑难杂症诊室与日间病室；门诊手术在第十七层，手术层之上设置设备层，便于管道转换。十八至二十二层安排体检日间病房、放射、放疗日间病房等。主楼顶上部设有直升机停机坪。

一、给水排水系统

(一) 给水系统

1. 冷水用水量（表1）

冷水用水量　**表1**

序号	名称	数量	最高日用水定额(L/d)	最高日用水量(m^3/d)	最高时用水量(m^3/h)	备注
1	门诊病员	6000人	15	90	13.5	
2	病房病员	235床	400	94	7.8	
3	医护人员	700人	200	140	35	
4	车库地面冲洗	14953m^2	3	44.9	6.4	
5	绿化浇灌	7654m^2	1.5	23	17.3	
6	预留	15%		58.8	12	
7	空调			200	20	
8	合计			650.7	112	

2. 水源：由市政给水管网供水。

3. 系统竖向分区：给水系统竖向分为四区，地下二层至底层为一区，二至六层为二区，七至十三层为三区，十四至二十二层为四区。

4. 供水方式及给水加压设备：一区由市政管网直接供水，二区、三区由主楼屋顶水箱通过减压阀减压后供水，四区由主楼屋顶水箱直接供水，屋顶水箱由设在地下室泵房的贮水池及生活泵联合供水。

5. 管材：给水系统采用铜管，焊接连接。

(二) 热水系统

1. 热水用水量（表 2）

热水用水量 **表 2**

序号	名称	数量	最高日用水定额（L/d）	最高日用水量（m^3/d）	最高时用水量（m^3/h）	备注
1	门诊病员	6000 人	9	54	10.1	
2	病房病员	235 床	200	47	5.8	
3	医护人员	700 人	100	70	13.2	
4	合计			171	29.1	

2. 热源：城市蒸汽热网。

3. 系统竖向分区：热水系统的分区同给水系统。

4. 热交换设备：每区设半即热式汽—水换热器提供热水，热水管网采用上行下给式，全日制机械循环与定时循环相结合。

5. 冷、热水压力平衡措施：热水系统的竖向分区与冷水系统保持一致，冷、热水系统均采用同一个水源（屋顶水箱、屋顶水箱出水减压或市政管网直接供水）。

6. 热水温度的保证措施：

（1）确定合理的回水管道系统及回水温度。

（2）水加热器配置自动温控装置。

（3）合理确定热水循环泵的流量及扬程。

（4）合理采用管道及加热器的保温措施。

7. 管材：热水系统均采用铜管，焊接连接。

（三）排水系统

1. 排水系统的形式：室内为分流设计，室外为合流设计。

2. 通气管的设置方式采用的局部污水处理设施：室内排水系统均设置专用通气管。室外排水经化粪池处理后再排至院区原有的二级污水处理站。

3. 管材：室内排水管均为 PVC-U 排水管，专用胶粘剂粘接连接。

（四）雨水系统

1. 采用的暴雨重现期：室内暴雨重现期为 10 年，室外暴雨重现期为 1 年。

2. 雨水系统的形式：室内雨水排水系统采用重力流系统。

3. 管材：敷设在室内雨水管采用 1.6MPa 的给水塑料管。

二、消防系统

（一）消火栓系统

室内消火栓用水量为 30L/s，室外消防用水量为 20L/s，室内、外消防用水均由市政直接供水，不设消防水池，消防泵设在地下室泵房内，室内消火栓系统竖向分为两区，每层均设有组合式消火栓箱及消防软管卷盘。

（二）自动喷水灭火系统

系统用水量为 27L/s，喷淋泵设在地下室泵房内，自动喷水灭火系统设置报警阀 7 套，其中 5 套在地下二层，2 套在屋顶层，系统的每个防火分区或每层均设置水流指示器。

三、设计及施工体会或工程特点

1. 本建筑的功能多，流线复杂，给水排水专业的管线布置带来了很大的难度。

2. 给水系统内采用比例式减压阀进行分区，既节约了造价又节省了建筑面积。

3. 屋顶分别设置生活及消防水箱，以保证水质。

4. 热水系统采用半即热式汽-水换热器，既保证了热水的供水水质又能满足建筑物的热水需求。且换热器的冷凝水温度不超过 60℃，极大地满足了节能的要求。并可有效防止军团菌的滋生。设置温度控制阀和需求积分预测温度控制装置，反应行程小于 4s，被加热水出水温度控制在±2.2℃之内。换热盘管在换热过程中应可伸缩浮动，增加热扰动，以自动除垢。冷凝水能自动过冷却，使供热需求达到动态平衡，减少热能损失，以消除二次蒸发的热损耗；同时冷凝水温度应低于 60℃，并应配有冷凝水孔板，使蒸汽充分收集，并可以节约能源。

5. 利用城市热网作为热交换器的热媒，可有效节约能源。

6. 室内消火栓系统采用减压阀分区的方式，既满足了消防用水的要求，又可有效降低管网的工作压力从而提高了整个系统的安全性。

7. 自动喷水灭火系统中将十三至二十二层的湿式水力报警阀设置在屋顶机房内，地下二至十二层的喷淋管网均设置减压阀减压，这将大大降低整个喷淋管网的工作压力节约了系统造价并能提高系统的可靠性。

四、工程系统图及照片

95m³屋顶水箱（内储18m³火灾初期用水）
冷却塔补水泵
供空调冷却塔
101.00
98.50
93.00(RF)
89.00(F22)
85.00(F21)
81.00(F20)
77.00(F19)
72.50(F18)
68.50(F17)
64.50(F16)
60.50(F15)
56.50(F14)
52.50(F13)
48.50(F12)
44.50(F11)
40.50(F10)
36.50(F9)
32.50(F8)
28.50(F7)
24.00(F6)
19.50(F5)
15.00(F4)
10.50(F3)
6.00(F2)
±0.00(F1)
-3.80(B1)
-8.30(B1)
均接公共卫生间冷、热水
均接病房冷、热水
自动排气阀
均接诊所冷、热水
减压阀(p1=0.38MPa
p2=0.13MPa)
减压阀(p1=0.40MPa
p2=0.133MPa)
接市政进水管
150T地下储水池
二台生活泵(1用1备)
供二区热水循环泵
供二区换热器
供三区热水循环泵
供三区换热器
供四区热水循环泵
供四区换热器
一区热水循环泵
供一区换热器
供一区膨胀罐
蒸汽凝结水管接热网

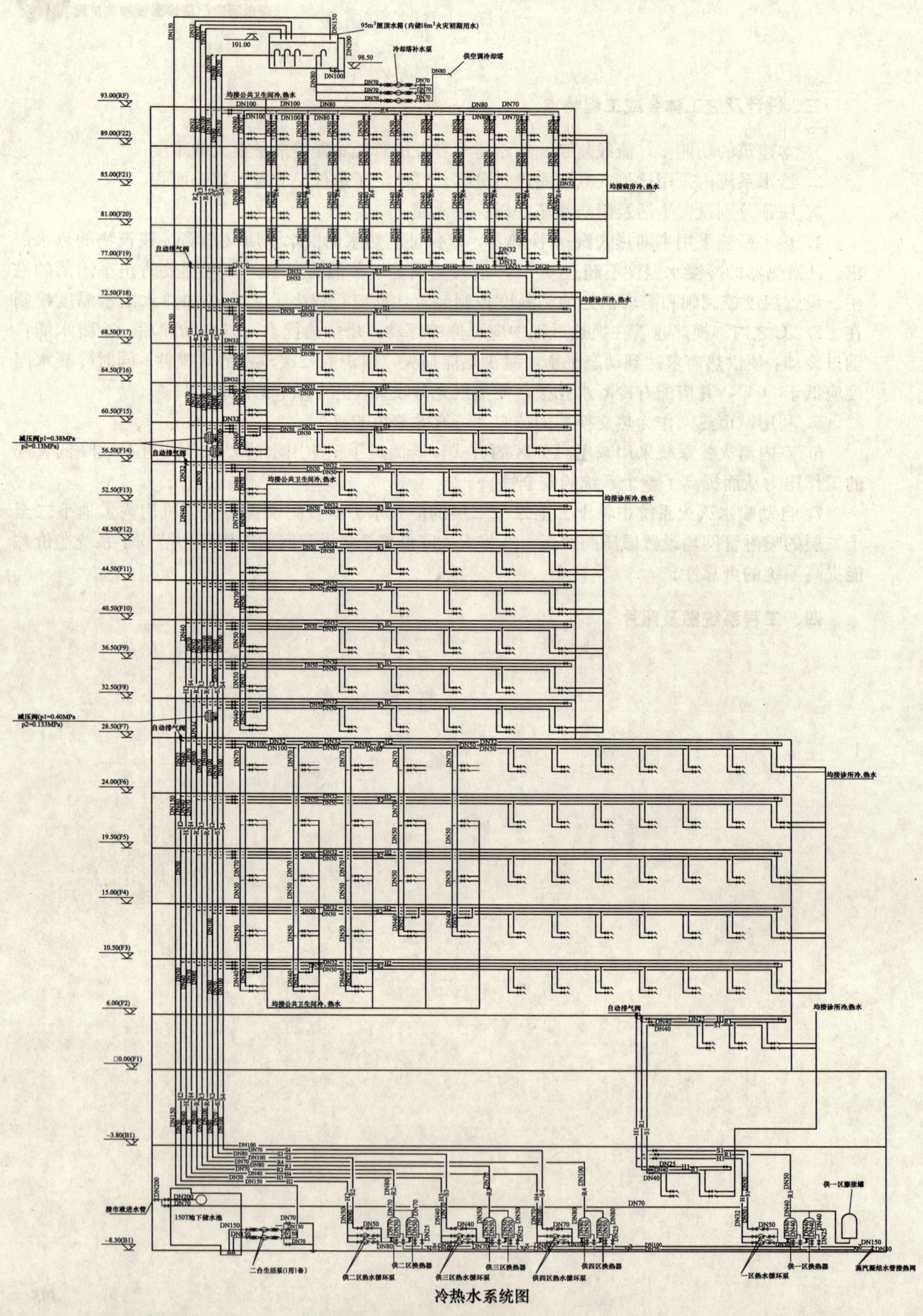

冷热水系统图

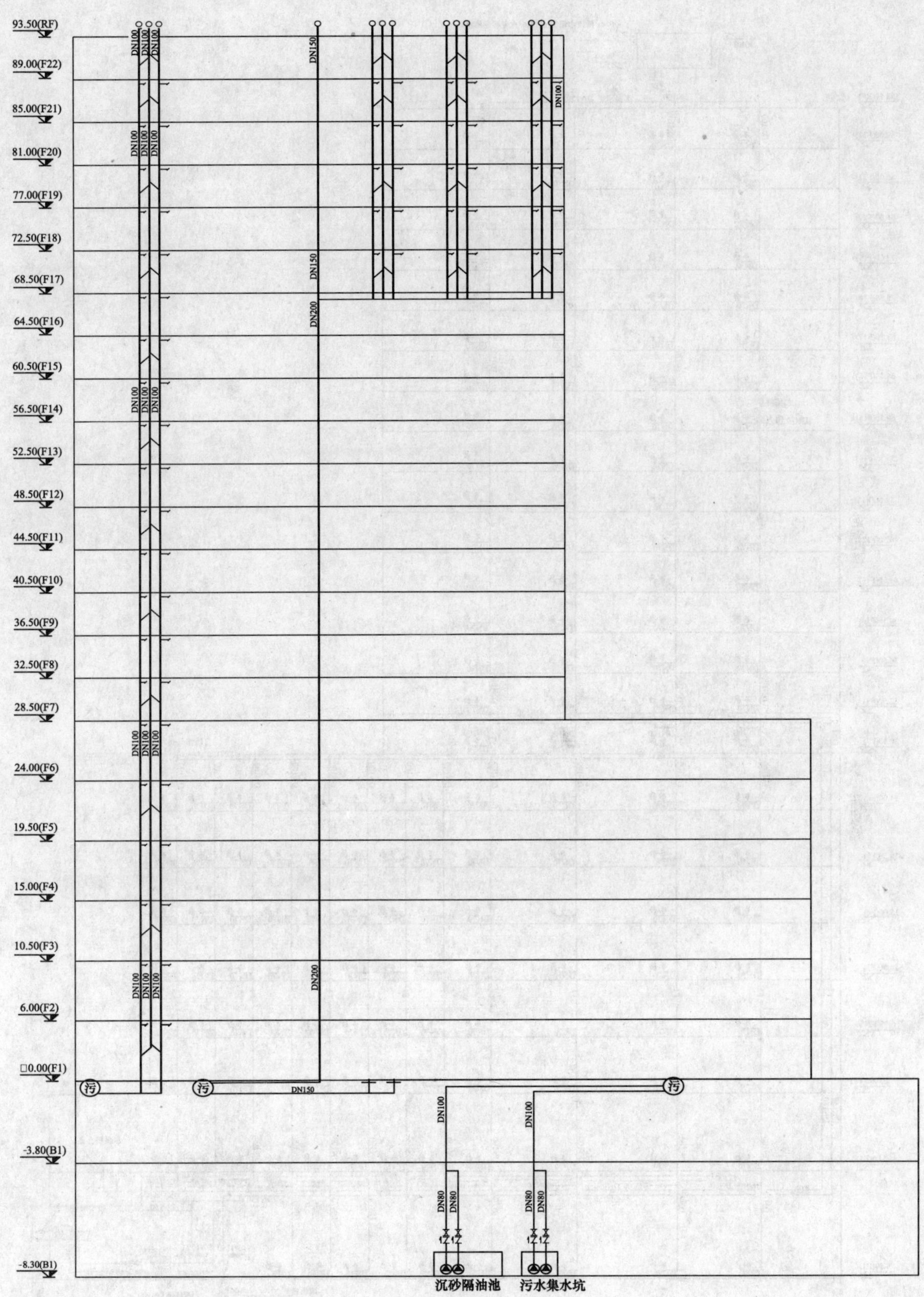

排水系统图

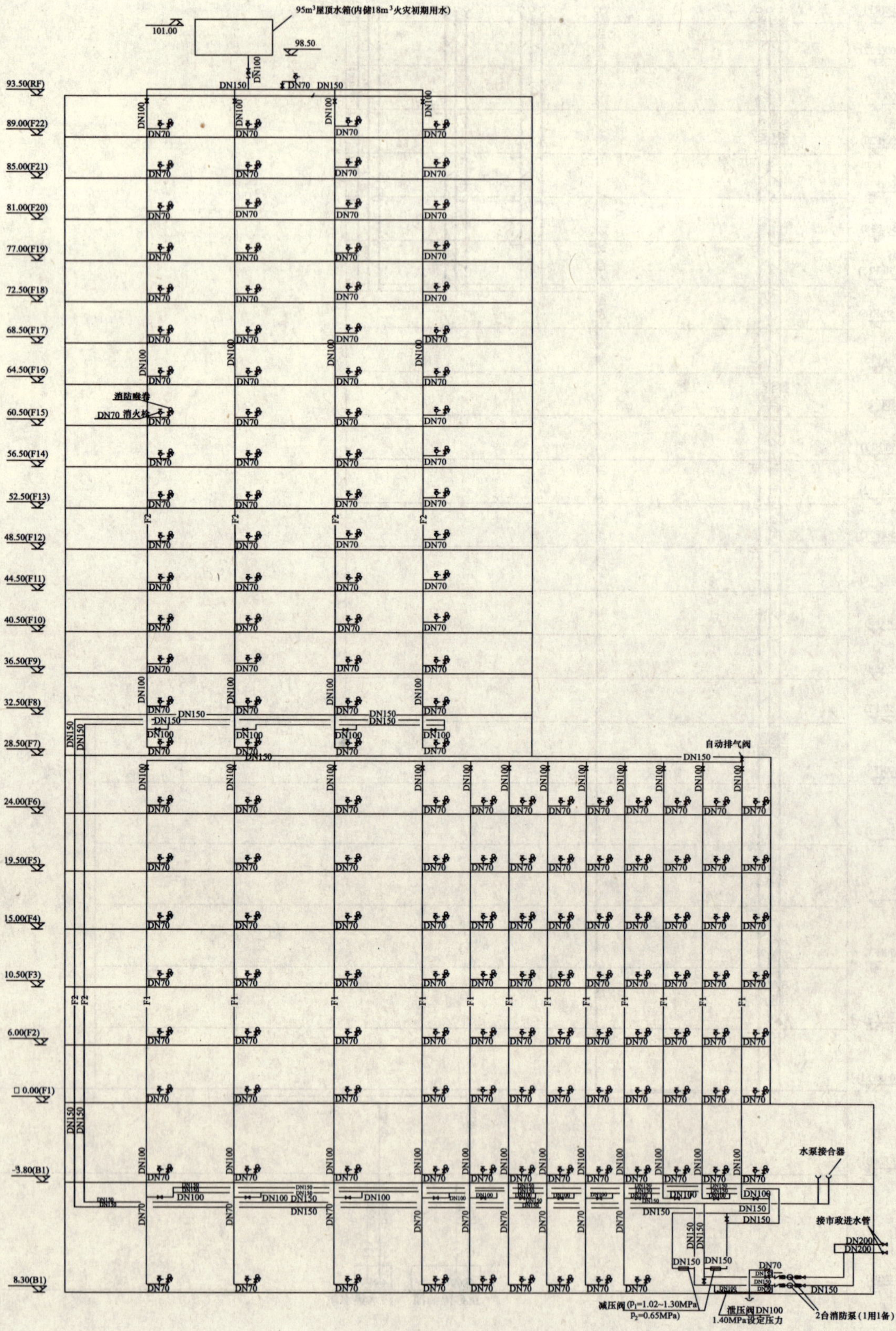

消火栓系统图

95m³屋顶水箱(内储18m³火灾初期用水)
101.00
98.50
自动排气阀
湿式报警阀
93.00(RF)
89.00(F22)
85.00(F21)
81.00(F20)
77.00(F19)
72.50(F18)
68.50(F17)
64.50(F16)
60.50(F15)
56.50(F14)
52.50(F13)
48.50(F12)
44.50(F11)
40.50(F10)
36.50(F9)
32.50(F8)
28.50(F7)
24.00(F6)
19.50(F5)
15.00(F4)
10.50(F3)
6.00(F2)
0.00(F1)
-3.80(B1)
-8.30(B1)
监控蝶阀
水流指示器
喷淋头子
水泵接合器
接市政进水管
DN200
可调式减压阀(P1=1.05~1.30MPa
P2=0.90MPa)
泄压阀 DN100
1.40MPa设定压力
2台喷淋泵(1用1备)
喷淋管道系统图

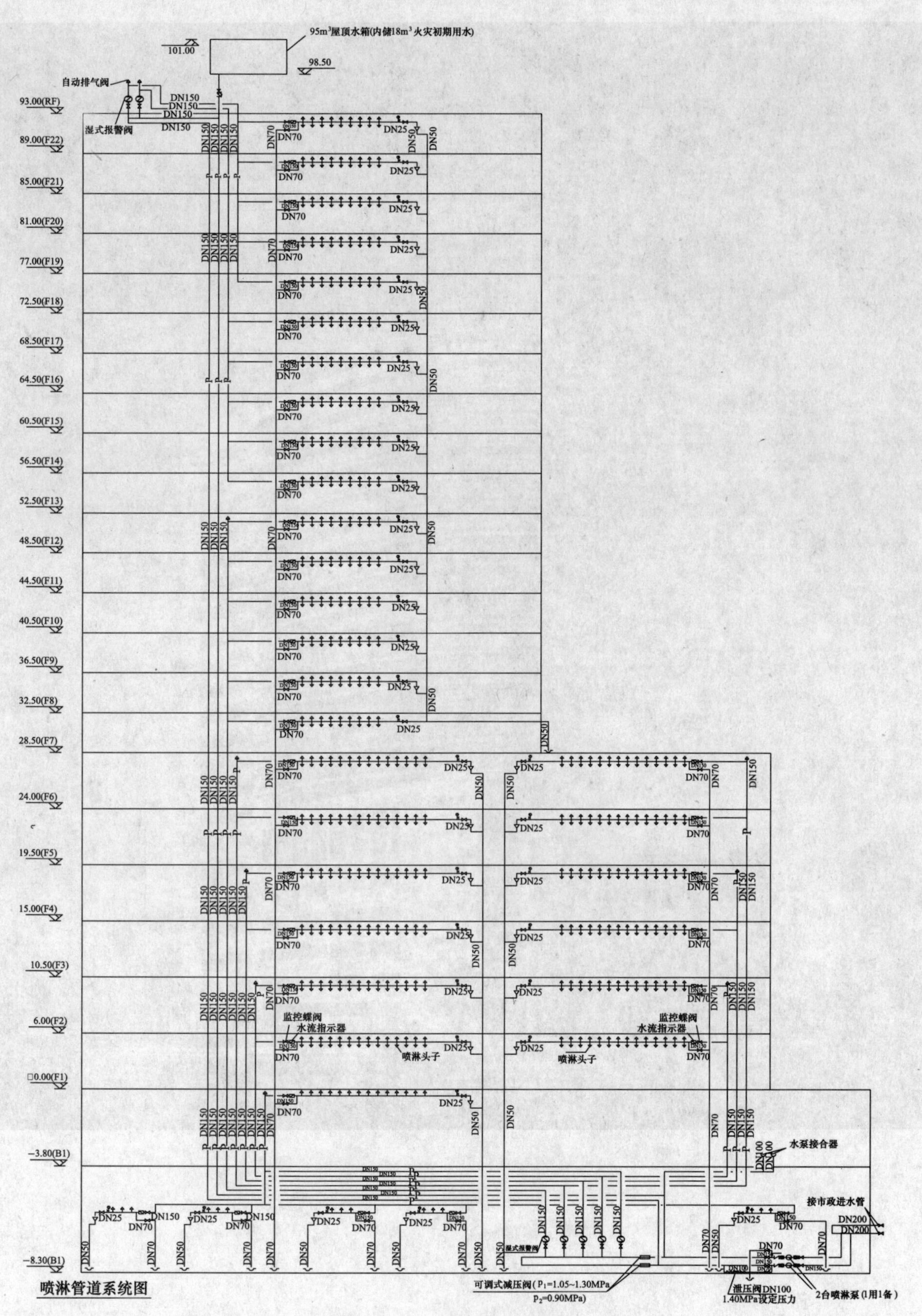

自动喷水灭火系统图

北京某办公大楼工程

设计单位： 现代集团 华东建筑设计研究院有限公司

设 计 人： 茅颐华　陈宁

获奖情况： 公共建筑优秀奖

工程概况：

落于西长安街上的某办公楼，占地面积 11000m²，总建筑面积 40650m²，其中地上八层，地下两层；高度 40m。办公大楼采用框架-剪力墙结构体系。

该办公楼呈板式布置，坐北朝南，在总体上围合成三合院式的布局。较为符合单纯而有效的北方建筑的传统生态观。办公楼由北侧的主楼、东西配楼及南北门楼所组成，中央绿地、大楼周边绿带、内院两侧的下沉式庭院以及南门楼顶部的屋顶花园则进一步烘托了宁静而明快的南向内院的环境气氛。

给水排水主要系统及技术（表 1）。

给水排水主要系统及技术　　　　**表 1**

名　　称	北京某办公楼	备　　注
给水方式	生活给水、杂用水采用恒压变频直接供水 管道直饮水系统－变频调速泵供给	水源：城市自来水管网。供水水压：0.18MPa。引入管均为 2 路
排水方式	室外：雨、污分流。粪便污水经化粪池处理排放 室内：污、废分流	
消防给水	消火栓、水喷淋系统为独立的临时高压给水方式	设有消防水池和高位水箱
冷却循环 给水系统	冷却塔采用开式横流塔，系统为前置水泵的干管制形式	系统考虑过冷保护措施
采用的节能、节水技术	1. 生活给水采用恒压变频直接供水方式。 2. 供水系统采用分质供水方式，有直饮水系统，生活用水系统和生活杂用水管网系统。 3. 空调冷却水采用冷却塔处理后循环使用。 4. 采用 6L 大便器冲洗水箱。 5. 运用 BAS 管理系统，对设备的运行进行智能化监控和管理，以提供高效，节能、节水，实现运行成本最小化	管道的防漏措施合理； 管道的防冻措施完善

一、给水排水系统

1. 给水系统

(1) 给水用水量（表 2）

给水用水量表　　　　**表 2**

编号	名　　称	用水标准 [L/(d·人)]	时变化系数 K	使用时间 T(h)	最大日用水量 Q_d(m³/d)	最大时用水量 Qh(m³/h)
1	办公	55	2.0	10	26.13	5.23
2	办公套间	100	2.0	10	2.50	0.50

续表

编号	名　称	用水标准 [L/(d·人)]	时变化系数 K	使用时间 T(h)	最大日用水量 $Q_d(m^3/d)$	最大时用水量 $Q_h(m^3/h)$
3	职工食堂	15	2.0	6	12.00	4.00
4	浴室	40	3.0	6	19.00	9.50
5	会议	10	2.0	8	5.00	1.25
6	冷却循环补给水量 (处理 $1300m^3/h$)	1.50%	/	24	271.50	19.50
7	未预见水量	10%	/	/	33.61	4.00
8	共计				369.74	43.97

(2) 水源

办公楼新址基地供水水源是：市政自来水。市政管网水压为 0.18MPa。2 根 $DN150$ 的引入管，分别从 2 条市政道路下的供水管接出，供基地生活及消防用水。消防和生活引入管分别设水表计量。

(3) 生活净化水系统

① 生活盥洗用水水源为，市政自来水经软化勾兑的处理后的生活净化水。生活给水软化系统采用以 Na 离子交换为核心，软化水与自来水勾兑的处理工艺，并配合成品二氧化氯消毒技术。生活给水软化系统（图 1）处理量：$16m^3/h$。

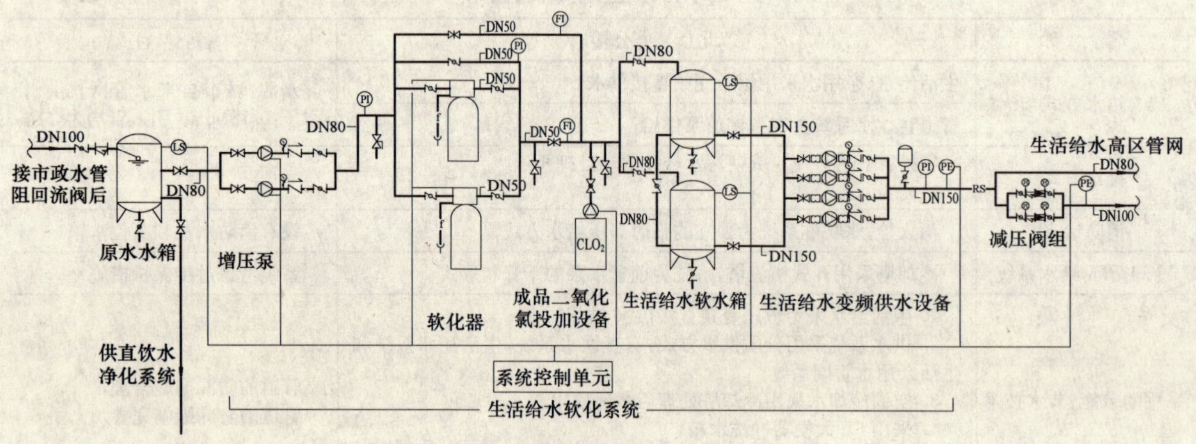

图 1　软化水化处理系统图

② 生活净水系统加压采用水池于变频恒压设备（变频水泵 4 台，Q=19L/s，H=60m，N=5.5kW×4 台；同时使用）供水方式；管网为下行上给敷设。竖向管网分为两个区供给，其上区为五至八层，下区为地下二至地上四层。

(4) 生活杂用水系统

水源为市政自来水。系统供水采用水池（与消防水池合用）、水泵（Q=8.4L/s，H=60m，N=5.5kW×2 台；1 用 1 备）、高位水箱（与消防水箱合用）联合供水方式，供给一层以上用水点，管网为上行下给敷设；一层至地下二层用水由市政管网直接供给。

(5) 管材：生活冷水（包括杂用水）给水管均采用紫铜管及配件，焊接连接。

(6) 生活冷水、杂用水系统（图 2）见插页。

2. 热水系统

(1) 生活热水用水标准：办公人员：10L/(人·班)。职工餐厅：10L/(人·次)。

(2) 热源采用市政热网，并设两组半既热式水-水换热器集中分区供给。分区管网采用下行上给配给系统，机械式全循环方式。各系统并配备压力膨胀罐1个和与之配套的安全阀等设备。当市政热网检修时间内，食堂热水采用容积式燃气热水炉供给。系统总耗热量为85kcal/h。系统上下区各设1台换热器，其供热量分别为：14kcal/h；71kcal/h。热水出水水温为60℃；回水温是55℃。

(3) 管材：生活热水供水管和热水回水管均采用紫铜管及配件，焊接连接。

(4) 生活热水系统见图2。

3. 管道直饮水系统

(1) 管道直饮水处理系统采用纳滤膜分离技术为核心的处理工艺，综合机械过滤、活性炭过滤、软化、微滤、紫外线消毒等处理技术，有效去除细菌、病毒、致癌物、重金属、有机物等杂质，同时降低水的硬度及含盐量。直饮水净化处理系统见图3。直饮水管网设计采用循环方式，系统透视图见图4，其设计处理量为1.5m³/h。

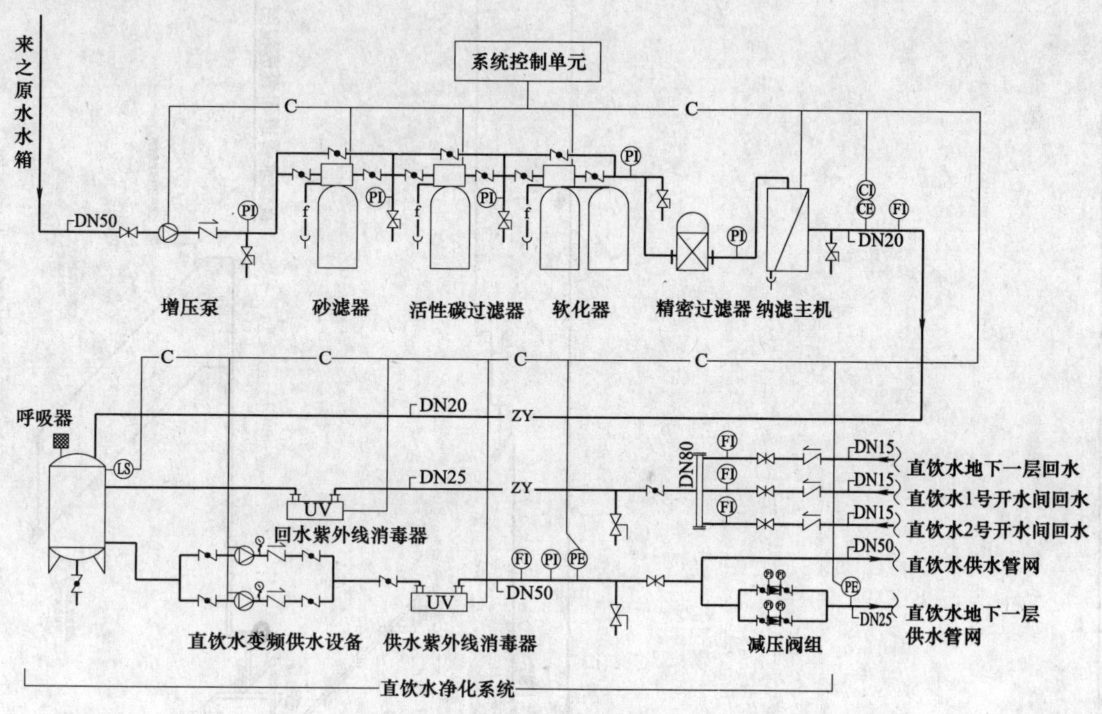

图3 直饮水净化处理系统图

(2) 直饮水供水范围：各楼层的开水器和厨房饮用水设备。开水供应采用分散设电开水器(9L，6kW/台)加热供给。

(3) 管材：直饮水供水管和回水管均采用不锈钢管及配件，焊接连接。

4. 排水系统

(1) 市政排水情况

办公楼新址基地排水采用分流制。粪便污水经化粪池处理后于生活废水合并，一起排入市政污水管。污水排出管为*DN*300；生活污水总排水量为315m³/d。基地雨水设计重现期为2年；污水排出管为*DN*450；设计总排水量为163L/s。

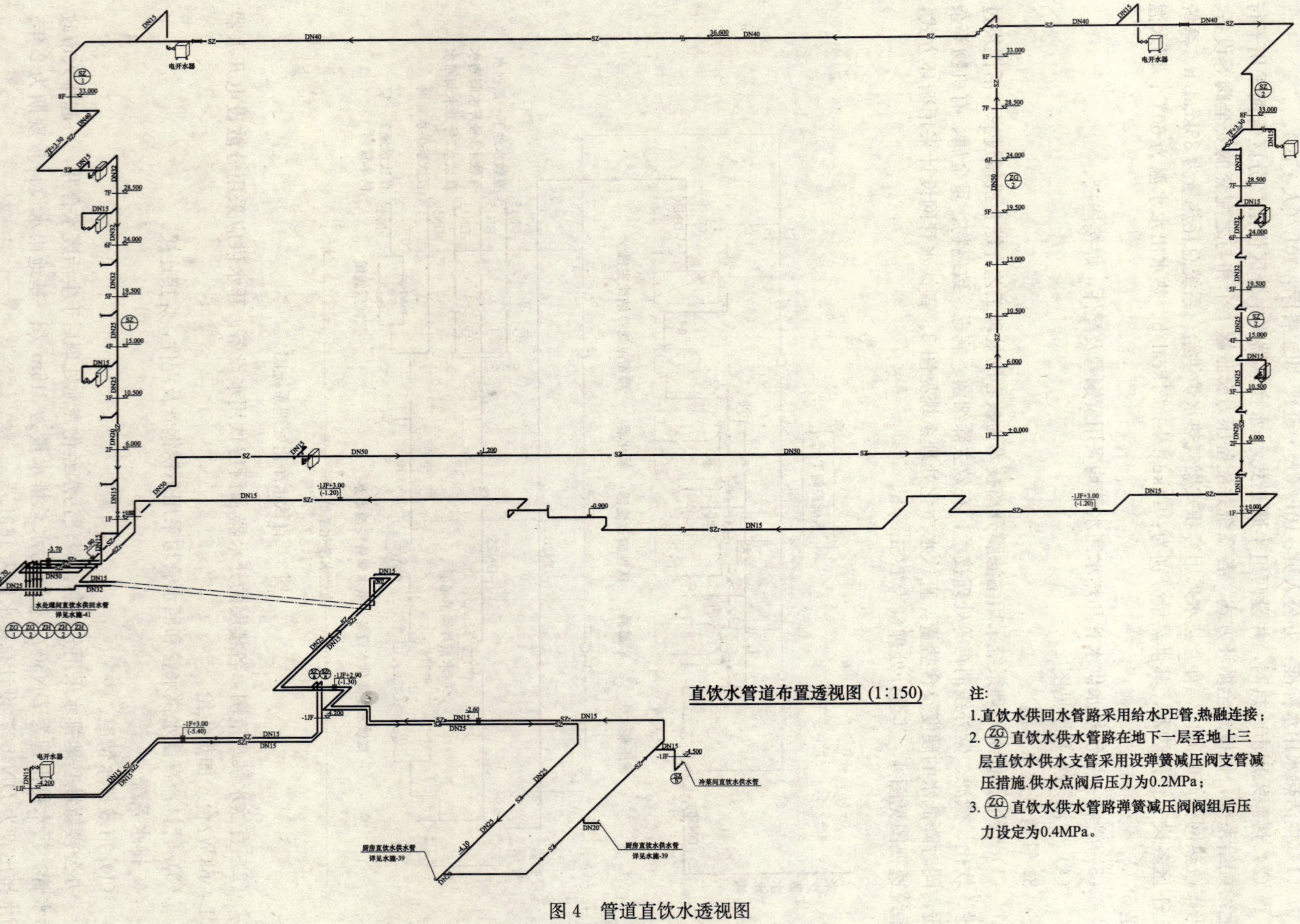
直饮水管道布置透视图 (1:150)
注:
1.直饮水供回水管路采用给水PE管,热融连接;
2. ZG/2 直饮水供水管路在地下一层至地上三层直饮水供水支管采用设弹簧减压阀支管减压措施.供水点阀后压力为0.2MPa;
3. ZG/1 直饮水供水管路弹簧减压阀阀组后压力设定为0.4MPa。

图4 管道直饮水透视图

（2）室内排水系统

① 室内排水管道采用污、废水分流系统。室内排水透气管采用专用通气立管的形式。地上部分排水系统（图 5）见插页。地下室部分污、废水汇集至污水集水池，并由污水潜水泵抽送排入总体污水管道。

② 餐厅厨房废水经 3 台全封闭油脂分离器处理后，由排水潜水泵抽送排入总体污水管道。每台全封闭油脂分离器（NG-7 型）的处理能力为：7L/s。油脂分离器排水透视图见图 6。

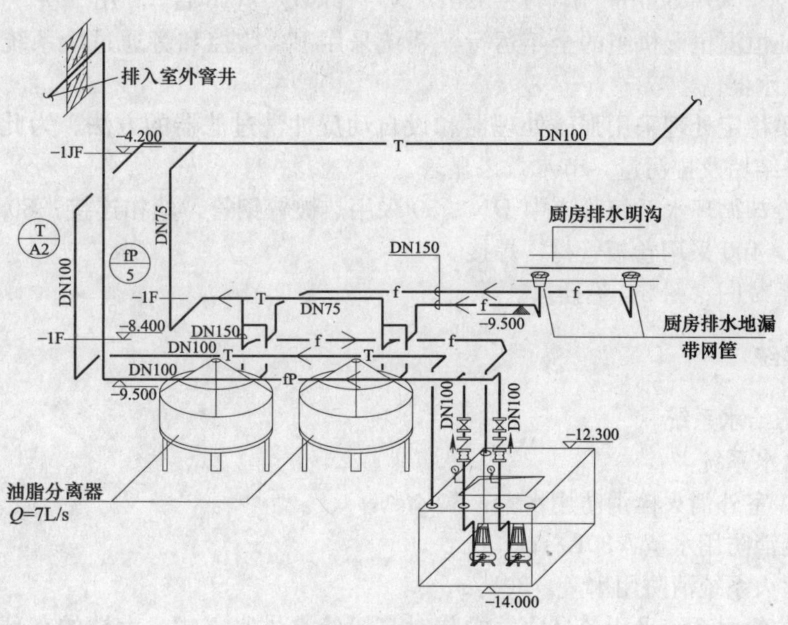

图 6 油脂分离器排水透视图

（3）雨水排水系统

① 屋面雨水排水采用重力排水方式，透视图（图 7）见插页，设计暴雨重现期为 3 年。

② 内院两侧的下沉式庭院设专用集水池和潜水泵排水，设计暴雨重现期为 5 年 [q_5=5.06L/(s·100m^2)]。通过多年的实践证实，合理选择设计参数，不但控制了排水设备的初期的投资，而且满足了实际使用。

（4）排水系统管材

① 排水泵出水管采用热浸镀锌管，沟槽式机械接口。

② 污水、废水、雨水管，DN≥50 的采用离心铸铁排水管，节套式接头。DN<50 的采用热镀锌钢管，丝扣连接。

③ 透气主立管部分采用离心铸铁排水管，节套式接头；嵌墙部分的管道采用热镀锌钢管，丝扣连接。

大楼空调冷却水和恒温恒湿机组供水均采用冷却塔和循环水泵的开式循环供水方式。冷却塔设置在主楼的屋顶，循环水泵布置在主楼地下机房中。

（5）冷却循环给水系统

① 根据大楼的冷却循环系统应用时间及设备不同，采用了两类供水系统。即全年运行的恒温恒湿机组供水和空调冷水机组供水。冷却塔进出水温度为 37℃/32℃。冷却塔布置在屋顶上。冷却循环水泵设在地下冷冻机房内。

A. 2套恒温恒湿机组，其每套冷却循环水系统设备为：

冷却塔：处理量为10m³/h的逆流式冷却塔，1台；

冷却循环水泵：Q=8.3m³/h，H=18m，N=1.1kW/台，1台。

B. 空调冷水机组的冷却循环水系统设备为：

横流式冷却塔：处理量为300m³/h的塔4台；200m³/h的塔1台；

冷却循环水泵：Q=200m³/h，H=33m，N=37kW/台，1台。

Q=550m³/h，H=32m，N=75kW/台，3台，2用1备。

② 为了保证恒温恒湿机组的全年运行，系统采用BA监控和旁通过冷系统。过冷系统的加热设备为：电热水器。

③ 系统水质稳定处理采用强磁处理器和设自动反冲洗过滤器的方法。为此，改善了循环水水质，减少管路结垢及排污量，节水效果显著。

④ 管材：冷却循环水系统管道中DN≤50采用热镀锌钢管，丝扣连接；80≤DN≤400采用无缝钢管，DN>400采用卷板管材，焊接。

⑤ 冷却水系统图（图8）见插页。

二、消防系统

1. 室内消防给水系统

（1）消防给水系统

① 用水量：室外消火栓消防用水量：30L/s；

室内消火栓消防用水量：30L/s；

自动喷水灭火系统消防用水量：30L/s。

② 室内消防给水系统采用各自独立的临时高压给水供水方式。大楼的东部和西部屋顶电梯机房边各设一座高位水箱，贮水量分别为20m³。每座水箱中18m³消防贮水。各系统系统加压泵设置在主楼地下二层消防泵房中；并配备DN150水泵接合器2套。

消火栓系统和喷淋系统分别在东部、西部的屋顶高水箱边设置1套气压增压设备。

③ 消防水泵等设备见表3。

消防设备表 **表3**

序号	设备名称	性能参数	单位	数量	备注
1	消火栓加压泵	Q=30L/s,H=80m,N=45kW	台	2	1用1备
2	消火栓稳压设备	Q=5L/s,H=24m,N=2.2kW	台	2	配隔膜式气压罐V=400L,泵1用1备
3	消火栓水泵接合器	侧墙式DN150	组	1	每组2套
4	水喷淋加压泵	Q=30L/s,H=90m,N=45kW	台	2	1用1备
5	水喷淋稳压设备	Q=1L/s,H=16m,N=0.75kW	台	2	配隔膜式气压罐V=200L,泵1用1备
6	水喷淋水泵接合器	侧墙式DN150	组	1	每组2套
7	湿式报警阀组	DN150	套	5	

（2）室内消火栓系统

消火栓采用DN65，ϕ65×ϕ19水枪，DN65×25m长的衬胶水龙带；消防卷盘为DN25，水龙带采用DN25×ϕ25m橡胶水龙带，箱内配启泵按钮和指示灯，下部配磷酸铵盐干粉灭火器。消火栓之间的最大距离不大于25m布置；并且确保2股水柱同时到达。屋面设置试验消火栓，系统下部消火栓口动压大于0.50MPa时设孔板减压。消火栓系统（图9）见插页。

(3) 自动喷水灭火系统

① 系统设计参数见表 4。

自动喷水灭火系统设计参数 **表 4**

分　　项	危险等级	设计喷水强度 [L/(min・m)²]	作用面积 (m²)	用水量 (L/s)
办公等用房	中危险Ⅰ级	6	160	30
地下车库	中危险Ⅱ级	8	160	

② 系统组件

大楼内的办公室、走道、会议室、库房、底层门厅和地下停车库内设置水喷淋。管网系统竖向分为两个供水区，八层至底层由加压泵直接供给，地下室部分设减压阀减压供水。系统共设 *DN*150 水力报警阀 5 套。每层楼面按建筑防火分区布置水流指示器，监控阀和末端试验装置。

办公室及走道、会议室和底层门厅中喷头，采用标准闭式吊顶型喷头（68℃）。库房、地下停车库内和无吊顶的设备用房，采用标准闭式直立型喷头（68℃）。厨房部分采用标准闭式直立型喷头（93℃）。地下车道入口处，自行车库，采用易熔金属喷头（72℃）。自动喷水系统图（图 10）见插页。

(4) 消防给水系统管材：管径 *DN*≥80 的均采用热镀锌钢管，沟槽式机械接头连接；管径 *DN*<80 的采用热镀锌钢管，丝口连接。

2. 惰性气体自动灭火系统

(1) 分别对地下一层的档案库、计算机用房和网络控制用房，通信枢纽用房电源室等均设置四套三氟甲烷（HFC-23）气体灭火系统。根据建筑的情况和工艺的要求，每套设备分别设数个全淹没保护区，均采用区域分配灭火系统。采用七氟丙烷（HFC-227ea）气体自动灭火系统，系统为组合分配方式。

(2) 设计保护区的正常温度为 20℃，其设计体积浓度为 15%～20%。气体释放延时时间为 30s。系统的喷放时间小于 10s。灭火系统的控制方式为自动、电气手动、机械手动三种。

(3) 管材：采用无缝钢管，并做内外镀锌防腐处理。

管径 *DN*≤100 采用螺纹连接，管径 *DN*>100 采用法兰连接。

(4) 机房气体灭火系统图见图 11。

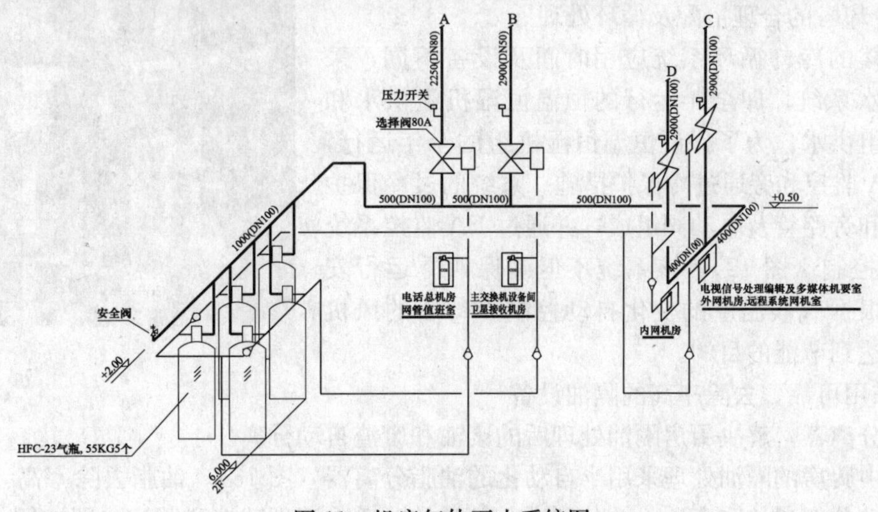

图 11　机房气体灭火系统图

三、工程设计特点介绍

（一）生活给水系统

采用生活净化水、杂用水、直饮水的分质供水系统，合理选择加压方式，节水、节能降耗。软化水处理系统与直饮水净化系统设立集中自动控制站，实现远程监控。

1. 经软化设备处理后的生活净化水采用变频供水方式，防止了二次污染。

2. 生活杂用水系统为变频水泵加压，并结合地下消防贮水池和高位水箱联合供水方式。不但保证了屋顶水箱和屋顶冷却塔的补充用水，而且充分利用消防水池和高位消防水箱联合组成杂用水供水系统。保证了消防水池（箱）的水质，避免消防水池及水箱放空换水所造成的水源损失，即节水也节能。

3. 管道直饮水的处理方式是，在传统的砂滤和碳滤的基础上采用先进的纳滤膜分离净化工艺制水，去除有害物质，保留水中对人体有利的物质。系统供水采用变频调速泵组，实现系统全日制循环。循环管网为上行下供，下部同程循环的方式，在实际运行中水质优良。

4. 软化水处理系统与直饮水净化系统共同采用1套现场系统控制中心进行集中控制，提高设备的自动化程度，对系统运行状态进行监控，完成系统的自动运行、自动清洗、故障报警、故障切换等功能，实现无人值守，同时现场系统控制中心带有远程通信接口，与楼宇自控系统相应的DDC连接，实现远程监控，便于管理，节省日常运行成本。

（二）冷却塔的合理搭配及循环处理

根据大楼的冷却循环系统应用时间及设备不同，采用了两类供水系统，即全年运行的恒温恒湿机组供水和空调冷水机组供水。为了保证恒温恒湿机组的全年运行，系统采用BA监控和旁通过冷保护措施。系统的过冷保护由电加热器和旁路管及电动阀组成，并通过BA监控系统实现自动化控制（图12）。该系统不但确保四季运行安全，而且可根据气候温度的变化自动控制冷却塔的风机的开关。以达到节能的目的。

（三）采用可靠、去除率高的隔油设备

—油脂分离器，解决厨房隔油处理后的废油和废渣自动分离。

在大楼中厨房的隔油处理采用半自动化的油脂分离器（图13）。油脂去除率高，油渣自动分离而且能自动分离残渣和废油，并分别进入各类的贮罐。清理残渣和废油，即方便，又清洁；油

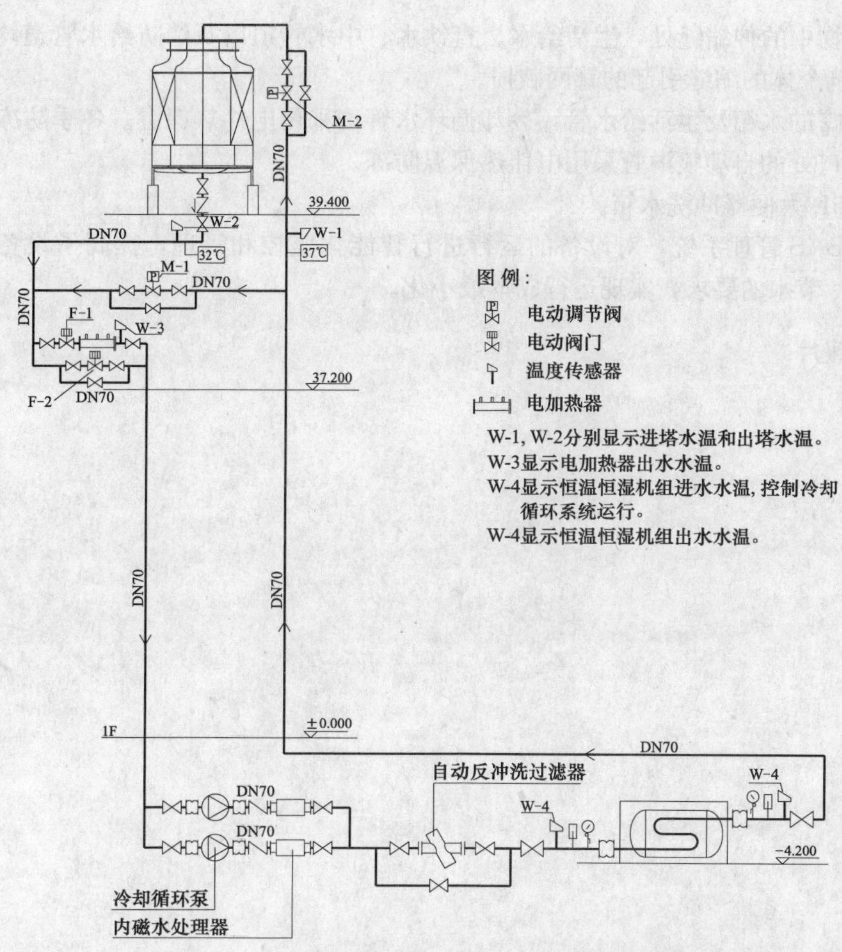

图 12　恒温恒湿空调器冷却循环系统控制原理图

脂分离器封闭的设计，使之无异味气体的排出；实现设备用房无二次污染。

（四）节水、节能与水资源利用

—为创建绿色建筑打基础

1. 水资源利用

建筑内采用杂水管网和专用供水系统，只要当市政中水管网开通后，生活杂用水和冷却补水及消防水池均能采用中水水源。其中水水源利用率能达到总用水量的 77.7％。

图 13　厨房废水处理设备-油脂分离器

2. 节水和节能措施

（1）供水系统采用分质供水方式，有直饮水系统，生活用水系统和生活杂用水管网系统。

（2）空调冷却水采用冷却塔处理后循环使用。冷却循环水系统的自动化控制系统应用，使设备的运转成本减低。

（3）管道的防漏、保温措施

① 热水管网（铜管）在较长横管段上增设补偿器，以防止由于温度变化，管道膨胀而产生的管网损坏。

② 在建筑物中的伸缩缝处，生活给水、直饮水、中水管道以及消防给水管道均采用补偿器，以防止由于建筑个体的缩缝引起的管网破损。

③ 屋顶明露的水箱及生活给水管，冷却循环水管均采用电伴热保温。冬季防冻，夏季隔热。

④ 车道入口处的自动喷淋管采用电伴热保温防冻。

(4) 采用 6L 大便器冲洗水箱。

(5) 运用 BAS 管理系统，对设备的运行进行智能化监控和管理，提高了设备的使用效率，满足建筑节能、节水的要求，实现运行成本最小化。

四、工程照片

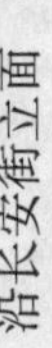

沿长安街立面

北立面

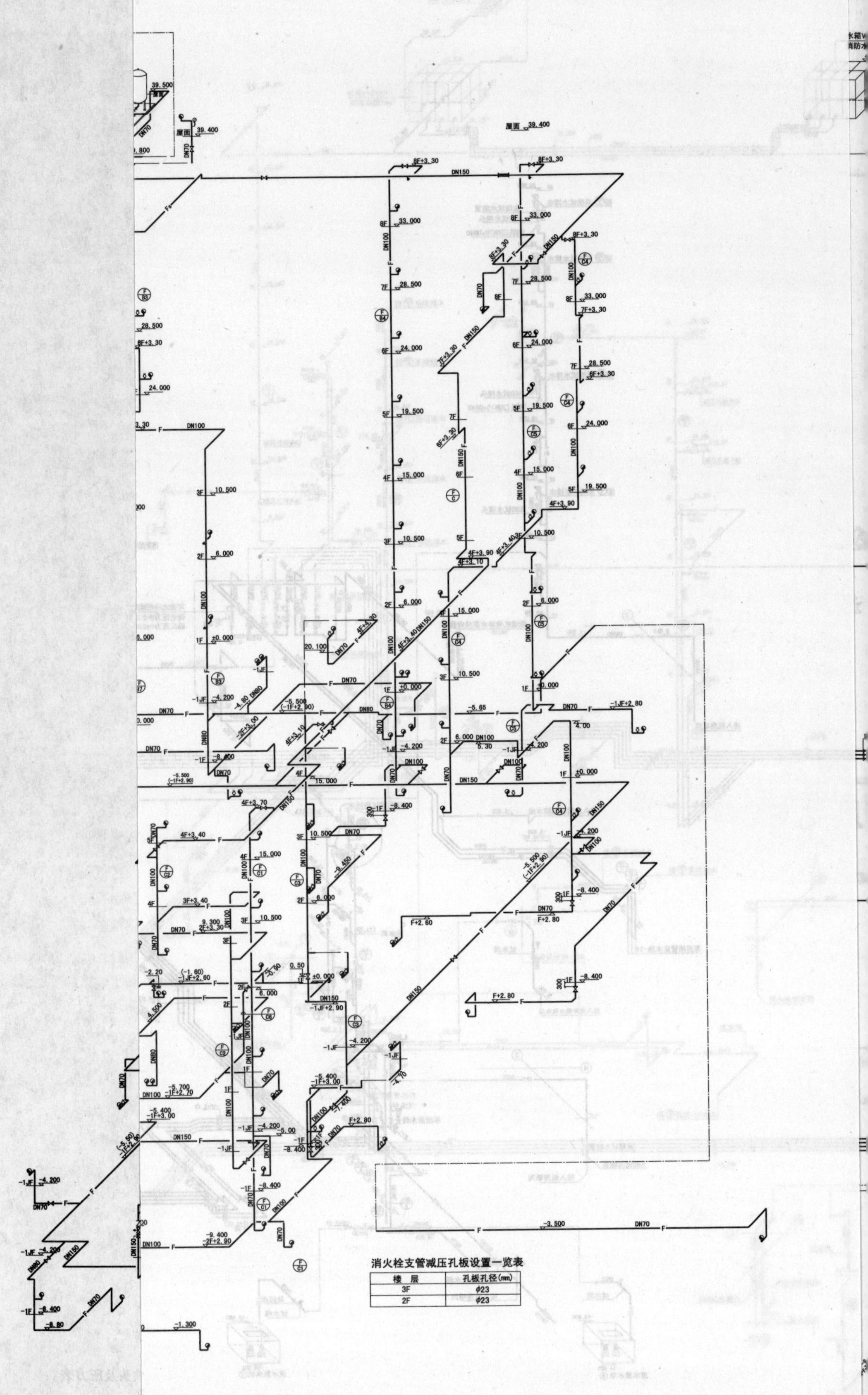

消火栓支管减压孔板设置一览表

楼层	孔板孔径(mm)
3F	φ23
2F	φ23

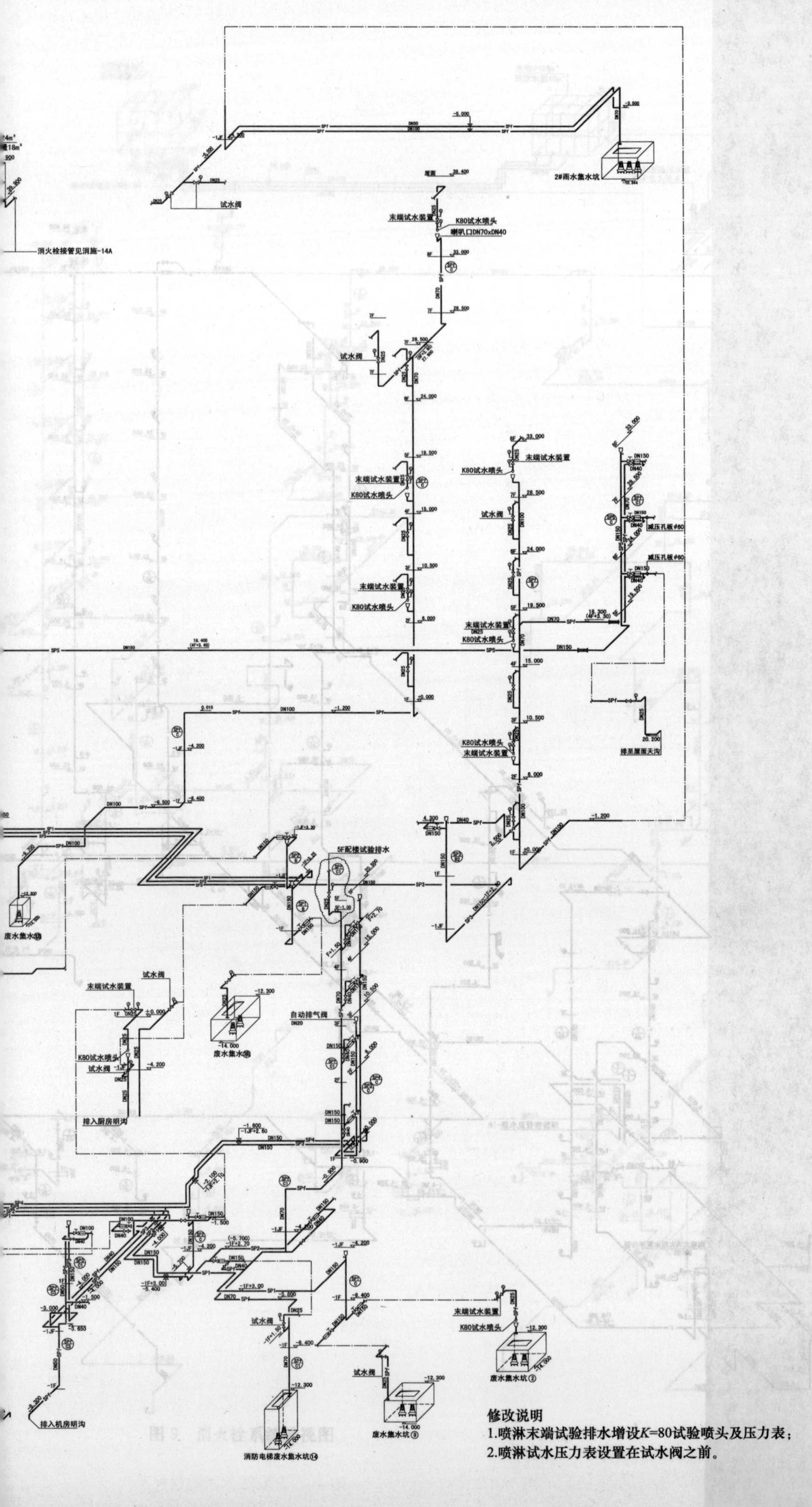
2#雨水集水坑
试水阀
消火栓接管见消施-14A
末端试水装置
K80试水喷头
喇叭口DN70xDN40
减压孔板Φ60
排至屋面天沟
5F配楼试验排水
自动排气阀
排入厨房明沟
废水集水坑
排入机房明沟
消防电梯废水集水坑⑭
废水集水坑⑨
废水集水坑②
修改说明
1.喷淋末端试验排水增设K=80试验喷头及压力表；
2.喷淋试水压力表设置在试水阀之前。

天津博物馆

设计单位： 天津市建筑设计院
设 计 人： 刘建华　连晓红　白学晖
获奖情况： 公共建筑优秀奖
工程概况：

本建筑物为天津市历史、艺术综合博物馆，坐落于友谊路、平江道交口处，建筑面积35032m²，建筑物总高度为32m，建筑主体地上三层，局部地下一层。建筑物外形为仿天鹅造型建筑，室外设有容积为6500m³的天鹅湖水景。在建筑物内部设有陈列展区、藏品库房区、图书资料中心、办公与技术用房和设备用房等五大部分。本工程给水排水专业设计范围包括室内生活给水排水系统、空调循环冷却水系统、消火栓给水系统、自动喷水灭火系统、自动水炮灭火系统、气体灭火系统及建筑灭火器配置设计。

一、给水排水系统

（一）给水系统

1. 冷水用水量见表1。

冷水用水量表　　表1

序号	名　称	用水标准	用水数量	最高日用水量 (m³/d)	最大时用水量 (m³/h)	备　注
1	工作人员	50L/(人·d)	420人	21	4.2	$K=2$；$T=10$
2	参观人员	3L/(人·d)	2000人	6	2.0	$K=2$；$T=6$
3	空调循环冷却补水	1.2%	880m³/h	168.96	10.56	$K=1$；$T=16$
4	天鹅湖补水	1‰	6500m³	6.5m³/次	3.25	$K=1$；$T=2$
5	道路及场地浇水	1L/(m²·次)	5000m²	10m³/次	5	2次/d；$T=2$
6	绿地浇灌	1.5L/(m²·次)	15000m²	22.5m³/次	11.25	1次/d；$T=2$
7	职工餐厅	15L/(人·次)	420人	6.3m³/次	3.15	$K=2$；$T=4$
8	对外餐厅	20L/(人·次)	50人	1.0m³/次	0.375	$K=1.5$；$T=4$
9	不可预见水量	10%		24.22	3.98	
10	总用水量			266.46	43.76	

2. 给水水源

本工程附近的友谊路、平江道有*DN*800、*DN*600市政给水管各1条。用于本工程的水源分别由友谊路、平江道市政给水干管引入*DN*200给水管各1条，在庭院内呈环形布置。市政管网的供水压力按0.20MPa考虑。

3. 系统竖向分区

室内供水系统共为两个供水分区，其中一、二层为第一供水分区，三层为第二供水分区

4. 供水方式及供水加压设备

第一供水分区由市政供水压力直接供给。第二供水分区由首层水泵房内恒压变量水泵供给，泵房内设恒压变量水泵2台（1用1备），水泵参数：Q=1.14～2.17L/s，H=45～42m，N=3kW。并设容积2m^{3}的不锈钢水箱1座，作为断流水箱。

5. 管材

给水管道采用内涂塑外镀镍钢管。

（二）排水系统

1. 室内排水系统为污、废水合流形式，排水系统的排水点高于±0.000部分采用重力流排水系统，排水系统的排水点低于±0.000部分采用污水泵压力流排水系统。

2. 室内排水系统的通气系统考虑伸顶通气管道穿过屋顶有漏雨及影响美观的因素，故室内所有重力排水系统的通气均采用加装通气阀的处理措施解决系统通气，不做伸顶通气。

3. 管材：

排水管道采用PVC-U管材。

（三）雨水系统

室内雨水排水系统为外排水系统，雨水经球形屋面径流至室外排水沟内。室外排水沟内雨水经污水泵提升排至庭院雨水管网。

（四）空调循环冷却水系统

1. 循环冷却水系统采用敞开式循环供水。

2. 首层制冷机房内共设置制冷机4台，其中2台每台需要冷却循环水量500m^3/h，另外2台每台需要冷却循环水量80m^3/h，所有制冷机的进水水温为32℃，出水水温为37℃。

3. 根据建筑物特点及周围景观要求，将冷却塔设于室外地下冷却塔坑内，在保证进风面积前提下，采用格栅及绿化将其掩蔽起来，既保证了使用功能又不破坏室外景观。共设置超低噪声集水型冷却塔2组（均为横流方型），1组为500m^3/h×2，另一组为80m^3/h×2。

4. 在冷却塔旁的地下泵房内设置循环冷却泵5台，其中流量为500m^3/h的水泵3台（2用1备），流量为80m^3/h的水泵2台。

5. 所有循环水泵均为变频调速控制。每台冷却塔供水管上装有电动蝶阀，并与循环水泵和冷却塔风机连锁控制，在冷却塔供回水总管之间设旁通管和电动二通调节阀。当室外进风湿球温度下降，冷凝器进水温度下降到一定值时，温度调节器自动停止冷却塔风机，节约电机耗能，如室外进风湿球温度继续下降，为使冷凝器保持必要的进水温度，温度调节器便自动开启旁通管的二通调节阀，使部分冷却水未经冷却塔旁流到冷凝器的进水管中，以保证冷水机组的正常运行。冷却塔补水由庭院给水管网供给。在每台制冷机进水管道设置过滤器1套，机组的进出水口处均加装金属柔性接头、温度计、压力表，并在机组出口处加设水流开关用以对冷机的断水保护。每组冷却塔在制冷机房内均设置自动加药机1套。循环冷却水的循环方式具体详流程图。

（五）天鹅湖水的水质保证

室外天鹅湖作为观赏水池。为保证湖水水质在首层泵房内设置循环过滤设备1套。湖水采用顺流循环方式，湖水的全部循环水量，由设在池壁水面以下的给水口送入池中，而由设在池底的回水口取回进行净化后送回湖中的水流方式。湖水的循环周期按3d设计，其循环水量为150m^3/h，在泵房内设置毛发聚集器及循环水泵2台（1用1备），水泵参数：Q=19.4～36.1L/s，H=36.5～24m，N=15kW。并设置硅藻土涂膜过滤机1套。设于湖内的水泵吸水口附近做围合的格栅、隔网各一道，并在水泵吸水喇叭口处再做铜丝滤网一道。湖水补水由庭院给水管网供给，为手动操作。夏季为防止水质变坏的可能考虑利用湖水作为绿地浇灌和地面冲洗用水，以达到更换部分湖水的目的。在湖边设置地下式集水井2座（每格1座）每一集水井内设潜污水泵2台（1用1备）用于室外绿地浇灌和地面冲洗。建议绿地浇灌采用自动旋转布水器洒水。

二、消防系统

本工程消防系统包括消火栓给水系统、自动喷水灭火系统、自动水炮灭火系统、气体灭火系统。高位水箱设于建筑室内的三层顶，水箱贮存火灾初期用水35m³，在首层前厅地下设置消防水池1座，水池内贮存3h室内消火栓用水量，闭式喷淋系统及水炮系统各1h用水量，水池容量为750m³，（分为2格）。

（一）消火栓系统

1. 用水量：根据《高层民用建筑设计防火规范》GB 50045—95第7.2.2条规定，本工程室内消防用水量为30L/s。

2. 系统设计

消火栓系统为一个供水分区，系统管网呈环状布置。立管管径为*DN*100，水平干管管径为*DN*150。消火栓栓口为*DN*70，消火栓与灭火器为联体箱体，箱体为钢板制，箱门为不锈钢制，箱内配备消防卷盘，消火栓箱均为暗装，首层泵房内设消火栓系统加压泵3台（2用1备），水泵参数：Q=9.7～18.1L/s，H=83～72m，N=22kW。水泵采用智能型，自动巡检。在三层顶设35m³消防高位水箱。为保证系统平时最不利消火栓不小于7m静水压力的要求，在水箱间内设置消防增压装置1套，其中包括调节容积为300L的气压罐1台，并配增压泵2台（1用1备），水泵参数：Q=3.33L/s，H=30m，N=2.2kW。室外设消防水泵接合器3套与室内管网相接。每个消火栓箱处均设有远距离启泵按钮。火灾时通过按钮自动开启消火栓系统加压水泵并将火警讯号送至消防控制室内。消防泵亦可由泵房及消防控制室控制。系统管材采用热镀锌钢管。

（二）自动喷水灭火系统

1. 用水量：根据《自动喷水灭火系统设计规范》GB 50084—2001第5.0.1条规定，本工程自动喷水灭火系统按中危险等级，同时作用面积160m²，资料书库按中危险等级Ⅱ级设计其喷水强度为8L/(min·m²)，其他处按中危险等级Ⅰ级设计其喷水强度为6L/(min·m²)。为满足上述指标要求则喷淋水量按26L/s计算。

2. 自动喷水灭火系统设计

本工程首层技术及办公用房、资料书库、观众服务设施等功能用房以及办公区走道设闭式自动喷水灭火系统，首层多功能厅、前厅及二、三层前厅部分喷淋系统采用湿式，其他处均采用预作用式。预作用系统的干管末端加装电动阀和自动排气阀。首层泵房内设喷淋系统加压泵2台（1用1备），水泵参数：Q=18.5～34.3L/s，H=119103m，N=55kW。水泵采用智能型，自动巡检。泵房内设有预作用报警阀3套，湿式报警阀1套及为预作用喷淋系统配套的空气压缩机2台（1用1备），参数：Q=0.3m³/h，N=3.0kW。在三层顶设35m³消防高位水箱。为保证系统平时最不利喷头的最低工作压力和喷水强度的要求，在水箱间内设置消防增压装置1套，其中包括调节容积为300L的气压罐1台，并配增压泵2台（1用1备），水泵参数：Q=0.83L/s，H=40m，N=1.5kW。从消防增压装置接1条出水管至报警阀前，作为系统稳压。室外设消防水泵接合器2套与室内管网相接。每个防火分区设置独立的水流指示器，在水流指示器及报警阀前加装带有开启指示的信号蝶阀，并将开闭信号送至消防值班室。首层咖啡厅采用93℃喷头，其他处均采用68℃喷头。有吊顶处采用2N型隐蔽式洒水喷头。无吊顶处根据所设部位采用下垂型或直立型，下垂型喷头应加装集热板，集热板下沿与喷头溅水盘齐平，直立型喷头溅水盘距顶板下皮150mm，三层前厅走道消防水炮保护不到的部位采用边墙型喷头保护，边墙型喷头应加装集热板。系统管材采用热镀锌钢管。

（三）气体灭火系统

根据《高层民用建筑设计防火规范》GB 50045—95规定，本工程首层文物收藏库房及二层设有一级纸、绢展品的陈列区设置了气体灭火系统，本工程气体灭火系统采用高压CO_2系统，系统形式为全淹没组合分配式，灭火剂浓度为62%，$K=2.25$，延时时间不大于60s。在首层钢瓶间内设置每瓶内存54kg灭火剂高压钢瓶294具。首层文物收藏库每一房间为一个防护区，二层珍宝馆和书画陈列室的吊顶下均各自为独立的防护区（珍宝馆和书画陈列室的吊顶材料建筑专业已考虑符合防护区要求的材料，故吊顶内不做气体系统）。所有防护区系统动作控制均由电气探头控制。

（四）自动水炮灭火系统

本工程前厅为大空间结构且为玻璃顶，安装普通喷淋灭火作用不大，故在此部位采用自动水炮灭火系统，首层泵房内设自动水炮灭火系统加压泵3台（2用1备），水泵参数：$Q=19.4\sim36.1$L/s，$H=132\sim114$m，$N=75$kW。在前厅的三层加设EL570（最大流量为1200L/min）、EL367（最大流量为4000L/min）水炮各2台，由水炮灭火的部位均为2股水柱保护，火灾延续时间为1h。炮身颜色为白色，炮身固定配合装修进行。自动水炮灭火系统的启动方式为自动和手动。手动启动方式为在值班人员发现着火点，在控制室通过水炮控制器操作消防水炮对准着火点，按动面板按钮直接启动水泵及消防电磁阀，使之喷水灭火。现场人员发现着火点，按消火栓手报按钮，控制室接到报警信号，由值班人员操作消防水炮对准着火点启动水泵及消防电磁阀。自动启动方式为火灾探测器-主机警报提供着火点坐标，驱动消防水炮对准着火点，并启动，通过压力继电器（设于水泵房）设定的水压值（1.0MPa时）自动开启（主机开启信号＋压力继电器信号）消防电磁阀喷水灭火。前端水位指示器反馈信号及压力继电器的开启信号均在控制室操作台上显示。火灾探测器-主机结束警报时或设定时间内，联动控制器关闭水泵及关闭消防电磁阀。系统给水管道采用内外涂塑钢管。

三、工程特点

本工程根据建筑物的特殊造型及其重要性，在设计中实现了天津市当时的“四个之最”。

1. 规模最大的气体灭火系统

本工程是一座大型历史艺术类综合性博物馆，为保护馆内国家珍贵文物，在文物收藏库房及珍宝馆采用了二氧化碳气体灭火系统，该系统为天津市民用建筑中规模最大数量最多的气体灭火系统，保护区多达32个，单个保护区体积达6400m^3。

2. 最先在民用建筑中使用了消防水炮系统

博物馆的前厅为圆弧形宏大空间，其长为196m，高为32m，用倾斜的玻璃幕墙包覆，为解决前厅超大空间防火问题，在天津市首次采用了专家论证的方式，并首次将消防水炮系统应用于民用建筑。在保证消防安全前提下不影响大展厅的美观及使用功能。

3. 最先将冷却塔设置于室外地下：

根据建筑物特点及周围景观要求，将冷却塔设于室外地下，与绿地草坪结合，既保证使用效果，又不影响景观要求。此做法为天津首例，使用效果良好。

4. 容积最大的混凝土观赏水池

建筑以独特的白天鹅展翅造型配以圆形天鹅湖。湖面直径 126m，容积达 6500m^3，湖中设置喷泉，养殖观赏鱼类。设计中采用了机械过滤及水族生物处理方法进行景观水处理，以生态功能防水质恶化，以低廉的成本保证景观效果。夏季为防止水质变坏，利用湖水作为绿地浇灌和地面冲洗用水，保证了水质及感观要求。

四、工程系统图及照片

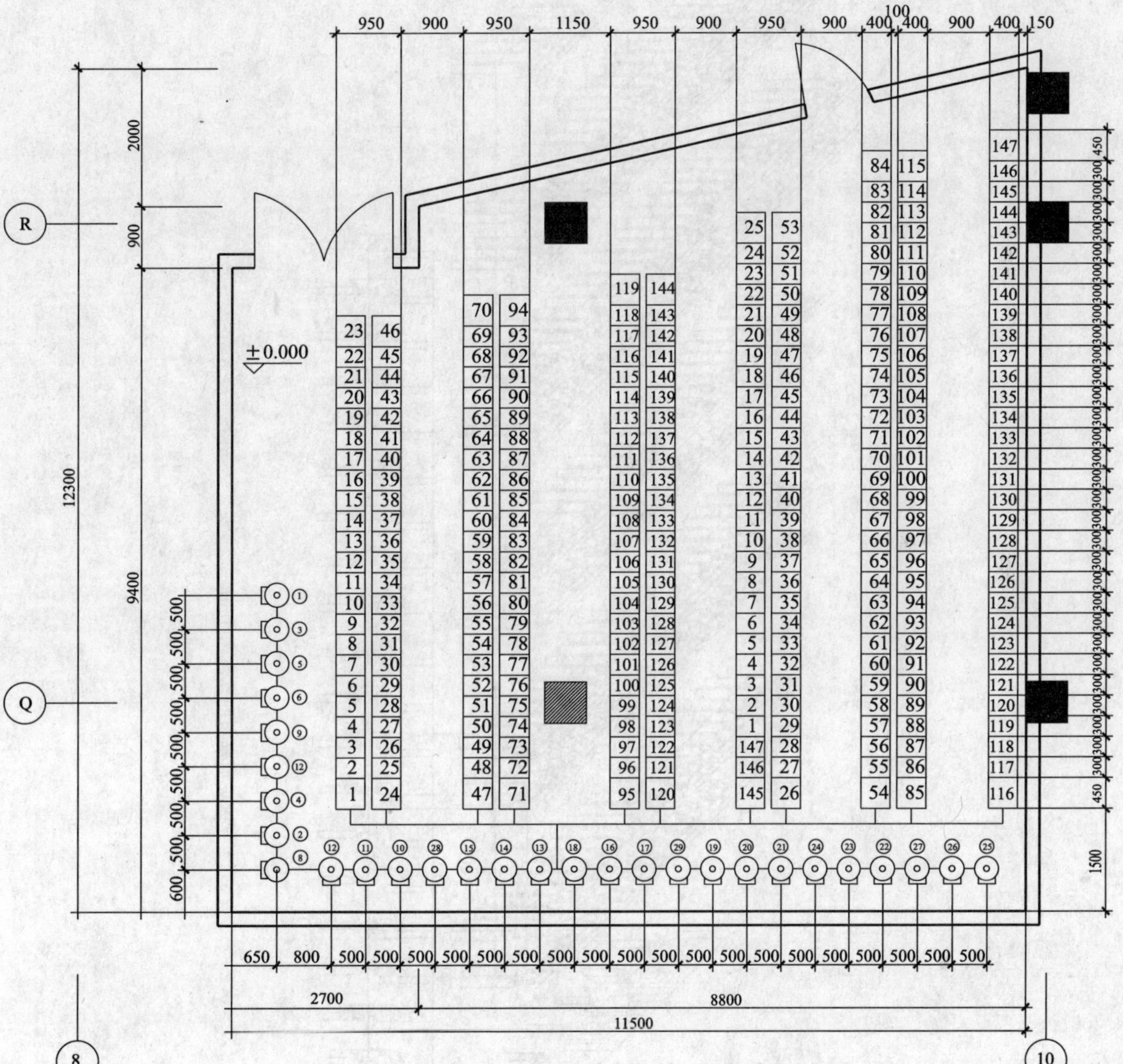

气体灭火钢瓶间平面图(1:50)

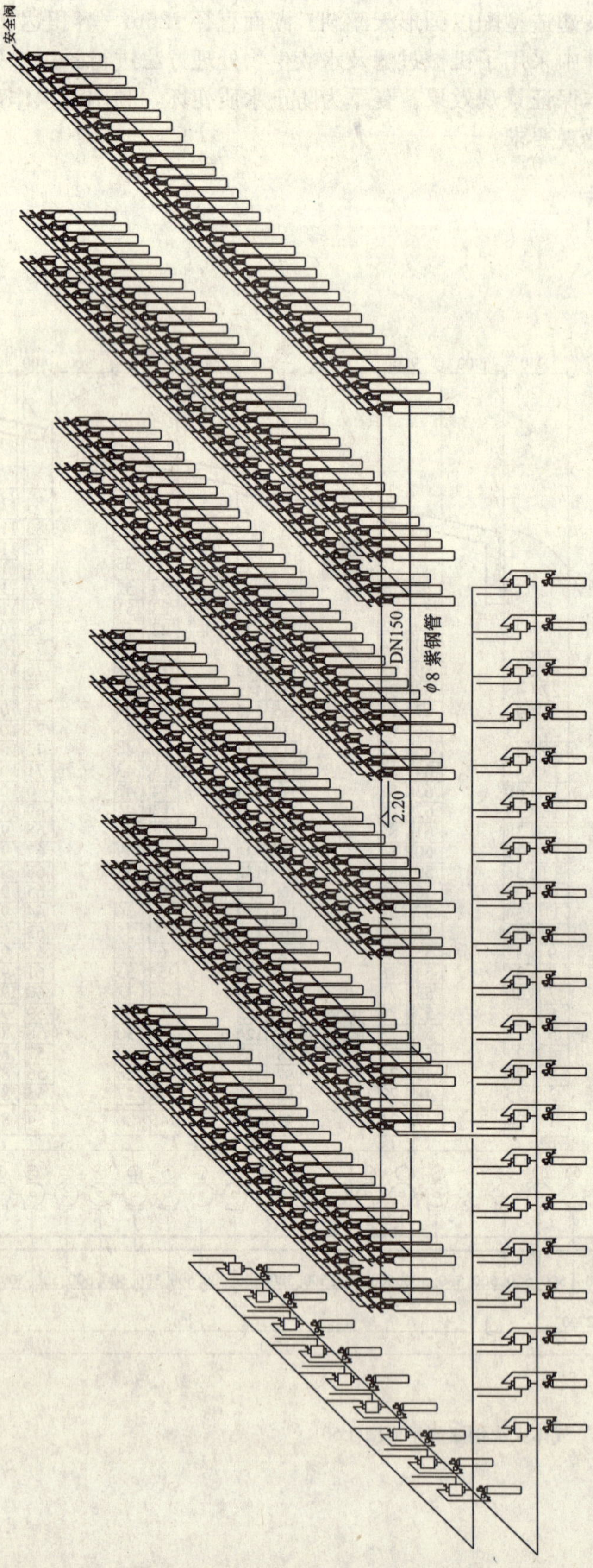

安全阀

DN150

φ8 紫铜管

2.20

气体灭火钢瓶间系统图(1:50)

居住建筑篇

广州市政府直属机关安居工程芳村花园住宅小区（一期工程）

设计单位：华南理工大学建筑设计研究院

设 计 人：王峰　陈欣燕

获奖情况：居住建筑二等奖

工程概况：

广州市直属机关安居工程芳村花园是广州市政府为解决市直属机关职工住房建造的住宅小区。小区占地100760m²，总建筑面积401016m²，包括21栋住宅楼及小区配套工程（水泵房、变配电房、会所、中小学、幼儿园、停车场及地下车库、游泳池、网球场等等），表1为住宅楼层数及小区分区一览表。

住宅楼层数及分区一览表　　表1

分区编号	层数	栋数	每层户数	总户数	建筑高度(m)	备　注
A	18	3	8	408	57	一层为支柱层
B	18	3	4	204	57	一层为支柱层
C	32	2	8	496	99	一层为支柱层
	18	2	8	272	57	一层为支柱层
D	30	1	8	224	93	一、二层为商场或其他用房
	32	2	8	480	99	一、二层为商场或其他用房
E	32	2	8	480	99	一、二层为商场或其他用房
	30	1	8	224	93	一、二层为商场或其他用房
	28	1	8	208	87	一、二层为商场或其他用房
F	30	2	6	348	93	一层为支柱层
	18	2	6	204	57	一层为支柱层
A-F				3548		上述各栋均有一层地下室，层高4.25m,架空层总高6.0m,住宅层高3.0m

小区设计居住人口为12602人，室内地坪±0.000的绝对高程为7.8m，室外设计高程为7.50m。小区东侧有一渠箱，小区南临龙溪大道，为小区主要出入口。该道路敷设有市政给水排水管线。给水管管径*DN*800，排水管管径*d*1200，可供接口的市政检查井底标高3.67m。

一、给水排水系统

（一）给水系统

1. 用水量

按照当时广州市有关部门规定，小区综合用水量按500L/(人·d)计，小区设计居住人口为12602人，日用水量6301m³，最大小时用水量为603.8m³(k=2.3)。消防用水量，详见消防篇。

2. 水源

水源为市政自来水，本小区入口龙溪大道下敷设有 *DN*800 给水干管 1 条，市政供水压力 0.25MPa，可满足本工程水质水量的要求。

3. 室外给水系统

从龙溪大道市政干管上驳接 2 根 *DN*400 引入管，小区进口处设置水表房。水表房内设 2 块 *DN*400 住宅用水表，1 块 *DN*150 商业用水表，1 块 *DN*100 公用事业用水表及 1 块 *DN*100 绿化用水表。*DN*400 给水干管直接进入小区水泵房生活及消防水池，商业用水市政直接供给。小区内设 *DN*150 环状给水管，每隔 100m 左右设 1 室外地上式消火栓，共设 11 套，以供灭火时消防车取用。小区内公共建筑用水由外网直供，住宅生活用水由水泵房加压供给。

4. 室内给水系统竖向分区

一区（直供区）：地下层至首层；

二区：二层至十层；

三区：十一层至二十一层；

四区：二十二层至三十二层。

5. 供水方式及给水加压设备

整个小区设一个集中泵房，除一区市政管网直供外，二、三、四区分别由 1 套全流量高效变频调速供水设备加压供给。生活水池和加压设备均设在地下一层的水泵房内。

加压设备设计参数如下：

一区：性能参数：Q=74.2L/s，H=75m，N=100kW；

配 50DL15-12×6 型 2 台，Q=4.17L/s，H=72m，N=7.5kW；

80DL50-20×4 型 2 台，Q=13.89L/s，H=80m，N=22kW；

125DL100-20×4 型 3 台，两用 1 备，Q=35L/s，H=75m，N=37kW；

隔膜式气压罐 1 个：ϕ×H=1000×2000。

二区：性能参数：Q=82L/s，H=96m，N=134kW；

配 50DL15-12×8 型 2 台，Q=4.17L/s，H=96m，N=11kW；

65DL32-15×8 型 3 台，Q=11.67L/s，H=96m，N=22kW；

125DL100-20×5 型 3 台，2 用 1 备，Q=33.3L/s，H=96.8m，N=45kW；

隔膜式气压罐 1 个：ϕ×H=1000×2000。

三区：性能参数：Q=51.9L/s，H=132m，N=132kW；

配 50DL15-12×11 型 2 台，Q=4.17L/s，H=132m，N=11kW；

65DL32-15×9 型 3 台，Q=8.89L/s，H=135m，N=22kW；

100DL72-20×7 型 3 台，2 用 1 备，Q=25L/s，H=128.8m，N=55kW；

隔膜式气压罐 1 个：ϕ×H=1000×2000。

生活水池容量 1200m^3，分 2 格。为保证生活用水质量，水箱采用钢筋混凝土内衬不锈钢。

水泵房内设 TS-400 型二氧化氯消毒剂发生器 2 台（1 用 1 备），用于生活用水二次消毒。

各层住户水表在水表房集中设置便于抄表。

6. 管材

室外给水管采用球墨给水铸铁管，柔性胶圈接口。

室内给水干管采用钢塑复合管，住户水表后埋地管采用铝塑复合管（户内热水管采用铝塑复合管，颜色区分）。采用弹性座封球墨铸铁阀门或铜截止阀。给水干管每隔 30m 左右设一不锈钢金属波纹管。

（二）热水系统

住宅内采用燃气热水器供应热水，分散供应。

（三）排水系统

1. 排水系统的形式

采用雨、污分流制。生活排水采用污、废分流制。

2. 透气管的设置方式

设专用通气立管，与污、废水立管 H 管连接。转换层排水干管的通气管与三层以上通气管连接。

3. 采用的局部污水处理设施

污水经化粪池预处理后与废水一起排入小区污水管网，最后送往西朗污水处理厂。

会所厨房排水采用悬挂式不锈钢隔油器隔油后排入污水管网。

4. 管材

室外污水管采用钢筋混凝土管，180°混凝土基础，水泥套环接口。室内污水管采用 PVC-U 排水管，转换层采用 PVC-U 给水管。

（四）雨水系统

1. 采用的暴雨重现期

广州市的暴雨强度公式如下：

$$q=\frac{2424.17(1+0.533\lg T)}{(t+11.0)^{0.668}}$$

室外重现期取 10 年，室内重现期取 2 年。

2. 雨水系统的形式

本小区东侧有一渠箱可接纳本小区的雨水排放。

室内屋面采用重力流排水系统。屋面雨水经雨水斗收集后，由雨水管道排至室外检查井或雨水沟。

3. 管材

室外雨水管采用钢筋混凝土管，180°混凝土基础，水泥套环接口。室内雨水管采用 PVC-U 排水管。

二、消防系统

（一）消火栓系统

1. 室外消防给水系统

室外消防管网采用低压制。环状管网每隔 100m 左右设室外地上式消火栓 1 套，共 11 套。环网管径 $DN150$。

2. 消防水池及消防泵房

本小区设集中消防水池及消防泵房，设在地下一层。消防水池内存贮室内消火栓系统、自动喷水灭火系统用水量，其中室内消火栓系统 432m^3，自动喷水灭火系统 108m^3。该水池分为能独立使用的 2 格。

消防泵房内设有 2 套全自动消防气压供水设备，分别为室内消火栓系统供水设备、自动喷水灭火系统供水设备。室内消火栓系统供水设备配备消防主泵 100XB16/20 型 3 台，2 用 1 备，其单台性能参数为：Q=20L/s，H=1.60MPa，N=55kW。稳压泵 QDL4-8×20 型 2 台，其单台的性能参数为：$Q=4m^3/h$，$H=1.60MPa$，$N=5kW$。配隔膜式气压罐 $\phi \times H=800 \times 2000$ 1 个。自动喷水灭火系统供水设备配备主泵 80XB15/15 型 3，台 2 用 1 备，其单台性能参数为：$Q=15L/s$，$H=1.50MPa$，$N=45kW$。稳压泵 QDL2.4-8×19 型 2 台，其单台的性能参数为：$Q=2.4m^3/h$，$H=1.52MPa$，$N=3kW$。

在最高层住宅天面层设消防水箱，有效容积 $18m^3$。

3. 消防用水量

消防用水量详见表 2。

消防用水量　　　　表 2

序号	消防系统名称	消防用水量(L/s)	火灾延续时间(h)	一次火灾用水量(m^3)	备　注
1	室外消火栓系统	30	3	324	由市政给水管网直供
2	室内消火栓系统	40	3	432	水池、水泵加压供给
3	自动喷水灭火系统	30	1	108	水池、水泵加压供给
合计		按同时作用系统的最大用水量		864	
	室内消防总用水量　$V=532m^3$				
	屋顶消防水箱容积　$V=18m^3$				

4. 室内消火栓系统

(1) 室内消火栓系统用水量 40L/s，火灾延续时间 3h。

(2) 室内消火栓给水管网在地下室及顶层独立成环。竖向分为两个区，地下一层至地上十八层为低区，十九层及以上为高区。最低层消火栓口的静水压力不大于 0.8MPa。消火栓口的出口压力大于 0.50MPa 时，采用减压孔板减压。高低区合用 1 套全自动消防气压供水设备，低区采用减压阀减压供水。

(3) 消火栓主泵的控制

火灾发生后，可由室内消火栓的碎玻按钮或由消防控制中心任一种方式启动消防主泵。消防主泵的停泵只能在消防控制中心或泵房手动控制。

(4) 室内消火栓设置在走道、楼梯附近等明显易于取用的地点，消火栓的间距应保证同层任何部位有 2 个消火栓的水枪充实水柱同时到达。水枪充实水柱不小于 10m。天面设 1 个试验用消火栓。在试验用消火栓前设压力表。

(5) 消火栓箱，内配备 *DN*65 口径消火栓一个 Φ19 水枪 1 支，25m 长衬胶水龙带 1 卷，*DN*25 口径 25m 长消防软管卷盘，消防碎玻按钮 1 个。

(6) 室外设消防水泵接合器 6 套，高、低区各 3 套与室内消火栓管网相连。其周围 15～40m 范围内设室外消火栓。

(7) 室内消火栓系统采用热浸镀锌钢管，丝扣连接。

(二) 自动喷水灭火系统

1. 保护范围

本工程地下车库、商场及住宅电梯厅。

2. 设计参数

自动喷水灭火系统的设计流量为 30L/s，火灾延续时间 1h。

3. 系统设计

(1) 系统设置及竖向分区

竖向分为两个区，竖向分区保证静水压力不超过1.2MPa，配水管道动水压力不超过0.40MPa。十八层及以下为低区，十九层及以上为高区。高低区合用1套全自动消防气压供水设备，低区采用减压阀减压供水。

(2) 自动喷水灭火系统接屋顶消防水箱，自动喷水灭火系统设消防水泵接合器4套。

(3) 自动喷水灭火系统设置湿式报警阀，湿式报警阀设在地下一层。按每个湿报警阀控制的喷头数不超过800个设置湿式报警阀，设置9套报警阀。报警阀前管网为环状管网。

(4) 消防泵的控制

喷淋主泵由湿式报警阀后的压力开关控制。当发生火灾时，喷头爆破喷水灭火，湿式报警阀打开，报警阀后压力开关动作，启动喷淋主泵。

(5) 喷头选用

地下车库采用公称动作温度68℃的玻璃球直立型喷头，其余部位吊顶下采用68℃的玻璃球喷头，吊顶内（高度超过80cm内有可燃物时，加设上喷喷头）用79℃的玻璃球直立型喷头，会所厨房采用公称动作温度93℃的玻璃球直立型喷头，流量系数均为$K=80$。

喷头布置：一般间距为3.3m，距墙边不大于1.8m，防火卷帘处不大于2.8m，并不小于2.0m。

(6) 每个防火分区设信号闸阀、水流指示器及检验用试水阀，在每个报警阀组控制的最不利点喷头处设末端试水装置。

(7) 自动喷水灭火系统采用热浸镀锌钢管，丝扣连接。

(8) 系统的监测

系统设有监测装置，以便于消防控制中心能监测系统下列工作状态：

① 系统各配水干管（水流指示器前）阀门的开启状态；

② 消防水泵电源供应和工作情况；

③ 消防水池、水箱的水位；

④ 报警阀和水流指示器的动作状况。

三、工程特点

1. 40万m^2的建筑面积，21栋住宅及配套中、小学、幼儿园等，生活给水和消防给水合用1个泵房。生活给水系统竖向设置三个区，3套供水设备。

2. 采用区域消防系统，室内消火栓和自动喷水系统各采用1套全自动气压给水设备。

3. 采用设计人王峰的发明专利"全流量高效变频调速给水方法"配置水泵及控制系统，达到精确供水，使水泵24h内均处于高效段工作，达到节能的目的。发明专利号为ZL200610057595X。

4. 采用先进管材。本工程1998年设计，为国内首批在室内给水系统采用钢塑管的楼盘，早于广州市生活给水系统中禁用镀锌钢管（2000年1月1日）近两年时间，同时本工程采用球墨给水铸铁管、铜管及排水塑料管，在当时也是理念先进的管材，历经多年，至今仍不落后，故本工程管材选用方面为超前设计。

5. 住宅卫生间坐便器采用3/6L双按键水箱；公共卫生间大便器采用每次用水少于6L的冲洗阀，并采用感应式水龙头和小便冲洗阀，达到节水效果。

四、工程系统图及照片

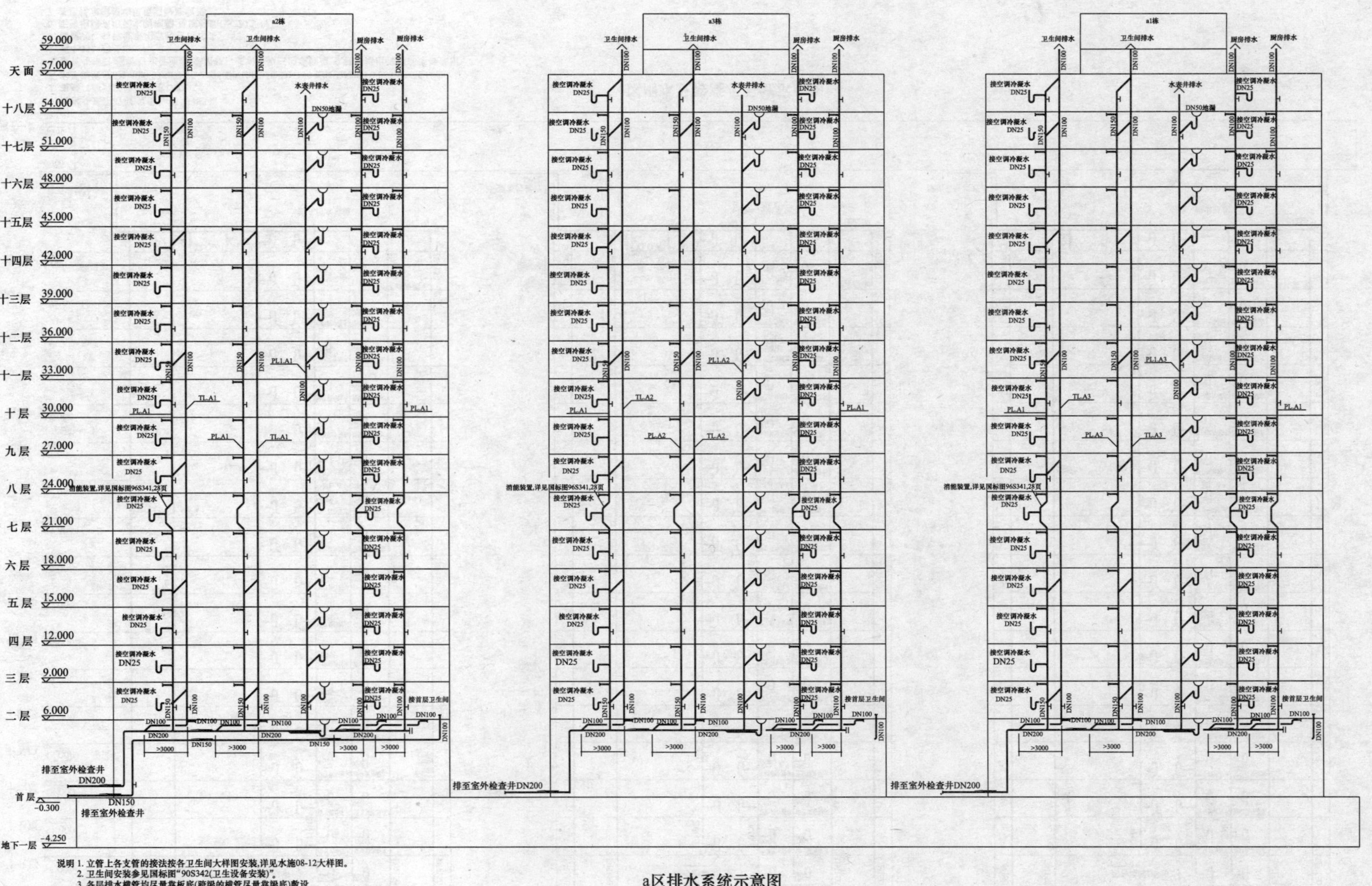

说明 1. 立管上各支管的接法按各卫生间大样图安装,详见水施08-12大样图。
2. 卫生间安装参见国标图“90S342(卫生设备安装)”。
3. 各层排水横管均尽量靠板底(跨梁的横管尽量靠梁底)敷设。
4. 排水管透气帽安装参见国标图“S220”第51页。
5. 检查口安装高出该层楼面1.00m。
6. 横管与横管,横管与立管连接,采用45°或90°斜三通或四通立管与排出出管端部连接采用两个45°弯头或弯曲半径不小于4倍管径的90°弯头。
7. 水平管坡度:DN50 0.035;DN75 0.025;DN100 0.02;DN150 0.01;DN200 0.008 0.02。
8. 地漏采用DN50无水封地漏,参见国标图90S220。

a区排水系统示意图

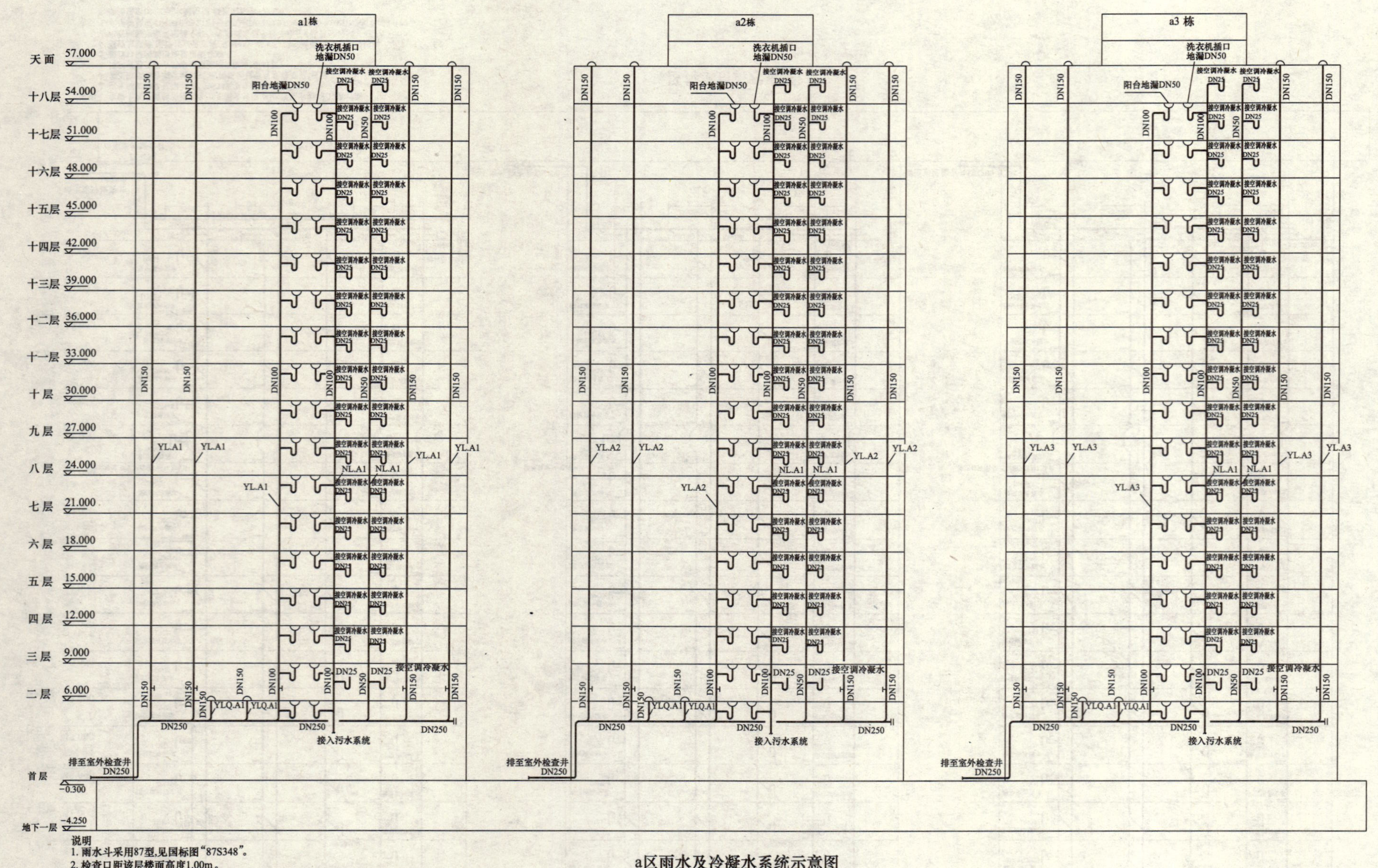

a区雨水及冷凝水系统示意图

说明

1. 雨水斗采用87型,见国标图“87S348”。
2. 检查口距该层楼面高度1.00m。
3. 水平管坡度:DN50 0.035;DN75 0.025;DN100 0.02;DN150 0.01;DN200 0.008;DN250 0.005 。
4. 横管与横管,横管与立管连接,采用45°或90°斜三通或四通,立管与排出管端部连接采用两个45°弯头。
5. 横管90°转弯处采用带检查口弯头。
6. 阳台地漏采用无水封地漏,见国标图“S220”。
7. 各层排水横管均尽量沿梁底敷设。

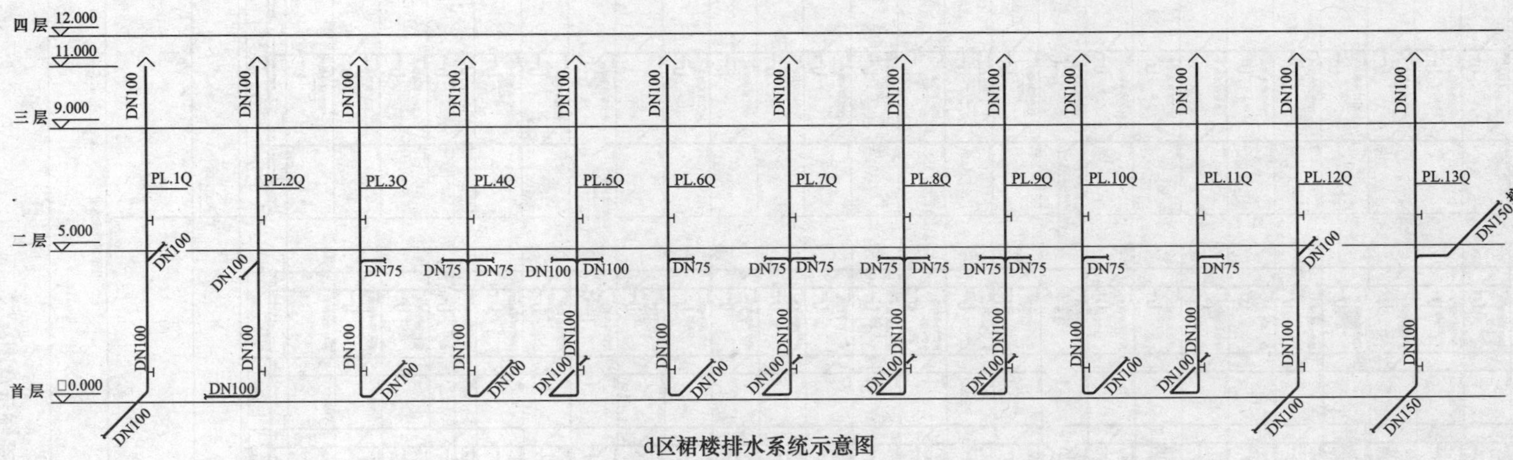

d区裙楼排水系统示意图

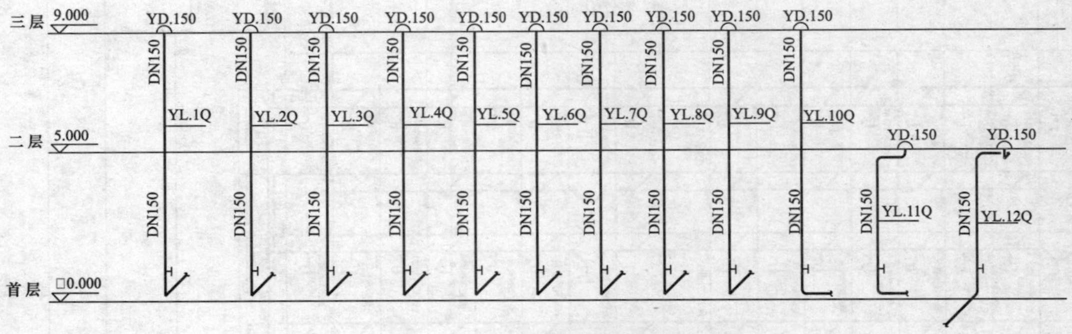

d区裙楼雨水系统示意图

说 明 1. 雨水斗采用87型,见国标图“87S348”。
2. 立管上各支管的接法按各卫生间大样图安装,详见水施13-18大样图 。
3. 卫生间安装参见国标图“90S342(卫生设备安装)”。
4. 各层排水横管均尽量靠板底(跨梁的横管尽量靠梁底)敷设 。
5. 排水管透气帽安装参见国标图“S220”第51页。
6. 检查口安装高出该层楼面1.00m 。
7. 横管与横管,横管与立管连接,采用45°或90° 斜三通或四通立管与排管端部连接采用两个45 弯头或弯曲半径不小于4 倍管径的90° 弯头 。
8. 横管坡度:DN50 0.035;DN75 0.025;DN100 0.02;DN150 0.01;DN200 0.008 0.02 。
9. 地漏采用DN50无水封地漏,参见国标图90S220 。
10. n代表不同的立管编号 。
11. 首层排水出户管沿地面敷设 。

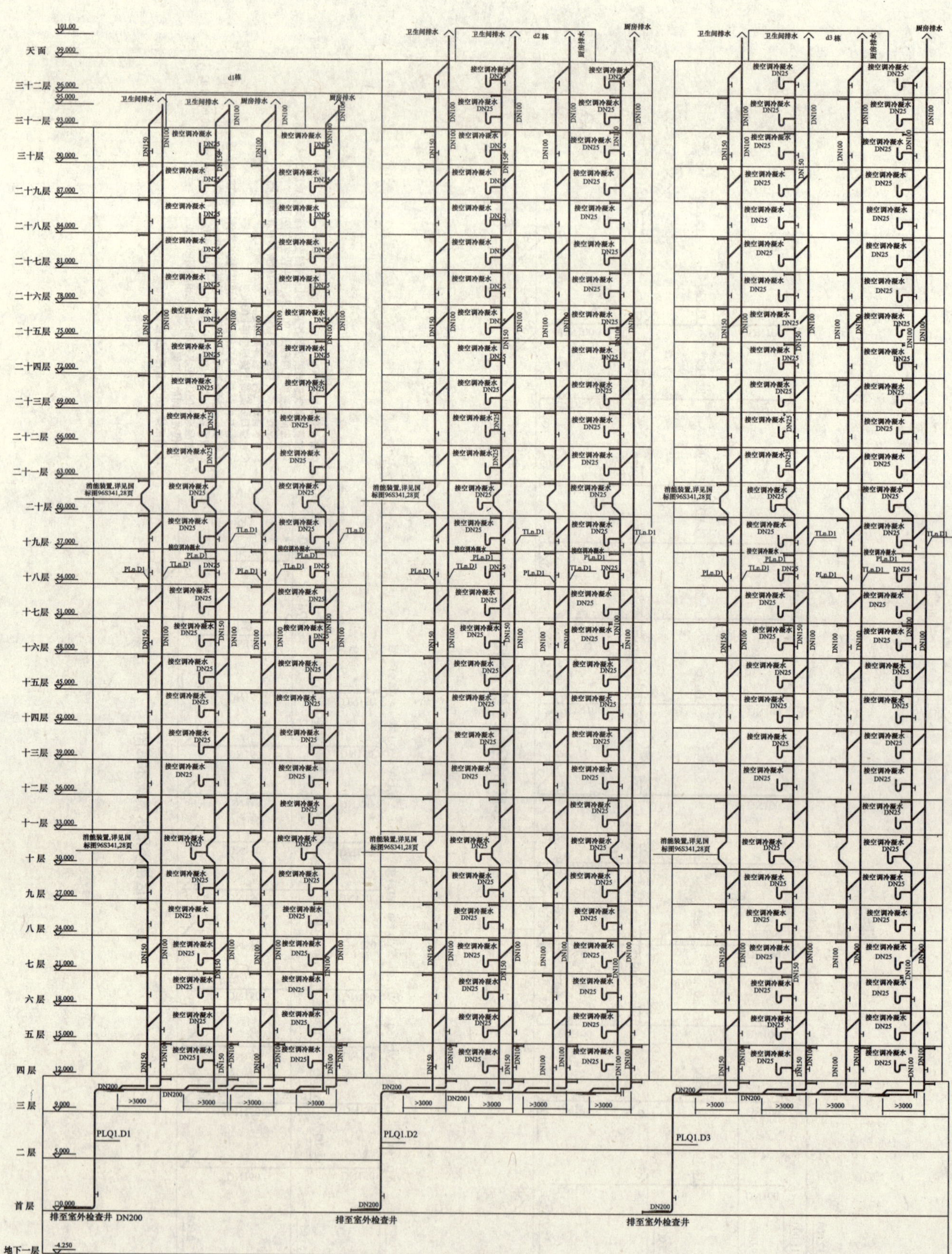

d区塔楼排水系统示意图

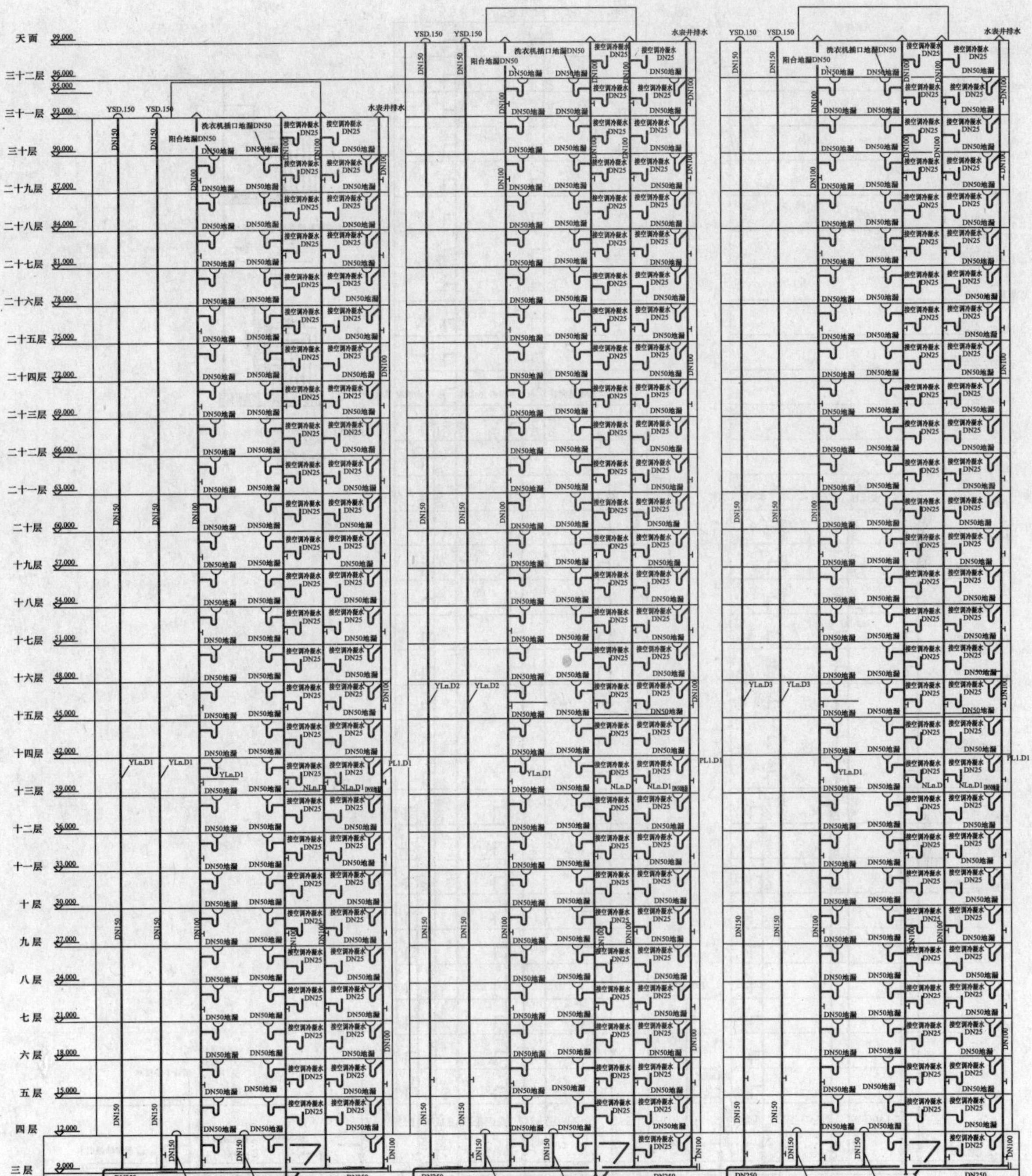

d区塔楼雨水及冷凝水排放系统示意图

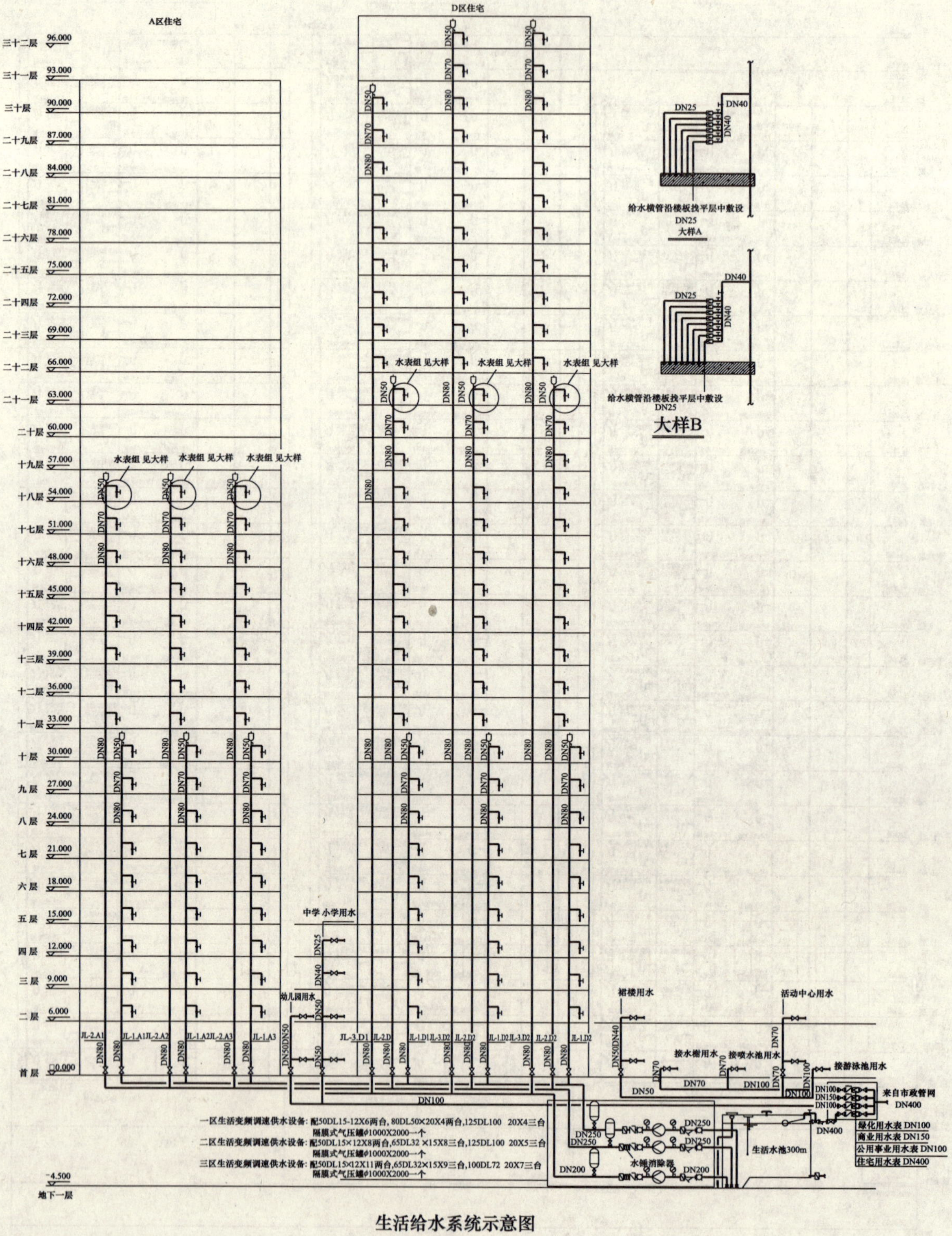

A区住宅

D区住宅

三十二层 96.000
三十一层 93.000
三十层 90.000
二十九层 87.000
二十八层 84.000
二十七层 81.000
二十六层 78.000
二十五层 75.000
二十四层 72.000
二十三层 69.000
二十二层 66.000
二十一层 63.000
二十层 60.000
十九层 57.000
十八层 54.000
十七层 51.000
十六层 48.000
十五层 45.000
十四层 42.000
十三层 39.000
十二层 36.000
十一层 33.000
十层 30.000
九层 27.000
八层 24.000
七层 21.000
六层 18.000
五层 15.000
四层 12.000
三层 9.000
二层 6.000
首层 ±0.000
地下一层 -4.500

水表组 见大样

JL-2.A1 JL-1.A1 JL-2.A2 JL-1.A2 JL-2.A3 JL-1.A3

JL-3.D1 JL-2.D JL-1.D1 JL-3.D2 JL-2.D2 JL-1.D2 JL-3.D2 JL-2.D2 JL-1.D2

中学 小学用水

幼儿园用水

裙楼用水

活动中心用水

接水榭用水

接喷水池用水

接游泳池用水

来自市政管网 DN400

绿化用水表 DN100
商业用水表 DN150
公用事业用水表 DN100
住宅用水表 DN400

生活水池300m

水箱消除器

给水横管沿楼板找平层中敷设 DN25

大样A

给水横管沿楼板找平层中敷设 DN25

大样B

一区生活变频调速供水设备：配50DL15-12X6两台，80DL50×20X4两台，125DL100 20X4三台
隔膜式气压罐φ1000X2000一个

二区生活变频调速供水设备：配50DL15×12X8两台，65DL32 ×15X8三台，125DL100 20X5三台
隔膜式气压罐φ1000X2000一个

三区生活变频调速供水设备：配50DL15×12X11两台，65DL32×15X9三台，100DL72 20X7三台
隔膜式气压罐φ1000X2000一个

生活给水系统示意图

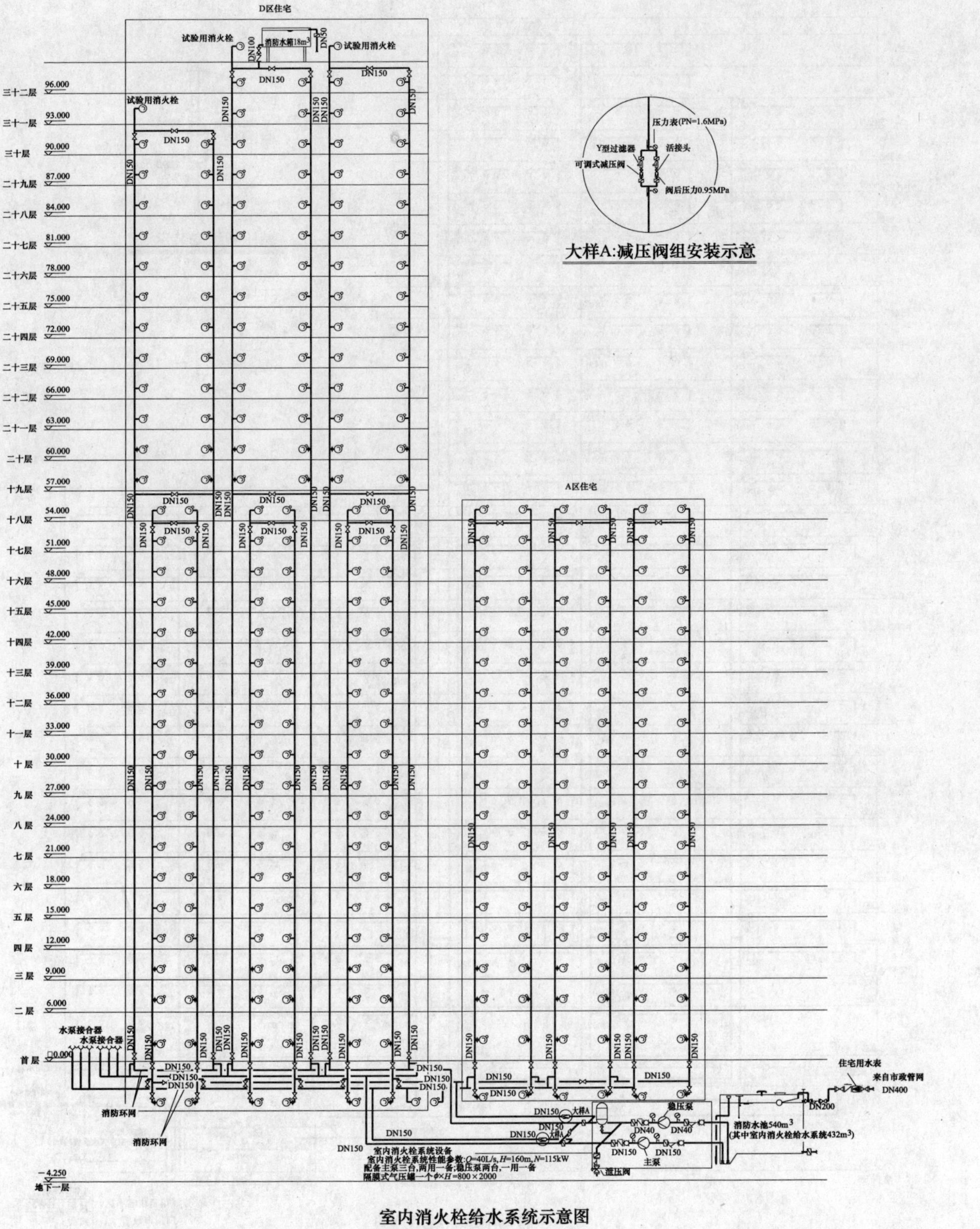

大样A:减压阀组安装示意

室内消火栓给水系统设备
室内消火栓系统性能参数:Q=40L/s,H=160m,N=115kW
配备主泵三台,两用一备;稳压泵两台,一用一备
隔膜式气压罐一个 $\phi\times H$=800×2000

室内消火栓给水系统示意图

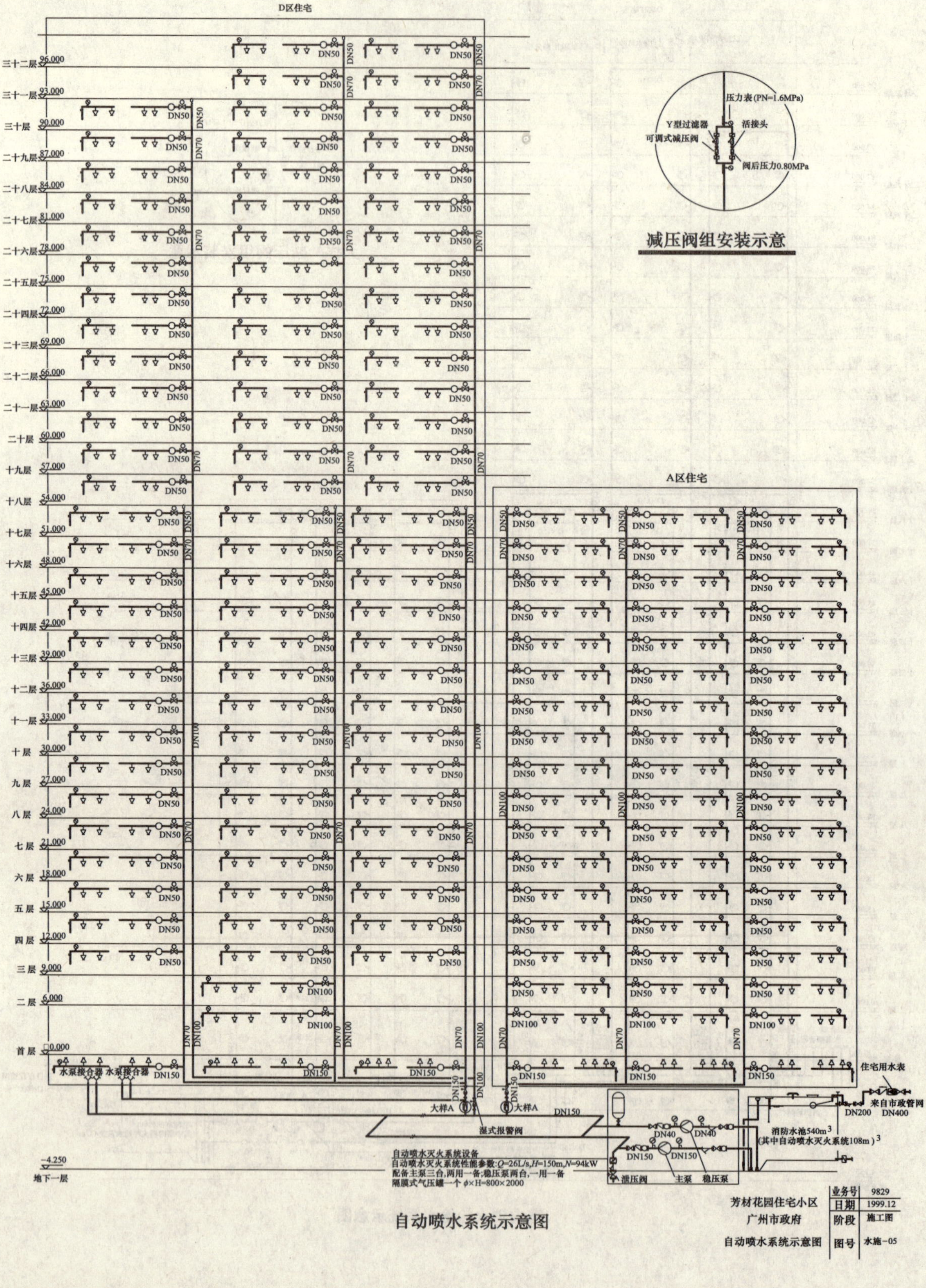

D区住宅

楼层	标高
三十二层	96.000
三十一层	93.000
三十层	90.000
二十九层	87.000
二十八层	84.000
二十七层	81.000
二十六层	78.000
二十五层	75.000
二十四层	72.000
二十三层	69.000
二十二层	66.000
二十一层	63.000
二十层	60.000
十九层	57.000
十八层	54.000
十七层	51.000
十六层	48.000
十五层	45.000
十四层	42.000
十三层	39.000
十二层	36.000
十一层	33.000
十层	30.000
九层	27.000
八层	24.000
七层	21.000
六层	18.000
五层	15.000
四层	12.000
三层	9.000
二层	6.000
首层	0.000
地下一层	-4.250

A区住宅

DN50 DN70 DN100 DN150

水泵接合器 水泵接合器

大样A 大样A

湿式报警阀

DN40 DN40 DN150 DN150

泄压阀 主泵 稳压泵

住宅用水表

来自市政管网

DN200 DN400

消防水池540m^3
(其中自动喷水灭火系统108m^3)

自动喷水灭火系统设备
自动喷水灭火系统性能参数:Q=26L/s,H=150m,N=94kW
配备主泵三台,两用一备;稳压泵两台,一用一备
隔膜式气压罐一个 ϕ×H=800×2000

压力表(PN=1.6MPa)
Y型过滤器
活接头
可调式减压阀
阀后压力0.80MPa

减压阀组安装示意

自动喷水系统示意图

芳材花园住宅小区	业务号	9829
	日期	1999.12
广州市政府	阶段	施工图
自动喷水系统示意图	图号	水施-05

低区
气压罐

中区
气压罐

高区
气压罐

华南碧桂园六期给水排水工程

设计单位： 广东博意建筑设计院有限公司
设 计 人： 李云防　段少辉　唐植孝　王泽钦　闫炳红　李安然　刘超　周晓莹
获奖情况： 居住建筑二等奖

工程概况：

本工程位于广州市番禺区南村镇，是大型居住区华南碧桂园内一个相对独立的组团（华南碧桂园共有六期，其中已建成四期，公建如学校、医疗、商业、会所等设于一至四期，本期设计时业主要求将前四期由变频加压二次供水改为由本期低区高位水池供水。与六期同时设计的五期完全独立）。本工程西临广州华南快速干线迎宾路段，北面及东南面由气象山环抱，正南一角与华南碧桂园二期相连。占地面积 30.0hm^2，地上总建筑面积 39.60 万 m^2，地下总建筑面积 7.34 万 m^2，主要为居住建筑，居住户数 2500 户，居住人数 8000 人。包括 107 幢 2 到 3 层独立住宅（B 型），34 幢 3 到 4 层联体住宅（D 型），35 幢 6 至 8 层带电梯住宅（F 型，大部分带负一层车库），另外还有水泵房、电房、高位水池等，给排水设计共计 67 个子项，详见表 1。

本工程住宅依山而建，四周为 6 至 8 层的电梯住宅，中间设独立或联体住宅。整个小区地形高差较大，区内道路最高处黄海高程（下同）63.20m，最低处 25.60m。最高处建筑±0.000 标高相当于 63.60m，最低处建筑±0.000 相当于 28.50m。

本工程施工图于 2004 年 10 月完成，2006 年 10 月开始入住。

住宅层数高度一览表　　表 1

序号	子项名	层数	高度(m)	栋数	序号	子项名	层数	高度(m)	栋数	序号	子项名	层数	高度(m)	栋数
1	华南碧桂园六期总图(含加压泵房、高位水池)				19	D41n 型住宅	4	12	8	38	F35-8 型住宅	7	21	1
					20	D41n-1 型住宅	4	12	2	39	F35-9 型住宅	7	21	1
2	B15/B16 型住宅	3	9	7	21	D41n-2 型住宅	4	12	1	40	F35-10 型住宅	7	21	1
3	B77/B78 型住宅	3	9	22	22	D41n-3 型住宅	4	12	1	41	F35-11 型住宅	7	21	1
4	B79/B80 型住宅	2	6	8	23	D41-7 型住宅	4	12	2	42	F36 型住宅	8	24	1
5	B121/B122 型住宅	3	9	4	24	D42n 型住宅	4	12	10	43	F36-1 型住宅	8	24	1
6	B125/B126 型住宅	3	9	4	25	D42n-1 型住宅	4	12	1	44	F36-2 型住宅	8	24	1
7	B137/B138 型住宅	3	9	7	26	F34 型住宅	8	24	1	45	F36-3 型住宅	6	18	1
8	B151/B152 型住宅	3	9	19	27	F34-1 型住宅	7	21	1	46	F36-4 型住宅	6	18	1
9	B153/B154 型住宅	3	9	8	28	F34-2 型住宅	8	24	1	47	F36-5 型住宅	8	24	1
10	B157/B158 型住宅	3	9	16	29	F34-3 型住宅	8	24	1	48	F36-6 型住宅	8	24	1
11	B231/B232 型住宅	3	9	5	30	F35 型住宅	8	24	1	49	F36-7 型住宅	8	24	1
12	B235/B236 型住宅	3	9	7	31	F35-1 型住宅	8	24	1	50	F36-8 型住宅	8	24	1
13	D13-1 型住宅	3	9	2	32	F35-2 型住宅	7	21	1	51	F37 型住宅	8	24	1
14	D39-5 型住宅	4	12	2	33	F35-3 型住宅	7	21	1	52	F37-1 型住宅	8	24	2
15	D39-6 型住宅	4	12	1	34	F35-4 型住宅	7	21	1	53	F37-2 型住宅	8	24	3
16	D39n 型住宅	4	12	1	35	F35-5 型住宅	7	21	1	54	F37-3 型住宅	8	24	1
17	D39n-1 型住宅	4	12	1	36	F35-6 型住宅	7	21	1	55	F37-4 型住宅	8	24	2
18	D39n-2 型住宅	4	12	2	37	F35-7 型住宅	7	21	1	56	F37-5 型住宅	8	24	1

注：表中 F 型住宅均不含负一层车库数据。

一、给水排水系统

（一）给水系统

1. 冷水用水量见表2。

冷水用水量表　　表2

序号	用水项目	用水量标准［L/(人·d)］	使用数量		使用时数(h)	时变化系数K	用水量			备注
			户数	人数			最高日(m^3/d)	平均时(m^3/h)	最大时(m^3/h)	
	六期高区									
1	独立住宅	350	29	93	24	1.80	32.55	1.36	2.44	最高楼层＞53.00m
2	联体住宅	350	107	343	24	1.80	120.05	5.00	9.00	
3	电梯住宅	300	1442	4614	24	2.30	1384.20	57.68	132.65	楼层＞53.00m
4	未预见及漏损	1～3项和×15%					230.52	9.61	21.61	
5	1～4小计		1578	5050			1767.32	73.65	165.70	
	六期低区									
6	独立住宅	350	78	250	24	1.80	87.50	2.65	6.56	最高楼层≤53.00m
7	联体住宅	350	132	422	24	1.80	147.70	6.15	11.08	
8	电梯住宅	300	712	2278	24	2.30	683.40	28.48	65.49	楼层≤53.00m
9	未预见及漏损	6～8项和×15%					137.79	5.59	12.47	
10	6～9小计		922	2950			1056.39	42.87	95.60	
	一至四期低区									
11	小计	业主提供			24	2.00	6715.00	279.79	559.58	
12	合计(10＋11)						7771.39	322.66	655.18	
13	室内合计(5＋12)						9538.71	396.31	820.88	
	室外									
14	绿化浇洒	3L/(m^2·d)	24100 m^2		6	1.00	72.30	12.05	12.05	由污水处理站处理后提供
15	道路浇洒	3L/(m^2·d)	39000 m^2		6	1.00	117.00	19.50	19.50	
16	未预见及漏损	14～15项和×15%					28.40	4.73	4.73	
17	14～16小计						217.70	36.28	36.28	
18	室内＋室外(13＋17)						9756.41	432.59	857.16	

2. 水源

距离本工程西侧550m的迎宾路上有*DN*1000市政给水管道，从迎宾路接驳*DN*500管道到本工程红线处，该处市政管道中心标高24.50m，经核定可资利用的水压为0.16MPa。

若由市政给水管网直接供水，仅有16户最不利用水点静水压不小于0.10 MPa（且接近0.10MPa），因此确定本工程全部采用二次加压供水（含消防）。

3. 系统竖向分区

本工程住宅最高楼层与最低楼层相差81.60－28.50＝53.10m（以3m层高计，相当于19层住宅），因此生活给水竖向分2个区：以黄海高程53.00m（相当于9层）为分界点，楼层不大于53.00m为低区，大于53.00m为高区。给水点处压力大于0.35MPa时，在用户水表前设可调式减压阀。

4. 供水方式及给水加压设备

(1) 采用高位水池供水的加压供水方式：市政给水经二次加压给水泵房分别提升至高区或低

区高位水池后再自流至高区或低区各住宅用户。

(2) 高位水池：高区高位水池池底标高 100m，有效容积 760m^3（含消防用水 360 m^3，生活用水 400 m^3）；低区高位水池池底标高 70m，有效容积 1750m^3。每座水池均分为两格，且内设导流墙。用钢筋混凝土建造，内壁加装不锈钢衬里。

(3) 二次加压给水泵房：高区选用卧式单级泵 2 台，1 用 1 备，每台 Q=134m^3/h，H=88m；低区选用单级双吸泵 2 台，1 用 1 备，每台 Q=443m^3/h，H=54m。泵站转输贮水池储水量 270m^3。

(4) 自动控制装置：高位水池的开泵、停泵水位由水位监控设备自动控制，开、停泵水位应根据用户入住情况随时作适当调整，同时设置溢流报警装置，水位监视和溢流报警信息传至监控中心（设置在加压泵房值班室内）。转输贮水池的水位由电动浮球阀自动控制，停电时阀门自动关闭；当达到控制水位时小浮球可使阀门关闭；当小浮球失灵时液位传感器传递电信号至电磁阀，电磁阀关闭从而使主阀关闭。

5. 管材

(1) 室外生活给水管道埋地敷设，管径小于 200mm 时，采用冷水型内涂塑镀锌焊接钢管，可锻铸铁管件，螺纹连接；管径不小于 200mm 时，采用 K9 级球墨给水铸铁管，橡胶圈 T 形滑入式接口。

(2) 室内给水管道（包括分户水表后的埋地管）采用冷水型涂塑镀锌焊接钢管，可锻铸铁管件，DN<100mm 时螺纹连接，DN≥100mm 时沟槽式连接或法兰连接。

（二）热水系统

1. 独立、联体住宅每户设置 1～2 台 16L 数控强排式燃气热水器于适当位置，电梯住宅每户均设置 1 台直热式燃气热水器于生活阳台，分别供卫生间及厨房使用热水。热水管径按每台热水器有两个用水点同时使用设计。

2. 管材：室内热水管道采用热水型衬塑镀锌焊接钢管，可锻铸铁管件，DN<100mm 时螺纹连接。

（三）绿化给水（中水）系统

1. 水源：利用小区污水处理站处理后的杂用水作为绿化水源，经加压之后供应小区公共绿化浇洒、道路浇洒、人工湖补水等。用水量见表 2 序号 14～17。

2. 系统分区：竖向不分区。绿化给水口由 DN20 管道及 1 个阀门组成，街区每隔 30m 布置 1 个，当车行道宽度小于 10m 时单侧布置，不小于 10m 时道路两边布置。

3. 加压设备：绿化加压水泵设置于污水处理站清水池旁设备间内。

4. 水处理工艺流程

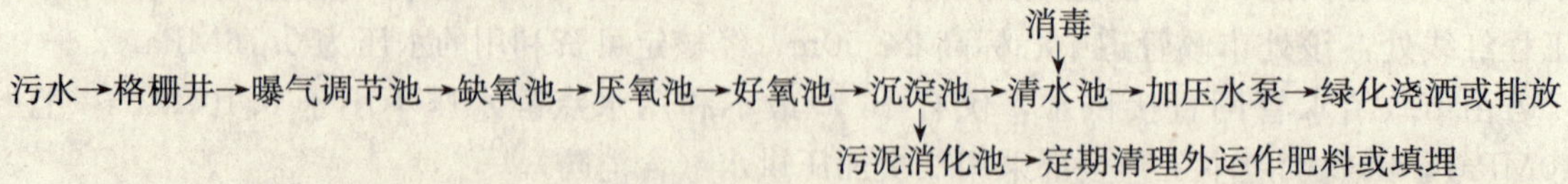

消毒（加入清水池）

污水→格栅井→曝气调节池→缺氧池→厌氧池→好氧池→沉淀池→清水池→加压水泵→绿化浇洒或排放

沉淀池→污泥消化池→定期清理外运作肥料或填埋

5. 管材：采用热镀锌焊接钢管，可锻铸铁管件。管径 DN<100mm 时，采用螺纹连接，管径 DN≥100mm 时，采用沟槽式连接。

（四）排水系统

1. 本工程采用污、废水合流制排水系统（其中厨房废水分流排放）。生活污、废水先排入化粪池，然后进入小区污水管道，最后进入小区污水处理站进行处理。充分利用地形，所有排水管道均为重力流排放。污、废水量按冷水用水量的 90%计。

2. 排水立管顶端设置伸顶通气管，伸出屋面。

3. 小区设置了污水处理站，设计打算取消化粪池，但开发商强烈要求在单体建筑周围就近设置化粪池，理由有：产权明晰、便于物业管理、减少管道淤积堵塞的机会等，因此除独立住宅每户单独设1个化粪池外，联体和电梯住宅也就近设置了化粪池。

4. 管材

(1) 室外污水管道采用圆形钢筋混凝土承插口管（Ⅱ级），橡胶圈接口，砂石（土弧）基础（$D\leqslant250$时，采用180°，$D300$时，采用150°，$D\geqslant400$时，采用120°）。

(2) 室内排水管道（含接至室外检查井的排出管）采用PVC-U排水塑料管，承插粘接接口。

（五）雨水系统

1. 雨水排水设计重现期：屋面采用3年，室外场地采用2年。

2. 屋面雨水采用有组织外排水系统。屋面天沟内采用87型雨水斗或侧入式雨水斗收集雨水，露台等雨水沟采用直立或侧墙式地漏收集雨水。室外场地设置雨水口、截洪沟等收集雨水。雨水排除采用雨水管道或雨水暗渠。

3. 管材：除室外雨水暗渠采用砖墙混凝土盖板沟，截洪沟采用砖砌或毛石砌外，其余室内、外雨水管道管材同污水系统。

二、消防系统

1. 消防用水量

(1) 消火栓用水量：室外25L/s，室内10 L/s，居住区火灾延续时间按2h计。

(2) 自动喷洒用水量30L/s，火灾延续时间按1h计算。属中危险Ⅱ级，系统设计喷水强度$8L/(min\cdot m^2)$，作用面积160 m^2。

2. 系统分区

采用高位水池供水的常高压供水方式，系统竖向不分区。室内室外消火栓系统、负一层车库自动喷洒系统共用一套常高压消防给水系统，由高区高位水池供水，环状管网。

为保证消火栓栓口的出水压力不大于0.5MPa，根据标高情况分别在消火栓处设置不锈钢减压孔板。

3. 高位水池

高区高位水池：池底标高100m，有效容积760m^3（含消防用水360 m^3，生活用水400 m^3）。

4. 消防水泵接合器

设置地上式消防水泵接合器，每个流量按10～15L/s计。由总图综合考虑水泵接合器的数量、位置（在单体水施图中表达），原则是保证任何部位室内消火栓系统不少于1个，自动喷水灭火系统不少于2个。

5. 报警阀组

湿式报警阀组分别设于负一层车库内，按不多于800个喷头设置1个湿式报警阀组设计，共22个。

6. 管材

采用内外热镀锌焊接钢管（含消火栓管、自动喷淋管），可锻铸铁管件。管径$DN<100$mm时，采用螺纹连接，管径$DN\geqslant100$mm时，采用沟槽式连接。

7. 建筑灭火器配置

负一层车库按中危险级配置磷酸铵盐干粉灭火器。

三、设计及施工体会或工程特点介绍

1. 本工程全部按精装修标准售楼，住户收楼后只需购买家电和家具就可入住，其中地层住户开发商还附送有产权证的私家花园。因此凡穿过私家花园的小区给水排水管线尽量沿私家花园围栏边敷设，单体建筑给水排水管线尽量靠近本栋建筑，以便私家花园进行园艺布置。单体建筑给水排水施工图是配合精装修设计出图的，住户只需购买热水器安装在预留位置就可使用所有卫生器具。

2. 单体与总图设计的协调：一般情况下，给水以水表为分界点，消防以接户管阀门为分界点，污水以化粪池为分界点，雨水以排出管起点检查井为分界点，要求单体与总图均表达出分界点位置。

3. 二次加压给水泵房设计特点

选位时充分利用了地形，最大限度地利用市政水压；泵房设置在公共花园内的坡地上，依山就势半地下室布置，建筑与园林、绿化相结合，显得隐蔽、美观；三个功能区吸水池、机房、配电控制房相对独立布置，增加了安全可靠性；共 4 台水泵，2 个高位水池各 1 用 1 备，既节约泵房用地，又能保证水泵始终在高效段运行；合理地利用水泵有效吸程，既减小了机泵房的深度，也减小了水泵的扬程。

4. 雨水排水系统设计特点

本工程将近三面环山，山体雨水排除问题首当其冲。做法是在小区红线外沿周边山体做截洪沟，选取适当位置分散排入区内雨水管网；另外，由于高差的原因，区内挡土墙设置较多，根据实际情况有些挡土墙部位上下均设置了截洪沟。经过充分的计算论证和多次深入现场勘察，截洪沟设计符合现场实际情况，令业主满意。

由于区内高差较大，需要控制雨水管道或雨水暗渠的流速，采取的措施有：设置阶梯式跌水井，控制管道坡度，部分雨水暗渠设置消能墩等。

5. 单体建筑给排水设计特点

水表采用一户一表，水表出户制。独立或联体住宅水表均分散设置在每户首层花园围栏处，电梯住宅水表集中设置在负一层车库内（车库有一面直接对外）。

每户私家花园内设绿化龙头或预留给水管接口。独立或联体住宅露台及大阳台设浇花龙头，每层至少设 1 个打扫卫生用拖布水龙头。电梯住宅一般每户设置 1 个拖布水龙头。

卫生间采用下沉式卫生间，降板高度 350mm。

为了建筑外立面美观，独立和联体住宅雨水立管采用方形塑料管。

空调冷凝水间接排放，由空调专业设计。

6. 实际用水量情况和供水运行电费

2007 年高位水池供水量为：总用水量 2117120m^3/a，其中平均日 5800 m^3/d，最高日 8900m^3/d。2007 年二次供水总费用（含水泵运行电费、人工费、水池清洗费、维修费、检验费等）529635 元。经测算二次加压供水成本（2007 年实际产生）0.25 元/ m^3，二次供水成本比前四期低 20%。

7. 本工程最大亮点是结合地形和建筑规划布置采用了最节能、供水安全稳定性能最好的高位水池供水方式，并且按给水竖向分区设置了 2 个不同高度的高位水池；消防给水系统采用常高压供水方式，环状管网布置，安全稳定可靠。

四、工程系统图及照片

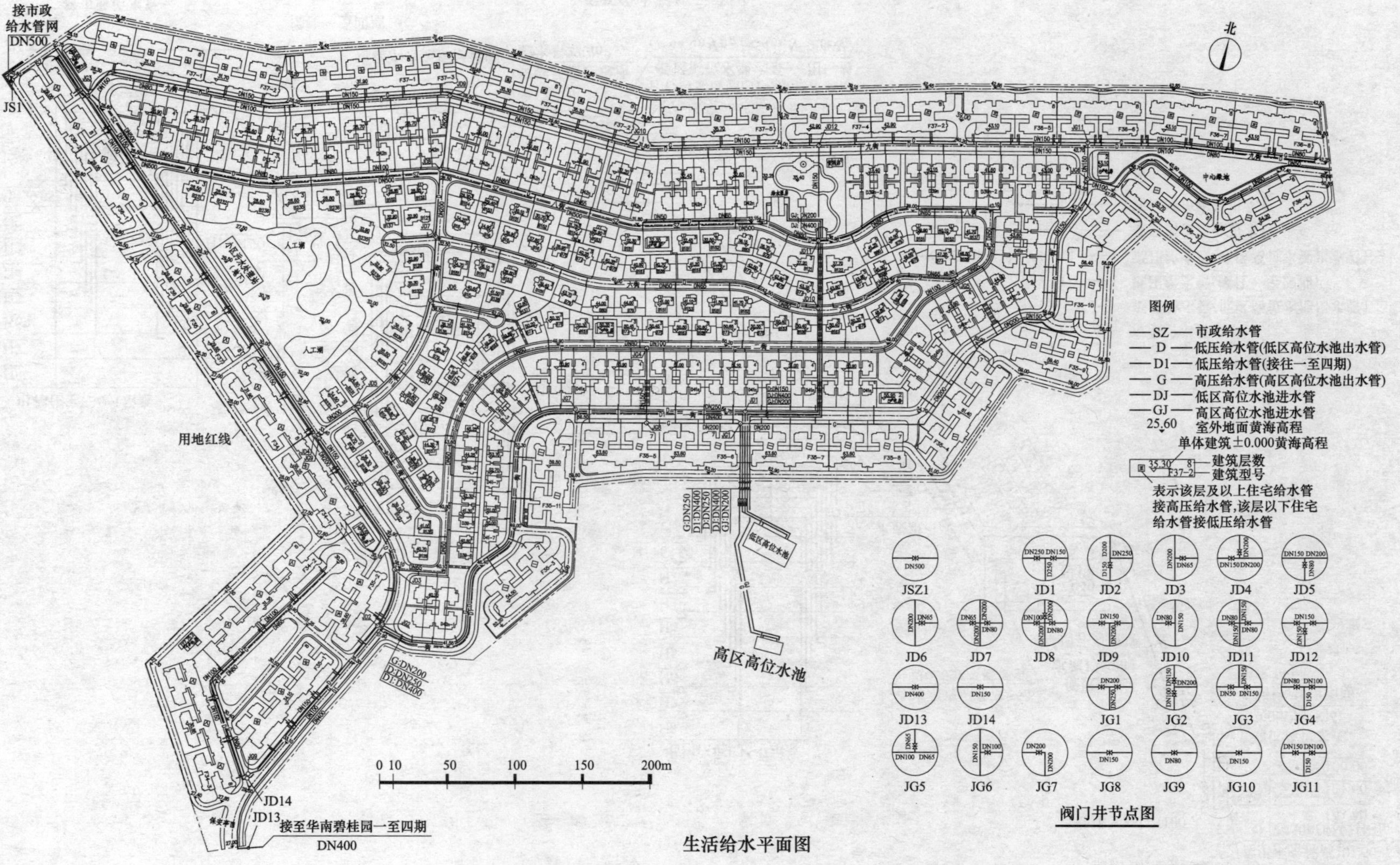

阀门井节点图

生活给水平面图

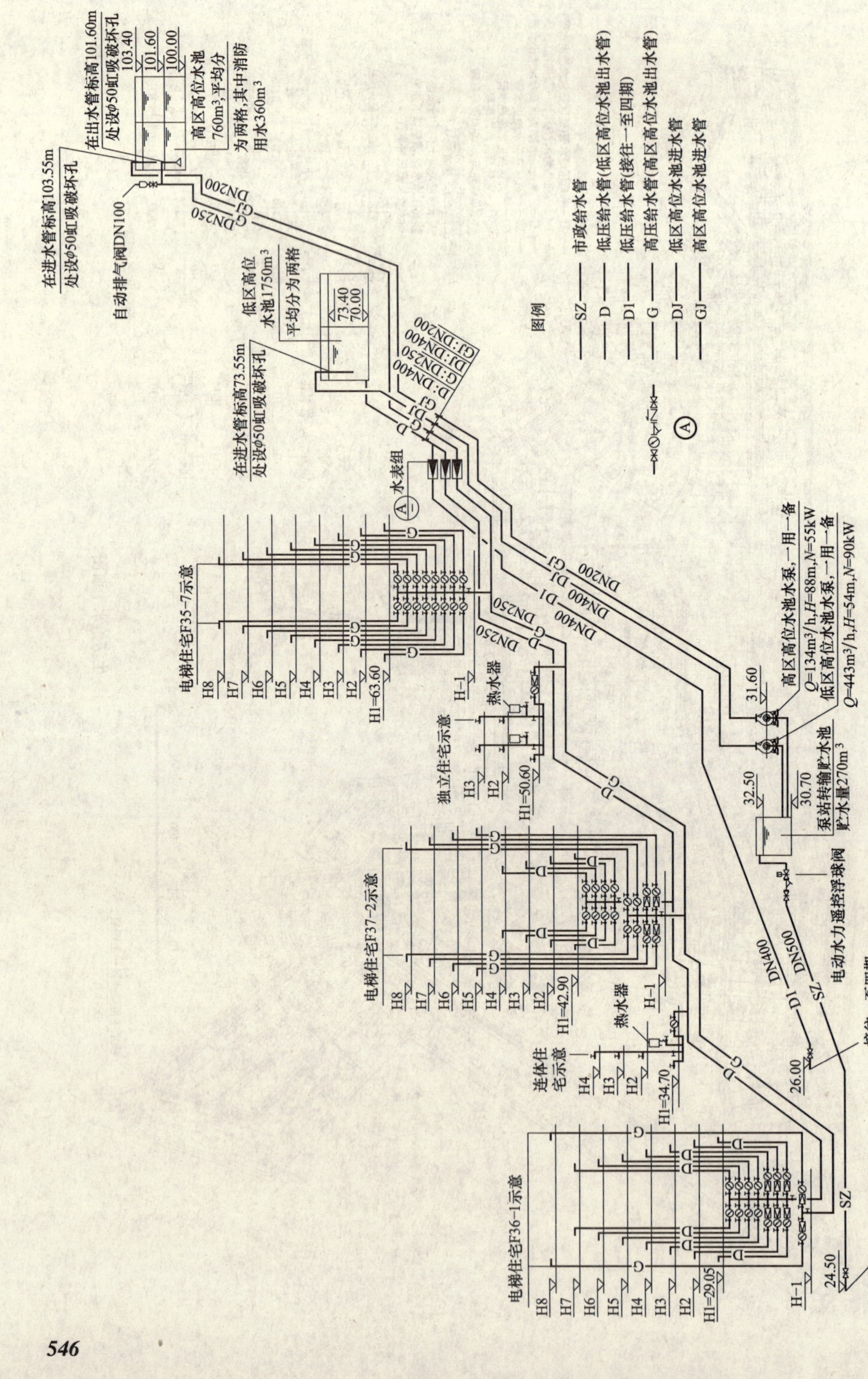

在进水管标高103.55m
处设φ50虹吸破坏孔

在出水管标高101.60m
处设φ50虹吸破坏孔

自动排气阀DN100

103.40
101.60
100.00

高区高位水池
760m³,平均分
为两格,其中消防
用水360m³

在进水管标高73.55m
处设φ50虹吸破坏孔

低区高位
水池1750m³
平均分为两格

73.40
70.00

D:DN400
G:DN250
DJ:DN400
GJ:DN200

水表组

电梯住宅F35-7示意
H8
H7
H6
H5
H4
H3
H2
H1=63.60

电梯住宅F37-2示意
H8
H7
H6
H5
H4
H3
H2
H1=42.90

独立住宅示意
H3
H2
H1=50.60
H-1
热水器

连体住宅示意
H4
H3
H2
H1=34.70
H-1
热水器

电梯住宅F36-1示意
H8
H7
H6
H5
H4
H3
H2
H1=29.05
H-1

DN250 DN250 DN400 DN400 DN200 DN400 DN500

32.50
31.60
30.70
26.00
24.50

高区高位水池水泵,一用一备
Q=134m³/h,H=88m,N=55kW
低区高位水池水泵,一用一备
Q=443m³/h,H=54m,N=90kW

泵站转输贮水池
贮水量270m³

电动水力遥控浮球阀

接往一至四期

接市政给水管

图例

SZ	市政给水管
D	低压给水管(低区高位水池出水管)
D1	低压给水管(接往一至四期)
G	高压给水管(高区高位水池出水管)
DJ	低区高位水池进水管
GJ	高区高位水池进水管

生活给水系统示意图

北
用地红线
人工湖
高区高位水池
JL1
JL2
JL3
JL4
JL5
JL6
JL7
阀门井节点图
0 10 50 100 150 200m

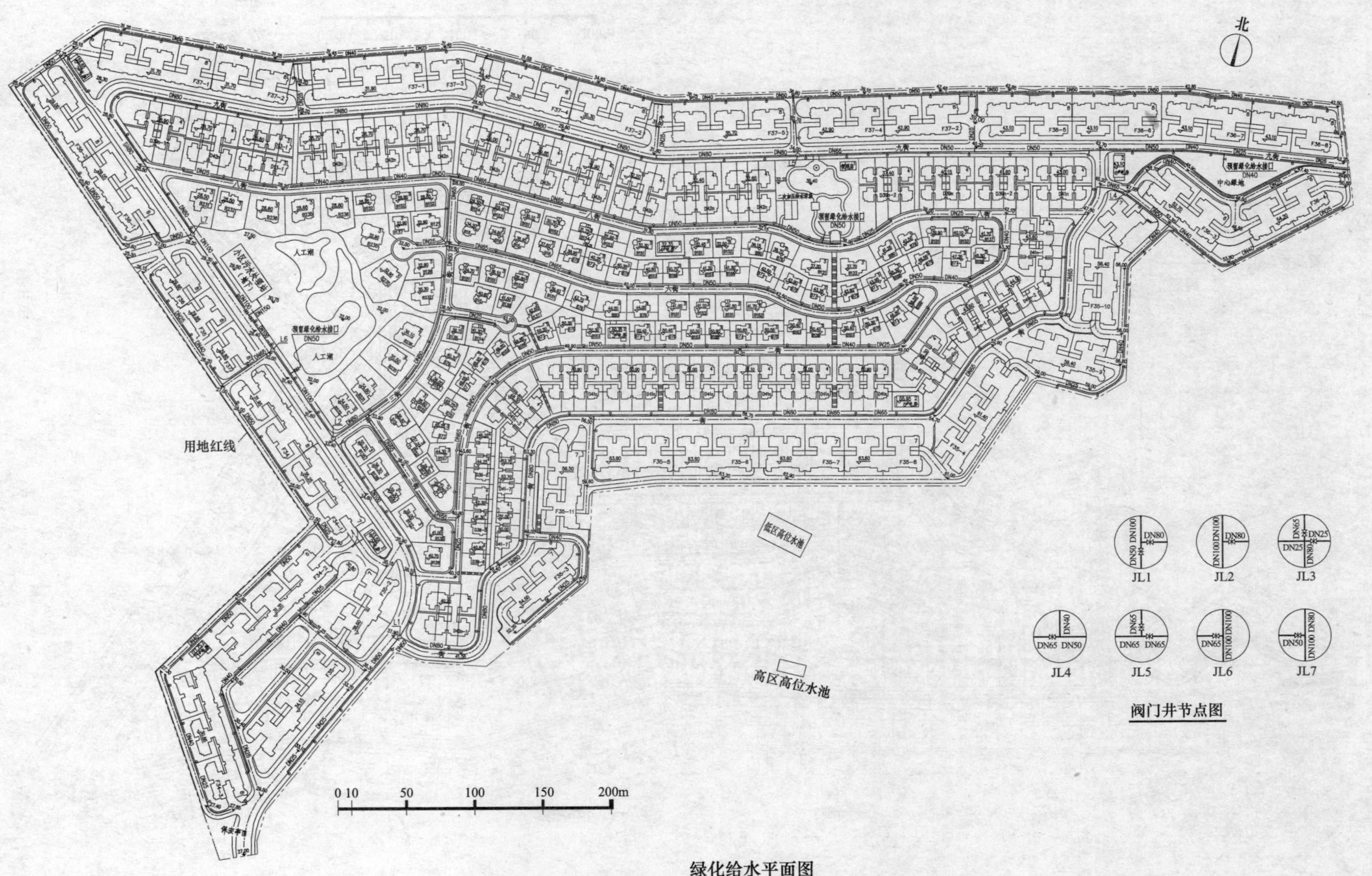

绿化给水平面图

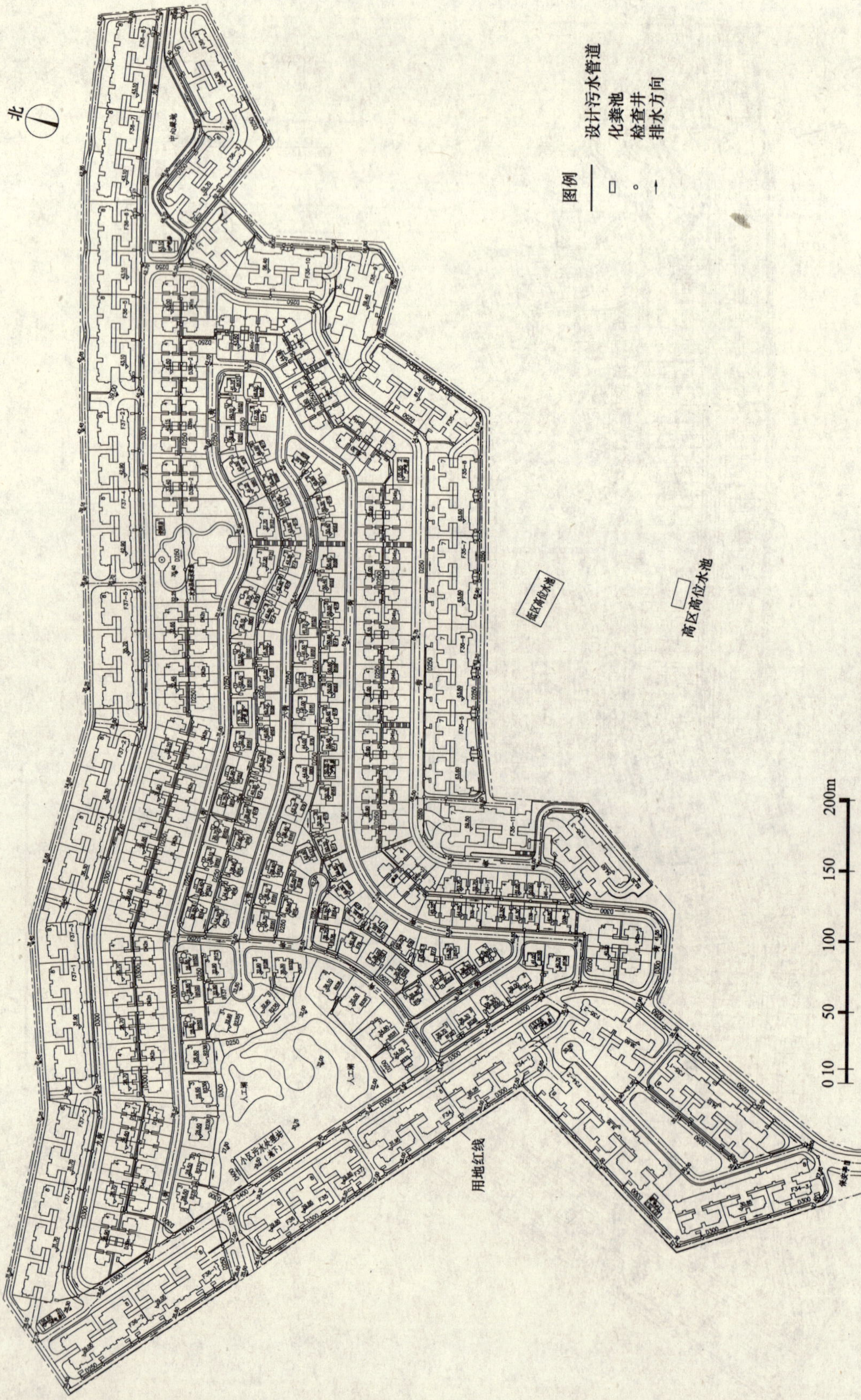

北

图例

设计污水管道

化粪池

检查井

排水方向

低区高位水池

高区高位水池

用地红线

0 10 50 100 150 200m

污水平面图

电梯住宅F36-1示意
连体住宅示意
电梯住宅F37-2示意
独立住宅示意
电梯住宅F35-7示意
H屋面
H8
H7
H6
H5
H4
H3
H2
H1=29.05
H-1=25.75
H1=34.70
H1=42.90
H-1=39.60
H1=50.60
H1=63.60
H-1=60.30
单体检查井
小区检查井
化粪池
地下小区污水处理站
25.13
dn160
24.65
24.60
dn200
D200
24.06
D300
23.87
D300~D400
23.81
D400
23.77
23.71
33.85
33.70
dn125
33.20
D250~D300
37.75
38.25
38.90
49.75
49.60
49.10
58.45
58.89
58.95
59.60

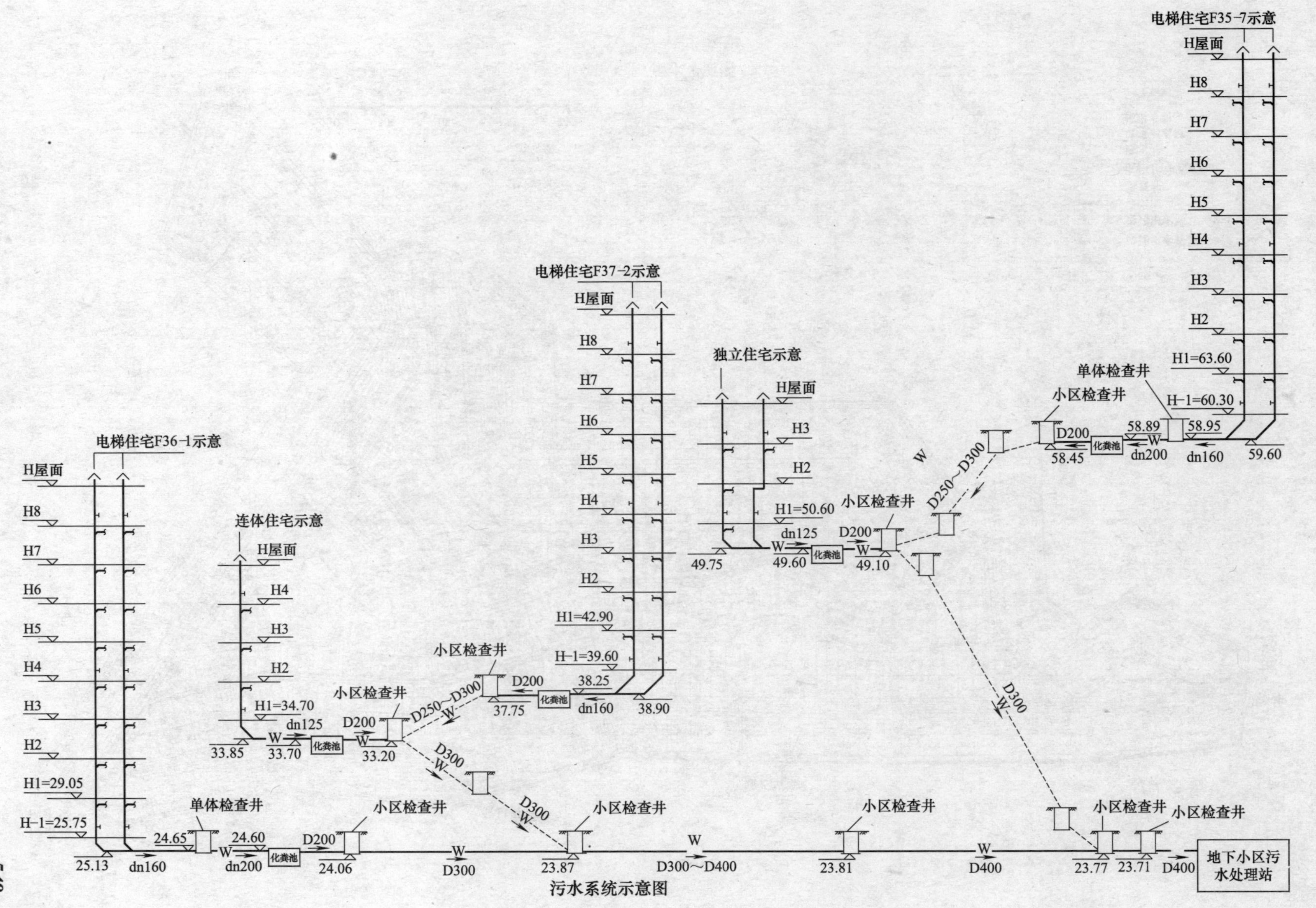

污水系统示意图

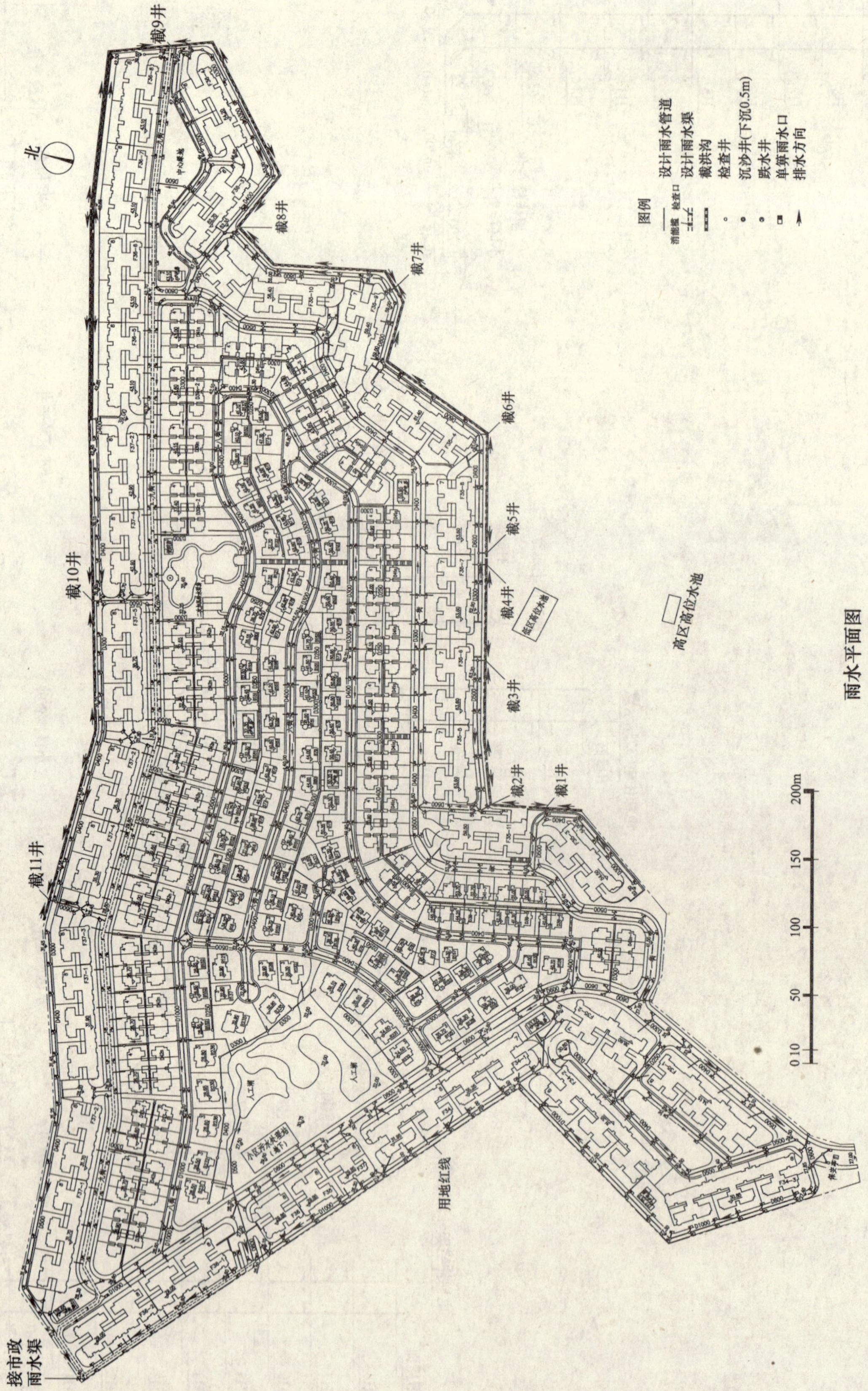

北

截9井 截8井 截7井 截6井 截5井 截4井 截3井 截2井 截1井 截10井 截11井

接市政雨水渠

用地红线

高区高位水池

图例

设计雨水管道

检查口 消能槛 设计雨水渠

截洪沟

检查井

沉砂井(下沉0.5m)

跌水井

单箅雨水口

排水方向

0 10 50 100 150 200m

雨水平面图

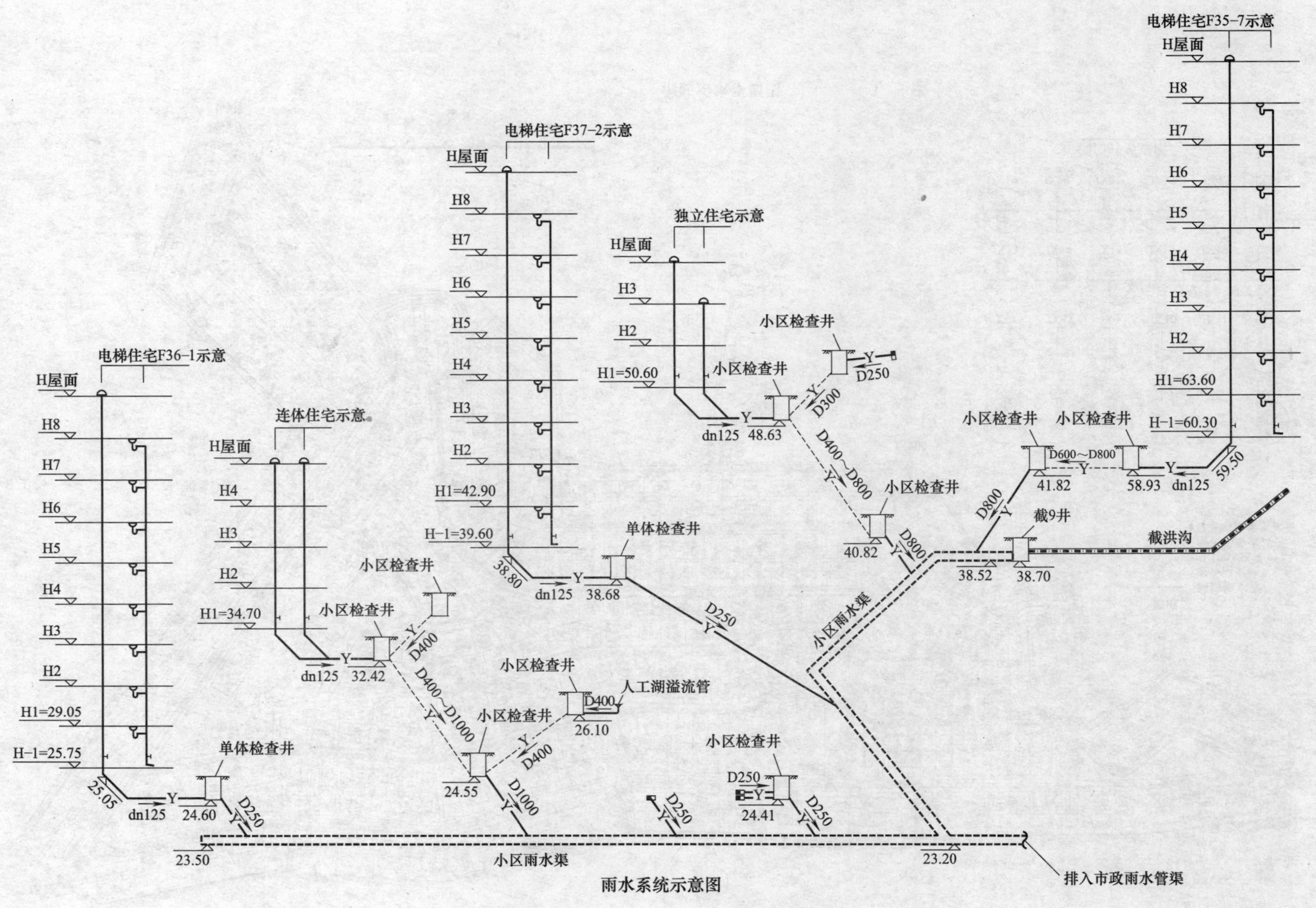
电梯住宅F36-1示意
H屋面
H8
H7
H6
H5
H4
H3
H2
H1=29.05
H-1=25.75
25.05
dn125
单体检查井
24.60
D250
23.50
连体住宅示意
H屋面
H4
H3
H2
H1=34.70
dn125
小区检查井
32.42
小区检查井
D400
D400～D1000
小区检查井
24.55
D400
D1000
小区检查井
D400
人工湖溢流管
26.10
电梯住宅F37-2示意
H屋面
H8
H7
H6
H5
H4
H3
H2
H1=42.90
H-1=39.60
38.80
dn125
单体检查井
38.68
D250
D250
小区检查井
D250
24.41
D250
小区雨水渠
23.20
雨水系统示意图
排入市政雨水管渠
独立住宅示意
H屋面
H3
H2
H1=50.60
小区检查井
dn125
48.63
小区检查井
D250
D300
D400～D800
小区检查井
40.82
D800
小区雨水渠
小区检查井
D800
41.82
D600～D800
小区检查井
58.93
dn125
38.52
截9井
38.70
截洪沟
电梯住宅F35-7示意
H屋面
H8
H7
H6
H5
H4
H3
H2
H1=63.60
H-1=60.30
59.50

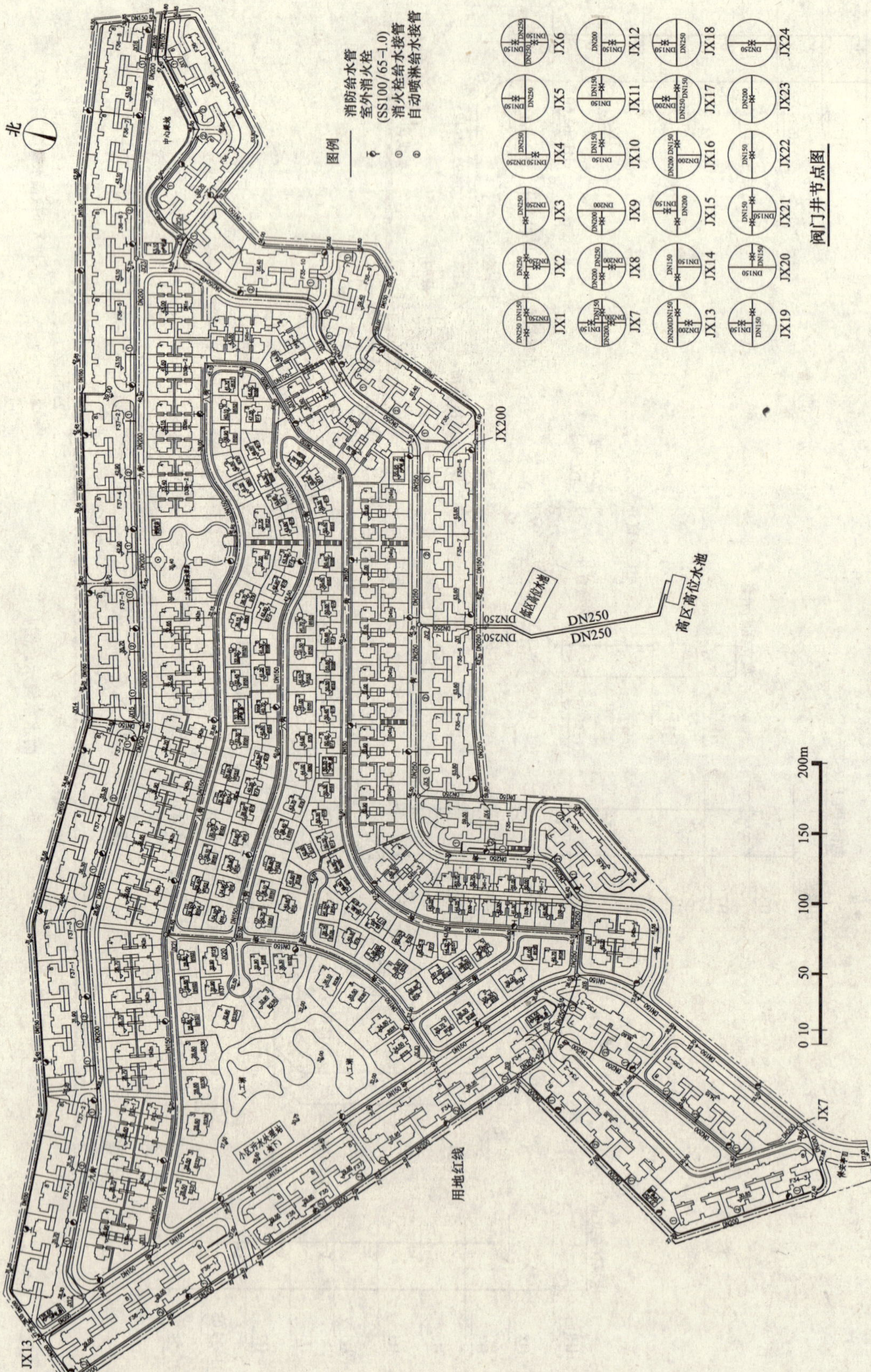

北

图例
消防给水管
室外消火栓 (SS100/65-1.0)
消火栓给水接管
自动喷淋给水接管

JX1 JX2 JX3 JX4 JX5 JX6
JX7 JX8 JX9 JX10 JX11 JX12
JX13 JX14 JX15 JX16 JX17 JX18
JX19 JX20 JX21 JX22 JX23 JX24

阀门井节点图

JX200
低区高位水池
DN250
DN250
高区高位水池
用地红线
JX13
JX7

0 10 50 100 150 200m

消防给水平面图

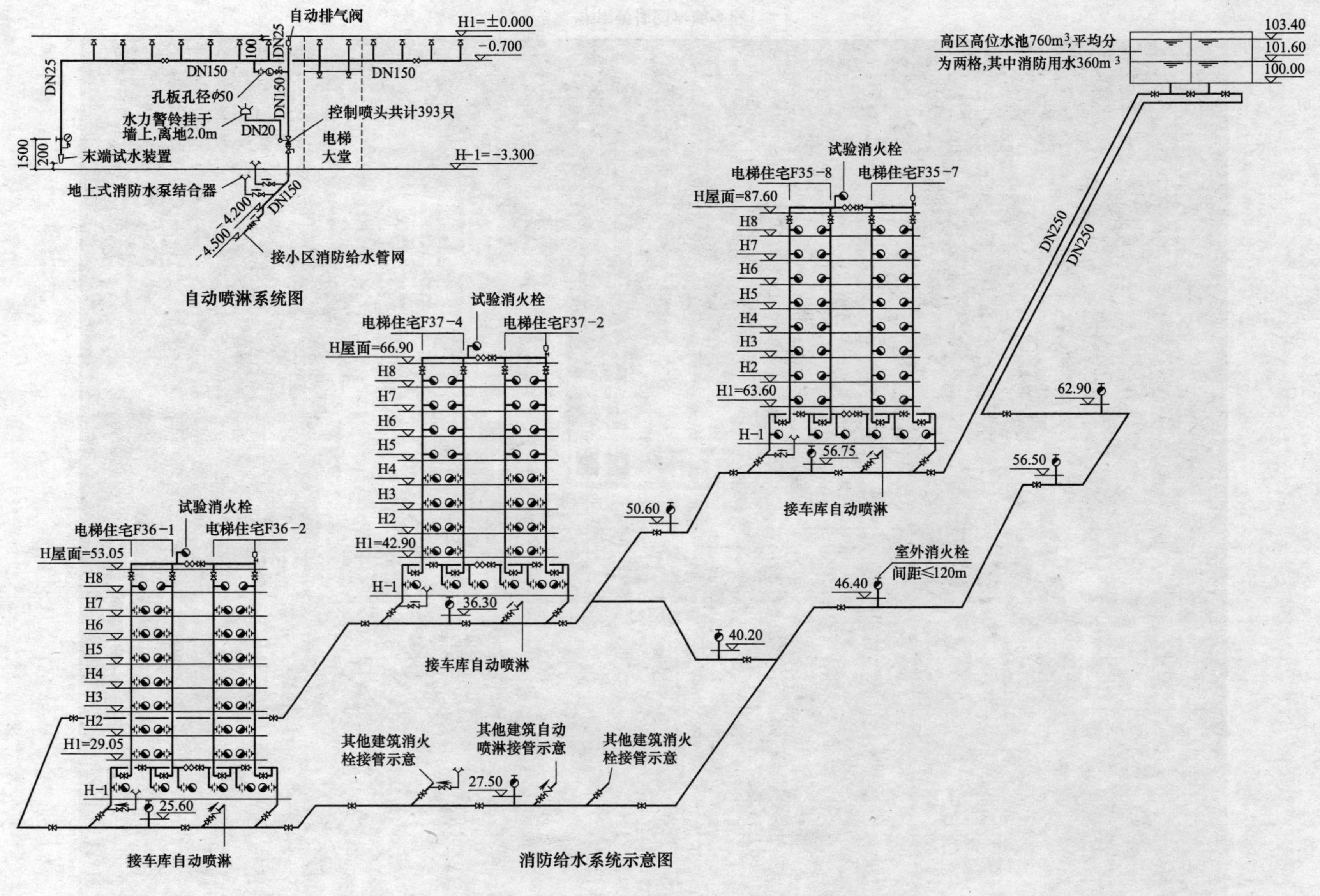

自动排气阀
H1=±0.000
-0.700
DN25
DN150
100
DN25
DN150
孔板孔径φ50
DN150
水力警铃挂于
墙上,离地2.0m
DN20
控制喷头共计393只
电梯
大堂
1500
200
末端试水装置
H-1=-3.300
地上式消防水泵结合器
-4.200
DN150
-4.500
接小区消防给水管网
自动喷淋系统图
103.40
高区高位水池760m³,平均分
101.60
为两格,其中消防用水360m³
100.00
试验消火栓
电梯住宅F35-8
电梯住宅F35-7
H屋面=87.60
H8
H7
H6
H5
H4
H3
H2
H1=63.60
H-1
56.75
接车库自动喷淋
DN250
DN250
62.90
56.50
试验消火栓
电梯住宅F37-4
电梯住宅F37-2
H屋面=66.90
H8
H7
H6
H5
H4
H3
H2
H1=42.90
H-1
36.30
接车库自动喷淋
50.60
室外消火栓
间距≤120m
46.40
40.20
试验消火栓
电梯住宅F36-1
电梯住宅F36-2
H屋面=53.05
H8
H7
H6
H5
H4
H3
H2
H1=29.05
H-1
25.60
接车库自动喷淋
其他建筑消火
栓接管示意
其他建筑自动
喷淋接管示意
27.50
其他建筑消火
栓接管示意
消防给水系统示意图

华南碧桂园六期全景

望都东湖居住小区（15-16 地块）

设计单位： 中国建筑设计研究院
设 计 人： 梁万军　师前进
获奖情况： 居住建筑二等奖
工程概况：

望都东湖居住小区（15-16 地块），该工程位于北京市朝阳区来广营乡望京北小河以北，建设总用地 7.837hm^2，总建筑面积 31.682 万 m^2，地上建筑面积 25.432 万 m^2，地下建筑面积 6.25 万 m^2；包括：8 栋 25、26 层的高层住宅楼、4 栋 2 层配套商业、1 所幼儿园、2 处配套泵站及 1～10 号地下汽车库；人防工程包括：5 级专业队掩蔽所、5 级二等人员掩蔽所、6 级人防物资库；小区划分成基本等大的两个区域，分别设置生活给水、中水、热水加压泵房及热水换热器；小区统一设置一处消防水池及消防泵房；本文以二区干线系统原理图及 7 号楼各系统原理图作为示意。该项目 2005 年初开始设计，2006 年底主要建筑物设计完成。2007 年底整个小区竣工，业主已入住。

一、给水排水系统

（一）生活给水系统

1. 生活给水量详见表 1。

生活给水量表（自来水）　　**表 1**

区号	序号	用水部位	用水量标准 [L/(人·d)]	使用数量		小时变化系数 K	用水时间 (h)	用水量(m^3)			备注
				户数(面积)	人数			最高日 (m^3/d)	平均时 (m^3/h)	最高时 (m^3/h)	
	1	1 号住宅	134.30	204	653	2.68	24	87.67	3.65	9.80	
	2	2 号住宅	134.30	197	630	2.68	24	84.66	3.53	9.46	
	3	3 号住宅	134.30	282	902	2.68	24	121.19	5.05	13.55	
	4	5 号住宅	134.30	224	717	2.68	24	96.27	4.01	10.76	
	5	6 号住宅	134.30	282	902	2.68	24	121.19	5.05	13.55	
	6	7 号住宅	134.30	182	582	2.68	24	78.22	3.26	8.74	
	7	8 号住宅	134.30	206	659	2.68	24	88.53	3.69	9.89	
	8	9 号住宅	134.30	282	902	2.68	24	121.19	5.05	13.55	
	9	住宅小计	134.30	1859	5949	2.68	24	798.92	33.29	89.29	
	10	10 号商业(餐饮)	38.00	1707	3073	1.50	12	116.76	9.73	14.59	
	11	11 号商业(餐饮)	38.00	1575	2835	1.50	12	107.73	8.98	13.47	
	12	13 号办公	20.00	1464	98	1.20	12	1.95	0.16	0.20	
	13	14 号商业(餐饮)	38.00	1392	2506	1.50	12	95.21	7.93	11.90	
	14	12 号幼儿园	63.20		195	2.90	24	12.32	0.51	1.49	
	15	会所	8%	池水容积 m^3	330	1	14	26.40	1.89	1.89	
			100.00		80	1.5	12	8.00	0.67	1.00	淋浴
			20.00	2800	112	1.20	12	2.24	0.19	0.22	其他游乐

续表

区号	序号	用水部位	用水量标准[L/(人·d)]	使用数量		小时变化系数K	用水时间(h)	用水量(m^3)			备注
				户数(面积)	人数			最高日(m^3/d)	平均时(m^3/h)	最高时(m^3/h)	
	16	合计						1169.54	63.35	134.05	
	17	未预见水量	合计10%					116.95	6.33	13.40	
	18	给水总量						1286.50	69.68	147.45	生活供水时
	19	室外消火栓	15L/s				2	108.0	54.00	54.00	
	20	室内消火栓	20L/s				2	144.0	72.00	72.00	
	21	自动喷洒	27.7L/s				1	99.72	99.72	99.72	
	22	给水总用量						1638.22	295.40	373.17	消防供水时

2. 水源和水压：

本小区的供水水源为城市自来水，分别由小区西侧“朝科开发区1号路”及小区南侧“东湖路”市政给水管引入*DN*200的给水管，与小区内的给水环状管网相连接；甲方提供市政最低供水压力：0.22MPa。

3. 系统竖向分区：

给水竖向共分3个区。低区：地下二至地上三层，全部由市政压力供水。中区：四层至十五层。高区：十六至二十六层。

4. 供水方式及给水加压设备：

供水方式采用下行上给式的供水方式。中区、高区分别设置“无负压（无吸程）管网增压稳流给水设备”加压供水。

5. 管材：给水立管及其干管采用（内筋嵌入式）衬塑钢管道，卡环式快装连接。给水支管采用PE-RT增强型聚乙烯管S5系列产品，热熔焊连接。

（二）生活热水系统

1. 生活热水系统小时耗热量，详见表3、表4、表5、表6“生活热水系统设计小时耗热量计算表”。

2. 热源：热媒由小区地下锅炉房供应，热媒供水温度80℃，回水温度60℃。热水供水温度55℃，回水温度50℃。

3. 系统竖向分区：生活热水分区及供水方式同生活给水系统。

4. 热交换设备：热交换器设置于地下热交换站；采用浮动盘管半容积式热交换器。

5. 采用冷热水同一压力源及相同的系统供水形式，以解决冷热水压力平衡问题。在各单体楼的回水管路设置热水循环泵，由设在循环泵进水管上的电接点温度计自动控制其开、停，来保证末端用水的舒适度；各单体建筑采用同程式布置管网。

6. 管材：热水、回水立管及其干管采用（内筋嵌入式）衬塑钢管道，卡环式快装连接。支管采用PE-RT增强型聚乙烯管S3.2系列产品，热熔焊连接。

（三）中水系统

1. 中水水源：采用市政中水供水。用于建筑内冲厕；小区浇洒绿化、道路洒水及冲洗地下车库地面。市政中水最低供水压力：0.18MPa。中水用水量详见表2。

2. 系统分区：中水系统竖向共分3个区。低区：地下二层至三层，全部由市政压力供水。中区：四至十五层。高区：十六至二十六层。

3. 供水方式及中水加压设备：供水方式采用下行上给式的供水方式。中区、高区分别设置“无负压（无吸程）管网增压稳流给水设备”加压供水。

4. 管材：中水立管及其干管采用（内筋嵌入式）衬塑钢管道，卡环式快装连接。给水支管采用 PE-RT 增强型聚乙烯管 S5 系列产品，热熔焊连接。

（四）排水系统

1. 采用污、废水合流排放。

2. 高层卫生间排水立管采用设置专用通气立管，厨房排水立管采用设置单立管伸顶通气方式。

3. 生活污水经化粪池处理后排至市政污水管网，厨房废水经隔油池处理后排入市政污水管网。

4. 管材：污水、废水重力流排水立管，出户管均采用柔性接头的机制排水铸铁管，平口对接，橡胶圈密封不锈钢卡箍卡紧。排水横支管采用排水 PVC-U 塑料管，粘接。有压排水管采用焊接钢管，焊接连接。与阀门连接处采用法兰连接。

（五）雨水系统

1. 暴雨强度及设计重现期：小区室外场地 $P=2$ 年，屋面雨水 $P=3$ 年。

2. 屋面雨水采用内排水系统，设置 87 型雨水斗，经收集后散流至室外地面。雨水一部分通过绿地及渗水铺装下渗补充地下水，一部分由管道组织排放。

3. 管材：采用热镀镀锌钢管，沟槽连接。

二、消防系统

（一）消火栓系统

1. 用水量：本小区室内消火栓用水量 20L/s，室外消火栓用水量为 15L/s，火灾延续时间按 2h 计。

2. 室外消防用水采用低压制，由室外给水管上设置的消火栓供给。

3. 室内消火栓系统竖分两个区，地下二至二层为低区，三层以上为高区，低区设置减压阀减压供水。

4. 本系统采用微机控制消防专用供水设备，设 2 台加压水泵，1 用 1 备，设计流量 20L/s，设计扬程 12.5MPa，系统压力平时由屋顶消防水箱保持。

5. 小区集中在地下设置消防贮水池及水泵房。消防贮水池有效容积 252m^3，其中贮存室内消火栓系统用水 144m^3，自动喷水灭火系统用水 108m^3。1 号住宅楼屋顶设置 18m^3 的消防专用水箱，消防专用水箱架空高度满足 7m 水柱要求。

6. 在室外设 5 套 SQX100-A 型地下式消防水泵结合器供系统补水用。

7. 管材：采用焊接钢管，焊接连接，与阀门相接的管段采用法兰连接。

（二）自动喷水灭火系统

1. 本小区会所、配套商业、幼儿园以及地下汽车库中除配电室、设备用房以及卫生间外均设自动喷水灭火系统保护。采暖区采用湿式自动喷水灭火系统，非采暖区采用自动喷水灭火预作用系统。

2. 本系统按地下汽车库中危险级Ⅱ级设计，系统设计秒流量 26.60L/s，取为 30L/s，设计火灾延续时间 1h，消防水池贮存本系统用水量 108m^3。

3. 本系统竖向不作分区，与消火栓系统共用高位消防专用水箱。

4. 本系统采用微机控制消防专用供水设备，设 2 台加压水泵，1 用 1 备，设计流量 30L/s，设计扬程 0.65MPa。系统压力平时由屋顶高位消防专用水箱维持。

5. 喷头选用：喷头除地下停车库、非采暖区及无吊顶的走廊采用易熔合金直立型喷头外，其余采用下垂型玻璃球喷头。装修标准高的房间及走道等用吊顶型喷头；喷头温级为：易熔合金喷头为72℃，玻璃球为68℃。

6. 预作用系统设置6组预作用报警阀，分布于地下汽车库。湿式系统设2组湿式报警阀，设置于小区地下消防水池水泵房。水喷雾灭火系统设2组雨淋报警阀组，设置于燃气锅炉房。

7. 本系统在室外设2套地下式消防水泵接合器供系统补水用。

8. 管材：自动喷水灭火系统采用内外壁热镀镀锌钢管。$DN<100$mm者丝扣连接，$DN\geqslant100$mm者沟槽连接，水泵房内管道及与阀门连接的管段采用法兰连接。

（三）水喷雾灭火系统

1. 设置范围：燃气锅炉房。用于燃气锅炉的防护冷却。

2. 基本设计参数：喷雾强度为9L/(min·m²)，持续喷雾1h。设计流量：25.5L/s。水喷雾系统响应时间不大于45s。

3. 与自动喷水灭火系统合用加压泵组。

4. 系统设置三种启动方式：自动启动、手动启动和应急操作。

5. 自动启动方式设置：可燃气体探测器、感烟探测器、感温探测器报警启动。

6. 管材：水喷雾灭火系统采用内外壁热镀镀锌钢管。$DN<100$mm者丝扣连接，$DN\geqslant100$mm者沟槽连接，水泵房内管道及与阀门连接的管段采用法兰连接。

（四）建筑灭火器配置

1. 小区单体建筑全方位配置建筑灭火器保护。

2. 灭火级别为：变配电室配电、弱电用房按E类火灾中危险级配置灭火器，地下汽车库按B类火灾中危险级设计，地下人防、住宅部位等按A类轻危险级配置灭火器。

3. 灭火器均采用MF/ABC型磷酸铵盐干粉灭火剂。

三、设计体会

1. 高层住宅的设计应该采用合理的分区，采用分区加压供水，不宜采用设置干管减压的方式分区。分区加压供水有利于节能节水。

2. 设置可调式支管减压阀，控制入户供水压力，以0.20MPa为宜，这样不但用水舒适还可以有效节水节能。冷热水入户设置可调式支管减压阀可保证冷热水压力平衡。

3. 高层住宅的系统多，分区多，各种管线交叉矛盾突出，住宅又面临层高等的限制，设计难度较大，故方案设计时各专业应充分配合，做好管道综合设计；结合规范有个清晰的管道布置思路，与建筑等专业一起确定一个合理的管道布置空间。

4. 对于小区热水循环系统，尽量做好每栋建筑、每个分区分别设置循环水泵，有利于热水系统的平稳可靠运行，压力及温度调节。

中水用水量表 **表2**

区号	序号	用水部位	用水量标准[L/(人·d)]	使用数量		小时变化系数K	用水时间(h)	用水量(m³)			备注
				户数(面积)	人数			最高日(m³/d)	平均时(m³/h)	最高时(m³/h)	
	1	1号住宅	35.70	204	653	2.68	24	23.30	0.97	2.60	
	2	2号住宅	35.70	197	630	2.68	24	22.51	0.94	2.52	
	3	3号住宅	35.70	282	902	2.68	24	32.22	1.34	3.60	
	4	5号住宅	35.70	224	717	2.68	24	25.59	1.07	2.86	
	5	6号住宅	35.70	282	902	2.68	24	32.22	1.34	3.60	
	6	7号住宅	35.70	182	582	2.68	24	20.79	0.87	2.32	
	7	8号住宅	35.70	206	659	2.68	24	23.53	0.98	2.63	

续表

区号	序号	用水部位	用水量标准[L/(人·d)]	使用数量		小时变化系数K	用水时间(h)	用水量(m^3)			备注
				户数(面积)	人数			最高日(m^3/d)	平均时(m^3/h)	最高时(m^3/h)	
	8	9号住宅	35.70	282	902	2.68	24	32.22	1.34	3.60	
	9	住宅小计	35.70	1859	5949	2.68	24	212.37	8.85	23.74	
	10	会所	30.00	2800	112	1.20	12	3.36	0.28	0.34	
	11	10号商业(餐饮)	2.00	1707	3073	1.50	12	6.15	0.51	0.77	
	12	11号商业(餐饮)	2.00	1575	2835	1.50	12	5.67	0.47	0.71	
	13	13号办公	30.00	1464	98	1.20	12	2.93	0.24	0.29	
	14	14号商业(餐饮)	2.00	1392	2506	1.50	12	5.01	0.42	0.63	
	15	12号幼儿园	16.80		195	2.90	24	3.28	0.14	0.40	
	16	合计						238.76	10.91	26.86	
	17	未预见水量	合计10%					23.88	1.09	2.69	
其他	18	地下车库	2.00	45000		1.00	8	90.00	11.25	11.25	
	19	浇洒绿化	1.50	21500			4	64.50	16.13	16.13	室外
	20	冲洗道路	0.20	5200			2	1.04	0.52	0.52	室外
总计	21	总中水量						418.18	39.90	57.45	

注：

1. 住宅用水量标准170L/(人·d)，其中洗澡用水 31%，洗漱用水6%，合计洗浴37%［62.90L/(人·d)］；洗衣用水22%［37.40L/(人·d)］；厨房用水20%［34.00L/(人·d)］；冲厕用水21%［35.70L/(人·d)］；生活给水134.30L/(人·d)，中水给水35.70L/(人·d)；
2. 配套办公用水量标准50L/(人·d)，其中洗漱用水40%［20.00L/(人·班)］，冲厕用水60%［30.00L/(人·班)］；
3. 配套商业用水量标准5L/(m^2·d)，其中洗漱用水40%［2.00L/(顾客·d)］，冲厕用水60%［3.00L/(顾客·d)］；配套餐饮用水量标准40L/(人·次)，其中厨房用水95%［38L/(顾客·次)］，冲厕用水5%［2.00L/(顾客·次)］；
4. Qd_{max}=人数×用水标准/1000（m^3）；$Q_h=Q_{d_{max}}$/用水时间（m^3）；$Q_{h_{max}}=Q_h\times K$；
5. 浇洒绿化用水量标准1.5L/(m^2·次)，每日2次，每次2h；冲洗道路地面用水量标准0.2L/(m^2·次)，每日1次，每次2h；冲洗汽车库地面用水标准2.0L/(m^2·次)，每日1次，每次8h；
6. 幼儿园用水量标准60L/(人·d)，冲厕用水21%［12.6L/(人·d)］，其他用水79%［47.4L/(人·d)］；
7. 面积单位为m^2。

一区设计小时耗热量计算表 **表3**

区号	序号	用水部位	用水量标准[L/(人·d)]	户数	人数	K_h	Q_{hmax}(L/h)	小时耗热量		备注
								(kcal/h)	(kW)	
高区	1	1号住宅	80	88	282	3.77	3535	180297	210	16层以上
	2	2号住宅	80	78	250	3.88	3229	164697	192	16层以上
	3	5号住宅	80	68	218	4.04	2932	149522	174	16层以上
	4	3号住宅	80	132	422	3.44	4848	247232	288	16层以上
	5	高区小计	80	366	1171	2.83	11038	562961	657	16层以上
	6	高效浮动盘管半容积式换热器：$F=19.7m^2$ 选型：DFHRV-1400-4T/0.6MPa/1.6MPa				V(m^3)=	3.9	Fjr(m^2)=	17	
						Δtj =	41			
		膨胀罐SQL1200-1.6型 归丽晶加药器11				V(m^3)=	0.57			
中区	7	1号住宅	80	96	307	3.68	3773	192439	225	
	8	2号住宅	80	95	304	3.69	3741	190782	223	4层～15层
	9	5号住宅	80	120	384	3.52	4510	230021	268	4层～15层
	10	3号住宅	80	144	461	3.36	5165	263391	307	4层～15层
	11	中区小计	80	455	1456	2.77	13460	686462	801	4层～15层
	12	高效浮动盘管半容积式换热器：$F=27.2m^2$ 选型：DFHRV-1600-4.5T/0.6MPa/1.0MPa				V(m^3)=	4.7	Fjr(m^2)=	21	4层～15层
						Δtj =	41			
		膨胀罐SQL1200-1.0型 归丽晶加药器11				V(m^3)=	0.64			

续表

区号	序号	用水部位	用水量标准[L/(人·d)]	户数	人数	K_h	Q_{hmax}(L/h)	小时耗热量		备注
								(kcal/h)	(kW)	
低区	13	1号住宅	80	24	77	5.12	1311	66847	78	首层～3层
	14	2号住宅	80	24	77	5.12	1311	66847	78	首层～3层
	15	5号住宅	80	30	96	5.12	1638	83558	97	首层～3层
	16	3号住宅	80	24	77	5.12	1311	66847	78	首层～3层
	17	低区住宅小计	80	102	326	3.64	3965	202229	236	
	18	4号会所洗浴	100		80	1.50	1000	51000	60	
	19	低区小计					4965	253229	295	
	20	高效浮动盘管半容积式换热器：F=11.1m^2 选型：DFHRV-1200-2.0T/0.6MPa/0.6MPa 膨胀罐 SQL1000-0.6型 归丽晶加药器9				$V(m^3)$=	1.7	$F_{jr}(m^2)$=	8	
						Δt_j=	41			
						$V(m^3)$=	0.35			
	21	会所游泳池					1815	92571	108	
		浮动盘管半容积式换热器：F=4.3m^2×2				$V(m^3)$=	0.6	$F_{jr}(m^2)$=	2	
		选型：DFQ-YS-400-4.3-1.0				Δt_j=	49			

注：1. 生活热水系统采用小区锅炉房供应，热媒采用供水温度80℃，回水温度60℃；

2. 生活热水按供水温度55℃，回水温度50℃计；冷水计算温度：采暖季节4℃；

3. 住宅热水用水量80L/(人·d)(55℃)，热水系统24h全天供热，每户按3.2人计算；

4. 计算说明：Q_d=人数×80L/(人·d)，$Q_{hmax}=Q_h\times K_h$（住宅），$W=Q_{hmax}\times$(供水温度－冷水温度)；

5. 半容积式水加热器储热量≥20minQ_h；换热面积 $F_{jr}=CrQz/\varepsilon K\Delta t_j$，$\Delta t_j=(t_{mc}+t_{mz})/2-(t_l+t_r)/2$，$Cr$=1.1～1.2，$\varepsilon$=0.6～0.8，$k$=1395W/(m²·K)。

6. 一区域为1号、2号、3号、4号（会所）、5号；二区域为6号、7号、8号、9号、幼儿园。

一区设计小时耗热量总结 **表4**

区号	1	文化中心	q[(L/(人·d)]	户数	人数	K_h	Q_{hmax}(L/h)	小时耗热量		备注
								(kcal/h)	(kW)	
高区	2	住宅	80	366	1171	2.83	11038	562961	657	16层以上
中区	3		80	455	1456	2.77	13460	686462	801	4层～15层
低区	4		80	102	326	3.64	3965	202229	236	首层～3层
	5	住宅总计	80	923	2954	2.49	24503	1249664	1458	
低区	6	会所洗浴					1000	51000	60	B2
低区	7	游泳池耗热	池容(m^3)	400			1815	92571	108	B2
	8	1区域总计					27318	1393236	1625	B2以上

游泳池设计小时耗热量计算

低区	1	P_b(Pa)	P_q(Pa)	$A_s(m^2)$	β(Pa)	γ(kJ/h)	v_w(m/s)	ρ(kg/L)	备注
	2	3559.64	1959.80	250.00	133.32	2436.30	0.20	1.00	
	3	T_b(℃)	T_s(℃)	T_j(h)	α(kJ/kcal)	V_f(L/d)	ρ(kg/L)	Q_b(kJ/h)	
	4	4.00	27.00	24.00	4.1868	40000	1.00	160494	
	5	ρ(kg/L)	B(Pa)	B'(Pa)	Q_z(kJ/h)	Q_{ch}(kJ/h)	Q(kJ/h)	Q(kW)	
	6	1.00	101323.2	102040.00	191454	38291	391948	109	

注：游泳池加热所需热量：$Q=Q_z+Q_{ch}+Q_b=Q_s+20\%Q_s+Q_b=1.20Q_z+Q_b$

其中：① 游泳池池水表面蒸发损失的热量：$Q_z=1/\beta\cdot\rho\cdot\gamma\ (0.0174v_w+0.0229)(p_b-p_q)A_SB/B'$。

② 池水表面、底、壁、管道和设备等传导损失按池水表面蒸发损失热量的20%计：$Q=20\%Q_z$。

③ 游泳池补充新鲜水加热所需的热量：$Q_b=\alpha\cdot qb\cdot\rho\ (T_s-T_b)/T_j$。

二区设计小时耗热量计算表 **表 5**

区号	序号	用水部位	用水量标准［L/(人·d)］	户数	人数	K_h	Q_{hmax}(L/h)	小时耗热量		备注
								(kcal/h)	(kW)	
高区	1	7 号住宅	80	66	211	4.07	2868	146273	171	16 层以上
	2	8 号住宅	80	87	278	3.75	3476	177260	207	16 层以上
	3	6 号住宅	80	132	422	3.44	4848	247232	288	16 层以上
	4	9 号住宅	80	132	422	3.44	4848	247232	288	16 层以上
	5	高区小计	80	417	1334	2.80	12439	634372	740	16 层以上
	6	高效浮动盘管半容积式换热器：F=19.7m^2 选型：DFHRV-1400-4.0T/0.6MPa/1.6MPa 膨胀罐 SQL1200-1.6 型　归丽晶加药器 11				$V(m^3)$=	4.4	$F_{jr}(m^2)$=	20	
						Δtj=	41			
						$V(m^3)$=	0.57			
中区	7	7 号住宅	80	96	307	3.68	3773	192439	225	4 层～15 层
	8	8 号住宅	80	96	307	3.68	3773	192439	225	4 层～15 层
	9	6 号住宅	80	144	461	3.36	5165	263391	307	4 层～15 层
	10	9 号住宅	80	144	461	3.36	5165	263391	307	4 层～15 层
	11	中区小计	80	480	1536	2.76	14122	720211	840	4 层～15 层
	12	高效浮动盘管半容积式换热器：F=28.7m^2 选型：DFHRV-1600-5T/0.6MPa/1.0MPa 膨胀罐 SQL1200-1.0 型　归丽晶加药器 12				$V(m^3)$=	5.0	$F_{jr}(m^2)$=	22	
						Δtj=	41			
						$V(m^3)$=	0.64			
低区	13	7 号住宅	80	24	77	5.12	1311	66847	78	首层～3 层
	14	8 号住宅	80	24	77	5.12	1311	66847	78	首层～3 层
	15	6 号住宅	80	36	115	4.93	1893	96519	113	首层～3 层
	16	9 号住宅	80	36	115	4.93	1893	96519	113	首层～3 层
	17	低区住宅小计	80	120	384	3.52	4510	230021	268	首层～3 层
	18	幼儿园	40		195	5.98	1943	99102	116	
	19	低区小计					6453	329123	384	
	20	高效浮动盘管半容积式换热器：F=11.1m^2 选型：DFHRV-1200-2T/0.6MPa/0.6MPa 膨胀罐 SQL1000-0.6 型　归丽晶加药器 9				$V(m^3)$=	2.3	$F_{jr}(m^2)$=	10	
						Δtj=	41			
						$V(m^3)$=	0.35			

二区设计小时耗热量总结 **表 6**

区号	1	文化中心	q［L/(人·班)］	户数	人数	K_h	Q_{hmax}(L/h)	小时耗热量		备注
								(kcal/h)	(kW)	
高区	2	住宅	80	417	1334	2.80	12439	634372	740	16 层以上
中区	3		80	480	1536	2.76	14122	720211	840	4 层～15 层
低区	4		80	120	384	3.52	4510	230021	268	首层～3 层
	5	住宅总计	80	1017	3254	2.53	27469	1400930	1634	
低区	6	幼儿园	40		160	5.69	1518	77411	90	
全区	7	2 区域总计					28987	1478341	1725	

四、工程系统图

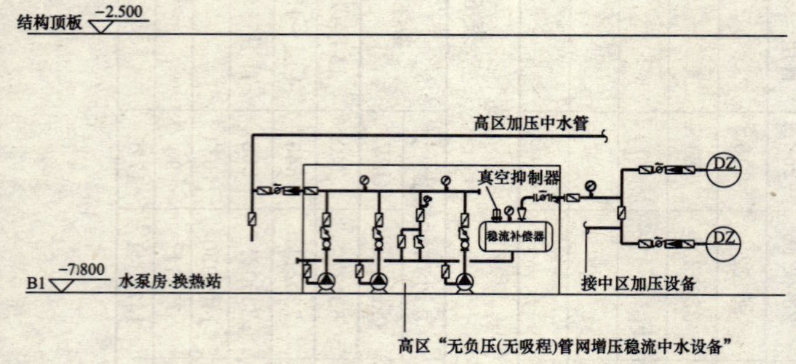
结构顶板
−2.500
高区加压中水管
真空抑制器
稳流补偿器
DZ
DZ
B1
−7.800
水泵房.换热站
接中区加压设备
高区“无负压(无吸程)管网增压稳流中水设备”

二区高区中水管道系统原理图

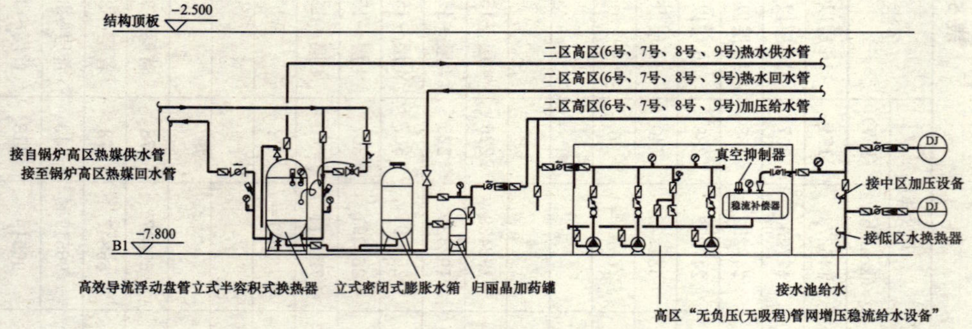
结构顶板
−2.500
二区高区(6号、7号、8号、9号)热水供水管
二区高区(6号、7号、8号、9号)热水回水管
二区高区(6号、7号、8号、9号)加压给水管
接自锅炉高区热媒供水管
接至锅炉高区热媒回水管
真空抑制器
稳流补偿器
DJ
接中区加压设备
DJ
接低区水换热器
B1
−7.800
高效导流浮动盘管立式半容积式换热器
立式密闭式膨胀水箱
归丽晶加药罐
接水池给水
高区“无负压(无吸程)管网增压稳流给水设备”

二区高区给水.热水管道系统原理图

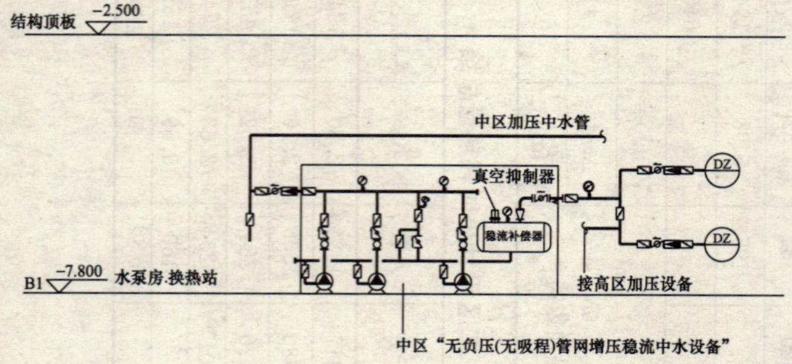
结构顶板
−2.500
中区加压中水管
真空抑制器
稳流补偿器
DZ
DZ
B1
−7.800
水泵房.换热站
接高区加压设备
中区“无负压(无吸程)管网增压稳流中水设备”

二区中区中水管道系统原理图

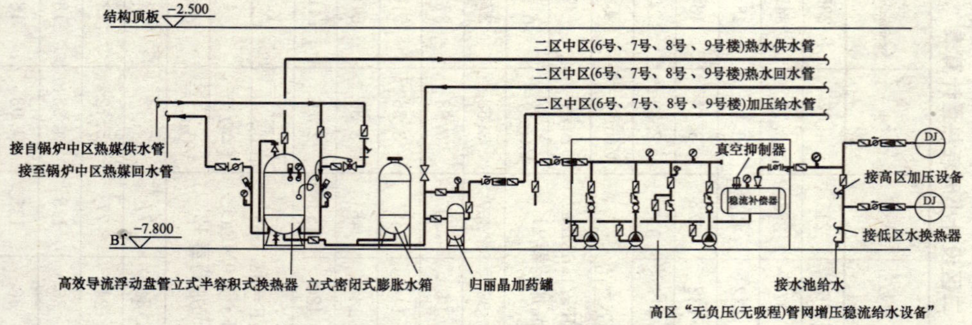
结构顶板
−2.500
二区中区(6号、7号、8号、9号楼)热水供水管
二区中区(6号、7号、8号、9号楼)热水回水管
二区中区(6号、7号、8号、9号楼)加压给水管
接自锅炉中区热媒供水管
接至锅炉中区热媒回水管
真空抑制器
稳流补偿器
DJ
接高区加压设备
DJ
接低区水换热器
B1
−7.800
高效导流浮动盘管立式半容积式换热器
立式密闭式膨胀水箱
归丽晶加药罐
接水池给水
高区“无负压(无吸程)管网增压稳流给水设备”

二区中区给水.热水管道系统原理图

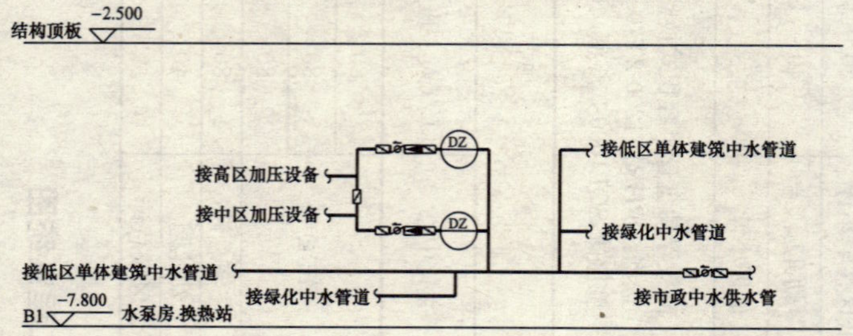
结构顶板
−2.500
DZ
DZ
接高区加压设备
接中区加压设备
接低区单体建筑中水管道
接绿化中水管道
接低区单体建筑中水管道
接绿化中水管道
接市政中水供水管
B1
−7.800
水泵房.换热站

二区低区中水管道系统原理图

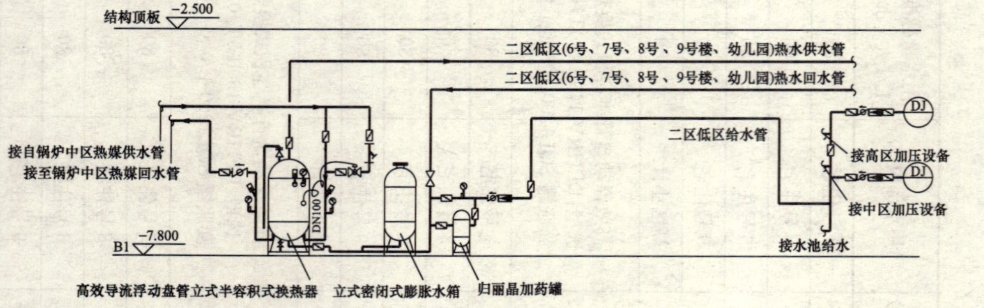
结构顶板
−2.500
二区低区(6号、7号、8号、9号楼、幼儿园)热水供水管
二区低区(6号、7号、8号、9号楼、幼儿园)热水回水管
二区低区给水管
接自锅炉中区热媒供水管
接至锅炉中区热媒回水管
DN100
DJ
接高区加压设备
DJ
接中区加压设备
接水池给水
B1
−7.800
高效导流浮动盘管立式半容积式换热器
立式密闭式膨胀水箱
归丽晶加药罐

二区低区给水.热水管道系统原理图

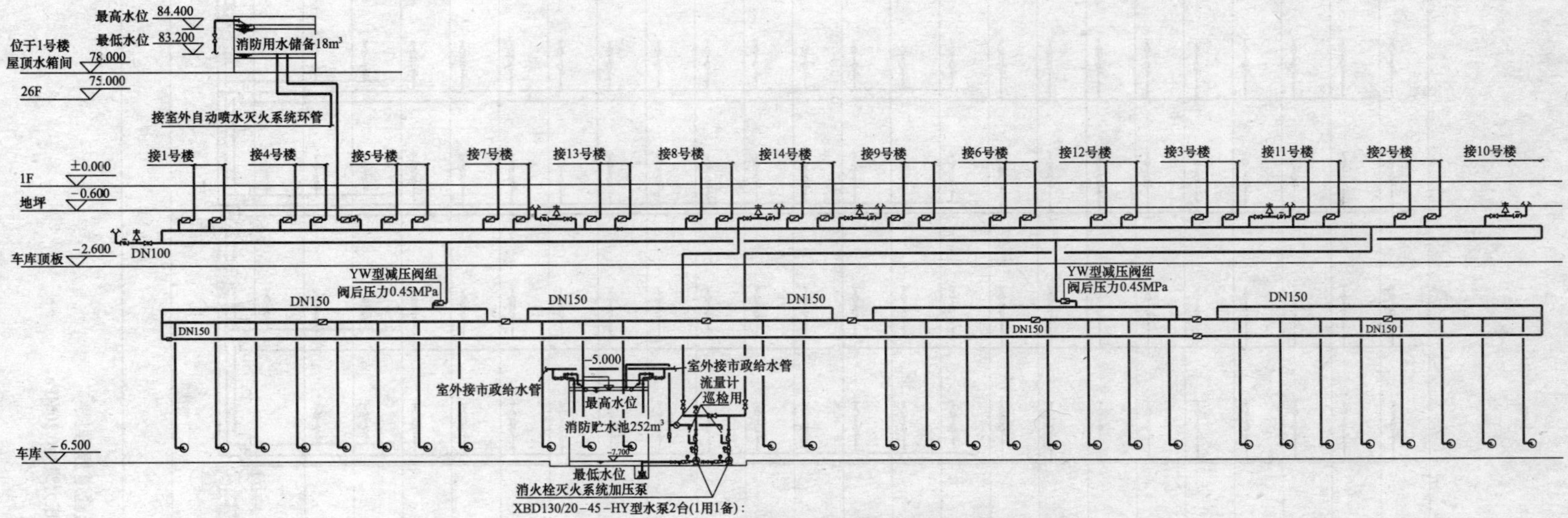

最高水位 84.400
最低水位 83.200
位于1号楼屋顶水箱间 78.000
26F 75.000
消防用水储备18m³
接室外自动喷水灭火系统环管
接1号楼 接4号楼 接5号楼 接7号楼 接13号楼 接8号楼 接14号楼 接9号楼 接6号楼 接12号楼 接3号楼 接11号楼 接2号楼 接10号楼
1F ±0.000
地坪 −0.600
车库顶板 −2.600
DN100
YW型减压阀组
阀后压力0.45MPa
DN150
−5.000
室外接市政给水管
流量计
巡检用
最高水位
消防贮水池252m³
−7.700
车库 −6.500
最低水位
消火栓灭火系统加压泵
XBD130/20−45−HY型水泵2台(1用1备)：

小区消火栓管道干管系统原理图

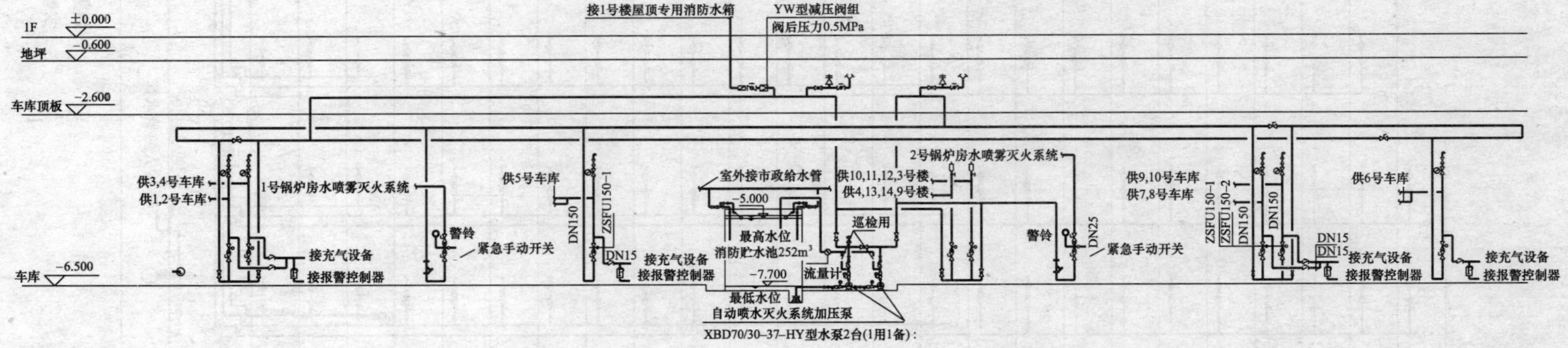

接1号楼屋顶专用消防水箱
YW型减压阀组
阀后压力0.5MPa
1F ±0.000
地坪 −0.600
车库顶板 −2.600
供3,4号车库
供1,2号车库
1号锅炉房水喷雾灭火系统
警铃
紧急手动开关
接充气设备
接报警控制器
供5号车库
DN150
ZSFU150−1
DN15
室外接市政给水管
−5.000
最高水位
消防贮水池252m³
−7.700
流量计
巡检用
供10,11,12,3号楼
供4,13,14,9号楼
2号锅炉房水喷雾灭火系统
DN25
供9,10号车库
供7,8号车库
ZSFU150−1
ZSFU150−2
DN15
供6号车库
车库 −6.500
最低水位
自动喷水灭火系统加压泵
XBD70/30−37−HY型水泵2台(1用1备)：

小区自动喷水灭火管道干管系统原理图

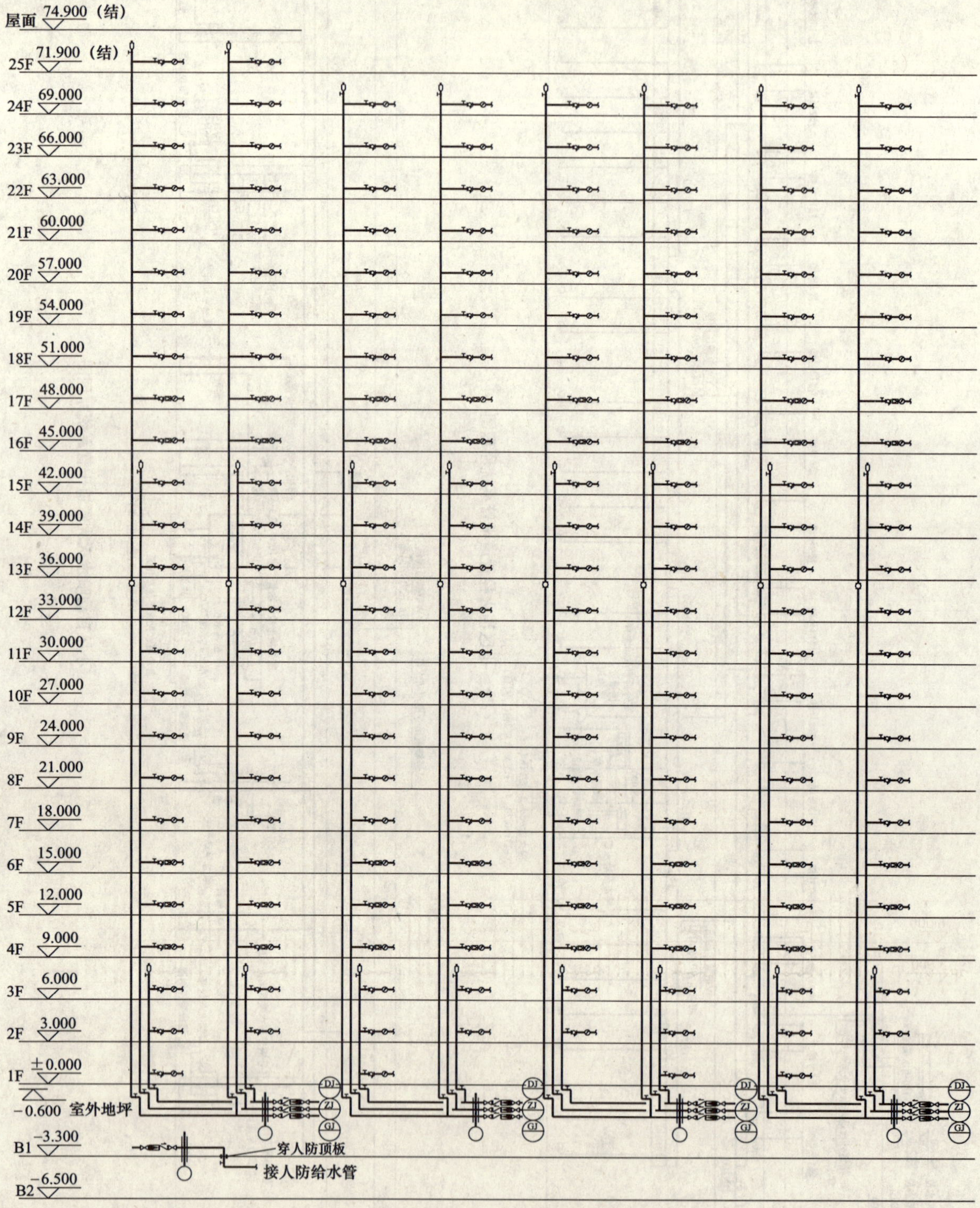

屋面 74.900（结）
25F 71.900（结）
24F 69.000
23F 66.000
22F 63.000
21F 60.000
20F 57.000
19F 54.000
18F 51.000
17F 48.000
16F 45.000
15F 42.000
14F 39.000
13F 36.000
12F 33.000
11F 30.000
10F 27.000
9F 24.000
8F 21.000
7F 18.000
6F 15.000
5F 12.000
4F 9.000
3F 6.000
2F 3.000
1F ±0.000
−0.600 室外地坪
B1 −3.300
B2 −6.500
穿人防顶板
接人防给水管
DJ
ZJ
GJ

7号楼给水系统管道原理图

注：支管减压阀后压力设为0.20MPa。

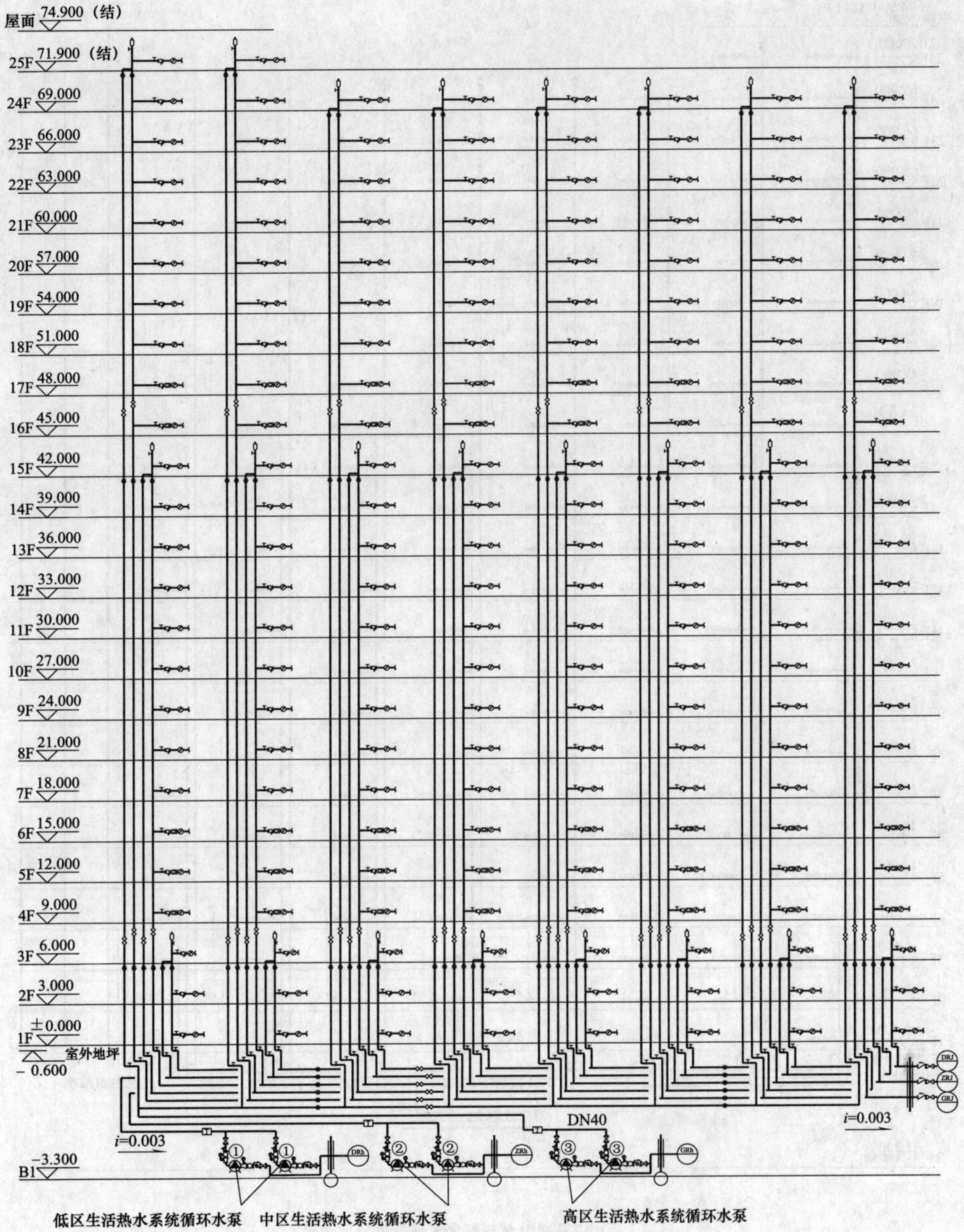

屋面 74.900（结）
25F 71.900（结）
24F 69.000
23F 66.000
22F 63.000
21F 60.000
20F 57.000
19F 54.000
18F 51.000
17F 48.000
16F 45.000
15F 42.000
14F 39.000
13F 36.000
12F 33.000
11F 30.000
10F 27.000
9F 24.000
8F 21.000
7F 18.000
6F 15.000
5F 12.000
4F 9.000
3F 6.000
2F 3.000
1F ±0.000
室外地坪
-0.600
B1 -3.300
DN40
i=0.003
i=0.003
DRJ
ZRJ
GRJ
DRh
ZRh
GRh
①
②
③

低区生活热水系统循环水泵　中区生活热水系统循环水泵　高区生活热水系统循环水泵

7号楼热水系统管道原理图

注：支管减压阀后压力设为0.20MPa。

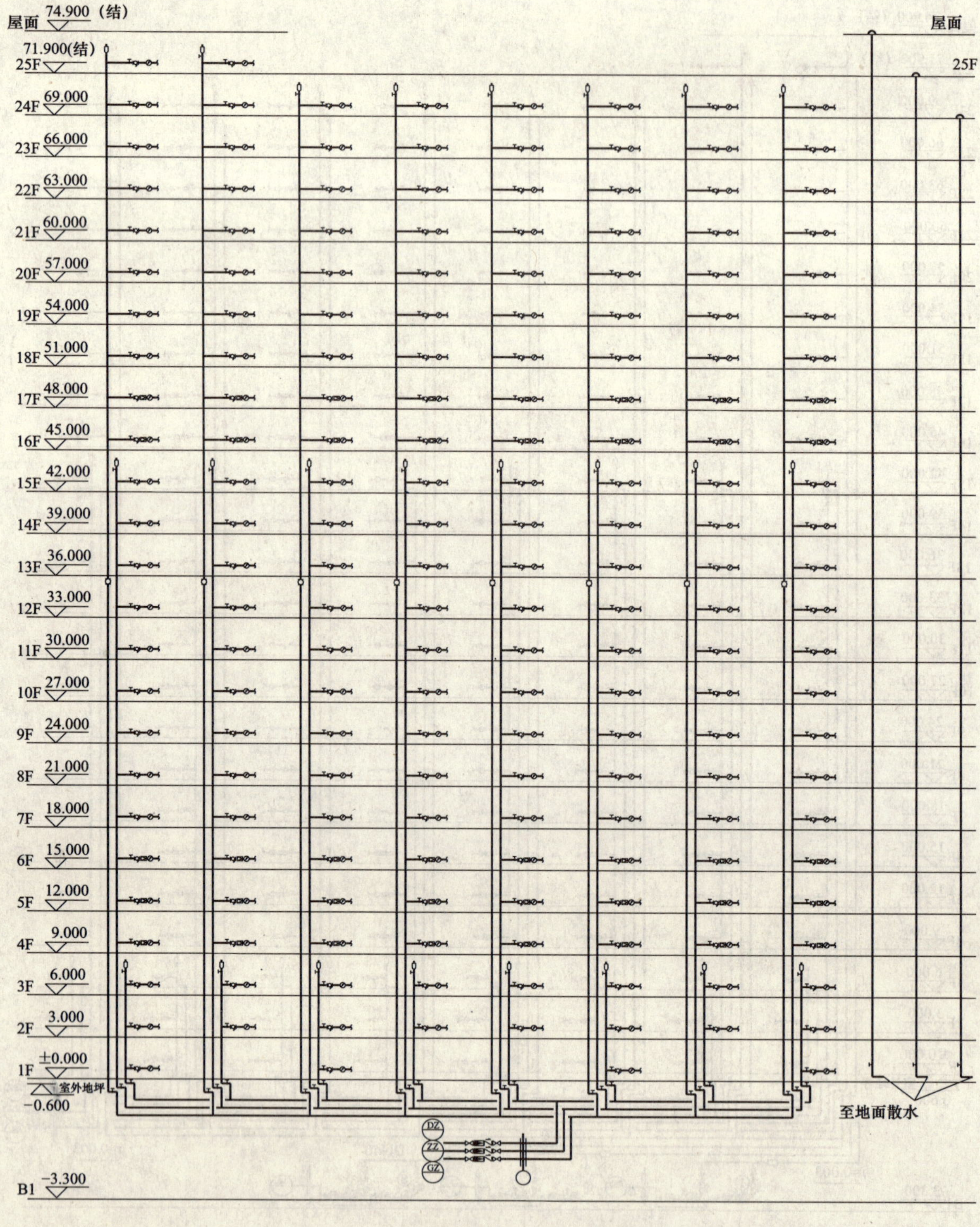

7号楼中水及雨水系统管道原理图

注：支管减压阀后压力设为0.20MPa。

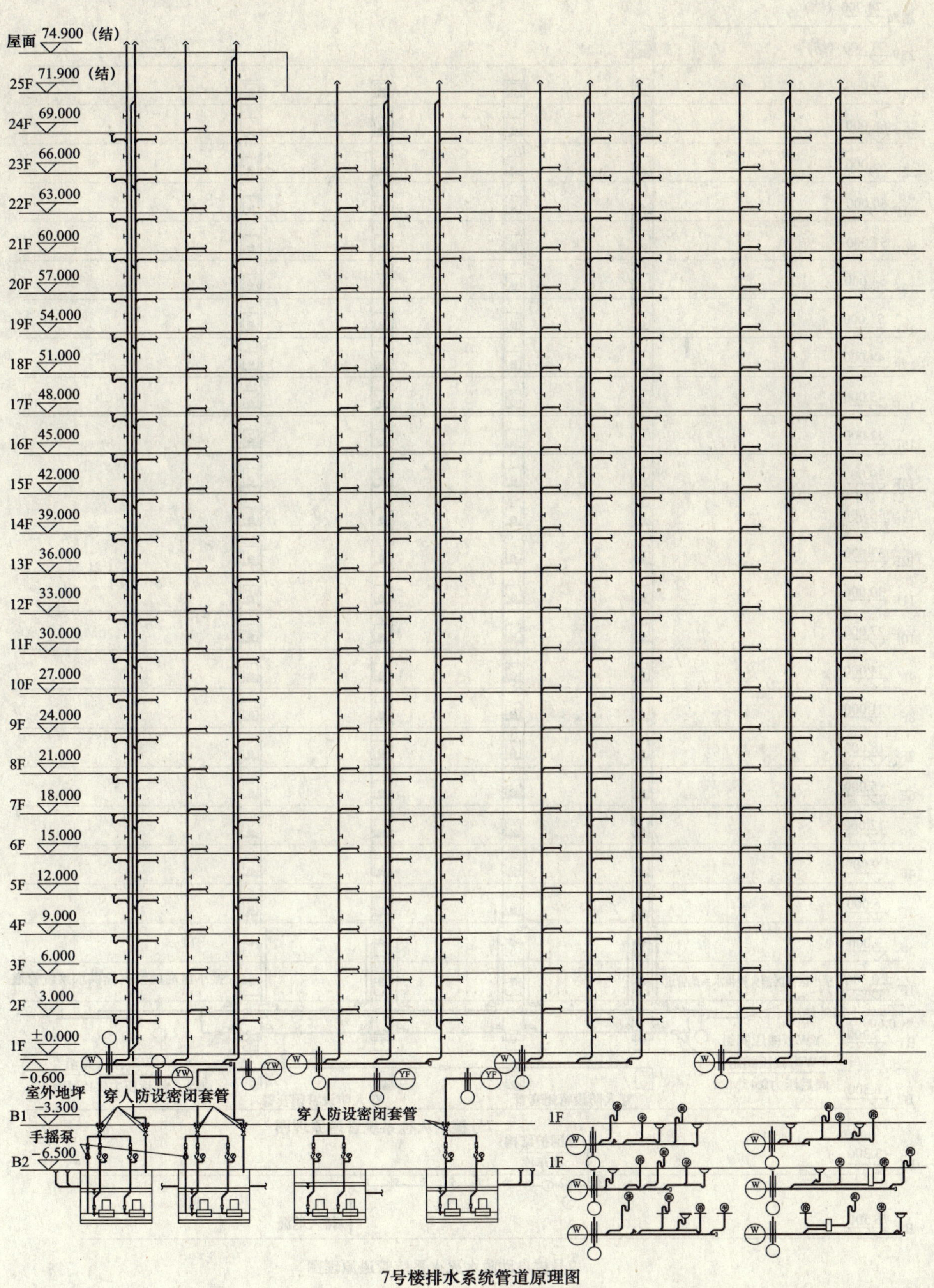

7号楼排水系统管道原理图

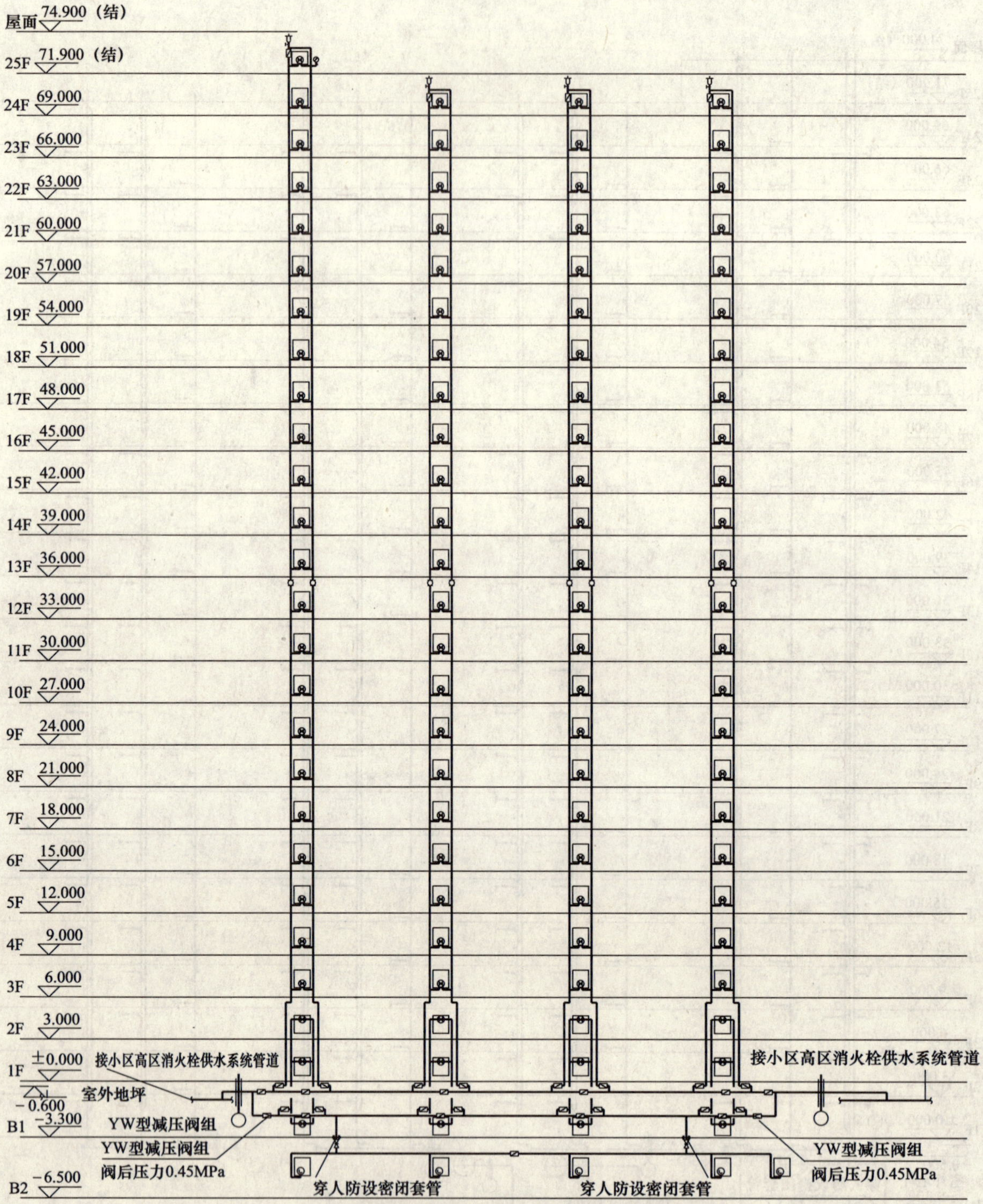

7号楼消火栓系统管道原理图

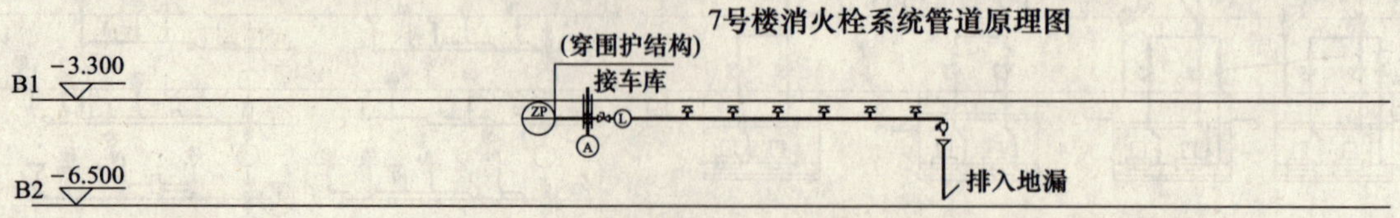

7号楼自动喷水灭火系统管道原理图

滨江北斗高层住宅（心家泊）

设计单位： 福建省建筑设计研究院

设 计 人： 蒋天旗　程宏伟　黄文忠

获奖情况： 居住建筑二等奖

工程概况：

“心家泊”项目位于福建省福州市江滨大道北侧，六座蝶形高层住宅矗立在闽江北岸；总建筑面积约11万m^2，总占地面积约18700m^2，建筑密度为25%，小区南部为中央花园；小区西侧为长寿路，东侧为同德路，北侧为规划路。小区1号楼为30层，2～4号楼为26层，5～6号楼为24层，1号楼一层及以上与2～6号楼二层及以上均为住宅（总户数为573户），2～6号楼一层为商店、附属用房等，1～4号楼利用地形高差形成的架空层为商店、附属用房等，1～4号楼地下室（二层）为车库，其中地下二层局部为人防区，5～6号楼地下室（一层）为设备区；小区于2006年8月建成并投入使用。

“心家泊”项目原名称为“滨江北斗”高层住宅小区，项目采用：①EPS外墙保温系统；②太阳能集中供热系统；③太阳能电站；④家居新风系统；⑤家居智能化系统；⑥住宅标识系统等多项建筑新技术，建成了福州真正意义的大型智能化的数字生态社区；为居者创造环保节能的生态健康环境。

一、给水排水系统

（一）给水系统

1. 冷水量估算见表1。

冷水用水量表　　表1

用户名称	用水量标准	建筑面积或人数	K	工作时数(h)	最高日用水量(m^3/d)	最大时用水量(m^3/h)
住宅	350L/(人·d)	2005人	2.0	24	702	58.5
办公及服务	5L/(人·d)	1300m^2	1.5	8	7	1.2
商业	7L/(人·次)	4800m^2	1.5	12	34	4.2
地下室	1L/(m^2·d)	15000m^2	1.0	8	15	1.9
游泳池补水	460m^3/h	10%	1.0	12	46	3.9
未预见水量	15%				121	10.5
总计					925	80.2

2. 水源：小区用水由南侧江滨大道市政给水管网引入1根de200管，根据自来水公司要求，引入点共设置消防、住宅、商业及公建等4个给水总表，供应小区各类用水（接入点市政水压为0.25MPa），消防总表后设有倒流防止器组。

3. 给水系统：地下室至三层的各类用水（除住宅层外）均由市政水压直供；本小区楼设有集中热水系统，考虑冷热水系统水压平衡，1号楼一至三十层、2～4号楼二至二十六层及5～6

号楼二至二十四层住宅由屋面冷水箱，采用上行下给方式供水；1号楼分三区供水，2～6号楼分两区供水；各分区冷水减压阀组位于各分区顶层。2～4号及5～6号楼屋面的冷水箱出水管分区连通。5号楼地下室设备区设有123m³生活水池及泵房，1号楼屋面生活水箱加压泵共2台，1用1备，流量为15m³/h；2～4号楼屋面生活水箱加压泵共2台，1用1备，流量为37m³/h；5～6号楼屋面生活水箱加压泵共2台，1用1备，流量为23m³/h。

4. 管材：室内给水管采用冷水型衬塑钢管及配件；室外给水管采用埋地PE给水塑料管及配件。

5. 中央花园景观：花园中央设有跌水式（高中低三格）公共戏水池（总容积为460m³），水源为自来水，循环水处理机房位于地下室；采用顺流式循环水处理系统，循环流量为114m³/h，可满足跌水处溢流水膜厚度要求。小区室外打井抽取地下水，经5号楼地下室设备区406m³消防及绿化合用水池（含38m³绿化用水）及绿化用水变频设备，供应绿化、喷泉及溪流等水景用水；绿化用水变频设备中加压泵2用1备，单泵流量为8m³/h。

（二）热水系统

1．住宅热水量估算见表2：（热水温度按55℃计）

住宅热水量表　　**表2**

用户名称	用水量标准[L/(人·d)]	使用人数(人)	K	工作时数(h)	最高日用水量(m³/d)	最大时用水量(m³/h)
1号楼	66.7	392	2.86	24	26.2	3.83
2～4号楼	66.7	998	3.50	24	66.6	7.98
5～6号楼	66.7	616	3.18	24	41.1	5.48
总计					133.9	17.3

2. 热源：各楼屋面设置太阳能集热器与空气源热泵机组联合制备热水，采用双水箱直接式温差循环控制系统，供应各楼热水。各楼屋面水箱层的水箱容积：1号楼的屋面储热及供热水箱均为10m³，2～4号楼的各楼屋面储热及供热水箱分别为9m³及8m³，5～6号楼的各楼屋面储热及供热水箱均为8m³。

各楼屋面水箱层的空气源热泵机组型号及参数：1号楼屋面的空气源热泵机组，共3台，型号为KRS-850/G-B（产热量Q=8.53m³/d）。2～6号楼的各楼屋面的空气源热泵机组，型号为KRS-850/G-B（产热量Q=8.53m³/d），共2台；型号为KRS-400/G-A（产热量Q=4.08m³/d），共1台。上述参数为热泵每天工作16h，室外气温10℃时参数；各楼屋面热泵机组的热水循环泵单独设置。

各楼屋面机房层的太阳能集热器型号为：RG-WF-1.60/16-18型，单台有效集热面积为1.97m²。由于各楼屋面安装面积有限，各楼屋面实际安装台数：1号楼65台，2～4号楼各楼屋面均为59台，5～6号楼各楼屋面均为54台；设计按1号楼太阳能保证率为29%，2～6号楼太阳能保证率为31%，即约30%计算。各楼屋面太阳能集热器的供回水管网同程布置，其热水循环泵单独设置。

3. 热水系统：热水系统分区同冷水系统，1号楼一至三十层、2～4号楼二至二十六层及5～6号楼二至二十四层住宅由屋面热水箱，采用上行下给方式供水；1号楼分三区供水，2～6号楼分二区供水；2～4号及5～6号楼屋面的热水箱出水管分区连通；各分区热水减压阀组位于各分区顶层。热水系统的供回水管网同程布置，各区热水回水系统的循环泵设置于一层或架空层。

4. 热水系统控制：采用微机自动控制系统，在1号楼架空层主控室能对屋面的6个热水控制柜适时管理，根据天气变化调整系统工况。系统也可手动控制。

5. 管材及保温：热水管采用薄壁不锈钢管及配件。屋面冷热水箱及热水管（除入户支管外）采用橡塑保温材料保温。

（三）管道直饮水系统

1. 水量：住宅总户数为 573 户，饮水定额为 5L/(人・d)，总饮水量为 10.0m^3/d。

2. 水源为自来水。系统仅在各户厨房设置一个饮水点。利用建筑布局，各户直饮水表距厨房饮水点仅 1m，保证直饮水水质。

3. 分区：1～6 号楼直饮水管网分三区，采用下行上给管网供水：架空层至九层为低区，十至十九层为中区，二十至三十层为高区，采用强制循环系统，供回水管网同程布置。

4. 直饮水机房设置于 6 号楼地下室设备房，深度净化水处理设备采用膜处理技术（纳滤），设备产水量为 1.2m^3/h。中低区直饮水变频设备的供水流量均为 1.08L/s，高区直饮水变频设备的供水流量为 0.92L/s，各区直饮水变频设备中加压泵均 1 用 1 备。

5. 管材：饮水管采用薄壁不锈钢管及配件。

（四）污废水系统

1. 排水系统采用污废水合流制。室内污水立管设有专用通气立管，废水立管顶部设置伸顶通气管。室内污废水管采用机制柔性接口排水铸铁管及配件。

2. 小区生活污水经化粪池处理后，在西南角及东南角分 2 路排入南侧江滨大道市政污水管，最终排至市政污水处理厂。

3. 污水排放量约为 682m^3/d（不计绿化用水、冷却补充水及未预见用水量，排水量以用水量 90％计）。室外污水管采用 PVC-U 双壁波纹排水塑料管及配件。

（五）雨水系统

1. 室外污水与雨水分流，雨水在西北角及东北角分别排入长寿路及同德路市政雨水管。

2. 各楼屋面及阳台雨水立管独立设置，采用重力流系统排放。屋面雨水管采用 PE 给水塑料管及配件，阳台雨水管采用 PVC-U 雨水专用塑料管及配件。

3. 小区室外雨水设计重现期采用 2 年，降雨强度 $q_{15}=2.82$L/(s・100m^2)，小区总雨水排放量为 416L/s。室外雨水管采用 PVC-U 双壁波纹排水塑料管及配件。

二、消防系统

（一）水源

小区消防进水总表后的室外消防给水管道成环网（*DN*160）布置，上设若干座室外消火栓；5 号楼地下室设备区设置 406m^3 消防及绿化合用水池（内含 368m^3 消防用水）及泵房，满足全区室内外消防用水量要求。为加强消防供水能力，室外公共戏水池也作为室外消防水池，并增设 2 个独立的室外消防车取水口。1 号楼屋面设置 18m^3 消防专用水箱，满足消防前期 10min 用水量要求。

（二）室外消火栓系统

室外消火栓系统用水量为 15L/s，采用临时高压给水系统；系统加压泵采用消防专用泵，设有自动巡检功能，共 2 台（1 用 1 备），型号为 XBD3.8/20-100×20×8/2（$Q=72m^3/h$，$H=40m$，$n=1480r/min$，$N=15kW$）。

（三）室内消火栓系统

室内消火栓系统用水量为 20L/s，采用临时高压给水系统；系统分为两区：地下室至十层为低区，十一至三十层为高区，每区栓口静水压力小于0.80MPa；系统加压泵采用消防专用泵，2台（1用1备），型号为XBD13.9/20-100×20×2（Q=72m^3/h，H=139m，n=1480r/min，N=55kW），设有自动巡检功能。消防专用水箱高度能满足最不利点消火栓的7m静水压力要求，可不设置稳压装置；室外设置6套水泵接合器；管材采用内外壁热浸镀锌钢管及配件。

（四）自动喷水灭火系统

1. 地下车库的自动喷水灭火系统按中危险Ⅱ级设计，喷水强度8.0L/(min·m^2)，其余部分（除住宅内部外）按中危险Ⅰ级设计，喷水强度6.0L/(min·m^2)，作用面积均为160m^2，系统最不利点工作压力为0.10MPa，灭火用水量32L/s。

2. 自动喷水系统加压泵采用消防专用泵，共3台，2用1备，型号为XBD13.9/30-100×20×8/1（Q=115m^3/h，H=134m，n=1480r/min，N=75kW），并设置微机自动控制系统；一层报警阀组前供水压力为1.19MPa。

3. 考虑屋面消防专用水箱高度不能满足最不利点喷头压力要求，屋面设1套XQB-4/5-1.2喷淋系统稳压装置。4号楼一层的报警阀间设5套湿式报警阀组。喷淋系统在室外设置3套水泵接合器。

4. 吊顶处采用吊顶型喷头，地下室等无吊顶处采用直立型喷头。喷头动作温度采用68℃，喷头流量系数K=80。

（五）水喷雾灭火系统

1. 6号楼地下室设备区的柴油发电机房及其油箱间采用水喷雾灭火系统，设计灭火强度20L/(min·m^2)，响应时间小于45s，最不利点工作压力大于0.35MPa，灭火用水量为22L/s，喷射持续时间0.5h。

2. 水喷雾系统加压泵采用消防专用泵2台，1用1备，设有自动巡检功能，型号为XBD7/20-100×20×4/1（Q=80m^3/h，H=63m，n=1480r/min，N=30kW）。雨淋阀组前设有2套室外水泵接合器；与喷淋系统共用稳压装置。系统采用电磁阀自动控制、手动启动装置控制及应急操作控制等三种控制方式。管材采用内外壁热浸镀锌钢管及配件。

三、工程特点

本工程特点在于太阳能集热器与空气源热泵机组的联合制备热水系统，可满足建设单位对热水系统的节能环保及自动控制的要求。

1. 由于六栋住宅均为一梯四户塔状建筑，可供安装太阳能集热器的屋面面积不足（经计算，能满足夏季热水使用要求），因此选用空气源热泵（福州市最冷月平均室外气温为10.9℃）作为联合制热设备，充分利用大自然能量，为小区住户提供节能省电技术制备的热水。同时热水系统控制采用微机自动控制系统，在1号楼架空层的小区主控室能对屋面的6个热水控制柜适时监控管理，保证热水供水可靠；可按不同季节调整热水温度及热水量，保证热水用水的舒适度。

2. 系统设置：按夏季太阳能集热器制热能力设计贮热水箱容积，贮热水箱容积与供热水箱容积之和为总热水箱容积，太阳能集热器仅与贮热水箱形成单独循环制热系统；空气源热泵机组可同时对贮热水箱及供热水箱形成循环制热。双水箱底部设置温度传感器控制热泵机组的循环泵开启；贮热水箱底部与集热器总出口设置温度传感器控制热太阳能集热器系统的循环泵开启。各楼屋面设置热水控制柜，在小区主控室设置专用计算机，可监控管理6个屋面热水控制柜，从而及时调整太阳能集热器与空气源热泵机组的运行状态。

3. 设计运行工况：夏季晴天时太阳能集热器制热后，其对应的贮热水箱直接供应热水，阴天时启动空气源热泵制热供应热水。春秋冬季节，白天先由供热水箱供水；在晴天由太阳能集热器加热贮热水箱的热水，达到相应季节的最高水位及核定水温（不足或阴天时由空气源热泵制热）时，电磁阀关闭供热水箱出水管及回水管，开启贮热水箱出水管及回水管电磁阀，由贮热水箱供应热水，此工况需在下午六点前执行，供应晚上（热水使用最大时段）住户热水使用，下降时贮热水箱不补充冷水，直至最低水位后（此做法最大限度地利用了本工程的太阳能制热能力），关闭贮热水箱出水管及回水管电磁阀，开启供热水箱出水管及回水管电磁阀，由供热水箱供应热水。在阴天时，双水箱可以同时供应热水；第二天 6 点前系统应保证早上和中午热水供应。系统按最冷月平均气温选择空气源热泵机组，极端温度时可开启电辅助加热系统。

4. 系统控制：系统可以自动和手动控制，系统除满足上述运行工况外，实际运行时应结合各季节及天气变化情况，调整各季节的设计最高水位及水温，形成相应的实际运行数据。关键是根据运行数据，在日常管理中充分发挥晴天时太阳能集热器的制热能力，体现热水系统自动控制的优越性，既保证住户热水使用舒适，又有节能省电的实惠，真正构筑现代化节能环保、数字生态小区的典范。

5. 不足之处：由于建设单位早期按每栋楼 7 台小型热泵方式采购，在运行中改为分二组方式使用，减少电磁阀数量，系统故障率大大降低；原设计的热泵机组的循环泵循环流量不足，在运行中已调整。

6. 设计总结：在建筑物屋面面积足够大时，配置好贮热水箱与供热水箱容积，晴天时在春秋季能由太阳能集热器供应全日热水，阴天时使用空气源热泵，在造价充裕时辅以微机自动控制系统，能最大限度地利用太阳能及空气中的热量，实现热水系统的节能省电、适时管理目标。

四、工程系统图及照片

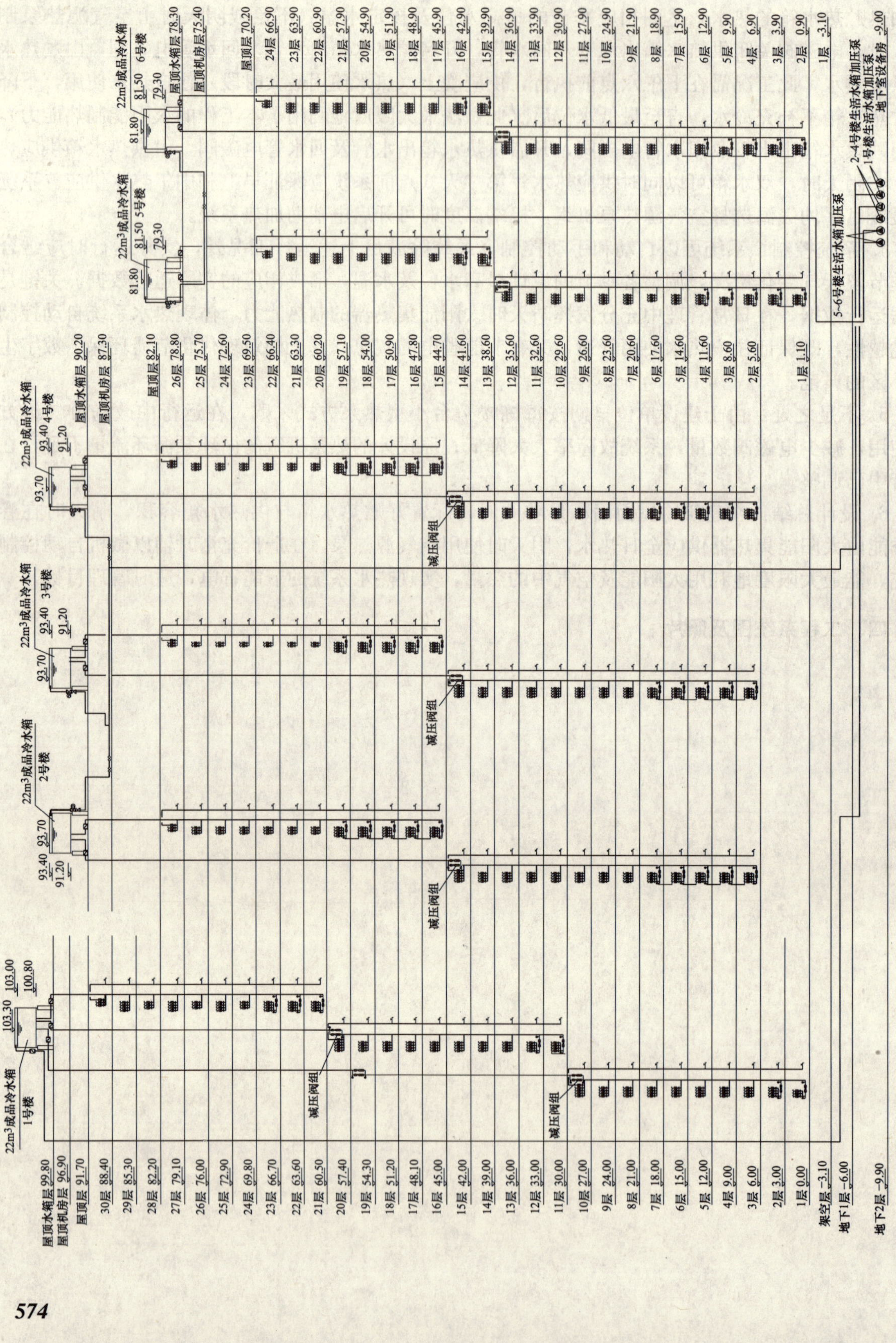

22m³成品冷水箱 1号楼 103.30 103.00 100.80

22m³成品冷水箱 2号楼 93.40 93.70 91.20

22m³成品冷水箱 3号楼 93.70 93.40 91.20

22m³成品冷水箱 4号楼 93.70 93.40 91.20

22m³成品冷水箱 5号楼 81.80 81.50 79.30

22m³成品冷水箱 6号楼 81.80 81.50 79.30

1号楼：
屋顶水箱层 99.80
屋顶机房层 96.90
屋顶层 91.70
30层 88.40
29层 85.30
28层 82.20
27层 79.10
26层 76.00
25层 72.90
24层 69.80
23层 66.70
22层 63.60
21层 60.50
20层 57.40
19层 54.30
18层 51.20
17层 48.10
16层 45.00
15层 42.00
14层 39.00
13层 36.00
12层 33.00
11层 30.00
10层 27.00
9层 24.00
8层 21.00
7层 18.00
6层 15.00
5层 12.00
4层 9.00
3层 6.00
2层 3.00
1层 0.00
架空层 -3.10
地下1层 -6.00
地下2层 -9.90

减压阀组

2~4号楼：
屋顶水箱层 90.20
屋顶机房层 87.30
屋顶层 82.10
26层 78.80
25层 75.70
24层 72.60
23层 69.50
22层 66.40
21层 63.30
20层 60.20
19层 57.10
18层 54.00
17层 50.90
16层 47.80
15层 44.70
14层 41.60
13层 38.60
12层 35.60
11层 32.60
10层 29.60
9层 26.60
8层 23.60
7层 20.60
6层 17.60
5层 14.60
4层 11.60
3层 8.60
2层 5.60
1层 1.10

5~6号楼：
屋顶水箱层 78.30
屋顶机房层 75.40
屋顶层 70.20
24层 66.90
23层 63.90
22层 60.90
21层 57.90
20层 54.90
19层 51.90
18层 48.90
17层 45.90
16层 42.90
15层 39.90
14层 36.90
13层 33.90
12层 30.90
11层 27.90
10层 24.90
9层 21.90
8层 18.90
7层 15.90
6层 12.90
5层 9.90
4层 6.90
3层 3.90
2层 0.90
1层 -3.10

5~6号楼生活水箱加压泵
2~4号楼生活水箱加压泵
1号楼生活水箱加压泵
地下室设备房 -9.00

住宅给水系统图

注：各楼屋面热水制备另详系统图
1号楼
贮热及供热水箱各10m3
20m3成品热水箱(总)
2号楼
3号楼
4号楼
17m3成品热水箱(总)
贮热及供热水箱分别为9m3及8m3
5号楼
6号楼
贮热及供热水箱各8m3
16m3成品热水箱(总)
屋顶水箱层
屋顶机房层
屋顶层
架空层
减压阀组
低区热水回水泵
中区热水回水泵
高区热水回水泵

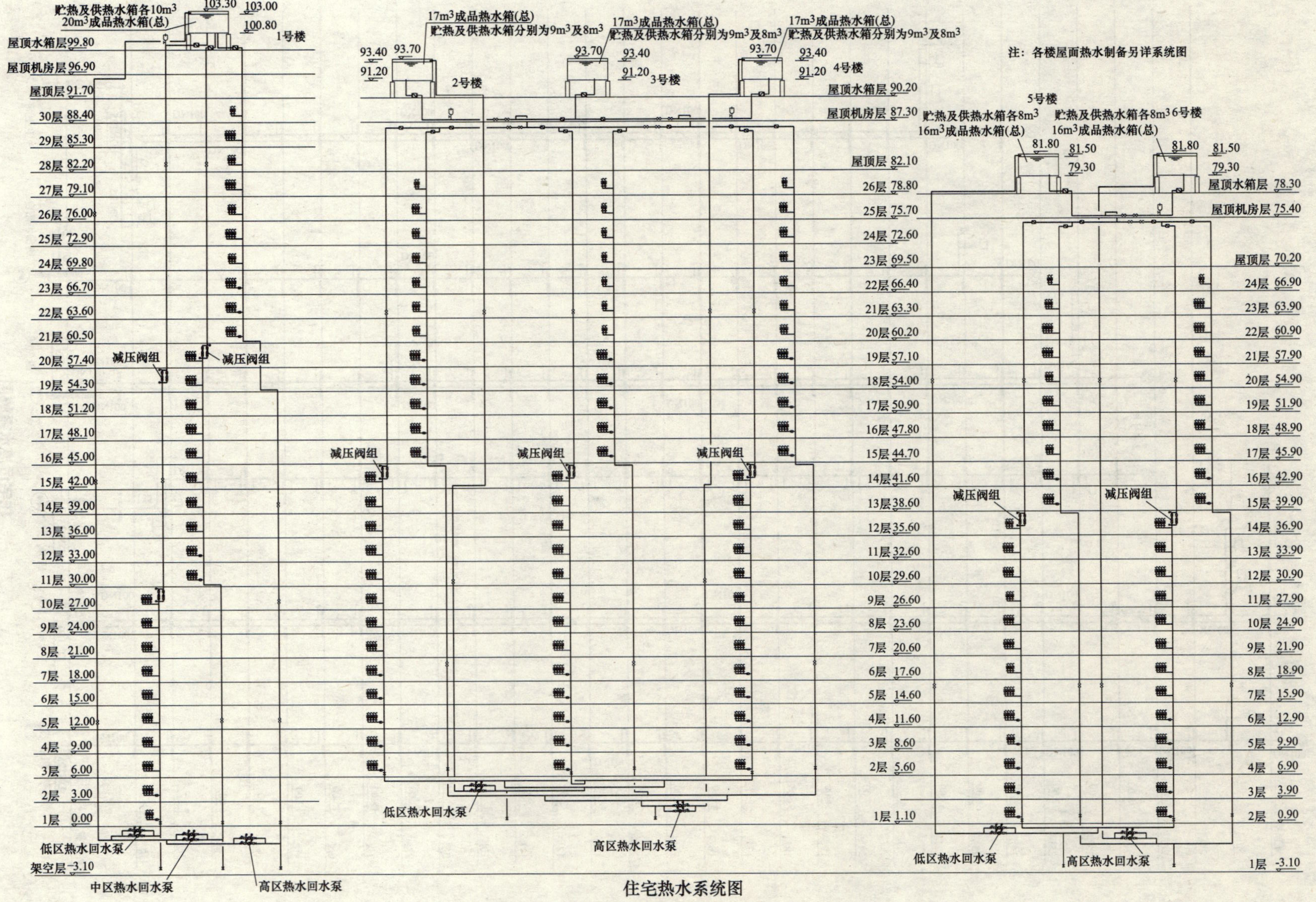

住宅热水系统图

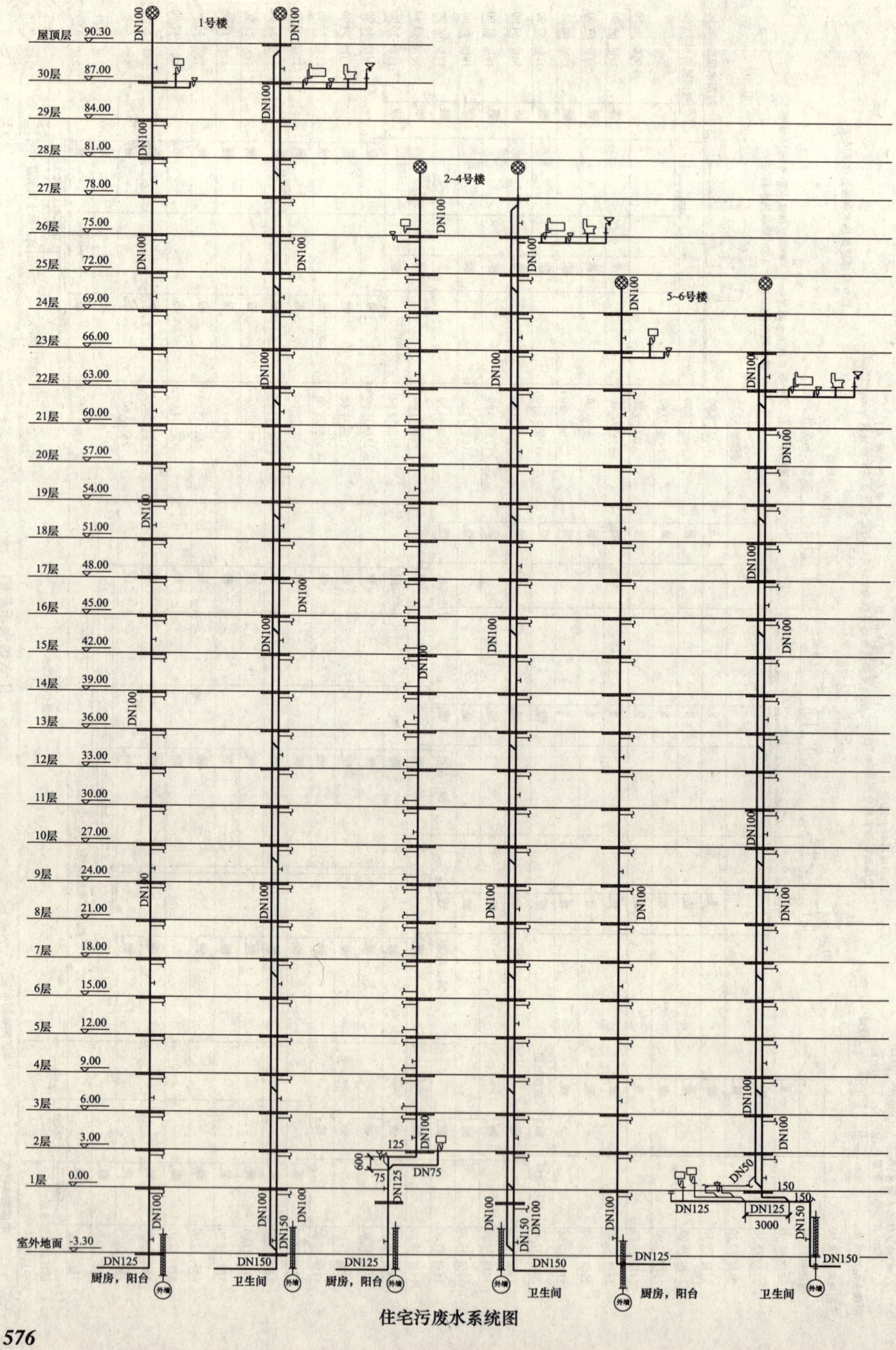

住宅污废水系统图

1号楼
2号楼
3号楼
4号楼
5号楼
6号楼
18m³消防水箱
102.90
103.30
100.80
屋顶水箱层 99.80
屋顶机房层 96.90
屋顶层 91.70
30层 88.40
29层 85.30
28层 82.20
27层 79.10
26层 76.00
25层 72.90
24层 69.80
23层 66.70
22层 63.60
21层 60.50
20层 57.40
19层 54.30
18层 51.20
17层 48.10
16层 45.00
15层 42.00
14层 39.00
13层 36.00
12层 33.00
11层 30.00
10层 27.00
9层 24.00
8层 21.00
7层 18.00
6层 15.00
5层 12.00
4层 9.00
3层 6.00
2层 3.00
1层 0.00
架空层 -3.10
接附属楼环网
地下1层 -6.00
地下2层 -9.90
DN125
低区环网
高区环网
高区环网
低区环网
屋顶机房层 87.30
屋顶层 82.10
26层 78.80
25层 75.70
24层 72.60
23层 69.50
22层 66.40
21层 63.30
20层 60.20
19层 57.10
18层 54.00
17层 50.90
16层 47.80
15层 44.70
14层 41.60
13层 38.60
12层 35.60
11层 32.60
10层 29.60
9层 26.60
8层 23.60
7层 20.60
6层 17.60
5层 14.60
4层 11.60
3层 8.60
2层 5.60
1层 1.10
高区
低区
减压阀组
DN125
室内消火栓系统加压泵
屋顶机房层 75.40 76.20
屋顶层 70.20
24层 66.90
23层 63.90
22层 60.90
21层 57.90
20层 54.90
19层 51.90
18层 48.90
17层 45.90
16层 42.90
15层 39.90
14层 36.90
13层 33.90
12层 30.90
11层 27.90
10层 24.90
9层 21.90
8层 18.90
7层 15.90
6层 12.90
5层 9.90
4层 6.90
3层 3.90
2层 0.90
1层 -3.10
高区环网
高区环网
低区环网
低区环网
地下室 -9.60

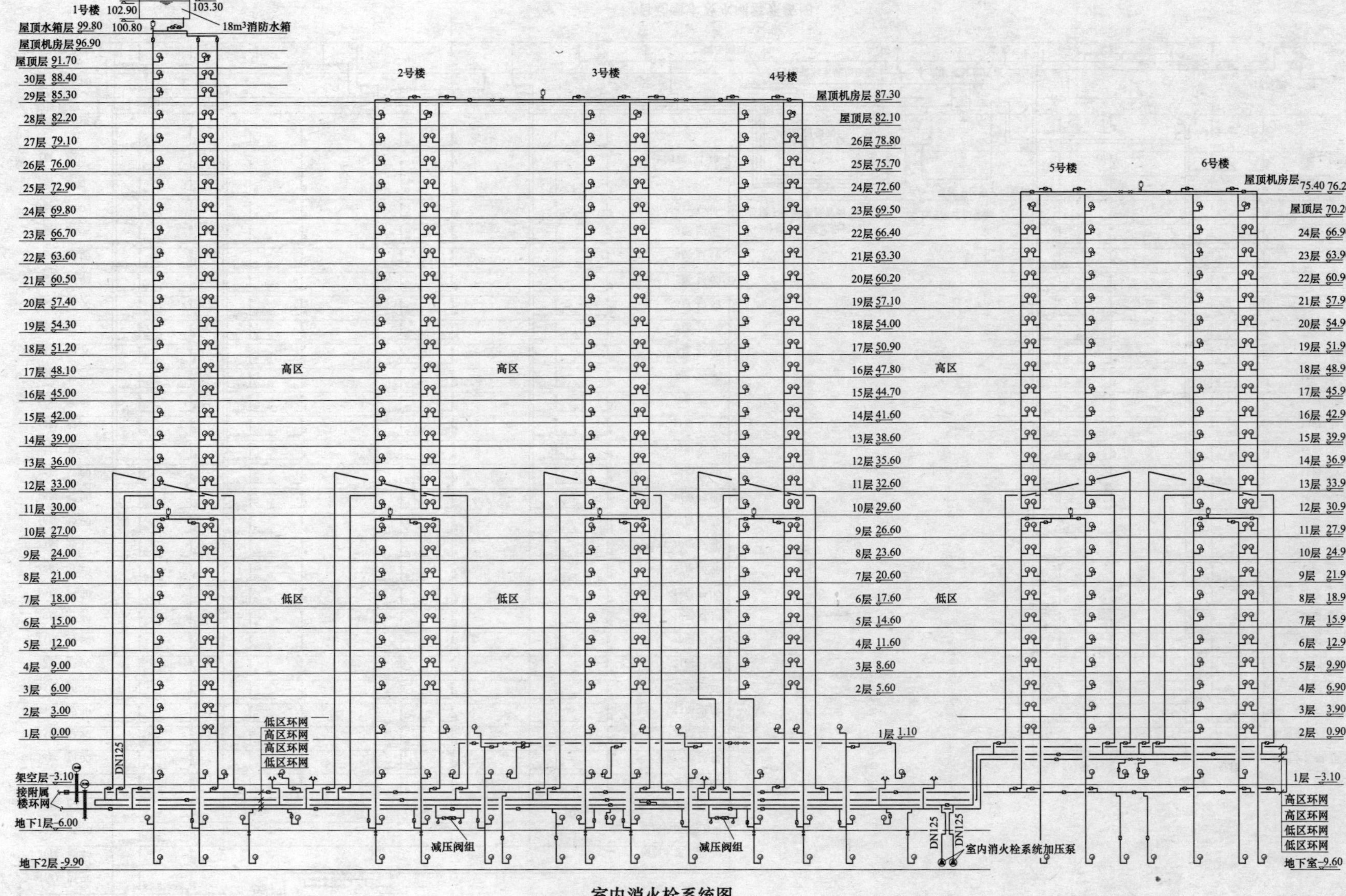

室内消火栓系统图

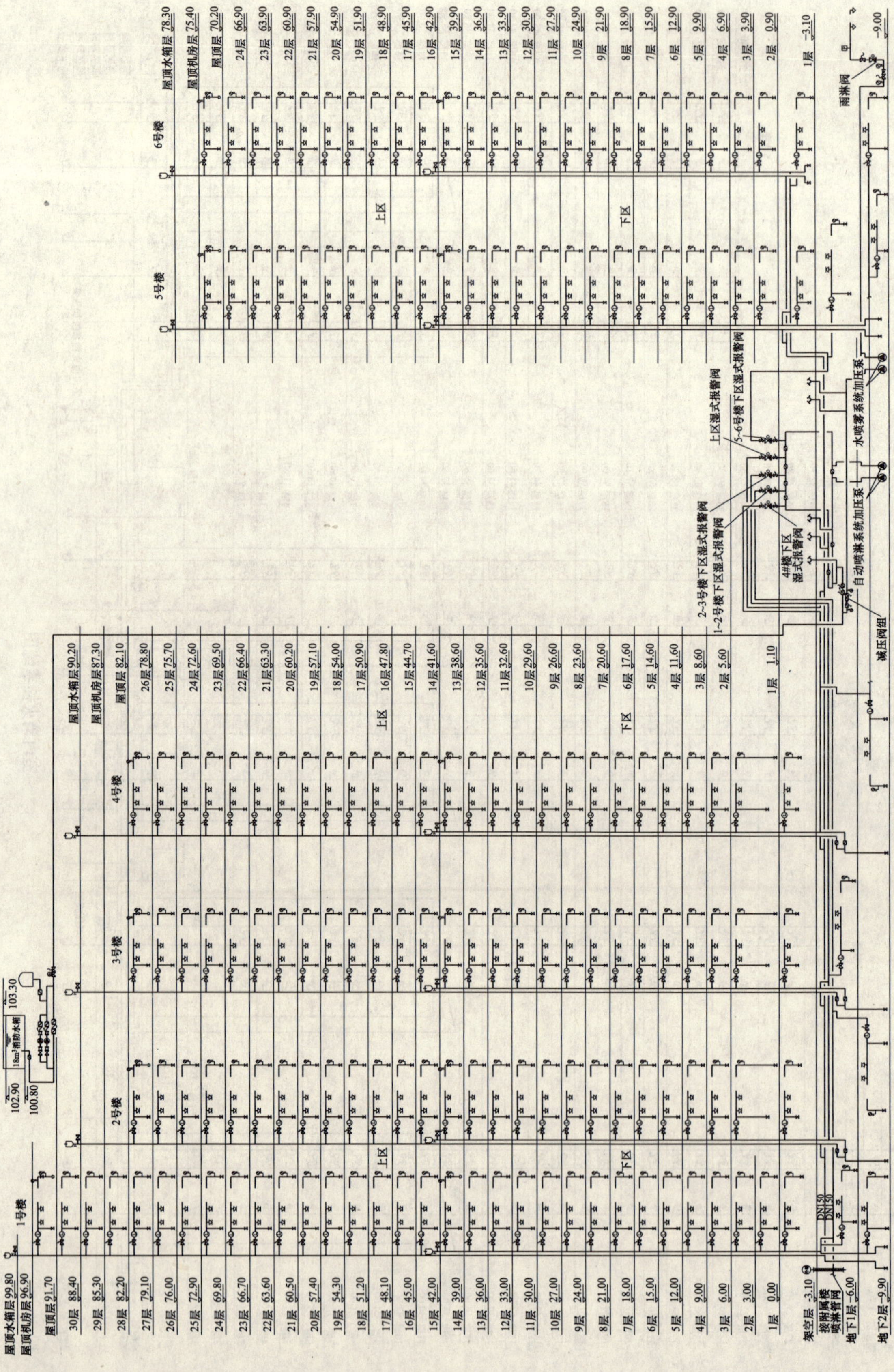

自动喷水及水喷雾系统图

喷淋系统采用微机自动控制

滨江北斗（心家泊）工程照片

北京太阳宫新区（太阳新城）F、E区

设计单位：华东建筑设计研究院有限公司
设 计 人：李鸿奎　郭亚鹏　叶俊　殷叶芳
获奖情况：居住建筑三等奖
工程概况：

北京太阳星城F、E区位于北京市朝阳区，东北三环与四环道路之间，总建筑面积约为60万m^2左右，基地面积约为15 hm^2左右，以高档住宅楼为主，配套有商铺、小区会所、幼儿园、高层办公楼和酒店式公寓。地下二层为地下车库和5级人防人员掩蔽所等；地下一层为地下车库和设备机房；地上部分为住宅，部分地上一至三层为会所。住宅为十二至二十八层不等高层住宅楼。F、E区住户总数约为2887户。

一、给水排水系统

（一）给水系统

1. 冷水用水量（表1）

冷水用水量表　　表1

序号	用水名称	用水量标准[L/(人·d)]	用水量		备注
			最高日(m^3/d)	最大时(m^3/h)	
1	住宅	210	2121.95	221.04	K=2.5
2	幼儿园	50	11.25	2.25	K=2.0
3	会所、商场	5	5.00	0.95	K=1.5
4	办公	50	250.00	46.88	K=1.5
5	冷却水补充水	1.5%冷却循环水量	135.00	13.00	K=1.0
6	绿化	2L/(m^2·d)	101.20	18.98	K=1.5
7	地下汽车库地面冲洗	2L/(m^2·d)	160.50	30.09	K=1.5
8	小计		2784.90	333.19	
9	未预见水量	10%小计	278.50	33.32	
10	合计		3063.39	366.51	

2. 水源

本工程生活、消防给水水源由城市自来水管供水，由基地周边若干（2条以上）城市自来水管引入给水管，并在基地里成环状网布置。

3. 给水系统竖向分区（表2）

生活给水系统竖向分区供水，按最低层卫生器具配水点处静水压力不大于0.45MPa为准，保证用水点静水压力不大于0.35MPa。

给水系统竖向分区　　表2

区域名称	分区名称	直供区	低区	高区	备注
F区一期	1、2、3、5号楼、幼儿园、商铺	地下一、二层、幼儿园、商铺	地上一至十四层		地上一至五层进户支管设可调式减压阀
F区二期	地下车库、4号楼（会所）、18号楼（商铺部分）	地下一、二层、地上一至二层	地上三至十六层	地上十七至三十层	地上三至七层、十七至二十一层进户支管设可调式减阀
	10、12号楼	地下一、二层	地上一至十二层	地上十三至二十二层	地上三至七层、十七至二十一层进户支管设可调式减阀
	11、15号楼	地下一、二层、室外绿化	地上一至十四层	地上十五至二十八层	地上一至六层、十五至十九层进户支管设可调式减阀
	16号楼	地下一、二层	地上一至十二层	地上十三至十四层	地上一至四层、十三至十五层进户支管设可调式减阀
E区	1、2号楼	地下一、二层	地上一至十二层	地上十三至二十四层	地上一至五层、十三至十四层进户支管设可调式减阀
	3、4、5号楼	地下一、二层、会所(4号楼)	地上三至十四层	地上十五至二十五层	地上三至四层、十五至十六层进户支管设可调式减阀
	6、7号楼	地下一、二层	地上一至十五层		地上一至六层进户支管设可调式减阀

4. 供水方式及给水加压设备

由市政自来水直接供水区、给水低区采用下行上给式；给水高区采用上行下给式（充分考虑分区给水横干管不设在住宅户内）。

给水低、高区均由各自恒压变频给水泵组供水。

5. 管材

冷水主干管、主立管采用衬塑镀锌钢管，丝扣连接；进户支管采用聚丙烯（PP-R）管，热熔连接。

（二）热水系统

1. 热水用水量（表3）

热水用水量　　表3

序号	用水名称	用水量标准[L/(人·d)](60℃)	热水量(60℃)		备注
			最高日(m^3/d)	最大时(m^3/h)	
1	住宅	90	909.41	108.37	$K=2.86$
2	游泳池		54.54	5.45	$K=1.00$
	幼儿园	16	3.60	1.13	$K=2.5$
3	小计		967.55	114.95	
4	未预见水量	10%小计	96.76	11.50	
	合计		1064.31	126.45	

注：K值取值按建设分区、分期而定。

2. 热源

热水加热用热源为90℃高温热水。

3. 系统竖向分区

热水系统分区与给水系统分区相同。低区采用下行上给式；高区采用上行下给式。进户支管水压不大于0.35MPa。

4. 热交换设备

采用水—水导流型容积式热交换器。

5. 冷、热水压力平衡措施、热水温度的保证措施等

考虑市政自来水管网水压不稳定性，低楼层未考虑利用其水压直供；热水系统分区与给水系统分区相同。为确保热水管网内热水温度以及其均衡性，热水循环管道采用同程布置的方式，各分区均设热水循环水泵。热水管、热回水管均设橡塑保温材料保温。

6. 管材

热水主干管、主立管采用衬塑镀锌钢管，丝扣连接；进户支管采用聚丙烯（PP-R）管，热熔连接。

（三）中水系统

1. 中水源水量表、中水回用水量表、水量平衡

考虑办公楼不设中水给水及回用收集系统，住宅区域收集优质杂排水即：沐浴、盥洗和洗衣排水为中水水源。

F区

中水原水量：410.92m^3/d。

中水回用水量：中水用于住宅冲厕、室外绿化、地下车库地面冲洗，用水量为408.90 m^3/d。

E区

中水原水量：281.94m^3/d。

中水回用水量：中水用于住宅冲厕、室外绿化、地下车库地面冲洗，用水量为283.07m^3/d。

中水源水量、中水回用水量基本平衡。由中水处理站原水、中水调节池调节、平衡中水源水量、中水处理站处理水量和中水回用水量。F区为一、二期各设置了1座中水处理站，E区为1座中水处理站。

2. 中水系统竖向分区（表4）

中水系统竖向分区表　　表4

<table>
<tr><th>区域名称</th><th>分区名称</th><th>低区</th><th>中区</th><th>高区</th></tr>
<tr><td>F区一期</td><td>1、2、3、5号楼</td><td>地上一至十四层</td><td></td><td></td></tr>
<tr><td rowspan="4">F区二期</td><td>地下车库、4号楼（会所）、18号楼（商铺部分）</td><td>地上一至十层</td><td>地上十三至二十层</td><td>地上二十一至三十层</td></tr>
<tr><td>10、12号楼</td><td>地上一至十层</td><td>地上十一至二十二层</td><td></td></tr>
<tr><td>11、15号楼</td><td>地上一至十层</td><td>地上十一至十九层</td><td>地上二十至二十八层</td></tr>
<tr><td>16号楼</td><td>地上一至十层</td><td>地上十一至十七层</td><td>地上十八至二十五层</td></tr>
<tr><td rowspan="3">E区</td><td>1、2号楼</td><td>地上一至十二层</td><td>地上十三至二十四层</td><td>地上一至二层、十三至十五层进户支管设可调式减阀</td></tr>
<tr><td>3、4号楼</td><td>地上三至十二层</td><td>地上十三至二十五层</td><td>地上十三至十六层进户支管设可调式减阀</td></tr>
<tr><td>6、7号楼</td><td>地上一至六层</td><td>地上七至十五层</td><td></td></tr>
</table>

3. 供水方式及给水加压设备

F区一、二期和E区分别独立中水处理站，在各自中水处理站内设置各区域（低、中、高

区）变频给水泵组供水区域，低、中区采用下行上给式；高区采用上行下给式。

4. 中水处理工艺流程

优质杂排水→格栅网→预曝气调节池→毛发过滤器→提升泵→生物接触氧化池→沉淀池→中间水池→过滤加压泵→机械过滤器→管道混合器→中水池→中水变频给水泵组→用水点

混凝剂投加（接入沉淀池前）；消毒剂投加（接入管道混合器）；补水（市政自来水管）（接入中水池）

5. 管材

中水给水主干管、主立管采用衬塑镀锌钢管，丝扣连接；进户支管采用聚丙烯（PP-R）管，热熔连接。

（四）排水系统

1. 排水系统的形式：

室内采用污、废水分流；室外污水与住宅厨房废水经化粪池后排入小区周边市政污水管。优质杂排水（沐浴、盥洗和洗衣）集中排至小区中水处理站。

2. 透气管设置方式：

室内排水系统设置专用通气管。

3. 管材：

排水管采用（PVC-U）塑料排水管，承插粘接。

（五）雨水系统

1. 采用北京暴雨强度分式，屋面设计降雨重现期采用5年；室外场地设计降雨重现期采用5年。

2. 雨水排水系统为重力排水系统。

3. 管材：涂塑镀锌钢管，丝扣连接。

二、消防系统

（一）消火栓系统

F区一、二期和E区为各自独立室内消火栓系统，消火栓系统用水量、设备及管材（表5）。

消火栓系统用水量、设备及管材表　　表5

区域	室内、外消火栓系统用水量(L/s)	室内消火栓系统分区	消火栓水泵	水池、水箱(位置)	水泵结合器	管材
F区一期	室内:10 室外:15	不分区	Q=15L/s H=70m (1用1备)	210m³(地下二层) 18m³(3号楼屋顶)	各楼近消防车道处	DN≥100,无缝钢管,热镀锌,卡槽式连接;DN<100采用镀锌钢管,丝扣连接
F区二期	室内:40 室外:30	低、高区	Q=40L/s H=125m (1用1备)	420m³(地下二层) 18m³(18号楼屋顶)	各楼近消防车道处	DN≥100,无缝钢管,热镀锌,卡槽式连接;DN<100采用镀锌钢管,丝扣连接
E区	室内:40 室外:30	低、高区	Q=40L/s H=115m (1用1备)	420m³(地下二层) 18m³(3号楼屋顶)	各楼近消防车道处	DN≥100,无缝钢管,热镀锌,卡槽式连接;DN<100采用镀锌钢管,丝扣连接

（二）自动喷水灭火系统

自动喷水灭火系统用水量、设备、管材选用（表6）。

自动喷水灭火系统用水量、设备及管材表　　表6

区域	自动喷水灭火系统用水量(L/s)	自动喷水灭火系统水泵	喷头选型	报警阀数量(位置)	水泵结合器	管材
F区一期	36	Q=36(L/s) H=60m (1用1备)	直立式、下垂式	地下二层消防水泵内、地下一、二层车库内(8个干式报警阀)	各楼近消防车道处	$DN\geqslant100$，无缝钢管，热镀锌，卡槽式连接；$DN<100$采用镀锌钢管，丝扣连接
F区二期	36	Q=36(L/s) H=70m (1用1备)	直立式、下垂式、吊顶式	地下一层消防水泵内、地下一、二层车库内(8个干式报警阀、2个湿式报警阀)	各楼近消防车道处	$DN\geqslant100$，无缝钢管，热镀锌，卡槽式连接；$DN<100$采用镀锌钢管，丝扣连接
E区	36	Q=36(L/s) H=70m (1用1备)	直立式、下垂式、吊顶式	地下一层消防水泵内、地下一、二层车库内(12个干式报警阀、1个湿式报警阀)	各楼近消防车道处	$DN\geqslant100$，无缝钢管，热镀锌，卡槽式连接；$DN<100$采用镀锌钢管，丝扣连接

（三）水喷雾灭火系统

本工程在锅炉房设置水喷雾灭火系统，设计喷雾强度：9L/(min·m²)，持续时间1h。该系统设自动控制、手动控制以及应急操作三种控制方式。水喷雾灭火系统水泵Q=15L/s，H=60m（1用1备），采用镀锌钢管，丝扣连接。

三、工程特点介绍

1. 给水系统采用变频给水泵组供水：由于业主要求楼盘档次较高，考虑尽可能避免生活用水水质二次污染，要求取消或减少生活贮水设施。基于上述要求，我们原本考虑采用负压装置＋变频给水泵组供水。由于市自来水公司依据该地区市政自来水管网、供水水压等情况，不允许采用负压装置，所以我们仍考虑设置生活贮水池。在目前使用中，普遍认为变频给水泵组与传统的给水泵＋高位水箱供水系统相比较是不节能的供水系统。如何使变频供水系统设备在达到供水水压稳定，水量充裕的同时，充分考虑变频给水泵组节能，这与泵组水泵匹配，泵的启动方式以及泵的启闭控制点设置位置是分不开的。我们在设计中要求变频供水设备水泵为1个变频控制1台水泵。水泵启动采用较先进的“软启动”技术即克服启动带来的额外的电负荷引起的能量损失又可消失水锤以及水压曲线波动，从而使供水水压十分稳定，尤为对设置集中热水系统的住户而言更舒适、方便（特别是沐浴时）且节能。同时要求采用末端恒定控制方式，较传统用水泵出口压力定压方式更为节能。因为在给水量变化时，给水管压力损失也有变化，约与给水量成两次方比例关系：特别当为小流量时，该压力损失值几乎为0，水泵电力损耗也相应减少。高、低区分别设置变频供水设备供水。相对而言，减小了供水区域，使选用水泵日常实际运行工况更多在水泵的高效区内，更为节能。从目前物业管理公司统计来看，本工程变频供水设备运行费用并没有超过传统给水泵＋高位水箱供水方式，同时使用舒适，得到了住户的好评。

2. 为避免供水干管穿越住户内部而影响销售，本工程采用了给水系统（冷、热水）供水方式为给水低区采用下行上给式；给水高区采用上行下给式。

3. 集中热水系统：由于本工程要充分体现业主对楼盘高档定位要求，能够使住户在全天候使用热水，享受沐浴时的舒适，必须满足供水水量大、水压稳定要求。我们考虑设置集中热水系统，热水系统同冷水系统分区，热水循环管道采用同程布置方式，防止热水出现短流并设热水循环泵，确保供热水的水温。

4. 中水供水系统：考虑其处理水质有可能不稳定，设减压阀容易造成事故而影响住户正常使用。采用变频供水设备供水，高、中、低中水供水区域设置各自变频供水设备供水。

四、工程系统图及照片

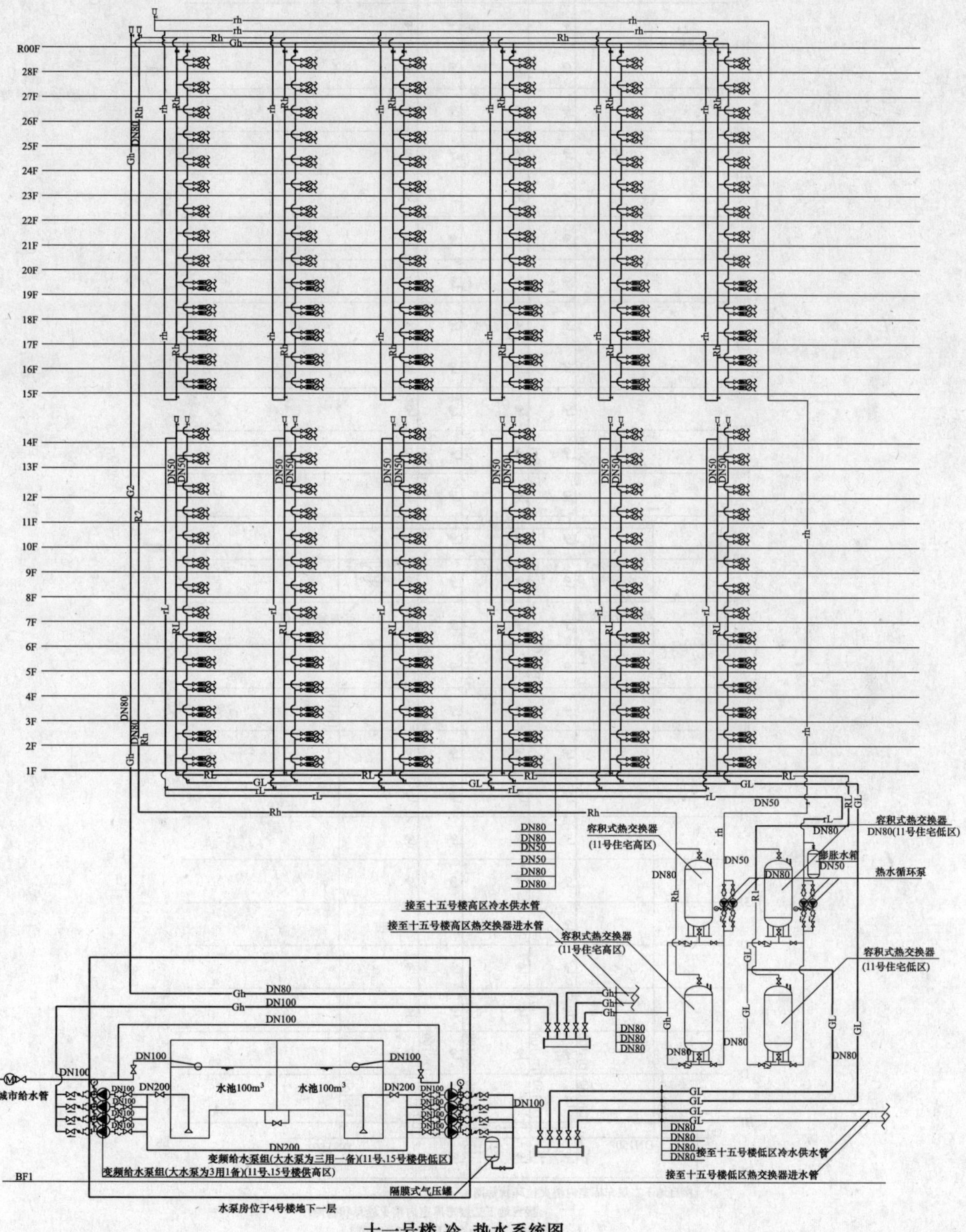

十一号楼 冷、热水系统图

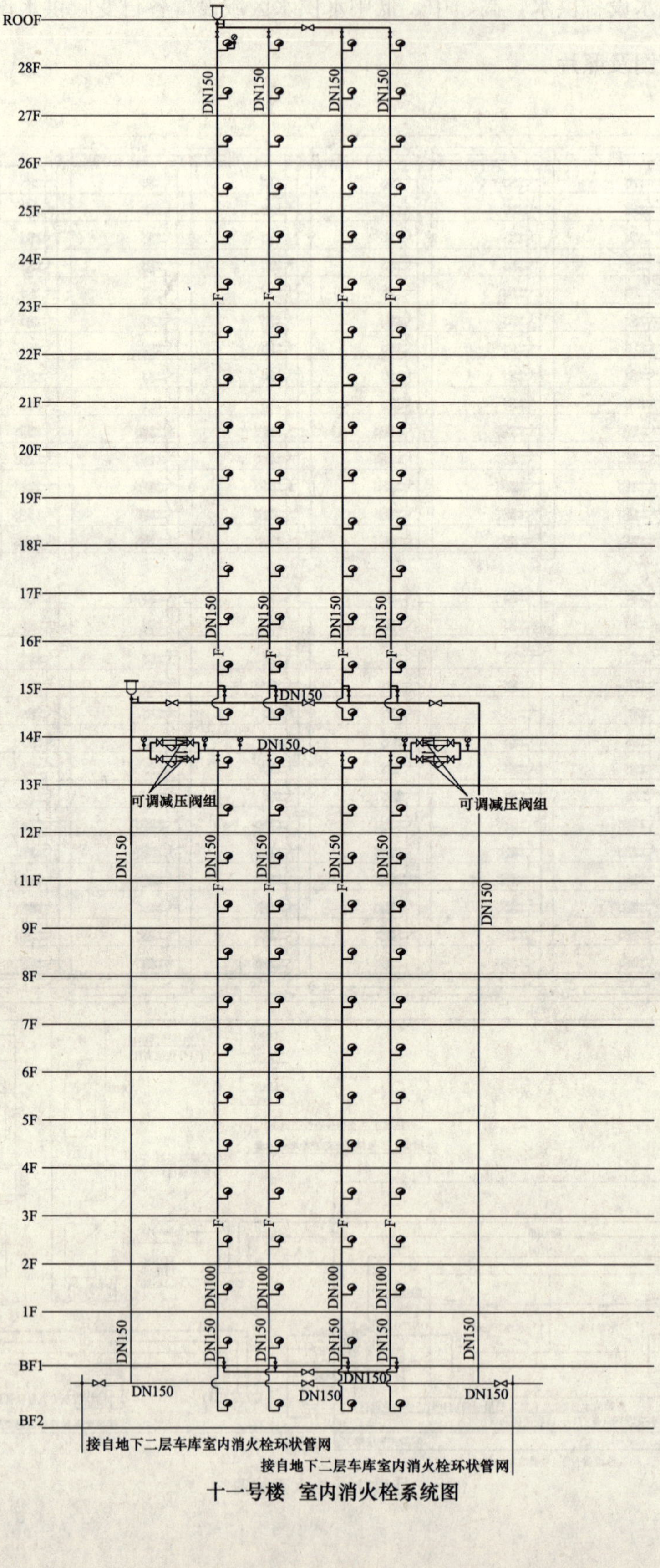

十一号楼 室内消火栓系统图

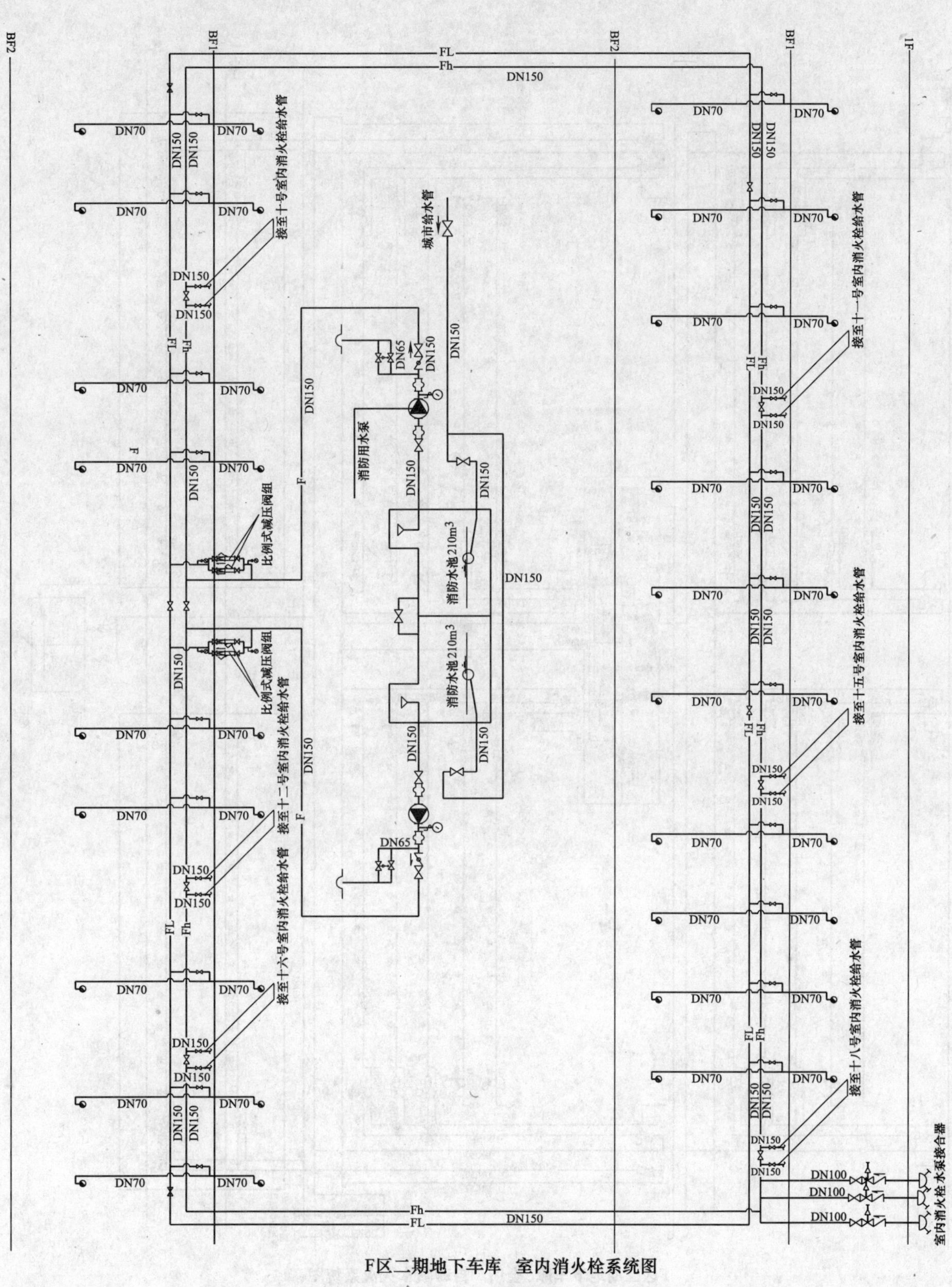

F区二期地下车库 室内消火栓系统图

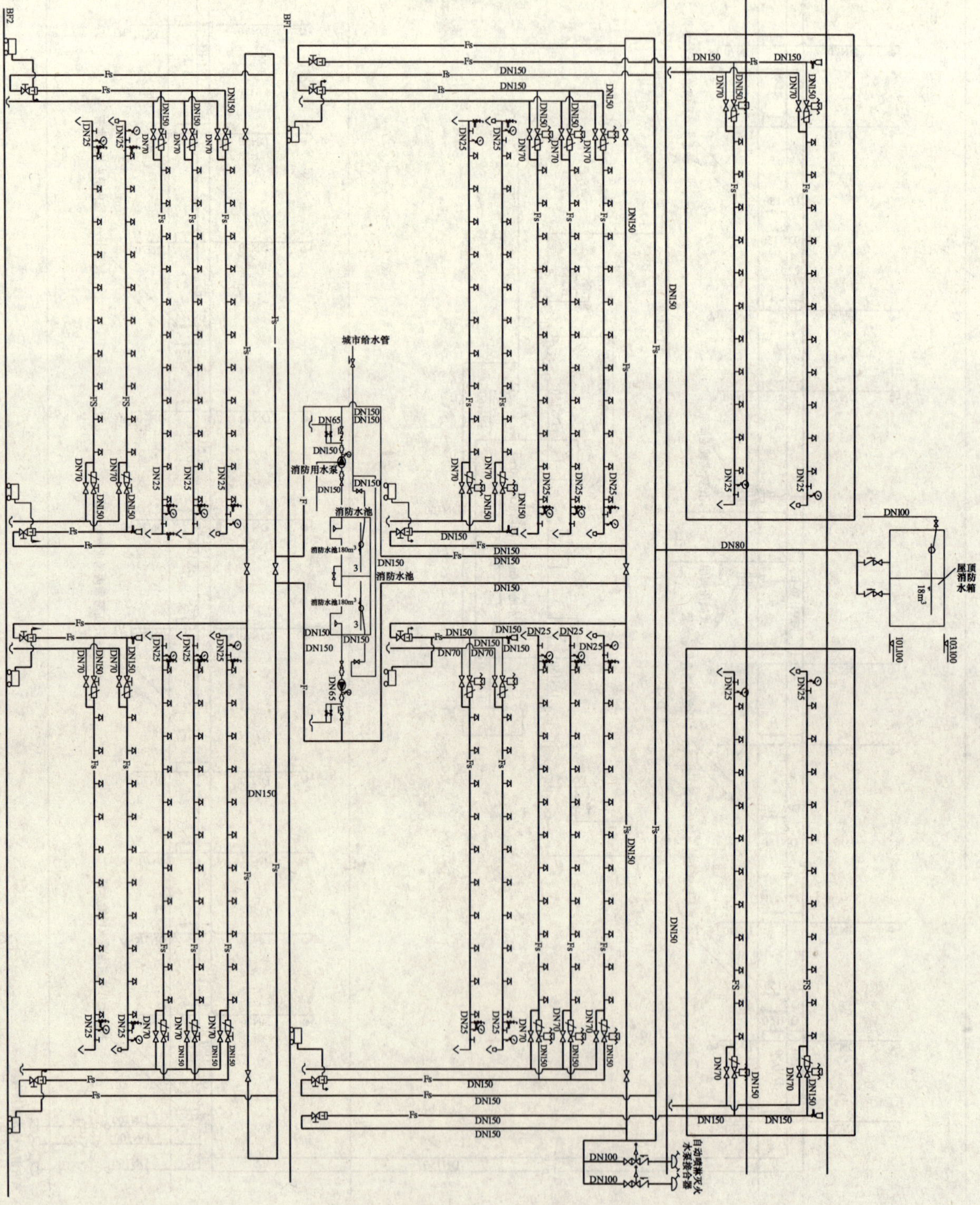

F区二期地下车库、会所　自动喷水灭火系统图

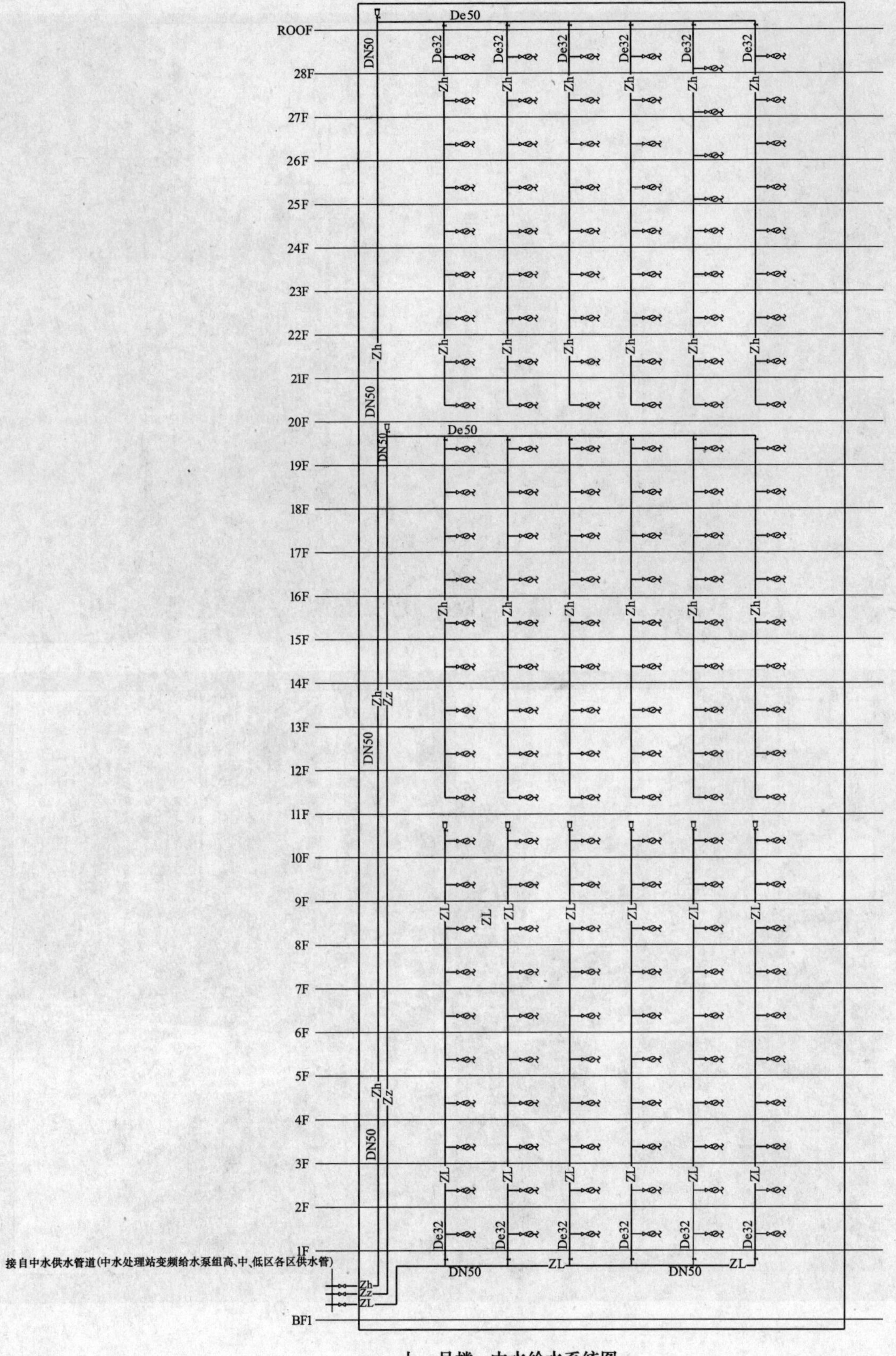

十一号楼　中水给水系统图

小区局部透视

小区一角

金海湾花园

设计单位： 广州市设计院

设 计 人： 赵力军　丰汉军　李桂芳　郭进军　陈雁玲

获奖情况： 居住建筑三等奖

工程概况：

金海湾花园位于广州市中心珠江南岸的滨江东路，为一超高层全江景豪宅。尽享“一河两岸”的滨江绿化景观带和全角度一线江景，北观珠江平缓宽广的滔滔江流，二沙岛美景尽览，远眺都市鳞次栉比的繁华，白云山景观若隐若现；西依中大北门广场、“海珠十景”之“学府风韵”，南可俯瞰百年学府中山大学的苍翠古朴的菁菁校园，阵阵书香扑面而来。其地理位置和景观环境之优越在广州无出其右。建筑总用地面积为 24234m^2，总建筑面积为 138225m^2，建筑高度 149m，分为东、中、西三栋塔楼。地下一层至地下三层为机电设备用房、车库及人防，首层为架空花园，二层至六层为包括商场、办公及会所等设施的裙房，七至四十三层为住宅。楼内共有 365 户，平均户内面积 230～670m^2，顶层设有 3 套 2300m^2 带天台游泳池的超级豪宅。该住宅楼所处地理位置优越、景观好、户内面积大（部分为复式）、装修标准高、设备齐全，住宅单套售价高达 4 万多元/m^2，地下车库单台车位售价高达 75 万元/m^2，代表了广州市目前最高的住宅水准，并被评为中国十大超级豪宅之一。

一、给水排水系统

（一）给水系统

1. 生活用水量（表 1）

生活用水量表　　**表 1**

用水名称	用水量定额	数量	用水时间	平均时用水量 (m^3/h)	时不均匀系数 K	最大时用水量 (m^3/h)	最大日用水量 (m^3/d)	合计 (m^3/d)
住宅	280L/人	1825 人	24	21.3	2.0	42.6	511	511
餐厅	15L/座次	1350 座	6	20.25	2.0	40.5	121.5	241.5
空调补水			10	12	1	12	120	
商场	顾客 20L/人	1647 人	10	3.3	2.0	6.6	33	410.4
	职工 100L/人	756 人	10	7.56	2.0	15.12	75.6	
空调补水			10	24		24	240	
车库	3L/(m^2·d)	1728m^2	6	8.64		8.64	51.8	174.4
绿化	2L/(m^2·次)	5000m^2	1	10		10	10	
未预见水量	生活用水量 15%							
Σ								1337

2. 水源

水源为市政自来水，由滨江路引一条 *DN*200 给水管进入小区，设三个 *DN*150 水表分别供商业、办公及生活用水。

3. 系统竖向分区

本工程生活给水系统竖向分五个区：

一区（地下一层到夹层），由裙楼办公水表后市政管网直接供水；

二区（二层到设备转换层）：

裙楼办公水箱变频供水设备供裙楼办公，裙楼商业水箱变频供水设备供裙楼商业；

三区（六层到十六层）：三区塔楼生活水箱变频供水设备供水；

四区（十七层到二十八层）：四区塔楼生活水箱变频供水设备供水；

五区（二十九层到四十三层）：五区塔楼生活水箱变频供水设备供水。

4. 供水方式及给水加压设备

二区裙楼商业水箱变频供水设备 $Q=0\sim15L/s$，$H=35m$；

二区裙楼办公水箱变频供水设备 $Q=0\sim15L/s$，$H=35m$；

三区塔楼生活水箱变频供水设备 $Q=0\sim20L/s$，$H=90m$；

四区塔楼生活水箱变频供水设备 $Q=0\sim20L/s$，$H=130m$；

五区塔楼生活水箱变频供水设备 $Q=0\sim20L/s$，$H=170m$。

5. 住宅户内热水供应

每户采用小型无压间接交换储热式燃气热水炉，每户住宅户内循环。

6. 管材：给水管采用 SUS316 不锈钢管，活接式连接。

（二）排水系统

1. 排水系统的形式

室内外雨水与污水分流，室内污废水分流，分别接入室外雨水、污水管网，最后分别排入市政雨水管网和污水管网。

2. 透气管的设置方式

污废水立管隔层分别与透气立管设置结合透气管连接，透气立管伸顶透气。

3. 采用的局部污水处理设施

室外设置 3 个 $100m^3$ 化粪池处理建筑内粪便污水。

4. 管材

污水管采用离心浇铸抗震柔性排水铸铁管，不锈钢卡箍件连接。

（三）雨水系统

1. 采用的暴雨重现期

建筑室外采用 3 年重现期，暴雨强度 $477.11L/(s\cdot hm^2)$；

裙楼屋面采用 50 年重现期，暴雨强度 $724.82L/(s\cdot hm^2)$；

塔楼屋面采用 10 年重现期，暴雨强度 $583.11L/(s\cdot hm^2)$。

2. 雨水系统的形式

塔楼屋面采用 87 雨水斗单斗系统，裙楼采用虹吸雨水排水系统。

3. 管材

重力流雨水系统管道采用球墨铸铁管，柔性承插式接口连接。

压力流雨水系统采用内涂塑钢管，卡箍连接。

二、消防系统

(一) 消火栓系统

1. 消火栓系统用水量（表 2）

消火栓系统用水量 表 2

名　称	用水量(L/s)	延续供水时间(h)	一次火灾用水量(m^3)
室外消火栓统	30	2	216
室内消火栓统	40	3	432

2. 系统分区

室内消火栓系统垂直分三个区：第一区为地下三层至设备夹层，环状管分别设于地下三层及设备夹层，由设于地下一层水泵房的一区消火栓主泵以双管向环状管网供水，由塔楼屋顶消防水池出水管经减压后提供稳压，一区消火栓系统水泵接合器与室内消防环状管网连接，直接向管网供水；第二区为七至二十四层，环状管分别设于七层及二十四层，由设于地下一层水泵房的二区消火栓主泵以双管向二区环状管网供水，由塔楼屋顶消防水池出水管经减压后提供稳压。七至十五层的所有消火栓均采用减压稳压消火栓。消防水泵接合器与本区室内消防环状管网连接，直接向管网供水；第三区为二十五至四十三层，环状管分别设于二十五层及四十三层，由设于地下一层水泵房的三区消火栓主泵以双管向三区环状管网供水，由设于塔楼屋顶的消火栓系统稳压泵提供稳压。二十五至三十六层的所有消火栓均采用减压稳压消火栓。

3. 消防水池及消火栓泵

消防水源由市政自来水供给，在地下室设置 540m^3 消防水池（分为 2 格），屋顶设置 18m^3 消防水池。

下区消火栓水泵 $Q=40L/s$，$H=70m$；

上区消火栓水泵 $Q=40L/s$，$H=200m$。

4. 水泵结合器

在建筑室外各设三套水泵结合器供消火栓系统上区、下区用。

5. 管材

采用热镀锌钢管，$DN<100$ 丝扣连接，$DN>100$ 沟槽式连接，配件公称压力均不得小 2.5MPa。

(二) 自动喷水灭火系统

1. 用水量

自动喷水灭火统用水量：30L/s，火灾延续时间为 1h，一次火灾用水量为 108m^3。

2. 系统分区

自动喷水灭火系统垂直分三个区：第一区从地下三层至设备夹层，由设于地下一层泵房中的第一区喷淋主泵供水，由塔楼屋顶消防水池出水管经减压后提供稳压。设 2 套 $DN150$ 水泵接合器与本区消喷主泵出水管相连接，直接向喷淋管网供水；第二区从七至二十四层，由设于地下一层泵房中的第二区喷淋主泵供水，塔楼屋顶消防水池出水管经减压后提供稳压。设两套 $DN150$ 水泵接合器与本区消喷主泵出水管相连接，直接向喷淋管网供水；第三区从二十五至四十三层，由设于塔楼屋顶的喷淋系统稳压泵提供稳压。

3. 喷淋水泵

下区喷淋水泵 Q=30L/s，H=70m；

上区喷淋水泵 Q=30L/s，H=190m。

4. 喷头、湿式报警阀

建筑内除面积小于 5m^2 的卫生间及不宜用水扑救的部位外，均设自动喷水灭火系统保护。地下车库及裙楼商场按中危险级Ⅱ级设计，其他部位按中危险级Ⅰ级设计。地下室消防泵房设 9 个湿式报警阀供地下、裙楼喷淋，转换层设 18 个湿式报警阀分别供 A、B、C 三栋塔楼喷淋。

5. 水泵结合器

在建筑室外各设 2 套水泵结合器供消火栓系统上区、下区用。

6. 管材

采用热镀锌钢管，$DN\leqslant 100$ 丝扣连接，$DN>100$ 沟槽式连接，配件公称压力均不得小 2.5MPa。

7. 气体灭火装置

在地下室发电机房设置七氟丙烷预置灭火装置，灭火设计浓度不小于 9%，设计喷放时间不大于 10s。

三、设计特点介绍

1. 给水采用集中高效变频并联供水与减压阀结合的分区供水方式，消防系统采用集中设置一次加压并联分区供水方式，不设中间水箱，节能、节地，保证供水水质，提高了系统可靠性，不产生影响住户的噪声。

2. 生活水箱采用 SUS444 带自洁式清洗装置的不锈钢水箱，防止水质受二次污染，且能定期自动清洗水箱，保持水箱的洁净。给水管道均采用 SUS316 不锈钢管道，防止管道输送过程受二次污染，保证供水水质。

3. 入户支管处设置减压阀，在保证供水水压条件下，防止超压、节约用水。

4. 住户内均设置了小型集中供热水带热水循环供热设备，保证供水水温平衡，减少每次用水前排放的水量，节约用水。

5. 裙楼雨水排水采用虹吸排水，减少立管数和占用的建筑面积，降低工程造价。

6. 生活排水管道采用离心浇铸抗震柔性排水铸铁管，不锈钢卡箍件连接，噪声低、寿命长、防火效果好。雨水系统采用球墨铸铁管，既满足了至天面的满流试验的承压要求，又提高了管道防锈能力。

7. 卫生器具采用节水型卫生洁具及配水件、公共卫生间采用感应式水龙头、感应式小便器冲洗阀及感应式大便器冲洗阀，既节水又环保。

8. 住户内设置了自动喷水灭火系统，保证了住户的消防安全。

9. 高区消火栓系统及喷淋系统水泵接合器接至该区各系统消防主泵吸水口前，两路独立电源并设置柴油发电机保障消防用电，节省了中间水箱，既能保证消防安全的要求又减少了占用的建筑面积。

10. 补压泵设于最高层在系统压力低于 5m 时启动，两路独立电源并设置柴油发电机保障消防用电，减少了高位消防水池设置的高度，保证建筑立面造型的效果，同时也满足消防安全的要求。

11. 天面豪宅平台设置了私家游泳池，满足高端客户的需求，体现出本建筑作为高端豪宅的价值。

四、工程系统图及照片

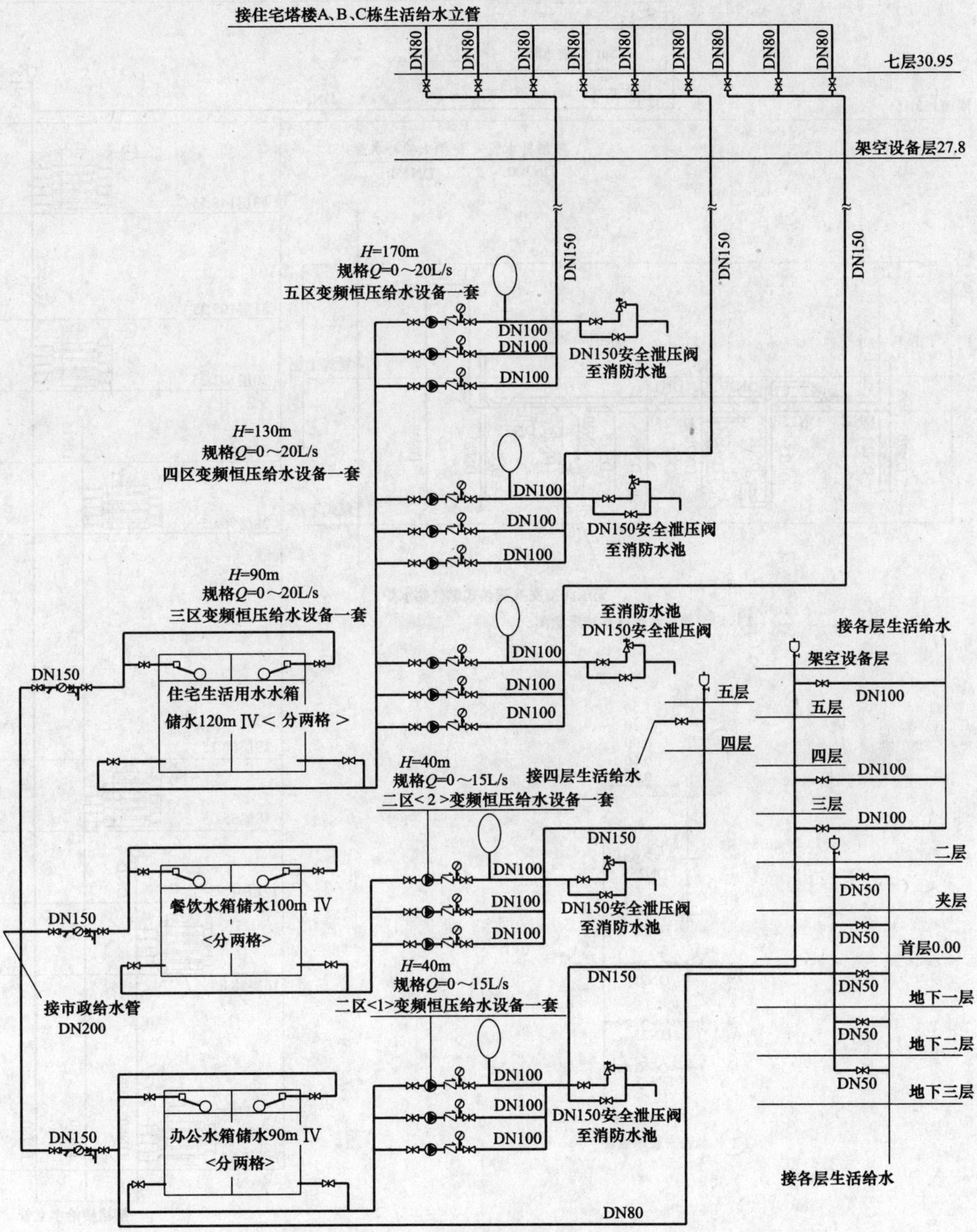

接住宅塔楼A、B、C栋生活给水立管
DN80 DN80 DN80 DN80 DN80 DN80 DN80 DN80 DN80
七层30.95
架空设备层27.8
DN150 DN150 DN150

H=170m
规格*Q*=0～20L/s
五区变频恒压给水设备一套
DN100
DN100
DN100
DN150安全泄压阀
至消防水池

H=130m
规格*Q*=0～20L/s
四区变频恒压给水设备一套
DN100
DN100
DN100
DN150安全泄压阀
至消防水池

H=90m
规格*Q*=0～20L/s
三区变频恒压给水设备一套
DN100
DN100
DN100
至消防水池
DN150安全泄压阀

DN150
住宅生活用水水箱
储水120m Ⅳ＜分两格＞

五层
四层
接四层生活给水

接各层生活给水
架空设备层
DN100
五层
四层
DN100
三层
DN100
二层
DN50
夹层
DN50
首层0.00
DN50
地下一层
DN50
地下二层
DN50
地下三层
接各层生活给水

H=40m
规格*Q*=0～15L/s
二区<2>变频恒压给水设备一套
DN150
DN100
DN100
DN100
DN150安全泄压阀
至消防水池

DN150
餐饮水箱储水100m Ⅳ
<分两格>

DN150

H=40m
规格*Q*=0～15L/s
二区<1>变频恒压给水设备一套
DN100
DN100
DN100
DN150安全泄压阀
至消防水池

接市政给水管
DN200

DN150
办公水箱储水90m Ⅳ
<分两格>

DN80

给水系统图（一） 1:150

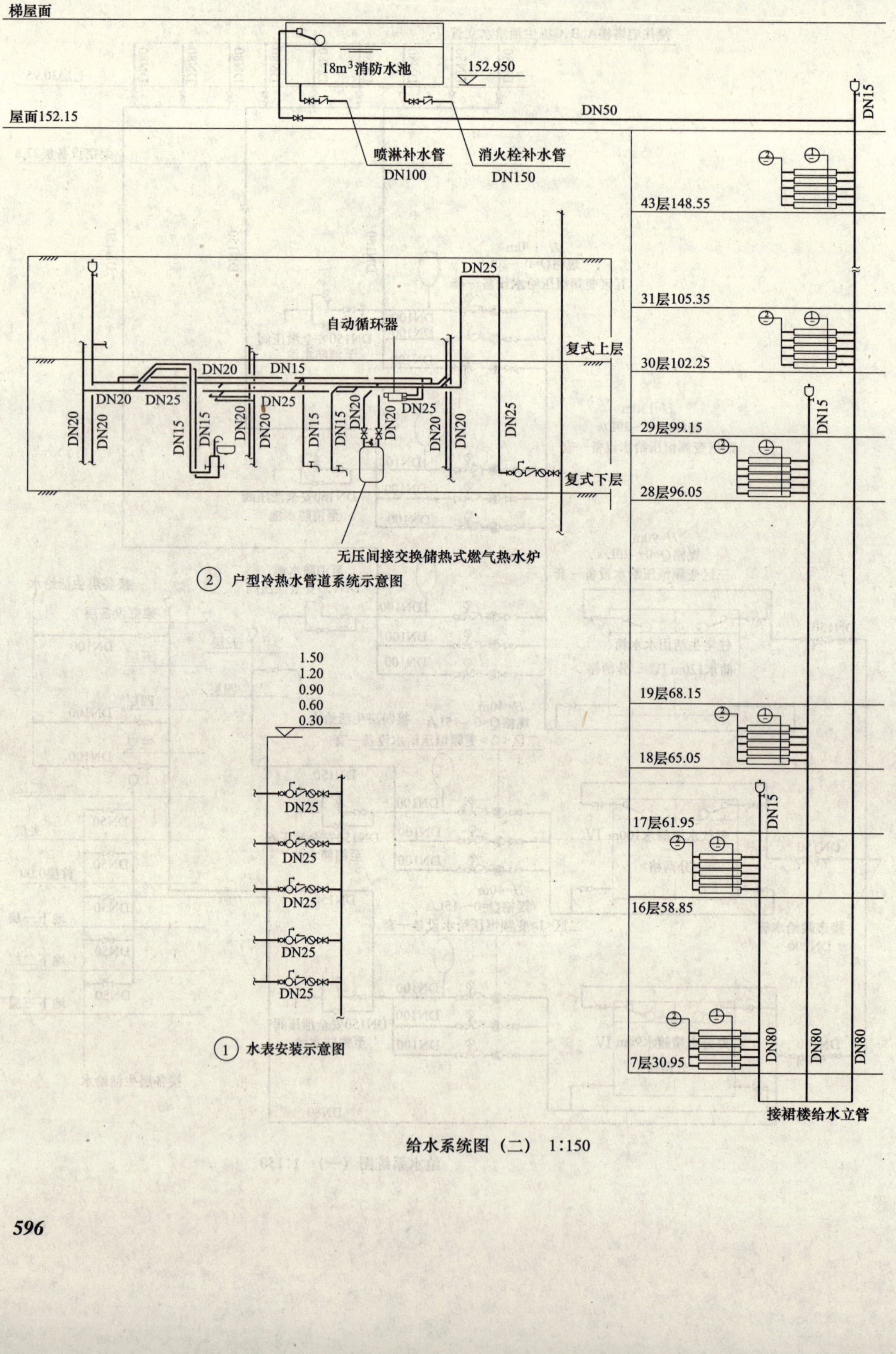

梯屋面

$18m^3$消防水池

152.950

屋面152.15

DN50

DN15

喷淋补水管

DN100

消火栓补水管

DN150

43层148.55

31层105.35

30层102.25

29层99.15

28层96.05

19层68.15

18层65.05

17层61.95

16层58.85

7层30.95

DN80 DN80 DN80

接裙楼给水立管

DN25

自动循环器

复式上层

DN20 DN15

DN20 DN25 DN25 DN25

DN20 DN20 DN15 DN15 DN20 DN20 DN15 DN15 DN20 DN20 DN20 DN20 DN25

复式下层

无压间接交换储热式燃气热水炉

② 户型冷热水管道系统示意图

1.50

1.20

0.90

0.60

0.30

DN25

DN25

DN25

DN25

DN25

① 水表安装示意图

给水系统图（二） 1∶150

接住宅塔楼A、B、C栋污水立管
接住宅塔楼A、B、C栋废水立管
接住宅塔楼A、B、C栋雨水立管
七层30.95
DN150
DN100
DN75地漏
YL
Q=41.7L/s
Q=41.7L/s 排至雨水沟
DN75地漏
h+0.30
架空设备层27.8
DN250 i=0.01
DN200 i=0.01
DN250
DN150 i=0.015
DN100
i=0.02
TL
DN150
DN200
YL设
Q=4L/s
DN50
五层
DN75
WLZ
FLZ
WL
FL
接卫生间
排至附近虹吸雨水地漏
首层0.00
-0.18
DN200 i=0.01
-1.24
-0.20
排至室外污水井
排至室外废水井
排至室外雨水井
DN100
DN150
地下一层
地下二层
Q=30m³/h, H=20m, N=5.5kW/台
地下三层
开泵水位
停泵水位
开第二台泵水位
开第一台泵水位

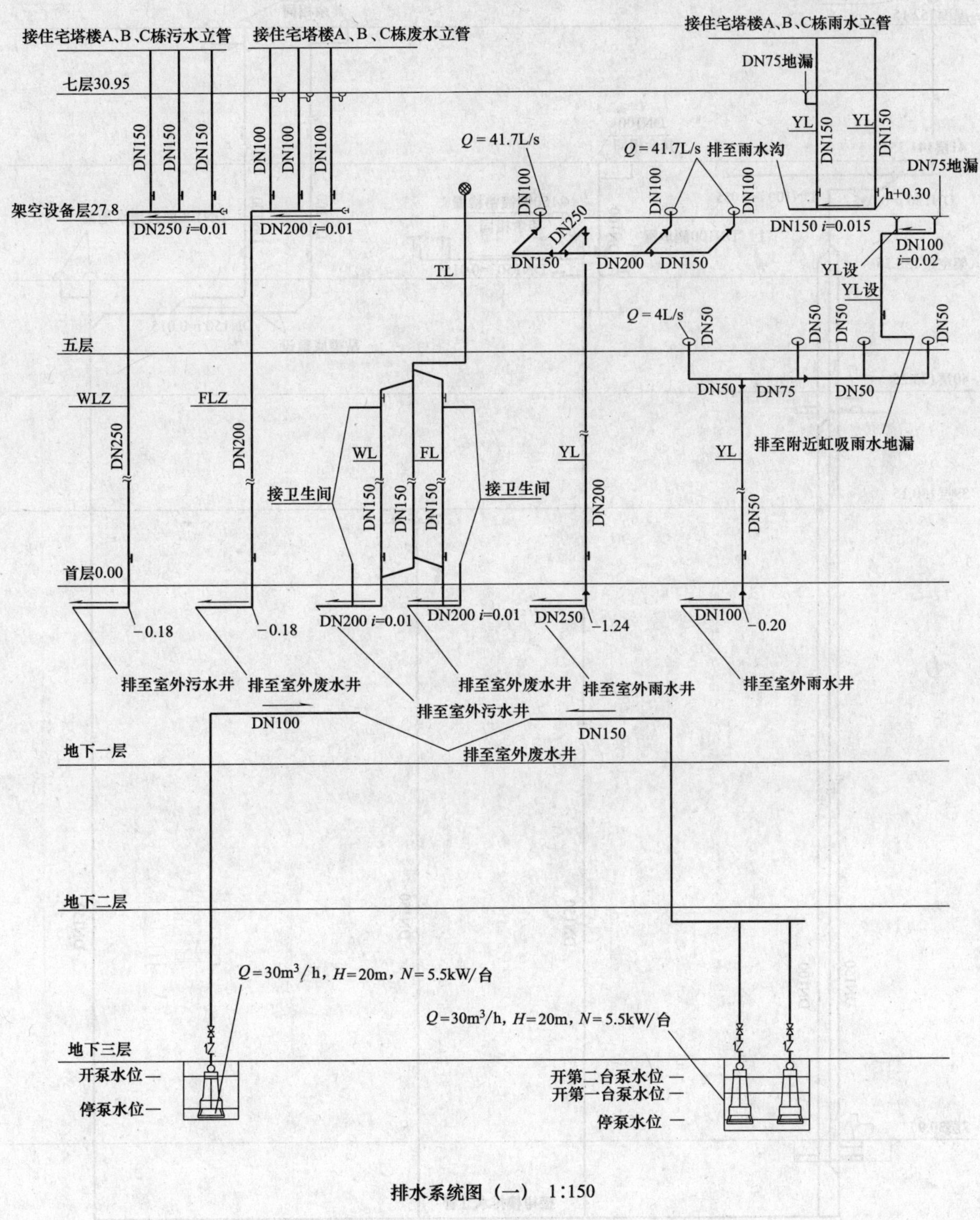

排水系统图（一） 1∶150

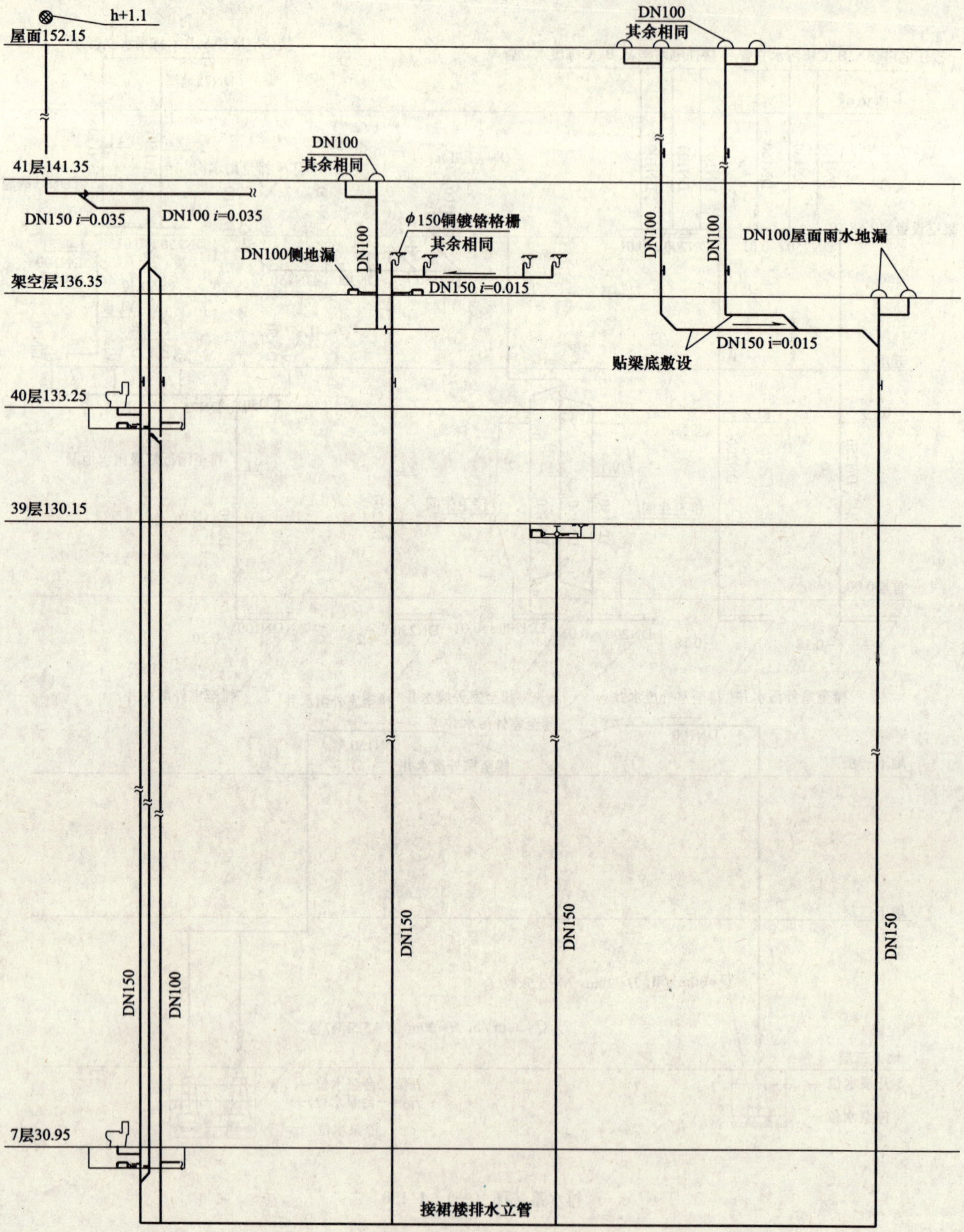

排水系统图（二） 1∶150

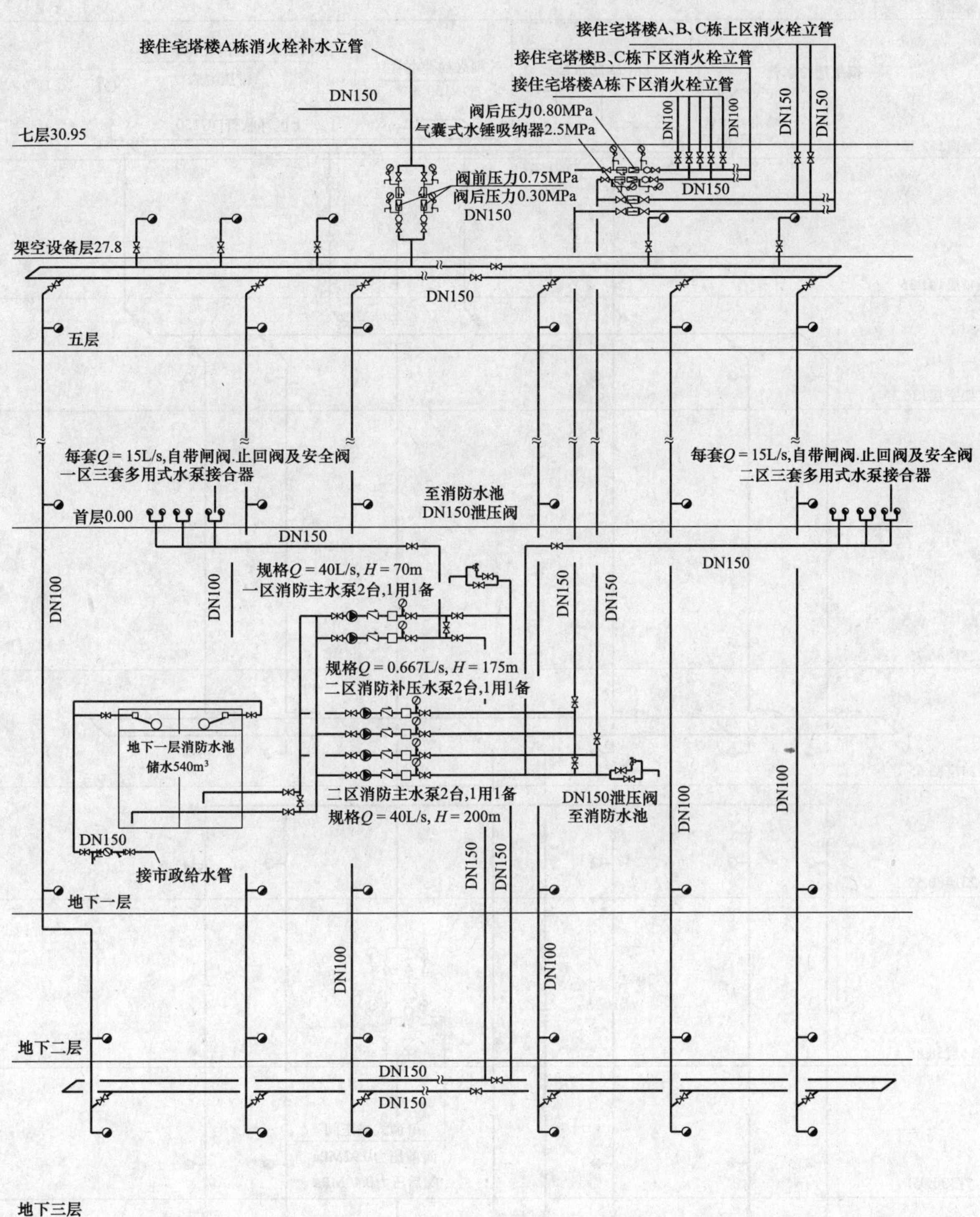

消火栓系统图（一） 1∶150

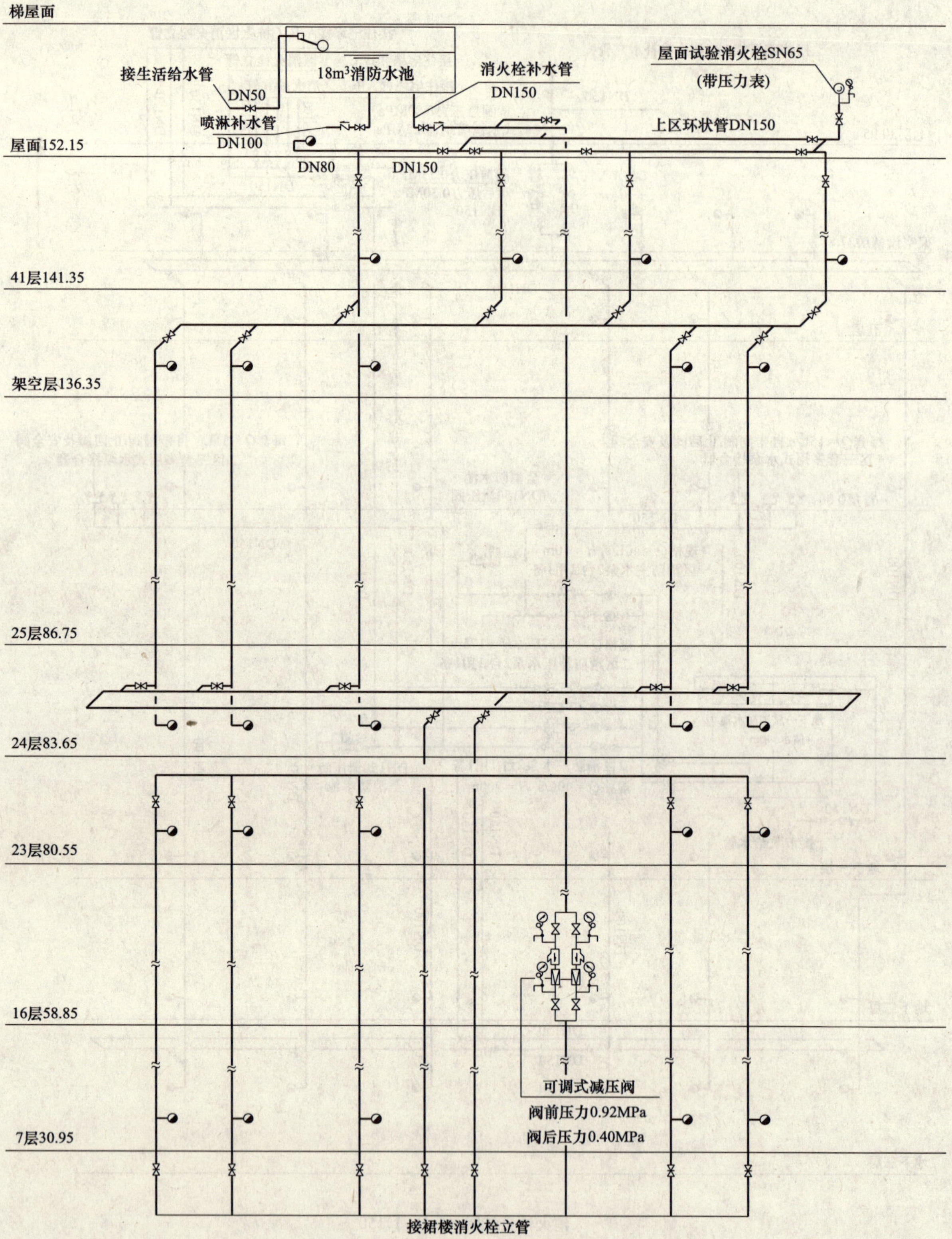

梯屋面

接生活给水管

DN50

18m³消防水池

消火栓补水管

DN150

屋面试验消火栓SN65

(带压力表)

喷淋补水管

DN100

上区环状管DN150

屋面152.15

DN80

DN150

41层141.35

架空层136.35

25层86.75

24层83.65

23层80.55

16层58.85

可调式减压阀

阀前压力0.92MPa

阀后压力0.40MPa

7层30.95

接裙楼消火栓立管

消火栓系统图（二） 1∶150

接住宅塔楼A栋喷淋补水立管
DN100
七层30.95
接各层喷淋平面
阀后压力0.95MPa h+0.80
DN150
接住宅塔楼B、C栋下区喷淋立管
接住宅塔楼A栋上区喷淋立管
接住宅塔楼A栋下区喷淋立管
架空设备层27.8
可调式减压阀
阀前压力1.26MPa
阀后压力0.7MPa
可调式减压阀
阀前压力0.70MPa
阀后压力0.2MPa
接住宅塔楼B、C栋上区喷淋立管
气囊式水锤吸纳器2.5MPa
五层
DN100气囊式水锤吸纳器
每套Q = 15L/s，自带闸阀.止回阀及安全阀
一区两套多用式水泵接合器
每套Q = 15L/s，自带闸阀、止回阀及安全阀
二区两套型多用式水泵接合器
首层0.00
DN150
规格Q = 30L/s，H = 70m
一区喷淋主水泵2台，1用1备
接各层喷淋平面
规格Q = 0.667L/s，H = 175m
二区喷淋补压水泵2台，1用1备
地下一层消防水池
储水540m3
试水及放水排至泵房排水地漏
DN65
DN150泄压阀
至消防水池
二区喷淋主水泵2台，1用1备
规格Q = 30L/s，H = 190m
DN150泄压阀
至消防水池
DN150
接市政给水管
地下一层
地下二层
接各层喷淋平面
地下三层

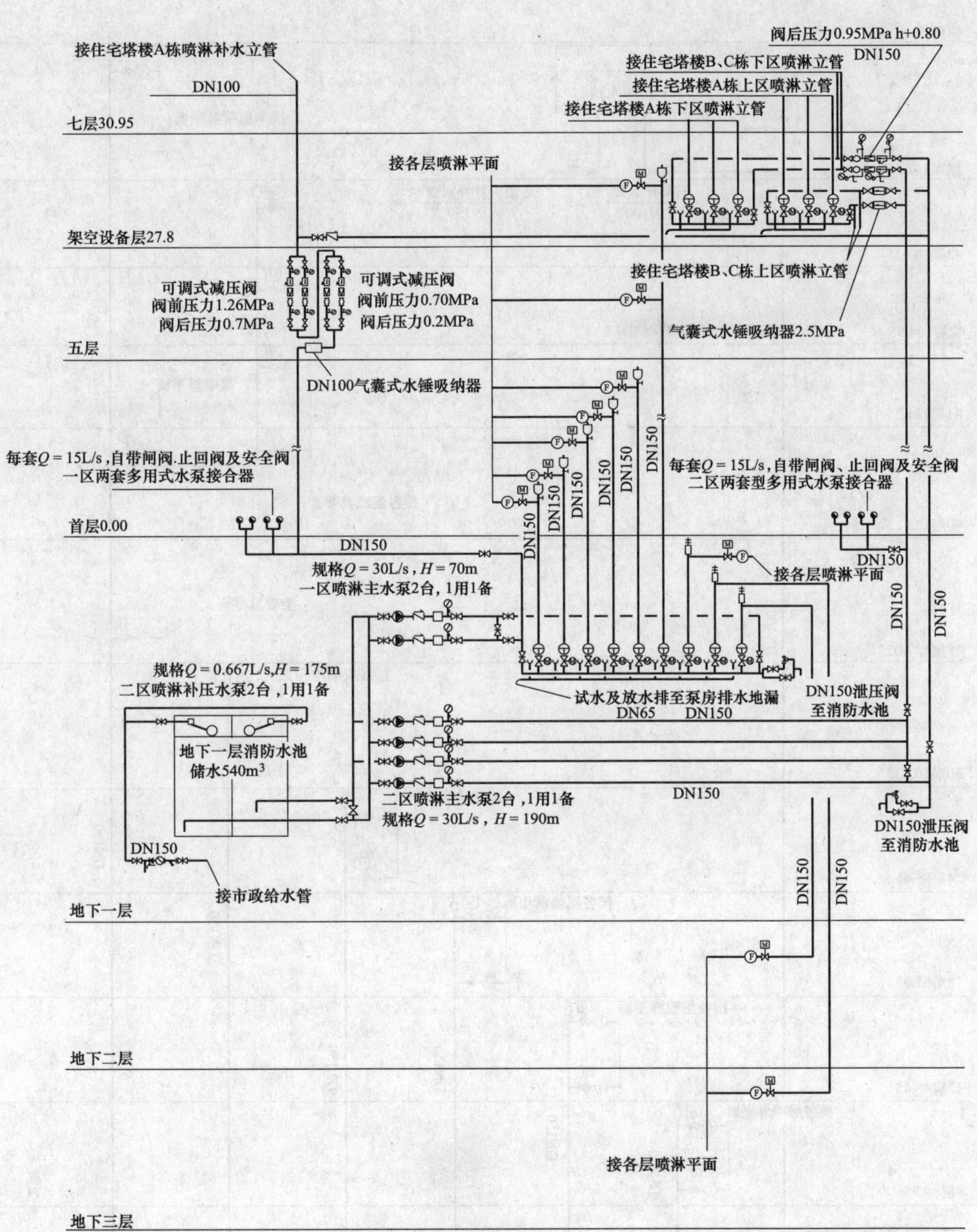

喷淋系统图（一） 1∶150

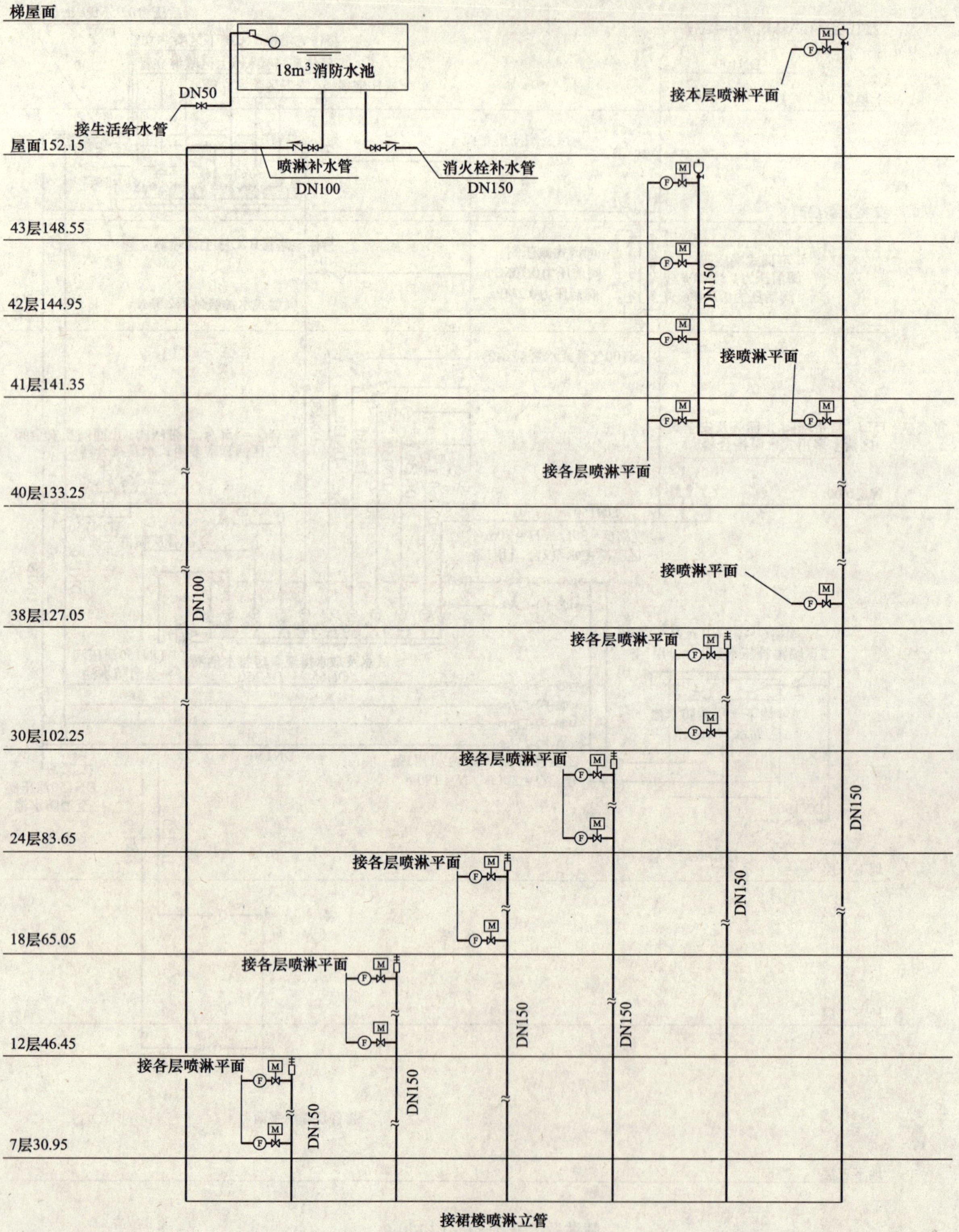

喷淋系统图（二） 1:150

水泵房及游泳池机房

陆梁作业区沙漠腹地公寓设计实例

设计单位：新疆油田勘察设计研究院（原新疆时代石油工程有限公司）
设 计 人：杨萍萍 杨玉芳 付蕾 薛磊
获奖情况：居住建筑三等奖
工程概况：

陆梁作业区沙漠公寓位于新疆准噶尔盆地腹部地区北端，古尔班通古特沙漠的西北边缘，该地区气候独特，属沙漠干旱气候，昼夜温差大，空气干燥且湿球温度很低，环境和气候非常恶劣。

陆梁沙漠腹地公寓建于2001年，该公寓为住宿、办公、餐饮、娱乐为一体的综合性的建筑，为了给员工提供健康、舒适、安全的居住、工作和娱乐场所，在设计中首要体现以人为本的宗旨，合理利用水资源，保护环境，节约用水。

公寓建筑总面积为9879.19m^2，单层建筑，根据使用功能划分为四个区：一区为活动区，建筑面积1669.49m^2；二区为餐饮区，建筑面积1142.89m^2；三区为住宿区，建筑面积3421.43m^2；四区为办公区，建筑面积2745.38m^2。

本专业设计内容：饮用水系统、非饮用水系统、热水系统、消火栓系统、排水系统及灭火器配置。

水源采用地下水，由于该水源有多项指标超标（溶解性总固体、总硬度、细菌总数、锰、SO_4^{2-}、Cl^-）不符合生活饮用水标准，需经处理后方能饮用，故将生活用水处理装置建在作业区公寓附近。

公寓周围无排水系统，为了保护环境，将公寓污水处理达标后用于灌溉公寓周围植被，既节约了大量清水又保护了环境。

一、给排水系统

（一）给水系统

1. 给水用水量（表1）

给水用水量统计表 表1

序号	类 别	水量(m^3/h)	水压(MPa)	备 注
1	生活用水(净化水)	7	0.3	连续使用
2	冲洗用水(原水)	6.75	0.3	连续使用

2. 水源

陆梁油田有水源井5口，各水源井资料及水质分析（表2）。

3. 水处理净化工艺

（1）水量

水样分析成果表　　表 2

序号	项　目	生活饮用水卫生标准(mg/L)	饮用净水水质标准(mg/L)	生活杂用水卫生标准(mg/L)	水源井水(mg/L)
1	六价铬	≤0.05	≤0.05	—	0.005
2	氰化物	≤0.05	≤0.05	—	0.01
3	氟化物	≤1.0	≤1.0	—	0.2
4	硝酸盐(以氮计)	≤20	≤10	≤20	70.1
5	铁	≤0.3	≤0.2	≤0.4	0.2
6	锰	≤0.1	≤0.05	≤0.1	0.1
7	铜	≤1.0	≤1.0	—	0.05
8	锌	≤1.0	≤1.0	—	0.05
9	镉	≤0.01	≤0.01	—	0.01
10	铅	≤0.05	≤0.01	—	0.01
11	银	≤0.05	≤0.05	—	—
12	汞	≤0.001	≤0.001	—	0.0001
13	砷	≤0.05	≤0.01	—	0.005
14	硒	≤0.01	≤0.01	—	0.0023
15	挥发酚	≤0.002	≤0.002	—	—
16	洗涤剂	≤0.3	≤0.2	≤1.0	—
17	SO_4^{2-}	≤250	≤100	—	552.3
18	Cl^-	≤250	≤100	≤350	1169.8
19	溶解性总固体	1000	500	1200	2862.8
20	浊度	≤3	≤1	≤10	—
21	pH 值	6.5～8.5	6.0～8.5	6.0～9.0	7.45
22	总硬度(以 $CaCO_3$ 计)	450	300	450	1075.9
23	细菌总数(个/mL)	≤100	≤50	—	360

从表中数据可看出：水源井的溶解性总固体、总硬度、细菌总数、锰、SO_4^{2-}、Cl^- 等超标（口内为超标项目数据）。

设计水量需满足整个油田人员饮用水，陆梁油田生活用水使用人数按 3000 人考虑。按每人每天使用生饮水 2L 计，每日需处理生饮水 6m³，处理量按 10m³/d 计，水质符合《饮用净水水质标准》CJ 94—2005。除生饮水外，将食堂、盥洗用水处理为符合《生活饮用水卫生标准》GB 5749—85，冲厕用水采用原水。这样，将水源井来水分别处理，日处理生饮水 10m³/d，处理生活饮用水 490m³/d。

(2) 水处理流程：

根据水质分析结果，采用反渗透水处理技术。

水源井来水→200m³ 原水罐→提升泵→多介质过滤器→活性炭过滤器→反渗透处理装置→二段产品水→200m³ 生活用水罐→变频气压给水设备→经管线输至用户→一段产品水→灌装

工艺流程简述：水源井中的水经泵提升至 200m³ 缓冲罐，对水量进行调节，向下一级构筑物提供均质、均量的水，并对水中的颗粒物（例如：砂子等）进行沉淀，200m³ 原水罐的水经提升泵（2台，1用1备）提升进细砂过滤器，再经过反渗透脱盐装置处理，反渗透脱盐装置一段出水进 4m³ 不锈钢纯净水罐，并在罐内投加一定量的臭氧，装瓶送至各用户。反渗透脱盐装置二段出水进 200 m³ 纯净水调节罐，经气压变频设备送至用户，用于食堂、盥洗等。反渗透装置排除的浓盐水用于陆梁集中处理站油田注水。

由于经反渗透装置处理后的纯净水是用于整个陆梁油田生活用水，包括作业区公寓、指挥部公寓、集中处理站、变电所以及各建设单位水车拉运用水，不能保证所有生活用水管路及设备都为非金属材料制成。为防止处理后的生活用水在遇到碳钢管线及设备时受二次污染，在反渗透处理技术中采取调节 pH 值的方法，利用计量系统投加 NaOH 使 pH 值维持在 7.5～8.2，这样既防止了酸性腐蚀又适于饮用。

（3）处理后产品水指标（表 3）

处理后产品水水质指标 **表 3**

序号	检测参数	生活饮用水	生饮水
1	溶解性总固体	1000mg/L	120～150
2	pH 值	6.5～8.5	7.0～7.5
3	总硬度(以 $CaCO_3$ 计)	450	<48
4	硝酸盐(以氮计)	≤20mg/L	<2.8
5	细菌总数(个/mL)	≤100	<50
6	锰	≤0.1mg/L	<0.1mg/L
7	铜	≤1.0mg/L	≤0.05mg/L
8	锌	≤1.0mg/L	≤0.05mg/L
9	镉	≤0.01mg/L	≤0.01mg/L
10	铅	≤0.05mg/L	≤0.01mg/L
11	银	≤0.05mg/L	≤0.05mg/L
12	汞	≤0.001mg/L	0.0001
13	砷	≤0.05mg/L	0.005
14	硒	≤0.01mg/L	0.0078
15	挥发酚	≤0.002mg/L	—
16	洗涤剂	≤0.03mg/L	≤0.05
17	SO_4^{2-}	≤250mg/L	<20
18	Cl^-	≤250mg/L	<75

4. 供水方式：

为了节约用水，合理地利用水资源，公寓给水系统采用分质供水方式，食堂、盥洗用水采用处理后符合《生活饮用水卫生标准》GB 5749—85 的作为饮用水系统；冲厕和消火栓系统采用原水，作为非饮用水系统。

由公寓生活用水水处理间变频气压供水设备从 200m³ 净水罐吸水，然后供各用水点，见流程简图 1。冲厕用水由水处理间原水提升泵从 200m³ 原水罐吸水，接管线送至各房间内大便器冲洗水箱，见流程 2。

流程 1：200m³ 纯净水罐→变频气压供水设备→各用水点。

流程 2：200m³ 原水罐→原水提升泵（变频）→大便器冲洗水箱。

5. 管材选择

（1）水源井至 200m³ 原水罐输水管线采用玻璃钢管。

（2）水处理工艺部分：放空管线采用焊接钢管，其余工艺管线采用不锈钢管。

（3）公寓室内给水管采用铝塑 PP-R 管，室外给水管采用钢塑复合管。

（二）热水系统

1. 热源及热水供水方式

公寓所需热水量为 7.85m³/h（按全天 24h 供水），热水温度为 60℃，采用集中热水供应系统、上行下给循环给水方式，锅炉房内设热水循环泵 2 台，公寓内热水系统设回水管，回水管进入锅炉房内热水箱。

流程：热水锅炉→热水箱→热水泵（变频）→各用水点

回水（各用水点→热水箱）

2. 管材选择

（1）室内热水管线采用热水型 PP-R 管。

（2）室外热水管线采用热水型钢塑复合管，复合硅酸盐毡保温，沟内敷设。

（三）排水系统

公寓各用水点每日排出各类生产、生活污水约 102m³/d，公寓各用水点排出的污水经室外排水系统进入 1 座 50m³ 集水池沉淀，对水量、水质进行调节，经池内潜污泵提升至一元化污水处理装置，出水水质达到国家一级排放标准（表 4），然后用于灌溉公寓周围的植被。

工艺流程：

公寓各用水点排出的污水→50m³ 集水池→一元化污水处理装置→灌溉公寓周围的植被。

处理后水质指标（单位：mg/L） **表 4**

序号	污染物	第二类污染物最高允许排放浓度		处理后水质指标
		一级标准	二级标准	
1	pH 值	6～9	6～9	6～9
2	悬浮物	70	150	30
3	BOD_5	20	30	20
4	COD	100	150	60

二、消防系统

1. 消防方式及设置

根据《建筑设计防火规范》的要求，室内消防采用独立的消火栓给水系统，消防用水总量为 15L/s，同时使用水枪 3 支，每支水枪流量 5L/s，选用口径 65mm 的消火栓，室内消防管道形成环状管网。室外消防用水总量为 20L/s，消火栓保护半径不超过 150m，室外消火栓系统采用环状管网。室内、室外消防用水总量为 35L/s，灭火延续时间按 2h 计，总计灭火用水量 252m³。消防时由水处理间生活、消防两用变频气压供水设备供给室内（外）消防管网，消防水源来自 1 座 200m³ 原水罐和 1 座 200m³ 纯净水罐。

消防、生活两用变频给水设备设置在距公寓约 100m 远的生活用水处理间内，设置消防泵 3

台，单台流量Q=50m^3/h，扬程80m，2用1备；生活泵1台，Q=12m^3/h，扬程80m。

工艺流程：

2×200m^3 水罐→消防、生活两用变频给水设备→公寓室内（室外）消防管网→消火栓。

2. 管材选择

室内、外消防管线均采用焊接钢管。

三、设计特点

陆梁油田作业区公寓本着给长期奋战在沙漠腹地的石油职工提供一个优美、舒适的外部环境为宗旨，采用自然与规则结合的手法，形成简洁、明快的格调。前院布局创造出一个视野开阔的环境，后院布置有车库、锅炉房、水处理间及篮球场等设施。环绕公寓做绿化，前院绿化以观赏为主，植物配置上以草坪为基调，选择带花灌木和冠状色叶乔木形成幽静、素雅的园林环境。院内道路环状布置，形成流畅道路骨架，路面宽度为7.00m，两侧种植规整的大乔木，主要起庇荫作用，同时前院布置停车场，供外来办公人员车辆停放。

本公寓是建设在沙漠腹地中的一座集住宿、餐饮、办公、娱乐于一体的大型综合建筑，其中各类办公、居住、服务人员约600人，公寓周围无任何系统依托，各类给水排水设施建设既要体现以人为本、高起点、高标准的设计宗旨，又要本着节约用水、合理利用水资源的设计理念，设计中采用多种先进工艺技术，体现在以下几个方面：

1. 先进高效的反渗透水处理技术，陆梁公寓地处沙漠，生活饮用水来自16km以外的水源地，地下水的含盐量很高，采用反渗透水处理工艺，出水指标全部满足《生活饮用水卫生标准》，其中的矿化度、细菌、浊度等多项指标达到饮用净水水质指标，不仅保证公寓内人员的饮用水问题，还能为周边多家服务单位提供生活饮用水，是反渗透技术用于沙漠地区的水处理工艺的成功实例，随着油田的滚动开发，对生活饮用水的需求量越来越大，目前，公寓的给水处理间已扩建为给水处理厂，日处理水量2600m^3/d，不仅用于生活饮用水，还用于锅炉、换热器等工业用水。

2. 反渗透处理中产生大量的浓水，即高含盐水，约占原水量的25%，如此大量的污水直接排放，不仅会破坏周围植被的生长，而且浪费大量水资源。本次设计中，将浓水直接回收至浓水罐，输至陆梁油田处理站用于油田注水，由于浓水中各项指标均满足油田注水要求，可不进行二次处理直接使用，每日回收浓水约为650m^3/d，年节约注水水处理费用约200万元。

3. 公寓给水系统采用分质供水方式，食堂、盥洗用水采用处理后生活饮用水，冲厕用水采用原水，减少水处理量。

4. 为了达到节能减排，节约用水的目的，将公寓产生的生活污水全部进行处理，采用了较先进的一元化污水处理工艺，该设备采用先进的生物处理工艺，橇装化全自动设计，无人值守。集去除BOD_5、COD、NH_3-N于一体，是一种高效、适用的污水处理设备，处理后净化水达到国家一级排放标准，用于灌溉公寓周围植被，美化了环境。

5. 变频调速恒压供水方式，陆梁公寓用水从使用功能来说，类似中大型宾馆，白天用水量较小，晚间用水量集中，供水量极不平衡。采用变频调速恒压供水设备，具有显著的节能效果，减少供水水泵的频繁启动，使水泵始终在高效状态工作，使供水和用水之间保持平衡，即用水多时供水也多，用水少时供水也少，压力保持恒定，大大提高了供水质量。

四、工程系统图及照片

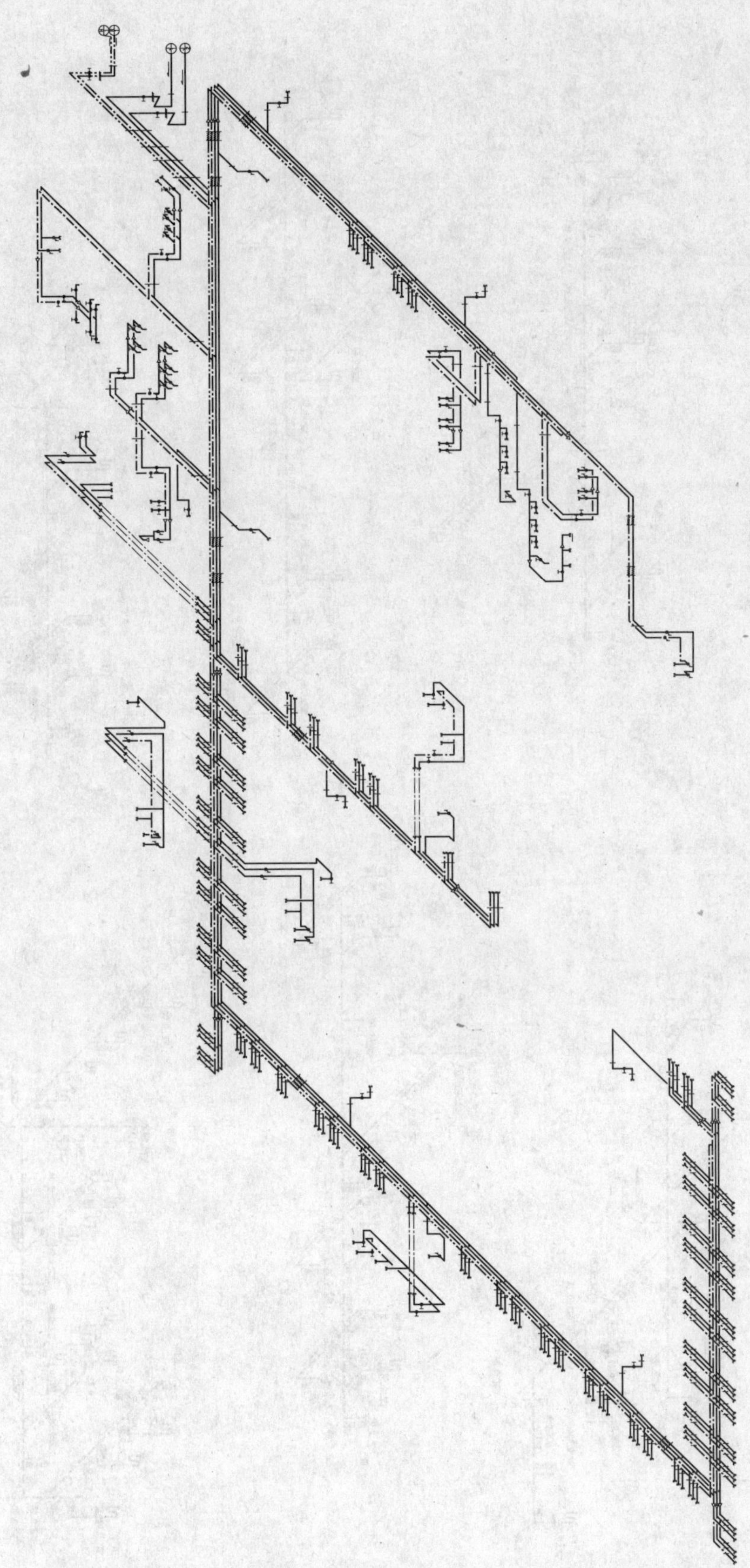

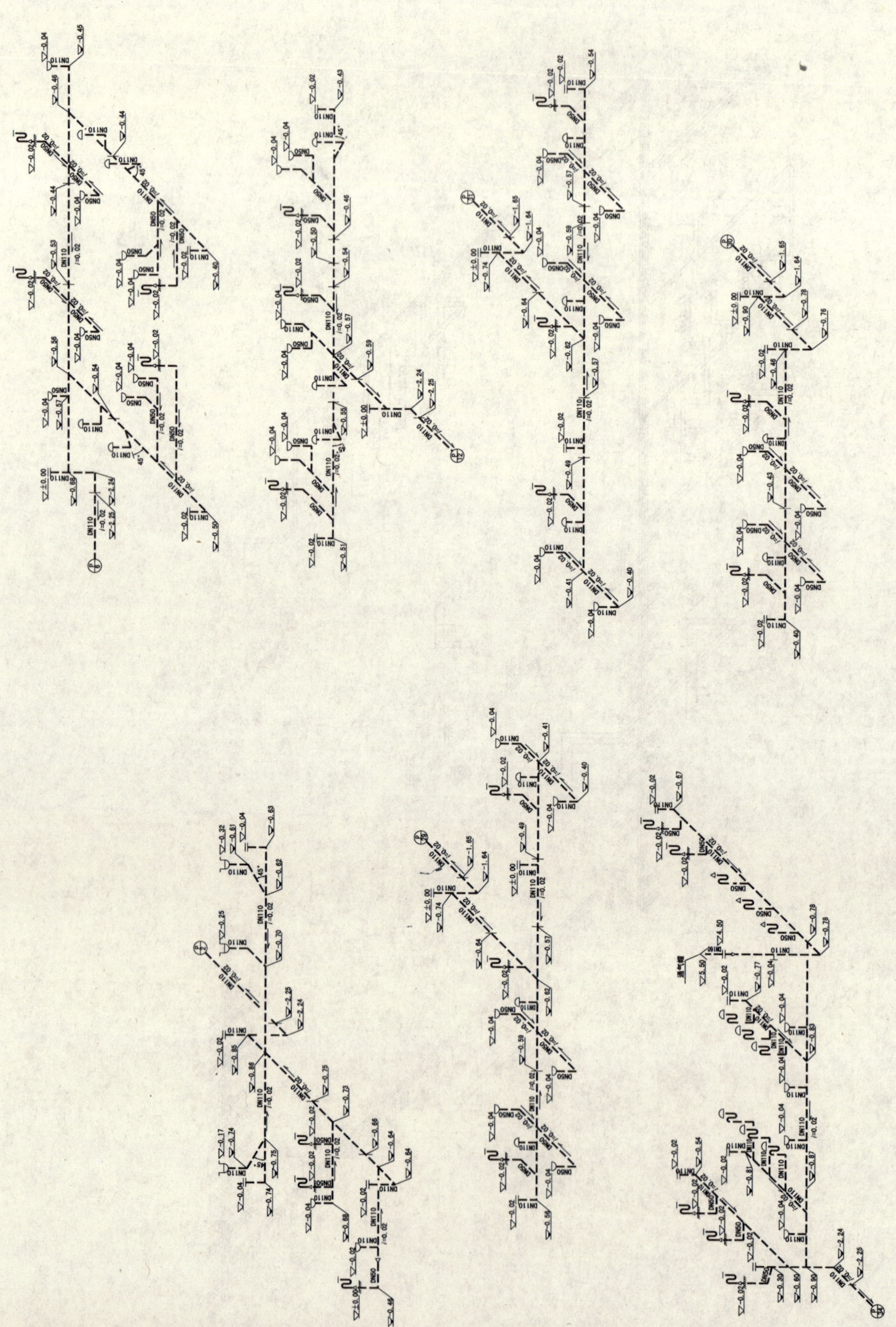

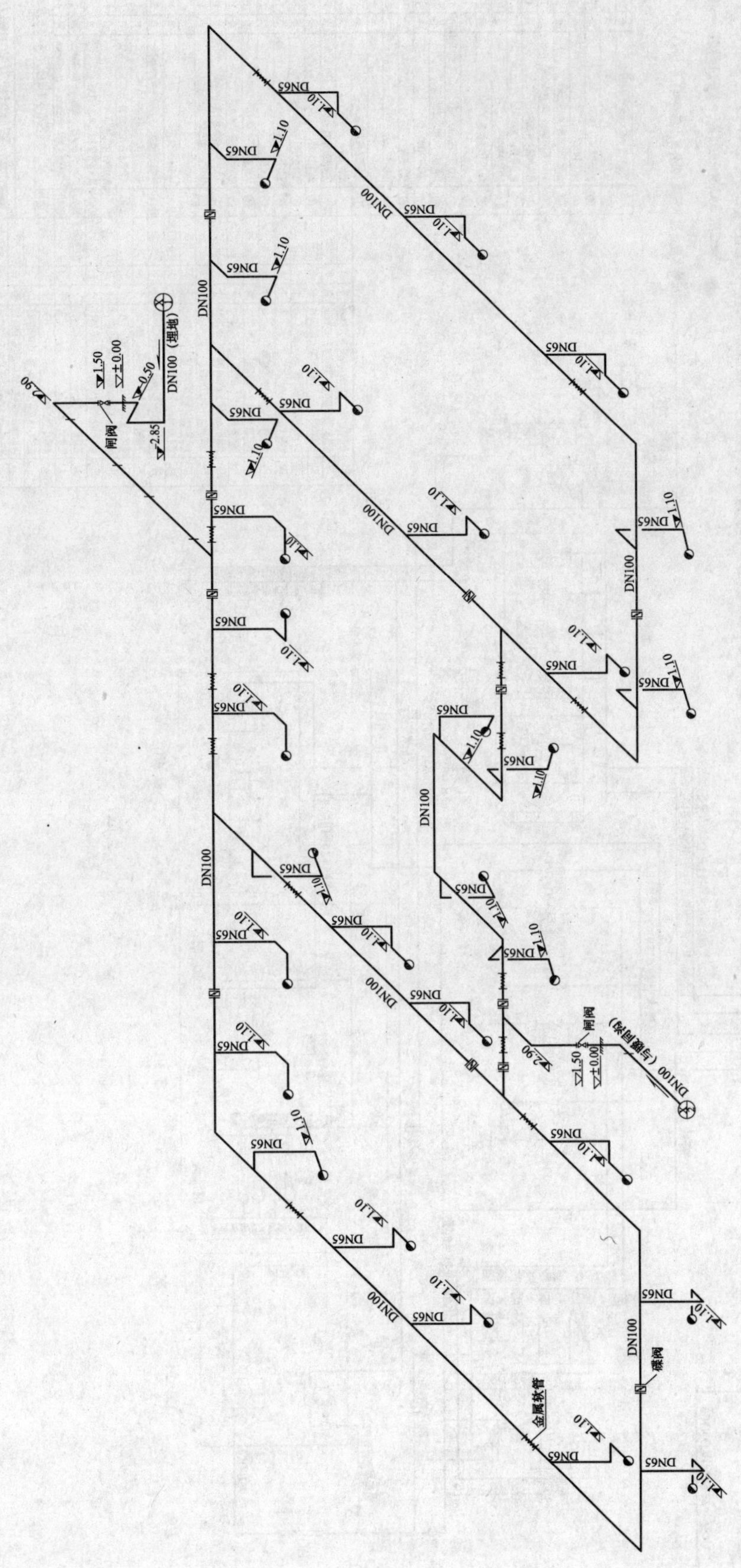
DN100（埋地）
闸阀
1.50
±0.00
0.50
2.85
2.90
DN100
DN65
1.10
金属软管
蝶阀

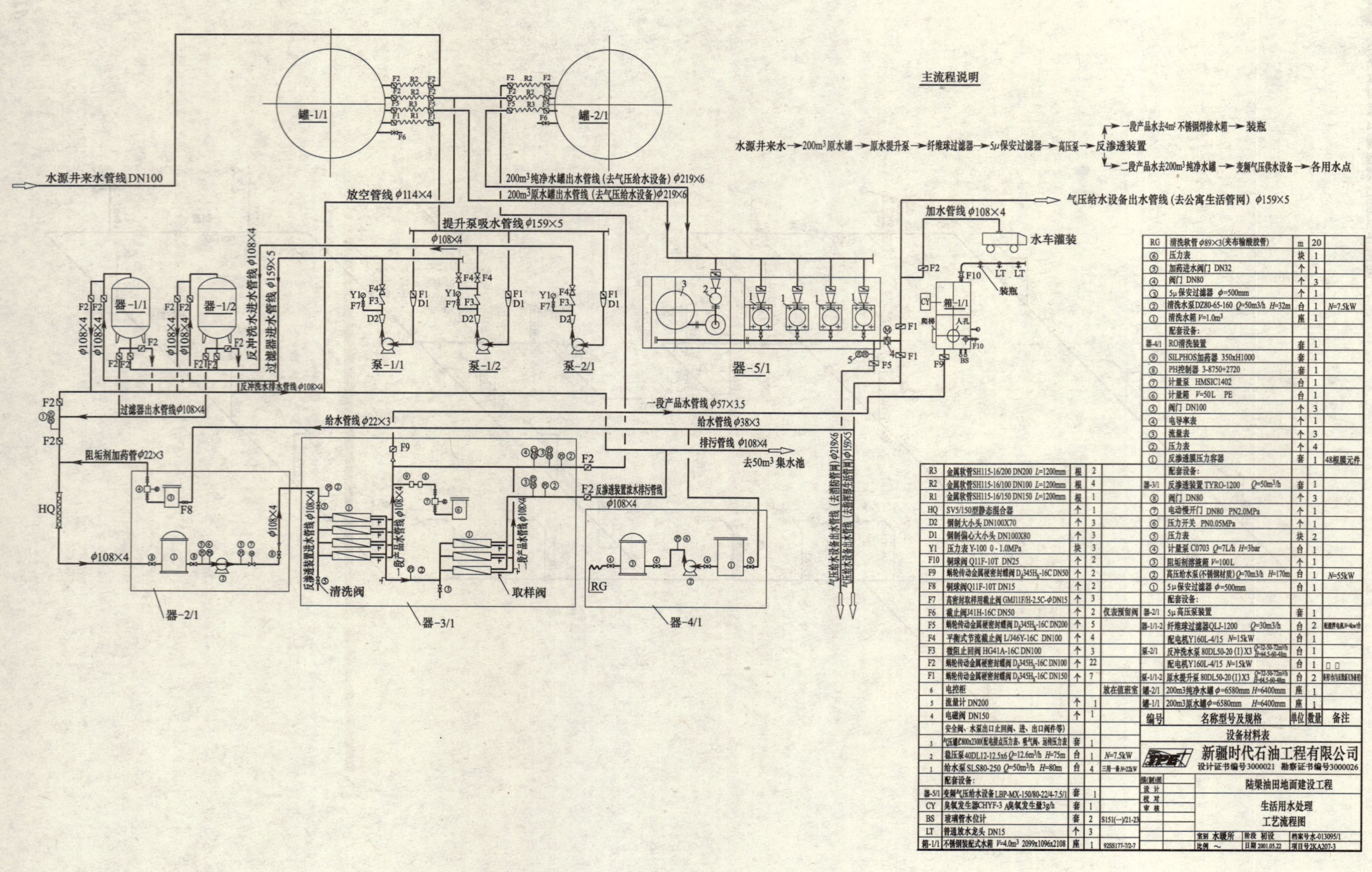

R3	金属软管SH115-16/200 DN200 L=1200mm	根	2	
R2	金属软管SH115-16/100 DN100 L=1200mm	根	4	
R1	金属软管SH115-16/150 DN150 L=1200mm	根	1	
HQ	SV5/150型静态混合器	个	1	
D2	钢制大小头 DN100X70	个	3	
D1	钢制偏心大小头 DN100X80	个	3	
Y1	压力表 Y-100 0-1.0MPa	块	3	
F10	铜球阀 Q11F-10T DN25	个	2	
F9	蜗轮传动金属硬密封蝶阀 D_d345H_h-16C DN50	个	2	
F8	铜球阀Q11F-10T DN15	个	2	
F7	高密封取样用截止阀 GMJ11F/H-2.5C-ΦDN15	个	3	
F6	截止阀J41H-16C DN50	个	2	仪表预留阀
F5	蜗轮传动金属硬密封蝶阀 D_d345H_h-16C DN200	个	5	
F4	平衡式节流截止阀 L/J46Y-16C DN100	个	4	
F3	微阻止回阀 HG41A-16C DN100	个	3	
F2	蜗轮传动金属硬密封蝶阀 D_d345H_h-16C DN100	个	22	
F1	蜗轮传动金属硬密封蝶阀 D_d345H_h-16C DN150	个	7	
6	电控柜			放在值班室
5	流量计 DN200	个	1	
4	电磁阀 DN150	个	1	
3	气压罐Ø800x2300(配电接点压力表、吸气阀、远传压力表 安全阀、水泵出口止回阀、进、出口阀件等)	套	1	
2	稳压泵40DL12-12.5x6 Q=12.6m³/h H=75m	台	1	N=7.5kW
1	给水泵 SLS80-250 Q=50m³/h H=80m	台	4	三用一备N=22kW
	配套设备:			
器-5/1	变频气压给水设备 LBP-MX-150/80-22/4-7.5/1	套	1	
CY	臭氧发生器CHYF-3 A臭氧发生量3g/h	套	1	
BS	玻璃管水位计	套	2	S151(一)/21-23
LT	普通放水龙头 DN15	个	3	
箱-1/1	不锈钢装配式水箱 V=4.0m³ 2099x1096x2108	座	1	92SS177-7/2-7

编号	名称型号及规格	单位	数量	备注
RG	清洗软管 φ89×3(夹布输酸胶管)	m	20	
⑥	压力表	块	1	
⑤	加药进水阀门 DN32	个	1	
④	阀门 DN80	个	3	
③	5μ保安过滤器 φ=500mm	个	1	
②	清洗水泵DZ80-65-160 Q=50m3/h H=32m	台	1	N=7.5kW
①	清洗水箱 V=1.0m³	座	1	
	配套设备:			
器-4/1	RO清洗装置	套	1	
⑨	SILPHOS加药器 350xH1000	套	1	
⑧	PH控制器 3-8750+2720	套	1	
⑦	计量泵 HMSIC1402	台	1	
⑥	计量箱 V=50L PE	台	1	
⑤	阀门 DN100	个	3	
④	电导率表	个	1	
③	流量表	个	3	
②	压力表	个	4	
①	反渗透膜压力容器	套	1	48根膜元件
	配套设备:			
器-3/1	反渗透装置 TYRO-1200 Q=50m³/h	套	1	
⑧	阀门 DN80	个	3	
⑦	电动慢开门 DN80 PN2.0MPa	个	1	
⑥	压力开关 PN0.05MPa	个	1	
⑤	压力表	块	2	
④	计量泵 C0703 Q=7L/h H=3bar	台	1	
③	阻垢剂溶液箱 V=100L	个	1	
②	高压给水泵(不锈钢材质) Q=70m3/h H=170m	台	1	N=55kW
①	5μ保安过滤器 φ=500mm	台	1	
	配套设备:			
器-2/1	5μ高压泵装置	套	1	
器-1/1-2	纤维球过滤器QLJ-1200 Q=30m3/h	台	2	配搅拌电机N=4kw/台
	配电机Y160L-4/15 N=15kW	台	1	
泵-2/1	反冲洗水泵 80DL50-20 (I) X3 Q=32-50-72m³/h H=64.5-60-48m	台	1	
	配电机Y160L-4/15 N=15kW	台	1	□ □
泵-1/1-2	原水提升泵 80DL50-20 (I) X3 Q=32-50-72m³/h H=64.5-60-48m	台	2	备用[illegible]
罐-2/1	200m3纯净水罐 φ=6580mm H=6400mm	座	1	
罐-1/1	200m3原水罐 φ=6580mm H=6400mm	座	1	

设备材料表

新疆时代石油工程有限公司
设计证书编号3000021 勘察证书编号3000026

描(制)图 | 设计 | 校对 | 审核

陆梁油田地面建设工程

生活用水处理
工艺流程图

室别 水暖所 | 阶段 初设 | 档案号水-013095/1
比例 ～ | 日期 2001.05.22 | 项目号2KA207-3

沙漠公寓正面

沙漠公寓鸟瞰

北京世纪朝阳花园11号楼（万豪国际公寓）

设计单位：北京维拓时代建筑设计公司

设 计 人：李向军　莫树华

获奖情况：居住建筑优秀奖

工程概况：

北京世纪朝阳花园（棕榈泉国际公寓）小区位于北京朝阳区农展馆南路朝阳公园南岸，南距CBD区、北距燕莎商圈仅2km，建筑用地6.72hm^2（含规划路代征地0.51hm^2），东西长298m，南北长227m，是略呈梯形的方块基地，总建筑面积33.87万m^2，住宅面积26.0097万m^2，公建面积7.6444万m^2，容积率3.64，总居住户数1274户。小区由11幢高层公寓组成，层数由二十三层到三十层不等，建筑高度最高的为97.05m。规划设计始2001年3月，工程分两期滚动开发，2004年底全部竣工。2号楼地下二层设消防泵房、生活给水泵房、直饮水站；中水处理站及热力站房设于9号楼地下二层；生活热水给水设施设于热力站内。

北京世纪朝阳花园11号楼是万豪国际公寓，设计起止时间2003年6月，工程建成时间2004年12月。11号楼地下两层，地上二十七层，层高2.9m（首层大堂层高6.3m），建筑高度81.7m。共有酒店式公寓156套。11号楼项目与小区其他楼座不同，为出租式酒店公寓，不设户表，仅在地下一层设冷、热、中水总表，远传计量。楼内预留户表和二级表位置。

一、给水排水系统

（一）生活给水系统

1. 生活给水量：最高日用水量150.0m^3/d（包括热水、中水），最大时用水量15.6m^3/h。

2. 水源和水压：本小区的供水水源为城市自来水，分别由小区北侧及小区南侧市政给水管引入*DN*200的给水管，与小区内的给水环状管网相连接；市政最低供水压力：0.25MPa。

3. 系统竖向分区

给水竖向共分3个区。

1区：地下二至四层（18套）由市政直供，压力0.25MPa；

2区：五至十六层（72套）由生活泵房供水，压力0.85MPa；

3区：十七至二十七层（66套）由生活泵房供水，压力1.35MPa。

4. 供水方式及给水加压设备

中区、高区分别设置“变频调速给水加压泵组加吸水箱”加压供水。生活水池按最高日用水量的35%设计，设在2号楼地下二层。生活水泵的流量按设计秒流量确定。供水方式采用下行上给式的供水方式。

5. 管材：给水立管、干管、支管均采用薄壁铜管，钎焊连接。

（二）生活热水系统

1. 热水用水量：最高日用水量74.9m^3/d，最大时用水量7.7m^3/h。

2. 热源：热源主要由城市热力管网供给，热水温度冬季为125℃，夏季为70℃；回水温度冬季为70℃，夏季为40℃。热力管网检修时由自建锅炉房提供高温热水。小区9号楼地下设有热力站。

3. 系统竖向分区

1区：地下二至十六层（90套）由热力站供水，压力0.85MPa；

2区：十七至二十七层（66套）由热力站供水，压力1.35MPa。

热水立管位于公共管井内，各户回水管位于各户户内，在分区层汇合至公共管井至热力站内。热水供水系统二至七层和十七、十八层由于减压原因仅作干管循环，其他各层作干、立管循环。

4. 热交换设备：热交换器设置于地下热力站内；采用浮动盘管半容积式热交换器。热水供水温度55～60℃。在进热交换器的冷水管上安装归丽晶水处理器以减少结垢。

5. 为保证供水温度，热媒管道上设自动温度调节器控制出水水温；各热水系统均采用机械循环，循环泵均分设于各组热交换器附近。并且采用冷热水同一压力源及相同的系统供水形式，以解决冷热水压力平衡问题。

6. 管材：热水供、回水立管、干管、支管均采用薄壁铜管，钎焊连接。

（三）中水系统

1. 小区中水水源：采用小区各单体楼卫生间盥洗和淋浴废水。小区收集源水水量：370m^3/d。

2. 供水范围：处理后回用于建筑内冲厕；小区浇洒绿化、道路洒水及冲洗地下车库地面。11号楼中水用水量：最高日29.9m^3/d。

3. 中水处理站位于小区9号楼地下，日处理水量314.5m^3/d。

4. 处理流程

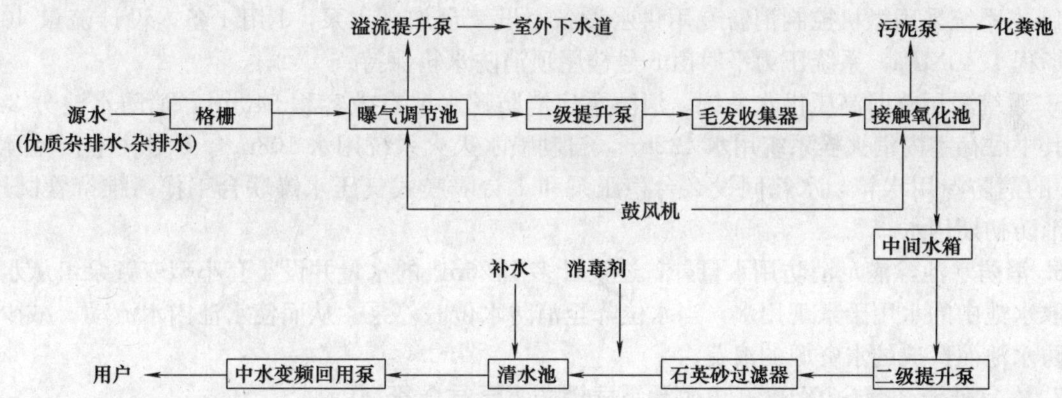

5. 供水方式及中水加压设备：供水方式采用上行下给式的供水方式。超压部分利用各层支管减压阀减压供水。设置“变频调速给水加压泵组加吸水箱”加压供水。中水系统竖向共分1个区，供水压力1.20MPa。

6. 管材：中水立管及其干管采用热镀锌钢管，螺纹连接。给水支管采用PP-R塑料给水管，热熔连接。

（四）排水系统

1. 采用污、废水分流排放。最高日污废排水量127m^3/d，其中污水排水量76.2m^3/d，废水排水量50.8m^3/d。

2. 设置专用通气管，户内卫生间采用环形通气管，环形通气管在排水支管中心线以上与排水支管成垂直或45°向上连接。

3. 生活污水经化粪池处理后排至市政污水管网，厨房废水经隔油池处理后排入市政污水管网。地下室压力排水经潜污泵提升排出。空调冷凝水废水在室内自成系统后排至室外雨水管道或废水管道。

4. 管材：污水、废水重力流排水干、立、支管管材采用柔性接口机制铸铁管。*DN*50的环形通气管采用柔性接口排水铸铁管，卡箍连接；小于*DN*50的环形通气管采用焊接钢管，焊接。压力排水管采用焊接钢管，焊接连接。与阀门连接处采用法兰连接。

（五）雨水系统

1. 暴雨强度及设计重现期：小区室外场地 $P=2$ 年，屋面雨水 $P=5$ 年。

2. 屋面雨水采用内排水系统，设置87型雨水斗，排入小区室外雨水管网。室外地面雨水一部分通过小区景观绿地及渗水铺装下渗补充地下水，一部分由管道组织排放。

3. 管材：采用热镀镀锌钢管，沟槽连接。

二、消防系统

（一）消火栓系统

1. 用水量：消火栓给水按照高级旅馆设计，室外30L/s；室内消火栓40L/s，火灾延续时间按3h计。

2. 室外消防用水采用低压制，由室外给水管上设置的消火栓供给。

3. 室内消火栓系统竖分两个区：一区，地下二至九层，减压阀减压供水；二区：十至二十七层。消火栓系统横向竖向均成环状布置，超压部分采用减压稳压型消火栓。消火栓有两种形式：单口消火栓箱和双口消火栓箱，双口消火栓采用双立管双栓，保证安全性，均带有消防自救卷盘。

4. 本系统采用微机控制消防专用供水设备，设2台加压水泵，1用1备，设计流量40L/s，设计扬程1.40MPa，系统压力平时由5号楼屋顶消防水箱保持。

5. 系统采用临时高压供水系统。消防泵房消防贮水池有效容积540m^3，消防水池分2个设置，其中贮存室内消火栓系统用水432m^3，自动喷水灭火系统用水108m^3。5号住宅楼屋顶设置18m^{3}的消防专用水箱，水箱间设2台稳压泵和1台隔膜式气压水罐联合工作，维持管网压力，保证消防初期用水。

6. 消防水池除满足消防用水量外，还设计多出20m^{3}的水量并设1套小型变频泵组从水池底部抽取水池中的水用于景观用水，当水位降至消防水位时停泵。从而使水池内水流动，减少应清洗消防水池而造成的水资源的浪费。

7. 在室外设3套SQX100-1.6型地下式消防水泵结合器。

8. 管材：采用焊接钢管，焊接连接，与阀门相接的管段采用法兰连接。

（二）自动喷水灭火系统

1. 喷淋参照美国NFPA相关规范设计，高于国内规范要求。除配电室以及小于2.23m^{2}卫生间外均设自动喷水灭火系统保护。

2. 本系统按中危险级Ⅱ级设计，系统设计秒流量取为30L/s，设计火灾延续时间1h，消防水池储存本系统用水量108m^3。

3. 本系统竖向分区

1区：地下二至七层，报警阀位于地下二层；

2区：八至十七层，报警阀位于地下二层；

3 区：十八至二十七层，报警阀位于十八层。

喷淋系统采用双报警阀双立管环状供水，户内喷淋管道成环，提高供水安全性。

4. 本系统采用微机控制消防专用供水设备，设 2 台加压水泵，1 用 1 备，设计流量 30L/s，设计扬程 1.40MPa。系统压力平时由屋顶高位消防专用水箱维持。

5. 喷头选用：所有喷头均采用快速反应喷头。厨房喷头采用 93℃，其他采用 68℃。户内采用 GB-HSW 型大口径大覆盖面（4.9m×7.3m）快速反应水平侧墙式洒水头，$K=112.5$。水流指示器后设置测压阀和测试玻璃管，并设置泄空管和排水管。

6. 系统设置 6 组湿式报警阀，分布于地下二层和十八层。

7. 本系统在室外设 2 套 SQX100-1.6 型地下式消防水泵接合器。

8. 管材：自动喷水灭火系统采用内外壁热镀镀锌钢管。$DN<100$mm 者丝扣连接，$DN\geqslant100$mm 者沟槽连接，水泵房内管道及与阀门连接的管段采用法兰连接。

（三）建筑灭火器配置

1. 建筑全方位配置建筑灭火器保护。

2. 灭火级别为：变配电室配电、弱电用房按 E 类火灾中危险级配置灭火器，地下人防、住宅部位等按 A 类轻危险级配置灭火器。

3. 每个消火栓处放置 3 具 MF/ABC 3kg 磷酸铵盐干粉灭火剂。

三、设计特点、优缺点及设计体会

项目由新加坡 DP 建筑设计事务所和我院设计完成，室内精装由香港 GIL 公司室内设计事务所设计，园林景观由美国贝尔高林景观设计公司香港分公司设计。小区在地下设有消防泵房、生活泵房、直饮水站、中水处理站和热力站。公寓的采暖空调设计为户式中央空调，空调系统设有新风、加湿及电子除尘过滤，保证室内空气品质。11 幢公寓包围的中央庭园雨水采用虹吸技术经过地下车库排向外围综合管线系统。地下车库采用闭式自动喷水—泡沫联用系统。棕榈泉国际公寓基于出色的地理位置、环境、品质以及配套完善的设施已成为朝阳公园周边的领军项目，楼盘享誉京城楼市。

设计人独立承担了该工程的给水排水消防设计，结合工程特点，全楼按照高标准设计，按照美国 NFPA 相关消防规范采用了先进的双立管双报警的格栅式喷淋环状设计，所有喷头采用快速响应喷头；排水系统采用污废分流，中水回用入户，所有户内卫生间均采用环状通气管设计；采用了节能、环保型的给水排水管材，效果显著。

工程设计优点：

1. 消防系统安全性提高；给水排水系统人性化设计使业主生活品质提高。

2. 冷热水采用铜管，环保卫生健康，提高了公寓品质。

3. 环形通气管的应用使排水更加顺畅。

4. 首层大堂吊顶内各种管道和标准层喷淋、给水等管道穿梁设计，提高吊顶高度。

不足之处：

1. 户内冷、热、中水管道走吊顶内，冷、热水管采用铜管焊接，支管接卫生洁具沿槽内敷设。中水管采用 PP-R 管材，熔接，接卫生洁具沿墙槽内敷设。

走道和房间吊顶内管线密集，给检修带来一定困难。

2. 中水系统户内减压太多，安全性低，应该分区设计，在泵房设 2 套加压泵。

3. 楼座内部走道和户内的喷淋管道没有采用 CPVC 管材，采用钢管给安装增加了困难。

四、工程系统图及照片

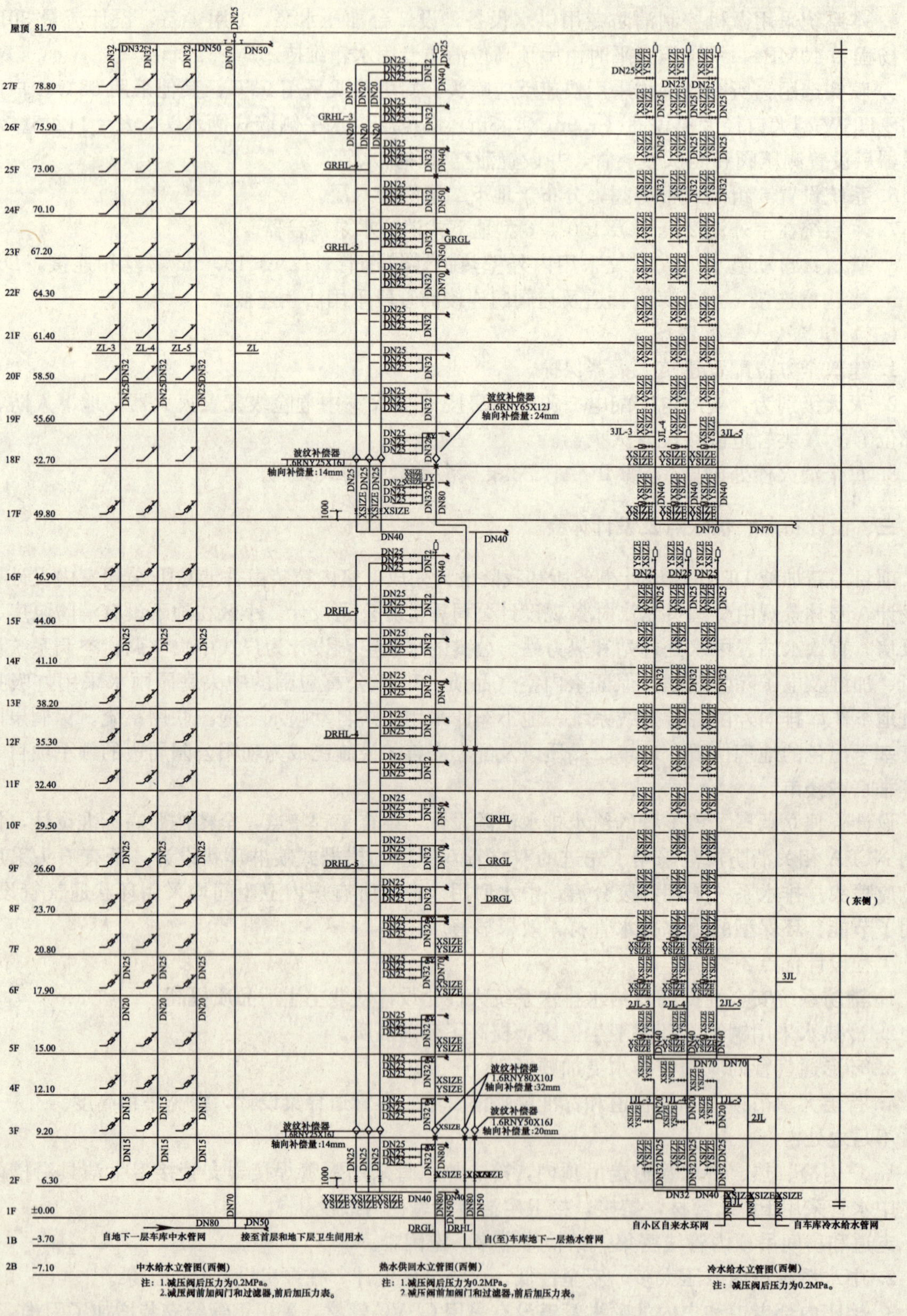

屋顶 81.70
27F 78.80
26F 75.90
25F 73.00
24F 70.10
23F 67.20
22F 64.30
21F 61.40
20F 58.50
19F 55.60
18F 52.70
17F 49.80
16F 46.90
15F 44.00
14F 41.10
13F 38.20
12F 35.30
11F 32.40
10F 29.50
9F 26.60
8F 23.70
7F 20.80
6F 17.90
5F 15.00
4F 12.10
3F 9.20
2F 6.30
1F ±0.00
1B −3.70
2B −7.10

ZL-3 ZL-4 ZL-5 ZL

GRHL-3 GRHL GRHL-5 GRGL DRHL-3 DRHL DRHL-5 GRHL GRGL DRGL

波纹补偿器 1.6RNY25X16J 轴向补偿量：14mm

波纹补偿器 1.6RNY65X12J 轴向补偿量：24mm

波纹补偿器 1.6RNY80X10J 轴向补偿量:32mm

波纹补偿器 1.6RNY50X16J 轴向补偿量：20mm

3JL-3 3JL-4 3JL-5 2JL-3 2JL-4 2JL-5 3JL 1JL-3 1JL-4 1JL-5 2JL

（东侧）

自地下一层车库中水管网

接至首层和地下层卫生间用水

自(至)车库地下一层热水管网

自小区自来水环网

自车库冷水给水管网

中水给水立管图（西侧）

注：1.减压阀后压力为0.2MPa。
2.减压阀前加阀门和过滤器，前后加压力表。

热水供回水立管图（西侧）

注：1.减压阀后压力为0.2MPa。
2.减压阀前加阀门和过滤器，前后加压力表。

冷水给水立管图（西侧）

注：减压阀后压力为0.2MPa。

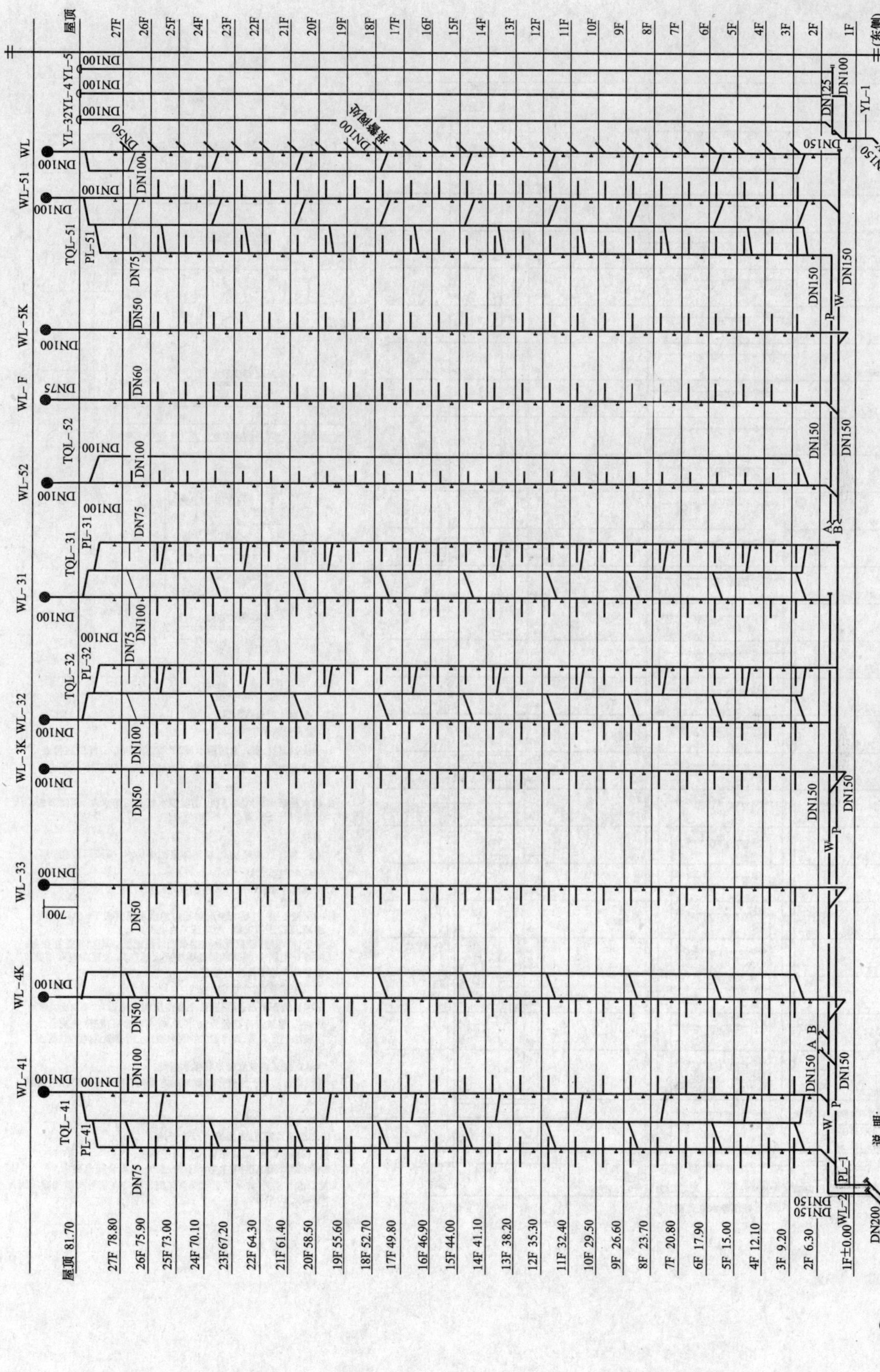

污废水立管图(西侧)

雨水立管图(西侧)

说 明:
1. 检查口距地均为1.0m
2. 东侧(未画部分)与西侧完全对称.(除WL和WL-F外)。

屋顶 81.70
27F 78.80
26F 75.90
25F 73.00
24F 70.10
23F 67.20
22F 64.30
21F 61.40
20F 58.50
19F 55.60
18F 52.70
17F 49.80
16F 46.90
15F 44.00
14F 41.10
13F 38.20
12F 35.30
11F 32.40
10F 29.50
9F 26.60
8F 23.70
7F 20.80
6F 17.90
5F 15.00
4F 12.10
3F 9.20
2F 6.30
1F ±0.00
1B -3.70
2B -7.10

3SL-1 DN100
3SL-2 DN100
2SL-1 DN100
2SL-2 DN100
SL-1 DN100
SL-2 DN100
1SL-1 DN100
1SL-2 DN100
地下二层汽车库自动喷洒环状管网 DN150
阀后压力减至0.95MPa
阀后压力减至0.95MPa

自动喷洒给水立管图

DN150
试验消火栓
1XL-a DN100
阀后压力减至0.25MPa
XL-1' DN150
1XL-1' DN100
1XL-2' DN100
XL-2' DN150
1XL-3 DN100
DN200
地下二层汽车库消火栓环状管网 DN200

消火栓给水立管图

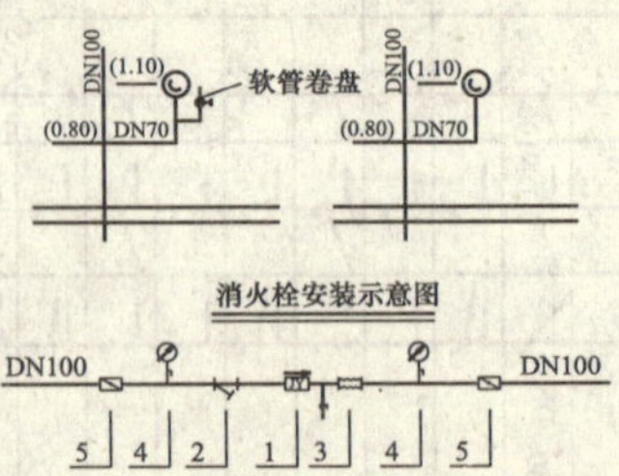

消火栓安装示意图

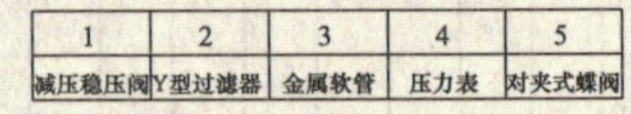

减压阀安装示意图

1	2	3	4	5
减压稳压阀	Y型过滤器	金属软管	压力表	对夹式蝶阀

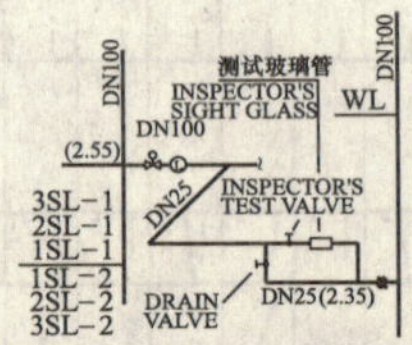

水流指示安装示意图

说　明

本工程为一类公共建筑

一、消火栓系统：

1. 消火栓系统:室外消防用水量30L/S,室内40L/S,每根立管最小流量为15L/s，每支水枪最小流量为5L/s，充实水柱不小于10m。
2. 消火栓采用临时高压制，由屋顶水箱和消防水池，消防泵组成临时高压系统。
3. 分区:
   1区：地下二层至9层，由消防泵减压供水，减压阀设在9层。
   2区：10层至27层。
4. 水泵接合器设于室外高压消火栓给水管网，见室外给水消防总平面图。
5. 一区地下层，二区10至21层栓口的出水压力大于0.5MPa，采用减 压稳压消火栓，栓口压力为 0.3MPa。
6. 每个消火栓箱除配置SN65消火栓外还配置，DN25软管卷盘,消火栓处配制5A级磷酸铵盐手提灭火器三具,放置在宜取用处。前室消火栓不带消防卷盘。

二、自动喷洒系统：(中危Ⅰ级)

1. 本项目地下各层、首层及住宅各层房间及走道设68℃玻璃球洒水喷头,系统设计流量为26.0L/s。喷头均为吊顶型，应配合二次装修进行安装。厨房设93℃洒水喷头。所有喷头均为快速反应喷头。
2. 喷淋系统采用双立管环状供水系统。
3. 水泵接合器设于室外自动喷洒给水管网，见室外消防总平面图。
4. 分区:
   1.区:地下二层至7层,湿式报警阀T1设于地下二层。
   2.区: 8层至17层,湿式报警阀T2设于地下二层。
   3.区: 18层至27层,湿式报警阀T3设于18层。
   每个报警阀组控制喷头数均不超过800个,符合规范要求。
5. 除16和17层外,其余各层喷淋系统横干管均在信号阀前加减压阀,阀后压力0.4MPa。

香蜜湖·熙园

设计单位：深圳华森建筑与工程设计顾问有限公司
设 计 人：钟小林　姚冠钰
获奖情况：居住建筑优秀奖
工程概况：

项目位于深圳市福田区香蜜湖路与侨香路交汇处，占地面积11.47万m^2，总建筑面积20万m^2，共有住宅689户，包括4座地下室及其上的11栋小高层（十一至十八层）住宅、2栋7层住宅、2栋5层排屋，和53户Townhouse，并附设1栋商场、1所幼儿园、1栋会所、1座室内温水游泳池、2座室外游泳池、2个网球场、1个篮球场。最高建筑为高度60.90m、地上18层的普通住宅。

一、给水排水系统

（一）给水系统

1. 冷水用水量（表1）：本工程最高日用水量为1053m^3，最大时用水量为109m^3。

冷水用水量表　　　　表1

序号	用水项目名称	用水规模（人或m^2）	单位	用水量标准（L）	小时变化系数（K）	使用时间（h）	用水量			备注
							最高日（m^3/d）	最高日（m^3/h）	平均时（m^3/h）	
1	住宅	2756	L/(人·d)	300	2.5	24	826.8	86.1	34.5	包括热水
2	商业	2500	L/(m^2·d)	6	1.5	12	15.0	1.9	1.3	
3	幼儿园	300	L/(人·d)	50	2.0	10	15.0	3.0	1.5	
4	游泳池补水	1000			1.0	12	100.0	8.3	8.3	日补水量10%
	小计						956.8	99.3	45.5	
	不可预见用水						95.7	9.9	4.6	按合计用水量的10%
	总计						1052.5	109.2	50.1	

2. 水源：本工程从香蜜湖路、侨香路市政给水管各引入一条DN200进水管，与小区环状给水管网相连，供小区生活、消防用水。

3. 系统竖向分区：本小区地势北高南低，最高处道路标高比香蜜湖路高8m，为供水安全、用水舒适，住宅用水全部采用加压供给，其他项目则采用市政压力直接供水，住宅给水竖向分两个区：以远离泵房且最高的A2栋为例，一至八层为低区，九至十八层为高区，其余各栋分区位置根据其与泵房的距离、标高差做相应调整。

4. 供水方式及给水加压设备：高、低区分别由变频恒压泵组供水，各包括3（4）台主泵（其中1台备用）、1台副泵、1个气压罐。在5号地下车库设有水泵房及1座分成两格容积为223m^3的生活专用水池。

5. 管材：室外生活给水管采用钢丝网骨架塑料复合管；室内生活给水横干管、立管采用衬塑钢管，入户水表后的给水管除Townhouse采用铜管外，其余均采用PP-R管。

（二）热水系统

本工程热水为每户分散加热，Townhouse每户采用1台容积式（V=150L）燃气热水器制备热水，干管及立管循环，其他住宅每户设即热式燃气热水器（10L/min）制备热水。

会所室内游泳池采用小型燃气热水机组加热。

管材：住宅热水管除 Townhouse 采用铜管外，其余均采用 PP-R 管。

（三）排水系统

1. 排水系统的形式：污、废水合流排放。

2. 透气管的设置方式：设专用通气立管，污水立管设伸顶通气。

3. 采用的局部污水处理设施：幼儿园厨房排水经隔油池处理后与其他生活污水一起再经化粪池处理，然后分四路排入市政污水管。室外共设有 3 座 12 号、4 座 13 号化粪池以及 1 座 1 号隔油池。

4. 管材：架空层横干管及以下、幼儿园厨房排水采用离心排水铸铁管，其余采用加厚 UPC-V 管。

（四）雨水系统

1. 采用的暴雨重现期：屋面为 5 年、室外为 2 年。

2. 雨水系统的形式：建筑屋面雨水采用外落水排放，由雨水斗收集后，经立管排至小区室外雨水管网，再分五路排入市政雨水管。

3. 管材：采用加厚 PVC-U 管。

二、消防系统

（一）消火栓系统

1. 室外消火栓系统：用水量 20L/s，采用低压制消防给水系统。在小区环状给水管网上设有 11 个室外消火栓，灭火时消防车从室外消火栓取水。

2. 室内消火栓系统：用水量 30L/s，采用临时高压给水系统，竖向为一个区。消火栓泵设于 5 号地下车库水泵房，参数：Q=20L/s，H=112m，N=37kW。消防专用水池贮存了 2h 的室内消火栓及 1h 的自动喷水用水量，共计 252m^3，初始 10min 用水由设于 A2 栋的屋顶消防水箱（V=18 m^3）供给。系统设有 4 组共 8 个水泵接合器。

3. 管材：室外管道采用离心给水铸铁管，室内管道采用热镀锌钢管。

（二）自动喷水灭火系统

用水量 27L/s，竖向为一个区。自动喷水泵设于 5 号地下车库水泵房，参数：Q=27L/s，H=61m，N=30kW。系统设有 6 组报警阀、1 组共 3 个水泵接合器，采用 68℃等级直立型喷头。

管材：室外管道采用离心给水铸铁管，室内管道采用热镀锌钢管。

（三）气体灭火系统

柴油发电机房采用 CO_2 灭火系统，设计参数：浓度 34%，喷放时间不大于 1min，系统设自动、手动两种控制方式。

三、设计体会及工程特点

1. 在住宅±0.000 标高与地下室顶板之间设覆土层，避免了上部给水排水管道进入地下室，从维护、美观上来说是个好的做法，且可在覆土层种植植物。

2. 室内消火栓系统采用大环套小环的做法减少了管路的水头损失，系统简洁明晰。在小区 4 个方向均设有水泵接合器，便于消防时使用及供水安全。

3. 雨、污水分别设了 5 个、4 个总排出口与市政管网连接，使得排水更安全。

4. 钢丝网骨架塑料复合管既耐压又双面防腐，适合做室外生活给水管，值得推广。

5. 住宅部分所有给水排水、消防管道均做隐蔽处理。

四、工程系统图及照片

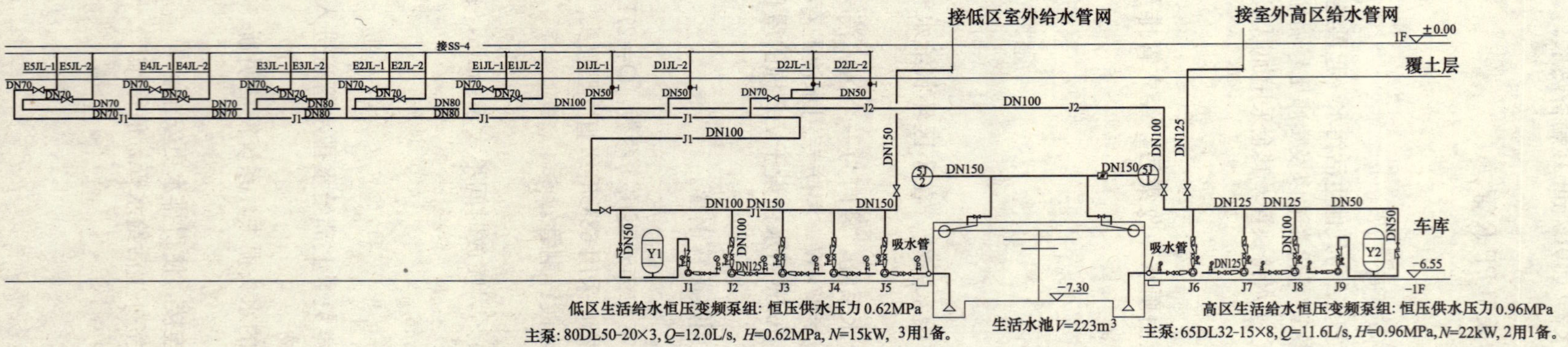

接低区室外给水管网 接室外高区给水管网

1F ±0.00

覆土层

车库

-1F -6.55

-7.30

生活水池V=223m^3

低区生活给水恒压变频泵组：恒压供水压力0.62MPa

主泵：80DL50-20×3，Q=12.0L/s，H=0.62MPa，N=15kW，3用1备。

高区生活给水恒压变频泵组：恒压供水压力0.96MPa

主泵：65DL32-15×8，Q=11.6L/s，H=0.96MPa，N=22kW，2用1备。

5号车库给水系统示意图

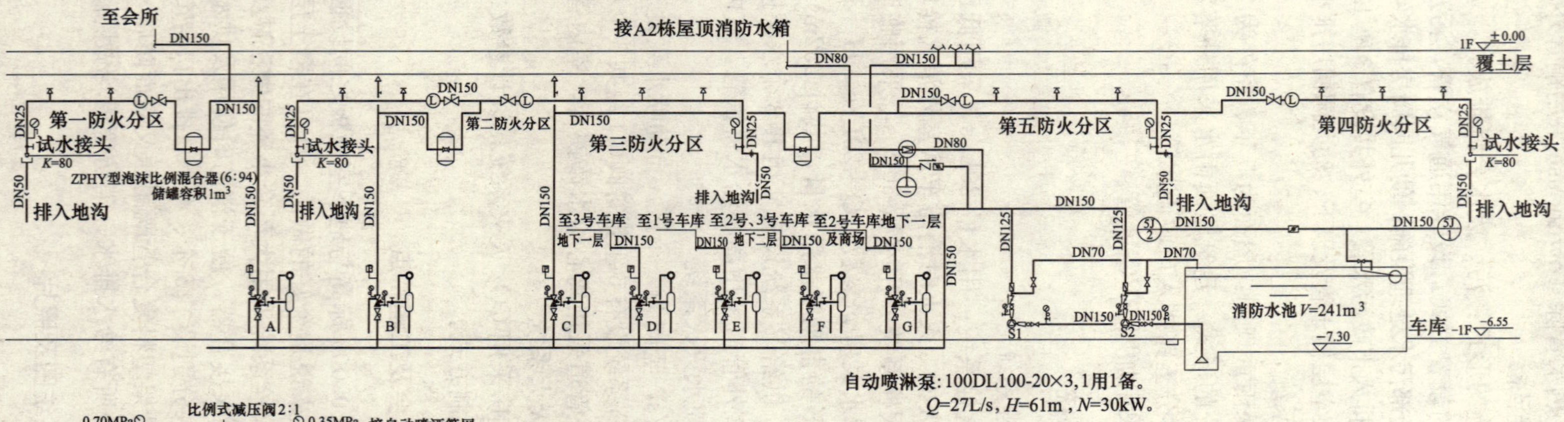

至会所

接A2栋屋顶消防水箱

第一防火分区 第二防火分区 第三防火分区 第五防火分区 第四防火分区

试水接头 K=80

排入地沟

ZPHY型泡沫比例混合器(6∶94)

储罐容积1m^3

至3号车库地下一层 至1号车库地下二层 至2号、3号车库地下二层 至2号车库地下一层及商场

消防水池V=241m^3

车库 -1F -6.55

-7.30

自动喷淋泵：100DL100-20×3，1用1备。

Q=27L/s，H=61m，N=30kW。

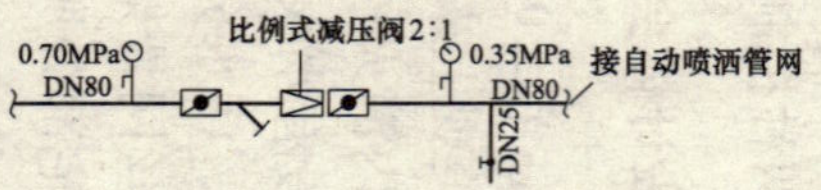

0.70MPa DN80 比例式减压阀2∶1 0.35MPa DN80 接自动喷洒管网

① 大样图

5号车库自动喷淋系统图

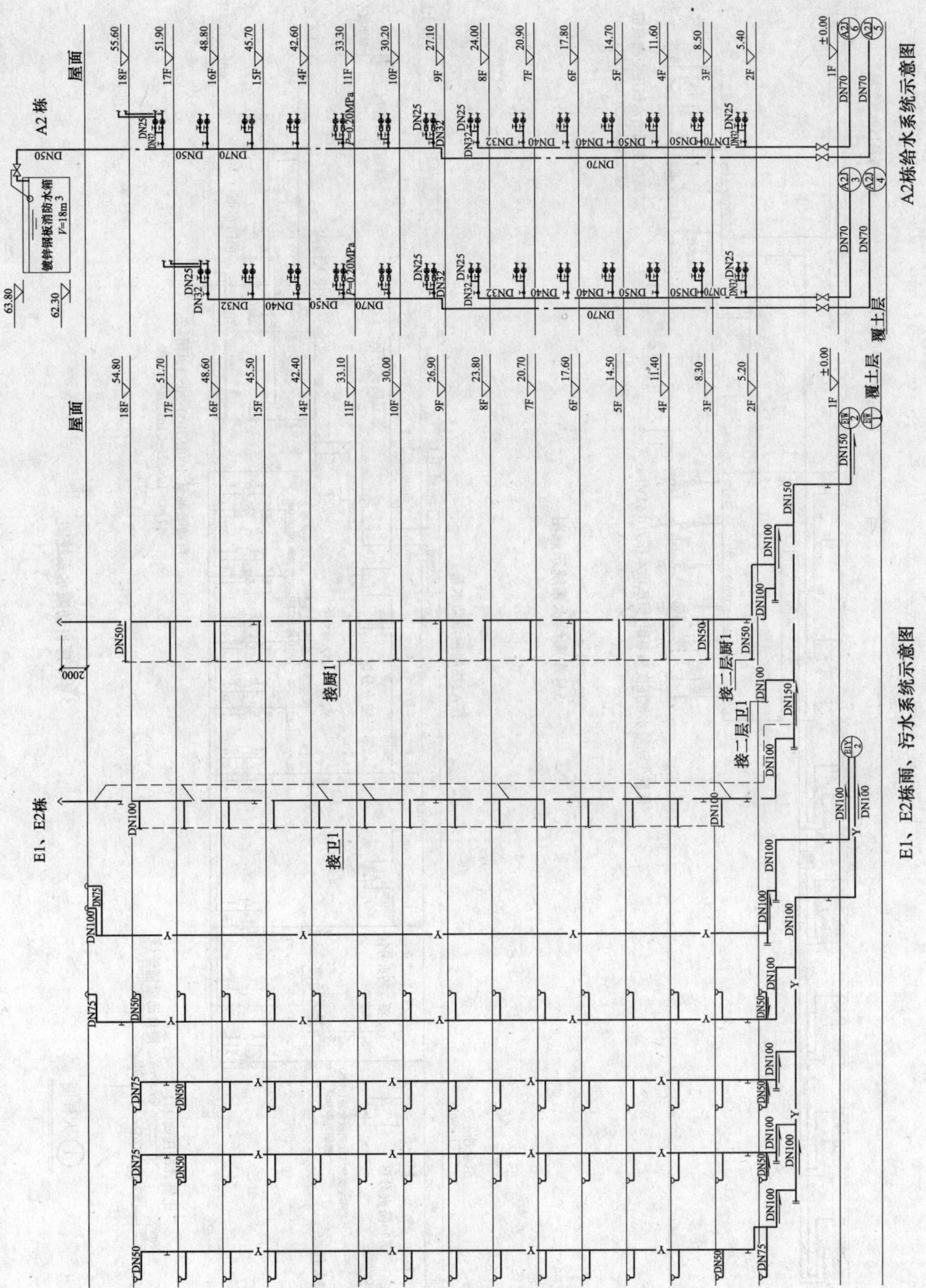

E1、E2栋雨、污水系统示意图

A2栋给水系统示意图

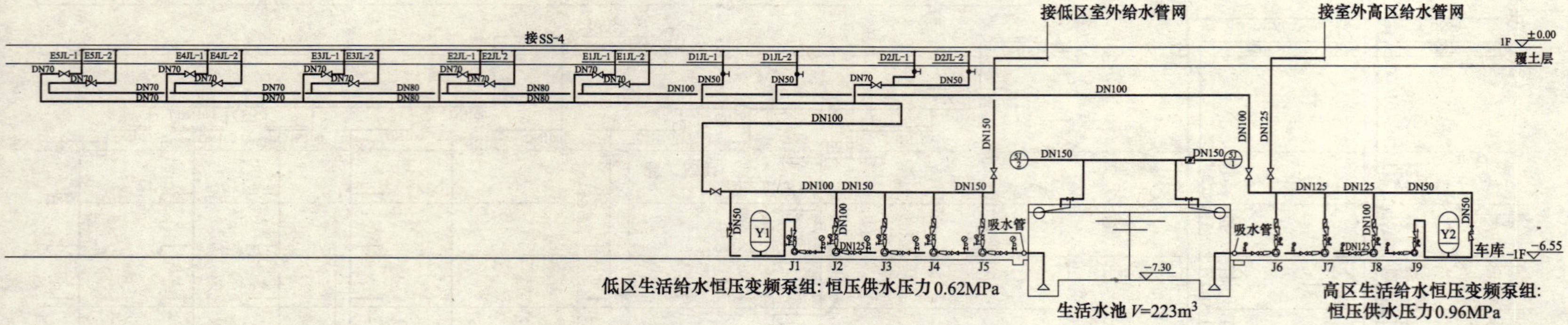

接低区室外给水管网

接室外高区给水管网

接SS-4

E5JL-1 E5JL-2 E4JL-1 E4JL-2 E3JL-1 E3JL-2 E2JL-1 E2JL-2 E1JL-1 E1JL-2 D1JL-1 D1JL-2 D2JL-1 D2JL-2

1F ±0.00

覆土层

J1 J2 J3 J4 J5 J6 J7 J8 J9

Y1 Y2

吸水管

车库 -1F -6.55

-7.30

低区生活给水恒压变频泵组：恒压供水压力0.62MPa

生活水池 V=223m^3

高区生活给水恒压变频泵组：恒压供水压力0.96MPa

5号车库给水系统示意图

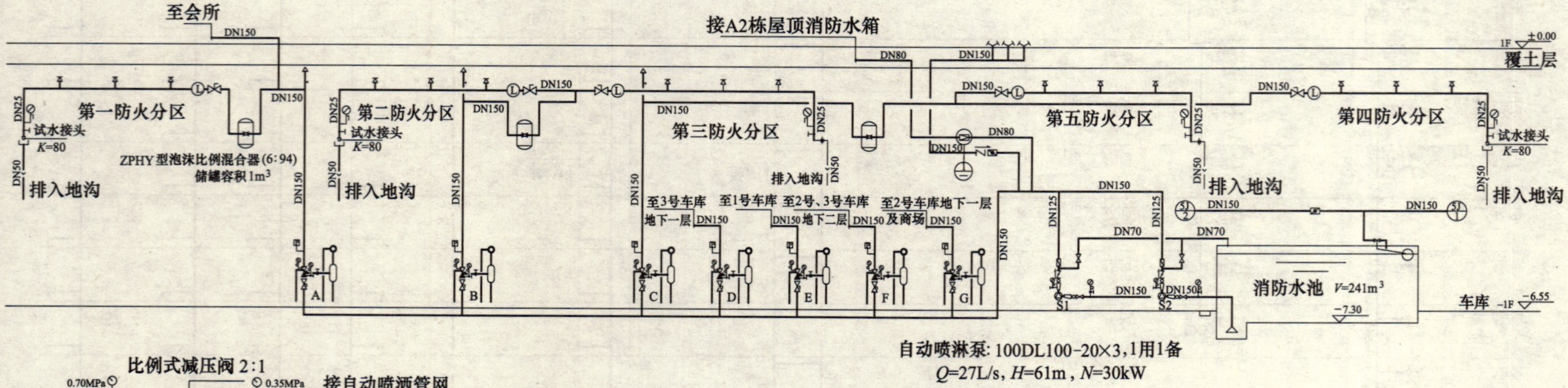

至会所

接A2栋屋顶消防水箱

1F ±0.00

覆土层

第一防火分区

第二防火分区

第三防火分区

第五防火分区

第四防火分区

试水接头 K=80

排入地沟

ZPHY型泡沫比例混合器(6:94) 储罐容积1m^3

至3号车库地下一层

至1号车库

至2号、3号车库地下二层

至2号车库地下一层及商场

A B C D E F G

S1 S2

消防水池 V=241m^3

-7.30

车库 -1F -6.55

自动喷淋泵：100DL100-20×3，1用1备

Q=27L/s，H=61m，N=30kW

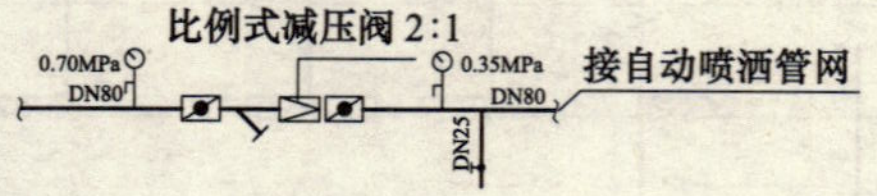

比例式减压阀 2:1

0.70MPa DN80

0.35MPa DN80

DN25

接自动喷洒管网

① 大样图

5号车库自动喷水系统图

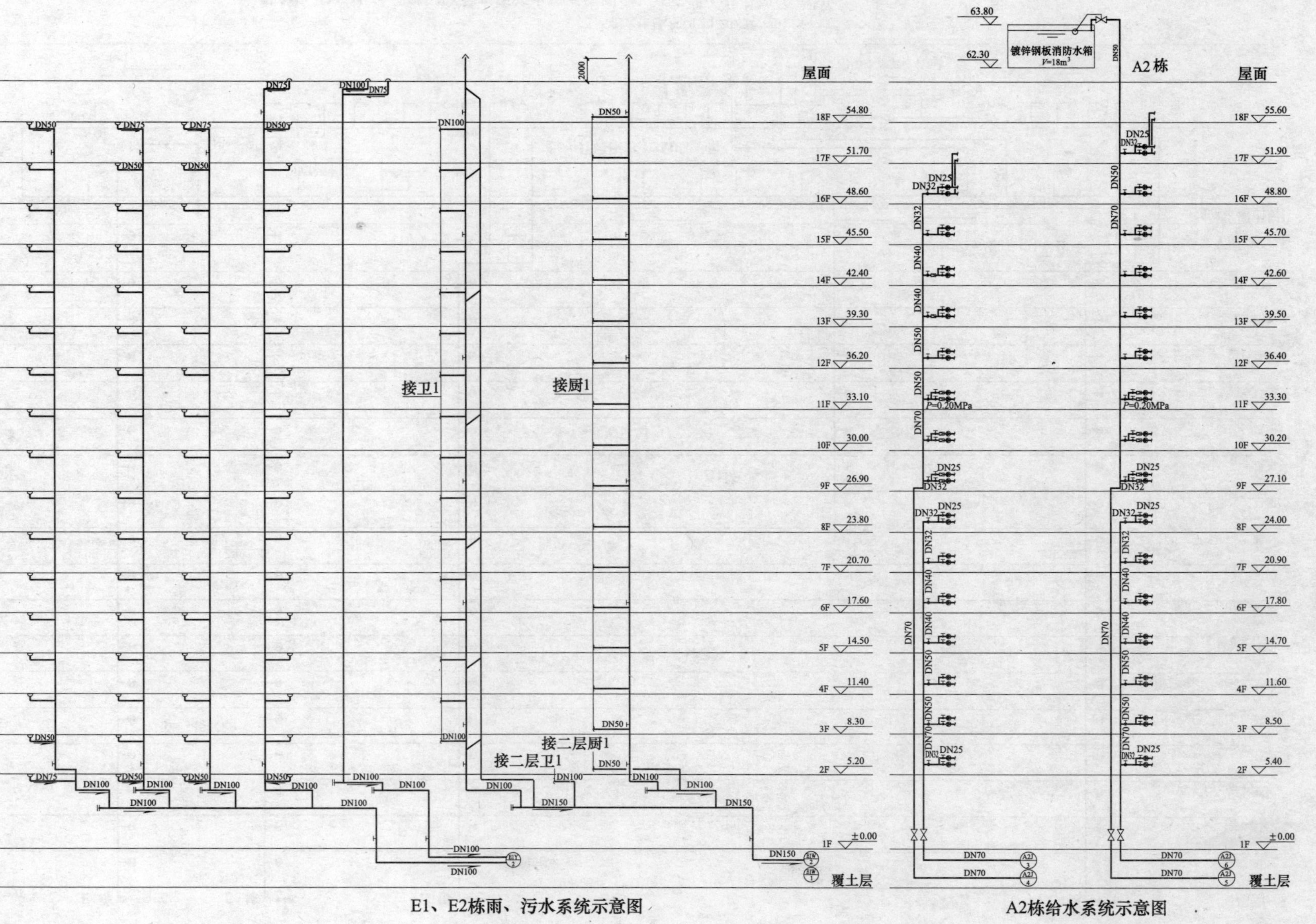

E1、E2栋雨、污水系统示意图

A2栋给水系统示意图

E1栋 DN70
E2栋
E3栋
E4栋
屋面
18F 54.80
17F 51.70
16F 48.60
15F 45.50
14F 42.40
13F 39.30
12F 36.20
11F 33.10
10F 30.00
9F 26.90
8F 23.80
7F 20.70
6F 17.60
5F 14.50
4F 11.40
3F 8.30
2F 5.20
1F ±0.00
覆土层
−1F 车库 −6.20
E1HL−1 DN100
E2HL−1 DN100
E3HL−1 DN100
E4HL−1 DN100
D1HL−1 DN100
D1HL−2 DN100
D1栋 DN70
至会所1号车库
至3号车库
DN150
DN100
DN125
DN80
DN70
开启压力 1.3MPa
排入地沟
消防水池 V=241m^3
−4.60
−7.30
H1
H2

消火栓泵：80DL50−20×7，一用一备。
Q=20L/s，H=112m，N=37kW。

D1、D2、E1～E5栋及5号车库消火栓系统图

杭州大华西溪风情三期

设计单位：深圳华森建筑与工程设计顾问有限公司杭州分公司
设 计 人：周克晶　隽宏伟　李仁兵　吴文滨
获奖情况：居住建筑优秀奖
工程概况：

杭州大华西溪风情工程位于杭州市区西部，余杭区五常乡境内，东临绕城公路和西溪风景区。三期工程分联排住宅及独立住宅两部分，共103栋。本子项工程为联排住宅部分，共86栋，分为M、P、Q、R、S、T、Y七种基本户型，14种单元拼接方式，三期总建筑面积76666m²。

一、给水排水系统

（一）给水系统

1. 冷水用水量：小区最高日生活用水量为：388m³/d，最大时用水量为：78m³/h。

2. 水源：本期工程给水分别从一期给水环管和三期入口处引入2条*DN*200管道，在本期基地内与环状给水管网连接。

3. 系统竖向分区：给水系统竖向不分区，直接利用市政管网压力。

4. 管材：给水立管采用衬塑钢管，支管采用PPR管道。

（二）热水系统

1. 热水用水量：每户最高日热水量为315L/d。

2. 热源：太阳能配电辅助加热。

3. 热交换器：承压贮热水箱。

4. 热水温度的保证措施：太阳能热水的控制采用温差或定时循环控制形式，平时热水由太阳能系统提供，阴天或雨天热水由电加热器制备热水，太阳能与电加热自动转换。

5. 管材：热水循环系统采用PP-R管道，热媒循环系统采用铜管。

（三）排水系统

1. 排水系统的形式：本工程采用污、废合流排放。

2. 采用的局部污水处理设施：本期污水统一排放至一期污水处理站，经过处理后排放到市政管道。

3. 管材：排水管道采用PVC-U排水塑料管。

二、设计及施工体会

1. 本期每栋排屋每户均采用太阳能热水系统，配电辅助加热形式。太阳能集热器采用平板式，以便与建筑屋面及立面结合，集热器面积3～3.5m²，水箱放置在半地下室，容积200L。电辅助加热功率2kW。太阳能热水的控制采用温差或定时循环控制形式。

2. 小区景观补水采用附近河道水，在水质变化剧烈时，处理后补充，平时直接补充。日补充水量15m³/d。

3. 屋面、阳（露）台雨水管道与建筑立面有机结合，整个小区建筑立面外雨水管道很少，几乎全部被隐蔽起来。

4. 阳（露）台采用直埋式或侧墙式地漏，支管隐蔽。

 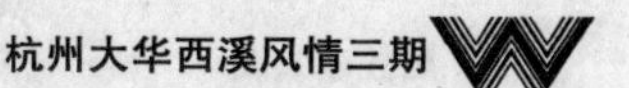

5. 因小区初期居住人口较少，杭州夏、秋季节雨水偏多，阳（露）台地漏因树叶等堵塞常见，影响排水，为防止雨水进入户内，在阳（露）台设有溢流短管。

三、工程系统图及照片

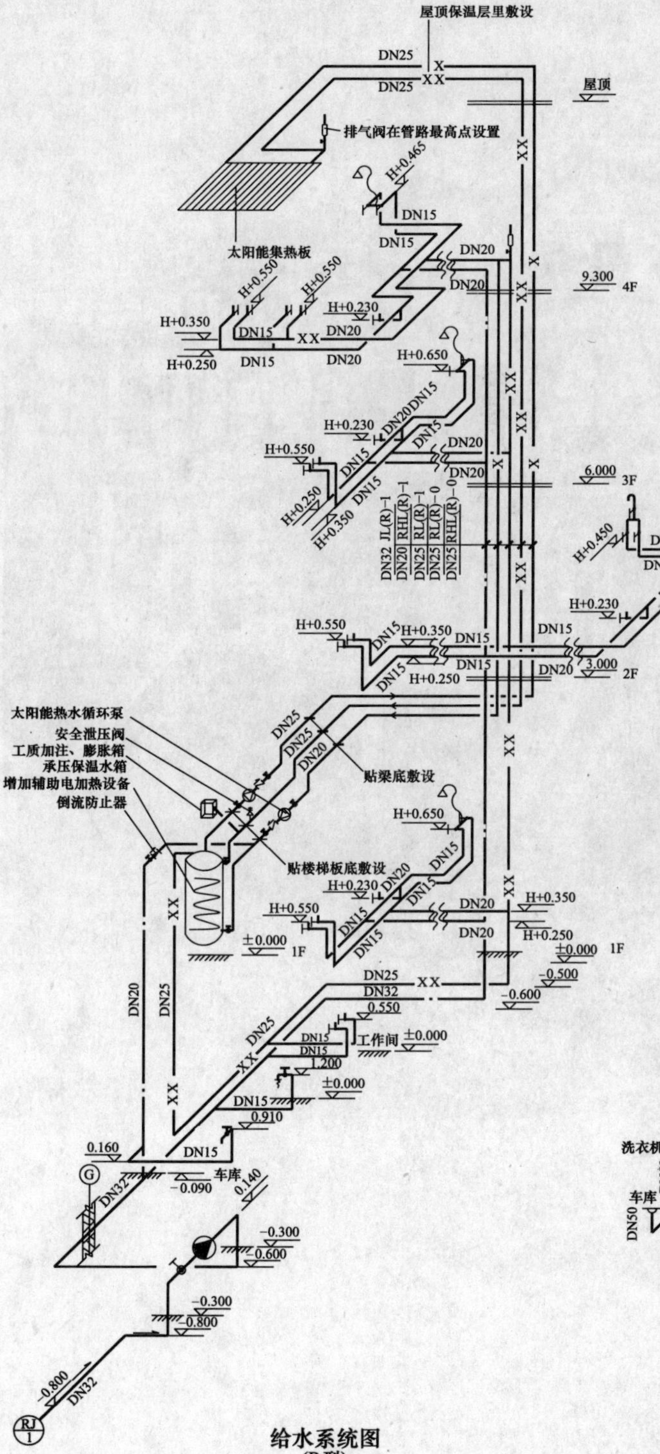

给水系统图
(R型)

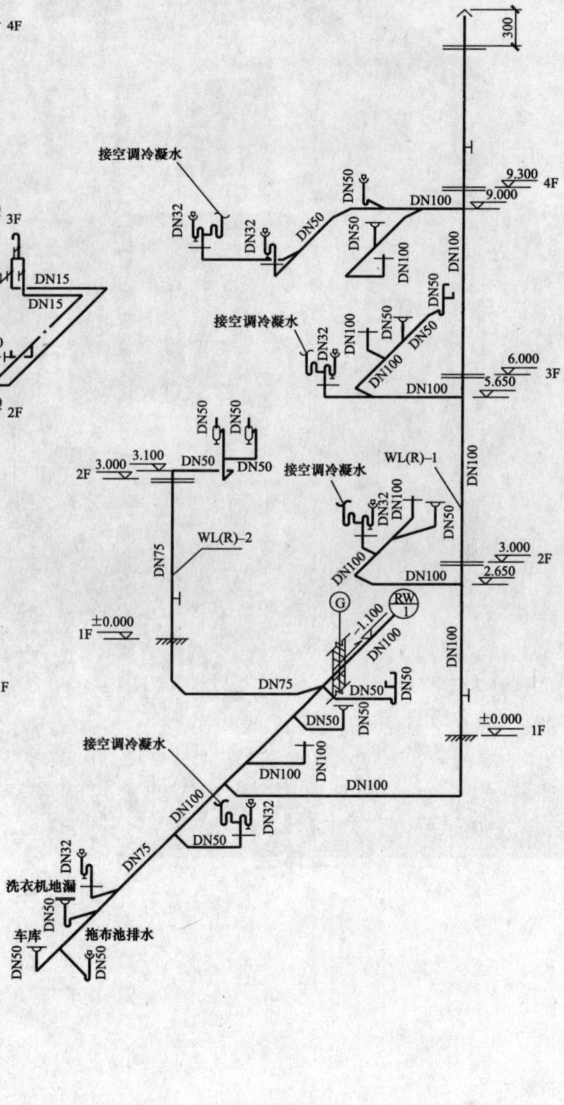

污水系统图
(R型)

台州云顶佳苑中水回用

设计单位： 浙江工业大学建筑规划设计研究院
设 计 人： 朱卫平
获奖情况： 居住建筑优透奖
工程概况：

台州云顶佳苑位于浙江省台州市府东北角，是目前台州市档次最高的住宅小区，占地 278 亩，由 21 栋高层住宅 56 栋别墅和 1 座会所组成，总户数 952 户，建筑总面积近 20 万 m^2，三周山体环抱，地理位置极佳，景观环境非常优美。该小区的绿地率高达 42.8%，绿化面积 7.9 万多平方米，其中水景面积较大，景观河道和水景喷泉等分布在小区之中，每天所需补充水量相当大。台州是浙江较缺水的地区，把生活污水处理后回用于绿化和水景用水是该小区一大亮点，也是浙江省内最早采用中水回用的项目之一，有效将污水资源化，既环保又节水节能，取得非常显著的经济和社会效益。

一、给水排水系统

（一）给水系统

1. 冷水用水量（表 1）

冷水用水量表 **表 1**

用水点	数量	定 额	T	K_h	最大日用水量 (m^3/d)	最大时用水量(m^3/h)
高层住宅	820 户×3.5 人	210L/(人·d)	24	2.5	602.7	62.8
别墅和排屋	132 户×4 人	300L/(人·d)	24	2.2	158.4	14.5
会所	150	50L/(人·d)	10	1.5	7.5	1.2
未预见水量		10%			76.9	7.9
小计					845.5	86.4

因台州在浙江属比较缺水的城市，居民形成了良好的节水习惯，取用水定额取值为标准中时下限，台州云顶佳苑最大日用水量为 846m^3/d，最大时用水量为 86.4 m^3/h。

2. 水源

本工程给水系统水源利用市政给水管网，从六号路引入 1 根 *DN*200 的供水管，等条件成熟后再从南面规划路引入 1 根 *DN*150 管，在小区内主要高层建筑周围布置呈环状，供小区生活和消防用水。

3. 给水系统分区和供水方式

本工程室内给水分为三个区，一区为高层的地下室、一层和别墅区，由市政管网直接供给，别墅区如市政管网水压不足，则改为变频恒压供水设备供给，在地下车库 DX-1 的 A 区已预留了别墅区的用水和变频恒压供水设备；二区为高层的二至十层；三区为十一至十九层；均由变频恒压供水设备供给，住宅、会所等均分开计量，采用远程自动抄表系统，在地下车库DX-1的A区设有500m³的不锈钢板生活水池。各水泵通过水力压力开关和变频调速控制柜控制水泵运行状态。

4. 管材

给水管室内外采用饮用水级ABS管，粘接。

（二）中水系统

1. 中水源水量表、中水回用水量表、水量平衡。

（1）中水源水量

中水水源采用生活污水经二级生化处理后再回用，中水源水量（表2）。

中水水源水量 **表2**

用　水　点	最大日用水量(m^3/d)	最大时用水量(m^3/h)
高层住宅	512	53
别墅和排屋	134	12.3
会所	6.3	1.0
未预见水量	65.2	6.6
小计	717.5	72.9

（2）中水回用水量

中水回用主要用于绿化和道路浇洒用水，中水回用量（表3）。

中水回用水量 **表3**

用　水　点	数　　量	定　　额	最大日用水量(m^3/d)	最大时用水量(m^3/h)
绿化	3.45万m^2	2.5L/(m^2·d)	86	21.5
水景补充用水	约4410m^3	2.5%	110	10.3
道路浇洒	2.0万m^2	2.0L/(m^2·d)	40	10
小计			236	41.8

台州云顶佳苑最大绿化和道路浇洒用水量为236m^3/d，最大时用水量为41.8m^3/h。

（3）水量平衡（表4）

水量平衡表 **表4**

水 源 性 质	水量(m^3/d)	处理量(m^3/h)
中水水源	717.5	30
中水回用	236	10

多余污水经二级处理后排到市政污水管网。

2. 系统竖向分区

中水供水系统不分区。

3. 供水方式给水加压设备

采用污水回用泵，变频恒压供水设备供给，其中水泵参数：

Q=60m^3/h，H=20m。1用1备。

4. 水处理工艺流程

生活污水→格栅→集中化粪池→调节池→潜污泵→兼氧池（A池）→

好氧池（O池）→沉淀池→排放

└→MBR池→中水回用池→水泵→回用于水景和绿化

5. 管材

中水回用给水管室内外采用ABS管，粘接。

二、工程特点介绍

污水处理工艺是根据水质和水量，结合当地环保要求、气候和企业的实际情况，经综合技术经济分析，多方案比较后确定。小区污水中新鲜粪便和生活用品较多，污水的COD较高，可达上万，如直接进入曝气池，处理负荷高，所以工艺采用化粪池对污水进行消化预处理，经化粪池排出的悬浮物浓度较低，COD也降到500mg/L左右，化粪池每季吸泥一次。考虑到处理设施平稳运行，减少冲击负荷，调节池调节时间取4h。污水由潜污泵提升到兼氧池，先兼氧池后好氧池可起到除磷脱氮作用。污水经生化处理后沉淀上清液排放，若需要中水回用，则从沉淀池上部自动溢流到MBR生化系统，经膜生物反应器处理后出水完全满足中水回用要求，MBR主要部件为中空纤维膜，过滤精度高，出水稳定，水中细菌可过滤去除，MBR系统采用PLC自动控制反冲洗，使整个污水及中水回用系统做到无须专人24h管理，节约运行成本，生化系统产生剩余污泥返回到化粪池中厌氧消化，解决了污泥脱水带来的麻烦。

室内污废分流，室外污废合流，室外不设化粪池。充分利用地势坡度和高差，节省管网和总造价，提高环境和景观质量；小区水景和绿地面积大，要求补水量也较大。污水处理设备均设在地下，仅一个检修人孔兼采光天窗，对交通和景观影响很小。采用的工艺合理先进，充分考虑污水水量和水质特点，量身定制地选择处理工艺，既节地又节水、节能而且环保，最重要的是产生了良好的经济和社会效益。

三、工程系统图及照片

回用水泵
+4.485
排入市政下水道
回用水池
MBR池
斜管沉淀池
污泥回流
好氧池
+5.085
+1.485
沉淀池
曝气器
污泥回流
生物兼氧池
罗茨风机
废水泵
调节池
+4.285
化粪池
+1.485

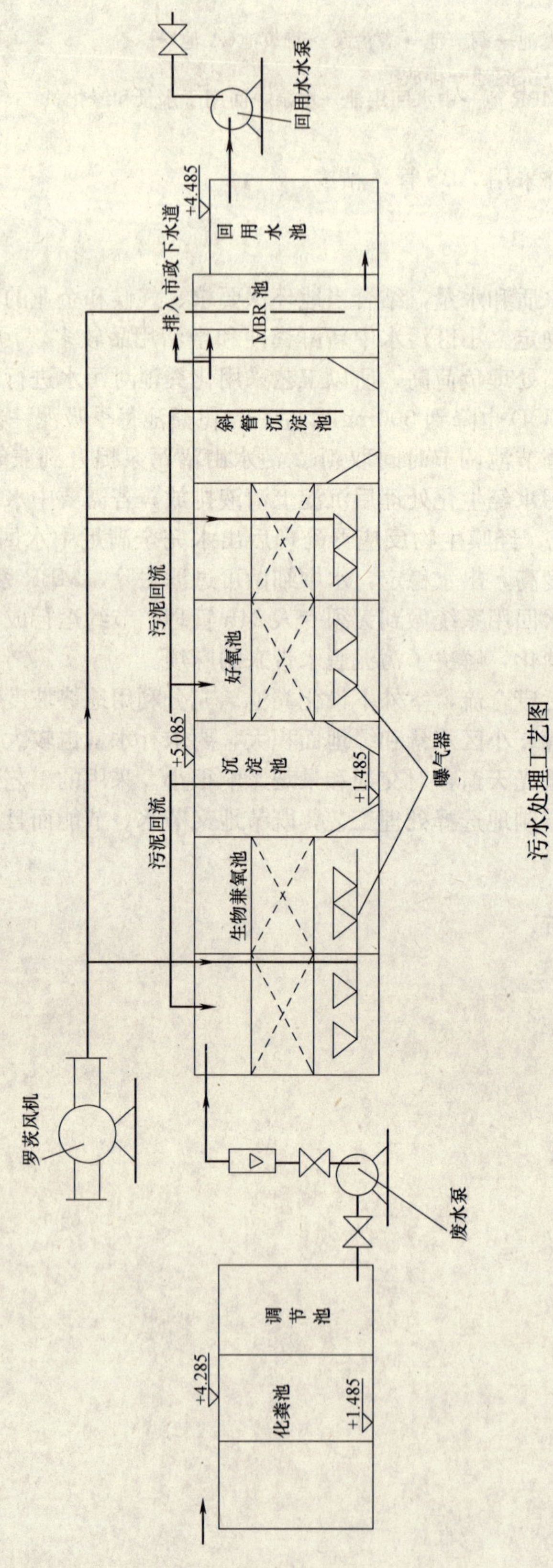

污水处理工艺图

工业建筑篇

广州新白云机场 CAMECO 10 号维修机库

设计单位：中国航空工业规划设计研究院

设计人员：王锋　戚晓专　刘芳　陈洁如　李力军

获奖情况：工业建筑一等奖

工程概况：

GAMECO10 号飞机维修机库位于广州新白云国际机场的东北部，东距机场东跑道中心线的距离约为 630m，西距北进场路约 350m，南距航站楼约 2500m。机库总建筑面积逾 9 万 m^2，投资 9 亿元，于 2004 年投入使用。整个建筑长 400m，宽约 133m，总高 44.4m，可同时容纳包括 2 架 A380 飞机在内的 4 架宽体飞机或 12 架窄体飞机进行维修、大修和整机喷漆，是目前国内规模最大、唯一能进行空客 A380 级宽体飞机的大修与喷漆工作的超大型机库。包括飞机发动机修理在内的各类车间环绕大厅布置，构成功能完善的飞机维修综合体。该工程配备先进的悬挂式设备系统和齐全的服务设施，大小不同的服务空间，新型的建筑、结构和上叠式大门设计，具有先进的公用专业设施，安全、先进、可靠的防火防爆及报警灭火系统设计等均达到国内、外同类飞机维修机库的先进水平。

一、给水排水系统

（一）给水系统

1. 生产、生活用水量：最高日用水量为 648m^3/d（表 1）。

生产、生活用水量表　　**表 1**

序号	项　目	日用水量 (m^3/d)	用水时间 (h)	平均时用水量 (m^3/h)	最大时用水量 (m^3/h)	备注
1	生产用水	20	16	1.25	1.88	
2	冷却用水	350	10	35	35	2%循环水量
3	生活用水	87	16	5.4	10.8	
4	淋浴用水	48	4	12	12	
5	道路绿地洒水	35	2	17.5	17.5	
	小　计	540		71.15	77.18	
	未预见水量(按 20%计)	108		14.23	15.44	
	总　计	648		85.38	92.62	

2. 水源

本工程生活、生产用水由新白云机场供水站供给，维修机库西侧和南侧分别有两根来自附近供水站的 *DN*500 和 *DN*400 的给水干管，给水压力不小于 0.35MPa。机库内的生产、生活给水引入管均直接接自该给水干管，除喷漆机库冲洗飞机用水外，均无需加压。喷漆机库冲洗飞机用水由 1 台双电机管道泵供给，该泵直接从室内给水干管上抽水。

3. 管材

明装的生产、生活给水管采用 CPVC 管，粘接；埋地的管径不小于 75mm 的采用球墨给水铸铁管，承插胶圈连接；管径小于 75mm 的采用热浸镀锌钢管，螺纹连接。

（二）热水系统

1. 热水系统主要供应卫生间、淋浴间、餐厅等生活用热水以及车间清洗槽、喷漆机库等生产用热水。

2. 所需热水由设在本建筑三楼的锅炉间供应。锅炉间设有热水贮水罐，冷水补给水管接入储水罐。为了保证随时供应热水，设计的热水供应系统为机械循环系统，循环水泵设于锅炉间。

锅炉间供应的热水温度为60℃。

3. 管材：明装的生活热水管采用 CPVC 管，粘接；埋地的管径不小于 75mm 的采用球墨给水铸铁管，承插胶圈连接；管径小于 75mm 的采用热浸镀锌钢管，螺纹连接。

（三）循环冷却水系统

1. 本建筑设计有 3 套独立的循环冷却水系统，分别供应制冷站的制冷机组、空压站的空压机及冷干机、启动气源间的螺杆机及冷干机的冷却用水。流程为：

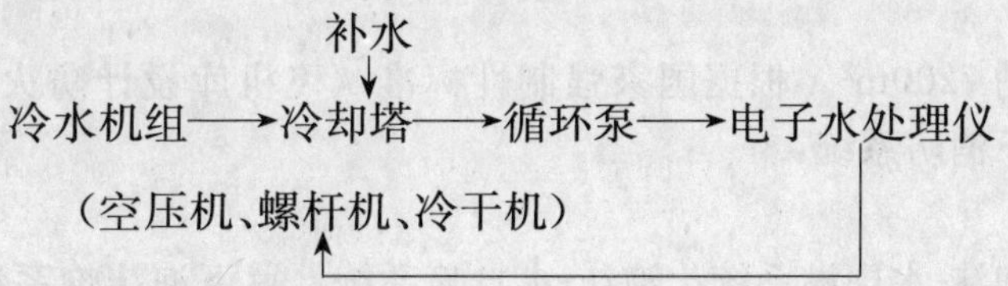

补水

冷水机组——→冷却塔——→循环泵——→电子水处理仪

（空压机、螺杆机、冷干机）

2. 供冷水机组用水的循环冷却水系统

总循环水量 3326.4m³/h，对应每台冷水机组（近期 4 台，预留 1 台），在制冷站设 5 台循环水泵（4 用 1 备）。每台泵流量为 930m³/h，扬程 27m，功率 75kW。制冷站屋顶设 4 台流量为 1000m³/h 的低噪声横流冷却塔，并预留 1 台。冷却塔、循环泵与制冷机组、冷冻水泵等连锁控制。

补充水量 66.5m³/h，由维修机库内生产、生活水管直接供给。

3. 供空压机、冷干机用水的循环冷却水系统

总循环水量 92m³/h，对应每台空压机（共 4 台），在空压站设 5 台循环水泵（4 用 1 备）。每台泵流量为 27m³/h，扬程 27m，功率 4kW。空压站屋顶设 1 台流量为 100 m³/h 的低噪声横流冷却塔。补充水量 2 m³/h，由维修机库内生产、生活水管直接供给。

4. 供螺杆机、冷干机用水的循环冷却水系统

总循环水量 192m³/h，对应每台螺杆机（共 4 台），在启动气源间设 5 台循环水泵（4 用 1 备）。每台泵流量为 55m³/h，扬程 27.5m，功率 7.5kW。四层屋顶设 1 台流量为 200m³/h 的低噪声横流冷却塔。补充水量 4 m³/h，由维修机库内生产、生活水管直接供给。

为防止设备内冷却水管结垢，在设备入口前设置电子水处理仪。

5. 管材：循环冷却水管采用焊接钢管，焊接或法兰连接；屋顶冷却塔溢水管、塔间连接管及排污管采用热浸镀锌钢管；冷却塔补水管采用 CPVC 给水管。

（四）污、废水排放

1. 本建筑的生活污水直接排入附近污水管线；无害的生产废水直接排入附近污水管线；餐厅排水经室内隔油器处理后，排入室外污水管线。

2. 污水量

设计最大时污水量为 24m³/h；最大时生产废水量为 40m³/h。

3. 喷漆机库的含漆废水、清洗间清洗废水经喷漆机库或清洗间内的排水沟收集，由提升泵

送至含漆废水处理站进行处理，达到国家有关排放标准后，排入室外污水管线。

4. 通气管系统

污水系统根据排水当量分别设有伸顶、环形通气管系统。伸顶通气管高出屋面0.5m。

5. 地上部分污、废水管和通气管采用PVC-U管，粘接；埋地的污、废水管及其排出管采用排水铸铁管，承插胶圈连接。

（五）雨水系统

1. 屋面雨水采用虹吸式雨水排放系统。此系统屋面雨水斗装有反涡流装置，可防止空气进入管网系统，悬吊管采用无坡度安装。

2. 设计重现期取 $P=3$ 年。

3. 管材：采用隔声、不燃的虹吸式雨水系统专用铸铁管。

二、消防系统

（一）概述

本维修机库面积约7200m²，根据国家强制性标准《飞机库设计防火规范》GB 50284—98，属Ⅰ类机库，设有以下消防系统：

室外消火栓系统

维修机库大厅：泡沫-水雨淋系统、泡沫-水自喷系统、翼下泡沫炮系统、泡沫枪、室内消火栓系统、移动式灭火器等。

辅助建筑物内：自动喷水灭火系统、室内消火栓系统、FM200灭火系统、移动式灭火器。

（二）室外消火栓系统：水量35L/s，机库周围敷设室外消防给水管网，成环状布置，管网上设置地上式室外消火栓。

管材为球墨铸铁给水管，承插胶圈连接。

（三）泡沫-水雨淋系统

1. 飞机进维修机库检修时，飞机油箱和系统内带有航空煤油，在维修过程中，有可能发生燃油泄漏，出现易燃液体流散火灾。按《飞机库设计防火规范》GB 50284—98，和《喷漆机库设计规定》HBJ 12-95的要求，整个维修喷漆机库内设置泡沫-水雨淋灭火系统，作为主消防系统。

2. 维修机库宽为100m+150m，喷漆机库为100m，以宽度10m划分为1个雨淋保护区，维修机库划分为25个，喷漆机库划分为10个雨淋保护区，每个区的面积均小于1400m²。

以起火点计算，30m半径范围内的灭火系统同时启动，最多同时启动泡沫-水雨淋系统共7个区。

3. 设计参数：

依据规范，Ⅰ类机库泡沫-水雨淋采用低倍泡沫系统。泡沫液为AFFF型清水泡沫液，混合比3%；泡沫混合液设计供给强度为6.5L/(min·m²)；连续供泡沫液时间10min；连续供水时间为45min；泡沫液用量为14m³；并备用等量泡沫液，共28m³，最大作用面积泡沫液及用水量（表2）。

最大作用面积泡沫液及水用量表 **表2**

编号	项　目	数值	编号	项　目	数值
1	保护面积(m²)	6405	5	供泡沫液时间(min)	10
2	泡沫混合液供给量(L/s)	763.8	6	泡沫液量(m³)	14
3	供水量(L/s)	740.9	7	总泡沫液量m³(备用1倍)	28
4	供水时间(min)	45	8	总供水量(m³)	2048.5

4. 泡沫液贮罐及比例混合器：

本设计选用隔膜式泡沫液贮罐。在消防泵房共设有四套泡沫液储罐（2 用 2 备），每套储存混合比为 3%的 AFFF 泡沫液 7m³。

在每个泡沫液罐的两侧各设 1 套压力式比例混合器。泡沫罐上的进水及出液阀采用不锈钢电动球阀，平时常闭。比例混合器前的阀门采用电动蝶阀，使用罐上的处于常开状态，备用罐上的处于常闭状态。比例混合器后的阀门采用信号蝶阀，全部处于常开状态。

使用罐上的阀门开启失败时，备用罐上进水、出液阀及比例混合器前的电动蝶阀自动开启。

除了在消防控制室可控制这些阀门的启闭外，在每套泡沫罐附近还设有控制盘，通过按钮启闭阀门。

5. 喷头选型

设计采用直立开式喷头。连接管径 $DN15$，流量系数（K 值）为 80，喷口孔径 $\phi 11$。

6. 雨淋阀组

为缩短从雨淋阀开启至喷头喷出泡沫混合液的时间，维修机库 1～20 区的雨淋阀组就近分组设于各个尾库，并在消防通道内设置了开启雨淋阀的紧急手动阀，维修机库 21～25 区及喷漆机库 1～10 区的雨淋阀集中设于雨淋阀室内。

由于从总泡沫液贮罐至设于尾库的雨淋阀组距离约 250m，$DN600$ 的主干管内平时充满水，为保证火灾初期喷头及时喷出泡沫液，在设于尾库的雨淋阀组前设有小型泡沫液贮罐及相应流量的压力式比例混合器，以便与火灾初期滞留在管网内的水混合，生成泡沫混合液，进行灭火。

设于尾库的泡沫液罐上的进水及出液阀采用不锈钢电动球阀，平时常闭。比例混合器前后设有检修用的常开的信号蝶阀。

7. 管网减压

维修机库、喷漆机库的尾库的检修平台下也设有泡沫-水雨淋系统，由于尾库与屋架的高差较大，在尾库各分区的支管上设有减压阀。

8. 水泵接合器

本系统设计 4 套室外地上式消防水泵接合器，以满足最大的 1 个雨淋保护区所需水量 130L/s。

9. 系统控制

维修喷漆机库火灾监控系统由 3 种火灾探测器组成，分别为图像式火焰报警系统、红外光束感烟探测器和感温电缆，当三者同时报警时，在自动状态下连锁启动报警部位及其 30m 范围内的雨淋系统。

当消防值班人员发现火灾，并以其他方式无法控制及扑灭时，可在消防值班室或雨淋阀放置地，紧急启动相应保护区的泡沫一水雨淋系统。

10. 管材：采用内、外壁热浸镀锌钢管，丝扣或法兰连接。

（四）泡沫-水自喷系统

1. 机库尾库的多层设备用房包含于机库大厅屋架之内，为保护钢结构屋架，屋架上设有闭式泡沫-水自喷灭火系统。维修机库西侧地面设备存放区由于与维修机库为同一防火分区，也采用此系统灭火。

2. 泡沫液为 AFFF 型清水泡沫液，混合比 3%；泡沫混合液设计供给强度为 7L/(min · m²)；连续供泡沫液时间 10min；连续供水时间为 90min。

泡沫液用量为 1.2m³；并备用等量泡沫液，共 2.4m³。

3. 喷头选型和安装

设计采用直立型闭式玻璃球快速响应喷头。

地面设备存放区喷头动作温度68℃，连接管径 $DN15$，流量系数（K 值）为80，喷口孔径 $\phi 11$。

屋架上喷头动作温度141℃，连接管径 $DN15$，流量系数（K 值）为80，喷口孔径 $\phi 11$。

4. 湿式报警阀组

系统共设计3套湿式报警阀组，每套报警阀控制的喷头数不多于800个。

5. 水泵接合器

本系统设计3套室外地上式消防水泵接合器，与本厂房泡沫枪、消火栓、湿式自喷系统共用。

6. 管材：采用内、外壁热浸镀锌钢管，丝扣或法兰连接。

（五）翼下泡沫炮系统

1. 翼下泡沫炮系统是泡沫-水雨淋系统的辅助灭火系统，对飞机机翼和机身下部喷洒泡沫混合液来弥补泡沫-水雨淋系统被大面积机翼遮挡，控制和扑灭飞机初期火灾和地面燃油流散火。

2. 按照规范的要求，机翼面积超过279m² 的飞机机翼下设泡沫炮系统。维修机库共设有6门炮，喷漆机库设有2门炮。保护面积见表3。

泡沫炮系统设计参数　　表3

炮编号	最大射程 R (m)	最小射程 P(m)	保护面积 (m²)	设计供给强度 [L/(min·m²)]	设计流量 (L/s)	炮口压力 (MPa)	泡沫液罐容积 m³
Po1	70	56	693	4.1	47	0.8	2
Po2	70	56	693	4.1	47	0.8	2
Po3	65	48	671	4.1	46	0.8	2
Po4	39	22	645	4.1	44	0.8	2
Po5	39	22	645	4.1	44	0.8	1.3
Po6	49	38	460	4.1	31	0.8	2
Po7	53	39	708	4.1	49	0.8	2
Po8	53	39	708	4.1	49	0.8	2

3. 泡沫炮系统设计参数

泡沫炮系统采用低倍泡沫系统，泡沫液为AFFF型清水泡沫液，混合比为3%。泡沫混合液供给强度为4.1L/(min·m²)，连续供泡沫液时间10min；连续供水时间为30min。

喷漆机库内所有泡沫炮、电动阀门皆为防爆型。

4. 泡沫液贮罐及比例混合器

本设计每门炮各带有隔膜式泡沫液贮罐1套，便于泡沫炮灭火时就近混合、操作。

泡沫液贮罐贮存混合比为3%的AFFF泡沫液，每个泡沫液罐配有1套压力式比例混合器。泡沫罐上的进水及出液阀采用不锈钢电动球阀，平时常闭；比例混合器前的阀门采用雨淋阀。

除了在消防控制室可控制这些阀门的启闭外，在每套泡沫罐附近还设有控制盘，通过按钮启闭阀门。

5. 控制

(1) 设计要求每门泡沫炮都预先设置好运行程序，能够在自动启动后自动调整水平及俯仰角度，覆盖其所保护的扇形区域。

(2) 泡沫炮系统控制设有手动和自动两种方式

自动启动：当火焰探测器和感烟探测器同时报警时，根据起火点的位置自动启动相应泡沫炮系统。

手动启动：消防值班人员发现机翼下火灾，并启用泡沫枪、消火栓系统无法控制或灭火时，可在消防控制室或泡沫炮设置处紧急启动泡沫炮。泡沫炮既可在消防控制室遥控，也可在现场操作。

6. 管材：采用焊接钢管，焊接或法兰连接。

（六）维修及喷漆机库泡沫枪、室内消火栓

1. 在维修及喷漆机库大厅设有泡沫枪、消火栓用于扑灭初期火灾。

2. 泡沫枪系统：采用移动式及柜式泡沫灭火装置，射程 22m，额定压力 0.5MPa，每支流量为 4L/s。

移动式泡沫灭火装置由轮式车架、贮液罐、比例混合器、QP4 型泡沫管枪及 65 型消防水龙带组成。配有长度为 20m 的水龙带 2 条，QP4 型泡沫管枪 1 支，混合比为 3%的 AFFF 型清水泡沫液 300L。

柜式泡沫灭火装置采用钢制立柜式泡沫枪箱，直接立在地面上，上部安放泡沫枪及水龙带，下部放置 AFFF 清水泡沫液 300L 贮罐 1 个，贮罐上设比例混合器。外形尺寸为：高×宽×厚＝1440×650×320mm。水龙带及管枪规格同移动式。

为满足其额定压力，本系统每支或数支接口前都设有减压阀。

3. 室内消火栓系统：充实水柱不小于 13m，每支流量 5.7L/s，2 支枪同时作用。室内消火栓系统消防水量为 5.7×2＝11.4L/s。

消火栓规格：消火栓的规格均为：栓口直径 *DN*65，水枪喷嘴口径 ϕ19mm，水龙带长度 25m。全部采用国产减压稳压消火栓，通过减压使栓后压力自动稳定在 0.3(±0.05)MPa。

4. 控制

泡沫枪、室内消火栓系统平时由稳压泵保持管网所需压力，当启用泡沫枪或消火栓时，管网水压将降低达到一定值时自动启动消防泵加压。

5. 管材：采用焊接钢管，焊接或法兰连接。

（七）机库辅助建筑自动喷水灭火系统

1. 设计参数

危险等级为中危险级，喷水强度为 $6L/(min \cdot m^2)$，作用面积为 $200m^2$。

2. 自动喷水灭火系统平时由稳压泵保持管网所需压力，当喷头打开喷水时，管网水压将降低达到一定值自动启动消防泵加压。

3. 喷头选型

设计采用闭式玻璃球快速响应喷头。在有吊顶区域采用下垂式喷头；在无吊顶区域采用直立式喷头；在发动机维修间采用大口径喷头。

4. 系统共设计 5 套湿式报警阀组，3 套水泵接合器。

5. 管材：采用内、外壁热浸镀锌钢管，丝扣或法兰连接。

（八）机库辅助建筑室内消火栓及消防卷盘系统

1. 消火栓充实水柱不小于 13m，每支流量 5.7L/s，2 支枪同时作用。室内消火栓系统消防水量为 5.7×2＝11.4L/s。

2. 消火栓规格。消火栓的规格均为：栓口直径 *DN*65，水枪喷嘴口径 ϕ19mm，水龙带长度 25m。采用国产减压稳压消火栓，通过减压使栓后压力自动稳定在 0.3(±0.05)MPa。同时配有直径 19mm，长度 25m 的胶管，口径 6mm 的喷嘴 1 套。

3. 管材：采用焊接钢管，焊接或法兰连接。

（九）水幕灭火系统

采用水幕带分隔一层、二层走廊处的防火分区。设计强度采用3L/(s·m²)，持续灭火时间采用2h。

水幕系统由雨淋阀控制开启，雨淋阀设在水幕带附近。

管材同自喷系统。

（十）计算机中心气体灭火系统

1. 按《建筑设计防火规范》要求，计算机中心采用全淹没气体固定灭火系统。灭火气体使用FM-200。

2. 采用组合分配系统，共分为四个区：主机房与值班室为一区；数据中心与打印间为二区；UPS电源间为三区；已记录磁介质库、配线与网络设备间、程控电话交换机房及电源间为四区。

3. 设计参数：根据广东省标准《七氟丙烷（HFC—227ea）洁净气体灭火系统设计规范》DBJ-23-1999，设计浓度8%，喷放时间小于10s。设计用量430kg。

4. 各房间吊顶下、吊顶内、活动地板下都设有喷头。

5. 本系统设有自动控制、手动控制、机械应急操作三种启动方式。

当任一区内的感烟、感温探测器同时报警后，自动启动有关区的声光报警盒，切断有关非消防电源，延时后启动该区气体钢瓶电磁阀实施自动灭火，同时打开放气指示灯。

各门口设紧急启停按钮、自动/手动转换装置和放气指示灯。当任一区的任1个探测器报警后，系统控制自动关闭空调机组及防火阀。

储瓶间设有机械应急操作装置。

（十一）移动式灭火器

在维修、喷漆机库及辅助用房设有推车式及手提式灭火器用于扑灭初期火灾。

维修、喷漆机库按严重危险级设计；辅助用房按每个房间或区域分别按轻、中、严重危险级设计。

（十二）消防水箱

在辅助建筑五层屋顶设有消防水箱，以满足火灾初期消火栓、自喷、泡沫枪、泡沫炮系统的用水。根据《建筑设计防火规范》的规定，其有效容积为18m³。

（十三）消防水源

本建筑西侧和南侧分别有2根来自附近供水站的*DN*500和*DN*400的给水干管，给水压力不小于0.35MPa。由厂房内给水干管上分别引2根*DN*150的管道接入消防泵房下的消防水池。消防水池贮存了一次灭火时所需同时开启的消防系统全部用水量，设计容积2668.1m³，实际容积2740m³。消防用水量见表4：

消防系统用水量 **表4**

编号	消防系统	水或泡沫混合液供给强度[L/(min·m²)]	泡沫混合液流量(L/s)	供水流量(L/s)	供泡沫混合液时间(min)	供水时间(min)	用水量(m³)
1	泡沫-水雨淋系统	6.5	750	727.5	10	45	2048.5
2	泡沫炮系统	4.1	100	97	10	30	178.2
3	泡沫枪系统		8	7.76	20	20	9.31
4	消火栓系统			11.4		120	82.1
5	泡沫-水自动喷水灭火系统	7(保护面积465m²)		65		90	350
6	合计						2668.1

为检修方便，水池分 2 格，通过手动闸门与吸水井相连，闸门平时常开。

（十四）消防加压设备

1. 消防泵房内设 2 组共 8 台柴油机驱动消防加压泵，每组设 2 台电动稳压泵。

2. 1a～1d 号泵组用于泡沫-水雨淋系统加压，3 用 1 备；1a、1b 2 套泵各带 1 台稳压泵，1 用 1 备。

性能参数：主泵：流量 Q=310L/s；扬程 H=112m。

稳压泵：流量 Q=2L/s；扬程 H=112m，功率 7.5kW。

3. 2a～2d 号泵组专用于泡沫炮、泡沫枪、泡沫-水自喷、湿式自动喷水灭火系统、消火栓系统及水幕系统加压，3 用 1 备；2a、2b 各带 2 台稳压泵，1 用 1 备。

性能参数：主泵：流量 Q=63L/s，扬程 H=110m。

稳压泵：流量 Q=2L/s，扬程 H=110m，功率 7.5kW。

4. 柴油泵机组为完整配备发动机的成套设备，包括水泵、柴油机、控制柜、电池充电装置、发动机冷却循环系统、排气系统、燃油系统、油箱、电气系统、止回阀、泄压阀、流量计、消音器、各种运行仪表等。组合安装在 1 个底座上。

5. 消防泵和稳压泵控制方式

(1) 自控方式：在消防出水总管上安装压力变送器，用来探测、控制水压。

① 1 号泵组：消防水管内压力降至 1.05MPa 时，稳压泵启动，压力升至 1.12MPa 时，稳压泵停止；压力降至 1.00 MPa，1a 号消防泵启动；压力降至 0.95 MPa，1b 号消防泵启动；压力降至 0.90 MPa，1c 号消防泵启动；压力降至 0.85 MPa，1d 号消防泵启动。

② 2 号泵组：消防水管内压力降至 1.03MPa 时，稳压泵启动，压力升至 1.10MPa 时，稳压泵停止；压力降至 0.98 MPa，2a 号消防泵启动；压力降至 0.93 MPa，2b 号消防泵启动；压力降至 0.88 MPa，2c 号消防泵启动；压力降至 0.83 MPa，2d 号消防泵启动。

(2) 手控方式：各水泵能在泵房内就地启、停，便于试泵和维修。在消防控制室能远控强制手动启、停消防泵。

三、设计特点

本工程是《飞机库防火设计规范》1997 年发布以来第一个设计泡沫-水雨淋系统的机库，采用的消防系统的复杂程度和先进性也是当时其他机库所不能比拟的。在设计的过程中借鉴美国消防协会 NFPA409 标准的做法，同时严格执行中国规范，创造性地设计了机库大厅的消防系统，推动了国内机库消防系统设计水平的发展。

由于机库屋面面积非常大，若采用传统的重力流排水，则雨水管径太大，立管数目多，影响机库的使用功能。虹吸式雨水排放技术的应用，很好地解决了这一问题。

本工程的技术经济效益主要体现在自本机库建成至今已承担了南航大部分波音和空客系列飞机的各级定检和大修、部件修理和维修工程服务任务，为南航飞机和附件提供了更优质的维修服务；同时，借新机场搬迁、新机库落成的机遇，拓展海外市场，开拓了新维修项目及新客户。据统计，GAMECO 来自国外的飞机维修业务营业额首次超过了国内第三方市场（除南航以外的飞机维修业务），维修业务量有大幅度增长，经济效益十分显著。

四、工程系统图及照片

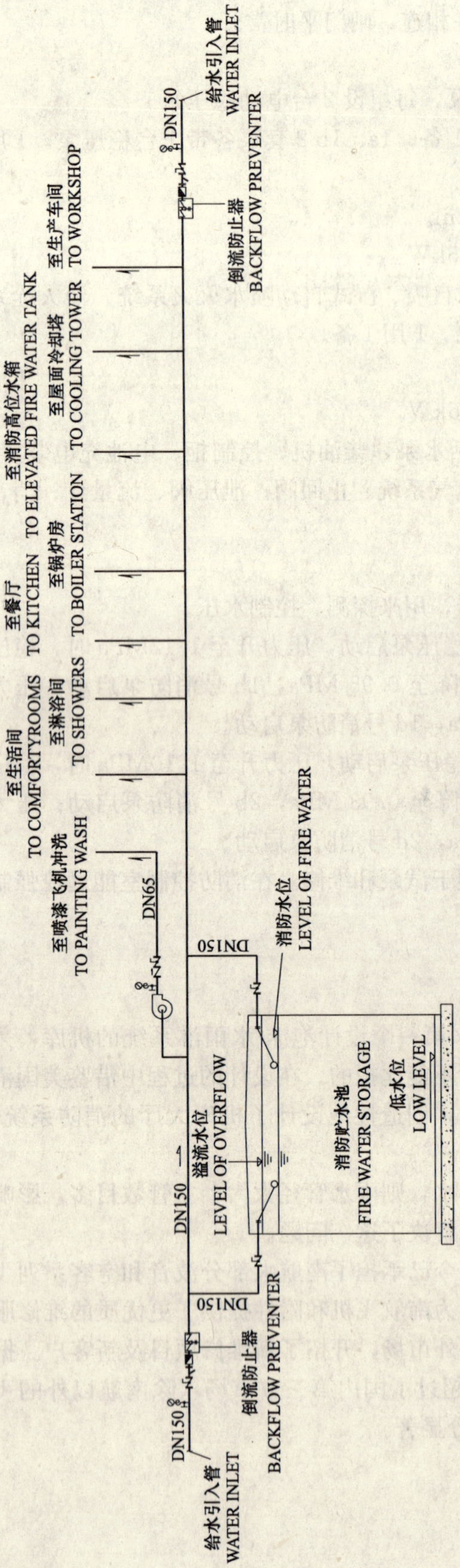

给水引入管
WATER INLET
DN150
倒流防止器
BACKFLOW PREVENTER
至生产车间
TO WORKSHOP
至屋面冷却塔
TO COOLING TOWER
至消防高位水箱
TO ELEVATED FIRE WATER TANK
至锅炉房
TO BOILER STATION
至餐厅
TO KITCHEN
至淋浴间
TO SHOWERS
至生活间
TO COMFORTYROOMS
至喷漆飞机冲洗
TO PAINTING WASH
DN65
DN150
消防水位
LEVEL OF FIRE WATER
溢流水位
LEVEL OF OVERFLOW
消防贮水池
FIRE WATER STORAGE
低水位
LOW LEVEL
DN150
倒流防止器
BACKFLOW PREVENTER
DN150
给水引入管
WATER INLET

给水系统原理图

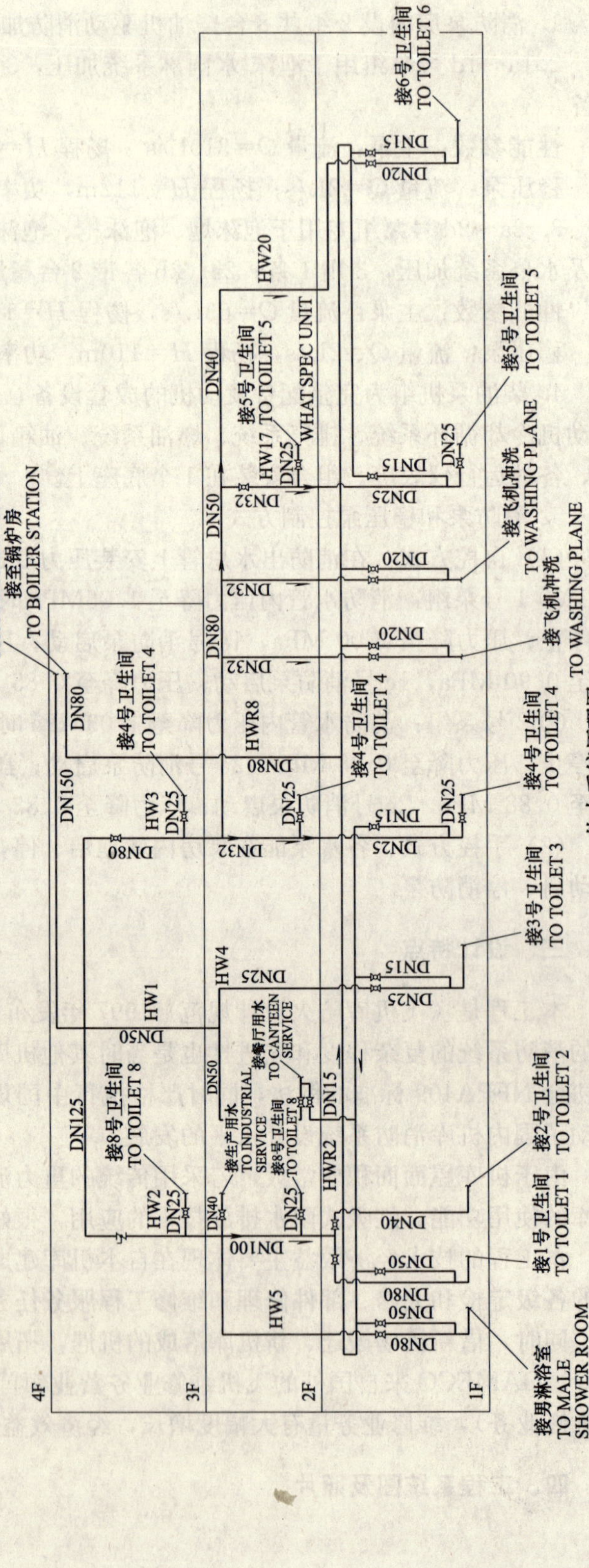

来自锅炉房
FROM BOILER STATION
接至锅炉房
TO BOILER STATION
DN80
DN150
DN125
DN80
DN50
接8号卫生间
TO TOILET 8
接4号卫生间
TO TOILET 4
接5号卫生间
TO TOILET 5
接生产用水
TO INDUSTRIAL SERVICE
接8号卫生间
TO TOILET 8
接餐厅用水
TO CANTEEN SERVICE
WHATSPEC UNIT
HW1
HW2
HW3
HW4
HW5
HW8
HW17
HW20
HWR2
HWR8
DN15
DN20
DN25
DN32
DN40
DN50
DN80
DN100
接男淋浴室
TO MALE SHOWER ROOM
接1号卫生间
TO TOILET 1
接2号卫生间
TO TOILET 2
接3号卫生间
TO TOILET 3
接4号卫生间
TO TOILET 4
接飞机冲洗
TO WASHING PLANE
接5号卫生间
TO TOILET 5
接6号卫生间
TO TOILET 6
1F
2F
3F
4F

热水系统原理图

常闭
CLOSE
常开
OPEN
D377×8
泡沫液贮罐（使用）
FOAM CONCENTRATE
TANK (FOR USE)
V=6.8m³
泡沫液贮罐（备用）
FOAM CONCENTRATE
TANK (STAND BY)
V=6.8m³
D630X9
DN600
PY1
PY2
PY3
PY4
PY5
PY6
PY7
PY8
PY9
PY10
WY21
WY22
WY23
WY24
WY25
D219×6
D219X6
MRV
泄压阀
MRV
流量计
FLOW METER
回流至水池
BACK TO TANK
稳压泵
JOCKEY PUMP
给水引入管
WATER INLET
D159×4.5
1a
1b
1c
1d
D426×9
DN32
消防贮水池
FIRE WATER
STORAGE TANK
V=2740m³
外墙
WALL
D325×8
D159×4.5
泡沫液贮罐
FOAM CONCENTRATE TANK
V=0.6m³
V=1.7m³
V=2.1m³
V=2.5m³
雨淋阀组 共 35 套
DELUGE VALVE TOTALLY 35 SET
WY1
WY2
WY3
WY4
WY5
WY6
WY7
WY8
WY9
WY10
WY11
WY12
WY13
WY114
WY15
WY16
WY17
WY18
WY19
WY20
D630×9
D426X9
泡沫-水雨淋系统原理图

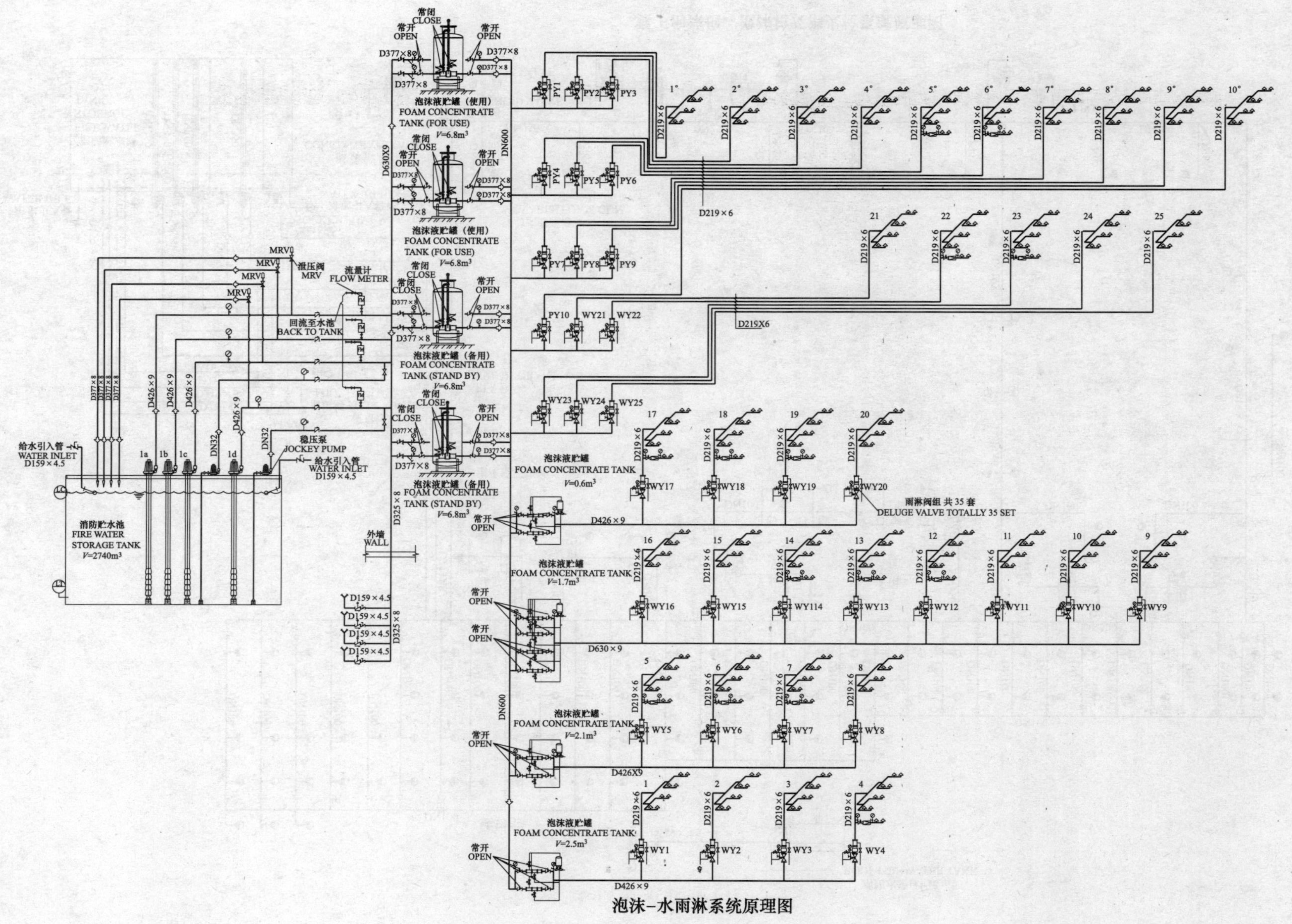

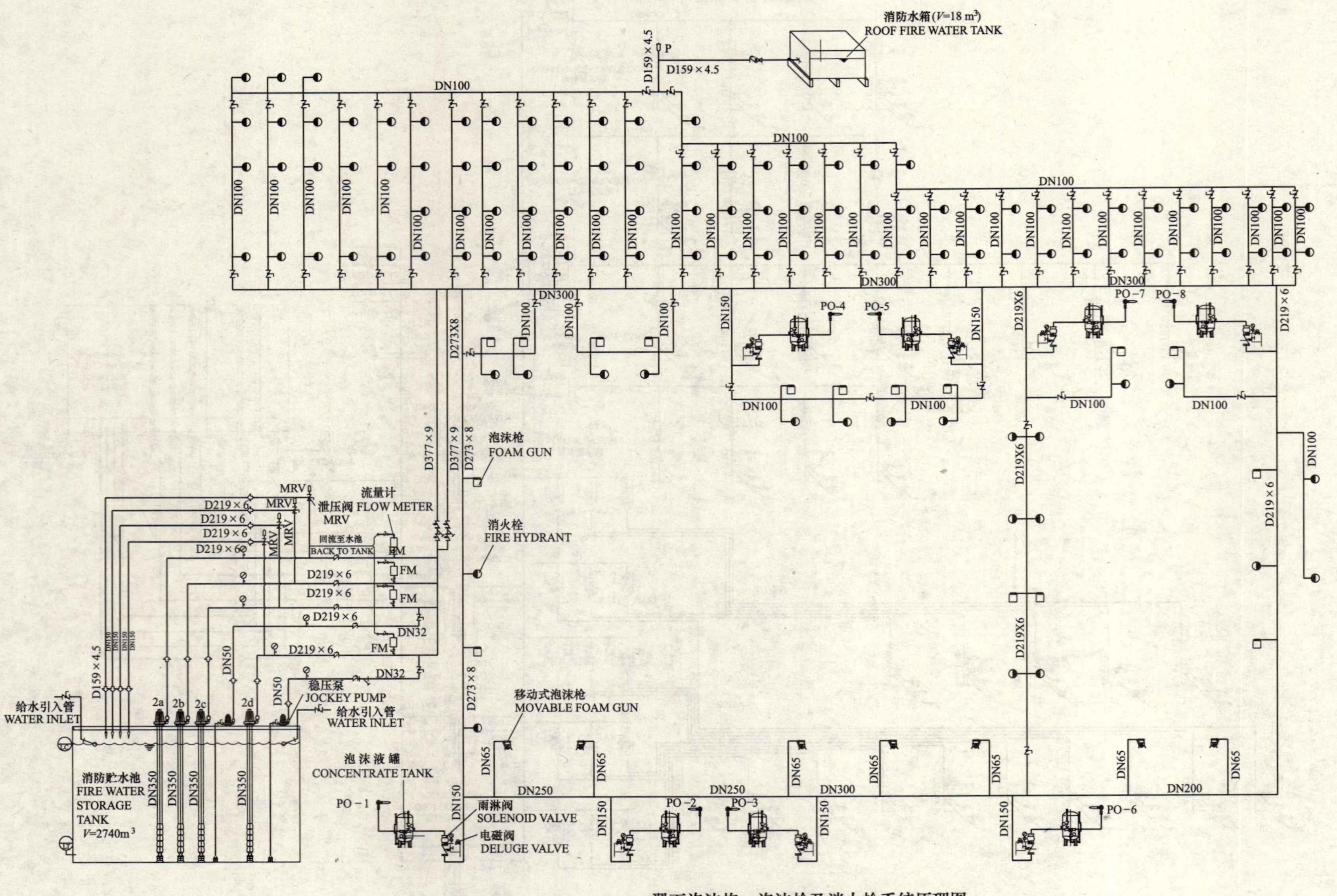

翼下泡沫炮、泡沫枪及消火栓系统原理图

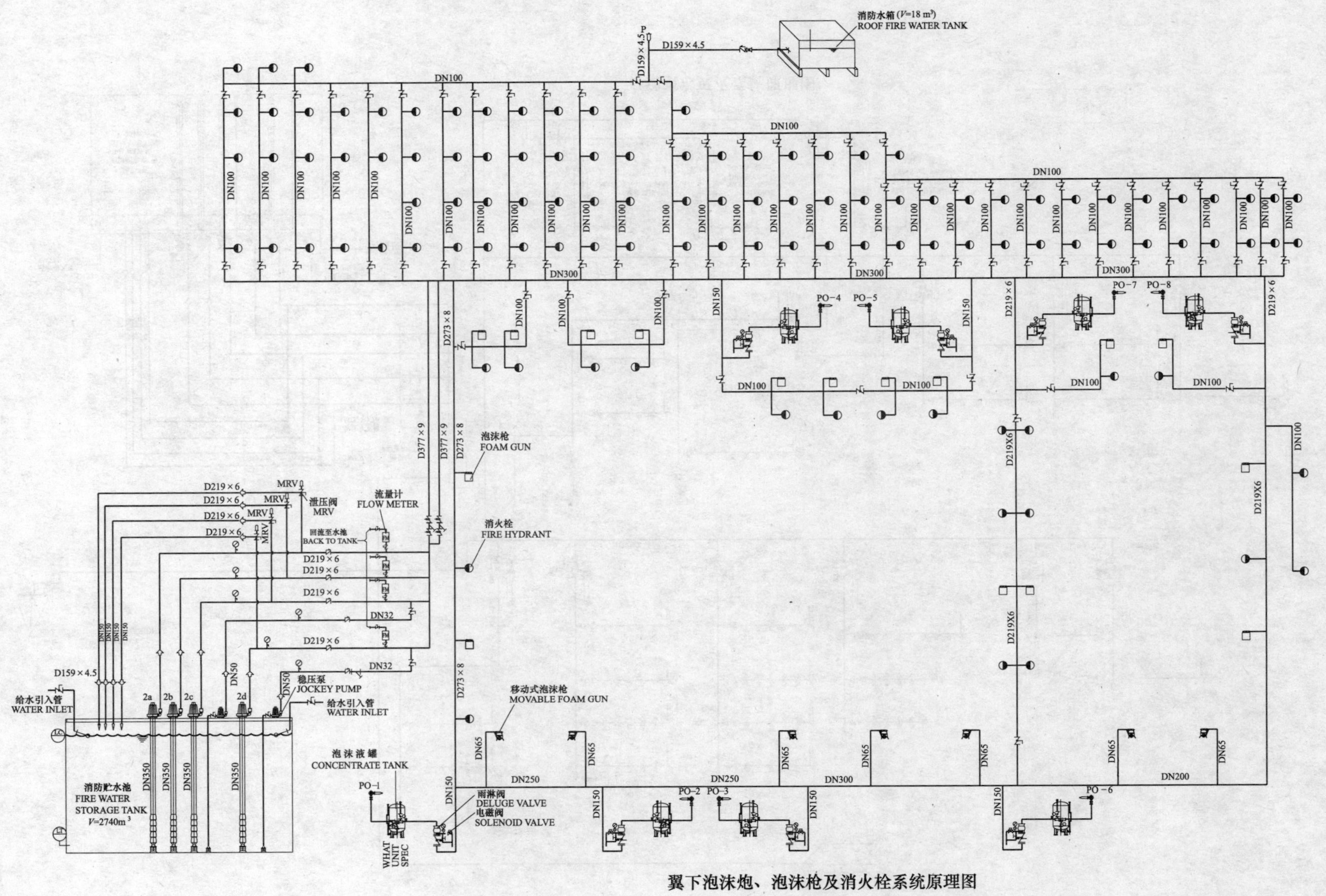

翼下泡沫炮、泡沫枪及消火栓系统原理图

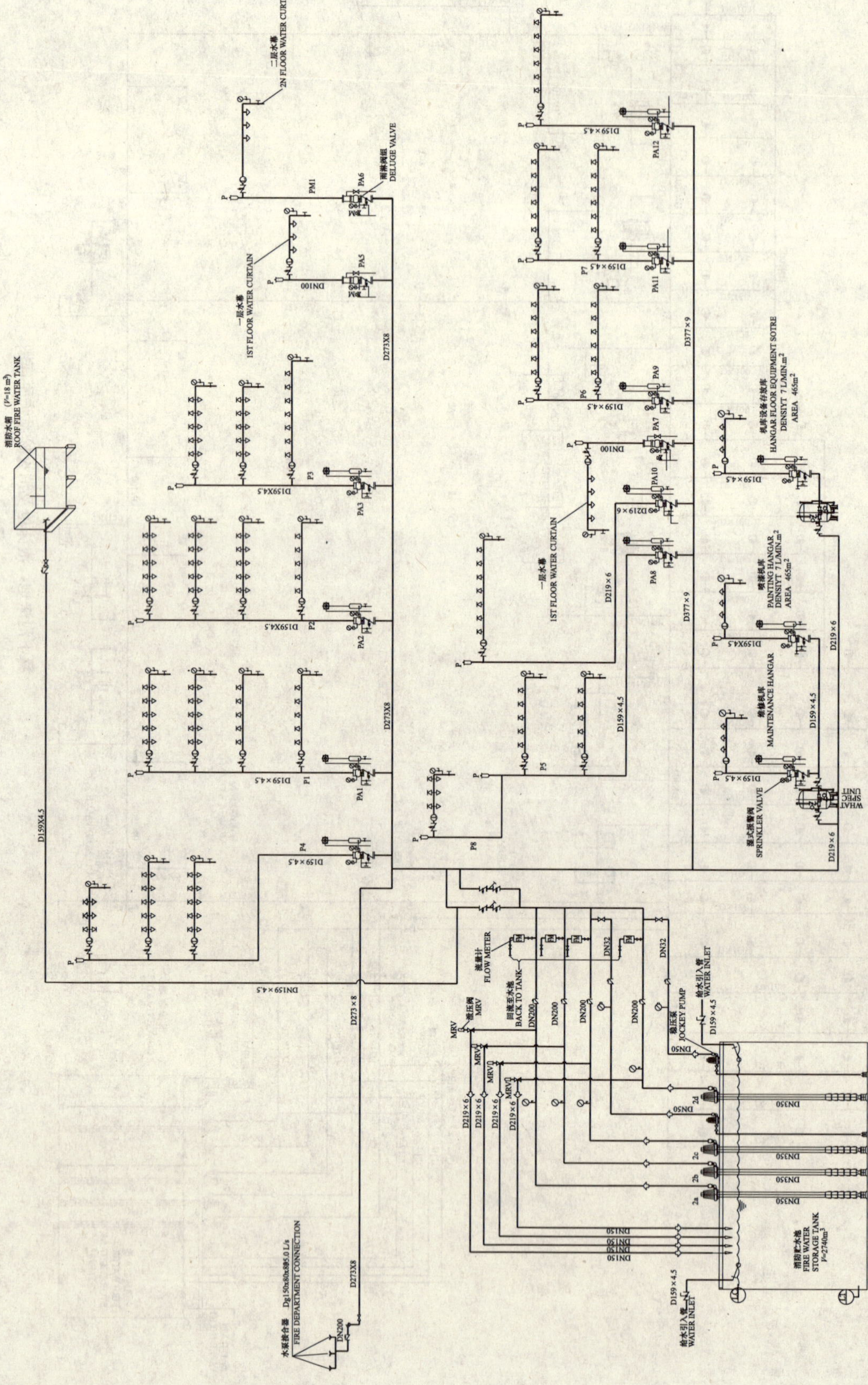

自动喷水灭火系统原理图

消防水箱 ROOF FIRE WATER TANK

二层水幕 2N FLOOR WATER CURTAIN

一层水幕 1ST FLOOR WATER CURTAIN

雨淋阀组 DELUGE VALVE

机库设备存放库 HANGAR FLOOR EQUIPMENT SOTRE

喷漆机库 PAINTING HANGAR

维修机库 MAINTENANCE HANGAR

湿式报警阀 SPRINKLER VALVE

流量计 FLOW METER

回流至水池 BACK TO TANK

稳压泵 JOCKEY PUMP

给水引入管 WATER INLET

消防贮水池 FIRE WATER STORAGE TANK

水泵接合器 FIRE DEPARTMENT CONNECTION

珠海保税区摩天宇项目施工图给水排水及消防设计

设计单位： 中国航空工业规划设计研究院
设 计 人： 施曼
获奖情况： 工业建筑二等奖
工程概况：

珠海保税区摩天宇航空发动机维修有限公司是由中国南方航空公司和在发动机维修行业中有很高的知名度的MTU发动机维修公司（德国奔驰公司下属公司）合资建设的，位于广东省珠海保税区内，厂区占地面积约16万m^2，场地有近40m厚的淤泥层，东侧临水。第一期工程的1号发动机修理厂房26700m^2，包括下弦为12.5m的维修车间和层高小于8m的各种工艺车间及办公楼。每年可修理航空发动机150台。一期达到发动机维修B级标准，即在厂内把某些损坏的零件修理好，检验合格后再组装到发动机上。二期将达到C级标准，即在厂内把大部分损坏的零件修理好，检验合格后再组装到发动机上。本项目于2000年完成可行性研究报告，2000年12月完成初步设计，1号厂房2001年5月18日正式开工，2003年3月通过竣工验收。

一、给排水设计

1. 厂房日用水量556.3m^3/d（不包括预留），其中：生活日用水量：43.3m^3/d（其中淋浴用水16m^3/d）；生产日用水量：513m^3/d（其中循环系统补充水日用水量352m^3/d）。厂区绿化及道路浇洒日用水量：70m^3/d。

2. 根据项目合资方的要求，设计中采用了当时的国内外新技术和新产品。

表面处理车间用水和冷却水循环系统补水采用了深度处理，采用反渗透技术，优点是反渗透膜的质量较好，价格适度，其浓水可以直接排放，没有二次污染（图1）。

3. 职工浴室热水采用空压机余热预加热，水经循环泵进入带热回收段的空压机，当水温高于60℃时，循环水泵停止工作，空压机调节到非余热利用状态，电热水锅炉用电加热保持水温

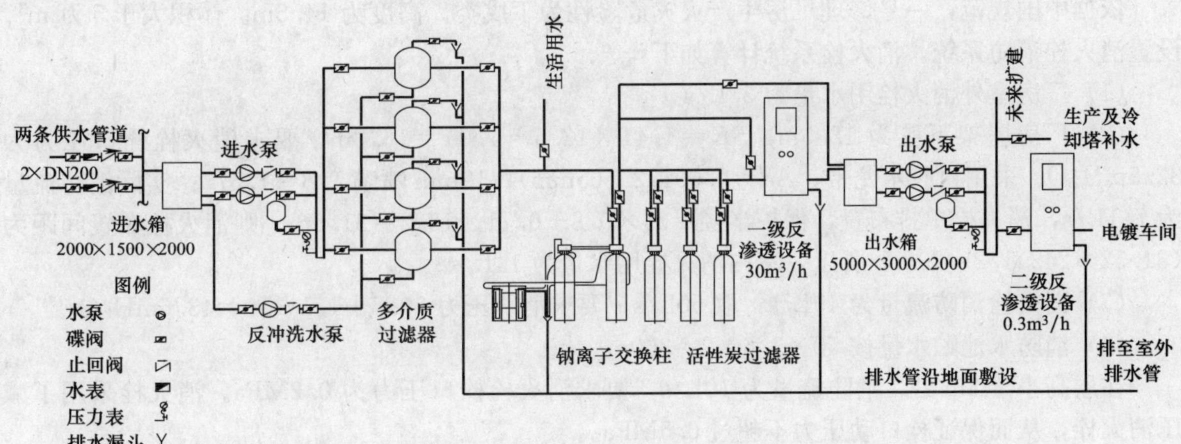

图 1　给水处理示意图

并在用水时间内补充热量。如果空压机不启动，则循环水泵不启动。在热水供应时间前 4h 启动电加热段。长期运行的节电效益很大。同时也产生了良好的社会效益。

4. 主要厂房中全部采用了舒适性空调，并智能控制。针对空调冷水机组和生产用的冷水机组制冷量的变化，采用控制冷水机组出水温度，从而自动控制冷却水循环流量的控制关系，同时增加了冷却塔风机变频的连锁关系，最大限度地减小运行电量，同时，提高了系统的自控水平。

5. 按照德方工艺要求，在厂房地下设置宽 3m，高 3m 的管廊以及一定间距的预埋钢管。相当于厂房的神经系统，适应不同流程的生产，能够把生产所需要的水、电、气输送到厂房中的任何位置，又不会在地面上露出太多的管线。

二、消防设计

1. 一号厂房生产火灾危险性为丁戊类，高度小于 24m，体积约 165000m³，其中包括发动机修理的多种工艺车间，如分解、清洗、无损探伤、表面处理、喷漆、热处理等，针对不同工艺要求，采取不同的给水排水设计，并且根据外方保险商的要求，参照 NFPA 标准，按照不同喷水强度设计自喷系统。项目施工图报批时间是 2001 年 7 月，正遇上新的《自动喷水灭火系统设计规范》开始执行。虽然项目最后按旧规范批复，但我们还是按新规范的水量要求进行了核算，设计的自喷系统高于规范要求。本项目自喷系统的泵房、水泵形式、喷水强度、作用面积及某些细部管件施工作法均源自 NFPA 标准，这些标准的选择也是经过和保险商的磋商和谅解后才达成设计的约束性文件。厂区采用室内外消防合用的消防泵及有效容积 820m³ 的露天消防水池。消防泵房建在消防水池的上方。使泵房和水池具有整体性。减少地震和不均匀沉降造成的消防泵吸水管断裂的危险。考虑了沉积泥沙等等因素，露天水池实际容积大于 1300m³，水泵吸水井前设置双层格网，格网规格为 30 目/英寸。采用进口竖直型消防泵，设置一台电泵，一台柴油泵；并设置一台同类型稳压泵以保持平时压力。稳压泵由其压力开关控制自动启停，当管网压力降到下线值时，由压力开关自动启动消防主泵。由于室外管线沉降量大，为了保证消防安全性，室外消防管线均设置了混凝土通基及桩基。消防水管在厂区成环状布置；设置可地上操作带观察窗的带锁阀门；消防系统室外管线上的水泵接合器相对集中设置在消防水池附近，一旦需要合用消防车上的水泵。消防车可以从消防水池抽水。在地下室内设置 8 个 $\phi1600$ 的气压罐，代替屋顶消防水箱，最高工作压力为 0.8MPa，最低工作压力为 0.25MPa。

依据中国规范，一号修理厂房生产火灾危险性为丁戊类。高度为14.5m。体积大于5万m^3。设置消火栓消防系统。消火栓系统计算如下：

(1) 厂房室外消火栓用水量为35L/s。

(2) 厂房屋架下弦为12.5m，$SK=1.41(12.5-1.0)=16.2m$，要求消火栓栓口压力为32.5mH_2O。采用衬胶水龙带，$Ad=0.00172$ (65mm)；19mm喷嘴，$B=1.577$；实际消防流量为7.1L/s，消火栓单排布置，保护半径=25×0.8+0.71×16.2=31.5m。则消火栓布置间距为(31.52－242)1/2=20m，所以，室内消火栓用水量为14L/s。

(3) 消火栓消防流量为49L/s，取50L/s，要求消防压力32.5+1.1+10=43.6mH_2O。

(4) 消防水池贮水量按50×3.6×2=360m^3计。

在层高小于8m处，消防流量为10L/s，要求消火栓栓口压力为0.2MPa。消火栓采用了减压消火栓，从而保证栓口动压力不超过0.5MPa。

2. 根据保险商的要求，在整个厂房内均设置自动喷水灭火系统。

(1) 厂房中的仓库区高层货架有两种：封闭货架和开放货架。开放货架中贮存金属零件，有少量木制及PVC的托盘，属于贮存难燃物库房，有少量可燃物，依据中国规范，按中危险级设置自动喷水灭火系统。设计中采用了保险商要求美国NFPA的数据。

(2) 仓库区喷水强度采用12.2L/(min·m^2)作用面积186m^2。在开放货架设置分层喷头。消防水量为满足10个114L/min的喷头开启的流量；通过软件计算，可以得出：自喷系统流量为73L/s。要求消防压力不小于0.55MPa。

(3) 喷漆、干燥间喷水强度要求16.3L/(min·m^2)，作用面积232m^2（实际保护面积90m^2）；办公区和其他车间喷水强度为6L/(min·m^2)。作用面积200m^2。自喷系统用水量按用水最大的部位确定，即仓库区的开放货架。

上述保险商要求的自喷强度和消防设施已经高于中国规范的要求。厂房自喷系统流量为73L/s。要求消防压力不小于0.65MPa。系统中喷头、管线、阀门等的设计均按保险商的要求，并应符合中国规范。厂房中设置4套湿式报警阀，分别负责：零件库、修理区、喷漆、干燥、喷涂和喷丸及热处理间；办公区；地下室及其他区域。一号厂房室内消防总用水量为87L/s。要求消防压力0.65MPa；室外消防用水量35L/s。在EDP电脑控制室设置既对设备不造成危害，也对人体健康没有危害的烟烙尽气体灭火系统。在封闭货架的内部设置全淹没高倍数泡沫灭火系统，贮存泡沫量为36加仑，用水量12L/s，要求供水压力不小于0.4MPa，

3. 在本设计中，消防系统方案的确定经过了多次不同背景下的改动，其中我方面临的问题包括：①确定消防水池和消防泵的连接方式，②确定消防泵的选型，③业主坚决反对在屋顶放置消防用水箱等。

由于业主反对在屋顶放置消防用水箱，在取得消防局认可后，设计采用气压罐代替屋顶水箱以满足前10min消防水量。计算如下：

(1) 要满足前10min消防水量，调节容积应为18m^3。则总容积应为

$$V=\beta Vxf/(1-\alpha)=1.05\times18/(1-0.55)=42m^3$$

(2) 消防系统最高压力为0.8MPa，稳压泵启泵压力为0.65MPa以下，前10min消防时，如果消防主泵未启动，系统压力会下降，气压罐中的水会补进消防管网，满足消防用水。消防系统最低压力可以达到0.25MPa，咨询气压罐的设计师，他们认为系统充装比可以取0.45。

(3) 气压罐工作压力比可以取0.55。

(4) 参照产品特性，可以采用ϕ1600规格的气压罐。此种气压罐总容积5.497m^3。根据充装

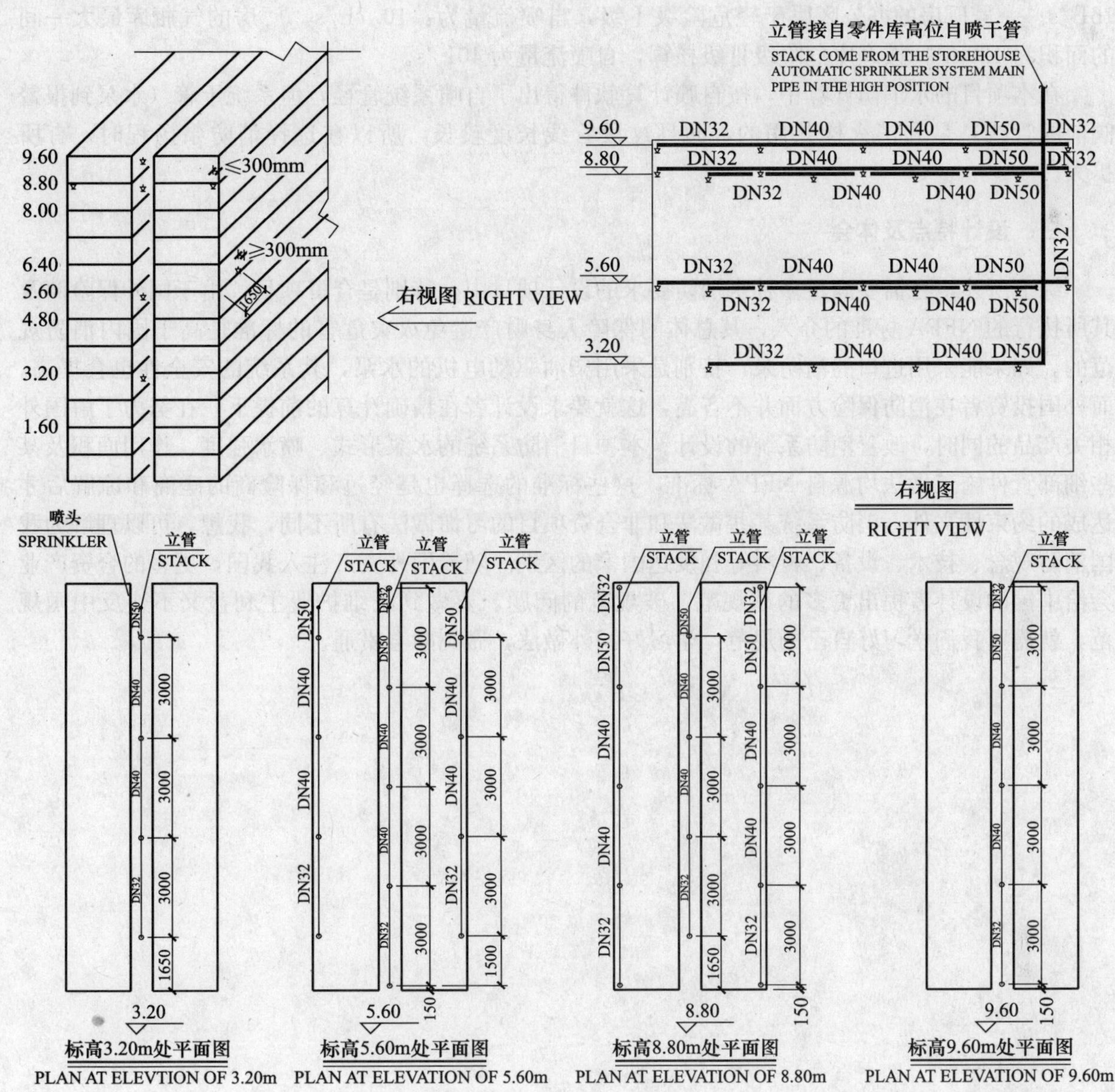

图2　高架库开放货架自动喷洒灭火系统喷洒头安装位置示意图

SPRINKLER INSTALLATION LOCATION SCHEMATIC FOR HIGH RACK STORE SPRINKLERSYSTEM

比，其调节容积可以达到 5.497×0.45＝2.5m³。

(5) 要满足 18m³ 的消防水量，可以采用 18/2.5＝7.2 个，取 8 个 ϕ1600 规格的气压罐。

(6) 由于本项目施工图报批时间是 2001 年 7 月，正遇上新的《自动喷水灭火系统设计规范》开始执行。虽然最后按旧规范批复，但我还是按新规范的水量要求进行过核算，计算结果是原设计的水量水压均能满足新规范的要求。计算如下：

1) 一号厂房内的仓库区的开放货架属于高架库区，属于仓库危险级Ⅰ级。自喷流量为：12×200/60＝40L/s。分层喷头按现有布置方式，消防时喷头打开四层，每层打开 4 个喷头为 30.72L/s，所以高架库自喷总流量为 40＋30.72＝70.72L/s。

2) 一号厂房单层厂房的其他部位符合新规范第 6.1.1 条，属于中危险级Ⅰ级。自喷流量为：

16L/s。一号厂房的办公区属于轻危险级Ⅰ级，自喷流量为：10.7L/s。厂房的气瓶库最大一间的面积为 $120m^3$，按仓库危险级Ⅲ级核算，自喷流量为 40L/s。

在本项目的水消防计算中，按自喷计算软件得出了自喷系统管径，但系统干管（水泵到报警阀前的管线）是和消火栓共用的，而且这段管线长度较长，所以在选择消防泵扬程时，有所扩大。

三、设计特点及体会

综上所述，在需要满足多种水消防要求的设计项目中，特别是合资项目，由于国外保险商及其所执行的 NFPA 标准的介入，其总体的保障人身财产避免火灾危害的标准是高于国内消防规范的。如果能采用进口的消防泵，特别是采用柴油驱动电机的水泵，其系统的安全性也会提高。而外国投资者在消防保险方面并不吝啬，这就要求设计者在精确计算的前提下，在努力了解国外相关产品的同时，改善消防系统的设计。本项目消防系统的水泵形式、喷水强度、作用面积及某些细部管件施工做法均源自 NFPA 标准，这些标准的选择也是经过和保险商的磋商和谅解后才达成的约束性文件。消防系统某些做法和非合资项目的习惯做法有所不同，我想，可以理解为我国消防观念、技术、设备、材料等和发达国家的区别。随着国外资产注入我国，更多的合资产业会给中国的设计者提出更多的超规范、破规范的问题，要做到既维护业主利益又不违反中国规范，就需要我们学习好自己的规范，学习好国外做法，做到融会贯通。

某血液制品厂房给水排水设计

设计单位： 中国航空工业规划设计研究院
设 计 人： 郑长华　王艳
获奖情况： 工业建筑三等奖
工程概况：

某药业有限责任公司位于某市工业园区，厂区规划建设用地面积约为46384.07m²。新建的血液制品厂即1号综合生产厂房位于厂区的中部，建筑面积约为21000m²，生产厂房分为A、B、C三个区，其中A区为三层办公楼，建筑高度为12.9m；B区为二层生产厂房，建筑高度为12.9m；C区为二层库房及辅助设备用房，建筑高度为12.9m，各区每层均为独立的防火分区。由于血液制品是医药工程中工艺技术最复杂的一种特殊剂型，因此对各配套设施提出了较高的要求。

一、给水排水系统

（一）给水系统

1. 水源

厂房内的生活、生产给水系统由厂区内自建泵房给水管直接供给，要求厂房进口处给水水压不低于0.30MPa。

2. 用水量（表1）

用水量表　　**表1**

序号	项　　目	日用水量 (m^3/d)	平均时用水量 (m^3/h)	备　注
1	生产用水	32.40	4.05	
2	冷却用水补充水	375.60	46.95	
3	生活用水	14	1.75	
4	制取纯化水需用自来水量	129.60	16.20	
5	未预见水量	55.16	6.90	
6	小计	606.76	75.85	

3. 系统分区

生产、生活给水系统A、B、C区共用1套给水系统。为保证给水系统的可靠性，由A区和C区分别引入1条给水入口管，每个引入口分别设置水表，便于计量。生活、生产给水系统由厂区内自建泵房给水管直接供给，要求厂房进口处给水水压不低于0.30MPa。

4. 管材

埋地的给水管采用给水铸铁管，室内明装的给水管采用建筑给水钢塑复合管。

（二）纯化水系统

1. 纯化水用水量：90.72m^3/d，平均时：11.34m^3/h

本厂房纯化水均由B区二层纯化水制水间的纯化水制取设备以饮用水为原料水制取后供给。

2. 系统分区

纯化水（Purified Water）：纯化水以饮用水作原料水，采用药典规定的适宜方法制取。主要用于普通制剂。也可用于生产工艺用水，如设备的清洗、大批量化学药品的生产以及生产注射用水的原料水。

由于本厂房建设规模较大、对水质要求较高，纯化水系统采用单管式循环系统，在需要高温用水点处采用就地板换升温的方式。这种方式使水在管道内保持流动状态，能很好地控制水质，满足生产的需要。

本厂房的纯化水系统主要用于B区生产车间使用，根据工艺要求和用水量的差异，纯化水系统共分为3套系统，无毒区2套系统，有毒区1套系统。

3. 制水方式

↓加阻垢剂

原水箱→原水泵→盘式过滤器→超滤系统→超滤水箱→一级高压泵→一级反渗透→二级高压泵→二级反渗透→中间水箱→混合离子交换器→纯水箱→纯水泵→用水点。

4. 管材

根据GMP要求，防止水质污染，纯化水制取设备内部的管道连接可采用ABS管、PVC-U管，混合离子交换器出水管、纯化水贮罐至用水点之间的管道均采用316L不锈钢管，内壁电抛光并钝化处理，纯化水水泵采用不锈钢水泵，浸水部分应为316L不锈钢制，水泵与管道之间不采用可曲挠橡胶接头，采用快装管件连接，设计时未考虑备用泵的安装，防止备用泵滋生细菌，产生污染。板式换热器采用不锈钢材质。各个用水点的阀门均采用卫生级别的聚四氟乙烯隔膜阀，其特点是便于去除阀体内的溶解杂质，微生物不易繁殖。

贮水罐采用316L不锈钢制，电抛光并钝化处理，电抛光光洁度 $Ra \leqslant 0.6\mu m$，带呼吸器及喷淋球，贮水罐上安装 $0.22\mu m$ 疏水性的通气过滤器（并可加热消毒），能经受121℃高温消毒，排水阀采用不锈钢隔膜阀。

（三）注射用水系统

1. 注射用水水量：$48.0m^3/d$，平均时：$6.0m^3/h$。

本厂房注射用水均由B区二层注射用水制水间的六效蒸馏水机以纯化水为原料水制取后供给。

2. 系统分区

根据工艺要求，所需要的注射用水量大、水温种类很多。根据厂房内注射用水的水量、水温及用水点数量情况及业主提出的需求，经过技术比较确定采用不小于80℃单管循环的方式，在用水点根据水温不同的要求采用就地降温的方式。这种分散设置板换的方式使水在一定流速下在管道内保持紊态流动，能够很好地阻碍微生物膜的形成，高温循环能防止细菌内毒素的形成，有效地控制了微生物及细菌内毒素的污染，是一种比较好的循环方式。但这种方式增加了用水点的板换数量，增加了循环冷却水系统管道的长度，在设计中由于厂房内管道种类很多，管道夹层空间紧张，给设计增加了难度。注射用水采用80℃以上保温，65℃以上保温循环或4℃以下存放。

本厂房的注射用水系统主要用于B、C区生产车间使用，根据工艺要求和用水量的差异，注射用水系统共分为4套系统，B区有毒区1套系统，B区无毒区2套系统，C区1套系统。

3. 制取方式

注射用水的制取方法采用蒸馏的方法制取，制取设备采用六效蒸馏水机。

4. 管材：同纯化水系统。

（四）循环冷却水系统

1. 系统分区

35℃以上的注射用水点采用冷却塔降温的循环冷却水系统即可。

25℃以下的注射用水点采用——循环冷却水系统冷却——冷冻水冷却的二次降温方式。这种方式可充分有效的利用冷却塔汽水换热的方式将注射用水冷却到一定温度后，再用冷冻水进行降温，减少了冷冻水的冷量，节约了能源，充分体现了“节能环保”的国策。

2. 管材：

循环冷却水系统采用热浸镀锌钢管。

（五）排水系统

1. 排水系统的形式

本厂房排水为分流制。生产废水、生活污水分别用管道排至室外。生产废水直接排入厂区污水管，B区防爆区内含酒精的生产废水排入厂区酒精回收池。生活污水经化粪池处理后排至厂区污水管。

厂区污水经厂区新建的污水处理站处理后达到《污水综合排放标准》GB 8978—1996 中三级排放标准的要求后，排至市政管网。

2. 管材

A、C区生活污水及生产废水排水管采用 PVC-U 管，B区生活污水及生产废水管采用机制排水铸铁管。

3. 雨水系统

(1) 采用的暴雨重现期

屋面设计降雨重现期采用 $P=3$ 年。雨水采用间接利用，径流经土壤渗透净化后涵养地下水。

(2) 雨水采用重力流内排水密封系统。

(3) 管材

室内明装的雨水管采用 PVC-U 管，埋地的雨水管及排出管采用给水铸铁管。雨水管就近接入市政雨水管。

二、消防系统

（一）消火栓系统

1号综合厂房为丙类厂房，考虑到A区为三层办公楼，所以，室内消防用水量为 15L/s，室外消防用水量 40L/s。消防给水系统为独立系统，由厂区引入2条消防入口管，并由厂区内自建泵房的消防泵加压供给，要求入口压力不低于 0.45MPa。前 10min 消防水量由本厂房B区屋面水箱间内的消防水箱供给，其有效容积为 $V=18m^3$。在厂房内均采用柜式消火栓箱，每个柜式消火栓箱内设置2瓶手提式磷酸铵盐干粉灭火器。消火栓系统管道采用热浸镀锌钢管。

（二）自动喷水灭火系统

1号综合生产厂房A区自动喷水用水量：28L/s，要求厂房入口压力不低于 0.50MPa。水箱间内设置2台稳压泵 25LQW3-10X4（1用1备）及 SN1000 型隔膜式气压罐。当系统压力为 0.21MPa 时，启动稳压泵，当压力为 0.26MPa 时，停稳压泵，当系统压力为 0.19MPa 时，声光报警至值班室，启动自喷泵，同时稳压泵自动停止。水箱间内设置的稳压泵由消防水箱（$V=18m^3$）供水。吊顶下布置的喷头选用下垂型喷头，吊顶内布置的喷头选用直立型喷头。设计为1套报警阀，设置在消防水泵房内。室外设置2套水泵接合器。自动喷水灭火系统管道采用热浸镀锌钢管。

三、设计及施工体会或工程特点介绍

本设计是规模较大的血液制品厂，给水排水设计不同于普通工业建筑，内容之多，系统之复杂是该厂设计的特点，在设计过程中除了需要熟知本专业知识外，还应具备以下几点：

1. 详细了解工艺专业设备的运行状况，根据不同情况选择合理的设计方案，满足工艺提出的要求。

2. 和各专业进行良好的协调，设备多、管线多、要求多、限制多是本设计的特点，不仅需要满足一般建筑规范，还要遵守GMP有关规范，各专业之间需要对各种管线标高、立管位置、房间布局进行及时的沟通，解决矛盾，达到合理的设计。

综上所述，血液制品厂房生产产品的特殊性，决定了给水排水设计的复杂性，其生产的药品与人类生命健康息息相关，这对设计提出了较高的要求。在设计过程中我们还应不断探索，汲取经验，充分利用新技术、新产品，将药厂设计更加合理。

四、工程系统图及照片

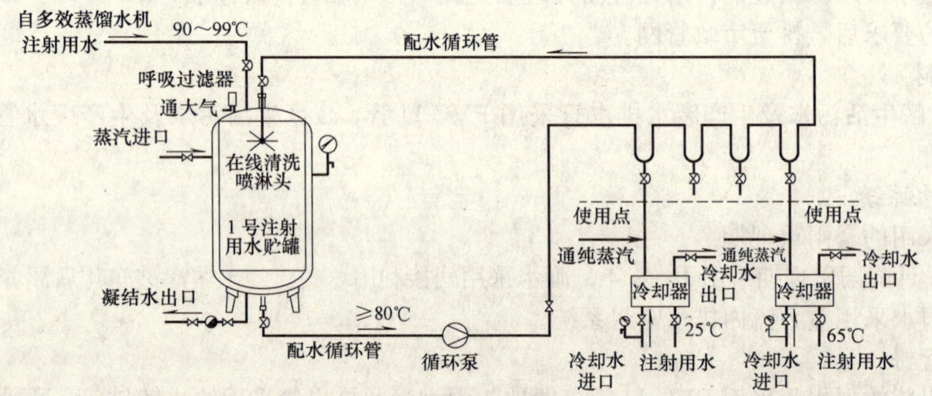

注射用水系统原理图

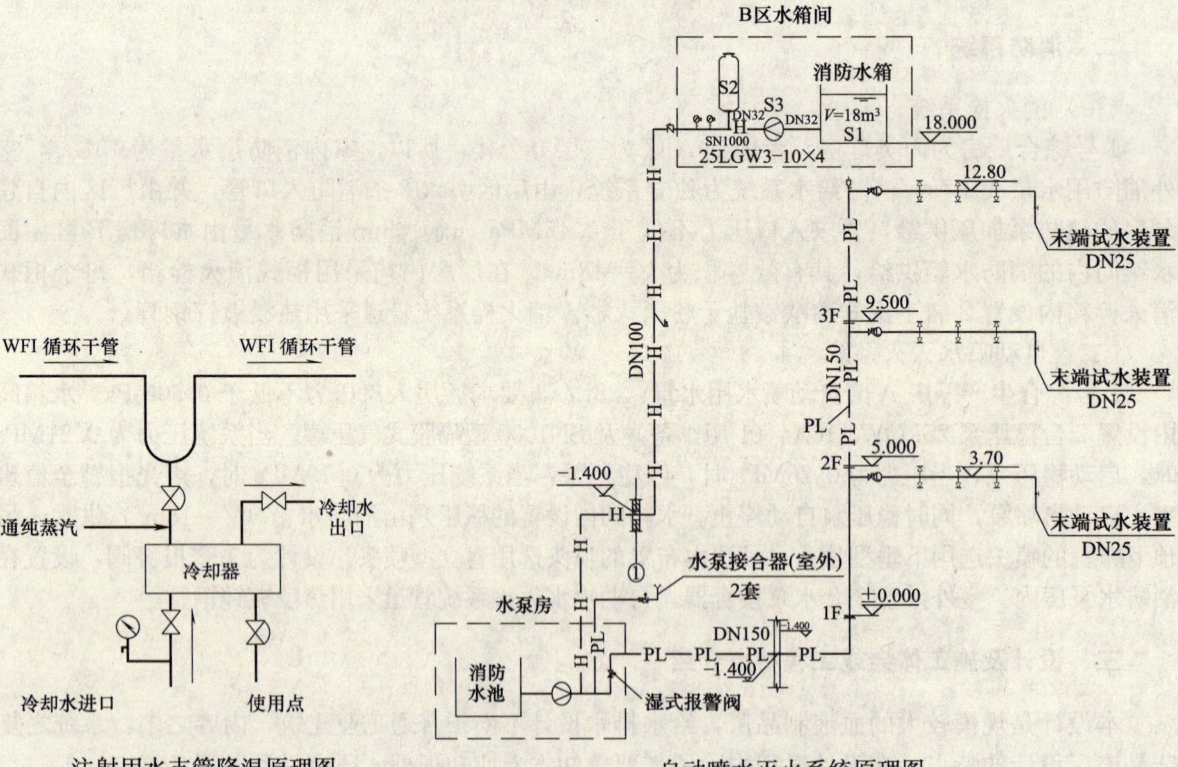

注射用水支管降温原理图

自动喷水灭火系统原理图

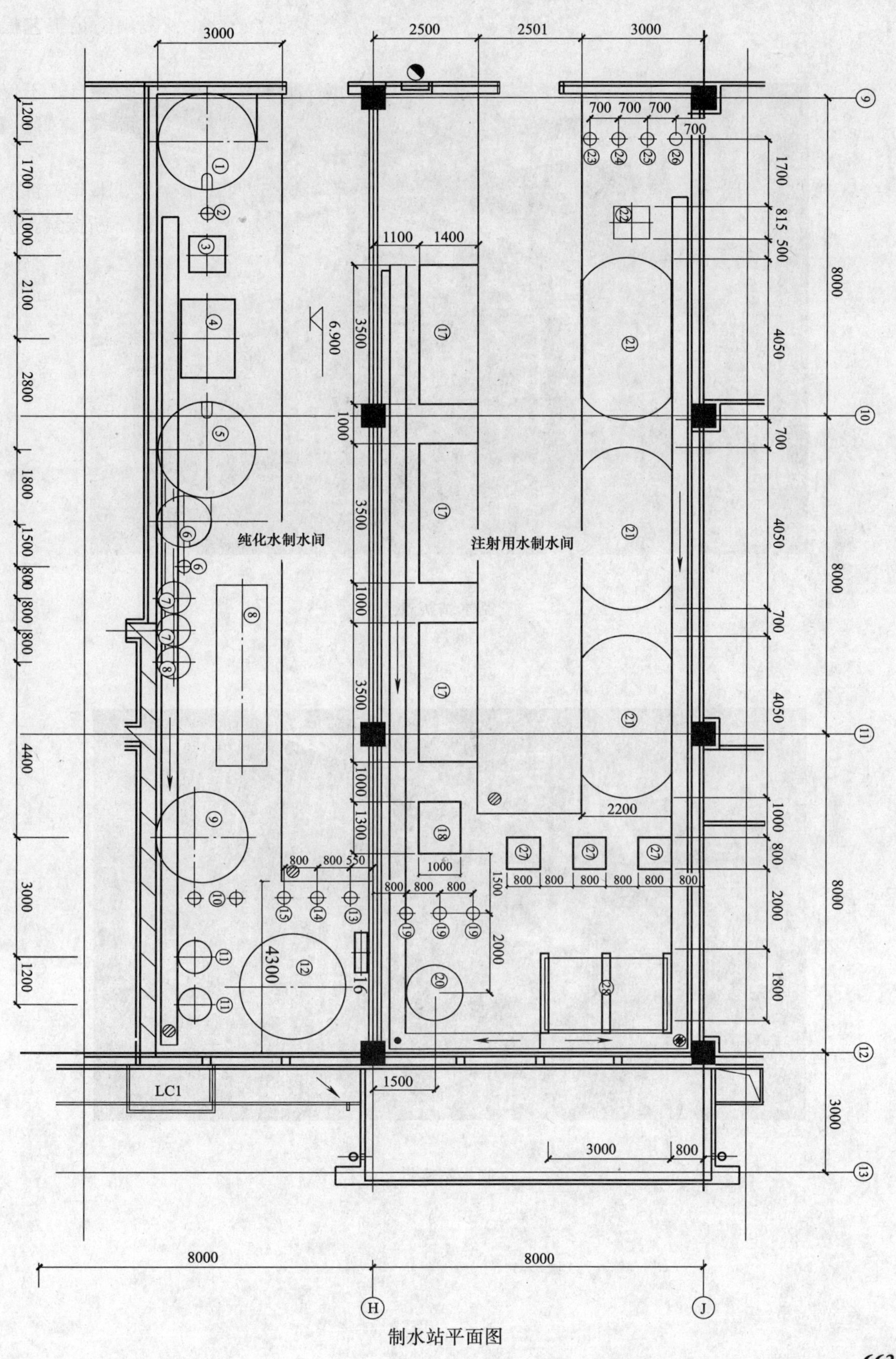

制水站平面图

制水站实景

制水站实景

洁净室内工艺用水点

A 区一层大厅内景

污水处理站外景

污水处理站外景

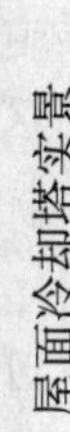

屋面冷却塔实景

浙江大学紫金港校区排灌及杂用水处理站工程

设计单位：浙江大学建筑设计研究院
设 计 人：王靖华　张钧　周文鸿
获奖情况：工业建筑三等奖
工程概况：

浙大紫金港校区位于浙江省杭州市。新校区规划占地 224.6hm^2，目前已建成使用。由于紫金港校区的人工湖及临湖绿地、道路、场地及部分生活区、教学区标高未达到规划的防洪要求，将可能形成区域的低洼积水区。同时，校区内的绿化总面积达 110hm^2，道路、广场的面积 40hm^2，除去绿化区块中的林地不需要浇灌外，要用水浇灌的绿地和用水冲洗的道路、广场总面积仍约有 125hm^2，绿化浇灌和道路、广场冲洗用水量较大。为营造一个生态、优美、安全、节能、环保的校园环境，建设本工程。

本工程位于浙大紫金港校区南面、余杭塘河北侧绿化带内，工程占地约 3600m^2，主要有引水渠道、泵站、杂用水处理滤池区、调节水池、配套服务用房。排灌泵站主要功能是雨季时将校内湖区多余水量排至余杭塘河，旱季时将余杭塘河内的水补入校内湖区；杂用水处理站的功能是将余杭塘河水经水处理构筑物处理后排入清水调节池，再由二级杂用水加压泵提升至校内杂用水管网，满足校内绿地浇灌和道路、广场的冲洗用水；当余杭塘河水水质太差，不能直接补入校内湖中时，也可经水处理后补入校内湖。

本工程设计排涝流量 2.5m^3/s，设计补水流量 1m^3/s；设计杂用水处理规模 200 m^3/h。

一、给水排水系统

（一）给水系统

本工程为排灌及杂用水处理站，另配有 1 幢 2 层管理用房，给水系统较为简单，由市政给水管网直供。

（二）排灌及杂用水处理系统

排灌及杂用水处理系统是本工程重点介绍的内容。

1. 系统的基本计算：

（1）排涝水量计算：

设计标准：排涝标准为 20 年一遇 24h 暴雨当天排除不受淹。根据本工程排涝服务面积小（仅约 2km^2），区内调蓄水体面积较大（约占校区面积的 11%），允许调蓄库容较大的特点，通过采用平均排除法及根据暴雨雨型推求法的计算方法，对计算成果进行比较，兼顾经济性和安全性的原则，确定设计排涝流量为 2.5m^3/s。

（2）杂用水处理工艺计算：

① 杂用水用水量：

整个校区需用水浇灌的绿地和冲洗道路、广场面积约 125hm^2，平均日用水定额按 2.0L/(m^2·d) 计算。

则设计平均日用水量 $Q_d=q\times F=2.0\text{L}/(\text{m}^2\cdot\text{d})\times125\times10^4\text{m}^2=2500\text{m}^3/\text{d}$

用水时间 T 取 12.5h，则平均小时用水量为 $Q_h=Q_d\div T=2500\div12.5=200\text{m}^3/\text{h}$。

② 一级提升泵站水泵计算：

一级泵站是将水渠中的水提升至连续流动床，一级泵站的总流

$Q=200\text{m}^3/\text{h}$，因一级泵站至流动床的管线较短，$\sum h$ 取 3m，水泵扬程：

$H=Hz+\sum h+h_0=[10.75-(-1.5)]+3+2=17.25\text{m}$（$Hz$ 中的计算标高均为绝对标高）

则一级泵站选用自耦式潜水泵 3 台，2 用 1 备，单台泵参数如下：$Q=130\text{m}^3/\text{h}$，$H=20\text{m}$，$N=15\text{kW}$，$n=1450\text{r/min}$。

③ 过滤罐的选型：

根据余杭塘河水水质，本工程采用二级过滤：先经过连续流动床过滤器过滤，若水质达到《城市污水再生利用　城市杂用水水质》GB/T 18920—2002。则直接输入调节水池，否则一级过滤后的水再经过钢制无阀滤池过滤。

A. 连续流动床过滤器计算

总处理水量 $Q=200\text{m}^3/\text{h}$，采用均匀级配粗砂滤料，根据《室外给水设计规范》GB 50013—2006，滤速范围在 $V=8\sim10\text{m/h}$，则过滤罐总面积：

$$F=Q/V=200\div(8\sim10)=25\sim20\text{m}^2$$

设 4 个过滤器，则单个过滤器面积 $F_1=F\div4=(25\sim20)\div4=5\sim6.25\text{m}^2$

故选用连续流动床 4 台，单台过滤水量为 $50\text{m}^3/\text{h}$，过滤面积取 5.0m^2。

过滤罐的直径 ϕ2800mm。

B. 钢制无阀滤池计算：

基于工艺需要，钢制无阀滤池选用台数与连续流动床台数一致，则无阀滤池也为 4 台，2 台 1 组，单台过滤水量为 $50\text{m}^3/\text{h}$。滤速取 10m/h。

则过滤面积 $F=Q\div V=50\div10=5.0\text{m}^2/\text{台}$，选用设备平面尺寸约为 2100mm×2600mm，高约为 6m 的无阀滤池。滤池采用水力反冲洗，虹吸自动控制。

④ 二级加压泵站水泵计算

总的加压流量 $Q=200\text{m}^3/\text{h}$，校园杂用水管网采用环网供水，管网计算流量 $Q_1=100\text{m}^3/\text{h}$，管网管径为 $DN200$，$L=4000\text{m}$，查表得：$V=0.91\text{m/s}$，$1000i=7.57$。

则管路总损失 $\sum h=1.3\times i\times L=1.3\times(7.57\div1000)\times4000=39.4\text{m}$，末端用水水头 h_0 按 10m 计。则水泵扬程为：

$H=H_z+\sum h+h_0=[0-(-5.0)]+39.4+10=54.4\text{m}$（$H_z$ 中的计算标高均为相对标高）

二级加压泵选用 3 台卧式泵，2 用 1 备，变频控制，轮换使用，单台水泵参数如下：$Q=120\text{m}^3/\text{h}$，$H=56\text{m}$，$N=30\text{kW}$，$n=1450\text{r/min}$。

2. 水处理工艺流程图

图 1 排灌及杂用水处理站室外总图

图 2 排灌泵房工艺说明

图 3 排灌泵房平、剖面图

图 4 滤池区工艺布置图

图5杂用水处理工艺流程图

图6杂用水处理工艺高程图

图7杂用水处理构筑物剖面图

3. 管材

杂用水处理系统中反冲洗水管采用钢塑复合管及管件，丝扣连接；埋地的杂用水管管材采用球墨铸铁管，承插式，橡胶圈接口，明装的杂用水管采用无缝钢管，镀锌，法兰连接；排灌泵站的进出水管采用钢筋混凝土管。室外埋地钢塑复合管采用三油两毡防腐。

（三）其他水系统

本工程无热水系统，其他水系统包括排水系统、雨水系统、消防系统等都较为常规和简单，不再赘述。

二、工程特点

（一）排灌泵站设计特点

巧妙设计泵站的进出水流道，通过设置在不同部位的5组闸门，实现在1个泵站内完成排涝、补水和杂用水源水提升等多重功能的切换。

排涝工况：

区内雨水⟶区内河道⟶进水渠道

$\xrightarrow[\text{2套1.0m×1.0m补水进水闸门关闭}]{\text{进水渠道2.0m×2.0m闸门开启}}$格栅⟶潜水轴流泵⟶

出水井$\xrightarrow[\text{1套1.0m×1.0m补水出水闸门关闭}]{\text{1套1.5m×1.5m排涝出水闸开启}}$排入余杭塘河

补水工况：

余杭塘河河水道$\xrightarrow[\text{2套1.0m×1.0m补水进水闸门开启}]{\text{进水渠道2.0m×2.0m闸门关闭}}$进水渠⟶格栅⟶潜水轴流泵⟶出水井

$\xrightarrow[\text{1套1.0m×1.0m补水出水闸门开启}]{\text{1套1.5m×1.5m排涝出水闸门关闭}}$进水渠道⟶校内河道

（二）杂用水处理站工艺特点

1. 设计水质和水量

原水的水质：原水采用余杭塘河水，水质为《地表水环境质量标准》GB 3838—2002中的Ⅲ类～Ⅴ类标准。在枯水季节接近Ⅴ类地表水环境质量；在丰水季节接近Ⅲ类地表水环境质量。

设计出水的水质：设计出水的水质执行建设部颁布的《城市污水再生利用城市杂用水水质》GB/T 18920—2002（按厕所冲洗、城市绿化水标准执行，但一般情况下要达到洗车、扫除的用水标准）。

设计水量：校区道路、广场及绿地总面积约125hm^2，按平均日用水量2L/(m^2·d)计算，设计平均日用水量为2500m^3/d，小时用水量约为200m^3/h。

2. 杂用水处理工艺工况

鉴于原水的水质和设计出水的水质，本设计流程为：进水预处理采用二级格栅。主要工艺过程采用二级过滤，其中前一级为连续流动床过滤，后一级为钢制无阀滤池过滤。出水加次氯酸钠液体消毒。经过清水池调节，再用水泵送入杂用水管网。流程框图如下：

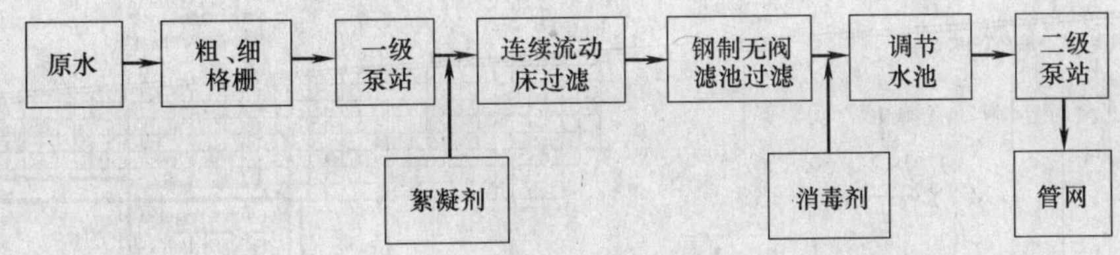

三、工程系统图及照片

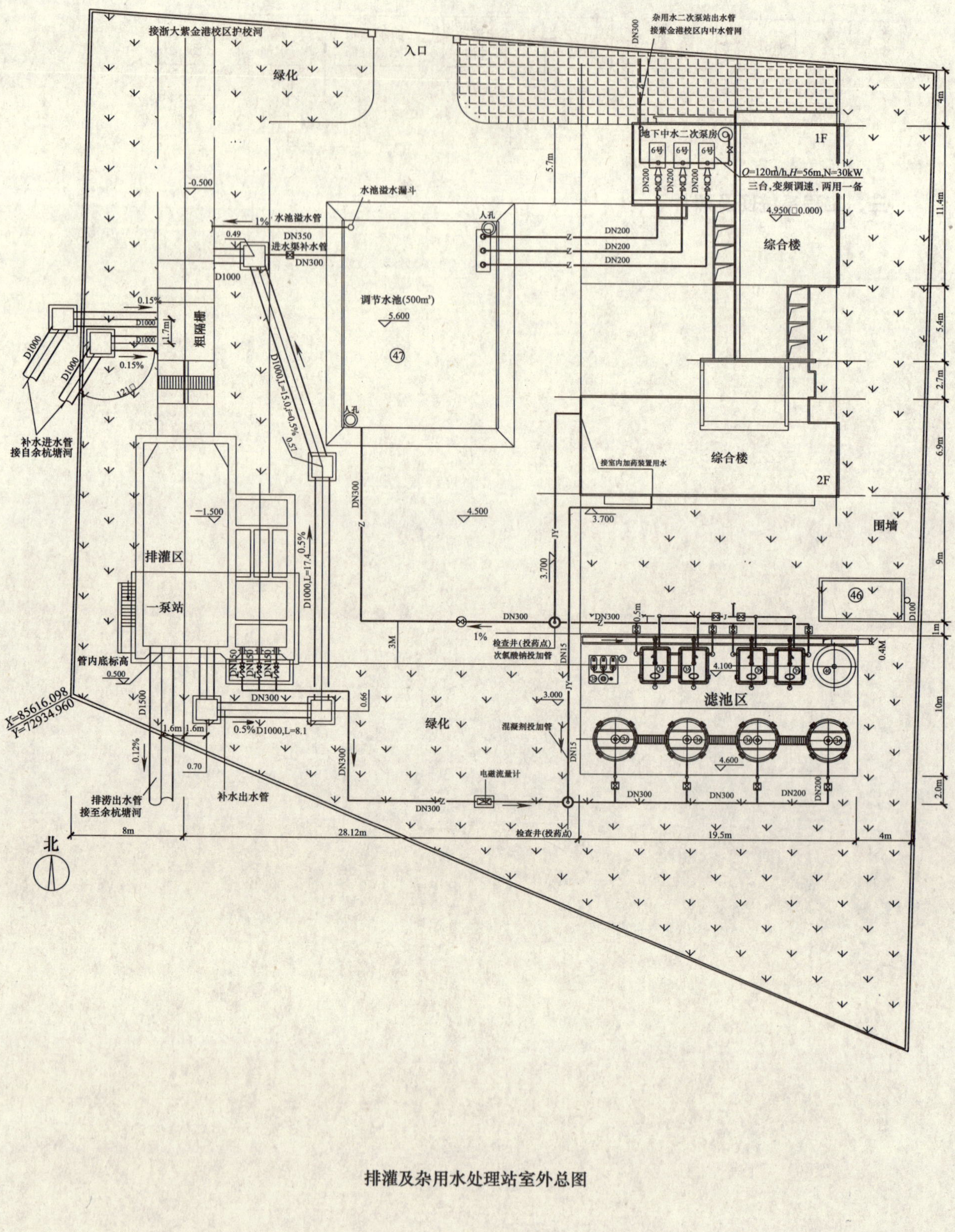

接浙大紫金港校区护校河
入口
绿化
杂用水二次泵站出水管
接紫金港校区内中水管网
地下中水二次泵房
1F
Q=120m³/h,H=56m,N=30kW
三台，变频调速，两用一备
4.950(□0.000)
综合楼
水池溢水漏斗
人孔
1% 水池溢水管
DN350
进水渠补水管
DN300
DN200
DN200
DN200
调节水池(500m³)
5.600
47
粗隔栅
-0.500
D1000
0.15%
D1000
D1000
0.15%
补水进水管
接自余杭塘河
D1000,L=15.0,i=0.5%
人孔
接室内加药装置用水
综合楼
2F
4.500
3.700
-1.500
排灌区
一泵站
D1000,L=17.4, 0.5%
3.700
围墙
46
D100
DN300
1%
检查井(投药点)
次氯酸钠投加管
DN15
管内底标高
0.500
4.100
滤池区
DN300
0.5% D1000,L=8.1
绿化
3.000
混凝剂投加管
DN15
4.600
D1500
0.12%
0.70
X=85616.098
Y=72934.960
排涝出水管
接至余杭塘河
补水出水管
DN300
电磁流量计
DN300
DN300
DN300
DN200
DN200
检查井(投药点)
8m
28.12m
19.5m
4m
北

排灌及杂用水处理站室外总图

排灌泵房工艺说明

一、设计依据

1.《浙大紫金港校区排灌及杂用水处理站工程初步设计》

浙江大学建筑设计研究院　2004.09

2.《关于浙大紫金港校区排灌及杂用水处理站工程初步设计的批复》

杭州市规划局　2004.11.26

二、工艺设计

本排灌泵房兼有排涝，补水及杂用水源水提升三种功能。泵房为半地下式，钢筋混凝土结构。

（一）设计规模

排涝设计流量为 2.5m³/s，补水设计流量为：1.0m³/s

杂用水源水提升设计流量为：200m³/h。

（二）主要设备选型：

1. 排涝泵：600QZ-160G-0°三台，兼作补水泵，水泵性能：Q＝0.95～1.1m³/s，H＝2.0～3.0m η＝80%～83%，N＝45kW。

2. 源水提升泵：100QW100－22－15 三台，两用一备，水泵性能：Q＝100m³/h，H＝22.0m，η＝72%，N＝15.0kW。

3. 拦污格栅：粗格栅两台，每台栅宽 1200mm，栅高 3500mm，栅条净距 30mm，栅条厚度 10mm

细格栅一台，每台栅宽 1000mm，栅高 4000mm，栅条净距 5mm，栅条厚度 10mm

（三）泵房平面尺寸：

排涝泵房：26.5m×7.1m。杂用水一泵房：11.8m×4.15m。

三、工艺流程：

1. 排涝工况

校区内雨水 → 进水渠道 → 排涝泵 → 出水井 → 排入余杭塘河

2. 补水工况

余杭塘河水 → 补水进水管 → 进水渠道 → 补水泵 → 出水井 → 渠道 → 校区内水域

3. 杂用水源水提升工况：

余杭塘河水 → 补水进水管 → 进水渠道 → 源水提升泵 → 后续处理工艺

四、运行工况及注意事项：

（一）运行工况：

1. 排涝工况：

开启进水渠道 2.0m×2.0m 闸门，关闭进水渠道侧壁二台 1.0m×1.0m 补水进水闸门。

开启出水井 1.5m×1.5m 排涝出水闸门，关闭出水井 1.0m×1.0m 补水出水闸门。

根据水位依次开启排涝泵，将校区河水强排入余杭塘河。

2. 补水工况

关闭进水渠道 2.2m×2.0m 闸门，开启进水渠道侧壁两台 1.0m×1.0m 补水进水闸门。

关闭出水井 1.5m×1.5m 排涝出水闸门，开启出水井 1.0m×1.0m 补水出水闸门。

开启补水泵（排涝泵兼），将余杭塘河水提升引入校内河道。

3. 杂用水源水提升工况

关闭进水渠道 2.0m×2.0m 闸门，开启进水渠道侧壁两台 1.0m×1.0m 补水进水闸门。

关闭出水井 1.5m×1.5m 排涝出水闸门及 1.0m×1.0m 补水出水闸门。

开启提升泵，将余杭塘河水提升后以压力管形式进入后续水处理工序。

（二）运行注意事项

1. 排涝泵启动前应开启出水闸门，并逐一启动，严禁闭闸启动或闭闸运行。

2. 排灌泵房运行管理时应密切注意气象资料，按气象条件合理调控起排水位，在汛期及气象预报有超标准暴雨期间，可将预排水位降低，做到未涝先排，以增加调蓄容积，提高抗涝能力。

五、施工注意事项及验收标准

1. 排灌泵房内所有钢管，管配件及预埋钢板均须经行防腐处理，防腐材料采用环氧煤沥青，内部三道，外部两道，格栅水下部分采用膨胀螺栓安装时，应采用不锈钢膨胀螺栓。

2. 各设备选型后，应核对起吊工字钢位置，型号、水泵基础尺寸、流道尺寸及各类预埋件是否满足各选用产品的具体尺寸，核对无误后方可进行施工与安装。如有与设计不符之处，应及时通知有关部门共同协商解决。

3. 钢管及配件制作验收按《现场设备，工业管道焊接工程质量验收规范》GB 50268—97 执行。

4. 管道及构筑物施工验收按《市政排水管渠工程质量评定标准》CJJ 3—90，《给水排水构筑物施工及验收规范》GBJ 141—90，《给水排水管道工程施工及验收规范》GB 50268—97 及其他有关规范标准执行。

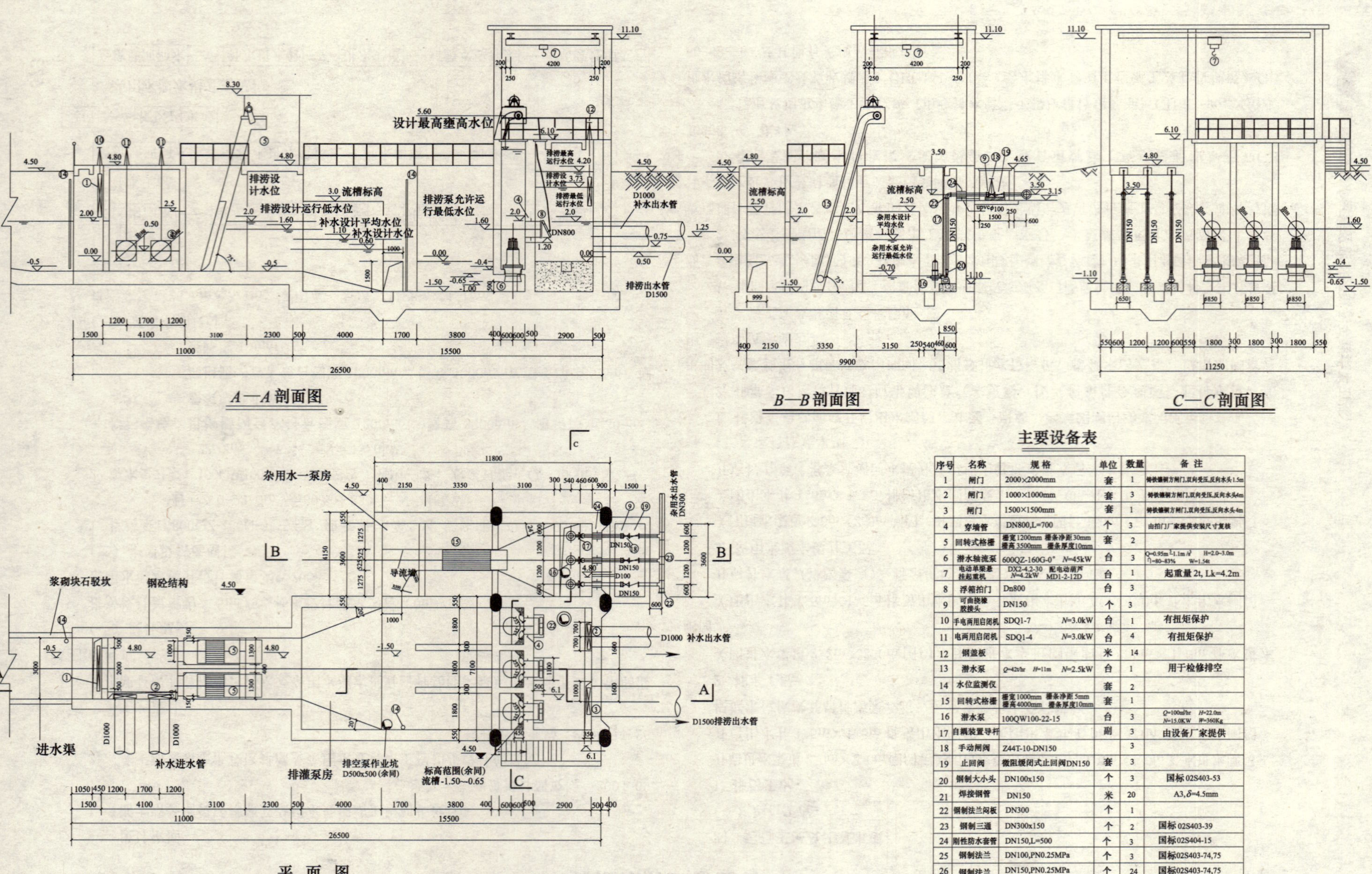

主要设备表

序号	名称	规格	单位	数量	备注
1	闸门	2000×2000mm	套	1	铸铁镶铜方闸门,双向受压,反向水头1.5m
2	闸门	1000×1000mm	套	3	铸铁镶铜方闸门,双向受压,反向水头4m
3	闸门	1500×1500mm	套	1	铸铁镶铜方闸门,双向受压,反向水头4m
4	穿墙管	DN800,L=700	个	3	由拍门厂家提供安装尺寸复核
5	回转式格栅	栅宽1200mm 栅条净距30mm 栅高3500mm 栅条厚度10mm	套	2	
6	潜水轴流泵	600QZ-160G-0° N=45kW	台	3	Q=0.95m³~1.1m³/s H=2.0~3.0m η=80~83% W=1.54t
7	电动单梁悬挂起重机	DX2-4.2-30 配电动葫芦 N=4.2kW MD1-2-12D	台	1	起重量2t, Lk=4.2m
8	浮箱拍门	Dn800	台	3	
9	可曲挠橡胶接头	DN150	个	3	
10	手电两用启闭机	SDQ1-7 N=3.0kW	台	1	有扭矩保护
11	电两用启闭机	SDQ1-4 N=3.0kW	台	4	有扭矩保护
12	钢盖板		米	14	
13	潜水泵	Q=42t/hr H=11m N=2.5kW	台	1	用于检修排空
14	水位监测仪		套	2	
15	回转式格栅	栅宽1000mm 栅条净距5mm 栅高4000mm 栅条厚度10mm	套	1	
16	潜水泵	100QW100-22-15	台	3	Q=100m³/hr H=22.0m N=15.0KW W=360Kg
17	自耦装置导杆		副	3	由设备厂家提供
18	手动闸阀	Z44T-10-DN150		3	
19	止回阀	微阻缓闭式止回阀DN150	套	3	
20	钢制大小头	DN100x150	个	3	国标 02S403-53
21	焊接钢管	DN150	米	20	A3,δ=4.5mm
22	钢制法兰闷板	DN300	个	1	
23	钢制三通	DN300x150	个	2	国标 02S403-39
24	刚性防水套管	DN150,L=500	个	3	国标02S404-15
25	钢制法兰	DN100,PN0.25MPa	个	3	国标02S403-74,75
26	钢制法兰	DN150,PN0.25MPa	个	24	国标02S403-74,75
27	钢制法兰	DN800,PN0.25MPa	个	3	国标 02S403-74,75

说 明：

1. 本图尺寸：长度单位以毫米；标高以米计，标高为国家高程。

排灌泵房平、剖面图

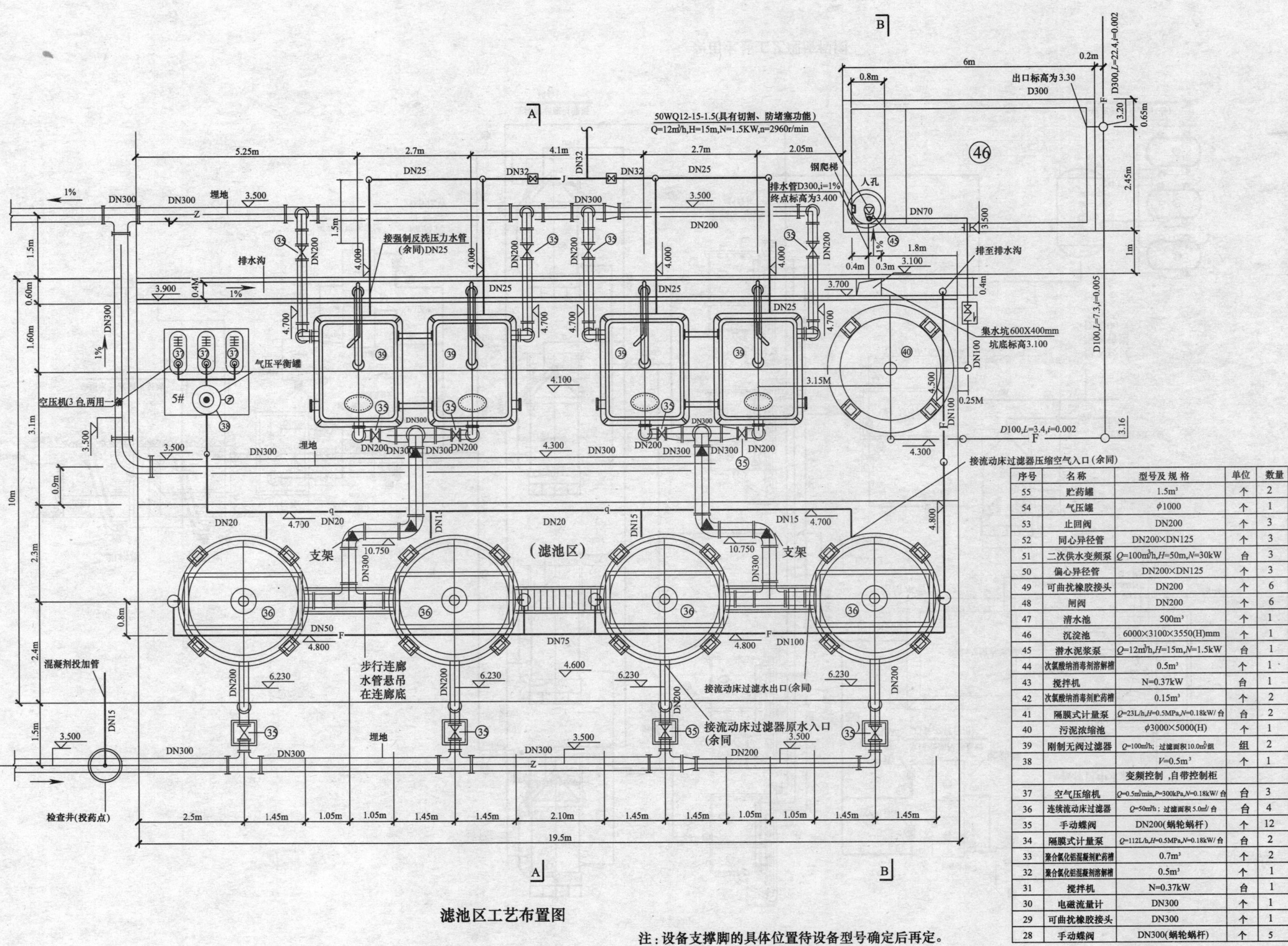

滤池区工艺布置图

序号	名称	型号及规格	单位	数量
55	贮药罐	1.5m³	个	2
54	气压罐	φ1000	个	1
53	止回阀	DN200	个	3
52	同心异径管	DN200×DN125	个	3
51	二次供水变频泵	Q=100m³/h,H=50m,N=30kW	台	3
50	偏心异径管	DN200×DN125	个	3
49	可曲扰橡胶接头	DN200	个	6
48	闸阀	DN200	个	6
47	清水池	500m³	个	1
46	沉淀池	6000×3100×3550(H)mm	个	1
45	潜水泥浆泵	Q=12m³/h,H=15m,N=1.5kW	台	1
44	次氯酸纳消毒剂溶解槽	0.5m³	个	1
43	搅拌机	N=0.37kW	台	1
42	次氯酸纳消毒剂贮药槽	0.15m³	个	2
41	隔膜式计量泵	Q=23L/h,H=0.5MPa,N=0.18kW/台	台	2
40	污泥浓缩池	φ3000×5000(H)	个	1
39	刚制无阀过滤器	Q=100m³/h;过滤面积10.0m²/组	组	2
38		V=0.5m³	个	1
		变频控制，自带控制柜		
37	空气压缩机	Q=0.5m³/min,P=300kPa,N=0.18kW/台	台	3
36	连续流动床过滤器	Q=50m³/h；过滤面积5.0m²/台	台	4
35	手动蝶阀	DN200(蜗轮蜗杆)	个	12
34	隔膜式计量泵	Q=112L/h,H=0.5MPa,N=0.18kW/台	台	2
33	聚合氯化铝混凝剂贮药槽	0.7m³	个	2
32	聚合氯化铝混凝剂溶解槽	0.5m³	个	1
31	搅拌机	N=0.37kW	台	1
30	电磁流量计	DN300	个	1
29	可曲扰橡胶接头	DN300	个	1
28	手动蝶阀	DN300(蜗轮蜗杆)	个	5

注：设备支撑脚的具体位置待设备型号确定后再定。

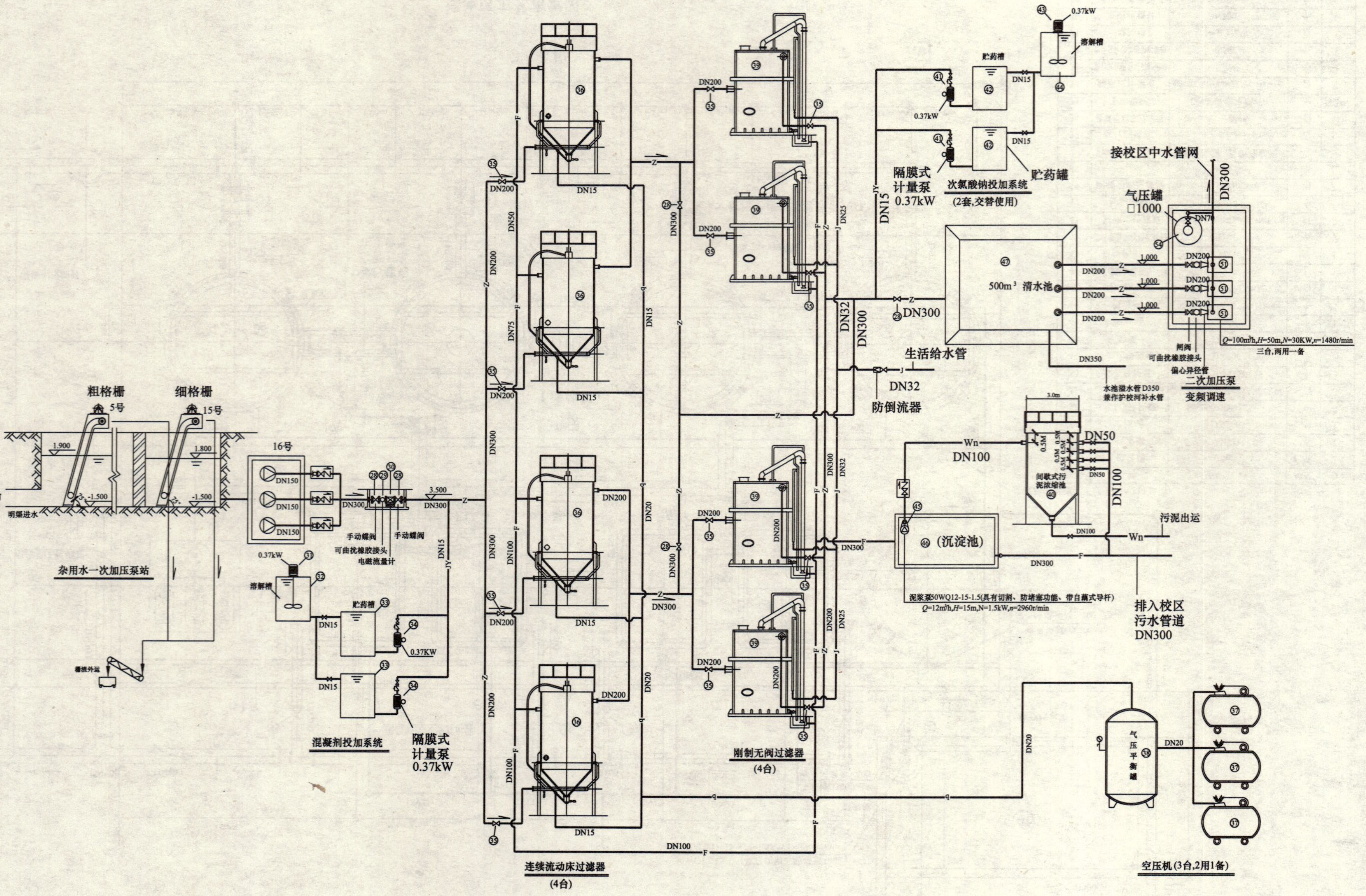

粗格栅 5号

细格栅 15号

16号

杂用水一次加压泵站

混凝剂投加系统

隔膜式
计量泵
0.37kW

连续流动床过滤器
(4台)

刚制无阀过滤器
(4台)

次氯酸钠投加系统
(2套,交替使用)

贮药罐

隔膜式
计量泵
0.37kW

500m³ 清水池

生活给水管

DN32
防倒流器

接校区中水管网

气压罐
□1000

二次加压泵
变频调速

(沉淀池)

污泥出运

排入校区
污水管道
DN300

空压机(3台,2用1备)

杂用水处工艺理流程图

Q=130m³/h,H=20m,N=15kW,n=1450r/min
自动耦合式装置
粗格栅
细格栅
中水一次加压泵站
手动蝶阀
可曲挠橡胶接头
电磁流量计
连续流动床过滤器
(4台)
通大气
刚制无阀过滤器
(4台)
空压机(3台,2用1备)
混凝剂投加系统
(2套,交替使用)
溶解槽
贮药槽
隔膜式计量泵
0.37kW
隔膜式
计量泵
0.37kW
溶解槽
贮药罐
次氯酸钠投加系统
(2套,交替使用)
500m³清水池
吸水喇叭
接校区绿化给水管
Q=100m³/h,H=50m,N=22kW
三台，两用一备
闸阀
可曲挠橡胶接头
偏心异径管
二次加压泵
沉淀池
泥浆泵50WQ12-15-1.5(具有切割、防堵塞功能、带自藕式导杆)
Q=12m³/h,H=15m,N=1.5kW,n=2960r/min
间歇式污泥浓缩池
污泥排出口
排入校区污水管道
DN300

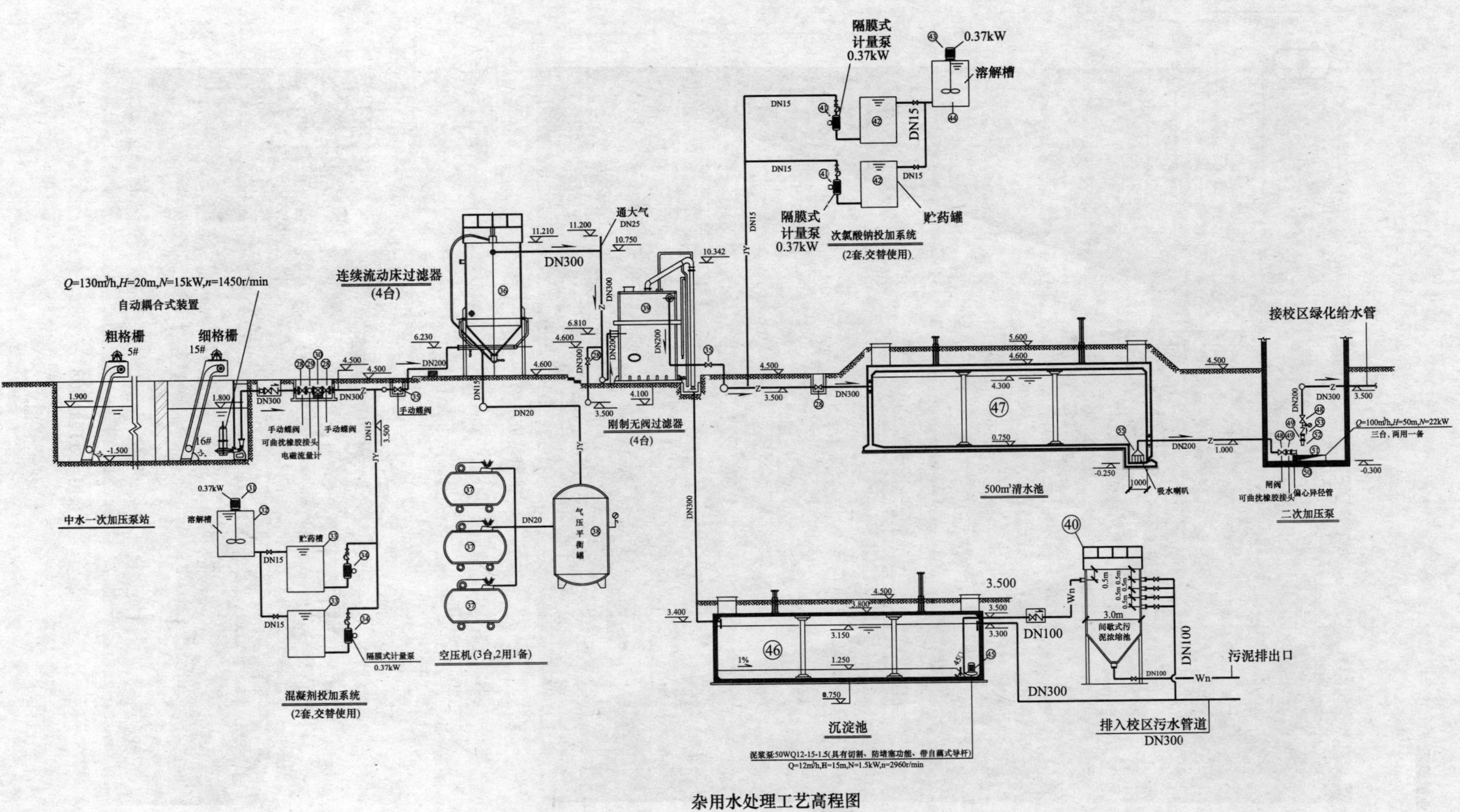

杂用水处理工艺高程图

排灌站进水渠

杂用水处理滤池区

尊敬的读者：

感谢您选购我社图书！建工版图书按图书销售分类在卖场上架，共设22个一级分类及43个二级分类，根据图书销售分类选购建筑类图书会节省您的大量时间。现将建工版图书销售分类及与我社联系方式介绍给您，欢迎随时与我们联系。

★建工版图书销售分类表（详见下表）。

★欢迎登陆中国建筑工业出版社网站www.cabp.com.cn，本网站为您提供建工版图书信息查询，网上留言、购书服务，并邀请您加入网上读者俱乐部。

★中国建筑工业出版社总编室　电　话：010—58934845

传　真：010—68321361

★中国建筑工业出版社发行部　电　话：010—58933865

传　真：010—68325420

E-mail：hbw@cabp.com.cn

建工版图书销售分类表

<table>
<tr><th>一级分类名称（代码）</th><th>二级分类名称（代码）</th><th>一级分类名称（代码）</th><th>二级分类名称（代码）</th></tr>
<tr><td rowspan="5">建筑学
（A）</td><td>建筑历史与理论（A10）</td><td rowspan="5">园林景观
（G）</td><td>园林史与园林景观理论（G10）</td></tr>
<tr><td>建筑设计（A20）</td><td>园林景观规划与设计（G20）</td></tr>
<tr><td>建筑技术（A30）</td><td>环境艺术设计（G30）</td></tr>
<tr><td>建筑表现・建筑制图（A40）</td><td>园林景观施工（G40）</td></tr>
<tr><td>建筑艺术（A50）</td><td>园林植物与应用（G50）</td></tr>
<tr><td rowspan="5">建筑设备・建筑材料
（F）</td><td>暖通空调（F10）</td><td rowspan="5">城乡建设・市政工程・环境工程
（B）</td><td>城镇与乡（村）建设（B10）</td></tr>
<tr><td>建筑给水排水（F20）</td><td>道路桥梁工程（B20）</td></tr>
<tr><td>建筑电气与建筑智能化技术（F30）</td><td>市政给水排水工程（B30）</td></tr>
<tr><td>建筑节能・建筑防火（F40）</td><td>市政供热、供燃气工程（B40）</td></tr>
<tr><td>建筑材料（F50）</td><td>环境工程（B50）</td></tr>
<tr><td rowspan="2">城市规划・城市设计
（P）</td><td>城市史与城市规划理论（P10）</td><td rowspan="2">建筑结构与岩土工程
（S）</td><td>建筑结构（S10）</td></tr>
<tr><td>城市规划与城市设计（P20）</td><td>岩土工程（S20）</td></tr>
<tr><td rowspan="3">室内设计・装饰装修
（D）</td><td>室内设计与表现（D10）</td><td rowspan="3">建筑施工・设备安装技术（C）</td><td>施工技术（C10）</td></tr>
<tr><td>家具与装饰（D20）</td><td>设备安装技术（C20）</td></tr>
<tr><td>装修材料与施工（D30）</td><td>工程质量与安全（C30）</td></tr>
<tr><td rowspan="4">建筑工程经济与管理
（M）</td><td>施工管理（M10）</td><td rowspan="2">房地产开发管理（E）</td><td>房地产开发与经营（E10）</td></tr>
<tr><td>工程管理（M20）</td><td>物业管理（E20）</td></tr>
<tr><td>工程监理（M30）</td><td rowspan="2">辞典・连续出版物
（Z）</td><td>辞典（Z10）</td></tr>
<tr><td>工程经济与造价（M40）</td><td>连续出版物（Z20）</td></tr>
<tr><td rowspan="3">艺术・设计
（K）</td><td>艺术（K10）</td><td rowspan="2">旅游・其他
（Q）</td><td>旅游（Q10）</td></tr>
<tr><td>工业设计（K20）</td><td>其他（Q20）</td></tr>
<tr><td>平面设计（K30）</td><td colspan="2">土木建筑计算机应用系列（J）</td></tr>
<tr><td colspan="2">执业资格考试用书（R）</td><td colspan="2">法律法规与标准规范单行本（T）</td></tr>
<tr><td colspan="2">高校教材（V）</td><td colspan="2">法律法规与标准规范汇编/大全（U）</td></tr>
<tr><td colspan="2">高职高专教材（X）</td><td colspan="2">培训教材（Y）</td></tr>
<tr><td colspan="2">中职中专教材（W）</td><td colspan="2">电子出版物（H）</td></tr>
</table>

注：建工版图书销售分类已标注于图书封底。